RADIOACTIVE ISOTOPES

IN PHYSIOLOGY DIAGNOSTICS AND THERAPY

CONTRIBUTORS

A. C. AISENBERG · H. W. BANSI · A. J. BASSHAM · J. BECKER · H. BILLION · S. B. BINKLEY · J. L. BORN
H. BRANSON · R. CARLSON · C. E. CARTER · A. CATSCH · R. K. CRANE · H. DEBUCH · R. I. DORFMAN
D. E. DUGGAN · D. C. VAN DYKE · R. FISCHER · A. FLECKENSTEIN · W. R. FRISELL · H. GÖTTE
H. GRISEBACH · E. HARBERS · L. HEILMEYER · H. C. HEINRICH · E. J. HELMREICH · G. HERRMANN
G. VON HEVESY · G. HÖHNE · A. HOLLDORF · C. VON HOLT · H. HOLZER · W. HORST · O. HUG
L. JAENICKE · E. V. JENSEN · P. M. JOHNSTON · P. KARLSON · J. KATZ · F. KAUDEWITZ · W. KEIDERLING
G. KOCH · A. KORNBERG · P. KÜHNE · H. A. KÜNKEL · L. F. LAMERTON · K. LANG · N. LANG
J. H. LAWRENCE · H. LETTRÉ · H. LIEBL · H. MACHLEIDT · C. G. MACKENZIE · P. H. MAURER
R. MICHEL · J. H. MÜLLER · H. MUTH · D. NACHMANSOHN · H. NETTER · S. OCHOA · T. T. ODELL
H. OESER · J. ROCHE · M. ROTHSTEIN · F. SANGALLI · R. W. SCHAYER · K. E. SCHEER · K. SCHMEISER
H. A. E. SCHMIDT · C. SCHOLTISSEK · G. SCHUBERT · D. SHEMIN · P. SIEKEVITZ · H. SUND
H. TARVER · E. O. TITUS · C. A. TOBIAS · R. TSCHESCHE · A. C. UPTON · K. WALLENFELS · P. WASER
G. WELCH · J. K. WHITEHEAD · H. P. WOLFF

EDITED BY

H. SCHWIEGK AND F. TURBA

SECOND REVISED AND ENLARGED EDITION

VOLUME I

WITH 423 FIGURES

SPRINGER-VERLAG BERLIN HEIDELBERG GMBH
1961

KÜNSTLICHE
RADIOAKTIVE ISOTOPE
IN PHYSIOLOGIE
DIAGNOSTIK UND THERAPIE

BEARBEITET VON

A. C. AISENBERG · H.W. BANSI · J. A. BASSHAM · J. BECKER · H. BILLION · S. B. BINKLEY · J. L. BORN
H. BRANSON · R. CARLSON · C. E. CARTER · A. CATSCH · R. K. CRANE · H. DEBUCH · R. I. DORFMAN
D. E. DUGGAN · D. C. VAN DYKE · R. FISCHER · A. FLECKENSTEIN · W. R. FRISELL · H. GÖTTE
H. GRISEBACH · E. HARBERS · L. HEILMEYER · H. C. HEINRICH · E. J. HELMREICH · G. HERRMANN
G. VON HEVESY · G. HÖHNE · A. HOLLDORF · C. VON HOLT · H. HOLZER · W. HORST · O. HUG
L. JAENICKE · E. V. JENSEN · P. M. JOHNSTON · P. KARLSON · J. KATZ · F. KAUDEWITZ · W. KEIDERLING
G. KOCH · A. KORNBERG · P. KÜHNE · H. A. KÜNKEL · L. F. LAMERTON · K. LANG · N. LANG
J. H. LAWRENCE · H. LETTRÉ · H. LIEBL · H. MACHLEIDT · C. G. MACKENZIE · P. H. MAURER
R. MICHEL · J. H. MÜLLER · H. MUTH · D. NACHMANSOHN · H. NETTER · S. OCHOA · T. T. ODELL
H. OESER · J. ROCHE · M. ROTHSTEIN · F. SANGALLI · R. W. SCHAYER · K. E. SCHEER · K. SCHMEISER
H. A. E. SCHMIDT · C. SCHOLTISSEK · G. SCHUBERT · D. SHEMIN · P. SIEKEVITZ · H. SUND
H. TARVER · E. O. TITUS · C. A. TOBIAS · R. TSCHESCHE · A. C. UPTON · K. WALLENFELS · P. WASER
G. WELCH · J. K. WHITEHEAD · H. P. WOLFF

HERAUSGEGEBEN VON

H. SCHWIEGK UND F. TURBA

ZWEITE NEUBEARBEITETE UND ERWEITERTE AUFLAGE

ERSTER BAND

MIT 423 ABBILDUNGEN

SPRINGER-VERLAG BERLIN HEIDELBERG GMBH
1961

Ursprünglich erschienen bei Springer-Verlag OHG Berlin Göttingen Heidelberg 1961
Softcover reprint of the hardcover 2nd edition 1961

ISBN 978-3-642-49048-4 ISBN 978-3-642-92819-2 (eBook)
DOI 10.1007/978-3-642-92819-2

Geleitwort

Wenn ich das hier nunmehr in zweiter Auflage erscheinende Werk: „Radioaktive Isotope in Physiologie, Diagnostik und Therapie" durchblättere, dann überkommt mich ein Staunen, fast auch eine gewisse Bedrückung. Ich sehe, was aus einem noch vor 50 Jahren in den Kinderschuhen steckenden Wissenschaftsgebiet heute geworden ist.

Als ich mich 1906 auf Vorschlag von Sir WILLIAM RAMSAY in London entschloß, mich ganz dem Gebiete der Radioaktivität zu widmen, da habe ich, um die Literatur gut kennenzulernen, einige Jahre lang alle in das Gebiet fallenden Arbeiten für eine Zeitschrift allein referiert. Nachdem Dr. LISE MEITNER sich zu gemeinsamer Arbeit mit mir verbunden hatte, referierten wir zusammen mehrere Jahre lang alle neu erscheinenden Arbeiten, sie die physikalischen, ich die chemischen. Das war damals noch möglich.

Ein entscheidender Fortschritt war 1910 die Aufstellung des Begriffs der Isotopie durch FREDERICK SODDY und ein paar Jahre später die Ausnützung der gleichen chemischen Eigenschaften isotoper Atomarten für physikalisch-chemische und chemische Probleme, die Indikatorenmethode von v. HEVESY und PANETH. Damals konnten L. MEITNER und ich noch die ganze Literatur überblicken und etwas darüber sagen.

Von ihrer Verwendung für medizinische Zwecke war noch nicht die Rede. Es bedurfte hierzu noch einer langen Entwicklung. Sie war gezeichnet durch einige „Sternstunden" der Forschung. Solche Sternstunden waren 1919 die erste künstliche Umwandlung der Atome durch RUTHERFORD, die Entdeckung des Neutrons durch CHADWICK (1932) und die erste Herstellung künstlich aktiver Atomarten durch das Ehepaar JOLIOT-CURIE (1934). Immer handelte es sich bei diesen neuen Erkenntnissen um die Gewinnung und Verwendung absolut unwägbarer Substanzmengen. So konnte RUTHERFORD noch im Jahre 1933 auf einer Tagung der British Association seine Meinung über die großen Entdeckungen der Physik und Chemie der letzten Jahre folgendermaßen zusammenfassen:

„Die Umwandlungen des Atoms sind für den Wissenschaftler von außerordentlichem Interesse, aber wir können die Atomenergie nicht so weit kontrollieren, daß sie praktisch von Wert werden könnte, und ich glaube, daß wir dazu wahrscheinlich nie in der Lage sein werden. Unser Interesse auf diesem Gebiet ist rein wissenschaftlich, aber die Versuche, die jetzt gemacht werden, werden uns zu einem besseren Verständnis der Struktur des Atoms verhelfen."

Aber es kam anders. Es kam anders durch das Neutron, mit dessen Hilfe, zuerst von FERMI und seinen Mitarbeitern praktisch alle Elemente des Periodischen Systems zu künstlichen Umwandlungen veranlaßt werden konnten bis hinauf zum Uran, dem damals höchsten Element des Periodischen Systems. Beim Uran ergaben sich besonders verwickelte Vorgänge, die von HAHN, MEITNER und STRASSMANN genauer studiert wurden und die schließlich zu der Auffindung der Zerspaltung des Urans und des Thoriums durch HAHN und STRASSMANN Ende 1938 geführt haben.

Da bei dieser Zerspaltung als Nebenreaktion zusätzlich Neutronen emittiert werden — von HAHN und STRASSMANN vermutet, von JOLIOT und amerikanischen Forschern nachgewiesen —, war der Weg zu einer Kettenreaktion gewiesen.

Die während des Krieges entwickelten Anlagen der gesteuerten Kettenreaktion zur Gewinnung des Plutoniums, des Materials der Atombombe, werden heute als Atom- oder Kernreaktoren zur friedlichen Verwendung der Atomkernenergie verwendet. Für die Zukunft werden wir damit in der Lage sein, die schwindenden Vorräte an natürlichen Treibstoffen zur Stromerzeugung durch Atomstrom zu ersetzen.

Für die Forschung ist die Möglichkeit der Gewinnung künstlich radioaktiver Isotope heute wichtiger als die Stromherstellung. Gegenüber den wenigen in der Natur vorkommenden, für die Isotopenforschung wichtigen langlebigen Radioelementen Radium, Mesothor, Radiothor haben wir die Möglichkeit, eine große Zahl wichtiger Vertreter der chemischen Elemente bis zu wägbaren Mengen in Gestalt stärkster Strahlenquellen oder aber als Indikatoren, als Spurensucher, für die mit ihnen chemisch gleichen inaktiven Elemente zu gewinnen.

Aus dem Pflänzchen, dessen Wachstum vor 50 Jahren noch ein Einzelner verfolgen konnte, wurde ein Baum mit mächtigen Ästen und Zweigen. Zu Physik und Chemie, zu Technik und Landwirtschaft ist die medizinische Forschung in ihren vielen Teilgebieten getreten. Hier zeigen sich die künstlichen Isotope als besonders fruchtbare Nutznießer der neuen Entwicklung. In den USA sind von 1939 bis 1958 etwa 40000 Arbeiten als offizielle Arbeiten der Atomic-Energy-Commission durchgeführt worden, die entsprechende Zahl für Großbritannien belief sich während derselben Zeit auf 11000—12000.

Das vorliegende Werk über „Radioaktive Isotope in Physiologie, Diagnostik und Therapie" gibt uns eine ausführliche Zusammenfassung über das auf diesem Gebiet heute schon Erreichte und läßt uns Ausblicke tun auf das, was wir für die nächste Zukunft noch erwarten dürfen.

OTTO HAHN

Inhaltsverzeichnis des ersten Bandes

Erster Teil

Allgemeine, physikalische, chemische und biologische Grundlagen

Das Arbeiten mit Isotopen

Seite

Allgemeiner Nachweis radioaktiver Isotope. Von KURT SCHMEISER. Mit 106 Abbildungen 1

A. Physikalische Grundlagen . . . 1

I. Stabile und radioaktive Isotope . . . 1
1. Protonen und Neutronen als Kernbausteine . . . 1
2. Stabile Isotope . . . 2
3. Massenzahl, Atomgewicht, Isotopengewicht, Masseneinheit und ihr zugeordnete Energie . . . 5

II. Herstellung von künstlich-radioaktiven Isotopen . . . 6
1. Stabile und radioaktive Isotope, erste Kernumwandlung . . . 6
2. Heute übliche Methoden zur Herstellung von Radioisotopen . . . 7
a) Erzeugung von Radioisotopen im Reaktor . . . 7
b) Herstellung von Radioisotopen im Zyklotron . . . 9
3. Wirkungsquerschnitt einer Kernreaktion . . . 10

III. Durchgang von Elektronen durch Materie . . . 12
1. Streuung von Elektronen . . . 12
2. Anregung und Ionisation . . . 12
3. Energieverteilung von Elektronen nach Durchsetzen von Materie . . . 14

IV. Durchgang von γ-Strahlen durch Materie . . . 15

V. Grundsätzliches über Meßgeräte zum Nachweis radioaktiver Strahlung . . . 19
1. Überblick über bestehende Typen von Nachweisgeräten . . . 19
2. Ionisationskammer . . . 21
a) Aufbau und Wirkungsweise einer Ionisationskammer . . . 21
b) Messung des Ionisationsstromes . . . 22
c) Nulleffekt einer Ionisationskammer . . . 22
d) Das Elektroskop . . . 22
3. Das Geiger-Müller-Zählrohr . . . 24
a) Aufbau und Wirkungsweise . . . 24
b) Entladungsmechanismus beim Geiger-Müller-Zählrohr . . . 25
c) Begriff der Totzeit und Erholungszeit . . . 26
d) Zählrohr-Nachentladungen . . . 27
e) Selbstlöschende Zählrohre . . . 27
f) Nulleffekt . . . 28
g) Neufüllung eines Zählrohres, Auswechseln des Zähldrahtes . . . 28
h) Impulsverstärker für Geiger-Müller-Zählrohre . . . 29
4. Proportionalzählrohre . . . 30
5. Der Szintillationszähler . . . 31
a) Große Nachweisempfindlichkeit . . . 31
b) Wirkungsweise und Aufbau des Szintillationszählers . . . 32
c) Nulleffekt . . . 34
d) Empfindlichkeit und Auflösungsvermögen des Szintillationszählers . . . 35
e) Verschiedene Arten von Szintillationszählern . . . 36

VI. Der radioaktive Zerfall . . . 37
1. Radioaktivität . . . 37
2. Zerfallsgesetz . . . 37
a) Zerfallsgleichung . . . 37
b) Zerfallskurve für ein einzelnes Radioisotop . . . 39
c) Zerfallskurve für ein Gemisch von zwei Radioisotopen . . . 39
d) Radioaktive Familien, Radioaktive Ketten . . . 40
e) Radioaktive Einheiten . . . 41
3. Trägerlose Substanzen — Spezifische Aktivität . . . 42

Seite
4. Verschiedene Zerfallsarten 42
a) α-Strahlung 42
b) β-Strahlung 43
α) Energieverteilung von β-Strahlen, S. 43. — β) K-Einfang, S. 45
c) γ-Strahlung 46
α) Kern-γ-Strahlung, S. 46. — β) Innere Umwandlung, S. 46. — γ) Kernisometrie, S. 46
5. Zerfallschemata 47
6. Gleichzeitige Erzeugung mehrerer Arten von Radioisotopen 47
7. Eigenschaften von radioaktiven Isotopen 49

VII. Genauigkeit von radioaktiven Messungen 60
1. Hohe Nachweisempfindlichkeit 60
2. Berechnung von Meßfehlern 60
a) Statistische Fehler 60
b) Mittlerer statistischer Fehler 64
c) Berechnung des mittleren statistischen Fehlers, wenn die Meßgröße von mehreren Einzelmessungen abhängt 65
d) Mittlerer, statistischer Fehler für Ratemeter und Ionisationskammer . . . 68
3. Zählverluste infolge der zeitweisen Unempfindlichkeit des Zählrohres 68
a) Rechnerische Erfassung der Zählverluste 68
b) Bestimmung des Auflösungsvermögens der Gesamtzählanordnung . . . 70
c) Direkte Bestimmung der Zählverluste 70
d) Verminderung der Zählverluste durch Verwendung von Untersetzern . . 71
4. Berücksichtigung des radioaktiven Zerfalls im Laufe einer Meßreihe 71
5. Verwendung von Standardpräparaten 71
6. Hinweise zur Verringerung von Meßfehlern 72

B. Messungen an radioaktiven Substanzen 74

I. β-Messungen von radioaktiven Präparaten in fester Form 74
1. Relative und absolute Messungen 74
2. Zählanordnung 74
3. Vorzunehmende Korrektionen an den beobachteten Meßeffekten 75
a) Abhängigkeit des Meßeffektes vom Abstand Präparat-Nachweisgerät . . 75
α) Experimentelle Bestimmung der Abstandkorrektion, S. 75 — β) Rechnerische Ermittlung der Abstandkorrektion, Geometrie einer Zählrohranordnung, S. 76
b) Der Einfluß seitlicher Präparatverschiebung 78
c) Absorption von β-Strahlung 78
α) Absorptionsvorgang, S. 78. — β) Absorptionsgesetz für β-Strahlung, S. 78. — γ) Maximale Reichweite, S. 80. — δ) Absorption von β-Strahlung im Zählrohrfenster und in der Luftschicht zwischen Präparat und Zählrohr, S. 81
d) Selbstabsorption 83
e) Selbststreuung 87
f) Rückstreuung 87
g) Berücksichtigung des Zerfallschemas bei absoluten Messungen 88

II. Absolutmessung mit besonderen Meßmethoden 89
1. Absolutmessung mit dem 4 π-Zähler 89
2. Absoluteichung mit der Koinzidenzmethode 91

III. Messung von radioaktiven Substanzen in flüssiger Form 92
1. Einfache Messung geringer Substanzmengen 92
2. Veallsches Flüssigkeits-Zählrohr 93
3. Große Flüssigkeitsmengen 95
4. Messung von sehr schwach radioaktiven Flüssigkeiten 96

IV. Messung gasförmiger radioaktiver Substanzen 98

V. Nachweis von γ-Strahlung 103
1. Geiger-Müller-Zählrohr 103
2. γ-Messung mit dem Szintillationszähler 104
3. γ-Spektroskopie 104
a) Einkanal-Analysator 104
b) Mehrkanal-Analysator 105
c) Kombinierter Impulshöhen-Analysator 105

Seite
4. Studium der Schilddrüsenfunktion 107
a) Mit Hilfe eines Geiger-Zählrohres 107
b) Verwendung eine Szintillationszählers 109
5. Lokalisierung von Hirntumoren mittels Positronenstrahlern 111
6. Messung der Körperaktivität 112

VI. Messung von schwachen Präparaten energiearmer β-Strahlen 115

VII. Aktivierungsanalyse 116

Literatur 118

Die einzelnen Isotope und Besonderheiten ihrer Bestimmung. Von GÜNTER HERRMANN Mit 73 Abbildungen 121

A. Chemische und radiochemische Methoden beim Arbeiten mit Isotopen 121

I. Auswahl und Herstellung der Isotope 121
1. Gesichtspunkte bei der Auswahl 121
a) Herstellung, spezifische Aktivität 121
b) Reinheit 123
c) Halbwertszeit, Strahlung 124
2. Szilard-Chalmers-Reaktion 125
3. Chemisches Verhalten trägerfreier Radioisotope 127
a) Trägerfreie Isotope 127
b) Mitfällung, Adsorption 127
c) Radiokolloide 130
d) Wertigkeit, Komplexbildung, Gleichgewichtslage 130
4. Chemische Verfahren bei der Gewinnung radioaktiver Isotope 131
a) Träger, Isotopenaustausch 131
b) Mitfällung, Adsorption 132
c) Radiokolloidbildung 132
d) Auslaugen 132
e) Elektrochemische Verfahren 132
f) Lösungsmittelextraktion 132
g) Papierchromatographie 133
h) Ionenaustauscher 133
i) Destillation, Verdampfung, Kondensation 133

II. Vorbereitung biologischer Proben zur Aktivitätsmessung 134
1. Probenahme, Vorbehandlung, direkte Messung 134
a) Probenahme und Vorbehandlung 134
b) Direkte Messung 135
c) Allgemeine Gesichtspunkte zur Verarbeitung, Isotopieeffekt 135
2. Trockene Veraschung 136
3. Nasse Veraschung 137
a) Salpetersäure 138
b) Schwefelsäure 139
c) Formamid 139
d) Alkalische Zersetzung 139
e) Perchlorsäure 140
f) Verluste durch Verflüchtigung 141
4. Vakuumtechnik 142

III. Herstellung von Präparaten für die Aktivitätsmessung, Besonderheiten bei der Messung 145
1. Zweck und Umfang der Präparation 145
2. β-Strahler in fester Form 147
a) Ausschaltung der Selbstabsorption, allgemeine Gesichtspunkte 147
b) Eindampfen von Lösungen 148
c) Sedimentation, dicke feste Proben 150
d) Filtration 152
e) Elektrolyse, Aufdampfen 155
f) Bedecken der Präparate 156
g) Besondere Maßnahmen bei fensterlosen Zählrohren 156
h) Messung von Papierchromatogrammen 157

Seite

3. β-Strahler in Lösungen und Suspensionen 160
   a) Messung mit externem Detektor 160
   b) Messung strömender Lösungen 161
   c) Messung mit internem Detektor: flüssige Szintillatoren 163
      α) Allgemeines, Meßanordnung, S. 163. — β) Szintillatoren, Lösungsmittel, Löscheffekte, S. 165. — γ) Probebereitung, S. 171. — δ) Messung von Suspensionen und Emulsionen, S. 175. — ε) Meßvorgang, Bestimmung mehrerer Isotopen in derselben Probe, S. 176
4. β-Strahler in gasförmigem Zustand 177
5. γ-Strahler 178
6. α-Strahler 179

B. Die einzelnen Isotope und ihre Bestimmung 179

I. Kohlenstoff 180
1. Isotope 180
2. Übersicht über die Methoden zur Bestimmung von Kohlenstoff 14 181
3. Direkte Messung biologischer Proben und isolierter Verbindungen 182
   a) Mit externem Detektor 182
   b) Mit flüssigen Szintillatoren 183
4. Verbrennung 184
   a) Allgemeines 184
   b) Trockene Verbrennung im Sauerstoffstrom 185
      α) Verschiedene Verfahren, S. 185. — β) Verfahren von CHRISTMAN, ANDERSON et al., S. 186
   c) Trockene Verbrennung im Bombenrohr 189
      α) Nach WILZBACH und SYKES, S. 190. — β) Nach SIMON, DANIEL und KLEBE, S. 190. — γ) Nach BUCHANAN und CORCORAN, S. 192. — δ) Nach GÖTTE, KRETZ und BADDENHAUSEN; sonstige Verfahren, S. 193
   d) Nasse Verbrennung nach VAN SLYKE 193
      α) Oxydationsmischung, Durchführung, S. 194. — β) Absorptionsflüssigkeiten für Kohlendioxyd, S. 195. — γ) Diffusionsmethode; Verfahren von CLAYCOMB, HUTCHENS und VAN BRUGGEN, S. 197. — δ) Diffusionsmethode mit Nachspülen; Verfahren von LINDENBAUM, SCHUBERT und ARMSTRONG, S. 198. — ε) Nasse Verbrennung im Treibgasstrom; Verfahren von SKIPPER et al., S. 199. — ζ) Nasse Verbrennung mit manometrischer Kohlenstoffbestimmung; Verfahren von VAN SLYKE et al. und RUTSCHMANN und SCHÖNIGER, S. 202. — η) Direkte Messung der Verbrennungsgase; Verfahren von NEVILLE, S. 205
   e) Nasse Verbrennung mit Persulfat und sonstige Methoden 207
5. Messung von Kohlenstoff 14 nach der Verbrennung 208
   a) Messung als festes oder gelöstes Carbonat 208
   b) Messung als Kohlendioxyd 209
      α) Anwendung der Ionisationskammer, S. 209. — β) Allgemeines zur Messung in Zählrohren, S. 210. — γ) Zählung im Auslösebereich, S. 213. — δ) Zählung im Proportionalbereich, S. 214. — ε) Zählung mit Szintillationszählern, S. 216. — ζ) Messung in strömenden Gasen, insbesondere Atemluft, S. 216
6. Zusammenfassung und Vergleich der verschiedenen Verfahren 217

II. Wasserstoff 222
1. Isotope 222
2. Übersicht über die Methoden zur Bestimmung von Tritium 222
3. Direkte Messung biologischer Proben und isolierter Verbindungen 224
   a) Mit externem Detektor, Papierchromatogramme 224
   b) Mit flüssigen Szintillatoren 225
4. Überführung des Tritiums in die Meßform 226
   a) Abdestillation von Wasser 226
   b) Verbrennung zu Wasser 226
      α) Im Sauerstoffstrom, S. 226. — β) Verbrennung im Bombenrohr, S. 227
   c) Überführung in Wasserstoff 229
      α) Umwandlung der Substanz in Wasserstoff-Methan nach WILZBACH, S. 229. — β) Umsetzung mit Zink oder Magnesium bei höheren Temperaturen, S. 230. — γ) Umsetzung mit Calcium bei Zimmertemperatur, sonstige Verfahren, S. 232

Seite

d) Umwandlung in andere Zählgase 233
α) Umsetzung mit Metallcarbiden, S. 234. — β) Umsetzung mit GRIGNARD-Reagentien, S. 234
e) Anwendung von Austauschreaktionen 234
5. Messung von Tritium 235
a) Messung als Wasser mit flüssigen Szintillatoren 235
b) Gaszählung als Wasserdampf 235
c) Messung mit der Ionisationskammer 236
d) Gaszählung als Wasserstoff 236
e) Gaszählung als Methan, Acetylen und Butan 237
f) Messung in strömenden Gasen 237
6. Zusammenfassung und Vergleich der verschiedenen Verfahren 240
III. Stickstoff, Sauerstoff, Phosphor und Schwefel 241
1. Stickstoff und Sauerstoff 241
2. Phosphor 241
3. Schwefel 244
a) Isotope 244
b) Veraschung 244
c) Präparation 246
d) Messung 247
IV. Halogene 248
1. Fluor 248
2. Chlor 248
3. Brom und Astat 249
4. Jod 249
a) Isotope 249
b) Bestimmung 251
V. Alkalimetalle 252
1. Natrium 252
2. Kalium 253
3. Lithium, Rubidium, Caesium und Francium 254
VI. Erdalkalimetalle 255
1. Beryllium und Magnesium 255
2. Calcium 255
3. Strontium, Barium und Radium 257
VII. Chrom, Mangan, Eisen, Kobalt, Kupfer und Zink 258
1. Chrom 258
2. Mangan 259
3. Eisen 260
4. Kobalt 262
5. Kupfer 264
6. Zink 265
VIII. Die Isotope der restlichen Elemente 266
Literatur 274

Determination of tritium in biological material. By ELWOOD V. JENSEN. With 1 Figure . 305

References 310

Nachweis stabiler Isotope. Von HELMUT LIEBL. Mit 6 Abbildungen 311
1. Stabile Isotope als Indicatoren 311
2. Apparate 312
a) Ionenerzeugung 312
b) Massentrennung 312
c) Ionennachweis 314
d) Käufliche Massenspektrometer 316
3. Analyse der wichtigsten Isotope 316
a) Restgase 316
b) Wasserstoff 317
c) Kohlenstoff 317
d) Stickstoff 318
e) Sauerstoff 318
f) Zur Auswertung 319
Literatur 320

Seite

Autoradiographie. Von EBERHARD HARBERS. Mit 18 Abbildungen 321

A. Physikalische Grundlagen der Autoradiographie 322
I. Strahlenwirkung auf die Photoemulsion 322
II. Auflösungsvermögen 325
III. Dosierung der Radioelemente und Expositionszeit 327

B. Autoradiographische Methoden 328
I. Kontakt-Methode 328
II. "Mounting"-Verfahren 330
III. Stripping-Film 331
IV. Flüssige Emulsionen 332
V. Weitere autoradiographische Verfahren 334

C. Gewebsvorbehandlung 334
I. Allgemeines zur Gewebsvorbehandlung 334
II. Selektive Darstellung bestimmter Gewebsfraktionen 336
1. Nucleinsäuren 337
2. Phospho-Proteine 340
3. Proteine 340
4. Thyreoglobulin 341
5. Sulfo-Mucopolysaccharide 341

D. Quantitative Autoradiographie 342
I. Photometrische Bestimmung des Schwärzungsgrades der Emulsion 342
II. Auszählung von Silbergranula pro Flächeneinheit 342
III. Bahnspurauszählung 342

E. Ergänzende Hinweise zur Herstellung autoradiographischer Präparate 343

F. Aussagemöglichkeiten autoradiographischer Untersuchungen 344

Literatur 348

Aspects of the biological Effects of Radiation. By L. F. LAMERTON. With 2 Figures . . . 353
Introduction 353
The physical basis of the interaction between radiation and matter 353
The spatial distribution of ionisation 354
Number of ion-pairs produced per röntgen 357
Radiation chemistry 357
Quantitative data on the concentration and distribution of the various types of radicals and ions 358
The primary biological effects of radiation 359
Application of the target theory to virus inactivation 360
Cytological effects of radiation 360
Biochemical basis of radiation effect 363
Survival curves for mammalian cells 363
General conclusions on mechanism of action of radiation on cells 364
Effects of radiation on various tissues 364
Response of the small intestine 365
Response of the blood forming tissues 365
Radiation effects on other tissues 366
Effects of protraction of radiation exposure on tissue response 367
Delayed effects of radiation 369
Clinical data 370
Experimental data 371
General conclusions on radiation-induced tumours 372
References 372

Late Effects of Internally Deposited Radioisotopes. By T. T. ODELL JR., and A. C. UPTON 375

A. Introduction 375

B. Physical and biological factors influencing the effects of internally deposited radioisotopes 375

Seite
I. Uptake and distribution 375
II. Half lives of internal emitters 376
III. Quality of emitted radiations 376
IV. Maximum permissible concentration of internal radioisotopes 376
C. Effects of inhaled radioactivity on the respiratory tract 377
D. Bone-seeking radioelements 378
I. Radium and mesothorium 378
II. Strontium-90 380
III. Strontium-89 381
IV. Calcium-45 381
V. Plutonium 381
VI. Rare earths 382
E. Radioelements deposited predominantly in soft tissue 383
I. Thorium 383
II. Polonium-210 (radium F) 383
III. Colloidal gold 384
IV. Iodine 384
V. Astatine-211 385
VI. Sulfur-35 385
VII. Phosphorus-32 386
F. Radioisotopes in tracer experiments 386
G. Exposure to fallout from nuclear detonations 386
I. Formation of fallout 386
II. Biological effects of fallout 387
H. Conclusions 388
References 388

Medikamentöse Beeinflussung des Strahlenschadens. Von ALEXANDER CATSCH
Mit 1 Abbildung 393
Literatur 401

Therapeutische Möglichkeiten bei Inkorporation von Radioisotopen
Von ALEXANDER CATSCH. Mit 3 Abbildungen 405
Literatur 414

Die maximal zulässige Strahlenbelastung. Von GERHARD SCHUBERT, GÜNTER HÖHNE und HANS A. KÜNKEL 417
1. Einleitung 417
2. Dosis und Dosisleistung 419
3. Maximal zulässige Dosen 422
a) Ganzkörperbestrahlungen 423
b) Teilkörperbestrahlungen 424
c) Die höchstzulässigen Dosen für besondere Bevölkerungsgruppen und für die Gesamtbevölkerung 424
4. Strahlenbelastung bei Inkorporation von radioaktiven Substanzen 425
a) Dosisberechnung bei inkorporierten radioaktiven Substanzen 425
α) β-Strahler, S. 426. — β) γ-Strahler, S. 427. — γ) Mischstrahler, S. 428
b) Maximal zulässige Konzentrationen radioaktiver Substanzen in Trinkwasser und Atemluft 429
Weiterführende Literatur 439

Strahlenschutz. Von OTTO HUG und HERMANN MUTH. Mit 17 Abbildungen 440
I. Grundsätze des Strahlenschutzes beim Umgang mit radioaktiven Nukliden 440
1. Schutz gegen Strahlung von außen 440
a) Schutz gegen α-Strahlung von außen 441
b) Schutz gegen β-Strahlung von außen 441
c) Schutz gegen γ-Strahlung von außen 443
2. Strahlung von innen, Schutz gegen Inkorporation 446
3. Verhütung radioaktiver Kontamination 448
4. Einteilung der Arbeit mit Radionukliden in Gefahrenklassen 452

Seite

II. Praktischer Strahlenschutz 454
1. Organisatorisches, Vorschriften 454
2. Personelle Voraussetzungen 456
3. Strahlenschutzmessung; Meß- und Warngeräte 457
a) Messung der Ortsdosis, der Dosisleistung und der Kontamination 458
b) Messung der Personendosis 461
c) Prüfung der Radioaktivität der Luft 466

III. Gesundheitsüberwachung 466
1. Ärztliche Untersuchungen 466
2. Physikalische Messungen zum Nachweis inkorporierter Radionuklide 471
a) Messung der aus dem Körper austretenden γ-Strahlung 471
b) Messung von gasförmigen radioaktiven Stoffen in der Ausatmungsluft . . . 475
c) Messung der Aktivität der Körperausscheidungen 475

IV. Maßnahmen bei Unfällen 476
1. Vorsorgliche Maßnahmen 476
2. Erste Hilfe und Dekontamination 477
3. Dokumentation 479

Literatur 480

Bau und Einrichtung nuclearmedizinischer Abteilungen. Von Hans Götte und H. A. E. Schmidt. Mit 41 Abbildungen 484

A. Vorbemerkungen 484

B. Planung 484
I. Grundsätzliche Überlegungen 484
1. Raumbedarf 484
2. Lage der Abteilung und Anordnung der Räume 485
3. Baukosten 487
II. Beispiele verschiedener Typen von nuclearmedizinischen Abteilungen 488
1. Zentrales Institut eines Klinikums 488
a) Verwaltungs-, Dienst- und Aufenthaltsräume 489
b) Umkleide-, Wasch- und Duschräume 489
c) Krankenstation 490
d) Aktivitätenlager, Therapie- und Diagnostikräume 491
e) Wissenschaftliche Laboratorien 492
f) Tierställe und Tierlaboratorien 494
g) Technische Räume 495
2. Nuclearmedizinische Abteilung einer Klinik oder eines Krankenhauses . . . 495
a) Verwaltungs-, Dienst- und Aufenthaltsräume 495
b) Umkleide-, Wasch- und Duschräume 497
c) Krankenstation 497
d) Aktivitätenlager, Diagnostik- und Therapieräume, Laboratorien 497
e) Technische Räume 497
3. Nuclearmedizinische Abteilung eines kleineren Krankenhauses 498
III. Hinweise auf weitere Vorschläge 499

C. Bauliche Besonderheiten 499
I. Laboratorien 499
1. Allgemeines 499
2. Fußböden, Wände 500
3. Abzüge 501
4. Spülen 503
5. Energieanschlüsse 504
6. Sprechanlage 504

II. Abwasser 504
1. Allgemeines 504
2. Dekontaminationsverfahren 505
3. Beispiel einer Dekontaminationsanlage 505

III. Luftanlagen 506
1. Allgemeines 506
2. Art der Abluft 506
a) Laboratoriumsabluft 506

Seite
b) Raumabluft 507
c) Abluft der Handschuhboxen 507
3. Art der Anlagen 507
a) Die zentrale Luftanlage 507
b) Einzelentlüftung jedes Arbeitsraumes 508
4. Bauweise der Anlage 508
a) Material. Technische Daten 508
b) Filterung 509
c) Klimaanlage und Heizungssystem 510
d) Aktivitätskontrolle 510

IV. Lager für Radionuclide 510

D. Einrichtungen 514

I. Allgemeine Richtlinien 514

II. Spezielle Strahlenschutz- und Laborgeräte 517
1. Geräte für Arbeiten mit β-Strahlern 517
2. Geräte für Arbeiten mit γ-Strahlern. Fernbedienungsgeräte 521
3. Tierkäfige 524
4. Medizinische Spezialgeräte 526

III. Meß- und Warngeräte für den Strahlenschutz 528
1. Personendosis 528
2. Dosisleistung am Arbeitsplatz 529
3. Kontaminationssuche und -kontrolle 530
4. Abwasser- und Luftkontrolle 531

E. Firmenverzeichnis 532

Literatur 534

Zweiter Teil

Radioisotope für Untersuchungen in Physiologie, Pharmakologie und Diagnostik

Historische Übersicht der Anwendung von Isotopindicatoren. Von Georg von Hevesy . 536

Untersuchungen mit in der Natur vorkommenden radioaktiven Isotopen 537

Literatur 537

Die Anwendung künstlicher radioaktiver, sowie angereicherter stabiler Isotope . . . 537
Wasserstoff, S. 537. — Literatur, S. 538. — Phosphor, S. 539. — Literatur, S. 543. — Kohlenstoff, S. 546. — Literatur, S. 549. — Natrium, S. 550. — Literatur, S. 551. — Kalium, S. 552. — Literatur, S. 552. — Rubidium und Caesium, S. 553. — Literatur, S. 553. — Calcium, Strontium und Barium, S. 553. — Literatur, S. 554. — Seltene Erden und Americium, S. 554. — Literatur, S. 555. — Zirkon, S. 555. — Literatur, S. 555. — Vanadium, S. 555. — Literatur, S. 555. — Mangan, S. 555. — Literatur, S. 556. — Chrom, S. 556. — Literatur, S. 556. — Niobium und Tantal, S. 556. — Literatur, S. 556. — Molybdän und Rhenium, S. 556. — Literatur, S. 556. — Eisen, S. 557. — Literatur. S. 558. — Platinmetalle, S. 559. — Literatur, S. 559. — Kobalt und Nickel, S. 559. — Literatur, S. 559. — Kupfer, S. 560. — Literatur, S. 560. — Silber, S. 560. — Literatur, S. 560. — Gold, S. 560. — Literatur, S. 560. — Beryllium, S. 561. — Literatur, S. 561. — Magnesium und Zink, S. 561. — Literatur, S. 561. — Cadmium und Quecksilber, S. 561. — Literatur, S. 561. — Gallium und Indium, S. 562. — Literatur, S. 562. — Stickstoff, S. 562. — Literatur, S. 562. — Arsen und Antimon, S. 563. — Literatur, S. 563. — Sauerstoff, S. 563. — Literatur, S. 564. — Schwefel, S. 564. — Literatur, S. 565. — Selen und Tellur, S. 565. — Literatur, S. 565. — Fluor, S. 565. — Literatur, S. 566. — Chlor, S. 566. — Literatur, S. 566. — Brom, S. 566. — Literatur, S. 567. — Jod, S. 567. — Literatur, S. 568. — Astatin, S. 570. — Literatur, S. 570. — Edelgase, S. 570. — Literatur, S. 570

Darstellung isotop markierter Verbindungen. Von Hans Grisebach. Mit 2 Abbildungen 571
A. Allgemeine Gesichtspunkte bei der Planung und Durchführung von Synthesen . . 571
B. Markierung mit mehreren Isotopen 573

Seite
C. Trennung optisch aktiver Antipoden 574
D. Isotopenisomerisierung 574
E. Einführung des Isotops durch Austauschreaktionen 574
F. Spezielle Verfahren zur Einführung von Isotopen 574
G. Biosynthesen 575
Literatur 575

Reinheitskriterien isotop markierter Verbindungen 576
A. Chromatographische Methoden 577
B. Verteilungkoeffizient und multiplikative Verteilung 578
C. Umkristallisieren bis zur konstanten spez. Aktivität 578
D. Prüfung auf konstante Löslichkeit 579
E. Zufügen von Trägersubstanz 579
F. Abbau der Verbindung 579
G. Beständigkeit radioaktiv markierter Verbindungen 579
Literatur 579

Lokalisierung des Isotopes 580
Literatur 584

Ermittlung von Einzelheiten bei Reaktionsabläufen 585
A. Bestimmung der Wirksamkeit einer biosynthetischen Vorstufe 585
B. Ermittlung von biosynthetischen Vorläufern und Zwischenstufen durch Konkurrenzversuche 586
C. Ermittlung einer Vorstufe aus dem zeitlichen Verlauf der spezifischen Aktivität . 587
D. Angriff einer Reaktion an einer bestimmten Stelle im Molekül 587
E. Auftreten einer symmetrischen Zwischenstufe 588
F. Mehrfachmarkierung 589
G. Stereospezifische Markierung 589
Literatur 589

Einige allgemeine Bemerkungen über die Anwendung von Isotopindicatoren
Von GEORG VON HEVESY 591
a) Fälle, in denen die Anwendung von Isotopindicatoren nicht unbedingt notwendig ist 591
b) Probleme, die nur mit der Hilfe von Isotopindicatoren gelöst werden können . . . 591
c) Markierung von Zellen 593
d) Markierung des Gesamtorgans 593
e) Ursprungsbestimmung und Bestimmung des Reaktionsweges 594

The Mathematical Treatment of Metabolic Processes. By HERMAN BRANSON. With 6 Figures 596
1. Some definitions and assumptions 596
2. Isotope dilution studies 598
3. Medical applications of isotope dilution techniques 599
4. Studies of uptake and volume of distribution 599
5. Studies of the kinetics of reactions 601
6. Systems in dynamic equilibrium 601
7. Three-component closed system. 603
8. Uptake from a constant precursor. 606
9. Systems not in dynamic equilibrium 608
10. Precursor relations 609
11. Systems with discrimination 611
12. Analog computer solutions 612
13. Note on procedure 613
References 614

Isotopes as a tool in biochemical analysis. By J. K. WHITEHEAD. With 2 Figures 619
A. Isotope dilution analysis 619
1. General equations for use in isotope dilution analysis 620
2. Accuracy of the isotope dilution method 622
Specific applications. Determination of amino acids using stable isotopes, S. 624. — Determination of body spaces and body composition, S. 624.

Seite

B. Isotope derivative analysis 626
C. Activation analysis 629
1. Nuclear reactions used in activation analysis 630
2. General methods in activation analysis 631
3. Specific applications 633
Arsenic, S. 633. — Barium and Strontium, S. 634. — Halogens, S. 634. — Zinc, S. 635. — Sulphur, S. 635. — Phosphorus, S. 635. — Gold, S. 635. — Application of activation analysis to biological material using particles other than neutrons, S. 635.
Summary 636
References 636

Radioactive Isotopes in the Study of the Pasteur and Crabtree Effects
By Alan C. Aisenberg. With 1 Figure 639
A. The Pasteur Effect 639
I. Introduction 639
II. Use of radioisotopes in studies of the Pasteur effect in whole cells 640
III. Use of radioisotopes in studies on the Pasteur effect in reconstructed systems . 641
B. The Crabtree Effect 641
I. Introduction 641
II. Radioisotopes in study of the Crabtree effect 642
References 642

The Use of Isotopes in the Study of Sugar Transport in Mammalian Cells and Tissues
By Ernst Helmreich and Robert K. Crane. With 8 Figures 644
Introduction 644
A. Experimental approaches to the study of sugar transport in cells and tissues . . . 644
I. Measurements of sugar transport by following osmotic volume changes of erythrocytes 644
II. Measurements of sugar transport by determination of the penetrant 645
1. The use of enzymes for analysis 645
2. The use of isotopes for analysis 646
a) Recovery of injected sugars 647
b) Analysis of mixtures of sugars 647
c) Labeling of sugars by exposure to Tritium in the gas phase 648
d) Experiments with O^{18} 650
e) Radioautography 650
f) Neutron activation chromatography 651
B. Examples of the use of isotopes in the study of sugar transport in cells and tissues . . 652
I. Diffusion versus selective entrance of sugars in single cells and skeletal muscle . 652
1. Measurement of extracellular space 652
2. Measurement of sugar utilization and of "glucose body pools" 653
3. Interrelationship of sugar penetration and utilization 655
4. Sugar transport in single cells 656
5. Sugar transport in skeletal muscle 656
II. The action of insulin on the permeability of skeletal muscle by sugars 657
1. Bonds involved in attachment of hormones to responsive tissues 658
2. Morphologic changes due to altered permeability (pinocytosis) 658
III. Active transport 659
1. Reabsorption of sugars by the kidney 659
2. Intestinal absorption of sugars 660
3. Nature of the chemical bond involved in active transport 661
Literature 662

Radioaktive Isotope bei Untersuchungen zum Citronensäurecyclus
Von August Holldorf und Helmut Holzer. Mit 12 Abbildungen 666
A. Einleitung 666
B. Studien über einzelne Reaktionen und über die Sequenz des Citronensäurecyclus . . 667

Seite

I. Der Mechanismus der Citratbildung 667
II. Der Übergang von Isocitrat zu α-Ketoglutarat 674
III. Die Oxydation von α-Ketosäuren 675
IV. Studien über das phosphorylierende Enzym („P-Enzym") 677

C. Das Vorkommen des Citronensäurecyclus bei verschiedenen Organismen 677
I. Allgemeines 677
II. Untersuchungen über die Funktion des Citronensäurecyclus in Mikroorganismen 678
1. Untersuchungen an Hefezellen 678
2. Der Citronensäurecyclus in Micrococcus lysodeicticus und Escherichia coli . . 679

D. Der Citronensäurecyclus als Baustofflieferant 681
I. Die Beteiligung des Citronensäurecyclus an der Gluconeogenese 681
1. Der Einbau von markiertem Acetat in Glykogen 681
2. Der Einbau von markiertem Lactat in Glykogen 685
II. Die Biosynthese von Aminosäuren aus Intermediärprodukten des Citronensäurecyclus 688
III. Die Bedeutung des Citronensäurecyclus für die Biosynthese der Porphyrine . 688

E. Die Wiederauffüllung des Citronensäurecyclus 689

F. Varianten des Citronensäurecyclus 693
I. Der Thunberg-Wieland-Cyclus 693
II. Der Glyoxylatcyclus 694

Literatur 698

The use of glucose-^{14}C in the study of the pathways of glucose metabolism in mammalian tissues. By JOSEPH KATZ. With 9 Figures 705
Introduction 705

A. Recycling via the pentose cycle and the estimation of its contribution to glucose metabolism 706
1. The distribution of glucose carbon by the pentose pathway 706
2. The use of triose-P derivatives and $^{14}CO_2$ for the estimation of the role of the pentose cycle 712
3. Methods for the evaluation of the pathways of glucose metabolism 715
4. Limitations of the theory 717
a) Transketolase exchange, S. 717. — b) Transaldolase exchange, S. 717. — c) Transaldolase-transketolase exchange, S. 718. — d) Reversal of the E. M. pathway, S. 718. — e) Utilization of the triosephosphate in the pentose cycle, S. 718

B. A survey of the occurrence of the pentose cycle in glucose metabolism in mammalian tissues 719
1. Liver 720
The conversion of pentose into glucose 726
2. Mammary gland 727
3. Adipose tissue 734
4. Tumors 738
5. Blood 740
6. Eye 742
7. Intestinal mucosa 743
8. Brain 743
9. Adrenals 744
10. Muscle 744
11. Other tissues 745
12. In vivo 745

C. The physiological role of the pentose cycle 746
The coupling of the pentose cycle to biological reduction 746

D. Appendix 747

References 748

Stoffwechsel der Fettsäuren und Fette. Von KONRAD LANG. Mit 2 Abbildungen 752

A. Die Resorption der Fette 752

B. Entfernung der Lipide aus dem Blut 753

Seite

C. Die Speicherung von Fett 755

D. Der Abbau der Fettsäuren 756
I. Die β-Oxydation der Fettsäuren 756
II. Die ω-Oxydation der Fettsäuren und die Dicarbonsäuren 760
III. Der Stoffwechsel von Fettsäuren mit einem verzweigten Kohlenstoffskelet . . 761
IV. Die mehrfach ungesättigten Fettsäuren 764
V. Die Dehydrierung der Fettsäuren in 9,10-Stellung 765

E. Die Biosynthese von Fett 766

F. Unterschiede im Stoffwechsel der einzelnen Fettsäuren 769

Literatur 771

Der Stoffwechsel der Phosphatide und verwandter Stoffe. Von HILDEGARD DEBUCH
Mit 1 Abbildung 773
A. Einleitung 773
B. Glycerinphosphatide 773
I. Chemische Konstitution 773
1. Gemeinsame Bausteine 773
a) Glycerinphosphorsäure (glycerophosphoric acid) 773
b) Fettsäuren 774
2. Stickstoffhaltige Glycerinphosphatide 774
a) Lecithin (phosphatidyl-choline) 774
b) Cephalin 775
α) Colamin-Cephalin (phosphatidyl-ethanolamine), S. 775. — β) Serin-Cephalin (phosphatidyl-serine), S. 775
c) Plasmalogen (früher: Acetalphosphatid) 776
3. Die stickstoffreien Glycerinphosphatide 777
a) Inositphosphatid (phosphoinositide) 777
α) Monophosphoinositid (phosphatidylinositol), S. 777. — β) Diphosphoinositid (diphosphoinositide), S. 777
b) Andere stickstoffreie Glycerinphosphatide 778
α) Diglyceridphosphorsäure (phosphatidic acid), S. 778. — β) Cardiolipin, S. 778

II. Stoffwechsel 778
1. Enzymatische Hydrolyse 778
a) Phospholipase A 779
b) Phospholipase B 780
c) Phospholipase C 781
d) Phospholipase D 781
e) Andere Abbaufermente 781
2. Biosynthese 782
Intermediärprodukte 782
α) Glycerinphosphorsäure, S. 782. — β) Diglyceridphosphorsäure, S. 783. — γ) Cholin- bzw. Colaminphosphorsäure, S. 784. — δ) Cytidindiphosphatcholin und -colamin, S. 784. — ε) Zusammenfassung, S. 785
3. Allgemeiner Stoffwechsel 786

C. Sphingolipoide (sphingolipides) 788
I. Chemische Konstitution 788
1. Gemeinsame Bausteine 788
a) Sphingosin (1,3-dihydroxy-2-amino-4-octa-decen (trans)) 788
b) Fettsäuren 789
2. Sphingomyelin (sphingomyeline) 789
3. Zuckerhaltige Sphingolipoide 790
a) Cerebroside (cerebrosides) 790
b) Ganglioside (gangliosides) 790
c) Andere Glykosphingolipoide 792
II. Biosynthese 792
1. Sphingosin 792
2. Sphingomyelin 793
3. Cerebroside 793

Literatur 794

Seite

Stoffwechsel der Sterine und Steroide (mit Ausnahme der Steroidhormone)
Von HANS MACHLEIDT und RUDOLF TSCHESCHE. Mit 15 Abbildungen 804

A. Biosynthese des Cholesterins 804
I. Acetat als Vorstufe des Cholesterins 804
II. Umwandlung von Acetat in Squalen 809
III. Umwandlung von Squalen in Lanosterin und Cholesterin 815

B. Biosynthese anderer Steroide 819

C. Katabolismus von Cholesterin 820

Literatur 824

Metabolism of Amino Acids and Protein. A. Metabolism of Amino Acids. By H. TARVER and M. ROTHSTEIN. **B. Metabolism of Protein.** By H. TARVER. With 15 Figures 828

Introduction 828

A. Metabolism of Amino Acids 829
I. Transfer of acid into cells 829
II. Complete oxidation of amino acid carbon 830
III. The fixation of carbon into amino acids 833
1. Fixation of carbon dioxide 833
2. Fixation of acetate carbon (EHRENSVÄRD, 1955) 835
3. Fixation of glucose (lactate, pyruvate) carbon 837
4. Isotope competition and incorporation (ROBERTS and coworkers, 1955) . . . 839
IV. Transamination 839
V. Decarboxylation 840
VI. Peptide bond formation 840
1. Glutathione 840
2. Glutamine (MEISTER, 1956) 841
3. Asparagine 843
4. Hippuric acid (see also VII, 1, α, β) 843
5. Phenacetylglutamine 843
6. Glycocholic and taurocholic acid 843
7. Carnosine and anserine 844
VII. Amino acid biosynthesis and catabolism 844
1. Glycine, serine and alanine 844
a) Sources of carbon 844
α) Carbohydrate, S. 844. — β) Interconversion of glycine and serine (SAKAMI, 1955), S. 844. — γ) Hydroxymethyl and formyl groups (HUENNEKENS and coworkers, 1958), S. 845. — δ) Conversion of serine to alanine, S. 846. — ε) Other, S. 846
b) Catabolism 846
c) Utilization 847
α) Ethanolamine and choline, S. 847. — β) Creatine-creatinine, S. 847. — γ) Porphyrin (SHEMIN, 1955), S. 848. — δ) Purine, S. 848. — ε) Other, S. 849
2. Glutamic acid, aspartic acid, ornithine, arginine, proline and hydroxyproline . 849
a) Sources of carbon 849
b) Interconversions between ornithine, proline and glutamic acid 849
c) Urea formation and breakdown 850
d) Catabolism 851
e) Fermentation (BARKER, 1959) 852
3. Threonine 853
a) Biosynthesis 853
b) Catabolism 853
4. Methionine and cysteine-ine 853
a) Biosynthesis 853
b) Methionine and cysteine-ine metabolism 854
α) General, S. 854. — β) Spermidine and spermine, S. 855. — γ) Taurine, S. 855. — δ) Mercapturic acids, S. 856
c) Methyl groups 856
α) Biosynthesis, S. 856. — β) Transmethylation, S. 856. — γ) S-Adenosylmethionine, S. 858

Seite

5. Valine, leucine, isoleucine 859
   a) Biosynthesis 859
      α) Valine, S. 859. — β) Leucine, S. 859. — γ) Isoleucine, S. 860
   b) Catabolism 860
      α) Valine, S. 860. — β) Leucine, S. 861. — γ) Isoleucine, S. 862
6. Phenylalanine and tyrosine 863
   a) Biosynthesis 863
   b) Catabolism 864
   c) Epinephrine and norepinephrine 865
7. Tryptophan 866
   a) Biosynthesis 866
   b) Catabolism 868
      α) Niacin pathway, S. 868. — β) Serotonin, S. 870
8. Histidine. 870
   a) Biosynthesis 870
   b) Catabolism 871
9. Lysine 873
   a) Biosynthesis 873
      α) Neurospora and yeast, S. 873. — β) Bacteria, S. 874
   b) Catabolism 874

B. Metabolism of Protein 876

I. Turnover of protein 876
1. Introduction 876
2. Turnover of plasma proteins (McFarlane, 1957a). 876
   a) Methods. 876
   b) Choice of amino acid 877
   c) Nature of turnover curves 878
      α) Rate of incorporation, S. 879. — β) Rate and extent of fall in the equilibration phase, S. 880. — γ) Slope of the metabolic phase, S. 882.— δ) Nature of the reincorporation, S. 885
   d) Pool size 885
   e) Factors affecting turnover of plasma proteins 885
3. Turnover of tissue protein 886
4. Turnover of proteins in microorganisms 888

II. Synthesis of protein 888
1. Incorporation of labeled amino acids 888
   a) Activation of amino acids (Wieland and Pfleiderer, 1957) 888
   b) Binding of amino acid to soluble RNA (Hoagland, 1958) 890
   c) Transfer of amino acids to form protein 891
   d) Incorporation of individual amino acids 891
      α) Glutamine and asparagine, S. 891.— β) Hydroxyproline and hydroxylysine, S. 892. — γ) Other amino acids, S. 892
   e) Incorporation of amino acid analogs 892
   f) Special considerations with respect to incorporation. 893
      α) Effect of amino acid concentration, S. 893. — β) Effect of amino acid analogs, S. 894. — γ) Anomalous incorporation reactions, S. 894. — δ) Inequality in labeling of amino acid residues in protein, S. 895

References 896

Metabolism of N and S Methyl Groups. By Wilhelm R. Frisell and Cosmo G. Mackenzie
With 7 Figures 920

Transmethylation and methyl carbon transfer 920
Methyl oxidation and the production of formaldehyde and formate 924
The biosynthesis of methyl groups 932
Isotope effects in the metabolism of methyl groups 936
Summary 940

References 941

The use of isotope technique in studies of purine and pyrimidine metabolism
By Charles E. Carter 945

References 957

Seite

Enzymatic Synthesis of Ribonucleic Acid. By SEVERO OCHOA. With 11 Figures 960
Polynucleotide Phosphorylase 961
Structure and Properties of Synthetic Polynucleotides 968

Use of Radioactive Isotopes in the Enzymatic Synthesis of DNA. By ARTHUR KORNBERG With 2 Figures 974
I. Assays of Enzymes 974
II. Linkage of Single Deoxynucleotides to the Deoxynucleoside Ends of DNA . . 976
III. The Incorporation of Pyrimidine and Purine Analogues into DNA 976
IV. Analysis of the Chemical Composition of Enzymatically Synthesized DNA . . . 977
V. Frequencies in Nearest Neighbor Dinucleotide Sequences in DNA and Their Replication 977
References 978

The Biosynthesis of Porphyrins. By DAVID SHEMIN. With 9 Figures 979
Introduction 979
I. The utilization of glycine for protoporphyrin synthesis 979
a) The utilization of the nitrogen atom of glycine for porphyrin synthesis . . . 979
b) Porphyrin synthesis in vitro 981
c) The utilization of the carbon atoms of glycine for porphyrin synthesis . . . 981
d) Location of the position in the porphyrin derived from the a-carbon atom of glycine 981
II. The utilization of a succinyl intermediate arising from the citric acid cycle for the remaining carbon atoms of the porphyrin 983
a) The experiments with C^{14} labeled acetate 983
b) The conversion of acetate via the citric acid cycle to the four carbon atom unsymmetrical compound 986
c) Experiments with labeled succinate 987
d) Further experiments with C^{14} labeled acetate, C^{14} labeled citrate and C^{14} labeled α-ketoglutarate 991
III. The role of δ-aminolevulinic acid in porphyrin synthesis 992
IV. The succinate-glycine cycle 996
V. General considerations 998
References 998

Isotope bei Untersuchungen an Vitaminen
Von CLAUS VON HOLT und HELLMUTH C. HEINRICH. Mit 22 Abbildungen 1001
Einleitung 1001
A. Vitamin A 1001
I. Radioaktive Markierung 1001
II. Biosynthese 1002
III. Stoffwechsel und Verteilung von β-Carotin bzw. Vitamin A 1004
B. Vitamin D 1007
I. Radiochemische Synthese 1007
II. Biosynthese 1007
III. Stoffwechsel 1008
C. Vitamin E 1008
I. Radiochemische Synthese 1008
II. Biosynthese 1008
III. Verteilung und Stoffwechsel 1008
D. Vitamin K 1009
I. Radiochemische Synthese 1009
II. Biosynthese 1009
III. Stoffwechsel 1009
E. Ascorbinsäure, Vitamin C 1010
I. Radiochemische Synthese 1010
II. Biosynthese der L-Ascorbinsäure 1010
III. Stoffwechsel der L-Ascorbinsäure 1017

Seite

F. Thiamin (Vitamin B_1, Aneurin) 1019
I. Radioaktive Markierung 1019
II. Verteilung und Stoffwechsel von Thiamin 1019

G. Riboflavin (Vitamin B_2, Lactoflavin) 1022
I. Radioaktive Markierung 1022
II. Biosynthese 1022
III. Verteilung und Stoffwechsel des Riboflavins 1025

H. Nicotinsäureamid 1025
I. Radiochemische Synthese 1025
II. Biosynthese 1025
III. Stoffwechsel der Nicotinsäure 1028

J. Vitamin B_{12} 1029
I. Markierung des Vitamin B_{12}-Moleküles mit Radioisotopen 1029
1. Radiochemische Austausch-Markierung des Vitamin B_{12}-Moleküles . . . 1029
2. Markierungsversuche des Vitamin B_{12}-Moleküles durch Neutronenaktivierung 1030
3. Biosynthetische Markierung des Vitamin B_{12}-Moleküles 1032
4. Inaktivierung des Radiokobalt-markierten Vitamin B_{12} während der Lagerung 1034
5. Messung der Radioaktivität des Radiokobalt-markierten Vitamin B_{12} . . 1037
II. Biogenese der Vitamin B_{12}-Struktur 1041
III. Intestinale Vitamin B_{12}-Resorption und Intrinsic Factor 1044
1. Physiologischer Bereich und zeitlicher Verlauf der Vitamin B_{12}-Resorption 1044
a) Der physiologische, Intrinsic Factor-abhängige Bereich der intestinalen Vitamin B_{12}-Resorption 1045
b) Der unphysiologische, Intrinsic Factor-unabhängige Bereich der intestinalen B_{12}-Resorption 1047
c) Zeitlicher Verlauf der intestinalen Vitamin B_{12}-Resorption 1048
2. Indirekter Radio-Vitamin B_{12}-Resorptions-Exkretionstest 1051
3. Lokalisation der intestinalen Vitamin B_{12}-Resorption 1052
4. Bildungsstätten des Intrinsic Factor 1054
5. Mechanismus und Testung der Intrinsic Factor-Wirkung 1055
a) Wirkungsmechanismus des Intrinsic Factor (IF) 1055
α) Neuere Untersuchungen und Hypothesen zum „in vivo"-Mechanismus des Intrinsic Factor 1055
β) „In vitro"-Untersuchungen zum Mechanismus der IF-Wirkung an Dünndarmpräparaten 1057
γ) Intestinale Resorption von in der Leber gebundenem Radio-B_{12} . . 1058
b) Bestimmung der biologischen Intrinsic Factor-Aktivität 1059
6. Extra-gastrointestinale Wirkungen des Intrinsic Factor 1062
7. „In-vitro"-Bindung von Vitamin B_{12} an Intrinsic Factor und andere Proteide 1067
a) Testmethoden 1067
b) „In vitro"-B_{12}-Bindung im Speichel 1069
c) „In vitro"-B_{12}-Bindung im Serum 1070
d) „In vitro"-B_{12}-Bindung im Liquor cerebrospinalis 1072
e) „In vitro"-B_{12}-Bindung im Magensaft 1073
8. Inhibitoren der intestinalen Vitamin B_{12}-Resorption und des Intrinsic Factor 1074
a) Im Magen-Darm-Kanal vorkommende Inhibitoren 1074
b) Kohlenhydrate als Inhibitoren der intestinalen Vitamin B_{12}-Resorption und des Intrinsic Factor 1075
9. Artspezifität des Intrinsic Factor 1078
10. Intestinale Radio-Vitamin B_{12}-Resorption und ihre Beeinflussung durch heterologen Intrinsic Factor bei der langzeitigen oralen Erhaltungstherapie der perniciösen Anämie mit Vitamin B_{12} und Intrinsic Factor 1081
α) Vitamin B_{12}-Stoffwechsel bei der oralen Vitamin B_{12}-Intrinsic Factor-Kompensations- und Erhaltungstherapie der perniciösen Anämie . 1081

Seite

β) Wirksamkeitsminderung und reversibler Vitamin B_{12}-Resorptionsblock bei der langzeitigen oralen Erhaltungstherapie der perniciösen Anämie 1081
11. Zur Frage der B_{12}-Resorptions-Förderung durch nicht mit dem Intrinsic Factor identische Substanzen 1087
a) Kohlenhydrat-Effekte auf die intestinale B_{12}-Resorption 1087
b) Steroidhormon-Effekte auf die intestinale B_{12}-Resorption 1088

IV. Verteilung, Retention und Exkretion des resorbierten und parenteral aufgenommenen Radio-Vitamin B_{12} im Organismus 1089
1. Verteilung nach Applikation unphysiologischer großer Radio-B_{12}-Mengen 1089
2. Verteilung nach Applikation physiologischer Radio-B_{12}-Mengen 1092
3. Biologische Halbwertzeit des Radio-Vitamin B_{12} 1095
4. Blut-Liquor-Schranke für Vitamin B_{12} 1096
5. Placentarpassage und intraembryonale Verteilung des Radio-Vitamin B_{12} 1096
6. Exkretion des Radio-Vitamin B_{12} 1097
7. Verwendung von Radio-B_{12} bei der Testung der „in vivo" Wirksamkeit von Depot-Vitamin B_{12}-Präparationen 1100
8. Vitamin B_{12}-Stoffwechsel bei Lebererkrankungen 1103
9. Radio-Vitamin B_{12}-Inkorporation in Neoplasmen 1105
10. Radio-B_{12}-Aufnahme und Verteilung in Pflanzen 1105
11. Intracelluläre Verteilung des Vitamin B_{12} 1106

V. Stoffwechsel des Vitamin B_{12} 1109
1. Stoffwechselschicksal der Vitamin B_{12}-Struktur 1109
2. Stoffwechsel der Cyanogruppe des Vitamin B_{12} 1110
3. Strukturspezifität des Vitamin B_{12}-Stoffwechsels 1110
a) Strukturspezifität der intestinalen Vitamin B_{12}-Resorption 1111
b) Struktur-Unspezifität der Vitamin B_{12}-Intrinsic Factor-Bindung . . . 1115
c) Strukturspezifität der intravitalen Bindung (= Retention) des Vitamin B_{12} 1116
d) Stoffwechsel des sogenannten Vitamin B_{12}-Coenzym 1119
e) Stoffwechsel des Aquocobamid 1123

Literatur 1125

Anwendung von radioaktiven Isotopen in der Enzymforschung
Von KURT WALLENFELS und HORST SUND. Mit 9 Abbildungen 1142

I. Einleitung 1142

II. Die Aufklärung der Reaktionsmechanismen von Enzymreaktionen 1143
1. Enzymatische Substitutionsreaktionen 1143
a) Single Displacement 1145
b) Double Displacement 1145
c) Frontside Displacement 1146
d) Saccharosephosphorylase 1146
e) Phospho-serinphosphatase 1147
f) Glycerinaldehyd-3-phosphat-dehydrogenase 1147
g) Nucleotidase 1151
h) Pyruvatkinase 1152
i) Die Mutasereaktionen 1153
j) Pyrophosphorylasen 1154
2. Hexokinase und Phosphorylase 1156
3. Die Aktivierung von Fettsäuren, Aminosäuren und Kohlendioxyd 1156
4. Mechanismus der Bildung des S-Adenosylmethionins 1165
5. Die Struktur der katalytisch wirksamen Bereiche von Trypsin, Chymotrypsin und einigen Hydrolasen 1165
6. Die Rolle des Thiamins bei der Carboxylase-Reaktion 1167
7. Transhydrogenasen 1168
8. Untersuchungen über enzymatische Glucose-Galaktose-Umwandlung . . . 1168
9. Wasserstoffübertragende Enzyme 1170
10. Mechanismus der Glyoxalase I 1171
11. Mechanismus der Wirkung von Aldolase und Isomerase 1172

III. Der Mechanismus der induzierten Enzymsynthese 1174

Literatur 1177

Seite

Proteohormone. Von PETER KARLSON 1186
1. Allgemeines 1186
2. Biosynthese 1186
3. Verteilung im Organismus und Abbau 1187

Literatur 1188

Metabolism of Adrenaline and Related Compounds. By RICHARD W. SCHAYER 1189
Formation of adrenaline and related compounds 1189
Catabolism of adrenaline and related compounds 1190
Problems for the future 1193

References 1194

Biochimie des hormones thyroïdiennes. Par JEAN ROCHE et RAYMOND MICHEL
Avec 5 Figures 1197

A. Introduction 1197

B. Chimie des hormones thyroïdiennes 1197
I. Techniques d'étude des hormones thyroïdiennes basées sur l'emploi d'I^{131} . . 1198
II. Nature des hormones thyroïdiennes et de leurs précurseurs 1200
III. Synthèse des hormones thyroïdiennes marquées, de leurs précurseurs et de leurs dérivés 1204

C. Biosynthèse des hormones thyroïdiennes 1205
I. Thyroglobuline 1205
II. Modèles chimiques de l'hormonogénèse 1206
III. Hormonogénèse in vivo 1207
1. Phase initiale: concentration des iodures plasmatiques 1207
2. Formation des hormones et de leurs précurseurs 1208
IV. Aspects biochimiques de la sécrétion hormonale et cycle intrathyroïdien de l'iode 1209

D. Métabolisme des hormones thyroïdiennes 1210
I. Iode circulant 1210
II. Métabolisme général des hormones thyroïdiennes 1212
III. Aspects particuliers du métabolisme des hormones thyroïdiennes dans divers organes: cas du foie et du rein 1215

E. Conclusions générales 1218

Bibliographie 1218

Steroid Hormone Metabolism. By RALPH I. DORFMAN. With 12 Figures 1223

A. Introduction 1223

B. Biosynthesis of steroid hormones 1223
I. Progesterone 1223
II. Androgens 1225
III. Estrogens 1227
IV. Corticoids 1227

C. Catabolism of steroid hormones 1231
I. Progesterone 1232
II. Androgens 1232
III. Estrogens 1233
IV. Corticoids 1236

References 1239

Isotope bei Untersuchungen des Mineral- und Wasserhaushaltes (außer Schwermetallen und Spurenelementen). Von HANS NETTER. Mit 5 Abbildungen 1242

A. Einleitung 1242
Bedeutung des physikalisch-chemischen Systems: Körpersäfte/Zelle und H_2O/Elektrolyte 1242

Seite

B. Isotope bei der Untersuchung des Wasserhaushaltes und des Wasserwechsels . . 1247
1. Physikalischer Zustand und isotope Wassermolekeln 1247
2. Zur Bestimmung von D_2O und HTO 1248
3. Isotopieeffekte bei den Elementen des Wassers 1249
a) Geänderte Verteilungsgleichgewichte 1250
b) Geänderte Reaktionsgeschwindigkeiten 1250
4. Austausch von leichtem gegen schweren Wasserstoff 1252
a) Stabile und tauschbare Atome 1252
b) Bedingungen und Katalyse des Tausches 1252
5. Biologische Wirkungen des schweren Wassers 1255
6. Quantitatives über das Verhalten von D_2O im Tierkörper 1256
a) Resorption 1256
b) Fluxgrößen des Wassers 1257
c) Übergang des Wassers in das Gewebe 1258
7. Bestimmung des Gesamtkörperwassers (TBW) mit schwerem Wasser 1261
a) Prinzip 1261
b) Kritik 1261
c) Technik 1263
d) Resultate 1263

C. Isotope bei der Untersuchung des Elektrolytstoffwechsels 1264
1. Einleitung 1264
2. Die Eigenschaften der mineralischen Tracer 1265
3. Isotopieeffekte 1267
4. Die Untersuchungen des Mineralwechsels mit Hilfe von Isotopen 1268
a) Die Größe des Mineralbedarfs 1268
b) Die Resorption 1268
α) Die Resorption aus dem Magen-Darm-Kanal, S. 1268. — β) Die Resorption aus Körperhöhlen und durch die Haut, S. 1272. — γ) Die Resorption aus Geweben und der Subcutis, S. 1273
c) Verteilungsvorgänge 1275
d) Die Auswertung von Gleichgewichten der Verteilung 1280
e) Der Elektrolytübergang von Plasma in das Gewebe 1282
α) Blutvolumen-Bestimmung, S. 1282. — β) Verteilung vom Plasma aus, S. 1282
f) Aufnahme und Abgabe mineralischer Ionen im Gewebe 1284
g) Effektive Verweildauer und Ausscheidung markierter Mineralien 1292
h) Quantitatives und Vergleichendes über das Gesamtverhalten einzelner Ionen 1293
i) Verteilung und Wechsel chemisch vergleichbarer Ionen 1295
k) Mineralische Isotope beim Studium der Zelldurchlässigkeit 1297
α) Erläuterungen, S. 1298. — β) Das Permeabilitätsverhalten einzelner Organe, S. 1299

Schlußwort 1305

Literatur 1306

Inhaltsverzeichnis des zweiten Bandes

Zweiter Teil (Fortsetzung)

Seite

Beryllium. Von H. P. Wolff und R. Fischer. Mit 1 Abbildung 1
Literatur 4

Yttrium. Von H. P. Wolff und R. Fischer. Mit 2 Abbildungen 5
Literatur 9

Strontium. Von H. P. Wolff und R. Fischer. Mit 5 Abbildungen 10
Literatur 18

Fluor. Von H. P. Wolff und R. Fischer. Mit 3 Abbildungen 21
Literatur 25

Chlor. Von H. P. Wolff und R. Fischer. Mit 1 Abbildung 27
Literatur 31

Brom. Von H. P. Wolff und R. Fischer. Mit 1 Abbildung 33
Literatur 40

Kupfer. Von H. P. Wolff und R. Fischer. Mit 10 Abbildungen 41
Literatur 53

Silber. Von H. P. Wolff und R. Fischer. Mit 1 Abbildung 55
Literatur 57

Gold. Von H. P. Wolff und R. Fischer. Mit 6 Abbildungen 59
Literatur 64

Zink. Von H. P. Wolff und R. Fischer. Mit 12 Abbildungen 68
Literatur 78

Quecksilber. Von H. P. Wolff und R. Fischer. Mit 3 Abbildungen 80
Literatur 84

Gallium. Von H. P. Wolff und R. Fischer. Mit 7 Abbildungen 86
Literatur 90

Hafnium. Von H. P. Wolff und R. Fischer 92
Literatur 94

Selen. Von H. P. Wolff und R. Fischer. Mit 3 Abbildungen 95
Literatur 97

Blei. Von H. P. Wolff und R. Fischer. Mit 1 Abbildung 99
Literatur 102

Arsen. Von H. P. Wolff und R. Fischer. Mit 7 Abbildungen 103
Literatur 109

Molybdän. Von H. P. Wolff und R. Fischer. 111
Literatur 114

Mangan. Von H. P. Wolff und R. Fischer. Mit 4 Abbildungen 115
Literatur 120

Kobalt. Von Norbert Lang. Mit 1 Abbildung 122
A. Physiologische Bedeutung und pharmakologische Wirkungen des Kobalts 122
B. Indicatoruntersuchungen mit Kobalt 122

Seite

I. Aufnahme im Organismus und Transport im Blut 122
II. Organverteilung 123
III. Ausscheidung 127
IV. Tumorspeicherung des Kobalts 128
V. Kobalt und Schilddrüsenfunktion 128
VI. Kobalt und Erythropoeserate 128

C. Methodik der Radiokobaltversuche 129
I. Verwendete Isotope 129
II. Verarbeitung der Indicatorpräparate 129
III. Radiokobaltnachweis in vivo und in vitro 130

Literatur 130

Eisenstoffwechsel. Von WALTER KEIDERLING. Mit 26 Abbildungen 133

Einleitung 133

A. Methodische Grundlagen der Eisenstoffwechselforschung 133
I. Untersuchung der stationären Zustände des Eisenstoffwechsels 134
1. Nachweis des organismischen Eisens 134
2. Bestimmung des eisenbindenden Globulins 135
II. Untersuchung der Kinetik des Eisenstoffwechsels 135
1. Radioaktive Indicatoren 136
2. Nachweis der radioaktiven Indicatoren 137
a) In vitro-Messung der β- und γ-Strahlung 137
b) In vivo-Messung der γ-Strahlung 138
c) Autoradiographie 138
3. Ferrokinetische Untersuchungstechnik 138
a) Plasmaeisenclearance und Plasmaeisenturnover 138
b) Eiseneinbau in die Erythrocyten 140
c) Eisenverteilung im Körper 140

B. Physiologie des Eisenstoffwechsels 140
I. Die eisenhaltigen Körperbausteine 140
II. Eisenresorption 141
1. Verdauung des Nahrungseisens 142
2. Ort der Eisenaufnahme 142
3. Eisenpermeation durch die Mucosazelle 143
4. Größe der Eisenresorption 144
5. Regulation der Eisenaufnahme 144
III. Eisenausscheidung 145
IV. Physiologische Eisenverluste 146
V. Eisentransport 147
1. Transferrineisen und Hämoglobin-Haptoglobin 147
2. Plasmaeisenturnover 147
3. Eisenumsatz außerhalb des Plasmas 149
4. Eisenutilisation für die Hämoglobinbildung 150

C. Pathologie des Eisenstoffwechsels 150
I. Eisenmangelkrankheit 150
II. Infektiöse Eisenstoffwechselstörung 151
III. Neoplastische Eisenstoffwechselstörung 155
IV. Eisenstoffwechsel bei Leberparenchymerkrankung 156
V. Eisenstoffwechsel bei hämolytischen Anämien 160
VI. Eisenstoffwechsel bei perniciöser Anämie 162
VII. Eisenstoffwechsel bei Polycythämie und Polyglobulie 163
VIII. Eisenstoffwechsel bei aplastischer Anämie 163
IX. Eisenstoffwechsel bei refraktären Anämien auf der Grundlage einer Eisenverwertungsstörung 164

Seite
X. Eisenspeicherkrankheit (Hämochromatose) 166
XI. Eisenstoffwechsel bei idiopathischer Lungenhämosiderose 167
Literatur 168

Aktuelle Probleme der Muskelphysiologie und ihre Analyse mit Isotopen
Von ALBRECHT FLECKENSTEIN. Mit 24 Abbildungen 179
A. Der Stoffwechsel der Kalium- und Natrium-Ionen 179
I. Die K^+- und Na^+-Bestände in ruhenden Muskeln 179
1. Höhe und elektrophysiologische Bedeutung der Konzentrationsunterschiede zwischen den extra- und intracellulären K^+- und Na^+-Ionen 179
2. Zur regionalen Verteilung von K^+ und Na^+ innerhalb der Muskelfasern . . 181
II. Die Bewegungen von K^+ und Na^+ bei Muskeltätigkeit und Erholung 183
1. Der Kationen-Austausch des erregten Muskels 183
2. Die K^+-Rückbindung und Na^+-Elimination während der Erholungsphase sowie die Wirkung der Digitalisglykoside als spezifische Hemmstoffe 187
III. Die Abhängigkeit des aktiven Kationentransports vom Stoffwechsel 191
1. Die „Ionenpumpen" und ihre Energetik 191
2. Die spezielle Bedeutung der energiereichen Phosphate für die K^+-Stapelung und Na^+-Elimination. 192
B. Der Stoffwechsel der energiereichen Phosphorsäure-Verbindungen 194
I. Konzentration und Umsetzung der säurelöslichen Phosphorfraktionen in ruhender Herz- und Skeletmuskulatur 195
1. Zur papierchromatographischen Methodik bei der Analyse der P^{32}-Inkorporation 195
2. Die Radiophosphor-Aufnahme in ATP und Kreatinphosphat bei Muskelruhe 198
3. Die P^{32}-Aufnahme in ATP und Kreatinphosphat bei Variation der Temperatur 200
II. Der intermediäre Phosphatstoffwechsel bei Muskelarbeit 202
1. Die P^{32}-Inkorporation in die ATP- und Kreatinphosphat-Fraktion des tätigen Skeletmuskels 202
2. Die P^{32}-Inkorporation in die ATP- und Kreatinphosphat-Fraktion des arbeitenden Myokards 208
III. Neue Möglichkeiten der direkten Messung des intracellulären Phosphat-Turnovers mittels O^{18}-markierten Wassers 213
1. Der O^{18}-Einbau in die ATP-, Kreatinphosphat- und Orthophosphat-Fraktion isolierter ruhender Froschmuskeln 214
2. Die O^{18}-Inkorporation bei tetanischer Reizung sowie während der anschließenden Erholung 218
Schlußbetrachtung 222
Literatur 223

Biochemical basis of nerve activity. By DAVID NACHMANSOHN. With 5 Figures 229
A. Events during activity recorded by physical methods 229
1. Membrane theory 229
2. Ion movements 229
3. Heat production 230
4. Temperature coefficient. 232
5. Necessity of biochemical studies and some general principles of approach 232
B. Essentiality of acetylcholinesterase in conduction 233
1. Physiologically significant features of the enzyme 233
2. Inseparability of electrical and enzyme activity 233
C. Sequence of energy transformations. Integration of acetylcholine into metabolic pathways 235
1. Acetylcholinesterase in electric organs 235
2. Discovery of choline acetylase 235
3. Depolarizing action of acetylcholine 236
4. Sensory receptors 236
5. The elementary process 237

Seite

D. Molecular forces in the proteins of the acetylcholine system and their relation to function . . . 238
1. Active surface of acetylcholinesterase; mechanism of the hydrolytic process . . . 238
2. Mechanism of "nerve gas" action and development of a powerful antidote . . . 239

E. The acetylcholine receptor . . . 242
1. Studies on the intact electroplax . . . 242
2. Isolated single electroplax preparation . . . 245
3. Isolation of the receptor protein . . . 245

F. Effects of lipid soluble quaternary ammonium ions . . . 246

G. Concluding remarks . . . 248

References . . . 248

Isotopes in Studies on the Metabolism of Bones and Teeth. By P. M. JOHNSTON . . . 252

Introduction . . . 252
Organic phase . . . 252
Studies with Carbon^{14} . . . 252
Studies with Sulfur^{35} . . . 253
Mineral phase . . . 255
Studies on mineralization of teeth . . . 255
Studies on mineralization of bone . . . 256
Summarization . . . 257

Literature . . . 257

Use of Radioactive Isotopes in Studying the Metabolism of Mitochondria By PHILIP SIEKEVITZ . . . 259

A. Introduction . . . 259

B. Cation Exchange and Concentration by Mitochondria . . . 259

C. Metabolism of Phosphate by Mitochondria . . . 261
I. Uptake of P^{32} into miscellaneous mitochondrial components . . . 261
II. Use of P^{32} to measure oxidative phosphorylation . . . 262
III. Use of P^{32} and O^{18} to determine the mechanism of oxidative phosphorylation . . . 264

Bibliography . . . 265

Stoffwechsel der Mikroorganismen. Von L. JAENICKE . . . 268

A. Mikroorganismen als biochemische Reagentien . . . 268

B. Einteilung der Bakterien . . . 271

C. Auswahl und Kultur von Bakterien . . . 273

D. Enzymatische Untersuchungs-Technik mit Mikroorganismen . . . 277

E. Abbau und Erneuerung der Zellsubstanz . . . 279
I. Allgemeines . . . 279
II. Abfangen eines Zwischenproduktes . . . 279
III. Kurzzeit-Versuche . . . 280
IV. Die Isotopen-Konkurrenzmethode. Ermittlung von Synthese-Ketten . . . 281
V. Fehlerquellen bei der Untersuchung des Zellumsatzes . . . 283
1. Ungleichgewichte . . . 283
2. Membranen . . . 283
3. Strahlenschäden . . . 284

F. Untersuchung von Enzymmechanismen durch Isotope . . . 285
I. Transfer-Reaktionen bei Bakterien . . . 285
II. Acyl-Aktivierungen . . . 288
III. Transfer-Reaktionen im Stoffwechsel der Nucleinsäuren . . . 290
1. Biosynthese der Nucleinsäure-Bausteine . . . 290
2. Polynucleotid-Synthesen bei Bakterien . . . 291
a) Ribonucleinsäure-Synthese . . . 291
b) Desoxyribonucleinsäuresynthese . . . 292
c) Erneuerung der Polynucleotide in der Zelle . . . 293
3. Protein-Synthese . . . 294

Seite

G. Verwendung von Isotopen zur Untersuchung von Stoffwechsel-Cyclen bei Mikroorganismen . . . 296
I. Nichtphotosynthetische CO_2-Fixierungen . . . 296
II. Stoffwechsel der Propionsäure . . . 298
III. Alternativwege des Kohlenhydrat-Abbaus . . . 302
IV. Bestimmung des Anteils der nichtglykolytischen Wege am Glucose-Abbau . . 307
V. Anaerobe Gärungen . . . 309
1. Allgemeines . . . 309
2. Buttersäure-Gärungen . . . 310
3. Vergärungen von Aminosäuren . . . 311
4. Methan-Gärungen . . . 312

H. Anwendung von Isotopen bei auxotrophen Mutanten . . . 313
I. Allgemeines . . . 313
II. Die Biosynthese aromatischer Verbindungen bei Escherichia coli . . . 314
III. Die Biosynthese der verzweigten Aminosäuren bei Escherichia coli . . . 317
IV. Herkunft von Histidin und Cystein . . . 319

I. Biosynthesen komplexer Moleküle . . . 320
I. Allgemeines . . . 320
II. Die Biosynthese von Carotinoiden bei Phycomyceten . . . 320
III. Biosynthese heterocyclischer Systeme . . . 321
1. Die Flavinsynthese bei Ashbya und Eremothecium . . . 321
2. Der Abbau des Flavin-Gerüstes . . . 323
IV. Enzymatische Chlorierungen . . . 324

J. Mikrobiologische Verfahren zum definierten Abbau von Zell-Bausteinen . . . 324
I. Allgemeine Methodik . . . 324
II. Zucker . . . 325
III. Organische Säuren . . . 328
IV. Aminosäuren . . . 329
V. Anaerober Abbau des Purin-Gerüstes . . . 329

K. Biosynthesen markierter Zwischenprodukte mit Mikroorganismen . . . 330

Literatur . . . 332

Isotope studies on viruses and bacteriophages. By GEBHARD KOCH . . . 349
I. Introduction . . . 349
II. The composition of phage T2 and the isolation of different phage components . . . 350
III. The properties of phage components . . . 350
1. The protein coat . . . 350
2. The nonsedimentable protein . . . 351
3. The DNA . . . 351
4. Acid-soluble components . . . 351
IV. Functions of protein and DNA during viral growth . . . 352
V. Mortality of phage caused by decay of incorporated P^{32} . . . 352
VI. The metabolism of phage-infected bacteria . . . 353
1. The radiosensitivity of the "capacity" to synthesize phage . . . 353
a) Effect of P^{32} decay in bacteria before infection . . . 353
b) Effect of P^{32} decay on infected bacteria . . . 354
2. Synthesis of DNA . . . 354
a) Synthesis of phage precursor nucleic acid in the absence of concomitant protein synthesis . . . 355
3. Protein synthesis . . . 356
a) Synthesis of phage coat protein in the absence of DNA synthesis . . . 357
4. Synthesis of RNA . . . 358
5. Conclusion . . . 359

Seite

VII. Transfer of parental viral material to progeny 359
1. Transfer of parental DNA 360
a) Efficiency of transfer 360
b) Route of transfer 360
α) Isotope competition method, S. 360. — β) Inactivation of progeny particles by decay of transferred parental P^{32}, S. 361. — γ) Autoradiographic method S. 361. — δ) Association between P^{32} and a genetic marker, S. 362. — ε) Association between P^{32} and radiation damages, S. 362
2. Conclusion 362

Addendum 362
Isotope studies with animal viruses 362

References 363

Isotope bei genetischen Untersuchungen. Von F. KAUDEWITZ. Mit 24 Abbildungen . . . 367

1. Bakteriophagen 367
a) Desoxyribonucleinsäure als genetische Substanz des Phagenpartikels 367
b) Inaktivation virulenter Phagenpartikel durch Zerfall von inkorporiertem radioaktivem Phosphor (^{32}P) 369
α) Die Kinetik der Inaktivation, S. 369. — β) Rückschlüsse auf die molekulare Struktur der DNS des Phagenpartikels, S. 370. — γ) Inaktivation der Phagen-DNS nach Injektion in die Wirtszelle, S. 372. — δ) Kreuzreaktivierung, S. 374
c) Die stoffliche Kontinuität der DNS von Eltern- und Nachkommen-Partikeln virulenter Phagen 374
d) Temperierte Phagen 375
2. Bakterien 376
a) Inaktivation der Befähigung der Bakterienzelle zur Koloniebildung durch Zerfall von inkorporiertem ^{32}P 377
b) Die mutagene Wirkung des Zerfalles von inkorporiertem ^{32}P 379
c) Die Verdoppelung der DNS in sich vermehrenden Zellen von E. coli 380
d) Bakterielle Rekombinations-Genetik 382
α) Das K 12-System von E. coli, S. 382. — β) Transformation, S. 386
3. Protozoen 386
4. Niedere Pflanzen 387
5. Höhere Pflanzen und Tiere 387
a) Der Verdoppelungsmechanismus der Chromosomen 387
b) Mutationsauslösung 390

Literatur 390

Radioactive Isotopes in Immunology. By PAUL H. MAURER 393

A. Radio labelling of proteins 393
I. "In vitro" labelling procedures 393
II. Biosynthetically labelled proteins 394
III. Purification and concentration of labelled antibody 395
IV. Procedures for detection of alterations in labelled protein molecules 395
V. Comparisons of proteins labelled by various procedures 396

B. I. Antigen-antibody reactions "in vitro" 396
II. Complement 401

C. Metabolism and fate of antigens and antibodies 403
I. The fate of labelled antigens 403
II. Metabolism (fate) of antigen in the presence of antibody 405
III. The dynamics of the synthesis and degradation of antibody 406
IV. The behavior of antigen-antibody complexes formed in vivo 408
V. Fate of antibody following combining with antigen 409

D. Studies on the "in vitro" synthesis of antibody 410

E. Some additional applications of isotopes to immunology 412
I. Immunological paralysis 412

Seite
II. Immunological unresponsiveness 413
III. Cell transfer studies 413
References 413

Biochemie der Tumoren. Von HANS LETTRÉ, unter Mitarbeit von CHRISTOPH SCHOLTISSEK 419
A. Wirtsorganismus und Tumor 419
B. Eigenschaften der Tumorzelle 419
I. Anwendung markierter Tumorzellen 419
II. Stoffaufnahme 421
III. Stoffwechsel 422
1. Anwendung von Gewebekulturen 422
2. Kohlenhydrate 422
3. Proteine 423
4. Lipoide 423
5. Nucleinsäuren 424
C. Cancerogene Faktoren 425
D. Tumorhemmende Faktoren 427
Literatur 428

The use of radioactive isotopes for pharmacological research
By DANIEL E. DUGGAN and ELWOOD O. TITUS 433
A. Introduction 433
I. Factors governing the design of isotopic experiments with drugs 433
B. Review of recent literature 436
I. Tracer studies using labeled drugs 436
1. Absorption and transport 436
2. Distribution and excretion studies 437
3. Isotopic studies of the catabolic fate of drugs 439
a) Characterization of labeled metabolic products 439
b) Use of specific positional labeling to elucidate metabolic pathways 439
II. Pharmacological studies employing isotope labels in substrates other than the drug 440
1. Drug actions as studied by labeled inorganic ions 440
2. Effects of drugs upon normal synthetic processes 441
a) Incorporation of labeled substrate into proteins 441
b) Incorporation of labeled substrate into polysaccharides 441
c) Effects of drugs upon miscellaneous synthetic processes utilizing labeled substrate 442
3. Effects of drugs upon the catabolism of normal substrates 443
4. The use of labeled conjugating agents in drug metabolism studies 443
Literature 444

Photosynthesis. By JAMES A. BASSHAM. With 12 Figures 449
A. Introduction 449
B. Preparation of Plant Material 450
I. Unicellular algae 450
1. Advantages 450
2. Methods of culture 451
3. Preparation for experiment 452
II. Higher plants 452
III. Whole chloroplasts and chloroplast fragments 452
1. Whole chloroplasts 452
2. Preparation of sap 454
C. Experiments with Carbon Fourteen 454
I. Preparation of radiocarbon compounds 454
1. $HC^{14}O_3^-$ 455
2. $C^{14}O_2$ 455
3. Other labeled substrates 455

Seite

II. Administration of carbon fourteen during photosynthesis 456
1. Algal suspensions 456
a) Single period — Single condition 456
b) Single period — Multiple conditions 456
c) Multiple period — Single condition 457
d) Multiple point — More than one condition 458
e) Substrates other than CO_2 and HCO_3^- 460
2. Higher plants 460
a) Short exposures 460
b) Long exposures 461
c) Chloroplasts 462

III. Killing and extraction 462
Leaves of higher plants 463

IV. Analysis by paper chromatography and radioautography 463

V. Degradation of products 467

VI. Results and interpretation 467
1. The carbon reduction cycle 467
2. Carboxylation via $C_3—C_1$ addition 468
3. Formation of primary metabolites for further synthesis 469
4. Experiments with isolated chloroplasts 470

D. Experiments with Phosphorous Thirty-Two 470

I. Methods of exposure and analysis by chromatography 470
1. General conditions 470
2. Specific experiments and results 471
a) Short exposures to P^{32} 471
b) Changes in phosphorous-labeled compounds with changing conditions . . 472

II. Measurement of photosynthetic phosphorylation in chloroplasts 473

E. Experiments with Tritium (H^3) 474

I. Methods 474

II. Results 475

F. Experiments with Sulfur Thirty-five 475

G. Present Status and Future Problems 476

References 477

Isotopes in studies with antimetabolites. By S. B. Binkley 479

Introduction 479
Analogs of purines and pyrimidines 480
Amino acid analogs 485
Carbohydrate metabolism 488
Applications of isotopes and antimetabolites to study of viruses 489
Application of isotopes and antimetabolites to study of permeases 490
Concluding remarks 492

Bibliography 492

Kreislaufdiagnostik mit Hilfe radioaktiver Isotope
Von Peter G. Waser. Mit 20 Abbildungen 495

I. Allgemeine Methodik 495
1. Verwendung verschiedener Isotope 496
2. Meßtechnik 498

II. Bestimmung des Blutvolumens 500
1. Markierung von Erythrocyten und entsprechende Messungen 501
a) Signierung der Erythrocyten mit Kationen 502
b) Signierung der Erythrocyten mit Anionen 506
2. Markierung von Plasmaeiweißen 511

III. Bestimmung der Kreislaufzeit 514
1. Verwendung von signierten Blutkörperchen 514
2. Injektion von strahlenden Salzlösungen oder markierten Plasmaproteinen in die Blutbahn 515

Seite

IV. Extremitäten- und Organdurchblutung 521
1. Extremitätendurchblutung 521
2. Organdurchblutung 525

V. Hämodynamische Probleme 528
1. Blutströmung 528
2. Minutenvolumenbestimmung 529

VI. Kardiale Insuffizienz 531

VII. Untersuchungen über Schock 533

Literatur 535

Tumordiagnostik. Von J. H. MÜLLER. Mit 6 Abbildungen 551

I. Einleitung 551

II. Die Tumordiagnostik mit einfachen radioaktiven Indicatoren 551
1. Radiojod (I^{131}, I^{132}) 552
2. Radiophosphor (P^{32}) 553
a) Diagnose und Lokalisierung des Brustkrebses mit P^{32} 554
b) Diagnose und Lokalisierung der malignen Hodengeschwülste mit P^{32} . . . 555
c) Diagnose der malignen Geschwülste des Gehirnes mit P^{32} 555
d) Diagnose der malignen Geschwülste des Auges mit P^{32} 558
e) Weitere Versuche betreffend Diagnose und Lokalisierung von Geschwülsten mit Radiophosphor 559
3. Das radioaktive Kalium (K^{42}) 560
4. Das radioaktive Gallium, Calcium und Wismuth 562
5. Diagnose von Hirntumoren mit Positronenstrahlern 563

III. Die Tumordiagnostik mit organischen, radioaktiv markierten Indicatoren 565
1. Einleitung 565
2. Biologisch-pharmakologische und klinische Grundlagen der Fluorescin-Methode 566
3. Die klinische Anwendung des Testes mit radioaktivem Dijodfluorescin (DIF). Die Isotopen-Encephalometrie 568
4. Tumordiagnostik mit radioaktiv markiertem (I^{131}) menschlichem Serumalbumin (RIHSA) 570
5. Indirekte Tumordiagnostik 572

Literatur 573

Jod. Schilddrüsendiagnostik mit Radiojod. Von H. W. BANSI. Mit 18 Abbildungen . . . 576

Einleitung 576

I. Physiologie des Jodstoffwechsels 579
1. Jodverteilung im Gesamtorganismus 580
2. Messung der Radiojodspeicherung in der Schilddrüse 585
3. Hormonphase 591
4. Umwandlung des Jodids in organisch gebundenes Jod in der Schilddrüse . . . 593
5. Serumjodfraktionen als Maßstab der Schilddrüsenfunktion 594
6. Histotopographie des Jods in der Schilddrüse 598
7. In welcher Form kreist das Schilddrüsenhormon in der Blutbahn? 600
8. Thyroxinstoffwechsel 601
9. Beeinflussung des Jodstoffwechsels in der Schilddrüse 602
10. Jod und das strukturelle, physiologische und pathologische Verhalten der Schilddrüse 605
11. Veränderungen des Jodstoffwechsels durch die antithyreoidalen Substanzen . . 608
12. Lokalisationsdiagnostik 614
13. Funktionstests der Schilddrüse mittels hormonaler Stimulierung oder Blockade 617
a) Der Thyrotropintest 618
b) Schilddrüsenhemmtest 620
14. Spezielle Methoden und Fragestellungen 621
15. Störfaktoren 621

II. Klinik der Schilddrüsenerkrankungen mittels der Radiojoduntersuchungen 623
1. Hypothyreosen — Kretinismus 623
2. Thyreoiditis 625
3. Hyperthyreose — Thyreotoxikose 626
4. Die blande Struma 633
5. Die jodavide Schilddrüse 636

Seite

6. Radiojod und Schilddrüsentumoren 637
7. Nachweis dystopischen Schilddrüsengewebes durch Radiojod 641
8. Untersuchungsgang zur Differentialdiagnose 643

Literatur 644

Radio-Vitamin B_{12} in der klinischen Diagnostik. Von HELLMUTH C. HEINRICH Mit 1 Abbildung 660

A. Diagnostische Radio-Vitamin B_{12}-Resorptionsteste 661
I. Allgemeine Bemerkungen zu den verschiedenen Radio-Vitamin B_{12}-Resorptionstesten 662
II. Radio-Vitamin B_{12}-Resorptions-Faecesexkretions-Test (Radio-B_{12}-FET) 663
III. Radio-Vitamin B_{12}-Resorptions-Urinexkretions-Test (Radio-B_{12}-UET) 666
IV. Radio-Vitamin B_{12}-Resorptions-Blutkonzentrations-Test (Radio-B_{12}-BKT) . . . 671
V. Radio-Vitamin B_{12}-Leberinkorporations-Test (Radio-B_{12}-LIT) 671
VI. Radio-Vitamin B_{12}-Resorptions-Gesamtkörperretentions-Test (= Radio-B_{12}-GRT) 674

B. Radio-Vitamin B_{12}-Diagnostik der Vitamin B_{12}-Stoffwechselstörungen des Menschen . 678
I. Radio-Vitamin B_{12}-Resorption bei nutritivem Vitamin B_{12}-Mangel 678
II. Radio-Vitamin B_{12}-Resorption bei Intrinsic Factor-Verlust bzw. -Mangel . 678
1. Radio-Vitamin B_{12}-Resorption bei genuiner perniziöser Anämie 678
2. Radio-Vitamin B_{12}-Resorption bei funikulärer Spinalerkrankung 682
3. Radio-Vitamin B_{12}-Resorption bei Intrinsic Factor-Verlust bzw. -Mangel infolge Gastrektomie 683
4. Radio-Vitamin B_{12}-Resorption bei idiopathischer Anacidität, Achylie, isoliertem Intrinsic-Factor-Mangel und Magenschleimhautatrophie 684
III. Radio-Vitamin B_{12}-Resorption bei gestörter Mucosafixation des Vitamin B_{12}-Intrinsic Factor-Komplexes 685
1. Radio-Vitamin B_{12}-Resorption bei Abnormitäten des Magen-Darm-Traktes . 685
2. Radio-Vitamin B_{12}-Resorption bei Parasitenbefall des Dünndarmes 685
3. Radio-Vitamin B_{12}-Resorption bei Ca-Mangel 686
IV. Radio-Vitamin B_{12}-Resorption bei gestörter Mucosadurchlässigkeit für Vitamin B_{12} 687
V. Radio-Vitamin B_{12}-Resorption bei Resektion der resorbierenden Darmmucosa . 688
VI. Radio-Vitamin B_{12}-Resorption im Alter und beim Diabetes 689
1. B_{12}-Resorption im Alter 689
2. B_{12}-Resorption beim Diabetes. 689
VII. Der parenterale Radio-Vitamin B_{12}-Retentions-Urinexkretions-Test 689

C. Maximal zulässige Radio-Vitamin B_{12}-Inkorporationsradioaktivität im Gesamtkörper des Menschen und Strahlenbelastung bei den klinischen Radio-Vitamin B_{12}-Resorptionstesten 690

Literatur 692

The Regulation of Erythropoiesis as Studied with Isotopes: Erythropoietin By DONALD C. VAN DYKE and JOHN H. LAWRENCE. With 2 Figures 697

References 702

Dritter Teil

Therapie mit radioaktiven Isotopen

Die lokalisierte Applikation künstlich radioaktiver Isotope Von J. BECKER und K. E. SCHEER. Mit 41 Abbildungen 706

A. Einleitung 706
B. Die Oberflächenbestrahlung 707
C. Die interstitielle Bestrahlung. 719
I. Spickmethoden 719
II. Infiltrationsmethoden 732

Seite
D. Die intrakavitäre Bestrahlung 740
I. Anwendung von offenen radioaktiven Isotopen 740
II. Anwendung von radioaktiven Isotopen in geschlossenen Applikatoren 743
1. Anwendung in Lösungen 743
2. Anwendung in fester Form 748
E. Die Fernbestrahlung 760
F. Dosismessung und Dosisberechnung 765
Literatur 773

Interne Tumortherapie mit künstlich radioaktiven Isotopen. (Exklusive Blutkrankheiten und Schilddrüse). Von J. H. MÜLLER. Mit 16 Abbildungen 785
I. Einleitung 785
1. Die physikalischen und chemischen Aspekte der internen Selektivbestrahlung mit künstlich radioaktiven Isotopen 785
2. Die klinischen Methoden der internen Selektivbestrahlung mit Radioisotopen . . 786
II. Diffuse interne Bestrahlung mit Radioisotopen 787
III. Interne Selektivbestrahlung durch Lokalisierung des Radioisotopes auf metabolischem Wege 788
1. Die therapeutische Anwendung von künstlich radioaktiven Elementen in löslicher anorganischer Form 789
a) Interne Selektivbehandlung mit Radiojod (I^{131}) 789
b) Interne Selektivbestrahlung mit Radiophosphor (P^{32}) in anorganischer Form 789
c) Interne Selektivbestrahlung mit Radioarsen (As^{76}) in anorganischer Form . . 791
d) Interne Selektivbestrahlung mit Radiostrontium, Radiogallium und Radiocalcium 792
e) Interne Selektivbestrahlung mit Thorium C 794
2. Therapeutische Anwendung von radioaktiv markierten organischen Substanzen in löslicher Form 795
IV. Interne Selektivbestrahlung durch Lokalisierung des Radioisotopes auf mikro-mechanischer Grundlage 796
1. Applikation auf intravenösem Wege 798
a) Radioaktive Kolloide 798
b) Die intravenöse Applikation von Suspensionen größerer radioaktiver Partikel 800
2. Die Applikation künstlich radioaktiver Isotope in die Körperhöhlen 804
a) Die intraperitoneale Applikation künstlich radioaktiver Isotope 804
Histologische Differenzierung, S. 810. — Stadieneinteilung, S. 811
b) Die intrapleurale Applikation des kolloidalen Radiogoldes 812
c) Weitere Formen der intracavitären Radiogoldapplikation 814
d) Direkte Instillation von kolloidalem Radiogold in die Harnblase 814
e) Intracavitäre Verwendung anderer Radiokolloide (P^{32}, Y^{90}) 815
3. Die direkte Injektion von Suspensionen und kolloidalen Lösungen künstlich radioaktiver Partikel in Tumorbezirke 816
Kritische Schlußbemerkungen 823
Literatur 824

Hypophysectomie with Nuclear Radiations. By JAMES L. BORN, JOHN H. LAWRENCE, CORNELIUS TOBIAS, RICHARD CARLSON, FRANCO SANGALLI and GRAEME WELCH 828
Introduction 828
Changes in Pituitary Function 829
Clinical Management 830
Pathology 831
Summary 832
References 832

Blutkrankheiten. Von L. HEILMEYER und W. KEIDERLING. Mit 31 Abbildungen 833
A. Theoretische Behandlungsgrundlage 833
I. Radiophosphor P^{32} 835
1. Physikalische Eigenschaften 835
2. Physiologisches Verhalten 835
a) Resorption und Ausscheidung 835
b) Verteilung 836

Seite

II. Radiogold Au^{198} 837
1. Physikalische Eigenschaften 837
2. Verteilung 837
III. Grundlagen der β- und γ-Strahlendosimetrie 838

B. Die Polycythaemia vera 840
I. Definition und Abgrenzung 840
II. Klinisches Bild 840
III. Differentialtherapeutische Erwägungen 842
IV. Die P^{32}-Therapie 843
1. Wirkungsmechanismus 844
2. Indikationen 844
3. Behandlungstechnik 845
4. Dosierung 845
5. Ergebnisse der P^{32}-Therapie 846
6. Nebenwirkungen 852
7. Lebenserwartung und Todesursachen 854

C. Die Leukosen 855
I. Chronische Leukämien 855
1. Chronisch-leukämische Myelose (Chronisch-myeloische Leukämie) 855
2. Chronisch-leukämische Lymphadenose (Chronisch-lymphatische Leukämie) . 855
3. Behandlung der chronischen Leukämien 855
a) P^{32}-Therapie 856
α) Bisherige Anwendungen, S. 856. — β) Indikationen, S. 857. — γ) Dosierung, S. 857. — δ) Ergebnisse, S. 859
b) Au^{198}-Therapie 862
α) Bisherige Anwendungen, S. 862. — β) Indikationen, S. 863. — γ) Dosierung, S. 863. — δ) Ergebnisse, S. 864. — ε) Nebenwirkungen, S. 866
c) Therapie mit Y^{90}, Na^{24}, As^{76} und Thorium X 866
d) Vergleichende Therapie 867
α) Röntgenbestrahlung. S. 867. — β) Chemotherapie, S. 869
II. Unreifzellige Leukosen (Akute Leukämien) 870
III. Lymphosarkom 871

D. Die Hämoblastosen des reticuloendothelialen Systems 872
I. Lymphogranulomatose 872
II. Kahlersches Myelom (Multiples Myelom, Myelogenes Plasmocytom) 874
III. Retothelsarkom, Retotheliose, Monocytenleukämie (Typ Schilling) 875
IV. Großfollikuläres Lymphoblastom 876

E. Nachteile der Isotopentherapie 877

Literatur 878

Radiojod in Diagnostik und Therapie der Schilddrüsenneoplasmen
Von Wolfgang Horst. Mit 35 Abbildungen 886

A. Historisches 886

B. J^{131}-Lokalisationsdiagnostik 886
I. Allgemeines 886
II. Methodik 887
III. J^{131}-Lokalisationsdiagnostik der kalten Bereiche: Struma maligna und die cystisch-degenerativen Veränderungen der Schilddrüse 890
IV. J^{131}-Lokalisationsdiagnostik der warmen Bereiche 896
V. J^{131}-Lokalisationsdiagnostik der heißen Bereiche (toxisches Adenom) 897
VI. J^{131}-Lokalisationsdiagnostik des primär funktionierenden, jodstoffwechselaktiven Schilddrüsencarcinoms 903

C. J^{131}-Funktionsdiagnostik 904
I. Schilddrüsencarcinom 904
II. Zur J^{131}-Funktionsdiagnostik von Zuständen, die die Bildung von Schilddrüsentumoren begünstigen (Prophylaxe des Schilddrüsencarcinoms) 905

Seite

D. Zur klassischen Behandlung des Schilddrüsencarcinoms und zur Stellung der modernen Strahlentherapie 906

E. Radiojodtherapie der Schilddrüsenneoplasmen 909

I. Allgemeines 909

II. Grundsätzliches zur Radiojodtherapie, insbesondere zu ihren Grenzen 909

1. Ganzkörperbestrahlung 909
2. Tumorgröße und Sättigungseffekt 909
3. Effektive Halbwertzeit (HWZ) des J^{131} im Tumorgewebe 912
4. Histologie der Schilddrüsentumoren und ihre Bedeutung im Rahmen der Radiojodtherapie 912

III. Auswahl der Patienten zur Ausschaltung der Schilddrüse (Elimination) . . . 915

IV. Die Durchführung der Schilddrüsenelimination 918

V. Auswahl zur J^{131}-Therapie nach Elimination der Schilddrüse 918

VI. Meßmethoden zum Nachweis der J^{131}-Aufnahme im Tumorgewebe 921

1. Allgemeines 921
2. Das Aktivitätsprofil 922
3. Die Messung der J^{131}-Urinausscheidung 922
   a) Bestimmung der J^{131}-Retention 922
   b) Nachweis der Bildung organischer Jodverbindungen durch den J^{131}-Ausscheidungsverlauf 922
   c) Nachweis organischer Jodverbindungen durch Chromatographie des Urins 923
4. Proteingebundenes J^{131} im Plasma bzw. Serum 926
5. Messung von entnommenem Gewebe 927
6. Autoradiographie 927

VII. Dosimetrie bei der J^{131}-Therapie der Schilddrüsenneoplasmen 927

1. Die Berechnung der Tumordosis 928
2. Die Berechnung der Ganzkörperdosis 928

VIII. Durchführung der J^{131}-Therapie 931

1. Dosierung 931
2. J^{131}-Messungen unter der Therapie 933
3. Vorbereitung zu den einzelnen Therapiedosen 934
4. Substitutionsbehandlung 934
5. Unterstützende Therapie 934

IX. Objektivierung des Erfolges der J^{131}-Therapie 935

X. Nebenwirkungen der J^{131}-Therapie von Schilddrüsencarcinomen 938

1. „Strahlenkater" 938
2. Lokale Reaktion in den J^{131}-speichernden Geweben 938
3. Gonaden 939
4. Hämatopoese 939

XI. Bisherige Ergebnisse der J^{131}-Therapie von Schilddrüsencarcinomen 940

XII. Strahlenschutz 943

Literatur 945

Die Behandlung der Hyperthyreose mit Radiojod. Von Heinz Oeser, Hans Billion und Paul Kühne. Mit 7 Abbildungen 950

I. Wesen der Methode 951

II. Physikalische Eigenschaften des Radiojods 952

III. Strahlenbiologische Wirkungen des Radiojods 953

IV. Auswahl und Kontraindikationen 956

V. Technik der Radiojod-Applikation 958

1. Grundlagen der Dosisberechnung 958
2. Praktische Handhabung der Dosierung 961
   Vorbereitung des Patienten, S. 961. — Applikation von Radiojod, S. 961. — Ermittlung der Schilddrüsengröße, S. 961. — Bestimmung des Radiojod-Gehaltes in der Schilddrüse, S. 962. — Zur Berechnung der Integraldosis, S. 963

VI. Ergebnisse der Radiojod-Therapie 966

VII. Kritische Bewertung der Methode 970

VIII. Zusammenfassung 974

Literatur 975

Sachverzeichnis 979

Mitarbeiterverzeichnis

AISENBERG, ALAN C., M. D., Ph. D., Massachusetts General Hospital Boston 14/Mass. (USA).

BANSI, HANS WILHELM, Professor Dr., Chefarzt der I. Inneren Abteilung des Allgemeinen Krankenhauses St. Georg, Hamburg 1, Lohmühlenstraße 5.

BASSHAM, JAMES A., Dr., University of California, Radiation Laboratory, Berkeley 4/Calif. (USA).

BECKER, J., Professor Dr., Czerny-Krankenhaus, Heidelberg, Voßstraße 3.

BILLION, HANS, Privatdozent Dr., Herford/Westf., Bahnhofsvorplatz 2.

BINKLEY, S. B., Professor Dr., University of Illinois, College of Medicine, 1853 West Polk Street, Chicago 12/Ill. (USA).

BORN, JAMES L., University of California, Donner Laboratory, Berkeley 4/Calif. (USA).

BRANSON, HERMAN, Dr., Head Department of Physics, Howard University, Washington 1, D.C. (USA).

CARLSON, RICHARD, Dr., University of California, Donner Laboratory, Berkeley 4/Calif. (USA).

CARTER, CHARLES E., Professor Dr., Yale University, School of Medicine, Department of Pharmacology, 333 Cedar Street, New Haven/Conn. (USA).

CATSCH, ALEXANDER, Professor Dr., Kernreaktor Bau- und Betriebsgesellschaft m. b. H., Karlsruhe, Weberstraße 5.

CRANE, ROBERT K., Dr., Washington University, School of Medicine, Department of Biological Chemistry, St. Louis/Mo. (USA).

DEBUCH, HILDEGARD, Privatdozentin Dr., Physiologisch-Chemisches Institut der Universität, Köln-Lindenthal, Josef-Stelzmann-Straße 52.

DORFMAN, RALPH I., Dr., The Worcester Foundation for Experimental Biology, Shrewsbury/Mass. (USA).

DUGGAN, DANIEL E., Dr., National Institutes of Health, Laboratory of Chemical Pharmacology, Heart Institute, Bethesda 14/Md. (USA).

DYKE, DONALD C. VAN, Dr., Donner Laboratory, University of California, Berkeley 4/Calif. (USA).

FISCHER, ROBERT, Dr., Pathologisches Institut der Universität, Bonn-Venusberg.

FLECKENSTEIN, ALBRECHT, Professor Dr., Physiologisches Institut der Universität, Freiburg i. Br., Hermann-Herder-Straße 7.

FRISELL, WILHELM R., Dr., Department of Biochemistry, University of Colorado, School of Medicine, 4200 East Ninth Avenue, Denver 20/Colo. (USA).

GÖTTE, HANS, Privatdozent Dr., Kelkheim/Taunus, Mozartstraße 1.

GRISEBACH, HANS, Dozent Dr., Chemisches Laboratorium der Universität, Freiburg i. Br., Albertstraße 21.

HARBERS, EBERHARD, Privatdozent Dr., Institut für Medizinische Physik und Biophysik, Göttingen, Goßlerstraße 10.

HEILMEYER, Ludwig, Professor Dr. Dr. h. c., Medizinische Universitätsklinik, Freiburg i. Br., Hugstetter Straße 55.

HEINRICH, HELLMUTH C., Dozent Dr., Physiologisch-Chemisches Institut der Universität, Hamburg 20, Martinistraße 52.

HELMREICH, ERNST J., Dr., Assistant Professor for Biochemistry in Medicine, Department of Internal Medicine, Washington University, School of Medicine, 600 South Kingshighway, St. Louis 10/Mo. (USA).

HERRMANN, GÜNTER, Dr., Institut für Anorganische Chemie und Kernchemie der Universität, Mainz, Joh.-Joachim-Becher-Weg 24.

HEVESY, GEORG VON, Professor Dr., 18 Norr Mälarstrand, Stockholm K/Schweden.

HÖHNE, G., Dr., Universitäts-Frauenklinik, Hamburg-Eppendorf, Martinistraße 52.

HOLLDORF, AUGUST, Dr., Physiologisch-Chemisches Institut der Universität, Freiburg i. Br., Hermann-Herder-Straße 7.

HOLT, CLAUS VON, Dozent Dr., Physiologisch-Chemisches Institut der Universität, Hamburg 20, Martinistraße 52.

HOLZER, HELMUT, Professor Dr., Direktor des Physiologisch-Chemischen Instituts der Universität, Freiburg i. Br., Hermann-Herder-Straße 7.

HORST, WOLFGANG, Professor Dr., Strahleninstitut der Universität, Radio-Isotopen-Abteilung, Hamburg 20, Martinistraße 52.

HUG, OTTO, Professor Dr., Vorstand des strahlenbiologischen Instituts der Universität, München 15, Bavariaring 19.

JAENICKE, L., Dozent Dr., Institut für Biochemie, München 2, Karlstraße 23.

JENSEN, ELWOOD V., Professor Dr., University of Chicago, Ben May Laboratory for Cancer Research, 950 E. 59th Street, Chicago 37/Ill. (USA).

JOHNSTON, P. M., Professor Dr., Department of Zoology, University of Arkansas, Fayetteville/Ark. (USA).

KARLSON, PETER, Professor Dr., Physiologisch-Chemisches Institut und Max-Planck-Institut für Biochemie, München 15, Goethestraße 31—33.

KATZ, JOSEPH, Dr., Institute for Medical Research, Cedars of Lebanon Hospital, 4751 Fountain Avenue, Los Angeles 29/Calif. (USA).

KAUDEWITZ, F., Dozent Dr., Max-Planck-Institut für Virusforschung, Tübingen, Melanchthonstraße 36.

KEIDERLING, WALTER, Professor Dr., Medizinische Universitätsklinik, Freiburg i. Br., Hugstetter Straße 55.

KOCH, GEBHARD, Dr., Stiftung zur Erforschung der spinalen Kinderlähmung und der Multiplen Sklerose, Universitätskrankenhaus Hamburg-Eppendorf, Martinistraße 52.

KORNBERG, A., Professor Dr., Stanford University, School of Medicine, Department of Biochemistry, Palo Alto/Calif. (USA).

KÜHNE, PAUL, Dr., Strahleninstitut der Freien Universität am Städtischen Krankenhaus Westend, Berlin-Charlottenburg 9, Spandauer Damm 130.

KÜNKEL, HANS ADAM, Dr., Universitäts-Frauenklinik, Hamburg-Eppendorf, Martinistraße 52.

LAMERTON, L. F., Dr., The Royal Cancer Hospital, Fulham Road, London S. W. 3.

LANG, KONRAD, Professor Dr., Direktor des Physiologisch-Chemischen Instituts der Universität Mainz, Joh. Joachim Becher-Weg 13.

LANG, NORBERT, Privatdozent Dr., Medizinische Universitäts-Poliklinik Marburg/Lahn, Robert Koch-Str. 7a.

LAWRENCE, JOHN H., M. D., University of California, Donner Laboratory, Berkeley 4/Calif. (USA).

LETTRÉ, HANS, Professor Dr., Direktor des Instituts für experimentelle Krebsforschung, Heidelberg, Voßstraße 3.

LIEBL, HELMUT, Dr., z. Z. 17, Wing Terrace, Burlington/Mass. (USA).

MACHLEIDT, HANS, Dr., Chemisches Institut der Universität, Bonn, Meckenheimer Allee 168.

MACKENZIE, COSMO G., Professor Dr., Department of Biochemistry, University of Colorado, School of Medicine, 4200 East Ninth Avenue, Denver 20/Colo. (USA).

MAURER, PAUL H., Ph. D., Seton Hall College of Medicine and Dentistry, Jersey City 4/N.J. (USA).

MICHEL, RAYMOND, Professor Dr., Laboratoire de Biochimie Générale et Comparée, Collège de France, Paris, Place Marcellin-Berthelot.

MÜLLER, J. H., Professor Dr., Universitäts-Frauenklinik, Kantonsspital Zürich, Strahlenabteilung, Zürich/Schweiz.

MUTH, HERMANN, Professor Dr., Direktor des Instituts für Biophysik der Universitätskliniken im Landeskrankenhaus, Bau III, Homburg/Saar.

NACHMANSOHN, DAVID, Professor Ph. D., Columbia University, 630 West 168th Street, New York 32/N.Y. (USA).

NETTER, HANS, Professor Dr., Institut für physiologische Chemie und Physikochemie, Neue Universität, Kiel, Rudolf-Höber-Haus.

OCHOA, SEVERO, Professor Dr., New York University School of Medicine, 550 First Avenue, New York 16/N.Y. (USA).

ODELL JR., T. T., Dr., Biology Division, Oak Ridge National Laboratory, Post Office Box Y, Oak Ridge/Tenn. (USA).

OESER, HEINZ, Professor Dr., Strahleninstitut der Freien Universität am Städtischen Krankenhaus Westend, Berlin-Charlottenburg 9, Spandauer Damm 130.

ROCHE, JEAN, Professor Dr., Laboratoire de Biochimie Générale et Comparée, Collège de France, Paris, Place Marcellin-Berthelot.

ROTHSTEIN, M., Dr., 1346 Grizzly Peak, Berkeley/Calif. (USA).

SANGALLI, FRANCO, Dr., University of California, Donner Laboratory, Berkeley 4/Calif. (USA).

SCHAYER, RICHARD W., Ph. D., Research Associate, Merck Institute for Therapeutic Research, Rahway/N.J. (USA).

SCHEER, KURT ERNST, Privatdozent, Czerny-Krankenhaus, Heidelberg, Voßstraße 3.

SCHMEISER, KURT, Dr., in Fa. Knapsack-Griesheim AG, Leiter der Meßtechn. Abteilung, Knapsack bei Köln.

SCHMIDT, HEINZ A. E., Dr., Farbwerke Hoechst AG, Radiochemisches Labor.

SCHOLTISSEK, CHRISTOPH, Dr., Max Planck-Institut für Virusforschung, Tübingen, Melanchthonstraße 36.
SCHUBERT, GERHARD, Professor Dr., Universitäts-Frauenklinik, Hamburg-Eppendorf, Martinistraße 52.
SHEMIN, DAVID, Professor Dr., Columbia University, College of Physicians and Surgeons, 630 West 168th Street, New York 32/N.Y. (USA).
SIEKEVITZ, PHILIP, Dr., The Rockefeller Institute for Medical Research, 66th Street and York Avenue, New York 21/N.Y. (USA).
SUND, HORST, Dr., Chemisches Laboratorium der Universität, Freiburg i. Br., Albertstr. 21.
TARVER, H., Professor Dr., University of California, Department of Biochemistry, School of Medicine, San Francisco 22/Calif. (USA).
TITUS, ELWOOD O., Dr., National Institutes of Health, Laboratory of Chemical Pharmacology, Heart Institute, Bethesda 14/ Md. (USA).
TOBIAS, C. A., Dr., University of California, Donner Laboratory, Berkeley 4/Calif. (USA).
TSCHESCHE, RUDOLF, Professor Dr., Direktor des Chemischen Instituts der Universität Bonn, Meckenheimer Allee 168.
UPTON, A. C., Dr., Biology Division, Oak Ridge National Laboratory, Post Office Box Y, Oak Ridge /Tenn. (USA).
WALLENFELS, K., Professor Dr., Chemisches Laboratorium der Universität, Freiburg i. Br., Albertstraße 21.
WASER, PETER, Professor Dr., Pharmakologisches Institut, Zürich/Schweiz, Gloriastraße 32.
WELCH, GRAEME, Dr., Gif-sur Yvette (S. et O.)/Frankreich, Boîte Postale 2.
WHITEHEAD, J. K., M. Sc., Ph. D., Physics Department, The Middlesex Hospital, Museum 833 Ext., 200 London W. 1.
WOLFF, HANNS P., Professor Dr., I. Medizinische Universitätsklinik, München 15, Ziemssenstraße 1.

Erster Teil

Allgemeine, physikalische, chemische und biologische Grundlagen
Das Arbeiten mit Isotopen

Zweiter Teil

Radioisotope für Untersuchungen in Physiologie, Pharmakologie und Diagnostik

Radioactive Isotopes in the Study of the Pasteur and Crabtree Effects

By

Alan C. Aisenberg[1]

With 1 Figure

A. The Pasteur Effect

I. Introduction

In his book «Études sur la Bière», LOUIS PASTEUR described in simple terms a phenomenon of great complexity which even today is incompletely understood. The phenomenon is a widespread one, found in most organisms capable of both the aerobic and anaerobic utilization of sugar. The essential feature of the Pasteur

```
                    Glucose
                      ↓   (Hexokinase)
                      ↓   (ATP → ADP)
        Glucose-6-phosphate
                      ↓↑  (Phosphohexisomerase)
        Fructose-6-phosphate
                      ↓   (Phosphofructokinase)
                      ↓   (ATP → ADP)
        Fructose-1,6-diphosphate
                      ↓↑  (Aldolase)
                    Glyceraldehyde- + Dihydroxyacetone
                      3-phosphate  ⇆       phosphate
                      ↓↑        Triose
                      ↓↑        phosphate
                      ↓↑        isomerase
                      ↓↑  (Inorganic Phosphate)
                      ↓↑  (Triose phosphate dehydrogenase: inhibited by iodoacetate)
                      ↓↑  (DPN → DPNH)
                    1,3-Diphospho-
                    glyceric acid
                      ↓↑  (ATP-phosphoglyceric transphosphorylase)
                      ↓↑  (ADP → ATP)
                    3-Phospho-
                    glyceric acid
                      ↓↑  (Phosphoglyceromutase)
                    2-Phospho-
                    glyceric acid
                      ↓↑  (Enolase: inhibited by fluoride)
                    Phosphoenol-
                    pyruvic acid
                      ↓↑  (ATP-phosphopyruvic transphosphorylase)
                      ↓↑  (ADP → ATP)
                    Pyruvic acid
                      ↓↑  (Lactic dehydrogenase)
                      ↓↑  (DPNH → DPN)
                    Lactic Acid
```

Fig. 1. Anaerobic glycolysis in muscle (Emden-Meyerhof Scheme)

[1] Supported by a grant from the United States Public Health Service. This is publication No. 974 of the Cancer Commission of Harvard University.

effect is the inhibition under aerobic conditions of the fermentative breakdown of sugar (glycolysis, Figure 1). Experimentally the Pasteur effect may be measured as either the aerobic inhibition of glucose disappearance or as the aerobic inhibition of split product formation (lactic acid in mammalian tissues). Over the years the biochemical literature has produced a profusion of mechanisms to explain this aerobic inhibition of glycolysis (BURK), none of which has received widespread acceptance. At the present time it is most generally believed that the Pasteur effect involves some type of competition between the oxidative system of the cell particles (mitochondria) and the glycolytic system of the soluble fraction of the cell cytoplasm for either inorganic phosphate or adenine nucleotide (JOHNSON; LYNEN et al.; RACKER and WU). Both of the latter compounds are essential for glycolysis and for oxidative phosphorylation. Most investigators have felt that a satisfactory explanation of the aerobic inhibition of glucose utilization requires an inhibition of the initial phosphorylation of glucose (hexokinase reaction) or the later phosphorylation of fructose-6-phosphate (phosphofructokinase reaction). Because the over-all measured cellular levels of the adenine nucleotides and inorganic phosphate have been found to be little different under aerobic and anaerobic conditions, it has been necessary to postulate an intracellular compartmentation such that the crucial intermediate is sequestered in the mitochondria and not available to the glycolytic enzymes. The alternative to such a cellular compartmentation is the assumption of an inhibition of the glycolytic phosphorylations by a new and unknown mechanism (AISENBERG and POTTER). Thus, at present, the best explanation of the Pasteur effect is an unavailability for the phosphorylation of glucose of the adenosine triphosphate which is oxidatively-generated within the mitochondria. In addition, a sequestration of either inorganic phosphate or phosphate acceptor within the same particle, so that glucose fermentation stops and with it the source of glycolytically-generated adenosine triphosphate, must also be postulated. Clearly, in view of the still theoretical nature of this formulation radioactive isotopes will be of great usefulness in the future study of the Pasteur effect.

II. Use of radioisotopes in studies of the Pasteur effect in whole cells

SEITS and ENGELHARDT used radioactive inorganic phosphate (IP^{32}) to study the Pasteur effect in pigeon erythrocytes. They observed that a number of compounds which relieve the Pasteur effect (dinitrophenol, azide, and ethyl carbylamine) also inhibit respiratory phosphorylation (determined with radioactive inorganic phosphate) but leave oxygen uptake intact. They concluded that the first action of these inhibitors was towards the process of respiratory phosphorylation as a consequence of which the Pasteur effect was inhibited.

WU and RACKER have extensively studied the Pasteur effect in the intact ascites cell. As a result of these investigations they feel that a critical factor in the Pasteur effect is the availability of inorganic phosphate for the glycolyzing soluble cytoplasmic fraction of the cell. The entrance of P^{32} into the cell after the addition of IP^{32} to the medium was therefore studied by these workers, under aerobic conditions, in the presence and absence of glucose, and in the presence of various metabolic inhibitors. It was found from these experiments that the entrance of P^{32} into the cell (measured by radioactivity and chemical analysis) varied directly with the extracellular level of inorganic phosphate, and that glucose in the medium stimulated the entrance of P^{32} which was found mostly in the organic phosphate fraction. Glucose was found to stimulate both the aerobic and anaerobic P^{32} uptake by ascites cells, and this stimulation was removed by the addition of iodoacetate. In the absence of glucose, the P^{32} which entered the cell aerobically was equally distributed between the inorganic and esterified phosphate fractions, while under anaerobic conditions or in the presence of dinitrophenol the radioactivity was mainly in the inorganic phosphate. The dilution of the P^{32} of the medium could be used as a measure of the leakage of inorganic phosphate out of the cell, which was 10% aerobically and 15% anaerobically. They concluded that IP^{32} can enter the ascites cell either through glycolysis or through oxidative phosphorylation, and that under the conditions of their experiments the two mechanisms were independent and contributed almost equally to the transport of inorganic phosphate. WU and RACKER concluded that these experiments were consistent with an important role of inorganic phosphate in the Pasteur effect.

III. Use of radioisotopes in studies on the Pasteur effect in reconstructed systems

Recently several reconstructed cell-free systems have been developed which display Pasteur effects (AISENBERG, REINAFARJE and POTTER; GATT and RACKER). To what extent such systems differ from the Pasteur effect of intact cells is a very important and unanswered question. One such system (AISENBERG, REINAFARJE and POTTER) was constructed by the addition of liver mitochondria to a glycolytic system derived from the particle-free supernatant cytoplasmic fraction of rat brain or tumor. In this system the addition of the liver mitochondria inhibits the lactate production and glucose utilization of the glycolytic system. In studies on this material the authors desired to rule out possible resynthesis of small fragments (possibly 2- or 3-carbon units) to glucose, a mechanism which has in the past been proposed for the Pasteur effect (BURK). Several techniques employing C^{14}-labeled compounds were used for this purpose. It was found that in this mitochondrial Pasteur effect there was no conversion of C^{14}-labeled acetate or pyruvate to glucose, as judged by the failure to obtain radioactivity in the osazone of glucose and by the absence of radioactivity in the glucose spot obtained from paper chromatography. A second method to study possible resynthesis of glucose as a Pasteur effect mechanism involved the use of glucose-2-C^{14}. This technique required the determination of the specific activity of the glucose at the beginning and the end of an incubation in a system to which large amounts of various unlabeled glycolytic intermediates had been added (such as hexose diphosphate and pyruvate). To separate the radioactive glucose remaining at the end of the experiment from the radioactive glycolytic intermediates, the incubation medium was passed through Dowex-1-chloride (a cation exchange resin). The acidic glycolytic intermediates remained on the column, while the neutral unphosphorylated glucose passed into the effluent where its radioactivity could be determined. The failure to obtain dilution of the radioactivity of the glucose during the course of glycolysis inhibited by mitochondria in a system containing large amounts of unlabeled glycolytic intermediates indicated that neither the unlabeled intermediate nor any compound derived from it was being converted to glucose in significant amounts.

B. The Crabtree Effect

I. Introduction

In 1929 CRABTREE observed that the addition of glucose but not non-metabolyzable xylose to slices of several rat and mouse tumors led to small (10—12%) suppression of respiration. Slices of neoplastic tissue have been found generally to display a Crabtree effect, and particularly marked inhibition in respiration by glucose addition has been observed with ascites cells. A group of non-neoplastic tissues (IBSEN, COE and MCKEE), all tissues displaying a significant aerobic glycolysis, has recently been found to possess a Crabtree effect (retina, renal medulla and normal leukocytes). Surprisingly enough, it has been found that it is not necessasy to have actual glycolysis occurring to obtain the respiratory inhibition of glucose. Thus 2-deoxyglucose which is phosphorylated by hexokinase but not glycolyzed inhibits respiration, and it is possible to obtain a Crabtree effect in the presence of iodoacetate-blocked glycolysis. Because of the widespread requirement of phosphate acceptor (adenosine diphosphate) and inorganic phosphate for mitochondrial respiration (LARDY), it is generally believed that the mechanism of the Crabtree effect involves the preempting of the mitochondrial supply of phosphate or phosphate acceptor by the glycolytic system of the non-particulate fraction of the cell (CHANCE; CHANCE and HESS; RACKER). As would be expected by such an hypothesis, the uncoupler of oxidative phosphorylation dinitrophenol prevents the Crabtree effect as it does the Pasteur effect (IBSEN, COE and MCKEE; RACKER).

II. Radioisotopes in study of the Crabtree effect

BLOCH-FRANKENTHAL and WEINHOUSE have used uniformly labeled glucose-C^{14} to study the Crabtree effect in Ehrlich ascites tumor. They found that glucose oxidation (measured by the conversion of glucose-C^{14} to $C^{14}O_2$) was not highly concentration-dependent above glucose concentrations of 10^{-3}M, though at all concentrations glycolysis by this tumor tissue was much more rapid than glucose oxidation. It was also found that the inhibition of respiration (Crabtree effect) which was consistently observed following glucose addition was exerted on both glucose and endogenous substrate.

To further study the Crabtree effect, studies were done by MEDES and WEINHOUSE with ascites cells whose fatty acids had been labeled by the *in vivo* administration of palmitic acid-1-C^{14}. In preliminary experiments it was found that the specific activity of the respiratory CO_2 of the ascites cells *in vitro* approached the specific activity of the ascites cell fatty acid, indicating that fat formed an important part of the endogenous oxidative substrate of these tumor cells. The addition of substrates (glucose, fructose, lactate, or acetate) inhibited the oxidation of endogenous fatty acid by the ascites cells. In simultaneous experiments with unlabeled cells, but with C^{14}-labeled substrate, it was found that at low to moderate concentrations of substrate, their oxidation roughly corresponded to the suppression of endogenous fatty acid oxidation. However, at relatively high concentrations of glucose and fructose, the inhibition of endogenous fatty acid oxidation was accompanied by an inhibition of oxygen uptake (Crabtree effect), and was without a concomitant increase in sugar oxidation.

From the above presentation it is clear that relatively little use has been made of radioactive materials in the study of the Pasteur and Crabtree effects. This applies particularly to the Pasteur effect where isotopes have not been used at all in studies with yeast and tissue slices, the systems used for most experimental work on the Pasteur effect. It is to be hoped that with further use of isotopic materials increasing insight will be gained into these complex phenomena. Study of both the Crabtree effect and the Pasteur effect has suggested intracellular compartmentation of certain metabolic intermediates, a problem which can best be approached experimentally with radioactive compounds.

References

AISENBERG, A. C., and V. R. POTTER: Studies on the Pasteur effect. II. Specific mechanisms. J. biol. Chem **224**, 1115 (1957).

— B. REINAFARJE, and V. R. POTTER: Studies on the Pasteur effect. I. General observations. J. biol. Chem. **224**, 1099 (1957).

Bloch-Frankenthal, L., and S. Weinhouse: Metabolism of neoplastic tissue. XII. Effects of glucose concentration on respiration and glycolysis of ascites tumor cells. Cancer Res. **17**, 1099 (1957).

Burk, D.: A colloquial consideration of the Pasteur and neo-Pasteur effects. Cold Spr. Harb. Symp. quant. Biol. **7**, 420 (1939).

Chance, B.: In Ciba Foundation Symposium on the regulation of cell metabolism. p. 91. Boston: Little Brown and Company 1959.

— and B. Hess: Spectroscopic evidence of metabolic control. Science **129**, 700 (1959).

Crabtree, H. G.: Observations on the carbohydrate metabolism of tumors. Biochem. J. **23**, 536 (1929).

Gatt, S., and E. Racker: Regulatory mechanisms in carbohydrate metabolism: I. Crabtree effect; II. Pasteur effect in reconstructed systems. J. biol Chem. **234**, 1015, 1024 (1959.)

Ibsen, K. H., E. L. Coe, and R. W. McKee: Interrelationships of metabolic pathways in the Ehrlich Ascites carcinoma cells. I. respiration and glycolysis. Biochim. biophys. Acta **30**, 384 (1958).

Johnson, M. J.: The role of aerobic phosphorylation in the Pasteur effect. Science **94**, 200 (1941).

Lardy, H. A.: In Proc. of 3rd Int. Cong. of Biochemistry, Brussels, 1955. p. 287. New York: Academic Press 1956.

Lynen, F., G. Hartmann, K. F. Netter, and A. Schuegraf: In Ciba Foundation Symposium on the regulation of cell metabolism. p. 256. Boston: Little Brown and Company 1959.

Medes, G., and S. Weinhouse: Metabolism of neoplastic tissue. XIII. Substrate competition in fatty acid oxidation in ascites tumor cells. Cancer Res. **18**, 352 (1958).

Pasteur, L.: Études sur la Bière. Paris: Gautier-Villars 1876.

Racker, E.: Carbohydrate metabolism in ascites tumor cell. Ann. N. Y. Acad. Sci. **63**, 1017 (1956).

— and R. Wu: In Ciba Foundation Symposium on the Regulation of Cell Metabolism. p. 205. Boston: Little Brown and Company 1959.

Seits, I. F., and V. A. Engelhardt: Respiratory phosphorylation and the Pasteur effect. Biokimiya **14**, 487 (1949); Chem. Abstr. **44**, 3544 (1950).

Wu, R., and E. Racker: Regulatory mechanisms in carbohydrate metabolism: III. Limiting factors in glycolysis; IV. Pasteur effect and Crabtree effect in ascites tumor cells. J. biol. Chem. **234**, 1029, 1036 (1959).

The Use of Isotopes in the Study of Sugar Transport in Mammalian Cells and Tissues

By

Ernst Helmreich[1] and Robert K. Crane[2]

With 8 Figures

Introduction

Permeability studies are attempts to describe, as nearly as possible in molecular terms, processes which reflect specific functions of cells and tissues at the level of cellular organization. Research in this rapidly expanding field does not lend itself easily to experimentation and progress depends to a large extent on refinements of old methods and the introduction of new ones. A great versatility and diversity in methods is needed in order to approach the solution of problems which encompass the fields of physiology, morphology, and biological and physical chemistry.

There are in permeability research, as in almost any other field, experimental problems which cannot be approached without the use of isotopes. In order to underscore those instances for which the isotope technique is especially suited it seems worthwhile to outline the fundamental problems of sugar transport and to discuss briefly other experimental means for their solution. In general, the use of isotopes for permeability studies does not impose special technical problems, different from those encountered in other areas of biochemical research. Hence, only a few practical examples of the use of isotopes in permeability studies are fully described.

A. Experimental approaches to the study of sugar transport in cells and tissues

I. Measurements of sugar transport by following osmotic volume changes of erythrocytes

For a well-defined technical reason, kinetic studies of sugar transport into single cells have mostly been made with erythrocytes. Erythrocytes function as living osmometers and the conventional technique for the study of sugar entrance involves photometric recording of changes in light transmittance through a very

[1] From the Division of Dermatology, Department of Internal Medicine, Washington University School of Medicine, and the Barnard Free Skin and Cancer Hospital, St. Louis, Missouri, U.S.A. The author's work is supported in part by research grants (E-1363 and C-3958) from the National Institutes of Health, the United States Public Health Service.

[2] From the Department of Biological Chemistry, Washington University School of Medicine, St. Louis, Missouri, U.S.A. The author's work is supported by research grants from the National Science Foundation, Washington, D. C., U. S. A.

dilute suspension of these cells (S. L. ØRSKOV, 1935). Changes in transmittance occur immediately as the cells are reduced in volume in response to osmotic alteration of the medium when sugar is added. Thereafter, the cells swell as sugar enters and the changes in transmittance which reflect the relatively slow volume changes may be taken as a measure of the rate of passage of sugars across the cell surface (see Fig. 1, P. G. LEFEVRE, 1954). The osmotic method may be validated by chemical analysis of the penetrant inside the cell and in the medium

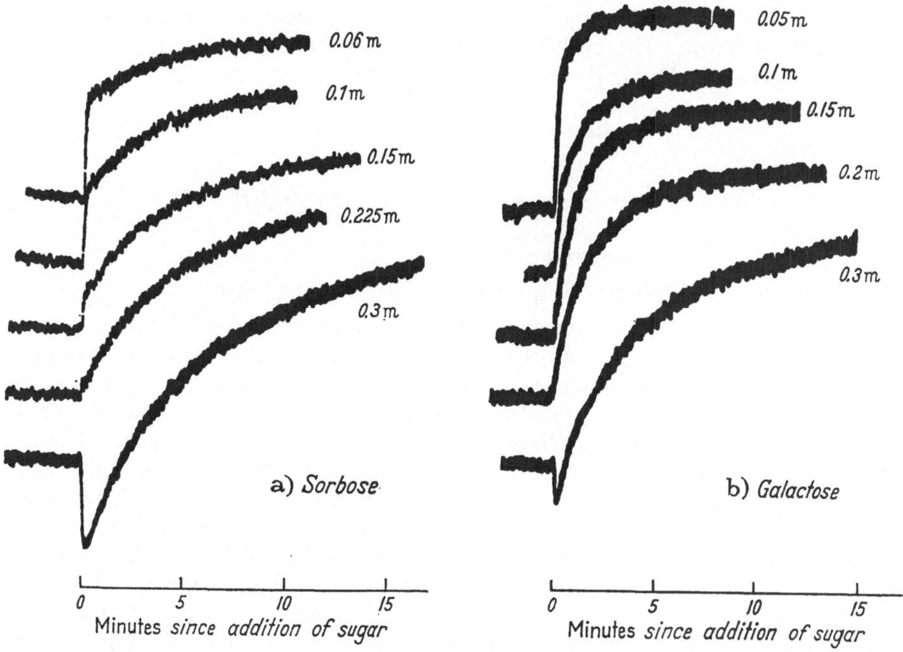

Fig. 1. Osmotic volume changes of erythrocytes reflecting the entries of L-sorbose and D-galactose. [P. G. LE FEVRE (1954)]

(R. S. HILLMAN, B. R. LANDAU, J. ASHMORE, 1959; D. REINWEIN, C. F. KALMAN, C. R. PARK, 1957). The entry of C^{14}-glucose into the red blood cell was followed by H. G. BRITTON (1957).

II. Measurements of sugar transport by determination of the penetrant

When penetration of sugars into cells cannot be followed by osmotic volume changes a variety of analytical methods including the isotope technique may be used. The method should be sensitive, and specific for the unchanged penetrant molecule, and free of interference from tissue components which may appear in protein-free filtrates. A variety of deproteinizing agents, (for example, see M. SOMOGYI, 1945) are available, some of them being especially useful in the removal of one or another interfering substance. In some instances, adsorption with charcoal or resins, etc., may prove advantageous (R. K. CRANE, 1958).

1. The use of enzymes for analysis

Glucose concentrations in deproteinized plasma and tissue extracts can be measured accurately by using specific enzymes. A colorimetric assay making use of glucose oxidase is available (A. S. KESTON, 1956; E. R. FROESCH, A. E. RENOLD, 1956).

$$\text{Glucose} \xrightarrow[\text{glucoseoxidase}]{+\,O_2} \text{gluconic acid} + H_2O_2$$

$$H_2O_2 \xrightarrow[\text{peroxydase}]{} H_2O + 1/2\,O_2$$

The peroxide formed in the glucose oxidase reaction is used to oxidize an indicator dye (for example, o-Dianisidine) which can then be measured at its corresponding wavelength (420 mμ). The coupled hexokinase-zwischenferment assay can also be used (L. GLASER, D. H. BROWN, 1955).

$$\text{Glucose} \xrightarrow[\text{ATP}]{\text{Mg2e}\,(+)} \text{Glucose-6-P}$$

$$\text{Glucose-6-P} \xrightarrow[\text{glucose-6-P dehydrogenase (Zwischenferment)}]{\text{TPN}} \text{6-P-gluconic acid} + \text{TPNH} + H^+$$

TPN reduction is followed in a spectrophotometer at 340 mμ.

Some caution is needed, however, in using enzymes for analytical purposes. The specificity of the enzyme must be determined; (glucose oxidase, for example, is not entirely specific for glucose, A. SOLS, G. DE LA FUENTE, 1957), and as in all analytical procedures the purity of the reactants is decisive. The use of a particular enzyme may be restricted by lack of purity of the available preparations. Glucose-6-P dehydrogenase, for example, usually contains phosphoglucose isomerase, phosphoglucomutase, hexokinase, glutathione reductase and maltase. Although for the determination of glucose only the last two contaminants may seriously interfere, for the determination of glucose-6-P, all of the impurities are important. Fructose-6-P and glucose-1-P, if present, will also be measured. When used for the determination of ATP, the HMP[1] content of tissue extracts will seriously interfere and HMP must be removed before the test. Contamination with 6-phosphogluconic acid dehydrogenase and TPNH oxidases (flavoproteins) would, of course, invalidate analysis with the hexokinase-zwischenferment system as falsely high or low values for TPNH would be obtained.

2. The use of isotopes for analysis

The isotope technique is most useful in studies concerned with the formation of end products and key intermediates of metabolism, in which isotopes offer handling ease and versatility. Although their use for the detection and the quantitative assay of intermediates in carbohydrate metabolism does not fall within the realm of permeability studies, *in sensu stricto*, one example may be cited in which use was made of the metabolic conversion of uniformly labeled C^{14}-glucose to $C^{14}O_2$ as a means of studying sugar transport in isolated lymph node cells, E. HELMREICH, H. N. EISEN (1959).

For the study of sugar transport, the use of isotopes is restricted by the fact that the isotopic label, not the molecule is assayed. Isotopes have been particularly useful in studying the transport of ions across cell membranes, since metabolic alteration of the labeled material does not occur. The label represents the penetrant molecule and the isotope technique provides a sensitive, accurate and specific analytical tool. (Exchange of ions across cell-membranes is not included in this chapter.) Sugars, on the contrary, are subject to metabolic

[1] HMP = Hexosemonophosphates.

alteration and a method of analysis which is specific for the sugar molecule would be desirable. There are, however, instances in studies of sugar transport where suitable, specific chemical or enzymatic assays are not available or where, for instance, sugars in mixtures must be analyzed independently. In such cases, isotopes may be the only means of analysis.

a) Recovery of injected sugars

For the study of sugar transport in cells and tissues, use has often been made of sugars or sugar analogues, which are poorly or not at all utilized, in order to separate penetration from utilization; for example see: R. K. CRANE, R. A. FIELD, C. F. CORI (1957); E. HELMREICH, C. F. CORI (1957). This separation is difficult to make with utilizable sugars, especially when both processes proceed at fast or nearly identical rates. However it is usually necessary to determine to what extent a "non-utilizable" sugar may be recovered, when admixed with tissue. If isotopically labeled sugars of known specific activity and sufficient purity are available, isotope dilution analysis may be employed for this purpose. The technique requires, of course, the recovery, isolation, purification and determination of the concentration of the labeled sugar in known aliquots in order to estimate its specific activity.

Isotope dilution analysis has been most widely applied to measurements of glucose turnover and body glucose pools.

The term "turnover" which is often loosely used, may be defined as the amount of substance (e.g. glucose) undergoing metabolic change per unit time, with the following assumptions, (S. ARONOFF, 1956):

1. Glucose is in a steady state. Its total concentration does not change with time.
2. Enzymes do not distinguish between radioactive and non-radioactive molecules.
3. The distribution of the sugar is uniform, i.e., there is instantaneous mixing of added sugar with that already present. Since these prerequisites, especially the last (3), are not always met in practice, each system should be considered to be unique and should be characterized independently.

The "glucose pool" for the whole animal is usually determined in the following way: after injecting a known amount, preferably negligibly small, of radioactive glucose of known specific activity one calculates the "pool" from the decrease in specific activity of the injected radioactive glucose by the non-radioactive glucose present. There is now, however, increasing awareness of biochemical compartmentation in living cells and tissues and it would seem hazardous to speak of a "glucose pool". There may be as many glucose pools within each cell as there are separate compartments. Similar ambiguity seems to exist at the present time in respect to the evaluation of the quantitative contributions of various metabolic pathways to the metabolism of C^{14} uniformly labeled, C_1 and C_6 labeled glucose (see H. G. WOOD, 1955). For an evaluation and mathematical interpretation of "Pools" (open and closed, two and more compartments), cycling and turnover time, see S. ARONOFF (1956), R. STEELE (1959).

b) Analysis of mixtures of sugars

Complex mixtures of sugars can be analyzed by a combination of chemical, enzymatic and radioactivity assays, and in this way the interactions of several components of the mixture can be studied.

When samples contain a mixture of two sugars, one of them is assayed by a method which is not interfered with by the second sugar. The latter sugar can then be measured as the difference between total sugar content and the content of the first. In all cases where a sugar is determined by difference, it should be shown that the sugars are additive in the method used for determination of total sugar content. In instances for which this prerequisite cannot be met, the isotope technique can be of exceptional value. Recently, through the Wilzbach technique, (K. E. WILZBACH, 1957), a variety of tritium labeled sugars has become available and it is now possible to determine sugars in mixtures, by labeling one with C^{14} and the other with H^3. Both sugars can then be assessed independently by means of liquid scintillation spectrometers. If extreme sensitivity is desired, counting in the gas phase is also possible for tritium labeled substances.

c) Labeling of sugars by exposure to Tritium in the gas phase[1]

Tritium-labeling by the Wilzbach technique, (K. E. WILZBACH, 1957), appears to be rather generally suitable for carbohydrates. Exposure of dry, powdered compounds to pure tritium gas at a pressure of 150 mm Hg for periods of two to four weeks leads to extensive exchange of tritium for hydrogen with only a moderate degree of decomposition of most compounds tested and practically none for some. In the series described below, the anhydropolyols were stable to this procedure as determined by recoveries of crystalline, tritium labeled material, and the branched chain monosaccharide, 2-C-hydroxymethyl-D-glucose was exceptionally unstable, being recovered in small yield at low specific activities.

After removal of exchangable tritium atoms by repeated addition and evaporation of water, the procedure for recovery and further purification utilized filter paper chromatographic techniques with heavy paper (WHATMAN No. 3) so that large quantities of the compounds could be accommodated on each sheet. The papers were developed in one direction with butanol, pyridine, water solvent, (E. CHARGAFF et al., 1948), and then were cut into strips at right angles to this direction and eluted with water. The eluate of each strip was assayed for tritium and those eluates corresponding to the peak of a control untritiated sample were combined and further purified by chromatography or recrystallization. The radioactivity of eluates from chromatograms of tritiated 6-deoxy-D-glucose are shown in Fig. 2. This compound was tritiated in the form of its tetraacetyl derivative which was then hydrolyzed in acid in order to obtain the free sugar. The faster moving peak in Part A of Fig. 2 is residual unhydrolyzed tetraacetyl derivative which has a high activity relative to the peak of 6-deoxy-D-glucose between 20 and 24 cm. owing to its much greater number of stably bound tritium atoms. The eluate from the strips corresponding to the bar were combined and rechromatographed with the result shown in part B of Fig. 2.

Of possible interest is the method of comparing R_f values which was adopted during this work. The shape of the peaks was frequently different enough that it was not certain whether compounds developed on different strips had the same R_f. By adding the counts in successive strips an S-shaped curve was obtained and from the mid-point of this curve the R_f was determined. This operation is illustrated in Fig. 3, using the compound 6-deoxy-1,5-anhydro-D-glucitol as an example.

For counting, an aliquot of the sugar solution was dried directly in a counting vial. Two ml. of anhydrous alcohol were then added and the vials were shaken for 30 min. Ten ml. of the usual scintillation mixture (toluene plus PPO, 2,5 diphenyloxazol) plus POPOP 1,4-bis-2(-5-phenyloxazolyl)-benzene was then added. The samples were counted with the Packard Tri-carb liquid scintillation spectrometer.

[1] The material presented on the preparation of tritium-labeled sugars is based on unpublished work of G. R. DRYSDALE, K. H. HAWKINS and R. K. CRANE.

The following compounds were prepared at the observed specific activities (10^6 CPM[1]/mgm) given in parenthesis: 6-deoxy-D-glucose, (4.9). 6-deoxy-D-galactose, (18.2). 2-deoxy-D-glucose, (9.7). 6-deoxy-1,5-anhydro-D-glucitol, (27.1). 1,5-anhydro-D-glucitol, (12.5). 1,5-anhydro-D-mannitol, (21.0). 3-0-methyl-D-glucose,

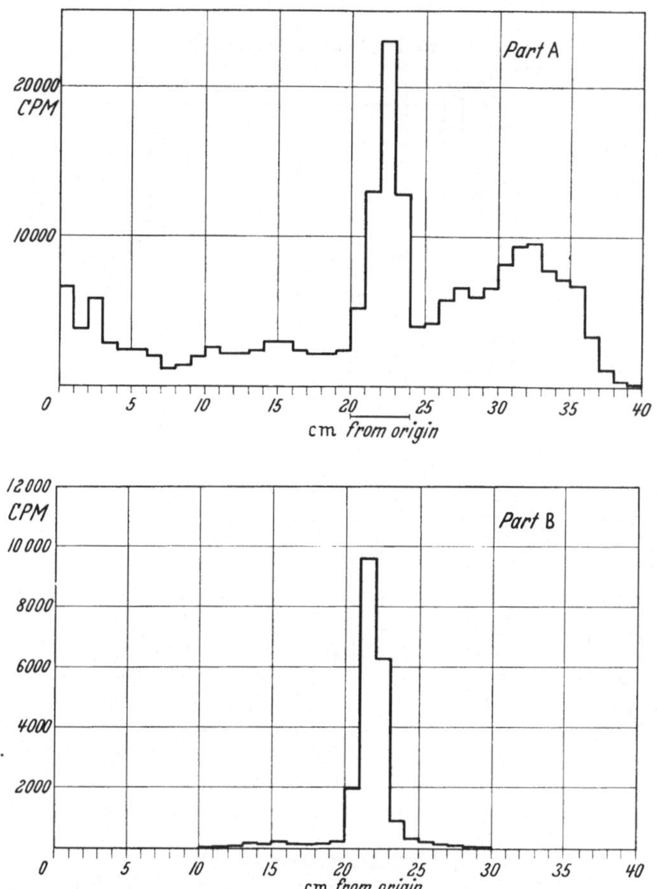

Fig. 2. Parts A and B. Radiopurity of Tritiated 6-deoxy-D-glucose. Resolution on paper

(10.3). D-allose, (60.5). 7-deoxy-D-glucoheptose, (6.0). 2-C-hydroxy-methyl-D-glucose, (0.58).

One of the great advantages of the Tritium labeling procedure is that it provides access to a number of sugar analogues which because they are metabolically inert cannot be obtained biosynthetically. Also chemical synthesis of sugar or sugar analogues is often a very difficult and tedious task.

Hormones also have been labeled with tritium. Tritiated insulin should be a welcome addition to the I^{131} iodinated insulin widely employed in biological studies (for example see E. KALLEE, 1952; I. A. MIRSKY et al., 1955; and GLENN E. MORTIMORE and F. TIETZE, 1959). Tritiated insulin was prepared by C. VON HOLT et al. (1958) with a specific activity of 4.6 μC/mgm. Lysinevasopressin was prepared by I. L. SCHWARTZ et al. (1959) with a specific activity of 32 μC/mgm.

[1] CPM = Counts per minute.

The application of the Wilzbach technique, as a simple process for tritium labeling of organic compounds, has, however, some limitations. H. J. DUTTON et al. (1958), for example, have reported that whereas substitution of hydrogen for tritium is the main reaction in the case of saturated fatty acids, addition to the double bond also occurs with unsaturated fatty acids.

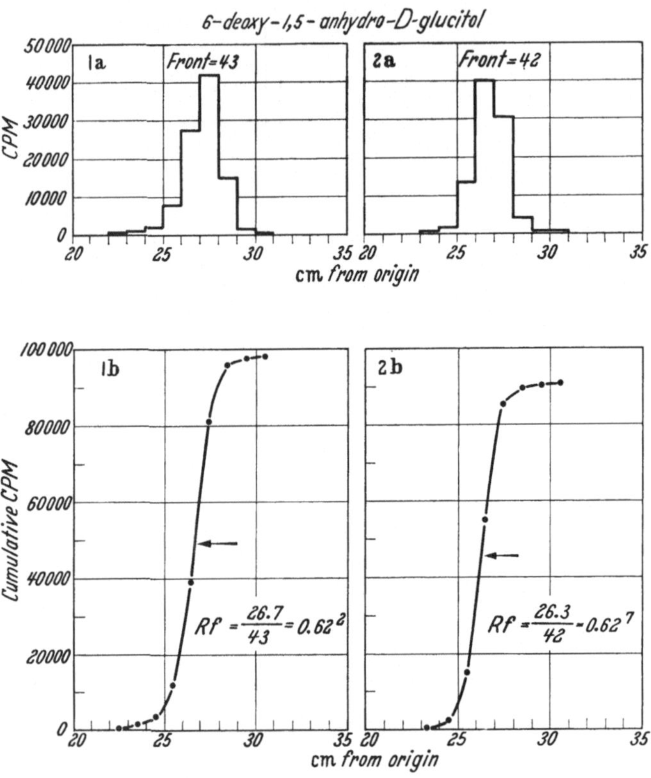

Fig. 3. Radiopurity of Tritiated 6-deoxy-1,5-anhydro-D-glucitol. Resolution on paper. Evaluation of R_f of 2 samples

d) Experiments with O^{18}

In order to determine the nature of chemical bonds which may be formed during transport, the exchange of O^{18} between the penetrant and water can be followed.

e) Radioautography

Attempts to trace the path of a penetrating sugar into the cell should open new possibilities for an understanding of the transport process. In order to visualize the penetrant there are two areas of experimental attack which seem to have promise for the future. First, radioautography of C^{14} and tritium labeled penetrants and, second, visualization of penetrants labeled with electronically dense atoms, such as Br, Au, I, Fe, Zn[1], under the electron microscope. Both approaches can be combined by using penetrants labeled with electronically dense atoms, which are also radioactive.

The limitation of all such attempts is the maximal degree of resolution of the label. The specific advantage of tritium for autoradiography lies in the high

[1] It remains of course to be seen, if molecules, tagged in such a manner, can still be transported.

resolution which can be obtained because of the very weak energy and consequently short range of its β radiation. The maximum range in tissues of a β ray from tritium is only 6 μ and half of the β's will travel less than 1 μ. The net distances from origin to terminus of tracks will be even less because the direction of travel changes frequently. Consequently, the activated silver grains of an autoradiogram should lie largely within 1 μ of their source. Experiments using H^3 labeled thymidine revealed that the limit of resolution for the H^3 label lies at a distance of $1-1^1/_2$ microns (1×10^4 Å), W. L. HUGHES et al. (1958). However, the mean diameter of isolated lymph node cells, for example, is only about 7 microns, H. N. EISEN et al. (1959), (the diameter of ascites tumor cells, hela cells and large plasma cells may be as large as 30 microns), and it seems evident that tritium autoradiography is restricted to rather large biological objects.

The resolution of electronically dense substances under the electronmicroscope lies in the vicinity of 50—100 Å ($5 \times 10^1 - 1 \times 10^2$ Å) 1 Å = 1×10^{-8} cm. Higher resolutions can only be obtained by X-ray diffraction, (6 Å, or less). J. C. KENDREW (1959).

For the detection and intracellular localization of protein hormones such as insulin, immunochemical methods are of special interest. The fluorescent staining technique of A. H. COONS (1950) has been used widely and with great success for localization studies of antigens and antibodies in frozen cell and tissue sections. The fluorescent indicator, usually an antibody, is applied to the tissue sections and combines specifically with its corresponding antigen. Then, by means of its fluorescence the antigen antibody complex can be detected under the fluorescence microscope.

Immunochemical methods seem to be promising for attempts to answer the question whether insulin must enter cells in order to elicit its action on cellular permeability and metabolism. This question can be solved satisfactorily only if it can be proven beyond doubt that the label, thought to represent insulin, is identical with the unchanged and hence biologically active molecule. This could possibly be established by demonstrating that labeled insulin had retained its original immunological antigenicity after being exposed to cells and tissues.

There is evidence of antibodies against insulin in man (S. A. BERSON, 1959). P. J. MOLONEY and M. COVAL (1955) have demonstrated that antibodies to the hormone could be produced in the guinea pig. However, because of S. A. BERSON's (1959) evidence, that insulin is univalent and has presumably only one antigenically active site per molecule, anti-insulin antibodies can not be identified by direct methods, such as precipitation, complement fixation, etc. In order to detect insulin antibodies indirect assays have therefore been used, for example paper electrophoresis of I^{131}-insulin (S. A. BERSON, 1959) and biological assays. (P. J. MOLONEY, M. COVAL, 1955), for example, the protection of mice against convulsive doses of insulin by anti-insulin sera. P. E. LACY and J. DAVIES (1959) have coupled a crude globulin fraction from such an antiserum with fluorescein isocyanate according to A. H. COONS and M. H. KAPLAN (1950), in an effort to visualize the site of insulin production in the islet tissue of the pancreas.

f) Neutron activation chromatography

[For example, see K. SCHMEISER, D. JERCHEL (1953) and A. A. BENSON et al. (1958)].

In theory, any nuclear reaction producing an identifiable radioisotope or a characteristic emission can be used for radioactivation, but neutrons are favored in most cases because of the relatively greater accessibility of reactor neutrons, their generally strong fluxes and the more complete documentation of neutron interactions with most elements. For example see U. SCHINDEWOLF, 1958. Therefore most biological applications have utilized neutron activation. Sodium, potassium and phosphorus have been measured in muscle biopsies (L. REIFFEL et al., 1957), in blood serum (R. P. SPENCER et al., 1957), and single nerve fibers (R. D. KEYNES, 1951).

Neutron activation chromatography frees the chemist from the problem of separating large amounts of induced radioactive materials. By activating the compound, or ions after paper chromatographic separation there are no problems of handling radioactive products and no difficulties with adsorption and contamination. In practice one-or-two-dimensional paper chromatograms of compounds or ions of biochemical importance are activated by irradiation with up to 3×10^{16} slow neutrons per cm^2. The induced radioactivities define the location and thereby the identity of the substances as well as their quantities. The sensitivity of activation chromatography is limited only by the size of sample which may be chromatographically separated and therefore the amount of material which may be subjected to the slow neutron flux. The induced radioactivity is essentially free of any specified impurities when the chromatographic method is properly chosen.

The major experimental difficulty in applying activation analysis lies in the background radioactivity induced in the filter paper; a background for which chlorine is largely responsible. The upper limit for optimum neutron irradiation for production of short lived isotopes is determined by the resistance of paper to γ-radiation. Since paper is significantly affected by 10^8 roentgens, the longer lived isotopes are not readily activated on paper, (see, for example, A. A. BENSON et al., 1958).

Although neutron activation chromatographic analysis has not been used widely in biochemical research and for permeability studies, (see, for example, A. F. REID et al., 1959), it is to be expected that as nuclear reactors become available on a larger scale these techniques will soon find their place in biochemical research.

B. Examples of the use of isotopes in the study of sugar transport in cells and tissues

I. Diffusion versus selective entrance of sugars in single cells and skeletal muscle

The fundamental question in sugar transport is whether a sugar enters the cell by simple diffusion or whether its entrance is in some way modified. The criteria for making this distinction are based on the concentration dependence, kinetics, energetics and specificity of entry. In order to measure entry, however, it is necessary to distinguish between the extra- and the intracellular distribution of a penetrant, i.e., to measure the extracellular space[1].

1. Measurement of extracellular space

The following experimental approach is typical. A non-penetrating substance is added to the incubation medium. After the incubation period is terminated the cells are packed by centrifugation and the medium volume entrapped in the interstices of the packed cell mass is calculated from the amount of the non-penetrating substance found in the packed cell mass. Raffinose, sucrose, (C^{14})

[1] From the viewpoint of the cytologist, the above distinction between extra- and intracellular spaces may be objectionable. (See: PH. SIEKEVITZ, 1959). This distinction is however only used as an operational term and it is not implied, that it possesses true morphological meaning.

sorbitol, (C^{14}) mannitol, inulin[1], $S^{35}O_4^{2e(-)}$[2], are substances which have been used for this purpose. They do not enter cells under most conditions and are therefore well suited for the evaluation of the extracellularly entrapped water space. The amount of the penetrating sugar contained in this volume is then subtracted from the total found in the packed cell mass and the amount in excess is assumed to be intracellular.

$$\frac{\overset{a)}{\text{conc. total}} - (\overset{b)}{\text{conc. ext.}} \times \overset{c)}{\text{vol. ext.}})}{1.0 - \text{vol. ext.}} ;$$

a) total amount of penetrant in packed cell pellet,
b) penetrant concentration in extracellular medium,
c) extracellularly entrapped water space in packed cell pellet.

Example: W. C. WERKHEISER and W. BARTLEY (1957) and J. E. AMOORE and W. BARTLEY (1958) have studied steady state concentrations of internal solutes in mitochondria using C^{14}-Carboxypolyglucose (MW 20—50,000) and C^{14}-Carboxyinulin (MW 3—6000) as the non-penetrating substance. The mitochondria, after incubation, were centrifuged through a layer of silicone fluid which is immiscible with water and has a density intermediate between that of the particles and that of the medium. A high density aqueous "fixative" beneath the silicone layer was used to stabilize labile compounds. Particles centrifuged in this manner carry with them an adherent film of their incubation medium and the amount of this adherent fluid can be measured by the inclusion of a radioactive high molecular polysaccharide such as C^{14} inulin[3] or C^{14} polyglucose[3].

For the measurement of the extracellular space in the whole animal (nephrectomized rat) (E. HELMREICH, C. F. CORI (1957), the intact diaphragm preparation (D. M. KIPNIS, C. F. CORI (1957) or the isolated perfused heart (R. B. FISHER, D. B. LINDSAY, 1956) an approach essentially similar to that used for subcellular units or isolated cells is employed.

Example: (E. HELMREICH, C. F. CORI, 1957.) A known amount of raffinose or inulin, usually 100 mg per 100 g body weight, were injected into the nephrectomized rat. An apparent distribution equilibrium between blood and tissue was established (usually 10—15' after the injection), which remained constant for several hours. Then the injected substance was assayed in the plasma and in a deproteinized muscle specimen. After appropriate corrections for tissue and plasma water content, the extracellular space was calculated.

2. Measurement of sugar utilization and of "glucose body pools"

Example: In their work on the distribution of pentoses between plasma and muscle of the nephrectomized rat, E. HELMREICH and C. F. CORI (1957) found it necessary to determine to what extent pentoses can disappear by utilization.

[1] Inulin can be recovered without losses in protein free supernatants of cells and tissues prepared either with Tungstic acid or NaOH—$ZnSO_4$. The more voluminous precipitates obtained with $Ba(OH)_2$—$ZnSO_4$ (M. SOMOGI, 1945) adsorb some inulin and losses of 20—30% may be encountered using this method (see: E. HELMREICH, C. F. CORI, 1957).

[2] In the case of $S^{35}O_4^{2e(-)}$ a correction for Donnan equilibrium should be applied (see for example A. F. REID et al., 1959).

[3] C^{14}-Carboxypolyglucose and C^{14}-Carboxyinulin were prepared by a procedure based on the general method described by H. S. ISBELL (1954). To a mixture of 1 mmole of polymeric sugar and 1 mmole of $NaHCO_3$ was added 1 mmole of $KC^{14}N$ and 1 mmole of KOH in a volume of 5 ml. or more if necessary. The mixture was held at room temperature until the reaction was complete. With polyglucose the time required was about 24 hours, whereas with inulin 3 days were necessary. The solution was heated in a water bath for 4—6 hours at 80°, water being replaced as it was lost. The mixtures were then dialyzed overnight against water.

The use of isotopically labeled pentoses seemed unwarranted, since there is available a sensitive specific chemical method which is not interfered with (in the concentration range used) by substances other than pentoses in $Ba(OH)_2-ZnSO_4$ deproteinized serum and muscle tissue extracts. This method involves the conversion of pentoses to methylfurfural by means of p-bromo-aniline in glacial acetic acid, saturated with thiourea (J. H. ROE, E. W. RICE, 1948).

One of the pentoses, D-ribose, was found to be utilized to an appreciable extent in the whole rat: 46 mg D-ribose per 100 g body weight were metabolized in the resting state and 83 mg during 2 hrs. of exhausting muscle work.

It is laborious to measure utilization by recovering all the possible metabolic products arising from a radioactive sugar. However radioactive sugar can be used if it is recovered as free sugar. For example, R. A. FIELD and C. F. CORI (1960) (in recovery experiments similar to those described above) have analyzed free glucose after injection of C^{14} labeled glucose to diabetic rats in order to determine the extent and the rate of glucose utilization in the diabetic state.

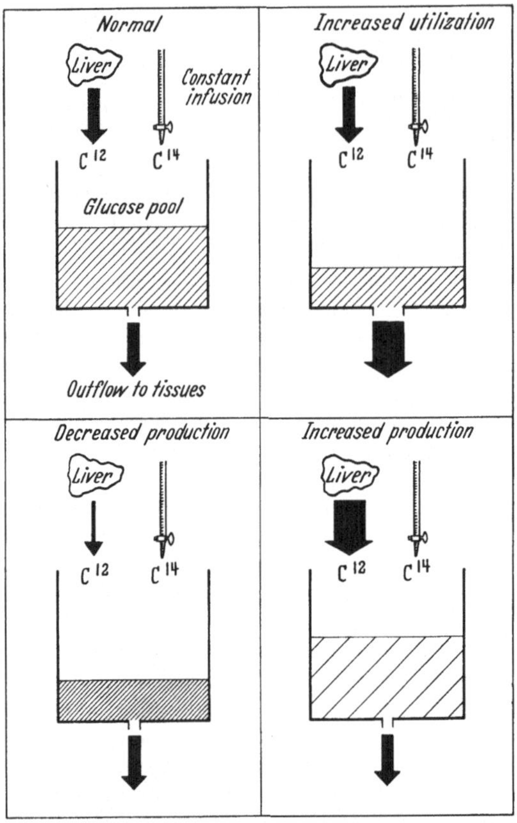

Example: R. C. DE BODO et al. (1959) have measured the size and turnover rate of the body glucose pool in animals in the post absorptive steady state. The size of the body glucose pool was defined as the amount of glucose that dilutes the administered C^{14} glucose, the turnover rate of the glucose pool as the rate of removal of plasma glucose by the tissues (glucose utilization) and the rate of replacement of plasma glucose (glucose production by the liver). In the steady state, i.e. in the resting post absorptive state, rates of utilization and production of glucose should be equal, provided the plasma glucose concentration remains constant and no glucose is excreted in the urine. The results obtained and effects of insulin on glucose utilization and production are schematized in Fig. 4.

Experimental: Experiments were performed on 18 hr. fasted, dogs. The body glucose pool was labeled by a priming injection of uniformly labeled C^{14} glucose

Fig. 4. Changes in size of body glucose pool and plasma glucose specific activity in relation to changes in glucose production and utilization. The density of diagonal lines is proportional to specific activity. (R. C. DE BODO, 1959). *Upper left: Normal postabsorptive state.* The specific activity of the glucose pool is established by a priming injection, and is maintained by matching C^{12} glucose inflow from liver with constant infusion of C^{14} glucose. Glucose production equals glucose utilization. *Upper right:* Changes produced if insulin lowered glucose pool by increasing only glucose outflow to tissues; the pool size decreases, but specific activity is unaltered. *Lower left:* Changes if insulin acted only to decrease glucose inflow from liver; the pool size decreases, but specific activity increases, since the infusion of C^{14} glucose is continued. *Lower right:* Increased inflow of hepatic glucose into the body glucose pool previously diminished by insulin; pool is elevated and specific activity is diminished since increased hepatic glucose inflow is not matched by constant C^{14} glucose infusion

into the saphenous vein. A steady plasma glucose specific activity was then maintained for several hours by a constant infusion into the external jugular vein of the same C^{14} glucose at a rate equal to the inflow rate of C^{12} glucose from the liver into the plasma assuming the inflow remained unchanged. At various intervals, samples of blood were drawn from the femoral vein. The plasma glucose concentration was determined in protein free filtrates prepared with $Ba(OH)_2$, $ZnSO_4$. From an aliquot of the filtrate, glucose was isolated as the phenylosazone derivative and its specific activity was determined. For this purpose the phenylosazone derivative was converted to the glucose triazole derivative and the glucose specific activity was determined by the liquid scintillation counting method of R. STEELE et al. (1957).

3. Interrelationship of sugar penetration and utilization

Example: E. HELMREICH and H. N. EISEN (1959) have recently utilized isolated lymph node cells for a study of sugar penetration and utilization. These cells are well suited for determination of the rate of glucose utilization but the rate of penetration of glucose into lymph node cells is too fast, even at 0° C, for direct determination. In view of this limitation intracellular sugar concentrations were

Table 1. *Competition between glucose and other sugars for transport and phosphorylation in isolated lymph node cells* (E. HELMREICH, H. N. EISEN, 1959)

Temperature, 37°, glucose concentration, 9×10^{-3} M; time of incubation, 10 min; gas phase: 95 per cent O_2-5 per cent CO_2 for sugar distribution studies and 100 per cent O_2 for measurements of glucose utilization. Sugar pairs were added simultaneously unless otherwise stated. For calculation of sugar spaces, see text.

Competitor	No. of experiments	Molar ratio glucose: competitor	Glucose space in presence of competitor	Competitor space		Glucose oxidation[1] in presence of competitor	Inhibition of glucose oxidation in presence of competitor %
				In presence of glucose	In absence of glucose		
Glucose	26		46			8.6	0
Mannose . . .	3	1:1	52	58	51	3.4	61
Mannose . . .	1	1:5	53			1.7	80
2-Deoxyglucose	5	1:2	44	47	56	5.0	42
Fructose . . .	3	1:1	25	34	56	5.2	40
Fructose . . .	1	1:5				4.5	48
3-Methylglucose	2	1:5				5.3	38
3-Methylglucose	2	1:4	38	61	80	5.9	32
3-Methylglucose	3[2]	1:4	40	52	79		
Galactose . . .	1	1:1				7.8	9
Galactose . . .	3	1:4	45	54	60	7.7	10
Arabinose . . .	4	1:1	50	53	56	8.0	7
Xylose	6	1:4	51	67	67	2.4 (2.5)[3]	5
Ribose	2	1:1	54	55	56		
Ribose	1	1:6				7.5	13
Phlorizin . . .	2	1:1	44			0.9	90

[1] Expressed as mμmoles of U-C^{14}-glucose oxidized to $C^{14}O_2$ per mg of dry weight cells per hour. $C^{14}O_2$ evolution from U-C^{14}-glucose was measured because measurements of lactate production were not feasible in most cases, since some of the competitive sugars were themselves converted to lactate, and some interfered with the chemical assay for lactate. At most, 15% of the U-C^{14}-glucose added was oxidized to CO_2 (up to 2 hrs' incubation in 100% O_2).

[2] 3-Methylglucose was equilibrated initially for 10 min with cells. Glucose was then added and incubation was continued for 5 min.

[3] Lactate production was measured in 100% O_2, and expressed as Q lactate (μl per mg of dry weight per hour). For comparison, the value for lactate formation in the absence of the competitor is given in parentheses.

evaluated in the steady state (i.e., when intracellular sugar concentrations were constant with time) since distribution equilibrium for a rapidly metabolized sugar reflects the balance between sugar entry and utilization. If glucose and another sugar are present and compete with each other for entry, the intracellular concentration of each sugar should be reduced. Conversely if the two sugars compete for the hexokinase reaction, the intracellular levels of both should rise since utilization of both is inhibited. If, however, competition for both entry and phosphorylation are equal, or nearly so, sugar distribution should be unaltered. ence it is difficult to evaluate effects of competition between two utilizable sugars purely in terms of their respective intracellular distribution volumes, measurements of glucose distribution were supplemented by concomitant measurements of glucose oxidation. (Conversion of uniformly labeled C^{14}-glucose to $C^{14}O_2$). The experimental outline of this approach is given in the legend to Table 1. The findings were compatible with the view that in lymph node cells glucose, fructose, mannose, as well as 2-deoxyglucose and probably 3-methylglucose compete for a common transport system.

4. Sugar transport in single cells

The results so far obtained with single cells allow only the conclusion that sugar transport in these cells differs in certain respects from simple diffusion. For example, the temperature dependence of sugar transport in these cells indicates a requirement for activation energy of the same order of magnitude as many chemical and enzymatic reactions. Also, entrance is specific and mutual inhibition of entrance can be demonstrated; these facts, although they are consistent with the presence of a translocation process in the cell membrane, do not specify what kind of mechanism is responsible for the transfer of sugars into the cell. The fact that the kinetics of entrance of sugar molecules into cells can be described by the Langmuir adsorption isotherm or the Michaelis-Menten equations has been interpreted in terms of a mobile carrier or "ferryboat" hypothesis, for which there is some experimental support (P. G. LEFEVRE, 1954). This hypothesis has merit as a description of the characteristics of transport processes if not of the intimate details of their mechanism. Other hypotheses have been proposed (J. F. DANIELLI, 1954) but they are, for the most part, less well-founded in experiment and there is at present no justification for choosing an alternative to the mobile-carrier hypothesis.

5. Sugar transport in skeletal muscle

Because skeletal muscle and especially the diaphragm muscle have been recognized as suitable tissues for the study of the action of insulin, sugar transport in muscle tissue was chosen as a representative example of the transfer of sugars from blood to tissues[1].

Regarding the mechanism of sugar transport in muscle, there is no convincing experimental evidence available which supports the hypotheses that hexokinase or mutarotase (A. S. KESTON, 1954) participate. Sugars which are neither hexokinase nor mutarotase substrates can enter muscle (for example: 3-methylglucose) and their entry is facilitated by insulin (D. M. KIPNIS, R. K. CRANE, 1960). Recent

[1] The transfer of sugars across the blood aqueous humor barrier was studied by E. J. Ross (1951) and found to be responsive to insulin. The placental transfer of sugars has been studied also. D. P. ALEXANDER et al. (1955) have injected C^{14} glucose into the pregnant sheep and have recovered both C^{14} glucose and C^{14} fructose from the foetal blood. Furthermore, the net transfer of sugar from the ewe to the foetus was considerably less than would be expected on a basis of simple diffusion.

experiments of D. M. KIPNIS and C. F. CORI (1959) (see Table 2) have demonstrated that of a variety of hexoses and pentoses tested the transport only of the hexokinase substrates, glucose, mannose and 2-deoxyglucose is inhibited in the "intact diaphragm" by the intracellular accumulation of 2-deoxyglucose-6-P. They demonstrated also that these three sugars compete for entry into muscle, i.e. they share a common transport system but that D-xylose, L-arabinose, galactose, 2-deoxygalactose and fructose neither inhibit the penetration of 2-deoxyglucose nor are inhibited by 2-deoxyglucose-6-P.

Table 2. *Specificity of sugar transport in the diaphragm muscle* (D. M. KIPNIS, C. F. CORI, 1959) G, M, Gal, and F refer to glucose, mannose, galactose and fructose respectively.

Sugar	Q_{10} of penetration		Inhibition of penetration by:				Inhibition of penetration by internal 2-deoxyglucose-6-phosphate	Ratio of intracellular distribution: Insulin: Basal
	Basal	Insulin	G	M	Gal	F		
D-Xylose	1.0	1.8	0				0	1.5
L-Arabinose[1]		1.9	0					1.5
D-Galactose			0					
2-Deoxy-D-galactose	1.3	2.0	0		0[1]		0	1.5
2-Deoxy-D-glucose	2.3	2.0	+	+	0	0	+	2.5[2]
Glucose	2.0[1]	2.0[1]					+	

[1] Unpublished experiments.
[2] 2-Deoxyglucose-6-phosphate.

II. The action of insulin on permeability of skeletal muscle by sugars

In recent years interest has been focused on cellular permeability as a point of regulatory control of carbohydrate metabolism. (For further examples see: C. DE DUVE, H. G. HERS, 1957.)

The effect of insulin in facilitating the entry of sugars in muscle has been stated to represent the primary[1] action of the hormone. (R. LEVINE, 1953, see reference; C. R. PARK et al. 1956, 1959). This is a simplification which is justified only under the assumption that the transport of glucose into muscle is the rate limiting step for its utilization. At present it is questionable if such an assumption is warranted. [E. HELMREICH, C. F. CORI (1956), D. M. KIPNIS, E. HELMREICH, C. F. CORI (1959), E. HELMREICH (1959).]

The specificity of the effects of insulin on tissue permeability is remarkably wide. In a recent study (D. M. KIPNIS, R. K. CRANE, 1960) using tritium-labeled sugars it has been found that the extent of penetration into diaphragm muscle, *in vitro*, of all sugars tested, including 6-deoxy-L-galactose, was increased by insulin.

Also, the concentration of a non-utilizable aminoacid analogue, C^{14}-α-amino-isobutyric acid (D. M. KIPNIS, M. W. NOALL. 1958) and the incorporation of aminoacids into the acid insoluble protein fraction of muscle tissues (K. L. MANCHESTER, F. G. YOUNG, 1958; I. G. WOOL, M. E. KRAHL, 1959) were found to be affected by insulin independently of the presence of glucose.

Hence, it seems unlikely that insulin affects only transport mechanisms. Perhaps insulin in a manner similar to muscle work (E. HELMREICH, C. F. CORI, 1957), effects changes which lead to increased permeability of the muscle, which in turn facilitates the entry of substances by a variety of mechanisms which may include diffusion, pinocytosis, and passive and active transport.

[1] The term "primary" is used here to mean the specific and decisive action of the hormone, not its relation to the time course of its action.

1. Bonds involved in attachment of hormones to responsive tissues

Intimately connected with the problem of the action of hormones are the sites and the bonds involved in their attachment to responsive tissues.

Example: Interesting experiments were recently performed by I. L. SCHWARTZ, C. T. O. FONG, E. A. POPENOE, L. SILVER and M. A. SCHOESSLER (1958). The results were interpreted by the authors as evidence that the anti-diuretic hormone lysine vasopressin reacts at its receptor site by -S-S-interchange, probably forming two mixed hormone-receptor disulfide bonds. They suggest furthermore that such interactions might account for the effect of other -S-S-containing hormones, such as insulin.

Experimental: Lysine vasopressin (LVP) was exposed to 1.1 curies of tritium gas for 8 days at room temperature and 500 mm Hg pressure. After removal of labile H^3, firmly labeled H^3LVP was recovered chromatographically as a biologically active electrophoretically homogeneous component.

Both kidneys of the anesthetized rat were dissected free of all attachments except for the renal artery and vein which were exposed separately. Then 1 mμgm. of the tritiated hormone was injected into a cannulated external jugular vein. From 5- to 10 min later, just after onset of maximal antidiuretic activity, both kidneys were perfused via the renal artery with saline containing reagents that bind SH groups reversibly (p-chloromercuribenzoate) and irreversibly (N-ethylmaleimide). When the kidneys were bloodless, they were ligated, excised and homogenized in saline and centrifuged at 1500 g for 15 min. The pellet (insoluble membrane protein, fibrous protein, nuclei) was washed successively with acetone, ethanol, and saline until the washings were free of radioactivity. Then after exposure of the reincubated sediment to conditions that reduce disulfide bonds, but do not affect peptide bonds (L-cysteine in 0.15 M $NaHCO_3$, pH 8) the radioactivity of the medium increased by more than ten-fold over levels prior to reduction. Controls showed no comparable release of radioactivity.

2. Morphologic changes due to altered permeability (pinocytosis)

Permeability of cells and tissues is generally characterized indirectly by kinetic methods. It is, in addition, desirable to look for morphological changes which may accompany changes in permeability induced by insulin, etc.

Example: Insulin was found to stimulate the uptake of C^{14} glucose and its conversion to fat in the rat epididymal fat pad in vitro. A. I. WINEGRAD, A. E. RENOLD (1958); E. G. BALL et al. (1959).

At a time 10—20′ after the addition of (10^{-3} units/ml) insulin, when definite metabolic changes had occurred, the tissue sample showed morphologic changes under the electron microscope, which led RUSSELL, J. BARRNETT and E. G. BALL (1959) to the suggestion that one of the actions of insulin is to stimulate pinocytosis, which alters the properties of the membrane and makes it more permeable to certain molecules, e.g. glucose. Since it is known that protein solutions in general are vehicles for pinocytosis in some cells it remains to be proven that the effects of insulin are specific and cannot be evoked with biologically inactive insulin preparations.

Example: H. HOLTER et al. (1959) have fed amoeba proteus C^{14} labeled glucose and followed its distribution by means of an autoradiographic technique. The glucose was dissolved in a plasma albumin solution as a vehicle for pinocytosis. For radioautography, the amoeba sections were covered by 0.25 μ nylon film in order to protect them against water during the application of the stripping film emulsions. The autoradiograms showed a considerable amount of activity evenly distributed in the cytoplasm of the amoeba. Such autoradiograms have been obtained as early as 45 min after the end of feeding.

III. Active transport

The term "active transport" has been applied to transport phenomena in general and in specific terms. It has been used (P. G. LeFevre, 1955) for any translocation process in which "the role of the cells appears to be more complex than that of merely offering a selective resistance to diffusion" and it has been reserved (Th. Rosenberg, 1954) for those instances in which it can be demonstrated that there is a net movement of the transported substance against a concentration gradient ("uphill transport"). For the purposes of this discussion the term shall be used in the latter sense.

There are numerous reports in the literature which deal with "active transport". Only a few experiments, which utilized the isotope technique have been selected.

1. Reabsorption of sugars by the kidney

The reabsorption of glucose across the renal tubular epithelium in vivo appears to have the properties of an active transport process. In vitro experiments have confirmed this concept.

Example: Recently, S. M. Krane and R. K. Crane (1959) studied the accumulation of D-galactose-1-C^{14} against an apparent concentration gradient in slices of rabbit kidney cortex. D-galactose was chosen because it had been reported (A. Gammeltoft, K. Kjerulf Jensen, 1943) to be actively reabsorbed by mammalian kidney, in vivo, and because it is less rapidly metabolized by kidney tissue than is glucose. Attempts to demonstrate an accumulation of glucose were unsuccessful, presumably because of its rapid utilization.

Experimental: (S. M. Krane, R. K. Crane, 1959). Thin slices (100 mg) of rabbit kidney cortex were incubated in a balanced buffer solution containing 0.5 to 1.0 microcurie of D-galactose-C^{14} together with carrier galactose in the desired amount. After incubation at 25°, the slices were recovered, blotted, weighed, and homogenized in barium hydroxide and zinc sulfate which served to remove protein and phosphorylated compounds. Carrier galactose was added to aliquots of the deproteinized solution and was converted to mucic acid by nitric acid oxidation. The crystalline mucic acid was recovered, washed, and transferred to planchets for radioactivity measurement.

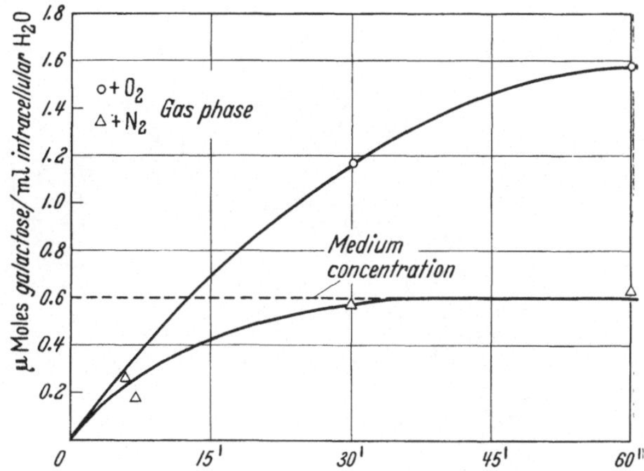

Fig. 5. The effect of the absence of oxygen on the accumulation of galactose-1-C^{14}. (S. M. Krane, R. K. Crane, 1959)

A typical experiment is shown in Fig. 5 and 6. D-galactose-1-C^{14} accumulated within the slices to higher concentrations than that present in the medium. In the absence of oxygen, Fig. 5, or in the presence of 4,6-dinitro-o-cresol, Fig. 6, entrance into the slice was limited to the amount expected from diffusion equilibrium. Moreover, the amount of galactose accumulated within a given time period was a function of the external galactose concentration and it was reduced by the simultaneous presence of glucose. The degree of reduction was dependent upon the relative concentrations of the two sugars (competitive inhibition).

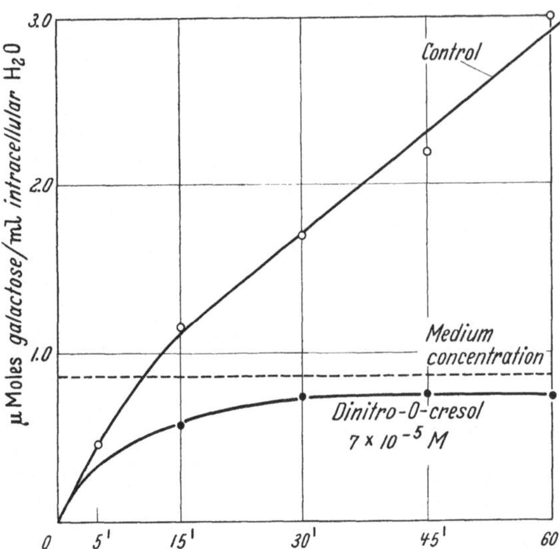

Fig. 6. The time course of the accumulation of galactose-1-C^{14} by rabbit kidney cortex slices and the effect of Dinitro-o-cresol on the accumulation of galactose-1-C^{14}. (S. M. KRANE, R. K. CRANE, 1959)

2. Intestinal absorption of sugars

In vitro studies by H. NEWEY, D. H. SMYTH, B. C. WHALER (1955) and experiments by I. D. HAWKINS, E. D. WILLS (1957), in which glucose 1-C^{14} was recovered from the serosal side of the intestinal preparation with the radioactive label not randomized and the elegant in vivo studies of R. M. ATKINSON et al. (1957) and J. Y. KIYASU et al. (1956) have clearly shown that glucose as such is actively transported by the intestine, contrary to the claim of S. HESTRIN-LERNER and B. SHAPIRO (1953), based on experiments with tracer amounts of glucose-C^{14}, that glucose is absorbed in a form which is neither glucose nor lactic acid.

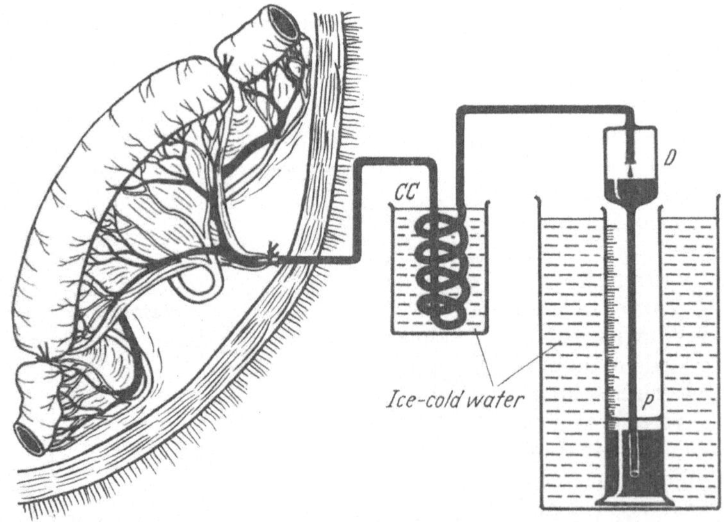

Fig. 7. Experimental arrangement for the collection of venous blood from a loop of intestine. The venous blood leaving the loop passes through a cooling coil *CC*, a dropping chamber *D*, and is collected in a cylinder under a layer of liquid paraffin, *P*. (R. M. ATKINSON, B. J. PARSONS, D. H. SMYTH, 1957)

Example: The experimental arrangement used by R. M. ATKINSON et al. (1957) in their in vivo studies is shown in Fig. 7.

Experimental: Anaesthetized dogs were used. The abdomen was opened and a loop of intestine was selected. The vein draining the loop was cannulated. After the blood draining the loop was collected, so that none of the products absorbed could enter the bloodstream and return to the animal, the loop was washed with saline and tied off. A solution of C^{14}glucose was then injected into the lumen of the selected loop. The loop was then replaced in the abdomen and its position adjusted so as to permit uninterrupted blood supply. The venous blood was collected for a period varying from 15 to 60 min. At the end of this period the contents of the loop and the mesenteric venous blood draining the loop were examined for various constituents and for radioactivity. After samples had been taken for chemical analysis of glucose, lactic acid, pyruvate, alanine and CO_2, C^{14} was determined in all these compounds. The deproteinized fraction containing C^{14}-glucose was deonized by passage through resins and freed of polysaccharides by passage through celite-charcoal. The effluent was combusted to CO_2, which was converted to $BaCO_3$ and counted. If the radioactivity of a substance in the intestinal lumen is A counts/min, the concentration in the blood B mg per 100 ml., the total volume of the blood C ml. and the radioactivity of the substance in the blood D counts/min., then the absorbed labeled substance (or the compound derived from it) in the mesenteric blood has been diluted by unlabeled substance in the ratio A/D. The total amount of absorbed substance (or derivative) in the mesenteric blood is therefore $CB/100 \times D/A$ mg.

The radioactivity of lactic acid, alanine, and pyruvate was determined in the corresponding phenylhydrazones. The radioactivity of these compounds is therefore not directly comparable with the radioactivity of the glucose absorbed, since the proportions of radioactive Carbon in the Barium carbonate and in the acetaldehyde 2:4, dinitrophenyl hydrazones obtained from lactic acid and alanine are different. The radioactivity of these phenylhydrazones was therefore multiplied by a factor of 0.57. For pyruvate, the factor is 0.45. No further corrections were required, since the self absorption curves of barium carbonate and the acetaldehyde, 2,4 phenylhydrazones are nearly the same.

With this technique it was found that 70—80% of the glucose disappearing from the intestine is accounted for as glucose in the mesenteric, venous blood, 7—17% as lactic acid and insignificant amounts as carbon dioxide, alanine, and pyruvic acid. The fact that the specific activity of the glucose remaining in the intestine was unchanged during the experiment suggests that the movement of glucose is unidirectional.

J. D. HAWKINS and E. D. WILLS (1957), have fed glucose 1-C^{14} (5 ml. of a 50% glucose solution containing 10 μC C^{14}) to rabbits by stomach tube. Blood samples were removed from the ear vein and deproteinized by the method of M. SOMOGYI (1945), 20 mgm of carrier glucose were added and the glucosazone was prepared (see for example C. NEUBERG et al., 1946). The osazones were purified, and their radioactivity was measured. They were then degraded to the bis-phenylhydrazone of the mesoxalic aldehyde by the method of Y. J. TOPPER and A. B. HASTINGS (1949). The specific activity of the mesoxalic aldehyde (Carbon 1, 2, 3 of glucose) was compared with that of the osazone. Formaldehyde, which arises from Carbon atom 6 of glucose was isolated as the dimedone derivative. No radioactivity was found in this compound.

3. Nature of the chemical bond involved in active transport

Attempts have been made (H. N. CHRISTENSEN, 1958; J. V. TAGGART, 1958; R. K. CRANE, S. M. KRANE, 1959) with several active transport systems to study the exchange of O^{18} between the penetrant and water. In none of these instances was any indication obtained that a covalent bond was formed during transport. However the experiments with intestine, for example, did exclude certain possibilities.

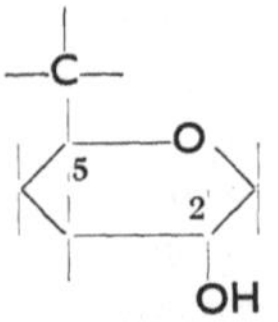

Fig. 8. Basic structure representing the specificity of intestinal active transport of sugars (T. H. WILSON, R. K. CRANE, 1958). The basic structural requirements for intestinal active transport of sugars are: D-configuration, a pyranose ring, a methyl or substituted methyl group attached at carbon-5 of this ring, and an hydroxyl group in the glucose configuration at carbon-2

Prior studies of the specificity of intestinal active transport of sugars (T. H. WILSON, R. K. CRANE, 1958; R. K. CRANE, S. M. KRANE, 1956), had indicated to R. K. CRANE and S. M. KRANE (1959) that if all sugars were transported by the same process, only the hydroxyl group at carbon two (see Fig. 8) of all the hydroxyl groups of the glucose molecule could be involved in intermediate covalent bond formation. Studies were therefore undertaken with 1,5-anhydro-D-glucitol in H_2O^{18} and with glucose-2-O^{18} in H_2O. Both substances were actively transported by intestinal preparations. However when isolated and analyzed the former did not contain O^{18} and the latter had lost only a small amount of O^{18} which could be accounted for by dilution with endogenous glucose. Reaction sequences such as dehydration-hydration and thiol ether bond formation were thus excluded. By other means, other possibilities have been excluded. Studies of the substrate specificity of intestinal absorption (T. H. WILSON, B. R. LANDAU, 1960) and of the intestinal hexokinase (A. SOLS, 1956) do not confirm the phosphorylation theory of intestinal absorption (F. VERZAR, E. J. MCDOUGALL, 1936). Moreover, B. R. LANDAU and T. H. WILSON (1959) have shown that the major part of the transported glucose does not go through a glucose-6-phosphate pool which was labeled by allowing galactose-1-C^{14} to be metabolized during the course of the experiment.

Literature

ALEXANDER, D. P., R. D. ANDREWS, A. ST. G. HUGGETT, D. A. NIXON and W. F. WIDDAS: The placental transfer of sugars in the sheep: Studies with radioactive sugar. J. Physiol. (London) **129**, 352 (1955).

AMOORE, J. E., and W. BARTLEY: The permeability of isolated rat-liver mitochondria to sucrose, sodium chloride and potassium chloride at 0°. Biochem. J. **69**, 223 (1958).

ARONOFF, S.: Chapter 5 in: Techniques of Radiobiochemistry. The Iowa State College Press, Press Building, Ames, Iowa, U.S.A. 1956.

ATKINSON, R. M., B. J. PARSONS and D. H. SMYTH: The intestinal absorption of glucose. J. Physiol. (London) **135**, 581 (1957).

BALL, E. G., D. B. MARTIN and O. COOPER: Studies on the metabolism of adipose tissue. I: The effect of insulin on glucose utilization as measured by the manometric determination of carbon dioxide output. II: The effect of changes in the ionic composition of the medium upon the response to insulin. J. biol. Chem. **234**, 774/781 (1959).

BARRNETT, RUSSELL J., and E. G. BALL: Morphologic and metabolic changes produced in rat adipose tissue in vitro by insulin. Science **129**, 1282 (1959).

BENSON, A. A., B. MARUO, R. J. FLIPSE, H. W. YUROW and W. W. MILLER: Application of the nuclear reactor in biochemical analysis: Neutron activation chromatography. In: Proc. Second United Nations int. Conference on the Peaceful Uses of Atomic Energy. Publ. United Nations **24**, Part 1, 289, Geneva 1958.

BERSON, S. A., and R. S. YALOW: Recent studies on insulin-binding antibodies, in: Current Trends in Research and Clinical Management of Diabetes. Ann. N. Y. Acad. Sci. **82**, 338 (1959).

— — Quantitative aspects of the reaction between insulin and insulin-binding antibody. J. clin. Invest. **38**, 1996 (1959).

BODO, R. C. DE, N. ALTSZULER, A. DUNN, R. STEELE, D. T. ARMSTRONG and J. S. BISHOP: Effects of exogenous and endogenous insulin on glucose utilization and production. In: Current Trends in Research and Clinical Management of Diabetes. Ann. N. Y. Acad. Sci. **82**, 431 (1959).

BRITTON, H. G.: The permeability of the human red cell to labeled glucose. Proceedings of the physiological society. J. Physiol. (Lond.) 61 P (1957).

CHARGAFF, E., C. LEVINE and C. GREEN: Techniques for the demonstration by chromatography of nitrogenous lipide constituents, sulfur containing amino acids and reducing sugars. J. biol. Chem. **175**, 67 (1948).

CHRISTENSEN, H. N., H. M. PARKER and T. R. RIGGS: Non-exchange of carboxyloxygen in mammalian amino acid transport. J. biol. Chem. **233**, 1485 (1958).

COONS, A. H., and M. H. KAPLAN: Localization of antigen in tissue cells. Improvement in a method for the detection of antigen by means of fluorescent antibody. J. exp. Med. **91**, 1 (1950).

CRANE, R. K., and S. M. KRANE: On the mechanism of the intestinal absorption of sugars. Biochim. biophys. Acta **20**, 568 (1956).

— R. A. FIELD and C. F. CORI: Studies of tissue permeability. I. The penetration of sugars into the Ehrlich ascites tumor cells. J. biol. Chem. **224**, 649 (1957).

— Use of charcoal to separate mixtures of inorganic, ester and nucleotide phosphates. Science **127**, 285 (1958).

— and S. M. KRANE: Studies on the mechanism of the intestinal active transport of sugars. Biochim. biophys. Acta **31**, 397 (1959).

DANIELLI, J. F.: Morphological and molecular aspects of active transport. Symp. Soc. exp. Biol. **8**, 502 (1954).

DUTTON, H. J., E. P. JONES, L. H. MASON and R. F. NYSTROM: Labeling fatty acids by exposure to tritium gas. Proc. IV. int. Congress of Biochemistry, Vienna. Suppl. int. Abstracts of Biological Sciences, 18-1; p. 202. London-New York: Pergamon Press 1958.

DUVE, C. DE, and H. G. HERS: Carbohydrate metabolism. Annual Rev. Biochem., Palo Alto **26**, 149 (1957).

EISEN, H. N., M. KERN, W. T. NEWTON and E. HELMREICH: A study of the distribution of 2,4-dinitrobenzene sensitizers between isolated lymph node cells and extracellular medium in relation to induction of contact skin sensitivity. J. exp. Med. **110**, 187 (1959).

FIELD, R. A., and C. F. CORI: In preparation, 1960.

FISHER, R. B., and D. B. LINDSAY: The action of insulin on the penetration of sugars into the perfused heart. J. Physiol. (Lond.) **131**, 526 (1956).

FROESCH, E. R., and A. E. RENOLD: Specific enzymatic determination of glucose in blood and urine using glucose oxidase. Diabetes **5**, 1 (1956).

GAMMELTOFT, A., and K. KJERULF-JENSEN: The mechanism of renal excretion of fructose and galactose in rabbit, rat, dog and man. Acta physiol. scand. **6**, 368 (1943).

GLASER, L., and D. H. BROWN: Purification and properties of D-glucose-6-phosphate dehydrogenase. J. biol Chem. **216**, 67 (1955).

HAWKINS, J. D., and E. D. WILLS: Studies on the intestinal absorption of glucose. Biochim. biophys. Acta **23**, 210 (1957).

HELMREICH, E.: Zuckertransport in Zellen und Geweben ein Ort der Stoffwechselkontrolle? Klinische Physiologie. Stuttgart **I**, **1**, p. 44—86 Georg Thieme 1960.

— and C. F. CORI: Some problems of permeability of tissue cells to sugars. Ciba Found. Coll. Endocr. **9**, 227 (1956).

— — Studies of tissue permeability. II. The distribution of pentoses between plasma and muscle. J. biol. Chem. **224**, 663 (1957).

— and H. N. EISEN: The distribution and utilization of glucose in isolated lymph node cells. J. biol. Chem. **234**, 1958 (1959).

HESTRIN-LERNER, S., and B. SHAPIRO: Absorption of glucose from the intestine. I: In vitro studies. Biochim. biophys. Acta **12**, 533 (1953); II: In vivo and perfusion studies. Biochim. biophys. Acta **13**, 54 (1954).

HILLMAN, R. S., R. B. LANDAU and J. ASHMORE: Structural specificity of hexose penetration of rabbit erythrocytes. Amer. J. Physiol. **196**, 1277 (1959).

HOLT, C. v., I. NOLTE and L. v. HOLT: Experiments on tritium labeled insulin. In: Proc. Second United Nations int. Conference on the Peaceful Uses of Atomic Energy. Publ. United Nations, **25**, Part 2, 230, Geneva 1958.

HOLTER, H.: Problems of pinocytosis with special regard to amoebae. In: The biology of the amoeba. Ann. N. Y. Acad. Sci. **78**, 524 (1959).

HUGHES, W. L., V. P. BOND, G. BRECHER, E. P. CRONKITE, R. B. PAINTER, H. QUASTLER and F. G. SHERMAN: Cellular proliferation in the mouse as revealed by autoradiography with tritiated thymidine. Proc. nat. Acad. Sci. (Wash.) **44**, 476 (1958).

ISBELL, H. S.: U.S. Pat. 2653931 (1953). Chem. Abstr. **48**, 958 h (1954).

KALLEE, E.: Über ^{131}J signiertes insulin. I. Mitteilung (Nachweis). Z. Naturforsch. 7b, 661 (1952).
KENDREW, J. C.: Structure and function in myoglobin and other proteins. Fed. Proc. **18**, No. 2, Part I, 740 (1959).
KESTON, A. S.: Occurrence of mutarotase in animals: Its proposed relationship to transport and reabsorption of sugars and insulin. Science **120**, 355 (1954).
— Specific, colorimetric, and enzymatic, analytical reagent for glucose. Abstracts American Chemical Soc. 129th Meeting, 31 C (1956).
KEYNES, R. D., and P. R. LEWIS: Sodium and potassium content of cephalopod nerve fibers. J. Physiol. (Lond.) **114**, 151 (1951).
KIPNIS, D. M., and C. F. CORI: Studies of tissue permeability. III. The effect of insulin on pentose uptake by the diaphragm. J. biol. Chem. **224**, 681 (1957).
— and M. W. NOALL: Stimulation of amino acid transport by insulin in the isolated rat diaphragm. Biochim. biophys. Acta **28**, 226 (1958).
— E. HELMREICH and C. F. CORI: Studies of tissue permeability. IV. The distribution of glucose between plasma and muscle. J. biol. Chem. **234**, 165 (1959).
— and C. F. CORI: Studies of tissue permeability. V. The penetration and phosphorylation of 2-deoxyglucose in the rat diaphragm. J. biol. Chem. **234**, 171 (1959).
— and R. K. CRANE: In preparation, 1960.
KIYASU, J. Y., J. KATZ and I. L. CHAIKOFF: Nature of C^{14} compounds recovered in portal plasma after enteral administration of C^{14} labeled glucose. Biochim. biophys. Acta **21**, 286 (1956).
KRANE, S. M., and R. K. CRANE: The accumulation of D-galactose against a concentration gradient by slices of rabbit kidney cortex. J. biol. Chem. **234**, 211 (1959).
LACY, P. E., and J. DAVIES: Demonstration of insulin in mammalian pancreas by the fluorescent antibody method. Stain Technol. **34**, 85 (1959).
LANDAU, R. B., and T. H. WILSON: The role of phosphorylation in glucose absorption from the intestine of the golden hamster. J. biol. Chem. **234**, 749 (1959).
LE FEVRE, P. G.: The evidence for active transport of monosaccharides across the red cell membrane. In: Active transport and secretion. Sympos. Soc. exp. Biol. **8**, 118 (1954).
— Active transport through animal cell membranes. Protoplasmatologia **8**, 7a (1955).
LEVINE, R., and M. S. GOLDSTEIN: On the mechanism of action of insulin. Recent Progr. Hormone Res. **11**, 343 (1955).
MANCHESTER, K. L., and F. G. YOUNG: The effect of insulin on incorporation of amino acids into protein of normal rat diaphragm in vitro. Biochem. J. **70**, 353 (1958).
MIRSKY, I. A., G. PERISUTTI and F. J. DIXON: The destruction of I^{131} labeled insulin by rat liver extracts. J. biol. Chem. **214**, 397 (1955).
MOLONEY, P. J., and M. COVAL: Antigenicity of insulin: Diabetes induced by specific antibodies. Biochem. J. **59**, 179 (1955).
MORTIMORE, GLENN E., and F. TIETZE: Studies on the mechanism of capture and degradation of insulin-I^{131} by the cyclically perfused rat liver. In: Current Trends in Research and Clinical Management of Diabetes. Ann. N. Y. Acad. Sci. **82**, 329 (1959).
NEUBERG, C., and E. STRAUSS: Quantitative formation of osazones. Arch. Biochem. Biophys. **11**, 457 (1946).
NEWEY, H., D. H. SMYTH and B. C. WHALER: The absorption of glucose by the in vitro intestinal preparation. J. Physiol. (Lond.) **129**, 1 (1955).
ØRSKOV, S. L.: Eine Methode zur fortlaufenden photographischen Aufzeichnung von Volumänderungen der roten Blutkörperchen. Biochem. Z. **279**, 241 (1935).
PARK, C. R., R. L. POST, C. F. KALMAN, J. H. WRIGHT JR., L. H. JOHNSON and H. E. MORGAN: The transport of glucose and other sugars across cell membranes and the effect of insulin. Ciba Found. Coll. Endocr. **9**, 240 (1956).
— D. REINWEIN, M. J. HENDERSON, E. CADENAS and H. E. MORGAN: The action of insulin on the transport of glucose through the cell membrane. In: Symposium on disorders of carbohydrate metabolism. DE WITT STETTEN, JR., Guest Editor. Amer. J. Med. **26**, 674 (1959).
REID, A. F., R. L. CALDWELL and J. C. VANATTA: The use of activation analysis and radiosulfate space to determine intracellular sodium. Arch. Biochem. Biophys. **84**, 498 (1959).
REIFFEL, L., and C. A. STONE: Neutron activation analysis of tissue. Measurements of sodium, potassium and phosphorus in muscle. J. Lab. clin. Med. **49**, 286 (1957).
REINWEIN, D., C. F. KALMAN and C. R. PARK: Transport of glucose and other sugars across the cell membrane of the human erythrocyte. Fed. Proc. **16**, 237 (1957).
ROE, J. H., and E. W. RICE: A photometric method for the determination of free pentoses in animal tissues. J. biol. Chem. **173**, 507 (1948).
ROSENBERG, TH.: The Concept and Definition of active transport. In: Active transport and secretion. Sympos. Soc. exp. Biol. **8**, 21 (1954).

Ross, E. J.: The transfer of non-electrolytes across the blood-aqueous barrier. J. Physiol. (Lond.) **112**, 229 (1951).

Schindewolf, U.: Chemische Analyse durch Neutronen-Reaktionen. Angew. Chem. **70**, 181 (1958).

Schmeiser, K., u. D. I. Jerchel: Quantitativer Nachweis von Schwefel, Chlor und Bromenthaltenden Verbindungen auf Papierchromatogrammen mit Hilfe induzierter Radioaktivität. II. Phosphor-Bestimmungen nach Neutron-Aktivierung in Papier-Elektropherogrammen. Angew. Chem. **65**, 366, 490 (1953).

Schwarz, I. L., C. T. O. Fong, E. A. Popenoe, L. Silver and M. A. Schoessler: Evidence for a covalent attachment of the antidiuretic hormone to its receptor site in the kidney. Proc. Amer. Soc. clin. Invest. **51**, 62 (1959).

Siekevitz, Ph.: On the meaning of intracellular structure for metabolic regulation. In: Regulation of cell metabolism. Ciba Foundation Sympos. G. E. W. Wolstenholme and C. M. O'Connor (editors). Boston: Little, Brown and Co. **1959**.

Sols, A.: The hexokinase activity of the intestinal mucosa. Biochim. biophys. Acta **19**, 144 (1956).

— and G. de la Fuente: Glucosa oxidasa en análisis. Rev. esp. Fisiol. **13**, 231 (1957).

— — On the substrate specificity of glucose oxidase. Biochim. biophys. Acta **24**, 206 (1957).

Somogyi, M.: Determination of blood sugar. J. biol. Chem. **160**, 69 (1945).

Spencer, R. P., T. G. Mitchell and E. R. King: Neutron activation of sodium in blood serum. J. Lab. clin. Med. **50**, 646 (1957).

Steele, R., W. Bernstein and C. Bjerknes: Single phototube liquid scintillation counting of C^{14}. Applications to an easily isolated derivative of blood glucose. J. appl. Physiol. **10**, 319 (1957).

— Influences of glucose loading and of injected insulin on hepatic glucose output. In: Current Trends in Research and Clinical Management of Diabetes. Ann. N. Y. Acad. Sci. **82**, 420 (1959).

Taggart, J. V.: Mechanisms of renal tubular transport. Amer. J. Med. **24**, 774 (1958).

Topper, Y. J., and A. B. Hastings: A study of the chemical origins of glycogen by use of C^{14} labeled carbon dioxide, acetate and pyruvate. J. biol. Chem. **179**, 1255 (1949).

Verzár, F., and E. J. McDougall: Absorption from the intestine. London: Longmans, Green and Co. 1936.

Werkheiser, W. C., and W. Bartley: The study of steady-state concentrations of internal solutes of mitochondria by rapid centrifugational transfer to a fixation medium. Biochem. J. **66**, 79 (1957).

Wilson, T. H., and R. K. Crane: The specificity of sugar transport by hamster intestine. Biochim. biophys. Acta **29**, 30 (1958).

— and B. R. Landau: Specificity of sugar transport by the intestine of the hamster. Amer. J. Physiol. **198**, 99 (1960).

Wilzbach, K. E.: Tritium-labeling by exposure of organic compounds to tritium gas. J. Amer. chem. Soc. **79**, 1013 (1957).

Winegrad, A. I., and A. E. Renold: Studies on rat adipose tissue in vitro. I. Effects of insulin on the metabolism of glucose, pyruvate and acetate. II. Effects of insulin on the metabolism of specifically labeled glucose. J. biol. Chem. **233**, 267/273 (1958).

Wood, H. G.: Significance of alternate pathways in the metabolism of glucose. Physiol. Rev. **35**, 841 (1955).

Wool, I. G., and M. E. Krahl: Incorporation of C^{14} histidine into protein of isolated diaphragms: Interaction of fasting, glucose and insulin. Amer. J. Physiol. **197**, 367 (1959).

Radioaktive Isotope bei Untersuchungen zum Citronensäurecyclus

Von

August Holldorf und Helmut Holzer

Mit 12 Abbildungen

A. Einleitung

Der Citronensäurecyclus (Abb. 1) als Prozeß des oxydativen Abbaues der Nahrungsstoffe in der lebenden Zelle wurde bereits vor der Einführung der Isotopentechnik in das Studium des Intermediärstoffwechsels formuliert (KREBS und JOHNSON, 1937; neuere zusammenfassende Darstellungen: MARTIUS und LYNEN, 1950; KREBS, 1954; MARTIUS, 1954; OCHOA, 1954). Anwendungen hat die Isotopentechnik später bei der Bestätigung der Reaktionssequenz des Cyclus, bei der Analyse der Einzelreaktionen und beim Nachweis des Cyclus in den verschiedensten Zellen und Geweben gefunden. Bereits bei den ersten Untersuchungen über die Reaktionssequenzen des Cyclus (WOOD, WERKMAN, HEMINGWAY und NIER, 1941b; 1942; EVANS und SLOTIN, 1940; 1941) sowie bei der späteren Nachprüfung dieser Resultate (Einzelheiten s. S. 668 ff.) trat deutlich hervor, mit welcher Kritik die mit der Isotopentechnik erzielten Resultate zu bewerten sind, und daß zum endgültigen Beweis einer Reaktionsfolge des Stoffwechsels meist eine genaue Analyse der einzelnen enzymatischen Reaktionen erforderlich ist.

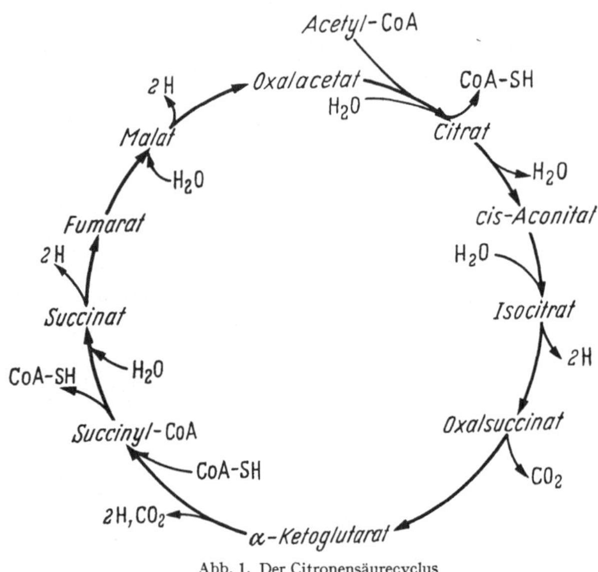

Abb. 1. Der Citronensäurecyclus

Bei der Untersuchung des Citronensäurecyclus fand zunächst das kurzlebige Isotop des Kohlenstoffs C^{11}, dann später der schwere Kohlenstoff C^{13} und schließlich in ausgedehntem Maße C^{14} Verwendung. Beim Studium einer Reihe von

Im vorstehenden Beitrag werden folgende Abkürzungen verwendet: CoA = Coenzym A, DPN und DPNH = oxydiertes bzw. reduziertes Diphosphopyridinnucleotid, TPN und TPNH = oxydiertes bzw. reduziertes Triphosphopyridinnucleotid, ATP = Adenosintriphosphat, ADP = Adenosindiphosphat, AMP = Adenosinmonophosphat, GDP = Guanosindiphosphat, GTP = Guanosintriphosphat, IDP = Inosindiphosphat, ITP = Inosintriphosphat, NDP = Nucleosiddiphosphat, NTP = Nucleosidtriphosphat, TPP = Thiaminpyrophosphat.

speziellen Reaktionen wurden daneben auch P^{32}, S^{35} und H^3 (Tritium) verwendet. Die folgende Darstellung umfaßt nur eine Auswahl aus den zahlreichen vorliegenden Untersuchungen. Wegen ihrer prinzipiellen Bedeutung müssen dabei auch eine Reihe von Ergebnissen Berücksichtigung finden, die mit dem stabilen schweren Kohlenstoff C^{13} und mit Deuterium erzielt wurden. Die Prozesse der oxydativen Phosphorylierung, die eng mit den Reaktionen des Citronensäurecyclus verknüpft ist, finden im Abschnitt „Stoffwechsel der Mitochondrien" ihre Darstellung. Eine Darstellung der Methoden für Nachweis, Synthese und Analyse von markierten Intermediärprodukten des Cyclus findet sich bei SWIM und UTTER (1957).

B. Studien über einzelne Reaktionen und über die Sequenz des Citronensäurecyclus

Von KREBS und JOHNSON (1937) wurde das wesentliche der in Abb. 1 wiedergegebenen Sequenz der einzelnen Reaktionen des Citronensäurecyclus formuliert. Die Schlüsselreaktion in diesem Prozeß ist die Bildung des Citrats durch Kondensation von Oxalacetat mit einem Acetylrest. Der Mechanismus dieser Reaktion, sowie die chemische Natur des einen Reaktionspartners, nämlich des Acetyl-Coenzyms A, waren zur Zeit der Formulierung des Cyclus noch völlig unbekannt. Bei der Aufklärung dieser Reaktion fanden Isotope eine ausgedehnte Anwendung. Das gleiche gilt für die Untersuchung des Übergangs von Isocitrat zu α-Ketoglutarat.

I. Der Mechanismus der Citratbildung

Im Anschluß an verschiedene ältere Untersuchungen an Mikroorganismen konnten SONDERHOFF und THOMAS (1937) erstmalig die Bildung von Citrat aus Acetat beweisen. Bei diesen Versuchen fand deuteriummarkiertes Acetat Verwendung. Für diese Reaktion wurde eine Kondensation zwischen Oxalacetat und Acetat angenommen (1), nach Art einer Claisen-Kondensation (CLAISEN und HORI, 1891):

$$\begin{array}{c} CD_3\text{—}COOH \\ + \\ O{=}C\text{—}COOH \\ | \\ CH_2\text{—}COOH \end{array} \longrightarrow \begin{array}{c} CD_2\text{—}COOH \\ | \\ HO\text{—}C\text{—}COOH \\ | \\ CH_2\text{—}COOH\,. \end{array} \tag{1}$$

In Versuchen an Taubenbrustmuskelpräparationen konnten dann KREBS und JOHNSON (1937) die Bildung von Citrat aus Oxalacetat und einem Derivat des Kohlenhydratstoffwechsels (Pyruvat) nachweisen und damit eine Annahme von MARTIUS und KNOOP (1937) bestätigen. Dieser Nachweis war das letzte Glied in einer Kette von Beobachtungen, die zur Formulierung des Citronensäurecyclus führten. In der Folgezeit wurde die Bildung von Citrat aus Oxalacetat und Pyruvat mehrfach in Versuchen mit tierischen Geweben bestätigt (z. B. HALLMAN und SIMOLA, 1939; HALLMAN, 1940), während sich eine Bildung von Citrat aus Oxalacetat und Acetat nur mit Mikroorganismen, jedoch nicht in tierischen Geweben nachweisen ließ (Zusammenfassung: KREBS 1943, 1943a). Somit blieb die chemische Natur des einen Reaktionspartners bei der Citratbildung und damit auch der Mechanismus der Reaktion zunächst unklar. Eine weitere Schwierigkeit bei der Untersuchung der Kondensationsreaktion bestand darin, daß die drei im Citronensäurecyclus vorkommenden Tricarbonsäuren Citrat, cis-Aconitat und Isocitrat in tierischen Geweben, an denen die grundlegenden Untersuchungen über den Cyclus ausgeführt wurden, stets nebeneinander vorkommen und auf enzymatischem Wege leicht ineinander überführt werden können. Hierdurch war es unmöglich, Citrat wirklich als primäres Kondensationsprodukt zu identifizieren. Bei der Bearbeitung dieses Problems fand die Isotopentechnik eine breite Anwendung, wobei allerdings Irrtümer und Trugschlüsse nicht erspart blieben. Während Krebs und Johnson (1937) als Untersuchungsmaterial Präparationen aus Taubenbrustmuskel verwendeten, führten Wood, Werkman, Hemingway und Nier (1941 b, 1942) sowie Evans und Slotin (1940, 1941) ähnliche Versuche an Taubenleberpräparationen durch. Hierbei ergab sich, daß in der Leber neben den von Untersuchungen am Muskel her bekannten Reaktionen noch eine weitere Umsetzung des Pyruvats, nämlich die Carboxylierung mit CO_2 zu Oxalacetat (2), möglich ist:

$$\begin{array}{c} CO_2 \\ + \\ CH_3 \\ | \\ C{=}O \\ | \\ COOH \end{array} \longrightarrow \begin{array}{c} COOH \\ | \\ CH_2 \\ | \\ C{=}O \\ | \\ COOH \end{array} . \qquad (2)$$

Diese Reaktion wurde von Wood, Werkman, Hemingway und Nier (1941 b, 1942) mit C^{13}-markiertem CO_2 und von Evans und Slotin (1940, 1941) mit C^{11}-markiertem CO_2 untersucht. Eine eingehendere Darstellung dieser Untersuchungen findet sich im Abschnitt E (s. S. 689). Durch den Ablauf der Carboxylierungsreaktion in der Leber ist eine Oxydation von Pyruvat auch dann möglich, wenn den Versuchsansätzen kein Oxalacetat zugesetzt wird. Bei Verwendung von markiertem CO_2 erhält man bei der Reaktion markiertes Oxalacetat, dessen Weg im Stoffwechsel dann verfolgt werden kann. Auf Grund der von Krebs und Johnson (1937) formulierten Sequenz des Cyclus sind die in Abb. 2 angegebenen Wege des bei der Carboxylierung von Pyruvat aufgenommenen Kohlendioxyds zu erwarten.

Eine besondere Bedeutung kommt in diesem Reaktionsschema der symmetrischen Struktur des Citrats zu: Bei der Dehydratisierung durch die Aconitase entstehen zwei Formen von cis-Aconitat, die sich durch eine unterschiedliche Markierung auszeichnen. Die bereits erwähnten Untersuchungen von Wood, Werkman, Hemingway und Nier (1941 b, 1942) sowie Evans und Slotin (1941) ergaben nun jedoch keine Übereinstimmung zwischen diesem Schema und den experimentellen Befunden. Den Versuchsansätzen wurde zur Verhinderung der Oxydation von α-Ketoglutarat Arsenit zugesetzt und dann das gebildete α-Ketoglutarat als 2,4-Dinitrophenylhydrazon isoliert. Die Analyse der Isotopenverteilung im α-Ketoglutarat ergab, daß die Markierung sich ausschließlich in der Carboxylgruppe in Nachbarschaft zur Ketogruppe (α-Carboxylgruppe) befand, während nach dem obigem Schema eine gleichmäßige Markierung beider Carboxylgruppen zu erwarten war. Diese Beobachtung veranlaßte eine Änderung der ursprünglich angenommenen Reaktionssequenz, da nach den experimentellen Befunden Citrat nicht als primäres Kondensationsprodukt angesehen werden konnte. Von Wood, Werkman, Hemingway und Nier (1942) wurde darauf hingewiesen, daß für die Erklärung der asymmetrischen Verteilung der Markierung nur eine geringe Änderung im Schema des Citronensäurecyclus erforderlich sei: cis-Aconitat, und nicht Citrat sei das primäre Reaktionsprodukt. Für die Bildung von cis-Aconitat wurde eine Kondensation zwischen dem in der Enolform vorliegenden Oxalacetat und einem Acetylrest angenommen (s. Abb. 3). Die Bildung von Citrat dagegen wurde als Seitenreaktion angesehen. Dieser Seitenreaktion wurde nur eine geringe quantitative Bedeutung beigemessen, da es sonst auch durch sie bei der Bildung des symmetrischen Citrats zu einer Verteilung der Markierung auf beide primären Carboxylgruppen kommen müßte. Für diese Annahme schienen zunächst auch experimentelle Befunde zu sprechen (Krebs, 1942), die später jedoch nicht bestätigt werden konnten (MARTIUS und LYNEN, 1950; FRIEDRICH-FREKSA und MARTIUS, 1951).

Bei der Oxydation von Acetat durch Hefezellen beobachteten WEINHOUSE und MILLINGTON (1947) ebenfalls die Bildung einer asymmetrisch markierten

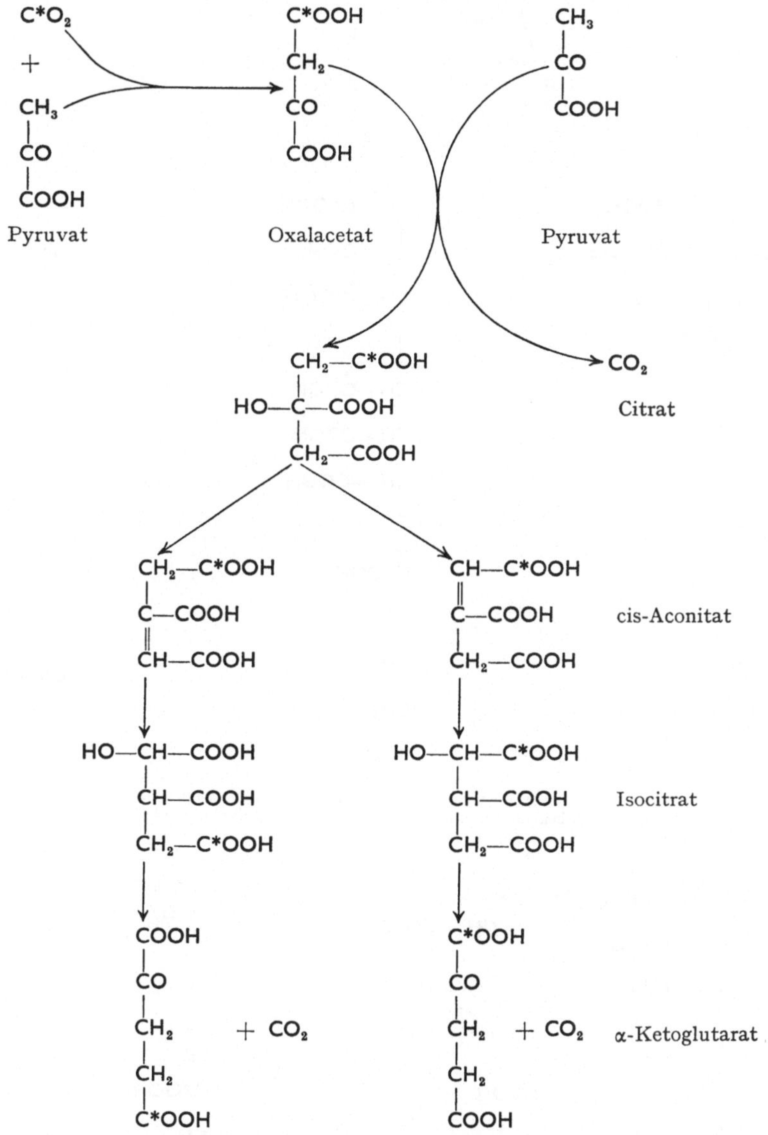

C*O₂ + CH₃—CO—COOH (Pyruvat) → C*OOH—CH₂—CO—COOH (Oxalacetat)

Oxalacetat + CH₃—CO—COOH (Pyruvat) → CH₂—C*OOH / HO—C—COOH / CH₂—COOH (Citrat) + CO₂

cis-Aconitat: CH₂—C*OOH / C—COOH / CH—COOH und CH—C*OOH / C—COOH / CH₂—COOH

Isocitrat: HO—CH—COOH / CH—COOH / CH₂—C*OOH und HO—CH—C*OOH / CH—COOH / CH₂—COOH

α-Ketoglutarat: COOH / CO / CH₂ / CH₂ / C*OOH + CO₂ und C*OOH / CO / CH₂ / CH₂ / COOH + CO₂

Abb. 2. Der Weg des bei der Carboxylierung von Pyruvat aufgenommenen Kohlendioxyds im Citronensäurecyclus (ohne Berücksichtigung der 3-Haftpunkttheorie für die Aconitase-Reaktion)

C_6-Tricarbonsäure. In diesen Experimenten wurde die Markierung nicht über Kohlendioxyd und Oxalacetat, sondern über Acetat mit einer C^{13}-Markierung in der Carboxylgruppe vorgenommen. Die so entstandene Tricarbonsäure wurde in α-Ketoglutarat überführt und dieses zu Succinat und CO_2 abgebaut (Abb. 4). Hierbei fand sich das eingebaute C^{13} fast vollständig im Succinat wieder, während das

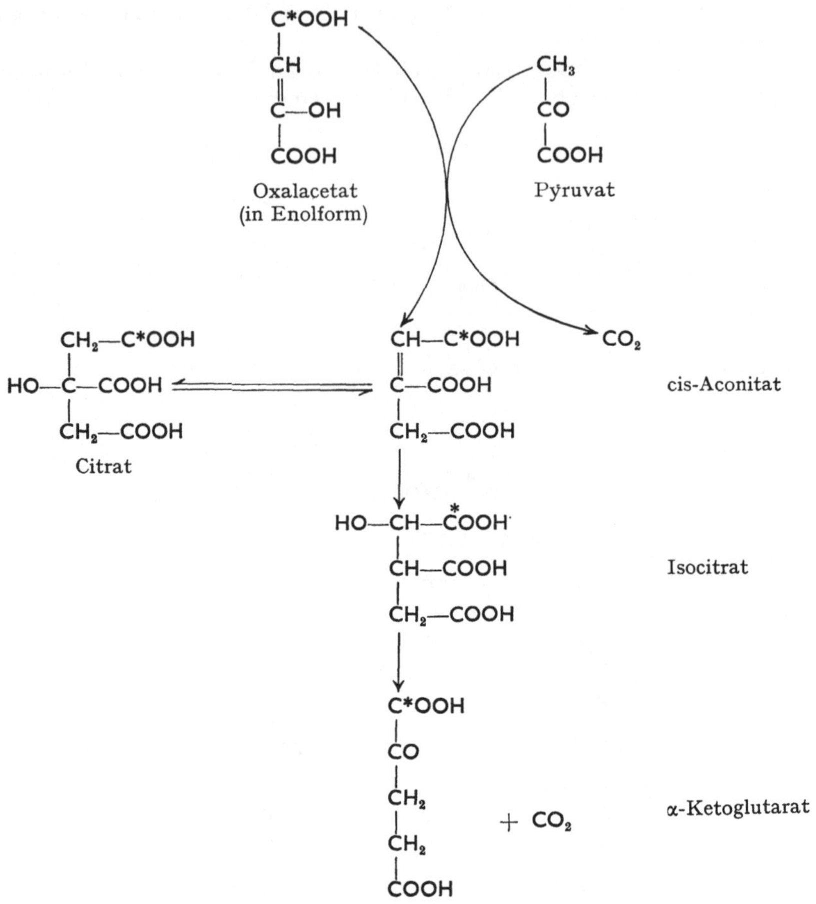

C*OOH
|
CH
‖
C—OH
|
COOH

Oxalacetat
(in Enolform)

CH_3
|
CO
|
COOH

Pyruvat

CH_2—C*OOH
|
HO—C—COOH ⇄
|
CH_2—COOH

Citrat

CH—C*OOH → CO_2
‖
C—COOH
|
CH_2—COOH

cis-Aconitat

↓

HO—CH—C̊OOH
|
CH—COOH
|
CH_2—COOH

Isocitrat

↓

C*OOH
|
CO
|
CH_2
|
CH_2 + CO_2
|
COOH

α-Ketoglutarat

Abb. 3. Der Weg des bei der Carboxylierung von Pyruvat aufgenommenen Kohlendioxyds im Citronensäurecyclus (modifiziertes Schema mit cis-Aconitat als dem primären Kondensationsprodukt)

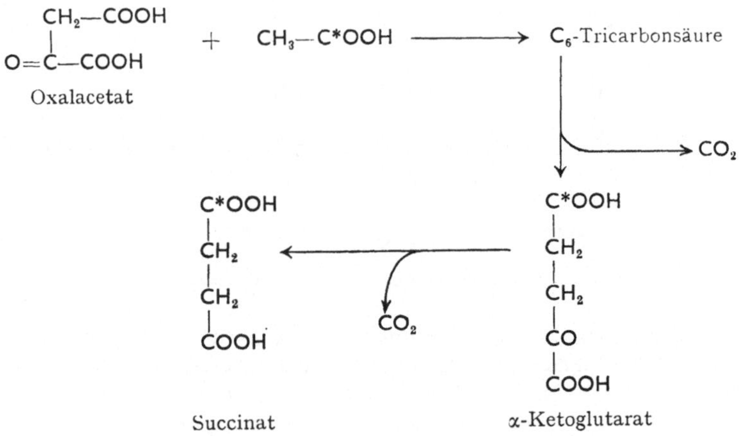

CH_2—COOH
|
O=C—COOH + CH_3—C*OOH ⟶ C_6-Tricarbonsäure

Oxalacetat

↓ → CO_2

C*OOH
|
CH_2
|
CH_2
|
COOH

Succinat

← CO_2

C*OOH
|
CH_2
|
CH_2
|
CO
|
COOH

α-Ketoglutarat

Abb. 4. Die Aufnahme von carboxylmarkiertem Acetat in den Citronensäurecyclus

von der α-Carboxylgruppe des α-Ketoglutarats herrührende Kohlendioxyd nicht markiert war. Das C^{13} aus der Carboxylgruppe des Acetats war somit im Gegensatz zu der durch CO_2 eingeführten Markierung in der γ-Carboxylgruppe des α-Ketoglutarats lokalisiert.

Zu prinzipiell gleichen Ergebnissen kamen LEE und LIFSON (1949) bei der Verabfolgung von C^{13}-carboxylmarkiertem Acetat an Ratten, die zur Verhinderung der Oxydation von Succinat mit Malonat vergiftet worden waren. Diese Tiere schieden im Urin markiertes Succinat aus, während das CO_2 der Exspirationsluft kaum C^{13} enthielt. Nach den zahlreichen vorstehend erörterten Befunden schien Citrat somit als primäres Kondensationsprodukt im Citronensäurecyclus auszuscheiden.

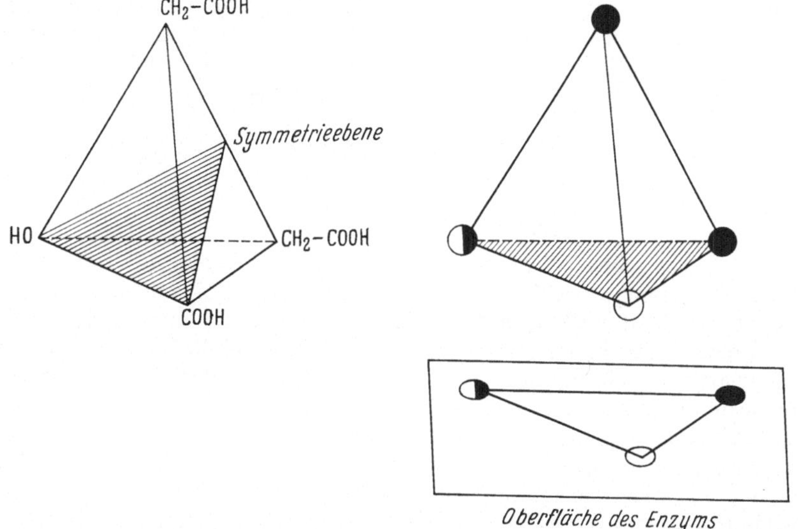

Abb. 5. Die Dreihaftpunkttheorie für die Bindung zwischen Enzym und Substrat (Citronensäure) nach OGSTON

Völlig neue Gesichtspunkte in der Diskussion über die asymmetrische Isotopenverteilung ergaben sich jedoch, als OGSTON (1948) auf eine andere Möglichkeit bei der Deutung der mit der Isotopenmethode erzielten Ergebnisse hinwies. OGSTON zeigte, daß ein symmetrisches Substrat, im vorliegenden Falle das Citrat, beim Zusammentritt mit einem Enzym nicht auf jeden Fall ein symmetrisches Verhalten zeigen muß, sondern sich auch asymmetrisch verhalten kann. Für ein solches Geschehen sind zwei Voraussetzungen erforderlich: (1) der Eintritt der Verknüpfung zwischen Enzym und Substrat an mindestens drei Punkten und (2) eine Asymmetrie des Enzyms, d. h. die drei Punkte, an denen die Haftung zwischen Enzym und Substrat eintritt, müssen unterschiedliche Eigenschaften aufweisen. Dies ist z. B. dadurch möglich, daß die Haftung zwischen drei reaktiven Gruppen des Substrates (die völlig gleichwertig sein können, z. B. Carboxylgruppen oder Hydroxylgruppen) und drei N-Atomen des Enzymproteins (im vorliegenden Falle der Aconitase) erfolgt, die drei verschiedenen Aminosäuren angehören. Abb. 5 zeigt eine derartige Reaktionsweise in räumlicher Darstellung. Die Citratmolekel wird als ein gleichseitiges Tetraeder angenommen, in dessen Zentrum das tertiäre C-Atom liegt. Die freie Molekel ist optisch inaktiv und enthält die in Abb. 5 gezeigte Symmetrieebene. Die reaktiven Gruppen des Substrats sind —OH, —COOH und —CH_2COOH. Die Bindung des Substrats an das Enzym erfolgt über drei dieser Gruppen. Die Asymmetrie des Enzyms bedingt, daß die

Bindung nur in einer bestimmten Position (z. B. gestrichelte Fläche in Abb. 5) erfolgen kann. Hierdurch geht die Symmetrie der Citratmolekel verloren. Die vor der Bindung an das Enzym gleichwertigen $COOH-CH_2$-Gruppen verlieren ihre Gleichwertigkeit.

Die Theorie von Ogston erfuhr wenig später mehrfach ihre experimentelle Bestätigung. Potter und Heidelberger (1949) isolierten aus Leberhomogenaten radioaktives Citrat, in das $C^{14}O_2$ nach dem in Abb. 2 angegebenen Reaktionsweg eingeführt worden war. Das markierte Citrat wurde anderen Rattenleberhomogenaten zugesetzt und durch diese dann zu α-Ketoglutarat oxydiert. Letzteres wurde als 2,4-Dinitrophenylhydrazon isoliert und abgebaut. Die Markierung entsprach dem in der rechten Seite von Abb. 2 wiedergegebenen Reaktionsschema. Die Radioaktivität fand sich ausschließlich in der α-Carboxylgruppe des α-Ketoglutarates. Hierdurch wurde eindeutig gezeigt, daß das symmetrisch gebaute Citrat im Stoffwechsel asymmetrisch behandelt wird. Utter und Wood (1945) hatten bereits

$$\begin{array}{ccc} C^{14}O_2 & & C^{14}OOH \\ + & & | \\ CH_3 & \longrightarrow & CH_2 \\ | & & | \\ C{=}O & & C{=}O \\ | & & | \\ COOH & & COOH \end{array} \qquad (3)$$

früher auf biologischem Wege gebildetes markiertes Oxalacetat isoliert und in diesem die Verteilung von C^{14} analysiert. Es ergab sich dabei, daß der überwiegende Anteil des eingebauten $C^{14}O_2$ in der β-Carboxylgruppe des Oxalacetats lokalisiert war (3). Beim Umsatz dieses markierten Oxalacetats durch Rattenleberhomogenate in Gegenwart von nicht markiertem Pyruvat (Lorber, Utter, Rudney und Cook, 1950) wurde Citrat gebildet, das die Radioaktivität fast ausschließlich in den primären Carboxylgruppen enthielt. Wurde dieses Citrat nun einem enzymatischen Abbau zu α-Ketoglutarat unterworfen, so enthielt das gebildete α-Ketoglutarat die Markierung wieder ausschließlich in der α-Carboxylgruppe.

Auf präparativem Wege aus $NaC^{14}N$ und γ-Chlor-β-carboxyl-β-hydroxybutyrat dargestelltes, asymmetrisch markiertes Citrat wurde durch Leberpräparationen ebenfalls asymmetrisch umgesetzt. Hierbei ergab sich jedoch im Gegensatz zu dem auf biologischem Wege gebildeten Citrat ausschließlich α-Ketoglutarat mit einer C^{14}-Markierung in der γ-Carboxylgruppe (Wilcox, Heidelberger und Potter, 1950). Auf völlig anderen Wegen schließlich konnten Martius und Schorre (1950) unter Verwendung von Dideuteriumcitrat gleichfalls die asymmetrische Dehydratisierung des Citrats durch die Aconitase nachweisen. Zusammenfassend ergibt sich somit, daß die Hypothese von Ogston auf verschiedenen Wegen ihre Bestätigung finden konnte. Gleichzeitig wurde damit die Stellung des Citrats als primäres Kondensationsprodukt bei der Einleitung des Citronensäurecyclus entsprechend der ursprünglichen Formulierung von Krebs und Johnson gesichert. Aus der vorangegangenen Diskussion über die Stellung des Citrats im Citronensäurecyclus wird die Leistungsfähigkeit der Isotopentechnik bei der Untersuchung von Problemen des Intermediärstoffwechsels ersichtlich. Gleichzeitig jedoch zeigt sich, welche Schwierigkeiten und Probleme bei der Deutung der erzielten Resultate auftreten können.

Es wurde bereits einleitend erwähnt, daß bei der Formulierung des Citronensäurecyclus die chemische Natur des einen Reaktionspartners, nämlich des Acetyl-Coenzyms A, und der enzymatische Mechanismus der Citratbildung noch völlig unklar waren. Durch die Klärung dieser beiden Probleme fanden die Untersuchungen über die Citratbildung bei der Oxydation der Nahrungsstoffe in der Zelle im wesentlichen ihren Abschluß.

Als Reaktionspartner bei der Kondensationsreaktion fungiert die an Coenzym A gebundene Essigsäure, die durch LYNEN u. Mitarb. (LYNEN und REICHERT, 1951; LYNEN, REICHERT und RUEFF, 1951) erstmals gefaßt und als S-Acylverbindung aufgeklärt wurde. Über diese Substanz werden Kohlenhydrate, Fettsäuren, Essigsäure, Acetaldehyd und verschiedene Aminosäuren in den oxydativen Endabbau über den Citronensäurecyclus eingeschleust. Daneben gehen vom Acetyl-Coenzym A auch zahlreiche Biosynthesen (Fette, Polyisoprenoide, Ketonkörper usw.) aus (vgl. die Zusammenfassung von DECKER, 1959). Durch die Entdeckung des Acetyl-Coenzyms A konnte die Aufklärung des enzymatischen Mechanismus der Citratbildung ihren Abschluß finden. Aus Schweineherzen wurde von OCHOA, STERN und SCHNEIDER (1951) nach 400facher Anreicherung das "Condensing Enzyme" kristallisiert. Dieses Enzym, das in zahlreichen Zellen und Geweben nachgewiesen wurde, katalysiert die Reaktion (4):

$$\begin{array}{l} COOH \\ | \\ C{=}O \\ | \\ CH_2 \\ | \\ COOH \end{array} \begin{array}{l} + CH_3{-}CO{-}S{-}CoA \\ + H_2O \end{array} \rightleftharpoons \begin{array}{c} CH_2{-}COOH \\ | \\ HO{-}C{-}COOH \\ | \\ CH_2{-}COOH \end{array} + CoA{-}SH \qquad (4)$$

Die Stöchiometrie der Reaktion gemäß Gleichung (4) konnte nach der Isolierung des Acetyl-Coenzyms A (LYNEN, REICHERT und RUEFF, 1951) demonstriert werden (STERN, OCHOA und LYNEN, 1952). Der Wirkungsmechanismus des Enzyms wurde sehr eingehend untersucht. Dabei wurde die Reversibilität der Reaktion unter Verwendung von C^{14}-markiertem Citrat durch folgenden Versuch bewiesen (STERN, SHAPIRO und OCHOA, 1950; STERN, SHAPIRO, STADTMAN und OCHOA, 1951; Zusammenfassung: OCHOA, 1954): Citrat, das gleichmäßig in den beiden Carboxylgruppen seines Oxalacetatanteiles mit C^{14} markiert war, wurde in Gegenwart von "Condensing Enzyme" mit Coenzym A und einer geringen Menge nicht markierten Oxalacetats inkubiert. Dabei ergab sich ein Austausch zwischen acetylgebundenem Oxalacetat (Oxalacetat im Citrat) und freiem Oxalacetat. Als Produkt dieses Austausches konnte freies Oxalacetat mit gleichmäßiger C^{14}-Markierung in beiden Carboxylgruppen nachgewiesen werden.

Durch Versuche in schwerem Wasser (ENGLARD, 1959) bzw. mit tritiummarkiertem Wasser (BOVE, MARTIN, INGRAHAM und STUMPF, 1959) ließen sich weitere Einblicke in den Mechanismus der Reaktion gewinnen. Dabei zeigte es sich, daß das Oxalacetat in der Ketoform an der Reaktion beteiligt ist. Bei Inkubation von "Condensing Enzyme" mit Acetyl-Coenzym A in tritiumhaltigem Wasser erfolgte keine Aufnahme von Radioaktivität in das Acetyl-Coenzym A, während bei der Umkehrung der Kondensationsreaktion, also bei der Inkubation von Enzym mit Citrat und Coenzym A, Tritium in Acetyl-Coenzym A aufgenommen wurde. Beim Umsatz von tritiummarkiertem Acetyl-Coenzym A (Markierung in der Acetylgruppe) mit Oxalacetat zu Citrat trat ein Verlust an Radioaktivität ein. Aus diesen Beobachtungen folgt, daß Protonen des Mediums an der Reaktion teilnehmen, und daß das Oxalacetatanion für die Entfernung eines Protons von der Acetylgruppe vor Eintritt der Kondensation erforderlich zu sein scheint (5):

O OH⁻ + T⁺ COO⁻
C H C=O
R—S H₂C—H .... CH₂
.... O⁻—C=O (5)

II. Der Übergang von Isocitrat zu α-Ketoglutarat

An Isocitricodehydrogenase wird Isocitrat durch Oxydation und nachfolgende Decarboxylierung in α-Ketoglutarat verwandelt (6):

$$\begin{array}{c} CH_2-COOH \\ | \\ CH-COOH \\ | \\ HO-CH-COOH \end{array} \underset{-2H}{\overset{+2H}{\rightleftharpoons}} \begin{array}{c} CH_2-COOH \\ | \\ CH-COOH \\ | \\ O=C-COOH \end{array} \underset{-CO_2}{\overset{+CO_2}{\rightleftharpoons}} \begin{array}{c} CH_2-COOH \\ | \\ CH_2 \\ | \\ O=C-COOH\,. \end{array} \quad (6)$$

Die Aufklärung dieser Reaktion ist vorwiegend durch OCHOA u. Mitarb. erfolgt (OCHOA, 1945; OCHOA und WEISZ-TABORI, 1945; OCHOA, 1948; OCHOA und WEISZ-TABORI, 1948; Zusammenfassende Darstellungen: MARTIUS und LYNEN, 1950; OCHOA, 1951; OCHOA, 1952). Bei der Bearbeitung zweier Probleme dieser Reaktion, nämlich bei der Untersuchung der Reversibilität und bei der Frage nach der Bedeutung des Oxalsuccinats als Intermediärprodukt gelangten C^{14}-markierte Verbindungen zur Anwendung.

Die Reversibilität der Reaktion wurde zunächst mit enzymatisch-optischen Methoden an einer Enzympräparation aus Schweineherzen untersucht (OCHOA, 1945, 1948) und dann durch Einbaustudien mit $NaHC^{14}O_3$ an Taubenleberacetonpulver-Extrakten (GRISOLIA und VENNESLAND, 1947) und an Präparationen aus Petersilienwurzeln (VENNESLAND, CEITHAML und GOLLUB, 1947; CEITHAML und VENNESLAND, 1949) bestätigt. Bei Inkubation der Enzympräparationen mit Isocitrat, α-Ketoglutarat und $NaHC^{14}O_3$ in Gegenwart der erforderlichen Cofaktoren war ein beträchtlicher Austausch der Markierung zwischen der β-Carboxylgruppe des Isocitrats und dem Bicarbonat feststellbar (7):

$$HOOC-CH_2-\underset{\substack{|\\ C^{14}OOH}}{CH}-\overset{\substack{OH\\ |}}{CH}-COOH \underset{-2H}{\overset{+2H}{\rightleftharpoons}} HOOC-CH_2-CH_2-\overset{\substack{O\\ \|}}{C}-COOH + C^{14}O_2\,. \quad (7)$$

Längere Zeit war die Frage ungeklärt, ob Dehydrierung und Decarboxylierung (LYNEN und SCHERER, 1948; MARTIUS und LYNEN, 1950) bei der Reaktion durch das gleiche Enzym oder durch zwei verschiedene Proteine katalysiert werden. Bei der Reinigung des Enzyms aus Schweineherzen (GRAFFLIN und OCHOA, 1950; MOYLE, 1956; MOYLE und DIXON, 1956; SIEBERT, DUBUC, WARNER und PLAUT, 1957; SIEBERT, CARSIOTIS und PLAUT, 1957) blieb die Relation zwischen Dehydrogenaseaktivität und Decarboxylaseaktivität auf verschiedenen Reinigungsstufen weitgehend konstant. Hierdurch sowie durch weitere Untersuchungen über die Eigenschaften des Enzymproteins (MOYLE, 1956; MOYLE und DIXON, 1956) ließ sich zeigen, daß beide Reaktionen durch das gleiche Protein katalysiert werden. Am gereinigten Enzym fand dann auch die Frage nach der Bedeutung des Oxalsuccinats als Intermediärprodukt bei der Reaktion ihre Klärung (SIEBERT, CARSIOTIS und PLAUT, 1957). Durch das gereinigte Enzym kann sowohl Oxalsuccinat zu α-Ketoglutarat und CO_2 decarboxyliert werden, als auch mit TPNH zu Isocitrat reduziert werden. Der Nachweis der Bildung von Oxalsuccinat aus Citrat oder aus α-Ketoglutarat verlief jedoch in allen Fällen negativ. Zur endgültigen Klärung des Problems wurden dann Versuche über den Einbau von $C^{14}O_2$ während der Reaktion in Oxalsuccinat ausgeführt. Dabei wurde in einem Fall die reduktive Carboxylierung von α-Ketoglutarat durch $C^{14}O_2$ und TPNH zu Isocitrat in Gegenwart eines größeren Pools von nicht markiertem Oxalsuccinat und im anderen Fall die Oxydation von radioaktivem Isocitrat zu α-Ketoglutarat in Gegenwart von nicht markiertem Oxalsuccinat untersucht. Aus den Versuchen ergab sich in beiden Fällen nur eine sehr geringe Markierung des Oxalsuccinat-Pools und bei der reduktiven Carboxylierung von α-Ketoglutarat in dem gebildeten Isocitrat eine spezifische Aktivität von 97—100% der spezifischen Aktivität des eingesetzten $C^{14}O_2$, also keinerlei Verdünnung durch das nicht markierte Oxalsuccinat. Hieraus folgt, daß Oxalacetat nicht als freies Intermediärprodukt bei der reversiblen Dehydrierung des Isocitrats auftritt. Es ist dagegen nicht ausgeschlossen, daß Oxalacetat in einer ans Enzym gebundenen Form bei der Reaktion von Bedeutung ist.

Erwähnt sei abschließend noch, daß in Hefe (Kornberg und Pricer, 1951) und auch in tierischen Geweben (Plaut und Sung, 1954) eine DPN-abhängige Isocitricodehydrogenase vorkommt, die ebenfalls die Oxydation von Isocitrat zu α-Ketoglutarat katalysiert (8).

$$\text{Isocitrat} + \text{DPN} \rightarrow \alpha\text{-Ketoglutarat} + CO_2 + \text{DPNH}. \qquad (8)$$

Für dieses Enzym konnte auch mit Hilfe der Isotopenmethode ein Nachweis für die Reversibilität nicht erbracht werden. Oxalsuccinat wird durch das Enzym weder reduziert noch decarboxyliert.

III. Die Oxydation von α-Ketosäuren

Mit dem Citronensäurecyclus sind zwei Oxydationen von α-Ketosäuren verknüpft, nämlich die Oxydation von Pyruvat zu Acetyl-Coenzym A und die Oxydation von α-Ketoglutarat zu Succinyl-Coenzym A. Der Mechanismus dieser Reaktionen ist bisher noch nicht völlig geklärt (Zusammenfassende Darstellungen: Ochoa, 1954; Gunsalus und Smith, 1958; Decker, 1959). Die Gleichungen (9) bis (12) geben die heutigen Vorstellungen über diese Prozesse wieder:

$$R_1\text{—CO—COOH} + \text{TPP} \leftrightharpoons [R_1\text{—CHO} \cdots \text{TPP}] + CO_2 \qquad (9)$$

$$[R_1\text{—CHO} \cdots \text{TPP}] + \text{(S—S)-Ring-}R^* \leftrightharpoons \text{HS},\ \text{S—CO—}R_1\text{-}R^* + \text{TPP} \qquad (10)$$

$$\text{HS},\ \text{S—CO—}R_1\text{-}R^* + \text{HS—CoA} \leftrightharpoons \text{HS},\ \text{SH-}R^* + R_1\ \text{CO—S—CoA} \qquad (11)$$

$$\text{HS},\ \text{SH-}R^* + \text{DPN}^+ \leftrightharpoons \text{(S—S)-Ring-}R^* + \text{DPNH} + H^+. \qquad (12)$$

R* bedeutet in den vorstehenden Gleichungen der Rest der α-Liponsäure in Bindung an das Enzymprotein; R_1 ist der Rest einer aliphatischen α-Ketosäure

$$\text{(z. B.: —}CH_3\text{, —}CH_2\text{—}CH_3\text{, —CH}(CH_3)_2 \text{ oder —}CH_2\text{—}CH_2\text{—COOH)}.$$

Bilanzmäßig ergibt sich aus den Reaktionen (9)—(12) bei der Oxydation von Pyruvat (13):

$$\text{Pyruvat} + \text{DPN}^+ + \text{CoA—SH} \rightarrow \text{Acetyl-S-CoA} + \text{DPNH} + H^+ + CO_2 \qquad (13)$$

bzw. bei der Oxydation von α-Ketoglutarat (14):

$$\alpha\text{-Ketoglutarat} + \text{DPN}^+ + \text{CoA—SH} \rightarrow \text{Succinyl-S-CoA} + \text{DPNH} + H^+ + CO_2. \qquad (14)$$

Im einzelnen dürften die folgenden Reaktionen ablaufen: die α-Ketosäure wird im ersten Reaktionsschritt decarboxyliert, wobei ein „aktiver Acetaldehyd" bzw. ein „aktiver Bernsteinsäurehalbaldehyd" in proteingebundener Form entsteht. Die Bindung erfolgt dabei über Thiaminpyrophosphat. Die Existenz einer Aldehyd-Thiaminpyrophosphat-Verbindung als erstes Decarboxylierungsprodukt wurde von LANGENBECK (1949), OCHOA (1951), BRESLOW (1958), KRAMPITZ und GREULL (1958) aus theoretischen Gründen gefordert. Vor kurzem gelang es HOLZER und BEAUCAMP (1959), eine Acetaldehyd-Thiaminpyrophosphat-Verbindung als Zwischenprodukt der Decarboxylierung von C^{14}-markiertem Pyruvat mit Pyruvatdecarboxylase aus Hefe nachzuweisen und näher zu charakterisieren. Diese Acetaldehyd-Thiaminpyrophosphat-Verbindung („aktiver Acetaldehyd") ist identisch mit einer Verbindung, die als Zwischenprodukt der oxydativen Decarboxylierung von Pyruvat mit Pyruvatoxydase aus Hefemitochondrien gefaßt werden konnte.

Die Reversibilität der Decarboxylierungsreaktion (9) wurde an verschiedenen Systemen mit $C^{14}O_2$ untersucht. So konnten KORKES (s. OCHOA, 1954) an einem Extrakt von E. coli, STRECKER und OCHOA (1954) gleichfalls an Extrakten von E. coli und Streptococcus faecalis und GOLDBERG und SANADI (1952) an Pyruvat- und α-Ketoglutaratoxydase-Systemen aus Taubenbrustmuskel bzw. Schweineherz einen Austausch von Radioaktivität zwischen CO_2 und Pyruvat (15) bzw. α-Ketoglutarat demonstrieren:

$$\begin{array}{c} CH_3\text{—CO—COOH} + \text{TPP-Enzym} \rightleftharpoons (CH_3\text{—CHO}\cdots\text{TPP-Enzym}) + CO_2 \\ \underline{C^{14}O_2 + (CH_3\text{—CHO}\cdots\text{TPP-Enzym}) \rightleftharpoons CH_3\text{—CO—}C^{14}OOH + \text{TPP-Enzym}} \\ CH_3\text{—CO—COOH} + C^{14}O_2 \rightleftharpoons CH_3\text{—CO—}C^{14}OOH + CO_2\,. \end{array} \qquad (15)$$

Diese Reaktion wird katalysiert durch Enzympräparationen, die keine vollständige Oxydation zu Acetyl-Coenzym A auszuführen vermögen und ist weitgehend von Cofaktoren unabhängig. Nur an den Präparaten aus tierischen Geweben erfolgte eine Stimulierung des C^{14}-Austausches durch TPP auf das 3—4 fache. Es ist allerdings nicht erwiesen, ob die hier demonstrierte Reaktion wirklich ein Glied der gesamten Kette der α-Ketosäurenoxydation ist. Im weiteren wird das Decarboxylierungsprodukt der ersten Reaktion dann auf proteingebundene α-Liponsäure (zusammenfassende Darstellung: REED, 1957, 1958) übertragen (10), wobei eine energiereiche S-Acyl-Bindung gebildet wird. Von dieser kann der Acylrest [Reaktion (11)] weiter auf Coenzym A übertragen werden, wobei dann Acetyl- bzw. Succinyl-Coenzym A entsteht. Die α-Liponsäure geht dabei in den Reaktionen (10) und (11) von der Disulfidform in die Dihydroliponsäure über. Diese kann durch DPN wieder zur Disulfidform reduziert werden [Reaktion (12)]. Die Rolle der Liponsäure bei diesen Reaktionen war längere Zeit umstritten (s. z. B. REED, 1957, 1958). Es wurde zunächst angenommen, daß an den Reaktionen (9) bis (12) die α-Liponsäure in freier Form beteiligt sei, da sowohl die Dihydroliponsäure-Transacetylase-Reaktion (11), als auch die Dihydroliponsäuredehydrogenase-Reaktion (12) mit freier Liponsäure bzw. ihren Derivaten ablaufen. In Untersuchungen an zellfreien Extrakten aus einer α-Liponsäuremangelmutante von S. Faecalis konnte dann bei der ebenfalls α-liponsäureabhängigen Oxydation von α-Ketobuttersäure gezeigt werden, daß zwischen der Oxydaseaktivität und der Menge an proteingebundener α-Liponsäure ein fast linearer Zusammenhang besteht (LEACH, YASUNOBU und REED, 1955). Die Menge der gebundenen α-Liponsäure wurde in diesen Versuchen durch Messung der Aufnahme von S^{35}-markierter α-Liponsäure (THOMAS und REED, 1955) ermittelt. In späteren Arbeiten (REED, LEACH und KOIKE, 1958; REED, KOIKE und LEVITSCH, 1958) konnte dieser Befund durch die Analyse des Einbauvorganges von α-Liponsäure in das Enzymsystem bestätigt werden. Auch hierbei fand S^{35}-markierte Liponsäure Verwendung.

IV. Studien über das phosphorylierende Enzym („P-Enzym")

Bei der Oxydation von α-Ketoglutarsäure wird Succinyl-Coenzym A gebildet. Dieses kann auf verschiedenen Wegen weiter umgesetzt werden. Einmal kann Succinyl-Coenzym A durch eine Deacylase (GERGELY, HELE und RAMAKRISHNAN, 1952) hydrolytisch zu Succinat und Coenzym A gespalten werden (16):

$$\text{Succinyl-CoA} + H_2O \rightarrow \text{Succinat} + \text{CoA-SH}. \qquad (16)$$

Dann kann es durch die Succinyl-Acetacetat-Thiophorase (GREEN, GOLDMAN, MII und BEINERT, 1953; STERN, COON, DEL CAMPILLO und SCHNEIDER, 1956) bei der Aktivierung von Acetacetat verwertet werden (17):

$$\text{Succinyl-CoA} + \text{Acetacetat} \rightleftharpoons \text{Acetacetyl-CoA} + \text{Succinat} \qquad (17)$$

und schließlich kann die Energie der S-Acylbindung durch das phosphorylierende Enzym in energiereiches Phosphat überführt werden (18):

$$\text{Succinyl-CoA} + \text{ADP} + H_3PO_4 \rightarrow \text{Succinat} + \text{ATP} + \text{CoA—SH}. \qquad (18)$$

Das phosphorylierende Enzym wurde aus Herzmuskel (KAUFMAN, GILVARG, CORI und OCHOA, 1953) und aus Spinatblättern (KAUFMAN und ALIVISATOS, 1955) gereinigt. Das Enzym aus Spinat benötigt ADP als Nucleotid, während das Enzym aus Herzmuskel mit GDP bzw. IDP arbeitet. Von GTP bzw. ITP wird das gebildete energiereiche Phosphat dann durch Nucleosiddiphosphokinasen auf ADP übertragen (KREBS und HEMS, 1953; BERG und JOKLIK, 1953). Einige Eigenschaften dieses Enzyms wurden mit Hilfe von P^{32} und C^{14} untersucht (KAUFMAN, 1955). So konnte mit P^{32} der Einbau von $H_3P^{32}O_4$ in ATP während der Reaktion, ein Austausch von P^{32}-markiertem ADP mit ATP und ein Austausch von Succinat-2-C^{14} mit Succinyl-CoA durch das Enzym demonstriert werden. Für die beiden Austauschreaktionen ließ sich dabei zeigen, daß diese auch ablaufen, wenn nicht alle für den Ablauf der Gesamtreaktion erforderlichen Faktoren zugegen sind. Hieraus ergaben sich Anhaltspunkte für die Bildung einer intermediären Coenzym A-Phosphat-Verbindung.

C. Das Vorkommen des Citronensäurecyclus bei verschiedenen Organismen

I. Allgemeines

Die grundlegenden Untersuchungen über die Reaktionen des Citronensäurecyclus in biologischem Material wurden vorwiegend an tierischen Geweben ausgeführt. So untersuchte MARTIUS die Oxydation des Citrats zu α-Ketoglutarat und die Aconitase-Reaktion (MARTIUS und KNOOP, 1937; MARTIUS, 1937) an Extrakten aus Rinderleber, während die Studien von SZENT-GYÖRGYI u. Mitarb. über die Oxydation und Reduktion der Dicarbonsäuren (ANNAU, BANGA et al., 1936, 1936a) und über die Citratbildung aus Pyruvat und Oxalacetat (KREBS und JOHNSON, 1937) an Taubenbrustmuskel-Präparationen ausgeführt wurden. Auch die späteren Untersuchungen über den Cyclus wurden zunächst, abgesehen von Arbeiten über die Bildung von Dicarbonsäuren aus Pyruvat und Kohlendioxyd (s. S. 689 ff.), fast ausschließlich an Muskel und Leber durchgeführt. Später wurde dann auch der

Nachweis für das Funktionieren des Cyclus in verschiedenen anderen normalen tierischen Geweben (Übersicht bei KREBS, 1954) und in Tumorgeweben (zusammenfassende Darstellung: WEINHOUSE, 1955) erbracht.

Für den Nachweis des Cyclus in einem Organismus stehen verschiedene Methoden zur Verfügung. Einmal lassen sich durch den Nachweis der einzelnen Enzyme des Cyclus Hinweise für das Funktionieren des Cyclus erbringen, zum anderen ist es möglich, durch spezifische Gifte eine Blockade einzelner Enzyme zu erzielen und dadurch einen Anstau von Intermediärprodukten auszulösen, woraus sich Rückschlüsse auf den Ablauf des Cyclus in dem untersuchten Organismus machen lassen. Schließlich ist als dritte Methode das Studium der Isotopenverteilung in den Intermediärprodukten des Cyclus zu nennen. Hierbei werden dem Organismus verschiedene Substrate, z. B. Glucose, Pyruvat, Acetat oder Kohlendioxyd angeboten, die eine Markierung in einem oder in mehreren C-Atomen enthalten. Nach einer bestimmten Zeit werden dann aus dem Organismus Intermediärprodukte isoliert und in diesen der Einbau und die Verteilung von Radioaktivität aus den angebotenen Substraten ermittelt. Ein Vergleich der ermittelten Verteilung der Markierung mit der nach theoretischen Überlegungen zu erwartenden Verteilung ergibt dann, ob in dem untersuchten Organismus der Cyclus funktioniert oder nicht. Mit dieser Methode wurde an tierischen Geweben, z. B. an Tumoren (WEINHOUSE, MILLINGTON und WENNER, 1950; OLSON, 1951) und besonders an Mikroorganismen (s. unten!) die Funktion des Citronensäurecyclus demonstriert. Ein anderer Weg zur Ermittlung der Funktion des Citronensäurecyclus besteht darin, daß dem Organismus markierte Verbindungen zugeführt werden, die dieser in zelleigene Substanzen (z. B. Glykogen, Aminosäuren) umwandelt, wobei intermediär der Citronensäurecyclus durchlaufen wird. Hierbei ergibt sich dann eine Neuverteilung der Markierung, die Rückschlüsse auf die durchlaufenen Stoffwechselreaktionen zuläßt (s. Abschnitt D).

II. Untersuchungen über die Funktion des Citronensäurecyclus in Mikroorganismen

Wie bereits erwähnt, fanden Isotopenstudien eine besonders ausgedehnte Anwendung beim Nachweis des Citronensäurecylus in Mikroorganismen. Aus der Vielzahl der vorliegenden Untersuchungen sollen hier nur einige als typische Beispiele erörtert werden.

1. Untersuchungen an Hefezellen

Während der Citronensäurecyclus als wesentlicher Weg der Endoxydation in tierischen Organismen sehr bald allgemeine Anerkennung fand, war seine Bedeutung bei Mikroorganismen, vor allem bei Hefe, längere Zeit umstritten (s. z. B. KREBS, 1943; MARTIUS und LYNEN, 1950; KREBS, 1952, 1954). Zahlreiche ältere Untersuchungen über den Umsatz von Acetat und über einzelne enzymatische Reaktionen des Citronensäurecyclus (s. z. B. KREBS, 1943, 1952; WEINHOUSE und MILLINGTON, 1947; WEINHOUSE, MILLINGTON und LEWIS, 1948; MARTIUS und LYNEN, 1950) ergaben Hinweise für das Funktionieren des Cyclus in Hefe. Es wurde jedoch wiederholt der Einwand geltend gemacht, daß sich aus dem Nachweis der für das Ablaufen des Cyclus erforderlichen Enzyme in Hefe noch kein Hinweis auf die quantitative Bedeutung des Prozesses in Hefe ergibt (KREBS, 1943; KREBS, 1952, 1954; KREBS, GURIN und EGGLESTON, 1952). In manometrischen Experimenten an verschieden vorbehandelten Hefezellen konnten auch Argumente für eine geringe quantitative Bedeutung des Cyclus in Hefezellen erbracht werden (KREBS, GURIN und EGGLESTON, 1952). So ließ sich zeigen, daß besonders Citrat, Malat und Succinat kaum oder gar nicht durch Hefezellen verwertet werden und daß durch diese Intermediärprodukte des Cyclus bei Hefe im Gegensatz zu tierischem Material keine Steigerung der Atmung erfolgt. Zum gleichen Ergebnis führten Untersuchungen über den Umsatz von Acetat-1-C^{14} in Gegenwart von nichtmarkierten Intermediärprodukten des Cyclus wie Succinat, Fumarat, Malat und α-Ketoglutarat. Zum Ausschluß von Permeabilitätsschranken für die Dicarbonsäuren wurden die in diesen Experimenten verwendeten Zellen mit einer Kältebehandlung (Kohlensäureschnee oder flüssige Luft) durchlässig gemacht, ein Verfahren, das bereits früher häufig (z. B. DIXON und ATKINS, 1913; LYNEN, 1939) angewendet worden war. Es zeigte sich dabei, daß beim Umsatz von markiertem Acetat die Radioaktivität in CO_2 überging, also Atmungsprozesse stattfanden. Eine Aufnahme von Radioaktivität in Succinat war in den vorbehandelten Zellen nicht zu beobachten. In frischen, nicht vorbehandelten Hefezellen erfolgte dagegen auch ein Einbau der Radioaktivität in das Succinat. KREBS, GURIN und EGGLESTON (1952) machten nun die Annahme, daß ein C-Atom eines Substrates im Kohlenstoffskelet eines nichtmarkierten Intermediärproduktes erscheinen müsse, wenn dieses gleichzeitig mit dem markierten Substrat zugesetzt wird. Auf Grund dieser Überlegung wurde nach den experimentellen Befunden für die Frischhefe ein Umsatz von Acetat über die Reaktionen des Citronensäurecyclus vom Acetat bis zum Succinat angenommen. Für die Erklärung der an den vorbehandelten Hefezellen beobachteten Atmung wurden dagegen auf Grund der Annahme über den Einbau der Markierung in das Succinat andere, bisher unbekannte Mechanismen postuliert. Von KREBS, GURIN und EGGLESTON (1952) wurde dann besonders die Bedeutung des Citronensäurecyclus für die Synthese von Zellbausteinen in Mikroorganismen während des Wachstums in den Vordergrund gestellt, eine Annahme, die in zahlreichen Fällen experimentell bestätigt werden konnte (s. S. 688). Die Frage nach der Bedeutung des Citronensäurecyclus als Prozeß der Energiegewinnung in der Hefe wurde später einer erneuten Analyse unterworfen (DE MOSS und SWIM, 1957), wobei sich auf Grund ausgedehnter Studien über die Isotopenverteilung in den Intermediärprodukten des Cyclus ergab, daß auch in Hefe der Cyclus der Hauptweg der biologischen Endoxydation ist. Eine wichtige Voraussetzung für diese Untersuchungen bildete eine kritische Analyse von SAZ und KRAMPITZ (1954) über den Aussagewert der mit der oben beschriebenen „Isotopenträgertechnik" erzielten Resultate (s. S. 680). Gleichfalls mit Acetat-1-C^{14}, Acetat-2-C^{14} und Pyruvat-2-C^{14} ausgeführte Untersuchungen über die Bildung von Succinat bestätigten in ähnlicher Weise die Funktion des Cyclus in Hefe und ergaben, daß in Hefe dem Glyoxylatcyclus (vgl. S. 694) nur eine sehr geringe Bedeutung zukommt (STOPPANI, DE FAVELUKES und CONCHES, 1958).

2. Der Citronensäurecyclus in Micrococcus lysodeicticus und Escherichia coli

Die Untersuchung einzelner Reaktionen des Citronensäurecyclus bei M. lysodeicticus und E. coli mit manometrischen Methoden oder mit Hilfe der Isotopentechnik (KRAMPITZ und WERKMAN, 1941; UTTER, KRAMPITZ und WERKMAN, 1946; SAZ und KRAMPITZ, 1950, 1951; KALNITZKI und WERKMAN, 1944; AJL und KAMEN, 1950) gaben Hinweise für die Funktion des Cyclus in diesen Mikroorganismen. Im Gegensatz zu den Untersuchungen an tierischen Geweben gelang jedoch bei M. lysodeicticus ebenso wie bei anderen Mikroorganismen zunächst nicht der Nachweis der Funktion des gesamten Cyclus. Wesentliche Schwierigkeiten bestanden darin, daß es nicht gelang, in den Zellen eine Anhäufung von Intermediärprodukten des Cyclus nachzuweisen und mit Malonat eine Hemmung zu erzielen. Auch die Einführung von "carrier" Experimenten mit isotop-markierten Verbindungen erbrachte zunächst keine klaren Ergebnisse. Bei diesen Experimenten wird ein markiertes Substrat in Gegenwart einer nichtmarkierten Verbindung, die als Intermediärprodukt bei den Umsetzungen des Substrates vermutet wird, eingesetzt. Aus dem Grad des Einbaus der Markierung ergeben sich dann unter Umständen Aussagen darüber, ob die nichtmarkierte Verbindung Intermediärprodukt ist oder nicht. Experimente dieser Art wurden bereits bei der Diskussion über die Bedeutung des Citronensäurecyclus in Hefe erwähnt (s. S. 689). Ähnliche Untersuchungen mit C^{14}-markiertem Acetat und nichtmarkiertem Succinat bzw. α-Ketoglutarat an E. coli und an Micrococcus lysodeicticus (Saz und Krampitz, 1950; Swim und Krampitz, 1950; Ajl und Kamen, 1950; Swim und Krampitz, 1954, 1954a) ergaben kaum einen Einbau der Radioaktivität in das Succinat oder α-Ketoglutarat. Dieser Befund wurde von Ajl u. Mitarb. als Beweis gegen das Funktionieren des Citronensäurecyclus in diesen Organismen gewertet (Ajl und Kamen, 1950; Ajl, 1951, 1951a), während Swim und Krampitz (1954) Zweifel an dieser Deutung erhoben. Saz und Krampitz (1951) wiesen darauf hin, daß ein Metabolit, der in der Zelle in aktivierter Form (z. B. als Enzym-Substrat- oder als Coenzym-Substrat-Komplex) vorliegt, nicht auf jeden Fall mit der gleichen Substanz, die in freier Form zugesetzt wurde, ins Gleichgewicht tritt. Hierdurch ist es nicht möglich, durch den negativen Ausfall des Isotopeneinbaues eine Substanz als Intermediärprodukt einer Reaktion auszuschließen. In Experimenten, in denen Acetat-2-C^{14} ohne Zusatz von nichtmarkierten Trägersubstanzen (Succinat bzw. α-Ketoglutarat) umgesetzt wurde, ließ sich dann sowohl für M. lysodeicticus (Saz und Krampitz, 1954) als auch für E. coli (Swim und Krampitz, 1954) ein rascher Einbau der Radioaktivität in Succinat, Fumarat, Malat, α-Ketoglutarat und Citrat demonstrieren, wobei die Verteilung der Markierung der Verteilung durch die Reaktionen des Citronensäurecyclus entsprach. An E. coli ließ sich in Experimenten mit Acetat-C^{14} und Acetat-C^{13} auch der Nachweis für die quantitative Bedeutung des Cyclus erbringen (Swim und Krampitz, 1954a). Das markierte Acetat wurde unter anaeroben Bedingungen mit Fumarat als Wasserstoffacceptor (Krebs, 1937) nach der Bilanzgleichung (19):

$$\begin{aligned} &CH_3\text{—}COOH + 4\,COOH\text{—}CH{=}CH\text{—}COOH + 2\,H_2O \rightarrow \\ &\qquad \rightarrow 4\,HOOC\text{—}CH_2\text{—}CH_2\text{—}COOH + 2\,CO_2 \end{aligned} \tag{19}$$

umgesetzt. Bei Verwendung von Acetat-1-C^{14} ergab sich dabei ein starker Einbau der Radioaktivität in Succinat, während das gebildete Kohlendioxyd keine Markierung enthielt. Hierdurch ließ sich eine direkte Oxydation von Acetat zu Kohlendioxyd ausschließen. Die Abgrenzung einer Oxydation von Acetat nach dem Mechanismus des Thunberg-Wieland-Schemas (s. S. 693) gegen die Oxydation über den Citronensäurecyclus erfolgte mit Hilfe des schweren Kohlenstoffs C^{13}. Beim Umsatz von Acetat-2-C^{13} nach dem Thunberg-Wieland-Schema (20):

$$C^{13}H_3\text{—}COOH + C^{13}H_3\text{—}COOH \xrightarrow{-2H} COOH\text{—}C^{13}H_2\text{—}C^{13}H_2\text{—}COOH \tag{20}$$

muß Succinat mit einer Markierung in beiden Methylengruppen gebildet werden, während nach den Reaktionen des Citronensäurecyclus (s. Abb. 3) die Markierung nur in einer der beiden Methylengruppen eingebaut wird: $COOH{-}C^{13}H_2{-}CH_2{-}COOH$. Durch eine massenspektrometrische Analyse des gebildeten Succinats war es möglich, zwischen Succinat, das durch eine Thunberg-Wieland-Kondensation, und zwischen Succinat, das über den Citronensäurecyclus gebildet worden war, zu unterscheiden. Es fand sich dabei in den untersuchten Zellen von E. coli ausschließlich einfach markiertes Succinat, also Succinat, das über die Reaktionen des Citronensäurecyclus entstanden war.

Neben den in den vorstehenden Beispielen erörterten Fällen wurde in den letzten Jahren die Funktion des Citronensäurecyclus auch in zahlreichen anderen Mikroorganismen (zusammenfassende Darstellung: KORNBERG, 1959) und in pflanzlichen Geweben (Zusammenfassung: JAMES, 1957) demonstriert.

D. Der Citronensäurecyclus als Baustofflieferant

Während der Citronensäurecyclus zunächst besonders als Weg der biologischen Endoxydation der Nahrungsstoffe betrachtet wurde, ergaben spätere Untersuchungen viele Hinweise auf die Bedeutung des Cyclus als Zwischenglied oder Ausgangspunkt für die Synthese von zelleigenen Substanzen. So kommt dem Citronensäurecyclus grundlegende Bedeutung bei der Gluconeogenese aus zahlreichen nichtkohlenhydratartigen Substanzen, bei der Bildung verschiedener Aminosäuren und bei der Biosynthese der Porphyrine zu.

I. Die Beteiligung des Citronensäurecyclus an der Gluconeogenese

Erste Versuche mit markierten Verbindungen über den Mechanismus der Gluconeogenese wurden von CONANT, CRAMER et al. (1941) mit Lactat-1-C^{11} und von SOLOMON, VENNESLAND et al. (1941) mit $NaHC^{11}O_3$ in Gegenwart von nichtmarkiertem Lactat an Ratten ausgeführt. Es zeigte sich dabei, daß in der Bilanz etwa 20—30% des Lactat-Kohlenstoffs, jedoch nur 1—2% der Radioaktivität in Glykogen überführt wurden. Hieraus ergab sich, daß die C_3-Kette des Lactats nicht unverändert in die C_6-Kette der Glucoseeinheiten des Glykogens übergeht, sondern daß es vorher zu einer Neuverteilung der C-Atome in der Kette kommt. Von SOLOMON, VENNESLAND et al. (1941) wurde bereits damals ein Weg für diesen Prozeß diskutiert, der erst später seine endgültige Klärung fand, nämlich die Überführung des Lactats (über das damit im Gleichgewicht stehende Pyruvat) in C_4-Dicarbonsäuren und die Bildung von Phosphoenolpyruvat aus diesen.

Diese Versuche wurden später besonders von WOOD (zusammenfassende Darstellungen: WOOD, 1948, 1949), BLOCH (1947) und BUCHANAN u. Mitarb. (zusammenfassende Darstellung: BUCHANAN und HASTINGS, 1946) fortgeführt. Dabei fanden neben dem Isotop C^{11} besonders der schwere Kohlenstoff C^{13} und Deuterium (s. z. B. STETTEN und BOXER, 1944) Anwendung. Als Beispiele sollen im folgenden nun die Verteilung der Markierung aus verschieden markiertem Acetat und Lactat in den Glucoseeinheiten des Glykogens erörtert werden. Die Methodik dieser Untersuchungen, insbesondere die Verfahren zum stufenweisen Abbau der Glucose und damit die Festlegung der Markierung in den einzelnen C-Atomen der Glucose werden auf S. 639 ff. ausführlich dargestellt.

1. Der Einbau von markiertem Acetat in Glykogen

Acetat zählt nach den Beobachtungen der klassischen Biochemie nicht zu den glucoplastischen Substanzen. Im Zusammenhang mit den Reaktionen des Citronensäurecyclus wiesen dann auch BUCHANAN, SAKAMI, GURIN und WILSON (1945) darauf hin, daß aus Acetat nach dem Durchlaufen des Citronensäurecyclus eine Neubildung aus Glykogen in der Bilanz nicht möglich ist, da bei einem Durchlaufen des Cyclus zwei CO_2 freigesetzt werden. Dies schließt jedoch nicht die Überführung einer Markierung aus dem Acetat in Glykogen aus, da der Kohlenstoff, der beim Durchlaufen des Cyclus als CO_2 freigegeben wird, nicht identisch ist mit dem Kohlenstoff aus dem Acetat (BLOCH, 1947). Abb. 6 gibt den Weg der beiden C-Atome des Acetats beim Durchlaufen des Citronensäurecyclus wieder. Wichtig ist hierbei, daß auf der Stufe des Citrats infolge des asymmetrischen Abbaues dieser Substanz keine Neuverteilung der Markierung eintritt (s. S. 671), während die symmetrisch gebauten Dicarbonsäuren Succinat und Fumarat von der Zelle auch

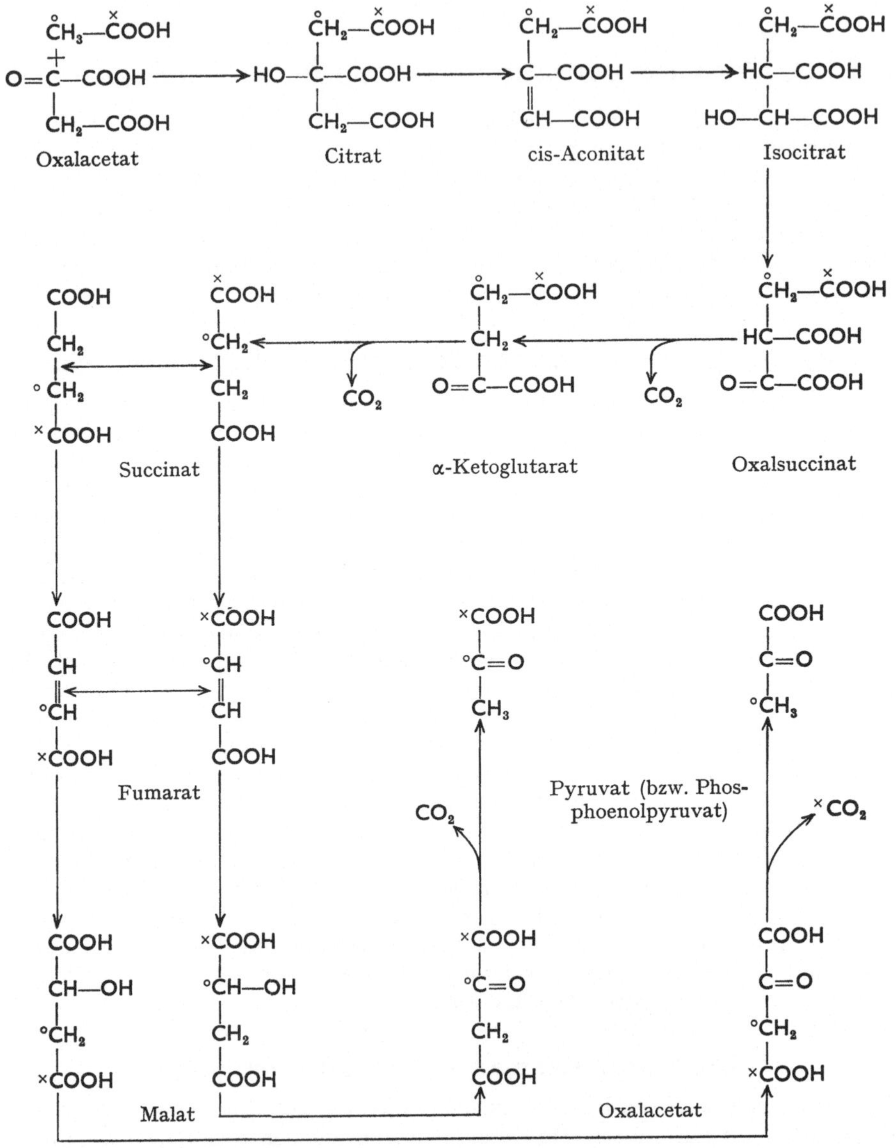

Abb. 6. Die Isotopenverteilung bei der Oxydation von markiertem Acetat über den Citronensäurecyclus

als symmetrisch gebaute Substanzen umgesetzt werden, wodurch eine Verteilung der Markierung von einem der beiden inneren C-Atome auf beide inneren C-Atome erfolgt. Aus Abb. 7a u. 7b ergibt sich, daß bei einem einmaligen Durchlaufen des Cyclus aus einem aufgenommenen Acetatrest kein CO_2 freigesetzt wird. Erst beim zweiten Umlauf des Cyclus wird eine markierte Carboxylgruppe des Oxalacetats abgespalten. Die Markierung aus der Methylgruppe des Acetats dagegen wird beim ersten Umlauf des Cyclus in ein α- oder β-C-Atom des Oxalacetats überführt. Diese geht dann beim erneuten Durchlaufen des Cyclus ("Recycling") in eine Carboxylgruppe des Oxalacetats über und kann schließlich bei einem dritten Durchlauf als

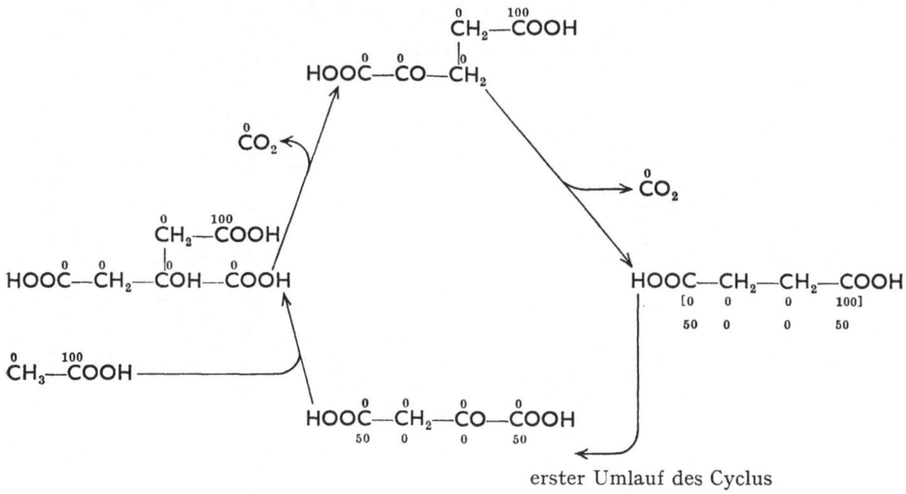

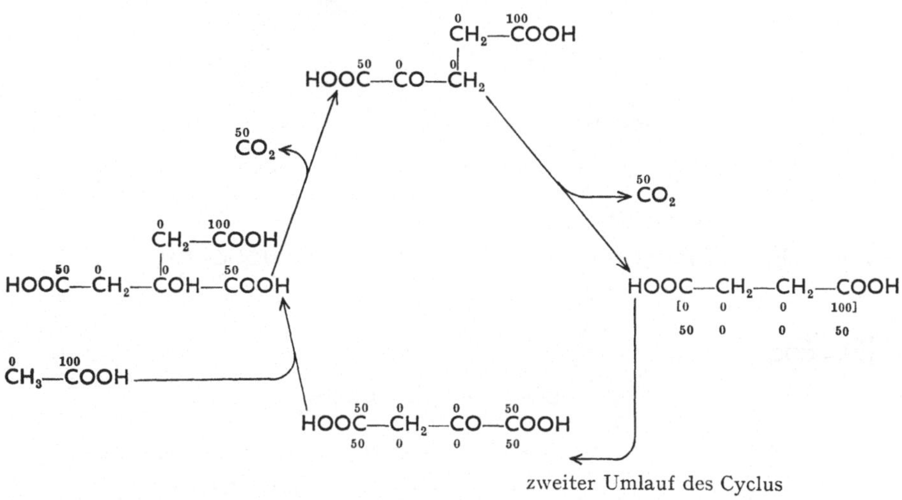

Abb. 7a

Abb. 7a u. 7b. Die Verteilung der Radioaktivität in einigen Intermediärprodukten des Citronensäurecyclus bei Zufuhr von CH_3-$C^{14}OOH$ (Abb. 7a) bzw. $C^{14}H_3$-COOH (Abb. 7b) (nach ARONOFF 1956). Die Zahlen an den Formelbildern geben die prozentuale Verteilung der Markierung in den einzelnen Substanzen wieder. Man beachte die Neuverteilung der Markierung durch das symmetrisch gebaute Succinat!

CO_2 abgespalten werden. Wird nun dem Cyclus fortlaufend markiertes Acetat zugeführt, so kommt es nach mehrfachem Durchlaufen des Cyclus schließlich zur Einstellung einer konstanten Markierung in den einzelnen C-Atomen der Intermediärprodukte des Cyclus. Für den Zufluß von carboxyl- bzw. methyl-markiertem Acetat zum Cyclus zeigt Abb. 7 das Zustandekommen einer solchen Verteilung (nach ARONOFF, 1956).

Eine Verteilung der Radioaktivität in den Intermediärprodukten des Cyclus, wie sie Abb. 7 wiedergibt, wird jedoch nur in Systemen erreicht, in denen die markierte Substanz (im obigen Beispiel das Acetat) als einzige Substanz in den Cyclus

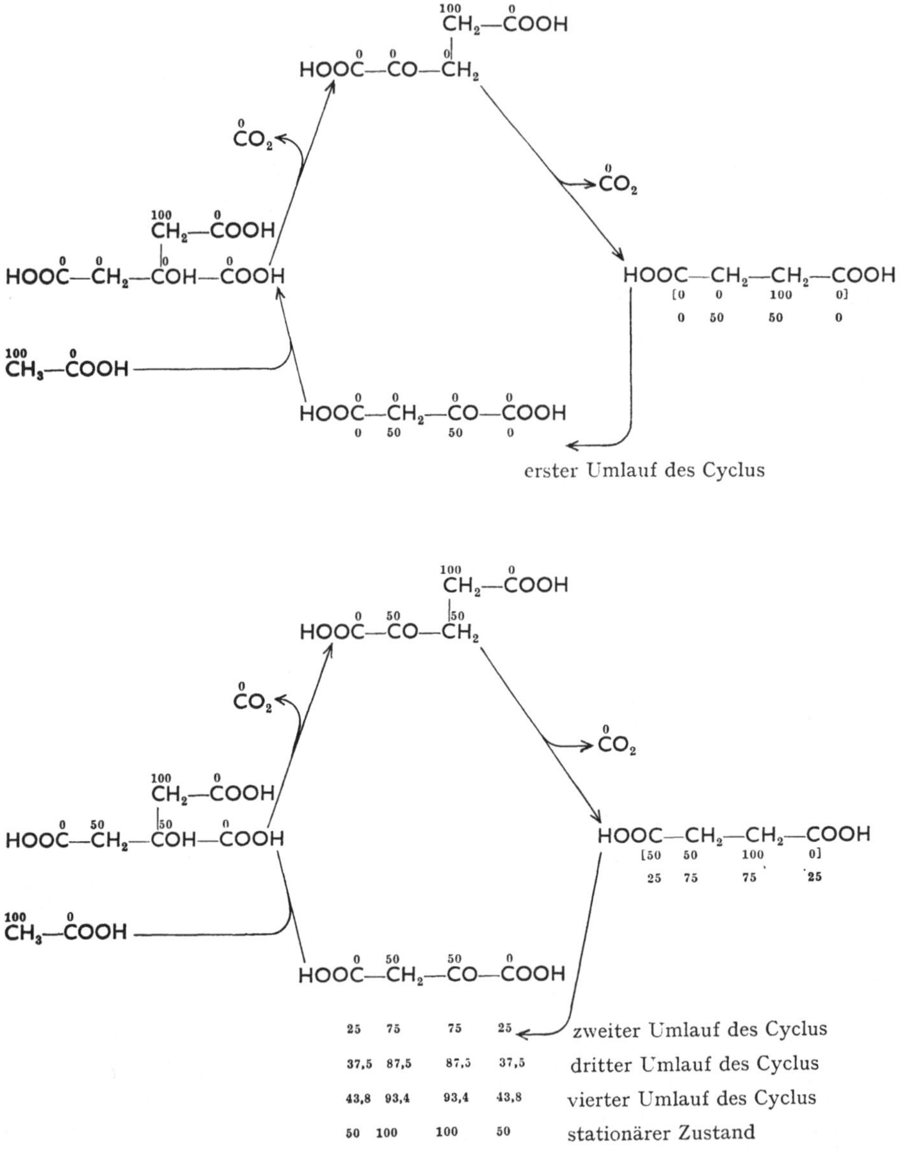

erster Umlauf des Cyclus

zweiter Umlauf des Cyclus

dritter Umlauf des Cyclus

vierter Umlauf des Cyclus

stationärer Zustand

25	75	75	25	zweiter Umlauf des Cyclus
37,5	87,5	87,5	37,5	dritter Umlauf des Cyclus
43,8	93,4	93,4	43,8	vierter Umlauf des Cyclus
50	100	100	50	stationärer Zustand

Abb. 7b

einfließt. Werden daneben noch andere nichtmarkierte Verbindungen zugeführt, so ergibt sich ein abweichendes Bild der Markierung: es kommt je nach Art und Menge der gleichzeitig zugeführten nichtmarkierten Substanz zu einer Verdünnung der Radioaktivität in den Intermediärprodukten des Cyclus. Das Studium derartiger „Isotopenverdünnungen" hat besonders bei der Untersuchung von Biosynthesereaktionen des Aminosäurenstoffwechsels an Mikroorganismen sehr wertvolle Ergebnisse geliefert (s. S. 688). Eine eingehende Diskussion des

Isotopenverdünnungs-Effektes beim Umsatz von markiertem Acetat über den Citronensäurecyclus unter verschiedenen Stoffwechselsituationen findet sich bei STRIESOWER, KOHLER und CHAIKOFF (1952).

Die Gluconeogenese aus Intermediärprodukten des Citronensäurecyclus nimmt vom Oxalacetat ihren Ausgang. Dieses wird dabei durch die Oxalacetatdecarboxylase (s. S. 691) in Phosphoenolpyruvat überführt und damit in die Kette des glykolytischen Auf- und Abbaues der Kohlenhydrate eingeschleust. Durch diese Reaktion wird der thermodynamisch sehr ungünstige Übergang von Pyruvat in Phosphoenolpyruvat umgangen (s. auch S. 686). Beim Übergang von Phosphoenolpyruvat in Glucose bildet die Carboxylgruppe die C-Atome 3 und 4 der Glucose, während α- und β-C-Atome des Pyruvats die C-Atome 1 und 2 bzw. 5 und 6 ergeben. Beim Umsatz von carboxylmarkiertem Acetat (vgl. Abb. 6 und Abb. 7) findet sich somit die Markierung ausschließlich in den Atomen 3 und 4 der Glucose, während sich beim Umsatz von Acetat mit einer Markierung in der Methylgruppe die folgende Verteilung der Aktivität ergibt:

$$\underset{100}{C_1}-\underset{100}{C_2}-\underset{50}{C_3}-\underset{50}{C_4}-\underset{100}{C_5}-\underset{100}{C_6}.$$

Bei der vorstehenden Verteilung der Aktivität in der Glucose handelt es sich um eine Idealverteilung, die vollständig nur erreicht werden kann, wenn keine Isotopenverdünnung eintritt.

2. Der Einbau von markiertem Lactat in Glykogen

Aus markiertem Lactat bzw. dem damit durch die Milchsäuredehydrogenase im Gleichgewicht stehenden Pyruvat kann auf prinzipiell drei verschiedenen Wegen Radioaktivität in Glykogen überführt werden: (1) durch Phosphorylierung des

$$\begin{array}{ccccccccc}
{}_1COOH & & {}_1COOH & & {}_1COOH & & {}_1COOH & & {}_1COOH \\
| & & | & & | & & | & & | \\
{}_2C{=}O & \rightleftharpoons & {}_2C{=}O & \rightleftharpoons & {}_2CHOH & \rightleftharpoons & {}_2CH & \rightleftharpoons & {}_2CH_2 \\
| & & | & & | & & \| & & | \\
{}_3CH_3 & & {}_3CH_2 & & {}_3CH_2 & & {}_3CH & & {}_3CH_2 \\
+ & & | & & | & & | & & | \\
{}_4CO_2 & & {}_4COOH & & {}_4COOH & & {}_4COOH & & {}_4COOH \\
 & & & & & & \updownarrow & & \updownarrow \\
{}_4COOH & & {}_4COOH & & {}_4COOH & & {}_4COOH & & {}_4COOH \\
| & & | & & | & & | & & | \\
{}_3C{=}O & \rightleftharpoons & {}_3C{=}O & \rightleftharpoons & {}_3CHOH & \rightleftharpoons & {}_3CH & \rightleftharpoons & {}_3CH_2 \\
| & & | & & | & & \| & & | \\
{}_2CH_3 & & {}_2CH_2 & & {}_2CH_2 & & {}_2CH & & {}_2CH_2 \\
+ & & | & & | & & | & & | \\
{}_1CO_2 & & {}_1COOH & & {}_1COOH & & {}_1COOH & & {}_1COOH
\end{array}$$

Abb. 8. Der „Dicarbonsäure-shuttle“ (Isotopenneuverteilung beim reversiblen Durchlaufen symmetrischer Verbindungen)

Pyruvats zu Phosphoenolpyruvat, (2) durch Oxydation des Pyruvats zu Acetyl-Coenzym A und nachfolgendem Umsatz über den Citronensäurecyclus und (3) durch reduktive Carboxylierung des Pyruvats zu Malat und teilweisem Durchlaufen der Reaktionen des Citronensäurecyclus. Die Wege des Lactats bzw. Pyruvats mit einer Markierung des α-C-Atoms sollen hier als Beispiel eingehender diskutiert werden (vgl. WOOD, 1948).

Bei der Gluconeogenese über Phosphorylierung des Pyruvats zu Phosphoenolpyruvat (Weg 1) (Einzelheiten s. unten) ergeben die Carboxylgruppen des Pyruvats die C-Atome 3 und 4, die α-C-Atome des Pyruvats entsprechend die C-Atome 2 und 5 der Glucose. Wird Pyruvat zu Acetyl-Coenzym A decarboxyliert (Weg 2), so entsteht ein Acetylrest mit Markierung der Carboxylgruppe, der entsprechend den in Abb. 6 und 7 dargestellten Überlegungen bei der Gluconeogenese Glucose mit ausschließlicher Markierung der C-Atome 3 und 4 ergibt. Bei der Carboxylierung von Pyruvat zu Malat (Weg 3) kommt es zu einer Neuverteilung der Markierung, wenn das gebildete Malat durch die Fumarase in Fumarat bzw. Succinat überführt wird, da diese beiden Substanzen symmetrisch gebaut sind (s. Abb. 8). War das bei der Carboxylierung gebildete Malat vorher ausschließlich im α-C-Atom markiert, so wird beim Durchlaufen der symmetrischen Verbindungen die Markierung nun auf das α- und β-C-Atom gleichmäßig verteilt („Dicarbonsäure-shuttle"). Erfolgt dann vom Oxalacetat ausgehend eine Bildung von Phosphoenolpyruvat, so enthält dieses sowohl eine Markierung des α- als auch des β-C-Atoms, woraus sich beim Übergang zur Glucose eine Markierung der C-Atome 1, 2, 5 und 6 ergibt.

Auf den drei verschiedenen Wegen kommt es somit bei Einsatz von α-markiertem Lactat zur Bildung von drei unterschiedlich markierten Glucoseformen:

Weg 1 (via Pyruvat → Phosphoenolpyruvat): $C-\overset{\times}{C}-C-C-\overset{\times}{C}-C$

Weg 2 (via Pyruvat → Acetyl-Coenzym A): $C-C-\overset{\times}{C}-\overset{\times}{C}-C-C$

Weg 3 (via Pyruvat → Malat): $\overset{\times}{C}-\overset{\times}{C}-C-C-\overset{\times}{C}-\overset{\times}{C}$.

Wird α- und β-markiertes Lactat in Glucose überführt, so werden nur 2 verschiedene Typen markierter Glucose gebildet, nämlich

Weg 2 $C-C-\overset{\times}{C}-\overset{\times}{C}-C-C$

Weg 1 und 3 $\overset{\times}{C}-\overset{\times}{C}-C-C-\overset{\times}{C}-\overset{\times}{C}$.

Wird bei der Carboxylierung von Pyruvat zu Malat markiertes CO_2 eingeführt, so erscheint nach dem Durchlaufen einer symmetrischen C_4-Dicarbonsäure die Markierung in den C-Atomen 3 und 4 der Glucoseeinheiten des Glykogens (SHREEVE, FEIL, LORBER und WOOD, 1949). Aus der Art der Isotopenverteilung sind Rückschlüsse auf die quantitative Bedeutung der einzelnen Reaktionswege möglich. Mit Hilfe von P_{32}-Austauschstudien konnte zwar der Nachweis für die Reversibilität der Pyruvatkinasereaktion erbracht werden (LARDY und ZIEGLER, 1945), doch thermodynamische Überlegungen ließen eine nur geringe quantitative Beteiligung dieser Reaktion bei der Gluconeogenese vermuten (s. z. B. KREBS, 1954a). Damit stehen Untersuchungen über den Einbau markierter Substanzen bei der Gluconeogenese in der Leber im Einklang. So wurde bei Einbaustudien mit $NaHC^{14}O_3$, $CH_3-C^{14}OOH$ und $CH_3-C^{14}O-COOH$ an Rattenleberschnitten ein Umsatz von etwa 50% des Pyruvats über die Dicarbonsäuren des Citronensäurecyclus errechnet, während 25% direkt phosphoryliert und weitere 25% vor dem Einbau in Glykogen zu CO_2 oxydiert wurden (TOPPER und HASTINGS, 1949). In späteren Versuchen (LORBER, LIFSON, WOOD, SAKAMI und SHREEVE, 1950) mit C^{13}- oder C^{14}- bzw. doppelt mit C^{13}- und C^{14}-markiertem Lactat an Ganztieren ergab sich sogar ein Einbau von 80—90% des Lactats über C_4-Dicarbonsäuren in das Leberglykogen. Zu etwa gleichen Resultaten kamen LANDAU, HASTINGS und NESBETT

(1955) bei der Untersuchung des Einbaus von CH_3—$C^{14}O$—COOH in Leberschnitte von hungernden Ratten, während bei gefütterten Ratten, die einen höheren Glykogenspiegel in der Leber als hungernde Ratten aufweisen, nur etwa 2% des Pyruvats direkt in Hexoseeinheiten des Glykogens übergingen. Besonders interessante Ergebnisse haben sich bei einem Vergleich der Gluconeogenese in Leber und in quergestreiftem Muskel (Diaphragma) ergeben (HIATT, GOLDSTEIN, LAREAU und HORECKER, 1958). Aus früheren Untersuchungen von CORI (1931) ist bekannt, daß in der Leber Glykogen leicht in Pyruvat übergehen und neu aus Pyruvat gebildet werden kann, während im Muskel das Glykogen vorwiegend aus dem Blutzucker gebildet wird. In der Leber erfolgt somit sowohl der Aufbau wie auch der Abbau des Glykogens über den Glykolyse-Weg, während im Muskel der Glykolyse-Weg vorwiegend dem Abbau dient. Es konnte jedoch in vitro auch eine Synthese von

Tabelle 1. *Isotopenverteilung in der Glucose des Glykogens aus Rattengeweben nach Inkubation mit Pyruvat-2-C^{14}* (nach HIATT, GOLDSTEIN, LAREAU und HORECKER, 1958).

Organ	% Radioaktivität in den C-Atomen der Glucose aus Glykogen					
	C-Atom					
	1	2	3	4	5	6
Leber	19	19	8	9	24	21
Diaphragma	0	34	3	4	59	0
Diaphragma	0	43	3	4	50	0

Glykogen aus Pyruvat im Muskel (Diaphragma) beobachtet werden (VILLEE, WHITE und HASTINGS, 1952). HIATT, GOLDSTEIN, LAREAU und HORECKER (1958) studierten nun den Einbau von Pyruvat-2-C^{14} bzw. $NaHC^{14}O_3$ in das Glykogen der Leber und des Diaphragmas. Dabei zeigte sich ein kräftiger Einbau der Radioaktivität aus dem Pyruvat-2-C^{14} sowohl in der Leber als auch im Diaphragma, während Radioaktivität aus dem $NaHC^{14}O_3$ nur in Leber in nennenswerter Weise in Glykogen eingebaut wurde. Durch Abbau wurde dann die Verteilung der Radioaktivität aus dem Pyruvat-2-C^{14} in der Glucose von Leber- und Muskelglykogen (Diaphragma) ermittelt. Die Resultate gibt Tab. 1 wieder. Aus der Tabelle ist ersichtlich, daß im Muskel über 90% der Radioaktivität in die C-Atome 2 und 5 der Glucose eingebaut wurden. Dies könnte dadurch gedeutet werden, daß keine symmetrischen Dicarbonsäuren (Fumarat bzw. Succinat) im Laufe der Reaktionsfolge gebildet werden oder daß es zu keinem Gleichgewichtszustand zwischen den C_4-Dicarbonsäuren an der Fumarase kommt, durch den eine Markierung der C-Atome 1 und 6 erzielt wird. Der minimale Einbau an C^{14} aus $NaHC^{14}O_3$ im Muskel spricht für die erste Möglichkeit, daß nämlich überhaupt keine C_4-Dicarbonsäuren gebildet werden; statt dessen findet direkte Phosphorylierung des Pyruvats an Pyruvatkinase zu Phosphoenolpyruvat statt. In der Glucose aus Leberglykogen ist bei dem in Tab. 1 wiedergegebenen Versuch eine ausgedehnte Neuverteilung der Radioaktivität in den C-Atomen 1, 2, 5 und 6 erfolgt. Dies steht im Einklang mit früheren Beobachtungen über den Einbau von Pyruvat-2-C^{14} (TOPPER und HASTINGS, 1949; LANDAU, HASTINGS und NESBETT, 1955) in das Leberglykogen und weist darauf hin, daß der überwiegende Teil des Pyruvats vor dem Einbau in Glykogen in symmetrische C_4-Dicarbonsäuren überführt wird. Zusammenfassend ergibt sich somit, daß in der Leber die Glykogenbildung aus Pyruvat über symmetrische C_4-Dicarbonsäuren verläuft, wobei eine Verteilung der Markierung zwischen den einzelnen C-Atomen („C_4-Dicarbonsäure-shuttle") erfolgt, während im Muskel die Glykogenbildung aus Pyruvat über die Umkehrung der Pyruvatkinasereaktion erfolgen dürfte.

II. Die Biosynthese von Aminosäuren aus Intermediärprodukten des Citronensäurecyclus

Im Zusammenhang mit der Diskussion um die quantitative Bedeutung des Citronensäurecyclus bei Mikroorganismen wiesen KREBS, GURIN und EGGLESTON (1952) besonders auf die Bedeutung des Cyclus für die Biosynthese von Aminosäuren hin. Dieses Problem ist in den letzten Jahren an zahlreichen Mikroorganismen intensiv untersucht worden. Dabei haben markierte Verbindungen vor allem $NaHC^{14}O_3$, Acetat-1-C^{14}, Acetat-2-C^{14}, Acetat-1-C^{14}-2-C^{13}, verschieden markiertes Pyruvat und Lactat, uniform C^{14}-markiertes Aspartat, Glutamat und viele

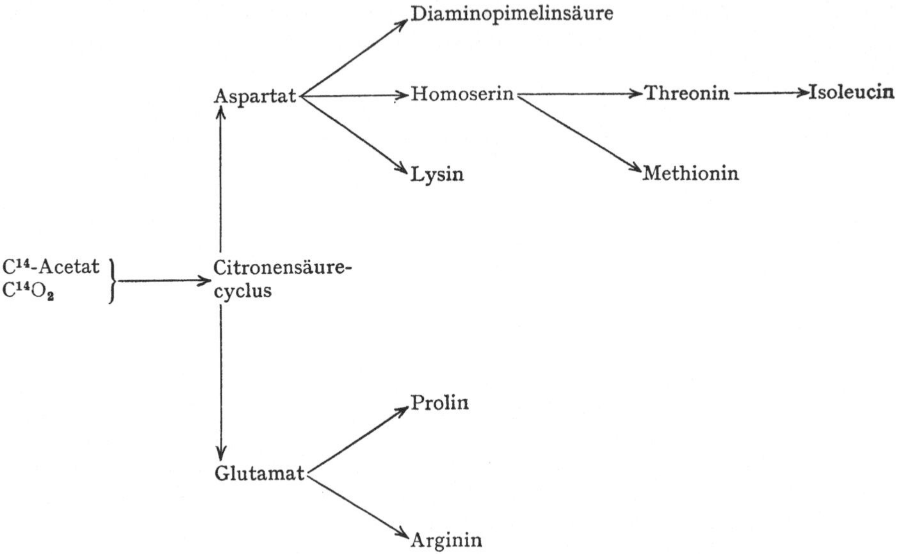

Abb. 9. Die Biosynthese von Aminosäuren aus Intermediärprodukten des Citronensäurecyclus

andere Substanzen Verwendung gefunden. Von den zahlreichen vorliegenden Untersuchungen seien hier nur die Arbeiten von BADDILEY, EHRENSVÄRD et al. (1950) an Torula utilis, von ABELSON und VOGEL (1955) an Torula utilis und Neurospora crassa, von MOSES (1955, 1957) an dem Pilz Zygorrhynchus moelleri und besonders die ausgedehnten Untersuchungen von ROBERTS, ABELSON, COWIE, BOLTON und BRITTEN (1955) an E. coli hervorgehoben. In all diesen Untersuchungen hat sich gezeigt, daß die Synthese des Kohlenhydratskeletes aus Intermediärprodukten des Citronensäurecyclus über die beiden Aminosäuren Aspartat und Glutamat (Abb. 9) erfolgt. Ebenso konnte gezeigt werden, daß bei Mikroorganismen die synthetischen Leistungen des Citronensäurecyclus in ihrer Bedeutung mindestens gleichrangig mit der Bedeutung des Cyclus als Prozeß der Energiegewinnung sind. Eine eingehende Darstellung der bei diesen Untersuchungen entwickelten Methoden, insbesondere der Isotopenverdünnungstechnik, findet sich bei ROBERTS, ABELSON et al. (1955); vgl. auch WIAME (1957).

III. Die Bedeutung des Citronensäurecyclus für die Biosynthese der Porphyrine

Bei der Biosynthese der Porphyrine wird dem Citronensäurecyclus Succinat als Baustein für δ-Aminolaevulinsäure entnommen. Dieser Prozeß wird ausführlich im Kapitel „Biosynthese der Porphyrine" dargestellt (vgl. S. 979 ff).

E. Die Wiederauffüllung des Citronensäurecyclus

Aus dem Schema des Citronensäurecyclus (Abb. 1) ergibt sich, daß bei einem einmaligen Durchlaufen des Cyclus ein Acetylrest zu Kohlendioxyd und Wasser oxydiert wird, während ein Äquivalent Oxalacetat regeneriert wird. Das Oxalacetat vermag erneut einen Acetylrest aufzunehmen und dadurch den Cyclus aufrechtzuerhalten. Für die im vorhergehenden Abschnitt besprochenen Biosynthesen zahlreicher zelleigener Substanzen werden nun Oxalacetat, α-Ketoglutarat und Succinat aus dem Cyclus abgeleitet. Durch diesen Entzug von Intermediärprodukten muß es im Cyclus zu einem Mangel an Oxalacetat und damit zur Verlangsamung und zum Stillstand des Cyclus kommen, wenn nicht durch zusätzliche Prozesse die erforderliche Menge an Oxalacetat nachgeliefert wird. Unter gewissen Bedingungen erfolgt dies durch Transaminierungsreaktionen von Asparaginsäure bzw. Glutaminsäure, wobei Oxalacetat bzw. α-Ketoglutarat frei wird. Bedeutungsvoller sind jedoch Reaktionen, bei denen eine Neubildung von Oxalacetat (oder den damit im Gleichgewicht stehenden Dicarbonsäuren) durch Kondensation eines C_3-Körpers mit Kohlendioxyd erfolgt.

Bereits vor der Einführung des Isotops C^{14} in die biochemische Untersuchungstechnik (Barker und Kamen, 1945; Barker, Kamen und Haas, 1945; Barker, Kamen und Bornstein, 1945) konnten in Untersuchungen mit dem kurzlebigen Isotop C^{11} sowie mit dem schweren Kohlenstoff C^{13} wesentliche Ergebnisse über die Assimilation von CO_2 in Dicarbonsäuren bei heterotrophen Organismen gewonnen werden. In Bilanzversuchen über die Bildung von Succinat aus Glycerin beobachteten Wood und Werkman (1936) eine beträchtliche Aufnahme von Kohlendioxyd. Zwischen der CO_2-Aufnahme und der Bildung von Succinat ergaben sich dabei äquimolekulaı e Verhältnisse (Wood und Werkman, 1938), die zur Annahme einer Kondensation zwischen einem C_3-Körper, evtl. Pyruvat, und einem C_1-Körper führten (21):

$$\begin{array}{c} CO_2 \\ + \\ CH_3 \\ | \\ C{=}O \\ | \\ COOH \end{array} \longrightarrow \begin{array}{c} COOH \\ | \\ CH_2 \\ | \\ C{=}O \\ | \\ COOH\,. \end{array} \qquad (21)$$

Zur Klärung der hypothetischen Reaktion wurden etwa gleichzeitig von Carson und Ruben (1940) mit $C^{11}O_2$ und von Wood, Werkman, Hemingway und Nier (1940) mit $C^{13}O_2$ die ersten Experimente an Propionsäurebakterien ausgeführt. Dabei ließ sich zeigen, daß der Einbau der Markierung ausschließlich in die Carboxylgruppen des Succinats erfolgt (Wood, Werkman, Hemingway und Nier, 1940; Wood, Werkman, Hemingway und Nier, 1941, 1941 a). Derselbe Befund wurde wenig später bei Untersuchungen mit $C^{11}O_2$ an Zellen von E. coli (Nishina, Endo und Nakayma, 1941), an dem Schlauchpilz Rhizopus nigricans (Foster, Carson, Ruben und Kamen, 1941) sowie bei Tetrahymena geleii (Van Niel, Thomas, Ruben und Kamen, 1942) und dann von Slade, Wood, Nier und Hemingway (1942) mit $C^{13}O_2$ an zahlreichen anderen heterotrophen Bakterien erhoben. In allen untersuchten Fällen war nur ein Einbau in die Carboxylgruppen der verschiedenen Dicarbonsäuren (Succinat, Fumarat und Malat) zu beobachten. Der Nachweis des Einbaus der Markierung in eine Carboxylgruppe des Oxalacetats gelang zunächst noch nicht. Für die Deutung dieser zahlreichen Befunde wurde im Zusammenhang mit den bereits bekannten Umwandlungen der Dicarbonsäuren im Citronensäurecyclus der folgende Mechanismus postuliert (21 a):

$$\begin{array}{c} C^*O_2 \\ + \\ CH_3 \\ | \\ C{=}O \\ | \\ COOH \end{array} \rightleftarrows \begin{array}{c} C^*OOH \\ | \\ CH_2 \\ | \\ C{=}O \\ | \\ COOH \end{array} \underset{+2H}{\overset{-2H}{\rightleftarrows}} \begin{array}{c} C^*OOH \\ | \\ CH_2 \\ | \\ CH{-}OH \\ | \\ COOH \end{array} \underset{-H_2O}{\overset{+H_2O}{\rightleftarrows}} \begin{array}{c} C^*OOH \\ | \\ CH \\ \| \\ CH \\ | \\ COOH \end{array} \underset{+2H}{\overset{-2H}{\rightleftarrows}} \begin{array}{c} C^*OOH \\ | \\ CH_2 \\ | \\ CH_2 \\ | \\ COOH. \end{array} \quad (21a)$$

Die ersten Untersuchungen über die CO_2-Fixierung in Dicarbonsäuren an Heterotrophen und die dabei entwickelten Methoden wurden mehrfach zusammenfassend behandelt (Krebs, 1943, 1943a; Evans, 1942; Wood, 1942, 1946; Werkman und Wood, 1942; van Niel, Ruben, Carson, Kamen und Foster, 1942). Evans, Vennesland und Slotin (1943) konnten an zellfreien Extrakten aus Taubenleber den Einbau von $C^{11}O_2$ in α-Ketoglutarat demonstrieren und auch Hinweise für eine Decarboxylierung von Oxalacetat zu Pyruvat, also für eine Umkehrung der postulierten Carboxylierungsreaktion erbringen. In analogen Versuchen mit $C^{13}O_2$ gelang es Wood, Vennesland und Evans (1945), auch den Nachweis für den Einbau der Markierung in die Carboxylgruppe von Malat, Fumarat, Pyruvat und Lactat durch Taubenleberextrakte zu erbringen. Bereits vorher hatten Krampitz und Werkman (1941) in Micrococcus lysodeicticus ein Enzym nachweisen können, das die Decarboxylierung von Oxalacetat zu Pyruvat katalysiert. Mit der gleichen Enzympräparation konnte wenig später auch die Bildung von Oxalacetat aus Pyruvat und $C^{13}O_2$ demonstriert werden (Krampitz, Wood und Werkman, 1943): bei Inkubation von Oxalacetat und $C^{13}O_2$ mit der Enzympräparation erfolgte ein Austausch zwischen dem $C^{13}O_2$ und der β-Carboxylgruppe des Oxalacetats. Kurz nach der Demonstration des Einbaus von $C^{13}O_2$ in Oxalacetat durch eine Enzympräparation aus Micrococcus lysodeicticus gelang auch bei E. coli der Nachweis der gleichen Reaktion (Kalnitzky und Werkman, 1944).

Neue Gesichtspunkte ergaben sich, als die Bedeutung von Coenzymen für die Carboxylierungsreaktionen erkannt wurde. Utter und Wood (1946) beobachteten an Taubenleberextrakten eine starke Stimulierung des Einbaus von $C^{13}O_2$ in Oxalacetat durch ATP sowie eine Verminderung des Einbaus von $C^{13}O_2$ nach Dialyse der Enzympräparationen. Dies war der erste Hinweis für die Beteiligung von Nucleotid-Coenzymen an den Decarboxylierungsreaktionen. Ochoa, Mehler und Kornberg (1947) erbrachten gleichfalls in Versuchen an Taubenleber den Nachweis für eine TPNH-abhängige Carboxylierung von Pyruvat zu Malat (22):

$$\begin{array}{c} CO_2 \\ + \\ CH_3 \\ | \\ C{=}O \\ | \\ COOH \end{array} \overset{+H^+}{+ \, TPNH \rightleftarrows} \begin{array}{c} COOH \\ | \\ CH_2 \\ | \\ CHOH \\ | \\ COOH. \end{array} + TPN^+ \quad (22)$$

Das wirksame Enzym, später als "Malic Enzyme" bezeichnet, konnte teilweise gereinigt werden, enthielt aber immer noch eine beträchtliche Oxalacetatdecarboxylaseaktivität (23), die zunächst als Verunreinigung betrachtet wurde:

$$\text{Oxalacetat} \rightarrow \text{Pyruvat} + CO_2 \,. \quad (23)$$

Die unterschiedlichen Befunde von Utter und Wood (1946) einerseits und von Ochoa, Mehler und Kornberg (1947) andererseits ergaben zunächst noch kein eindeutiges Bild von der Beteiligung der Coenzyme an den Carboxylierungsreaktionen. Vergleichende Untersuchungen über die Wirkung von ATP und TPN auf die Oxalacetatcarboxylase in Taubenleber (VENNESLAND, EVANS und ALTMAN, 1947) ergaben keine Hinweise für eine gemeinsame Erklärung für beide Reaktionen, sondern deuten eher auf das Vorhandensein von zwei verschiedenen Carboxylierungsreaktionen hin. Diese Vermutung wurde in den folgenden Jahren bestätigt.

Aus Taubenleber konnte das "Malic Enzyme" 100fach (OCHOA, MEHLER und KORNBERG, 1948) und aus Weizenkeimlingen (HARARY, KOREY und OCHOA, 1953) 300fach angereichert werden. Desgleichen gelang der Nachweis des Enzyms in zahlreichen anderen tierischen und pflanzlichen Geweben sowie in Mikroorganismen. Eine eingehende Analyse der Eigenschaften des Enzyms (zusammenfassende Darstellungen: OCHOA, 1951, 1952) ergab, daß das Enzym zwei Reaktionen, nämlich die Bildung von Malat (22) und die Decarboxylierung von Oxalacetat zu Pyruvat (23) katalysiert. ATP hat auf das gereinigte Enzym keinen Einfluß. Aus Lactobacillus arabinosus konnte ein adaptives "Malic Enzyme" isoliert werden, das DPN statt TPN als Coenzym benötigt. An diesem Enzym wurde mit Hilfe von $C^{14}O_2$ die Reversibilität der Reaktion demonstriert (KORKES, DEL CAMPILLO und OCHOA, 1950). Freies Oxalacetat ist kein Zwischenprodukt der Reaktion (SALLES, HARARY, BANFI und OCHOA, 1950; UTTER, 1951).

Der zweite Reaktionsweg für die Bildung von Dicarbonsäuren durch Carboxylierung eines C_3-Körpers erfuhr seine Aufklärung im Anschluß an die bereits erwähnte Stimulierung des Einbaus von $C^{13}O_2$ in Oxalacetat durch ATP (UTTER und WOOD, 1946). Eine Analyse der Einbauraten von $C^{14}O_2$ in Malat und Oxalacetat durch Taubenleberextrakte (UTTER, 1951) ergab, daß der ATP-abhängige Einbau von CO_2 in Oxalacetat nicht über Malat als Zwischenstufe und der TPN-abhängige Einbau von CO_2 in Malat durch das "Malic Enzyme" nicht über Oxalacetat als Zwischenstufe verläuft. Der Mechanismus der ATP-abhängigen Reaktion wurde dann nach Isolierung der Oxalacetatdecarboxylase aus Kükenleber aufgeklärt (UTTER und KURAHASHI, 1954, 1954a; UTTER, KURAHASHI und ROSE, 1954). Bei dieser Reaktion (24) wird GTP oder ITP als Coenzym benötigt (KURAHASHI, PENNINGTON und UTTER, 1957).

$$\begin{array}{l} COOH \\ | \\ CH_2 \\ | \\ C{=}O \\ | \\ COOH \end{array} + GTP\ (ITP) \rightleftarrows \begin{array}{l} CH_2 \\ \| \\ C{-}O{-}P(OH)_2{=}O \\ | \\ COOH \end{array} + CO_2 + GDP\ (IDP) \qquad (24)$$

Bei der Reinigung des Enzyms erfolgten die Aktivitätsbestimmungen durch Messung des Einbaus von $C^{14}O_2$ in Oxalacetat. Dabei ergaben sich gute lineare Beziehungen zwischen der Enzymmenge und der Aufnahme von C^{14}. Die lange angenommene Abhängigkeit der Reaktion von ATP fand ihre Erklärung durch das Vorkommen der Inosin- und Guanosinnucleotide in den verwendeten ATP-Präparaten und durch die Wirkung der in den Enzympräparationen vorhandenen Nucleosiddiphosphatkinasen. Die Wirksamkeit dieser Enzyme in tierischen Geweben wurde etwa gleichzeitig von BERG und JOKLIK (1953) und KREBS und HEMS (1953) mit Hilfe von P^{32} demonstriert. Eine weitere Schwierigkeit bei der Analyse der Reaktion, die erst nach Reinigung des Enzyms überwunden werden konnte, wurde durch Sekundärreaktionen des Phosphoenolpyruvats mit Nucleosiddiphosphaten verursacht. In den rohen Extrakten befand sich Pyruvatkinase, die vom Decarboxylierungsprodukt Phosphoenolpyruvat (PEBTS) Phosphat auf das bei der Reaktion gebildete Nucleosiddiphosphat überträgt (25). Dadurch tritt die

Phosphatübertragung bei der Reaktion nicht in Erscheinung und diese ergibt dann in der Bilanz eine einfache Decarboxylierung bzw. Carboxylierung (26):

$$\text{Oxalacetat} + \text{GTP} \rightleftarrows \text{PEBTS} + CO_2 + \text{GDP} \tag{24}$$

$$\text{PEBTS} + \text{GDP} \rightleftarrows \text{Pyruvat} + \text{GTP} \tag{25}$$

$$\text{Oxalacetat} \rightleftarrows \text{Pyruvat} + CO_2 . \tag{26}$$

In Mikroorganismen und Pflanzen wurden neben der nucleotidabhängigen Oxalacetatdecarboxylase noch weitere Systeme aufgedeckt, durch die eine nucleotidunabhängige Bildung von Oxalacetat aus C_3-Einheiten und Kohlendioxyd erfolgt. So beobachteten McManus (1951) bei Micrococcus lysodeicticus und Kaltenbach und Kalnitsky (1951) bei E. coli und Proteus morganii eine beträchtliche Bildung von markiertem Oxalacetat aus $C^{14}O_2$ und Pyruvat in Abwesenheit von Nucleotiden. Von den letzteren Autoren wurde jedoch nachgewiesen, daß der Einbau von $C^{14}O_2$ in die β-Carboxylgruppe des Oxalacetats von Orthophosphat abhängig ist. Dies deutet auf einen Mechanismus hin, wie er an Spinat (Bandurski und Greiner, 1953; Bandurski, 1955), Weizenkeimlingen (Vennesland, Tchen und Loewus, 1954; Tchen und Vennesland, 1955) und Thiobacillus thiooxydans (Suzuki und Werkman, 1957, 1958) beobachtet wurde. Hier erfolgt die Übertragung des Phosphates vom Phosphoenolpyruvat nicht auf ein Nucleotid als Acceptor, sondern das Phosphat wird als Orthophosphat abgespalten (27):

$$\begin{array}{l} CH_2 \quad\quad OH \\ \| \quad\quad\quad / \\ C-O-P{=}O \\ | \quad\quad\quad \backslash \\ COOH \quad OH \end{array} + H_2O + CO_2 \longrightarrow \begin{array}{l} COOH \\ | \\ CH_2 \\ | \\ C{=}O \\ | \\ COOH . \end{array} + H_3PO_4 \tag{27}$$

Durch die Abspaltung des Phosphates als Orthophosphat wird in diesen Fällen die Reaktion irreversibel, da eine energiereiche Bindung aufgelöst wird. In Weizenkeimlingen (Tchen und Vennesland, 1955) kommen nucleotidabhängige und nucleotidunabhängige Oxalacetatdecarboxylasen nebeneinander vor. Unter Verwendung von Deuterium ließ sich zeigen, daß durch beide Enzymsysteme das Oxalacetat in der Ketoform gebildet wird (Vennesland, Tchen und Loewus, 1954; Tchen, Loewus und Vennesland, 1955).

Zur Funktion des "Malic Enzyme" und der nucleotidabhängigen Oxalacetatdecarboxylase sei noch bemerkt, daß diese neben ihrer Bedeutung für die Bildung von Dicarbonsäuren zur Aufrechterhaltung des Cyclus weitere steuernde Einflüsse auf den Cyclus ausüben können. Werden größere Mengen an Intermediärprodukten in den Cyclus eingeschleust, so können diese über Oxalacetat oder Malat durch das "Malic Enzyme" in Pyruvat oder durch die Oxalacetatdecarboxylase in Phosphoenolpyruvat überführt werden und damit den Cyclus verlassen. Zusammenfassend wurden die Probleme der Kohlendioxydfixierung bei Heterotrophen von Ochoa (1951) und Utter und Wood (1951) dargestellt.

Abschließend sei noch kurz erwähnt, daß auch im Stoffwechsel der Propionsäure bei verschiedenen Organismen die Bildung einer C_4-Dicarbonsäure, nämlich des Succinats, durch Carboxylierung einer C_3-Einheit erfolgt. Propionsäure entsteht im Stoffwechsel beim Abbau der Fettsäuren mit einer ungeraden Zahl von C-Atomen sowie beim Abbau einiger Aminosäuren (Valin und Isoleucin). Bei der Aufklärung dieser Reaktionsfolge, die aus einer Aktivierung der Propionsäure zu

Propionyl-Coenzym A, der Carboxylierung des Propionyl-Coenzyms A mit CO_2 zu Methylmalonyl-Coenzym A und schließlich der Isomerisierung des Methylmalonyl-Coenzyms A zum Succinyl-Coenzym A besteht, wurden wesentliche Resultate durch Einbaustudien mit C^{14}-markiertem CO_2 erzielt (zusammenfassende Darstellung: OCHOA, 1959).

F. Varianten des Citronensäurecyclus

I. Der Thunberg-Wieland-Cyclus

Lange vor der Aufklärung des Citronensäurecyclus wurden mehrfach andere Reaktionswege für die biologische Oxydation der Essigsäure diskutiert. Bereits 1920 postulierte THUNBERG eine Kondensation von zwei Molekeln Acetat zu einer Molekel Succinat und eine nachfolgende Oxydation des Succinats über Fumarat, Malat, Oxalacetat und Pyruvat zu Kohlendioxyd und Acetat. Ähnliche Reaktionswege wurden auch von WIELAND (1922, 1925) und KNOOP (1923) formuliert. Für den Beweis einer solchen Reaktionsfolge fehlte jedoch der Nachweis der Schlüsselreaktion, nämlich der Dehydrierung von zwei Molekeln Acetat zu einer Molekel Succinat in biologischem Material, obwohl viele indirekte Hinweise für das Funktionieren des Thunberg-Wieland-Cyclus erbracht wurden (vgl. z. B. FOSTER, CARSON et al., 1949; FOSTER und CARSON, 1950; LEWIS und WEINHOUSE, 1951; BARRON und GHIRETTI, 1953; DAGLEY und PATEL, 1953; TOPPER und STETTEN, 1954). In jüngster Zeit konnten SEAMAN und NASCHKE (1955) bei dem Einzeller Tetrahymena pyriformis ein Enzym nachweisen, das in Gegenwart von DPNH, ATP und Coenzym A die reversible Spaltung von Succinat in zwei Molekeln Acetyl-Coenzym A katalysiert (28):

$$\text{Succinat} + \text{DPNH} + 2\,\text{CoASH} + 2\,\text{ATP} + \text{H}^+ \rightleftharpoons 2\,\text{Acetyl-CoA} + 2\,\text{ADP} + \text{DPN}^+ + 2\,\text{H}_3\text{PO}_4\,. \qquad (28)$$

Die Aufnahme von Orthophosphat in ATP bei der Reaktion konnte durch Anwendung von $H_3P^{32}O_4$ nachgewiesen werden. Die Reversibilität der Reaktion wurde ebenfalls demonstriert. Das Gleichgewicht liegt auf der Seite der Succinatspaltung, weshalb das Enzym als "Succinate-Cleaving-Enzyme" bezeichnet wird. Aus Tetrahymena pyriformis konnte das Enzym etwa 150fach angereichert werden (SEAMAN, 1957). Mit gereinigtem Enzym ließ sich zeigen, daß das Succinat symmetrisch gespalten wird. Methylenmarkiertes C^{14}-Succinat (Succinat 2- oder -3-C^{14}) führte zur Bildung von Acetat mit ausschließlicher Markierung in der Methylgruppe, während carboxylmarkiertes Succinat (Succinat-1 oder -4-C^{14}) nur carboxylmarkiertes Acetat ergab. Außer in Protozoen gelang der Nachweis des Enzyms auch in verschiedenen tierischen Geweben sowie in Extrakten von E. coli und S. faecalis (SEAMAN und NASCHKE, 1955; SEAMAN, 1957; DAVIES, 1958). Ob dem Enzym für die Einleitung eines Dicarbonsäurecyclus eine physiologische Bedeutung zukommt, bedarf jedoch noch der Klärung. Für die Bedeutung des Enzyms bei der Acetatverwertung in E. coli liegen eine Reihe von sich widersprechenden Befunden vor. Untersuchungen von GLASKY und RAFELSON (1959) über die Kinetik des Einbaus von Acetat-1-C^{14} und Acetat-2-C^{14} in Succinat deuten auf die direkte Reaktionsfolge Acetat → Acetyl-Coenzym A → Succinat hin. Nach Untersuchungen von KORNBERG, PHIZACKERLEY und SADLER (1959) dagegen kommt dem von GLASKY und RAFELSON angenommenen Reaktionsweg keine quantitative Bedeutung zu. Nach diesen Untersuchungen erfolgt auch in E. coli die Bildung von C_4-Dicarbonsäuren über den Glyoxylat-Cyclus (s. unten!).

II. Der Glyoxylat-Cyclus

Im Abschnitt E wurden Wege diskutiert, auf denen die Auffüllung des Citronensäurecyclus mit C_4-Dicarbonsäuren erfolgt, wenn Intermediärprodukte für die Synthese von Zellbausteinen aus dem Cyclus abgeleitet werden. Die erörterten Reaktionen können jedoch nur eine hinreichende Auffüllung des Cyclus mit C_4-Dicarbonsäuren gewährleisten, wenn Pyruvat für die Kondensation eines C_3-Fragmentes mit Kohlendioxyd zur Verfügung steht. Dies ist nicht der Fall bei verschiedenen Mikroorganismen, die in der Lage sind, ihren gesamten Kohlenstoffbedarf aus C_2-Verbindungen zu decken. Diese Fähigkeit kommt den Pseudomonaden, einigen Stämmen von E. coli und verschiedenen Schimmelpilzen zu. In diesen Mikroorganismen ist ein aktiver Citronensäurecyclus nachweisbar. In Versuchen an Pseudomonas fluorescens konnte nun ein neuer Reaktionsweg aufgeklärt werden, auf dem die Bildung von C_4-Dicarbonsäuren aus C_2-Verbindungen (Acetat bzw. Vorstufen des Acetats) erfolgt. Dieser Prozeß wird heute als Glyoxylat-Cyclus (Abb. 10) bezeichnet (Kornberg und Krebs, 1957). Zur Aufklärung des Cyclus hat die Anwendung von C^{14}-markierten Substanzen besonders beigetragen. An Zellen, die auf Ammoniumacetat als einziger Kohlenstoffquelle gewachsen waren, wurde der Umsatz von C^{14}-Acetat untersucht. Bereits wenige Sekunden nach Zugabe des markierten Acetats war ein kräftiger Einbau der Radioaktivität in Intermediärprodukte des Citronensäurecyclus und in einige Aminosäuren, die direkt aus Intermediär- und Folgeprodukten des Cyclus gebildet werden (Alanin, Aspartat und Glutamat), nachweisbar. Aus dem Wechsel der C^{14}-Verteilung in verschiedenen Substanzen in Abhängigkeit von der Zeit (Abb. 11) ergaben sich Hinweise für den Eintritt des Acetats in den Citronensäurecyclus an zwei verschiedenen Stellen, nämlich auf der Stufe des Citrats und auf der Stufe des Malats (oder einer Substanz, die mit Malat im Gleichgewicht steht). Die in Malat aufgenommene Radioaktivität (Abb. 11) beträgt in den ersten Sekunden des Experiments etwa 70%

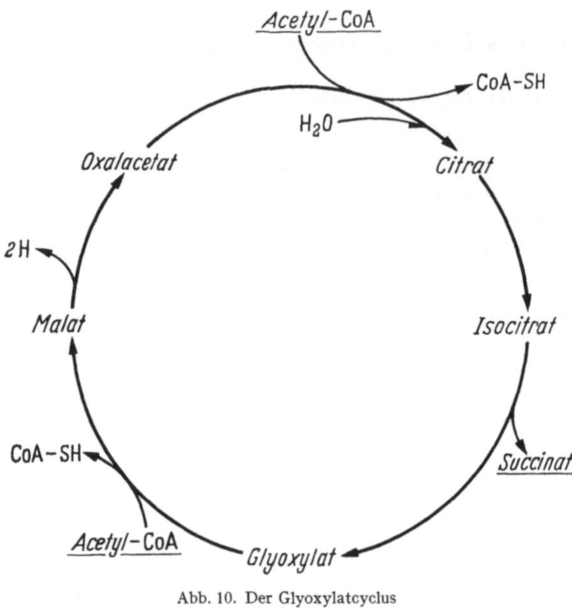

Abb. 10. Der Glyoxylatcyclus

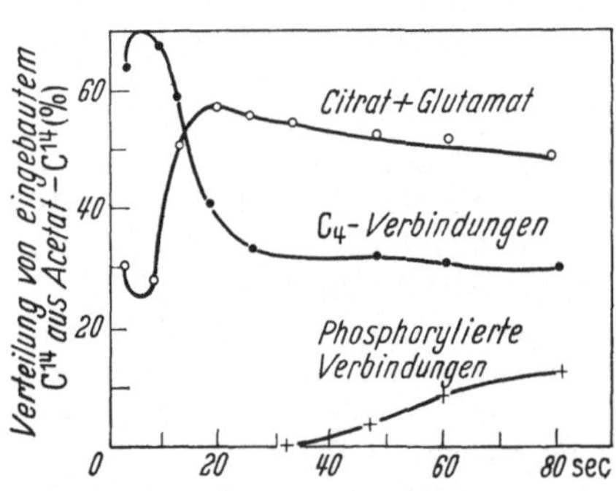

Abb. 11. Zeitliche Änderungen der prozentualen Verteilung von C^{14} aus Acetat-2-C^{14} beim Einbau in einige Verbindungen von Pseudomonas KB 1 beim Wachstum auf Acetat (nach Kornberg 1958)

der insgesamt aufgenommenen Radioaktivität. Diese hohe Einbaurate verschiebt sich später zugunsten des Citrats bzw. Glutamats, wenn durch die Bildung von Dicarbonsäuren genügend Acceptoren für die Acetataufnahme in den Citronensäurecyclus über das "Condensing Enzyme" zur Verfügung stehen (KORNBERG, 1957, 1958). Ähnliche Untersuchungen an zellfreien Extrakten (KORNBERG und MADSEN, 1957, 1957a, 1958) und eine Analyse der Einzelreaktionen, durch die die Bildung von Malat erfolgt, führten zur Aufstellung des in Abb. 10 wiedergegebenen Kreisprozesses.

Alle an diesem Prozeß beteiligten Enzyme waren bereits vor der Aufstellung des Glyoxylatcyclus bekannt. Die Umwandlung von Citrat über cis-Aconitat zu Isocitrat, die Oxydation von Malat zu Oxalacetat und die Kondensation von Acetyl-Coenzym A mit Oxalacetat zu Citrat erfolgen durch die Enzyme des Citronensäurecyclus. Die Aktivierung des Acetats erfolgt durch die Aceto-Kinase und durch die Phosphotransacetylase. Zwei weitere Enzyme des Glyoxylatcyclus, nämlich die Malatsynthetase und die Isocitricase sind nicht an den Reaktionen des Citronensäurecyclus beteiligt. Die Malatsynthetase (WONG und AJL, 1956, 1957), die aus Extrakten an E. coli teilweise gereinigt wurde, katalysiert die Reaktion (29):

$$\text{Glyoxylat} + \text{Acetyl-Coenzym A} \rightarrow \text{Malat} + \text{Coenzym A}\,. \tag{29}$$

In Zellen von Pseudomonas fluorescens erfolgte der Nachweis dieses Enzyms durch Inkubation von Acetat-1-C^{14}, Coenzym A, Glutathion, ATP und Glyoxylat mit zellfreien Extrakten. Es wurde dabei als markierte Verbindung ausschließlich Malat erhalten (KORNBERG und MADSEN, 1957a, 1958). In der gleichen Weise wurde auch markiertes Malat erhalten, wenn an Stelle von Glyoxylat Isocitrat bei der Inkubation eingesetzt wurde. Dies ist auf das Vorkommen von Isocitricase in den Zellextrakten zurückzuführen:

$$\begin{matrix} CH_2\text{—COOH} \\ | \\ CH\text{—COOH} \\ | \\ HO\text{—}CH\text{—COOH} \end{matrix} \rightleftharpoons \begin{matrix} CH_2\text{—COOH} \\ | \\ CH_2\text{—COOH} \end{matrix} + \begin{matrix} COOH \\ | \\ HC{=}O \end{matrix} \tag{30}$$

Dieses Enzym findet sich in zahlreichen Bakterien und Schimmelpilzen (Übersichten bei SMITH und GUNSALUS, 1957 und OLSON, 1959), während es in tierischen Geweben nicht nachweisbar ist. Beim Einsatz von 2,3-C^{14}-Succinat und Glyoxylat konnte eine Aufnahme von Radioaktivität in Isocitrat beobachtet und damit der Nachweis der Reversibilität der Isocitratspaltung erbracht werden (SMITH und GUNSALUS, 1957).

Durch das Zusammenwirken des acetataktivierenden Systems (31), der Isocitricase (30) und der Malatsynthetase (29) kommt die in Gleichung (32) angegebene Bilanz-Reaktion zustande:

$$\begin{array}{llr} \text{Acetat} + \text{ATP} + \text{Coenzym A} \longrightarrow & \text{Acetyl-Coenzym A} + \text{ADP} + \text{P} & (31) \\ \text{Isocitrat} \longrightarrow & \text{Glyoxylat} + \text{Succinat} & (30) \\ \text{Glyoxylat} + \text{Acetyl-Coenzym A} \rightarrow & \text{Malat} + \text{Coenzym A} & (29) \\ \hline \text{Acetat} + \text{Isocitrat} + \text{ATP} \longrightarrow & \text{Succinat} + \text{Malat} + \text{ADP} + \text{P}\,. & (32) \end{array}$$

Im klassischen Citronensäurecyclus erfolgt der Übergang von Isocitrat in Malat nach der Bilanz (33):

$$\text{Isocitrat} + 1^1/_2\, O_2 \rightarrow \text{Malat} + 2\, CO_2 \tag{33}$$

während im Glyoxylatcyclus durch Isocitricase und Malatsynthetase bilanzmäßig die Überführung von Isocitrat in Malat ohne Oxydation erfolgt [vgl. Gleichung (32)]. Betrachtet man nun die Umsetzung des Acetats über den Glyoxylatcyclus, so ergibt sich als Bilanzgleichung (34):

$$\begin{aligned}
&\text{Acetat} + \text{Oxalacetat} \rightarrow \text{Citrat}\\
&\text{Citrat} \longrightarrow \text{Isocitrat}\\
&\text{Isocitrat} \longrightarrow \text{Succinat} + \text{Glyoxylat}\\
&\text{Glyoxylat} + \text{Acetat} \rightarrow \text{Malat}\\
&\text{Malat} - 2\,\text{H} \longrightarrow \text{Oxalacetat}\\
\hline
&2\,\text{Acetat} - 2\,\text{H} \longrightarrow \text{Succinat,} \qquad (34)
\end{aligned}$$

während die Oxydation des Acetats über den klassischen Citronensäurecyclus nach der Bilanz

$$\text{Acetat} + 2\,O_2 \rightarrow 2\,CO_2 + 2\,H_2O \qquad (35)$$

erfolgt.

Durch den Glyoxylatcyclus ist somit eine Neusynthese von C_4-Dicarbonsäuren aus Acetat möglich, wodurch Oxalacetat für die Aufrechterhaltung des Citronensäurecyclus und für die Synthese von Zellbestandteilen bereitgestellt wird.

Gleichzeitig finden durch den Glyoxylatcyclus verschiedene bisher unklare Biosynthesen durch Mikroorganismen wie die Bildung von Citrat aus Acetat bei Aspergillus (CHAIN, 1956) und die Bildung von Fumarsäure aus C_2-Verbindungen (FOSTER, CARSON et al., 1949; FOSTER und CARSON, 1950) ihre Deutung. Für die Fumarsäurebildung bei Rhizopus nigricans, für die auf Grund eingehender Studien mit C^{14}-markierten C_2-Verbindungen eine Kondensation nach dem Thunberg-Wieland-Schema postuliert wurde (s. S. 693), ergibt sich durch den Glyoxylatcyclus folgende neue Erklärung (35):

$$\begin{aligned}
&\text{Isocitrat} \longrightarrow \text{Succinat} + \text{Glyoxylat}\\
&\text{Acetat} + \text{Glyoxylat} \rightarrow \text{Malat}\\
&\text{Malat} - 2\,\text{H} \longrightarrow \text{Oxalacetat}\\
&\text{Acetat} + \text{Oxalacetat} \rightarrow \text{Citrat}\\
&\text{Citrat} \longrightarrow \text{Isocitrat}\\
&\text{Succinat} - 2\,\text{H} \longrightarrow \text{Fumarat}\\
\hline
&2\,\text{Acetat} - 4\,\text{H} \longrightarrow \text{Fumarat}\,. \qquad (35)
\end{aligned}$$

In tierischen Geweben (MADSEN, 1958) sind Isocitricase und Malatsynthetase nicht nachzuweisen. Auch die Isotopenverteilung beim Umsatz von markiertem $^{14}CH_3{-}COONa$ spricht gegen das Vorkommen des Glyoxylatcyclus in tierischen Geweben.

In pflanzlichen Geweben dagegen gelang der Nachweis von Isocitricase und Malatsynthetase (KORNBERG und BEEVERS, 1957, 1957a). In Extrakten von Keimlingen der Wunderbohne konnte sowohl der Nachweis der für den Glyoxylatcyclus erforderlichen Enzyme als auch ein Einbau von C^{14}-Acetat in Intermediärprodukte des Citronensäurecyclus im Einklang mit der Funktion des Glyoxylatcyclus demonstriert werden (KORNBERG und BEEVERS, 1957). Der Nachweis des Glyoxylatcyclus in diesen pflanzlichen Geweben ist von besonderem Interesse, weil in diesen beim Keimungsvorgang eine beträchtliche Umwandlung von Fett in Kohlenhydrate erfolgt (s. z. B. ZELLER, 1957). An intaktem Endosperm sowie an Kotyledonen der Wunderbohne beobachtete BEEVERS (1957) bei Anwendung von Acetat-1-C^{14} bzw. -2-C^{14} zunächst einen starken Einbau der Radioaktivität in

Malat und Succinat, während sich später eine intensive Verwendung des Acetats für die Synthese von Saccharose nachweisen ließ. Die Markierung aus der Methylgruppe des Acetats fand sich dabei überwiegend in den C-Atomen 1, 2, 5 und 6 der Hexoseeinheiten, während die Markierung aus der Carboxylgruppe des Acetats in den C-Atomen 3 und 4 erschien. Diese Beobachtung, sowie der Nachweis des Überganges von Malat über Oxalacetat in Phosphoenolpyruvat in pflanzlichen Geweben (DAVIES, 1955) führten zur Annahme des folgenden Reaktionsweges für die Umwandlung von Fett in Kohlenhydrate (KORNBERG und BEEVERS, 1957a):

$$\text{Fett} \rightarrow \text{Acetyl-CoA} \rightarrow \text{Glyoxylatcyclus} \rightarrow \text{Malat} \rightarrow \text{Phosphoenolpyruvat} \rightarrow \text{Glykolyse} \rightarrow \text{Kohlenhydrat}. \quad (36)$$

Ein anderer Weg für die Bildung von C_4-Dicarbonsäuren aus C_2-Einheiten bei Mikroorganismen, die auf C_2-Verbindungen als einziger Kohlenstoffquelle zu wachsen vermögen, ist erst in jüngster Zeit in Umrissen bekannt geworden. Mikroorganismen, die nicht auf Acetat oder Vorstufen des Acetats, sondern auf anderen C_2-Quellen, z. B. auf Glycolat, Oxalat oder Glycin wachsen, enthalten wenig Isocitricase-Aktivität (KORNBERG, GOTTO und LUND, 1958), so daß aus diesen Substanzen eine Bildung von C_4-Dicarbonsäuren nicht über den Glyoxylat-Cyclus erfolgen kann. Versuche über den Umsatz von Glyoxylat deuten auf den in Abb. 12

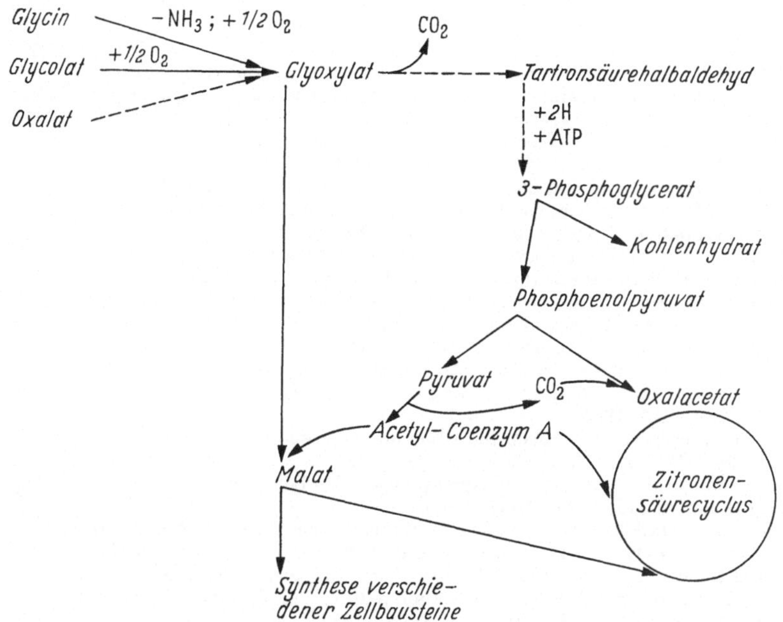

Abb. 12. Hypothetisches Schema für die Biosynthese von Zellbausteinen aus Glycin, Glykolat und Oxalat bei Mikroorganismen (nach KORNBERG 1959)

skizzierten Prozeß hin (KORNBERG und GOTTO, 1959). In dieser Reaktionsfolge werden Glycin (CALLELY und DAGLEY, 1959), Oxalat (QUAYLE und KEECH, 1959) und Glycolat (KORNBERG und GOTTO, 1959) in Glyoxylat überführt. Zwei Molekeln Glyoxylat kondensieren unter Abspaltung von CO_2 zu einer bisher nicht sicher identifizierten C_3-Verbindung (wahrscheinlich Tartronsäuresemialdehyd), die mit DPNH zu Glycerat reduziert wird. Durch Phosphorylierung wird dieses dann in den Glykolyseweg eingeschleust und in Acetyl-Coenzym A überführt. Dieses reagiert mit einer weiteren Molekel Glyoxylat an der Malatsynthetase zu Malat, das zur Aufrechterhaltung des Citronensäurecyclus und zur Synthese von Zellbestandteilen Verwendung finden kann. Als Bilanz dieser Reaktionskette ergibt sich

$$3 \text{ Glycolat} \xrightarrow{-6\,H} \text{Malat} + 2\,CO_2. \tag{37}$$

Die Enzyme des Überganges von Glyoxylat in Glycerat sind bisher nocht nicht bekannt. Eine eingehende Darstellung der verschiedenen Wege der Endoxydation bei Mikroorganismen findet sich bei KORNBERG (1959).

Literatur

ABELSON, P. H., and H. J. VOGEL: Amino acid biosynthesis in Torulopsis utilis and Neurospora crassa. J. biol. Chem. **213**, 355—364 (1955).

ANNAU, E., I. BANGA, A. BLAZSO, V. BRUCKNER, K. LAKI, F. B. STRAUB u. A. SZENT-GYÖRGYI: Über die Bedeutung der Fumarsäure für die tierische Gewebsatmung. III. Z. physiol. Chem. **244**, 105—152 (1936).

AJL, S. J.: Terminal respiratory patterns in microorganisms. Bact. Rev. **15**, 211—244 (1951).

— Studies on the mechanism of acetate oxidation by bacteria. V. Evidence for the participation of fumarate, malate and oxalacetate in the oxidation of acetic acid by Escherichia coli. J. gen. Physiol. **34**, 785—794 (1951a).

— and M. D. KAMEN: Studies on mechanism of acetate oxidation by bacteria. Fed. Proc. **9**, 143—144 (1950).

ARONOFF, S.: Techniques of radiobiochemistry. Ames, Iowa: Iowa State College Press, 1956.

BADDILEY, J., G. EHRENSVÄRD, R. JOHANSSON, L. REIO, E. SALUSTE and R. STJERNHOLM: Acetic acid metabolism in Torulopsis utilis. I. The cultivation of Torulopsis yeast on $C^{13}H_3C^{14}OOH$ as the single carbon source. J. biol. Chem. **183**, 771—776 (1950).

— — E. KLEIN, L. REIO and E. SALUSTE: Acetic acid metabolism in Torulopsis utilis. II. Metabolic connection between acetic acid and tyrosine and a method of degradation of the phenolic ring structure in tyrosine. J. biol. Chem. **183**, 777—788 (1950).

BANDURSKI, R. S.: Further studies on the enzymatic synthesis of oxalacetate from phosphorylenolpyruvate and carbon dioxide. J. biol. Chem. **217**, 137—150 (1955).

— and C. M. GREINER: The enzymatic synthesis of oxalacetate from phosphoryl-enolpyruvate and carbon dioxide. J. biol. Chem. **204**, 781—786 (1953).

BARKER, H. A., and M. D. KAMEN: Carbon dioxide utilization in the synthesis of acetic acid by Clostridium thermoaceticum. Proc. nat. Acad. Sci. (Wash.) **31**, 219—225 (1945).

— — and B. T. BORNSTEIN: The synthesis of butyric and caproic acids from ethanol and acetic acid by Clostridium kluyveri. Proc. nat. Acad. Sci. (Wash.) **31**, 373—381 (1945).

— — and V. HAAS: Carbon dioxide utilization in the synthesis of acetic and butyric acids by Butyribacterium rettgeri. Proc. nat. Acad. Sci. (Wash.) **31**, 355—360 (1945).

BARRON, E. S. G., and F. GHIRETTI: The pathways of acetate oxidation. Biochim. biophys. Acta **12**, 239—249 (1953).

BEEVERS, H.: Incorporation of acetate-carbon into sucrose in castor bean tissues. Biochem. J. **66**, 23—24 P (1957).

BERG, P., and W. K. JOKLIK: Transphosphorylation between nucleoside polyphosphates. Nature (London) **172**, 1008—1009 (1953).

BLOCH, K.: The metabolism of acetic acid in animal tissues. Physiol. Rev. **27**, 574—620 (1947).

BOVÉ, J., R. O. MARTIN, L. L. INGRAHAM and P. K. STUMPF: Studies of the mechanism of action of the condensing enzyme. J. biol. Chem. **234**, 999—1003 (1959).

BRESLOW, R.: On the mechanism of thiamine action. IV. Evidence from studies on model systems. J. Amer. chem. Soc. **80**, 3719—3726 (1958).

BUCHANAN, J. M., and A. B. HASTINGS: The use of isotopically marked carbon in the study of intermediary metabolism. Physiol. Rev. **26**, 120—155 (1946).

— W. SAKAMI, S. GURIN and D. W. WILSON: A study of the intermediates of acetate and acetoacetate oxidation with isotopic carbon. J. biol. Chem. **159**, 695—709 (1945).

CALLELY, A. G., and S. DAGLEY: Metabolism of glycine by a pseudomonad. Nature (London) **183**, 1793—1794 (1959).

CARSON, S. F., and S. RUBEN: Carbon dioxide assimilation by propionic acid bacteria studied by the use of radioactive carbon. Proc. nat. Acad. Sci. (Wash.) **26**, 422—426 (1940).

CEITHAML, J., and B. VENNESLAND: Synthesis of tricarboxylic acids by carbon dioxide fixation in parsley root preparations. J. biol. Chem. **178**, 133—143 (1949).

CHAIN, E. B.: Biosynthetic mechanisms of the formation of organic acids in moulds. Proc. of the third Intern. Congr. of Biochemistry, Brussels 1955, pp. 523—539. New York: Academic Press Inc. 1956.

CLAISEN, L., and E. HORI: Über eine Synthese der Aconitsäure. Ber. **24**, 120—127 (1891).
CONANT, J. B., R. D. CRAMER, A. B. HASTINGS, F. W. KLEMPERER, A. K. SOLOMON and B. VENNESLAND: Metabolism of lactic acid containing radioactive carboxyl carbon. J. biol. Chem. **137**, 557—566 (1941).
CORI, C. F.: Mammalian carbohydrate metabolism. Physiol. Rev. **11**, 143—275 (1931).
DAGLEY, S., and M. D. PATEL: Production of keto acids from acetate by a vibrio. Biochem. J. **55**, 36P (1953).
DAVIES, D. D.: The oxidation of D-isocitrate by pea-seedling mitochondria. J. exp. Bot. **6**, 212—221 (1955).
— Synthesis of succinate from acetate by an enzyme system of pig heart muscle. Nature (London) **181**, 339—340 (1958).
DECKER, K.: Die aktivierte Essigsäure. Stuttgart: Ferdinand Enke 1959.
DIXON, H. H., and W. R. G. ATKINS: Extraction of zymase by means of liquid air. Proc. Dublin Soc. **14**, 1—8 (1913).
ENGLARD, S.: Studies on the mechanism of the citrate condensing enzyme reaction. J. biol. Chem. **234**, 1004—1006 (1959).
EVANS, E. A., jr.: Metabolic cycles and carboxylation. In "A Symposium on Respiratory Enzymes" (O. MEYERHOF, Ed.), pp. 197—209. Madison: University of Wisconsin Press 1942.
— and L. SLOTIN: The utilization of carbon dioxide in the synthesis of α-ketoglutaric acid. J. biol. Chem. **136**, 301—302 (1940).
— — Carbon dioxide utilization by pigeon liver. J. biol. Chem. **141**, 439—450 (1941).
— B. VENNESLAND, and L. SLOTIN: Mechanism of carbon dioxide fixation in cell-free extracts of pigeon liver. J. biol. Chem. **147**, 771—784 (1943).
FOSTER, J. W., S. F. CARSON, S. RUBEN and M. D. KAMEN: Radioactive carbon as an indicator of carbon dioxide utilization. VII. The assimilation of carbon dioxide by molds. Proc. nat. Acad. Sci. (Wash.) **27**, 590—596 (1941).
— — D. S. ANTHONY, J. B. DAVIS, W. E. JEFFERSON and M. V. LONG: Aerobic formation of fumaric acid in the mold Rhizopus nigricans: synthesis by direct C_2 condensation. Proc. nat. Acad. Sci. (Wash.) **35**, 663—672 (1949).
— — Metabolic exchange of carbon dioxide with carboxyls and oxidative synthesis of C_4 dicarboxylic acids. Proc. nat. Acad. Sci. (Wash.) **36**, 219—229 (1950).
FRIEDRICH-FREKSA, H., and C. MARTIUS: Zur Kinetik der enzymatischen Umwandlung von Citronensäure in cis-Aconitsäure und iso-Citronensäure. Z. Naturforsch. **6**b, 296—304 (1951).
GERGELY, J., P. HELE, and C. V. RAMAKRISHNAN: Succinyl and acetyl coenzyme A deacylases. J. biol. Chem. **198**, 323—334 (1952).
GLASKY, A. J., and M. E. RAFELSON, jr.: The utilization of acetate-C^{14} by Escherichia coli grown on acetate as the sole carbon source. J. biol. Chem. **234**, 2118—2122 (1959).
GOLDBERG, M., and D. R. SANADI: Incorporation of labeled carbon dioxide into pyruvate and α-ketoglutarate. J. Amer. chem. Soc. **74**, 4972—4973 (1952).
GRAFFLIN, A. L., and S. OCHOA: Partial purification of isocitric dehydrogenase and oxalosuccinic carboxylase. Biochim. biophys. Acta **4**, 205—210 (1950).
GREEN, D. E., D. S. GOLDMAN, S. MII and H. BEINERT: The acetoacetate activation and cleavage enzyme system. J. biol. Chem. **202**, 137—150 (1953).
GRISOLIA, S., and B. VENNESLAND: Carbon dioxide fixation in isocitric acid. J. biol. Chem. **170**, 461—465 (1947).
GUNSALUS, I. C., and R. A. SMITH: Oxidation and energy coupling in keto acid metabolism. In "Proc. Intern. Symp. Enz. Chem. Tokyo and Kyoto 1957" pp. 77—86. Tokyo: Maruzen 1958.
HALLMAN, N.: Untersuchungen über die Bildung und den Abbau der Citronensäure im tierischen Gewebe. Acta physiol. scand. 2 Suppl. IV., 136 S. (1940).
— and P. E. SIMOLA: Mechanism of the biological citric acid synthesis. Science **90**, 594—595 (1939).
HARARY, I., S. R. KOREY, and S. OCHOA: Biosynthesis of dicarboxylic acids by carbon dioxide fixation. VII. Equilibrium of "Malic" enzyme reaction. J. biol. Chem. **203**, 595—604 (1953).
HIATT, H. H., M. GOLDSTEIN, J. LAREAU and B. L. HORECKER: The pathway of hexose synthesis from pyruvate in muscle. J. biol. Chem. **231**, 303—307 (1958).
HOLZER, H., u. K. BEAUCAMP: Nachweis und Charakterisierung von Zwischenprodukten der Decarboxylierung und Oxydation von Pyruvat: „aktiviertes Pyruvat" und „aktivierter Acetaldehyd". Angew. Chemie **71**, 776 (1959).
JAMES, W. O.: Reaction paths in the respiration of the higher plants. Advanc. Enzymol. **18**, 281—318 (1957).
KALNITSKY, G., and C. H. WERKMAN: Enzymatic decarboxylation of oxalacetate and carboxylation of pyruvate. Arch. Biochem. **4**, 25—40 (1944).

KALTENBACH, J. P., and G. KALNITSKY: The Enzymatic formation of oxalacetate from pyruvate and carbon dioxide, I. und II. J. biol. Chem. **192**, 629—639, and 641—649 (1951).

KAUFMAN, S.: Studies on the mechanism of the reaction catalyzed by the phosphorylating enzyme. J. biol. Chem. **216**, 153—164 (1955).

— and S. G. A. ALIVISATOS: Purification and properties of the phosphorylating enzyme from spinach. J. biol. Chem. **216**, 141—152 (1955).

— C. GILVARG, O. CORI and S. OCHOA: Enzymatic oxidation of α-ketoglutarate and coupled phosphorylation. J. biol. Chem. **203**, 869—888 (1953).

KNOOP, F.: Wie werden unsere Hauptnährstoffe im Organismus verbrannt und wechselseitig ineinander übergeführt? Klin. Wschr. **2**, 60—63 (1923).

KORKES, S., A. DEL CAMPILLO and S. OCHOA: Biosynthesis of dicarboxylic acids by carbon dioxide fixation. IV. Isolation and properties of an adaptive "Malic" enzyme from Lactobacillus arabinosus. J. biol. Chem. **187**, 891—905 (1950).

KORNBERG, A., and W. E. PRICER, jr.: Di- and triphosphopyridine nucleotide isocitric dehydrogenases in yeast. J. biol. Chem. **189**, 123—136 (1951).

KORNBERG, H. L.: Acetate metabolism in acetate-grown Pseudomonas. Biochem. J. **66**, 13 P (1957).

— The metabolism of C_2 compounds in microorganisms. I. The incorporation of [2-^{14}C] acetate by Pseudomonas fluorescens, and by a Corynebacterium, grown on ammonium acetate. Bioc em. J. **68**, 535—542 (1958).

— Aspects of terminal respiration in microorganisms. Ann. Rev. Microbiol. **13**, 49—78 (1959).

— and H. BEEVERS: A mechanism of conversion of fat to carbohydrate in castor beans. Nature (London) **180**, 35—36 (1957).

— — The glyoxylate cycle as a stage in the conversion of fat to carbohydrate in castor beans. Biochim. biophys. Acta **26**, 531—537 (1957a).

— and A. M. GOTTO: Biosynthesis of cell constituents from C_2-compounds. Formation of malate from glycollate by Pseudomonas ovalis Chester. Nature (London) **183**, 1791—1793 (1959).

— and H. A. KREBS: Synthesis of cell constituents from C_2-units by a modified tricarboxylic acid cycle. Nature (London) **179**, 988—991 (1957).

— and N. B. MADSEN: Formation of C_4-dicarboxylic acids from acetate by Pseudomonas KB 1. Biochem. J. **66**, 13—14 P (1957).

— — Synthesis of C_4-dicarboxylic acids from acetate by a "glyoxylate bypass" of the tricarboxylic acid cycle. Biochim. biophys. Acta **24**, 651—653 (1957a).

— — The metabolism of C_2 compounds in micro-organisms. III. Synthesis of malate from acetate via the glyoxylate cycle. Biochem. J. **68**, 549—557 (1958).

— P. J. R. PHIZACKERLEY, and J. R. SADLER: Synthesis of cell constituents from acetate by Escherichia coli. Biochem. J. **72**, 32—33 P (1959).

KRAMPITZ, L. O., and G. GREULL: An active acetaldehyde-thiamine intermediate. J. Amer. chem. Soc. **80**, 5893—5894 (1958).

— and C. H. WERKMAN: The enzymic decarboxylation of oxaloacetate. Biochem. J. **35**, 595—602 (1941).

— H. G. WOOD and C. H. WERKMAN: Enzymic fixation of carbon dioxide in oxalacetate. J. biol. Chem. **147**, 243—253 (1943).

KREBS, H. A.: The rôle of fumarate in the respiration of Bacterium coli commune. Biochem. J. **31**, 2095—2124 (1937).

— Modified citric acid cycle. Biochem. J. **36**, 9 P (1942).

— Carbon dioxide assimilation in heterotrophic organisms. Ann. Rev. Biochem. **12**, 529—550 (1943).

— The intermediary stages in the biological oxidation of carbohydrate. Advanc. Enzymol. **3**, 191—252 (1943a).

— The place of the tricarboxylic acid cycle in cell metabolism. II. Congrès International de Biochimie 1952; Symp. Cycle Tricarboxylique pp. 42—54, Société d'Edition d'Enseignement sup. Paris 1952.

— The tricarboxylic acid cycle. In "Chemical pathways of metabolism" Vol. I, 109—171 (D. M. GREENBERG, Ed.). New York: Academic Press Inc. 1954.

— Considerations concerning the pathways of syntheses in living matter. Bull. Johns Hopk. Hosp. **95**, 19—33 (1954a).

— S. GURIN and L. V. EGGLESTON: The pathway of oxidation of acetate in baker's yeast. Biochem. J. **51**, 614—628 (1952).

— and R. HEMS: Some reactions of adenosine and inosine phosphates in animal tissues. Biochim. biophys. Acta **12**, 172—180 (1953).

— and W. A. JOHNSON: The rôle of citric acid in intermediate metabolism in animal tissues. Enzymologia **4**, 148—156 (1937).

KURAHASHI, K., R. J. PENNINGTON and M. F. UTTER: Nucleotide specificity of oxalacetic carboxylase. J. biol. Chem. **226**, 1059—1075 (1957).

LANDAU, B. R., A. B. HASTINGS and F. B. NESBETT: Origin of glucose and glycogen carbons formed from C^{14}-labeled pyruvate by livers of normal and diabetic rats. J. biol. Chem. **214**, 525—535 (1955).

LANGENBECK, W.: Die organischen Katalysatoren und ihre Beziehungen zu den Fermenten. Berlin-Göttingen-Heidelberg: Springer 1949.

LARDY, H. A., and J. A. ZIEGLER: Enzymic synthesis of phosphopyruvate from pyruvate. J. biol. Chem. **159**, 343—351 (1945).

LEACH, F. R., K. YASUNOBU and L. J. REED: Lipoic acid activation of the α-ketobutyrate oxidation system in cell-free extracts of Streptococcus faecalis. Biochim. biophys. Acta **18**, 297—298 (1955).

LEE, J. S., and N. LIFSON: Recovery of isotopic succinate from urine of rats administered isotopic acetate. Proc. Soc. exp. Biol. (N. Y.) **70**, 728—730 (1949).

LEWIS, K. F., and S. WEINHOUSE: Studies on the mechanism of citric acid production in Aspergillus niger. J. Amer. chem. Soc. **73**, 2500—2503 (1951).

LORBER, V., N. LIFSON, H. G. WOOD, W. SAKAMI, and W. W. SHREEVE: Conversion of lactate to liver glycogen in the intact rat, studied with isotopic lactate. J. biol. Chem. **183**, 517—529 (1950).

— M. F. UTTER, H. RUDNEY, and M. COOK: The enzymatic formation of citric acid studied with C^{14}-labeled oxalacetate. J. biol. Chem. **185**, 689—699 (1950).

LYNEN, F.: Über den Stoffwechsel der Hefe nach dem Einfrieren in flüssiger Luft. Liebigs Ann. Chem **539**, 1—39 (1939).

— and E. REICHERT: Zur chemischen Struktur der „aktivierten Essigsäure". Angew. Chem. **63**, 47—48 (1951).

— — u. L. RUEFF: Zum biologischen Abbau der Essigsäure. VI. „Aktivierte Essigsäure", ihre Isolierung aus Hefe und ihre chemische Natur. Liebigs Ann. Chem. **574**, 1—32 (1951).

— u. H. SCHERER: Die Darstellung der Oxalbernsteinsäure und das Fermentsystem ihrer Decarboxylierung. V. Zum biologischen Abbau der Essigsäure. Liebigs Ann. Chem. **560**, 163—190 (1948).

MADSEN, N. B.: Test for isocitritase and malate synthetase in animal tissues. Biochim. biophys. Acta **27**, 199—201 (1958).

McMANUS, I. R.: A study of carbon dioxide fixation by Micrococcus lysodeikticus. J. biol. Chem. **188**, 729—740 (1951).

MARTIUS, C.: Über den Abbau der Citronensäure. Z. physiol. Chem. **247**, 104—110 (1937).

— Der oxydative Endabbau. In „Physiologische Chemie" (herausgegeben von B. FLASCHENTRÄGER und E. LEHNARTZ). Vol. II, 1b S. 1025—1063. Berlin-Göttingen-Heidelberg: Springer 1954.

— u. F. KNOOP: Der physiologische Abbau der Citronensäure. Z. physiol. Chem. **246**, I—II (1937).

— u. F. LYNEN: Probleme des Citronensäurecyklus. Advanc. Enzymol. **10**, 167—222 (1950).

— u. G. SCHORRE: Synthese und Abbau α,α-dideuterierter Citronensäuren. Z. Naturforsch. **5b**, 170 (1950).

MOSES, V.: Tricarboxylic acid cycle reactions in the fungus Zygorrhynchus moelleri. J. gen. Microbiol. **13**, 235—251 (1955).

— The metabolic significance of the citric acid cycle in the growth of the fungus Zygorrhynchus moelleri. J. gen. Microbiol. **16**, 534—549 (1957).

MOSS, J. A. DE, and H. E. SWIM: Quantitative aspects of the tricarboxylic acid cycle in baker's yeast. J. Bact. **74**, 445—451 (1957).

MOYLE, J.: Some properties of purified isocitric enzyme. Biochem. J. **63**, 552—558 (1956).

— and M. DIXON: Purification of the isocitric enzyme (triphosphopyridine nucleotide-linked isocitric dehydrogenase-oxalosuccinic carboxylase). Biochem. J. **63**, 548—552 (1956).

NIEL, C. B. VAN, S. RUBEN, S. F. CARSON, M. D. KAMEN and J. W. FOSTER: Radioactive carbon as an indicator of carbon dioxide utilization. VIII. Rôle of carbon dioxide in cellular metabolism. Proc. nat. Acad. Sci. (Wash.) **28**, 8—15 (1942).

— J. O. THOMAS, S. RUBEN and M. D. KAMEN: Radioactive carbon as an indicator of carbon dioxide utilization, IX. The assimilation of carbon dioxide by Protozoa. Proc. nat. Acad. Sci. (Wash.) **28**, 157—161 (1942).

NISHINA, Y., S. ENDO, and H. NAKAYAMA: The bacterial synthesis of some dicarboxylic acids with the help of radioactive carbon dioxide. Sci. Papers, Inst. Phys. chem. Res., (Tokyo) **38**, 341—346 (1941).

OCHOA, S.: Isocitric dehydrogenase and carbon dioxide fixation. J. biol. Chem. **159**, 243—244 (1945).

— Biosynthesis of tricarboxylic acids by carbon dioxide fixation. III. Enzymatic mechanisms. J. biol. Chem. **174**, 133—157 (1948).

Ochoa, S.: Biological mechanisms of carboxylation and decarboxylation. Physiol. Rev. **31**, 56—106 (1951).
— Enzymatic mechanisms of carbon dioxide fixation. In "The Enzymes" Vol. II, Part 2, pp. 929—1032 (Summer, J. B. and K. Myrbäck, Eds.). New York: Academic Press Inc. 1952.
— Enzymic mechanisms in the citric acid cycle. Advanc. Enzymol. **15**, 183—270 (1954).
— Métabolisme de l'acide propionique dans les tissus animaux. Bull. Soc. Chim. biol. **41**, 1145—1162 (1959).
— A. Mehler and A. Kornberg: Reversible oxidative decarboxylation of malic acid. J. biol. Chem. **167**, 871—872 (1947).
— — — Biosynthesis of dicarboxylic acids by carbon dioxide fixation. I. Isolation and properties of an enzyme from pigeon liver catalyzing the reversible oxidative decarboxylation of L-malic acid. J. biol. Chem. **174**, 979—1000 (1948).
— J. R. Stern and M. C. Schneider: Enzymatic synthesis of citric acid. II. Crystalline condensing enzyme. J. biol. Chem. **193**, 691—702 (1951).
— and E. Weisz-Tabori: Oxalosuccinic carboxylase. J. biol. Chem. **159**, 245—246 (1945).
— — Biosynthesis of tricarboxylic acids by carbon dioxide fixation. II. Oxalosuccinic carboxylase. J. biol. Chem. **174**, 123—132 (1948).
Ogston, A. G.: Interpretation of experiments on metabolic processes, using isotopic tracer elements. Nature (London) **162**, 963 (1948).
Olson, J. A.: The purification and properties of yeast isocitric lyase. J. biol. Chem. **234**, 5—10 (1959).
Olson, R. E.: Oxidation of C^{14}-labeled carbohydrate intermediates in tumor and normal tissue. Cancer Res. **11**, 571—584 (1951).
Plaut, G. W. E., and S.-C. Sung: Diphosphopyridine nucleotide isocitric dehydrogenase from animal tissues. J. biol. Chem. **207**, 305—314 (1954).
Potter, V. R., and C. Heidelberger: Biosynthesis of "asymmetric" citric acid: a substantiation of the Ogston concept. Nature (London) **164**, 180—181 (1949).
Reed, L. J.: The chemistry and function of lipoic acid. Advanc. Enzymol. **18**, 319—347 (1957).
— Metabolism and function of lipoic acid. In "Proc. Intern. Symp. Enz. Chem. Tokyo and Kyoto 1957" pp. 71—77. Tokyo: Maruzen 1958.
— M. Koike, M. E. Levitch and F. R. Leach: Studies on the nature and reactions of protein-bound lipoic acid. J. biol. Chem. **232**, 143—158 (1958).
— F. R. Leach and M. Koike: Studies on a lipoic acid-activating system. J. biol. Chem. **232**, 123—142 (1958).
Roberts, R. B., P. H. Abelson, D. B. Cowie, E. T. Bolton and R. J. Britten: Studies of biosynthesis in Escherichia coli. Washington: Carnegie Inst. of Washington Publ. 607. 1955.
Salles, J. B. V., I. Harary, R. F. Banfi and S. Ochoa: Enzymatic incorporation of carbon dioxide in oxalacetate in pigeon liver. Nature (London) **165**, 675—676 (1950).
Saz, H. J., and L. O. Krampitz: Acetate oxidation by Micrococcus lysodeikticus. Bact. Proc. **1950**, 126.
— — Acetate oxidation by Micrococcus lysodeikticus. Fed. Proc. **10**, 243 (1951).
— — The oxidation of acetate by Micrococcus lysodeikticus. J. Bact. **67**, 409—418 (1954).
Seaman, G. R.: Preparation and properties of the succinate-cleaving enzyme. J. biol. Chem. **228**, 149—161 (1957).
— and M. D. Naschke: Reversible cleavage of succinate by extracts of Tetrahymena. J. biol. Chem. **217**, 1—12 (1955).
Shreeve, W. W., G. H. Feil, V. Lorber and H. G. Wood: Distribution of fixed radioactive carbon in glucose from rat-liver glycogen. J. biol. Chem. **177**, 679—682 (1949).
Siebert, G., M. Carsiotis and G. W. E. Plaut: The enzymatic properties of isocitric dehydrogenase. J. biol. Chem. **226**, 977—991 (1957).
— J. Dubuc, R. C. Warner and G. W. E. Plaut: The preparation of isocitric dehydrogenase from mammalian heart. J. biol. Chem. **226**, 965—975 (1957).
Slade, H. D., H. G. Wood, A. O. Nier, A. Hemingway and C. H. Werkman: Assimilation of heavy carbon dioxide by heterotrophic bacteria. J. biol. Chem. **143**, 133—145 (1942).
Smith, R. A., and I. C. Gunsalus: Isocitritase: Enzyme properties and reaction equilibrium. J. biol. Chem. **229**, 305—319 (1957).
Solomon, A. K., B. Vennesland, F. W. Klemperer, J. M. Buchanan and A. B. Hastings: The participation of carbon dioxide in the carbohydrate cycle. J. biol. Chem. **140**, 171—182 (1941).
Sonderhoff, R., u. H. Thomas: Die enzymatische Dehydrierung der Trideutero-essigsäure. Liebigs Ann. Chem. **530**, 195—213 (1937).

STERN, J. R., M. J. COON, A. DEL CAMPILLO and M. C. SCHNEIDER: Enzymes of fatty acid metabolism. IV. Preparation and properties of coenzyme A transferase. J. biol. Chem. **221**, 15—31 (1956).
— S. OCHOA and F. LYNEN: Enzymatic synthesis of citric acid. V. Reaction of acetyl coenzyme A. J. biol. Chem. **198**, 313—321 (1952).
— B. SHAPIRO and S. OCHOA: Synthesis and breakdown of citric acid with cristalline condensing enzyme. Nature (London) **166**, 403—404 (1950).
— — E. R. STADTMAN and S. OCHOA: Enzymatic synthesis of citric acid. III. Reversibility and mechanism. J. biol. Chem. **193**, 703—720 (1951).
STETTEN, D., jr., and G. E. BOXER: Carbohydrate metabolism. I. The rate of turnover of liver and carcass glycogen, studied with the acid of D. J. biol. Chem. **155**, 231—236 (1944).
STOPPANI, A. O. M., S. L. S. DE FAVELUKES and L. CONCHES: Formation of succinic acid in baker's yeast through the citric acid cycle. Arch. Biochem. **75**, 453—464 (1958).
STRECKER, H. J., and S. OCHOA: Pyruvate oxidation system and acetoin formation. J. biol. Chem. **209**, 313—326 (1954).
STRISOWER, E. H., G. D. KOHLER and I. L. CHAIKOFF: Incorporation of acetate carbon into glucose by liver slices from normal and alloxan-diabetic rats. J. biol. Chem. **198**, 115—126 (1952).
SUZUKI, I., and C. H. WERKMAN: Phosphoenolpyruvate carboxylase in extracts of Thiobacillus thiooxidans, a chemoautotrophic bacterium. Arch. Biochem. **72**, 514—515 (1957).
— — Chemoautotrophic carbon dioxide fixation by extracts of Thiobacillus thiooxidans. I. Formation of oxalacetic acid. Arch. Biochem. **76**, 103—111 (1958).
SWIM, H. E., and L. O. KRAMPITZ: Evidence for the condensation of acetic acid to succinic acid in Escherichia coli. Bact. Proc. **1950**, 125—126.
— — Acetic acid oxidation by Escherichia coli: Evidence for the occurrence of a tricarboxylic acid cycle. J. Bact. **67**, 419—425 (1954).
— — Acetic acid oxidation by Escherichia coli: Quantitative significance of the tricarboxylic acid cycle. J. Bact. **67**, 426—434 (1954a).
— and M. F. UTTER: Isotopic experimentation with intermediates of the tricarboxylic acid cycle. In "Methods in Enzymol." Vol. IV, pp. 584—609 (COLOWICK, S. P., and N. O. KAPLAN, Eds.). New York: Academic Press Inc. 1957.
TCHEN, T. T., F. A. LOEWUS and B. VENNESLAND: The mechanism of enzymatic carbon dioxide fixation into oxalacetate. J. biol. Chem. **213**, 547—555 (1955).
— and B. VENNESLAND: Enzymatic carbon dioxide fixation into oxalacetate in wheat germ. J. biol. Chem. **213**, 533—546 (1955).
THOMAS, R. C., and L. J. REED: Synthesis and properties of high specific activity DL-α-lipoic acid-S_2^{35}. J. Amer. chem. Soc. **77**, 5446—5448 (1955).
THUNBERG, T.: Zur Kenntnis des intermediären Stoffwechsels und der dabei wirksamen Enzyme. Skand. Arch. Physiol. **40**, 1—91 (1920).
TOPPER, Y. J., and A. B. HASTINGS: A study of the chemical origins of glycogen by use of C^{14}-labeled carbon dioxide, acetate and pyruvate. J. biol. Chem. **179**, 1255—1264 (1949).
— and D. STETTEN, jr.: Formation of "acetyl" from succinate by rabbit liver slices. J. biol. Chem. **209**, 63—71 (1954).
UTTER, M. F.: Interrelationships of oxalacetic and L-malic acids in carbon dioxide fixation. J. biol. Chem. **188**, 847—863 (1951).
— L. O. KRAMPITZ and C. H. WERKMAN: Oxidation of acetyl phosphate and other substrates by Micrococcus lysodeikticus. Arch. Biochem. **9**, 285—300 (1946).
— and K. KURAHASHI: Purification of oxalacetic carboxylase from chicken liver. J. biol. Chem. **207**, 787—802 (1954).
— — Mechanism of action of oxalacetic carboxylase. J. biol. Chem. **207**, 821—841 (1954a).
— — and I. A. ROSE: Some properties of oxalacetic carboxylase. J. biol. Chem. **207**, 803—819 (1954).
— and H. G. WOOD: Fixation of carbon dioxide in oxalacetate by pigeon liver. J. biol. Chem. **160**, 375—376 (1945).
— — Fixation of carbon dioxide in oxalacetate by pigeon liver. J. biol. Chem. **164**, 455—476 (1946).
— — Mechanisms of fixation of carbon dioxide by heterotrophs and autotrophs. Advanc. Enzymol. **12**, 41—151 (1951).
VENNESLAND, B. , J. CEITHAML and M. C. GOLLUB: The fixation of carbon dioxide in a plant tricarboxylic acid system. J. biol. Chem. **171**, 445—446 (1947).
— E. A. EVANS jr. and K. I. ALTMAN: The effects of triphosphopyridine nucleotide and of adenosine triphosphate on pigeon liver oxalacetic carboxylase. J. biol. Chem. **171**, 675—686 (1947).
— T. T. TCHEN and F. A. LOEWUS: Mechanism of enzymatic carbon dioxide fixation into oxalacetate. J. Amer. chem. Soc. **76**, 3358—3359 (1954).

Villee, C. A., V. K. White and A. B. Hastings: Metabolism of C^{14}-labeled glucose and pyruvate by rat diaphragm muscle in vitro. J. biol. Chem. **195**, 287—297 (1952).
Weinhouse, S.: Oxidative metabolism of neoplastic tissues. Advanc. Cancer Res. **3**, 269—325 (1955).
— and R. H. Millington: Acetate metabolism in yeast, studied with isotopic carbon. J. Amer. chem. Soc. **69**, 3089—3093 (1947).
— — and K. F. Lewis: Oxidation of glucose by yeast, studied with isotopic carbon. J. Amer. chem. Soc. **70**, 3680—3683 (1948).
— — and C. E. Wenner: Occurrence of the citric acid cycle in tumors. J. Amer. chem. Soc. **72**, 4332—4333 (1950).
Werkman, C. H., and H. G. Wood: Heterotrophic assimilation of carbon dioxide. Advanc. Enzymol. **2**, 135—182 (1942)..
Wiame, J. M.: Le role biosynthetique du cycle des acides tricarboxyliques. Advanc. Enzymol. **18**, 241—280 (1957).
Wieland, H.: Über den Mechanismus der Oxydationsvorgänge. Ergebn. Physiol. **20**, 477—518 (1922).
— Mechanismus der Oxydation und Reduktion in der lebenden Substanz. In ,,Handbuch der Biochemie des Menschen und der Tiere''. Vol. II., S. 252—272. Jena: Gustav Fischer 1925.
Wilcox, P. E., C. Heidelberger and V. R. Potter: Chemical preparation of asymmetrically labeled citric acid. J. Amer. chem. Soc. **72**, 5019—5024 (1950).
Wong, D. T. O., and S. J. Ajl: Conversion of acetate and glyoxylate to malate. J. Amer. chem. Soc. **78**, 3230—3231 (1956).
— — Significance of the malate synthetase reaction in bacteria. Science **126**, 1013—1014 (1957).
Wood, H. G.: Discussion on bacterial respiration; criteria for experiments on isotopes. In "A symposium on respiratory enzymes". (O. Meyerhof, Ed.), pp. 252—258. Madison: University of Wisconsin Press 1942.
— The fixation of carbon dioxide and the interrelationships of the tricarboxylic acid cycle. Physiol. Rev. **26**, 198—246 (1946).
— The synthesis of liver glycogen in the rat as an indicator of intermediary metabolism. Cold Spr. Harb. Symp. quant. Biol. **13**, 201—210 (1948).
— Tracer studies on the intermediary metabolism of carbohydrates. In "A symposium on the use of isotopes in biology and medicine" pp. 209—242. Madison: University of Wisconsin Press 1949.
— B. Vennesland and E. A. Evans, jr.: The mechanism of carbon dioxide fixation by cell-free extracts of pigeon liver: distribution of labeled carbon dioxide in the products. J. biol. Chem. **159**, 153—158 (1945).
— and C. H. Werkman: The utilization of CO_2 in the dissimilation of glycerol by the propionic acid bacteria. Biochem. J. **30**, 48—53 (1936).
— — The utilization of CO_2 by the propionic acid bacteria. Biochem. J. **32**, 1262—1271 (1938).
— — A. Hemingway and A. O. Nier: Heavy carbon as a tracer in bacterial fixation of carbon dioxide. J. biol. Chem. **135**, 789—790 (1940).
— — — — Heavy carbon as a tracer in heterotrophic carbon dioxide assimilation. J. biol. Chem. **139**, 365—376 (1941).
— — — — The position of carbon dioxide carbon in succinic acid synthesized by heterotrophic bacteria. J. biol. Chem. **139**, 377—381 (1941a).
— — — — Mechanism of fixation of carbon dioxide in the Krebs cycle. J. biol. Chem. **139**, 483—484 (1941b).
— — — — Fixation of carbon dioxide by pigeon liver in the dissimilation of pyruvic acid. J. biol. Chem. **142**, 31—45 (1942).
Zeller, A.: Die Mobilisierung der Fette bei der Keimung. In ,,Handbuch der Pflanzenphysiologie'' (herausgegeb. v. W. Ruhland) Band VII, S. 323—353. Berlin-Göttingen-Heidelberg: Springer 1957.

The use of glucose-^{14}C in the study of the pathways of glucose metabolism in mammalian tissues[1]

By

Joseph Katz[2]

With 9 Figures

Introduction

In mammals and most other organisms, the first step in the metabolism of glucose is its phosphorylation to glucose-6-phosphate. The metabolic pathways of glucose-6-phosphate utilization can be conveniently divided into two major groups: a) pathways in which glucose is broken down to triose phosphate and will be designated as *triose* pathways; and b) pathways that do not yield triose-phosphate and which will be designated here as *non-triose* pathways. Until fairly recently, it was generally held that glucose is catabolized to triose phosphate solely by the reactions of the classical Embden-Meyerhof (E. M.[3]) pathway. An alternate pathway of glucose phosphate catabolism in mammalian tissues has been known since about 1930 from Warburg's discovery of the direct oxidation of glucose-6-phosphate. By 1936, it was known that the aldehyde carbon of glucose-6-phosphate is decarboxylated to CO_2 and a pentose phosphate is formed; and Dickens and Lipmann proposed schemes for glucose oxidation based on these observations. However, little attention was paid to these schemes and the mechanism of this pathway remained obscure until about 1950. Since that time, the detailed operation of this scheme has been elucidated by the work of several laboratories, especially those of Horecker and Racker. The pentose pathway yields CO_2 and 1 mole of triose phosphate per mole of glucose, whereas the E. M. pathway yields two moles of triose phosphate, and the subsequent metabolism of the triose phosphate is common to both pathways.

---

[1] This study has been supported by a grant from the United States Public Health Service C 3035.

[2] Advanced Research Fellow of the American Heart Association.

[3] The abbreviations used are: E. M. or E. M. pathway for Embden-Meyerhof pathway; P. C. for pentose cycle; NTR-P for non-triose phosphate pathways; glucose-U-^{14}C or G-U-^{14}C for glucose with ^{14}C of uniform concentration in each carbon; G-1-^{14}C for glucose-1-^{14}C; G-2-^{14}C for glucose-2-^{14}C, etc.; Tr-P for triose phosphate. DPN and TPN for diphospho and triphospho-pyridine nucleotide; FAD for flavine-adenine nucleotide; RI-5P for ribose-5-phosphate; Xu-5P for xylulose-5-phosphate; TA for transaldolase and TK for transketolase. The carbons of the glucose are referred to as C-1, C-2, and C-3 while those of the glucose-6-phosphate as position 1, position 2, position 3, etc. Triose ratios and CO_2 ratios refer to ratios of specific activity or radioachemical yield in triose phosphate derivatives and CO_2 formed from variously labeled glucose.

The non-triose phosphate pathways (N-TR path)[1] are numerous and may be divided into several groups. The major glucose utilization is by non-cleavage pathways into compounds such as glycogen, lactose, galactosides, uronic acids, etc. Most, if not all, of these compounds are formed via glucose-1-phosphate and uridine diphosphate glucose. The uronic acid pathway may also lead to decarboxylation of hexose to pentose, l-xylulose. Another non-triose pathway is catalyzed by the enzyme system of the pentose pathway but does not yield triose phosphate but leads to the formation of pentose phosphates, nucleotides, and nucleic acids. The formation of free glucose from glucose-6-P also is an important pathway in some organs (liver, kidneys). An excellent recent review of glucose metabolism is provided by HORECKER and HIATT.

With the elucidation of the mechanism of the pentose pathway, a great deal of interest has been shown to questions of the relative contribution of the pentose and E. M. pathway to metabolism. Following the pioneer work of BLOOM, STETTEN and STETTEN (1953) and BLUMENTHAL and WEINHOUSE (1954), numerous studies on this problem, using ^{14}C labeled glucose, have appeared. The early contributions in this field have been discussed by WOOD (*1955*), but no critical review of more recent work has yet appeared.

The purpose of this review is: a) to discuss the assumptions underlying the use of ^{14}C glucose for the evaluation of the pathways of glucose metabolism; b) to recapitulate and review the published information on this subject; and c) to suggest new methods and procedure for the quantitative determination of the pathways of glucose metabolism.

A. Recycling via the pentose cycle and the estimation of its contribution to glucose metabolism

1. The distribution of glucose carbon by the pentose pathway

The mechanism and enzymes of the pentose pathway will be considered here only as far as they are relevant to the randomization of glucose carbon. The reactions of the pentose pathway can be conveniently divided into two sequences: 1) the decarboxylation of glucose-6-phosphate to CO_2 and pentose-6-phosphate; and 2) the reconversion of pentose-5-phosphate to hexose-6-phosphate. The first reaction sequence requires TPN, the overall reaction is irreversible, and the products are CO_2, derived from the aldehyde carbon of glucose-6-phosphate, and

[1] The definitions used here are:

Embden Meyerhof Pathway (E. M.) — Conversion of glucose-6-phosphate via fructose-6-phosphate to fructose 1,6-diphosphate and cleavage by the aldolase reaction to dihydroxyacetone phosphate and glyceraldehyde-3-phosphate followed by equilibration of the triose phosphates.

Pentose Cycle (P. C.) — Conversion of glucose-6-phosphate via 6-phosphogluconate to pentose phosphate and CO_2 followed by conversion of the pentose phosphate to glucose-6-phosphate.

Triose Pathways; Pathways of glucose metabolism, namely the pentose cycle and E. M. path, yielding triose phosphate. Tbc contribution of these two pathways to the triose path is expressed as decimal fractions, to distinguish from the contribution to total metabolism, which s expressed in %.(Most previous workers have dealt with the contribution of the E. M. and pentose cycle to the *Triose Pathway*, but have designated it by different terms.)

Non-Triose Phosphate Pathways — Utilization of glucose-6-phosphate by pathways not yielding triose phosphate such as non cleavage pathways (glycogen, lactose, etc.) free pentose or pentose phosphate derivatives (nucleotides, nucleic acids), or hydrolysis to free glucose.

Glucose Metabolism — Total glucose utilization, defined here to occur via the E. M. path, pentose cycle, and non-triose-P pathways. The contribution of each of these pathways to *total glucose* metabolism is expressed as per cent (% E. M., % P. C., % N. T. R.).

ribulose-6-phosphate. The net reaction is depicted in Equation 1:

$$\text{Glucose 6P} + 2\,\text{TPN}^+ \rightarrow CO_2 + \text{Ribulose 5P} + 2\,\text{TPNH} + 2\,\text{H}^+ \qquad (1)$$

The ribulose 5 P is epimerized to xylulose 5 P and isomerized to ribose 5 P as depicted in equation 2a:

$$\begin{array}{c} \text{C} \\ \text{C=O} \\ \text{HO—C} \\ \text{C} \\ \text{C—P} \\ \text{Xylulose-5P} \end{array} \xleftrightarrow{\text{Epimerase}} \begin{array}{c} \text{C} \\ \text{C=O} \\ \text{C—OH} \\ \text{C} \\ \text{C—P} \\ \text{Ribulose-5P} \end{array} \xleftrightarrow{\text{Isomerase}} \begin{array}{c} \text{C=O} \\ \text{C—OH} \\ \text{C—OH} \\ \text{C} \\ \text{C—P} \\ \text{Ribose-5P} \end{array} \qquad (2a)$$

By a sequence of reactions catalyzed by transaldolase and transketolase, 1 mole of ribose-5 P and 2 moles of xylulose-5 P are converted into 2 moles of fructose 6P and 1 mole phosphoglyceraldehyde as depicted in Equation 2b and 2c. In this reaction sequence, xylulose-5-P acts as the two carbon donor (glycolaldehyde donor) and ribose P as 2 carbon acceptor. As shown in Equations 2b and 2c, carbon 1 of xylulose 5P becomes carbon 1 and 3 of fructose 6P, but carbon 1 of ribose 5P becomes only carbon 1 of fructose 6P.

$$\begin{array}{c} \text{C*} \\ \text{C=O} \\ \text{C} \\ \text{C} \\ \text{C—P} \\ \text{Xylulose-5 P} \end{array} + \begin{array}{c} \text{C°—O} \\ \text{C} \\ \text{C} \\ \text{C} \\ \text{C—P} \\ \text{Ribose-5 P} \end{array} \xleftrightarrow{\text{TK}} \begin{array}{c} \text{C*} \\ \text{C=O} \\ \text{C°} \\ \text{C} \\ \text{C} \\ \text{C} \\ \text{C—P} \\ \text{Sedohep-} \\ \text{tulose-7 P} \end{array} + \begin{array}{c} \text{C=O} \\ \text{C} \\ \text{C—P} \\ \text{Glyceral-} \\ \text{dehyde-3 P} \end{array} \xleftrightarrow{\text{TA}} \begin{array}{c} \text{C*} \\ \text{C=O} \\ \text{C°} \\ \text{C—P} \\ \text{C} \\ \text{C—P} \\ \text{Fructose-6 P} \end{array} + \begin{array}{c} \text{C=O} \\ \text{C} \\ \text{C} \\ \text{C—P} \\ \text{Tetrose-4 P} \end{array} \qquad (2b)$$

$$\begin{array}{c} \text{C*} \\ \text{C=O} \\ \text{C} \\ \text{C} \\ \text{C—P} \\ \text{Xylulose-5 P} \end{array} + \begin{array}{c} \text{C=O} \\ \text{C} \\ \text{C} \\ \text{C—P} \\ \text{Tetrose-4 P} \end{array} \longleftrightarrow \begin{array}{c} \text{C*} \\ \text{C=O} \\ \text{C} \\ \text{C} \\ \text{C} \\ \text{C—P} \\ \text{Fructose-6 P} \end{array} + \begin{array}{c} \text{C=O} \\ \text{C} \\ \text{C—P} \\ \text{Glyceral-} \\ \text{dehyde-3 P} \end{array} \qquad (2c)$$

Equations 2a, b, and c are combined to give the net equation

$$3\ \text{ribulose-5P} \rightarrow 2\ \text{fructose-6P} + 1\ \text{glyceraldehyde-3P} \qquad (2d)$$

Equations 2a, b, c, and d are reversible and thus, Equation 2d may represent either transformation of pentose phosphate into hexose phosphate or formation of pentose phosphate from hexose phosphate and triose phosphate.

Equations 1 and 2d are combined in Equation 3 which represents the operation of the pentose pathway.

$$3\ \text{glucose-6P} \rightarrow 3\ CO_2 + 2\ \text{fructose-6P} + 1\ \text{glyceraldehyde-3P} \qquad (3)$$

The fructose-6-phosphate formed by Equation 3 may be converted to glucose-6-phosphate by phosphohexose isomerase or it may be phosphorylated to fructose-1-6-diphosphate and split by aldolase into two triose phosphates.

If fructose-6-P is isomerized to glucose-6-P, recycling occurs and the overall reaction sequence is designated as *pentose cycle* (P. C.). The net reaction of the cycle is represented by Equation 4:

$$\text{Glucose-6-P} \rightarrow 3\ CO_2 + \text{glyceraldehyde-3P} \qquad (4)$$

On the other hand, if fructose-6-P is phosphorylated and cleaved by aldolase, the net reaction of the pentose pathway *without recycling* is expressed by Equation 5.

$$3 \text{ glucose-6-P} \rightarrow 3\ CO_2 + 2 \text{ dihydroacetone-P} + 3 \text{ glyceraldehyde-3P} \qquad (5)$$

There will be a very marked difference between the distribution of carbons 1, 2, and 3 of substrate glucose in glucose-6P whether catabolism proceeds by Equation 4 or 5. Without recycling, positions 1, 2, and 3 will be identical with those of the substrate glucose but when recycling occurs, the distribution of carbon in these positions will be different from the original glucose and the greater the part of the pentose cycle in glucose metabolism, the greater the change.

With the exception of DAWES and HOLMS, and KATZ and WOOD, all previous studies, including the author's, (KATZ et al. 1955), based their assumptions on the operation of the pentose pathway without recycling. This implies the irreversibility of the isomerization of hexose phosphates, which seems unlikely. For most tissues, no pertinent evidence is available but, as will be discussed below, recycling is extensive in mammary gland, adipose tissue and red blood cells. It would appear that Equation 4 represents physiological conditions much better than Equation 5 and, in the following discussion, it will be assumed that there is complete isotopic equilibration between the hexose phosphates.

The distribution of the carbons of glucose by recycling via the pentose cycle has been discussed in detail by WOOD and KATZ, and KATZ and WOOD. DAWES and HOLMS have also considered recycling via the pentose cycle. Their approach differs in some respects from ours and will be discussed subsequently[1]. The calculations presented below are based on a model system. It is assumed: a) the system is in metabolic and isotopic steady state; b) the only labeled compound entering the system is glucose; c) the hexose monophosphates, triose phosphates, and pentose phosphates participating in the pathways are all respectively in isotopic equilibrium; d) there is no reversible exchange by transaldolase-transketolase reactions; e) there is no randomization of isotope by the reversal of the E. M. pathway. This scheme no doubt represents a simplification and the limitations and validity of the assumptions will be discussed subsequently.

From Equations 2b and 2c, it is seen that after passage through the first cycle, positions 1, 2, and 3 of the reformed hexose phosphate will be made up of carbons 2 and 3 of the substrate glucose. In terms of glucose carbons, one half of the recycled hexose phosphate will have the composition $\begin{smallmatrix}2\\3\\3\end{smallmatrix}$, and the other $\begin{smallmatrix}2\\3\\2\end{smallmatrix}$. By passing through a second cycle, the aldehyde carbon will be lost as CO_2 and carbons 2 and 3 of glucose will be redistributed over positions 1, 2, and 3 of glucose 6P. If we set the activity of carbons 2 and 3 of the original glucose as 100, the average distribution of label in positions 1, 2, and 3 of the recycled hexose phosphate after the first and second cycle will be from glucose 2-^{14}C,

[1] The definition of the pentose cycle used by DAWES and HOLMS is different from that used here. Their definition is based on equation 3 rather than on equation 4, and expresses the fraction of glucose-6P oxidised to phosphogluconate. Their definition does not take account of the resynthesis of hexose phosphate and of glucose utilization. By their definition, 0.333 moles of triose phosphate are formed via the pentose cycle per mole of glucose, whereas in the definition used here, 1 mole of triose phosphate per mole of glucose is formed. The two definitions are interconvertible, and 10 and 25% metabolism via the pentose cycle as defined here is according to DAWES and HOLMS:

$$\frac{10 \times 3}{10 \times 3 + 90} = 25\% \text{ and } \frac{25 \times 3}{25 \times 3 + 75} = 50\%$$

respectively.

100	0		0	100
0 and	50 and from glucose 3-^{14}C		100 and	50
50	25		50	75
Cycle 1.	2.		1.	2.

The change in relative activity of positions 1, 2, and 3 of hexose phosphate from glucose 2 or 3-^{14}C after passage through 1, 2, 3 ... n cycles is shown in Table 1. It can be seen that when n is large, carbons 2 and 3 become equally distributed in positions 1, 2, and 3, carbon 2 contributing 0.333 of its original activity to each position and carbon 3, 0.667 of its original activity to each position.

Table 1

Number of cycles	Position in hexose-6 P	Concentration of ^{14}C in hexose phosphate of indicated cycle derived from						Fraction of hexose phosphate pool in indicated cycle
		glucose 2-^{14}C			glucose 3-^{14}C			
		1	2	3	1	2	3	
0		0	100	0	0	0	100	0.333
1		100	0	50	0	100	50	$(2/3) \times 1/3 = 0.2222$
2		0	50	25	100	50	75	$(2/3)^2 \times 1/3 = 0.1482$
3		50	25	37.5	50	75	62.5	$(2/3)^3 \times 1/3 = 0.0988$
4		25	37.5	31.25	75	62.5	68.75	$(2/3)^4 \times 1/3 = 0.0658$
5		37.5	31.25	34.38	62.5	68.75	65.63	$(2/3)^5 \times 1/3 = 0.0439$
6		31.25	34.38	32.82	68.75	65.63	67.19	$(2/3)^6 \times 1/3 = 0.0293$
7		34.38	32.82	33.6	65.63	67.19	66.41	$(2/3)^7 \times 1/3 = 0.0198$
8		32.82	33.6	33.21	67.19	66.41	66.80	$(2/3)^8 \times 1/3 = 0.0129$
9		33.6	33.21	33.41	66.41	66.80	66.61	$(2/3)^9 \times 1/3 = 0.0086$
10 to ∞		33.33	33.33	33.33	66.66	66.66	66.66	0.0172

Randomization of carbons 2 and 3 of glucose-6-phosphate by the operation of the pentose cycle. The original activity of carbons 2 and 3 of glucose is taken as 100. In the last column, the fraction of the pool that passed the indicated cycle is given under conditions where glucose metabolism proceeds solely via the pentose cycle.

At the steady state, the glucose-6-phosphate pool will be composed of molecules that have not been recycled yet and those that have passed through 1, 2, 3 ... *n* cycles. Let us consider a steady state condition when glucose is utilizxed solely via the pentose cycle and no utilization by other pathways occurs. Then, in each cycle, one-third of the glucose-6-phosphate will be converted to CO_2 and triose phosphate and the loss would be replenished continually by inflow from glucose. Thus, one-third of the pool will have the same composition as the substrate glucose. After passing one cycle, two-thirds of this one-third will remain; after two cycles, only $^1/_3 \times (^2/_3)^2$, after three cycles, $^1/_3 \times (^2/_3)^3$, and after passage through *n* cycles, $^1/_3 \times (^2/_3)^n$ will remain. Thus, the more the number of cycles, the less the contribution of the recycled species to the glucose-6-phosphate pool. To evaluate the total contribution of carbons 2 and 3 of glucose to each position of hexose-6-phosphate, it is then necessary a) to multiply the fraction of the total pool contributed by each cycle with the corresponding specific activity of each position, and b) to sum up the activity from *o* to *n* cycles ($n \to \infty$), which means taking the limit of the sum of a descending series. The details of the calculation have been given by WOOD and KATZ.

If, in addition to the pentose cycle, glucose-6-phosphate is utilized by other reactions (by E. M. and non-triose-Pathways), at the steady state the inflow of newly phosphorylated glucose will equal its removal by all reactions. If, for example, one-half of the glucose phosphate is removed by the pentose cycle and one-half by other reactions, one-half of the pool will be composed of glucose phosphate molecules that have not been recycled at all; 0.5×0.5 that have been recycled once; 0.5×0.5^2 that have been recycled twice and 0.5×0.5^n that have been recycled n times.

In Fig. 1, the condition is depicted where 10% of the glucose is metabolized via the pentose cycle and 90% by other pathways (E. M. and/or non-triose-P). Then at the steady state $\frac{100}{120} = 0.834$ of the glucose-6-phosphate pool will not have been recycled at all, and 0.166 of the pool will have been recycled one or more times; of that fraction 0.834×0.166 will have been recycled once, 0.834×0.166^2 twice, 0.834×0.166^3 three times etc. It is obvious that the smaller the contribution of the pentose cycle to glucose metabolism, the less cycles required to attain steady state.

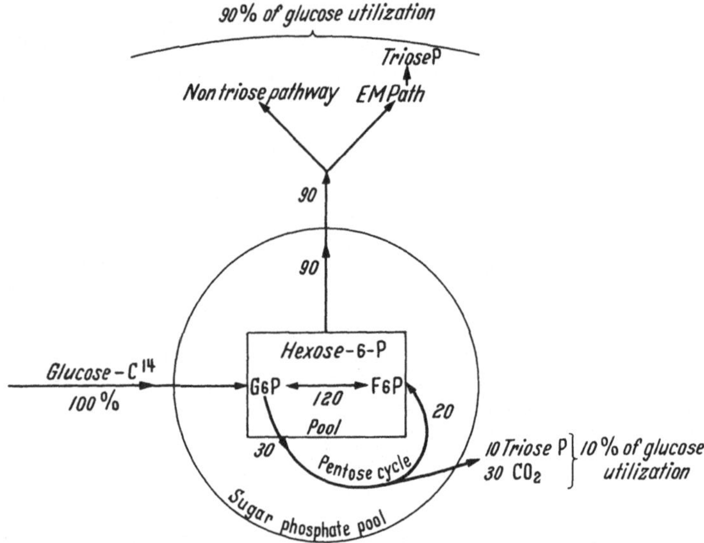

Fig. 1. Recycling in the hexose 6 phosphate pool. Steady state conditions when 10% of glucose utilization is via the pentose cycle and 90% by other pathways. Note that the minimal relative hexose 6 P pool size is 120

Carbon 1 of glucose, of course, contributes only to position 1 of glucose-6-phosphate. The contribution of this carbon would be, in the examples discussed above, 0.333 of position 1 when glucose is solely metabolized by the pentose cycle; 0.5 when glucose-6-phosphate is utilized equally by the pentose cycle and other pathways; and 0.834 when 10% of total glucose utilization proceeds by this pathway. The contribution of carbon to position 1 is given by Expression I.

$$\frac{100}{100 + 2 \times \%\ \text{P.C}} = Q \qquad \text{(I)}$$

where % P.C represents the percent of total glucose metabolism proceeding via the pentose cycle. This relative specific activity of position 1 (Expression I) will be designated by Q.

By using the methods described by KATZ and WOOD (see also appendix), the contribution of carbons 1, 2, and 3 of glucose-6-phosphate as a function of the fraction of glucose metabolism proceeding via the pentose cycle can be calculated and is presented in Fig. 2.

It is apparent from Fig. 2 that under the conditions outlined, if the glucose were metabolized *solely* by the pentose cycle that position 1 of the glucose-6-

phosphate would be made up of equal parts of carbon 1, 2, and 3 of glucose, and the CO_2 formed at steady state would be composed of equal amounts of the first three carbons of glucose. Position 2 of the glucose-6-phosphate would consist of

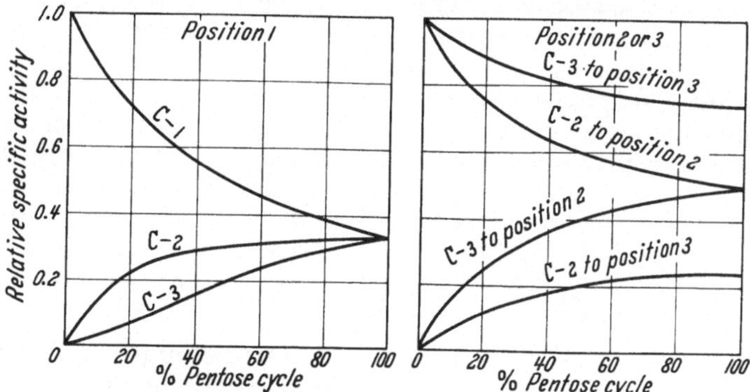

Fig. 2. Relative specific activities of positions 1, 2 and 3 of hexose 6 phosphate derived from carbons 1, 2 and 3 of glucose (C-1, C-2, C-3 refer to the labeled glucose substrate carbons, positions 1, 2 and 3 to carbons of hexose 6 phosphate). The relative specific activity of position 6 from carbon 6 is taken as 1

50% of C-2 and 50% of C-3 of the glucose and the position 3 of 25% of C-2 and 75% of C-3. If one-half of the glucose-6-phosphate were metabolized by the pentose cycle and one-half by the other pathways, then the 1 position would be composed 50% of C-1, 30% of C-2 and 20% of C-3. The 2 position would be composed of 60% C-2 and 40% C-3 and the 3 position of 20% C-2 and 80% C-3. It is seen that as the contribution of the pentose cycle to metabolism declines, the composition of the glucose-6-phosphate more nearly resembles that of the original glucose; thus, when only 10% is catabolized via the pentose cycle, 83.4% of the 1 position is from C-1, 84.6 of the 2 position from C-2 and 92.3% of the 3 position from C-3.

In Fig. 3, the effect of recycling on the relative specific activities of the hexose-6-phosphates are depicted. The specific molar activity of hexose-6-P from glucose-6-^{14}C (or glucose 4,5, or U-^{14}C) which is not affected by recycling is taken as 1. It is seen that with increased pentose cycle the activity of the hexose phosphate from glucose 2 and 3-^{14}C becomes *greater* than from glucose 6-^{14}C and the activity of hexose-6-P from glucose 1-^{14}C becomes *smaller*. The effect of recycling on the specific activity of hexose-6-phosphate from glucose 1 and 3-^{14}C is very marked. This is shown also in the ratios of the specific activities, plotted in Fig. 3.

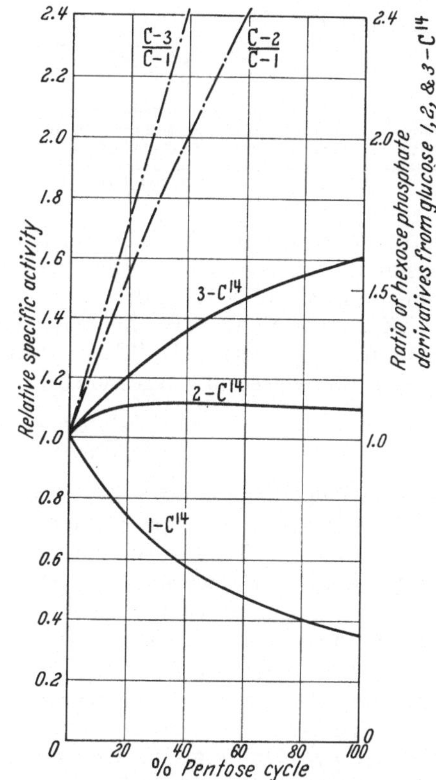

Fig. 3. Solid curves, relative specific activities of hexose 6 phosphate from glucose 1, 2 and 3-^{14}C. The specific activity of hexose phosphate from glucose 6-^{14}C is taken as 1. Broken curves, ^{14}C ratios of the respective hexose phosphates

Obviously the pattern of specific activities of the hexose phosphates will be reflected in the activity of hexose phosphate derivatives (glycogen, galactose, etc.) triose-P derivatives (glycerol, lactate etc.) and acetyl derivatives (fatty acids, aceto acetate). The relative specific activity of positions 1 + 2 + 3 (which yield dihydroxy acetone phosphate) is of course the same as the activity of the hexose phosphate. The relative specific activities of position 1 + 2 (which yields an acetyl derivative) are presented in Fig. 4. Most noteworthy is the incorporation of carbon 3 into the acetyl derivative. In Fig. 3 and 4, the *ratios* of the specific activities of hexose-6-phosphate or its derivatives are also presented. Since the amount of endogenous dilution is unknown, in practice ratios rather than molar specific activities have to be used for computations.

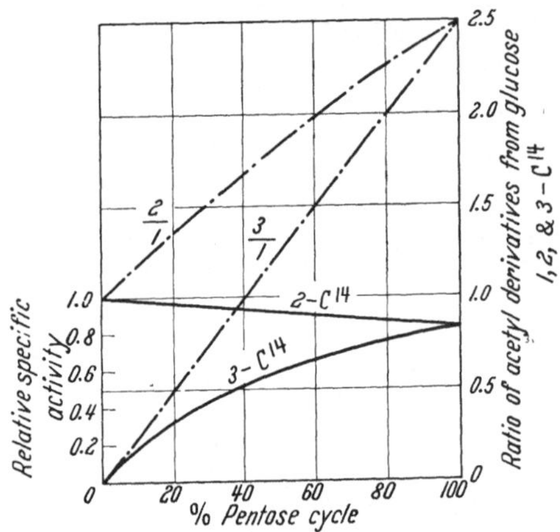

Fig. 4. Solid curves, relative specific activities of acetyl precursor carbons (position 1 + 2) from glucose 2 and 3-^{14}C (the activity of the acetyl unit from glucose 1-^{14}C equals that of the corresponding hexose-6-P derivative in Fig. 3). Broken curves, ratios of specific activity in acetyl derivatives

2. The use of triose-P derivatives and $^{14}CO_2$ for the estimation of the role the pentose cycle

In the past, triose or acetyl ratios from glucose-1 and 6-^{14}C were used to evaluate the contribution of the pentose cycle to glycolysis. Yields in glycerol, lactate, fatty acids, aceto acetate and other compounds have been used. It was commonly assumed that the ^{14}C yield from glucose-6-^{14}C was proportional to the triose pathways by both E. M. and P. C. and the ^{14}C yield from 1-^{14}C was proportional to that by the E. M. path. As seen from Fig. 3 and 4, if recycling via the pentose cycle occurs, this assumption is not correct, since the specific activity of the triose-P derived from glucose-1-^{14}C will be diluted.

KATZ and WOOD have derived a general expression for the triose or acetyl ratio from glucose-1 and 6-^{14}C as a function of the pathways of glucose metabolism. This is reproduced in Expression II.

$$\frac{^{14}\text{C in Tr-P from G-1-}^{14}\text{C}}{^{14}\text{C in Tr-P from G-6-}^{14}\text{C}} = \frac{\%\,\text{EM} \times Q}{\%\,\text{EM} + \%\,\text{PC}} \qquad \text{(II)}$$

It is evident that the ratio of the ^{14}C yields depends on three variables: percent E. M. pathway; percent pentose cycle; and the relative specific activity of the ^{14}C in position 1 (Q). The first two variables are independent. Q depends on the pentose cycle, and it is a function of the fraction of total metabolism proceeding by this pathway (Fig. 2). Obviously the relationship between the metabolic pathways and the ^{14}C in the triose phosphates will be quite complex.

It should be stressed that the specific activities and ratios depends on the contribution of the pentose cycle and the E. M. path to *total* glucose metabolism. On the other hand, all previous workers tried to evaluate the contribution of the pentose cycle in terms of its contribution to triose pathways (see definition above) rather than to *total* metabolism. However, when recycling occurs, this is not possible. Only in systems where no metabolism via non triose-pathways occurs can the contribution of the pentose cycle and E. M. path be evaluated from

$\frac{1}{6}$ triose or acetyl ratios. The effect of recycling in such a simplified case is shown in Fig. 5[1]. The solid curve shows the triose or acetyl ratio from glucose-1 and 6-^{14}C with recycling, and the broken line presents the conditions when no recycling occurs. It is seen that a ratio of 0.5 corresponds to 25% pentose cycle with recycling and 50% without and a ratio of 0.2 corresponds respectively to 57 and 80% pentose cycle.

Obviously, when metabolism by non-triose pathways occurs, the system is much more complicated. Thus, if the amount of glucose metabolized by the E. M. and pentose cycle remains constant; but, for instance, the amount of glycogen synthesis is changed, the $\frac{1}{6}$ ratio will also be altered. The system has been discussed in detail by KATZ and WOOD.

Thus, in systems where glucose metabolism by non-triose-pathways occurs, the only information that triose or acetyl ratios from glucose 1 and 6-^{14}C provide is the *maximal possible* contribution of the pentose cycle to total glucose metabolism, which corresponds to the condition that all metabolism proceeds via P. C. and E. M. path[2]. This can be obtained from Fig. 5. The value of such information is quite limited.

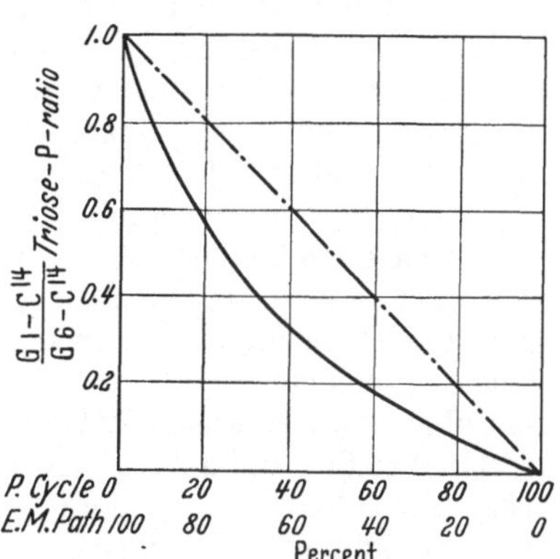

Fig. 5. The ratio of triose phosphate or acetyl derivatives from glucose 1 and 6-^{14}C as a function of % pentose cycle (or pathway) and % E.M. path. It is assumed that all glucose metabolism proceeds only by these 2 pathways. Solid curve, pentose cycle operation (From Expression IIa); broken line pentose pathway (no recycling)

A different, generally valid method to evaluate from triose or acetyl ratios the contribution of the E. M. pathway and pentose cycle to glycolysis has been introduced by BLUMENTHAL et al. (1954) and WENNER and WEINHOUSE (1955). They have assumed, as did others, that the E. M. pathway yields labeled triose phosphate from glucose-1-^{14}C but the pentose cycle yields unlabeled triose phosphate. The glucose-U-^{14}C would yield labeled triose phosphate by both pathways and, therefore, if metabolism occurred by the pentose cycle, the ^{14}C concentration would be lower in the triose phosphate derivative from glucose-1-^{14}C than from glucose-U-^{14}C. The effect of endogenous dilution was eliminated through the comparison of the two sugars. No correction was made, however, for the effect of recycling. This can be avoided, however, by the use of glucose-6-^{14}C and glucose-U-^{14}C since their ^{14}C is not diluted by recycling in the pentose cycle. The method of WEINHOUSE et al. is summarized in Expression III.

$$\frac{^{14}\text{C in Tr-P from G-6-}^{14}\text{C}}{^{14}\text{C in Tr-P from G-U-}^{14}\text{C}} - 1 = \text{fraction of Tr-P from P.C.} \qquad \text{(III)}$$

[1] When all glucose metabolism proceeds solely via the E. M. path and pentose cycle, Expression II reduces to Expression IIa.

$$\frac{^{14}\text{C in Tr-P from G-1-}^{14}\text{C}}{^{14}\text{C in Tr-P from G-6-}^{14}\text{C}} = \frac{1 - \text{P. C.}}{1 + 2\ \text{P. C.},}\ \text{since} \qquad \text{(IIa)}$$

$$\text{E. M.} + \text{P. C.} = 1.0 \text{ and } Q = \frac{1}{1 + 2\ \text{P. C.}}$$

[2] This follows from Ex II. See also Fig. 4 in the paper of KATZ and WOOD.

The relative contribution of the P. C. and E. M. pathway to the triose pathway can then be computed after correcting for the fact that E. M. pathway yields two and the pentose cycle one triose phosphate[1].

$^{14}CO_2$ yields. 3 moles of CO_2 per mole of glucose are formed via the pentose cycle. The composition of this CO_2 depends on the degree of recycling of the glucose-6-phosphate. If glucose is metabolized solely by the pentose cycle, the CO_2 will be derived equally from C-1, C-2, and C-3 of the glucose. If this pathway constitutes 50% of the total catabolism of hexose phosphate, then one-half of the CO_2 from the cycle will be from carbon 1 and one-half from carbons 2 and 3; and if the contribution of the pentose cycle is small, nearly all of the CO_2 from the cycle will be from C-1 of the glucose (Fig. 2). On the other hand, there is no direct or simple relationship between the triose phosphate yield and the CO_2 derived therefrom via the Krebs cycle. The triose phosphate is converted in part to serine, glycerol, etc., and in part to pyruvate which, in turn, is converted in part to lactate etc., and in part to acetyl CoA and CO_2. Part of the acetyl CoA is used for fatty acid and sterol synthesis and only a part enters the Krebs cycle. Of the acetyl carbons entering the cycle, only a fraction will finally be liberated as CO_2 since a part will be incorporated into compounds such as aspartate and glutamate which are formed via the cycle (KATZ and CHAIKOFF 1955). BLOOM et al. (1953) attempted to evaluate the incomplete oxidation of triose-P by use of the $^{14}CO_2$ yields from lactate-3-^{14}C and lactate-1-^{14}C. BLOOM assumed that all the triose phosphate formed was oxidized to pyruvate and that it, in turn, was all decarboxylated to CO_2 and acetyl CoA. However, a considerable amount of the ^{14}C of the triose phosphate is incorporated into compounds without decarboxylation of pyruvate and actually, in such tissues as tumors and cornea, lactate is the major product of glucose catabolism (see below). At present, no practical method for the evaluation of the CO_2 yield per mole triose phosphate has been described.

KATZ and WOOD have derived a general expression relating the $^{14}CO_2$ ratio from glucose 6 and 1-^{14}C to the pathways of glucose metabolism. Let the relative specific activity of hexose-6-phosphate from glucose 1-^{14}C be designated as before by Q (from Expression I) and the fraction of C-3 of triose which is oxidized to CO_2 as N. The expression for the $^{14}CO_2$ ratio is then

$$\frac{^{14}CO_2 \text{ from G-6-}^{14}C}{^{14}CO_2 \text{ from G-1-}^{14}C} = \frac{N\,(\%\,EM + \%\,PC)}{Q\,(\%\,EM \times N + 3 \times \%\,PC)}\,. \qquad \text{(IV)}$$

It is evident from Expression IV that the $^{14}CO_2$ yields depend on 3 independent variables: percent E. M. pathway: percent pentose cycle; and the extent of oxidation of C-3 of the triose phosphate to CO_2 (N).

The system is obviously quite complex. It has been discussed in detail by WOOD and KATZ and they have shown that a particular $^{14}CO_2$ ratio may correspond to numerous combinations of metabolic pathways. Even if the system be simplified, as when no metabolism by non-triose-pathways occurs, or the operation of the pentose pathway without recycling is assumed, the $^{14}CO_2$ ratios per se do not provide much useful information. This is illustrated in Fig. 6. It is assumed that all glucose metabolism proceeds via the pentose cycle and the E.M. path. The solid curves represent condition of the pentose cycle, and the broken and dashed curves, that of the pentose pathway without recycling. The $^{14}CO_2$ ratios, as a function of the pathways, are plotted for two values of N (0.5 and 0.1). The dashed curve represents conditions when 25% of the metabolism is via the pentose

[1] When acetyl derivatives are used (acetoacetate, fatty acids) the ratio in Expression III. has to be divided by 1.5 since one-third of the activity from glucose-U-^{14}C is lost upon decarboxylation.

pathway (no recycling) and 75% by the E.M. path, and N is varied from 0 to 1. Obviously, a change in N will affect drastically the ratios, and if N is unknown, these ratios have even little qualitative significance. $^{14}CO_2$ ratios of close to 1 may occur with metabolism via the pentose cycle being prevalent, and low ratios in spite of the prevalence of the E.M. pathway.

The CO_2 yield from carbon 3 of triose phosphate varies greatly in different tissues and is greatly affected by diet, hormones and other conditions. Where the incorporation of triose phosphate into lipids or other cell constituents is extensive, the CO_2 yield from carbon 3 of triose-P (N) is often less than 0.1, and very low $\frac{6}{1}$ $^{14}CO_2$ ratios from glucose ^{14}C can be obtained, in spite of the prevalence of the E.M. path (see part B.). The importance of the CO_2 yield from triose phosphate has been pointed out by BLOOM et al. (1953) in the very first paper dealing with $^{14}CO_2$ ratios from ^{14}C glucose. KATZ et al. (1955) have presented curves illustrating the dependence of the $\frac{C1}{C6}$ CO_2 ratio on the $^{14}CO_2$ yield from carbon 3 of triose. It is surprising that some subsequent investigators (KORKES, 1957) failed to understand this relationship.

WANG et al. (1956) and REED and WANG (1959) have used the $^{14}CO_2$ yields from glucose-1-^{14}C, -2-^{14}C, 3, 4-^{14}C, -6-^{14}C and -U-^{14}C to study the role of different pathways in several organisms. The effect of recycling and of incomplete CO_2 yields from carbons 1, 2, and 3 of the triose phosphate were not considered by them. It is probable that the patterns of glucose metabolism cannot be evaluated from $^{14}CO_2$ yields *per se* even if yields from all 6 carbons were available.

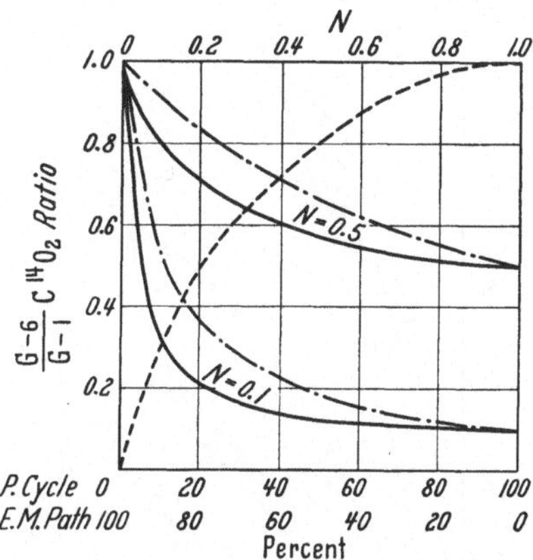

Fig. 6. The $^{14}CO_2$ ratio from glucose 6 and 1-^{14}C and the effect of relative contribution of the pentose cycle (or pathway without recycling), and the oxidation of carbon 3 of triose phosphate (N). Solid curves pentose cycle, broken and dashed curves pentose pathway without recycling. Solid and broken curves, N is kept constant, N = 0.1 and N = 0.5. Dashed curve, metabolism proceeds 25% by the pentose pathway (no recycling) and 75% by the E. M. path, but N is varied from to 0 to 1. Curves derived by means of Expression IV

3. Methods for the evaluation of the pathways of glucose metabolism

KATZ and WOOD and DAWES and HOLMS have proposed methods for the evaluation of the pathways of glucose metabolism in a system where recycling via the pentose cycle operates. The latter assumed that all metabolism proceeds solely by the E.M. path and pentose cycle, and they did not consider the effect of nontriose pathways. They computed curves, apparently by methods similar to those used by WOOD and KATZ, for the molar specific activity of pyruvate derived from glucose 1, 2, 6 and U-^{14}C. Their definition of the pentose cycle differs from that used by WOOD and KATZ (see above). In the organism studied by DAWES and HOLMS (Sarcina lutea) metabolism by non-triose pathways may not occur and possibly there is no endogenous dilution of the pyruvate formed from glucose ^{14}C. Such conditions do not generally prevail in higher organisms, with the exception of mammalian erythrocytes (see Below).

KATZ and WOOD proposed 3 general methods to evaluate the contribution of the pentose cycle to *total* glucose metabolism.

1. The first method is based on the determination of the specific activity of a suitable hexose phosphate derivative (glycogen, galactose, uronic acid, etc.). To

correct for endogenous dilution, a specific activity ratio must be used. The application of the method is obvious from Fig. 3. Thus if the pentose cycle contributes 25% to total glucose metabolism, the specific activity ratio from glycogen formed from glucose 1 and 6-^{14}C or U-^{14}C would be $\frac{1}{6} = \frac{1}{U} = 0.67$. From 1 and 2-^{14}C glucose the ratio would be (according to Fig. 3) $\frac{2}{1} = 1.7$ and other choices of the ^{14}C glucose substrates are possible. The percent pentose cycle is determined from the experimental ratios by means of Fig. 3.

2. The method is based on the degradation of a hexose phosphate derivative and the determination of the specific activities of position 1, 2, and 3. As substrate glucose 2 or 3-^{14}C or a compound labeling position 3 of hexose phosphate may be used, such as $NaH^{14}CO_3$ or carboxyl labelled fatty acids. The use of the method is apparent from Fig. 6. It is convenient to plot the ratios of the specific activities, and such ratios are presented in Fig. 6. By this curve the contribution of the pentose cycle can be determined directly from the experimental ratios. For example galactose formed from glucose-2-^{14}C is isolated and degraded. If the activity of carbon 2 of galactose is taken as 1, the activity of carbon 1 and 3 was found to be 0.33 and 0.20. From Fig. 6, this corresponds to 25% pentose cycle. Instead of degrading a hexose-phosphate derivative, a triose-P derivative (such as glycerol etc.) may be used.

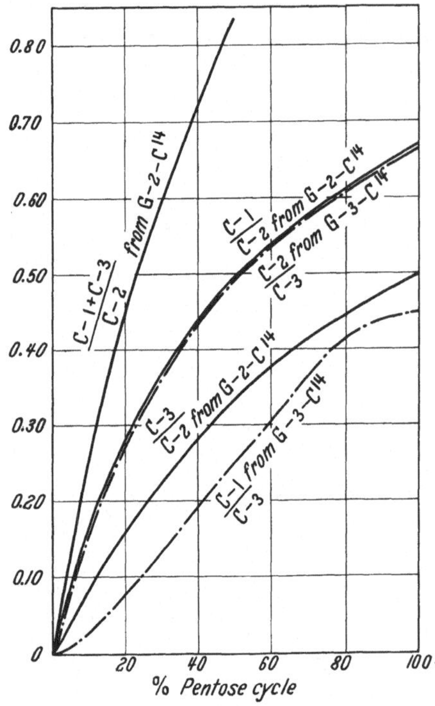

Fig. 7. Ratios of the relative specific activities in position 1, 2 and 3 of hexose 6 phosphate formed from glucose 2-^{14}C and glucose 3-^{14}C. Derived from Fig. 2

3. The last method is a variant of method 1, but instead of comparing the specific activities of hexose phosphates, those of triose-P or acetyl derivatives from glucose 1, 2, and 3-^{14}C are compared. It is obvious that the triose ratios from these 3 glucoses would be equivalent to those of the hexose phosphates, and Fig. 3 can be used to evaluate the percent pentose cycle from the experimental triose ratios. With acetyl ratios Fig. 4 has to be used. From Fig. 4 it can be seen that the pentose cycle causes a marked incorporation of carbon 3 of glucose into such compounds as fatty acids or aceto-acetate. The use of glucose 3-^{14}C as a substrate would be advantageous. This sugar is yet commercially unavailable, but its preparation was recently described by TREGONING et al. (1959). In some methods glucose labeled biosynthetically in carbons 3 and 4 can be utilized.

The methods above measure only the contribution of the pentose cycle to *total* glucose metabolism. To evaluate the relative contribution of the pentose cycle and E.M. to triose pathways triose or acetyl ratios from glucose 6 and U-^{14}C and the method of WEINHOUSE (Expression III) may be used.

The $\frac{1}{6}$ triose or acetyl ratio used so commonly causes an *overestimation* of the contribution of the pentose cycle relative to that of the E.M. path. This is because recycling dilutes the specific activity of derivatives from glucose 1-^{14}C, but not from glucose 6-^{14}C. Thus to use the ratio, the extent of the dilution and the value of Q (see above) has first to be determined by one of the three methods discussed above. For example, if it is found that the $\frac{1}{6}$ ratio (in lactate for instance) is 0.5 and the pentose cycle contributes 20% of total glucose metabolism, Q from Fig. 2 is determined to be 0.715. The contribution of the E. M. path to the triose pathway is $\frac{0.5}{0.715} = 0.7$ and of the pentose cycle $1-0.7 = 0.3$.

The use of $\frac{C2}{C6}$ ratios, without correction for recycling causes some *underestimation* of the relative contribution of the pentose cycle, since recycling increases the relative specific activity of the dihidroxy acetone phosphate. A correction can also be applied when the extent of the recycling is known. However, recycling does not affect greatly the total contribution of carbon 2 to positions 1 + 2 + 3 of hexose phosphate (Fig. 2 and 3) and the possible error will not exceed 10%.

Numerical examples, illustrating the calculations, are given by KATZ and WOOD, and for a detailed discussion of the methods and their limitations their paper should be consulted.

4. Limitations of the theory

The discussion so far has been based entirely on an assumed model of glucose metabolism. The assumptions made in the model are, at best, approximations and for many systems may not be valid. An isotopic steady state may be approached in perfused organs or tissue slices in the presence of excess ^{14}C substrate, but such steady state is never attained in *in vivo* experiments with a single tracer application in animals. It is not certain that the hexose monophosphates formed in the pentose cycle and E. M. pathways are in isotopic equilibrium; the same is true for the triose phosphates of these pathways. Also, triose phosphates may be formed by other reactions, known or as yet unknown.

The calculations are based on the operation of the complete pentose cycle and assume there is no pentose pathway without recycling. As will be shown below, in mammary gland, cornea and in erythrocytes, recycling is very extensive and the operation of the pentose cycle seems established. Recycling also occurs in liver (see below). For other tissues, no pertinent data exist and recycling may not be complete and a system intermediate between pentose cycle and pathway may prevail.

In addition to the pentose cycle the carbons of hexose phosphate may be randomized by other reactions. Such reactions are:

a) Transketolase exchange. DE LA HABA et al. (1955) have shown that fructose-6-P can be a glycolaldehyde donor with transketolase and a two carbon unit can be transferred to acceptors such as ribose-5-P or phosphoglyceraldehyde. In effect, by a sequence of reactions, the two "top" carbons of fructose-6-P and pentose-5-P can be exchanged. Evidence for the occurrence of this reaction in liver will be discussed below.

b) Transaldolase exchange. This reaction will exchange carbons 4,5, and 6 of fructose-6-P with phosphoglyceraldehyde. The reaction was proposed by SRINIVASAN et al. (1956) and WOOD (1958b), 1959a) and there is evidence for the extensive occurrence of this reaction in mammary gland and adipose tissue (see below). An exchange similar in its effect, catalysed by aldolase, has been discussed by ROSE (1958).

By transaldolase exchange carbons 4, 5, 6 of glucose can be incorporated into compounds, although no utilization of glucose for the synthesis of these compounds occurs. If this exchange operates compounds may become labeled by glucose 4, 5, or 6-^{14}C but not at all by glucose 1, 2, or 3-^{14}C.

c) Transaldolase-transketolase exchange. It has been pointed out that reactions 2a to 2d are reversible. By reversal of these reactions from 2 moles of fructose-6-P and 1 mole of glyceraldehyde-3-P, 2 moles of glucose-5-P and 1 mole of ribose-5-P can be formed. As referred to the carbons of fructose-6-P, the 2 "top" carbons of xylulose-5-P will have the configuration of $\frac{1}{2}$ and the two carbons of ribose-5-P of $\frac{8}{3}$. These pentoses can be equilibrated by isomerization and epimerization. By reforming fructose-6-P from the various possible combinations of pentose phosphates (reactions 2b and 2c from left to right), fructose-6-P of various labeling pattern in positions 1, 2, and 3 are obtained. The reaction has been discussed in detail by WOOD and KATZ. By the transketolase-transaldolase exchange (which is not to be confused with transaldolase exchange), carbons 1, 2, and 3 can randomize in many possible patterns in positions 1, 2, and 3. Some possible configurations are shown in Table 2. The reversal of equations 2b and 2c occurs readily and this appears an important pathway of nucleotide synthesis (HIATT, 1957b). On the other hand, as judged by incorporation of carbon 1 of glucose into position 3 of glycogen (BLOOM et al., 1955b), and of galactose (SCHAMBYE et al., 1957), (see also below) only limited exchange by transaldolase-transketolase reactions does occur.

d) Reversal of the E.M. pathway. Such a reaction would randomize the DHAP and glyceraldehyde-3P moiety of hexose-phosphate and its derivatives. As judged by the randomization of carbons 1 and 6 of glucose in glycogen and galactose, this reaction occurs to a limited extent. In part, the limited randomization of the label may be due simply to the large dilution of radioactive triose phosphatase by unlabeled intermediates. Also, in many tissues, the activity of phosphates hydrolyzing fructose-1-6P to fructose-6-P may be low.

e) Utilization of triose phosphate in the pentose cycle. Whereas the net reaction of the pentose pathway shows the formation of 1 mole of phosphoglyceraldehyde (reaction 2d), actually, 2 moles are formed but one is reutilized. As seen from Equation 2b, the phosphoglyceraldehyde becomes carbons 4, 5, and 6 of fructose-6-P. It may be expected that the phosphoglyceraldehyde formed by pentose cycle equilibrates with the triose pool formed by the E.M. path and, thus, carbons 1, 2, and 3 may be exchanged with carbons 4, 5, and 6 of the hexose. The effect of this exchange would appear to be large when the relative contribution of the pentose cycle to triose phosphate formation is small. The effect of this reaction would be similar to transaldolase exchange as well as the reversal of the E.M. path. This reaction hase been discussed in detail by KATZ and WOOD.

It is obvious that the model of glucose metabolism on which the calculations are based is an oversimplification and great caution is needed in interpretation of experimental data. It is very hard to directly ascertain the validity of the assumptions on which the proposed calculations are based. One useful test, although not a decisive one, is the consistency of the results themselves. Some deviations from the assumed model will affect results based only on the use of carbons 1, 2, and 3; others only those based on carbons 4, 5, and 6. Thus, transaldolase exchange will dilute the specific activity of carbons 4, 5, 6, of hexose phosphate without affecting the activity of carbons 1, 2 and 3. Reversal of the E.M. pathway and triose phosphate exchange (see above) will randomize the activities of the "top" and "bottom" halves of hexose phosphate. These reactions will vitiate methods based on the use of ratios with glucose 6-^{14}C. On the other hand, transaldolase-transketolase exchange will randomize the carbon of glucose in positions 1, 2 and 3 (see Table 2). If this reaction is extensive, none of the 3 methods for the evaluation of the contribution of the pentose cycle listed above are valid. Little value or reliance can be puta n interpretation based on a single method or a similar type of ratios. This will be illustrated amply below by actual data from the literature. If the pattern of glucose metabolism, computed by several *independent* methods is consistent, reasonable conclusions on the pathways of glucose metabolism may be obtained. Such methods should include both degradation studies (method 2) as well as comparison of ^{14}C yields from at least 3 types of labeled glucose.

Table 2

Combination	A		B		C		D		E	
Type of pentose-5-P	Ri	Xu	Ri	Xu	Ri	Xu	Ri	Xu	Ri	Xu
Position of pentose-5-P	Distribution of carbon of glucose in pentose-5-P									
1	2	2	1	3	1	1	3	3	1	2
2	3	3	2	3	2	2	3	3	2	3
	Distribution of carbon of glucose in fructose-6-P									
Position of fructose-6-P	I	II	III	IV	V	VI	VII		VIII	
1	2	2	3	3	1	1	3		2	
2	3	3	3	3	2	2	3		3	
3	3	2	1	2	1	2	3		1	

Types of fructose-6-P formed from hexose phosphate by reactions catalysed by transketolase, transaldolase. xylulose-5-P epimerase, and ribose-5-P isomerase. The pentose of combination A is formed by decarboxylation of glucose-6-P. The pentoses of combinations B, C, D and E by reversal of reaction 2. All the types of fructose-6-P are formed from the respective pentoses by reaction 2.

B. A survey of the occurrence of the pentose cycle in glucose metabolism in mammalian tissues

It appears that the E.M. path is ubiquitous in all mammalian cells or tissues. An active or potential pentose pathway has also been found in all tissues investigated so far and its occurrence seems general although its existence in skeletal muscle has not yet been established. GLOCK and McLEAN (1954) assayed the level of glucose-6-P dehydrogenase and the rate of ribose-5-P utilization by homogenates of a large number of organs and tissues. All tissues were found to utilize pentose-5-P fairly rapidly. The rate in most viscera and glands was approximately equal and two to three times faster than that in brain and muscle. The variation of glucose-6-P dehydrogenase activity was much greater. The highest activity was in lactating mammary gland followed by the adrenal cortex. The activity in brain and muscle, especially skeletal muscle, was low. While there is a relationship between enzyme levels and metabolic rates, the correlation is complex and data on enzyme activities per se, provide no direct information on metabolic rates under physiological conditions.

There are numerous reports on $^{14}CO_2$ yields from glucose 1 and 6-^{14}C and other types of labeled glucoses. These data are, as shown above, of limited significance and will not be discussed in detail. Numerous studies report the incorporation of glucose 1 and 6-^{14}C into triose-P and acetyl derivatives. Such data are summarized here. The type of results conveys, as was discussed alreadv, limited information and generally the only thing that can be calculated from this ratio, is the *maximal possible* contribution of the pentose cycle to total glucose metabolism. The maximal contribution occurs when all metabolism proceeds solely by the E.M. and pentose cycle pathways (see above). In some organs (liver, mammary gland) much non-triose-P metabolism occurs, but in another its contribution is small or even negligible. In such tissues the use of glucose 1 and 6-^{14}C may convey useful information. Where adequate data were available (yields from glucose 1, 2 and 6-^{14}C or degradation data) the contribution of the 3 pathways (E.M., P.C. and NtrP.) to total glucose metabolism were calculated.

1. Liver

In vitro. Several studies on the level of the enzymes of glucose-6-P utilization have been published, and some of the data for rat liver are summarized in Table 3. The corresponding enzyme pattern in human liver resembles that in rat (WEBER and CANTERO, 1957a). It is seen from Table 3 that the specific enzyme activity of glucose-6-P dehydrogenase is much lower than that of the other enzymes of glucose-6-P utilization. The specific activity of phosphohexose isomerase is the highest, and it is 25—100 times higher than that of glucose-6-P dehydrogenase. Such enzyme levels suggest that isotopic equilibration between glucose-6-P and fructose-6-P is extensive.

It appears from Table 3 that the enzyme patterns of glucose-6-P-utilization are stable, and not much altered during development or rapid growth, or in fasting and diabetes. BOSCH et al. (1957) and TEPPERMANN et al. (1958) and WEBER et al. (1957b) found little or no effect of fasting on levels of glucose-6-P dehydrogenase. The results of GLOCK et al. (1956) show an increase by 50% in the activity of glucose-6-P dehydrogenase after treatment with large amounts of insulin and thyroxine[1].

Enzyme studies have so far not provided much information on reaction rates in physiological systems. In a multi-enzyme system, little correlation between maximal enzymatic rates, as determined by *in vitro* assays and actual *in vivo* rates may exist.

Many workers have tried to assess the relative contribution of the E.M. path plus Krebs cycle and the pentose cycle by comparing $^{14}CO_2$ yields from labeled glucose. Typical $^{14}CO_2$ yields from glucose-6 and 1-^{14}C are presented in Table 4 with $\frac{6}{1}$ ratios ranging from about 0.8 to 0.2. The relative yields of $^{14}CO_2$ via the Krebs cycle per mole of glucose will depend on the fate of the triose phosphate. When lipogenesis is stimulated (as by feeding or insulin) a relatively large fraction of the

[1] TEPPERMANN and TEPPERMANN (1958) found that when rats were fasted for 48 hrs and then re-fed a very large stimulation in the levels of liver glucose-6-P dehydrogenase occurred. After 3 days of re-feeding the activity was maximal, about 10—15 times that in normal livers. FITCH et al. (1959) observed similar changes after several days feeding of a diet high in sugar. They found that fructose feeding caused a markedly higher stimulation than glucose feeding. TEPPERMANN's results indicate that the induction of enzyme synthesis is fairly slow, the maximal rate of increase being reached 24—48 hrs after re-feeding. The levels of glucose-6-P dehydrogenase were poorly correlated with the rate of lipogenesis. Maximal rates of lipogenesis were attained at 6—12 hrs after re-feeding, when the increase in the glucose-6-P dehydrogenase was small. (At 12 hrs the rate of ^{14}C acetate incorporation into fat increased by 600%, but the activity of glucose-6-P dehydrogenase by 50%). There appeared to be no correlation between either fatty acid ratios from glucose 1 and 6-^{14}C and the levels of glucose-6 dehydrogenase and the rate of lipogenesis from glucose (TEPPERMANN, 1959). It is suggested here that the increase in the level of glucose-6-P dehydrogenase is induced by the availability in the fed rats, of large excess of triose phosphate and acetyl CoA that may serve as hydrogen acceptors for TPNH (see part C). The high levels of glucose-6-P dehydrogenase are likely to be transient.

acetyl CoA will be incorporated into fatty acids, and a relatively small fraction oxidized. On the other hand, in fasted animals the extent of the oxidation of acetyl CoA will be much higher. FELTS et al. (1951) compared the $^{14}CO_2$ yields from carbon 1 and 3 of lactate-^{14}C by liver slices. The relative $^{14}CO_2$ yield from carbon 1 was about 3 times that from carbon 3 in liver slices from fasted or diabetic rats, but 10 times from slices of insulin treated diabetics. Similar results have been

Table 3. *Enzymes of glucose-6-phosphate utilization in rat liver*

Reference	WEBER and CANTERO (1957a)	WEBER and CANTERO (1957b)				GLOCK et al. (1956)				FITCH et al. (1959a, b)	
Units	Unit/cell	Percent activity normal = 100%				Percent activity normal = 100%				Specific activity[1]	
Condition	Fed	Fed	Fasted	Regenerating	New born	normal	Diabetic	diabetic + insulin	Thyroxine treated	normal	diabetic
Enzymes											
Phosphohexose-isomerase .	79	100	94	100	160	100	89	110	110	580	600
Phosphogluco-mutase . . .	15	100	84	100	135	—	—	—	—	180	120
Glucose-6-P-dehydrogenase	3	100	110	100	100	100	108	151	156	7	7
Glucose-6-P phosphatase.	—	100	144	100	130	100	—	—	150	29	53

[1] μm/min/gm fresh weight of glucose 6 P metabolized.

reported by others (see Table 2, KATZ and WOOD). To illustrate the effect of a comparable change in the rate of oxidation of carbon 3 of triose phosphate (N) let us consider an example where 5% of glucose metabolism proceeds via the pentose cycle, 45% by the E. M. path and 50% by non-triose-P pathways. Assume that in a) (with liver slices of diabetic rats) $N = 0.4$ and in b) (insulinized diabetics) assume N to be 0.10. In this example, per 100 moles of glucose utilized the following $^{14}CO_2$ yields will be produced from glucose 6 and 1-^{14}C. In (a), by the Krebs cycle $50 \times 0.4 = 20$ moles of CO_2 from C-6 and $45 \times 0.4 = 18$ moles from C-1. By the pentose cycle $5 \times 3 = 15$ moles of CO_2 from C-1. In (b) $50 \times 0.1 = 5$ moles from C-6, and from C-1 $45 \times 0.1 = 4.5$ moles by the Krebs cycle, and $5 \times 3 = 15$ moles by the pentose cycle. The relative specific activity of position 1 as compared to position 6 is (from Fig. 2 or from expression I) 0.91 ($Q = \frac{100}{100 + 2 \times 5} = 0.91$). Hence (see also expression II) for (a) the ratio $\frac{^{14}CO_2 \text{ from C-6}}{^{14}CO_2 \text{ from C-1}} = \frac{(45 + 5) \times 0.4}{0.91\,(45 \times 0.4 + 3 \times 5)}$ $= 0.67$ and for (b) $\frac{(45 + 5) \times 0.1}{0.91\,(45 \times 0.1 + 3 \times 5)} = 0.23$. These two ratios correspond closely to the results with liver slices from diabetic and insulinized rats obtained by FELTS (Table 4). While the examples were arbitrary, they illustrate and explain why very low $\frac{6}{1}$ $^{14}CO_2$ ratios are associated with conditions of high lipogenesis from glucose.

In Table 4, most of the available data on the incorporation of labeled glucose into fatty acids and lactate are summarized. From the $\frac{1}{6}$ ratios, the *maximal* possible contribution of the pentose cycle to glucose metabolism was computed. In liver, metabolism by non-triose-P is extensive, and therefore only information of limited value can be computed from $\frac{1}{6}$ ratios. In two experiments with fed rats (1a and 3) also incorporation of glucose 2-^{14}C into fatty acids is given and here a proper calculation is possible. It appears that in experiment 1a, 10% of total glucose metabolism proceeds via the pentose cycle, about 30% by the E.M. path and 60% by non-triose pathways. In experiment 3, the corresponding values are 20% by pentose cycle, about 15% by the E.M. path and 65% by non-triose pathways.

Table 4. *Incorporation of glucose 1, 2 and 6-^{14}C into CO_2 and fatty acids*[1] *by rat liver slices*

Number	Author and reference	Condition of rat	Incubation medium and substrate	Yield of compound[1] from glucose labeled in carbon 1 (%)	2 (%)	6 (%)	Ratio $\frac{1}{6}$	Ratio $\frac{2}{6}$	Maximal possible contribution of pentose cycle to metabolism	$^{14}CO_2$ yield from glucose labeled in C—1 (%)	C—6 (%)
1a	BLOOM et al. (1955a)	Fed	High Na lactate	4.5	5.3	7.0	0.64	0.76	16	21.7	4.2
1b	,,	Fed	High Na lactate	2.6	—	2.6	1.0		0	14.2	4.0
2	,,	Fed	High K lactate	1.0	—	1.6	0.62		17	9.8	2.3
3	BLOOM et al. (1955b)	Fed	High K	0.23	0.31	0.69	0.34	0.45	38	14.7	1.5
4	BLOOM et al. (1955c)	Alloxan Diabetic	High Na lactate	0.97	0.90	0.88	1.1	1.0	0	1.7	1.1
5	BLOOM et al. (1955c)	24 hrs fasted	High Na lactate	0.03	—	0.03	1.0		0	4.7	1.5
6	FELTS et al. (1956)	Fed	High Na	0.67	—	1.0	0.67		16	5.2	2.3
7	,,	Alloxan Diabetic	High Na	0.05	—	0.05	1.0		0	1.8	1.3
8	,,	Diabetic Insulin Injected	High Na	3.1	—	5.9	0.52		23	9.9	2.0
9	ASHMORE et al. (1956)	Fed	High Na	1.4	—	1.7	0.89		3	2.8	2.1

[1] In ASHMORE's experiment (No. 9) lactate was the isolated compound. Incubation periods of 2 to 3 hrs. As incubation medium Krebs-Ringer-Bicarbonate buffer (High Na) or the Hastings bicarbonate buffer with high potassium was used (High K). In most of BLOOM's experiments the medium contained in addition to labeled glucose, unlabeled lactate. For other incubation details, original papers should be consulted.

Conclusion on the role of the pentose cycle in glucose metabolism in liver is made difficult by the variability in the results. This is illustrated from experiments 1a and 1b of Table 4. In one case, no pentose cycle whatsoever is indicated and in the other, the contribution of the pentose cycle is appreciable. This pair of experiments was done under presumably identical conditions and was taken from the same table.

As judged from fatty acid ratios in alloxan diabetic and fasted rats, little or no pentose cycle is apparent. However, it should be pointed out that under these conditions the synthesis and ^{14}C incorporation into fatty acids is very low and it is difficult to rely on this type of determination. Under these conditions, incorporation into lactate or acetoacetate would be a preferable criterion. The experiments of FELTS et al. (Table 4) were interpreted to indicate that insulin stimulates preferentially the operation of the pentose cycle. However, the available evidence if not adequate for a definite conclusion.

WENNER and WEINHOUSE (1955) studied the incorporation of glucose U and 1-^{14}C into acetoacetate by rat and mouse liver slices. The results are again characterized by a marked variability. In part, this may reflect the lack of sensitivity of the method. WENNER et al. calculated that in slices of normal fed rats, from about 0.05–0.5 of the pentose pathways proceeds via the pentose cycle. This calculation neglects recycling and tends to overestimate the contribution of the pentose cycle. There was no evidence of the pentose cycle in the alloxan diabetic rat. In slices of regenerating liver, they found a pronounced predominance of the pentose cycle over the E.M. path. Also, in mouse liver slices, the pentose cycle appeared much more prominent than in rats.

The lack of reproducibility in experiments with "normal" fed rats suggests that the physiological state of the liver was not always controlled. Thus, to attain reproducibility, careful attention to diet and caloric intake may be required.

Several studies on the randomization of the label in glucose and glycogen have been reported but will be discussed with similar *in vivo* results.

Perfused liver. — The single study of this kind on the metabolism of 1 and 6-^{14}C is by MURPHY and MUNTZ (1957). Rat liver was perfused without recirculating the blood. Two separate reservoirs contained blood with either glucose 1 or 6-^{14}C, and blood flow into the liver could be switched rapidly from one supply to the other. About 3.5% of the perfused activity was taken up and 20 to 30% of that accounted as CO_2. Only 1% of the total respiratory CO_2 was derived from carbon 6 of the circulating glucose and about 2.5% from carbon 1.

The change in the specific activity of the $^{14}CO_2$ as a function of time was determined. Fig. 8 represents the results obtained. When perfused with glucose-6-^{14}C, the specific activity of the CO_2 increased gradually, levelling off after about 40 min. When the perfusing blood was changed to that containing 1-^{14}C glucose, there was a steep rise in the specific activity, it being doubled within 2 to 3 min. The specific activity *declined* slowly then and after about 40 min, reached a new plateau. A second change of the perfusing blood to that with glucose-6-^{14}C caused a sudden drop in the specific activity followed by a slow increase to a new plateau similar to that obtained initially. The explanation offered by MURPHY and MUNTZ is as follows:

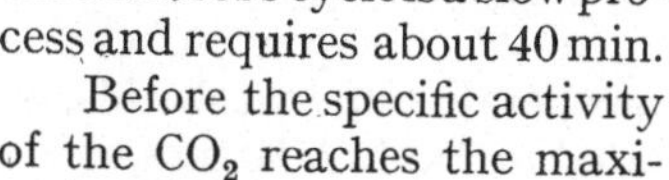

The attainment of the steady state via the Krebs cycle is a slow process and requires about 40 min. Before the specific activity of the CO_2 reaches the maximal value. On the other hand, the steady state of the hexose phosphate pools is attained rapidly and the endogenous dilution of the CO_2 formed via the pentose cycle much less than that via the Krebs cycle. Therefore when the perfusate is changed from glucose 6-^{14}C to glucose-1-^{14}C, there is rapid increase in the specific

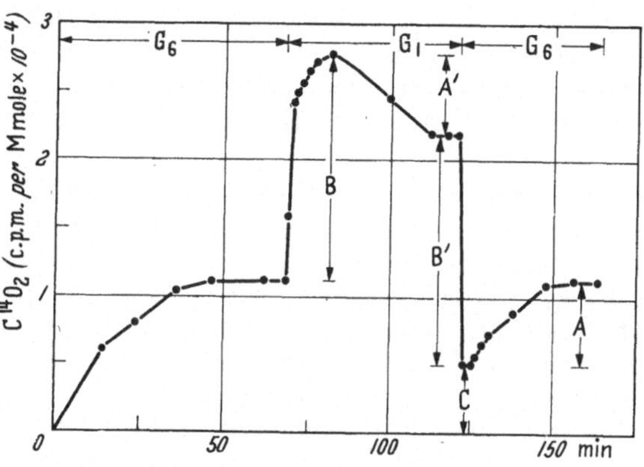

Fig. 8. Specific activity of $^{14}CO_2$ produced by isolated rat liver perfused with glucose 6-^{14}C (G_6), glucose-1-^{14}C(G_1), and again glucose-6-^{14}C (G_6). A = A^1 = 6300. B = 16,900, B^1 = 16,630, C = 5.080) The relative fraction of glucose oxidized to CO_2 by the E. M. path is

$$\frac{C}{C + A} = \frac{5080}{5080 + 6300} = 0.44.$$

The fraction oxidized by the pentose pathway is 1—0.44 = 0.56. Reproduced from MURPHY and MUNTZ. J. biol. Chem. 224, 991 (1957)

activity due to the $^{14}CO_2$ from carbon 1 via the pentose cycle. Subsequently, two processes operate:

1. The $^{14}CO_2$ yield from C-1 via the Krebs cycle *increases.*

2. At the same time, the $^{14}CO_2$ from C-6 via the Krebs cycle *decreases* because glycolytic and Krebs cycle intermediates from C-6 are used up.

Since triose phosphate from C-6 is derived both by the pentose cycle and the E.M. path is thus larger than the triose phosphate yield from C-1, process 2 is larger than 1 and there will be a decline in the specific activity of the CO_2. When the perfusing glucose was changed again, this process was repeated in reverse. The total amount of phosphoglyceraldehyde formed from glucose was taken to be proportional to the maximal specific activity of the $^{14}CO_2$ from glucose-6-^{14}C and the decrease in specific activity (process 2 − process 1) was taken to be proportional to the phosphoglyceraldehyde derived via the E.M. path. Thus, as shown in Fig. 8, the fraction of the phosphoglyceraldehyde formed by the E.M. was estimated. It should be noted (see Fig. 8) that the specific activity of the $^{14}CO_2$ from glucose-1-^{14}C does not directly enter the calculation. MUNTZ and MURPHY estimated that about 0.55 of the triose pathway proceeded via the pentose cycle and 0.45 by the E.M. path. In this calculation, the effect of recycling on the specific activity of DHAP was not considered and the contribution of the P.C. was likely overestimated. This effect of dilution of carbon 1 by recycling, can however, be estimated by several methods, and corrected for.

This kinetic study is one of the very few examples in the literature where significant information was obtained from the study of $^{14}CO_2$ formation per se. Inspite of the fact that only a single experiment has been reported, the work has been described in detail, since the approach may have wide applications to studies of glucose metabolism *in vivo*. This perfusion technique is equivalent to a constant infusion of isotope, infusing several types of labeled glucose in succession. The marked difference in the kinetics of $^{14}CO_2$ formation from carbon 1 and 6 of glucose throws doubts on the metabolic models based on the use of glucose-U-^{14}C, which has been used hitherto in kinetic studies in humans and animals.

In vivo. In vivo, the use of ratios is difficult. Probably the best procedure to evaluate the contribution of the pentose cycle to glucose metabolism is to study the randomization of carbons 2 and 3 of glucose in positions 1, 2, and 3 of liver glycogen. It has been well known that when animals are injected with $NaH^{14}CO_3$ or carboxyl labelled fatty acid, the label appears predominantly in carbons 3 and 4 of glycogen as expected from the operation of the Krebs cycle. Small amounts of activity have been found in other carbons, but it was not certain whether these represented a physiological labeling or an experimental artifact. BERNSTEIN et al. compared carefully the methods of degradation and studied the distribution of activity in the carbon of rat liver glycogen after $NaH^{14}CO_3$ administration to a fasted rat. They found 46 to 49% of the activity each in carbons 3 and 4, about 1% in carbons 2 and 5, 0.4% in carbon 1 and 0.1% in carbon 6. While the determination of ^{14}C at these low levels is not always precise, the labeling represents the actual ^{14}C destribution. From these ^{14}C ratios, it appears that less than 3% of the total glucose-6-phosphate metabolism in liver may proceed via the pentose cycle. However, the randomization may be due in part to the operation of transketolase-transaldolase exchange. This randomization is illustrated in Table 2. BLOOM et al. (1955b) found some limited randomization of carbon 1 that may be due to this type of exchange reactions.

MARKS and HORECKER (1957) incubated liver slices of fed and fasted rats with $NaH^{14}CO_3$ and isolated and degraded the liver glycogen. A high sodium or high potassium bicarbonate buffer containing lactate was used as incubation medium. From 86 to 99% of the activity in glycogen of fasted rat liver slices was in carbons 3 and 4, and from 88 to 95% in the glycogen of fed rats. The rest of the activity was in the other carbons, somewhat more in carbons 1 and 2 than in carbons 5 and 6. The $\frac{\text{C-1}}{\text{C-3}}$ ratio of specific activity ranged in both groups from about 0.01 to 0.10 and the $\frac{\text{C-2}}{\text{C-3}}$ ratio from 0.01 to 0.14. It is difficult to account for this variability and it is likely that many randomization processes and exchange reactions occur and the assessment of the contribution of the pentose cycle to glucose-6-P metabolism in liver slices by this approach is difficult.

Table 5. *Distribution of ¹⁴C in rat liver glycogen after glucose 2-¹⁴C administration*

Reference	Number	Condition of rats	Relative activity of carbons				Percent pentose cycle computed from ratio	
			1	2	3	4,5 u. 6	$\frac{\text{C-1}}{\text{C-2}}$	$\frac{\text{C-3}}{\text{C-2}}$
MARKS and FEIGELSON (1957)	1	Fasted	19	100	5	16	11	5
	2	Fasted	25	100	6	22	16	7
	3	Fasted	32	100	9	28	25	10
	4	Fed	11	100	7	17	6	7
	5	Fed	7	100	4	15	4	4
SIU and WOOD (1959)	6	Fasted	9	100	5	10	5	5
	7	Fasted	20	100	2	25	11	2

Rats 1 to 5 glucose injected intraperitoneally and rats sacrificed after six hours. Rats 6 and 7 glucose ^{14}C given per os and rats sacrificed after three hours. The ^{14}C of carbon 2 was taken as 100.

MARKS and FEIGELSON (1957) injected fed and fasted rats intraperitoneally with glucose-2-^{14}C and isolated and degraded liver glycogen. Similar data have also been published by SIU and WOOD (1959). These results are summarized in Table 5. There was appreciable randomization not only into carbons 1 and 3 but also in carbons 4, 5, and 6. Assuming that the randomization into carbons 1 and 3 was only by recycling via the pentose cycle, the percent pentose cycle was calculated by means of Fig. 7 from the $\frac{\text{C-1}}{\text{C-2}}$ and $\frac{\text{C-3}}{\text{C-2}}$ ratios (last two columns, Table 5). The consistency between the results obtained from each pair of ratios with fasted rats is poor. The contribution of the pentose cycle calculated from the $\frac{\text{C-3}}{\text{C-2}}$ ratios ranges from 2 to 10% but from $\frac{\text{C-1}}{\text{C-2}}$ from 5 to 25%. On the other hand, in the fed rats the two ratios were rather consistent, the contribution of the pentose cycle being about 5%. As judged from the activity in carbons 4, 5, and 6, other randomizations processes in addition to the pentose cycle operate and their effect in fasted animals may be more extensive than that of recycling via the pentose cycle[1].

SHREEVE et al. (1958a, b) isolated plasma glucose from humans after the administration of carboxyl labeled acetate. In 5 diabetics, the activity of carbon 3 ranged from 39 to 47% and of carbon 4 from 51 to 58%. Carbon 2 contained 0.7 to

[1] HORECKER, DOMAGK and HIATT (Arch. Bioch. Biophys. 78, 510, 1958) also injected glucose 2-^{14}C intraperitoneally into rats with regenerating livers or ascites tumors and isolated and degraded the liver glycogen. They found a rather extensive randomisation of the ^{14}C in glycogen glucose, including carbons 4, 5 and 6. It appears that in their experiments extensive randomisation of label by the reversal of the E. M. pathway and recycling of the triose phosphate via the Krebs cycle occurred.

1.6%; carbon 1, 0.4 to 1.4%; carbon 5, 0.3 to 0.9% and carbon 6, 0.2 to 0.3% of the total glucose activity. The distribution in two non-diabetic humans fell within the same range. This activity distribution is not fully consistent with randomization solely by the pentose cycle since, in most experiments, $\frac{\text{C-1}}{\text{C-3}}$ ratios correspond to 3 to 8% pentose cycle and the $\frac{\text{C-2}}{\text{C-3}}$ ratios to 1 to 3%. It appears that the contribution of the pentose cycle to total glucose metabolism is of the order of 5%.

A different approach was used by MUNTZ and MURPHY. They injected glucose 3—4-^{14}C and glucose 2-^{14}C into the portal vein and almost immediately (less than 90 sec) terminated the experiment and extracted and degraded the lactate from the liver. From the distribution of activity of lactate, it appears that the contribution of the pentose cycle to glucose metabolism does not exceed 4%. MUNTZ and MURPHY also injected 2—6-^{14}C glucose and isolated and degraded the lactate as before. The activity in the α carbon was about 1.5 times than in the β carbon in *in vitro* experiments. This method is equivalent to the use of lactate yields from 2 and 6-^{14}C glucose. It appears then that most of the lactate is derived via the E.M. path. In these short-term experiments, steady state was certainly not approached. Since no information on the kinetics of the system exist, the evaluation of these findings is difficult.

It should be noted that in all experiments where carbon 3 of glucose became labeled, also carbon 2 and 1 contained activity. While activity from carbon 3 would be introduced into carbon 2 by the operation of the pentose pathway without recycling, none would be introduced into carbon 1. Carbon 1 would be however labeled by recycling. The labeling of carbon 1 exceeded usually that expected from theory. This observation tends to support the operation of the pentose cycle rather than the pathway.

The conversion of pentose into glucose

Another type of experiment throwing light on the operation of the pentose cycle in liver is that on ribose conversion into glucose or glycogen. According to equations 2a, b, c and assuming complete equilibration between pentose phosphates, exogenously added pentose 1-^{14}C should yield after passage through one cycle a hexose phosphate labeled solely in carbons 1 and 3 — the activity of carbon 3 being twice that in 3. HORECKER et al. (1954) incubated ribose 1-^{14}C with a cell free preparation from rat liver and isolated hexose phosphate whose labeling approximated that expected from equation 2. However, KATZ et al. (1955), who incubated rat liver slices with ribose 1-^{14}C, found the activity, predominantly in carbons 1 and 3 of free glucose, but the ratio of the activities in C-1 and C-3 was close to 1, rather than 2. HIATT (1957) injected ribose 1-^{14}C into fasted mice and found the ratio in liver glycogen similar to that found by KATZ. When ribose 1-^{14}C was injected into a human, HIATT (1958) observed a ratio $\frac{\text{C 1}}{\text{C 2}}$ of about 0.5 rather than the 2 expected from theory.

When xylose 1-^{14}C was injected into mice, the deviation from theory was in the opposite direction from those observed with ribose 1-^{14}C. HIATT (1957) observed $\frac{\text{C-1}}{\text{C-3}}$ ratios in mouse liver glycogen of 5 to 7 and similar results were reported by EISENBERG et al. (1959) with glucuronic acid 1-^{14}C (which yields xylose-1-^{14}C via the glucuronate pathway).

To explain these findings, HIATT suggested that the major route of labeling of glucose is via transketolase exchange. By this reaction, the two "top" carbons of xylulose-5-P will be exchanged with the two "top" carbons of fructose-6-P. This exchange is assumed to proceed more rapidly than the equilibration of the pentose phosphates. Since the fructose-6-P pool is very large as compared to the pentose pool, the activity from xylulose-5-P-^{14}C will be introduced directly into carbon 1 of fructose-6-P and the activity of the xylulose pool will be markedly diluted. Such an exchange may explain the preferential labeling of carbon 1 of hexose when xylulose is the substrate and the preferential labeling of carbon 3 when ribose-1-^{14}C is the substrate.

These findings stress the significance of exchange reactions in the interpretation of experiments with ^{14}C glucose.

2. Mammary gland

In vitro. GLOCK and MCLEAN (1953) and MCLEAN (1958) studied the enzymatic and chemical changes in rat mammary gland from pregnancy through lactation and involution after weaning. They found that in rats the activity of hexokinase and phosphoglucose isomerase increased 5 to 8-fold during lactation, declining rapidly at involution but that the increase in the activity of glucose-6-P dehydrogenase was about 50-fold and, upon termination of lactation, the activity drops in two to three days from about 5500 to 50 units per g tissue. The level of this enzyme in this organ during lactation is the highest found in the body. They also found that in rat mammary gland slices, the CO_2 yield from carbon 6 increases slightly during lactation but the yield from carbon 1 increases more than 10-fold. All these observations suggest that the pentose cycle plays an important role in glucose metabolism in this organ during lactation.

ABRAHAM et al. (1954) attempted to use the lipid and fatty acid ratio from glucose-1 and 6-^{14}C $\left(\frac{C\,1}{C\,6}\text{ ratio}\right)$ to evaluate quantitatively the relative contributions of the E.M. path and pentose cycle to glucose catabolism. Results on the incorporation of glucose-1, 2, 3, 4, 6, and U-^{14}C into CO_2 and total lipids are presented in Table 6.

Table 6. *Incorporation of glucose-^{14}C and lactate-^{14}C into CO_2 and lipids by rat mammary gland slices*

Expt.	Substrate	Label in glucose or lactate carbon	% Incorporation into		Lipid ratio	
			CO_2	lipids	$\frac{1}{6}$	$\frac{2}{6}$
1	Glucose-^{14}C	1	31	17	0.53	0.27
		2	16	27		
		3—4	14	7		
		6	2	36		
		U	22	15		
	Glucose-^{14}C and lactate	1	29	12	0.58	0.41
		2	17	17		
		3—4	4	5		
		6	0.9	29		
2		U	13	14		
					Relative oxidation of lactate carbons	
	Glucose and lactate-^{14}C	β	1.5	40	3.5	
		α	4.3	39	10	
		COOH	43	0	100	

Rats 10 days post-partum. 0.5 g slices in 5 ml Ringer bicarbonate buffer, 3 hrs incubation, 50 micromoles of each substrate, from ABRAHAM et al., 1954.

As illustrated in Table 6, rat mammary gland slices are characterized by a very marked preferential oxidation of carbon 1 over 6. ABRAHAM and others have reported $^{14}CO_2$ yields from glucose 1-^{14}C 20—30 times that from glucose 6-^{14}C. The explanation for such ratios is provided by the lactate ^{14}C results of Table 6. The $^{14}CO_2$ yield from the carboxyl carbon of lactate was 43%, about 10 and 30 times respectivily higher than from carbons 2 and 3. On the other hand, about 40% of carbons 2 and 3 were incorporated into lipids. Since the decarboxylation of lactate yields acetyl CoA the $^{14}CO_2$ yield from the carboxyl carbon of lactate may be taken to be proportional to the acetyl CoA formation, and CO_2 yield from carbon 2 and 3 proportional to the fraction of the acetyl CoA that is oxidised to CO_2. While the results with lactate do not fully reflect the fate of triose phosphate, they indicate that the major utilization of triose-P is by lipogenesis, and only a small fraction of carbons 2 and 3 of triose P form CO_2 via the Krebs cycle. From the results of lactate oxidation of Table 6 it appears that the fraction of carbon 3 of triose phosphate oxidized to CO_2 (N) is not higher than 0.03.

Making the arbitrary but reasonable assumption (see below) that 20% of the total glucose metabolism proceeds via the pentose cycle, 30 by the E.M. path and 50% by non-triose pathways, (possibly lactose or glycogen synthesis) and taking N to be 0.03, it can be calculated (see example in previous section) by the use of expression I and III that the $\frac{\text{C-6}}{\text{C-1}}$ $^{14}CO_2$ ratio should be 0.035. By using Fig. 2 and a value of 10% for the oxidation of carbon 2 of triose phosphate (from Table 5), a $\frac{\text{C-6}}{\text{C-2}}$ $^{14}CO_2$ ratio of 0.051 is obtained. Actual experimental $^{14}CO_2$ ratios in expt. 2, Table 6 are 0.031 and 0.053.

The $^{14}CO_2$ yield from glucose 3—4 is surprisingly low and not consistent with the assumptions. In view of the high rate of lipogenesis and presumably extensive acetyl CoA formation, the $^{14}CO_2$ yield from these carbons should exceed that from carbon 1. ABRAHAM et al. however found in this and other experiments (1959) low recoveries of glucose 3—4-^{14}C in CO_2. The mechanism of glucose metabolism in mammary gland can not be understood unless the fate of carbons 3 and 4 is elucidated.

Results using numerous types of glucose ^{14}C are very valuable, and ABRAHAM et al. reported (Table 6) such incorporation into total lipids. Unfortunately the activity in glycerol and fatty acids was not determined separately. Since the effect of recycling on the specific activity of triose and acetyl derivatives are different (see Figs. 3 and 4) only rough estimates of metabolic pathways can be obtained from the data of Table 6. From the $\frac{\text{C-1}}{\text{C-2}}$ ratios the contribution of the pentose cycle can be estimated to be: for experiment 1—26% to 38%, and for experiment 2—16% to 24%. (The low values are from triose ratios, Fig. 3, and the high values are from acetyl ratios, Fig. 4). The relative contribution of the pentose cycle to the triose pathway can be approximated from the $\frac{\text{C-2}}{\text{C-6}}$ lipid ratio, since the increase in specific activity of either the triose or acetyl moety does not exceed 10%. (Figs. 3 and 4). The $\frac{2}{6}$ lipid ratio in expt. 1 (no lactate) is 0.27 and expt. 2 (lactate present) is 0.41 (Table 6). It follows that in expt. 1 roughly 25% of the glucose metabolism proceeded via the pentose cycle and the rest by the E.M. path, and little if any by the non triose pathways occurred. In expt. 2 it appears that 20% of the total metabolism proceeded via the pentose cycle, 30% by the E.M. path and 50% by non triose pathways. (Possibly synthesis of lactose, glycogen or unknown compounds).

ABRAHAM et al., from the $\frac{1}{6}$ lipid ratios of Table 6 (0.53 and 0.58) estimated that the contribution of the pentose cycle to the triose pathway equals or exceeds that of the E.M. path. In subsequent papers (1957 and 1959) ABRAHAM et al. reported the incorporation of glucose 1 and 6-^{14}C into fatty acids and found that the $\frac{1}{6}$ ratios range from 0.35 to 0.55. They estimated that glucose utilization via the pentose cycle is up to twice that by the E.M. path, but obviously these estimates are not reliable and too high. They also confirmed (1957) the insulin stimulation in vitro of the glucose utilization by rat mammary gland reported previously by BALMAIN (1953), but they found that insulin does not affect the $\frac{1}{6}$ fatty acid ratios.

In a few experiments, ABRAHAM et al. (1957, 1959) determined the incorporation of glucose 3—4 into fatty acids. The incorporation of carbon 3 of glucose in acetyl derivatives and the use of this incorporation to evaluate the contribution of the pentose cycle has been discussed previously (method 2 and Fig. 4). The $\frac{\text{C-1}}{\text{C-3, 4}}$ ratios found by ABRAHAM were 0.27, 0.36 (1957) and 0.43 (1959). Assuming that only carbon 3 was incorporated into fatty acids, these ratios are multiplied by 2 (since only one-half of the activity of 3,4 glucose is in carbon 3) and the contribution of the pentose cycle to glucose metabolism determined from the proper curve in Fig. 4. The computed results are 23, 31 and 37%. However, in view of the low recoveries of carbons 3 and 4, these results have to be accepted with great caution.

The present data are not adequate to characterize glucose metabolism in mammary gland in vitro. The establishment of a ^{14}C carbon balance and use of methods as illustrated in the next section on adipose tissue are needed to elucidate the pathways of glucose utilization.

In vivo. The biosynthesis of milk constituents in a lactating animal lends itself admirably to study with isotopes. In a goat or cow, injected with isotopic precursors, large amounts of labeled products are secreted out of the body and can be readily assayed and degraded. Studies of milk synthesis with isotopes are reviewed in a monograph by FOLLEY (1956). It should be stressed that the mammary metabolism of ruminants is quite distinct from that of rodents. In the latter, milk fat synthesis from glucose is extensive, but in ruminants the fatty acids are formed predominantly from circulating acetate (BALMAIN).

The metabolism of glucose-U-^{14}C in the cow has been studied extensively by KLEIBER and his associates, and their work has been summarized by KLEIBER and BLACK in 1956. They found that glucose is turned over rapidly in the cow (turnover time of about an hour) and that about 10% of the total respiratory CO_2 is derived from glucose carbon (BAXTER et al., 1955), KLEIBER et al., 1955). Within 10 hrs after intravenous injection, over 40% of the glucose-U-^{14}C was recovered each in lactose and CO_2. Plasma glucose was found to provide most and possibly all of the carbon of lactose. BLACK et al. (1955) found that plasma glucose is incorporated readily into the dicarboxylic amino acids and other non-essential amino acids. BLACK and KLEIBER estimated that about 25% of the carbon of alaine and serine from casein is derived from plasma glucose.

Where ^{14}C precursors were injected directly into the udder (cistern) the milk constituents from the injected udder half were labeled to a much greater extent than those from the non-injected half, thus showing that biosynthesis of all milk constituents occurs in the udder proper. It is not known however, how much of the $^{14}CO_2$ formation or the ^{14}C incorporation into amino acids occurred in the udder proper, and how much elsewhere in the body.

WOOD and co-workers have investigated the metabolism of lactose synthesis in the udder. Their approach was to administer various types of ^{14}C precursors, and to isolate and degrade the glucose and galactose from milk lactose. The precursors were injected either intravenously or directly into the pudic artery supplying a single udder. In such case lactose from both injected and non-injected sides was

Table 7. *Incorporation of ^{14}C in glucose and galactose from cow milk lactose*

Reference	Expt. NO.	Mode of Administration and Site of Milk Collection	Isotopic substrate	Hexose	% ^{14}C of lactose in hexose	Carbons 1	2	3	4	5 u. 6	% metabolism via P. cycle calculated from ratio 2/3	1/3	1/2	3/2
SCHAMBYE et al. (1957)	1	Intravenous	Acetate-1-^{14}C	Glu	51	3	5	100	126	6	3	10		
				Gal	49	20	35	100	152	7	30	40		
SCHAMBYE et al. (1957)	2	Intravenous	Na^{14}HCO	Glu	51	6	9	100	147	5	4	16		
				Gal	49	22	47	100	150	15	47	45		
SCHAMBYE et al. (1957)	3	Intravenous	Glu 1-^{14}C	Glu	55	100	1	1	3 (4–6)					
				Gal	45	100	2	3	8 (4–6)					
WOOD et al. (1957b)	4	Unilateral injection Injected side 0—1.7 hrs	Acetate-1-^{14}C	Glu	10									
				Gal	90	42	41	100	1360	10	38	90		
		Injected side 1.7—3.4 hrs	Acetate-1-^{14}C	Glu	30	5	11	100	128	13	6	8		
				Gal	70	11	20	100	350	12	12	25		
		Non-injected side 1.7—3.4 hrs	Acetate-1-^{14}C	Glu	51	5	11	100	127	11	6	8		
				Gal	50	12	23	100	128	12	13	25		
WOOD et al. (1958a)	5	Injected side	Glycerol 1—3-^{14}C	Glu	5		100 (1–3)		96 (4–6)					
				Gal	95		100 (1–3)		1280 (4–6)					
		Jugular blood Glucose	Glycerol	Glu			100 (1–3)		80 (4–6)					
WOOD et al. (1957b)	6	Udder perfusion	Propionate 1-^{14}C	Glu	3	—	—	100	333	—				
				Gal	97	21.4	31.1	100	320	0.4	22	42		
PEETERS and WOOD[1]	7	Udder perfusion	Glucose-2-^{14}C	Glu	63	0.4	100	0.7	0.1					
				Gal	37	31	100	19	6.2				23	23

[1] F. G. PEETERS and H. G. WOOD, unpublished experiments. The data were recalculated from the original references. The specific activity of carbons 3,2, or 1 or 1 + 2 + 3 was set as 100.

isolated. These workers also used perfused isolated udders. As precursors NaH^{14}CO$_3$ and carboxyl labeled acetate and propionate (which yield a hexose-phosphate labeled in carbons 3 and 4), glucose 1 and 2-^{14}C and glycerol 1—3-^{14}C were used. Typical results are summarized in Table 7. Their major findings were: a) when a labeled glucose precursor is injected intravenously, the specific activities of the galactose and glucose moeties are nearly equal; but on the other hand, when the injection was directly into the udder or in perfusions, the ^{14}C is incorporated predominantly in the galactose moety and only a small fraction of the activity was found in glucose; b) when fatty acids or glycerol were the precursors, the galactose was predominantly labeled in the 4, 5, 6 carbons. This was specially prominent when the isotope was injected unilaterally. Galactose obtained shortly after injection from the milk from the injected side of the udder had about 12 times more activity in the „lower" than in the „upper" half of the hexose (experiments 4 and 5). The incorporation into glucose was also assymetrical, with more activity in carbons 4, 5, 6 than in 1, 2, 3; but the difference between the two halves was much less pronounced than in galactose; c) in the galactose there was extensive randomization in carbons 1, 2, and 3. Such randomization was less pronounced in the glucose moety. There was much less randomization in carbons 4, 5, and 6.

The randomization of the ^{14}C from position 3 into positions 1 and 2 establishes that recycling is very extensive and that the pentose pathways without recycling postulated by some workers (BLACK et al., 1957) is not tenable. By the operation of the pentose pathway (no recycling) carbon from position 3 will be incorporated into position 2 but not in position 1. On the other hand, by the pentose cycle, position 1 will become labeled, and from Fig. 1 it can be seen (see also appendix) that the extent of labeling in position 1, relative to 3, will be the square of that of position 2. (For example if $\frac{\text{C-2}}{\text{C-3}} = 0.3$, then $\frac{\text{C-1}}{\text{C-3}}$ should be 0.09).

Examination of the activity of carbons 1,2,3 of galactose derived from carbon 3 (Table 7) reveals that the $\frac{\text{C-1}}{\text{C-3}}$ ratio is equal or higher than the square of the $\frac{\text{C-2}}{\text{C-3}}$ ratio.

The most striking observation of WOOD et al. was the lack of isotopic equilibration between the glucose and galactose moeties of lactose when the labeled precursor was applied directly to the udder and the highly unsymmetrical labeling of the galactose. The latter could not be explained as due to limited isotope equilibration between the triose phosphates since both glycerol and acetate injections gave similar patterns. WOOD and co-workers (1958b) also showed the occurrence of extensive triose phosphate isomerization in the udder. They proposed a metabolic scheme that accounts quite satisfactorily for the data. This is represented in a simplified form in Fig. 9. They postulated:

A. Galactose is derived predominantly from circulating glucose. The glucose is phosphorylated and a part of the hexose phosphate converted to uridine diphosphate (UDP) glucose which yields the galactose moety of lactose.

B. In part, the hexose phosphate is catabolized to CO_2 and triose phosphate by the pentose cycle and the E.M. pathway.

C. Triose phosphates enter the hexose phosphate pool by reversal of the E. M. pathway or by triose phosphate exchange.

D. There is a very extensive and rapid exchange between phosphoglyceraldehyde and carbons 4, 5, and 6 of fructose-6-phosphate. This exchange is likely to be catalyzed by transaldolase.

E. The synthesis of lactose involves a condensation between UDP galactose and free, unphosphorylated glucose.

WOOD's postulates serve to explain the experimental results but are otherwise not established. Specifically, there is no direct evidence for the idea of lactose synthesis from free glucose. The experiments of GANDER et al. (1958) indicate that lactose synthesis in cow's udder proceeds by a condensation between UDP galactose and glucose-1-P to yield lactose-1-P, but these experiments need confirmation. If hexose-6-phosphate is indeed the intermediate in the formation of the glucose moety of lactose, it has been suggested by WOOD et al. that two separate nonexchangeable pools of hexose phosphate exist, one leading to the galactose and one to the glucose moeties of lactose.

When labeled acetate or similar precursors are injected into the cow, plasma glucose will become labeled by well known reactions in the liver and the glucose moety of lactose will reflect the activity of plasma glucose. The galactose moety may be labeled by three pathways: 1) via glucose; 2) via triose phosphates, and 3) via exchange reactions between phosphoglyceraldehyde and hexose phosphate.

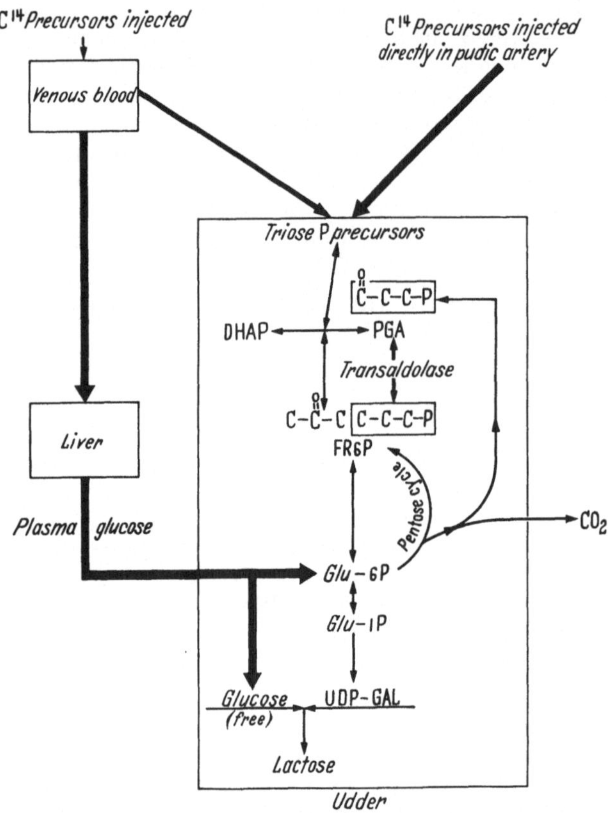

Fig. 9. The synthesis of lactose from labeled precursors in the cow, when injected either intravenously or into the artery supplying the udder. Heavy lines, major pathways, light lines minor pathways. Brackets enclose the carbons exchanged by transaldolase. Scheme based on the postulates of WOOD and co-workers

In Table 7, from the distribution of the activity in carbons 1, 2, and 3 using Fig. 7, the contribution of the pentose cycle was calculated. The distribution in glucose may reflect primarily the operation of the pentose cycle in liver; however, as seen from Table 7, even in perfused isolated udder a small amount of activity is incorporated into glucose. In Table 7, the calculations based on $\frac{\text{C-2}}{\text{C-3}}$ and $\frac{\text{C-1}}{\text{C-3}}$ ratios are given. The agreement between the results obtained from the two ratios is generally poor. Thus, for glucose from the $\frac{\text{C-2}}{\text{C-3}}$ ratio, the values range from 3 to 6% and from the $\frac{\text{C-1}}{\text{C-3}}$ ratio, from 8 to 16%. In part, this discrepancy may reflect the effect of transaldolase-transketolase exchange. No doubt the degradation of plasma glucose would provide a better measure of the contribution of the pentose cycle to the metabolism of glucose-6-P in liver.

As judged from the randomization of carbon 3 in galactose, the contribution of the pentose cycle to total glucose-6-P metabolism from $\frac{\text{C 2}}{\text{C 3}}$ ratios ranges from 12 to 47%, and as calculated from $\frac{C1}{C3}$ ratios from 25—90%. In a single experiment with glucose-2-^{14}C (Number 7), the agreement between the results calculated from the two ratios was excellent, being 23%. Some of the factors that may account for the lack of consistency are the lack of steady state, the entry of isotope not only from glucose but also by other routes and exchange reactions. The operation of transketolase-transaldolase exchange has been discussed already. From Table 2 it can be seen that carbon 1 could be introduced into position 3 of hexose phosphate but not into position 2. Position 2 may however become labeled by recycling if position 3 becomes labeled. From Table 7 it is seen that in the galactose from the milk of cows injected intravenously with glucose 1-^{14}C the activity of carbon 2 was 1.8% and of carbon 3, 3.2% that of carbon 1. This suggests that transaldolase-transketolase exchange occurs, but to a limited extent and does not vitiate the calculations based on ratios of activities in carbons 1, 2, and 3 of galactose.

From the results in Table 7, it appears that *in vivo* the pentose cycle contributes around 40% of glucose metabolism, or more exactly to the metabolism of the hexose phosphate pool that leads to galactose synthesis. Obviously the major product formed via this pathway is synthesis of the galactose moety itself. It would appear that the contribution of the E.M. path must be small but little direct pertinent evidence is available. PEETERS and WOOD (unpublished experiments) perfused isolated udder with glucose-1 and 6-^{14}C. They isolated serine from casein and glycerol from milkfat. Very little activity from glucose-1-^{14}C was incorporated into these compounds, but the incorporation of glucose-6-^{14}C was extensive. This suggests that in the udder of the cow, the E.M. pathway plays a minor role in glucose metabolism.

BLACK et al. (1957) tried to evaluate the contribution of the E.M. pathway and pentose cycle in the lactating cow, by comparing the incorporation of glucose 1 and 6-^{14}C into milk constituents. They injected cows with glucose 6-^{14}C and two to three weeks later with glucose 1-^{14}C. The ^{14}C yields in CO_2 and milk constituents were reported and are summarized in Table 8. These data are of special interest because a complete ^{14}C carbon balance has been attempted. Thirty-four hours after the injection, the secretion of ^{14}C in milk constituents was negligible and the specific activity of the respired CO_2 was very low. At that time over 96% of the ^{14}C of glucose 1-^{14}C was recovered but only 71—80% of the ^{14}C from glucose 6-^{14}C. It appears that the unrecovered fraction has been incorporated into some compound with a slow turnover. It is noteworthy that at least six times more of carbon 6 than carbon 1 was incorporated into these compounds. On the other hand as seen from Table 8, the $\frac{C\text{-}6}{C\text{-}1}$ ratio in milk constituents was 2 to 3.

Table 8. *Incorporation of glucose 1 and 6-^{14}C in CO_2 and milk constituents*

Cow	Label in glucose	% of injected ^{14}C recovered in					% ^{14}C recovered in milk constituents			$\frac{C\text{-}1}{C\text{-}6}$ ratios		
		CO_2	lactose	milk fat	milk protein	total recovered	alanine[1]	serine[1]	glycerol[2]	alanine	serine	glycerol
1	C-1	54	41	2.4	3.1	101	0.25	0.27	2.0	0.54	0.34	0.38
	C-6	33	36	7.7	6.1	83	0.46	0.80	5.3			
2	C-1	50	41	2.7	2.9	96	0.33	0.39	2.6	0.55	0.36	0.41
	C-6	15	41	6.7	5.6	69	0.62	1.07	6.3			

[1] From casein.
[2] From milk fat.
Collection period, 34 hrs. From BLACK et al., 1957 and private communiation of Dr. A. L. BLACK.

BLACK et al. estimated the relative contribution of the pentose cycle and E.M. path to the triose pathway from the commonly used ratios from glucose 1 and 6-^{14}C. Since the $\frac{C\text{-}6}{C\text{-}1}$ ratio of serine and glycerol was about 0.4, they concluded that about 1.5 times as much glucose is metabolized by the pentose cycle as by the E.M. path. Corrections for recycling were not considered. Moreover, the results of WOOD et al. described above show that in the udder, transaldolase exchange is prominent. While recycling will dilute the activity of position 1 of hexose phosphate, transaldolase exchange will dilute the activity in position 6, and under such circumstances, any interpretation of any ratios from glucose 1 and 6-^{14}C would become impossible.

BLACK et al. also attempted to evaluate the relative contribution of the E.M. path and pentose cycle from $^{14}CO_2$ data. The calculation is not presented here in detail and the original paper should be consulted. In principle the $^{14}CO_2$ yield from glucose 1-^{14}C by the Krebs cycle and the pentose cycle was evaluated, and the degree of oxidation of triose phosphate from glucose 1-^{14}C (N) was estimated. Dilution via recycling does not affect the calculation. As computed by this method, assuming the operation of the pentose cycle (rather than the pathway without recycling assumed by BLACK et al.), 0.28 of the triose pathway proceeds via the pentose cycle and 0.72 by the E.M. path. The calculation is based on the implicit and rather questionable assumption that either all the expired $^{14}CO_2$ was formed in the udder, or all the triose phosphate pools in the body were in isotopic equilibrium. The evaluation of N is also subject to error. If by the same method, as used by BLACK, N is evaluated from glucose 6-^{14}C results, a much lower value is obtained. It appears that for a study such as this, 3 labeled types of glucose-^{14}C are required and in addition to glucose 1 and 6-^{14}C, glucose 2-^{14}C and preferably glucose 3-^{14}C should be included in the experiments.

3. Adipose tissue

The fat forming cellular elements constitute a fraction of a percent of the total body mass, but most of the synthesis and breakdown of the body fat deposits occurs in these cells. HAUSBERGER's pioneer research (1941) and the studies of WERTHEIMER and his co-workers established that adipose tissue has a high rate of fat and glycogen synthesis and that this is stimulated by insulin. The earlier work has been reviewed by WERTHEIMER and SHAPIRO (1948). The use of glucose ^{14}C has confirmed and extended these observations. HAUSBERGER et al. (1954), FAVARGER and GERLACH (1955) and many others have found that glucose-^{14}C is incorporated rapidly into body fat both *in vivo* and *in vitro*. Most recent studies with adipose tissue in vitro were done with the epididymal fat pad of the rat, and relatively little has appeared on the metabolism of brown fat tissue.

MILSTEIN (1956) studied the oxidation of glucose-1 and 6-^{14}C by the epididymal fat pad of alloxan diabetic and insulinized rats. He found a larger yield of $^{14}CO_2$ from carbon 1 than from carbon 6, especially with the fat pads of insulin treated rats. WINEGRAD et al. (1958) also reported experiments on the incorporation of glucose 1 and 6-^{14}C into total lipids and fatty acids. They found that insulin stimulated lipogenesis about 10-fold from both carbons without greatly changing the $\frac{C\text{-}1}{C\text{-}6}$ ratio in lipids or fatty acids. On the other hand, insulin stimulated CO_2 yields from carbon 1 much more than from carbon 6 of glucose. This is shown in Table 9. When fatty acid synthesis is extensive the $^{14}CO_2$ yields from carbon 1 of glucose may be 5—20 fold that from carbon 6. This is analogous to the situation occurring in mammary gland and the reason for the occurrence of these ratios has been discussed already.

Table 9. *Metabolism of glucose 1 and 6-^{14}C by rat epididymal fat pads in vitro*

References	Hormone added	Label in glucose	Total ^{14}C recovered in compounds[1]	Percent recovered ^{14}C in[2]				$\frac{C\text{-}1}{C\text{-}6}$ Ratio in	
				CO_2	Glycerol[3]	Fatty acids	Glycogen	Glycerol	Fatty acids
WINEGRAD et al. (1958)	None	1	1.2	78	6	16	—	0.41	0.50
		6	0.8	30	22	48	—		
	Insulin	1	9.6	67	1	32	—	—	0.49
		6	6.7	5	1	94	—		
WINEGRAD et al. (1959)	Growth hormone	1	2.2	45	44	11	—	1.3	0.50
		6	2.2	44	34	22	—		
CAHILL et al. (1960)	None	1	0.91	47	44	7	2	0.82	0.66
		6	0.54	22	57	18	3		
	Insulin	1	3.9	56	17	20	7	0.95	0.52
		6	2.7	10	26	55	9		
	Epinephrine	1	3.6	32	65	2.5	0.5	1.3	0.36
		6	3.1	34	57	8	1		
	Epinephrine + insulin	1	6.1	33	62	4.5	0.5	1.1	0.29
		6	5.7	28	55	16.5	0.5		

[1] Recovery in the isolated compounds. Expressed as μm/mgN/3 hrs.

[2] Recovery in the isolated compounds set as 100%.

[3] Glycerol in WINEGRAD experiments calculated by difference (Lipid—Fatty acids). In CAHILL's experiments only α carbon activity was recovered, but this accounts for at least 95% of total glycerol activity. In WINEGRAD's experiments glucose concentration was 0.02 M, and in CAHILL's, 0.005 M.

WINEGRAD et al. (1959) and CAHILL et al. (1960) studied also the effect of growth hormone and epinephrine on the *in vitro* metabolism of glucose 1 and 6-^{14}C by the epididymal fat pad. Typical results are presented in Table 9. Insulin and epinephrine both markedly stimulated the utilization of glucose ^{14}C, but their effect on the metabolic patterns is quite different. Insulin stimulates predominantly fatty acid synthesis with concomitant high $^{14}CO_2$ yields from carbon 1 and low yields from carbon 6 of glucose. Insulin also stimulates greatly glucose incorporation into glycogen. On the other hand, epinephrine primarily stimulates incorporation of glucose carbon into glycerol, and the oxidation of acetyl CoA, with nearly equal $^{14}CO_2$ yields from carbon 1 and 6. The effect of insulin and epinephrine, when added together, on the total utilization of glucose ^{14}C was additive, but the pattern was that of epinephrine alone. The stimulation by growth hormone was much less pronounced than that by the other hormones, with the pattern similar to that of epinephrine. CAHILL (unpublished observations) also found that ACTH stimulates glucose utilization, and that the metabolic pattern is similar to that obtained with epinephrine. It should be noted that the hormone levels used were in concentrations several orders of magnitude greater than physiological levels *in vivo*.

It is well established and has also been confirmed by CAHILL (1960) with these preparations, that in the presence of epinephrine (and ACTH) fat is hydrolyzed, and in the presence of insulin fat is synthesized from fatty acids or glucose. Where lipogenesis from glucose occurs and glucose is the precursor of both glycerol and fatty acids, the incorporation of glucose carbon into glycerol should be about 6 or 7% that in fatty acids, since 1 carbon of glycerol carbon is incorporated into fat for 16—18 carbons into fatty acids. This situation may have prevailed only in the presence of insulin and a high concentration of glucose (WINEGRAD, 1958, Table 9). Under other conditions part of the fatty acids may be formed from other precursors, (possibly free fatty acids from the medium). However, as pointed out by CAHILL (1960) in the presence of epinephrine, the incorporation of glucose into glycerol of fat is far too large to represent synthesis, and it appears that the ^{14}C incorporation represents an exchange reaction between triose phosphates and glycerol, and the ^{14}C incorporation into glycerol is not a measure of lipid synthesis.

An important aspect of the results illustrated in Table 9 is the fact that the $\frac{C\text{-}1}{C\text{-}6}$ glycerol ratios are different from the corresponding fatty acid ratios. Thus in CAHILLS experiments (Table 9) the $\frac{C\text{-}1}{C\text{-}6}$ glycerol ratios range from about 0.8 to 1.3 and fatty acid ratios ranged from about 0.3 to 0.7. To account for this result CAHILL et al. (1959) proposed that the equilibration of triose phosphates formed from glucose is not complete and that the dihydroxy acetone phosphate (containing carbon 1 of glucose) is used preferentially for glycerol synthesis. Obviously the use of any triose or acetyl ratios from the "top" or „bottom" part of glucose-^{14}C for the evaluation of the pathways of glucose metabolism is difficult.

WINEGRAD et al. (1959) interpreted the nearly equal yield of $^{14}CO_2$ from carbons 1 and 6 of glucose in the presence of growth hormone as due to a specific stimulation of carbon 6 oxidation. They also studied the $^{14}CO_2$ evolution from glucose 1 and 6-^{14}C as a function of time. In the first hour or two, the $^{14}CO_2$ yield from carbon 1 was larger than from carbon 6; but in the following period, the condition was reversed and in the fourth hour, the $^{14}CO_2$ yield from carbon 6 was 1.5 to 2.5 times higher than from carbon 1. They suggested that this was due to the operation of the glucuronate pathway stimulated by growth hormone. The operation of transaldolase exchange may exchange carbons 4, 5, 6 of hexose phosphate with phosphoglyceraldehyde (see above). This may cause a preferential CO_2 formation from carbon 6 over 1. Some of the results of CAHILL et al. (1959) may be interpreted as evidence for the occurrence of transaldolase exchange in the epididymal fat pad.

CAHILL (1959) reported glycogen formation from glucose 2 and 6-^{14}C. Some of these results are reported in Table 10. If transaldolase (or aldolase) catalyzed exchange occurs, it would lead (see discussion of mammary gland above) to a dilution of carbons 4, 5, and 6 of hexose phosphate and its derivatives. Since the effect of recycling on carbon 2 of glucose in hexose phosphate is limited, the $\frac{C\text{-}2}{C\text{-}6}$ hexose phosphate ratio can be used to test for the occurrence of transaldolase or aldolase exchange. The maximal possible value for this ratio is 1.11 (Fig. 3) and ratios higher than this suggest dilution of position 6 by exchange. The actual reported values (in the presence of insulin) for the experiments of Table 10 are for average glycogen yields from glucose-2-^{14}C, 0.327 $\pm$ 0.118, and from glucose-6-^{14}C, 0.264 $\pm$ 0.094. The $\frac{C\text{-}2}{C\text{-}6}$ ratio is 1.24 but due to experimental variation in the determination of glycogen activity, the difference between the two ratios (1.1 and 1.24) is not highly significant. In another set of three experiments under identical conditions, CAHILL et al. found incorporation into glycogen from glucose-2-^{14}C to be 0.163 $\pm$ 0.013; the incorporation from glucose-6-^{14}C was 0.093 $\pm$ 0.004 and the $\frac{C\text{-}2}{C\text{-}6}$ ratio, 1.75. In this experiment, the difference between the ratios (1.1 and 1.75) is significant and these results provide evidence for the occurrence of transaldolase exchange. However, the number of experiments is small and the inherent experimental errors large and more definite evidence is required to establish the occurrence or extent of this reaction. However, the presumptive evidence of transaldolase exchange makes the use of triose or acetyl ratios with glucose 6-^{14}C dubious.

CAHILL et al. (1959, 1960) studied the metabolism of glucose 1, 2 and 6-^{14}C by the epididymal fat pads in the presence of insulin and epinephrine. They determined the incorporation of ^{14}C into CO_2, glycogen, glycerol and fatty acids, and also degraded the glycerol, determining the incorporation into the β carbon and the two α carbons. Such comprehensive data are rare and will be analyzed here in some detail. Data as presented by CAHILL are essential for any attempt to evaluate the contribution of the pentose cycle, and all 3 methods proposed in part A may be applied to them. CAHILL's results are presented in Table 10 and the ratios derived from them in Table 10a. In Table 10a the randomization of the carbons of glycerol from glucose 2-^{14}C is also presented. By the operation of the pentose cycle position 2 of hexose 6 P will be introduced into positions 1 and 3, and hence the β carbon of glycerol into the α carbons. The randomization of the carbons of glycerol from glucose 1 and 6-^{14}C was very small, and is not presented.

Table 10. *Incorporation of glucose 1, 2, and 6-^{14}C into CO_2, lipid and fatty acids, glycerol and glycogen by rat epididymal fat pad*

Insulin	Absent			Present		
Carbon of glucose	1	2	6	1	2	6
μm of glucose carbon recovered[1]	0.73	0.64	0.71	3.3	3.0	2.6
Compounds	% of recovered carbon[2]					
CO_2	50	38	18	56	36	9
Fatty acids	10	14	25	24	33	57
Glycerol	38	46	55	12	20	23
Glycogen	1.8	2.5	2.1	7.4	11	10

[1] The results are expressed as μm of glucose carbon per mg tissue nitrogen per 3 hrs.

[2] The results are expressed as % of the total activity recovered in the four compounds. From CAHILL et al. (1959).

From Table 10a it is evident that the corresponding $\frac{\text{C-1}}{\text{C-6}}$ and $\frac{\text{C-2}}{\text{C-6}}$ ratios from fatty acids and glycerol are not consistent. The reasons presumably (see above) are the lack of equilibration of the triose phosphates and transaldolase exchange. This would render the use of ratios with glucose 6-^{14}C invalid. In Table 10a, the fraction of glucose metabolism proceeding via the pentose cycle computed from

Table 10a. *Calculation of the contribution of the pentose cycle to glucose metabolism in epididymal fat pad*

Insulin	Absent				Present			
Ratio	$\frac{1}{6}$	$\frac{2}{6}$	$\frac{1}{2}$	$\frac{2\alpha}{\beta}$	$\frac{1}{6}$	$\frac{2}{6}$	$\frac{1}{2}$	$\frac{2\alpha}{\beta}$
Compounds	^{14}C ratio from labeled glucose							
Glycogen	0.87	1.07	0.81		0.89	1.2	0.78	
Fatty acids	0.40	0.49	0.82		0.53	0.66	0.80	
Glyce ol	0.71	0.76	0.94	0.276[1]	0.70	1.0	0.69	0.435[1]
	% contribution of pentose cycle to total glucose-6-P metabolism calculated from ratios							
Glycogen	8	15	9		7	100	11	
Fatty acids			12				13	
Glycerol			2	12			17	20

[1] From degradation of glycerol from glucose 2-^{14}C. Ratios computed from Table 10. For calculations see text.

$\frac{1}{6}$ and $\frac{2}{6}$ glycogen ratios is given, but they seem inconsistent and will not be considered further. Using the $\frac{1}{2}$ glycogen ratio (method 1, Fig. 3), $\frac{1}{2}$ glycerol ratio (method 3, Fig. 3) and $\frac{1}{2}$ fatty acid ratio (method 3, Fig. 4) and the $\frac{2\alpha}{\beta}$ ratio in glycerol (method 2, Fig. 7) the per cent of glucose metabolism proceeding via the pentose cycle was computed. In the absence of insulin 3 out of 4 values are in the 9—12% range, but one value (2%) is not consistent. With insulin the four values are in the 11—20 range averaging 15%. In view of the experimental error of the ^{14}C determinations and ratios, and the limited sensitivity of the methods of calculation, the results are probably reasonably consistent. Of the four methods of calculation the results based on glycerol degradation are the most reliable.

No adequate methods are available to calculate from the results the relative contribution of the pentose cycle and E. M. path to the triose pathway. A crude estimate is possible assuming, on the basis of Table 10, that in the absence of insulin not more than 5% of total glucose metabolism proceeds via the non-triose pathways and in the presence of insulin, not more than 10%. From this, without insulin about 10—15% of the total glucose metabolism proceeds via the pentose cycle, up to 5% by non-triose pathways, and at least 80% by the E. M. path. In the presence of insulin, 15—20% proceeds via the pentose cycle, about 10% by non-triose P pathways and about 70% or more by the E. M. path. The results suggest an increase in the fraction of glucose metabolized via the pentose cycle in the presence of insulin, but more data are needed for a reliable conclusion.

CAHILL et al. (1960) reported also experiments similar to those of Table 10 in the presence of epinephrine. The results, surprisingly, show a greater incorporation of glucose-1-^{14}C into glycerol and fatty acids, then glucose 2-^{14}C. No explanation for this pattern is apparent. The randomization in glycerol from glucose-2-^{14}C was larger in the controls, than those with epinephrine treatment $\left(\frac{2\alpha}{\beta} = 0.28\right.$ in controls, 0.12 with epinephrine$\left.\right)$. This would correspond to 11% metabolism via the pentose cycle in controls and 4% in the fat pads with epinephrine. The results with epididymal fat pads serve to illustrate the uncertainties in the analysis and interpretation of ^{14}C results, and the difficulties encountered in the determination of the pathways of glucose metabolism.

4. Tumors

The various types of neoplastic tissues may differ in their metabolic patterns, but their metabolism of glucose seems to be characterized by certain common features. They all utilize glucose readily, and the maximal rates of glycolysis exceed the rates of pyruvate oxidation. Thus in vitro, in the presence of high glucose concentrations, large amounts of lactate accumulate in the medium. The metabolism of tumors has been discussed in an extensive review of WEINHOUSE (1955).

BOSCH and co-workers (1956) detected most of the enzymes as well as the intermediates of the pentose cycle in several transplantable rat and mouse tumors, and they found the level of glucose-6-P dehydrogenase of the same order as in liver. WEBER and CANTERO (1957) found that in the NOVIKOFF hepatoma the activity of phosphohexose isomerase to be twice and glucose-6-phosphate dehydrogenase 5 times that in liver of the same animals. AGRANOFF et al. (1955) and many subsequent workers reported a preferential oxidation of carbon-1 over carbon-6 of glucose in tumors. $\frac{\text{C-6}}{\text{C-1}}$ $^{14}CO_2$ ratios as low as 0.2 have been reported in tumors and some investigators believed that the pentose cycle is prominent in the glucose metabolism of tumors. However, when most of the triose phosphate formed from glucose accumulates as lactate, the relative $^{14}CO_2$ yield from triose phosphate will be low. WENNER and WEINHOUSE (1955) estimated that in rat and mouse tumors studied by them, some 80 to 95% of the utilized glucose carbon accumulated as lactate and 2 to 13% was oxidized to CO_2. Clearly the relative $^{14}CO_2$ yield from carbon 3 of triose phosphate (N) will be low, and as discussed previously, under such conditions low $\frac{\text{C-6}}{\text{C-1}}$ $^{14}CO_2$ ratios can be obtained in spite of the fact that the E.M. pathway greatly predominates.

Results presented in Table 11 taken from ASHMORE et al. (1958) may be fairly typical for many tumors. The incorporation of glucose carbon into lactate accounts for from 70 to over 90% of the recovered ^{14}C, and the ^{14}C yield in lactate is much higher than in CO_2. Less than 5% of the ^{14}C is incorporated into glycogen. It appears that non-triose P pathways play a minor role in tumor tissues. Therefore,

Table 11. *Metabolism of glucose 1 and 6-^{14}C by Novikoff hepatoma and liver*

Tissue	Medium	Label in glucose	Glucose incorporation in compounds[1] µm/g/90 min	% of recovered ^{14}C in each compound[2] glycogen	CO_2	fatty acid	lactate	$\frac{\text{C-1}}{\text{C-6}}$ ratio in lactate	%metabolism via pentose cycle
Novikoff hepatoma	High potassium	1	36	4.8	18	0.2	77	0.83	6
		6	34	3.7	3.0	0.3	93		
	High sodium	1	37	2.5	25	0.5	72	0.78	8
		6	34	2.3	4.1	0.6	93		
Liver of fed rat	High potassium	1	24	62	22	3	13	0.50	
		6	23	56	15	4	26		

[1] As calculated by ASHMORE et al. (expressed as µm of glucose per g fresh weight per 90 min.)

[2] The total recovered ^{14}C in the 4 compounds was taken as 100%.

From ASHMORE et al. (1958). In the calculation it is assumed that the metabolism is solely by triose pathway and incorporation into glycogen is neglected.

as an approximation total glucose metabolism may be taken to be equal to glucose utilization by the triose phosphate pathway, and the contribution of the pentose cycle calculated from $\frac{\text{C-1}}{\text{C-6}}$ lactate ratios by expression IIa, or by means of Fig. 5. By means of this expression the contribution of the pentose cycle to glucose metabolism was found to be 6—8%. In view of the nature of the assumptions, neglecting metabolism by non-triose-P pathways, these values may be somewhat low, but it appears that the E.M. path accounts for about 90% of glucose metabolism. It should be noted that while the results of Table 11 indicate that in this hepatoma, the relative contribution of the pentose cycle is less than in liver, opposite conclusions may have been derived from enzymatic assays, as those of WEBER and CANTERO, quoted above.

WENNER et al. (1956) studied a large number of tumors, and used the incorporation of glucose-6, 1, and U-^{14}C into lactate to estimate the relative contribution of the pentose cycle and E.M. to triose pathways. Some of their results are summarized in Table 12. It can be seen that the contribution of the pentose cycle is higher when calculated from the $\frac{\text{C-1}}{\text{C-U}}$ ratio than the $\frac{\text{C-6}}{\text{C-U}}$ ratio (expression III). This is probably due to the effect of recycling which dilutes carbon 1 of glucose-6-phosphate and thus, the use of the $\frac{\text{C-1}}{\text{C-U}}$ ratio leads to an overestimation of the role of the pentose cycle. This discrepancy also indicates that recycling via the pentose cycle rather than the pentose pathway without recycling prevails in tumors.

In the last column of Table 12, the contribution of the pentose cycle to total glucose metabolism, which was assumed to equal that by triose pathways, (see assumption above) was computed again from Fig. 5. The values are lower than those computed from the $\frac{\text{C-6}}{\text{C-U}}$ ratios, which appears to be the most reliable method.

Table 12. *Metabolism of glucose 1, 6 and U-^{14}C by rat and mouse tumors*

Type of tumor	Label in glucose	% ^{14}C recovered in		Lactate ratio $\frac{1}{6}$	Fraction of triose pathway via pentose cycle calculated from lactate ratios		
		CO_2	Lactate		$\frac{U}{1}$ [1]	$\frac{6}{U}$ [2]	$\frac{1}{6}$ [3]
A-3 Ascites (mouse)	U	2.6	24.9	1.0	0	0	0
	1	4.0	24.0				
	6	1.9	25.0				
Rhabdomyo-sarcoma (mouse)	U	1.0	3.3	0.80	0.29	0.11	0.07
	1	1.2	2.7				
	6	0.5	3.4				
Mammary Adeno-carcinoma (mouse)	U	0.6	3.6	0.92	0.15	0.06	0.02
	1	0.5	3.4				
	6	0.5	3.7				
Hepatoma (rat)	U	1.1	9.7	0.83	0.27	0.13	0.05
	1	1.1	8.5				
	6	0.4	10.3				

[1] Calculated by WENNER et al.
[2] Calculated by WENNER et al. (Expression III).
[3] Calculated by Expression IIa assuming that all glucose metabolism proceeds solely by triose pathways.
From WENNER and WEINHOUSE (1956).

KIT et al. (1956) reported the incorporation of C-1 and C-6 glucose into alanine by three tumors (GARDNER, EHRLICH ascites, and lymphatic leukemia — LL 5147). These ratios were about 0.8 to 0.9, similar to those discussed above. It appears that the majority of rat and mouse neoplasms have an active pentose cycle; however, it rarely accounts for more than 10% of glucose metabolism and the E.M. path greatly predominates. In some tumors, however, (see Table 12), the pentose cycle may be absent.

RACKER (1956) has noted that with ascites tumor the $\frac{\text{C-1}}{\text{C-6}}$ CO_2 ratio is dependent on the glucose concentration of the medium. When the glucose concentration is very low, the CO_2 yield from carbons 6 and 1 is about equal, but with an increase in glucose concentration, the $\frac{\text{C-1}}{\text{C-6}}$ ratio increased markedly. This effect has also been observed in mammary gland slices (ABRAHAM et al., 1959). The reason for this change in ratio is that in tumors the maximal rate of triose-P oxidation is attained at very low glucose concentrations (WEINHOUSE, 1955). When the concentration of triose phosphate is very low, it is all oxidized ($N = 1$) and the $\frac{\text{C-1}}{\text{C-6}}$ CO_2 ratio is about 1. However, with higher concentrations of glucose, lactate accumulates. With increase in glucose concentration, the oxidation actually decreases due to the Crabtree effect (WEINHOUSE, 1955). Thus, the yield of CO_2 per mole of triose phosphate decreases and N may be less than 0.1 and this explains the observed change in CO_2 ratio.

5. Blood

Erythrocytes. The earliest discoveries about the operation of the pentose cycle in mammalian tissues occurred with red blood cells. In 1930, WARBURG et al.

described glucose-6-P dehydrogenase from erythrocytes, and in 1937 DISCHE discovered conversion of a pentose phosphate to hexose in red cell hemolysates. The metabolism of mammalian enucleated red cells is unusual in many respects. They appear to lack most of the enzymes of the Krebs cycle, and can not oxidise pyruvate to CO_2 (RUBINSTEIN et al., 1957). It has also been established that adequate functioning of the pentose pathway is essential for the stability of the red blood cell. In humans, certain hemolytic anaemias are known that are associated with abnormally low glucose-6-P dehydrogenase of the erythrocytes. This disorder is an heriditary defect (GROSS et al., 1958).

The rate of glucose utilization by erythrocytes in vitro is very low. The major metabolic product is lactate, with a small CO_2 production. It was shown, however, in 1928 by HARROP and BARRON that in the presence of methylene blue, glucose metabolism, oxygen uptake and CO_2 formation from glucose are greatly increased (20 times and more). A stimulation of the pentose cycle by methylene blue and other compounds that act as hydrogen acceptors has been observed in many tissues, but is most pronounced with erythrocytes.

The dye acts as an hydrogen acceptor, catalyzing hydrogen transfer from TPNH (formed via the pentose cycle) to oxygen. Apparently, in vitro, the normal hydrogen acceptor is lost or an enzyme catalyzing a step in this transfer impaired.

BRIN and YONEMOTO (1958) studied the metabolism of labeled glucoses by human erythrocytes in the presence and absence of methylene blue. They found no $^{14}CO_2$ yield whatsoever from carbon 6 but appreciable $^{14}CO_2$ yield from carbons 1 and 2 of glucose. Also, they could account for about 90% of the utilized glucose carbon in CO_2 and lactate. It appears that red blood cells have little or no endogenous metabolism; also very little metabolism via non-triose P pathways occurs. All the respiratory CO_2 is apparently derived via the pentose cycle. In such a system, the contribution of the pentose cycle and E.M. path can be calculated by several methods that are not generally valid. Thus, if the specific activity of lactate or CO_2 (relative to substrate glucose) is known, the contribution of both pathways can be computed. Knowing the specific activity of hexose phosphate (from Fig. 3), and the number of moles of triose phosphate formed by both pathways (E.M. and pentose cycle), the relative specific molar activity of the triose phosphate pool can be calculated. Curves relating such molar specific activity to the fraction of glucose metabolized via the pentose cycle may be plotted. By means of such a curve (for the relative specific activity of triose phosphate from glucose1-^{14}C), the contribution of the pentose cycle to glucose metabolism has been derived (Table 13). Such curves are not reproduced here, since their usefulness is limited to a single case of erythrocytes, but they can be constructed with ease.

Table 13. *Metabolism of glucose-^{14}C by human erythrocytes*

Expt.	Methylene blue 0.003 %	Label in glucose	Specific activity of glucose cts/m/mg (a)	Specific activty of lactate cts/m/mg (b)	$\frac{b}{a}$	^{14}C yield in CO_2%	$^{14}CO_2$ ratio $\frac{C_2}{C_1}$ (c)	% glucose metabolized by P. cycle calculated from	
								$\frac{b}{a}$	c
I	—	1	1800	1610	0.89			7	
	+	1		750	0.40			41	
II	—	1				0.69	0.11		7
		2				0.07			
	+	1				25.4	0.48		37
		2				12.2			
		6				0.0			

From BRIN and YONEMOTO (1958). For calculations see text.

Also, since in erythrocytes, all the CO_2 is formed via the pentose cycle, the ratio $\frac{^{14}CO_2 \text{ from glu 2-}^{14}C}{^{14}CO_2 \text{ from glu 1-}^{14}C}$ corresponds to the ratio of the contribution of carbons 2 and 1 to position 1 of glucose-6-P. This ratio is plotted in Fig. 2, and by means of this figure, the values in Table 13 have been derived from the experimental $^{14}CO_2$ ratios.

The results of BRIN and YONEMOTO are summarized in Table 13 and the contribution of the pentose cycle to glucose metabolism was calculated from the lactate and CO_2 ratios. It appears that in the absence of methylene blue, the contribution of the pentose cycle is small (of the order of 10% or less) but it increases to about 40% in the presence of the dye.

The results obtained with red blood cells have been discussed in some detail since, at present, this represents a rare case where CO_2 ratios can be readily used for quantitative evaluation. It is difficult to decide at present what physiological role the pentose cycle plays in erythrocyte metabolism in vivo[1].

Leucocytes. BECK (1958) has studied the pathways of glucose metabolism in human white blood cells in vitro. Normal cells metabolize glucose rapidly and the major product is lactate and only little CO_2 is produced. Thus, BECK recovered 85% of the utilized glucose carbon in lactate and less than 5% in CO_2. There was much more CO_2 produced from carbon 1 than 6, the $\frac{\text{C-1}}{\text{C-6}}$ ratio being over 20. In one experiment, specific activities of lactate from glucose-1-^{14}C and U-^{14}C were measured. The $\frac{1}{\text{U}}$ ratios were 0.98 for normal leucocytes, 0.95 in myelocytic leukemia, and 0.87 in lymphocyctic leukemia. Even neglecting the effects of recycling, it is clear that the pentose cycle plays a very small quantitative role. In some leukemias, the relative role of the pentose cycle is increased.

Platelets. Platelets contain glucose-6-phosphate dehydrogenase and 6-phosphogluconic dehydrogenase and the activity of the former in platelets is reduced in individuals whose erythrocytes are deficient in this enzyme (RAMOT et al., 1959). No quantitative studies on the pentose cycle have yet appeared.

6. Eye

The metabolism of ^{14}C glucose by retina, cornea, and lens was studied in a series of papers by KINOSHITA and co-workers. Enzymes of the E.M. pathway, pentose cycle, and Krebs cycle are found in all three tissues, and the corneal epithelium appears to have a rather high level of glucose-6-P dehydrogenase (KINOSHITA, 1955b). There are large differences in the metabolic rates of glucose oxidation of these three tissues. HOLT et al. (1959) compared $^{14}CO_2$ yields from glucose 1 and 6-^{14}C and the relative values[2] for glucose-1-^{14}C are, 1,000 for retina, 60 for cornea and 5 for lens. For glucose-6-^{14}C, the respective values were 780, 15

[1] J. MURPHY [J. Lab. clin. Med. 55, 286 (1960)] studied glucose-^{14}C metabolism by human erythrocytes and found a very marked P_H effect on total glucose utilisation, but not on the pentose cycle. Again the Krebs cycle was found to be absent. Since the CO_2 is being formed solely by the pentose cycle, Murphy calculated its contribution to glucose metabolism from the total $^{14}CO_2$ yield from glucose U-^{14}C and total glucose-U-^{14}C utilisation. Since by the P. C. one half of the glucose molecule yields CO_2 and one half lactate

$$\% \text{ P.C.} = \frac{\text{c.p.m. in } ^{14}CO_2 \times 2 \times 100}{\text{Total c.p.m. utilised}}.$$

Values computed by this method determined at P_H 7.5 in 17 humans, ranged from 2.5 to 5.5% averaging about 4%. (MURPHY's values are 3 times the ones given here).

[2] Recalculated from HOLT et al. It was assumed that retina contains 80% water and all values converted on wet weight basis.

and 1. Addition of insulin had no effect on $^{14}CO_2$ yield from cornea and lens but stimulated somewhat $^{14}CO_2$ yield in retina, the yields from C-1 and C-6 becoming equal.

KINOSHITA and WACHTL (1958) found the major product of glucose metabolism in the retina to be lactate. There was also an active Krebs cycle system in this tissue. The contribution of the pentose cycle to total glucose metabolism was small. In cornea, the oxidation via the Krebs cycle appears to be sluggish and it is insignificant in the lens. Typical results with bovine corneal epithelium and lens from KINOSHITA's papers are presented in Table 14. It appears that in both tissues, lactate and CO_2 account for the major part of the utilized glucose and therefore metabolism by non-triose P pathways is small. Assuming that all metabolism proceeds by the pentose cycle and E. M. pathway, the contribution of the pentose cycle has been calculated from the $\frac{C\text{-}1}{C\text{-}6}$ lactate ratios by means of Fig. 5. The contribution of the pentose cycle is about 15% in corneal epithelium and about 2% in lens. The pentose cycle might, however, contribute a major part of the respiratory CO_2.

Table 14. *Metabolism of glucose 1 and 6-^{14}C by bovine cornea and lens*

Tissue	Label in glucose	^{14}C recovery in CO_2	^{14}C recovery in lactate	$\frac{C\text{-}1}{C\text{-}6}$ lactate ratio	Contribution of P. cycle to glucose metabolism %
		Counts recovered			
Corneal Epithelium	1	3370	5330	0.65	15
	6	510	8110		
		% Utilized ^{14}C			
Lens	1	9	85	0.92	2
	6	0.2	92		

From KINOSHITA et al. (1955a) and (1958a). Calculated on the assumption that glucose metabolism proceeds solely by triose pathways, from Expression IIa.

7. Intestinal mucosa

LANDAU and WILSON (1959) studied $^{14}CO_2$ formation from glucose 1 and 6-^{14}C by the small intestines of hamsters. A $\frac{C\text{-}1}{C\text{-}6}$ ratio of about 1.5 was observed. KAY and ENTENMAN (1959) studied the metabolism of glucose 1, 6 and U-^{14}C by intestinal mucosa of normal rats and those irradiated with x-rays. Incorporation of ^{14}C into CO_2 and lactate was determined. The $\frac{C\text{-}1}{C\text{-}6}$ lactate ratio was about 0.8. Irradiation with 600 roentgens increased total glucose utilization and, especially, the $^{14}CO_2$ production but did not affect the lactate ratio. Assuming that no non-triose P pathways occur, the contribution of the pentose cycle to glucose metabolism in both normal and irradiated rats appears to be about 6 to 8%.

8. Brain

A thorough histochemical study of the distribution of the enzymes of glucose metabolism was done by BUELL et al. (1958). The concentration of several enzymes including hexokinase, several enzymes of the E.M. path and glucose-6-P dehydrogenase were determined. The average concentration of glucose-6-P dehydrogenase in the whole brain was about 1.5 units and of hexokinase about 6 units. However, in the white tract, the concentration of glucose-6-P dehydrogenase was considerably higher and in the dorsal columns of the white tract, its concentration was 5.4 and that of hexokinase 1.5 units.

DI PIETRO and WEINHOUSE (1959) studied glucose metabolism in brain slices and homogenates. They used slices of only the grey matter and did not study white, where the enzyme concentration of glucose-6-P dehydrogenase appears to be higher. The yields of CO_2 and lactate from glucose-1, 6 and U-^{14}C were equal. When TPN was added to rat brain homogenate, the $^{14}CO_2$ yield from carbon-1 was increased 5-fold, with little effect on CO_2 formation from glucose-6-^{15}C. Thus, potentially, a pentose cycle system exists in the brain but it appears that, quantitatively, it plays a very small role in glucose catabolism.

9. Adrenals

GLOCK and MCLEAN (1955) found in the adrenal cortex a very high level of the enzymes of the pentose cycle. KELLY et al. (1955) investigated the metabolism of glucose by homogenates and extracts of rat, guinea pig and beef adrenals. They found a concentration of 1800 units of glucose-6-P dehydrogenase in beef adrenal cortex and 320 units in the medulla as compared to a concentration of 50 units in liver. KELLY found that homogenates of the adrenal cortex had a very limited ability to oxidize pyruvate and it accumulated. The ratio of pyruvate yield to oxygen uptake with glucose was 0.22. By the E.M. path, the ratio between pyruvate yield and oxygen uptake is 2 since:

$$1 \text{ glucose} + O_2 \rightarrow 2 \text{ pyruvate} + 2\, H_2O \tag{6a}$$

but by the pentose cycle, the ratio is 0.28 since:

$$1 \text{ glucose} + 3.5\, O_2 \rightarrow 3\, CO_2 + 1 \text{ pyruvate} + 4\, H_2O. \tag{6b}$$

The low ratio found by KELLY suggests a great predominance of the pentose cycle in glucose metabolism. It appears that in adrenal cortex, the pentose cycle plays an important role and glucose metabolism in this organ deserves further study.

10. Muscle

GLOCK and MCLEAN (1954) found the level of glucose-6-P dehydrogenase in cardiac muscle to be low and still lower in skeletal muscle. BLOOM (1953) and VAN VALS (1956) reported ^{14}C yields from glucose and 1-^{14}C by rat diaphragm and heart slices. The $\frac{\text{C-1}}{\text{C-6}}$ CO_2 ratios ranged from 1 to 1.3. While ratios greater than 1 indicate the operation of pentose cycle, ratios close to unity may be obtained in spite of the occurrence of the pentose cycle if triose-p-oxidation is complete. CO_2 ratios greater than 1 were obtained with muscle preparation when either malonate (VAN VALS) or TPN (WENNER, 1956) was added. The former depresses triose phosphate oxidation and the latter increases oxidation via the pentose cycle. Thus, VAN VALS increased the $\frac{\text{C-1}}{\text{C-6}}$ CO_2 ratio in heart or diaphragm from 1 to 2 by the addition of malonate (0.03 molar).

JOLLEY et al. (1958) studied the oxidation of glucose 1, 2, 3—4 and 6-^{14}C by adult and fetal pig heart. The $\frac{\text{C-1}}{\text{C-6}}$ CO_2 ratio in adult pig heart was about 1 but in fetal heart ranged from 2 to 3. JOLLEY interpreted his results to mean that the relative role of the pentose cycle in glucose metabolism decreased progressively with the maturation of the fetus. Such conclusions are not justified by the data, and the change in CO_2 ratio could be due to changes in the degree of triose phosphate oxidation. As was discussed already, no quantitative interpretations of glucose metabolism are possible even if $^{14}CO_2$ yields from all 6 carbons of glucose were available. It is likely that in the fetus, triose phosphate is used to a large extent for synthesis; whereas, in the adult heart, it is predominantly oxidized and this may account for the change in $^{14}CO_2$ yields.

BLOOM, EISENBERG, and STETTEN (1956) and MARKS and FEIGELSON (1957) isolated and degraded muscle glycogen from rats injected intraperitoneally with glucose-2-^{14}C. BLOOM et al. found a rather marked randomization of ^{14}C in carbons 1 and 3, exceeding that of liver, but MARKS and FEIGELSON found less than 1% of the activity of carbon 2 randomized into carbons 1 or 3. In the same animals, the randomization in liver glycogen was large. The reason for the discrepancy between these two workers is not apparent. The muscle glycogen in the experiments of BLOOM et al. may have been derived from glucose randomized elsewhere and the glycogen in the experiments of MARKS may have been laid down directly from circulating glucose.

Cardiac muscle and diaphragm contain the enzyme system of the pentose cycle but, quantitatively, it appears to contribute very little to muscle metabolism. The existence of the pentose cycle in skeletal muscle has not yet been established.

11. Other tissues

Included here are all organs and tissues for which only fragmentary information is available. BLOOM (1955d) incubated slices of kidney, spleen, bone marrow and testis with glucose-1 and 6-^{14}C and found a $\frac{C\text{-}1}{C\text{-}6}$ CO_2 ratio of 1—1.5 for kidney and 2 to 3 for the other organs. VAN VALS reported a $\frac{C\text{-}1}{C\text{-}6}$ CO_2 ratio of 1 for kidney and 2 for lung. KIT reported a $\frac{C\text{-}1}{C\text{-}6}$ ratio of 0.8 in alanine from spleen, thymus and appendix. From the ratios, it appears that in all these organs except kidneys, the pentose cycle may function. In kidneys, the enzyme level of the pentose cycle is as high as liver and it is likely that the pentose cycle will also be detected in that organ.

12. In vivo

BLOOM et al. (1953) injected rats with glucose-1 and 6-^{14}C and compared the rates of $^{14}CO_2$ evolution. They found no marked difference with the two sugars. With lactating cows, BLACK et al. found the $^{14}CO_2$ yield from glucose-1-^{14}C about twice that from 6-^{14}C. SPIRO and BALL (1958) compared the rates of $^{14}CO_2$ formation from 1 and 6-^{14}C glucose by normal and hyperthyroid rats. They found in the normal rat the $\frac{C\text{-}1}{C\text{-}6}$ CO_2 ratio to decrease from 1.9 at 15 min to 1.4 at 90 min after the injection. In hyperthyroid rats, the ratio decreased in the same time from 3.9 to 1.2. While kinetic studies of this type might be of value if other parameters of glucose metabolism were known, the ratios per se are not useful for the evolution of the pathways of glucose metabolism. CO_2 ratios reflect rather the metabolic fate of triose phosphate than that of glucose.

Conclusion. It is difficult to generalize the information summarized above because the evidence is still fragmentary and incomplete. Also, most of the results were obtained with in vitro systems. In sliced tissue, the results depend greatly on the composition of the medium and substrate concentration and the observations may often be unphysiological artifacts. In most tissues and organs reviewed here, the contribution of the pentose cycle was found to be quite variable, ranging from very little to as much as 20% of total glucose metabolism. The only organ studied where the contribution of the pentose cycle appears to be higher than that is the lactating mammary gland where in ruminants it may contribute as much as 40% to total glucose metabolism.

As discussed already, much of the earlier investigations used methods that were not adequate, and more work will be required before the quantitative role of the pentose cycle, and the factors regulating it, will be understood.

C. The physiological role of the pentose cycle

The coupling of the pentose cycle to biological reduction

By the reactions of the E.M. path, triose phosphate oxidation, and oxidation of the acetyl CoA via the Krebs cycle, glucose-6-phosphate yields pyruvate and CO_2. When one-half of the glucose molecule is oxidized to pyruvate and one-half to CO_2, the products including the formation of the reduced nucleotides, are shown in Equation 7.

$$1 \text{ glucose-6-P} \rightarrow 3\ CO_2 + 1 \text{ pyruvate} + 5\ \text{DPNH} + 1\ \text{TPNH} + 1\ \text{FADH} + 7\ H^+. \quad (7)$$

Glucose can also be oxidized to pyruvate and CO_2 via the pentose cycle followed by triose phosphate oxidation. The products of the reaction are depicted in Equation 8.

$$\text{Glucose-6-P} \rightarrow 3\ CO_2 + 1 \text{ pyruvate} + 6\ \text{TPNH} + 1\ \text{DPNH} + 7\ H^+. \quad (8)$$

Thus, the major difference between these pathways is in the nature of the reduced adenine nucleotides formed and this characterizes the different physiological roles of the two pathways.

The physiologic roles of TPNH and DPNH are different. The oxidation of DPNH to DPN and H_2O is coupled to phosphorylation and yields metabolic energy in the form of ATP. On the other hand as shown by KAPLAN et al. (1956), the oxidation of TPNH to TPN^+ and H_2O is not coupled to phosphorylation and is not an energy yielding reaction. The major physiological role of TPNH is as hydrogen donor in biologic reduction. While TPNH may transfer hydrogen either directly or indirectly to DPN (HOLZER, 1959), the reverse reaction, the transfer of hydrogen from DPNH to TPN is not likely to occur extensively (HORECKER and HIATT, 1958). This role of TPNH as an obligatory hydrogen donor for biological reductions has been discussed in the review of HORECKER and HIATT. Among the major reactions requiring TPNH are: the synthesis of malate from pyruvate and CO_2; fatty acid synthesis; reductive amination of keto acids to amino acids; sterol synthesis; and there are many others.

Of special interest is fatty acid synthesis. Only recently, WAKIL (1959) and BRADY (1959) have shown that the reduction of acetyl CoA to fatty acids in liver is completely different from fatty acid oxidation and that synthesis is solely TPNH dependent. While this mechanism has not yet been shown to occur in organs such as mammary gland or adipose tissue, it is likely that fatty acid synthesis there proceeds by the same TPNH dependent process. In the fed organism, the formation of fat may well be the major reductive process requiring TPNH. The connection between TPNH formation and biological synthesis has been illustrated by SIPERSTEIN and FAGAN (1958). They found, with rat liver homogenates, that the stimulation of TPNH formation by either the pentose cycle or isocitrate oxidation increased manyfold the incorporation of ^{14}C into fatty acids, sterols, and proteins — all TPNH dependent reactions.

TPNH may be generated in addition to the pentose cycle by the oxidation of isocitrate in the Krebs cycle and by the oxidation of glutamate and other amino acids and of lactate. The oxidation of isocitrate leading to TPNH synthesis is, of course, an ubiquitous reaction. However, during the operation of the Krebs cycle, TPNH is used up for the carboxylation of pyruvate to malate which flows into the cycle. This inflow is of major proportions and, at least in liver, equals the inflow of acetyl CoA (KATZ and CHAIKOFF, 1955). Thus, no net production of TPNH via the Krebs cycle may occur. The oxidation of glucose-6-phosphate via the pentose cycle with the synthesis of 6 moles of TPNH per mole of glucose is the most efficient and is most likely physiologically the major TPNH generating mechanism. The oxidation of one mole of glucose via the pentose cycle provides sufficient TPNH for the reduction of six moles of pyruvate to lactate and approximately three moles of acetyl CoA to fat. The availability of suitable hydrogen acceptors may determine the maximal limit to the contribution of the pentose cycle to glucose metabolism. When highly reduced compounds such as fats are synthesized from glucose carbon, the contribution of the pentose cycle and the E.M. path may be approximately equal. When the reduced substrate is derived from nonglucose sources (as milk fatty acid synthesis from the circulating fatty acids in the ruminants), pentose cycle metabolism may exceed that by the E.M. pathway. The source and transfer of hydrogen for biological reduction has been yet little studied. With the availability of tritium labeled substrate great advances in this field may however by expected.

D. Appendix

The methods for the calculation of the distribution of carbons 1, 2 and 3 of glucose in positions 1, 2 and 3 of hexose phosphate as a function of the pentose cycle has been presented by WOOD and KATZ. The method is based on Table 1. When the fraction metabolized via the pentose cycle is small only a few cycles are required for establishment of the steady state. With increase in pentose cycle, the number of cycles needed to attain steady state increases and with over 50% pentose cycle the calculations become laborious. Tables (as presented by KATZ and WOOD) or curves (Fig. 2) can be constructed and the relative specific activities of each position obtained from them. KATZ and WOOD also derived general expressions to calculate the relative specific activities of each position. Let Q be the relative specific activity of position 1 from glucose-1-^{14}C (fraction of position 1 of glucose 6-phosphate from C-1 of glucose, cf. Expression I). Let a, b, c, etc. be the relative specific activity of the other position as illustrated below.

% metabolized by pentose cycle				12.5		
Carbons of glucose	C—1	C—2	C—3	C—1	C—2	C—3
Position of glucose-6-P						
1	Q	a	d	0.800	0.163	0.037
2	0.00	b	e	0.00	0.818	0.182
3	0.00	c	f	0.00	0.091	0.909

KATZ and WOOD have shown that the relative specific activities a to f can be expressed in terms of Q as follows:

$$a = \frac{1 - Q^2}{3 - Q}, \quad b = \frac{1 + Q}{3 - Q}, \quad c = \frac{1 - Q}{3 - Q}, \quad d = \frac{2\,(1 - Q)^2}{3 - Q}, \quad e = \frac{2(1 - Q)}{3 - Q}, \quad f = \frac{2}{3 - Q}.$$

For a numerical example, the values of a to f have been calculated by these expressions, when 12.5% of the glucose metabolism proceeds via the pentose cycle. Then by expression I, $Q = \frac{100}{100 + 2 \times 12.5} = 0.800$, and by substituting for the value of Q in the expressions, the relative specific activities shown above are obtained. It should be noted that the sum of the activities in each position is 1.

When the relative specific activities of each position are determined, the relative specific activities and their ratios can be readily computed.

References

ABRAHAM, S., P. F. HIRSCH, and I. L. CHAIKOFF: The quantitative significance of glycolysis and non-glycolysis in glucose utilization by rat mammary gland. J. biol. Chem. **211**, 31 (1954).

— P. CADY, and I. L. CHAIKOFF: Effect of insulin in vitro on pathways of glucose utilization, other than Embden-Meyerhof, in rat mammary gland. J. biol. Chem. **224**, 955 (1957).

— and I. L. CHAIKOFF: Glycolytic pathways and lipogenesis in lactating and non-lactating normal rats. J. biol. Chem. **234**, 2246 (1959).

AGRANOFF, B. W., R. O. BRADY, and M. COLODZIN: Differential conversion of specifically labeled glucose to $^{14}CO_2$. J. biol. Chem. **211**, 773 (1954).

ASHMORE, J., J. H. KINOSHITA, F. B. NESBETT, and A. B. HASTINGS: Studies on carbodydrate metabolism in rat liver slices, VII. Evaluation of the Embden-Meyerhof and phosphogluconate oxidation pathways. J. biol. Chem. **220**, 619 (1956).

— G. WEBER, and B. R. LANDAU: Isotope studies on the pathways of glucose-6-phosphate metabolism in the Novikoff hepatoma. Cancer Res. **18**, 974 (1958).

BALMAIN, J. H., S. J. FOLLEY, and R. F. GLASCOCK: Relative utilization of glucose and acetate carbon for lipogenesis by mammary gland slices studied with tritium, ^{13}C and ^{14}C. Biochem. J. **56**, 234 (1954).

BAXTER, C. F., M. KLEIBER, and A. L. BLACK: Glucose metabolism in the intact dairy cow. Biochim. biophys. Acta **17**, 354 (1955).

BECK, W. S.: Occurrence and control of the phosphogluconate oxidation pathway in normal and leukemic leukocytes. J. biol. Chem. **232**, 271 (1958).

BERNSTEIN, I. A., K. LENTZ, M. MALM, P. SCHAMBYE, and H. G. WOOD: Degradation of glucose-^{14}C with Leuconostoc mesenteroides; alternate pathways and tracer patterns. J. biol. Chem. **215**, 137 (1955).

BLACK, A. L., M. KLEIBER, and C. F. BAXTER: Glucose as a precursor of amino acids in the intact dairy cow. Biochim. biophys. Acta **17**, 346 (1955).

— — E. M. BUTTERWORTH, G. B. BRUBACHER, and J. J. KANEKO: The pentose cycle as a pathway for glucose metabolism in intact lactating dairy cows. J. biol. Chem. **227**, 537 (1957).

BLOOM, B., M. R. STETTEN, and D. STETTEN jr.: Evaluation of catabolic pathways of glucose in mammalian systems. J. biol. Chem. **204**, 681 (1953).

— and D. STETTEN jr.: (a) The fraction of glucose catabolized via the glycolytic pathway. J. biol. Chem. **212**, 555 (1955).

— F. EISENBERG, and D. STETTEN: (b) Glucose catabolism in liver slices via the phosphogluconate oxidation pathway. J. biol. Chem. **215**, 461 (1955).

— (c) Fraction of glucose catabolized via the Embden-Meyerhof pathway: Allosan diabetic and fasted rats. J. biol. Chem. **215**, 467 (1955).

— (d) Catabolism of glucose by mammalian tissues. Proc. soc. expc. Biol. (N. Y.) **88**, 317 (1955).

— F. EISENBERG, and D. STETTEN: Occurrence of non-Embden-Meyerhof pathways in the intact rat. J. biol. Chem. **222**, 301 (1956).

BLUMENTHAL, H. J., K. F. LEWIS, and S. WEINHOUSE: An estimation of pathway of glucose metabolism in yeast. J. Amer. chem. Soc. **76**, 6093 (1954).

BOSCH, L., G. H. VAN VALS, and P. EMMELOT: The metabolism of neoplastic tissues: Demonstration of intermediates and reaction sequences of the hexose monophosphate oxidation pathway. Brit. J. Cancer **10**, 801 (1956).

BRADY, R. O.: The enzymatic synthesis by aldol condensation. Proc. nat. Acad. Sci. (Wash.) **44**, 993 (1958).

BRIN, M., and R. H. YONEMOTO: Stimulation of the glucose oxidative pathway in human erythrocytes by Methylene. Blue. J. biol. Chem. **230**, 307 (1958).

BUELL, M. V., O. H. LOWRY, N. R. ROBERTS, M. L. W. CHANG, and J. I. KAPPHAHN: The quantitative histochemistry of the brain V. Enzymes of glucose metabolism. J. biol. Chem. **232**, 979 (1958).

CAHILL, G. F., B. LEBOEUF, and A. E. RENOLD: Studies on rat adipose tissue in vitro III. Synthesis of glycogen and glyceride-glycerol. J. biol. Chem. **234**, 2540 (1959).

— — and R. B. FLINN: Studies on rat adipose tissue in vitro VI. Effect of epinephrine on glucose metabolism. J. biol. Chem. in press (1960).

DAWES, E. A., and W. H. HOLMS: Metabolism of sarcina lutea II. Isotopic evaluation of the routes of glucose utilization. Biochim. biophys. Acta **28**, 82 (1958).

— — On the quantitative evaluation of routes of glucose metabolism by the use of radioactive glucose. Biochim. biophys. Acta **34**, 551 (1959).

DICKENS, F.: Mechanism of carbohydrate oxidation. Nature (Lond.) **138**, 1057 (1936).

Di Pietro, D., and S. Weinhouse: Glucose oxidation in rat brain slices and homogenates. Arch. Biochem. **80**, 268 (1959).

Dische, Z.: Phosphorylierung der in Adenosin enthaltenen D-Ribose und nachfolgender Zerfall des Esters unter Triophosphatbildung im Blute. Naturwissenschaften **26**, 252 (1938).

Eisenberg, F., P. G. Dayton, and J. J. Burns: Studies on the glucuronic acid pathway of glucose metabolism. J. biol. Chem. **234**, 250 (1959).

Favarger, P., et J. Gerlach: Recherches sur la synthèse des graisses à partir d'acétate ou de glucose. II. Les noles respectifs du foie, du tissu adipeux et de certains autres tissues dans la lipogénèse chez la souris. Helv. physiol. pharmacol. Acta **13**, 96 (1955).

— La synthèse des graisses dans le tissue adipeux. Expos. ann. Biochim. méd. **17**, 57 (1955).

Felts, J. M., I. L. Chaikoff, and M. J. Osborn: Insulin and the fate of lactate in the diabetic liver. J. biol. Chem. **191**, 683 (1951).

— R. G. Doell, and I. L. Chaikoff: The effect of insulin on the pathways of conversion of glucose to fatty acids in the liver. J. biol. Chem. **219**, 473 (1956).

Fitch, W. M., R. Hill, and I. L. Chaikoff: The effect of fructose feeding on glycolytic enzyme activities of the normal rat liver. J. biol. Chem. **234**, 1048 (1959).

— Hepatic glycolytic enzyme activities in the alloxan diabetic rat: Response to glucose and fructose feeding. J. biol. Chem. **234**, 2806 (1959).

Folley, S. J.: The physiology and biochemistry of lactation. Springfield, Ill.: C. H. Thomas 1956.

Futterman, S., and J. H. Kinoshita: Metabolism of the retina I. Respiration of cattle retina. J. biol. Chem. **234**, 723 (1959).

Gander, J. E., W. E. Petersen, and P. D. Boyer: On the enzymatic synthesis of lactose-PO_4. Arch. Biochem. **69**, 85 (1957).

Glock, G. E., and P. McLean: Further studies on the properties and assay of glucose 6 P-dehydrogenase and 6 phosphogluconate dehydrogenase in liver. Biochem. J. **55**, 400 (1953).

— — Levels of enzymes of the direct oxidative pathway of carbohydrate metabolism in mammalian tissues and tumors. Biochem. J. **56**, 171 (1954).

— — and J. K. Whitehead: Pathways of glucose catabolism in rat liver in alloxan diabetes and hyperthyroidism. Biochem. J. **63**, 520 (1956).

Gross, T., R. F. Hurwitz, and P. A. Marks: An hereditary enzymatic defect in erythrocyte metabolism: Glucose-6-phosphate dehydrogenase deficiency. J. clin. Invest. **37**, 1176 (1958).

Haba, G. De La, I. G. Leder, and E. Racker: Crystalline transketolase from baker's yeast: Isolation and properties. J. biol. Chem. **214**, 409 (1955).

Hausberger, F. X.: Fettgewebe, Fettsucht und Vererbung. Klin. Wschr. **20**, 827 (1941).

— S. W. Milstein, and R. J. Rutman: The influence of insulin on glucose utilization in adipose and hepatic tissues in vitro. J. biol. Chem. **208**, 431 (1954).

Harrop, G. A., and E. S. G. Barron: Studies on blood cell metabolism, effect of methylene blue and other dyes upon oxygen consumption in mammalian and avian erythrocytes. J. exp. Med. **48**, 207 (1928).

Hiatt, H. H.: Glycogen formation via the pentose phosphate pathway in mice in vivo. J. biol. Chem. **224**, 851 (1957).

— Studies of ribose metabolism I. The pathway of nucleic acid ribose synthesis in a human carcinoma cell in tissue culture. J. clin. Invest. **36**, 1408 (1957).

— Studies of ribose metabolism III. The pathway of ribose carbon conversion to glucose in man. J. clin. Invest. **37**, 651 (1958).

Holzer, H.: Carbohydrate metabolism. Ann. Rev. Biochem. **28**, 171 (1959).

Horecker, B. L., M. Gibbs, H. Klenow, and P. Z. Smyrniotis: The mechanism of pentose phosphate conversion to hexose monophosphate I. With liver enzyme preparation. J. biol. Chem. **207**, 393 (1954).

— and H. H. Hiatt: Pathways of carbohydrate metabolism in normal and neoplastic cells. New Engl. J. Med. **258**, 177 (1958).

Holt, C., H. Lüth, I. Hallermann, L. Holt, u. I. Voelkers: Die Oxidation von 1-^{14}C-Glucose und 6-^{14}C-Glucose in Cornea, Linse und Retina. Biochem. Z. **331**, 239 (1959).

Jolley, R. L., V. H. Cheldelin, and R. W. Newburgh: Glucose catabolism in fetal and adult heart. J. biol. Chem. **233**, 1289 (1958).

Kaplan, N. O., M. N. Swartz, M. E. Frech, and M. M. Ciotti: Phosphorylative and non-phosphorylative pathways of electron transfer in rat liver mitochondria. Proc. nat. Acad. Sci. (Wash.) **42**, 481 (1956).

Katz, J., S. Abraham, R. Hill, and I. L. Chaikoff: The occurrence and mechanism of the hexose monophosphate shunt in rat liver slices. J. biol. Chem. **214**, 853 (1955).

— and I. L. Chaikoff: Synthesis via the Krebs cycle in the utilization of acetate by rat liver slices. Biochim. biophys. Acta. **18**, 87 (1955).

— and H. G. Wood: The use of glucose-^{14}C for the evaluation of the pathways of glucose metabolism. J. biol. Chem. **235**, 2165 (1960).

KAY, R. E., and C. ENTENMAN: Effect of whole-body X-irradiation on glucose oxidation by rat small intestine mucosa in vitro. J. biol. Chem. **234**, 1634 (1959).

KELLY, T. L., E. D. NIELSON, R. B. JOHNSON, and C. S. VESTLING: glucose-6-phosphate dehydrogenase of adrenal tissue. J. biol. Chem. **212**, 545 (1955).

KINOSHITA, J. H., T. MASURAT, and M. HELFANT: Pathways of glucose metabolism in corneal epithelium. Science **122**, 72 (1955).

— Carbohydrate metabolism by lens. Arch. Ophthalm. (Chicago) **54**, 360 (1955).

— and C. WACHTL: A study of the ^{14}C-glucose metabolism of the rabbit lens. J. biol. Chem. **233**, 5 (1958).

— and T. MASURAT: Aerobic pathways of glucose metabolism in bovine corneal epithelium. Amer. J. Ophthalm. **48**, 47 (1959).

KIT, S.: The role of the hexose monophosphate shunt in tumors and lymphatic tissues. Cancer Res. **16**, 70 (1956).

KLEIBER, M., A. L. BLACK, A. M. BROWN, C. F. BAXTER, J. R. LUICK, and F. H. STADTMAN: Glucose as a precursor of milk constituents in the intact dairy cow. Biochim. biophys. Acta **17**, 252 (1955).

— — Tracer studies on milk formation in the intact dairy cow, Atomic Energy Commission Report Number TID-7512. Washington 25, D. C.: U. S. Government Printing Office (1956).

KORKES, S.: Carbohydrate metabolism. Ann. Rev. Biochem. **25**, 703 (1956).

LANDAU, B. R., and T. H. WILSON: The role of phosphorylation in glucose absorption from the intestine of the golden hamster. J. biol. Chem. **234**, 749 (1959).

LIPMANN, F.: Fermentation of phosphogluconic acid. Nature (Lond.) **138**, 588 (1936).

MARKS, P. A., and B. L. HORECKER: Distribution of radioactive carbon dioxide incorporated into rat liver glycogen. J. biol. Chem. **218**, 327 (1957).

— and P. FEIGELSON: Pathways of glycogen formation in liver and skeletal muscle in fed and fasted rats. J. clin. Invest. **36**, 1279 (1957).

MCLEAN, P.: Carbohydrate metabolism of mammary tissue I. Pathways of glucose catabolism in the mammary gland. Biochim. biophys. Acta **30**, 303 (1958).

— Carbohydrate metabolism of mammary tissue II. Levels of oxidized and reduced diphosphophyridine nucleotide and triphosphopyridine nucleotide in the rat mammary gland. Biochim. biophys. Acta. **30**, 316 (1958).

MILSTEIN, S. W.: Oxidation of specifically labeled glucose by rat adipose tissue. Proc. Soc. exp. Biol. (N. Y.) **92**, 632 (1956).

MUNTZ, J. A., and J. R. MURHY: The metabolism of variously labeled glucose in rat liver in vivo. J. biol. Chem. **224**, 971 (1957).

MURPHY, J. R., and J. A. MUNTZ: The metabolism of glucose in the perfused rat liver. J. biol. Chem. **224**, 987 (1957).

RACKER, E.: Carbohydrate metabolism in ascites tumor cells. Ann. N. Y. Acad. Sci. **63**, 1017 (1956).

RAMOT, B., A. SZEINBERG, A. ADAM, C. SHEBA, and D. GAFNI: A study of subjects, with erythrocyte glucose-6-phosphate dehydrogenase deficiency: Investigation of platelet enzymes. J. clin. Invest. **38**, 1659 (1959).

REED, D. J., and C. H. WANG: Glucose metabolism in penicillin digitatum. Canad. J. Microbiol. **5**, 59 (1959).

ROSE, I.: The mechanism of action of aldolase and the asymmetric labeling of hexose. Proc. Nat. Acad. Sci. (Wash.) **44**, 10 (1958).

RUBINSTEIN, D., P. OTTOLONGYIE, and O. F. DENSTEDT: Metabolism of erythrocytes and enzyme activity in reticulocytes. Canad. J. Biochem. **34**, 222 (1956).

SCHAMBYE, P., H. G. WOOD, and M. KLEIBER: Lactose synthesis I. The distribution of ^{14}C in lactose of milk after intravenous injection of ^{14}C compounds. J. biol. Chem. **226**, 1011 (1957).

SHREEVE, W. W.: Pathways of carbohydrate formation in man I. Isotope distribution in glucose from non-diabetic subjects given 1-^{14}C-acetate. J. clin. Invest. **37**, 999 (1958).

— and A. R. HENNES: Pathways of carbohydrate formation in man II. The effect of diabetes and glucocorticoid administration on isotope distribution in glucose from subjects given 1-^{14}C-acetate. J. clin. Invest. **37**, 1006 (1958).

SIPERSTEIN, M. D., and V. M. FAGAN: Studies on the relationship between glucose oxidation and intermediary metabolism. I. The influence of glycolysis on the synthesis of cholesterol and fatty acid in normal liver. J. clin. Invest. **37**, 1185 (1958).

— Inter-relationships of glucose and lipid metabolism. Amer. J. Med. **26**, 685 (1959).

SIU, P. M., and H. G. WOOD: Conversion of galactose and glucose to liver glycogen in vivo. J. biol. Chem. **234**, 2223 (1959).

SPIRO, M. J., and E. G. BALL: A comparison of the pathways of glucose catabolism in the normal and hyperthyroid rat. J. biol. Chem. **231**, 31 (1958).

SRINIVASAN, P. R., H. T. SHIGEURA, M. SPRECHER, D. B. SPRINSON, and B. D. DAVIS: The biosynthesis of shikimic acid from D-glucose. J. biol. Chem. **220**, 477 (1956).
TEPPERMANN, H. M., and J. TEPPERMANN: The hexosemonophosphate shunt and adaptive hyperlipogenesis. Diabetes **7**, 478 (1958).
TEPPERMANN, J., and H. M. TEPPERMANN: Metabolism of glucose-1-^{14}C and glucose-6-^{14}C in liver slices of re-fed rats. Fed. Proc. **18**, 157 (1959).
TREGONING, L. J., H. L. FRUSH, and M. S. ISBELL: Synthesis of D-glucose 3-^{14}C from D-glyceraldehyde, Abstracts, 136th Am. Chem. Soc. Meetings, Sept. 1959.
VALS, G. H. VAN, L. BOSCH, and P. EMMELOT: The metabolism of neoplastic tissues: Carbon dioxide production from specifically ^{14}C-labelled glucose by normal and neoplastic tissues. Brit. J. Cancer **10**, 792 (1956).
WAKIL, S. J.: A malonic acid derivative as an intermediate in fatty acid synthesis. J. Amer. chem. Soc. **80**, 6456 (1958).
— and J. GENGULY: On the mechanism of fatty acid synthesis. J. Amer. chem. Soc. **81**, 2597 (1959).
WANG, C. H., C. T. GREGG, I. A. FORBUSCH, B. E. CHRISTENSEN, and V. H. CHELDELIN: Carbohydrate metabolism in bakers' yeast. I. Time course study of glucose utilization. J. Amer. chem. Soc. **78**, 1869 (1956).
WARBURG, O.: Enzyme problems and biological oxidation. Bull. Johns Hopk. Hosp. **46**, 341 (1930).
WEBER, G., and A. CANTERO: Effect of fasting on liver enzymes involved in glucose-6-phosphate utilization. Am. J. Physiol. **190**, 229 (1957a).
— — Glucose-6-phosphate utilization in hepatoma regenerating and newborn liver, and in livers of fasted and fed rats. Cancer Res. **17**, 995 (1957b).
— — Human liver enzymes of glucose-6-phosphate utilization. Science **126**, 977 (1957c).
WEINHOUSE, S.: Oxidative metabolism of neoplastic tissues. Adv. Cancer Res. **3**, 269 (1955).
WENNER, C. E., and S. WEINHOUSE: An isotope tracer study of glucose catabolism pathways in liver. J. biol. Chem. **219**, 691 (1956).
— — Metabolism of neoplastic tissue. IX. An isotope tracer study of glucose catabolism pathways in normal and neoplastic tissues. J. biol. Chem. **222**, 399 (1956).
WERTHEIMER, E., and B. SHAPIRO: The physiology of adipose tissue. Physiol. Rev. **28**, 451 (1948).
WINEGRAD, A. I., and A. E. RENOLD: Studies on rat adipose tissue in vitro. II. Effects of insulin on the metabolism of specifically labeled glucose. J. biol. Chem. **233**, 273 (1958).
— N. SHAW, F. D. W., LUKENS, W. C. STADIE, and A. E. RENOLD: Effects of growth hormone in vitro on the metabolism of glucose in rat-adipose tissue. J. biol. Chem. **234**, 1922 (1959).
WOOD, H. G.: Significance of alternate pathways in the metabolism of glucose. Physiol. Rev. **35**, 841 (1955).
— P. SCHAMBYE, and G. J. PEETERS: Lactose synthesis II. The distribution of ^{14}C in lactose of milk from the perfused isolated cow udder. J. biol. Chem. **226**, 1023 (1957).
— P. SIU, and P. SCHAMBYE: Lactose synthesis III. The distribution of ^{14}C in lactose of milk after intra-arterial injection of acetate 1-^{14}C. Arch. Biochem. **69**, 390 (1957).
— S. JOFFE, R. GILLESPIE, R. G. HANSEN, and H. HARDENBROOK: Lactose synthesis IV. The synthesis of milk constituents after unilateral injection of glycerol-1,3-^{14}C into the pudic artery. J. biol. Chem. **233**, 1264 (1958a).
— R. GILLESPIE, S. JOFFE, R. G. HANSEN, and H. HARDENBROOK: Lactose synthesis V. ^{14}C in lactose, glycerol, and serine as indicator of the triose phosphate isomerase reaction and pentose cycle. J. biol. Chem. **233**, 1271 (1958b).
— and J. KATZ: The distribution of ^{14}C in the hexose phosphates and the effect of recycling in the pentose cycle. J. biol. Chem. **233**, 1279 (1958).
— L. LJUNGDAHL, D. COURCI, and E. RACKER: Transaldolase and tracer patterns of hexoses. Fed. Proc. **18**, 1403 (1959).

Stoffwechsel der Fettsäuren und Fette

Von

Konrad Lang

Mit 2 Abbildungen

A. Die Resorption der Fette[1]

Die Fette werden im Magen-Darm-Trakt keineswegs völlig zu den freien Fettsäuren und Glycerin aufgespalten. Man findet im Darm ein Gemisch von 25—66% unveränderten Triglyceriden, 13—45% Diglyceriden und 4—13% Monoglyceriden neben relativ wenig freien Fettsäuren und Glycerin. Da die Lipase aus den Triglyceriden bevorzugt die äußeren Fettsäuren abspaltet, entstehen bei ihrer Einwirkung der Reihe nach 1,2-Diglyceride und 2-Monoglyceride. Die Anwesenheit relativ großer Mengen Monoglyceride hat insofern eine Bedeutung als diese stark im Sinne von Emulgatoren wirksam sind. Ungespaltene Triglyceride, Diglyceride, Monoglyceride und freie Fettsäuren werden dann nebeneinander resorbiert, d. h. in die Darmschleimhautzellen aufgenommen. Über den Mechanismus der Aufnahme und das hierbei vermutlich beteiligte hydrophile System ist man gegenwärtig so gut wie nicht unterrichtet.

In der Darmschleimhaut erfolgt eine Wiederveresterung des resorbierten Materials zu Triglyceriden. Das bei der Spaltung des Fetts im Darm entstandene Glycerin wird jedoch hierzu nicht verwendet. Es wird vielmehr an das Pfortaderblut abgegeben, der Leber zugeführt und dann im intermediären Stoffwechsel rasch oxydiert, wie aus Versuchen mit im Glycerinanteil mit ^{14}C markierten Fetten hervorgeht. Über den Mechanismus der Resynthese von Triglyceriden in der Darmschleimhaut ist man nur mangelhaft unterrichtet, insbesondere darüber, ob bei diesem Prozeß die nebenherlaufende Synthese von Phosphatiden eine Rolle spielt. Wahrscheinlicher spielen Phosphatide bei dem Eindringen der durch die Tätigkeit der Lipase im Darmlumen entstandenen Fettspaltungsprodukte in die Darmschleimhautzellen eine Rolle.

Die in der Darmschleimhaut gebildeten Triglyceride werden dann an die Lymphe abgegeben. Nach Verfütterung von ^{14}C-Fettsäuren oder eines markierten Fetts findet man 95% und mehr der Fettsäuren in der Lymphe in Form von Triglyceriden. Ein kleiner Prozentsatz (2—5%) erscheint in den Lymph-Phosphatiden. Der Weg des Abtransportes der Fettsäuren vom Darm wird durch die Kettenlänge der Fettsäuren bestimmt. Fettsäuren mit einer Kettenlänge von mehr als C_{12} erscheinen praktisch ausschließlich in der Lymphe. Unterhalb von C_{12} tritt daneben ein immer deutlicher werdender Abtransport durch die Pfortader auf. Niedere Fettsäuren erscheinen ausschließlich im Pfortaderblut.

Der Umfang der Fettausnutzung hängt wesentlich von dem Schmelzpunkt des verfütterten Fettes ab. Übersteigt dieser die Körpertemperatur, so nimmt die Ausnutzung erheblich ab. Die Höhe des Schmelzpunktes ist aber keineswegs der

[1] Neuere Zusammenfassungen: DEUEL, H. J. JR.: The Lipids. Band II. New York 1955. FAVARGER, P.: In „Die ernährungsphysiologischen Eigenschaften der Fette" (Symposium). Darmstadt 1958.

einzige bei der Fettausnutzbarkeit beteiligte Faktor. Bei den Triglyceriden sinkt die Ausnutzbarkeit mit zunehmender C-Atomzahl, etwa ab C_{14}. Enthält ein Fett Tristearin, so wird seine Ausnutzbarkeit verschlechtert. Der Effekt von zugegebenem Tristearin (bei gleichem Gehalt des verfütterten Fettgemisches an Stearinsäure) ist aber bedeutend größer, als wenn die Stearinsäure in ein gemischtes Triglycerid eingebaut ist. Die Geschwindigkeit der Fettresorption ist bei den niederen Fettsäuren um so größer, je kleiner die C-Atomzahl ist. Sie sinkt in der Reihenfolge Triacetin $>$ Tributyrin $>$ Tricaproin $>$ Tricaprylin ab. Daten über die Resorptionsgeschwindigkeit zahlreicher Fette findet man bei THOMASSON.

Das im Kot ausgeschiedene Fett entstammt 4 Quellen. Es besteht aus:

1. unresorbiertem Nahrungsfett,
2. in das Darmlumen via Galle oder durch die Darmschleimhaut sezerniertem Fett,
3. aus dem Fett desquamierter Epithelzellen,
4. aus Fett, das von den Darmbakterien synthetisiert wurde.

In der Norm ist der letztgenannte Faktor am wichtigsten.

B. Entfernung der Lipide aus dem Blut

Die durch die Lymphe vom Darm abtransportierten Fette erscheinen im Blut als kleine Partikelchen („Chylomikronen"). Die Verfolgung der Chylomikronenzahl im Blut in Abhängigkeit von der Zeit wird oft als Test für Umfang und Ablauf der Fettresorption nach fetthaltigen Mahlzeiten beim Menschen benützt. Die Chylomikronen haben einen Durchmesser von 0,5—1 μ. Sie enthalten rund 2,5% Protein und 86—87% Triglyceride, daneben etwa 8% Phosphatide und 2% Cholesterin. Im Blut sind sie durch eine Oberflächenschicht von Eiweiß stabilisiert. Jedes Chylomikron transportiert etwa 500 Millionen Fettsäuremoleküle.

Unter Verwendung von mit ^{14}C markierten Chylomikronen ließ sich zeigen, daß sie rasch aus dem Blut verschwinden und daß die in ihnen enthaltenen Fettsäuren mit großer Geschwindigkeit oxydiert werden. Bei der Ratte beginnt sofort nach der i. v. Injektion von ^{14}C-Chylomikronen die Ausatmung von $^{14}CO_2$, das Maximum wird nach 1—2 Std. erreicht. Im Verlaufe von 8 Std. sind etwa 60% des verabreichten Chylomikronenfetts oxydiert (MORRIS, ferner FRENCH und MORRIS, 1958). Tiere, die gehungert haben, oxydieren Chylomikronenfett rascher als solche, die gefüttert worden waren. Auch die Art der Nahrung ist von Einfluß, nach Verfütterung von Kohlenhydrat ist die Oxydationsgeschwindigkeit langsamer als nach Verfütterung von Fett.

Nach Verschwinden der Chylomikronen aus der Blutbahn kann man das Chylomikronenfett zuerst in erster Linie in der Leber finden, daneben auch, allerdings in wesentlich geringeren Konzentrationen, in anderen Organen.

Der wichtigste Prozeß, welcher beim Verschwinden der Chylomikronen aus dem Blut eine Rolle spielt, ist die "clearing reaction", bei der Heparin als "clearing factor" eine wesentliche Rolle spielt. Nach Injektion von Heparin tritt eine Lipase im Blut auf, welche die Chylomikronen und die Lipoproteide niederer Dichte zerstört und die in ihnen enthaltenen Triglyceride spaltet. Das vorher milchig getrübte Plasma wird dadurch klar. Die Lipase kommt in großen Mengen in den Organen vor, die Enzymaktivität ist aber im Blut gering und steigt erst nach Gaben von Heparin an. Die entstandenen freien Fettsäuren bleiben an Plasmaalbumin gebunden in Lösung. In welchem Umfange die Heparinwirkung in vivo unter physiologischen Bedingungen eine Rolle spielt, ist nicht völlig geklärt. Eine Diskussion dieser Frage findet man bei FRENCH u. Mitarb. Nach den Messungen von CLELAND u. Mitarb. ist die als clearing factor bezeichnete Lipase beim Menschen nach der i. v. Infusion von Fettemulsionen nur für die Spaltung und Entfernung von etwa 5% der im Blute vorhandenen Fettemulsion verantwortlich zu machen.

Für eine große Bedeutung spricht der Umstand, daß das Verschwinden der Chylomikronen aus dem Blut durch solche Substanzen verzögert wird, welche die Heparinwirkung — auch bei der Blutgerinnung — hemmen, wie insbesondere Protamin (FRENCH und MORRIS, 1957). Neben der Klärungsreaktion sind aber sicher noch andere Mechanismen bei dem Verschwinden der Chylomikronen aus dem Blut beteiligt. Zur Diskussion steht eine Phagocytose durch die Leberparenchymzellen, von denen bekannt ist, daß sie Fett aus künstlichen Emulsionen, die i. v. injiziert worden waren, aufnehmen. Weiterhin ist noch an einen Durchtritt durch die Capillarwand in die Gewebsflüssigkeit zu denken, ein Weg, der sicherlich nur von untergeordneter Bedeutung sein dürfte.

Freie Fettsäuren werden im Blut vorwiegend an Albumin gebunden (LINDGREN u. Mitarb.). Für das Auftreten freier Fettsäuren im Blut sind vermutlich mehrere Mechanismen verantwortlich zu machen:

1. Die Klärungsreaktion, bei der das Chylomikronenfett gespalten wird,
2. Transportfunktion des Blutes bei der Mobilisation von Fett aus den Fettdepots (DOLE),
3. Transport von Fett aus der Leber in andere Organe (HARPER u. Mitarb).

Freie Fettsäuren verschwinden ganz außerordentlich rasch aus dem Blut. Bei Versuchen, bei denen Palmitinsäure-1-^{14}C oder Ölsäure-1-^{14}C Menschen i. v. injiziert worden waren, ergab sich eine Halbwertszeit im Blut von nur rund 3 min (LAURELL). Für Hunde wurde sie zu 2 min bestimmt (HAVEL u. Mitarb.). Vermutlich verlassen die freien Fettsäuren die Blutbahn nicht an Albumin gebunden durch Transport durch die Capillarendothelzellen. Über den hierbei beteiligten Mechanismus ist nichts bekannt. Zur Aufnahme der Fettsäuren aus dem Blut sind Leberzellen in großem Umfange befähigt. Leberdurchströmungsversuche ergaben, daß die Leber ^{14}C-Fettsäuren rascher als ^{14}C-Chylomikronenfett oxydiert (MORRIS u. Mitarb.). Weiterhin wird auch eine nicht unbeträchtliche Aufnahme von freien Fettsäuren durch die Fettgewebszellen diskutiert.

Tabelle 1. *Gegenseitige Beziehungen der Nomenklatur der Lipoproteide* (EDER)

Dichte	Sf	—S	Elektrophorese in Stärke. Globulin	Fraktion nach COHN
Niedere Dichte				
<1,006 (Chylomikronen)	>20	>70	α_2	I+III
1,006—1,019. . . .	12—20	40—70	β_1	I+III
1,019—1,063. . . .	0—12	25—40	β_1	I+III
Hohe Dichte				
1,063—1,125. . . .	HDL_2	20—25	α_1	II+IV
1,125—1,21	HDL_1	1—10	α_1	II+IV

Die Triglyceride finden sich im Blut zusammen mit den anderen Lipiden in Form von Lipoproteiden vor. Da für deren Trennung und Bestimmung in den verschiedenen Laboratorien unterschiedliche Methoden verwendet werden, wird die Nomenklatur der Lipoproteide nicht einheitlich gehandhabt. Die gegenseitigen Beziehungen der verschiedenen Nomenklaturen ergeben sich aus der Tab. 1. Die β-Lipoproteide entsprechen den Lipoproteiden niederer Dichte. Sie enthalten über 80% Lipidmaterial und besitzen Molekulargewichte von über 2000000. Die α-Lipoproteide entsprechen den Lipoproteiden hoher Dichte. Ihr Lipidgehalt beträgt nur rund 50%. Sie sind arm an Triglyceriden. Ihr Molekulargewicht ist bei 200000 gelegen. In der Norm entfallen 30—40% der Gesamtlipoproteide auf die α-Lipoproteide. Das in den Lipoproteiden enthaltene Eiweiß macht etwa 10% der gesamten Plasmaproteine aus. In den meisten Lipoproteidfraktionen sind Serin und Threonin Endaminosäuren. In manchen wurden auch Asparaginsäure und Glutaminsäure als Endaminosäuren gefunden (RODBELL).

Bei Betrachtung des Stoffwechsels der Lipoproteide muß berücksichtigt werden, daß die einzelnen in ihnen enthaltenen Lipide (nachgewiesen ist es für Cholesterin und Phosphatide) in einem gegenseitigen Austausch stehen. Auch ein Lipidaustausch zwischen Lipoproteiden und Erythrocyten wurde schon beobachtet. In vitro ließ sich jedoch kein Austausch zwischen den Chylustriglyceriden und den Lipoproteiden nachweisen (HAVEL und FREDRICKSON). Der Proteinanteil der Lipoproteide hat eine raschere Umsatzgeschwindigkeit als alle anderen Plasmaproteinfraktionen.

Tabelle 2. *Zusammensetzung der Lipoproteide des Menschen* (BRAGDON u. Mitarb.)

Fraktion (Dichte)	Freies Cholesterin %	Cholesterinester %	Phosphatide %	Triglyceride %	Protein %
Chylomikronen	3,1	6,0	7,1	81,3	2,5
1,006—1,019	6,0	16,2	17,9	51,8	7,1
1,019—1,063	7,5	39,4	23,1	9,3	20,7
1,063—1,21	2,0	17,4	26,1	8,1	46,4

Die Lipoproteide werden laufend aus dem Blut abgegeben, gleichzeitig erfolgt mit derselben Geschwindigkeit ein Einstrom in die Blutbahn. Die Lipoproteidkonzentration im Blut entspricht also einem bestimmten steady state. Unter Verwendung von C^{14}-Lipoproteiden ergaben sich im Blut Halbwertszeiten von etwa 1 Std. bei Ratten, 1,5 Std. bei Kaninchen und 5—8 Std. bei Hunden, wobei in diesen Versuchen der Cholesterinanteil markiert war. α-Lipoproteide, deren Durchmesser im Mittel etwa 5 mμ beträgt, verlassen die Blutbahn vermutlich durch die Poren der Capillarwand. Für die β-Lipoproteide, deren Durchmesser 18,5 mμ beträgt, wird ein Durchtritt durch die Lacunen angenommen. Es ist nicht sehr wahrscheinlich, daß die Organzellen intakte Lipoproteide aufnehmen. Für die Triglyceride der Lipoproteide ist zu diskutieren, ob sie nicht schon im Blut enzymatisch gespalten werden und daß dann die entstandenen freien Fettsäuren nach dem oben erwähnten Mechanismus aus dem Blut verschwinden.

Nach einer fetthaltigen Mahlzeit ist die Blutgerinnungszeit verkürzt. Hierfür sind nach den bisher vorliegenden Untersuchungen in erster Linie die Blutphosphatide verantwortlich zu machen. Versuche über den Einfluß von freien Fettsäuren auf die Blutgerinnung machen es wahrscheinlich, daß der erwähnte Effekt zum Teil auch auf die im Blut befindlichen freien Fettsäuren zurückzuführen ist. Eine ausführliche Diskussion dieses Problems findet man bei POOLE.

C. Die Speicherung von Fett

Im tierischen Organismus wird normalerweise alles über den Bedarf hinaus zugeführte, als Calorienspender dienende Material in Form von Fett in den Fettdepots gespeichert. Das Depotfett ist an bestimmten Stellen des Organismus lokalisiert und enthält Zellen, die beträchtliche Mengen an Triglyceriden aufnehmen können.

Beim Menschen und den Nichtwiederkäuern stammt das Depotfett zum Teil aus dem Nahrungsfett, was sich leicht durch Einbau von Fettsäuren ungewöhnlicher Art (z. B. Elaidinsäure oder Erucasäure) oder von markierten Fettsäuren, die in die Nahrung gebracht werden, in das Depotfett nachweisen läßt. Ein beträchtlicher Teil des Depotfetts wird aber durch die Fettgewebszellen synthetisiert, z. B. aus ^{14}C-Glucose. Fettgewebszellen besitzen eine hohe Stoffwechselaktivität. Bezogen auf die fettfreie Substanz beträgt ihre Aktivität im Fettstoffwechsel etwa 50% von der einer Leberzelle. Ein Teil des gespeicherten Depotfetts wird ohne Zweifel in Form freier Fettsäuren und von Triglyceriden durch die Lymphe oder das Blut in das Fettgewebe transportiert. Bei Wiederkäuern besteht das Fett im Fettgewebe nur aus dort neu synthetisiertem. Damit hängt die auffallende Konstanz der chemischen Zusammensetzung des Depotfetts dieser Tiere und die praktische Unmöglichkeit, dieselbe exogen zu beeinflussen, zusammen.

Das in dem Fettgewebe gespeicherte Fett steht in einem dynamischen Gleichgewicht mit den Organfetten. Auch wenn der Fettbestand im Fettgewebe konstant bleibt, wird laufend daraus Fett abgegeben und dafür neues eingelagert. Menge und Zusammensetzung des Depotfetts wird — abgesehen von der Nahrungszufuhr — durch verschiedene Faktoren beeinflußt: Species, Alter, Geschlecht, Umgebungstemperatur und körperliche Arbeit. Unter den Hormonen spielen insbesondere das Schilddrüsenhormon und die Sexualhormone eine große Rolle.

Versuche mit ^{14}C-Acetat oder ^{14}C-Palmitat an Mäusen mit einer durch die Verabreichung von Goldthioglucose erzeugten Fettsucht oder an Ratten, bei denen durch Eingriffe in den Hypothalamus eine Fettsucht hervorgerufen worden war, zeigten, daß die Lipogenese stark vermehrt war, selbst bei einer calorisch unzureichenden Diät, und daß das gespeicherte Fett langsamer umgesetzt wurde als in der Norm.

Die pathologische Leberverfettung beim Mangel an Cholin bzw. bei Diätformen, die arm an lipotropen Faktoren sind, ist durch eine Speicherung von Triglyceriden bedingt. Als Ursache sind Störungen des Abtransportes der in der Leber synthetisierten Fettsäuren infolge der mangelhaften Lecithinsynthese oder eine Verminderung der Fettoxydation diskutiert worden.

D. Der Abbau der Fettsäuren

I. Die β-Oxydation der Fettsäuren

Der Abbau der Fettsäuren erfolgt durch β-Oxydation, das heißt, durch eine oxydative Verkürzung der Fettsäuren um jeweils 2 C-Atome. Die β-Oxydation betrifft nicht die freien Fettsäuren, sondern solche, die an das Coenzym A gebunden sind. Durch die Bindung an das Coenzym A entstehen so „aktivierte", energiereichere Verbindungen, deren Abbau leicht erfolgen kann. Die Bildung einer S-Acylverbindung erfordert 8,2 kcal. Quelle dieser Energie ist ATP. Die beim Abbau einer höheren Fettsäure, etwa der Stearinsäure, zu erwartenden Zwischenglieder mit 16, 14, 12, 10, 8, 6 und 4 C-Atomen treten nicht frei, sondern immer nur in Bindung an das Coenzym A auf. Aus diesem Grunde war es früher nie gelungen, Zwischenprodukte des Fettsäureabbaus zu isolieren.

Für die Aktivierung der Fettsäuren durch Bindung an Coenzym A sind bisher drei verschiedene Thiokinasen nachgewiesen worden: Die Acetatthiokinase mit einem Substratbereich von vorwiegend C_2 und C_3, die Octanatthiokinase (Substratbereich vorwiegend C_4—C_8), die Dodekanatthiokinase (Substratbereich C_5—C_{22}, maximale Geschwindigkeit mit C_{12}). Der Reaktionsmechanismus ist für alle drei Enzyme derselbe. Formuliert für Acetat ist er:

$$\text{Acetat} + \text{ATP} \rightleftharpoons \text{Acetyl-AMP} + \text{PP}$$

$$\text{Acetyl-AMP} + \text{CoA} \rightleftharpoons \text{Acetyl-CoA} + \text{AMP}.$$

Neben der Aktivierung der Fettsäuren durch ATP spielen noch Transferreaktionen eine Rolle wie z. B.

$$\text{Acetyl-CoA} + \text{Propionsäure} \rightleftharpoons \text{Propionyl-CoA} + \text{Essigsäure}.$$

Das (oder die) hierbei beteiligte Enzym nennt man Acyl-acetat-thiophorasen. Außer Propionsäure können noch viele andere normalen Fettsäuren das Coenzym A von dem Acetyl-CoA übernehmen.

Die an das Coenzym A gebundene Fettsäure durchläuft einen vierstufigen Cyclus, bei dem 4 H-Atome abgegeben werden und die um 2 C-Atome ärmere, an Coenzym A gebundene Fettsäure entsteht. Im Falle der Stearinsäure mit ihren 18 C-Atomen wird dieser Cyclus 8mal durchlaufen. Dabei werden 32 H-Atome frei und es entstehen 9 Mole Acetyl-Coenzym A. Die H-Atome dienen auf dem üblichen Wege der biologischen Oxydation durch Verbrennung zu Wasser der Gewinnung von Energie. Ein Schema des Fettsäurecyclus ist in der Abb. 1 wiedergegeben.

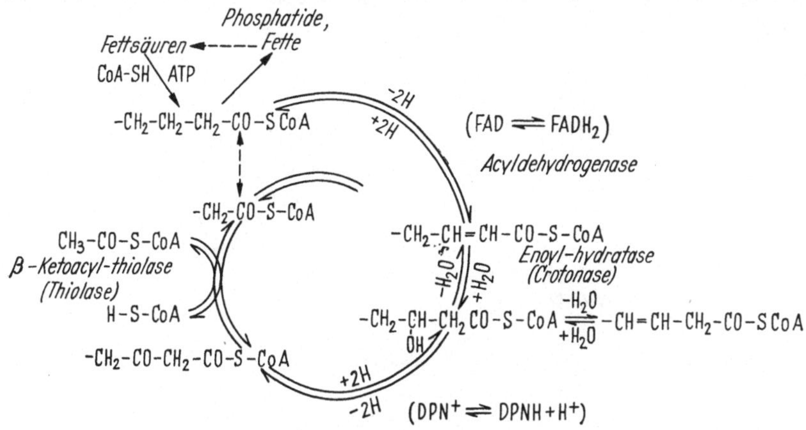

Abb. 1. Der Fettsäurecyclus (F. LYNEN und K. DECKER)

Bei dem Fettsäurecyclus sind 4 Enzyme bzw. Enzymarten beteiligt. Die Dehydrierung der gesättigten Acyl-CoA-Verbindungen erfolgt durch die Acyldehydrogenasen. Sie sind Flavinenzyme. Auch für die Acyldehydrogenasen sind bisher drei verschiedene Enzyme nachgewiesen worden, die Butyryldehydrogenase (Aktivität von C_2—C_8), die Capryldehydrogenase (Aktivität von C_4—C_{16}, Optimum mit C_8) und die Lauryldehydrogenase, die gegen die höheren Fettsäuren eine größere Aktivität aufweist als die Capryldehydrogenase. Die relativen Aktivitäten der Butyryldehydrogenase, bezogen auf Buttersäure = 100, sind für C_3 25, C_5 55, C_6 45 und C_7 35.

Die einzige bisher nachgewiesene Enoylhydratase (Krotonase) hat ein breites Wirkungsspektrum. Sie hydratisiert sowohl α,β-ungesättigte Säuren als auch β,γ-ungesättigte Säuren und wirkt vermutlich auch als cis-trans-Isomerase.

$$\begin{array}{ccc} \beta,\gamma\text{-Dehydroacyl-CoA} & \rightleftharpoons & \text{L-}\beta\text{-Oxyacyl-CoA} \\ & & \downarrow\uparrow \\ \text{cis-}\alpha,\beta\text{-Dehydroacyl-CoA} & \rightleftharpoons & \text{trans-}\alpha,\beta\text{-Dehydroacyl-CoA} \end{array}$$

trans-Hexenoyl-CoA wird aber langsamer als cis-Hexenoyl-CoA hydratisiert.

Das nächste Enzym im Fettsäurecyclus, die β-Oxyacyldehydrogenase, hat ebenfalls ein weites Wirkungsspektrum und setzt alle Säuren von C_4—C_{18} bei völliger Substratsättigung mit etwa derselben Geschwindigkeit um. Bei den Hydroxybuttersäuren ist die Dehydrogenase spezifisch auf L(+)-Hydroxybuttersäure eingestellt. In tierischen Geweben wurde jedoch eine Racemase nachgewiesen, die L(+)-β-Hydroxybutyryl-CoA wechselseitig in D(—)-β-Hydroxybutyryl-CoA überführt. Außerdem enthalten Lebermitochondrien noch eine spezifisch auf D(—)-β-Hydroxybutyryl-CoA eingestellte Dehydrogenase. Die β-Hydroxyacyldehydrogenase ist ein mit DPN arbeitendes Pyridinenzym.

Bisher ist nur eine einzige β-Ketothiolase bekannt geworden.

Das Auftreten großer Mengen Acetessigsäure beim Diabetes mellitus hat schon frühzeitig das Interesse auf den Mechanismus der Bildung dieser Substanz gelenkt. Die Aufklärung desselben erfolgte jedoch erst in der jüngsten Zeit. Die Vorstufe der Acetessigsäure ist das Acetoacetyl-CoA, das beim Abbau der Fettsäuren durch β-Oxydation im Fettsäurecyclus auf der Stufe der C_4-Säuren entsteht oder aber auch durch Kondensation von 2 Molekülen Acetyl-CoA gebildet wird:

$$2 \text{ Acetyl-CoA} \rightleftharpoons \text{Acetoacetyl-CoA} + \text{CoA}.$$

Die Freisetzung von Acetessigsäure aus dem Acetoacetyl-CoA erfolgt in der Leber durch einen von Lynen u. Mitarb. entdeckten Kreisprozeß, dem β-Hydroxy-β-methylglutaryl-CoA-Cyclus (Abb. 2).

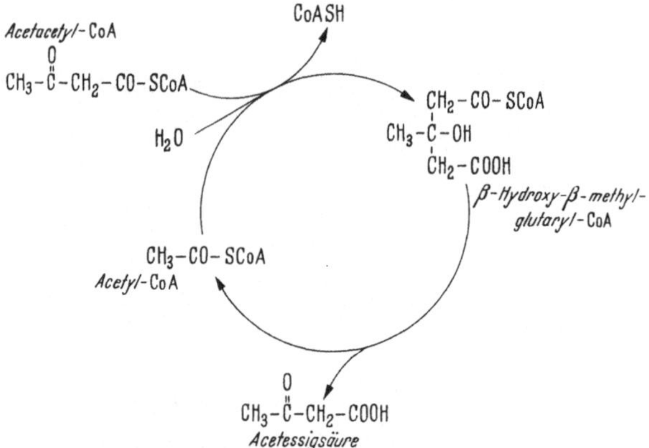

Abb. 2. Der β-Hydroxy-β-methyl-glutaryl-CoA-Cyclus (F. Lynen, U. Henning, C. Bublitz, B. Sörbö und L. Kröplin-Rueff)

Acetoacetyl-CoA wird durch ein in der Leber enthaltenes Enzym („Enzym B") mit Acetyl-CoA zu 3-Hydroxy-3-methylglutaryl-CoA kondensiert:

$$CH_3{-}CO{-}CoA + CH_3{-}CO{-}CH_2{-}CO{-}CoA \rightleftharpoons HOOC{-}CH_2{-}\overset{\displaystyle CH_3}{\underset{\displaystyle OH}{C}}{-}CH_2{-}CO{-}CoA + CoA$$

3-Hydroxy-3-methylglutaryl-CoA

Dieses wird dann durch das „Enzym A", das sich als identisch mit dem HMG-CoA-cleavage enzyme (Bachhawat u. Mitarb.) erwies, in Acetessigsäure und Acetyl-CoA aufgespalten:

$$HOOC{-}CH_2{-}\overset{\displaystyle CH_3}{\underset{\displaystyle OH}{C}}{-}CH_2{-}CO{-}CoA \rightarrow HOOC{-}CH_2{-}\overset{\displaystyle CH_3}{CO} + CH_3{-}CO{-}CoA$$

Die Bilanzgleichung des Cyclus ist:

$$2 \text{ Acetyl-CoA} + H_2O \rightleftharpoons \text{Acetessigsäure} + 2 \text{ CoA}.$$

Die in der energiereichen S-Acylbindung in dem Acetoacetyl-CoA enthaltene Stoffwechselenergie geht hierbei verloren. Die Bildung freier Acetessigsäure in der Leber ist daher eine praktisch irreversible Reaktion. Hierauf ist die schon lange bekannte Tatsache zurückzuführen, daß die Leber zwar imstande ist, große Mengen an Acetessigsäure zu bilden, diese aber nicht zu oxydieren vermag.

In der Niere und Muskulatur, die — wie man schon seit längerer Zeit weiß — Acetessigsäure zu „verbrennen" vermögen, erfolgt die Freisetzung von Acetessigsäure aus dem Acetoacetyl-CoA durch einen anderen Prozeß, bei dem die Energie in Form von ATP erhalten bleibt:

$$\begin{array}{rl} \text{Acetoacetyl-CoA} + \text{Succinat} & \rightleftharpoons \text{Succinyl-CoA} + \text{Acetoacetat} \\ \text{Succinyl-CoA} + \text{ADP} + \text{P} & \rightleftharpoons \text{Succinat} + \text{CoA} + \text{ATP} \\ \hline \text{Summe: Acetoacetyl-CoA} + \text{ADP} + \text{P} & \rightleftharpoons \text{Acetoacetat} + \text{CoA} + \text{ATP.} \end{array}$$

Durch die Umkehrung dieser Reaktionskette wird der Abbau der freien Acetessigsäure eingeleitet.

Der Organismus baut auch Fettsäuren mit einer ungeraden C-Atomzahl durch β-Oxydation ab. Dabei entsteht, neben viel Acetyl-Coenzym A, zuletzt (auf der C_5-Stufe) auch Propionyl-Coenzym A. Dieses wird unter CO_2-Fixierung über Methylmalonyl-CoA und Succinyl-CoA in Bernsteinsäure übergeführt. Die enzymatische Isomerisierung des Methylmalonyl-CoA zum Succinyl-CoA erfolgt durch eine Transcarboxylierung:

$$\begin{array}{c} CO\text{—}CoA \\ | \\ HC\text{—}COOH \\ | \\ CH_3 \end{array} + \begin{array}{c} CH_3 \\ | \\ CH_2 \\ |* \\ CO\text{—}CoA \end{array} \rightleftharpoons \begin{array}{c} CO\text{—}CoA \\ | \\ CH_2 \\ | \\ CH_3 \end{array} + \begin{array}{c} CH_2\text{—}COOH \\ | \\ CH_2 \\ |* \\ CO\text{—}CoA \end{array}$$

Methylmalonyl-CoA — Propionyl-CoA — Propionyl-CoA — Succinyl-CoA

Die Methylmalonyl-CoA-Isomerase wurde in besonders hoher Aktivität in der Rattenleber und in Niere und Gehirn von Schafen gefunden. Bei der CO_2-Fixierungsreaktion wird ein „aktiviertes" CO_2 verwendet. Die Aktivierung von CO_2 erfolgt durch ein von BACHHAWAT und COON kristallisiertes Enzym. Das aktivierte CO_2 wird dann auf geeignete Acceptoren übertragen wie z. B. Propionyl-CoA oder β-Hydroxyisovaleryl-CoA, wobei im letzteren Falle 3-Hydroxy-3-methylglutaryl-CoA entsteht (s. S. 758). Beim Abbau des Propionyl-CoA durch Carboxylierung ist die Beteiligung des aktivierten CO_2 folgendermaßen zu formulieren:

$$CO_2 + ATP \rightleftharpoons AMP\text{-}CO_2 + \text{anorg. Pyrophosphat}$$

$$\underset{\text{Propionyl-CoA}}{CH_3\text{—}CH_2\text{—}CoA} + \underset{\text{aktiviertes } CO_2}{AMP\text{—}CO_2} \rightleftharpoons \underset{\text{Methylmalonyl-CoA}}{HOOC\text{—}\overset{\overset{CH_3}{|}}{C}H\text{—}CO\text{—}CoA} + \underset{\text{Adenylsäure}}{AMP}$$

Freie Propionsäure wird im Organismus zuerst durch die Acetat-thiokinase aktiviert:

$$\text{Propionsäure} + \text{ATP} \rightleftharpoons \text{Propionyl-AMP} + \text{Pyrophosphat}$$

$$\text{Propionyl-AMP} + \text{CoA} \rightleftharpoons \text{Propionyl-CoA} + \text{AMP.}$$

Die Überführung von Propionsäure in Succinat macht die alten Befunde, daß der tierische Organismus Propionsäure leicht oxydieren oder zur Bildung von Glucose bzw. Glykogen verwenden kann, ebenso die Beobachtung, daß der ^{14}C von ^{14}C-Propionsäure in verschiedenen Aminosäuren (Alanin, Glutaminsäure, Leucin, Prolin, und Glykokoll) gefunden wird, leicht verständlich.

Das bei der β-Oxydation im Fettsäurecyclus entstehende Acetyl-Coenzym A wird dann entweder durch Kondensation mit Oxalacetat der Endoxydation über den Citronensäurecyclus zugeführt oder zu Biosynthesen verwendet.

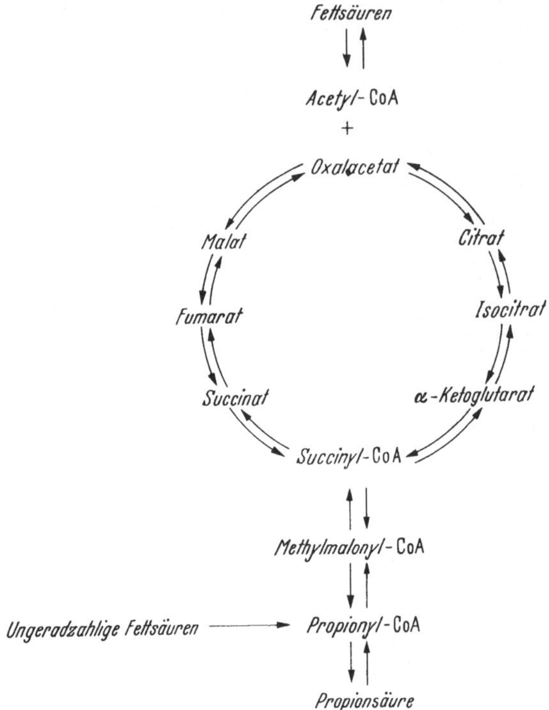

II. Die ω-Oxydation der Fettsäuren und die Dicarbonsäuren

Macht man die β-Oxydation der Fettsäuren unmöglich, etwa durch Blockierung der Carboxylgruppe, so oxydiert der Organismus die endständige Methylgruppe der Fettsäure zu einer Carboxylgruppe, so daß eine Dicarbonsäure entsteht, und führt dann den Abbau der C-Atomkette von dieser neuen Carboxylgruppe aus durch. Die ω-Oxydation ist keine physiologische Reaktion im Fettsäurestoffwechsel, sondern nur ein Nebenweg, der unter bestimmten Voraussetzungen beschritten wird. Fettsäuren mit einer mittleren C-Atomzahl (C_8—C_{11}) unterliegen der ω-Oxydation leichter als alle anderen. Daher kann man auch ohne Eingriff in das Fettsäuremolekül eine geringgradige ω-Oxydation, kenntlich an einer Ausscheidung der entsprechenden Dicarbonsäuren, im Harn beobachten, wenn man große Mengen von Fettsäuren einer mittleren C-Atomzahl verfüttert. Die Dicarbonsäuren mit einer mittleren C-Atomzahl sind nämlich sehr schwer im Organismus verbrennlich und werden, teilweise unter Verkürzung um 2 bzw. 4 C-Atome durch β-Oxydation im Harn ausgeschieden. Niedere Dicarbonsäuren (Bernsteinsäure) und höhere Dicarbonsäuren (etwa ab C_{12}) werden vom Organismus rasch und praktisch quantitativ zu CO_2 und H_2O oxydiert.

Bei der ω-Oxydation einer Fettsäure handelt es sich um eine Oxydation einer Methylgruppe zu einer Carboxylgruppe, also um eine „Methyloxydation". Methyloxydationen kommen auch noch außerhalb des Fettstoffwechsels im Organismus vor. Ein Beispiel ist die Oxydation von Alkylbenzolen zu Phenylfettsäuren.

Der nähere Mechanismus der Methyloxydation ist noch nicht aufgeklärt.

Oxalsäure wird regelmäßig im Harn gefunden. Gesunde Menschen scheiden im Tag etwa 20—50 mg aus. Die im Harn erscheinende Oxalsäure entstammt zum Teil der Nahrung, zum Teil wird sie im Stoffwechsel gebildet. Ihre unmittelbaren Vorstufen sind vermutlich C_2-Verbindungen wie Glykolsäure oder Glyoxylsäure, ferner Ascorbinsäure. Für eine Entstehung von Oxalsäure beim Abbau höherer Dicarbonsäuren hat sich kein Anhaltspunkt ergeben. Ein Abbau der Oxalsäure im intermediären Stoffwechsel wurde noch nie beobachtet. Dagegen vermögen Bakterien Oxalsäure durch eine Oxalsäuredehydrogenase oxydativ zu zerstören, so daß per os aufgenommene Oxalsäure nicht quantitativ im Harn erscheint, weil sie zum Teil von den Darmbakterien abgebaut wird. Die Halbwertszeit von Oxalsäure-1,2-^{14}C wurde bei der Ratte zu 50 Std. bestimmt. Spuren der Substanz sind aber noch nach 26 Tagen im Skelet nachweisbar. Bei der Ratte wird Ascorbinsäure zum Teil zur Oxalsäure abgebaut (CURTIN u. Mitarb.).

Nach der Injektion von Malonsäure-^{13}C atmen Ratten innerhalb der ersten 6 Std. 20—32% des ^{13}C als $^{13}CO_2$ aus. Der Abbau erfolgt nach Aktivierung zu Malonyl-CoA durch Decarboxylierung:

$$\text{Malonyl-CoA} \rightarrow \text{Acetyl-CoA} + CO_2$$

(NAKADA u. Mitarb.). Hunde scheiden regelmäßig kleine Mengen Malonsäure im Harn aus (THOMAS u. Mitarb.).

Bernsteinsäure ist ein Glied des Citronensäurecyclus und entsteht daher in großem Umfange als Intermediärprodukt bei der Endoxydation von Fetten, Kohlenhydraten und bestimmten Aminosäuren.

^{14}C-Glutarsäure wird von Ratten rasch oxydiert. Innerhalb von 3 Std. wurden 50% der Dosis als $^{14}CO_2$ ausgeatmet. Auf Grund der ^{14}C-Verteilung ist anzunehmen, daß sich der Abbau auf dem folgenden Wege vollzieht: Glutarat → Glutaconat → β-Hydroxyglutarat → Acetondicarboxylat → Acetoacetat → Acetat (HOBBS und KOEPPE). Der früher angenommene Abbauweg über α-Hydroxyglutarat → α-Ketoglutarat erscheint unwahrscheinlich.

Dicarbonsäuren mit 8—11 C-Atomen werden im Stoffwechsel nur schwierig verbrannt und daher nach Verfütterung zu einem hohen Prozentsatz unverändert im Harn ausgeschieden. Nach KORNBERG und PRICE werden sie nicht an Coenzym A gebunden.

III. Der Stoffwechsel von Fettsäuren mit einem verzweigten Kohlenstoffskelet

Die Frage nach dem Abbau verzweigtkettiger Fettsäuren hat im Zusammenhange mit dem Stoffwechsel gewisser, von Bakterien gebildeter Fettsäuren und dem einiger Aminosäuren (Valin, Leucin, Isoleucin) ein größeres Interesse. In der neueren Zeit wurde das Vorkommen verzweigter Fettsäuren in tierischen Fetten festgestellt. Weiterhin ließ sich zeigen, daß verzweigte Fettsäuren Zwischenprodukte bei der Biosynthese von Sterinen und anderen Isoprenderivaten sind.

Das Verhalten der alkylierten Fettsäuren im Stoffwechsel wird durch die folgenden Faktoren bestimmt:

1. Zahl der C-Atome und sterische Anordnung der Seitenkette,
2. Zahl der C-Atome der Hauptkette,
3. Stellung der Verzweigung zur Carboxylgruppe,
4. Zahl der Verzweigungen und ihre gegenseitige Lage,
5. etwaiges Vorkommen quaternärer C-Atome.

Bei Fettsäuren mit einer langen Hauptkette werden die Seitenketten besser abgebaut als bei Fettsäuren einer mittleren C-Atomzahl. Je weiter die Carboxylgruppe von der Seitenkette entfernt ist, um so schlechter wird die Verbrennlichkeit der Substanz im Organismus. Mit zunehmender Länge der Seitenkette wird der Abbau immer mehr erschwert.

Das Studium des Stoffwechselverhaltens substituierter Dicarbonsäuren ergab in allen Fällen (Malonsäure, Bernsteinsäure und Adipinsäure), daß die Oxydierbarkeit im Organismus um so besser wird, je länger die Seitenkette ist. Hatte diese eine Länge von etwa 12 C-Atomen erreicht, so wurde die Substanz im Organismus quantitativ abgebaut. Dies zeigt, daß sich der Abbau immer von der längsten C-Atomkette, in diesem Falle also von der Seitenkette aus, vollzieht. Fettsäuren mit einem quaternären C-Atom (z. B. asymmetrische Dimethylbernsteinsäure) werden im Stoffwechsel praktisch überhaupt nicht angegriffen. 2,2-Dimethylstearinsäure und 2,2-Dimethylnonadecansäure werden vom Menschen und von Ratten gut resorbiert, erscheinen in der Lymphe und werden in Triglyceride und Phosphatide eingebaut, jedoch nicht zu CO_2 oxydiert. Ein hoher Prozentsatz der verfütterten Substanz erscheint im Harn als Dimethyladipinsäure. Daneben werden noch Dimethylglutarsäure und Dimethylpimelinsäure im Harn aufgefunden. Ähnliche Ergebnisse wurden auch beim Studium des Stoffwechsels der 2,2,17,17-Tetramethylstearinsäure erhalten:

Isoleucin liefert im Zellstoffwechsel α-Methylbuttersäure, die dann durch β-Oxydation weiter abgebaut wird:

$$CH_3{-}CH_2{-}\overset{\displaystyle CH_3}{\overset{|}{C}}H{-}CO{-}CoA$$

α-Methylbutyryl-CoA

↓

$$CH_3{-}CH=\overset{\displaystyle CH_3}{\overset{|}{C}}{-}CO{-}CoA$$

Tiglyl-CoA

↓

$$CH_3{-}CH(OH){-}\overset{\displaystyle CH_3}{\overset{|}{C}}H{-}CO{-}CoA$$

α-Methyl-β-hydroxy-butyryl-CoA

↓

$$CH_3{-}CO{-}\overset{\displaystyle CH_3}{\overset{|}{C}}H{-}CO{-}CoA$$

α-Methyl-acetoacetyl-CoA

↙ ↘

$$CH_3{-}CO{-}CoA + CH_3{-}CH_2{-}CO{-}CoA$$

Acetyl-CoA Propionyl-CoA

Die letztere Reaktion verdient insofern ein besonderes Interesse, als sie vermuten läßt, daß der Organismus Propionsäure zum Aufbau verzweigtkettiger Fettsäuren verwerten kann. Wie schon oben erwähnt, werden im Depotfett, insbesondere bei Wiederkäuern, regelmäßig methylverzweigte höhere Fettsäuren gefunden.

Der oxydative Abbau von Leucin liefert Isovaleriansäure, die dann unter CO_2-Fixierung zu Acetyl-CoA und Acetessigsäure abgebaut wird:

$(H_3C)_2$>CH—CH_2—CO—CoA (Isovaleryl-CoA)

⇅ Acyldehydrogenase

$(H_3C)_2$>C=CH—COCOA (β-Methyl-crotonyl-CoA = ββ-Dimethylacryl-CoA)

⇅ Methylglutaconase

$(H_3C)_2$>C(OH)—CH_2—CO—CoA (β-Hydroxy-isovaleryl-CoA)

⇅ + CO_2

HOOC—H_2C, H_3C>C(OH)—CH_2—CO—CoA (β-Hydroxy-β-methylglutaryl-CoA)

⇅

HOOC—H_2C, H_3C>CO + CH_3—CO—CoA

Acetoacetat Acetyl-CoA

3-Hydroxy-3-methylglutaryl-CoA ist das Bindeglied zwischen dem Fettstoffwechsel und der Biosynthese von Cholesterin. Schon seit einigen Jahren war bekannt, daß alle C-Atome des Cholesterins aus Acetat stammen. Als wichtigstes Zwischenprodukt bei der Synthese des Cholesterins aber auch aller anderen Isoprenoide im Organismus hat sich die Mevalonsäure erwiesen. In vitro überführen Leberpräparationen Mevalonsäure-2-^{14}C mit der erstaunlich hohen Ausbeute von über 40% in Cholesterin. Hierbei erfolgt eine Decarboxylierung, bei Verwendung von Mevalonsäure-1-^{14}C wird der ^{14}C als $^{14}CO_2$ abgespalten. Unter anaeroben Bedingungen entsteht aus Mevalonsäure Squalen entsprechend der Summengleichung:

$$6\ \text{Mevalonsäure} \rightarrow \text{Squalen} + 6CO_2 + 12H_2O$$

Aerob wird dann das Squalen cyclisiert, wobei zuerst Lanosterin entsteht, das oxydativ zu Cholesterin demethyliert wird.

3-Hydroxy-3-methylglutarat kann mit TPN-H zur 3-Hydroxy-3-methylglutarhalbaldehydsäure und diese weiterhin mit TPN-H zu 3,5-Dihydroxy-3-methylpentansäure (Mevalonsäure) hydriert werden:

HOOC—CH_2—C(CH_3)(OH)—CH_2—COOH

3-Hydroxy-3-methylglutarat

↓ + 2H

HOC—CH_2—C(CH_3)(OH)—CH_2—COOH

3-Hydroxy-3-methylglutarhalbaldehydsäure (Mevalinsäure)

↓ + 2H

HOH_2C—CH_2—C(CH_3)(OH)—CH_2—COOH

3,5-Dihydroxy-3-methylpentansäure (Mevalonsäure)

IV. Die mehrfach ungesättigten Fettsäuren

Bestimmte mehrfach ungesättigte Fettsäuren wie cis-Linolsäure ($\Delta^{9,12}$-Octadecandiensäure) und cis-Arachidonsäure ($\Delta^{5,8,11,14}$-Eikosatetraensäure) sind für den Organismus unentbehrlich. Bei fehlender Zufuhr treten, vor allem bei jugendlichen Individuen, charakteristische Mangelsymptome auf. Der Organismus ist also offensichtlich nicht in der Lage, sie selber im Stoffwechsel herzustellen, bzw. in genügender Menge herzustellen, so daß er auf ihre Zufuhr von außen angewiesen ist. Die benötigten Dosen an diesen „essentiellen" Fettsäuren sind klein. Gemeinsam ist den essentiellen Fettsäuren die Atomkonfiguration $-CH{=}CH-CH_2-CH{=}$ $=CH-$ an bestimmter Stelle des Moleküls.

Aus Linolsäure wird unter Verlängerung der C-Atomkette und Einbau neuer Doppelbindungen im Divinylmethan-Rhythmus Arachidonsäure gebildet. Zwischenprodukt ist aller Wahrscheinlichkeit nach γ-Linolensäure ($\Delta^{6,9,12}$-Octadecantriensäure), von der bekannt ist, daß sie die physiologische Wirkung einer essentiellen Fettsäure besitzt. Dagegen ist Linolensäure ($\Delta^{9,11,14}$-Octadecantriensäure) kein Zwischenprodukt. Bei der Umwandlung von Linolsäure in Arachidonsäure ist Pyridoxin beteiligt. Diese Reaktion ist daher bei Vitamin B_6-Mangel gestört.

$$CH_3-(CH_2)_4-\overset{13}{C}H{=}\overset{12}{C}H-\overset{11}{C}H_2-\overset{10}{C}H{=}\overset{9}{C}H-\overset{8}{C}H_2-\overset{7}{C}H_2-\overset{6}{C}H_2-(CH_2)_4-COOH$$

Linolsäure ($\Delta^{9,12}$-Octadecandiensäure)

↓

$$CH_3-(CH_2)_4-\overset{13}{C}H{=}\overset{12}{C}H-\overset{11}{C}H_2-\overset{10}{C}H{=}\overset{9}{C}H-\overset{8}{C}H_2-\overset{7}{C}H{=}\overset{6}{C}H-(CH_2)_4-COOH$$

γ-Linolensäure ($\Delta^{6,9,12}$-Octadecantriensäure)

↓

$$CH_3-(CH_2)_4-\overset{15}{C}H{=}\overset{14}{C}H-\overset{13}{C}H_2-\overset{12}{C}H{=}\overset{11}{C}H-\overset{10}{C}H_2-\overset{9}{C}H{=}\overset{8}{C}H-\overset{6}{C}H_2-\overset{5}{C}H_2-\overset{7}{C}H_2-(CH_2)_3-COOH$$

$\Delta^{8,11,14}$-Eikosatriensäure

↓

$$CH_3-(CH_2)_4-\overset{15}{C}H{=}\overset{14}{C}H-\overset{13}{C}H_2-\overset{12}{C}H{=}\overset{11}{C}H-\overset{10}{C}H_2-\overset{9}{C}H{=}\overset{8}{C}H-\overset{7}{C}H_2-\overset{6}{C}H-{=}\overset{5}{C}H-(CH_2)_3-COOH$$

Arachidonsäure ($\Delta^{5,8,11,14}$-Eikosatetraensäure)

Linolensäure geht im tierischen Organismus in fünffach und sechsfach ungesättigte Säuren mit 20 bzw. 22 C-Atomen über. Vermutlich handelt es sich hierbei um die folgenden Säuren:

$\Delta^{5,8,11,14,17}$-Eikosapentaensäure,
$\Delta^{7,10,13,16,19}$-Dokosapentaensäure und
$\Delta^{4,7,10,13,16,19}$-Dokosahexaensäure.

Die bei dieser Reaktionskette wahrscheinlich durchlaufene Stufe einer Eikosatetraensäure ist nicht mit Arachidonsäure identisch, sondern eine isomere Säure, vermutlich $\Delta^{8,11,14,17}$-Eikosatetraensäure. Bekanntlich besitzt die Linolensäure andere physiologische Wirkungen als die Linolsäure und die Arachidonsäure. Sie ist zwar im Wachstumstest wirksam, vermag aber die anderen Symptome des Mangels an essentiellen Fettsäuren nicht zu beeinflussen und ist daher im strengen Sinne des Wortes auch keine essentielle Fettsäure.

Beim Mangel an essentiellen Fettsäuren häuft sich im Organismus eine Triensäure an, die als $\Delta^{5,8,11}$-Eikosatriensäure identifiziert wurde und nicht die physiologischen Eigenschaften einer essentiellen Fettsäure besitzt und auch keine Wachstumswirkung entfaltet. Sie entsteht vermutlich aus Ölsäure durch Verlängerung der C-Atomkette und weiterer Dehydrierung.

$$CH_3{-}(CH_2)_7{-}\overset{10}{C}H{=}\overset{9}{C}H{-}\overset{8}{C}H_2{-}\overset{7}{C}H_2{-}\overset{6}{C}H_2{=}\overset{5}{C}H_2{-}\overset{4}{C}H_2{-}\overset{3}{C}H_2{-}CH_2{-}COOH$$

Ölsäure (Δ^9-Octadecensäure)

↓

$$CH_3{-}(CH_2)_7{-}\overset{12}{C}H{=}\overset{11}{C}H{-}\overset{10}{C}H_2{-}\overset{9}{C}H{=}\overset{8}{C}H{-}\overset{7}{C}H_2{-}\overset{6}{C}H{-}\overset{5}{C}H{-}(CH_2)_3{-}COOH$$

$\Delta^{5,8,11}$-Eikosatriensäure

Die Stoffwechselreaktionen der Polyensäuren lassen nach dem Gesagten drei verschiedene Reaktionsketten und drei verschiedene Typen von Polyensäuren erkennen, die im Stoffwechsel unabhängig voneinander sind und die unterschiedliche physiologische Wirkungen entfalten.

Untersuchungen mit ^{14}C-Linolsäure ergaben, daß nur ein geringer Prozentsatz (bei gesunden Ratten 7,8%, bei Fettmangelratten 9,2%) innerhalb von 6 Std. zu $^{14}CO_2$ oxydiert wird. Nach Verabreichung von Linolensäure-1-^{14}C atmete eine Ratte innerhalb von 8 Std. 28,8% des ^{14}C als $^{14}CO_2$ aus; 3,8% des ^{14}C wurden im Harn ausgeschieden. Die Linolensäure wurde zum Teil in C_{20}- und C_{22}-Pentaensäuren und Hexaensäuren verwandelt. Auch teilweiser Abbau der Linolensäure — jedoch nicht bis zu dem System der Doppelbindungen — und erneuter Aufbau aus dem Bruchstück kommen vor.

Pflanzen enthalten Lipoxydase, ein Polyensäuren wie Linolsäure, Linolensäure, Arachidonsäure angreifendes Enzym, das deren Abbau einleitet. Der tierische Organismus verfügt nicht über eine Lipoxydase. Häminproteide vermögen jedoch eine der Lipoxydase ähnliche Wirkung zu entfalten.

V. Die Dehydrierung der Fettsäuren in 9,10-Stellung

Gesättigte Fettsäuren werden durch die Fettsäuredehydrogenase zu ungesättigten Fettsäuren dehydriert. Dabei entsteht die Doppelbindung immer zwischen den C-Atomen 9 und 10. Stearinsäure liefert Ölsäure, Palmitinsäure-Δ^9-Hexadecensäure (Palmitölsäure). Fast alle in der Natur vorkommenden, ungesättigten Fettsäuren enthalten ihre erste Doppelbindung (von der Carboxylgruppe aus gerechnet) in 9, 10-Stellung.

Die Dehydrierung der Fettsäuren in 9,10-Stellung ist keine mit dem Abbau der Fettsäuren verknüpfte Reaktion. Ihre Bedeutung besteht darin, daß die Zelle durch sie in der Lage ist, die physikalisch-chemischen Eigenschaften (Schmelzpunkt, Viscosität) des in den Zellen enthaltenen Lipidgemisches konstant zu halten. Bei der Biosynthese von Fettsäuren entstehen die gesättigten wesentlich rascher als die ungesättigten. Vermutlich entstehen primär nur die gesättigten Fettsäuren, die dann sekundär zum Teil zu den ungesättigten dehydriert werden.

Auch die umgekehrte Reaktion, eine Hydrierung ungesättigter Fettsäuren ist im Stoffwechsel möglich. Versuche mit ^{14}C-Fettsäuren ergaben jedoch, daß Ratten Ölsäure nur in geringem Umfange zu Stearinsäure hydrieren, umgekehrt aber in großem Umfange Stearinsäure zu Ölsäure dehydrieren (BERNHARD u. Mitarb.). Die ungesättigten Säuren werden, wie alle anderen Fettsäuren, durch β-Oxydation abgebaut.

Durch Dehydrierung entstehen nur einfach ungesättigte Fettsäuren. Eine Weiterdehydrierung zu Polyensäuren ist dem Organismus aber in Ausnahmen möglich.

E. Die Biosynthese von Fett

Daß der tierische Organismus zur Biosynthese von Fett befähigt ist, war schon lange bekannt. Beobachtungen bei der Tiermast hatten gezeigt, daß Kohlenhydrat in Fett umgewandelt wird. Hinweise auf den Reaktionsmechanismus haben sich jedoch erst in der neueren Zeit auf Grund von Versuchen mit markierten Substraten gewinnen lassen. Versuche an Tieren, deren Körperwasser mit D_2O angereichert war, hatten ergeben, daß sich die Biosynthese der Fettsäuren aus Acetat bzw. „aktiviertem Acetat" (Acetyl-CoA) vollzieht und im Prinzip eine Umkehrung der β-Oxydation darstellt. Weitere Versuche mit doppelt markiertem Acetat (^{13}C und D) haben eindeutig ergeben, daß jedes einzelne C-Atom und H-Atom einer Fettsäure letzten Endes aus Acetat stammt. Hauptorte der Biosynthese von Fett im Organismus sind Leber und Darmwand. Grundsätzlich sind jedoch alle Gewebe zu dieser Leistung befähigt. Einen besonders hohen Umfang der Fettsäuresynthese findet man in der lactierenden Schilddrüse. Bei der Durchströmung eines lactierenden Kuheuters mit Acetat-1-^{14}C können 40% und mehr des ^{14}C in dem sezernierten Milchfett gefunden werden.

Die bei der Fettsäuresynthese beteiligten Enzymsysteme lassen sich in Lösung bringen. Es war daher in der neueren Zeit möglich, die Biosynthese von Fettsäuren in vitro in einfachen, wasserlöslichen Systemen zu studieren. Die meisten Untersuchungen wurden an Enzymsystemen der Rattenleber, Taubenleber oder der Milchdrüse angestellt. Interessanterweise verläuft die Fettsäurebiosynthese in diesen 3 Systemen nicht völlig identisch, wenngleich die zu beobachtenden Unterschiede nicht groß und keineswegs prinzipieller Art sind.

Bei der Biosynthese von Fettsäuren durch hochgereinigte Enzymsysteme aus Taubenleber sind — wie Fraktionierungen mit Ammoniumsulfat zeigten — drei Enzymproteine beteiligt. Als Cofaktoren sind ATP, Coenzym A, DPN-H, TPN-H, Glutathion (oder Cystein) und Mn^{++} unerläßlich (Gibson u. Mitarb., Wakil u. Mitarb., Tietz). Eine der Enzymfraktionen zeichnet sich durch einen bemerkenswert hohen Biotingehalt aus. Da die Fettsäuresynthese in vitro durch Avidin gehemmt und durch Biotinzusatz wieder in Gang gebracht werden kann, ist vermutlich Biotin bei dem Prozeß beteiligt (Wakil u. Mitarb. 1958). Weiterhin ist Anwesenheit von Isocitrat erforderlich, bzw. eines Systems, aus dem Isocitrat gebildet werden kann (Glucose-6-phosphat + α-Ketoglutarat + HCO_3^-). Ein Teil der Aktivität bleibt in diesem System auch beim Fehlen von TPN^+ erhalten. Bei derartigen Versuchen in vitro mit Taubenleberenzymen ist Palmitinsäure das Hauptprodukt. Daneben werden in kleineren Mengen Decansäure, Laurinsäure, Myristinsäure und Stearinsäure erhalten, ferner Myristyl-CoA und Palmityl-CoA.

Das Fettsäuren synthetisierende System der Rattenleber benötigt als Cofaktoren ATP, Coenzym A, DPN, TPN-H, Cu^{++} und Zn^{++}. Beim Fehlen von TPN-H ist es vollkommen inaktiv. TPN-H dient bei der Fettsäuresynthese als spezifischer Elektronendonator, und zwar bei der Hydrierung der an Coenzym A gebundenen α,β-ungesättigten Säuren (Langdon). Weiterhin wird Isocitrat als Substrat einer mit TPN arbeitenden Dehydrogenase zur Erzeugung von TPN-H benötigt. Das beschriebene Enzymsystem der Rattenleber synthetisiert wie das der Taubenleber höhere Fettsäuren.

Homogenate lactierender Milchdrüsen bauen ^{14}C-Acetat vorwiegend in die höheren Fettsäuren ein. Durch Abzentrifugieren aller Partikelchen bei hohen Beschleunigungen erhält man ein lösliches System, das bevorzugt niedrigere Fettsäuren mit einer C-Atomzahl von unter C_{10} synthetisiert (Popják u. Mitarb.) und das ATP, Coenzym A, DPN-H, Cystein und Mg^{++} als Cofaktoren benötigt. Das Milchdrüsensystem hat keinen Bedarf an TPN-H. Als Zwischenprodukt bei der

Bildung der gesättigten Fettsäuren wurden β-Hydroxysäuren und β-Ketosäuren, beide an CoA gebunden, nachgewiesen.

Die vorliegenden Befunde an den gereinigten Systemen zeigen, daß die Biosynthese der Fettsäuren keine genaue Umkehrung der β-Oxydation ist. Letztere ist ausschließlich in den Mitochondrien lokalisiert, erstere findet im Cytoplasma (vielleicht unter Beteiligung der Mikrosomen) statt. Vermutlich ist dies dadurch bedingt, daß in den Mitochondrien DPN-H bzw. TPN-H in nur geringen Konzentrationen vorhanden sind, da das in ihnen lokalisierte Elektronentransportsystem laufend DPN-H zu DPN oxydiert und der Quotient DPN/DPN-H infolgedessen weitestgehend zu Gunsten des DPN gelegen ist. Im Cytoplasma ist dies anders. Hier liegt der Quotient zu Gunsten von DPN-H bzw. TPN-H. Daher sind im Cytoplasma Hydrierungen und biosynthetische Prozesse begünstigt. Erwähnenswert ist in diesem Zusammenhange auch der Befund, daß bei der Biosynthese von Fettsäuren zum mindesten mit einem, von dem beim Abbau wirkenden verschiedenen Enzym in der Leber gearbeitet wird, und zwar bei der Reaktion

$$\alpha,\beta\text{-ungesättigtes Acyl-CoA} \rightleftarrows \text{gesättigtes Acyl-CoA.}$$

Bei der β-Oxydation der Fettsäuren geschieht diese Reaktion durch Flavinenzyme (Acyldehydrogenasen), bei der Biosynthese durch ein mit TPN arbeitenden Pyridinenzym. Voraussetzung für die Biosynthese der Fettsäuren ist ein genügender Bestand an TPN-H. In der Leber stammt das TPN-H in erster Linie aus dem Horecker-Cyclus. Es ist anzunehmen, daß dieser generell für den Bestand der Fett synthetisierenden Zellen an hydrierten Coenzymen verantwortlich zu machen ist.

Der Umfang der Biosynthese von Fett im Organismus wird durch eine Reihe von endogenen und exogenen Faktoren beeinflußt. Diabetische Tiere zeigen eine herabgesetzte Fähigkeit zur Fettsäuresynthese. Umgekehrt wird diese durch Verabreichung von Insulin vergrößert. Auch die Nebennieren sind von Einfluß. Bei nebennierenlosen Tieren ist die Umwandlung von ^{14}C-Acetat in Fettsäuren vermindert. Von einem großen Einfluß ist die Art der Ernährung. Im Hunger ist die Fettsäuresynthese in der Leber herabgesetzt. Nach den Untersuchungen von CATRAVAS und ANKER wird der Umfang der Fettsäuresynthese in der Leber durch einen bisher noch identifizierten wasserlöslichen Faktor („Lipogenin"), der auch in der Hefe enthalten ist, reguliert. Im Hunger ist der Gehalt der Leber an diesem Faktor verkleinert. Daneben spielt aber auch wie im Kohlenhydratmangel oder beim Diabetes die Verminderung des Glucoseumsatzes im Pentosephosphatcyclus und damit eine unzureichende Bildung von TPN-H eine Rolle.

Bei der Biosynthese von Fettsäuren entstehen zunächst die Acyl-CoA-Verbindungen. Sie können den Synthesecyclus auf zweierlei Weise verlassen: 1. durch eine Deacylierung durch eine Deacylase entsprechend der Reaktion

$$\text{Acyl-CoA} + H_2O \rightarrow \text{Fettsäure} + \text{CoA}$$

Diese hydrolytische Spaltung ist bei den Acyl-CoA-Verbindungen auf Grund ihres hohen Energiegehaltes durch die Thioesterbindung nicht reversibel. Sie bedeutet eine unökonomische Verschwendung von Energie. 2. durch eine Transferreaktion, in der die Acylreste von dem Coenzym A auf Glycerophosphat übertragen werden unter Bildung von Phosphatidsäuren. Hierbei wird die Energie der Acylmercaptanbindung unmittelbar zu einer synthetischen Leistung nutzbar gemacht:

$$\underset{\text{Glycerophosphat}}{\begin{array}{l} CH_2OH \\ | \\ CHOH \\ | \\ CH_2OPO_3H_2 \end{array}} + 2\ \text{Acyl-CoA} \longrightarrow \underset{\text{Phosphatidsäure}}{\begin{array}{l} CH_2O{-}COR \\ | \\ CHO{-}COR \\ | \\ CH_2OPO_3H_2 \end{array}} + \underset{\text{Coenzym A}}{2\ \text{CoA}}$$

Die Phosphatidsäure wird dann durch eine Phosphatase zu einem Diglycerid dephosphoryliert:

$$\begin{array}{l} CH_2O\text{—}COR \\ | \\ CHO\text{—}COR \\ | \\ CH_2OPO_3H_2 \end{array} + H_2O \longrightarrow \begin{array}{l} CH_2O\text{—}COR \\ | \\ CHO\text{—}COR \\ | \\ CH_2OH \end{array} + H_3PO_4$$

Phosphatidsäure $\qquad$ α,β-Diglycerid

Das entstandene α,β-Diglycerid reagiert darauf mit einem weiteren Molekül Acyl-CoA unter Bildung eines Triglycerids:

$$\begin{array}{l} CH_2O\text{—}COR \\ | \\ CHO\text{—}COR \\ | \\ CH_2OH \end{array} + \text{Acyl-CoA} \longrightarrow \begin{array}{l} CH_2O\text{—}COR \\ | \\ CHO\text{—}COR \\ | \\ CH_2O\text{—}COR \end{array} + CoA$$

α,β-Diglycerid $\qquad$ Triglycerid

Die Biosynthese von Phosphatiden geht ebenfalls von den α,β-Diglyceriden aus. Durch Reaktion desselben mit Cytosindiphosphatcholin entsteht Lecithin.

Das Enzym, das die Acylreste von dem Coenzym A auf das α-Glycerophosphat überträgt, hat ein stark ausgeprägtes Wirkungsoptimum für C_{16}—C_{18}-Fettsäuren. Dadurch ist die alte Erfahrung bedingt, daß man in den tierischen Fetten bevorzugt Palmitinsäure, Stearinsäure und Ölsäure antrifft. Das Schicksal des bei der Fettsäurebiosynthese entstehenden Acyl-CoA und die Stelle, an welcher es den Fettsäuresynthesecyclus verläßt, hängen also weitgehend von der Länge seiner C-Atomkette ab.

In der neueren Zeit wurde noch ein weiterer Mechanismus, durch den langkettige Fettsäuren gebildet werden können, entdeckt. BRADY stellte fest, daß in der Taubenleber ein Enzymsystem vorhanden ist, das langkettige Fettsäuren aus Acetaldehyd und Malonyl-CoA in Gegenwart von TPN-H und Mn^{++} bildet. Hierbei findet eine Aldolkondensation zwischen dem Aldehyd und der aktiven Methylengruppe des Malonyl-CoA statt:

$$R\text{—}\overset{\overset{\displaystyle O}{\|}}{\underset{\underset{\displaystyle H}{|}}{C}} + \begin{array}{c} COOH \\ / \\ CH_2 \quad O \\ \diagdown \ /\!\!/ \\ C\text{—}CoA \end{array} \xrightarrow{Mn^{++}} R\text{—}\underset{\underset{\displaystyle OH}{|}}{CH}\text{—}CH_2\text{—}\overset{\overset{\displaystyle O}{\|}}{C}\text{—}CoA + CO_2$$

Gegenwart von ATP ist bei dieser Reaktion nicht nötig.

In analoger Weise entsteht Sphingosin durch eine Aldolkondensation zwischen Palmital und der aktiven Methylengruppe von Serin in Gegenwart von Pyridoxal-5-phosphat und Mn^{++} (BRADY u. Mitarb.).

$$C_{15}H_{31}\text{—}\overset{\overset{\displaystyle O}{\|}}{\underset{\underset{\displaystyle H}{|}}{C}} + HOCH_2\text{—}\overset{\overset{\displaystyle COOH}{/}}{\underset{\underset{\displaystyle H}{|}}{C}}\text{—}N = \text{Pyridoxalphosphat}$$

$$\xrightarrow{Mn^{++}} C_{15}H_{31}\text{—}CH(OH)\text{—}CH(NH_2)\text{—}CH_2OH + CO_2 + \text{Pyridoxalphosphat}$$

Hierbei wird zunächst Dihydrosphingosin gebildet, das dann durch ein Flavinenzym zu Sphingosin dehydriert wird:

$$CH_3\text{—}(CH_2)_{12}\text{—}CH_2\text{—}CH_2\text{—}CH(OH)\text{—}CH(NH_2)\text{—}CH_2OH + \text{Flavin}$$

Dihydrosphingosin

$$\longrightarrow CH_3\text{—}(CH_2)_{12}\text{—}CH{=}CH\text{—}CH(OH)\text{—}CH(NH_2)\text{—}CH_2OH + \text{Dihydroflavin}$$

Bei der Sphingosinsynthese durch Aldolkondensation bildet sich aus Pyridoxal, Serin und Mn^{++} ein Metallkomplex einer Schiffschen Base, durch den die Methylgruppe des Serins aktiviert wird.

Ein weiteres im Zusammenhange mit der Fettsäurebiosynthese zu behandelndes Problem ist die Verlängerung von Fettsäureketten um zwei bzw. mehrmals zwei C-Atome, die in den verschiedensten Versuchsanordnungen unter Verwendung von ^{14}C-Acetat sowohl bei Versuchen in vivo als auch in vitro nachgewiesen worden ist. Nach den Befunden von CONIGLIO und CATE spielt die Kettenverlängerung insbesondere bei hungernden Tieren eine große Rolle. Sie kommt auch bei gut ernährten Tieren vor, bei diesen ist jedoch die Totalsynthese der höheren Fettsäuren aus ^{14}C-Acetat bevorzugt.

F. Unterschiede im Stoffwechsel der einzelnen Fettsäuren

Obwohl alle Fettsäuren im Organismus in prinzipiell gleicher Weise durch β-Oxydation abgebaut werden, ergeben sich doch gewisse Unterschiede in ihrem Stoffwechselverhalten, was auch die bekannt gewordenen Unterschiede in der ernährungsphysiologischen Bedeutung der einzelnen Fette erklärt.

Fettsäuren mit einer C-Atomzahl, die kleiner als 14 ist, zeigen einige Besonderheiten:

1. Sie werden rascher zu CO_2 oxydiert als die höheren Fettsäuren. Ratten injizierte Laurinsäure-1-^{14}C wird innerhalb von $4^1/_2$ Std. zu 71% als $^{14}CO_2$ ausgeatmet. Bei der Palmitinsäure-1-^{14}C sind es unter denselben Versuchsbedingungen nur 50%, Noch rascher erfolgt die Oxydation der niederen Fettsäuren wie Essigsäure oder Propionsäure.

2. Der „Fett sparende" Effekt der Kohlenhydrate ist — gemessen an der $^{14}CO_2$-Exhalation nach Gabe markierter Fettsäuren — bei den höheren Fettsäuren wesentlich stärker ausgeprägt als bei den niederen. Auch hier zeigt sich die bevorzugte Oxydation der Fettsäuren mit einer geringeren C-Atomzahl.

3. Die mittleren und niederen Fettsäuren werden weder im Depotfett (eine Ausnahme macht die Haut, die geringe Mengen C_8—C_{14}-Fettsäuren speichert) noch in der Leber in Form von Triglyceriden abgelagert noch in Phosphatide eingebaut. Ursache der unter 1—3 genannten Effekte ist es, daß bei der Triglyceridsynthese die Acylübertragung vom Coenzym A auf Glycerophosphat unter Bildung einer Phosphatidsäure die langkettigen Fettsäuren gegenüber den kürzerkettigen sehr stark begünstigt sind. Die Einbaugeschwindigkeit der kürzerkettigen Fettsäuren in Triglyceride ist daher außerordentlich gering, so daß sie lange Zeit dem Zugriff der Oxydationsenzyme ausgesetzt sind und daher bevorzugt oxydiert werden. Hinzu kommt noch der Umstand, daß für die kürzeren Fettsäuren mehrere Acyldehydrogenasen mit auffallend niederen Michaelis-Konstanten zur Verfügung stehen.

4. Die kürzeren Fettsäuren werden bevorzugt durch die Pfortader vom Darm abtransportiert, die höheren praktisch ausschließlich durch die Lymphe.

5. Bei ernährungsphysiologischen Untersuchungen darf nicht übersehen werden, daß der Energiegehalt der kürzeren Fettsäuren wesentlich geringer ist als der der höheren. z. B. für C_6—C_8 nur etwa 8,3 kcal/g gegenüber 9,2 kcal/g bei C_{16}—C_{18}.

6. Bei der parenteralen Verabreichung größerer Dosen von niederen Fettsäuren oder Triglyceriden niederer Fettsäuren ergeben sich toxische Reaktionen. Die i.v. Injektion von neutralisierten Fettsäurelösungen bewirkt Mattigkeit bis Schlaf und tiefe Bewußtlosigkeit. Hierbei steigt die Wirksamkeit der Säuren in der Reihenfolge Propionat $<$ Butyrat $<$ Valerat $<$ Capronat $<$ Heptanat $<$ Octanat

an. Die LD_{50} bei der Injektion von Triglyceriden wurde in mg/kg Maus zu 1600 für Triacetin, 800 für Tripropionin, 320 für Tributyrin, 122 für Tricapronin, 320 für Triheptylin und 3700 für Tricaprylin bestimmt, während sie für die höheren Fettsäuren über 10000 gelegen ist (Wretlind).

Auch hinsichtlich des Stoffwechselverhaltens der ungesättigten Fettsäuren gegenüber dem der gesättigten ergeben sich einige Unterschiede, wobei hier nur die Monoensäuren berücksichtigt sind:

1. Gesättigte Fettsäuren finden sich vorwiegend in den Triglyceriden, die ungesättigten in den Phosphatiden und Cholesterinestern. Bei den Phosphatiden sind die ungesättigten Fettsäuren bevorzugt mit dem α-C-Atom des Glycerins verestert, bei den Triglyceriden mit dem β-C-Atom.

2. Die physiologische Halbwertszeit der ungesättigten Fettsäuren ist größer als die der gesättigten, sie sind also weit weniger stoffwechselaktiv.

3. Da die enzymatische Veresterung des Cholesterins in der Darmwand bevorzugt mit den ungesättigten Fettsäuren erfolgt, wird die Cholesterinresorption durch diese stärker gefördert als durch gesättigte Fettsäuren. Umgekehrt sind die Effekte auf die Biosynthese von Cholesterin in der Leber, bei der gesättigte Fettsäuren eine nur geringe Hemmwirkung zeigen, Monoensäuren eine wesentlich stärkere und Polyensäuren die stärkste.

Inwieweit die Lage der Doppelbindung für das ernährungsphysiologische Verhalten der Monoensäuren und ihre Umsatzfähigkeit im Organismus von Bedeutung ist, ist wenig Konkretes bekannt. Wie schon erwähnt, findet man in der Natur bevorzugt solche Monoensäuren, welche die Doppelbindung in der 9,10-Stellung besitzen. Es sind jedoch auch Säuren bekannt, bei denen die Doppelbindung an einer anderen Stelle gelegen ist. Soweit sich die Sachlage gegenwärtig übersehen läßt, ist die Lage der Doppelbindung jedoch ohne nennenswerten Einfluß auf die Verwertbarkeit der Monoensäuren im Organismus. Vermutlich hängt dies mit den Eigenschaften der Crotonase zusammen. Eine Ausnahmestellung nimmt nach den vorliegenden Erfahrungen die Erucasäure (Δ^{13}-Docosensäure) ein, die — zum mindesten bei der Ratte — schlecht resorbiert wird und, wenn sie zu 10—25% in die Diät eingebaut wird, zu Wachstumsverzögerungen Anlaß gibt. Ursache ist ihre den Futterverzehr herabsetzende Wirkung.

Bei den essentiellen Fettsäuren wirken nur die All-cis-Formen als solche. Die cis-trans- oder die All-trans-Formen sind biologisch inaktiv. Auch die in der Natur aufgefundenen Monoensäuren liegen zumeist ausschließlich in der cis-Form vor. In der neueren Zeit sind jedoch im Körperfett, ferner auch im Milchfett von Wiederkäuern trans-Fettsäuren aufgefunden worden. Sie verdanken ihre Entstehung der Hydrierung von Polyensäuren durch die Mikroorganismen im Pansen. Der Gehalt der Butter an trans-Fettsäuren beträgt 4—11% bezogen auf die Gesamtfettsäuren. Auch bei der katalytischen Härtung der Fette entstehen trans-Fettsäuren. Margarine enthält 3—20%. Bei Nichtwiederkäuern werden trans-Fettsäuren im Körperfett nur nach Verfütterung solcher aufgefunden. Im Depotfett des Menschen machen sie im Mittel 12%, im Leberfett 14% der gesamten Fettsäuren aus. Bei der Ratte gehen trans-Fettsäuren nicht von der Mutter auf den Fetus über (Johnston u. Mitarb.). Reichert man einen Organismus durch Verfütterung reichlicher Mengen an trans-Fettsäuren an und setzt dann die Zufuhr an solchen ab, so verschwinden die trans-Säuren wieder aus den Organen. Trans-Fettsäuren werden demnach im Organismus umgesetzt. Auch Versuche in vitro ergaben, daß trans-Säuren abgebaut werden, und zwar in der prinzipiell gleichen Weise wie die cis-Fettsäuren. In diesem Zusammenhange ist daran zu erinnern, daß die Crotonase als cis-trans-Isomerase wirken kann. Ein Anhaltspunkt, daß die trans-Fettsäuren im Organismus toxisch wirken, hat sich nicht ergeben.

Literatur

BACHHAWAT, B. K., and J. M. COON: J. biol. Chem. **231**, 625 (1958).
— W. G. ROBINSON and M. J. COON: The enzymatic cleavage of β-hydroxy-β-methylglutaryl Coenzyme A to acetoacetate and acetyl Coenzyme A. J. biol. Chem. **216**, 727 (1955).
BERNHARD, K., M. ROTHLIN u. H. WAGNER: Zur Frage der Hydrierung ungesättigter Fettsäuren im Tierkörper. Helv. chim. Acta **41**, 1155 (1958).
BRADY, R. O.: The enzymatic synthesis of fatty acids by aldol condensation. Proc. nat. Acad. Sci. (Wash.) **44**, 993 (1958).
— J. V. FORMICA and G. J. COVAL: The enzymatic synthesis of sphingosine. J. biol. Chem. **233**, 1072 (1958).
BRAGDON, J. H., R. J. HAVEL and E. BOYLE: Human serum lipoproteins. I. Chemical composition of four fractions. J. Lab. clin. Med. **48**, 36 (1956).
CATRAVAS, G. N., and H. S. ANKER: On the restoration of fatty acids biosynthesis after fasting. J. biol. Chem. **232**, 669 (1958). Proc. nat. Acad. Sci. **44**, 1097 (1958).
CLELAND, W. W., L. P. WENDEL and J. M. IACONO: The measurement of low levels of clearing factor in blood. US Army Medical Nutrition Laboratory Rep. 223 (1958).
CONIGLIO, J. G., and D. L. CATE: The distribution and biosynthesis of palmitic and stearic acids in liver, intestine and carcass of intact normal and fasted rats. J. biol. Chem. **232**, 361 (1958).
CURTIN, C. O. H., and C. G. KING: The metabolism of ascorbic acid-1-C^{14} and oxalic acid-C^{14} in the rat. J. biol. Chem. **216**, 539 (1955).
EDER, H. A.: The lipoproteins of human serum. Amer. J. Med. **28**, 269 (1957).
FRENCH, J. E., and B. MORRIS: The removal of C^{14}-labelled chylomicron fat from the circulation in rats. J. Physiol. **138**, 326 (1957).
— — The tissue distribution and oxidation of C^{14}-labelled chylomicron fat injected intravenously in rats. J. Physiol. **140**, 262 (1958).
— — and D. S. ROBINSON: Removal of lipids from the blood stream. Brit. med. Bull. **14**, 234 (1958).
GIBSON, D. M., M. J. JACOB, J. W. PORTER, A. TIETZ and S. J. WAKIL: Biosynthesis of fatty acids by soluble enzyme fractions. Biochim. biophys. Acta **23**, 219 (1957).
HARPER, P. V., W. B. NEAL JR., and G. R. HLAVACEK: Lipid synthesis and transport in the dog. Metabolism **2**, 69 (1953).
HAVEL, R. J., and D. S. FREDRICKSON: The metabolism of chylomicra. J. clin. Invest. **35**, 1025 (1956).
HELE, P., G. POPJÁK and M. LAURYSSENS: Biosynthesis of fatty acids in cellfree preparations. Biochem. J. **65**, 348 (1957).
HOBBS, D. C., and R. E. KOEPPE: The metabolism of glutaric acid-3-C^{14} by the intact rat. J. biol. Chem. **230**, 655 (1958).
JOHNSTON, P. V., O. C. JOHNSON and F. A. KUMMEROW: Non-transfer of trans fatty acids from mother to young. Proc. Soc. exp. Biol. (N. Y.) **96**, 760 (1957).
KORNBERG, A., and W. E. PRICER JR.: Enzymatic synthesis of the Coenzyme A derivates of long chain fatty acids. J. biol. Chem. **204**, 329 (1953).
LANGDON, R. G.: The biosynthesis of fatty acids in rat liver. J. biol. Chem. **226**, 615 (1957).
LAURELL, S.: Turnover rate of unesterified fatty acids in human plasma. Acta physiol. scand. **41**, 158 (1957).
LINDGREEN, F. T., A. V. NICHOLS and N. FREEMAN: Physical and chemical composition studies on the lipoproteins of fasting and heparinized human serum. J. physic. Chem. **59**, 930 (1955).
LYNEN, F., u. K. DECKER: Das Coenzym A und seine biologischen Funktionen. Ergebn. Physiol. **49**, 327 (1957).
— U. HENNING, C. BUBLITZ, B. SÖRBÖ u. L. KRÖPLIN-RUEFF: Der chemische Mechanismus der Acetessigsäurebildung in der Leber. Biochem. Z. **330**, 269 (1958).
MORRIS, B.: The oxidation of C^{14} labelled chylomicron fat by the rat. Quart. J. exp. Physiol. **43**, 65 (1948).
NAKADA, H. I., J. B. WOLFE and A. N. WICK: Degradation of malonic acid by rat tissues. J. biol. Chem. **226**, 145 (1957).
POOLE, J. C. F.: Fats and blood coagulation. Brit. med. Bull. **14**, 253 (1958).
POPJÁK, G., and A. TIETZ: Biosynthesis of fatty acids in cell-free preparations. Biochem. J. **56**, 46 (1954); **60**, 147 (1955).
RODBELL, M.: N-Terminal amino acid and lipid composition of lipoproteins from chyle and plasma. Science **127**, 701 (1958).
SHAPIRO, B., and E. WERTHEIMER: The metabolic activity of adipose tissue. Metabolism **5**, 79 (1956).

Thomas, K., u. H. Kalbe: Über das Vorkommen von Malonsäure im Harn. Z. physiol. Chem. **293**, 239 (1953).

Thomasson, H. J.: The biological value of oils and fats. IV. The rate of intestinal absorption. J. Nutrit. **59**, 343 (1956).

Tietz, A.: Studies on the mechanism of fatty acids synthesis. IV. Biochim. biophys. Acta **25**, 303 (1957).

Wakil, S. J., H. W. Porter and D. M. Gibson: Studies on the mechanism of fatty acids synthesis. Biochim. biophys. Acta **24**, 453 (1957).

— E. B. Titchener and D. M. Gibson: Evidence for the participation of Biotin in the enzymic synthesis of fatty acids. Biochem. biophys. Acta **29**, 225 (1958).

Wretlind, A.: The toxicity of low-molecular triglycerides. Acta physiol. scand. **40**, 338 (1957).

Der Stoffwechsel der Phosphatide und verwandter Stoffe

Von

Hildegard Debuch

Mit 1 Abbildung

A. Einleitung

Unter dem Begriff der Phosphatide werden die phosphorhaltigen Lipoide[1] verstanden. Dazu gehören die Glycerinphosphatide und das Sphingomyelin. Da diese beiden Arten von Phosphatiden sich in ihrer Struktur, in ihren physikalischen Eigenschaften und in ihrer Lokalisation im Organismus, vielleicht auch in der biologischen Bedeutung deutlich voneinander unterscheiden, sollen sie hier getrennt besprochen werden. Die dem Sphingomyelin verwandten Stoffe, die Cerebroside und schließlich die Ganglioside werden in der Gruppe der Sphingolipoide zusammengefaßt.

Die Terminologie der Lipoide läßt zu wünschen übrig. Im anglo-amerikanischen Schrifttum sind die deutschen und ursprünglich übernommenen Bezeichnungen z. T. durch andere ersetzt worden, die bei der Besprechung der einzelnen Lipoide einmal eingefügt werden.

Auf die Geschichte der hier zu besprechenden Lipoide muß verzichtet werden; sie ist, soweit sie die schon seit langem bekannten Lipoide betrifft an anderer Stelle (THIERFELDER-KLENK) ausführlich beschrieben.

Ebenso wird weder über das Vorkommen noch über physikalische oder chemische Eigenschaften berichtet. Des besseren Verständnisses wegen soll lediglich die chemische Struktur der einzelnen Stoffe, entsprechend unserer augenblicklichen Kenntnis dargestellt werden.

B. Glycerinphosphatide

I. Chemische Konstitution

1. Gemeinsame Bausteine

a) Glycerinphosphorsäure (glycerophosphoric acid)

```
CH2OH
|
CHOH          OH
|            /
CH2—O—P=O
             \
              OH
```

I

[1] Während wir im deutschen Sprachgebrauch zwischen den eigentlichen Fetten und den fettähnlichen Stoffen (Lipoiden) unterscheiden, werden diese Stoffklassen besonders im amerikanischen Schrifttum unter "lipids" zusammengefaßt.

Da man nach hydrolytischer Spaltung der Glycerinphosphatide stets sowohl α-, als auch β-Glycerinphosphorsäure isolierte (GRIMBERT u. BAILLY; KARRER u. SALOMON), nahm man lange Zeit hindurch an, daß die natürlichen Glycerinphosphatide in beiden Formen vorkämen. Hydrolyseversuche mit synthetischen Glycerinphosphorsäuren [BAILLY 1938; 1939 (1); (2); VERKADE u. Mitarb.; CHARGAFF; BAER u. KATES 1948] zeigten jedoch, daß sowohl bei alkalischer, als auch bei saurer Hydrolyse über den cyclischen Orthoester eine Wanderung der Phosphorsäure erfolgt. Es kann heute als gesichert angesehen werden, daß nur die α-Glycerinphosphorsäure als Baustein der natürlichen Glycerinphosphatide vorkommt [BAER u. KATES 1950; BAER u. Mitarb. 1953; LONG u. MAGUIRE 1953 (1); (2); BAER u. MAURUKAS 1955 (1); (2)].

b) Fettsäuren

Alle bisher bekannten Glycerinphosphatide enthalten ein oder zwei Moleküle Fettsäuren in esterartiger Bindung am Glycerin. Von den gesättigten Fettsäuren sind die Palmitin- und Stearinsäure am häufigsten vertreten. Besonders bedeutsam sind jedoch die Polyensäuren, vor allem der C_{20}- und C_{22}-Reihe, die in reichlichen Mengen neben der Ölsäure und höheren Monoensäuren vorkommen. In den daraufhin untersuchten Pflanzenphosphatiden konnten sie bisher nicht aufgefunden werden (KLENK u. DEBUCH 1950), während sie als Bausteine der Phosphatide tierischer Organe praktisch nie fehlen. Ihre Struktur konnte in den letzten Jahren vor allem durch die Arbeiten von KLENK u. Mitarb. [KLENK 1955 (1); (2); KLENK u. BONGARD; KLENK u. DREIKE; KLENK u. LINDLAR 1955 (1); (2); KLENK u. MONTAG 1957; MONTAG, KLENK, HAYES u. HOLMAN; KLENK u. MONTAG 1958 (1); (2); KLENK u. TOMUSCHAT] nach ihrer Isolierung aufgeklärt werden. Sie gehören in bezug auf die Anordnung der Doppelbindungen dem Divinylmethantyp ($—CH{=}CH—CH_2—CH{=}CH—$) an. Weitere Einzelheiten können aus zusammenfassenden Darstellungen (SHORLAND; KLENK u. DEBUCH 1959) ersehen werden.

2. Stickstoffhaltige Glycerinphosphatide

a) Lecithin (phosphatidyl-choline)

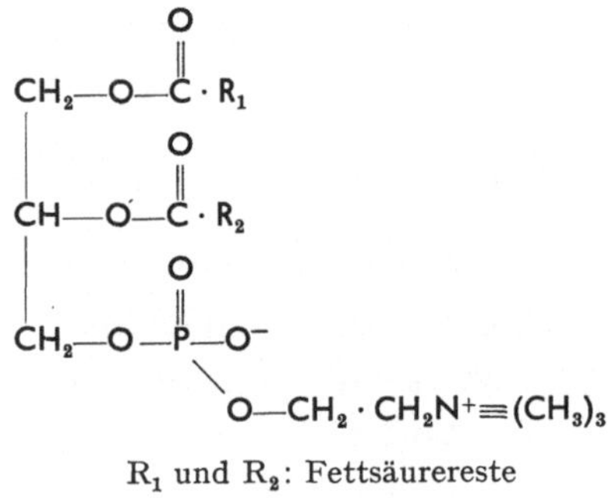

```
           O
           ‖
CH₂—O—C·R₁
|          O
|          ‖
CH—O—C·R₂
|          O
|          ‖
CH₂—O—P—O⁻
            \
             O—CH₂·CH₂N⁺≡(CH₃)₃
```

R_1 und R_2: Fettsäurereste

II

Das Lecithin ist demnach der Cholinester von Diglyceridphosphorsäuren. Da inzwischen etwa 20 verschiedene Fettsäuren als Phosphatidbausteine aufgefunden wurden, handelt es sich selbst nach Isolierung eines bestimmten Phosphatides meist nicht um eine einheitliche Substanz, sondern um Gemische (d. h. man würde besser stets von Lecithinen sprechen als von Lecithin usw.). Lange Zeit hindurch nahm man an, daß ein Molekül Lecithin immer eine gesättigte und eine ungesättige Fettsäure enthielte. In einzelnen Fällen ist es jedoch gelungen, sowohl einheitliche Lecithine mit gesättigten Fettsäuren [MERZ; THANNHAUSER u. BONCODDO 1948 (1)] als auch ungesättigten Fettsäuren [HANAHAN u. JAYKO; HANAHAN u. Mitarb.) darzustellen oder nachzuweisen [DEBUCH 1956 (2)].

b) Cephalin

α) Colamin-Cephalin (phosphatidyl-ethanolamine)

$$
\begin{array}{l}
CH_2{-}O{-}\overset{\overset{O}{\|}}{C}\cdot R_1 \\
| \\
CH{-}O{-}\overset{\overset{O}{\|}}{C}\cdot R_2 \\
| \\
CH_2{-}O{-}\overset{\overset{O}{\|}}{P}{-}OH \\
\qquad\qquad \diagdown \\
\qquad\qquad\quad O{-}CH_2\cdot CH_2NH_2
\end{array}
$$

R_1 und R_2: Fettsäurereste

III

β) Serin-Cephalin (phosphatidyl-serine)

$$
\begin{array}{l}
CH_2{-}O{-}\overset{\overset{O}{\|}}{C}\cdot R_1 \\
| \\
CH{-}O{-}\overset{\overset{O}{\|}}{C}\cdot R_2 \\
| \\
CH_2{-}O{-}\overset{\overset{O}{\|}}{P}{-}OH \\
\qquad\qquad \diagdown \\
\qquad\qquad\quad O{-}CH_2\cdot CHNH_2\cdot COOH
\end{array}
$$

R_1 und R_2: Fettsäurereste

IV

Wie aus den Formeln III und IV ersichtlich, unterscheiden sich die beiden Cephalinarten nur durch ihren N-haltigen Baustein voneinander, so wie sich das Lecithin auch nur dadurch vom Cephalin unterscheidet. Während das Colamin als Baustein des Cephalins schon 1913 von BAUMANN nachgewiesen wurde, ist die Existenz des Serins im Cephalin erst durch neuere Arbeiten [FOLCH u. SCHNEIDER; FOLCH 1941; 1942; 1948; SCHUWIRTH 1941; 1943) bewiesen und damit der alte Befund von MACARTHUR und MACARTHUR u. BURTON bestätigt worden. Daraufhin wurde von FOLCH (1942) der Name Cephalin für die Glycerinphosphatide (Formel III und IV) durch die bei den entsprechenden Formeln in Klammern befindlichen Bezeichnungen ersetzt. Nach MACLEAN jedoch besteht der Unterschied zwischen

Lecithin und Cephalin darin, daß Letzteres 100% seines Stickstoffs in Form von Aminostickstoff, nach VAN SLYKE bestimmbar, enthält. Diese Definition trifft deshalb sowohl für das Colamin- als auch für das Serin-Cephalin zu.

c) Plasmalogen (früher: Acetalphosphatid)

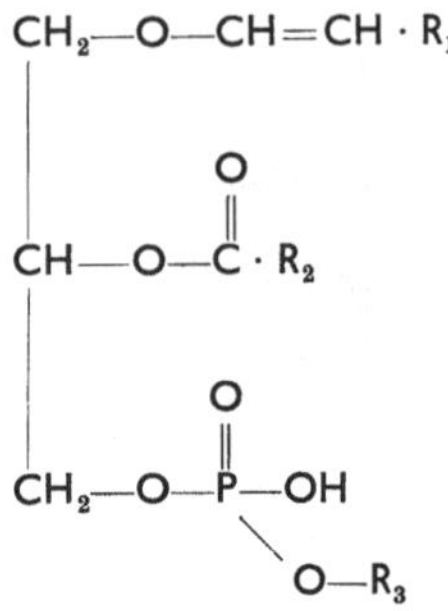

$$
\begin{array}{l}
CH_2-O-CH{=}CH\cdot R_1 \\
| \\
CH-O-C(=O)\cdot R_2 \\
| \\
CH_2-O-P(=O)(-OH)-O-R_3
\end{array}
$$

R_1: Aldehydrest
R_2: Fettsäurerest
R_3: Cholin-, Colamin- oder Serinrest

V

Die ursprünglich von FEULGEN u. BERSIN angegebene Strukturformel für die Plasmalogene, die später von THANNHAUSER u. Mitarb. [1951 (1); (2)] bestätigt wurde, enthielt anstelle der beiden Fettsäurereste der anderen Glycerinphosphatide einen langkettigen Aldehyd in acetalartiger Bindung am α'- und β-C-Atom des Glycerins. Die Ergebnisse eingehender Untersuchungen führten zu dem Beweis, daß in den Plasmalogenen außer dem Aldehyd ein Fettsäurerest enthalten ist [KLENK u. DEBUCH 1954; 1955; DEBUCH 1956 (1); RAPPORT u. ALONZO 1955]. Damit war eine acetalartige Bindung des Aldehydes in den genuinen Plasmalogenen nicht möglich, so daß es sich bei den Substanzen von FEULGEN u. BERSIN und THANNHAUSER u. Mitarb. [1951 (1); (2)] wohl um sekundäre Spaltstücke, durch die Art der Isolierungsmethode entstanden, handelte. 1954 diskutierten deshalb KLENK u. DEBUCH drei mögliche Konstitutionsformeln der Plasmalogene, von denen die hier als Formel V angegebene im Hinblick auf die Art der Bindung des Aldehydes (enolätherartig) durch die Befunde verschiedener Laboratorien bestätigt wurde [DEBUCH 1957; 1958 (1); (2); RAPPORT u. Mitab. 1957; RAPPORT u. FRANZL 1957 (2); BLIETZ]. Über die Stellung des Aldehydes am α- oder β-C-Atom des Glycerins liegen bisher ganz widersprechende Ergebnisse vor. Einige Autoren erhielten Befunde, die für die β-Stellung [RAPPORT u. FRANZL 1957 (1); GRAY 1957; 1958] des Aldehydes sprechen, andere Befunde deuten auf die α-Stellung hin [DEBUCH 1959 (1); (2)]. Einige Autoren schließlich fanden beide Formen in wechselnden Mengen nebeneinander [ANSELL u. NORMAN; MARINETTI u. ERBLAND; MARINETTI u. Mitarb. 1958 (1)].

R_3 in Formel V kann durch alle bisher bekannten stickstoffhaltigen Bausteine des Lecithins oder der Cephaline ersetzt werden, d. h. wir kennen sowohl cholin- (KLENK u. GEHRMANN) und serinhaltige (KLENK u. BÖHM) Plasmalogene neben den Colamin-Plasmalogenen, die von FEULGEN u. VOIT als erste aldehydhaltige Phosphatide entdeckt und von FEULGEN u. BERSIN isoliert worden sind.

3. Die stickstoffreien Glycerinphosphatide

a) Inositphosphatid (phosphoinositide)

α) Monophosphoinositid (phosphatidylinositol)

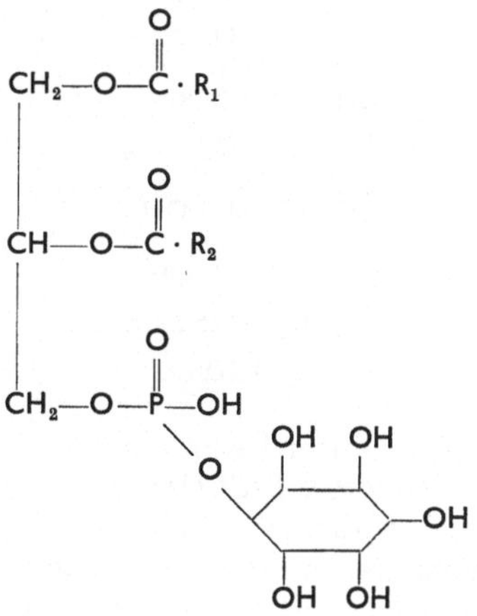

```
                O
                ‖
CH2—O—C · R1
 |
 |              O
 |              ‖
CH——O—C · R2
 |
 |              O
 |              ‖
CH2—O—P—OH
              \
               O      OH   OH
                \      |    |
                 (Inositring)—OH
                       |    |
                      OH   OH
```

R_1 und R_2: Fettsäurereste

VI

β) Diphosphoinositid (diphosphoinositide)

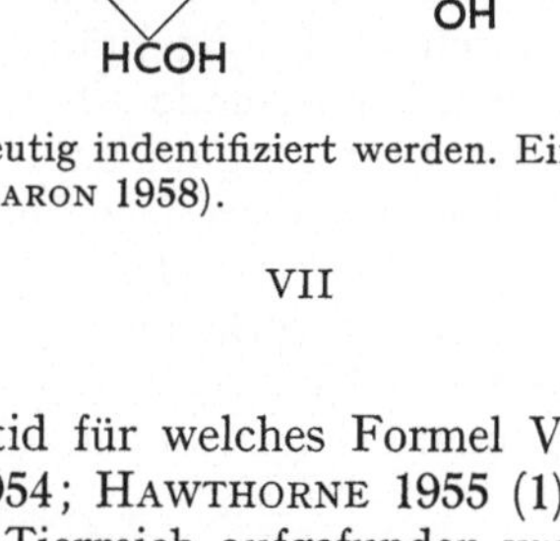

```
                    O—R3
                   /
        HC—O—P=O
       /  \        \
      /    \        OH
 HCOH    HCOH           O—R4
   |        |           /
 HCOH    HC—O—P=O
      \    /          \
       \  /            OH
      HCOH
```

R_3 und R_4 konnten nicht eindeutig indentifiziert werden. Einer der Reste scheint ein Monoglycerid zu sein (Folch u. LeBaron 1958).

VII

Das Monophosphoinositid für welches Formel VI vorgeschlagen [Faure u. Morelec-Coulon 1953; 1954; Hawthorne 1955 (1); (2); Hanahan u. Olley] und das im Pflanzen- und Tierreich aufgefunden wurde, unterscheidet sich von den bisher besprochenen Phosphatiden nur durch das Fehlen des stickstoffhaltigen Bausteins, der durch Inosit ersetzt ist.

Im Gehirn soll ein weiteres inosithaltiges Phosphatid vorkommen [Folch 1942; 1949 (1); (2)] dessen Konstitution allerdings noch nicht völlig aufgeklärt werden konnte. Da man nach hydrolytischer Spaltung Inositdiphosphat isolierte, wurde Formel VII angegeben (Folch u. LeBaron).

b) Andere stickstoffreie Glycerinphosphatide

α) Diglyceridphosphorsäure (phosphatidic acid)

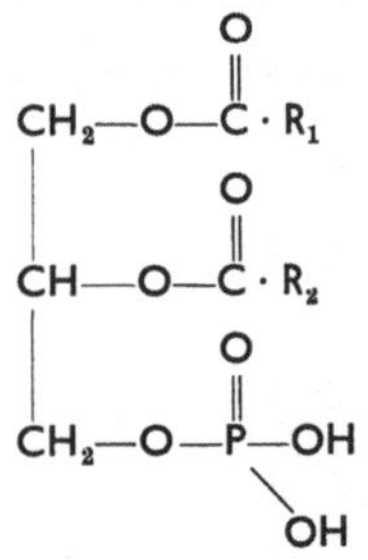

$$\begin{array}{l} CH_2-O-\overset{\overset{\displaystyle O}{\|}}{C}\cdot R_1 \\ | \\ CH-O-\overset{\overset{\displaystyle O}{\|}}{C}\cdot R_2 \\ | \\ CH_2-O-\overset{\overset{\displaystyle O}{\|}}{P}-OH \\ \qquad\qquad \diagdown OH \end{array}$$

R_1 und R_2: Fettsäurereste

VIII

Ein Phosphatid von obiger Formel wurde aus den Blättern grüner Pflanzen zwar isoliert [CHIBNALL u. CHANNON 1927 (1); (2); 1929; CHANNON u. CHIBNALL] jedoch konnte später gezeigt werden [HANAHAN u. CHAIKOFF 1947 (1); (2); 1948] daß die Diglyceridphosphorsäuren wahrscheinlich nicht als solche in der Pflanze vorlagen, sondern durch enzymatische Hydrolyse aus Lecithin entstanden waren.

β) Cardiolipin

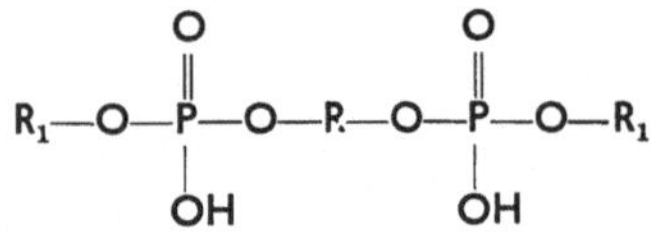

$$R_1-O-\underset{\underset{\displaystyle OH}{|}}{\overset{\overset{\displaystyle O}{\|}}{P}}-O-R-O-\underset{\underset{\displaystyle OH}{|}}{\overset{\overset{\displaystyle O}{\|}}{P}}-O-R_1$$

R_1: Diglyceridrest
R : Glycerinrest

IX

Es handelt sich bei dem von PANGBORN isolierten und von ihr so genannten Phosphatid um eine Polyglyceridphosphorsäure. Sie schloß aus Hydrolyseversuchen, daß es sich dabei um eine Substanz handele, die aus zwei Diglyceridphosphorsäuren, verbunden durch zwei mittelständige Monoglyceridphosphorsäuren besteht. Erst kürzlich wurden Befunde erhoben (MACFARLANE u. GRAY 1957; MACFARLANE; GRAY u. MACFARLANE), die dafür sprechen, daß das Cardiolipin ein etwas kleineres Molekül besitzt, etwa nach Formel IX.

Obgleich Anzeichen dafür vorhanden sind, daß weitere, noch in ihrer Struktur unbekannte Phosphatide in der Natur vorkommen, soll es hier bei obiger Aufzählung belassen werden, denn unsere Kenntnis über den Stoffwechsel der Lipoide ist schon bei den meisten der genannten außerordentlich lückenhaft.

II. Stoffwechsel

1. Enzymatische Hydrolyse

Seitdem LÜDECKE 1905 zeigte, daß durch die Einwirkung von Schlangengift auf Lecithin ein Molekül Fettsäure davon abgespalten wird und ein Monoacyllecithin entsteht, das seit DELEZENNE u. LEDEBT [1911 (1); (2); 1912] wegen seiner hämolytischen Eigenschaften Lysolecithin genannt wird, wurden viele tierische und Bakterien-Gifte bezüglich ihrer hydrolytischen Wirkung auf Glycerinphosphatide untersucht. Meist diente Lecithin in mehr oder weniger reiner Form als Testsubstanz und die spaltenden Fermente wurden deshalb Lecithinasen genannt. Da die meisten daraufhin untersuchten Fermente auch andere Glycerinphosphatide angreifen, wurde von einigen Autoren (OGAWA; FAIRBAIRN) die Bezeichnung Phospholipasen vorgeschlagen, die auch hier Anwendung finden soll.

$$
\begin{array}{l}
H_2C{-}O\overset{A}{—}\overset{\overset{\displaystyle O}{\|}}{C}\cdot R_1 \\
\;\;| \\
HC{-}O\overset{B}{—}\overset{\overset{\displaystyle O}{\|}}{C}\cdot R_2 \\
\;\;| \\
H_2C{-}O\overset{C}{—}\overset{\overset{\displaystyle O}{\|}}{P}{-}O^- \\
\qquad\qquad\quad \diagdown \\
\qquad\qquad\quad O\overset{D}{—}CH_2\cdot CH_2N^+ \equiv (CH_3)_3
\end{array}
$$

R_1 und R_2: Fettsäurereste

X Lecithin

Entsprechend den vier verschiedenen Esterbindungen, die im Lecithin, das hier als Modellsubstanz angegeben ist, vorhanden sind, unterscheidet man zwischen Phospholipase A, B, C und D (vergleiche Formelbild X). Leider ist die Nomenklatur in bezug auf die Phospholipasen C und D nicht einheitlich; sie wird hier in Anlehnung an die von ZELLER (1951) angewandt. Auf die zusammenfassende Darstellung von ZELLER wird auch verwiesen, um sich über Vorkommen usw. dieser Fermente zu informieren. Die durch sie gebildeten Spaltstücke sind in Tab. 1 dargestellt.

Tabelle 1. *Übersicht über die Phospholipasen, ihre Substrate und Spaltstücke*

Phospholipase	Substrat	Spaltstück	
		P-haltig	P-frei
A	Lecithin Cephalin Plasmalogen	Lysolecithin Lysocephalin Lysoplasmalogen	Fettsäure Fettsäure Fettsäure
B	Lysolecithin	Cholinester d. Glycerinphosphorsäure	Fettsäure
	Lysocephalin	Colaminester d. Glycerinphosphorsäure	Fettsäure
C	Lecithin	Cholinphosphorsäure	Diglycerid
	Sphingomyelin[1]	Cholinphosphorsäure	Ceramid[1]
D	Lecithin	Diglyceridphosphorsäure	Cholin
	Cephalin	Diglyceridphosphorsäure	Colamin bzw. Serin

a) Phospholipase A

Bei der Behandlung von Lecithin mit Phospholipase A erhielt man stets als Spaltstücke gesättigte Lysolecithine und ungesättigte Fettsäuren (LEVENE u. ROLF; CHARGAFF u. COHEN; FAIRBAIRN). Deshalb wurde angenommen, dieses Ferment sei spezifisch für Esterbindungen ungesättigter Fettsäuren. Nach den Versuchen von ZELLER (1952) und HANAHAN u. Mitarb. werden auch gesättigte

[1] Siehe unter Sphingolipoide.

und ungesättigte Lecithine angegriffen, und zwar ist die Phospholipase A struktur-spezifisch, d. h. sie spaltet die in α-Stellung befindliche Fettsäure ab (HANAHAN 1954; LONG u. PENNY 1954). Befinden sich ungesättigte Fettsäuren in einem bestimmten Lecithin, so scheinen diese immer in α'-Stellung verestert zu sein. L-α-Lecithine werden sehr schnell durch das Enzym angegriffen (LONG u. PENNY 1957) und bilden mit diesem einen ätherlöslichen Fermentkomplex (HANAHAN 1952). Von synthetischen D,L-α-Lecithinen wurden nur 0,5 Mol Fettsäuren pro Mol Substrat abgespalten, mit β-Lecithinen reagiert das Ferment nicht.

Phospholipase A reagiert mit Colamin-Cephalin ebenso wie mit Lecithin, wahrscheinlich auch mit Serin-Cephalin (LONG u. PENNY 1957). Vom Cholin-Plasmalogen [RAPPORT u. FRANZL 1957 (1)] und Colamin-Plasmalogen (LONG u. PENNY 1957) wird die Fettsäure durch Phospholipase A-Einwirkung in Freiheit gesetzt. Inositphosphatide werden durch Phospholipase A aus Schlangengift nicht angegriffen.

Obwohl Phospholipase A in vielen tierischen Organen und Geweben nachgewiesen wurde, scheinen die Lysophosphatide nur in geringen Mengen dort zu existieren. Die durch Fermentwirkung entstandenen Lysophosphatide wirken stark hämolytisch. Die Lysolecithine sollen für das Schwellen isolierter Mitochondrien verantwortlich sein (WITTER u. COTTONE) und eine entkoppelnde Wirkung auf die Atmung haben (WITTER u. Mitarb.).

b) Phospholipase B

Durch dieses Ferment werden nur Lysolecithin und Lysocephalin hydrolytisch gespalten, so daß 1 Mol freie Fettsäure und 1 Mol des jeweiligen N-haltigen Esters der Glycerinphosphorsäure pro Mol Phosphatid entsteht. Es wurde ebenfalls in tierischen Giften und Organen aufgefunden (ZELLER 1951). Sein Vorkommen in einigen Pilzen (Penicillium notatum) ist bedeutsam. Nach UZIEL u. HANAHAN (1956) werden Ei- und Hefelecithine nicht vom Ferment angegriffen, dahingegen beobachtete DAWSON 1958 (1), daß in Gegenwart von Monophosphoinositid und einem zweiten Glycerinphosphatid vom Cardiolipin-Typ — beides aus Leberphosphatiden isoliert — sowohl Lecithin als auch Colamin-Cephalin in der Weise hydrolysiert werden, daß beide Fettsäuren dieser Substanzen abgespalten werden. Bei den genannten Untersuchungen zeigte sich, daß auch Monophosphoinositid von Phospholipase B so angegriffen wird, daß daraus 2 Mol freie Fettsäuren und der Inositester der Glycerinphosphorsäure gebildet wird [DAWSON 1958 (3)]. Die Frage, ob und auf welche Weise die durch die Einwirkung von Phospholipase B auf das Monophosphoinositid entstandenen Spaltstücke als Katalysatoren der beschriebenen Reaktion wirken, bedarf weiterer Klärung.

Nachdem DAWSON 1955 (1) durch Isotopenversuche die Anwesenheit des Cholin- und Colaminesters der Glycerinphosphorsäure in der Leber als Abbauprodukte der Phosphatide nachgewiesen hatte, konnte er eine aktive Phospholipase B aus Leber darstellen und den enzymatischen Abbau von Lysolecithin in vielen anderen Organextrakten nachweisen [DAWSON 1956 (3)]. Große Mengen des Cholinesters der Glycerinphosphorsäure finden sich in tierischer Samenflüssigkeit (DAWSON, MANN u. WHITE). Nach intravenöser Injektion von P^{32}-Phosphat zeigte sich dort ein Maximum von radioaktiv markiertem Ester 10—14 Tage nach der Injektion, während die Phosphatide der Spermatozoen erst nach etwa 20 Tagen ein Maximum an Aktivität aufwiesen [DAWSON 1958 (2); (4)].

Auch der Colaminester der Glycerinphosphorsäure wurde in Leberextrakten aufgefunden (CAMPBELL u. Mitarb.; CAMPBELL u. WORK). Die Anwesenheit einer aktiven Phospholipase B in den Organen ist vielleicht die Ursache für den fehlenden sicheren Nachweis der Existenz der Lysophosphatide.

c) Phospholipase C

Dieses Ferment wurde erst 1941 (MACFARLANE u. KNIGHT) im Clostridium welchii Toxin entdeckt. Es hydrolysiert nur cholinhaltige Phosphatide wie Lecithin und Sphingomyelin (s. S. 779) indem der Cholinester der Phosphorsäure vom Substrat abgespalten wird; von einigen Autoren wird diese Phospholipase als Phospholipase D bezeichnet (HANAHAN u. VERCAMER) obwohl ihre Entdecker den Namen C vorgeschlagen hatten (MACFARLANE u. KNIGHT). Das Ferment ist unwirksam für alle anderen Glycerinphosphatide. Im Nervengewebe wurde eine „Cephalinase" nachgewiesen, die auf das Cephalin eine der Phospholipase C auf das Lecithin vergleichbare Wirkung haben soll (TYRELL).

Obwohl die Cholinphosphorsäure in verschiedenen tierischen Geweben gefunden wurde [RILEY; DAWSON 1955 (2)], wurde die Existenz einer Phospholipase C in tierischen Organen niemals nachgewiesen. Der Cholinester scheint vielmehr ein Intermediärprodukt bei der Biosynthese des Lecithins zu sein (s. S. 784). Außerdem könnte ihm eine Bedeutung bei der Synthese des Acetylcholins zukommen (BERRY u. STOTZ). Auf der anderen Seite sahen CHARGAFF u. KESTON den Colaminester der Phosphorsäure als normales Abbauprodukt des Cephalins an. Kürzlich wurde die Colaminphosphorsäure aus dem Urin bei Hypophosphatasie isoliert (CUSWORTH). OUTHOUSE (1936; 1937) beschrieb das Auftreten von Colaminphosphorsäure in Tumoren, während AWAPARA u. Mitarb. sie als normalen Bestandteil in Rattenorganen fanden.

d) Phospholipase D

Die Phospholipase D (von ihren Entdeckern Phospholipase C genannt, obwohl eine solche bereits mit anderer Wirkung beschrieben war (s. dort)] wurde zuerst in grünen Blättern aufgefunden. Sie spaltet vom Lecithin Cholin hydrolytisch ab, so daß eine Diglyceridphosphorsäure (s. S. 778, Formel VIII) entsteht [HANAHAN u. CHAIKOFF 1947 (1); (2); 1948]. Bisher wurde das Ferment ausschließlich in pflanzlichen Geweben nachgewiesen oder aus ihnen isoliert. Ob ihm im tierischen Organismus eine Bedeutung zukommt, ist ungeklärt. Deshalb soll hier nur auf einige neuere Arbeiten darüber verwiesen werden [KATES 1955; 1956; 1957; KATES u. GORHAM[1]; TOOKEY u. BALLS 1956 (1); (2); EINSET u. CLARK].

e) Andere Abbaufermente

Die Cholin-, Colamin- und Serinester der Glycerinphosphorsäure sind durch alkalische Phosphatase außerordentlich schnell, durch saure Phosphatase dagegen kaum spaltbar (STRICKLAND u. Mitarb.; LUNDQUIST).

In der Rattenleber konnte DAWSON 1956 (1) ein Ferment nachweisen, das den Cholinester der Glycerinphosphorsäure in diese und freies Cholin spaltet. Auch der Colaminester der Glycerinphosphorsäure wird vom gleichen Extrakt hydrolysiert. Der Colaminester übt eine competitive Hemmung auf die Hydrolyse des Cholinesters aus.

Ein Ferment, das erst kürzlich von UZIEL u. HANAHAN (1957) in Penicillium notatum und in käuflichem Pancreatin gefunden wurde, soll obwohl es nicht ein Enzym des „Abbaus" darstellt, erwähnt werden. Es wurde „Migratase" genannt, weil es den Fettsäurerest in einem durch Phospholipase A-Einwirkung entstandenen Lysolecithin aus der β- in die α-Stellung verlagert.

[1] Von diesen Autoren wird die Phospholipase mit C bezeichnet.

2. Biosynthese

Die seit der Anwendung von radioaktiv markiertem Phosphor (P^{32}) zur Aufklärung der Biosynthese und dem Stoffwechsel der Phosphatide unternommenen Versuche lassen sich in drei große Gruppen unterteilen. Die erste Art von Versuchen, die auch heute zum Teil noch angewandt wird, ist die Applikation von anorganischem P^{32} in vivo, entweder durch Verfüttern oder durch intravenöse oder intraperitoneale Injektion. Obwohl uns diese Versuche, die in großem Ausmaß durchgeführt wurden, praktisch alle unsere heutigen Kenntnisse über den Stoffwechsel und die Funktion der Lipoide brachten, waren sie zum Studium der Biosynthese nicht geeignet. So z. B. fand RILEY nach Injektion des mit P^{32} markierten Cholinesters der Phosphorsäure, daß nach etwa 30 min bereits der gesamte radioaktive Phosphor in Form von anorganischem Phosphat vorlag. Das führte zu dem Schluß, daß anorganischer Phosphorsäure die gleiche Bedeutung als Vorläufer des Lecithins zukäme wie deren Cholinester. Dieser Fehlschluß kam jedoch nur dadurch zustande, daß die markierte verabreichte Verbindung schneller hydrolysiert wurde, bevor sie an den Ort der Zellen gelangt war, an dem die Biosynthese der Phosphatide stattfindet.

Um zu entscheiden, ob eine markierte Substanz als biologischer Vorläufer einer dadurch radioaktiv gewordenen Verbindung anzusprechen sei, sollte ein bestimmtes Verhältnis an spezifischer Aktivität zwischen diesen beiden zu gewissen Zeiten nach der Verabreichung des Isotops bestehen [ZILVERSMIT u. Mitarb. 1943 (1)]. Dazu mußte der entsprechende Vorläufer oder das Intermediärprodukt in reiner Form isoliert werden, um seine Aktivität exakt bestimmen zu können, was auf erhebliche Schwierigkeiten stieß, wenn das gesuchte Produkt neu und unbekannt in seinen Eigenschaften war.

Auch die zweite Art der Versuchstechnik, das Arbeiten in vitro mit Gewebsschnitten brachte in dem Punkt keine wesentlichen Erleichterungen, obwohl auf diese Weise von CHAIKOFF u. Mitarb. (FISHLER u. Mitarb. 1941; FRIES u. Mitarb. 1942; TAUROG u. Mitarb.; SCHACHNER u. Mitarb.) gefunden wurde, daß zum Einbau von P^{32} in die Phosphatide von Leber- und Gehirnschnitten Energie benötigt wird, die aus anderen Stoffwechselprozessen geliefert werden muß. Erst die dritte Art der Applikation von radioaktiven Isotopen, das Arbeiten an zellfreien Enzymsystemen löste das Problem der Phosphatidsynthese und klärte die Frage nach den biologischen Vorläufern dieser Verbindungen. Es ist jedoch nicht beabsichtigt, die Befunde hier historisch einzuordnen, sondern die einzelnen Stoffwechselzwischenprodukte getrennt zu besprechen.

Intermediärprodukte

α) Glycerinphosphorsäure

Nach subcutaner Injektion von $Na_2HP^{32}O_4$ zeigten POPJÁK u. MUIR, daß in der Rattenleber nur eine säurelösliche, alkoholunlösliche P-haltige Verbindung den Anforderungen eines Phosphatidvorläufers entsprach. Es handelte sich um α- oder β-Glycerinphosphorsäure, die schon vorher durch Versuche an einer an Glycerinphosphorsäure reichen Leberfraktion auf Grund des Verhältnisses zwischen spezifischer Aktivität und Zeit als Vorläufer der Glycerinphosphatide angenommen werden konnte [ZILVERSMIT u. Mitarb. 1948 (1)]. Diese Befunde wurden später gleichzeitig von KENNEDY [1952; 1953 (1), (2)] und KORNBERG u. PRICER [1952 (1); 1953 (2)] an isolierten Rattenlebermitochondrien bzw. wäßrigen Leberextrakten bestätigt. Da die Phosphatidsynthese bei Zugabe von Glycerin ungefähr verdoppelt wurde, handelte es sich nicht etwa nur um einen Austausch des Phosphatrestes, sondern um eine wahre Synthese. KENNEDY [1953 (1)] fand außerdem, daß der Einbau von synthetischer markierter D-L-Glycerinphosphorsäure schneller erfolgte als der von anorganischem P^{32}. Auch in diesem Präparat war die Anwesenheit von ATP erforderlich, wie schon FRIEDKIN u. LEHNINGER bei Verwendung eines zellfreien Systems nachgewiesen hatten. Das Ferment, welches die Phosphorylierung von Glycerin katalysiert, die Glycerinkinase, wurde von BUBLITZ u. KENNEDY in Rattenleber aufgefunden:

A. $$\text{ATP} + \text{Glycerin} \rightarrow \begin{matrix}\text{L-}\alpha\text{-Glycerin-}\\ \text{phosphorsäure}\end{matrix} + \text{ADP}$$

β) Diglyceridphosphorsäure

7 Std. nach intravenöser Injektion von mit C^{14} markierter Palmitinsäure wurden 2% des Isotops in den Plasmaphosphatiden aufgefunden (GOLDMAN u. Mitarb.). Bei Anwendung von C^{14}-Laurin- und Myristinsäure zeigte sich, daß auch diese eingebaut werden, doch fand man 90% der markierten Fettsäuren in Form von C_{16}- und C_{18}-Fettsäuren vor (STEVENS u. CHAIKOFF). Unbekannt blieb aber bis zu den bedeutenden Arbeiten von KORNBERG u. PRICER [1952 (2); 1953 (1); (2)], welche Substanz als Fettsäure-Acceptor bei der Phosphatidsynthese diente. Diese Autoren wiesen die Bildung der Diglyceridphosphorsäure nach, durch Einbau (Veresterung) von C^{14}-Stearinsäure an L-α-Glycerinphosphorsäure in Gegenwart von Coenzym A und ATP. Wurde die Coenzym A-Verbindung der Palmitinsäure angewandt, so fand auch in Abwesenheit von ATP die Anlagerung an die Glycerinphosphorsäure statt. Gleichzeitig fand KENNEDY [1953 (1)] bei Einbauversuchen mit P^{32} eine Fraktion in Mitochondrien, die besonders stark radioaktiv war und die sich wie Diglyceridphosphorsäure verhielt. Die Abhängigkeit des Fettsäureeinbaues in Phosphatide von der Anwesenheit des ATP und CoA oder der Atmung geht auch aus anderen Arbeiten hervor (BAAHN u. GURIN; JEDEIKIN u. WEINHOUSE; HANAHAN u. BLOMSTRAND).

Diglyceridphosphorsäuren wurden bisher praktisch nicht in Gewebsextrakten gefunden, weder in Leber oder Herz (Ratte) (MARINETTI u. STOTZ 1956) noch in Gehirn (Meerschweinchen) (DAWSON 1954). Auch bei in vivo-Versuchen mit P^{32} markiertem Orthophosphat [MARINETTI u. Mitarb. 1957 (1)] und in vitro-Versuchen mit Leberhomogenaten [MARINETTI u. Mitarb. 1957 (2)] wurde keine markierte Diglyceridphosphorsäure aufgefunden. Allerdings konnten dieselben Autoren [MARINETTI u. Mitarb. 1957 (3)] bei isolierten Lebermitochondrien nach der Inkubation mit anorganischem P^{32} markierte Substanzen nachweisen, die sich ähnlich den Diglyceridphosphorsäuren verhielten. Wie eine Bestimmung der Lipoide verschiedener Zellbestandteile ergab, befindet sich in den Mitochondrien eine Phosphatidfraktion, bei der es sich vielleicht um Polyglyceridphosphorsäuren handelt [MARINETTI u. Mitarb. 1958 (2)]. HOKIN u. HOKIN (1958) berichteten kürzlich über den papierchromatographischen Nachweis von Diglyceridphosphorsäuren, die bei in vivo und in vitro-Versuchen mit P^{32} besonders stark radioaktiv markiert waren. Diese Phosphatidfraktion, die sich auf dem Papier ganz analog den Diglyceridphosphorsäuren aus Spinatblättern verhielt und ungesättigte Fettsäuren besaß, wurde in Leber, Niere, Gehirn, Lunge, Herz, Pankreas und Milz nachgewiesen.

KENNEDY u. Mitarb. (WEISS u. Mitarb. 1956; SMITH u. Mitarb.) gelang es jedoch, in Hühnerleber ein Ferment nachzuweisen, welches mit großer Geschwindigkeit Diglyceridphosphorsäure dephosphoryliert. Darin ist vielleicht eine der Ursachen zu suchen, weshalb Diglyceridphosphorsäuren so schlecht aufzufinden sind. Außerdem sind sie sehr labil (OLLEY). Aus oben Genanntem geht hervor, daß in der Leber sowohl die Bildung der Diglyceridphosphorsäuren vor sich geht

(Formel B), als auch deren Entphosphorylierung mit großer Geschwindigkeit erfolgen kann (Formel C).

B. L-α-Glycerin-phosphorsäure + 2 RCO—S—CoA → Diglycerid-phosphorsäure

C. Diglycerid-phosphorsäure → Diglycerid + Phosphorsäure

γ) Cholin- bzw. Colaminphosphorsäure

Auf der Suche nach dem N-haltigen Vorläufer der Glycerinphosphatide besonders des Lecithins, welchem in der Regel der größte Anteil an dem Gesamtphosphatidgehalt eines Organs zukommt und deshalb am besten bekannt ist, zeigten KORNBERG u. PRICER [1952 (1)], daß in zellfreien Leberextrakten eine Cholinphosphorsäure etwa 10mal schneller in Phosphatide eingebaut wird, als freies Cholin. Da es sich um eine doppelt markierte Verbindung handelte — Cholin war in Stellung 1 und 2 mit C^{14}, die Phosphorsäure mit P^{32} markiert — und das Verhältnis von P^{32} zu C^{14} im Endprodukt etwa gleich dem der Ausgangssubstanz war, konnte der Schluß gezogen werden, daß Cholinphosphorsäure als Einheit bei der Phosphatidsynthese verwandt wird. RODBELL u. HANAHAN bestätigten diese Befunde, identifizierten das Endprodukt als Lecithin und wiesen eine starke Hemmung bei Anwesenheit kleiner Mengen von Ca^{++} ($7 \cdot 10^{-5}$ M) und anderer Metallionen nach. Isotopenversuche mit anorganischem P^{32} an Lebern von Ratten, die das Radioisotop intraperitoneal erhalten hatten, zeigten, daß Cholinphosphorsäure außerordentlich schnell markiert wurde (100 min nach der Injektion war die spezifische Aktivität dieser Verbindung etwa 20mal größer als die des Lecithins). Daraus schloß DAWSON 1956 (2), daß Cholinphosphorsäure nicht durch Abbau des Lecithins, sondern als Intermediärprodukt bei der Biosynthese auftritt.

ANSELL u. DAWSON hatten bereits vorher Colaminphosphorsäure in Rattengehirnen aufgefunden. Nach der Art der Aufarbeitung konnte ausgeschlossen werden, daß es sich um ein Produkt der Autolyse handelte. Die Autoren prüften auch den Einbau von P^{32} und fanden, daß die Colaminphosphorsäure nach 3 Std. eine sehr viel höhere Aktivität aufwies als das Cephalin. So schlossen sie, daß die Colaminphosphorsäure nicht durch enzymatische Hydrolyse aus dem Cephalin gebildet worden war. WITTENBERG u. KORNBERG bewiesen schließlich die Reaktion D durch ein Enzym, das sie zunächst in Hefe, dann auch in verschiedenen Organextrakten nachweisen konnten, welches sie Cholinphosphokinase nannten, das aber gegenüber Colamin ebenfalls aktiv ist, wenn auch viermal schwächer.

D. Cholin + ATP → Cholinphosphorsäure + ADP
(Colamin + ATP) → (Colaminphosphorsäure + ADP)

δ) Cytidindiphosphatcholin und -colamin

Durch vorliegende Befunde lag der Schluß nahe, daß Phosphatidsäuren unter Abspaltung von Phosphorsäure mit der Cholinphosphorsäure reagieren. Dieser Reaktionsablauf konnte jedoch nicht ohne weiteres beobachtet werden. Weitere Aufklärung brachten dann die Arbeiten von KENNEDY u. WEISS [1955; 1956 (1); (2)]. Es war aufgefallen, daß der Einbau von Cholinphosphorsäure in Gegenwart eines amorphen ATP-Präparates sehr viel mehr gefördert wurde, als bei Gegenwart eines kristallinen Präparates. Wie sich herausstellte, beruhte dieser Effekt auf kleinen Mengen von CTP, die dem amorphen Präparat beigemengt waren. Synthetisches Cytidindiphosphatcholin und Cytidindiphosphatcolamin waren die gesuchten Intermediärprodukte [KENNEDY 1956 (1)]. Die Geschwindigkeit des Einbaues von Cytidindiphosphatcholin war erheblich schneller als die bei Zugabe von Cytidintriphosphat + Cholinphosphorsäure. Wurde neben mit P^{32} markierter

Cholinphosphorsäure synthetisches unmarkiertes Cytidindiphosphatcholin dem Enzymsystem zugesetzt, so erhielten KENNEDY u. WEISS [1956 (2)] den erwarteten Verdünnungseffekt. Außerdem konnten die beiden Cytidinverbindungen als natürliche Produkte aus Ratten- und Hühnerlebern [KENNEDY u. WEISS 1956 (2)] und aus Hefe dargestellt werden (LIEBERMANN u. Mitarb.). Aus Rinderthymus isolierten kürzlich POTTER u. BÜTTNER-JANUSCH ein weiteres Cytidinderivat des Colamins, das Desoxycytidindiphosphatcolamin neben der entsprechenden Riboseverbindung. Das Ferment, das die Reaktion E, die reversibel ist, bewirkt, wurde von KENNEDY „phosphorylcholinecytidyltransferase" benannt (BORKENHAGEN u. KENNEDY).

E. CTP + Cholinphosphorsäure → Cytidindiphosphatcholin + Pyrophosphorsäure

ε) *Zusammenfassung*

Erst kürzlich wurde von KENNEDY u. Mitarb. (WEISS u. Mitarb. 1958) auch die letzte, schon von KORNBERG u. PRICER angenommene Reaktion F bewiesen:

F. Cytidindiphosphatcholin + D-1,2-Diglycerid → Lecithin + Cytidinmonophosphat

Das Ferment, welches Reaktion F katalysiert, wurde aus Hühner- und Rattenleber-Fermentpräparaten, die sowohl Mitochondrien als auch Mikrosomen enthielten, dargestellt und „phosphorylcholine-glyceride transferase" genannt. Lecithin, Phosphatidsäuren oder Triglyceride können das Diglycerid nicht ersetzen und ebenso ist Cytidindiphosphat erforderlich. Die Reaktion ist reversibel. Damit ist ein Weg zur Totalsynthese des Lecithins und Cephalins aufgewiesen worden. Eine Übersicht über den Reaktionsmechanismus gibt Abb. 1.

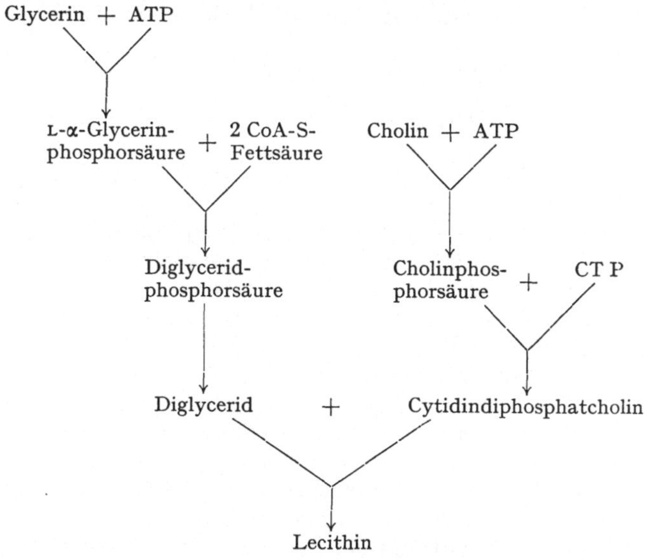

Abb. 1. Biosynthese des Lecithins

Die bisher beschriebenen Versuche wurden fast ausschließlich mit Lebergewebe durchgeführt und die Frage erhebt sich, ob auch andere Organe zur Biosynthese der Glycerinphosphatide fähig sind. Ein Maximum an Einbau von markiertem Phosphor in Gehirnphosphatide fand DAWSON (1953) unter Sauerstoff, d. h. bei gleichzeitig gekoppelter oxydativer Phosphorylierung. In diesem Zusammenhang verdienen die Arbeiten aus dem Arbeitskreis von ROSSITER an Hirnschnitten und zellfreien Enzymsystemen aus Gehirn Beachtung [STRICKLAND; MCMURRAY u. Mitarb. 1956; 1957; (1) (2); (3); ROSSITER u. Mitarb. 1957 (1); (2); BERRY u. MCMURRAY]. In allen Teilen konnten die Autoren die Befunde von KENNEDY u. Mitarb. bestätigen, doch fanden sie auch unter anaeroben Bedingungen bei gleichzeitiger Glykolyse und Abwesenheit von Sauerstoff einen Einbau von P^{32} in die Phosphatide des Gehirns.

Eine noch nicht beantwortete Frage bleibt, nämlich ob es andere Synthesewege im Organismus gibt. Die früher dahingehend gedeuteten Befunde von KENNEDY [1953 (1); (2); 1954], nach denen ein Einbau von freiem Cholin in Lecithin beobachtet wurde, ohne daß sich erst Cholinphosphorsäure gebildet hatte, wurden später vom gleichen Autor insofern revidiert, als es sich bei dem Endprodukt dieser Reaktion nicht um Lecithin handelte, sondern um ein phosphorfreies Lipoid [KENNEDY 1956 (2); KENNEDY u. WEISS 1956 (2)]. Dennoch deuten einige Befunde darauf hin, daß der Organismus entweder über weitere Synthesemöglichkeiten verfügt, oder daß der enzymatische Abbau nicht unbedingt die Umkehrung des Synthesemechanismus ist.

Die enge Verwandtschaft zwischen dem Fettstoffwechsel und Glycerinphosphatidstoffwechsel wird ersichtlich daraus, daß aus dem in Abb. 1 dargestellten Diglycerid durch ein Fermentsystem aus Leber (WEISS u. KENNEDY) durch Anlagerung eines weiteren Fettsäuremoleküls das Triglycerid entstehen kann. So ganz einfach scheint der Weg jedoch nicht zu sein, oder besser gesagt man muß außer diesem vielleicht noch einen anderen Weg der Triglyceridsynthese annehmen, denn die Zusammensetzung der jeweiligen Fettsäuregemische sind außerordentlich unterschiedlich.

Leider läßt sich bisher über die Biosynthese der anderen Glycerinphosphatide nichts aussagen.

3. Allgemeiner Stoffwechsel

Im Rahmen dieser Darstellung ist es unmöglich, eine vollständige Übersicht über die vielen Stoffwechseluntersuchungen mit Glycerinphosphatiden zu geben. Es sollen deshalb nur einige Arbeiten erwähnt und im übrigen auf ausführliche Übersichtsreferate verwiesen werden (CHAIKOFF u. ENTENMAN; GURIN u. CRANDALL; ARTOM 1953; ZILVERSMIT; BEVERIDGE; POPJÁK). Bei einmaliger Verfütterung von Elaidinsäure, die in tierischen Organismen weder im Neutralfett noch in Lipoiden auftritt, fand SINCLAIR, daß bereits einige Stunden später beträchtliche Mengen davon in den Phosphatiden des Blutplasmas wiedergefunden wurden. Bei wiederholten Gaben betrug der Anteil der Elaidinsäure fast 40% der Phosphatidfettsäuren des Plasmas, während die Erythrocyten elaidinsäurefrei waren. Der Autor schloß daraus, daß den Blutplasmaphosphatiden, nicht aber den Erythrocyten eine Aufgabe im Fettsäuretransport zum Gewebe zukäme. BLOOM u. Mitarb. fanden nach intragastraler Intubation von Tripalmitin, dessen Fettsäuren an der Carboxylgruppe mit C^{14} markiert waren, 96% der markierten Fettsäuren in der Lymphe *nicht* in Form von Phosphatiden vor. Danach schienen die Phosphatide nicht die Transportform der Fette zu sein. Bei der Anwendung von P^{32} zeigten HAHN u. HEVESY, daß nur ein außerordentlich geringer Austausch von Phosphatiden zwischen Blutplasma und Blutzellen auftritt.

Nachdem vor allem CHAIKOFF u. Mitarb. [ZILVERSMIT u. Mitarb. 1943 (2)] eine Methode zur Bestimmung der Stoffwechselrate der Plasmaphosphatide unter Anwendung von radioaktivem Phosphor ausgearbeitet hatten, konnten die Autoren

(FISHLER u. Mitarb. 1943) durch Versuche an gesunden und hepatektomierten Hunden nachweisen, daß die Plasmaphosphatide vor allem in der Leber gebildet werden, während der Phosphatidgehalt der Niere und des Dünndarms durch die Entfernung der Leber nicht beeinflußt werden. Der organeigene Zell-Phosphatidstoffwechsel des Verdauungstraktes scheint im Dünndarm lokalisiert zu sein (FRIES u. Mitarb. 1938). Auf der anderen Seite verschwinden intravenös injizierte markierte Plasmaphosphatide aus dem Blut bei gesunden Tieren sehr viel schneller (6—10 Std.) als bei solchen Tieren, bei denen die Leber aus dem Kreislauf ausgeschaltet ist (33—160 Std.). Daraus schlossen ENTENMAN u. Mitarb., daß die Leber das Hauptorgan bezüglich der Synthese, der Nachlieferung und Entfernung für die Blutphosphatide darstellt. Obwohl in der Leber auch Cephalin synthetisiert wird, befinden sich im Hundeplasma nur Lecithin und Sphingomyelin. Das Lecithin des Hundeplasmas wird 5mal schneller gegen Leberlecithin ausgetauscht als das Plasma-Sphingomyelin gegen solches aus der Leber [ZILVERSMIT u. Mitarb. 1948 (2)]. Bei Anwendung von doppelt markierten Phosphatiden (sowohl mit P^{32} als auch deren Fettsäuren mit C^{14} markiert) zeigte sich, daß beide Isotope gleich schnell aus der Blutbahn verschwanden, was darauf hinzudeuten scheint, daß das Phosphatidmolekül als Ganzes aus der Blutbahn verschwindet und nicht etwa nur die Fettsäuren ausgetauscht werden (WEINMAN u. Mitarb.). Wenn auch die Leber eine besondere Stellung im Hinblick auf die Plasmaphosphatide einnimmt, so scheint auch extrahepatisches Gewebe kleinere Mengen von Phosphatiden an das Blut abzugeben (RANNEY u. Mitarb.; ZILVERSMIT u. Mitarb. 1956).

Der Phosphatidstoffwechsel der Leber wurde besonders intensiv untersucht, vor allem auch unter bestimmten Ernährungsbedingungen. So ist der Gehalt der Leberzelle an Phosphatidphosphor abhängig von der Eiweißaufnahme und dem Cholingehalt der Nahrung (CAMPBELL u. KOSTERLITZ). Bei Eiweißmangelernährung wird weniger P^{32} in die Phosphatide eingebaut als bei Leberschnitten von normalen Tieren (Ratte). Bei Ergänzung durch Cholingaben in vivo wird zwar die fettige Infiltration verhindert, aber die von diesen Tieren erhaltenen Leberschnitte sind dadurch in ihrer Fähigkeit zur Phosphatidsynthese nicht normalisiert. Cholingaben in vitro hemmen die Synthese in Leberschnitten von Tieren mit eiweißreicher Kost (ARTOM u. SWANSON). Zwar sinkt der Gesamtphosphatidphosphor in der Leberzelle bei eiweißfreier Ernährung ab, jedoch wird der Austausch des Phosphors beschleunigt (CAMPBELL u. KOSTERLITZ). KLINE u. Mitarb. verglichen den Einbau von Acetat-1-C^{14}, anorganischem P^{32} und Glycerin-1-C^{14} in die Phosphatide von Leberschnitten von Tieren, die 24 Std. vor dem Versuch hungerten. Sie fanden, daß die Einbaurate von Acetat-1-C^{14} am stärksten, die des P^{32} weniger herabgesetzt war, Glycerin-1-C^{14} dagegen in gleichem Maße wie bei Kontrolltieren in Phosphatide eingebaut wurde. Leberschnitte von Ratten, die 12 Std. vor dem Versuch gehungert oder reichliche Mengen an Glucose erhalten hatten, die hypophysektomiert oder adrenalektomiert waren, wiesen keine verminderte Einbaurate für Acetat-1-C^{14} auf (KLINE u. ROSSITER).

Gibt man bei einer Eiweiß- und Cholinmangeldiät mit hohen Fettgaben, bei der eine gesteigerte Synthese der Leberphosphatide zu beobachten ist, einmalig Cholin (intravenös), so steigt die Synthese weiter an, dagegen wird diese bei wiederholter Cholinzufuhr herabgesetzt (DI LUZIO u. ZILVERSMIT). Bei allen Tieren (Kaninchen) mit fettreicher Diät war die Konzentration der Blutplasmaphosphatide deutlich erhöht, die Phosphatidsynthese der Aorta dagegen unverändert. Wird Cholesterin verfüttert, so steigt ebenfalls der Gesamtphosphatidgehalt des Plasmas an, der der Aorta jedoch wesentlich stärker, woraus MCCANDLESS u. ZILVERSMIT schließen, daß die Phosphatide der Aorta nicht auf dem Blutweg dorthin transportiert, sondern dort gebildet werden. Cholingaben an mit Cholesterin gefütterte Kaninchen veränderten den Phosphatidstoffwechsel des Plasmas oder der Leber nicht. Bei partieller Hepatektomie steigt die relative spezifische Aktivität der Leberzellphosphatide nach Injektion von P^{32} zunächst (1 Tag bis 1 Woche nach dem Eingriff) an und fällt dann langsam ab (JOHNSON u. ALBERT; JARDETZKY u. Mitarb.). GREENBAUM u. GLASCOCK prüften die Wirkung des Hypophysen-Wachstumshormons (intraperitoneale Injektion) auf den Einbau von C^{14} aus Brenztraubensäure oder Acetat in Phosphatide an Leberschnitten, fanden aber keine Veränderung gegenüber Kontrolltieren. In Abwesenheit von Methionin wird in Rattenleberschnitte Colamin-1,2-C^{14} nicht in Lecithin eingebaut. Nach Zugabe von Methionin erhöht sich der Einbau auf das 19fache der Kontrollschnitte. Homocystein besitzt 52% der Aktivität von Methionin, Betain nur 35% des Homocysteins. Beim Homogenisieren verliert die Leber die Fähigkeit, Cholin zu bilden (PILGERAM u. Mitarb.). Homogenate von Leber, Niere, Herz und Gehirn von Ratten mit niedriger Eiweißdiät wurden von ARTOM (1955) mit Palmitinsäure-1-C^{14} inkubiert und die Menge an $C^{14}O_2$ gemessen. Wird in vivo kurz vor dem Töten der Tiere Cholin gegeben, so wird vermehrt $C^{14}O_2$ gebildet, d. h. die Faktoren, die für einen gesteigerten Fettsäureabbau verantwortlich sind, werden auch in extrahepatischen Geweben gebildet. Bei der Untersuchung der Lebergalle nach Injektion von P^{32} (Hund), die als einziges Phosphatid Lecithin enthalten soll, fanden ZILVERSMIT u. VAN HANDEL, daß dieses von der Leber gebildet wird und mit dem Plasmalecithin einen gemeinsamen Vorläufer zu besitzen scheint.

HOKIN u. HOKIN (1953; 1955; 1956) untersuchten das Pankreas (Taube) im Hinblick auf den Zusammenhang zwischen Enzymsekretion und Phosphatidsynthese und stellten fest, daß Acetylcholin nicht nur die Enzymsekretion stimuliert, sondern gleichzeitig den Einbau von P^{32} in die Phosphatide auf das Siebenfache steigert. Die durch Zufügen von Aminosäuren erzielte Erhöhung der Amylasesynthese hatte jedoch auf die Phosphatidsynthese keinen Einfluß. Der gesteigerte Einbau von P^{32} erfolgte bei den Pankreasschnitten vor allem in die Inositphosphatide und Diglyceridphosphorsäuren, wogegen derjenige von Glycerin-1-C^{14} sich auf alle Glycerinphosphatide gleichmäßig verteilte. Auch die Aufnahme von Colamin-2-C^{14} in Cephalin und Lecithin wird durch Acetylcholin stimuliert. Sekretin war wirkungslos in bezug auf die Phosphatidsynthese, während Pankreozymin sich wie Acetylcholin verhielt, und zwar sowohl im Hinblick auf den Einbau von P^{32}, als auch von Glycerin-1-C^{14}. Daraus schlossen die Autoren, daß die Spaltung und Resynthese der Bindung zwischen Glycerin und Phosphorsäure den ersten Schritt bei der aktiven Sezernierung der Fermente darstellt. Leber- und Gehirngewebe von neugeborenen Ratten von Vitamin B_{12}-frei ernährten Muttertieren zeigten keine Veränderung im Phosphatidstoffwechsel, verglichen mit gleichaltrigen Kontrolltieren (O'DELL u. BRUEMMER).

Ein gesteigerter Einbau von P^{32} vornehmlich in Cephalin und Inositphosphatide in der Schilddrüse, wurde bei in vitro-Versuchen (Schaf) nach Zuführen von thyreotropem Hormon der Hypophyse gefunden. Unter den gleichen Bedingungen führten die Hormongaben in vivo zu einer gleichmäßigen Verteilung des P^{32} auf alle Phosphatidfraktionen bzw. ihre wasserlöslichen Spaltprodukte (FREINKEL).

C. Sphingolipoide (sphingolipides)

I. Chemische Konstitution

1. Gemeinsame Bausteine

a) Sphingosin (1,3-dihydroxy-2-amino-4-octa-decen(trans))

KLENK (1929) zeigte als erster, daß es sich bei dem Sphingosin um einen Aminoalkohol mit 18 C-Atomen handelt, dessen Doppelbindung sich zwischen C_4 und C_5

befindet. Weitere Strukturaufklärung erfolgte in verschiedenen Laboratorien [KLENK u. DIEBOLD; CARTER u. Mitarb. 1942; 1947 (2); CARTER u. HUMISTON; KISS u. Mitarb.; MISLOW; MARINETTI u. STOTZ 1954; KLENK u. FAILLARD; CARTER u. FUJINO]. Auf eine Besprechung der Strukturarbeiten wird hier verzichtet, Einzelheiten können aus entsprechenden Darstellungen ersehen werden (THIERFELDER u. KLENK; CELMER u. CARTER; CARTER u. Mitarb. 1956). Auch das Hydrierungsprodukt des Sphingosins, das Dihydrosphingosin, wurde im Gehirn und Rückenmark als Baustein der Sphingolipoide von CARTER u. Mitarb. aufgefunden [CARTER u. NORRIS; CARTER u. Mitarb. 1947 (1); THANNHAUSER u. BONCODDO 1948 (2)].

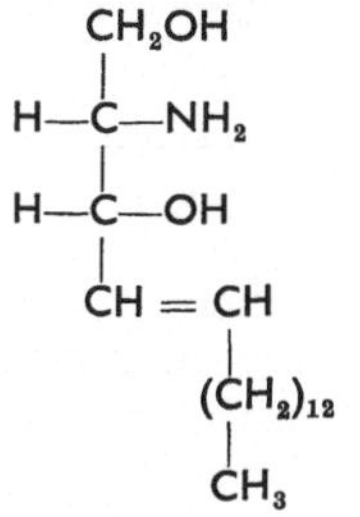

CH_2OH
|
H—C—NH_2
|
H—C—OH
|
CH = CH
|
$(CH_2)_{12}$
|
CH_3

XI Sphingosin

b) Fettsäuren

Das Fettsäuregemisch der Sphingolipoide ist von dem der Glycerinphosphatide außerordentlich verschieden, denn erstens kommen in ihm keine für die Glycerinphosphatide so charakteristischen hochungesättigten Fettsäuren vor, und zweitens ist es sehr reich an Fettsäuren der C_{24}-Reihe; unter ihnen befinden sich Oxyfettsäuren.

Die Fettsäuren der Sphingolipoide sind amidartig an Sphingosin gebunden und deshalb nicht durch milde Alkalieinwirkung von dem Lipoidrest abspaltbar. Das Spaltstück der Sphingolipoide, das aus der Fettsäure-Sphingosin-Verbindung besteht, wird Ceramid (FRÄNKEL u. BIELSCHOWSKY) genannt.

2. Sphingomyelin (sphingomyeline)

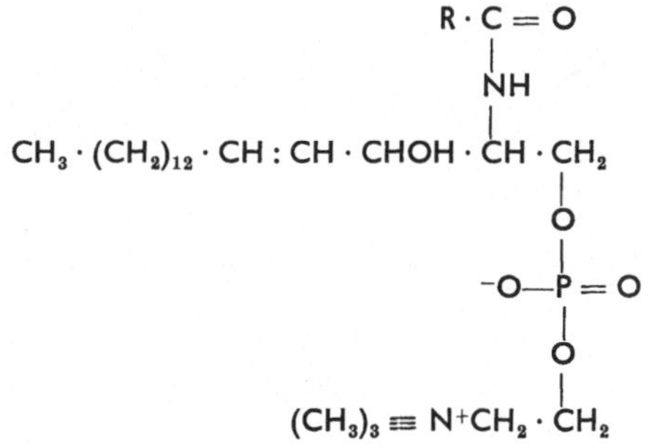

R · C = O
|
NH
|
$CH_3 \cdot (CH_2)_{12} \cdot CH : CH \cdot CHOH \cdot CH \cdot CH_2$
|
O
|
$^-O—P = O$
|
O
|
$(CH_3)_3 \equiv N^+CH_2 \cdot CH_2$

R: Fettsäurerest

XII

Das Sphingomyelin ist durch die Anwesenheit des Cholinesters der Phosphorsäure (RENNKAMP), die mit der OH-Gruppe am C-Atom 1 des Sphingosins verestert ist (FUJINO; ROUSER u. Mitarb.; MARINETTI u. Mitarb. 1953), dem Lecithin verwandt.

3. Zuckerhaltige Sphingolipoide

a) Cerebroside (cerebrosides)

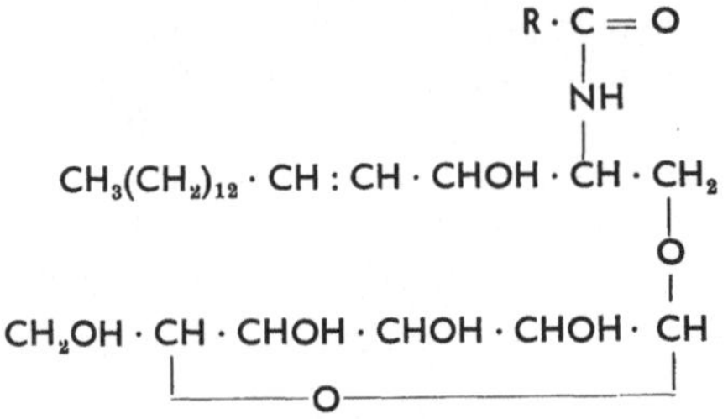

$$
\begin{array}{l}
\qquad\qquad\qquad\qquad\qquad\qquad\qquad R\cdot C=O \\
\qquad\qquad\qquad\qquad\qquad\qquad\qquad\quad | \\
\qquad\qquad\qquad\qquad\qquad\qquad\qquad\quad NH \\
\qquad\qquad\qquad\qquad\qquad\qquad\qquad\quad | \\
CH_3(CH_2)_{12}\cdot CH:CH\cdot CHOH\cdot CH\cdot CH_2 \\
\qquad\qquad\qquad\qquad\qquad\qquad\qquad\qquad\quad | \\
\qquad\qquad\qquad\qquad\qquad\qquad\qquad\qquad\quad O \\
\qquad\qquad\qquad\qquad\qquad\qquad\qquad\qquad\quad | \\
CH_2OH\cdot CH\cdot CHOH\cdot CHOH\cdot CHOH\cdot CH \\
\qquad\qquad |\_\_\_\_\_\_\_\_ O \_\_\_\_\_\_\_\_\_\_\_\_|
\end{array}
$$

R: Fettsäurerest

XIII

Der glucosidisch gebundene Zuckerrest (KLENK u. HÄRLE) besteht entweder aus Galaktose (THIERFELDER; BROWN u. MORRIS), z. B. bei den Hirncerebrosiden, oder aus Glucose (HALLIDAY u. Mitarb.) bei den Leber- und Milzcerebrosiden bei Morbus Gaucher. Etwa $^1/_5$ der Gehirncerebroside sollen nach BLIX (1933) in Form des Schwefelsäureesters vorliegen, und zwar wurde dieser mit der primären Alkoholgruppe der Galaktose verestert aufgefunden (NAKAYAMA; THANNHAUSER u. Mitarb. 1955).

Neben einer C_{26}-Monoensäure wurden ausschließlich C_{24}-Fettsäuren gefunden und es gelang, einheitliche Cerebrosidfraktionen zu isolieren, die je nach Art der anwesenden Fettsäure verschieden benannt wurden: Cerasin enthält Lignocerinsäure ($C_{24}H_{48}O_2$), Cerebron: Cerebronsäure ($C_{24}H_{48}O_3$), Nervon: Nervonsäure ($C_{24}H_{46}O_2$) und Oxynervon: Oxynervonsäure ($C_{24}H_{48}O_3$). Das Spaltstück der Cerebroside, das aus dem Sphingosin und dem Zuckerrest besteht, wird Psychosin (Thudichum) genannt.

b) Ganglioside (gangliosides)

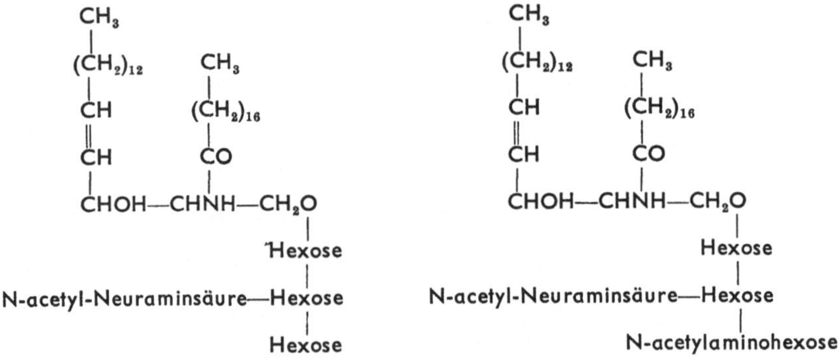

$$
\begin{array}{llll}
CH_3 & & & \\
| & & & \\
(CH_2)_{12} & CH_3 & & \\
| & | & & \\
CH & (CH_2)_{16} & & \\
\| & | & & \\
CH & CO & & \\
| & | & & \\
CHOH— & CHNH— & CH_2O & \\
 & & | & \\
 & & \text{Hexose} & \\
 & & | & \\
 & \text{N-acetyl-Neuraminsäure}— & \text{Hexose} & \\
 & & | & \\
 & & \text{Hexose} &
\end{array}
\qquad
\begin{array}{llll}
CH_3 & & & \\
| & & & \\
(CH_2)_{12} & CH_3 & & \\
| & | & & \\
CH & (CH_2)_{16} & & \\
\| & | & & \\
CH & CO & & \\
| & | & & \\
CHOH— & CHNH— & CH_2O & \\
 & & | & \\
 & & \text{Hexose} & \\
 & & | & \\
 & \text{N-acetyl-Neuraminsäure}— & \text{Hexose} & \\
 & & | & \\
 & & \text{N-acetylaminohexose} &
\end{array}
$$

XIV (Vorläufige Formel)

Ganglioside wurden erstmals 1942 von KLENK aus Gehirn isoliert und ergaben folgende Spaltprodukte: Stearinsäure, Sphingosin oder eine sphingosinähnliche Base, Hexosen (vorwiegend Galaktose neben wenig Glucose) und Neuraminsäure, die in einem molaren Verhältnis von etwa 1:1:3:1 gefunden wurden. BLIX u. Mitarb. (1950; 1952) isolierten später auch Chondrosamin als Spaltstück der Gehirnganglioside. KLENK (1951) bestätigte kurz darauf diese Befunde und fand ein molares Verhältnis von Hexosen und Aminohexosen wie 5:1.

Bei der gangliosidähnlichen Substanz, die von Folch u. Mitarb. (1951) aus Hirnrinde isoliert und „Strandin" genannt wurde, scheint es sich nach den Befunden anderer Autoren (Daun; Chatagnon u. Chatagnon; Svennerholm; Rosenberg u. Mitarb.; Bogoch 1958) um ein noch unreines Gangliosidpräparat zu handeln.

Auf Grund der Molekulargewichtsbestimmungen des Gangliosids wird von einigen Autoren (Yamakawa u. Mitarb. 1953; Bogoch 1958; Rosenberg u. Chargaff) angenommen, daß es sich um eine hochmolekulare Verbindung handelt. Die Bestimmungen wurden jedoch in wäßrigem Milieu ausgeführt, in dem eine Aggregation kleinerer Lipoideinheiten durchaus möglich ist.

Ein charakteristischer Baustein der Ganglioside, eine Polyoxyaminosäure wurde von Klenk (1941; 1942) erstmals (in Form ihrer Methoxylverbindung) isoliert und Neuraminsäure genannt. Auf die vielen Versuche zur Strukturaufklärung soll hier nicht näher eingegangen werden, jedoch führten schließlich die Arbeiten von Kuhn u. Brossmer (1958) und Comb u. Roseman zu folgender Formel:

```
          COOH
           |
    ┌──────C—OH
    │      |
    │     CH₂
    │      |
    │  HO—C—H
    │      |
    │ H₂N—C—H
    │      |
    └───O—C—H
           |
        H—C—OH
           |
        H—C—OH
           |
          CH₂OH
```

XV Neuraminsäure

Es ist jedoch zu beachten, daß die Neuraminsäure der Grundkörper zu sein scheint für die Sialinsäure (Werner u. Odin; Blix u. Mitarb. 1956), die Gynaminsäure (Zilliken u. Mitarb.), die Lactaminsäure (Kuhn u. Brossmer 1954; 1956; 1958) und Hämataminsäure [Yamakawa u. Suzuki 1951; 1952 (1)]. Gemäß einer kürzlich getroffenen Vereinbarung (Blix, Gottschalk u. Klenk) wird die nicht substituierte Verbindung „Neuraminsäure" genannt, während unter „Sialinsäuren" die acylierten Neuraminsäuren zusammengefaßt werden (z. B. N-acetyl-, N-glycolyl-, N-0-diacetylneuraminsäure). Die Neuraminsäure ist in Form verschiedener Derivate eine außerordentlich weit verbreitete Substanz und kommt vor allem als Bestandteil der Mucoproteide vor. N-acetyl-Neuraminsäure scheint in ihrer Bindung an das Mucin als Acceptorsubstanz für das Influenzavirus zu fungieren. (Weitere Informationen hierüber: Klenk 1956; 1958; Gottschalk.)

Die Ganglioside des Erythrocytenstromas vom Pferd, die von Yamakawa u. Suzuki (1951) „Hämatosid" genannt wurden, sind hexosaminfrei (Klenk u. Wolter; Klenk u. Lauenstein 1953) und weisen ein molares Verhältnis von Fettsäure : Sphingosin : Hexose (Galaktose und Glucose) : Neuraminsäure (N-glycolylneuraminsäure (Yamakawa; Klenk u. Uhlenbruck 1957; 1958)] von 1:1:2:1 auf. Daneben existieren im Pferdeerythrocytenstroma auch kleine Mengen hexosaminhaltiger Ganglioside (KLENK u. LAUENSTEIN 1953). Auch im Rindererythrocytenstroma wurden hexosaminhaltige Ganglioside gefunden [KLENK u. LAUENSTEIN 1952; YAMAKAWA u. SUZUKI 1953; YAMAKAWA u. Mitarb. 1956 (1)].

c) Andere Glykosphingolipoide

Seitdem von KLENK u. RENNKAMP aus Rindermilz eine Cerebrosidfraktion isoliert wurde, die ein molares Verhältnis von Fettsäure : Sphingosin : Hexose wie 1:1:2 aufwies, wurde eine Reihe ähnlicher Substanzen aufgefunden, die sich von den Cerebrosiden durch einen höheren Zuckergehalt (KLENK u. WOLTER; KLENK u. LAUENSTEIN 1953) und häufigen Hexosamingehalt (KLENK u. LAUENSTEIN 1951; 1952; YAMAKAWA u. SUZUKI 1952 (2); KLENK u. WOLTER; KLENK u. LAUENSTEIN 1953; YAMAKAWA u. SUZUKI 1953; YAMAKAWA u. Mitarb. 1956 (2); MATSUMOTO] von den Gangliosiden durch das Fehlen der Neuraminsäure unterscheiden. Sowohl Glucosamin als auch Chondrosamin kommen in wechselnden Mengen vor (YAMAKAWA u. Mitarb. 1956 (2).

II. Biosynthese

1. Sphingosin

Die ersten Studien über die Biosynthese des Sphingosins führten ZABIN u. MEAD (1953) mit Hilfe von an der Carboxylgruppe mit C^{14} markiertem Acetat durch. 5 Tage nach intraperitonealer Verabreichung des Acetats an 20 Tage alte Ratten wurde von diesen aus Gehirn und dem übrigen Organismus C^{14} markiertes Sphingosin bzw. Dihydrosphingosin isoliert. Nach Spaltung mit Perjodsäure zeigte sich, daß die Aktivität ausschließlich in den C-Atomen 3—18 des Sphingosins zu finden war, während C_1 und C_2 nicht markiert waren. Da die Radioaktivität des C_{16}-Bruchstückes etwa die gleiche Verteilung der Markierung aufwies wie die Fettsäuren, schlossen die Autoren, daß ein C_{16}-Vorläufer in Form von Palmitinsäure oder einer ähnlichen Verbindung und ein noch unbekannter Baustein (evtl. Colamin) zu Sphingosin vereinigt werden. Bei der Suche nach dem Vorläufer der C-Atome 1 und 2 des Sphingosins konnten SPRINSON u. COULON zeigen, daß Colamin-2-C^{14} nur in die Kohlenstoffkette 3—18 des Sphingosins eingebaut wird, so wie in Fettsäuren oder Cholesterin über Acetat. Dagegen wurden 65—77% der eingesetzten Aktivität in C_1 und C_2 des Sphingosins wiedergefunden, nach subcutaner Injektion (18 Tage alte Ratten) von: L-Serin-3-C^{14}, 2,3-D, N^{15}, und zwar wurden die C-Atome 3 und 2 sowie der N in das Sphingosin eingebaut, woraus zu schließen ist, daß das Serin dabei decarboxyliert werden muß. Auch Glykokoll scheint auf dem Weg über das Serin zur Sphingosinsynthese verwandt zu werden. Diese Befunde bestätigten ZABIN u. MEAD (1954), die bei Anwendung von Formiat-C^{14} und nach Abbau eines aus Rattengehirnen gewonnenen reinen Dihydrosphingosins fanden, daß dieses praktisch ausschließlich am C-Atom 1 markiert war.

Schließlich konnte von BRADY u. KOVAL (1957; 1958) ein Enzymsystem aus Gehirn dargestellt werden, das die Biosynthese des Sphingosins katalysiert. In Gegenwart von Serin, Pyridoxalphosphat, Mn^{++} und Palmityl-CoA erfolgte die Sphingosinsynthese nur bei Gegenwart von TPNH, woraus die Autoren schlossen, daß die Palmityl-CoA-Verbindung zuerst zum Aldehyd reduziert werden müsse. Diese Annahme wurde dadurch bestätigt, daß Palmityl-CoA durch Palmitinaldehyd ersetzt werden kann (BRADY u. Mitarb.). Das erste Reaktionsprodukt der

Biosynthese ist Dihydrosphingosin, welches durch ein Flavinenzym zum Sphingosin oxydiert wird. Damit ergibt sich folgender Reaktionsmechanismus:

$$HOCH_2 \cdot CH(NH_2) \cdot COOH + Mn^{++} + \text{Pyridoxalphosphat}$$

$$\downarrow$$

$$\left[HOCH_2 \cdot {}^{(-)}\overset{COOH}{\underset{}{\overset{|Mn^{++}}{C}}}—N = \text{Pyridoxalphosphat}\right] + H^+$$

$$\left[HOCH_2 \cdot {}^{(-)}\overset{COOH}{\underset{}{\overset{|Mn^{++}}{C}}}—N = \text{Pyridoxalphosphat}\right] + H^+ + CH_3 \cdot (CH_2)_{14} \cdot \overset{O}{\overset{\|}{C}}H$$

$$\downarrow$$

$$CH_3 \cdot (CH_2)_{14} \cdot CHOH \cdot CH(NH_2) \cdot CH_2OH + \text{Pyridoxalphosphat} + Mn^{++} + CO_2$$

$$CH_3 \cdot (CH_2)_{12} \cdot CH_2 \cdot CH_2 \cdot CHOH \cdot CH(NH_2) \cdot CH_2OH + \text{Flavin}$$

$$\downarrow$$

$$CH_3 \cdot (CH_2)_{12} \cdot CH : CH \cdot CHOH \cdot CH(NH_2) \cdot CH_2OH + \text{Flavin 2 H}$$

Das Pyridoxalphosphat, bekannt als Aminosäuredesaminase bildet mit dem Serin, nicht mit Colamin eine Schiffsche Base, wodurch der Befund erklärbar ist, daß Colamin nicht als Vorläufer des Sphingosins dienen kann.

2. Sphingomyelin

Ähnlich wie beim Lecithin auf einen Lipoidacceptor die Cholinphosphorsäure vom Cytidindiphosphatcholin übertragen wird, so wird bei der Biosynthese des Sphingomyelins durch ein Ferment, welches von SRIBNEY u. KENNEDY (1957; 1958) "phosphorylcholine-ceramide-transferase" genannt wurde, die Cholinphosphorsäure auf das Ceramid übertragen. Dieses Ferment wurde in Leber, Niere, Milz und Gehirn von 10—20 Tage alten Ratten, in der Leber vom Schwein und Meerschweinchen nachgewiesen. Die größte Aktivität besaß jedoch das Ferment aus Hühnerleber. Mn^{++} sind für die Transferase-Reaktion erforderlich, dagegen wird sie durch 0,002 m Ca^{++} völlig gehemmt. Das beschriebene Enzym ist außerordentlich spezifisch für Cytidindiphosphatcholin. Synthetisches Uridindiphosphatcholin oder Adenosindiphosphatcholin sind ganz unwirksam in diesem Fermentsystem.

Obwohl von CARTER u. Mitarb. [1947 (1)] nur die Erythroform des Sphingosins als Baustein der Cerebroside aufgefunden wurde, konnte von SRIBNEY u. KENNEDY (1958) nur die Threoform aus dem Sphingomyelin isoliert werden. Das dargestellte Enzymsystem war sogar spezifisch für Threo-Ceramid. Die sich daraus ergebenden Fragen wurden zwar diskutiert (SRIBNEY u. KENNEDY 1958), aber erst weitere Untersuchungen werden zu ihrer Klärung beitragen müssen. Die durchgeführten Experimente beweisen folgende Reaktion:

G. Threo-Ceramid + Cytidindiphosphatcholin → Threo-Sphingomyelin + C M P

3. Cerebroside

In vivo-Versuche mit Glucose-U-C^{14} und Galaktose-1-C^{14} (bei Ratten intraperitoneal injiziert) zeigten, daß Hexosen in die zuckerhaltigen Sphingolipoide des

Gehirns eingebaut werden [RADIN u. Mitarb.; MOSER u. KARNOVSKY; BURTON u. Mitarb. 1958 (2)]. BURTON u. Mitarb. [1958 (1)] fanden die Höhe der Einbaurate in Abhängigkeit vom Alter der Tiere. Sie war am höchsten 10—20 Tage nach der Geburt. Nach einmaliger Verabreichung besaßen die Glykosphingolipoide die höchste spezifische Aktivität nach 8 Std.; 24 Std. nach der Injektion enthielt dieselbe Fraktion nur noch $^1/_3$ der maximalen Aktivität. Dieser Befund wird von den Autoren als ein Zeichen des Stoffwechsels gedeutet.

Die Mikrosomenfraktion aus dem Gehirn junger Ratten besitzt die Fermente die den Einbau der Hexosen in Form ihrer Uridindiphosphatverbindungen in die Cerebroside katalysiert. Der Hexoseacceptor ist wahrscheinlich Ceramid. Einzelheiten des Reaktionsablaufes entziehen sich noch unserer Kenntnis. Bei der Anwendung von C^{14}-Galaktose und S^{35}-Sulfat stellten RADIN u. Mitarb. fest, daß die Schwefelsäureester der Cerebroside nur einem außerordentlich trägen Stoffwechsel unterliegen.

Weiteres ist über den Stoffwechsel der Sphingolipoide bisher nicht bekannt. Insbesondere fehlen Angaben über die Beziehungen dieser Art von Lipoiden untereinander, sowie ihre Funktion und Bedeutung im Stoffwechsel des übrigen Organismus.

Literatur

ANSELL, G. B., and R. M. C. DAWSON: Ethanolamine-0-phosphoric acid in rat brain. Biochem. J. **50**, 241 (1951).

— and J. M. NORMAN: Observations on the acetalphospholipids of brain tissue. J. Neurochem. **1**, 32 (1956).

ARTOM, C.: Lipid metabolism. Ann. Rev. Biochem. **22**, 211 (1953).

— Effect of choline administration on the oxidation of fatty acids by extrahepatic tissues. J. biol. Chem. **213**, 681 (1955).

— and M. A. SWANSON: Incorporation of labeled phosphate into the lipides of liver slices. J. biol. Chem. **193**, 473 (1951).

AWAPARA, J., A. J. LANDUA and R. FUERST: Free aminoethylphosphoric ester in rat organs and human tumors. J. biol. Chem. **183**, 545 (1950).

BAAHN, J. VAN, and S. GURIN: Cofactor requirements for lipogenesis. J. biol. Chem. **205**, 303 (1953).

BAER, E., and M. KATES: Migration during hydrolysis of esters of glycerophosphoric acid. I. The chemical hydrolysis of L-α-glycerylphosphorylcholine. J. biol. Chem. **175**, 79 (1948).

— — Synthesis of enantiomeric α-lecithins. J. Amer. chem. Soc. **72**, 942 (1950).

— and J. MAURUKAS: (1) Phosphatidyl serine. J. biol. Chem. **212**, 25 (1955).

— — (2) The diazometholysis of glycerolphosphatides. A novel method of determining the configuration of phosphatidylserines and cephalines. J. biol. Chem. **212**, 39 (1955).

— H. C. STANCER and I. A. KORMAN: Migration during hydrolysis of esters of glycerophosphoric acid. III. Cephalin and glycerylphosphorylethanolamine. J. biol. Chem. **200**, 251 (1953).

BAILLY, M. C.: Sur un mode simple et presque quantitatif de passage des β- aux α-glycérophosphates. C. R. Acad. Sci. (Paris) **206**, 1902 (1938).

— (1) Sur la réversibilité de la transposition glycérophosphorique. C. R. Acad. Sci. (Paris) **208**, 443 (1939).

— (2) Sur l'hydrolyse des monoesters α- et β-glycérophosphoriques. C. R. Acad. Sci. (Paris) **208**, 1820 (1939).

BAUMANN, A.: Über den stickstoffhaltigen Bestandteil des Kephalins. Biochem. Z. **54**, 30 (1913).

BERRY, J. F., and W. C. McMURRAY: Aerobic and anaerobic P^{32} labelling of phospholipids and adenosine phosphates in hypotonic homogenates of rat brain. Canad. J. Biochem. **35**, 799 (1957).

— and E. STOTZ: Rôle of phosphorylcholine in acetylcholine synthesis. J. biol. Chem. **218**, 871 (1956).

BEVERIDGE, J. M. R.: The function of phospholipids. Canad. J. Biochem. **34**, 361 (1956).

BLIETZ, R. J.: Über die Struktur der Aldehyde liefernden Seitenketten im Plasmalogen. Hoppe-Seylers Z. physiol. Chem. **310**, 120 (1958).

BLIX, G.: Zur Kenntnis der schwefelhaltigen Lipoidstoffe des Gehirns. Über Cerebronschwefelsäure. Hoppe-Seylers Z. physiol. Chem. **219**, 82 (1933).

BLIX, G., E. LINDBERG, L. ODIN and I. WERNER: Studies on sialic acids. Acta Soc. Med. upsalien. **61**, 1 (1956).
— L. SVENNERHOLM and I. WERNER: Chondrosamine as a component of gangliosides and of submaxillary mucin. Acta chem. scand. **4**, 717 (1950).
— — — The isolation of chondrosamine from gangliosides and from submaxillary mucin. Acta chem. scand. **6**, 358 (1952).
BLIX, F. G., A. GOTTSCHALK and E. KLENK: Proposed nomenclature in the field of neuraminic and sialic acid. Nature (Lond.) **179**, 1088 (1957).
BLOOM, B., I. L. CHAIKOFF, W. O. REINHARDT and W. G. DAUBEN: Participation of phospholipides in lymphatic transport of adsorbed fatty acids. J. biol. Chem. **189**, 251 (1951).
BOGOCH, S.: Studies on the structure of brain ganglioside. Biochem. J. **68**, 319 (1958).
BORKENHAGEN, L. F., and E. P. KENNEDY: The enzymatic synthesis of cytidine diphosphate choline. J. biol. Chem. **227**, 951 (1957).
BRADY, R. O., J. V. FORMICA and G. J. KOVAL: The enzymatic synthesis of sphingosine. II. Further studies on the mechanism of the reaction. J. biol. Chem. **233**, 1072 (1958).
— and G. J. KOVAL: Biosynthesis of sphingosine in vitro. J. Amer. chem. Soc. **79**, 2648 (1957).
— — The enzymatic synthesis of sphingosine. J. biol. Chem. **233**, 26 (1958).
BROWN, H. T., and G. H. MORRIS: Note on the identity of cerebrose and galactose. J. chem. Soc. **57**, 57 (1890).
BUBLITZ, C., and E. P. KENNEDY: Synthesis of phosphatides in isolated mitochondria. III. The enzymatic phosphorylation of glycerol. J. biol. Chem. **211**, 951 (1954).
BURTON, R. M., M. A. SODD and R. O. BRADY: (1) The incorporation of galactose into galactolipides. J. biol. Chem. **233**, 1053 (1958).
— — — (2) Studies on the biosynthesis of galactolipids. Neurology **8**, 84 (1958).
CAMPBELL, P. N., D. H. SIMMONDS and T. S. WORK: The occurrence of glycerylphosphorylethanolamine in extracts of liver and yeast. Biochem. J. **49**, Proc, XVI (1951).
— and T. S. WORK: Fractionation of the nitrogenous water soluble constituents of liver. 1. The isolation of glycerylphosphorylethanolamine and of taurine. Biochem. J. **50**, 449 (1952).
CAMPBELL, R., and W. H. KOSTERLITZ: The effects of dietary protein, fat and choline on the composition of the liver cell and the turnover of phospholipin and proteinbound phosphorus Biochim. biophys. Acta **8**, 664 (1952).
CARTER, H. E., and Y. FUJINO: Biochemistry of the sphingolipides. IX. Configuration of cerebrosides. J. biol. Chem. **221**, 879 (1956).
— D S. GALANOS and Y. FUJINO: Chemistry of the sphingolipides. Canad. J. Biochem. **34**, 320 (1956).
— F. J. GLICK, W. P. NORRIS and G. E. PHILLIPS: The structure of sphingosine. J. biol. Chem **142**, 449 (1942).
— — — — (2) Biochemistry of the sphingolipides. III. Structure of sphingosine. J. biol. Chem. **170**, 285 (1947).
— and C. G. HUMISTON: Biochemistry of the sphingolipides. V. The structure of sphingine. J. biol. Chem. **191**, 727 (1951).
— and W. P. NORRIS: Isolation of dihydrosphingosine from brain and spinal cord. J. biol. Chem. **145**, 709 (1942).
— — F. J. GLICK, G. E. PHILLIPS and R. HARRIS: (1) Biochemistry of the sphingolipides. II. Isolation of dihydrosphingosine from the cerebroside fractions of beef brain and spinal cord. J. biol. Chem. **170**, 269 (1947).
CELMER, W. D., and H. E. CARTER: Chemistry of phosphatides and cerebrosides. Physiol. Rev. **32**, 167 (1952).
CHAIKOFF, I. L., and C. ENTENMAN: Lipid metabolism. Ann. Rev. Biochem. **17**, 253 (1948).
CHANNON, H. J., and A. C. CHIBNALL: The ether soluble substances of cabbage leaf cytoplasm. IV. Further observations on diglyceride phophoric acid. Biochem. J. **21**, 1112 (1927).
CHARGAFF, E.: Note on the mechanism of conversion of β-glycerophosphoric acid into the α-form. J. biol. Chem. **144**, 455 (1942).
— and S. S. COHEN: On lysophosphatides. J. biol. Chem. **129**, 619 (1939).
— and A. S. KESTON: The metabolism of aminoethylphosphoric acid, followed by means of radioactive phosphorus isotope. J. biol. Chem. **134**, 515 (1940).
CHATAGNON, C., et P. CHATAGNON: Propriétés chimiques du strandin de Folch. Strandin et acide neuraminique. Bull. Soc. Chim. biol. (Paris) **36**, 373 (1954).
CHIBNALL, A. C., and H. J. CHANNON: (1) The ether-soluble substances of cabbage leaf cytoplasm. I. Preparation and general characters. Biochem. J. **21**, 225 (1927).
— — (2) The ether-soluble substances of cabbage leaf cytoplasm. II. Calcium salts of glyceride phosphoric acids. Biochem J. **21**, 233 (1927).
— — The ether-soluble substances of cabbage leaf cytoplasm. VI. Summary and general conclusions. Biochem. J. **23**, 176 (1929).

COMB, D. G., and S. ROSEMAN: Composition and enzymatic synthesis of N-acetyl-neuraminic acid (sialic acid). J. Amer. chem. Soc. **80**, 497 (1958).
CUSWORTH, D. C.: The isolation and identification of phosphoethanolamine from the urine of a case of hypophosphatasia. Biochem. J. **68**, 262 (1958).
DAUN, H.: Zur Kenntnis des Folch'schen Strandins. Promotionsarbeit Universität Köln 1952.
DAWSON, R. M. C.: The incorporation of labelled phosphate into the lipids of a brain dispersion. Biochem. J. **55**, 507 (1953).
— The measurement of P^{32} labelling of individual cephalins and lecithins in a small sample of tissue. Biochim. biophys. Acta **14**, 374 (1954).
— (1) The rôle of glycerylphosphorylcholine and glycerylphosphorylethanolamine in liver phospholipid metabolism. Biochem. J. **59**, 5 (1955).
— (2) Phosphorylcholine in rat tissues. Biochem. J. **60**, 325 (1955).
— (1) Liver glycerylphosphorylcholine diesterase. Biochem. J. **62**, 689 (1956).
— (2) Studies on the phosphorylcholine of rat liver. Biochem. J. **62**, 693 (1956).
— (3) The phospholipase B of liver. Biochem. J. **64**, 1 (1956).
— (1) The identification of two lipid components in liver which enable penicillium notatum extracts to hydrolyse lecithin. Biochem. J. **68**, 352 (1958).
— (2) The labelling of ram semen in vivo with radioactive phosphate and (carboxy-^{14}C) stearic acid. Biochem. J. **68**, 512 (1958).
— (3) The enzymic breakdown of monophosphoinositide by phospholipase B preparations. Biochim. biophys. Acta **27**, 228 (1958).
— (4) Labelling of bull semen with phosphorus^{32} in vivo. Nature (Lond.) **181**, 1014 (1958).
— T. MANN and I. G. WHITE: Glycerylphosphorylcholine and phosphorylcholine in semen and their relation to choline. Biochem. J. **65**, 627 (1957).
DEBUCH, H.: (1) Beitrag zur chemischen Konstitution der Acetalphosphatide und zur Frage des Vorkommens des Colamin-Kephalins im Gehirn. Hoppe-Seylers Z. physiol. Chem. **304**, 109 (1956).
— (2) Über die enzymatische Spaltung des Lecithins aus Sojabohnen. Hoppe-Seylers Z. physiol. Chem. **306**, 279 (1956).
— Nature of the linkage of the aldehyde residue in natural plasmalogens. Biochem. J. **67**, 27p (1957).
— (1) Nature of the linkage of the aldehyde residue of natural plasmalogens. J. Neurochem. **2**, 243 (1958).
— (2) Die Bindung des Aldehyds im Colamin-Plasmalogen (Acetalphosphatid) aus Gehirn. Hoppe-Seylers Z. physiol. Chem. **311**, 266 (1958).
— (1) Über die Stellung des Aldehyds im Colamin-Plasmalogen aus Gehirn. Hoppe-Seylers Z. physiol. Chem. **314**, 49 (1959).
— (2) Über die Stellung des Aldehyds im Colamin-Plasmalogen aus Gehirn. Hoppe-Seylers Z. physiol. Chem. **317**, 182 (1959).
DELEZENNE, C., et S. LEDEBT: (1) Action du venin de cobra sur le sérum de cheval. Ses rapports avec l'hémolyse. C. R. Acad. Sci. (Paris) **152**, 790 (1911).
— — (2) Formation de substances hémolytiques et de substances toxiques aux dépens du vitellus de l'oeuf, soumis à l'action du cobra. C. R. Acad. Sci. (Paris) **153**, 81 (1911).
— — Nouvelle contribution à l'étude des substances hémolitiques derivées du serum et du vitellus de l'oeuf soumis à l'action des venins. C. R. Acad. Sci. (Paris) **155**, 1101 (1912).
DILUZIO, N. R., and D. G. ZILVERSMIT: Effect of choline on phosphatide metabolism of choline-deficient and cholesterol-fed rabbits. Proc. Soc. exper. Biol. (N. Y.) **92**, 454 (1956).
EINSET, E., and W. L. CLARK: The enzymatically catalyzed release of choline from lecithin. J. biol. Chem. **231**, 703 (1958).
ENTENMAN, C., I. L. CHAIKOFF and D. B. ZILVERSMIT: Removal of plasma phospholipides as a function of the liver: The effect of exclusion of the liver on the turnover-rate of plasma phospholipides as measured with radioactive phosphorus. J. biol. Chem. **166**, 15 (1946).
FAIRBAIRN, D.: The phospholipase of the venom of the cottonmouth moccasin (agkistrodon piscivorus l). J. biol. Chem. **157**, 633 (1945).
FAURE, M., et M. J. MORELEC-COULON: Isolement d'un acide glycero-inosito-phosphatidique contenu dans le germe de blé. C. R. Acad. Sci. (Paris) **236**, 1104 (1953).
— — Isolement d'un phosphatide cristalisé à partir du muscle cardiaque du Boeuf: l'acide glycero-inosito-phosphatidique, C. R. Acad. Sci. (Paris) **238**, 411 (1954).
FEULGEN, R., u. TH. BERSIN: Zur Kenntnis des Plasmalogens. IV. Mitteil. Eine neuartige Gruppe von Phosphatiden (Acetalphosphatide). Hoppe-Seylers Z. physiol. Chem. **260**, 217 (1939).
— u. R. VOIT: Über einen weitverbreiteten festen Aldehyd. Pflügers Arch. ges. Physiol. **206**, 389 (1924).
FISHLER, M. C., C. ENTENMAN, M. L. MONTGOMERY and I. L. CHAIKOFF: The formation of phospholipid by the hepatectomized dog as measured with radioactive phosphorus. J. biol. Chem. **150**, 47 (1943).

FISHLER, M. C., A. TAUROG, I. PERLMAN and I. L. CHAIKOFF: The synthesis and breakdown of liver phos- pholipid in vitro with radioactive phosphorus as indicator. J. biol. Chem. **141**, 809 (1941).
FOLCH, J.: The isolation of phosphatidyl serine from brain cephalin and identification of the serine component. J. biol. Chem. **139**, 973 (1941).
— Brain cephalin a mixture of phosphatides. Separation from it of phosphatidyl serine, phosphatidyl ethanolamine and a fraction containing an inositol phosphatide. J. biol. Chem. **146**, 35 (1942).
— The chemical structure of phosphatidyl serine. J. biol. Chem. **174**, 439 (1948).
— (1) Complete fractionation of brain cephalin: Isolation from it of phosphatidyl serine, phosphatidyl ethanolamine and diphosphoinositide. J. biol. Chem. **177**, 497 (1949).
— (2) Brain diphosphoinositide a new phosphatide having inositol metadiphosphate as a constituent. J. biol. Chem. **177**, 505 (1949).
— S. ARSOVE and J. A. MEATH: Isolation of brain strandin, a new type of large molecule tissue component. J. biol. Chem. **191**, 819 (1951).
— and F. N. LEBARON: Biochemistry of inositol lipides of the central nervous system. IV. Intern. Kongr. Biochem. Wien; Symp. III Vordruck 10 (1958).
— and H. A. SCHNEIDER: An amino acid constituent of ox brain cephalin. J. biol. Chem. **137**, 51 (1941).
FRÄNKEL, S., u. F. BIELSCHOWSKY: Untersuchungen über die Lipoide der Säugetierleber. Über das Vorkommen des Lignoceryl-sphingosins in der Schweineleber. Hoppe-Seylers Z. physiol. Chem. **213**, 58 (1932).
FREINKEL, N.: Pathways of thyroidal phosphorus metabolism: the effect of pituitary thyrotropin upon the phospholipids of the sheep thyroid gland. Endocrinology **61**, 448 (1957).
FRIEDKIN, M., and A. L. LEHNINGER: Oxidation-coupled incorporation of inorganic radiophosphate into phospholipide and nucleic acid in a cell-free system. J. biol. Chem. **177**, 775 (1949).
FRIES, A., S. RUBEN, I. PERLMAN and I. L. CHAIKOFF: Radioactive phosphorus as an indicator of phospholipid metabolism. II. The rôle of the stomach, small intestine and large intestine in phospholipid metabolism in the presence and absence of ingested fat. J. biol. Chem. **123**, 587 (1938).
FRIES, B. A., H. SCHACHNER and I. L. CHAIKOFF: The in vitro formation of phospholipid by brain and nerve tissue with radioactive phosphorus as indicator. J. biol. Chem. **144**, 59 (1942).
FUJINO, Y.: Studies on the conjugated lipids. III. On the configuration of sphingomyelin. J. Biochem. (Tokyo) **39**, 45 (1952).
GOLDMAN, D. S., I. L. CHAIKOFF, W. O. REINHARDT, C. ENTENMAN and W. G. DAUBEN: Site of formation of plasmaphospholipides studied with C^{14}-labeled palmitic acid. J. biol. Chem. **184**, 727 (1950).
GOTTSCHALK, A.: Virus enzymes and virus templates. Physiol. Rev. **37**, 66 (1957).
GRAY, G. M.: The position of the aldehyde residue in natural plasmalogens. Biochem. J. **67**, 26p (1957).
— The structure of the plasmalogens of ox heart. Biochem. J. **70**, 425 (1958).
— and M. G. MACFARLANE: Separation and composition of the phospholipids of ox heart. Biochem. J. **70**, 409 (1958).
GREENBAUM, A. L., and R. F. GLASCOCK: The synthesis of lipids in the livers of rats treated with pituitary growth hormone. Biochem. J. **67**, 360 (1957).
GRIMBERT, L., et O. BAILLY: Sur un procédé de diagnose des monoéthers glycérophosphoriques et sur la constitution du glycérophosphate de sodium crystallisé. C. R. Acad Sci. (Paris) **160**, 207 (1915).
GURIN, S., and D. I. CRANDALL: Lipid metabolism. Ann, Rev. Biochem. **20**, 179 (1951).
HAHN, L., and G. HEVESY: Interaction between the phosphatides of the plasma and the corpuscles. Nature (Lond.) **144**, 72 (1939).
HALLIDAY, N., H. J. DEUEL JR., L. J. TRAGERMAN and W. E. WARD: On the isolation of a glucose-containing cerebroside from spleen in a case of Gaucher's disease. J. biol. Chem. **132**, 171 (1940).
HANAHAN, D. J.: The enzymatic degradation of phosphatidylcholine in diethylether. J. biol. Chem. **195**, 199 (1952).
— The site of action of lecithinase A on lecithin. J. biol. Chem. **207**, 879 (1954).
— and R. BLOMSTRAND: Observations on the incorporation in vivo of palmitic acid-1-C^{14} and oleic acid-1-C^{14} into lecithins. J. biol. Chem. **222**, 677 (1956).
— and I. L. CHAIKOFF: (1) The phosphorus-containing lipides of the carrot. J. biol. Chem. **168**, 233 (1947).
— — (2) A new phospholipide-splitting enzyme specific for the ester linkage between the nitrogenous base and the phosphoric acid grouping. J. biol. Chem. **169**, 699 (1947).
— — On the nature of the phosphorus containing lipides of cabbage leaves and their relation to a phospholipide-splitting enzyme contained in these leaves. J. biol. Chem. **172**, 191 (1948).

HANAHAN, D. J., and M. E. JAYKO: The isolation of dipalmitoleyl-L-α-glycerylphosphorylcholine from yeast. A new route to (dipalmitoyl)-L-α-lecithin. J. Amer. chem. Soc. **74**, 5070 (1952).
— and J. N. OLLEY: Chemical nature of monophosphoinositides. J. biol. Chem. **231**, 813 (1958).
— M. RODBELL and L. D. TURNER: Enzymatic formation of monopalmitoleyl and monopalmitoyllecithin (lysolecithins). J. biol. Chem. **206**, 431 (1954).
— and R. VERCAMER: The action of lecithinase D on lecithin. The enzymatic preparation of D-1,2-dipalmitolein and D-1,2-dipalmitin. J. Amer. chem. Soc. **76**, 1804 (1954).
HAWTHORNE, J. N.: (1) The ethanol-insoluble phosphatides of mammalian liver. Biochem. J. **59**, II (1955).
— (2) A further study of inositol-containing lipids. Biochim. biophys. Acta **18**, 389 (1955).
HOKIN, L. E., and M. R. HOKIN: Effects of acetylcholine on the turnover of phosphoryl units in individual phospholipids of pancreas slices and brain cortex slices. Biochim. biophys. Acta **18**, 102 (1955).
— — The actions of pancreozymin in pancreas slices and the rôle of phospholipids in enzyme secretion. J. Physiol. (Lond.) **132**, 442 (1956).
— — The presence of phosphatidic acid in animal tissues. J. biol. Chem. **233**, 800 (1958).
HOKIN, M. R., and L. E. HOKIN: Enzyme secretion and the incorporation of P^{32} into phospholipides of pancreas slices. J. biol. Chem. **203**, 967 (1953).
JARDETZKY, C. D., C. P. BARNUM and H. VERMUND: Deoxyribonucleic acid and phospholipide metabolism in regenerating liver and the effect of X-radiation. J. biol. Chem. **222**, 421 (1956).
JEDEIKIN, L. A., and S. WEINHOUSE: Studies of the incorporation of palmitate-1-C^{14} into tissue lipides in vitro. Arch. Biochem. **50**, 134 (1954).
JOHNSON, R. M., and S. ALBERT: The uptake of radioactive phosphorus by rat liver following partial hepatectomy. Arch. Biochem. **35**, 340 (1952).
KARRER, P., u. H. SALOMON: Über die Glycerinphosphorsäuren aus Lecithin. Helv. chim. Acta **9**, 3 (1926).
KATES, M.: Hydrolysis of lecithin by plant plastic enzymes. Canad. J. Biochem. 33, 575 (1955).
— Hydrolysis of glycerolphosphatides by plastid phosphatidase C. Canad. J. Biochem. **34**, 967 (1956).
— Effect of solvents and surface-active agents on plastid phosphatidase C activity. Canad. J. Biochem. **35**, 127 (1957).
— and P. R. GORHAM: Coalescence as a factor in solvent stimulation of plastid phosphatidase C activity. Canad. J. Biochem. **35**, 119 (1957).
KENNEDY. E. P.: Synthesis of phospholipids in isolated mitochondria. Fed. Proc. **11**, 239 (1952).
— (1) Synthesis of phosphatides in isolated mitochondria. J. biol. Chem. **201**, 399 (1953).
— (2) The synthesis of lecithin in isolated mitochondria. J. Amer. chem. Soc. **75**, 249 (1953).
— Synthesis of phosphatides in isolated mitochondria. II. Incorporation of choline into lecithin. J. biol. Chem. **209**, 525 (1954).
— (1) The synthesis of cytidine diphosphate choline, cytidine diphosphate ethanolamine, and related compounds. J. biol. Chem. **222**, 185 (1956).
— (2) The biological synthesis of phospholipids. Canad. J. Biochem. **34**, 334 (1956).
— and S. B. WEISS: Cytidine diphosphate choline: a new intermediate in lecithin biosynthesis. J. Amer. chem. Soc. **77**, 250 (1955).
— — (1) Enzymic conversion of CDP-choline and CDP-ethanolamine to phospholipids. Fed. Proc. **15**, 381 (1956).
— — (2) The function of cytidine coenzymes in the biosynthesis of phospholipides. J. biol. Chem. **222**, 193 (1956).
KISS, J., G. FODOR u. D. BANFI: Zurückführung der Konfiguration des (natürlichen) Sphingosins auf die D-erythro-2-amino-3,4-dioxybuttersäure. Helv. chim. Acta **37**, 1471 (1954).
KLENK, E.: Über Sphingosin. Hoppe-Seylers Z. physiol. Chem. **185**, 169 (1929).
— Neuraminsäure, das Spaltprodukt eines neuen Gehirnlipoids. Hoppe-Seylers Z. physiol. Chem. **268**, 50 (1941).
— Über die Ganglioside, eine neue Gruppe von zuckerhaltigen Gehirnlipoiden. Hoppe-Seylers Z. physiol. Chem. **273**, 76 (1942).
— Zur Kenntnis der Ganglioside. Hoppe-Seylers Z. physiol. Chem. **288**, 216 (1951).
— (1) Über die Biogenese der C_{20}- und C_{22}-Polyensäuren in der Säugetierleber. Hoppe-Seylers Z. physiol. Chem. **302**, 268 (1955).
— (2) Über die Biogenese der C_{20}- und C_{22}-Polyensäuren bei den Säugetieren. Biochem. problems of lipids. London: Butterworth 1955.
— Chemie und Biochemie der Neuraminsäure. Angew. Chem. **68**, 349 (1956).
— Neuraminic acid. Ciba foundation, Symp. Chemistry and Biology of Mucopolysaccharides 296 (1958).

KLENK, E., u. P. BÖHM: Zur Kenntnis der Kephalinfraktion des Gehirns. Hoppe-Seylers Z. physiol. Chem. **288**, 98 (1951).
— u. W. BONGARD: Die Konstitution der ungesättigten C_{20}- und C_{22}-Fettsäuren der Glycerinphosphatide des Gehirns. Hoppe-Seylers Z. physiol. Chem. **291**, 104 (1952).
— u. H. DEBUCH: Zur Frage des Vorkommens der hochungesättigten Fettsäuren C_{20} und C_{22} in den Pflanzenphosphatiden. Hoppe-Seylers Z. physiol. Chem. **286**, 33 (1950).
— — Zur Kenntnis der Acetalphosphatide. Hoppe-Seylers Z. physiol. Chem. **296**, 179 (1954).
— — Zur Kenntnis der cholinhaltigen Plasmalogene (Acetalphosphatide) des Rinderherzmuskels. Hoppe-Seylers Z. physiol. Chem. **299**, 66 (1955).
— — The lipides. Ann. Rev. Biochem. **28**, 39 (1959).
— u. W. DIEBOLD: Über Sphingosin. Hoppe-Seylers Z. physiol. Chem. **198**, 25 (1931).
— u. A. DREIKE: Über die Polyenfettsäuren der Leberphosphatide. Hoppe-Seylers Z. physiol. Chem. **300**, 113 (1955).
— u. H. FAILLARD: Über Sphingosin. Hoppe-Seylers Z. physiol. Chem. **299**, 48 (1955).
— u. G. GEHRMANN: Über die Glycerinphosphatide des Rinderherzmuskels und das Vorkommen von cholinhaltigen Acetalphosphatiden. Hoppe-Seylers Z. physiol. Chem. **292**, 110 (1953).
— u. R. HÄRLE: Über das Galaktosido-sphingosin, das partielle Spaltprodukt der Cerebroside. Hoppe-Seylers Z. physiol. Chem. **178**, 221 (1928).
— u. K. LAUENSTEIN: Über die zuckerhaltigen Liopide der Formbestandteile des menschlichen Blutes. Hoppe-Seylers Z. physiol. Chem. **288**, 220 (1951).
— — Über die zuckerhaltigen Lipoide des Erythrocytenstromas von Mensch und Rind. Hoppe-Seylers Z. physiol. Chem. **291**, 249 (1952).
— — Über die Glykolipoide und Sphingomyeline des Stromas der Pferdeerythrocyten. Hoppe-Seylers Z. physiol. Chem. **295**, 164 (1953).
— u. F. LINDLAR: (1) Über die Docosapolyensäuren der Glycerinphosphatide des Gehirns. Hoppe-Seylers Z. physiol. Chem. **299**, 74 (1955).
— — (2) Über die Eikosapolyensäuren der Glycerinphosphatide des Gehirns. Hoppe-Seylers Z. physiol. Chem. **301**, 156 (1955).
— u. W. MONTAG: Über die Eikosapolyensäuren der Glycerinphosphatide aus Rinderleber. Justus Liebigs Ann. Chem. **604**, 4 (1957).
— — (1) Über das Vorkommen der $\Delta^{9,12,15,18}$-n-tetrakosatetraensäure in den Glycerinphosphatiden des Gehirns und deren Isolierung. J. Neurochem. **2**, 226 (1958).
— — (2) Über die C_{22}-Polyensäuren der Glycerinphosphatide des Gehirns. J. Neurochem. **2**, 233 (1958).
— u. F. RENNKAMP: Der Zucker im Cerebrosid der Milz bei der Gaucher-Krankheit. Hoppe-Seylers Z. physiol. Chem. **272**, 280 (1942).
— u. H. J. TOMUSCHAT: Über die Dokosapolyensäuren der Glycerinphosphatide aus Rinderleber. Hoppe-Seylers Z. physiol. Chem. **308**, 165 (1957).
— u. G. UHLENBRUCK: Über die Abspaltung von N-Glycolyl-neuraminsäure (P-Sialinsäure) aus dem Schweine-Submaxillarismucin durch das "Receptor-Destroying Enzyme". Hoppe-Seylers Z. physiol. Chem. **307**, 266 (1957).
— — Über ein Neuraminsäurehaltiges Mucoproteid aus Rindererythrocytenstroma. Hoppe-Seylers Z. physiol. Chem. **311**, 227 (1958).
— u. H. WOLTER: Über die zuckerhaltigen Lipoide des Erythrocytenstromas vom Pferd. Hoppe-Seylers Z. physiol. Chem. **291**, 259 (1952).
KLINE, D., C. MCPHERSON, E. T. PRITCHARD and R. J. ROSSITER: Effect of food deprivation on the labelling of phospholipide in rat liver slices. J. biol. Chem. **222**, 219 (1956).
— and R. J. ROSSITER: Phospholipid metabolism in rat liver slices. Effect of hypophysectomy and adrenalectomy on the labeling of phospholipids with acetate-1-C^{14}. Canad. J. Biochem. **35**, 143 (1957).
KORNBERG, A., and W. E. PRICER: (1) Studies on the enzymatic synthesis of phospholipides. Fed. Proc. **11**, 242 (1952).
— — (2) Enzymatic synthesis of phosphorus containing lipides. J. Amer. chem. Soc. **74**, 1617 (1952).
— — (1) Enzymatic synthesis of the coenzym A derivatives of long chain fatty acids. J. biol. Chem. **204**, 329 (1953).
— — (2) Enzymatic esterification of α-glycerophosphate by long chain fatty acids. J. biol. Chem. **204**, 345 (1953).
KUHN, R., u. R. BROSSMER, mitbearbeitet von W. SCHULZ: Über die prosthetische Gruppe der Mucoproteine des Kuh-Colostrums. Chem. Ber. **87**, 123 (1954).
— — Abbau der Lactaminsäure zu N-Acetyl-D-Glucosamin. Chem. Ber. **89**, 2471 (1956).
— — Zur Konfiguration der Lactaminsäure. Justus Liebigs Ann. Chem. **616**, 221 (1958).
LEVENE, P. A., and I. P. ROLF: Lysolecithins and lysokephalins. J. biol. Chem. **55**, 743 (1923).

LIEBERMANN, I., L. BERGER and W. T. GIMINEZ: Cristallisation of cytidine diphosphate choline from yeast. Science **124**, 81 (1956).
LONG, C., and M. F. MAGUIRE: (1) The structure of the naturally occurring phosphoglycerides. 1. Evidence derived from alkaline-hydrolysis studies. Biochem. J. **54**, 612 (1953).
— — (2) Evidence for the structure of ovolecithin derived from a study of the action of lecithinase C. Biochem. J. **55**, XV (1953).
— and I. F. PENNY: The structure of the lysolecithin formed by the action of snake venom phospholipase A on ovolecithin. Biochem. J. **58**, XV (1954).
— — The structure of naturally occurring phosphoglycerides. 3. Action of moccasin-venom phospholipase A on ovolecithin and related substances. Biochem. J. **65**, 382 (1957).
LÜDECKE, K.: Zur Kenntnis der Glycerinphosphorsäure und des Lecithins. Diss. München phil. Fakultät Sek. II (1905).
LUNDQUIST, F.: Studies on the biochemistry of human semen. I. The natural substrate of prostatic phosphatase. Acta physiol. scand. **13**, 322 (1946/47).
MACARTHUR, C. G.: Brain cephalin: I. Distribution of the nitrogeneous hydrolysis products of cephalin. J. Amer. chem. Soc. **36**, 2397 (1914).
— and L. V. BURTON: Brain cephalin: II. Fatty acids. J. Amer. chem. Soc. **38**, 1375 (1916).
MACCANDLES, E. L., and D. B. ZILVERSMIT: The effect of cholesterol on the turnover of lecithin, cephalin and sphingomyelin in the rabbit. Arch. Biochem. **62**, 402 (1956).
MACFARLANE, M. G.: Structure of cardiolipin. Nature (Lond.) **182**, 946 (1958).
— and G. M. GRAY: Composition of cardiolipin. Biochem. J. **67**, 25p (1957).
— and B. C. J. G. KNIGHT: The biochemistry of bacterial toxins. I. The lecithinase activity of clostridium welchii toxins. Biochem. J. **35**, 884 (1941).
MACLEAN, H.: The composition of "Lecithin" together with observations on the distribution of phosphatides in the tissues and methods for their extraction and purification. Biochem. J. **9**, 351 (1915).
MARINETTI, G. V., J. F. BERRY, G. ROUSER and E. STOTZ: Studies on the structure of sphingomyelin. II. Performic and periodic acid oxidation studies. J. Amer. chem. Soc. **75**, 313 (1953).
— and J. ERBLAND: The structure of pig heart plasmalogens. Biochim. biophys. Acta **26**, 429 (1957).
— J. ERBLAND, M. ALBRECHT and E. STOTZ: (2) The application of chromatographic methods to study the incorporation of ^{32}P-labeled orthophosphate into the phosphatides of rat liver homogenates. Biochim. biophys. Acta **25**, 585 (1957).
— — — — (3) The in vitro incorporation of ^{32}P-labeled orthophosphate into the phosphatides of isolated rat liver mitochondria. Biochim. biophys. Acta **26**, 130 (1957).
— — and E. STOTZ: (1) The structure of pig heart plasmalogens. J. Amer. chem. Soc. **80**, 1624 (1958).
— — — (2) Phosphatides of pig heart cell fractions. J. biol. Chem. **233**, 562 (1958).
— and E. STOTZ: Studies on the structure of sphingomyelin. IV. Configuration of the double bond in sphingomyelin and related lipids and a study of their infrared spectra. J. Amer. chem. Soc. **76**, 1347 (1954).
— — Chromatography of phosphatides on silicic acid impregnated paper. Biochim. biophys. Acta **21**, 168 (1956).
— R. F. WITTER and E. STOTZ: (1) The incorporation in vivo of P^{32}-labeled orthophosphate into individual phosphatides of rat tissues. J. biol. Chem. **226**, 475 (1957).
MATSUMOTO, M.: The chemistry of the lipids of posthemolytic residue or stroma of erythrocytes. VII. Studies on chondrosamine-containing glycolipid and sphingomyelin of hog blood stroma. J. Biochem. (Tokyo) **43**, 53 (1956).
MCMURRAY, W. C., J. F. BERRY and K. P. STRICKLAND: Labeling of brain phospholipid in vitro. Fed. Proc. **15**, 313 (1956).
— J. F. BERRY and R. J. ROSSITER: (2) Labelling of phospholipid phosphorus in rat-brain mitochondria. Biochem. J. **66**, 629 (1957).
— K. P. STRICKLAND, J. F. BERRY and R. J. ROSSITER: (1) Labelling of phospholipid phosphorus in rat brain dispersions. Biochem. J. **66**, 621 (1957).
— K. P. STRICKLAND, J. F. BERRY and R. J. ROSSITER: (3) Incorporation of ^{32}P-labeled intermediates into the phospholipids of cell-free preparations of rat brain. Biochem. J. **66**, 634 (1957).
MERZ, W.: Über das Vorkommen von ätherunlöslichen Lecithinen im Gehirn. Hoppe-Seylers Z. physiol. Chem. **196**, 10 (1931).
MISLOW, K.: The geometry of sphingosine. J. Amer. chem. Soc. **74**, 5155 (1952).
MONTAG, W., E. KLENK, H. HAYES and R. T. HOLMAN: The eicosapolyenoic acids occurring in the glycerophosphatides of beef liver. J. biol. Chem. **227**, 53 (1957).
MOSER, H., and M. L. KARNOVSKY: Studies on the biosynthesis of cerebroside galactose. Neurology **8**, 81 (1958).

NAKAYAMA, T.: Studies on the conjugated lipids. II. On cerebron sulphuric acid. J. Biochem. (Tokyo) **38**, **157** (**1951**).
O'DELL, B.L., and J. H. BRUEMMER: Effect of vitamin B_{12} deficiency and fasting on the incorporation of P^{32} into nucleic acids and phospholipides of infant rats. J. biol. Chem. **227**, 737 (1957).
OGAWA, K.: Über die fermentative Lysolecithinbildung. J. Biochem. (Tokyo) **24**, 389 (1936).
OLLEY, J.: Instability of the phosphatidic acids. Chem. and Ind. **1954**, 1069.
OUTHOUSE, E. L.: Amino-ethyl phosphoric ester from tumors. Biochem. J. **30**, 197 (1936).
— Further studies of amino-ethyl phosphoric ester — a compound apparently specific to malignant tumors. Biochem. J. **31**, 1459 (1937).
PANGBORN, M. C.: The composition of cardiolipin. J. biol. Chem. **168**, 351 (1947).
PILGERAM, L. O., R. E. HAMILTON and D. M. GREENBERG: Some factors influencing phosphatidylcholine formation. J. biol. Chem. **227**, 107 (1957).
POPJÁK, G.: Metabolism of lipids. Brit. med. Bull. **14**, 197 (1958).
— and H. MUIR: In search of a phospholipin precursor. Biochem. J. **46**, 103 (1950).
POTTER, R. L., and V. BUETTNER-JANUSCH: Deoxycytidine diphosphoethanolamine and its ribose analogue in the acid soluble extract of calf thymus. J. biol. Chem. **233**, 462 (1958).
RADIN, N. S., F. B. MARTIN and J. R. BROWN: Galactolipide metabolism. J. biol. Chem. **224**, 499 (1957).
RANNEY, R. E., I. L. CHAIKOFF and C. ENTENMAN: Site of formation of plasma phospholipides in the bird. Amer. J. Physiol. **165**, 596 (1951).
RAPPORT, M. M., and N. ALONZO: Identification of phosphotidal choline as the major constituent of beef heart lecithin. J. biol. Chem. **217**, 199 (1955).
— and R. E. FRANZL: (1) The structure of plasmalogens I. Hydrolysis of phosphatidal choline by lecithinase A. J. biol. Chem. **225**, 851 (1957).
— — (2) The structure of plasmalogen III. The nature and significance of the aldehydogenic linkage. J. Neurochem. **1**, 303 (1957).
— B. LERNER, N. ALONZO and R. E. FRANZL: The structure of plasmalogens II. Crystalline lysophosphatidal ethanolamine (acetal phospholipide). J. biol. Chem. **225**, 859 (1957).
RENNKAMP, F.: Untersuchungen über das Sphingomyelin und die ätherunlöslichen Glycerinphosphatide des Gehirns. Hoppe-Seylers Z. physiol. Chem. **284**, 215 (1949).
RILEY, R. F.: Metabolism of phosphorylcholine. J. Biol. Chem. **153**, 535 (1944).
RODBELL, M., and D. J. HANAHAN: Some aspects of the metabolism of lecithin and its derivatives in liver. J. biol. Chem. **214**, 595 (1955).
ROSENBERG, A., and E. CHARGAFF: Nitrogenous constituents of an ox brain mucolipid. Biochim. biophys. Acta **21**, 588 (1956).
— C. HOWE and E. CHARGAFF: Inhibition of influenza virus haemagglutination by brain lipid fraction. Nature (Lond.) **177**, 234 (1956).
ROSSITER, R. J., I. M. MCLEOD and K. P. STRICKLAND: (1) Biosynthesis of lecithin in brain and degenerating nerve. Participation of cytidinediphosphatecholine. Canad. J. Biochem. **35**, 946 (1957).
— W. C. MCMURRAY and K. P. STRICKLAND: (2) Discussion. Biosynthesis of phosphatides in brain and nerve. Fed. Proc. **16**, 853 (1957).
ROUSER, G., J. F. BERRY, G. MARINETTI and E. STOTZ: Studies on structure of sphingomyelin. I. Oxidation of products of partial hydrolysis. J. Amer. chem. Soc. **75**, 310 (1953).
SCHACHNER, H., B. A. FRIES and I. L. CHAIKOFF: The effect of hexoses and pentoses on the formation in vitro of phospholipid by brain tissue as measured with radioactive phosphorus. J. biol. Chem. **146**, 95 (1942).
SCHUWIRTH, K.: Serin als stickstoffhaltiger Bestandteil der Glycerinphosphatide aus Menschengehirn. Hoppe-Seylers Z. physiol. Chem. **270**, 1 (1941).
— Serin als stickstoffhaltiger Bestandteil der Glycerinphosphatide des Menschengehirns. Hoppe-Seylers Z. physiol. Chem. **277**, 87 (1943).
SHORLAND, F. B.: Chemistry of the lipides. Ann. Rev. Biochem. **25**, 101 (1956).
SINCLAIR, R. G.: Blood phospholipid as a transport mechanism. J. biol. Chem. **115**, 211 (1936).
SMITH, S. W., S. B. WEISS and E. P. KENNEDY: The enzymatic dephosphorylation of phosphatidic acids. J. biol. Chem. **228**, 915 (1957).
SPRINSON, D. B., and A. COULON: The precursors of sphingosine in brain tissue. J. biol. Chem. **207**, 585 (1954).
SRIBNEY, M., and E. P. KENNEDY: Enzymatic synthesis of sphingomyelin. Fed. Proc. **16**, 235 (1957).
— — The enzymatic synthesis of sphingomyelin. J. biol. Chem. **233**, 1315 (1958).
STEVENS, B. P., and I. P. CHAIKOFF: Incorporation of short chain fatty acids into phospholipides by the rat. J. biol. Chem. **193**, 465 (1952).
STRICKLAND, K. P.: Factors affecting the incorporation of radioactive phosphate into the phospholipids of slices of cat brain. Can. J. Biochem. **32**, 50 (1954).
— R. H. S. THOMPSON and G. R. WEBSTER: Hydrolysis of phosphoryl choline and related esters by the phosphomonoesterases of animal tissues. Arch. Biochem. **64**, 498 (1956).

SVENNERHOLM, L.: On sialic acid in brain tissue. Acta chem. scand. **10**, 694 (1956).
TAUROG, A., I. L. CHAIKOFF and I. PERLMAN: The effect of anaerobic conditions and respiratory inhibitors on the in vitro phospholipid formation in liver and kidney with radioactive phosphorus as indicator. J. biol. Chem. **145**, 281 (1942).
THANNHAUSER, S. J., and N. F. BONCODDO: (1) Isolation and identification of hydrolecithin (dipalmityl lecithin) from brain and spleen. J. biol. Chem. **172**, 135 (1948).
— — (2) The chemical nature of the fatty acids of brain and spleen sphingomyelin. The occurrence of saturated and unsaturated sphingosines in the sphingomyelin molecule. J. biol. Chem. **172**, 141 (1948).
— — and G. SCHMIDT: (1) Studies of acetal phospholipides of brain. I. Procedure of isolation of crystallized acetal phospholipide from brain. J. biol. Chem. **188**, 417 (1951).
— — — (2) Studies of acetal phospholipides of brain. II. The α-structure of acetal phospholipide of brain. J. biol. Chem. **188**, 423 (1951).
— J. FELLIG and G. SCHMIDT: The structure of cerebroside sulphuric ester of beef brain. J. biol. Chem. **215**, 211 (1955).
THIERFELDER, H.: Über die Identität des Gehirnzuckers mit Galactose. Hoppe-Seylers Z. physiol. Chem. **14**, 209 (1890).
— u. E. KLENK: Die Chemie der Cerebroside und Phosphatide. Berlin: Springer 1930.
THUDICHUM, J. L. W.: Die chemische Konstitution des Gehirns des Menschen und der Tiere. Tübingen: Franz Pietzker 1901.
TOOKEY, H. L., and A. K. BALLS: (1) Plant phospholipase D. I. Studies on cottonseed and cabbage phospholipase D. J. biol. Chem. **218**, 213 (1956).
— — (2) Plant phospholipase D. II. Inhibition of succinic oxidase by cottonseed phospholipase D. J. biol. Chem. **220**, 15 (1956).
TYRRELL, L. W.: A cephalinase in nervous tissue. Nature (Lond.) **166**, 310 (1950).
UZIEL, M., and D. J. HANAHAN: An enzymatic route to L-α-glycerylphosphorylcholine. J. biol. Chem. **220**, 1 (1956).
— — An enzyme-catalysed acyl migration: a lysolecithin migratase. J. biol. Chem. **226**, 789 (1957).
VERKADE, P. E., J. C. STOPPELENBURG u. W. D. COHEN: Über die Stabilität der beiden Glycerolphosphorsäuren und diejenige ihrer Salze. Rec. Trav. chim. Pays-Bas **59**, 886 (1940).
WEINMAN, E. O., I. L. CHAIKOFF, C. ENTENMAN and W. G. DAUBEN: Turnover rates of phosphate and fatty acid moieties of plasma phospholipides. J. biol. Chem. **187**, 643 (1950).
WEISS, S. B., and E. P. KENNEDY: The enzymatic synthesis of triglycerides. J. Amer. chem. Soc. **78**, 3550 (1956).
— S. W. SMITH and E. P. KENNEDY: Net synthesis of lecithin in an isolated enzyme system. Nature (Lond.) **178**, 594 (1956).
— — — The enzymatic formation of lecithin from cytidine diphosphate choline and D-1,2-diglyceride. J. biol. Chem. **231**, 53 (1958).
WERNER, S., and L. ODIN: On the presence of sialic acid in certain glycoproteins and in gangliosides. Acta Soc. Med. upsalien. **57**, 230 (1952).
WITTENBERG, J., and A. KORNBERG: Choline phosphokinase. J. biol. Chem. **202**, 431 (1953).
WITTER, R. F., and M. A. COTTONE: The effect of lysolecithin and related compounds on the swelling of isolated mitochondria. Biochim. biophys. Acta **22**, 372 (1956).
— A. MORRISON and G. R. SHEPHARDSON: Effect of lysolecithin on oxidative phosphorylation. Biochim. biophys. Acta **26**, 120 (1957).
YAMAKAWA, T.: On the so-called sialic acids of blood cells and serum. J. Biochem. (Tokyo) **43**, 867 (1956).
— M. MATSUMOTO and S. SUZUKI: (2) The chemistry of the lipids of posthemolytic residue or stroma of erythrocytes. VIII. The nature of hexosamine and fatty acids of bloodcells sphingolipids. J. Biochem. (Tokyo) **43**, 63 (1956).
— — — and T. IIDA: (1) The chemistry of the lipids of posthemolytic residue or stroma of erythrocytes. VI. Sphingolipids of erythrocytes with respect to blood group activities. J. Biochem. (Tokyo) **43**, 41 (1956).
— and S. SUZUKI: The chemistry of the lipids of posthemolytic residue or stroma of erythrocytes. I. Concerning the etherinsoluble lipids of lyophilized horse blood stroma. J. Biochem. (Tokyo) **38**, 199 (1951).
— — (1) The chemistry of the lipids of posthemolytic residue or stroma of erythrocytes. II. On the structure of hemataminic acid. J. Biochem. (Tokyo) **39**, 175 (1952).
— — (2) The chemistry of the lipids of posthemolytic residue or stroma of erythrocytes. III. Globoside, the sugar-containing lipid of human blood stroma. J. Biochem. (Tokyo) **39**, 393 (1952).
— — The chemistry of the lipids of posthemolytic residue or stroma of erythrocytes. IV. Distribution of lipid-hexosamine and lipid-hemataminic acid in the red blood corpuscles of various species of animals. J. Biochem. (Tokyo) **40**, 7 (1953).

YAMAKAWA, T., S. SUZUKI, and T. HATTORI: The chemistry of the lipids of posthemolytic residue or stroma of erythrocytes. V. Glycolipids of erythrocytes stroma and ganglioside. J. Biochem. (Tokyo) **40**, 611 (1953).
ZABIN, I., and J. F. MEAD: The biosynthesis of sphingosine. I. The utilization of carboxyl-labeled acetate. J. biol. Chem. **205**, 271 (1953).
— — The biosynthesis of sphingosine. II. The utilization of methyl-labeled acetate, formate and ethanolamine. J. biol. Chem. **211**, 87 (1954).
ZELLER, E. A.: Enzymes as essential components of bacterial and animal toxins. In SUMNER-MYRBÄCK: The Enzymes. Vol. I. pt. 2, 986. N. Y. Academic Press **1951**.
— Action of cortisone acetate on hemolysis produced by the enzymic formation of lysolecithin from dimyristoyllecithin. Fed. Proc. **11**, 316 (1952).
ZILLIKEN, F., G. A. BRAUN and P. GYÖRGY: Gynaminic acid, a naturally occurring form of neuraminic acid in human milk. Arch. Biochem. **54**, 564 (1955).
ZILVERSMIT, D. B.: Metabolism of the complex lipides. Ann. Rev. Biochem. **24**, 157 (1955).
— — and I. L. CHAIKOFF: (1) The measurement of turnover of the various phospholipides in liver and plasma of the dog and its application to the mechanism of action of choline. J. biol. Chem. **176**, 193 (1948).
— — — (2) The turnover rates of plasma lecithin and plasma sphingomyelin as measured by the appearance of their radioactive phosphorus from the circulation. J. biol. Chem. **176**, 209 (1948).
— C. ENTENMAN and M. C. FISHLER: (1) On the calculation of "turnover time" and "turnover rate" from experiments involving the use of labeling agents. J. gen. Physiol. **26**, 325 (1943).
— — — and I. L. CHAIKOFF: (2) The turnover rate of phospholipids in the plasma of the dog as measured with radioactive phosphorus. J. gen. Physiol. **26**, 333 (1943).
— E. L. MCCANDLESS and M. L. SHORE: Plasma phospholipide synthesis in the eviscerated rabbit. Proc. Soc. exp. Biol. (N. Y.) **93**, 542 (1956).
— and E. VANHANDEL: The origin of bile lecithin and the use of bile to determine plasma lecithin turnover rates. Arch. Biochem. **73**, 224 (1958).

Stoffwechsel der Sterine und Steroide (mit Ausnahme der Steroidhormone)

Von

Hans Machleidt und Rudolf Tschesche

Mit 15 Abbildungen

A. Biosynthese des Cholesterins

I. Acetat als Vorstufe des Cholesterins

Vor bereits 20 Jahren wurden die ersten Untersuchungen über die Biosynthese der Steroide mit isotopenmarkierten Verbindungen vorgenommen. SONDERHOFF und THOMAS ließen Hefe in Gegenwart von D_3CCOOH wachsen und isolierten eine unverseifbare Fraktion, welche eine größere Menge an Deuterium als die isolierten Fettsäuren enthielt. Ähnliche Untersuchungen wurden später von BLOCH und RITTENBERG (1942) an Tieren durchgeführt. Das biosynthetisch erhaltene Cholesterin zeigte einen hohen Gehalt an Deuterium. Aus den Versuchen wurde deutlich, daß Acetat an der Biosynthese des Cholesterins beteiligt sein muß. Nachdem ^{13}C- und ^{14}C-Verbindungen zugänglich geworden waren, wurde diese Hypothese durch Einsatz von markierten Verbindungen stark ausgebaut. RITTENBERG und BLOCH (1945) gelang die Überführung von $D_3C—^{13}COOH$ in das Cholesterin der Ratte, wobei sowohl D als auch ^{13}C eingebaut wurden. Genauere Ergebnisse erhielten LITTLE und BLOCH durch Inkubation von Rattenleberschnitten mit $^{14}CH_3—^{13}COOH$ oder $^{13}CH_3—^{14}COOH$. Die Untersuchung des isolierten Cholesterins auf den Gehalt an ^{13}C und ^{14}C ergab ein Verhältnis von 1,27 Methyl : Carboxyl entsprechend 15 : 12, vorausgesetzt, alle 27 C-Atome des Cholesterins waren aus Acetat entstanden. Bei der Pyrolyse des in Cholesterylchlorid übergeführten Cholesterins entstanden ein C_{19}-Kohlenwasserstoff und iso-Octan. Beide Bruchstücke wurden auf ihr ^{13}C : ^{14}C-Verhältnis untersucht, wobei sich ergab, daß 10 von den 19 C-Atomen des Kohlenwasserstoffs und 5 von den 8 der Seitenkette aus dem Methyl des Acetats stammen müssen. Acetat als Baustein für Steroide konnte ebenfalls an einer Acetat bedürfenden Mutante von Neurospora crassa mit Hilfe von $^{14}CH_3—^{13}COOH$ nachgewiesen werden [OTTKE u. Mitarb. (1951)]. Das gebildete Ergosterin enthielt fast dasselbe ^{14}C : ^{13}C-Verhältnis wie das angewandte Acetat.

Die Biosynthese von Cholesterin wurde ferner mit einer weiteren Anzahl markierter niedermolekularer Verbindungen in vitro und in vivo geprüft, welche in der Tab. 1 zusammengestellt sind.

Es zeigte sich in vielen Fällen, daß die Einbaurate der eingesetzten Verbindung von deren Überführbarkeit in ein „aktives Acetat" abhängig war. Ferner bewiesen BRADY und GURIN (1951) sowie CURRAN, daß Acetoacetat ohne Spaltung eingebaut werden konnte. Manche Versuche erbrachten jedoch widersprechende Ergebnisse, die durch verschiedene Substratbedingungen und auch unterschiedliche Markierung der Verbindungen verursacht wurden.

Tabelle 1.

Verbindungen	Autoren
$^{13}CH_3COOH$	Zabin und Bloch (1950) (1)
$CH_3{}^{14}COOH$	Anker, Brady und Gurin (1950)
$^{14}CH_3\text{-}^{14}COOH$	Brady und Gurin (1950)
$^{14}CH_3\text{—}^{14}CHO$	Brady und Gurin (1951)
$CH_3\text{—}^{14}CONH_2$	Anker und Raper
CD_3CH_2OH	Bloch und Rittenberg (1944)
CH_3CD_2OH	Curran und Rittenberg
$^{14}CH_3CO\text{—}^{14}CH_3$	Zabin und Bloch (1950), Price und Rittenberg, Zabin und Bloch (1950)
$CH_3\text{—}^{14}CO\text{—}COOH$	Brady und Gurin (1950), Curran
$CH_3\text{—}^{14}COCH_2CO_2H$	Brady und Gurin (1951)
$^{14}CH_3CO\text{—}^{14}CH_2CO_2H$	Brady und Gurin (1951)
$CH_3\text{—}^{14}CH_2CH_2\text{—}^{14}CO_2H$	Brady und Gurin (1950), Zabin und Bloch (1951) (1)
$CH_3\text{—}(CH_2)_2\text{—}^{14}COOH$	Brady und Gurin (1950)
$CH_3\text{—}(CH_2)_4\text{—}^{14}COOH$	Brady und Gurin (1950)
$CH_3\text{—}(CH_2)_6\text{—}^{14}COOH$	Brady und Gurin (1950)
$(^{14}CH_3)_2CHCH_2COOH$	Brady und Gurin (1950), Zabin und Bloch (1951) (1) (2), Zabin und Bloch (1950)
$(^{13}CH_3)_2CHCH_2\text{—}^{14}COOH$	Zabin und Bloch (1950)
$(^{13}CH_3)_2CHCH_2\text{—}COOH$	Zabin und Bloch (1950)
$(CH_3)_2{}^{14}CHCH_2\text{—}COOH$	Zabin und Bloch (1951) (2)
$(CH_3)_2CHCH_2\text{—}^{14}COOH$	Coon
$(CH_3)_2CH\text{—}^{14}CH_2COOH$	Coon
$(CH_3)_2CH\text{—}^{14}CH_2\text{—}CHNH_2COOH$	Coon und Gurin
$(CH_3)_2{}^{14}CHCH_2\text{—}CHNH_2COOH$	Coon
$(CH_3)_2CH\text{—}^{14}COOH$	Gray, Adams und Hauptmann

Den ersten Hinweis auf die Verknüpfung der markierten Acetateinheiten erhielten Würsch, Huang und Bloch durch Inkubation von Rattenleberschnitten mit 1-^{14}C- oder 2-^{14}C-Acetat. Das isolierte radioaktive Cholesterin wurde mit inaktivem Material verdünnt und nach der Überführung in Dihydrocholesterinacetat (I) einem Abbau nach dem Schema in Abb. 1 unterworfen. Es wurde bewiesen, daß die Seitenkette des Cholesterins durch Verknüpfung von aus Acetat entstandenen isoprenoiden Einheiten aufgebaut wird, wie das Formelbild II zeigt.

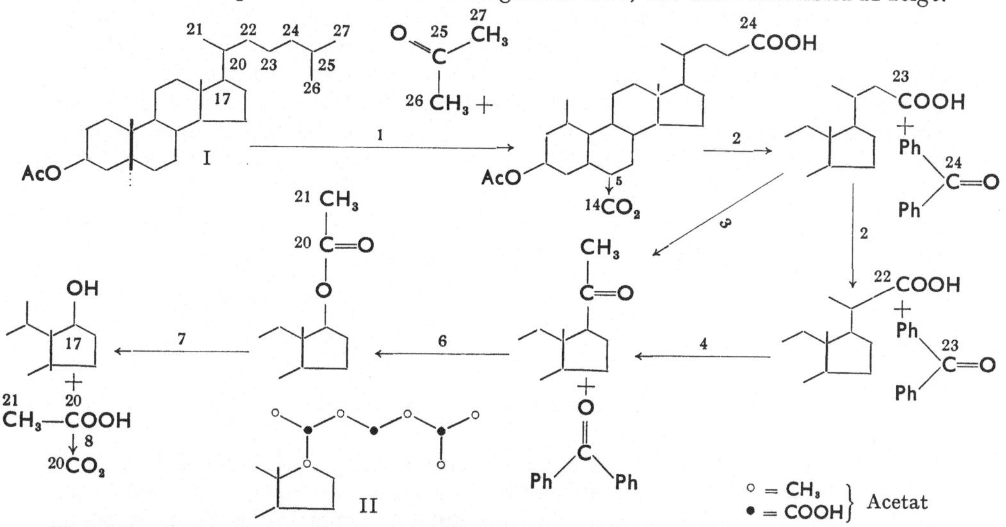

Abb. 1. Abbau der Seitenkette des Cholesterins. Reagentien: 1, CrO_3. 2, 2 PhMgBr, CrO_3-AcOH. 3, N-Bromsuccinimid, —HBr, CrO_3-AcOH. 4, 2 PhMgBr, -H_2O, O_3, H_2-Pd. 5, Fe — 300°. 6, HCOOH, $PhCO_2OH$-p-$CH_3C_6H_4SO_3H$. 7, 5% NaOH – CH_3OH. 8, Ag-Salz, Br_2

Kurz darauf erfolgte durch CORNFORTH, HUNTER und POPJÁK ein Abbau der Ringe A und B von Cholesterin — welches durch Inkubation von Leberschnitten mit 1-^{14}C- oder 2-^{14}C-Acetat erhalten war. Das Cholesterin, in Cholest-5-en (III) umgewandelt, konnte über 2-Methylcyclohexanon entsprechend dem Schema in Abb. 2 abgebaut werden. Die Analyse der Spaltprodukte erlaubte eine genaue Herkunftsanalyse der C-Atome 1, 2, 3, 4, 5, 6, 10 und 19 (Formelbild IV).

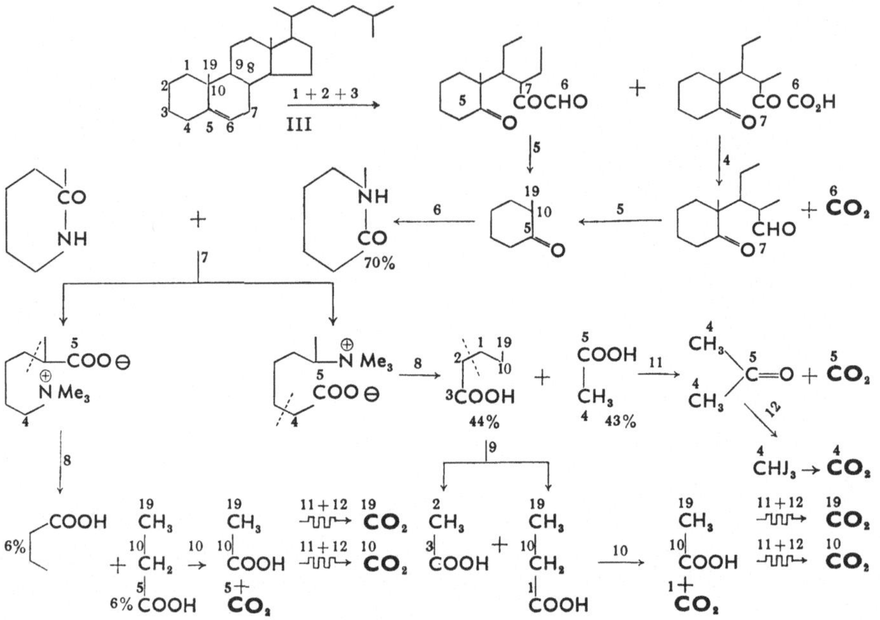

Abb. 2. Abbau von Ring A und B des Cholesterins. Reagentien: 1, O_3—Zn—AcOH. 2, C_2H_5ONa. 3, O_3, Zn—AcOH. 4, Pyrolyse-200°. 5, K_2CO_3-450°. 6, NaN_3-HCl. 7, HCl, CH_3J—Ag_2O. 8, KOH-350°. 9, $\Delta\alpha\beta$, KOH-350°. 10, $K_2Cr_2O_7$—H_2SO_4. 11, Li-Salz, 350°. 12, JO^-

Die nach den beiden Abbauverfahren gewonnene Verteilung der markierten Methyl (○)- und Carboxyl (●)-Kohlenstoffatome des eingesetzten Acetats wiesen auf einen Aufbau des Cholesterins durch eine aus Acetat entstandene formal sich vom Isopren ableitende C_5-Einheit hin. Das bisher bekannt gewordene Verteilungsschema der ^{14}C-Aktivitäten entsprach einer 1951 von BLOCH wieder aufgegriffenen Hypothese von ROBINSON (1934), nach der Squalen als Zwischenstufe in der Biosynthese fungiert und entsprechend, wie Abb. 3, A, zeigt, gefaltet zu Cholesterin

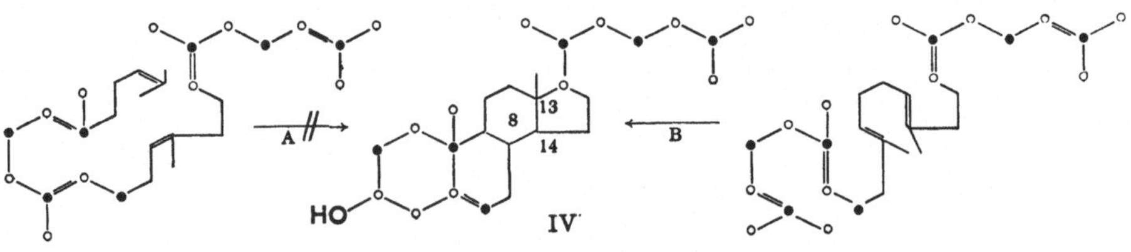

Abb. 3. Faltungsschema der Squalencyclisierung

cyclisiert. Diese Squalenumwandlung konnten LANGDON und BLOCH 1952 experimentell in vivo durchführen. Sie verfütterten inaktives Squalen in Gegenwart von 1-^{14}C-Acetat an Ratten und isolierten aus der Leber radioaktives Squalen. Wurde dieses Squalen erneut in Abwesenheit anderer markierter Verbindungen verfüttert, so zeigte sich trotz schlechter Resorption eine 15%ige Umwandlung in Cholesterin. Diese Einbaurate war die höchste von allen bisher geprüften Verbindungen und überstieg die des Acetats um etwa das Dreifache. Weitere Versuche, eine Cyclisierung von Squalen in Cholesterin nach dem Schema A zu beweisen, erbrachten jedoch abweichende Ergebnisse. WOODWARD und BLOCH überführten aus 2-^{14}C-Acetat biosynthetisch erhaltenes Cholesterin durch chemischen Abbau in epi-Androsteron (V) und erhielten hieraus durch die C-Methylbestimmung nach KUHN-ROTH 1.7 Mol Essigsäure mit den Atomen C-18 + C-13 und C-19 + C-10. Da die Herkunft von C-19 und C-10 bereits durch CORNFORTH u. Mitarb. (1953) bekannt war, ergab die Analyse, daß beide Atome, C-18 und C-13, aus dem Methyl des 2-^{14}C-Acetats entstanden sein müssen. WOODWARD und BLOCH schlugen daher eine Cyclisierung des Squalens nach dem Mechanismus B unter Wanderung einer

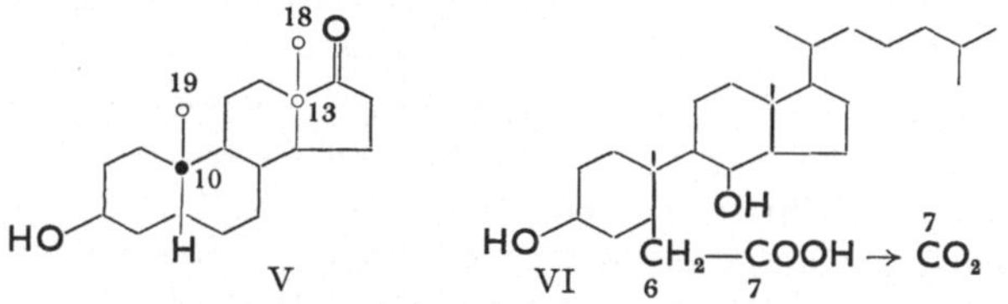

V VI

Methylgruppe von 8 oder 14 nach 13 vor. Einen weiteren Beweis erbrachte BLOCH (1953) durch die Herkunftsanalyse des C-7. Cholesterin, aus 2-^{14}C-Acetat biosynthetisiert, wurde über 7-Keto-cholesterinacetat in eine Hydroxysäure VI übergeführt und das C-7 nach Decarboxylierung durch Schmid-Abbau als $BaCO_3$ isoliert. Es erwies sich als radioaktiv, entsprechend seiner Herkunft aus der Methylgruppe des eingesetzten 2-^{14}C-Acetats. Unabhängig hiervon gelangten DAUBEN und TAKEMURA zu dem gleichen Ergebnis. Die Herkunft von C-11 und C-12 aus dem Carboxyl des 1-^{14}C-Acetats, entsprechend dem Schema B, wurde an biosynthetisiertem Ergosterin durch DAUBEN und HUTTON bewiesen. Der letzte Beweis für das Cyclisierungsschema B durch die noch ausstehende Analyse von C-8, 9, 11, 12, 14, 15, 16 und C-17 wurde später in umfangreichen Untersuchungen

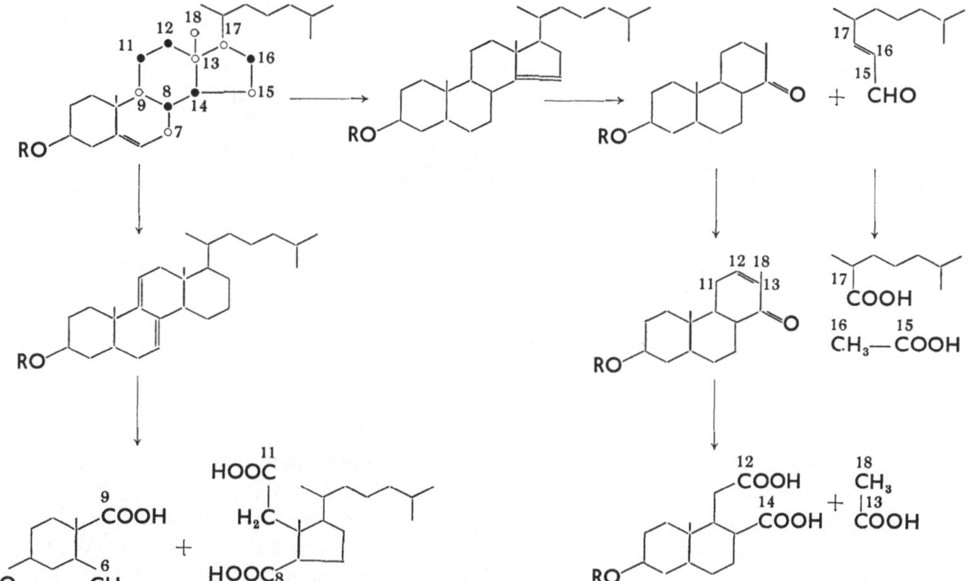

Abb. 4. Abbau der Ringe C und D des Cholesterins

von CORNFORTH, GORE und POPJÁK erbracht. Über das Abbauverfahren informiert das gekürzte Schema in Abb. 4. Alle bezeichneten C-Atome wurden in CO_2 übergeführt und als $BaCO_3$ auf ihre Radioaktivität untersucht.

Den Einbau von 2-^{14}C-Acetat in ^{14}C-Squalen bewiesen CORNFORTH und POPJÁK (1954). Das durch Inkubation von Leberschnitten erhaltene ^{14}C-Squalen (VII) ließ sich einem systematischen Abbau durch Ozon unterwerfen. Die Spaltprodukte

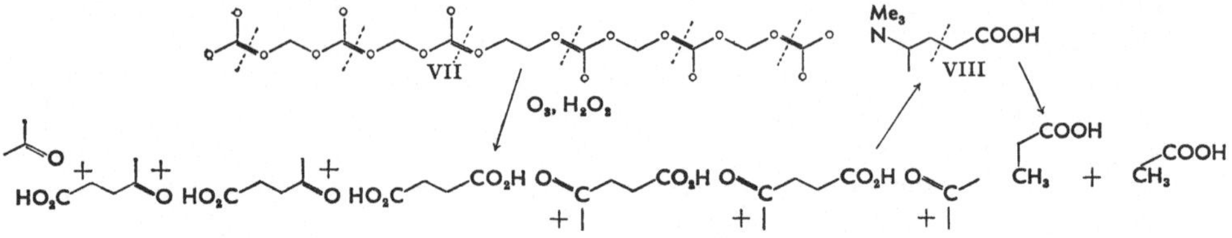

Abb. 5. Abbau von Squalen

Aceton, Lävulinsäure und Bernsteinsäure wurden entsprechend den vorstehend beschriebenen Methoden auf ihre ^{14}C-Verteilung untersucht. Die Lävulinsäure ergab über ihr Phenylhydrazon nach Reduktion und Permethylierung VIII, welches sich nach dem ausgezeichneten Verfahren von HUNTER und POPJÁK durch eine KOH-Schmelze in Essigsäure und Propionsäure spalten ließ.

Diese am ^{14}C-Squalen durchgeführten Abbauversuche zeigten, daß alle 6 Isopreneinheiten entsprechend Formelbild VII (Abb. 5) aus dem Methyl der Essigsäure aufgebaut werden. Daneben wurde an den nicht bezeichneten Atomen eine geringe Radioaktivität (10%) beobachtet. Am ^{14}C-Cholesterin, welches aus 2-^{14}C-Acetat biosynthetisch erhalten wurde, ließ sich eine geringe Restaktivität der unmarkierten C-Atome ebenfalls nachweisen. Dieses Phänomen wird durch die Überführbarkeit von 2-^{14}C-Acetat in 1-^{14}C-Acetat über den Citronensäurecyclus gedeutet.

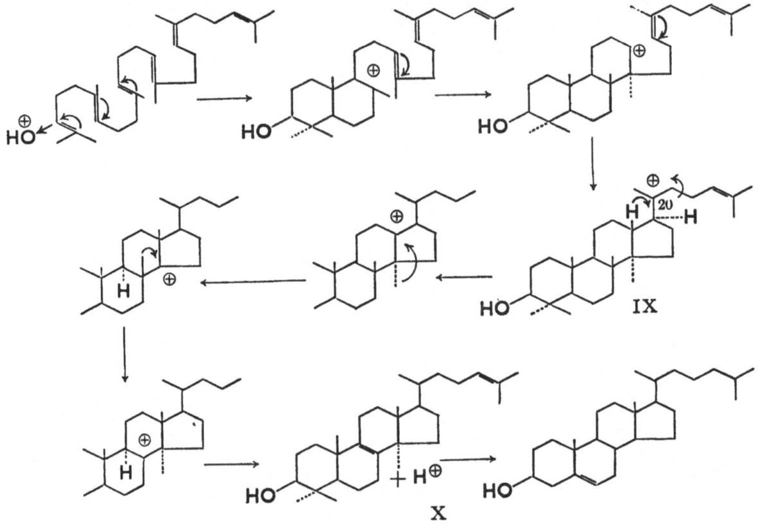

Abb. 6. Mechanismus der Squalen-Cyclisierung

Die Hypothese von WOODWARD und BLOCH erforderte noch eine weitere interessante Annahme. Es war zu erwarten, daß Lanosterin (X), ein Trimethyl C_{30}-Sterin, als biogenetisches Zwischenprodukt auftritt, wie bereits VOSER u. Mitarb. vermutet hatten, und beim Übergang in Cholesterin drei C-Atome auf oxydativem Wege verliert. Dieser Befund ist als erste experimentelle Unterlage für die „biogenetische Isoprenregel" von RUZICKA von Interesse. Es ist bemerkenswert, daß sich alle bekannten C_{30} Triterpene und Lanosterin durch eine stereospezifische Cyclisierung vom all-trans-Squalen ableiten lassen und die Bildung desLanosterins (X) entsprechend dem Schema in Abb. 6 erfolgen kann.

Es wurde angenommen, daß der Angriff eines hypothetischen HO⊕ Kations an der endständigen Doppelbindung des Squalens eine Cyclisierung einleitet, die in einer "concerted reaction", ohne stabiles Zwischenprodukt, zu einem tetracyclischen Produkt (IX) führt, bei dem die positive Ladung am C^{20} lokalisiert ist. Die nötigen Umlagerungen zum Lanosterin (X) erfolgen durch zwei 1,2-Hydrid- und zwei 1,2-Methyl-Wanderungen und Abspaltung des Protons unter Ausbildung der 8.9-Doppelbindung.

II. Umwandlung von Acetat in Squalen

Die Studien der Biosynthese des Cholesterins mit ^{14}C-Acetat und die Herkunft des Cholesterins aus Squalen hatten die Bildung eines isoprenoiden Zwischenproduktes gefordert. Die Natur dieser Zwischenstufe blieb jedoch vorläufig unbekannt, obgleich mit der Entdeckung der Biosynthese der β-Hydroxy-β-methyl-glutarsäure (HMG) aus Acetoacetat und Acetat durch RUDNEY (1954) wahrscheinlich wurde, daß die verzweigte HMG oder eine mit ihr verwandte Verbindung als Zwischenprodukt fungiert. So zeigten RABINOWITZ und GURIN (1954), daß 1-^{14}C-Acetat und 3'-^{14}C-HMG durch einen wäßrigen Extrakt aus Rattenleber in Cholesterin übergeführt werden. RUDNEY (1956) führte die Biosynthese von HMG mit einem Mikrosomenextrakt des Leberhomogenats durch und konnte die postulierte Bildung aus Acetoacetat und Acetat nachweisen.

Ähnliche Leberpräparationen waren ebenfalls in der Lage, aus ^{14}C-Acetat β,β-Dimethylacrylsäure (DMA) [RABINOWITZ (1955)], trans-β-Methyl-glutaconsäure (trans-β-MG) [RABINOWTIZ und GURIN (1954)] oder β-Hydroxy-isovaleriansäure (β-HIV) (RABINOWITZ (1954)] zu synthetisieren.

In vivo wurden 3-^{14}C-DMA (BLOCH, CLARKE und HARARY) und 3-^{13}C- oder 4,4'-^{14}C-iso-Valeriansäure (IVA) [ZABIN und BLOCH (1950)] in größerer Rate als Acetat in Cholesterin eingebaut. Andererseits war der Umsatz von 3-^{14}C-HMG, cis-3-^{14}C-β-MG und 3-^{14}C β-HIV in Cholesterin nur geringfügig. Bei in vitro-Untersuchungen im Leberhomogenat erwies sich jedoch keine der genannten Verbindungen dem Acetat überlegen. Der Abbau des biosynthetisch dargestellten Cholesterins ergab in jedem Fall die berechnete Radioaktivität am C-25 und C-10, woraus geschlossen werden kann, daß kein Abbau der Säure in kleinere Einheiten erfolgt.

3-^{14}C-DMA und 1-^{14}C-DMA zeigten jedoch in vivo unterschiedliche Ergebnisse in der ^{14}C-Verteilung des biosynthetisierten Cholesterins. Während 3-^{14}C-DMA als C_5-Einheit eingebaut wurde, erfolgte bei der 1-^{14}C-DMA eine Spaltung in C_2-Einheiten, wie sich aus der Berechnung der ^{14}C-Aktivität von C-10 und C-25 des Cholesterins ergab BLOCH (1957). Ähnliche Ergebnisse erbrachte die Anwendung von verschieden markierter IVA. Diese unterschiedlichen Reaktionen wurden später durch die Stoffwechseluntersuchungen verzweigter C_5- und C_6-Carbonsäuren verständlich. BACHHAWAT und COON beobachteten einen

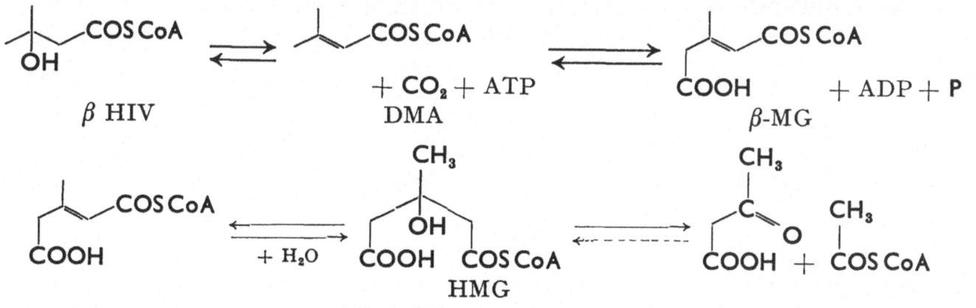

COSCoA, OH ⇌ COSCoA ⇌ COSCoA, COOH

β HIV — + CO_2 + ATP DMA — β-MG + ADP + P

COSCoA, COOH ⇌ (+ H_2O) CH_3, OH, COOH COSCoA (HMG) ⇌ CH_3, C=O, COOH + CH_3 COSCoA

Abb. 7. CO_2-Fixierung an DMA

zweiten Syntheseweg der HMG durch eine CO_2-Fixierung an β-HIV-CoA. Nach BACHHAWAT, ROBINSON und COON spaltet das dabei entstehende HMG-mono-CoA in Gegenwart eines "HMG-CoA cleavage enzyme" rasch in Acetoacetat und Acetyl-CoA, wodurch C_2-Einheiten für weitere Biosynthesen zur Verfügung stehen. In Analogie hierzu konnten LYNEN u. Mitarb. (1958) in neueren Versuchen für die CO_2-Fixierung an HIV die folgende Reaktionskette nachweisen (Abb. 7). Der Übergang von HMG-mono-CoA in β-MG-mono-CoA wird durch eine von HILZ u. Mitarb. aufgefundene Methylglutaconase katalysiert.

In der Tat wurde in vivo der Einbau von $^{14}CO_2$ in Cholesterin, der normalerweise sehr geringfügig ist, bei gleichzeitiger Gabe von inaktiver iso-Valeriansäure signifikant. Ähnliche Ergebnisse zeigten Leberhomogenate. Diese von ZABIN und BLOCH (1951) (2) und TCHEN und BLOCH durchgeführten Versuche ergaben beim partiellen Abbau des biosynthetisierten Cholesterins eine ^{14}C-Aktivität des C-25 (B), entsprechend einem Aufbau aus C_2-Einheiten wie das Schema in Abb. 8 zeigt.

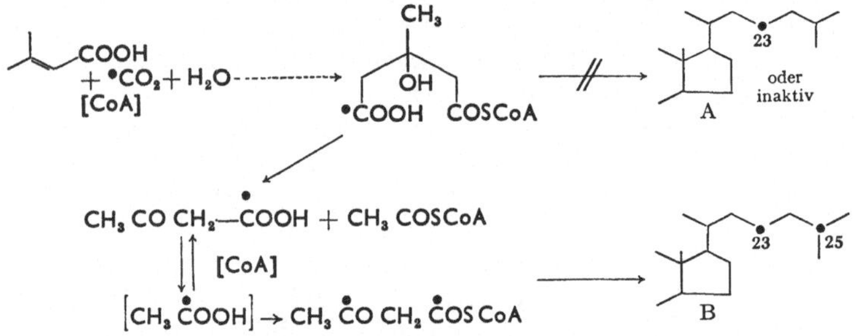

COOH + •CO_2 + H_2O [CoA] → CH_3, OH, •COOH COSCoA ⇸ A (23; oder inaktiv)

•CH_3 CO CH_2—COOH + CH_3 COSCoA ⇅ [CoA] [CH_3 •COOH] → CH_3 •CO CH_2 •COS CoA → B (23, 25)

Abb. 8. Einbau von CO_2 in Cholesterin

ADAMSON und GREENBERG inkubierten 1-^{14}C-Acetat, 1-^{14}C-DMA und 3-^{14}C-HMG mit verschiedenen Enzympräparationen der Rattenleber. Durch Verteilungschromatographie an der Silicagelsäule und durch Papierchromatographie konnten die Reaktionsprodukte isoliert und die Überführbarkeit von Acetat, β-Hydroxybutyrat, β-HIV, HMG, β-MG und DMA untereinander bewiesen werden. Aus dem Vergleich der Radioaktivitäten dieser Verbindungen mit der des biosynthetisierten Cholesterins wurde jedoch geschlossen, daß außer β-Methylglutaconsäure (β-MG) keine der Verbindungen als obligate Vorstufe fungiert. DITURI u. Mitarb. (1956) beobachteten den Übergang von 3-^{14}C-HMG in Squalen durch Inkubation mit Homogenaten und löslichen Enzymen der Rattenleber. Bei späteren Versuchen [DITURI u. Mitarb. (1957)] zeigte sich jedoch überraschend, daß chromatographisch hochgereinigte 3-^{14}C-HMG oder ^{14}C-HMG-CoA, nach BACHHAWAT, ROBINSON und COON dargestellt, nicht in Squalen oder Cholesterin in vitro eingebaut wird.

Die so erhaltenen, sich teilweise widersprechenden Ergebnisse ließen vorläufig noch keine genauen Aussagen über ein obligates isoprenoides Zwischenprodukt zu. Die rasche Umwandlung der eingesetzten Substrate untereinander bei Verwendung noch sehr komplexer Homogenate machte diese Resultate verständlich.

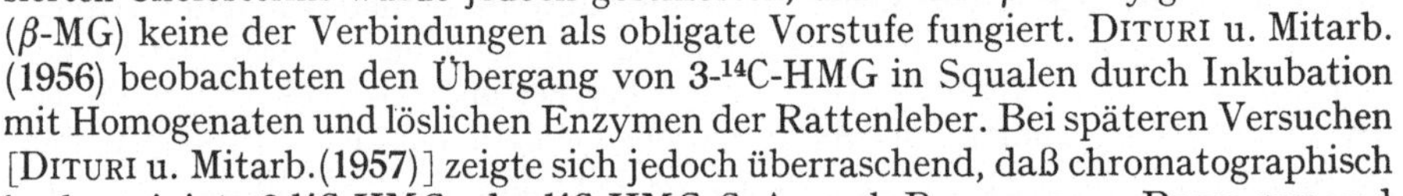

CH_3 C=O COSCoA + CH_3 •COSCoA ⇄ (+ H_2O) CH_3 OH COSCoA •COOH ⇄ CH_3 COS CoA + CH_3 O=C •COOH

Abb. 9. Biosynthese von HMG

RUDNEY und FERGUSON (1957) gelang es inzwischen in einer Reihe von Arbeiten, die Biosynthese der HMG aus C_2-Einheiten aufzuklären. Es wurde gefunden, daß aus 1-^{14}C-Acetyl-CoA und Acetoacetyl-CoA in Gegenwart eines gereinigten Enzyms aus Hefe HMG-mono-CoA unter Abspaltung von CoA-SH nach dem Schema in Abb. 9 entsteht. Wird diese HMG-CoA-Verbindung mit dem HMG-spaltenden Enzym von BACHHAWAT u. Mitarb. (1955) in Gegenwart von Jodacetamid zur Hemmung der β-Ketothiolase behandelt, so lassen sich radioinaktives Acetyl-CoA und 1-^{14}C-Acetoacetat nachweisen.

Für die Aufklärung der Steroidbiogenese erbrachte zu diesem Zeitpunkt jedoch die Entdeckung eines Acetat ersetzenden Faktors für Lactobacillus acidophilus durch WOLF u. Mitarb. (1956) (1957) einen erheblichen Fortschritt, nachdem seine Konstitution als $\beta.\delta$-Dihydroxy-β-methyl-valeriansäure (MVS), VIa, bzw. VIb, erkannt und durch TAVORMINA, GIBBS und HUFF mit Hilfe der 2-^{14}C-MVS

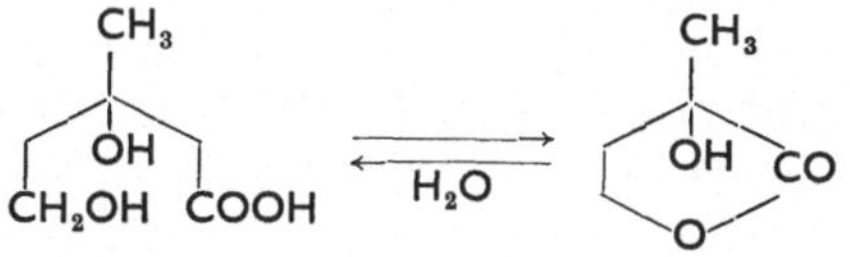

VIa ⇌ (H_2O) VIb — Mevalonsäure (MVS)

im Leberhomogenat eine 43%ige Umwandlung von MVS in Cholesterin nachgewiesen werden konnte. Die im gleichen Homogenat eingesetzte 3-^{14}C-HMG oder 4-^{14}C-DMA wurde nur zu 0,16% bzw. 3,8% in Cholesterin eingebaut.

Die hohe Einbaurate von 43% ließ vermuten, daß MVS fünf ihrer C-Atome direkt als isoprenoide Vorstufe zur Verfügung stellt. Die Inkubation von 1-^{14}C-MVS unter Verlust von $^{14}CO_2$ und Bildung eines radioaktiven Cholesterins bestätigten diese Annahme (TAVORMINA und GIBBS).

CORNFORTH u. Mitarb. (1958) haben in Leberhomogenaten die Umwandlung von 2-^{14}C-MVS in Cholesterin näher untersucht. Unter anaeroben Bedingungen der Inkubation bildete sich aus 2-^{14}C-MVS ausschließlich radioaktives Squalen. Der chemische Abbau des isolierten Squalens ergab eine ^{14}C-Verteilung entsprechend Formelbild VII in Abb. 10.

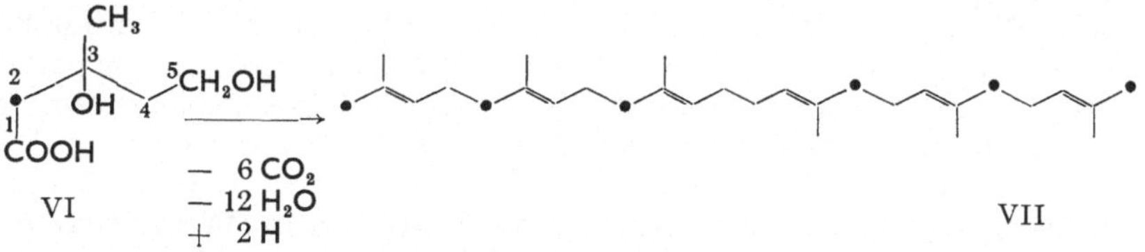

VI → ($- 6\,CO_2$, $- 12\,H_2O$, $+ 2\,H$) VII

Abb. 10. Umwandlung von MVS in Squalen

Diese Ergebnisse beweisen, daß MVS asymmetrisch über C-2 und C-5 zu einer C_{15}-Einheit verknüpft wird und zwei C_{15}-Bruchstücke Squalen ergeben. Die Untersuchungen am aus 2-^{14}C-MVS biosynthetisch erhaltenen Cholesterin von ISLER u. Mitarb. erbrachten ähnliche Ergebnisse. Sie fanden C-7, C-22 und C-26 bzw. C-27 ^{14}C-markiert neben zwei nicht bestimmten Stellungen, welche die berechnete ^{14}C-Aktivität entsprechend Formelbild VIII (Abb. 11) aufwiesen. Diese Ergebnisse

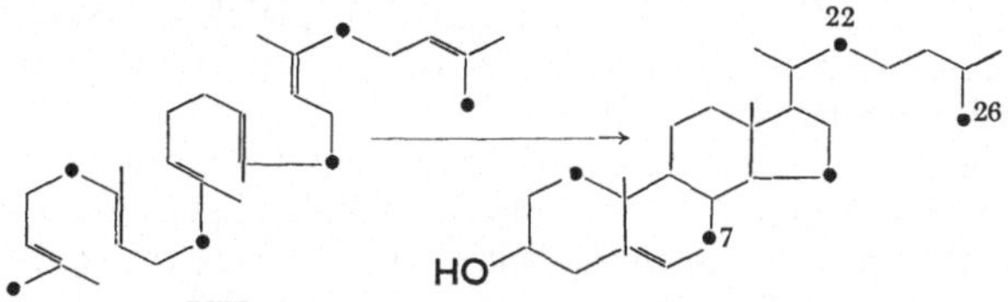

VII → VIII

Abb. 11. Umwandlung von MVS in Cholesterin

bestätigten erneut die Gültigkeit der Hypothese von Woodward und Bloch, nach der Squalen über Lanosterin unter Verlust der 4.4-Dimethyl-Gruppe und der 14-Methylgruppe in Cholesterin übergeht.

2-^{14}C-MVS wird auch in vivo zu 40% in Cholesterin übergeführt (Gould und Popják), während 10% als $^{14}CO_2$ der Atmung nachzuweisen sind, etwas mehr als die nach dem Schema von Woodward und Bloch erwartete Menge (8,3%). Popják u. Mitarb. (1958) fanden, daß für die Squalensynthese aus MVS unter anaeroben Bedingungen mit löslichen Enzymen der Leber und Mikrosomen noch ATP, DPNH, TPNH und Mg^{2+} benötigt werden und wahrscheinlich auch CoA-SH beteiligt ist. Unter aeroben Bedingungen wurde Cholesterin gebildet.

Inzwischen konnten Shunk u. Mitarb. DL-MVS, welche gegenüber Lactobacillus acidophilus ATCC 4963 nur 50% der mikrobiologischen Aktivität der natürlichen, rechtsdrehenden MVS aufwies, in ihre optischen Antipoden trennen. Die synthetisch erhaltene (+)-MVS zeigte die volle mikrobiologische Aktivität. Dem selben Arbeitskreis gelang die Synthese einer der MVS entsprechenden Aldehydsäure (IX), (HMGAS) „Mevaldsäure", die beim Test an Lactobacillus acidophilus nur eine schwache Aktivität aufwies, jedoch im Leberhomogenat den Einbau von 1-^{14}C-Acetat in Cholesterin zu 33% hemmte. Unabhängig hiervon führten Eggerer und Lynen die Synthese der Aldehydsäure durch. Es bestand die Vermutung, daß sie durch Dehydratisierung in eine zur Selbstkondensation sehr reaktionsfähige Verbindung X umgewandelt wird und als Folgeprodukt der MVS an der Squalensynthese teilnimmt (Lynen sowie Birch u. Mitarb.).

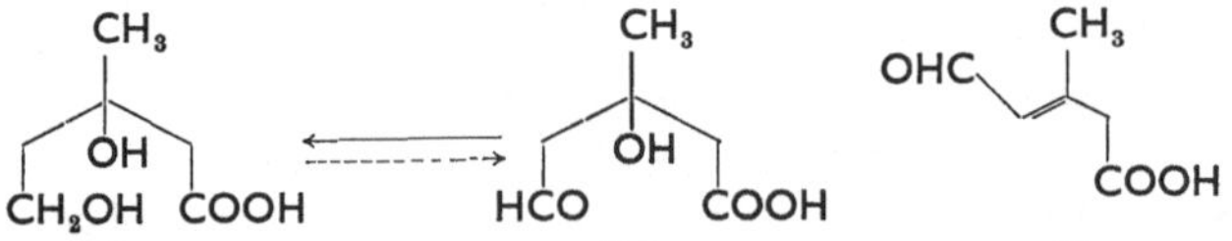

CH₃ / OH / CH₂OH COOH (VI) ⇄ CH₃ / OH / HCO COOH (IX); OHC–CH=C(CH₃)–CH₂–COOH (X)

Diese Hypothese konnte nicht bestätigt werden. Zu einem ähnlichen Ergebnis gelangte Lynen (1958) bei Untersuchungen an Hefehomogenaten mit 2-^{14}C-HMGAS. Wright u. Mitarbeiter beobachteten die reduktive Umwandlung von Mevaldsäure in MVS, wenn das Leberhomogenat mit Ribonuclease präinkubiert war, um die Umwandlung von MVS in Folgeprodukte zu blockieren. Sehr wahrscheinlich stellt Mevaldsäure mit einer „maskierten Aldehydgruppe" ein Zwischenprodukt beim Übergang von HMG im MVS dar. So beobachteten Rudney, Durr und Ferguson den Übergang von HMG-CoA in MVS in Gegenwart von TPNH und Hefeenzymen. Eine freie ^{14}C-Carboxylgruppe des HMG-mono-CoA blieb bei der Reduktion unangegriffen. Die Reduktion erfolgte daher am Thiolester. Die Zugabe von freier Mevaldsäure beeinflußte die Umwandlungsrate von ^{14}C-HMG-CoA in MVS jedoch nicht.

Nähere Einblicke in den Mechanismus der MVS-Verknüpfung erbrachten die Versuche von Amdur, Rilling und Bloch mit 2-^{14}C-5-$^{3}H_2$-MVS. Sie beobachteten im biosynthetisierten Squalen das gleiche Verhältnis der ^{14}C-/^{3}H-Aktivität wie in der MVS, welche als Substrat einem zellfreien Hefeextrakt zugesetzt war. Die kondensierende C_5-Einheit mußte daher auf dem gleichen Oxydationspotential wie MVS liegen. Die Abhängigkeit dieser Reaktion von zugesetztem ATP ließ auf eine Phosphorylierung der MVS schließen.

Cornforth u. Mitarb. (1958) prüften daher im Leberhomogenat eine Reihe von Anhydroverbindungen der 2-^{14}C-MVS: 3-Methyl-pent-2-eno-5-lacton, cis-5-Hydroxy-3-methyl-pent-2-en-säure, cis- oder (cis+trans)-3-Methyl-penta-2,4-dien-säure, 3-Hydroxy-3-methyl-pent-4-en-säure und (cis+ trans)-5-Hydroxy-3-methyl-pent-3-en-säure. Keine der aufgezeigten radioaktiven Verbindungen wurden in Cholesterin eingebaut. Auch Isopren selbst, mit 2-^{14}C-MVS im Leberhomogenat inkubiert, zeigte keine Anreicherung von ^{14}C-Isotopen, wohl aber eine Verringerung der MVS-Einbaurate um 50%.

TCHEN gelang inzwischen der Nachweis einer Phosphorylierung der MVS durch Trennung des Hefeextraktes in zwei Fraktionen A und B. 1-^{14}C- oder 2-^{14}C-MVS mit Enzymfraktion A, in Gegenwart von ^{32}P-ATP inkubiert, ergab in beiden Fällen dasselbe ^{14}C-^{32}P-markierte MVS-mono-Phosphat. Ein MVS-mono-phosphat wurde auch von LYNEN u. Mitarb. (1958) in zellfreien Hefeextrakten durch Umwandlung von 2-^{14}C-MVS aufgefunden. Die Hydrolyse mit Prostataphosphatase ergab MVS und Orthophosphat. Der Vergleich mit synthetischem Material bestätigte die Konstitution einer (+)-5-Phospho-Mevalonsäure [(+)-5-P-MVS] (XI). Die Phosphorylierung benötigte ATP.

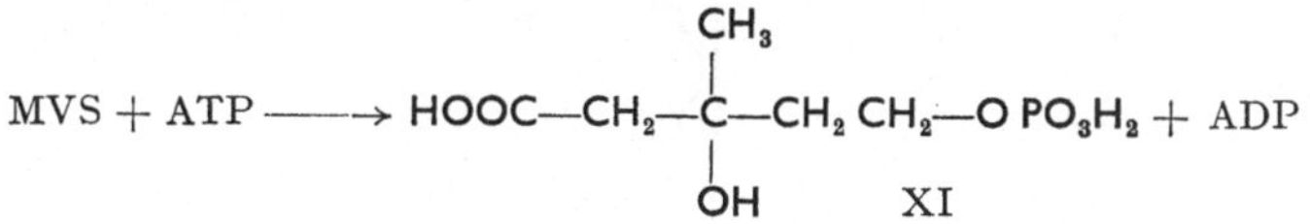

$$\text{MVS} + \text{ATP} \longrightarrow \text{HOOC—CH}_2\text{—}\underset{\text{OH}}{\overset{\text{CH}_3}{\text{C}}}\text{—CH}_2\,\text{CH}_2\text{—O PO}_3\text{H}_2 + \text{ADP} \qquad \text{XI}$$

Zellfreie Extrakte aus Hefe können aus 5-P-MVS mit ATP, TPNH und Mg^{2+} radioaktives Squalen aufbauen. Wird bei diesen Versuchen kein TPNH zugesetzt, so verschwinden MVS und 5-P-MVS mit gleicher Geschwindigkeit, ohne jedoch Squalen, sondern vielmehr ein phosphathaltiges Zwischenprodukt zu bilden. Diese isolierte Verbindung wurde als Farnesyl-pyrophosphat XII (FaPP) indentifiziert. 2-^{14}C-MVS-5-^{32}P mit ATP, Mg^{2+} und Hefeenzymen inkubiert, ergab ^{14}C-Farnesyl-^{32}P-pyrophosphat, welches durch wäßrige Säure in ^{32}P-Pyrophosphorsäure und durch Prostataphosphatase enzymatisch in ^{14}C-Farnesol gespalten wurde. Der Ozonabbau des ^{14}C-Farnesols ergab radioaktives Aceton und radioaktive Lävulinsäure (Abb. 12).

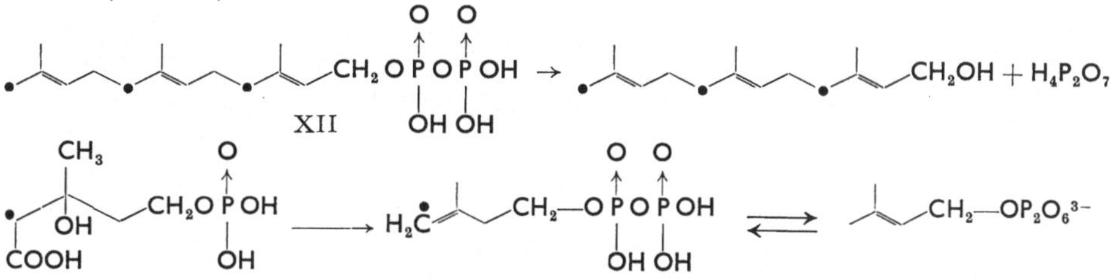

Abb. 12

LYNEN u. Mitarb. erhielten noch ein weiteres Zwischenprodukt, wenn dem Reaktionsansatz mit 2-^{14}C-MVS-5-^{32}P, ATP, Mg^{2+} und Hefeenzymen noch m/200 Jodacetamid zugesetzt wurden. In diesem Falle unterblieb die Bildung von Farnesylpyrophosphat. Durch Elektrophorese und Papierchromatographie ließ sich ein radioaktives Phosphat isolieren, dessen Konstitution auf Grund chemischer Reaktionen und durch Vergleich mit synthetischem Material als iso-Pentenylpyrophosphat (XIII) erkannt wurde. Die ^{14}C-Radioaktivität ließ sich durch Ozonabbau in der Methylengruppe nachweisen. 1-^{14}C-MVS-5-P bildete unter den Versuchsbedingungen kein radioaktives iso-Pentenylpyrophosphat, da die ^{14}C-Carboxylgruppe der MVS bei der Bildung des Zwischenproduktes eliminiert wird. Unabhängig hiervon konnten inzwischen auch BLOCH u. Mitarb. (1958) iso-Pentenylpyrophosphat als biogenetisches Zwischenprodukt der Squalensynthese nachweisen. Versuche mit 2-^{14}C-MVS in 99%igem D_2O und einem Enzymsystem aus Hefe zeigten einen Einbau von 3,5 bis 4 Atomen D auf ein Mol Squalen. Nach diesem Befund von RILLING und BLOCH verläuft die Decarboxylierung von MVS ohne Protonisierung der Kohlenstoffatome. Die Abspaltung der Hydroxylgruppe ist mit der Decarboxylierung gekoppelt. DE WAARD, PHILLIPS und BLOCH bewiesen diesen Reaktionsverlauf durch Inkubation von 1-^{14}C-MVS-Pyrophosphat mit ATP, Mn^{2+} und einem gereinigten Hefeenzym. Die Reaktionsprodukte wurden durch Chromatographie an Dowex-1-formiat entsprechend der nachstehenden Reaktion in stöchiometrischen Mengen erhalten:

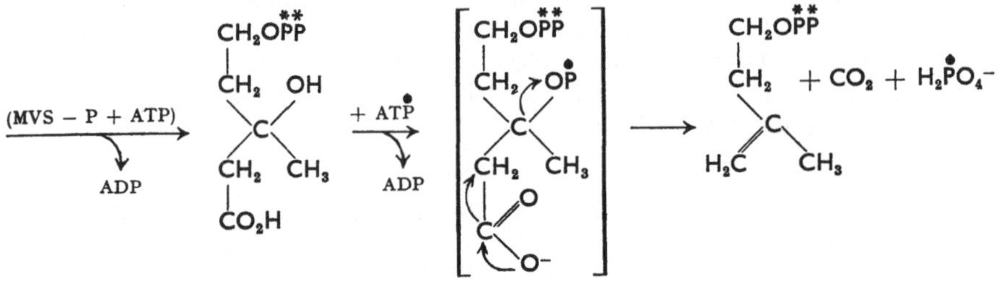

(MVS − P + ATP) → ADP; + ATP → ADP; $+ CO_2 + H_2PO_4^-$

AGRANOFF aus dem Lynen-Arbeitskreis gelang die Anreicherung einer durch Jodacetamid hemmbaren iso-Pentenylpyrophosphat-Isomerase aus Hefe, welche die Umwandlung von 1-^{14}C-IsPP in ^{14}C-$\gamma.\gamma$-Dimethylallyl-pyrophosphat (XIV) (DmalPP) katalysiert. DmalPP konnte enzymatisch in FaPP übergeführt werden.

Aus allen diesen Versuchen ist ersichtlich, daß im iso-Pentenylpyrophosphat (XIII) das lange gesuchte „aktive Isopren" vorliegt und die Biosynthese des Squalens durch Kondensation von 3 Mol XIII über Geranyl-pyrophosphat und Farnesyl-pyrophosphat entsprechend dem Schema in Abb. 13 ablaufen kann.

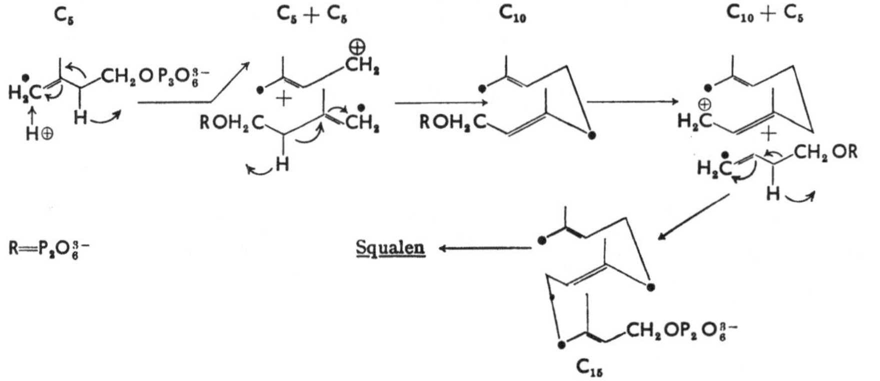

C_5 — $C_5 + C_5$ — C_{10} — $C_{10} + C_5$ — C_{15}

$R = P_2O_6^{3-}$ — Squalen

Abb. 13. Mechanismus der Squalenbildung aus IsPP

Ein weiteres Umwandlungsprodukt der 2-^{14}C-MVS isolierten Olgilvie und Langdon nach der Inkubation mit dem Überstehenden von Rattenleber-Homogenaten in Abwesenheit der sonst zur Steroidbildung benötigten Mikrosomen. Der Petrolätherextrakt enthielt eine radioaktive C_{16}-Carbonsäure der Konstitution XV

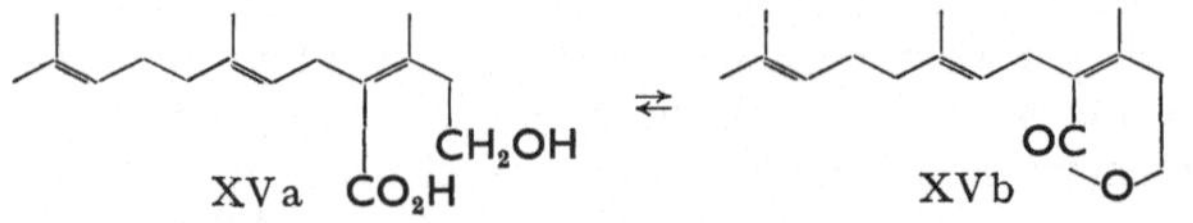

XVa ⇄ XVb

a—b. XV wurde im kompletten Leberhomogenat jedoch nicht in Cholesterin umgewandelt. Zu ähnlichen Ergebnissen gelangten POPJÁK u. Mitarb. (1959) durch

Inkubation von 2-^{14}C-MVS mit der löslichen Proteinfraktion und Mikrosomen des Rattenleber-Homogenats mit ATP und Mg in Abwesenheit von TPNH. Neben 13 noch nicht identifizierten Carbonsäuren entstand radioaktive all-trans-Farnesylsäure.

III. Umwandlung von Squalen in Lanosterin und Cholesterin

Die unter Kapitel I aufgeführten Reaktionen hatten bereits einen Übergang von ^{14}C-Squalen in radioaktives Cholesterin in vivo aufgezeigt (LANGDON und BLOCH). Diese Reaktion wurde daher bald Gegenstand zahlreicher Untersuchungen. CLAYTON und BLOCH (1956) (1) beobachteten, daß die aus ^{14}C-Acetat in Leberhomogenaten erhaltene unverseifbare Fraktion außer Cholesterin noch zwei weitere radioaktive C_{30}-Sterine, Lanosterin II und Agnosterin (4,4,14-Trimethylcholesta-7,9:11,24-trien-3β-ol) enthielt, welche durch Chromatographie nach Zusatz von Träger "iso-Cholesterin" isoliert wurden. Eine wesentliche Erhöhung der radiochemischen Ausbeute erbrachte die Zugabe von Lanosterin und Agnosterin zum Homogenat während der Inkubation mit ^{14}C-Acetat.

Die Biosynthese von Lanosterin neben Squalen in vivo aus ^{14}C-Acetat konnten SCHNEIDER, CLAYTON und BLOCH in Ratten nachweisen. 10 min nach der Injektion von ^{14}C-Acetat überstieg die spez. Radioaktivität der beiden C_{30}-Sterine die des Cholesterins. Nach 75 min jedoch kehrten sich diese Verhältnisse um, wonach im Cholesterin die meiste Radioaktivität gefunden wurde. Aus diesem Verhalten ließ sich auf eine schrittweise Oxydation der Methylgruppen des Cyclisierungsproduktes von Squalen schließen. Entsprechend dem Mechanismus von WOODWARD und BLOCH war als Zwischenprodukt Lanosterin (II) zu erwarten, welches durch Verlust seiner drei 4,4,14-Methylgruppen, durch Hydrierung und Wanderung der Doppelbindung in Cholesterin (III) übergehen sollte.

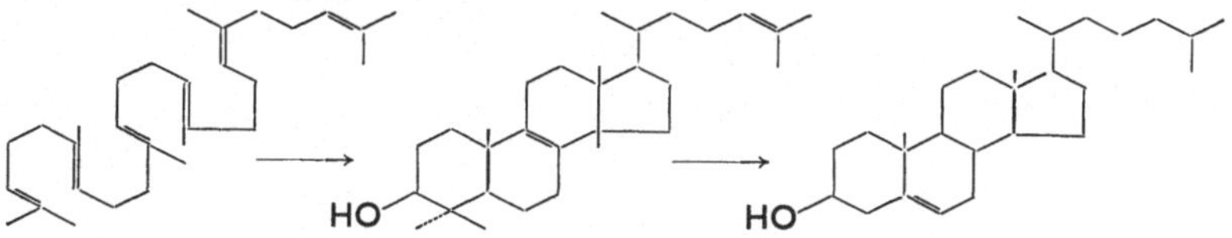

HO HO

I II III

Einen näheren Einblick in diese Reaktion erlangten TCHEN und BLOCH (1957) (2) durch ihre Inkubationsversuche von ^{14}C-Squalen mit Enzymsystemen der Rattenleber. Wurde ^{14}C-Squalen den löslichen Enzymen des Homogenats nach BUCHER in Gegenwart von Mitochondrien und Mikrosomen zugefügt, so erfolgte eine Umwandlung des Squalens in radioaktives Cholesterin, daneben wurden geringe Mengen ^{14}C-Lanosterin gebildet. Ein Aufschluß der Partikelfraktionen des Homogenats gelang durch eine kurze Behandlung mit Ultraschall und Zentrifugieren bei 144000 $\times$ g. Dieser Extrakt, mit den löslichen Enzymen des Bucher-Homogenats vereinigt, ergab ein System, welches ^{14}C-Squalen in Lanosterin neben nur geringen Mengen Cholesterin überführen konnte. Wurde das Homogenat im Waring Blendor hergestellt, so ging die Fähigkeit, ^{14}C-Acetat in die Sterine einzubauen, verloren; die Biosynthese des Lanosterins aus Squalen erfolgte jedoch weiterhin unter aeroben Bedingungen und in Gegenwart von TPNH. Führten TCHEN und BLOCH (1957) (3) die Inkubation von ^{14}C-Squalen mit dem vorstehend beschriebenen Enzymsystem in Gegenwart von überschüssigem D_2O oder $H_2{}^{18}O$ durch, so konnte in dem biosynthetisch erhaltenen Lanosterin kein Deuterium oder ^{18}O nachgewiesen werden. Erfolgte die Inkubation jedoch in Gegenwart von $^{18}O_2$-Gas, so wurde ^{18}O in Lanosterin eingebaut. Diese Ergebnisse beweisen, daß die Cyclisierung des Squalens nicht durch ein Proton und anschließende Hydratation, sondern durch „aktiven" Sauerstoff ($H^{18}O^+$) induziert wird, wie die Hypothese von RUZICKA und ESCHENMOSER u. Mitarb. vorausgesagt hat.

Der von RUZICKA vorgeschlagene Mechanismus forderte ferner die Wanderung von Methylgruppen von C-8 oder C-14 nach C-13. Mit Hilfe der Isotopentechnik konnte diese Reaktion bald von MAUDGAL, TCHEN und BLOCH sowie von CORNFORTH u. Mitarb. aufgeklärt werden.

MAUDGAL, TCHEN und BLOCH stellten ein 9,9',14,14'-Tetra-^{13}C-Squalen der relativen Zusammensetzung IVa+IVb+IVc+IVd synthetisch aus 3-^{13}C- und 4-^{13}C-Acetessigsäureäthylester nach dem Verfahren von DICKER und WHITING dar. Das Squalen wurde enzymatisch in ^{13}C-Lanosterin (Va—d) übergeführt. Das gereinigte Lanosterin konnte nach KUHN und L'ORSA mit Chromsäure oxydiert werden und ergab 6 Mol Essigsäure, welche zur Analyse mit dem Massenspektrometer in Äthylen umgewandelt wurde. Sodann erfolgte die Bestimmung des Verhältnisses der relativen Anteile $^{12}CH_2$—$^{12}CH_2$ (Masse 28), $^{12}CH_2$—$^{13}CH_2$ (Masse 29) und $^{13}CH_2$—$^{13}CH_2$ Masse 30). Die Analysen des Äthylens bewiesen einen Überschuß der Masse 30 von 0,181%, welcher mit dem berechneten Wert 0,117% in guter Übereinstimmung stand und daher einer 1,2-Methylgruppenwanderung entspricht, wie das Formelschema in Abb. 14 aufzeigt. Eine 1,3-Methylgruppenwanderung hätte kein Äthylen der Masse 30 ergeben können.

9,9',14,14'-$^{13}C_4$-Squalen | 1,2-CH_3-Wanderung | oder | 1,3-CH_3-Wanderung

IVa, Va, IVb, Vb, IVc, Vc, IVd, Vd

Abb. 14. Methylgruppenwanderung bei der Squalen-Cyclisierung

		1,2		1,3
Summe 8 Mol Äthylen-Moleküle aus Ring C+B der 4 Lanosterin-Moleküle	Mol	1	c—c (••)	0 c—c (••)
		4	c—c (•)	6 c—c (•)
		3	c—c	2 c—c
Äthylen aus den restlichen MVS-Einheiten des Lanosterins		16	c—c	16 c—c

Summe	Verhältnis der Massen		
	30	1	0
	29	4	6
	28	19	18

Zu einem gleichen Ergebnis gelangten CORNFORTH u. Mitarb. (1958, 1959) durch die enzymatische Umwandung einer unterschiedlich am C-3' und C-4 ^{13}C-markierten

MVS (VI) in Cholesterin. Durch Chromsäureoxydation wurden aus dem ^{13}C-Cholesterin VII drei Mol Essigsäure erhalten. Die ^{13}C-Verteilung in bezug auf das Methyl und Carboxyl der Essigsäure und das Verhältnis der Masse 62 ($^{13}CH_3$—^{13}COOH) zu den Massen 61 (CH_3-^{13}COOH) und 60 wurden mit dem Massenspektrometer bestimmt. Entsprechend dem Schema in Abb. 15 muß jeder Überschuß an ^{13}C in der Carboxylgruppe der isolierten Essigsäure aus dem C-13 des oxydierten

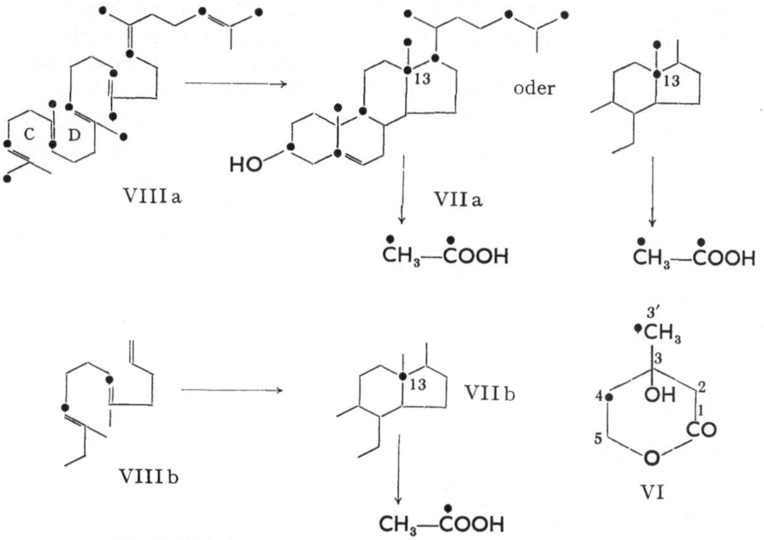

Abb. 15. Methylgruppenwanderung bei der Squalen-Cyclisierung

Cholesterins stammen. Bei einer 1,2-Methylgruppen-Wanderung erfolgt der Wechsel der Methylgruppe B *innerhalb* einer MVS-Einheit des markierten Squalens. Alle 3′-4-$^{13}C_2$-MVS zwischen C/D des gefalteten Squalens VIIIa ergaben daher $^{13}CH_3$—^{13}COOH, und alle 4-^{13}C-MVS Einheiten (VIIIb) CH_3—^{13}COOH. Das relative Verhältnis der Massen 62 : 61 ist daher dasselbe wie das Verhältnis von 3′-4-$^{13}C_2$-MVS zu 4-^{13}C-MVS in der eingesetzten MVS. Im Gegensatz hierzu würde jedoch eine 1,3-Methylgruppen-Wanderung *zwischen* zwei MVS-Einheiten des Squalens stattfinden und $^{13}CH_3$—^{13}COOH der Masse 62 kann sich nur bilden, wenn eine 4-^{13}C-Einheit in Nachbarschaft einer 3′-^{13}C-Einheit steht. Wird in einem Parallelversuch die eingesetzte ^{13}C-MVS durch ^{12}C-MVS verdünnt, so verkleinert sich bei der 1,3-Methylgruppen-Wanderung die Wahrscheinlichkeit, einen Überschuß Essigsäure der Masse 62 zu erhalten. Dieser Verdünnungseffekt wurde nicht beobachtet. Die experimentellen Daten standen dagegen in ausgezeichneter Übereinstimmung mit den berechneten Werten für den Ablauf einer 1,2-Methylgruppen-Wanderung.

Den Übergang von ^{14}C-Lanosterin in Cholesterin im Leberhomogenat konnten Clayton und Bloch (1956) (2) nachweisen. Wurde die Menge Lanosterin auf 6,3 μg/cm^3 Homogenat reduziert, so erfolgte eine 63%ige Umwandlung in Cholesterin. Olson, Lindberg und Bloch untersuchten diese Reaktion genauer. ^{14}C-Lanosterin wurde enzymatisch aus 2-^{14}C-Acetat dargestellt und durch Inkubation im Leberhomogenat nach Bucher in 40%iger radiochemischer Ausbeute in Cholesterin übergeführt, daneben entstanden 12% $^{14}CO_2$ und weitere polarere Steroide, die wahrscheinlich Zwischenstufen einer Methylgruppenoxydation darstellen. In Anbetracht der bekannten ^{14}C-Verteilung des aus 2-^{14}C-Acetat biosynthetisierten Squalens und Cholesterins mußte angenommen werden, daß ein

Übergang von ^{14}C-Lanosterin in Cholesterin unter Verlust von 3 Mol $^{14}CO_2$ eintritt. Die Inkubationsversuche, die nur unter aeroben Bedingungen gelingen, bewiesen diese Annahme. Lanosterin, welches aus 1-^{14}C-Acetat biosynthetisiert war, zeigte bei den Inkubationsversuchen keine Abspaltung von radioaktivem CO_2. Die Abspaltung der Methylgruppen erfolgt wahrscheinlich zuerst am C-14 durch direkte Oxydation zur Carbonsäure und Decarboxylierung. SCHNEIDER, CLAYTON und BLOCH konnten diesen Reaktionsverlauf durch ihre Versuche in vivo mit ^{14}C-Lanosterin (IX) aufklären, welches aus 2-^{14}C-Acetat biosynthetisch erhalten wurde. Die genaue Analyse des in vivo gebildeten Lanosterins ergab nur einen Reinheitsgrad von 63%. Der radioaktive Hauptbegleiter erwies sich als ein 4,4-Dimethyl-Steroid, welches GAUTCHI und BLCCH als Acetylderivat abtrennen konnten. Obgleich nicht mehr als 1 mg dieser Substanz zur Verfügung stand, konnte die Konstitution als $\Delta^{8,24}$-4,4-Dimethyl-cholestad·en-3 β-ol (XI) gesichert werden [GAUTSCHI und BLOCH (1958)]. Die Inkubation dieses radioaktiven C_{29}-Sterins mit dem Leberhomogenat ergab wiederum radioaktives Cholesterin und 2 Mol $^{14}CO_2$ pro Mol Cholesterin. Vermutlich ist eine Carbonsäure X als Zwischenprodukt beteiligt. Die Aktivierung der tertiären Carboxylgruppe durch die 8,9-Doppelbindung erklärt die Abspaltbarkeit.

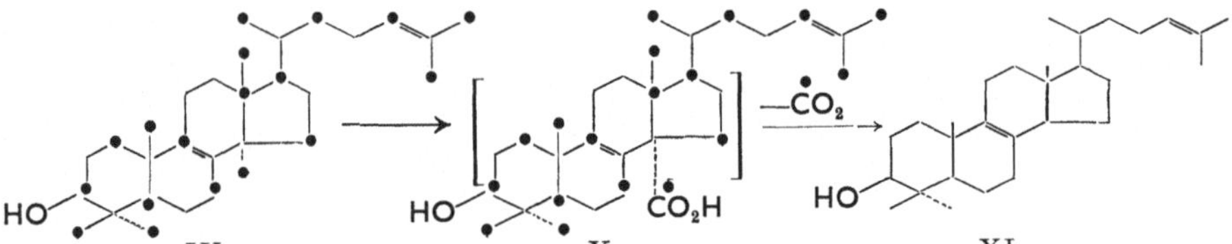

IX X XI

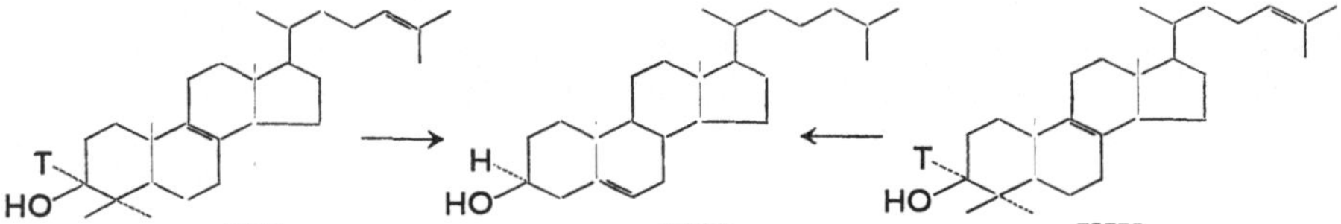

XII XIII XIV

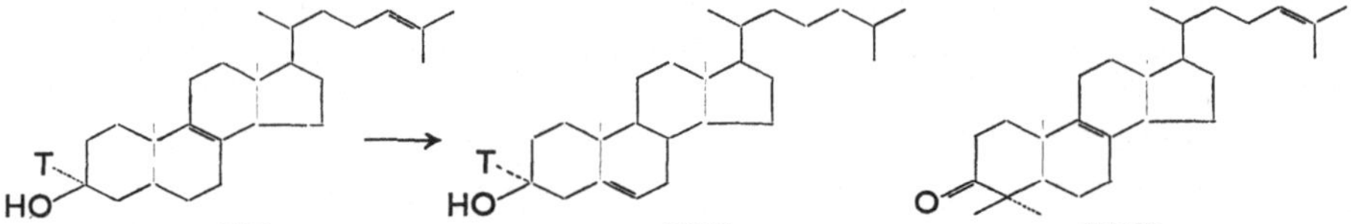

XV XVI XVII

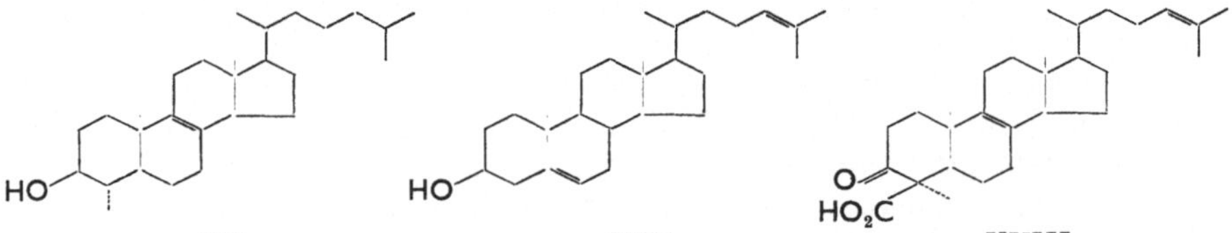

XX XIX XVIII

Zwischenstufen der Demethylierung mit aktivierten Carboxylgruppen werden auch für die nachfolgenden Reaktionsschritte angenommen, wobei zuerst die Entfernung einer Methylgruppe unter Bildung von 4-mono-Methyl-Steroiden erfolgt. Durch die Auffindung von 4α-Methyl-Δ^8-cholesten-3β-ol durch KANDUTSCH und

RUSSELL wird diese Annahme gestützt. BLOCH (1959) prüfte daher die enzymatische Umwandlung von radioaktivem 3αT-Lanosterin (XII) und 3αT-14-Norlanosterin (XIV). In beiden Fällen entstand ein inaktives Cholesterin (XIII). Andererseits blieb bei der Umwandlung von 3αT-Zymosterin (XV) in Cholesterin (XVI) die volle Radioaktivität erhalten. Diese Befunde deuteten auf ketonische Zwischenprodukte der Konstitutionen XVII und XVIII hin, zumal sich 4,4-Dimethyl-$\Delta^{8,24}$-cholestadien-3-on (XVII) als biologische Vorstufe des Cholesterins erwies, Lanostadien-3-on jedoch keine Umwandlung zeigte. Durch die β-Keto-Struktur der Carbonsäuren (XVIII) wird eine Decarboxylierung verständlich.

Als weiteres Zwischenprodukt ist vermutlich Zymosterin (XV, T = H) beteiligt, da dieses C_{27}-Sterin in vitro und in vivo leicht in Cholesterin übergeführt wird (SCHWENK u. Mitarb.). JOHNSON und BLOCH vermuten ebenfalls Zymosterol als obligates Zwischenprodukt. ^{14}C-Dihydrozymosterin wird durch das Bucher-Homogenat ebenfalls in Cholesterin umgewandelt, jedoch nicht in einem mit dem Waring Blendor hergestellten Homogenat, während Zymosterin in beiden Fällen in Cholesterin übergeht. Als weiteres Zwischenprodukt kann $\Delta^{5,24}$-Cholestadien-3β-ol (Desmosterol) (XIX) bei der Umwandlung von X in Cholesterin beteiligt sein. STOKES, FISH und HICKEY inkubierten Hühnerembryonen mit ^{14}C-Acetat und konnten nach 16 Std. Desmosterol mit 20facher spez. Radioaktivität des gleichzeitig gebildeten Cholesterins isolieren. In der Ratte wurde ^{14}C-Desmosterol in radioaktives Cholesterin umgewandelt.

B. Biosynthese anderer Steroide

Aus den vorstehend beschriebenen Experimenten wurde deutlich, daß die Biosynthese des Pflanzensterins, Ergosterin, wie die des Cholesterins abläuft. Unklar blieb vorerst noch die Herkunft der zusätzlichen Methylgruppe C-28 in der Seitenkette des Ergosterins. HANAHAN und WAKIL führten einen Abbau der Seitenkette des Ergosterins bis zum C-23 durch. Das Ergosterin wurde aus Hefe isoliert, welche in Gegenwart von 1-^{14}C-Acetat gewachsen war. Die Isotopenverteilung entsprach der des 1-^{14}C-biosynthetisierten Cholesterins. Das C-28 erwies sich jedoch als nur geringfügig markiert. Die Herkunft von C-11 und C-12 aus dem Carboxyl des Acetats bewiesen DAUBEN und HUTTON. Dieses Ergebnis entsprach der Squalencyclisierung nach WOODWARD und BLOCH. Es ließ sich ferner ableiten, daß das C-28 während oder nach der Cyclisierung des Squalens zusätzlich durch eine C_1-Einheit eingeführt wird. DANIELSON und BLOCH ließen Hefe in Gegenwart von Glucose und ^{14}C-Formiat wachsen und isolierten ein radioaktives Ergosterin, welches beim Abbau der Seitenkette die gesamte Radioaktivität im C-28 aufwies.

ALEXANDER, GOLD und SCHWENK inkubierten zellfreie Hefehomogenate mit ^{14}C-Formiat, ^{14}C-Formaldehyd, 2-^{14}C-Propionat oder ^{14}C-Methyl-methionin. Mit Methionin ließ sich die höchste Einbaurate der $^{14}C_1$-Einheit erzielen. Weitere Versuche von ALEXANDER und SCHWENK bewiesen eine direkte Methylgruppenübertragung auf das Squalen durch Inkubation von $^{14}C/^{3}H$-Methyl-methionin mit Hefehomogenaten. Das isolierte radioaktive Ergosterin zeigte das gleiche $^{14}C/^{3}H$-Verhältnis der doppelt markierten Methylgruppe des Methionins. Die Beteiligung von S-Adenosylmethionin in dieser Reaktion wurde von PARKS bewiesen.

In diesem Zusammenhang sind die Versuche zur Biosynthese der Eburicosäure (I) von DAUBEN und RICHARDS von Interesse. Auch hier konnte durch Wachstum des Pilzes Polyporus sulfuricus in einer Nährlösung, die 1-^{14}C- oder 2-^{14}C-Acetat oder ^{14}C-Formiat enthielt, eine C_{31}-Eburiconsäure erhalten werden, deren chemischer Abbau die Herkunft des C-28 aus Formiat bestätigt. C-4, C-11 und C-12 stammen aus der Carboxylgruppe des Acetats. Die 4,4-geminale Dimethylgruppe und das C-21 der Carboxylgruppe wurden aus der Methylgruppe des Acetats gebildet. Das Verhältnis der spezifischen Aktivitäten untereinander

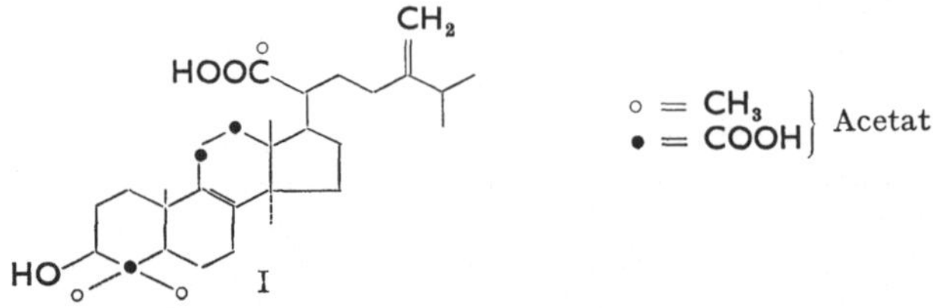

○ = CH_3
• = COOH } Acetat

I

erlaubte den Schluß, daß Eburiconsäure 12 aus dem Carboxyl herrührende ^{14}C-Atome eingebaut enthält. Die Verteilung der ^{14}C-Aktivitäten dieser C_{31}-Triterpensäure steht in Übereinstimmung mit der „biogenetischen Isoprenregel" von RUZICKA u. Mitarb.

Eine weitere Bestätigung dieser Isoprenregel erbrachte ARIGONI durch Züchtung von Sojabohnenkeimlingen in einer Nährlösung, welche 2-^{14}C-MVS enthielt. Aus dem Pflanzenmaterial wurden anschließend die Sojasapogenole isoliert. Nach der Überführung in das Δ^{12}-3.24-Dihydroxy-oleanen und durch chemischen Abbau konnte die ^{14}C-Verteilung wie Formelbild II zeigt festgelegt werden.

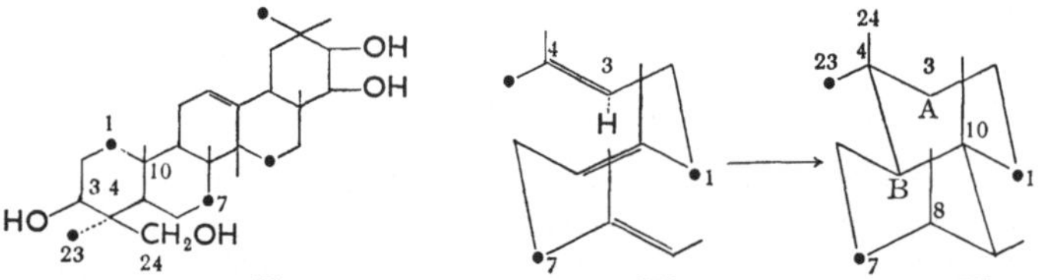

II III IV

Es ist bemerkenswert, daß das axial angeordnete C-24 keine ^{14}C-Aktivität aufweist und somit C-23 dem ursprünglichen C-2 der MVS entsprechen muß. Es kann hieraus geschlossen werden, daß der Übergang von MVS in Squalen unter Decarboxylierung sterisch streng kontrolliert erfolgt (III → IV) und in den beiden endständigen Isopreneinheiten des Squalens lediglich das zum Wasserstoff am C-3 der Doppelbindung cis-ständige Methyl ^{14}C-markiert ist.

C. Katabolismus von Cholesterin

Die ersten Beweise für die biologische Umwandlung von Cholesterin wurden bereits 1943 von BLOCH, BERG und RITTENBERG durch ihre Versuche mit deuteriertem Cholesterin erbracht. Diese Untersuchungen wurden später durch die Anwendung von Tritium oder ^{14}C-markiertem Cholesterin und abgewandelten Verbindungen stark ausgebaut. SIPERSTEIN u. Mitarb. (1952) beobachteten in der Ratte den Übergang von 4-^{14}C-Cholesterin in die Gallensäure der Galle und der Faeces. BYERS und BIGGS bestätigten die Bildung radioaktiver Cholsäure aus ^{3}H-Cholesterin in der Ratte. Die Untersuchungen von CHAIKOFF u. Mitarb. (1952) (1) (2) über das Schicksal von 26-^{14}C-Cholesterin in der Ratte ergaben, daß innerhalb von 24 Std. der größte Teil der Radioaktivität als $^{14}CO_2$ der Atmung ausgeschieden wurde. Bei Anwendung von 4-^{14}C-Cholesterin war das CO_2 inaktiv, dagegen fanden sich 90% der Radioaktivität in der verseifbaren Steroidfraktion der Faeces.

ZABIN und BARKER verabreichten ^{14}C-Cholesterin, welches aus 2-^{14}C-Acetat biosynthetisch erhalten war, an Hunde. Aus der Galle wurde eine radioaktive

Cholsäure isoliert, deren Carboxylgruppe die berechnete ^{14}C-Aktivität entsprechend dem C-24 des eingesetzten Cholesterins aufwies unter Berücksichtigung des Verlustes der C-Atome 25, 26 und 27. ^{14}C-Cholsäure, welche durch direkte Verabreichung von 2-^{14}C-Acetat erhalten wurde, zeigte die gleiche Isotopenverteilung. Zu ähnlichen Ergebnissen durch Anwendung von 1-^{14}C- oder 2-^{14}C-Acetat gelangten STAPLE und GURIN.

Aus diesen und anderen Ergebnissen war zu entnehmen, daß zwischen Cholesterin und den Gallensäuren im tierischen Organismus ein biogenetischer Zusammenhang besteht. Durch die Anwendung der Papierchromatographie und durch die Entwicklung von Lösungsmittelsystemen, die eine "reversed phase" Verteilungschromatographie an der hydrophobierten Celite- oder Kieselgelsäule erlaubten, gelang insbesondere dem Arbeitskreis von BERGSTRÖM eine genauere Aufklärung der biologischen Cholesterinumwandlung. Viele Untersuchungen erfolgten an Ratten, denen gewöhnlich eine Gallenfistel angelegt war, da im Darm mit einem weiteren Abbau der Stoffwechselprodukte durch Mikroorganismen zu rechnen war. Nach meist intraperitonealer Injektion der radioaktiven Verbindungen wurden Galle und Faeces auf radioaktive Fraktionen untersucht, wobei durch Verteilungschromatographie eine Trennung der Gallensäuren als auch der Gallensäurenkonjugate untereinander gelang.

BERGSTRÖM und SJÖVALL konnten so nachweisen, daß 4-^{14}C-Cholesterin in der Ratte mit der Galle nur als radioaktives Taurinkonjugat der Cholsäure Ib und Chenodesoxycholsäure IVb ausgeschieden wurde. Nur 1—2% der Radioaktivität ließen sich in Glycinkonjugaten (Ic, IVc) nachweisen.

Wurde 24-^{14}C-Cholsäure Ratten i. p. injiziert, so ließ sich in der Galle Taurocholsäure (Ib) als einziges radioaktives Produkt nachweisen [BERGSTRÖM u. Mitarb. (1953)]. 24-^{14}C-Desoxycholsäure (Va) wurde unter gleichen Bedingungen zu 50% in radioaktive Taurocholsäure umgewandelt, unveränderte 24-^{14}C-Desoxycholsäure dagegen als Taurinkonjugat Vb ausgeschieden. BYERS und BIGGS injizierten ^{3}H-Cholsäure in Ratten, deren Ductus choledochus unterbunden war. In den isolierten unverseifbaren Fraktionen konnte kein radioaktives Cholesterin nachgewiesen werden. Diese Versuche ließen eine irreversible Oxydation des Cholesterins vermuten, wonach die Gallensäuren Endprodukte des Cholesterinstoffwechsels darstellen.

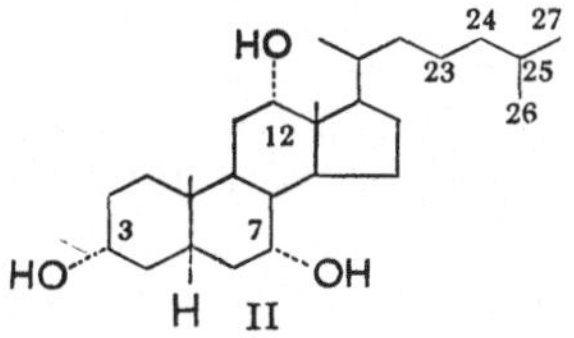

II 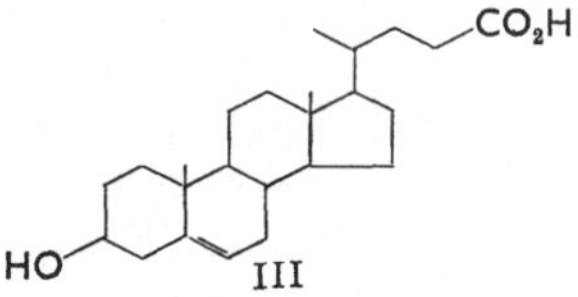   III

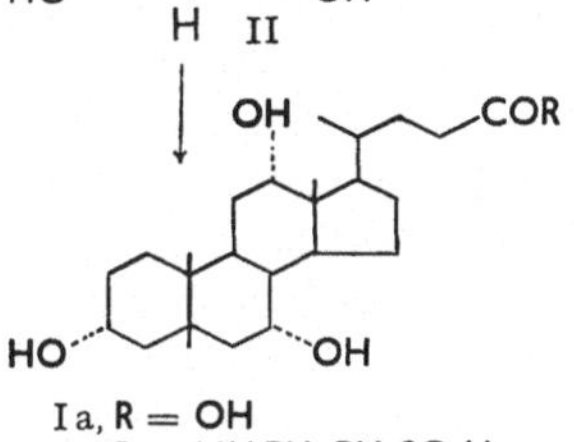

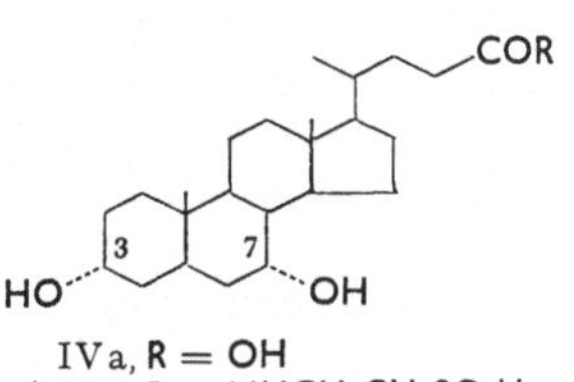

Ia, R = OH
Ib, R = $NHCH_2CH_2SO_3H$
Ic, R = $NHCH_2COOH$

IVa, R = OH
IVb, R = $NHCH_2CH_2SO_3H$
IVc, R = $NHCH_2COOH$

Weitere Versuche von BERGSTRÖM u. Mitarb. (1954) zeigten, daß für den Übergang von Cholesterin in die Gallensäuren erst eine Umwandlung und Hydroxylierung des Steroidkernes und dann ein Abbau der Seitenkette erfolgt. Schon früher konnte nachgewiesen werden, daß ^{14}C-Δ^4-Cholestenon, Δ^5-Cholestenon,

3β-Hydroxy-cholestan, 3-Hydroxy-coprostan oder epi-Cholesterin zwar radioaktive Abbauprodukte ergaben, die jedoch nicht mit Cholsäure identisch waren. Dagegen wurde ^{3}H-$3\alpha,7\alpha,12\alpha$-Trihydroxy-coprostan (II) in der Ratte rasch in radioaktive Cholsäure umgewandelt. 24-^{14}C-3β-Δ^{5}-Cholensäure (III), welche als Zwischenprodukt bei einer zuerst an der Seitenkette eingreifenden Oxydation zu vermuten war, bildete unter gleichen Versuchsbedingungen keine Cholsäure.

Die Beobachtung von Bergström und Stövall, daß 24-^{14}C-Chenodesoxycholsäure (IV) in der Ratte keine weitere Hydroxylierung erleidet, steht mit dieser Hypothese in Übereinstimmung. Möglicherweise wird eine 12 α-Hydroxylierung in der Ratte durch die Gegenwart der Carboxylgruppe der Seitenkette blockiert. 24-^{14}C-Desoxycholsäure (V) wird dagegen zu 50% in Cholsäure umgewandelt [Bergström u. Mitarb. (1953) sowie Matschiner u. Mitarb.]. Andererseits findet nach den Untersuchungen von Ekdahl und Sjövall im Kaninchen keine 7 α-Hydroxylierung der 24-^{14}C-Desoxycholsäure statt. Die gesamte Radioaktivität wird als Glycinkonjugat Vc der Desoxycholsäure mit der Galle ausgeschieden.

Eine 7 α-Hydroxylierung von 24-^{14}C-Desoxycholsäure konnten Bergström und Gloor (1954) in vitro durch Inkubation mit Schnitten und Homogenaten der Rattenleber nachweisen. Als radioaktive Reaktionsprodukte wurden die Taurinkonjugate der Cholsäure und Desoxycholsäure isoliert. Tauro-24-^{14}C-Desoxycholsäure (Vb) selbst ergab durch Inkubation mit einem Rattenleberhomogenat ebenfalls fast reine Taurocholsäure (Gloor).

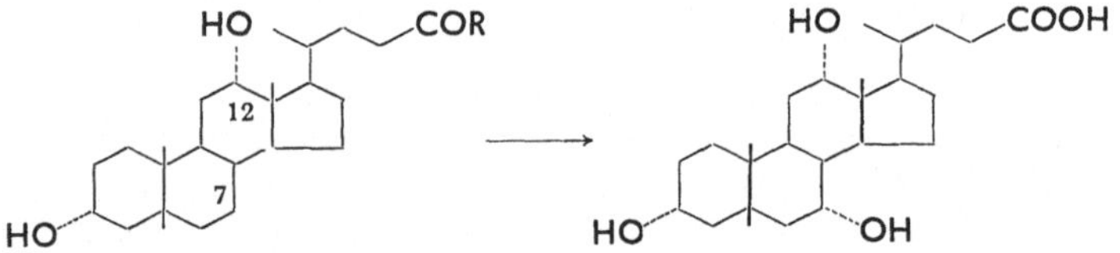

Va, R = OH
Vb, R = $NHCH_2CH_2SO_3H$
Vc, R = $NHCH_2COOH$

I

Die besten Ergebnisse einer 7 α-Hydroxylierung in vitro wurden mit Mikrosomen und Überstehendem einer Rattenleberpräparation in Gegenwart von reinem ATP erhalten. Die Zugabe von unreinem ATP führte zur Bildung von mehr polaren Produkten [Bergström und Gloor (1955)].

Die Hypothese, daß eine Hydroxylierung des Steroidkernes den geschwindigkeitsbestimmenden Schritt in der Oxydation des Cholesterins darstellt, konnte durch die Untersuchungen von Bergström und Lindstedt (1956) weiter gesichert werden. Es zeigte sich, daß ^{3}H-$3\alpha,7\alpha$-Dihydroxycoprostan (VI) in vivo in der Ratte zu 50% in radioaktive Cholsäure abgebaut wurde. Daneben fanden sich 50% der Radioaktivität in der gleichzeitig isolierten Chenodesoxycholsäure (IV). ^{3}H-7 α-Hydroxy-cholesterin (VII) bildete unter gleichen Bedingungen ebenfalls rasch radioaktive Cholsäure und Chenodesoxycholsäure (Lindstedt 1957). Dieser Befund ist von Interesse, da die 7-Methylengruppe des Cholesterins außerordentlich leicht oxydabel ist und 7 α-Hydroxycholesterin möglicherweise ein Zwischenprodukt der Kernhydroxylierung darsellt.

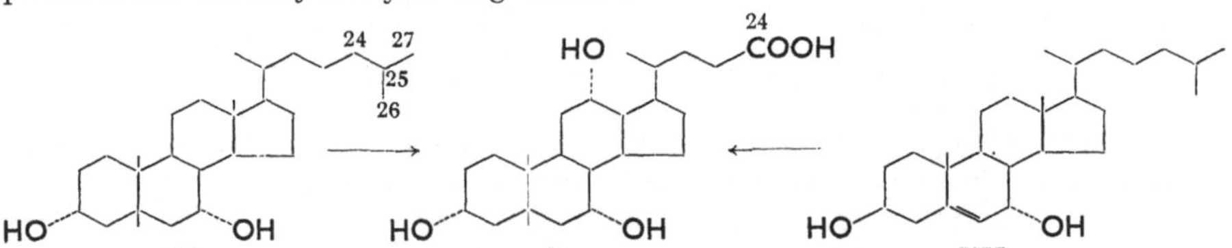

VI I VII

ANFINSEN und HORNING sowie HORNING führten den enzymatischen Abbau der 26-^{14}C-Cholesterinseitenkette mit Mitochondrien der Mäuseleber durch und beobachteten eine Abspaltung von $^{14}CO_2$ bis zu 15% d. Th. Zu ähnlichen Ergebnissen kamen schon früher MEIER, SIPERSTEIN und CHAIKOFF. Es war zu vermuten, daß der Seitenkettenabbau durch eine Methylgruppenoxydation eingeleitet und durch β-Oxydation unter Beteiligung von CoA-Verbindungen durchgeführt wird.

SIPERSTEIN und MURRAY fanden ein Enzymsystem der Meerschweinchenleber, welches die Bildung von Cholyl-CoA katalysierte. Dieses erste biologisch aktivierte Steroid ergab bei der Inkubation mit Taurin die Taurocholsäure. Die enzymatische Aktivierung der Cholsäure durch Coenzym A konnte durch weitere Arbeiten von ELLIOTT (1955), SIPERSTEIN (1955), GLOOR (1954) sowie BREMER (1950) u. a. nachgewiesen werden. Die Konjugation mit ^{35}S-Taurin erforderte die Gegenwart von Rattenleber-Mikrosomen, CoA-SH, ATP und Mg^{2+}.

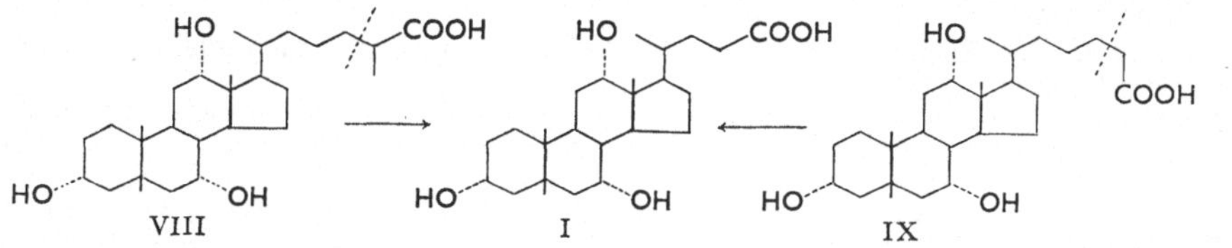

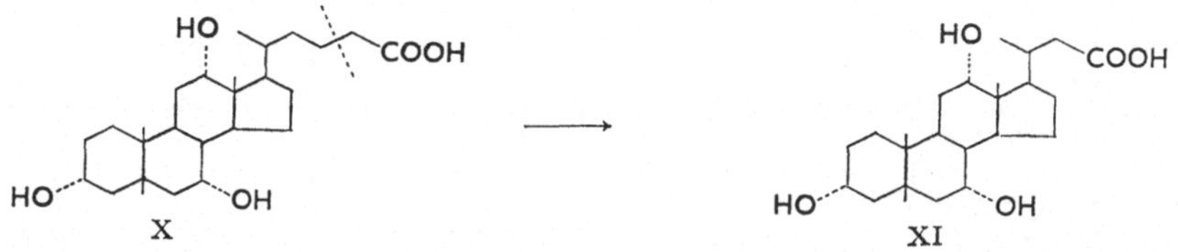

VIII → I ← IX

X → XI

^{3}H-3α,7α,12α-Trihydroxy-coprostansäure (VIII), welche als erstes Abbauprodukt der Seitenkette zu erwarten war, wurde in der Ratte innerhalb von 24 Std. als radioaktive Taurocholsäure Ib ausgeschieden, daneben wurde nicht umgesetzte 3α,7α,12α-Trihydroxy-coprostansäure von BRIDGWATER und LINDSTEDT als Taurinkonjugat isoliert. TRYDING und LINDSTEDT untersuchten daraufhin den Abbau weiterer Steroidcarbonsäuren in der Ratte. Während ^{3}H-Bishomocholsäure IX glatt unter β-Oxydation in Cholsäure abgebaut wurde, führte die Umwandlung von ^{3}H-Homocholsäure X zur Bildung von Norcholsäure XI. Diese Befunde unterstützen die Hypothese der Seitenkettenoxydation. Daß eine β-Oxydation auch in Gegenwart eines α-Methylsubstituenten eintreten kann, zeigten TRYDING und GUESTÖÖ durch ihre Versuche mit 1-^{14}C-2-Methyl-stearinsäure. Auch in vitro ist BERGSTRÖM u. Mitarb. (1957) die Überführung von ^{3}H-3α,7α,12α-Trihydroxycoprostansäure VIII in Cholsäure gelungen. 83% der Radioaktivität wurden in der Taurocholsäure gefunden. Nur ein geringer Teil der Coprostansäure wurde direkt mit Taurin konjugiert und somit dem Abbau entzogen. Offenbar stellt das Taurinkonjugat die letzte Stoffwechselstufe des Cholesterinabbaus dar. LINDSTEDT und NORMAN konnten die Irreversibilität dieser Reaktion in vivo nachweisen. Tauro-^{3}H-3α, 7α,12α-Trihydroxy-coprostansäure VIII wurde nach Injektion in Ratten mit Gallenfistel unverändert über die Galle ausgeschieden, ohne jedoch radioaktive Cholsäure zu bilden. Die Spaltung der Gallensäurekonjugate findet jedoch im Darm statt. Im Faeces der Ratte fanden LINDSTEDT und NORMAN (1955) freie Cholsäure und Chenodesoxycholsäure. Wurde jedoch die Bakterienflora durch Gaben von Terramycin und Sulfonamiden im Wachstum stark gehindert, so konnten die Gallensäuren als Taurinkonjugate isoliert werden (NORMAN).

Literatur

ADAMSON, L. F., and D. M. GREENBERG: The significance of certain carboxylic acids as intermediates in the biosynthesis of cholesterol. Biochim. biophys. Acta **23**, 472 (1957).
AGRANOFF, B. W., H. EGGERER, U. HENNING and F. LYNEN: Isopentenol pyrophosphate isomerase. J. Amer. chem. Soc. **81**, 1254 (1959).
ALEXANDER, G. J., A. M. GOLD and E. SCHWENK: The methyl group of methionine as a source of C-28 in ergosterol. J. Amer. chem Soc. **79**, 2967 (1957).
— and E. SCHWENK: Transfer of the methyl group of methionine to carbon-24 of ergosterol. J. Amer. chem. Soc. **79**, 4554 (1957).
AMDUR, B. H., H. RILLING and K. BLOCH: The enzymatic conversion of mevalonic acid to squalene. J. Amer. chem. Soc. **79**, 2646 (1957).
ANFINSEN, C. B., and M. G. HORNING: Enzymatic degradation of cholesterol side chain in cell-free preparations. J. Amer. chem. Soc. **75**, 1511 (1953).
ANKER, H. S.: Some aspects of the metabolism of pyruvic acid in the intact animal. J. biol. Chem. **176**, 1337 (1948).
— and R. RAPER: On the metabolic fate of pyruvamide and acetamide. J. biol. Chem. **176**, 1353 (1948).
ARIGONI, D.: Zur Biogenese pentacyclischer Triterpene in einer höheren Pflanze. Experientia (Basel) **14**, 153 (1958).
BACHHAWAT, B. K., W. G. ROBINSON and M. J. COON: The enzymatic cleavage of β-hydroxy-β-methylglutarate coenzyme A to acetoacetate and acetyl coenzyme A. J. biol. Chem. **216**, 727 (1955).
— and M. J. COON: Enzymatic activation of carbon dioxyde. J. biol. Chem, **231**, 625 (1958).
BERGSTRÖM, S., R. J. BRIDGWATER and U. GLOOR: On the conversion of 3α,7α,12α-trihydroxy-coprostanic acid to cholic acids in rat liver homogenates. Acta chem. scand. **11**, 836 (1957).
— and U. GLOOR: Metabolism of bile acids in rat liver sclices and homogenates. Acta chem. scand **8**, 1373 (1954).
— — Distribution of the 7α-hydroxylating activity in rat liver homogenates. Acta chem. scand. **9**, 1545 (1955).
— and S. LINDSTEDT: The formation of cholic acid from 3α,7α-dihydroxy-coprostane. Biochem. biophys. Acta **19**, 556 (1956).
— and A. NORMAN: Metabolic products of cholesterol in bile and feces. Proc. Soc. exp. Biol. (N. Y.) **83**, 71 (1953).
— K. PÄÄBO and J. A. RUMPF: Synthesis and metabolism of 3α,7α,12α-(4-^{14}C)coprostane. Acta chem. scand. **8**, 1109 (1954).
— M. ROTTENBERGER u. J. SJÖVALL: Über den Stoffwechsel der Cholsäure und Desoxycholsäure in der Ratte. Z. physiol. Chem. **295**, 278 (1953).
— and J. SJÖVALL: Occurrence and metabolism of Chenodeoxycholic acid in the rat. Acta chem. scand. **8**, 611 (1954).
BIRCH, A. J., R. J. ENGLISH, R. A. MASSY-WESTROPP and HERCHEL SMITH: The origin of the terpenoid structures in mycelianamide and mycophenolic acid. Proc. chem. Soc. **1957**, 323.
BLOCH, K.: Some aspects of the metabolism of leucin and valine. J. biol. Chem. **155**, 255 (1944).
— The use of isotopes in hormone problems. The biological synthesis of cholesterol. Recent Progr. Hormone Res. **6**, 111 (1951); New York: Academic Press Inc. Publ.
— Über die Herkunft des Kohlenstoff-Atoms 7 in Cholesterin. Ein Beitrag zur Kenntnis der Biosynthese der Steroide. Helv. chim. Acta **36**, 1611 (1953).
— The biological synthesis of cholesterol. Vitam. and Horm. Adv. in Res. and Appl. **15**, 124 (1957).
— Biosynthesis of cholesterol. Hormones and atherosclerosis. Proc. Conference held in Brighton, Utah, March 1958. New York: Academic Press Inc. 1959.
— Vortrag auf dem IV. Intern. Kongreß für Biochemie in Wien, 1958.
— B. N. BERG and D. RITTENBERG: The biological conversion of cholesterol to cholic acid. J. biol. Chem. **149**, 511 (1943).
— E. BOREK and D. RITTENBERG: Synthesis of cholesterol in surviving liver. J. biol. Chem. **162**, 441 (1946).
— L. C. CLARKE and I. HARARY: Utilization of branched chain acids in cholesterol synthesis. J. biol. Chem. **211**, 687 (1954).
— and D. RITTENBERG: On the utilization of acetic acid for cholesterol formation. J. biol. chem. **145**, 625 (1942).
BLOCH, K., and D. RITTENBERG: Sources of acetic acid in the animal body. J. biol. Chem. **155**, 243 (1944).
BRADY, R. O., and S. GURIN: The biosynthesis of radioactive fatty acids and cholesterol. J. biol. Chem. **186**, 461 (1950).
— — The synthesis of radioactive cholesterol and fatty acids in vitro. J. biol. Chem. **189**, 371 (1951).

BRIDGWATER, R. J., and S. LINDSTEDT: On the metabolism of 3α,7α,12α-trihydroxycoprostanic acid in the rat. Acta chem. scand. **11**, 409 (1957).
BYERS, S. O., and M. W. BIGGS: Cholic acid and cholesterol: Studies concerning possible intraconversion. Arch. Biochem. biophys. **39**, 301 (1952).
CHAIKOFF, I. L., M. D. SIPERSTEIN, W. G. DAUBEN, H. L. BRADLOW, J. I. EASTMAN, G. M. TOMKINS, J. R. MEIER, R. W. CHEN, S. HOTTA and P. A. SRERE: ^{14}C-cholesterol II. Oxydation of carbons 4 and 26 to carbondioxyde by the intact rat. J. biol. Chem. **194**, 413 (1952).
CLAYTON, R.B., and K. BLOCH: Biological synthesis of lanosterol and agnosterol. J. biol. Chem. **218**, 305 (1956); The biological conversion of lanosterol to cholesterol. J. biol. Chem. **218**, 319 (1956).
COON, M. J.: The metabolic fate of the isopropyl group of leucine. J. biol. Chem. **187**, 71 (1950).
— and S. GURIN: Studies on the conversion of radioactive leucin to acetoacetate. J. biol. Chem. **180**, 1159 (1949).
CORNFORTH, J. W., R. H. CORNFORTH, A. PELTER, M. G. HORNING and G. POPJÁK: Rearrangement of methyl groups in the enzymatic cyclization of squalen to lanosterol. Proc. chem. Soc. **1958**, 112; Rearrangement of methylgroups during enzymic cyclisation of squalen. Tetrahedron **5**, 311 (1959).
— — G. POPJÁK and I. Y. GORE: Studies on the biosynthesis of cholesterol V. Biosynthesis of Squalen from DL-3-Hydroxy-3-methyl-(2-^{14}C)-pentano-5-lacton. Biochem. J. **69**, 146 (1958).
— I. Y. GORE and G. POPJÁK: Studies on the biosynthesis of cholesterol IV. Degradation of rings C and D .Biochem. J. **65**, 94 (1957).
— G. D. HUNTER and G. POPJÁK: Studies in cholesterol biosynthesis. A new chemical degradation of cholesterol. Biochem. J. **54**, 590 (1953).
— — — Studies of cholesterol biosynthesis II. Distribution of acetate carbon in the ring structure. Biochem. J. **54**, 597 (1953).
— and G. POPJÁK: Studies on the biosynthesis of cholesterol III. Distribution of ^{14}C-squalen biosynthesized from (Me-^{14}C)-acetate. Biochem. J. **58**, 403 (1954).
CURRAN, G. L.: Utilization of acetoacetic acid in cholesterol synthesis by surviving rat liver. J. biol. Chem **191**, 775 (1951).
— and D. RITTENBERG: The role of ethyl alcohol in the biological synthesis of cholesterol. J. biol. Chem. **190**, 17 (1951).
DANIELSSON, H., and K. BLOCH: On the origin of C-28 in ergosterol. J. Amer. chem. Soc. **79**, 500 (1957).
DAUBEN, W. G., Y. BAN and J. H. RICHARDS: The biosynthesis of the triterpen eburicoic acid. The utilization of methyl-labelled acetate. J. Amer. chem. Soc. **79**, 968 (1957).
— and T. W. HUTTON: The biosynthesis of steroids and triterpenes. The origin of carbons 11 and 12 of ergosterol. J. Amer. chem. Soc. **78**, 2647 (1956).
— and J. H. RICHARDS: The biosynthesis of triterpen eburicoic acid. J. Amer. chem. Soc. **78**, 5329 (1956).
— and K. H. TAKEMURA: A study of the mechanism of conversion of acetate to cholesterol via squalen. J. Amer. chem. Soc. **75**, 6302 (1953).
DEKKER, E. E., M. J. SCHLESINGER and M. J. COON: β-hydroxy-β-methyl-glutaryl coenzyme A deacylase. J. biol. Chem. **233**, 434 (1958).
DEWAARD, A., A. H. PHILLIPS and K. BLOCH: Mechanism of the formation of isopentenyl pyrophosphate. J. Amer. chem. Soc. **81**, 2913 (1959).
DITURI, F., F. A. COBEY, J. U. B. WARMS and S. GURIN: Terpenoid intermediates in the biosynthesis of cholesterol. J. biol. Chem. **221**, 181 (1956).
— J. L. RABINOWITZ and S. GURIN: The biosynthesis of squalen from mevalonic acid. J. Amer. chem. Soc. **79**, 2650 (1957).
— — R. P. HULLINS and S. GURIN: Precursors of squalene and cholesterol. J. biol. Chem. **229**, 825 (1957).
EGGERER, H., F. LYNEN, E. RAUENBUSCH u. I. KESSEL: Zur Biosynthese der Polyisoprenoide. I. Darstellung von β-Hydroxy-β-methyl-glutaraldehydsäure. Liebigs Ann. Chem. **608**, 71 (1957).
EKDAHL, P. H., and J. SJÖVALL: Metabolism of desoxycholic acid in the rabbit. Acta physiol. scand. **34**, 287 (1955).
ELLIOTT, W. H.: Enzymatic activation of cholic acid involving coenzyme A. Biochim. biophys. Acta **17**, 440 (1955).
ESCHENMOSER, A., L. RUZICKA, O. JEGER u. D. ARIGONI: Zur Kenntnis der Triterpene 190. Mitteilg. Eine stereochemische Interpretation der biogenetischen Isoprenregel bei den Triterpenen. Helv. chim. Acta **38**, 1890 (1955).
GAUTSCHI, F., and K. BLOCH: On the structure of an intermediate in the biological demethylation of lanosterol. J. Amer. chem. Soc. **79**, 684 (1957).
— — Synthesis of Isomeric 4,4-dimethyl-cholestenols and identification of a lanosterol metabolite. J. biol. Chem. **233**, 1343 (1958).
GLOOR, U.: Konjugation und Oxydation von Gallensäure in Rattenleberhomogenaten. Helv. chim. Acta **37**, 1927 (1954).

GOULD, R. G., and G. POPJÁK: Biosynthesis of cholesterol in vivo and in vitro from DL-β-hydroxy-β-methyl-(2-^{14}C)-valerolactone. Biochem. J. **66**, 51 P (1957).
GRAY, R. I., P. ADAMS and H. HAUPTMAN: The utilization of the branched chain of isobutyric acid studied with ^{14}C. Experientia (Basel) **6**, 430 (1950).
HILZ, H., J. KNAPPE, E. RINGELMANN u. F. LYNEN: Methylglutaconase, eine neue Hydratase, die am Stoffwechsel verzweigter Carbonsäuren beteiligt ist. Biochem. Z. **329**, 476 (1958).
HORNING, M. G.: Studies in the enzymatic degradation of the cholesterol side chain II. Requirements of the mitochondrial system. Arch. Biochem. biophys. **71**, 266 (1957).
HUNTER, G. D., and G. POPJÁK: A new method for degradation of n-carboxylic acid. Biochem. J. **50**, 163 (1951).
ISLER, O., R. RÜEGG, J. WÜRSCH, K. F. GEY u. A. PLETSCHER: Zur Biosynthese des Cholesterins aus β,δ-Dihydroxy-β-methyl-n-valeriansäure. Helv. chim. Acta **40**, 2369 (1957).
JOHNSON, J. D., and K. BLOCH: In vitro conversion of zymosterol and dihydrozymosterol to cholesterol. J. Amer. chem. Soc. **79**, 1145 (1957).
KANDUTSCH, A. A., and A. E. RUSSELL: The identification of 4α-methyl-Δ^8-cholesten-3β-ol, a new sterol from a preputial gland tumor. J. Amer. chem. Soc. **81**, 4114 (1959).
LANGDON, R. G., and K. BLOCH: The biosynthesis of squalen. J. biol. Chem **200**, 129 (1953).
— — The utilization of squalen in the biosynthesis of cholesterol. J. biol. Chem. **200**, 135 (1953).
LINDSTEDT, S.: The formation of bile acids from 7α-hydroxycholesterol. Acta chem. scand. **11**, 417 (1957).
— and A. NORMAN: On the excretion of bile acid derivatives in faeces of rats fad cholic acid-24-^{14}C and chenodesoxy cholic acid-24-^{14}C. Acta physiol. scand. **34**, 1 (1955).
— — On the metabolism of taurin conjugated 3α,7α,12α-trihydroxycoprostanic acid in the rat. Acta chem. scand. **11**, 414 (1957).
LITTLE, H. N., and K. BLOCH: Studies on the utilization of acetic acid for the biological synthesis of cholesterol. J. biol. Chem. **183**, 33 (1950).
LYNEN, F.: Coenzyme A, ein Bindeglied zwischen energieliefernden und verbrauchenden Reaktionen des Zellstoffwechsels. Klin. Wschr. **35**, 213 (1957).
— U. HENNING, G. BUBLITZ, B. SÖRBO u. L. KRÖPLIN-RUEFF: Der chemische Mechanismus der Acetessigsäurebildung in der Leber. Biochem. Z. **330**, 269 (1958).
— Verzweigte Carbonsäuren als Baustoffe der Polyisoprenoide. Proc. int. symposium of enzyme chemistry, Tokyo and Kyoto 1958.
— H. EGGERER, U. HENNING u. I. KESSEL: Farnesyl-pyrophosphat und 3-Methyl-Δ^3-butenyl-1-pyrophosphat, die biologischen Vorstufen des Squalens. Angew. Chem. **70**, 738 (1958).
MATSCHINER, J. T., R. RICHTER, W. H. ELLIOTT and E. A. DOISY JR.: Metabolic studies of carboxyl-labelled ^{14}C-desoxycholic acid. Fed. Proc. **13**, 261 (1954).
MAUDGAL, R. K., T. T. TCHEN and K. BLOCH: 1,2-methyl shifts in the cyclization of squalene to lanosterol. J. Amer. chem. Soc. **80**, 2589 (1958).
NORMAN, A.: Influence of chemotherapeutics on the metabolism of bile acids in the intestine of rats. Acta physiol. scand. **33**, 99 (1955).
OGILVIE, J. W. jr., and R. G. LANGDON: The enzymatic conversion of mevalonic acid-2-^{14}C to an olefinic acid. J. Amer. chem. Soc. **81**, 756 (1959).
OLSON, J. A. JR., M. LINDBERG and K. BLOCH: On the demethylation of lanosterol to cholesterol. J. biol. Chem. **226**, 941 (1957).
OTTKE, R. C., E. L. TATUM, I. ZABIN and K. BLOCH: Isotopic acetate and isovalerate in the synthesis of ergosterol by neurospora. J. biol. Chem. **189**, 429 (1951).
PARKS, L. W.: S-Adenosylmethionine and ergosterol synthesis. J. Amer. chem. Soc. **80**, 2023 (1958).
POPJÁK, G.: Biosynthesis of squalen and cholesterol in vitro from acetate-1-^{14}C. Arch. Biochem. Biophys. **48**, 102 (1954).
— L. GOSSELIN, I. Y. GORE and R. G. GOULD: Studies in the biosynthesis of cholesterol VI. Coenzyme requirements of liver enzymes for synthesis of squalen and of sterol from DL-3-hydroxy-3-methyl-(2-^{14}C)-pentano-5-lactone. Biochem. J. **69**, 238 (1958).
— M. HORNING, N. L. R. BUCHER and R. H. CORNFORTH: The formation of terpenoid acids from mevalonic acid in liver enzyme preparations and their relation to sterol biosynthesis. Biochem. J. **72**, 34P (1959).
PRICE, T. D., and D. RITTENBERG: The metabolism of acetone. J. biol. Chem. **185**, 449 (1950).
RABINOWITZ, J. L.: The biosynthesis of radioactive β-hydroxy-β-methyl-glutaric acid in rat liver. J. Amer. chem. Soc. **77**, 1295 (1955).
— and S. GURIN: Biosynthesis of cholesterol and β-hydroxy-β-methyl-glutaric acid by extracts of liver. J. biol. Chem. **208**, 307 (1954).
— and GURIN: The biosynthesis of radioactive cholesterol, β-methylglutaconic acid and β-methylcrotonic acid by aequeous extracts of liber. J. Amer. chem. Soc. **76**, 5168 (1954).
RITTENBERG, D., and K. BLOCH: The utilization of acetic acid for the synthesis of fatty acids. **160**, 417 (1945).

ROBINSON, R.: Structure of cholesterol. J. Soc. chem. Ind. **53**, 1062 (1934).
RUDNEY, H.: The synthesis of β-hydroxy-β-methyl-glutaric acid by rat liver homogenates. J. Amer. chem. Soc. **76**, 2595 (1954).
— Biosynthesis of β-hydroxy-β-methyl-glutaric acid (HMG) Fed. Proc. **15**, 342 (1956).
— I. F. DURR and J. J. FERGUSON: Formation of mevalonic acid from β-hydroxy-β-methyl-glutaryl-coenzyme A. Division of biol. Chem. Amer. chem. Soc. Abstracts of papers. April 5—10, 1959.
— and J. J. FERGUSON: The biosynthesis of β-hydroxy-β-methylglutaryl coenzyme A. J. Amer. chem. Soc. **79**, 5580 (1957).
RUZICKA, L.: The isoprene rule and the biogenesis of terpenic compounds. Experientia (Basel) **9**, 357 (1953).
SCHNEIDER, P. B., R. B. CLAYTON and K. BLOCH: Synthesis of lanosterol in vivo. J. biol. Chem. **224**, 175 (1957).
SCHWENK, E., G. J. ALEXANDER, C. A. FISH and T. H. STOUDT: Biosynthesis of substances which accompany cholesterol. Fed. Proc. **14**, 725 (1955).
SHUNK, C. H., B. O. LINN, J. W. HUFF, J. L. GILFILLAN, H. R. SKEGGS and K. FOLKERS: Resolution of DL-mevalonic acid and the synthesis and biological activities of DL-3-hydroxy-3-methylglutaraldehydic acid. J. Amer. chem. Soc. **79**, 3294 (1957).
SIPERSTEIN, M. D.: Enzymatic synthesis of bile salts. Fed. Proc. **14**, 281 (1955).
— and I. L. CHAIKOFF: ^{14}C-cholesterol III. Excretion of carbons 4 and 26 in feces, urine and bile. J. biol. Chem. **198**, 93 (1952).
— and A. W. MURRAY: Enzymatic synthesis of cholyl CoA and Taurocholic acid. Science **123**, 377 (1956).
— M. E. YAYKO, I. L. CHAIKOFF and W. G. DAUBEN: Nature of the metabolic products of ^{14}C-cholesterol excreted in bile and feces. Proc. Soc. exp. Biol. (N. Y.) **81**, 720 (1952).
SONDERHOFF, R., u. H. THOMAS: Die enzymatische Dehydrierung der Trideutero-Essigsäure. Liebigs Ann. Chem. **530**, 195 (1937).
STAPLE, E., and S. GURIN: The incorporation of radioactive acetate into biliary cholesterol and cholic acid. Biochim. biophys. Acta **15**, 372 (1954).
STOCKES, W. M., W. A. FISH and F. C. HICKEY: Metabolism of cholesterol in the chick embryo II. Isolation and the chemical nature of two compagnion sterols. J. biol. Chem. **220**, 415 (1956).
TAVORMINA, P. A., and M. H. GIBBS: The metabolism of β,δ-dihydroxy-β-methyl-valeric acid by liver homogenates. J. Amer. chem. Soc. **78**, 6210 (1956).
— — and J. W. HUFF: The utilization of β-hydroxy-β-methyl-δ-valerolactone in the cholesterol biosynthesis. J. Amer. chem. Soc. **78**, 4498 (1956).
TCHEN, T. T.: On the formation of a phosphorylates derivative of mevalonic acid. J. Amer. chem. Soc. **79**, 6344 (1957).
— and K. BLOCH: Vitamins and hormones. Advanc. in Res. and Appl. **15**, 125 (1957).
— — On the conversion of squalen to lanosterol in vitro. J. biol. Chem. **226**, 921 (1957).
— — On the mechanism of enzymatic cyclization of squalen. J. biol. Chem. **226**, 931 (1957).
TRYDING, N., and G. GVESTÖÖ: Metabolism of 2-methylstearic acid in the rat. Acta chem. scand. **11**, 427 (1957).
— and S. LINDSTEDT: On the metabolism of bishomocholic, homocholic and norcholic acids in the rat. Ark. Kemi **11**, 137 (1957).
VOSER, W., M. U. MIJOVIK, H. HEUSSER, O. JEGER u. L. RUZICKA: Über die Konstitution des Lanostadienols (Lanosterins) und seine Zugehörigkeit zu den Steroiden. Helv. chim. Acta **35**, 2414 (1952).
WOLF, D. E., C. H. HOFMAN, P. E. ALDRICH, H. R. SKEGGS, L. D. WRIGHT and K. FOLKERS: β-hydroxy-β-methyl-δ-valerolactone (divalonic acid). A new biological factor. J. Amer. chem. Soc. **78**, 4499 (1956).
— — — — Determination of structure of β,δ-dihydroxy-β-methyl-valeric acid. J. Amer. chem. Soc. **79**, 1486 (1957).
WOODWARD, R. B., and K. BLOCH: The cyclization of squalen in cholesterol synthesis. J. Amer. chem. Soc. **75**, 2023 (1953).
WRIGHT, L. D., M. CLELAND and J. S. NORTON: Mevaldic acid in the biosynthesis of mevalonic acid. J. Amer. chem. Soc. **79**, 6572 (1957).
WÜERSCH, J., R. L. HUANG and K. BLOCH: The origin of the Isooctyl side chain of cholesterol. J. biol. Chem. **195**, 439 (1952).
ZABIN, I., and W. F. BARKER: The conversion of cholesterol and acetate to cholic acid. J. biol. Chem **205**, 633 (1953).
— and K. BLOCH: The utilization of isovaleric acid for the synthesis of cholesterol. J. biol. Chem. **185**, 131 (1950).
— — The utilization of butyric acid for the synthesis of cholesterol and fatty acids. J. biol. Chem. **192**, 261 (1951) (1).
— — Studies on the utilization of isovaleric acid in cholesterol synthesis. J. biol. Chem. **192**, 267 (1951) (2).

Metabolism of Amino Acids and Protein

A. Metabolism of Amino Acids

By

H. Tarver and M. Rothstein

B. Metabolism of Protein

By

H. Tarver

With 15 Figures

Introduction

It is apparent, even from a cursory examination of the literature, that there has been a tremendous application of isotopic methods to various problems concerned with amino acid and protein metabolism. In this chapter an attempt will be made to review the chief aspects of amino acid biosynthesis and catabolism which have been approached by using radioactive isotopes. For the sake of making the presentation more complete and logical a good many of the data coming from the use of stable isotopes have also been mentioned, since it is quite clear that only technical differences are involved in the use of the two types of isotopes. Moreover, in any discussion of amino acid and protein metabolism the question of the behavior of the nitrogen and oxygen atoms necessarily assumes an important place, and it is perhaps unfortunate that there is no useful radioactive isotope of these elements. Consequently, applications of N^{15} and O^{18} assume great importance in the present connection.

In the section on amino acids an endeavour has been made to present a reasonably complete and up-to-date picture with respect to both anabolism and catabolism, reference being made to the major works in these subjects. However with respect to protein metabolism the objective has been to indicate briefly how problems of protein synthesis and degradation have been attacked by using isotopic methods. Consequently, in this section the reference material is by no means so complete, and greater reliance has been placed on examples. This has been done because, in the first place, a great deal of the older work on incorporation, for example, is of more interest from an historical point of view than from the point of view of supplying data which is amenable to interpretation in the light of more recent information concerning the behavior of proteins in higher animals and to some extent in microorganisms.

A more complete coverage of the metabolic picture as a whole is provided by other authors: most of the newer material is very well reviewed by MEISTER (1957); many specific topics were clarified in the "Symposium on Amino Acid Metabolism"

(McElroy and Glass, 1955); and the metabolic picture as a whole and specifically with respect to this subject is well dealt with by various authors in "Metabolic Pathways" (Greenberg, 1955, 1959). Protein metabolism, particularly synthesis, has been covered by numerous authors in recent years. An insight into the literature may be gained by referring to the reviews by Loftfield (1957) and Raacke (1958), and to various symposia (Symp. Soc. exp. Biol. **12**, 1957; Symp. on amino acid activation. Proc. nat. Acad. Sci. (Wash.) **44**, 1958; First Symp. Biophysical Soc., Wash. Acad. Sci., 1958; and various symposia conducted at the IV. Int. Congress of Biochem., Vienna, 1958). The application of isotopes to problems of immunology was treated in some detail at a recent symposium (supplemental part to J. cell. comp. Physiol. **44**, 1957).

A. Metabolism of Amino Acids

I. Transfer of acid into cells

From a review of this subject written by Christensen (1955), it is evident that nearly all the early work was done without the use of isotopes. However, Heinz (1954) has carried out studies on the rate of influx of glycine-1-C^{14} into the Ehrlich mouse ascites tumor cell, and found this to be an extremely rapid process which is only in part one of free diffusion. With cells in the steady state with respect to glycine in cells and medium, 90% of the glycine exchanges in 5 min. Influx is reduced in the presence of dinitrophenol and iodoacetate (Heinz, 1957). There exists in these cells an inward transport and a corresponding outward leakage (Heinz and Mariani, 1957). The apparent conflict between the rapidity of influx observed with labeled glycine and other data has been discussed by Christensen (1959), and Heinz and Walsh (1958).

Recently, Noall and coworkers (1957) have described a powerful new tool for the investigation of amino acid concentration by cells. This involves the use of C^{14}-labeled α-aminoisobutyric acid, an amino acid without α-hydrogen, and one which, although rapidly concentrated by cells, is metabolized extremely slowly. These properties of the molecule make it possible to investigate the effect of the endocrines and other variables on amino acid concentration. With this tool and with phenylalanine-3-C^{14}, other work has been confirmed which shows that pyridoxal is involved in this process of concentration (Riggs and Walker, 1958; Moldave, 1958). It has also been demonstrated that the concentration of amino acid by muscle cells decreases with age (Christensen and coworkers, 1958). The transport of labeled α-aminoisobutyric acid into cells (rat diaphragm) is stimulated by insulin (Kipnis and Noall, 1958).

The mechanism by which amino acids are concentrated does not involve any reaction with the carboxyl group because when α-aminoisobutyric acid labeled with O^{18} was employed, no loss of oxygen was observed during the process of transport (Christensen and coworkers, 1958).

The concentration of taurine-S^{35} by various tissues has been studied by Awapara (1957). The amino acid is apparently retained for a long time by muscle.

The specific activity of various amino acids in the tissues of animals at different times after administration of labeled amino acids has been investigated by various workers, generally in connection with experiments on protein synthesis. Consequently, this matter will be discussed under that heading.

The uptake of labeled amino acids by microorganisms has also been investigated by several groups of workers. Britten and coworkers (1955), working with *E. coli*, found amino acids, e. g. proline and methionine, to be taken up rapidly and apparently on to specific sites in the organism. At high concentration the specific binding sites became saturated so that the excess was not bound specifically. Adsorption preceded protein synthesis. According to Cowie and Walton (1956) a somewhat similar situation prevails in *T. utilis* although the binding sites are less specific in the yeast. These authors concluded that the amino acids were not bound to nucleotides due to the amounts involved, but that they must be bound to protein (hydrogen bonds?). Cohen and Rickenberg (1955, 1956) have also investigated the uptake of labeled amino acids by *E. coli* and have attributed the transfer of amino acid into the cell as being due to the operation of specific "permeases", rather than result of binding of amino acid, although this was not excluded. Whatever process is involved, the accumulation of amino acids is inhibited by dinitrophenol and azide as well as by lowering the temperature. In yeast, *S. cerevisiae*, as in *T. utilis*, Halvorson and Cohen (1958) found the binding (accumulation) of amino acids to be less specific. However, the situation in *E. coli* differs from that in the yeast in another respect. In the former, accumulated amino acid can be washed out with water, whereas this is not the case with yeast. At present it is not clear, in many cases, whether so-called bound amino acids are free or whether amino acid derivatives are involved (activated forms) since soluble non-protein activities only are very often measured.

II. Complete oxidation of amino acid carbon

The oxidation of the different carbon atoms of amino acids to carbon dioxide has been investigated by a large number of workers, generally incidentally to the main question with which their research is concerned. In view of the diffuse nature of this data and the differences in the experimental procedures employed, consideration will be given only to samples of the types of results which have been obtained.

Dalgliesh and Tabechian (1956) gave tracer doses of uniformly labeled aromatic amino acids to rats and measured the conversion to CO_2 at intervals, e.g. after 4 hr, they observed the following fractions oxidized: phenylalanine, 21%; tyrosine, 42%; and tryptophan, 27% (as estimated from their figure). Apparently the tyrosine was oxidized more rapidly than the phenylalanine, and the authors concluded that the hydroxylation of the benzene ring must be the rate limiting step in the catabolism of phenylalanine. It should be pointed out, however, that this is not necessarily the case, since phenylalanine may enter protein, either as such or as tyrosine, and thus avoid oxidation to CO_2, whereas tyrosine can enter proteins only as such. In fact, the data in this communication indicated that more radioactivity from phenylalanine enters protein than from tyrosine.

It has been observed that in the intact rat and other animals, the α-carboxyl group of amino acids is rapidly converted to carbon dioxide. A good example of this is provided by the work of Putnam and coworkers, (1958) on the oxidation of glutamic acid-1-C^{14} in human subjects. It is well known that glutamic acid readily undergoes both deamination and transamination in animal tissues, yielding α-keto-glutaric acid. Since the next step in the tricarboxylic acid cycle involves the oxidative decarboxylation of the keto acid it is not surprising that the label from glutamic acid-1-C^{14} is rapidly converted to carbon dioxide. This is of some importance because it makes this amino acid and type of labeling very suitable for studies on protein metabolism, the more so because L-glutamate is vulnerable to decarboxylation by a specific enzyme, making it relatively easy to determine in protein hydrolysates and elsewhere. Glutamine, similarly labeled, when given by injection might be even better than glutamic acid. Unfortunately, there are no comparable investigations concerning the appearance of the other carbons of glutamic acid as carbon dioxide.

The rate of oxidation of the methyl group of L-methionine has also been examined in the rat under different dietary conditions and with different doses of methionine (MACKENZIE and coworkers, 1950).

Table 1. *Oxidation of methyl groups of dietary L-methionine by the rat and chicken*

Dose	Animals	Fraction appearing in respiratory carbon dioxide					Total
		0—6 hrs.	6—12 hrs.	6—21 hrs.	12—24 hrs.	21—48 hrs.	
mg.		per cent					
12.1	2 rats	2.4	1.1		2.4		5.8 (24 hrs)
24.9	4 rats	20.4	2.0		2.9		25.3 (24 hrs)
100.	2 chickens	5.2		5.78		3.37	14.5 (48 hrs)

Rats 150 g, male, fed a diet containing a mixture of free amino acids (20% of diet) and either 0.6 or 1.2% L-methionine-$C^{14}H_3$. Each rat given 2 g diet as a single dose by stomach tube.

Chickens 1 month old, fed a low choline diet for 2 weeks prior to experiment. Methionine given orally.

MACKENZIE and coworkers, 1950.

BURKE and coworkers, 1951.

The data show that doubling the dose caused an almost ten-fold increase in the $C^{14}O_2$ appearing in the respiratory gases, presumably due to the oxidation of the excess methionine which could not be handled in synthetic processes such as protein, creatine and choline formation. RACHELE and coworkers (1955) have shown that the rate of oxidation of deuterium containing methyl groups is less than when the groups are normally constituted.

The oxidation of glycine-2-C^{14} has also been investigated in human subjects, the specific activity of the carbon dioxide excreted being measured over a period of up to 200 days following the administration of the amino acid (BERLIN and coworkers, 1951, 1955). Apparently there are at least four "processes" involved in this oxidation, the shortest with a half-life of 0.12 days and accounting for 21% of the glycine oxidized.

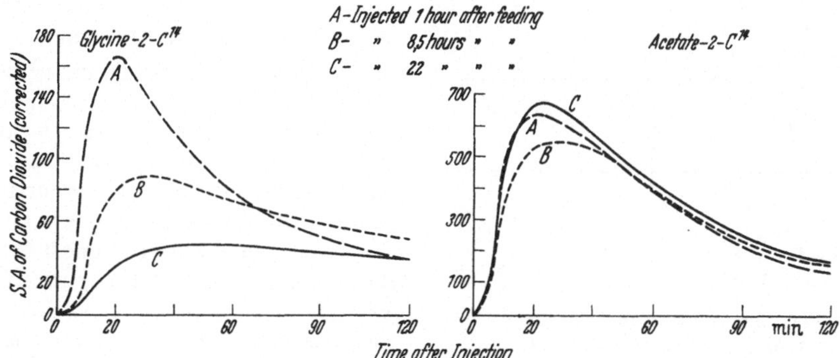

Fig. 1. The rate of appearance of carbon dioxide from glycine-2-C^{14} and acetate-2-C^{14} in the expiratory CO_2 of rats. Rats injected with 2 mg of labeled compound, either 1, 8.5 or 22 hr. after the last feeding period. *Glycine curves:* average rate of CO_2 production (mg per min.) A, 10.4; B, 8.2; C, 7.7. Total $C^{14}O_2$ expired in 2 hr (% of dose) A, 11.2; B, 7.1; C, 4.1. *Acetate curves:* CO_2 production, A, 7.5; B, 8.4; C, 7.6. Total $C^{14}O_2$ in 2 hrs. A, 44.2; B, 48.5; C, 49.7. KIRK and coworkers (1959) in press.

The rate of oxidation of a tracer dose of glycine-2-C^{14} when injected into rats 1, 8.5, and 22 hr after the last feeding has been investigated by KIRK and coworkers

(1959) with very interesting results. The average data obtained from groups of four rats are plotted in Fig. 1. For purposes of comparison the data for acetate-2-C^{14} are also shown. It is seen that the specific activity of the CO_2 is very different in the three groups, the effect of fasting being to lower the specific activity greatly following glycine-2-C^{14} injection. In contrast, after acetate injection the effect of fasting on the specific activity curve was minor. The differences in the results with the two compounds, and between the animals that had just been fed and those that were fasted cannot be due to differences in total carbon dioxide production which were by no means so great (see data under curves). Nor can the differences in amount of the free unlabeled glycine be responsible because this must have been highest in the fed animals, which would tend to lower the specific activity of the carbon dioxide in the fed animals. However, the specific activity of the CO_2 was highest in the fed animals. It appears that one explanation of these results may rest in an inhibition of glycine catabolism or formation following a short fast.

When similar experiments were carried out on rats preciously fasted for 5, 8 and 11 days and compared with the results from normal rats it was found that as fasting progressed the amount of glycine-2-C^{14} carbon appearing in the expiratory CO_2 increased, and the specific activity-time curve changed so that the peak specific activity became greater rising from a maximum of about 30 in the normals to 200 in the animals fasted 11 days (HARMON and coworkers, 1959). Thus, a fast appears to increase glycine-2-C^{14} catabolism although other factors may also be operating to cause this great change in specific activity. In contrast, acetate-2-C^{14} catabolism was little effected by fasting. In view of these results and interpretations it would be interesting to know the behavior of glycine-1-C^{14} under comparable conditions.

These data draw attention to the fact that the specific activity-time curve obtained following the administration of a given C^{14}-labeled compound to an animal may be drastically changed by diet, and fasting.

Similar experiments to those just dealt with have been carried out with the D, L and DL-isomers of leucine-3-C^{14}, norleucine-3-C^{14}, norvaline-3-C^{14} and valine-4,4'-C^{14} in animals subjected to a fast of about 18 hr (TOLBERT and coworkers). Perhaps the most striking aspect of these results is to be seen in the difference in the behavior of the D and L isomers.

Table 2. *Appearance of labeled carbon in expiratory carbon dioxide and injection of the* D *and* L-*Isomers of several amino acids*

Amino acid	Fraction of dose appearing as carbon dioxide[1]		
	D	L	DL
Leucine-3-C^{14}	35	23	26
Norleucine-3-C^{14}	50	47	—
Valine-4,4'-C^{14}	'42	28	32
Norvaline-3-C^{14}	57	58	57

[1] Per cent of dose in 7 hr. Dose: 2 mg amino acid per 250 g rat. TOLBERT and coworkers (unpublished data).

Whereas, with the amino acids naturally occurring in protein, more of the C^{14} from the D-isomer appears in the carbon dioxide, in the case of the amino acids not naturally occurring in protein, the nor-acids, the results with the D- and L-isomers are almost exactly the same. No doubt these results, at least in part, stem from the fact that the L-isomers of the natural amino acids suffer dilution by the pool, but the D-isomers are not diluted. However, it is possible that another major factor which enters the picture is the rate of deamination of the D-isomer as compared with that of the L. In this connection it should be mentioned that the results with DL-hydroxyproline-α-C^{14} and DL-allohydroxyproline-α-C^{14} are different in that the "unnatural" allo-isomer is less readily oxidized in the rat (WOLF and coworkers, 1956).

III. The fixation of carbon into amino acids

1. Fixation of carbon dioxide

The first experiments done with the object of showing the fixation of carbon dioxide into the amino acids in tissue protein of higher animals were made by DELLUVA and WILSON (1946) using bicarbonate-C^{13} in rats. The guanidino-carbon of arginine was found to be heavily labeled, with lesser amounts in the carboxyl groups of glutamate and aspartate. This fixation into arginine is of some importance firstly because it lends support to the Kreb's urea cycle theory, and secondly because it provides a method of labeling liver and plasma protein for protein turnover studies (SWICK, 1958). Subsequently, PETERS and ANFINSEN (1950) and others used bicarbonate labeled with C^{14} in place of labeled amino acids in studies on protein synthesis in higher animals. However, the most systematic investigations on carbon dioxide fixation have been made by SWICK and coworkers (1953) and by SWICK and HANDA (1956). In the first of these investigations the workers exposed adult rats to constant low pressure of $C^{14}O_2$ for 12 to 85 days. Ten days sufficed to "saturate" the total fixed carbon in the liver but even after 85 days that in the muscle was only 82% saturated. After this time protein samples were prepared from liver and muscle, amino acids were isolated, and the carbon fixed in various atoms was determined with the results shown in Table 3.

Table 3. *Carbon fixation in amino acids of liver protein by rats after prolonged exposure to a low pressure of carbon dioxide-C^{14}*

Amino acid	Position	Fraction fixed[1]	Amino acid	Position	Fraction fixed[1]
Arginine	Total	16.3	Proline	Total	0.4
	COOH	3.0		COOH	1.7
	Guanidine	93.8	Alanine	COOH	10.8
Aspartate	Total	11.8	Serine	COOH	9.7
	β-COOH	24.4		α-C	0.2
	α-COOH	23.8		β-C	0.2
Glutamate	Total	6.4	Glycine	COOH	9.4
	α-COOH	29.0		α-C	0.2

[1] Fraction fixed = observed S. A. × 100/S. A. of "saturated" bone carbonate. For the essential amino acids, histidine, lysine and valine the fraction fixed was 0.02 to 0.03; for threonine, methionine and tyrosine the fractions were 0.14, 0.10 and 0.05 respectively; for phenylalanine, leucine and isoleucine no fixation was detected.

SWICK and coworkers, 1953.

The location of the fixed carbon is understandable on the basis of primary fixation into oxalacetate or malate resulting in labeling of aspartic acid and other amino acids through the tricarboxylic acid cycle intermediates, known interconversion of amino acids, and the fixation of C^{14} into the guanidino group of arginine due to the operation of the urea cycle.

The results also show, according to these workers, that normally, little arginine and proline are derived from glutamic acid, because of the small fixation into the carboxyl groups of these amino acids compared to the α-carboxyl of glutamate. However, this is by no means certain because the fixed carbon in glutamic acid must be diluted by the dietary glutamic acid equilibrating with that formed in the liver; for proline and arginine the dilution of the fixed carbon is increased by the dietary proline and arginine. This conclusion is substantiated by the observation of a great increase in incorporation into arginine and proline carboxyl groups in the absence of non-essential amino acids from the diet (SWICK and HANDA, 1956).

There can be little synthesis of formyl or methyl groups from CO_2 because there is little labeling of the β-carbon of serine or of methionine. Incorporation into essential amino acids may be due to initial fixations carried out by bacteria in the intestinal tract, in particular that in threonine (Table 3, footnote). In muscle proteins the carbon fixed into the guanidine group of arginine and the α-carboxyl groups of glutamate, aspartate and alanine was about half that found in the corresponding carbons in liver. Hence there is quite incomplete equilibration of these amino acids between liver and muscle, an observation which has also been made by others, e. g. KRUH and coworkers (1956).

In the dairy cow it has been shown by BLACK and coworkers (1952), that the fixation is quite different. Presumably as a result of the activities of the rumen flora, considerable activity from injected bicarbonate is fixed into essential amino acids which appear in the casein of milk. Thus, for example, the relative specific activities found for glutamic acid, serine, leucine, lysine and phenylalanine were 19, 30, 5, 1 and 3 respectively.

Although in the experiments previously cited show the liver glutamate to be labeled primarily in the α-carbon, in the oviduct of the hen considerable incorporation occurs into the γ-carbon (HENDLER and ANFINSEN, 1954). These workers explain their results on the basis of a reversible fixation of carbon into acetoacetate, which had previously been shown by PLAUT and LARDY (1950), followed by acetate formation from the acetoacetate and fixation of acetate carbon into the glutamate. The result might also be explained by degradation of labeled succinate or a related dicarboxylic acid to give two units of two carbons each, a reaction suggested by TOPPER and STETTEN (1954). Acetate-1-C^{14} has been shown to label glutamate preponderantly in the γ-carbon in the intact rat (KOEPPE and HILL, 1955). On the basis of either of these hypotheses, it is not clear why the γ-carbon of glutamate was not noticeably labeled in the experiments of SWICK and coworkers (1953, 1956).

Fixation of $C^{14}O_2$ into amino acids in microorganisms was first observed by EHRENSVÄRD (1948), who employed *T. utilis*. In these investigations much greater fixation was found in the carboxyl groups of glutamate, aspartate and arginine than in those of any other amino acid, including proline. Nonetheless, significant fixation was observed for all amino acids examined in these experiments in which carbon dioxide served as a sole carbon source. The situation with respect to arginine has been further investigated by STRASSMAN and WEINHOUSE (1952), who showed that *T. utilis* fixed carbon dioxide to give a product with the highest specific activity in the guanidino-carbon and much less in the carboxyl group.

The fixation of carbon dioxide in *E. coli* has also been studied to a considerable extent. ABELSON and coworkers (1952a), and ROBERTS and coworkers (1953) found fixation into the α-carboxyl groups of glutamic, and aspartic acids, proline and arginine, as well as into the guanidino group of the latter amino acid. Considerable carbon was also fixed into lysine, threonine, methionine and isoleucine.

The data concerning the location of the fixed carbon supports the conclusion that there are two main pathways for the formation of the amino acids in *E. coli*, one pathway from glutamate comprising proline and ornithine (arginine), the other from aspartic comprising threonine, isoleucine and methionine. Additional evidence supporting this conclusion is provided by experiments in which the method of isotope competition was employed (III, 4) and by study of the interconversions of labeled amino acids (ABELSON and coworkers, 1953). It appears that the fixation of CO_2 (and acetate) into the dicarboxylic and related amino acids can be best accounted for on the assumption that the tricarboxylic acid cycle is operative in *T. utilis* and *E. coli*, and in fact there is evidence from studies with isotopes that the cycle is not only concerned with the catabolism of carbon to carbon dioxide. It is of as much importance, if not more, in that it provides a synthetic route for the formation of many amino acids. This is especially apparent from the work of Krebs and coworkers (1952), and of Roberts and coworkers (1953) (see Wiame, 1957).

In contrast to the situation which prevails in yeast and *E. coli*, in *Clostridium kluyveri* the type of CO_2 fixation which is observed into many amino acids cannot very well be accounted for on the basis of the tricarboxylic acid cycle (Tomlinson, 1954a, b). Under the proper conditions, when the organisms are grown in the presence of CO_2, ethyl alcohol and acetate, these authors found that as much as 25% of the carbon in the cells arose by fixation of CO_2. Heavy labeling occurred at both ends of aspartic acid and threonine, in the carboxyl groups of glycine, alanine and serine and in the γ-carboxyl group of glutamic acid. In order to explain the last type of result it is necessary to suppose that there is some modification in the tricarboxylic acid cycle or that there is some entirely different pathway for glutamate formation in these organisms (Tomlinson, 1954, b). These results should be compared in relation to those obtained with the oviduct (Hendler and Anfinsen, 1954).

2. Fixation of acetate carbon (Ehrensvärd, 1955)

As with carbon dioxide, the fixation of acetate carbon into *T. utilis* was first studied by Ehrensvärd, and coworkers who used acetate doubly labeled with C^{14} and C^{13} (Ehrensvärd, 1948; Ehrensvärd and coworkers, 1949; Baddiley and coworkers, 1950; Ehrensvärd and coworkers, 1951). When acetate is used as a sole carbon source for the yeast, the carboxyl carbon appears preponderantly as carbon dioxide, and hence the methyl carbon must be used to a greater extent in the biosynthetic processes in the organism. From the large mass of data accumulated in the studies cited, the material in Table 4 has been culled. This shows that the

Table 4. *Origin of carbon atoms of various amino acids in Torulopsis utilis grown on acetate-1-C^{14},-2-C^{13}* [1]

Carbon[1]	Alanine	Aspartic acid	Glycine	Glutamic acid	Histidine	Iso-leucine	Leucine	Lysine	Serine	Threo-nine	Valine
1	1 (33)	1 (47)	1 (39)	1 (49)	2 (3)	1 (34)	1 (59)	1 (62)	1 (41)	1 (40)	1 (34)
2,3,4	2	2	2	2					2	2	2
4 or 5 (COOH)		1 (45)		1 (100)						1 (31)	

[1] Acetate was the sole source of carbon. Carbons of amino acids numbered from carboxyl α to the amino group. Numbers in brackets are specific activities relative to C-5 of glutamic acid set at 100. Ehrensvärd and coworkers (1951).

carboxyl carbon of acetate gives rise almost exclusively to carboxyl carbon in most amino acids including leucine and lysine and the γ-carboxyl of glutamate; in contrast, the carboxyl group of histidine arises from the methyl carbon of acetate.

The same type of labeling as that indicated in the table has been observed in glutamic acid in baker's yeast under conditions in which the yeast did not grow (Wang and coworkers, 1952, 1953). It should be noted that the carboxyl carbon of acetate is the source of both carboxyl groups of the dicarboxylic amino acids, but whereas the aspartic acid is equally labeled, the glutamic acid has more C^{14} in the γ-group. It should also be noted that there is a similarity in the labeling pattern with respect to the terminal atoms of aspartic acid and threonine.

Further details of the labeling of other amino acids from acetate carbon are shown in Table 5, from the data of Strassman and coworkers, who grew *T. utilis* under similar conditions in all experiments — always in the presence of glucose. The meaning of this data will be dealt with when the metabolism of the individual amino acids is considered. However, it should be mentioned here that the labeling of the branched chain (and aromatic) amino acids is much less efficient from acetate carbon than from glucose or lactate carbon. The biosynthesis of the aromatic amino acids and of lysine will be considered elsewhere under the appropriate headings.

Table 5. *Incorporation of the carbon from acetate into amino acids in T. utilis*

Amino acid	Carbon labeled	Location of carbon in amino acid						Ref.
		1	2	3	4	5	6	
Arginine . . .	1	37	0	0	0	67		1
Arginine . . .	2	14	27	30	30	0		
Isoleucine . .	1	47	1	3	0	46	3 (β methyl)	2
Isoleucine . .	2	17	39	4	19	18	3 (β methyl)	
Leucine[1] . . .	1	99	1	0	0	0	0	3
Leucine[1] . . .	2	2	89	2	1	1.5+	1.5+	
Lysine	1	60	0	1	0	0	38	4
Lysine	2	3	34	20	19	19	1	
Valine[2] . . .	1	100	0	0	0	0		5
Valine[2] . . .	2	14	22	21	22+	22+		

1. STRASSMAN and WEINHOUSE, 1952.
2. STRASSMAN and WEINHOUSE, 1955a.
3. STRASSMAN and coworkers, 1955a, 1956.
4. STRASSMAN and WEINHOUSE, 1953.
5. STRASSMAN and coworkers, 1955b.

[1] Similar labeling has been found in *S. cerevisiae*, REISS and BLOCH, 1951.
[2] Similar labeling in *S. cerevisiae*, MCMANUS, 1954.
For labeling in precursors of isoleucine and of valine see TATUM and ADELBERG, 1951.

The time course of the incorporation of acetate-1-C^{14} into torula yeast has been studied by TURBA and coworkers (1957) in connection with studies on protein synthesis in these organisms. In terms of activity per unit weight of amino acids, these workers found the most rapid incorporation into aspartic acid followed by glutamic acid, alanine, glycine, threonine and serine.

The incorporation of acetate carbon into amino acids has also been studied extensively in *E. coli* grown in glucose containing media (ABELSON and coworkers, 1953; ROBERTS and coworkers, 1953; CUTINELLI and coworkers, 1951). With either type of labeled acetate, C-1 or C-2, the specific activity of glutamic acid, proline and arginine turned out to be equal and greater than that in aspartic acid or threonine. In aspartic acid and threonine both terminal groups were equally labeled from acetate-1-C^{14}. Alanine synthesis appeared to be closely related to that of aspartic acid since the corresponding atoms had similar labeling. A relationship was also found to exist between the biosynthesis of serine and glycine. The main difference between the utilization of acetate in yeast and *E. coli* is in the labeling of lysine, indicating that two different pathways for lysine biosynthesis exist.

In *Neurospora*, acetate appears to behave in a similar manner to that in *E. coli* (ANDERSSON-KOTTÖ and coworkers, 1954).

In *Clostridium kluyveri*, acetate-1-C^{14} led to labeling of glutamate in carbons 1 and 3 and to the labeling of glycine, alanine, serine, aspartate and threonine in the α-carbon. The existence of a different pathway for the formation of glutamic acid in this organism is indicated by these results (as mentioned under the heading of carbon dioxide fixation).

In Table 6 the labeling of serine and alanine from acetate are compared in several different organisms. The differences observed may be due, at least in part, to the difference in the behavior of the β-carbon of serine, whether the hydroxymethyl group is rapidly lost, synthesized and replaced or not.

Table 6. *Comparison of the labeling of alanine and serine from acetate labeled in the carboxyl, 1, or methyl carbon, 2, in microorganisms*[1]

Organism	T. U.		S. C. (g)	E. C.		C. K.	T. U.		S. C. (g)	E. C.		C. K.
Type of acetate	1	2	2	1	2	1	1	2	2	1	2	1
Amino acid Carbon labeled	Percent of label in amino acid carbon											
	Alanine						Serine					
1	100	10	6	92	26	2	97	16	5	87	22	3
2	0	41[1]	50	4[1]	37[1]	96	1	42[1]	11	7[2]	39[2]	93
3	0	41[1]	44	4[1]	37[1]	3	1	42[1]	84	7[2]	39[2]	4

[1] Organisms and references:
T. U., *Torulopsis utilis*, EHRENSVÄRD and coworkers (1951).
S. C. (g), *Saccharomyces cerevisiae*, cultured in glucose-containing medium, GILVARG and BLOCH (1951).
E. C., *Escherichia coli*, CUTINELLI and coworkers (1951).
C. K., *Clostridium kluyveri*, TOMLINSON (1954, a, b).
[2] Average value for carbons 2 and 3 of amino acids.

HÖGSTROM (1953) has examined the fixation of acetate in the protein bound amino acids of regenerating rat liver, using acetate-1-C^{14}-2-C^{13}. Labeled carbon was found in the non-essential amino acids but not in any of the essential ones. When the distribution of the label among the carbon atoms of the non-essential amino acids was determined, a distribution was found such as might be explained by the operation of the tricarboxylic acid cycle.

Acetate fixation in the amino acids of one day-old mouse brain *in vitro* has also been measured by MOLDAVE and coworkers (1953). Surprisingly enough, the carboxyl carbon of acetate appeared in histidine (see under fixation of carbohydrate carbon).

The fixation of acetate into amino acids in higher animals is, no doubt, from the metabolic point of view, of great importance in the ruminants. This problem has been investigated in some detail by KLEIBER and coworkers (1952) and BLACK and coworkers (1957). The first of these studies showed that, as with labeled bicarbonate, acetate-1 or 2-C^{14} led predominantly, to labeling of non-essential amino acids and among these, glutamic acid, aspartic acid and proline received the heaviest dose of C^{14}, but label was also present in most of the essential amino acids. In the last study an investigation was made of the labeling of the individual carbons of the non-essential amino acids. On the basis of the findings it was concluded that the observed facts were in accord with fixation through the incorporation of acetate into intermediates of, or from the tricarboxylic acid cycle.

3. Fixation of glucose (lactate, pyruvate) carbon

A large number of workers (e. g. STRASSMAN and coworkers, see Table 5) who have studied the behavior of acetate in microorganisms have also employed glucose with labels in various positions or have made use of labeled lactate or pyruvate. The chief points of interest in there studies lie in their relation to the synthesis of the branched chain amino acids, and the aromatic amino acids, which are dealt with individually in the appropriate sections.

The formation of alanine, glutamic acid, and other glutamic acid derivatives in the excised leaves of plants, e. g. *Asplenium septentrionale* has been investigated by LINKO and VIRTANEN (1958) by making use of pyruvic acid-1-C^{14} and 2-C^{14}. More strongly radioactive products were formed from the 2-labeled pyruvic acid since the other label was largely lost by decarboxylation. In this work, the formation of labeled alanine, glutamine, glutamic acid, γ-methyl glutamic acid and γ-aminobutyric acid was observed but no labeled aspartic acid or γ-hydroxyglutamic acid appeared.

The fixation of carbon from glucose, uniformly labeled with C^{14}, into the protein and amino acids of one day-old mouse brain, both normal and infected with Theiler's GD VII virus, has been the subject of a series of investigations by RAFELSON and coworkers (1949, 1951); WINZLER and coworkers (1952); and MOLDAVE and coworkers (1953, 1954). When minced brain was incubated with the glucose under sterile conditions for 24 hr, twice as much C^{14} was incorporated into the infected brain tissue than into the normal and this incorporation was shown to be due to the appearance of C^{14} in all the amino acids except proline and threonine. In the essential amino acids, part of the radioactivity was present in the carboxyl groups, and in amounts similar to that found in nonessential amino acids in many cases. The presence of the virus appeared to inhibit incorporation into lysine and histidine in contrast to the other amino acids, into which incorporation was enhanced. Adult brain *in vitro* and day old brain *in vivo* incorporated glucose-carbon into nonessential amino acids only; aspartic acid, glutamic acid, alanine, serine, and glycine. Other tissues such as liver and intestine did not appear to incorporate C^{14} from glucose into essential amino acids, at least to anywhere near the same extent as brain. When glucose-1-C^{14} or 6-C^{14} was employed none of the label appeared in the essential amino acids (SKY-PECK and coworkers, 1956). The same workers showed that from glucose-U-C^{14}, phenylalanine was labeled in the α- and carboxyl carbons.

In order to explain these rather unexpected results WINZLER and coworkers (1952) suggested that the C^{14} was incorporated in products of partial breakdown of the essential amino acids. Since the known pathways of the degradation of many essential amino acids involves first deamination and then decarboxylation of the corresponding keto acids which is an irreversible process, the validity of this explanation may be questioned. Nor does this hypothesis explain the absence of activity in proline. It is equally possible that the brain in the one day-old mouse does synthesize amino acids but not rapidly enough, by any means, to supply the whole animal with amounts of amino acid significant from a nutritional point of view. It must be assumed that this synthetic ability is lost in later life. These investigations have been extended to chorioallantoic membranes infected with influenza virus (RAFELSON and ARNOFF, 1958). Again, the conversion of glucose to amino acids was increased in the presence of the virus.

When uniformly labeled sucrose was given together with a mixture of unlabeled amino acids to a fasting mouse, no C^{14} was found in the essential amino acids, apart from methionine, when the animal was sacrificed after three days and the amino acids were isolated from the proteins of the whole carcass (STEELE, 1952). Presumably the methionine was labeled in the methyl group only.

The utilization of the carbon from glucose-U-C^{14} for amino acid synthesis has also been examined in the dairy cow (BLACK and coworkers, 1955). The results show that there is a close relationship between serine and alanine formation and glucose breakdown, the serine appearing with equal labeling in all three carbon atoms. Less label from glucose appeared in glutamic acid, aspartic acid and glycine, and little or none in the essential amino acids. Thus, whereas acetate carbon appears to be of importance in the synthesis of essential amino acids in the dairy cow, such is not the case with glucose, a rather remarkable dichotomy.

4. Isotope competition and incorporation (Roberts and coworkers, 1955)

The method of isotope competition is clearly illustrated by the work of ABELSON and coworkers (1952, b). From research carried out by these workers (1952, a) it is known that carbon dioxide-C^{14} is incorporated into several amino acids (III, 1) in *E. coli* grown in a glucose containing medium. It is found that incorporation is inhibited by the addition of the amino acid which becomes labeled, and by any amino acid or substance which can be converted to the amino acid involved.

The data in Table 7 shows that unlabeled glutamic acid inhibits the incorporation of CO_2 into protein-glutamic acid. Likewise, the incorporation into arginine, threonine, proline and aspartic acid is reduced in the presence of glutamic acid. Hence, glutamic acid may give rise to these amino acids. However, it is not advisable to rely on evidence involving isotope competition alone, to support hypotheses concerning metabolic pathways, and, in general, workers using this method have supported evidence from competition experiments by observing direct conversions, and by making use of the metabolic peculiarities of mutants. One example of an erroneous conclusion which might be made is that hydroxyproline is converted to proline. Growth experiments do not support this conclusion.

Table 7. *Incorporation of C^{14} into amino acids by Escherichia coli grown in glucose-containing media supplemented as indicated*

Supplement[1]	Suppression of incorporation %				
	Arginine	Threonine	Proline	Aspartate	Glutamate
Arginine	100	0	0	0	0
Threonine	0	90	0	0	0
Proline	0	0	90	0	0
Aspartate	35	90	50	60	35
Glutamate	35	30	90	60	90
Ornithine	65	0	0	0	0
Homoserine	0	90	0	0	0
Hydroxyproline	0	0	90	0	0

[1] Supplements 0.1 to 2 mg per ml. ABELSON and coworkers (1952, b).

Glucose-U-C^{14} has been used in experiments of a similar type (ABELSON and coworkers, 1953; ABELSON, 1954). The results lend support to the hypothesis that the following metabolic pathways exist in *E. coli* (1) glutamic acid via acetyl derivatives to ornithine, citrulline, and arginine; (2) glutamic acid via its semialdehyde to proline; (3) aspartic acid through homoserine to methionine or threonine; (4) threonine through α-ketobutyric acid, and methyl valeric acid derivatives to isoleucine; (5) pyruvic acid to alanine; (6) serine to cysteine; (7) serine to glycine; (8) pyruvate through isovaleric acid derivatives to valine; or (9) through isovaleric acid derivatives to α-keto isocaproic acid to leucine; (10) threonine to glycine; (11) phenyl pyruvic acid to phenylalanine.

Isotope competition and the synthesis of the sulfur-containing amino acids in *E. coli* has also been investigated (section 4, a).

IV. Transamination

Some aspects of the well known reactions involving intermolecular transfer of nitrogen, transamination, have been examined with radioactive isotopes. Thus it has been found by NISONOFF and coworkers (1954), that transamination between an amino acid and its own keto acid analog may occur:

Alanine + pyruvate-1-C^{14} $\rightleftharpoons$ pyruvate + alanine-1-C^{14}

Glutamate-C^{14} + α-ketoglutarate $\rightleftharpoons$ α-ketoglutarate-C^{14} + glutamate

The existence of this type of transamination explains the inhibition by the product keto acid, of transamination with a second keto acid (NISONOFF and coworkers, 1953).

WILSON and coworkers (1954) used ketoglutarate-1,2-C^{14} to detect transamination reactions in plant tissues.

V. Decarboxylation

The decarboxylation of glutamic acid to yield γ-aminobutyric acid has been known to occur in bacteria since the early studies of KOESSLER and HANKE (1919). Later it was found in higher plants. Now the occurrence of the decarboxylation in mammalian brain has assumed significance since it leads to the accumulation of γ-aminobutyric acid, a substance with interesting pharmacological properties, in high concentrations in this tissue (WINGO and AWAPARA, 1950; ROBERTS and FRANKEL, 1951). The aminobutyric acid is converted to succinic acid semialdehyde by a transaminase reaction with α-ketoglutaric acid. Subsequently the succinic acid semialdehyde is oxidized and metabolized as succinic acid (ROBERTS and coworkers, 1958; WILSON and coworkers, 1959).

Recently, using isotopic bicarbonate, KOPPELMAN and coworkers (1958) have shown, using the bacterial enzyme, that the decarboxylation reaction has an equilibrium constant of 70.

$$K = \frac{(\gamma\text{-aminobutyrate})\,(HCO_3^-)}{(\text{Glutamate})} = 70\,.$$

In contrast lysine decarboxylase catalyzes a reaction which proceeds much further to completion, the constant being in this case 500—900.

VI. Peptide bond formation

1. Glutathione

The synthesis of glutathione involves the coupling of three amino acids with the formation of two peptide bonds, one a γ-glutamyl bond which is not generally recognized as being a type of bond found in protein. However, the methods used to study the synthesis of this peptide are much the same as those which have been employed to study the synthesis of other such bonds, including those which occur in protein.

The early studies on glutathione synthesis, which were largely carried out by BLOCH and coworkers (JOHNSON and BLOCH, 1949, 1951; BLOCH, 1949), made considerable use of glycine-C^{14} or of both glycine and glutamate-C^{14} (JOHNSON and BLOCH, 1951; SNOKE and BLOCH, 1952; MANDELES and BLOCH, 1955) as indicators of glutathione synthesis, when a net synthesis was not attained. In fact, these investigations, which sometimes made use of a glutathione trap, provide exceedingly good examples of methods used to detect the existence of synthetic reactions under conditions in which the product is either being broken down at a rapid rate, or where the synthetic rate is insufficient to allow its detection by ordinary methods. Investigations were made with preparations from guinea pig or other livers, from yeast or from hypsocotyl preparations from beans, or wheat germ preparations (WEBSTER and coworkers, 1953, 1954, 1955), with results which are in good accord.

The total reaction may be written:

$$\text{Glutamate} + \text{cysteine} + \text{glycine} + 2\,\text{ATP} \rightleftharpoons \gamma\text{-glutamyl cysteinylglycine} + 2\,\text{ADP} + 2\,\text{P}$$

However, it has been established that the reaction proceeds stepwise. γ-Glutamyl cysteine is the product of the first reaction catalyzed by an enzyme which is called synthetase A; a second reaction catalyzed by synthetase B, couples glycine with the dipeptide. Both steps have been shown to require ATP and to result in the liberation of a stoichiometrical amount of inorganic phosphate (P).

Synthetase A has been shown to be a different enzyme from that which catalyzes the formation of glutamine (MANDELES and BLOCH, 1955), although the reactions are similar. It also appears that the enzyme does not catalyze the formation of γ-glutamyl hydroxamate (MANDELES and BLOCH, 1955; WEBSTER and VARNER, 1954), although other evidence points to the activation of the carboxyl group. Synthetase B, on the other hand, catalyzed the formation of γ-glutamylcysteinyl hydroxamate (SNOKE and coworkers, 1953; SNOKE, 1955; WEBSTER and VARNER, 1955).

Besides catalyzing the synthetic reactions mentioned, these enzymes catalyze certain exchange reactions, the interpretation of which leads to a better insight into the mechanism. WEBSTER and VARNER (1954) showed that synthetase A would catalyze the exchange of cysteine-S^{35} into γ-glutamyl cysteine in the presence of ADP. The enzyme also promoted the exchange reaction

$$ADP^{32} + ATP \rightleftharpoons ATP^{32} + ADP$$

in the absence of added amino acids, a type of reaction which is also found with synthetase B (SNOKE and BLOCH, 1955). In addition, synthetase A catalyzes an exchange of inorganic phosphate-P^{32} into ATP in the presence of glutamate and absence of cysteine.

According to WEBSTER and VARNER (1954), these data support the mechanism:

Syn A + ATP $\rightleftharpoons$ Syn A-phosphate + ADP

Syn A-phosphate + glutamate $\rightleftharpoons$ Syn A-glutamate + P

Syn A-glutamate + cysteine $\rightleftharpoons$ γ-glutamylcysteine + Syn A

In the same way it has been demonstrated that synthetase B catalyzes the exchange of glycine-C^{14} into glutathione, a reaction requiring ADP and either phosphate or arsenate, as well as catalyzing the exchange of inorganic phosphate into ATP only in the presence of γ-glutamyl cysteine (WEBSTER and VARNER, 1955). According to SNOKE (1953) these data support a similar mechanism of glutathione synthesis from γ-glutamyl cysteine as that just given for the synthesis of γ-glutamyl cysteine itself.

However, the phosphorylation of neither enzyme A nor B has been demonstrated, a reaction which is necessary to postulate in order to explain the exchange of phosphate between ADP and ATP in the absence of glutamic acid in the one case, or of γ-glutamyl cysteine in the other. The data appear to exclude γ-glutamyl phosphate as an active intermediate in the first reaction and, in spite of considerable effort, it has not been possible to detect a phosphate of γ-glutamyl cysteine as an intermediate in the second reaction, although hydroxamic acid formation occurs. These questions are discussed in greater detail by SNOKE and BLOCH (1955) and WIELAND and PFLEIDERER (1957).

An investigation, not involving the use of isotopes, has shown that glutathione synthesis in *E. coli* apparently proceeds as described (SAMUELS, 1953). The formation and function of glutathione in microorganisms has been studied in great detail by ROBERTS and coworkers (1955) in experiments involving the use of S^{35}

The synthesis of glutathione in intact animals has also been studied by various workers using either glycine-N^{15} or labeled amino acids, e. g. ANDERSON and MOSHER (1951) who compared the incorporation of cysteine-S^{35} into various tissue proteins of intact rats with the incorporation into glutathione. In liver, three hours after giving the amino acid, the activity was only one thirtieth as high in the protein as in the glutathione. Incorporation into the glutathione of erythrocytes was much lower. Other workers (DIMANT and coworkers, 1955; ELDER and MORTENSON 1956) have shown the incorporation of glycine-$C^{14}$and glutamic acid-C^{14} in rat and duck erythrocytes *in vitro*. Surprisingly enough, the latter authors found less incorporation into the glutathione of rat erythrocytes in oxygen than anaerobically, and less incorporation into nucleated duck cells than into anuclear rat cells. Incorporation of glutamic acid and glycine proceeded at the same rate, indicating a lack of exchange *in vivo*.

2. Glutamine (Meister, 1956)

The conversion of glutamate to its γ-amide proceeds by reaction mechanisms which closely resemble those responsible for the synthesis of glutathione and γ-glutamyl cysteine. However, in this case the labeled precursor has not been employed to any significant extent to facilitate the investigations, since net synthesis is more readily attained and measured. The overall reaction in this case may be written:

$$\text{L-Glutamate} + NH_3 + ATP \rightleftharpoons \text{L-Glutamine} + ADP + P$$

The synthesis of glutamine has been shown to proceed reversibly (LEVINTOW and MEISTER, 1954), as indicated in the formulation of the net reaction, that is glutamine may be converted to glutamic acid by a phosphorolysis. In this reaction, arsenate may replace phosphate but without accumulation of any energy rich arsenate. The reaction has now been carried out using both O^{18}-labeled phosphate and arsenate, with the finding that the O^{18} in both cases appears in glutamic acid (VARNER and coworkers, 1958). When hydroxylamine is substituted for the ammonia, the corresponding hydroxamate of glutamic acid is formed. The hydroxamic acid is also formed from glutamine in an exchange reaction which does not involve the intermediate participation of free glutamic acid. This was shown by investigations with labeled glutamic acid-2-C^{14}. Thus, transfer does not require prior hydrolysis or phosphorolysis of the glutamine (LEVINTOW and coworkers, 1955). In order for the transfer reaction to proceed, ADP and inorganic phosphate were shown to be necessary.

The exchange reaction, therefore, cannot be due to the existence of the simple equilibra.

$$\text{Enz} + \text{glu-NH}_2 \rightleftharpoons \text{Enz-glu} + \text{NH}_3$$
$$\text{Enz-glu} + \text{NH}_2\text{OH} \rightleftharpoons \text{Enz} + \text{glu-NHOH}$$

unless the first equilibrium is too far to the right to provide a sufficiently high Enz-glu concentration to allow the second reaction to proceed at a significant rate.

Since the enzyme, which was prepared from peas, showed only one component in the ultra-centrifuge and appeared pure by other criteria, these results support the idea that the transfer reaction is catalyzed by the same enzyme as that concerned with the synthesis of glutamine *de novo*, contrary to other workers (GROSSOWICZ and HALPERN, 1957), who could find transferase but no synthetase activity in a preparation from *Mycobacterium phlei*.

As with the glutathione synthesis, the enzyme involved catalyzes the exchange of the phosphate between ATP and ADP (WEBSTER and VARNER, 1954; STAEHELIN and LEUTHARDT, 1955), and between inorganic phosphate and ATP, a reaction for which glutamic acid and traces of ammonia are required (WEBSTER and VARNER, 1954; VARNER and WEBSTER, 1955). In the synthetic reaction, oxygen is transferred from the γ-carboxyl of the glutamate to phosphate, i. e. O^{18} is transferred to the terminal P of ATP with little or no transfer into ADP (KOWALSKY and coworkers, 1956; BOYER and coworkers, 1956).

Recently the problem of the mechanism of glutamine synthesis has been reopened by WIELAND and coworkers (1958), who observed the following: ADP · P^{32} on incubation with the synthetase becomes firmly bound; the bound ATP moves with the protein when subjected to electrophoresis, but can be removed as such with large volumes of water; when glutamic acid and ATP are incubated with the enzyme, labeled inorganic phosphate is found on elution; glutamic acid labeled with C^{14} when incubated with the enzyme together with ATP becomes bound to the enzyme through its terminal carboxyl group, and evidence is presented that the phosphate is bound to the enzyme through sulfhydryl groups.

These observations and the ones previously cited are accounted for by these workers by the following mechanism where HSE represents the synthetase (with free sulfhydryl group):

$$\text{ADP}\cdot\text{P} + \text{HSE} \rightleftharpoons \text{ADP} + \text{P-SE}$$
$$\text{P-SE} + \text{ATP} \rightleftharpoons \text{ATP-SE} + \text{P}$$
$$\text{ATP-SE} + \text{glutamate} \rightleftharpoons \text{AMP}\!\begin{cases}\text{glutamate}\\ \text{SE}\end{cases} + \text{PP}$$
$$\text{AMP}\!\begin{cases}\text{glutamate}\\ \text{SE}\end{cases} + \text{NH}_3 \rightleftharpoons \text{AMP-SE} + \text{glutamine}$$
$$\text{AMP-SE} + \text{ATP} \rightleftharpoons \text{ATP-SE} + \text{AMP}$$

Thus, disregarding the first and second reactions in the series which result in the formation of active enzyme, the net reaction results in the splitting of ATP to give ADP and pyrophosphate. Unfortunately, this ignores the experimentally observed stoichiometry, the release of *one* mole of inorganic phosphate per mole of glutamine formed (SPECK, 1954),not two, which would have resulted had the pyrophosphate been broken down to orthophosphate.

3. Asparagine

WEBSTER and VARNER (1955) used aspartic acid-C^{14} to show the formation of asparagine in etiolated lupine seedings. It appears from this work that the synthesis of asparagine in many plant preparations such as lupine seedings, germinating peas and yeast or wheat germ acetone powder, proceeds in a fashion very similar to that of glutamine, showing a similar requirement and proceeding by the activation of the carboxyl group since hydroxamate formation proceeds when hydroxylamine is present in the system. The chief difference which is apparent between glutamine and asparagine synthesis is the high concentration of aspartic acid which is required.

4. Hippuric acid (see also VII, 1, α, β)

The synthesis of hippuric acid (benzoylglycine) has been used by many workers as a method of trapping glycine, in order to obtain some indication of the availability of compounds as precursors, or to try to evaluate the specific activity of the free glycine in the intact animal. One example of the first type is to be found in the work of CHAO and coworkers (1953), who investigated the availability of the carbon atoms of threonine, allothreonine, serine, glycolic acid, lactate and fructose for glycine and hence hippuric acid formation. Of the compounds mentioned the glycolic acid was utilized with the greatest efficiency. A significant fraction of the carbon of threonine and allothreonine-1-2-C^{14}, but not that of serine-3-C^{14} or of fructose-U-C^{14}, was recovered in the conjugate.

The synthesis in man of hippuric acid after the administration of glycine-2-C^{14} has been studied by BERLIN and coworkers (1954).

It is generally thought that the source of benzoic acid for hippurate formation is exogenous, but there is evidence obtained by the use of labeled benzoic acid and phenylalanine-3-C^{14} that there is an endogenous source of this acid in phenylalanine (SCHREIER and coworkers, 1954; ARMSTRONG and coworkers, 1955).

Evidence from work not involving the use of isotopes has shown hippuric acid synthesis to proceed by a mechanism involving the activation of the benzoic acid by the formation of benzoyl-CoA (Compare phenacetylglutamine synthesis, VI, 5).

5. Phenacetylglutamine

MOLDAVE and MEISTER (1957) have carried out an interesting investigation of the mechanism of formation of this conjugation product which is produced only in the human being and a few higher apes. In this investigation, use was made of glutamine-C^{14}, mostly as aid to analysis.

The mechanism of this synthesis was shown to be as follows:

Phenylacetate + ATP → phenacetyl-AMP + PP

Phenacetyl-AMP + CoA → phenacetyl-CoA + AMP

Phenacetyl-CoA + L-glutamine → phenacetylglutamine + CoA

6. Glycocholic and taurocholic acid

Taurocholic (and glycocholic) acid formation has also been studied with the assistance of labeled taurine (and glycine). The system responsible for this conjugation is found in the microsome fraction of the liver from rats (BREMER and

GLOOR, 1955; BREMER, 1956a). In the rat and chicken, taurine is preferred for conjugation, whereas in the rabbit glycine is more rapidly conjugated. CoA derivatives are involved as intermediates in the conjugation reaction (BREMER, 1956 b; SIPERSTEIN and MURRAY, 1956). Hypotaurine appears to conjugate to a limited extent, but the reaction is strongly inhibited by taurine (ELJARN and BREMER, 1956).

7. Carnosine and anserine

The synthesis of these peptides of β-alanine has been studied by MARTIGNONI and WINNICK (1954) using isotopic methods. Of several possible precursors of the β-alanyl residue of carnosine (β-alanyl histidine) and anserine (β-alanyl-1-N-methyl histidine), β-alanine appeared to be the best; aspartic acid-4-C^{14} among others was poorly utilized. Synthesis of anserine proceeded from N-methylhistidine-$C^{14}OOH$, rather than by methylation of carnosine, although the methylation of the peptide may also occur (HARMS and WINNICK, 1954). The incorporation of β-alanine-1-C^{14} into anserine was greatly stimulated in the presence of N-methyl histidine.

The synthesis of these peptides takes place in isolated muscle of both rat and chicken but not liver as shown with β-alanine-1-C^{14}. (WINNICK and WINNICK, 1957) Their half-lives appear to be about three weeks in the rat and four in the chicken (HARMS and WINNICK, 1954). It has been shown that the methyl group can arise from methionine (MCMANUS, 1957).

VII. Amino acid biosynthesis and catabolism

1. Glycine, serine and alanine

a) Sources of carbon

α) Carbohydrate

There appears to be a fairly direct route for the formation of serine from glycerol-1,3-C^{14} as shown in experiments with intact rat (KOEPPE and coworkers, 1957), and ICHIHARA and GREENBERG (1955, 1957) have demonstrated that a probable pathway for serine formation involves glyceric acid, 3-phosphoglyceric acid, 3-phosphohydroxypyruvic acid, and phosphoserine, finally yielding serine by the action of a phosphatase.

Alanine and glucose as precursros for serine and glycine have been compared in the rat (ARNSTEIN and KEGLEVIĆ, 1956).

Evidence has been presented by WEISSBACH and HORECKER (1955) that the labeled carbon of ribose-5-phosphate-1-C^{14} is converted to glycine by an extract from spinach leaves. The radioactivity appears largely in the α-carbon. In view of the fact that the extract contains pentose phosphate isomerase and transketolase, it would appear that carbons 1 and 2 of the sugar are converted to "active" glycolaldehyde, and hence through glycolic acid and glyoxylic acid to glycine. According to CALVIN (1950—1951) it is probable that some reaction of this type accounts for the early appearance of labeled glycine during photosynthesis.

However, in the intact rat this conversion does not appear to take place as shown by the experiments of GREENBERG und SASSENRATH (1954). Arabinose and ribose both labeled in C-1 were administered to rats along with benzoic acid. The hippuric acid isolated from urine was inactive.

β) Interconversion of glycine and serine (SAKAMI, 1955)

The conversion of serine to glycine was first demonstrated by SHEMIN (1946) who labeled both the carbon chain with C^{13} and the nitrogen with N^{15} and showed that the same ratio of C^{13} to N^{15} existed in the glycine formed as in the original serine. Since then, the reaction has been investigated extensively both *in vitro* and in intact animals. In addition, the isotopic competition experiments of ABELSON (1954) support the conclusion that serine is converted to glycine in *E. coli*, but in plant leaves it appears that little glycine is formed from serine (LINKO and VIRTANEN, 1958). The reverse of this reaction, the synthesis of serine from glycine and formate, was shown by SAKAMI (1948) using glycine-C^{13} and formate-C^{14}, the formate giving C-3 of serine. The glycine-serine conversion was confirmed with C^{14}-labeled glycine by WINNICK and coworkers (1948) and GOLDSWORTHY and coworkers (1949), and in addition to this it was found that glycine-2-C^{14} (SIEKEVITZ and GREENBERG, 1949), could be converted to serine-2,3-C^{14}. This result may be interpreted as being due to the conversion of one mole of glycine to a formyl group which then condenses with a second mole of glycine. The conversion of glycine to serine also occurs in human liver (GROSSMAN and coworkers, 1953) (also see GOODWIN and KINNEY, 1958). In higher animals, much additional work shows that formate is converted to and is formed from serine (ELWYN and SPRINSON, 1950; SIEKEVITZ and GREENBERG, 1950; MITOMA and GREENBERG, 1952; BERG, 1953; ALEXANDER and GREENBERG, 1955; BLAKELY, 1955) and in the bacteria *Streptococcus faecalis* (LASCELLES and WOODS, 1954); *Clostridium acidi urici* and *Diplococcus glycinophilus* (SAGERS and GUNSALUS, 1958).

Although the interconversion of glycine and serine is well documented, the rate of these reactions is less firmly established. In early work, ARNSTEIN and NEUBERGER (1951) examined the effect of the size of the dose of benzoate and glycine-2-C^{14} on the activity in hippuric acid excreted by rats at intervals after administration of the amino acid. Later, ARNSTEIN and NEUBERGER (1953) made quantitative estimates of rates of glycine formation in the rat and interpreted their results as showing a formation of 2.5 millimoles of glycine per day per 100 g of rat, a rate which was thought to be independent of the dietary glycine. Another method of measurement was employed by ARNSTEIN and STANKOVIC (1956) and a high rate of glycine formation was calculated (3.5 millimoles), this rate being depressed by reducing the dietary glycine. The conversion was also investigated in rabbits (HENRIQUES and coworkers, 1955). A different interpretation of the data of ARNSTEIN and NEUBERGER has been presented by WHITE (1958).

γ) Hydroxymethyl and formyl groups (HUENNEKENS and coworkers, 1958)

It now seems clear that any group which can be taken up by tetrahydrofolic acid and transferred as hydroxymethyl (or formyl), or which like the methyl group of methionine can be oxidized to hydroxymethyl, may take part in the conversion of glycine to serine.

Among the groups of this type which have been shown to be utilized in animals and bacteria by using C^{14}, are of those of formaldehyde (SIEGEL and LAFAY, 1950), methyl groups of methionine (SIEKEVITZ and GREENBERG, 1950), choline (SIEKEVITZ and GREENBERG, 1950; and SAKAMI, 1958), acetone (SAKAMI, 1950), glyoxylic acid (MITOMA and GREENBERG, 1952), sarcosine (MACKENZIE and ABELES, 1956), and methyl mercaptan (CANELLAKIS and TARVER, 1953).

In these reactions, free formaldehyde is probably not involved because when unlabeled formaldehyde is added to a system forming serine from formate-C^{14}, no reduction in the radioactivity of the serine occurs (MITOMA and GREENBERG, 1952). A great deal of work carried out *in vivo* implicates folic acid derivatives as mediators in this type of reaction, e. g. the conversion of formate to serine is decreased in folic acid deficiency (PLAUT and coworkers, 1950); the conversion of the α-carbon of glycine to serine is decreased in the livers of deficient turkey poults (VOHRA and coworkers, 1956). It has also been shown that, *in vitro*, formate-C^{14} is incorporated into citrovorum factor (ZAKRZEWSKI and NICHOL, 1955; GREENBERG and coworkers, 1955); DOCTOR and AWAPARA (1956) have shown the incorporation of C^{14} from serine-3-C^{14} into the factor; and KISLUICK and SAKAMI (1954, 1955) that the treatment of a pigeon liver preparation with Dowex-1 resulted in the loss of the ability of the preparation to incorporate glycine into serine. The ability could be restored by the addition of tetrahydrofolic acid. The production in rats of formic acid from various precursors has been the subject of an investigation by WEINHOUSE and FRIEDMANN (1952).

δ) Conversion of serine to alanine

Besides the pathways already mentioned, serine is dehydrated, eventually giving rise to pyruvic acid which is readily converted to carbohydrate.

$$\underset{\text{Serine}}{\begin{matrix} CH_2{-}OH \\ | \\ CHNH_2 \\ | \\ COOH \end{matrix}} \xrightarrow[\text{dehydrase}]{\text{Serine}} \left[\begin{matrix} CH_2 \\ \| \\ C{-}NH_2 \\ | \\ COOH \end{matrix} \quad \begin{matrix} CH_3 \\ | \\ C{=}NH \\ | \\ COOH \end{matrix} \right] \longrightarrow \begin{matrix} CH_3 \\ | \\ C{=}O \\ | \\ COOH \end{matrix}$$

This reaction, as well as the deamination of serine to give β-hydroxypyruvic acid, has been studied largely by enzymatic methods and will not be dealt with further.

It is clear that serine may also give rise to alanine by amination of the pyruvic acid (above) with amino groups from glutamic acid or elsewhere. The reaction has been shown to exist by isotopic methods (LIEN and GREENBERG, 1952). The same reaction probably occurs in *E. coli* (ABELSON, 1954).

ε) Other

Glycine may also be formed from threonine (Section VII, 3, b), and alanine from tryptophan (Section VIII, 7, b), (p. 853, 870).

b) Catabolism

The conversion of glyoxylic acid to glycine was first demonstrated by WEINHOUSE and FREIDMANN (1951), and later confirmed by CHAO and coworkers (1953). However, prior to this, the reverse reaction, the deamination of glycine to give glyoxylic acid, had been investigated enzymatically by RATNER and coworkers (1944). The same enzyme also attacks sarcosine, yielding methylamine in place of ammonia. Glyoxylic acid may also be formed from glycine in transamination reactions involving either ornithine (MEISTER, 1954) or other amino acids (MEISTER and coworkers, 1952).

The further metabolism of glyoxylic acid has been shown to give rise to formic acid (NAKADA and WEINHOUSE, 1952; MITOMA and GREENBERG, 1952) or rather to a formyl group bound to tetrahydrofolic acid (SAGERS and GUNSALUS, 1958). The catabolism of glyoxylic acid by homogenates of rat liver is specifically stimulated, apparently catalytically, by glyoxylic acid oxidase and glutamic acid (NAKADA and SUND, 1958), as shown by investigations utilizing glyoxylic acid-1,2-C^{14}. The formation of an intermediate, formyl glutamic acid, with C^{14} in the formyl group was shown in these experiments. Presumably the formyl group may be oxidized to CO_2 or transferred to tetrahydrofolic acid.

In addition to the types of glycine breakdown just discussed, there exist at least two other mechanisms. In a species of *Pseudomonas*, glycine is degraded by some entirely different pathway as shown by the labeling experiments of CAMPBELL (1955). This worker found that the α-carbon is oxidized to CO_2 and the carboxyl carbon is converted to formic acid, glyoxylic acid being an intermediate — the reverse of the usual findings.

STADTMAN and ELLIOTT (1956) have shown that glycine-2-C^{14} is reductively deaminated by *Clostridium sticklandii* in the presence of 1,3-dithiopropanol to give acetate-2-C^{14}.

The oxidation of glycine carbon to CO_2 appears to occur relatively slowly (NAKADA and WEINHOUSE, 1953; WEINHOUSE, 1955). Oxidation of the α-carbon evidently proceeds via formic acid, which, however, may not appear in free form (SIEKEVITZ and GREENBERG, 1950). Oxidation of the β-carbon of serine appears to occur more readily (LEVINE and TARVER, 1950).

c) Utilization

α) *Ethanolamine and choline*

The conversion of serine-3-C^{14} to ethanolamine has been shown by LEVINE and TARVER (1950) and WEISSBACH and coworkers (1950), confirming the results of STETTEN (1942) who used the N^{15}-labeled amino acid. No enzyme is known which is able to bring about the decarboxylation of serine, so that the phosphate may be the intermediate in the reaction. The formation of choline from ethanolamine has been observed by STETTEN (1941); WEISSBACH and coworkers (1950); ELWYN and coworkers (1955); and by ARNSTEIN (1951). Earlier, the conversion of N-methyl and N, N-dimethyl ethanolamine to choline had been observed by labeling with deuterium (DU VIGNEAUD and coworkers, 1943). Hence, serine may be converted by way of ethanolamine and its methylated derivatives to choline. The methylation reactions involved in the conversion of ethanolamine to choline are dealt with under the heading of transmethylation (Section VII, 4, c, β).

In addition to these reactions it is also possible to form glycine from choline, no doubt following the oxidation of choline to betaine (SOLOWAY and STETTEN, 1953). Choline may lose one of its methyl groups, after first being oxidized via betaine aldehyde to betaine, with the formation of dimethylglycine, in a reaction which has been studied largely by enzymatic methods. Following its conversion to dimethylglycine, the methyl groups cease to be labile but demethylation proceeds by the conversion of both the methyl groups to hydroxymethyl and formyl groups (MACKENZIE, 1950; MACKENZIE and coworkers, 1953). This whole series of reactions form a cycle which has been dealt with in detail by MACKENZIE (1955) and MACKENZIE and FRISELL (1958).

β) *Creatine-creatinine*

In this section the application of isotopic methods to the following reactions will be discussed.

$$HN{=}C(NH_2)\text{-}NH\text{-}(CH_2)_3\text{-}CHNH_2\text{-}COOH + CH_2NH_2\text{-}COOH \rightarrow NH_2\text{-}(CH_2)_3\text{-}CHNH_2\text{-}COOH + HN{=}C(NH_2)\text{-}NH\text{-}CH_2\text{-}COOH$$

Arginine + Glycine → Ornithine + Guanidinoacetic Acid

Guanidinoacetic acid + S-adenosylmethionine → Creatine + S-adenosylhomocysteine

$$\text{Creatine} + \underset{ATP \rightarrow ADP}{\longleftrightarrow} \text{Creatine Phosphate} \longrightarrow \text{Creatinine} + P$$

The first studies of creatine formation involving the use of isotopes were carried out by BLOCH and SCHOENHEIMER (1941) who labeled with N^{15} the possible precursors of the nitrogen atoms which go to form the molecule. In this way it was demonstrated that only direct precursors were arginine (amidine) and glycine and that the condensation of arginine with glycine gave rise to guanidinoacetic acid (glycocyamine) and presumably ornithine. The utilization of guanidinoacetic acid was also demonstrated directly with the N^{15}-labeled intermediate. Hence, transamidation from arginine to glycine yields guanidinoacetic acid.

Later, BLOCH (1946 a, b) showed that the guanidino-N of arginine is used only for urea or creatine (creatinine) formation in the rat; and moreover, that creatine formation in the pigeon occurs by a similar mechanism, but that in the bird little dilution of the guanidino-N of arginine occurs, arginine not being to rapidly synthesized in the bird.

The transamidation reaction has been shown to be reversible by labeling the amidine group of the guanidinoacetic acid with C^{14} (HORNER and coworkers, 1956).

Other reactions of a similar type have also been shown to be reversible as indicated below (RATNER and ROCHOVANSKY, 1956; WALKER, 1957):

Amidine Donors	*Amidine Acceptors*
Canavanine	Canaline
Arginine	Glycine
Guanidinoacetic acid	Ornithine

As noted elsewhere (p. 857) the guanidinoacetic acid is methylated with methyl groups from methionine.

The origin of the nitrogen of urinary creatine in progressive muscular distrophy has been the subject of some study (BENEDICT and coworkers, 1955).

γ) *Porphyrin* (SHEMIN, 1955)

The appearance of the labeled carbon from glycine-2-C^{14} in heme was observed by ALTMAN and coworkers (1948, 1949) in experiments with intact rats and homogenates of rabbit bone marrow, although prior to this the utilization of glycine-N in heme formation had been observed (SHEMIN and RITTENBERG, 1945, 1946). On the other hand it was observed that the labeled carbon of glycine-1-C^{14} did not appear in heme (GRINSTEIN and KAMEN, 1984; RADIN and coworkers, 1950). The latter group of workers and MUIR and NEUBERGER, (1949, 1950) noted that for the synthesis of the porphyrin, two α-carbon atoms were utilized per one atom of nitrogen. These carbon atoms appeared in both the heterocyclic rings and in the methene bridges of the porphyrin (WITTENBERG and SHEMIN, 1950; MUIR and NEUBERGER, 1950). The α-carbon of acetate was also used in the synthesis of porphyrin in such a way as to implicate some member of the tricarboxylic acid cycle, probably succinyl CoA (SHEMIN and WITTENBERG, 1951). The intermediate used in the porphyrin synthesis was shown to be δ-amino levulinic acid by two types of experiments (SHEMIN and RUSSELL, 1953): the labeling of heme from either glycine or succinic acid was reduced very greatly by adding equimolar amounts of the intermediate, and the intermediate was incorporated into heme in high yield. The nature of the pyrrole labeling after administration of δ-amino levulinic acid-5-C^{14} has also been investigated by SHEMIN and coworkers (1955); and that of its mechanism of formation has been elucidated by KIKUCHI and coworkers (1958).

δ) *Purine*

Investigations have shown the preferential incorporation of the nitrogen from glycine into uric acid in pigeons and human subjects (SHEMIN and RITTENBERG, 1947) into purines of yeast (ABRAMS and coworkers, 1948) and, likewise, of the carbon of the same amino acid and of formic acid by the intact pigeon into uric acid (SONNE and coworkers, 1948; BUCHANAN and coworkers, 1948). Further details of these investigation may be found in a publication by BUCHANAN and coworkers (1955) and elsewhere in this work.

ε) *Other*

The utilization of serine for cysteine and tryptophan formation will be discussed under the appropriate headings.

2. Glutamic acid, aspartic acid, ornithine, arginine, proline and hydroxyproline

a) Sources of carbon

From what has been said under the headings "Fixation of carbon dioxide" and "Fixation of acetate" it is clear that glutamic acid and aspartic acid arise by the operation of tricarboxylic acid cycle and reactions which lead to carbon dioxide fixation. Accordingly the matter will not be dealt with further at this point.

b) Interconversions between ornithine, proline and glutamic acid

Early studies with deuterium showed that ornithine is converted to proline and glutamic acid by intact mice (ROLOFF and coworkers, 1940). This reaction appears to be reversible in higher animals because proline labeled with both D and N^{15} is converted to ornithine and glutamic acid (STETTEN and SCHOENHEIMER, 1944). In addition, it has been found with mice that ornithine labeled in the α-amino group with N^{15} is converted extensively to proline and hydroxyproline and to a lesser extent to glutamic acid, whereas δ-N^{15}-labeled ornithine contributes more N^{15} to glutamic acid than to proline (STETTEN, 1951).

The system in rat liver responsible for the conversion of ornithine to glutamic acid semialdehyde and thence to proline has been investigated by SMITH and GREENBERG (1957) using ornithine-2-C^{14} (mainly as an aid to detection of the products and as a source of the semialdehyde). It is probable that ornithine first suffers transamination of its ω-amino group giving glutamic acid semialdehyde, a reaction which is reversible (MEISTER, 1954). The semialdehyde is in equilibrium with Δ'-pyrrolidine-5-carboxylic acid in a reaction which is spontaneous, and this equilibrium-product is converted by reduction to proline. In many bacteria, e. g. *E. coli*, just as in higher animals, it appears that there normally exists a ready interconversion between proline, glutamic acid and ornithine as shown by studies with glutamic acid-proline auxotrophs. (VOGEL and DAVIS, 1952), and by using labeled ornithine (VOGEL, 1956).

The distribution pattern of the ω-transaminase for ornithine is of considerable interest. The enzyme is present in some bacteria including those which are gram-positive, fungi, protozoa, plants and higher animals, whereas in the blue-green algae and gram-negative organisms it is quite absent, according to SCHER and VOGEL (1957). It appears that in the latter type of organism the conversion of glutamic acid to ornithine and proline may proceed via the acetyl derivatives of the amino acids. Much evidence exists which supports this conclusion. Thus, in one mutant of *E. coli*, VOGEL (1955) and DAVIS (1955) found an accumulation of both α-N-acetylornithine and N-acetyl-glutamic acid semialdehyde. The latter derivative will transaminate with glutamic acid to yield α-N-acetyl ornithine and ornithine, or is deacetylated to give proline following reduction (VOGEL and BONNER, 1956). The existence of this pathway (acetyl) has been shown by isotopic methods. *E. coli* were grown in a medium containing acetyl-glutamic acid-U-C^{14} together with four times its weight of unlabeled free glutamic acid. After growth, the specific activity of the ornithine, prepared from the arginine in the protein from the organisms, was compared with that of the glutamic acid and proline with the following results:

proline : glutamate : ornithine = 1 : 0.01 : 0.03

Hence, in view of the lack of dilution, proline must have been formed from acetylglutamic acid rather than from the free glutamic acid, the unlabeled component, but ornithine must have arisen directly from glutamic acid or by a different pathway (Vogel and coworkers, 1953). Additional experiments along these lines are cited by Vogel (1955).

The reduction of glutamic acid to give the semialdehyde may proceed via the phosphate, γ-glutamyl phosphate or its acetylated derivative, a similar pathway to that which has been shown to exist with aspartate (see Davis, 1955), (Meister, 1957). However, the glutamyl phosphate can not be free but must be bound to an enzyme (Strecker, 1957).

Most of the interconversions which have been under consideration have been found to occur in *E. coli* by using the method of isotope competition (Abelson and coworkers, 1952 b; Abelson, 1954), and by examining the interconversions of labeled amino acids (Abelson and coworkers, 1953). Thus, it has been shown that glutamic acid-U-C^{14} or 1-C^{14} is converted without change in specific activity to proline and arginine, but that in the presence of glucose *E. coli* do not form significant amounts of glutamic acid or arginine from proline-U-C^{14} or of glutamic acid and proline from arginine-U-C^{14}.

c) Urea formation and breakdown

In recent years some of the details of the Krebs' urea cycle have been investigated with the aid of isotopes. It was shown that CO_2 labeled with C^{13} or C^{11} could be incorporated into urea (Rittenberg and Waelsch, 1940; Evans and Slotin, 1940). Rust and coworkers (1956) concluded that plasma carbon dioxide is not in rapid equilibrium with the urea carbon in rats, because liver-CO_2 specific activity does not reflect plasma-CO_2 specific activity when labeled compounds such as glucose and alanine are being catabolized. This conclusion is at variance with an earlier one of Mackenzie and du Vigneaud (1948).

It has also been found that carbon dioxide-C^{14} is fixed in ornithine to form citrulline and that the product is converted to urea with the same specific activity (Grisolia and Cohen, 1948; Grisolia and coworkers, 1951).

The conversion of ornithine to citrulline with preparations from mammalian tissues is catalyzed by carbamyl glutamic acid (and other derivatives of glutamic acid) in the presence of ATP (Grisolia and Cohen, 1953). However, by using C^{14} and N^{15}, it had been shown that transfer of the carbamyl group from glutamic acid to form carbamyl ornithine (citrulline) is not the mechanism for the catalysis by carbamyl glutamic acid.

It is known that the synthesis of citrulline in mammalian tissues requires two moles of ATP per mole of citrulline formed and that carbamyl phosphate is the intermediate (Metzenberg and coworkers, 1958). The position of carbamyl phosphate as the intermediate in citrulline synthesis was first shown by Jones and coworkers (1955) using enzymic preparations from bacteria and more recently by Reichard (1957) with a preparation from rat liver. Two reactions are involved, at least in bacteria:

$$CO_2 + NH_3 + ATP \rightleftharpoons \text{carbamyl phosphate} + ADP$$

$$\text{Carbamyl phosphate} + \text{ornithine} \rightleftharpoons \text{citrulline} + Pi$$

These reactions, in which ornithine is the specific acceptor, explain the phosphorolysis and arsenolysis of citrulline which occur in mammalian tissue (Krebs and coworkers, 1955) and *Streptococci* and other bacteria (Korzenovsky, 1955; Oginsky, 1955; Slade, 1955).

In addition, it is known that carbamyl phosphate is the intermediate in carbamyl aspartate formation (Lowenstein and Cohen, 1954, 1955, 1956; Reichard and Hanshoff, 1956). Also, by using labeled citrulline (C^{14} in carbamyl group), SMITH and STETTEN (1954) showed that the carbamyl group can be transferred to aspartate, probably by way of carbamyl phosphate, to form dihydroorotic acid and eventually orotic acid in rat liver preparations. However, the amidine carbon of arginine is not used for orotic acid synthesis in these preparations. Evidently there is no degradative mechanism for citrulline formation from arginine in mammalian tissues as there is in many bacteria (OGINSKY, 1955).

The lack of conversion of arginine to citrulline in the mammal is also shown by the work of STETTEN and BLOOM (1956) who made use of arginine labeled in the amidine group with both N^{15} and C^{14}. The nitrogen was not lost from the amidine group independently of the carbon. Thus, following a feeding period of three days, the ratio of N^{15} to C^{14} in the amidine group of arginine in organ protein was higher, rather than lower, than it was in the original arginine fed. Presumably some of the N^{15} liberated was reutilized for arginine synthesis (see below catabolism of urea). Carcass creatine had the same isotopic ratio as that in the guanidine group of the arginine fed. Thus a transfer of the group as a whole occurred when creatine formation took place.

The fixation of carbon dioxide into arginine (and aspartic acid) appears to be greatly influenced by biotin, deficient rats and *Lactobacilli* fixing much less than controls (LARDY and coworkers, 1949; MACLEOD and LARDY, 1949). The same is true of the fixation into citrulline in the livers of rats (MACLEOD and coworkers, 1949).

In the investigation of STETTEN and BLOOM (1956) just cited, it was found that the arginine labeled in the guanidine group with C^{14} gave rise to labeled carbon dioxide; in fact more than 60% of the labeled carbon excreted in three days appeared by this route. At the same time it was noted that the ratio of N^{15} to C^{14} in the urea excreted by the rats over the three day experimental period gradually increased. These results may be explained if it is assumed that the urea formed from the guanidino group undergoes decomposition in the rat. This has been shown to be the case by several groups of workers who employed urea labeled with C^{14} (LEIFER and coworkers, 1948; SKIPPER and coworkers, 1951; CHAO and TARVER, 1953; KORNBERG and coworkers, 1954; DINTZIS and HASTINGS, 1953), in experiments with intact mice, rats and cats. The work published by the several groups in 1953, 1954, showed by the use of antibiotics and eviscerated animals that the breakdown must be due to the bacterial flora in the gastro-intestinal tract, and in the oral cavity.

d) Catabolism

It may be assumed that the breakdown of the amino acids under consideration is largely channeled through glutamic acid and α-ketoglutaric acid and hence into the tricarboxylic acid cycle. However, proline in the process of collagen formation is in part converted to hydroxyproline (p. 892). The catabolism of glutamic acid through γ-aminobutyric acid is dealt with under the heading of "Decarboxylation".

The metabolic breakdown of DL-hydroxyproline-2-C^{14} in the rat has been reported to lead to the formation of labeled glutamic and aspartic acids (LETELLIER and BOUTHILLIER, 1954). Since the C^{14} found in these acids was not entirely in the carboxyl groups (and thus due to CO_2 and acetate fixation), it was felt that they were directly formed from the hydroxyproline. In these experiments, $C^{14}O_2$ expiration was 12% of the dose in 4 hr, and urinary excretion amounted to 25% of the dose, of which 65% was recovered as DL-hydroxyproline.

Later work with rats, using DL-hydroxyproline-2-C^{14} and DL-*allo*-hydroxyproline-2-C^{14} showed a considerably higher CO_2 output, amounting to 24% of the dose for the former, and 12% for the latter material (WOLF and coworkers, 1956). In addition, it was found that DL-hydroxyproline-2-C^{14} yields liver protein most highly labeled in alanine-2-C^{14}, with glutamic and aspartic acids nearly as active. The allo-isomer results in aspartic and glutamic acids having the highest specific activity. The major urinary product was pyrrole-α-carboxylic acid, a known product of the action of D-amino acid oxidase on D-hydroxyproline, probably via Δ'-pyrroline-4-hydroxy-2-carboxylic acid (RADHAKRISHNAN and MEISTER, 1957). WOLF and

BERGER (1958) showed that L-hydroxyproline-2-C^{14} also led to the excretion of labeled pyrrole-α-carboxylic acid as a major product. The mechanism of formation of this material from the L-isomer of hydroxyproline is not clear, especially in view of the isolation of a liver enzyme system which converts this material to L-γ-hydroxyglutamic acid (ADAMS and coworkers, 1958).

e) Fermentation (Barker, 1959)

In some microorganisms, e. g. *Clostridium tetanomorphum*, glutamic acid is rapidly fermented by a rather unique and very interesting pathway which has been recently uncovered, although the end products have been known for a considerable time (BARKER, 1937). The final products of this fermentation are acetic acid, butyric acid, ammonia, carbon dioxide and hydrogen, much less carbon dioxide having been produced than that anticipated if the acetic acid arose via the tricarboxylic acid cycle. The fate of the individual carbon atoms of glutamic acid have been traced using appropriately labeled substrates (WACHSMAN and BARKER, 1955) with the results shown below.

5 COOH — 5 CO_2

4 CH_2 | 3 CH_2 — 3 CH_3—4 CH_2—3 CH_2—4 COOH

2 $CHNH_2$ | 1 COOH — 2 CH_3 | 1 COOH

Two different two-carbon units are formed, one giving rise predominantly to acetate, and the other giving butyric acid. WACHSMAN (1956) showed mesaconic acid (methyl fumaric acid) to be a minor product. When added to cultures, mesaconic acid was decomposed in such a way as to suggest it to be an intermediate in the breakdown of glutamic acid. During its decomposition, mesaconic acid gave rise to traces of a second dicarboxylic acid which proved to be α-methyl malic acid (citramalic acid), evidently formed by hydration in a reversible reaction. The same acid has been found to accumulate in a *Neurospora* mutant which requires both valine and isoleucine for growth (WILLSON and ADELBERG, 1951).

Citramalic acid is converted to acetic acid and pyruvic acid, again in a reversible manner. The formation of mesaconic acid involves the intermediate L-threo-β-methylaspartic acid (BARKER and coworkers, 1958). The mechanism receives further support from enzymatic and additional tracer experiments which demonstrate that glutamic acid-4-C^{14}gives mesaconic acid labeled as indicated (MUNCH-PETERSEN and BARKER, 1958):

The first reaction is catalyzed by an enzyme which has a modified form of B_{12} as coenzyme (BARKER and coworkers, 1958).

COOH—•CH_2—CH_2—$CHNH_2$—COOH ⇌ CH_3—•CH(COOH)—$CHNH_2$—COOH ⇌ CH_3—•C(—COOH)=CH—COOH ⇌

Glutamic Acid — β-Methylaspartic Acid — Mesaconic Acid

$$\rightleftharpoons CH_3-\overset{\bullet}{C}(OH)(CH_2COOH)-COOH \rightleftharpoons CH_3-\overset{\bullet}{C}(=O)-COOH + CH_3COOH \xrightarrow{-CO_2} (CH_3-\overset{\bullet}{C}(=O)) \dashrightarrow \text{Butyric Acid}$$

Citramalic Acid — Pyruvate + Acetic Acid — Butyric Acid

3. Threonine

a) Biosynthesis

ABELSON and coworkers (1953) showed by means of isotope competition experiments involving the use of glucose-U-C^{14} with homoserine and threonine that, in *E. coli*, aspartic acid is converted through homoserine to threonine. The close relationship between these two amino acids in *E. coli* and *Neurospora* is also evident because the γ-carbon and carboxyl carbon of both become labeled from the carboxyl carbon of acetate (Section III, 2).

More recently, details of this pathway of biosynthesis have been established by enzymatic methods. Aspartate undergoes reduction in *E. coli* through its phosphate to yield the corresponding β-semialdehyde (DAVIS, 1955; MEISTER, 1957). The semialdehyde is further reduced to homoserine, which, via the phosphate, gives rise to threonine (WATANABE and coworkers, 1957).

b) Catabolism

Threonine cannot be reversibly transaminated, as indicated by studies with N^{15}-labeled amino acids (ELLIOTT and NEUBERGER, 1950; MELTZER and SPRINSON, 1952). It appears to be broken down by two distinct pathways. One pathway, analogous to the dehydration-deamination reaction of serine, yields α-ketobutyric acid and hence by transamination, L-α-aminobutyric acid, a product identified from the enzymatic breakdown of DL-threonine-1,2-C^{14} (LIEN and GREENBERG, 1953). N^{15}-labeling of threonine showed that the original amino group was lost during the formation of α-aminobutyric acid.

The second pathway exists in liver and kidney and yields acetaldehyde and glycine (BRAUNSTEIN and VILENKINA, 1949). By use of L-threonine-4-C^{14}, N^{15}, MELTZER and SPRINSON (1952) showed that one fifth to one third of the dietary threonine was cleaved in this manner by the rat.

1. $$CH_3-CHOH-CHNH_2-COOH \longrightarrow \left[CH_3-CH=C(NH_2)-COOH \longrightarrow CH_3-CH_2-C(=NH)-COOH\right] \longrightarrow CH_3-CH_2-C(=O)-COOH$$

2. $$CH_3-CH(OH)-CH(NH_2)-COOH \longrightarrow CH_3CHO + CH_2(NH_2)COOH$$

Certain mutants of *E. coli* can also convert labeled threonine to glycine (MILLER and SIMMONDS, 1957).

4. Methionine and cysteine-ine

a) Biosynthesis

The synthesis of cysteine and methionine in *E. coli* has been investigated by the method of isotope competition with sulfate-S^{35} (COWIE and coworkers, 1951). Uptake of radioactivity from sulfate-S^{35} was depressed by the addition of sulfite, thiosulfate, cystine, cysteine, homocystine, homocysteine and methionine, with the last three compounds depressing the uptake much less than those first mentioned. These results support a pathway of synthesis as follows

$$\text{sulfate} \rightarrow \begin{matrix}\text{sulfite}\\ \text{or}\\ \text{thiosulfate}\end{matrix} \rightarrow \text{cysteine} \rightarrow \text{homocysteine} \rightarrow \text{methionine}$$

From the enzymatic work of SCHLOSSMANN and LYNEN (1957), it appears that the synthesis of cysteine in microorganisms (baker's yeast, *Aspergillus niger*) may proceed through sulfide, since these workers have partially purified an enzyme from the yeast which froms cysteine from serine and sulfide.

Whether this enzyme is related to the one responsible for the formation of S-methyl-cysteine from methyl mercaptan and serine is not clear (WOLFF and coworkers, 1956; DOWNEY and BLACK, 1957). In the rat it has also been found that sulfide sulfur is converted to cystine (DZIEWIATKOWSKI, 1946). This was done by isolating labeled cystine from the proteins of animals given sulfide-S^{35} as well as by isolating labeled mercapturic acid from the urine of animals given bromobenzene with the sulfide. This may perhaps be due to the reversal of the cysteine desulfhydrase reaction (SMYTH and HALLIDAY, 1942). Small amounts of sulfate-S^{35} appear to be converted to cystine in the rat, and to taurine in the chicken (DZIEWIATKOWSKI, 1954; MACHLIN and PEARSON, 1957). No doubt, the synthesis of the sulfur containing amino acids is of greater magnitude in ruminants than in other mammals, so, in the cow, both methionine and cystine are formed from sulfate (BLOCK and STEKOL, 1950).

The formation of taurine is discussed in the following section.

In the rat, the carbon chain of serine has been found to give rise to cysteine by labeling serine with N^{15} (STETTEN, 1942). Due to the existence of the glycine-serine interconversion, and the conversion of methyl groups to formyl groups, the methyl carbon of methionine and the carbons of glycine are also found in cysteine after giving these labeled compounds to the intact rat (STEKOL and coworkers, 1950). Cystine does not appear to be converted to serine but does give rise to pyruvate (ARNSTEIN and CRAWHALL, 1953).

b) Methionine and cysteine-ine metabolism

α) *General*

TARVER and SCHMIDT (1939) first showed the conversion of methionine sulfur to cystine sulfur in the rat by employing S^{35}. The same conversion has been shown to occur in the human cystinuric patient (REED and coworkers, 1949), and in the dog with cystinuria (TARVER and SCHMIDT, 1947). In this conversion, cystathionine formed by condensation of homocysteine with serine is the intermediary, as shown with the labeled compound (RACHELE and coworkers, 1950), and by trapping S^{35} from methionine in cystathionine in the intact rat (TABACHNICK and TARVER, 1955). In higher animals, in contrast to microorganisms, this pathway of methionine metabolism appears to be irreversible. No methionine is formed from cystine (ARNSTEIN and CRAWHALL, 1953). S-adenosyl methionine is a better source of homocysteine than is methionine in the synthesis of cysteine from serine, although it is not as good as homocysteine itself (STEKOL and coworkers, 1958). The metabolism of cystine and methionine-S^{35} has been studied in the chick embryo (MACHLIN and coworkers, 1955).

Other reactions of methionine have been investigated with the aid of isotopes. In mitochondria from rat liver, methionine, or more probably α-keto-γ-methiolbutyric acid, suffers loss of methyl mercaptan (CANELLAKIS and TARVER, 1953). Both the S^{35} and the methyl-C^{14} of methionine appear in the mercaptan. The relationship between this production of methyl mercaptan and the condition known as "fetor hepaticus" is not clear (CHALLENGER, 1955). In oat shoots, methionine is oxidized to methionine sulfoxide as shown with methionine-$C^{14}H_3$ (SATO and coworkers, 1958).

Using methionine-2-C^{14}, it has been shown that this amino acid is converted to homoserine and α-aminobutyric acid by the intact mouse (MATSUO and GREENBERG, 1955). It was also found that, with rat liver preparations *in vitro*, homoserine-2-C^{14} was converted to propionic acid but not to homocysteine, methionine or threonine (MATSUO and coworkers, 1956). Hence, in the mammal, threonine is not formed from homoserine. In the intact rat, a similar pathway has been shown to exist using methionine-2-C^{14}, -3-C^{14} and -4-C^{14} (KISLUIK and coworkers, 1956). By examining the incorporation of the carbon in liver glycogen it was deduced that carbons 2, 3 and 4 are converted to propionic acid i. e. the α-ketobutyric acid suffers oxidative decarboxylation. In addition it was found that methionine-2-C^{14} was not converted to aspartic acid-2-C^{14}. Evidently, in the rat, homoserine is not converted to aspartate as might be anticipated from the work with microorganisms.

Methionine sulfone-S^{35} is not oxidized in the rat to any considerable extent, but appears in the urine unchanged and as a conjugate with glutamic acid (WINGO and coworkers, 1953). In homogenates of rat liver, cysteine-S^{35} is oxidized to the sulfinic acid (AWAPARA and DOCTOR, 1955). Other pathways of cysteine/ine metabolism have been investigated largely by enzymatic methods and will not be dealt with here.

β) *Spermidine and spermine*

In *E. coli* and other microorganisms there is another pathway of methionine and ornithine metabolism which involves the formation of spermidine (and spermine).

$H_2N(CH_2)_3$-$NH(CH_2)_4$-NH_2	Spermidine
$H_2N(CH_2)_3$-$NH(CH_2)_4$-$NH(CH_2)_3$-NH_2	Spermine

It has been shown with extracts of *E. coli*, using putrescine-1,4-C^{14} (which can be derived from ornithine by decarboxylase action), and methionine-2-C^{14}, methyl-C^{14} and carboxyl-C^{14}, that the chain of four carbons arises from the putrescine and that of the three carbons from methionine (TABOR and coworkers, 1958). The isotopic data also show the loss of the methyl group and the carboxyl carbon. S-Adenosyl methionine is involved, being decarboxylated to S-adenosyl(5')-3-methylmercaptopropylamine which condenses with the putrescine to give spermidine and presumably thiomethyladenosine.

γ) *Taurine*

It was early found that methionine-S^{35} was converted to taurine-S^{35}, presumably through cysteine in rats and dogs (TARVER and SCHMIDT, 1942). The intermediates in this conversion appear to be cysteine sulfinic acid and hypotaurine (2-aminoethane sulfinic acid). In the rabbit, sulfite-S^{35} is converted through the sulfinic acid to taurine (CHAPEVILLE and coworkers, 1954, 1956, 1957). Hypotaurine and taurine are also formed from labeled cysteine in the rat (AWAPARA and WINGO, 1953), and labeled hypotaurine is converted to taurine (ELJARN and coworkers, 1956). Cysteic acid is not formed from cysteine, so that this sulfonic acid is probably not an intermediate in taurine formation (AWAPARA and WINGO, 1953). On the other hand, cystinamine-S^{35} has been shown to be converted to taurine (ELJARN, 1954). Consequently, there are at least two possible pathways of taurine formation, one through sulfinic acids and one through cystinamine.

δ) Mercapturic acids

When S^{35}-labeled S-benzylhomocysteine is incubated with liver slices, the compound is acetylated to give a mercapturic acid (GUTMANN and WOOD, 1951). Mercapturic acid formation has also been investigated using iodobenzene-I^{131} (MILLS and WOOD, 1954). The conjugation reaction was found to occur in the liver and kidney tissue from rats. *p*-Iodophenyl cysteine was found to be a precursor of the mercapturic acid in the liver (MILLS and WOOD, 1956), but none of the intermediate was present in urine. MARSDEN and YOUNG (1958) found that when various S^{35}-labeled mercapturic acids were administered to rats, none of the sulfur appeared in the feces, little was oxidized to sulfate and most appeared in the urine as neutral sulfur, some as the original mercapturic acid.

c) Methyl groups

α) Biosynthesis

It was early shown that labile methyl groups could be synthesized in the intact rat by maintaining rats on water containing deuterium oxide (DU VIGNEAUD and coworkers, 1945). A significant amount of deuterium was found in labile methyl groups after three weeks. One possible source of these groups in the intact rat was shown to be methanol-C^{14} (DU VIGNEAUD and coworkers, 1950 a), another, formate and formaldehyde (DU VIGNEAUD and coworkers, 1950 b, c; LOWY and coworkers, 1956). These conversions were soon found to occur *in vitro*, in liver slices from rats (SAKAMI and WELCH, 1950), from guinea pigs (BERG, 1951) and in pigeon liver extracts (BERG, 1953). When formate-C^{14} was used, it was found that the conversion to methyl groups did not involve the participation of free formaldehyde, although formaldehyde served as a better source than formate; and by using formaldehyde labeled with both deuterium and carbon 14, LOWY and coworkers (1950) showed that in the formation of the methyl group the deuterium was lost. The mechanism of the conversion has been investigated by NAKAO and GREENBERG (1958).

Other sources of carbon for the synthesis of labile methyl groups are to be found in the amidine carbon of the histidine ring (TOPOREK and coworkers, 1952; SPRINSON and RITTENBERG, 1952), the β-carbon of serine (ELWYN and coworkers, 1955, JONSSON and MOSHER, 1950; DOCTOR and coworkers, 1957), the carbon of acetone (SAKAMI, 1950), and α-carbon of glycine (ARNSTEIN and NEUBERGER, 1953). Various sources of the methyl groups of choline have been compared by ARNSTEIN (1951) and STEKOL and coworkers (1952). Such syntheses also occur in plants. Thus KIRKWOOD and MARION (1951) showed the methyl groups of hordenine and choline were formed from formate in sprouting barley. Methyl group synthesis has also been shown in *Nicotiana rustica*, and in barley in the formation of methyl groups of lignin (BYERRUM and coworkers, 1954), of nicotine (BROWN and BYERRUM, 1952; BYERRUM and coworkers, 1954) and of the O- and N-methyl groups of ricinine from the castor bean *(Ricinus communis)* (DUBECK and KIRKWOOD, 1952). Isolated leaf discs from *Beta vulgaris* form choline from the α-carbon of glycine or formaldehyde (BEGOFF and DELWICHE, 1955).

Cobalamin and folic acid appear to be involved in methyl group synthesis (STEKOL and coworkers, 1957; DOCTOR and coworkers, 1957). The methyl group appears first in methionine and is later transferred to choline and elsewhere (ARNSTEIN and NEUBERGER, 1953).

β) Transmethylation

The lability of methyl groups was first shown by DU VIGNEAUD and coworkers by means of nutritional studies (DU VIGNEAUD, 1948), but more recent work has been carried out largely with isotopes (deuterium or C^{14}) or by enzymatic methods. The first experiments with isotopes demonstrated that the feeding to rats of methionine with deuterium in the methyl group led to the appearance of choline and creatine similarly labeled (DU VIGNEAUD and coworkers, 1940, 1941). The same reactions were also shown to occur in the human subject (SIMMONDS and DU VIGNEAUD, 1942); but transmethylation from creatine to choline was shown to be absent in rats (SIMMONDS and DU VIGNEAUD, 1945; DU VIGNEAUD and coworkers, 1941). Further studies with compounds with deuterium in their methyl groups established that the methyl group was transferred intact (see DU VIGNEAUD, 1948), and this was later confirmed by using a mixture of methionines, one labeled with deuterium and the other with C^{14} (KELLER and coworkers, 1949) as well as doubly labeled methionine (DU VIGNEAUD and coworkers, 1956). No change in ratio between the D and C^{14} was observed.

Other work has shown that methyl group transfer is a widespread reaction in both animals and plants. Transmethylation from deuteromethionine in the rabbit can occur to form anserine (SCHENCK and coworkers, 1943). More recently the same transmethylation has been shown in the rat with methionine-$C^{14}H_3$ (MCMANUS, 1957). The methyl group of epinephrine likewise arises from methionine in the rat (KELLER and coworkers, 1950). Choline has been shown to be formed from mono- and dimethylaminoethanol in the rat by labeling the methyl groups with deuterium (DU VIGNEAUD and coworkers, 1946). However, choline as such, in contrast to betaine, does not serve directly as a methyl donor since dimethyl glycine but not dimethyl aminoethanol is formed from choline-N^{15} (MUNTZ, 1950). From other work, it is known that choline is oxidized to betaine before it becomes a methyl donor. Transmethylation from betaine labeled with deuterium and N^{15} has also been shown, betaine behaving in this respect in a quite different way from dimethyl glycine which does not appear to be a donor (DU VIGNEAUD and coworkers, 1946). The betaine-homocysteine transmethylation has been studied enzymatically (ERICSON and coworkers, 1955; DURELL and coworkers, 1957 a, b).

Sarcosine (monomethylglycine) is a poor methyl donor in choline and creatine formation (DU VIGNEAUD and coworkers, 1946), and it is probable from more recent work, that the methyl group is not transferred intact from this compound. However, the methyl group of sarcosine is formed from methionine or betaine as shown with the C^{14}-methyl labeled compounds in the intact rat (HORNER and MACKENZIE, 1950).

According to STEKOL (1955), S-methyl methionine is as effective a methyl donor as methionine in the methylation of ethanolamine, and of guanidinoacetic acid.

Recently it has been found by isolation studies and in studies with C^{14} that in rats, rabbits and human subjects, various metabolites of phenylalanine and tyrosine such as 3,4-dihydroxyphenylacetic acid, epinephrine and norepinephrine are excreted in the urine with methylated phenolic oxygen in the meta position (SHAW and coworkers, 1957; DE EDS and coworkers, 1957; GOLDSTEIN and coworkers, 1959). The methyl groups are derived from S-adenosylmethionine as shown with rat liver preparations (AXELROD, 1957; AXELROD and coworkers, 1958). Thus 3-methoxy-4-hydroxy phenyl glycolic acid (3-methoxy-4-hydroxy mandelic acid) appears to be one of the main products of the metabolism of epinephrine and norepinephrine in the rat. Evidently, similar reactions also occur in human metabolism, norepinephrine and epinephrine being converted to 3-methoxy-4-hydroxy-mandelic acid (ARMSTRONG and coworkers, 1958; KIRSHNER and coworkers, 1958). Besides this product, 3-methyl-O-epinephrine is formed from epinephrine in human subjects as shown with epinephrine-2-C^{14} (KIRSHNER and coworkers, 1958) and in rats, which also form a similar methylated derivative from norepinephrine (AXELROD and coworkers, 1958). Many of these products appear in urine in the form of glucuronides.

Other transmethylations have been studied enzymatically, e. g. (a) the formation of the N′-methyl nicotinamide from methionine which proceeds in an irreversible fashion in the rat (CANTONI, 1951 a, b; KELLER and coworkers, 1948), (b) the thetin-homocysteine transmethylation reaction (DURELL and coworkers, 1957 a, b; MANW, 1956), (c) transmethylation from selenomethionine (MUDD and CANTONI, 1957).

In plants, isotopic work on transmethylation has also been carried out, e. g. in *Nicotiana rustica* it has been shown that methionine-$C^{14}H_3$ suffers transmethylation, providing the methyl group of nicotine (BROWN and BYERRUM, 1952). The group is transferred intact as shown with doubly labeled methionine (DEWEY and coworkers, 1954). However, there appears to be another pathway for the formation of this methyl group because the methylene carbon of glycine is a better precursor than the methyl group of methionine (BYERRUM and coworkers, 1954).

According to DUBECK and KIRKWOOD (1952), the methyl group of hordenine (N-methyl tyramine) arises by transmethylation from methionine, although it is also formed at a slower rate from formate (p. 856). Similarly the methyl groups on oxygen and nitrogen in ricinine come from methionine (DUBECK and KIRKWOOD, 1952).

In the young radish *(Raphanus sativus)*, methyl groups are transferred from methionine to pectinic acid as shown by using methionine-$C^{14}H_3$ and -CD_3 (SATO and coworkers, 1957). The same type of reaction evidently occurs in other plants, resulting in the formation of the methyl ester groups of pectin and protopectin and the methoxyl groups of lignin. This has been studied with methionine-$C^{14}H_3$ and -S^{35} in oat sections by SATO and coworkers (1958). No evidence for the involvement of S-adenosylmethionine could be obtained, so the mechanism of transfer may be different to that which exists in animals. Similar reactions evidently occur also in the formation of lignin, in barley *(Hordeum vulgare)* and in *Nicotiana rustica* (BYERRUM and coworkers, 1954).

Transmethylations occur in microorganisms *(Aerobacter aerogenes* and *Torulopsis utilis)* in which S-methyl methionine acts as a methyl donor (but not a sulfur donor) (SHAPIRO, 1956).

γ) S-Adenosylmethionine

It is now well known that an activated form of the methyl groups exists both in higher animals and in microorganisms in the "onium" compound, S-adenosylmethionine (CANTONI and DURELL, 1957; SCHLENK and DE PALMA, 1957). Experiments with tracers have shown that it is formed in a reaction between methionine and ATP which results in the production of one mole of inorganic phosphate and one of pyrophosphate.

Evidently the specificity for methionine is not absolute, because the formation of S-ethylthioadenosine has been observed (SCHLENK and TILLOTSON, 1954) and the selenium analog appears to be formed from selenomethionine (MUDD and CANTONI, 1957).

Since the S-adenosylmethionine has been shown to be an "onium" compound, this transmethylation becomes similar to those from betaine and the thetins which are likewise "onium" compounds. Using purified transmethylases it has been confirmed that transmethylation to homocysteine involves only the transfer of carbon of the methyl group of S-adenosylmethionine and not the sulfur (SHAPIRO, 1958).

In vitro, S-adenosylmethionine is a better source of methyl groups for choline and creatine synthesis than is methionine itself, as shown with the methyl labeled compounds (STEKOL and coworkers, 1958).

In yeast *(Torulopsis utilis)* and bacteria *(Aerobacter aerogenes)* S-methylthioadenosine is formed from methionine and S-adenosylmethionine (SMITH and

SCHLENK, 1952; WEGAND and coworkers, 1952; SCHLENK and SMITH, 1953; SHAPIRO and MATHER, 1958). When methionine is utilized the methiol group is transferred as a whole (transthiomethylation) in an enzymic reaction which proceeds with the formation of α-amino-γ-butyrolactone, homoserine and the S-methylthioadenosine. The latter, in bacteria, breaks down to adenine and methylthioribose.

5. Valine, leucine, isoleucine

a) Biosynthesis

α) Valine

As a result of experiments with yeast involving the incorporation of acetate (Table 5) and lactate carbon into valine, STRASSMAN and coworkers (1955) were led to propose a mechanism of valine synthesis starting with the condensation of acetaldehyde and pyruvic acid to form acetolactic acid as an intermediate, and involving the shift of a methyl group on the carbon chain. Recently, LEWIS and WEINHOUSE (1958) have demonstrated that pyruvate-3-C^{14} is indeed converted to acetolactate by both baker's yeast and a wild strain of *E. coli.*

$$CH_3{-}CO{-}COOH + HC(=O){-}CH_3 \longrightarrow CH_3{-}CO{-}C(CH_3)(OH){-}COOH \longrightarrow (CH_3)_2C(OH){-}CO{-}COOH \longrightarrow (CH_3)_2CH{-}CHNH_2{-}COOH$$

Acetolactic Acid — α-Keto-β-hydroxy-Valeric Acid — Valine

The scheme proposed by ADELBERG (1955 b) is similar to the above except that it takes into account the formation of α,β-dihydroxyisovaleric acid, a precursor of valine. The same pathway appears to exist in *Aerobacter aerogenes*, as shown by the labeling pattern of valine isolated after growth of the organism on acetate-1-C^{14}, glucose-1-C^{14} and glucose-3,4-C^{14} (RAFELSON, 1955). The further metabolism of acetolactic acid to α-ketoisovaleric acid has been demonstrated enzymatically (STRASSMAN and coworkers, 1958). Acetolactic acid has also been found to accumulate in a valineless mutant of *E. coli* (UMBARGER and coworkers, 1957, 1958), and appears to be formed by *Neurospora* mutants (WAGNER and coworkers, 1959).

β) Leucine

Isotope competition studies with *E. coli* suggest that sources of leucine are acetic acid, pyruvic acid and valine, or its keto acid analog (ABELSON, 1954). Experiments on the incorporation of acetate and lactate carbon into the amino acid (STRASSMAN and coworkers, 1956) by *T. utilis* indicate that carbons 1 and 2 of acetic acid are incorporated as carbons 1 and 2 of leucine (Table 5). This is in agreement with a great deal of work with similar and other organisms (GILVARG and BLOCH, 1951; CUTINELLI and coworkers, 1951; ANDERSON-KOTTÖ and coworkers, 1954; REED and coworkers, 1954; RAFELSON, 1957). STRASSMAN and coworkers (1956) proposed a condensation of acetyl-CoA with α-ketoisovaleric acid, as the initial biosynthetic step followed by a sequence of plausible reactions which would finally yield leucine. The details of the postulated mechanism have not yet been experimentally substantiated.

γ) *Isoleucine*

The biosynthesis of isoleucine by *Neurospora* mutants is related to threonine metabolism. Thus threonine-1,2-C^{14} yields isoleucine labeled in carbon atoms 1 and 2 (ADELBERG, 1955). When labeled acetic acid is the substrate, the addition of unlabeled threonine causes a large relative reduction of activity in carbons 5 and 6. Hence carbons 5 and 6 are also derived from threonine.

Incorporation studies utilizing labeled acetic acid and lactic acid in *T. utilis* gave results leading to the conclusion that acetaldehyde condenses with α-keto-butyric acid from threonine (Section 3, b) in analogous fashion to the condensation of acetaldehyde with pyruvic acid to form α-acetolactic acid in valine biosynthesis (STRASSMAN and coworkers, 1956). The above authors propose a shift of the ethyl group similar to that of the methyl group in valine biosynthesis to explain the labeling patterns.

```
o CH3              o CH3   CH3             CH3                        CH3
  |                  |      |               |                    o o   |
o CHOH             o CH2   HC=O        ┌--->C=O               CH3CH2C—OH
  |        --->      |          --->   o  o x|        --->          x|        --->
x CHNH2            x C=O               CH3CH2C—OH                    C=O
  |                  |                      x|                      x|
x COOH             x COOH                  COOH                    COOH

Threonine          α-Ketobutyric       α-Aceto-α-hydroxy-
                   Acid                butyric Acid

                          CH3
                 o  o      |    x      x
                 CH3CH2   CH—CH       COOH
                                |
                               NH2
                          Isoleucine
```

Further support for the formation of α-aceto-α-hydroxybutyric acid is found in the recent work of WAGNER and coworkers (1959). The dihydroxy acid, α,β-dihydroxymethylvaleric acid, is a precursor for isoleucine in exactly analogous fashion to α,β-dihydroxyisovaleric acid in valine formation (ADELBERG and coworkers, 1951).

b) Catabolism

The catabolism of these amino acids, insofar as it has been worked out, shows a pattern which is common in many of its features. Studies with enzymes suggest that all three of these amino acids undergo transamination, followed by oxidation of the resulting keto acid to yield a CoA derivative of a branched chain acid. This acid suffers dehydrogenation (yielding an unsaturated acid), hydration (to an hydroxy-acid), oxidation (or carboxylation), followed finally by fission of the chain. All these steps appear to be reversible with the exception of the oxidative decarboxy- lation of the primary keto acid.

α) *Valine*

Since valine was known from older investigations to be glucogenic in mammals, use has been made of this fact to trap labeled carbon from the amino acid in glucose (glycogen). From the pattern of the labeling in glucose, deductions concerning the mode of catabolism were made. This method has been a favorite one with some investigators, since early studies with labeled glycine and alanine, and rests on the knowledge of the fate of carbon from carbon dioxide and acetic, propionic and pyruvic acids in relation to glucose synthesis. The results of such investigations have been summarized by WOOD (1948).

In the rat, L-valine-4,4'-C^{13} was found to yield glucose equally labeled in all six carbon atoms (FONES and coworkers, 1951). A subsequent report showed that L-valine-3-C^{14} yielded glucose labeled in the 1, 6 and 2, 5 positions (PETERSON and coworkers, 1952). The similarity of this type of labeling with that expected from propionate-2-C^{14} led the above authors to propose this 3-carbon acid as an intermediate in valine breakdown. KINNORY and coworkers (1955) showed that DL-valine-4,4'-C^{14} could be converted both by liver homogenates and the intact rat, into α-ketoisovaleric acid, isobutyric acid, hydroxyisobutyric acid and propionic acid. Moreover, it was shown that carbons 1 and 3 of the propionic acid were equally labeled, indicating that they were derived from the 4- and 4'-carbons of valine respectively and establishing conclusively that decarboxylation of β-hydroxyisobutyric acid occurred with loss of carbon-1 and not one of the methyl groups. Recent enzyme studies have added supporting data to the scheme given below (ROBINSON and coworkers, 1957; ROBINSON and COON, 1957; RENDINA and COON, 1957):

$$CH_3-CH(CH_3)-CH(NH_2)-COOH \rightleftarrows CH_3-CH(CH_3)-C(=O)-COOH \rightarrow CH_3-CH(CH_3)-C(=O)-S-Co\ A$$

Valine α-Ketoisovaleric acid Isobutyryl-Co A

$$\rightleftarrows CH_2=C(CH_3)-C(=O)-S-Co\ A \leftrightarrows HOCH_2-CH(CH_3)-C(=O)-S-Co\ A$$

Methacrylyl-Co A B-Hydroxyisobutyryl-Co A

$$\rightleftarrows OHC-CH(CH_3)-COOH \rightarrow Co\ A-S-C(=O)-CH_2\ CH_3$$

Methylmalonic acid semialdehyde Propionyl-Co A

β) *Leucine*

It has been known for many years that leucine, in contrast to valine, is strongly ketogenic. Indications concerning the mechanism of ketogenesis appeared from the work of BLOCH (1944) who showed that in the rat, both labeled leucine and isovaleric acid were converted to acetic acid. Further insight into the overall pathway was attained by using leucine-3-C^{14} and -4-C^{14}. When these amino acids were incubated with liver slices, the former gave rise to acetoacetate-2,4-C^{14} via condensation of 2-carbon fragments; the latter also led to labeled acetoacetic acid, but not by way of this mechanism (COON and GURIN, 1949).

Subsequent studies with isovaleric acid-4,4'-C^{13}-1-C^{14} showed that a 3-carbon and a 2-carbon fragment were formed initially, and that both yielded labeled acetoacetic acid (ZABIN and BLOCH, 1950). Meanwhile, COON (1950) showed that when isovaleric acid-4,4'-C^{14} was metabolized, the three carbons of the isovaleryl group were incorporated as a unit into carbons 2, 3 and 4 of acetoacetic acid. It was concluded that the carboxyl group was derived by CO_2 fixation. Support for this proposal was obtained by PLAUT and LARDY (1951) who found that short chain fatty acids led to acetoacetic acid in which the carboxyl groups arose from CO_2 fixation.

Recent enzyme studies have now made clear the mode of formation of the carboxyl group of acetoacetic acid and have, indeed, elucidated the nature of the overall pathway of leucine catabolism (BACHHAWAT and coworkers, 1956; WOESSNER and coworkers, 1958).

$$CH_3{-}CH(CH_3){-}CH_2CH(NH_2)\,COOH \rightleftharpoons CH_3CH(CH_3){-}CH_2C(=O){-}COOH \rightarrow CH_3CH(CH_3){-}CH_2C(=O){-}S{-}Co\ A$$

Leucine — α-Ketoisocaproic acid — Isovaleryl—Co A

$$\leftrightarrows CH_3{-}C(CH_3){=}CH\,C(=O){-}S{-}Co\ A \rightleftharpoons CH_3{-}C(CH_3)(OH){-}CH_2\,C(=O){-}S{-}Co\ A$$

Senecioyl—Co A — β-Hydroxyisovaleryl—Co A

$$\xrightarrow[ATP]{CO_2} HOOC{-}CH_2C(CH_3)(OH){-}CH_2\,C(=O){-}S{-}Co\ A \rightarrow HOOC{-}CH_2C(=O){-}CH_3 + CH_3C(=O){-}S{-}Co\ A$$

β-Hydroxy-β-methylglutaryl—Co A — Acetoacetic acid — Acetyl—Co A

It is of interest to note that the compound β-hydroxy-β-methyl glutaryl-CoA is a well authenticated intermediate in cholesterol biosynthesis.

γ) *Isoleucine*

Our knowledge of the metabolic breakdown pathway of isoleucine rests to a considerable extent on analogy with that of valine and leucine, and on the products formed from labeled α-methyl butyric acid. Carboxyl labeled α-methylbutyric acid yielded no significant label in acetoacetic acid, whereas α-methylbutyrate-3-C^{14} yielded acetoacetate-1,3-C^{14} suggesting synthesis from 2-carbon fragments (COON and ABRAHAMSON, 1952a). 2-Methyl-C^{14}-butyric acid gave rise to labeled propionic acid and acetoacetic acid (COON and ABRAHAMSON, 1952b).

Taking into consideration later enzymatic studies, the following pathway is in agreement with experimental findings (ROBINSON and coworkers, 1956).

$$CH_3CH_2CH(CH_3){-}CH(NH_2)\,COOH \rightleftharpoons CH_3CH_2CH(CH_3){-}C(=O){-}COOH \rightarrow CH_3CH_2CH(CH_3){-}C(=O){-}S{-}Co\ A$$

Isoleucine — α-Keto-β-methylvaleric acid — α-Methyl butyryl-Co A

$$CH_3CH{=}C(CH_3){-}C(=O){-}S{-}Co\ A \rightleftharpoons CH_3CH(OH)\,CH(CH_3){-}C(=O){-}S{-}Co\ A \rightleftharpoons CH_3C(=O){-}CH(CH_3)\,C(=O){-}S{-}Co\ A$$

Tiglyl-Co A — α-Methyl-β-hydroxy-butyryl Co A — α-Methylacetoacetyl-Co A

$$\rightleftharpoons CH_3C(=O){-}Co\ A + CH_3CH_2C(=O){-}S\ Co\ A$$

Acetyl-Co A — Propionyl-Co A

6. Phenylalanine and tyrosine

a) Biosynthesis

The biosynthesis of phenylalanine and tyrosine appears to be restricted to plants and microorganisms. By methods which have not involved the use of isotopes it was shown that in mutants of *E. coli*, shikimic acid could substitute for the multiple requirements of these organisms for tyrosine, phenylalanine, tryptophan and p-aminobenzoic acid (DAVIS, 1951). It thus became apparent that this compound was an early intermediate in aromatic synthesis. Mutants blocked prior to shikimic acid established that 5-dehydroshikimic, 5-dehydroquinic and prephenic acids were also involved in this pathway (SALAMON and DAVIS, 1952; WEISS and coworkers, 1952, 1954).

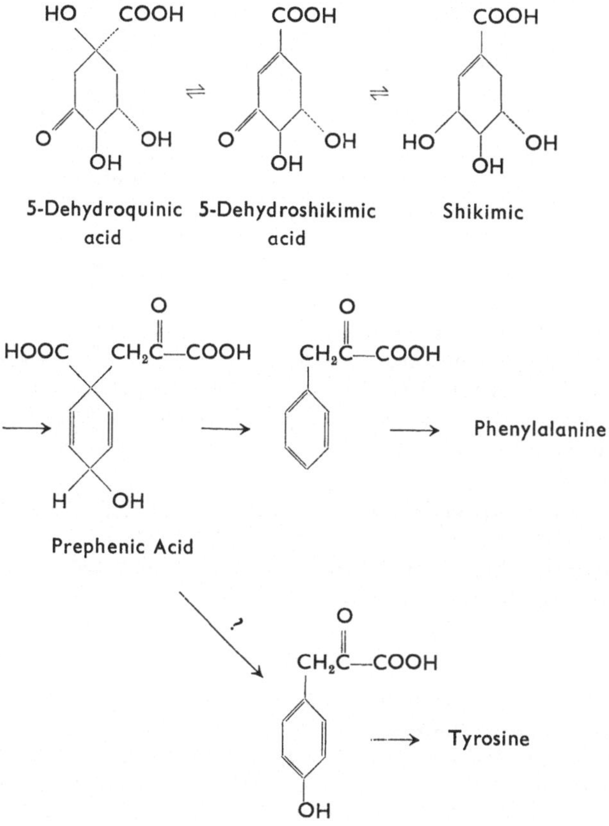

5-Dehydroquinic acid ⇌ 5-Dehydroshikimic acid ⇌ Shikimic → Prephenic Acid → Phenylalanine

Prephenic Acid →? Tyrosine

Isotopic studies utilizing glucose labeled individually in carbons 1, 2, 3—4, and 6 were undertaken to determine the derivation of the carbon structure of shikimic acid (SRINIVASAN and coworkers, 1956). In this work, it was found that in an *E. coli* mutant, bicarbonate-, formate-, and acetate-C^{14} were not significantly incorporated. However, the shikimic acid synthesized by the organism from each species of labeled glucose was highly radioactive and was isolated and degraded to determine the position of the labeling. The results indicated that the carboxyl, C-1 and C-2 fragment of shikimic acid is derived from a 3-carbon intermediate of glycolysis; the C-3, 4, 5, 6 fragment from tetrose phosphate derived by way of the pentose phosphate pathway. C-3 of the triose is attached to C-1 of the tetrose, precluding the possibility that shikimic acid is derived from an intact heptose chain such as seduloheptulose. The diphosphate of this compound is a good source of shikimic acid, but only after it is split into a 3- and a 4-carbon unit and recondensed with the 3-carbon unit reversed in order (Srinivasan and coworkers, 1956).

Recent work indicates that D-erythrose-4-phosphate and phosphoenolpyruvate can be converted by cell free extracts of *E. coli* mutants, to dehydroshikimic acid in nearly quantitative yields (Srinivasan and coworkers, 1959). The seven-carbon intermediate appears to be 2-keto-3-deoxy-D-arabo-heptonic acid-7-phosphate.

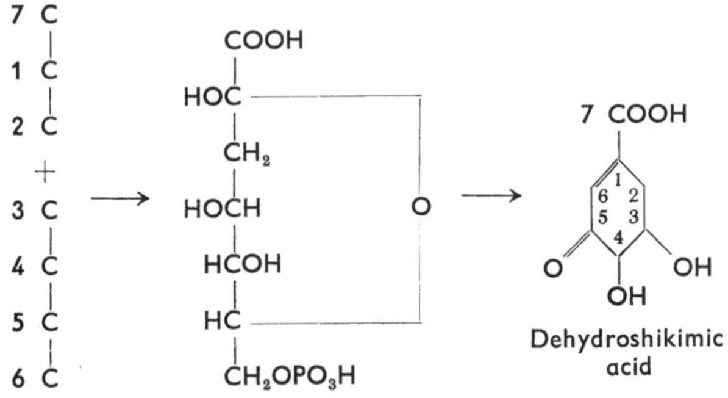

7 C — 1 C — 2 C + 3 C — 4 C — 5 C — 6 C → COOH — HOC — CH_2 — HOCH — HCOH — HC — CH_2OPO_3H (O bridge between HOC and HC) → 7 COOH, ring 1–6, O, OH, OH

Dehydroshikimic acid

The above results are consistent with the ring labeling found in tyrosine from yeast grown on glucose-1-C^{14} (Gilvarg and Block, 1952). They may also be compatible with the results obtained with acetate-1-C^{14} if it is assumed that glucose-3,4-C^{14} is an intermediate (Baddiley and coworkers, 1950). However, it was later found that acetate-1-C^{14} led to the labeling of three consecutive carbon atoms of the benzene ring of tyrosine (Ehrensvärd and Reio, 1953) and of tryptophan (Rafelson, 1955) (Section 7, a). This apparent contradiction has not yet been resolved.

The side chain of phenylalanine (or tyrosine) was thought to be derived from a 3-carbon unit (Gilvarg and Bloch, 1952). Direct support for this view was obtained from the labeling found in tyrosine isolated from yeast grown on pyruvate-2-C^{14} (Thomas and coworkers, 1953).

b) Catabolism

The conversion of phenylalanine to tyrosine was demonstrated isotopically by the use of deuterophenylalanine (Moss and Soenheimer, 1940). This reaction takes place in muscle and liver (Lien and Greenberg, 1952) and in some microorganisms (Mitoma, 1956). The reverse reaction, from tyrosine to phenylalanine does not occur in mammals in agreement with the results of nutritional studies (Grau and Steele, 1954).

It has long been known that phenylalanine and tyrosine are precursors of acetoacetic acid in mammalian species. The use of isotopes has made it possible to specifically locate in the acetoacetate molecule, the positions of the carbon atoms derived from these amino acids. Thus, in liver slices or phorizinized rats, it was established that the α- and β-carbons of phenylalanine (or tyrosine) become carbons 1 and 2 of acetoacetic acid, carbons 3 and 4 being derived from the aromatic ring (Schepartz and Gurin, 1949; Lerner, 1949; Weinhouse and Millington, 1949). Malic acid was also implicated as a degradation product of the aromatic ring (Lerner, 1949). More recent work established that phenylalanine-4-C^{14} yielded carboxyl-labeled fumaric and malic acids in rat liver slices (Dische and Rittenberg, 1954). This is in agreement with the finding that fumarylacetoacetic acid is a product of homogentisic acid breakdown (Ravdin and Crandall, 1951).

The isotopic experiments referred to above, as well as the known involvement of p-hydroxyphenylpyruvic acid and homogentisic acid in tyrosine metabolism are in accord with the following pathway for the catabolism of phenylalanine:

Homogentisic Acid

HOOC CH=CHC(=O)—CH$_2$C(=O)—CH$_2$COOH → HOOC CH=CH COOH + CH$_3$C(=O)—CH$_2$COO H

Fumarylacetoacetic Acid

It should be noted that the position of the labeled carbon atoms in the isolated acetoacetate and fumarate is in accord with the hypothesis that in the conversion of tyrosine to homogentisic acid there is a shift in the position of the side chain on the aromatic ring (MEYER, 1901).

The metabolic behavior of uniformly labeled phenylalanine, tyrosine and tryptophan when administered in small doses to rats has been investigated (DALGLIESH and TABECHIAN, 1956). The authors concluded that the known pathways could account for the breakdown of phenylalanine and tyrosine, but not that of tryptophan.

In addition to hydroxylation in the *para*-position it has been shown that in the adrenal medulla, phenylalanine-3-C^{14} is converted to labeled *o*-tyrosine in a reaction stimulated by ascorbic acid (FELLMAN and DEVLIN, 1958). This is probably the precursor of *o*-hydroxyphenylacetic acid which has been identified as a constituent of human urine (ARMSTRONG and coworkers, 1956).

It is generally believed that, in the human subject with phenylketonuria, the hydroxylation of phenylalanine to tyrosine does not proceed normally, since phenylalanine accumulates in the blood and phenylpyruvic acid is excreted in the urine. This has been demonstrated by the administration of phenylalanine-3-C^{14} to subjects with this condition as well as to normal individuals (UDENFRIEND and BESSMAN, 1953). Moreover, in the plasma proteins of subjects with phenylketonuria given labeled phenylalanine, the ratio of the specific activity of tyrosine to that of phenylalanine has only about one tenth of the ratio in the normal subject.

c) Epinephrine and norepinephrine

In 1947, it was shown that phenylalanine, doubly labeled with C^{14} in the carboxyl- and α-positions, or labeled with tritium, was converted to epinephrine in the rat (GURIN and DELLUVA, 1947). The side chain of the epinephrine was labeled in the methylene carbon, indicating that this part of the molecule was derived by decarboxylation of the phenylalanine. The N-methyl group can arise from methionine (KELLER and coworkers, 1950). More recently, it has been shown that DL-tyrosine-2-C^{14} and 3,4-dihydroxyphenylalanine (DOPA) as well as DL-phenylalanine-3-C^{14} are converted to epinephrine in the intact rat (UDENFRIEND and coworkers, 1953). This indicates that hydroxylation of the aromatic nucleus occurs before the decarboxylation of the side chain. Support for this view is found in the fact that neither phenylethylamine nor tyramine lead to the formation of norepinephrine (UDENFRIEND and WYNGAARDEN, 1956). Moreover, the enzymatic conversion of tyrosine to DOPA and the enzymatic decarboxylation of the latter material are well known reactions of both plant and animal tissues.

It should be noted, however, that dihydroxyphenylserine can be decarboxylated to form norepinephrine very slowly in guinea pig kidney (BLASCHKO and coworkers, 1950) but at a rate comparable to that for DOPA in beef adrenals (SOURKES and coworkers, 1952). Thus the, exact pathway has not been conclusively settled. However, the preponderance of evidence would seem to favor the scheme presented below (KIRSHNER, 1957; ROSENFELD and coworkers, 1958).

The formation of various 3-methoxy derivatives from metabolites of phenylalanine is dealt with elsewhere (Section 4, c, β).

The metabolism of DL-3,4-dihydroxyphenylalanine-α-C^{14} was studied by PELLERINE and D'IORIO (1955). Little was oxidized to CO_2, most of the activity being recovered in the urine as unchanged DOPA, 3-hydroxytyramine and conjugates, 3,4-dihydroxyphenylpyruvic acid, and 3,4-dihydroxyphenylacetic acid.

7. Tryptophan

a) Biosynthesis

Studies with mutants of *E. coli* and *N. crassa* have shown that indole and anthranilic acid could support growth in these organisms in the absence of tryptophan. In addition, by the use of anthranilic acid and indole labeled with N^{15} it has been shown that these compounds are converted to tryptophan (PARTRIDGE and coworkers, 1952). The formation of indole and tryptophan from anthranilic acid involves the loss of the carboxyl carbon as shown with carboxyl labeled anthranilic acid (NYC and coworkers, 1949), along with the condensation of a chain of 5 carbon atoms on to the intermediate resulting in the formation of indole-3-glycerol phosphate (YANOFSKY, 1955, 1956). Apparently the 5-carbon chain is provided by 5-phosphoribosyl pyrophosphate. The indole derivative is then converted to indole and triosephosphate (YANOFSKY, 1956). The addition of serine to indole is the

Tyrosine → 3,4-Dihydroxyphenylalanine (DOPA) → (DOPAMINE)

→ Norepinephrine ($C_6H_3(OH)_2$–CHOH–CH_2NH_2) → Epinephrine ($C_6H_3(OH)_2$–CHOH–CH_2NHCH_3) → 3-O-Methyl-epinephrine ($C_6H_3(OH)(OCH_3)$–CHOH–CH_2NHCH_3)

Norepinephrine ↓ $C_6H_3(OH)(OCH_3)$–CHOH–CH_2NH_2

3-O-Methyl-epinephrine ⇣ $C_6H_3(OH)(OCH_3)$–CHOH–COOH

final step in the synthesis of tryptophan. By using serine labeled with D on the α- and β-carbons, was well as with N^{15} and C^{14}, it has been shown that in the formation of tryptophan, deuterium is lost from the serine (TATUM and SHEMIN, 1954). This series of reactions is shown in the scheme below:

Anthranilic acid (COOH, NH_2) → Indole-3-glycerol phospate (—$(CHOH)_2CH_2OPO_3H_2$)

→ Indole → Tryptophan (—CH_2—CHCOOH, NH_2)

Anthranilic acid appears to be derived from the shikimic acid sequence of aromatic precursors (Section 6, a). However, the labeling found in tryptophan biosynthesized by *Aerobacter aerogenes* from acetate-1-C^{14} or glucose-3-4-C^{14} indicates that three labeled carbon atoms lie adjacent to one another in the benzene ring (RAFELSON, 1955). The postulated mechanism is as follows:

Acetate-1-C^{14} → Glucose-3-4-C^{14} → 4C + 3C units → Shikimic acid

This is in contradiction to the labeling pattern expected in shikimic acid according to the work of DAVIS, SRINIVASAN and others (Section 6, a). They find the three carbon unit to be reversed, so that from acetate-1-C^{14} the carboxyl group of shikimic acid is labeled. According to a recent discussion by EHRENSVÄRD (1958) this difficulty has not yet been resolved. Another case where shikimic acid labeling from glucose-1-C^{14} and glucose-6-C^{14} does not appear to agree entirely with that expected from a 4- plus 3-carbon unit, is in the conversion of these substrates to protocatechuic acid by mutants of *N. crassa* (GROSS, 1958).

b) Catabolism

α) Niacin pathway

Kynurine is a major product of tryptophan metabolism. It was first found in the urine of rabbits fed large quantities of tryptophan (MATSUOKA and YOSHIMATSU, 1925), and was later shown to be formed from tryptophan via the N-formyl derivative by a peroxidase type of enzyme in rat liver extracts (KNOX and MEHLER, 1950). Tryptophan-β-C^{14} was shown by HEIDELBERGER and coworkers (1949 a) to form kynurenine-β-C^{14} in the rabbit and also kynurenic acid-3-C^{14} in the dog. The mechanism of kynurenine formation was studied in *Pseudomonas* extracts with the aid of O_2^{18}. The reaction required two atoms of atmospheric O^{18}, one to form the formyl group of N-formylkynurenine, and the second to yield the ketonic oxygen (HAYAISHI and coworkers, 1957).

It is of interest to note that the enzyme, tryptophan peroxidase, is adaptive in mammalian liver, increasing considerably in activity after administration of tryptophan (KNOX and MEHLER, 1950).

Dietary studies indicated that in the rat, ingested tryptophan could serve as a source of nicotinic acid (KREHL and coworkers, 1946). Isotopic evidence for this conversion was obtained when HEIDELBERGER and coworkers (1949 b) found that tryptophan-indole-3-C^{14} yielded carboxyl labeled nicotinic acid. No label was obtained from tryptophan-β-C^{14}, indicating that the side chain of tryptophan does not appear in nicotinic acid. Confirmation of these results was obtained using ring-labeled tryptophan (HENDERSON and HANKES, 1956). The overall conversion of tritium labeled kynurenine to nicotinic acid has also been demonstrated (HANKES and SEGEL, 1958).

Kynurenine is converted to 3-hydroxykynurenine by rat liver preparations (DE CASTRO and coworkers, 1957), and in a preparation from *Pseudomonas* (SAITO and coworkers, 1957). The latter workers, utilizing O^{18} showed that the oxygen of the hydroxyl group was derived from atmospheric oxygen. Both 3-hydroxykynurenine and kynurenine may be cleaved by the pyridoxal phosphate-dependent enzyme "kynureninase" in a reaction which splits off the side chain to yield alanine plus 3-hydroxyanthranilic acid and anthranilic acid, respectively. Anthranilic acid in *Pseudomonas* is further metabolized to catechol, *cis-cis*-muconic acid, and β-ketoadipic acid, a degradation product of several aromatic compounds in microorganisms (HAYAISHI and STANIER, 1951). This material is further cleaved to acetate and succinate (OTTEY and TATUM, 1957). In mammalian species, it is assumed that 3-hydroxyanthranilic acid is the major product of the tryptophan-niacin pathway, since this compound is a niacin precursor in *Neurospora* (LIEFER and coworkers, 1950), and in the rat, as determined by dietary experiments (ALBERT and coworkers, 1948) and with isotopic 3-hydroxyanthranilic acid (HANKES and URIVETSKY, 1954). The probable mechanism for niacin formation, as demonstrated with liver preparations, involves the opening of the 3-hydroxyanthranilic acid ring between the 3 and 4 positions, with subsequent reclosing of the ring around the amino group (LONG and coworkers, 1954; MIYAKE and coworkers, 1954). This leads to the formation of quinolinic acid, the major product of the *invitro* oxidation of 3-hydroxyanthranilic acid. This mechanism has recently been substantiated by use of 3-hydroxyanthranilic acid-3-C^{14}. The labeled carbon became the α-COOH of quinolinic acid (HANKES and HENDERSON, 1957; MOLINE and coworkers, 1959).

Quinolinic acid gives rise to N-methylnicotinamide in the rat, as demonstrated with tritium-labeled material (HANKES and SEGAL, 1957). It has been shown to be a catabolic product of C^{14}-, deuterium- or N^{15} labeled tryptophan (HENDERSON and HANKES, 1956; SCHAYER and HENDERSON, 1952) and tritium labeled 3-hydroxyanthranilic acid (SUHADOLNIK and coworkers, 1957). Presumably, the formation of niacin *in vivo* is achieved by a decarboxylation step concomitantly with, or immediately after the opening of the ring of 3-hydroxyanthranilic acid.

It should be noted that a crude liver fraction has been described which catalyzes the formation of picolinic acid

Kynurenic Acid

5-Hydroxytryptophan

Serotonin

5-Hydroxyindole Acetic Acid

Tryptophan

[X]

N-Formyl Kynurenine

Kynurenine

3-Hydroxykynurenine

-Alanine

3-Hydroxyanthranilic

$-CO_2$

Nicotinic Acid

Methylated Products

Quinolinic Acid

Picolinic Acid

Xanthurenic Acid

from 3-hydroxyanthranilic acid. Picolinic acid-COOH-C^{14} appears to be metabolically inert, being excreted in the urine of the rat as the glycine conjugate (MEHLER and MAY, 1956). It appeared as a minor urinary constituent of the cat and rat given tritium labeled 3-hydroxyanthranilic acid, but did not appear after administration of C^{14}-labeled tryptophan (SUHADOLNIK and coworkers, 1957). The role of the enzyme "picolinic carboxylase" is therefore not clear.

Both kynurenic acid and xanthurenic acid are always present in the urine of several mammalian species (BROWN and PRICE, 1956). In cases of vitamin B_6 deficiency, urinary xanthurenic acid excretion is considerably increased. Presumably, this is due to lowered kynureninase activity, resulting in impaired cleavage of 3-hydroxykynurenine to 3-hydroxyanthranilic acid. The former compound is then subject to deamination, and the keto-derivative which is formed cyclizes spontaneously to form xanthurenic acid. Xanthurenic-4-C^{14} is not oxidized to $C^{14}O_2$ by the rat, but is excreted in the urine mostly as a glucuronide conjugate (ROTHSTEIN and GREENBERG, 1957) and to a small extent, as 8-hydroxyquinaldic acid (TAKAHASHI and PRICE, 1958).

Niacin is usually excreted as N'-methylnicotinamide, and N'-methyl-2-pyridone 5-carboxamide by carnivorous and omnivorous species. Injection of relatively large doses of carboxy-labeled nicotinic acid or nicotinamide leads to the urinary excretion of several conjugated and methylated derivatives in the rat (LIN and JOHNSON, 1953) and other mammalian species (LEIFER and coworkers, 1951). In each case, $C^{14}O_2$ was produced, the amounts varying from less than 1% (dogs) to more than 7% (rats) in a 24 hr period. It should be mentioned that administration of a small dose of nicotinic acid-COOH-C^{14} did not lead to $C^{14}O_2$ production (MEHLER and MAY, 1956). In chicks, labeled nicotinic acid or nicotinamide are excreted as α-, δ-, and α,δ-ornithine conjugates (CHANG and JOHNSON, 1957).

The side chain of tryptophan appears to be metabolized in a manner consistent with its being split off as alanine as demonstrated by analysis of several amino acids found in the proteins of rats given DL-tryptophan-α-C^{14} (GHOLSON and coworkers, 1959). The fate of the benzene ring is more obscure. Tryptophan 7a-C^{14} is rapidly converted to CO_2 (GHOLSON and coworkers, 1958) and the 7a-carbon is degraded to carboxyl-labeled acetate as demonstrated by the labeling in tissue protein amino acids, and isolation of acetylated trapping agents (GHOLSON and HENDERSON, 1958). The intermediates are not known.

If the oxidation of the ring takes place via the kynurenine pathway, consideration must be given as to where the CO_2 arises. DALGLIESH and TABECHIAN (1956) have suggested that the ring opening of 3-hydroxyanthranilic acid could lead to aliphatic intermediates in addition to recyclizing to nicotinic acid. However, no definite evidence for this has yet been reported. On the other hand, a brief report by ROTHSTEIN and GREENBERG (1959) gives evidence for the oxidation of L-tryptophan-7a-C^{14} *in vitro* by an unknown mechanism exclusive of the kynurenine pathway.

β) Serotonin

Serotonin (5-hydroxytryptamine) is an important physiologically active amine which appears to be present in practically all animal species. This compound is derived by hydroxylation of tryptophan at the 5-position, followed by decarboxylation to yield the amine (CLARKE and coworkers, 1954). Studies with tryptophan-2-C^{14} showed that this was the precursor of radioactive 5-hydroxytryptamine and 5-hydroxyindole acetic acid in various organisms (UDENFRIEND and coworkers, 1956). Recent work with serotonin-β-C^{14} in rats and rabbits has led to the identification of several additional products in the urine, including the glucuronide and N-acetyl derivatives of the amine, and the glycine conjugate of 5-hydroxyindole acetic acid (MCISAAC and PAGE, 1959).

8. Histidine

a) Biosynthesis

Studies with *Saccharomyces cerevisiae* have established that the amidine carbon of histidine (C-2) is derived from formate (LEVY and COON, 1951). It has been reported that guanine labeled in C-2 and the amino group is converted by *Aerobacter aerogenes* to histidine labeled in N-1 and C-2 (MAGASANIK, 1956). Glutamine is also an effective source of the N-1 atom of histidine (NEIDLE and WAELSCH, 1956). Later work has indicated that in actuality the true purine intermediate is probably an adenine derivative, rather than guanine (MOYED and MAGASANIK, 1957). Acetate-2-C^{14} also appears to contribute to the C-2-imidazole position in yeast (LEVY and COON, 1954).

In an attempt to establish the source of the 5-carbon chain of histidine, LEVY and COON (1954) grew *Saccharomyces cerevisiae* on glucose-1-C^{14} and showed that carbon-4 of the amino acid became labeled. However, studies with *E. coli* grown in the presence of either glucose-1-C^{14} or glucose-6-C^{14} led to the recovery of labeled histidinol, an intermediate in histidine formation, with heavy labeling in carbons 2, 6 and 8 (WESTLEY and CEITHAML, 1956).

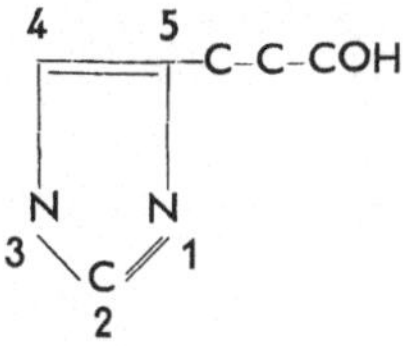

4 5 —C–C–COH

N N

3 C 1

2

Histidinol

These authors suggest the formation of a pentose from a three and a two carbon fragment formed by glycolysis. Since there is disagreement in the labeling from the two sets of data, it appears that *S. cerevisiae* and *E. coli* behave differently. This is substantiated by the finding that methyl-labeled acetate does not lead to carboxyl-labeling of histidine in the former organism (LEVY and COON, 1954) but does in the latter (CUTINELLI and coworkers, 1951).

This and other work with microorganisms led to the proposal of the following biosynthetic scheme (AMES, 1955; ADAMS, 1955):

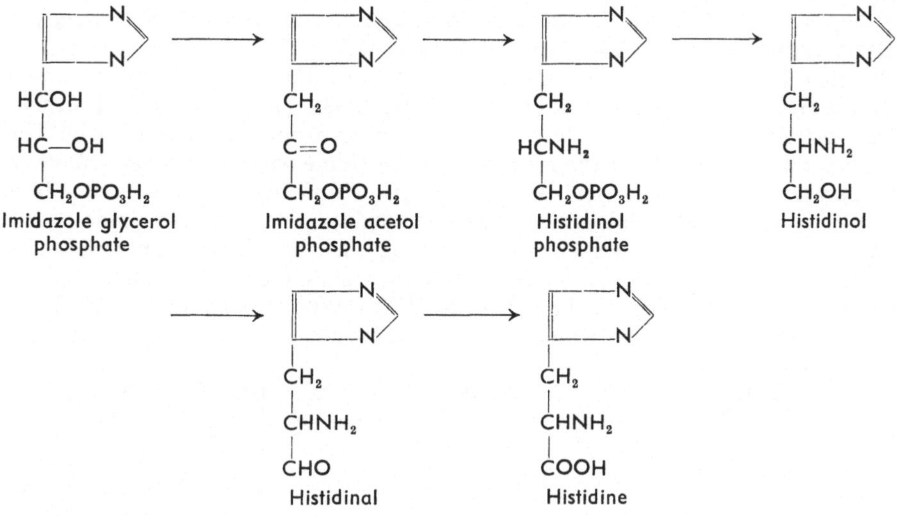

HCOH	CH_2	CH_2	CH_2
HC—OH	C=O	HCNH$_2$	CHNH$_2$
$CH_2OPO_3H_2$	$CH_2OPO_3H_2$	$CH_2OPO_3H_2$	CH_2OH
Imidazole glycerol phosphate	Imidazole acetol phosphate	Histidinol phosphate	Histidinol

CH_2	CH_2
CHNH$_2$	CHNH$_2$
CHO	COOH
Histidinal	Histidine

b) Catabolism

Urocanic acid (imidazole acrylic acid) has long been associated with histidine breakdown, but had been considered to be either an artifact or the result of a minor catabolic pathway of histidine (EDLBACHER, 1943). However, a number of investigators in Japan showed that liver preparations could readily form urocanic acid from histidine (EDLBACHER, 1943).

Direct isotopic evidence for the participation of urocanic acid in the breakdown of histidine was obtained when it was shown that incubation of histidine-imidazole-2-C^{14} with extracts of *Pseudomonas fluorescens* led to the recovery, by an isotope trapping technique, of labeled urocanic acid (TABOR and coworkers, 1952). A similar conversion was shown with guinea pig liver (MEHLER and TABOR, 1953).

Urocanic acid-α-C^{14} also gives rise to heavily labeled protein glutamic acid in the rat (KRAML and BOUTHILLIER, 1955).

The use of N^{15} showed that; the γ-nitrogen of histidine became the α-amino group of glutamic acid (in *Pseudomonas fluorescens*), the α-amino group of histidine formed ammonia (TABOR and coworkers, 1952). It thus became apparent that glutamic acid was derived from histidine as shown:

CH, N, N*H, CH=C—CH_2CHCOOH, NH_2

It was also found that carboxyl-labeled histidine was converted by liver homogenates, to glutamate labeled not in the α-COOH group, but probably in the γ-carboxyl group (ABRAMS and BORSOOK, 1952; FOURNIER and BOUTHILLIER, 1952). Similarly, histidine-α-C^{14}, when administered to the intact rat, led to heavy labeling of protein glutamic acid, either in the β- or γ-carbon atom. Labeling in aspartic acid could be accounted for by normal metabolism through the tricarboxylic acid cycle (WOLF, 1953).

It was discovered that the imidazole-2-carbon of histidine gave rise to formate in *Pseudomonas fluorescens* (TABOR and coworkers, 1952). In the rat, this carbon atom has been shown to be involved in one-carbon metabolism (SPRINSON and RITTENBERG, 1952; TOPOREK and coworkers, 1952). This is no doubt related to the that folic acid deficient rats when given histidine imidazole-2-C^{14}, excrete radioactive formate (RABINOWITZ and TABOR, 1958). The production of formate from histidine evidently involves the formation of formiminoglutamic acid. This compound, resulting from the incubation of histidine with liver or *Pseudomonas* preparations, or urocanic acid with the enzyme "urocanase" has variously been identified as formyl-L-glutamine, formyl-DL-isoglutamine and formamido-L-glutamic acid. However, the weight of evidence suggests that the true intermediate is formiminoglutamic acid, as demonstrated with histidine-γ-N^{15} (TABOR and coworkers, 1952) and histidine-imidazole-2-C^{14} (RABINOWITZ and TABOR, 1958).

The metabolic pathway which appears best to satisfy the data presented above is as follows:

Histidine → Urocanic Acid → [Imidazolone propionic acid]

→ COOH–CHNHCH=NH–CH_2–CH_2–COOH (α-Formimino-L-glutamic acid) → COOH–CHNHCHO–CH_2–CH_2–COOH (N-Formyl-L-glutamic acid) → Glutamic acid, Formic acid

Evidence implicating imidazolone propionic acid as part of the histidine catabolic pathway is now beginning to appear in the literature (FEINBERG and GREENBERG, 1958; REVEL and MAGASANIK, 1958).

The establishment of this pathway does not *per se* eliminate the possibility that other mechanisms of considerable quantitative importance may also exist. For example, unidentified products have been found in rat urine after administration of radioactive histidine and urocanic acid. One such product, hydantoin-5-propionic acid has recently been isolated from rat urine after administration of urocanic acid-2-C^{14} (BROWN and KIES, 1958). Another is imidazole propionic acid BALDRIDGE and TOURTELLOTTE, 1958) which, however, appears to be metabolically inert as demonstrated in rats with imidazole propionic acid-α-C^{14} (KRAML and BOUTHILLIER (1955).

Other metabolites found in rat urine following administration of histidine-2-C^{14} are imidazole acetic acid and 1-N-methyl histidine (WOLF and coworkers, 1956). The latter material when labeled with C^{14} is not oxidized to CO_2 in several animal species (COWGILL and FREEBURG, 1957). As far as is known at present, imidazole acetic acid may arise by one of two pathways: either deamination of the amino acid followed by oxidative decarboxylation of the resulting keto acid, or by decarboxylation of the amino acid followed by oxidation of the amine. The second pathway, which is well documented in mammals and bacteria, leads to the production of the physiologically important compound, histamine, and the metabolism of this substance labeled with C^{14} has been the object of study by several groups of workers.

It has been found that either large or small doses of histamine, when given to rats, are converted in part to imidazole acetic acid (MEHLER and coworkers 1952; TABOR and coworkers, 1953; BOUTHILLIER and GOLDNER, 1953; SCHAYER, 1952; KARJALA and coworkers, 1956). However, a considerable part of the amine is excreted either unchanged or as the acetylated derivative. In addition, a conjugate of imidazole acetic acid and ribose also appears in considerable quantity (KARJALA and coworkers, 1956). It has been shown that in the rat there is little breakdown of histamine beyond the stage of imidazole acetic acid (BOUTHILLIER and GOLDNER, 1953). Such is not the case in some microorganisms, particularly *Pseudomonas* adapted to imidazole acetic acid. Breakdown in this case proceeds through formiminoaspartic acid, to formyl aspartic acid and thus to aspartic acid as shown by enzymatic methods (HAYAISHI and coworkers, 1954, 1957; OHMURA and HAYAISHI, 1957).

9. Lysine

a) Biosynthesis

α) Neurospora and yeast

Evidence has been found for two distinct metabolic pathways in microorganisms leading to the biosynthesis of lysine. The labeling of lysine from labeled acetate (Section III, 2) led STRASSMAN and WEINHOUSE (1953) to conclude that in yeast, C-1 and C-2 of lysine represent an intact acetate moiety. A proposal involving the formation of α-ketoadipic and α-aminoadipic acids has been put forth by these authors to explain their results. The latter compound had previously been found to support growth in lysine requiring mutants of *Neurospora* (MITCHELL and HOULAHAN, 1948). In these organisms, it was found that α-aminoadipic acid-6-C^{14} led nearly exclusively to the formation of radioactive lysine (WINDSOR, 1951). Later work (SCHWEET and coworkers, 1955) indicated that the α-keto acid corresponding to lysine, which is in equilibrium with Δ'-piperidine-2-carboxylic acid (MEISTER, 1954) could also form lysine in *Neurospora*, although the major portion of this substrate was reduced to pipecolic acid.

Pipecolic acid itself is not a lysine precursor in this organism although it has been established as a metabolic product of lysine *breakdown* (SCHWEET and coworkers, 1954).

β) *Bacteria*

The probability that lysine is synthesized by different routes in bacteria and yeasts was first indicated when it was shown that *E. coli* (CUTINELLI and coworkers, 1951) and yeast (EHRENSVÄRD and coworkers, 1951), when grown on labeled acetate, yielded lysine with quite different patterns of labeling. In *E. coli*, the lysine carboxyl group was apparently formed from CO_2 derived from acetate; in yeast and *Neurospora* it was formed directly from acetate.

This isotopic evidence is in addition to the fact that α-aminoadipic acid will not support growth in lysine requiring bacteria such as *Streptococci*, *Lactobacilli* and *Leuconostoc*. The discovery by WORK (1951) that α,α'-diaminopimelic acid was a constituent of *Cornybacterium diphtheriae* and *Mycobacterium tuberculosis*, and that this compound could be decarboxylated to form lysine by extracts of *E. coli* (DEWEY and WORK, 1952) indicated still more strongly the existence of a second lysine biosynthetic pathway. α,α'-Diaminopimelic acid is widely distributed among bacteria (WORK and DEWEY, 1953). The biosynthetic pathway is not yet known, but a recent report indicates that uniformly labeled aspartic acid forms four of the carbon atoms of α,α'-diaminopimelic acid in a cell free system from *E. coli* mutants (GILVARG, 1958). Pyruvate apparently provides the other three carbon atoms.

b) Catabolism

Relatively early work with deuterium and N^{15} indicated that in lysine the α-hydrogen atom and α-nitrogen atoms were relatively nonlabile (CLARK and RITTENBERG, 1951).

In 1948, isotope trapping experiments by BORSOOK and coworkers showed a small conversion of lysine-6-C^{14} to α-aminoadipic acid in guinea pig liver homogenate. The latter compound was shown to form α-ketoadipic acid which was then degraded to glutaric acid (BORSOOK and coworkers, 1948). The conversion of both lysine-6-C^{14} and α-aminoadipic acid-6-C^{14} to radioactive glutaric acid was later demonstrated in the intact rat (ROTHSTEIN and MILLER, 1954 a).

L-Lysine-6-C^{14}, when administered to phlorizinized rats led to the isolation of urinary glucose labeled in carbons 3, 4 (85%) and carbons 1, 6 (11%). Glucose similarly derived from glutaric acid-1,5-C^{14} was labeled entirely in carbons 3 and 4, probably by way of a carboxyl-labeled acetate fragment (ROTHSTEIN and MILLER, 1952). This is in accord with the idea that lysine, to a major extent, passes through glutaric acid in being broken down.

Earlier isotopic studies dealing with the metabolism of lysine-6-C^{14} had suggested that the formation of glutamic acid and arginine (ornithine) might take place by a direct conversion of the lysine chain to a 5-carbon intermediate (ALTMAN and coworkers, 1952; MILLER and BALE, 1954). Studies with glutaric acid-1,5-C^{14} appeared to confirm this idea by showing evidence in favor of a direct conversion of glutaric acid to α-hydroxyglutaric acid and thence to α-ketoglutaric acid (ROTHSTEIN and MILLER, 1954b). However, if a direct conversion of lysine to a 5-carbon intermediate takes place, it apparently does not pass through glutaric acid, as later work, utilizing glutarate-3-C^{14} showed that only the acetate pathway is extant, and hence, labeling of other amino acids is due to synthesis from this 2-carbon fragment rather than from direct conversion of larger carbon chains (HOBBS and KOEPPE, 1958).

Pipecolic acid (piperidine-1-carboxylic acid) was found to be formed from lysine-6-C^{14} in the intact rat (ROTHSTEIN and MILLER, 1954c), in plants (GROBBELAAR and STEWARD, 1953; LOWY, 1953), in turkey liver (BOULANGER and OSTEUX, 1956) and in *Neurospora* (SCHWEET and coworkers, 1954). Rats given lysine-α-N^{15} or lysine-ε-N^{15} produced pipecolic acid which contained N^{15} only from the lysine-ε-N^{15} (ROTHSTEIN and MILLER, 1954c). Thus, during the formation of pipecolic acid, lysine loses its α-amino group. These data justify placing pipecolic acid in a central position in the pathway of lysine breakdown.

$H_2N-{}^*CH_2-(CH_2)_3-CHNH_2-COOH \longrightarrow H_2N-{}^*CH_2-(CH_2)_3-C{=}O-COOH \rightleftharpoons$ Δ¹-Piperidine-2-carboxylic acid $\longrightarrow$ Pipecolic acid

Hydroxylysine in collagen (from lysine)

Δ¹-Piperidine-2-carboxylic acid

Pipecolic acid

$\longrightarrow$ [Δ¹-Piperidine-6-carboxylic acid $\rightleftharpoons$ α-aminoadipic acid semialdehyde] $\longrightarrow$ ${}^*COOH-(CH_2)_3-CHNH_2-COOH$

Δ¹-Piperidine-6-carboxylic acid

α-aminoadipic acid semialdehyde

α-Aminoadipic acid

$\longrightarrow {}^*COOH-(CH_2)_3-C{=}O-COOH \longrightarrow {}^*COOH-(CH_2)_3-{}^*COOH$ Acetate-1-C^{14}

The above catabolic scheme involving an intramolecular transamination whereby the ε-amino group of lysine becomes the α-amino group of α-aminoadipic acid, is somewhat speculative. However, it is compatible with the data presented above for lysine breakdown in the rat. The pathway is supported in addition by the finding that many tissues of the rat are capable of carrying out the reduction of Δ'-piperidine-2-carboxylic acid to pipecolic acid (MEISTER and coworkers, 1957). Recent work has also established the conversion of pipecolic acid-2-C^{14} to radioactive α-aminoadipic acid (ROTHSTEIN and GREENBERG, 1959b).

It is of interest to note that D-lysine-6-C^{14} is metabolically inert in the rat (ROTHSTEIN and coworkers, 1954), but can be utilized by certain *Neurospora* mutants (SCHWEET and coworkers, 1954).

The breakdown of lysine in *Neurospora* appears to take place by a somewhat different pathway. Pipecolic acid is an intermediate, as well as Δ'-piperidine-2-carboxylic acid (SCHWEET and coworkers, 1954). In addition, ε-amino-α-hydroxycaproic acid is formed, apparently as the N-acetyl derivative. The role of the latter compound and its position on the lysine pathway is not clear. α-Aminoadipic acid is not a product of lysine breakdown.

In vivo isotope trapping experiments detected a small conversion of lysine-6-C^{14} to radioactive formate. This probably accounts for the labeling of carbons 1, 2, 5 and 6 in glucose derived from lysine. A possible source of formate might be by way of conversion of lysine-C^{14} to 5-hydroxylysine-C^{14} in collagen (SINEX and VAN SLYKE, 1955). Oxidation of the latter amino acid at the hydroxyl group could yield formate. The formation of hydroxylysine is discussed elsewhere (Section B, II, 1, d, β, p. 892).

B. Metabolism of Protein

I. Turnover of protein[1]

1. Introduction

Although the existence of metabolic turnover of the proteins in higher animals, their persistent synthesis and breakdown was first envisioned and experimentally supported by BORSOOK and KEIGHLEY (1935), it was not until the advent of isotopes that it became possible for SCHOENHEIMER and coworkers to place this hypothesis on a firm basis (SCHOENHEIMER, 1942). Their work indicated that in the living animal, the body constituents, including the proteins, are in a dynamic state.

However, as a result of more recent work with radioactive isotopes, it has become necessary to modify this point of view to some extent, in particular with respect to the important protein collagen which comprises about one third of the total protein in the higher animal. This protein appears to be a stable constituent of tissues, at least in the adult animal, as shown with isotopes (NEUBERGER and SLACK, 1953; THOMPSON and BALLOU, 1954, 1956 (tritium oxide). Chondroitin sulfuric acid which is associated with collagen in connective tissue also has a low rate of turnover as shown with sulfate-S^{35} in numerous studies (DZIEWIATKOWSKI, 1956; SCHILLER and coworkers, 1956). Although the rate of turnover is low, it is not so low as for the collagen, apparently because there is some exchange of sulfate (BOSTRÖM and MANSSON, 1953). Other proteins, such as those in muscle, also turn over at a low rate (BIDINOST, 1951, N^{15}; DREYFUS and coworkers, 1956). From the work carried out with N^{15}-labeled amino acids, especially that of SHEMIN and RITTENBERG (1944), it became evident that the proteins in different tissues have different rates of turnover, and from the work of LONDON (1950) this concept was extended to include the different proteins in the blood plasma in human subjects.

When it is recalled that S^{35} was available at high specific activities before C^{14}, it is not surprising that among the first turnover studies carried out with radioactive amino acids, were those in which methionine-S^{35} was employed (TARVER and MORSE, 1948; FRIEDBERG and coworkers, 1948; GIATONDE and RICHTER, 1950). Since that time, the S^{35}-labeled amino acids have become the chosen tools of many workers, so that excellent studies on the turnover of the plasma and tissue proteins have been carried out, for example, by MAURER and others with methionine-S^{35} in rats (NIKLAS, 1952; NIKLAS and MAURER, 1953), in rabbits (NIKLAS and MAURER, 1953; MAURER and coworkers, 1954; NIKLAS and coworkers, 1954; SCHULTZE and MAURER, 1957; SCHULTZE, 1957; GERDES and MAURER, 1957) and in human subjects (NIKLAS and POLIWODA, 1954; NIKLAS and MAURER, 1953; GERDES and MAURER, 1957). From this and other research it soon became evident that the study of turnover rates presented many new problems, and that the interpretation of turnover data for the complex of proteins in any one tissue in the intact animal was impossible before more insight was gained with respect to the process in simpler systems. For this reason, and on account of their well recognized importance, many investigators turned to the study of the turnover behavior of the plasma proteins in higher animals, a relatively simple system at first sight.

2. Turnover of plasma proteins (McFarlane, 1957 a)

a) Methods

The turnover of plasma proteins has been approached, for the most part, by one of two methods. Either a labeled amino acid has been administered to an

[1] In much of the discussion which follows the word "apparent" should precede "turnover" or "half-life"; so that for instance if one protein is said to have several different half-lives this is not the real state of affairs. When statements of the type, "The protein was labeled with DL-glutamic acid" occur, it is not meant that the D-form was incorporated, but simply that the DL-mixture was used in the experiment.

animal and the behavior of the labeled protein has been studied as a function of time, or the plasma protein has been labeled in a donor animal, and after being transferred, its behavior in a recipient has been examined. The first method may be referred to as the *direct method* or the study of the endogenous protein, the second method may be referred to as the *Hevesy method*, since this method was first employed by him in well known studies on phospholipid metabolism (HEVESY, 1948). In connection with plasma protein metabolism, studies of this sort were first carried out by FINK and coworkers (1944) using N^{15} for labeling lysine, and by MILLER and coworkers (1949) using C^{14}-labeled lysine. A modification of the Hevesy method involves the labeling of the protein *in vitro*, generally with I^{131}. The behavior of the protein in the experimental animal is then investigated. This method appears to have been first employed by FINE and SELIGMAN (1943) who used brominated protein.

When iodinated protein is used in turnover studies there appears to be little or no reutilization or retention of the products of catabolism of the protein. Iodide, and iodotyrosines are all excreted quite rapidly (COHEN and coworkers, 1956); so it is possible to determine the turnover of any one iodinated protein in the organism by measuring the radioactivity excreted (BERSON and coworkers, 1953; COHEN and coworkers, 1956), or the radioactivity retained by the animal (CAMPBELL and coworkers, 1956; BANGHAM and TERRY, 1957).

Besides these two methods, and their modifications, there remain two other methods. One relies on maintaining a pool of precursor amino acid at a constant specific activity. This method has been employed in studies on fibrinogen (MADDEN and GOULD, 1952). The second relies on the knowledge of the specific activity of the precursor during a short period over which protein is being synthesized. From this, it is possible to determine the half-life of the protein by measuring the incorporation at the known specific activity of precursor over the period in question. Such studies have been carried out in rabbits using methionine-S^{35} by MAURER and coworkers (1954).

Before going further, the outstanding differences between the direct and Hevesy methods must be noted. When the direct method is employed, the proteins in all tissues of the animal are labeled, so that the whole animal is a reservoir of labeled amino acid which gradually becomes available for reincorporation either into the protein in which it was originally located, or for incorporation into other protein, possibly the very protein which is under scrutiny. Thus, by the direct method, the value for the half-life will be too long unless some correction is applied to take into account the reincorporation. Such a correction can only be applied if the specific activity of the amino acid (or peptide) being reincorporated is known. Obviously, this disadvantage of reincorporation does not exist to the same extent when the Hevesy method is used since the tissue proteins are not labeled, at least initially.

However, when the Hevesy method is employed it must be assumed that the protein transferred is not altered; that is, it is not behaving like a foreign protein in the recipient. Of course, the study may be concerned with the behavior of foreign protein, in which case the question does not arise. Since the protein may be foreign due to a difference between donor and recipient, or may suffer alteration due to chemical manipulation or irradiation damage, it is sometimes difficult to determine whether a given protein is behaving like the endogenous protein in the animal or not.

b) Choice of amino acid

Another critical factor enters the picture, particularly with respect to the direct method, and this concerns the metabolism of the labeled amino acid itself and this is well exemplified by the behavior of methionine-S^{35}. When administered to an animal, this amino acid is rapidly converted to cystine-S^{35}, so that in the ensuing period both amino acids are incorporated. Since the ratios between the specific activities of the two amino acids will change with time, the incorporation of S^{35} from each will change as time progresses. Hence, no clear picture of turnover of any one protein can be gained if only the S^{35} in the protein is measured. The turnover picture with an individual amino acid must be followed. Among the other labeled amino acids which have been used in turnover and other studies, it is clear that this difficulty will arise particularly with amino acids which are easily interconvertible, such as glycine-serine, amino acids related to glutamic acid, and phenylalanine-tyrosine, and that there will be little trouble of this sort when amino acids such as lysine, histidine, isoleucine and others among the essential amino acids are employed.

In order to measure turnover by the direct method, many investigators have employed essential amino acids, whose pool size in the animal may not be large, so that they suffer little dilution (and interconversion), and hence, are incorporated into the protein at high specific activity. However, for the same reasons, they may be reincorporated to a greater extent than those non-essential amino acids which appear largely in the diet and which are rapidly synthesized in the organism (PENN and coworkers, 1957). Others have chosen to employ such readily available labeled amino acids as glycine, and other non-essential amino acids like glutamic acid. Although these amino acids may suffer rapid dilution when administered to the animal, they are often present in high concentrations in the proteins under investigation. Hence, their rate of incorporation may be correspondingly high, and due to rapid dilution, their rates of reincorporation may be low. For these and other reasons, it may be advisable to use a labeled amino acid such as glutamic acid-1-C^{14}, as employed by PUTNAM and coworkers (1958) in studies on the metabolism of the proteins produced in multiple myeloma, rather than lysine-C^{14} which the same group used in earlier studies (PUTNAM and coworkers, 1956).

c) Nature of turnover curves

The treatment of the turnover data most generally used involves the plotting of the logarithm of the specific activity of the protein against time, this being done on the tacit assumption that the decrease in concentration of isotope in the pool obeys monomolecular kinetics. In order for this state to prevail, among other things, the rate of synthesis and degradation of the protein must be continuing at a constant rate in the system. It is also assumed that the protein is acting like a chemical in a homogeneous situation. It does not age. This has been shown to be the case by WALTER and HAUROWITZ (1958) and by PENN and coworkers (1957), who transferred young and old proteins in rats and rabbits and found that ageing did not affect their half-lives. However, in some cases, as with the red cell, this situation does not prevail since the cell has been shown to have a finite life (SHEMIN and RITTENBERG, 1946).

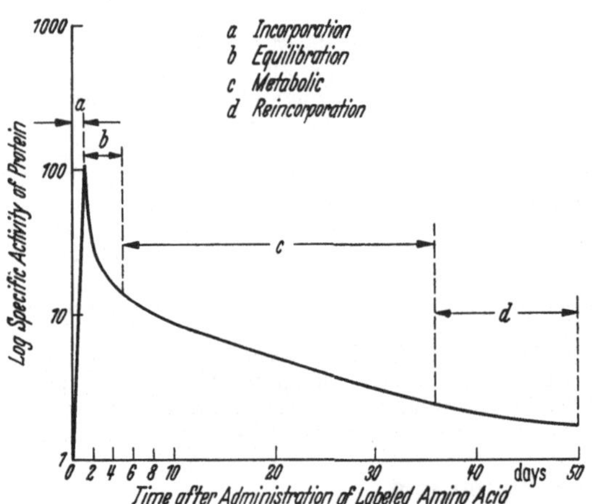

Fig. 2. Schematic turnover curve showing the behavior of the specific activity of the isotopically-labeled serum protein with time following the administration of either amino acid (phases a—d) or labeled protein (phase b—d) to the experimental animal. See GOLDSWORTHY and VOLWILER, 1957.

GOLDSWORTHY and VOLWILER (1957) came to the conclusion that the turnover curves for amino acids can best be described in terms of four phases: (a) Incorporation, (b) Equilibration (or Non-Exponential: distribution and mixing), (c) Metabolic (or Exponential), (d) Reincorporation. The general picture obtained when the logarithm of the specific activity of a specific protein (or better of amino acid, or specific element in specific location in a protein) is plotted against time is that shown in Fig. 2. This type of behavior is found whether the direct or the Hevesy method is employed, but, of course, with the latter method, only phases b, c and d exist. Since in the types of studies under consideration, only these three phases come into the picture, they will be dealt with first, but it must be noted with regard to these curves, that when studies are made in the intact animal on proteins in which the turnover rate is slow e. g. the various structural proteins in muscle, the curves obtained do not bear much resemblance to that in the figure, due to the preponderance of reincorporation in these proteins while labeled amino acids are being released from proteins in which the turnover is more rapid. Thus both incorporation and release occur very slowly and at rates which do not give rise to data much like those plotted for the "ideal" situation for proteins with rapid turnover rates. An example of "ideal" behavior is shown in Fig. 3.

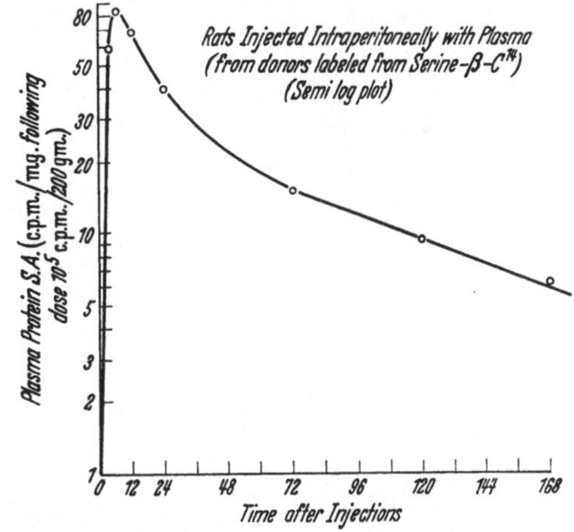

Fig. 3. Turnover of plasma protein (total) after labeling with serine-β-C^{14}. Labeled protein injected intraperitoneally into rats. Compare with ideal turnover curve Fig. 2. ABDOU and TARVER, 1951.

The chief differences which exist in the four phases are as follows:

(α) Rate of incorporation, (β) Rate and extent of fall in the equilibration phase, (γ) Slope of the metabolic phase, (δ) Nature of the reincorporation with respect to time of advent and slope of curve.

These characteristics will be dealt with separately.

α) *Rate of incorporation*

The rate of incorporation, and hence the slope of the curve in phase (a) largely depends on the specific activity of the precursor. For lack of anything more definite, this may be taken as the specific activity of the amino acid at the site of synthesis of the particular protein in question. This in turn will depend on the size and rate of turnover of the pool of the particular amino acid, and the specific activity and rate of entry of the amino acid into the pool.

It needs little consideration to appreciate that the situation is extremely complex, so much so that it only appears profitable to deal with it empirically for each individual experimental arrangement and type of labeling. It is clear that the size of dose the labeled amino acid will largely determine what happens to the level of the specific activity — there will be considerable difference in the curve whether a massive or a tracer dose of the same total radioactivity is employed, or whether these doses are given intravenously or via some other route. Unfortunately, the effect of size of dose does not appear to have been investigated with respect to plasma protein synthesis, but it can be readily seen from the data of LITTLEFIELD and coworkers (1955). These workers injected rats with small or large doses of DL-leucine 1-C^{14} intravenously and sacrificed the animals at short intervals thereafter. Analyses were made on fractions of the ribonucleoprotein particles (deoxycholate soluble and insoluble) from the livers of the animals. Obviously, the results obtained with the two types of dosage are vastly different. Since the particles concerned are probably the main site of protein (albumin) synthesis in the liver, no doubt these data would find a reflection in the specific activities of liver and plasma albumin, had they been measured.

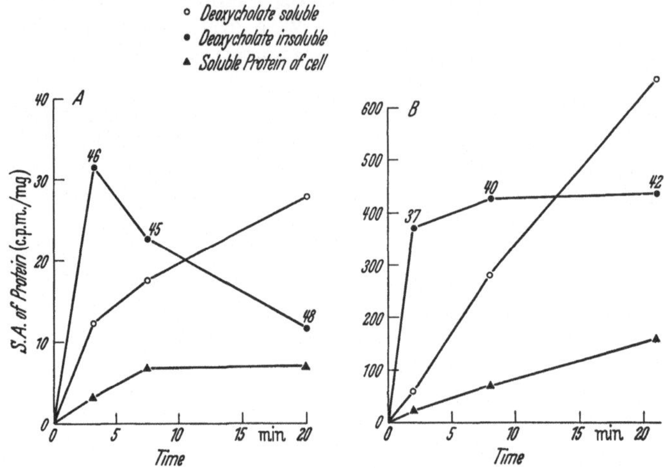

Fig. 4. Incorporation *in vitro* of small (left) and large (right) doses of leucine-1-C^{14} into two components of the microsomes and into the soluble protein of the liver cell. DL-leucine given intravenously, either 0.16 or 100 micromoles per 300 g rat. LITTLEFIELD and coworkers, 1955.

β) Rate and extent of fall in the equilibration phase

When homologous unaltered plasma protein is administered parenterally, the initial rate of fall in specific activity of the protein appears to depend on the rate of loss of the protein into interstitial fluid, lymph and perhaps to a lesser extent into cells and into other special channels such as ascitic fluid. If the protein is not homologous or if it is in some way altered as by partial denaturation, presumably the altered part will be lost into the reticulo-endothelial system.

The loss into lymph has been shown in many Hevesy-type experiments carried out on different species with different types of labeled proteins. Among the more enlightening of these experiments are those carried out by WASSERMAN and MAYERSON (1951) in dogs. Measurements were made on plasma and lymph following the injection of albumin-I^{131}. It was shown that as the albumin disappeared from plasma, it made its appearance in the lymph, confirming conclusions previously reached by DRINKER (1946) on the basis of experiments not involving isotopes. In accord with the differences in size, albumin moved into lymph faster than did the globulins. These experiments have been confirmed in dogs (FORKER and coworkers, 1952; MCKEE and coworkers, 1950) and in rats (ABDOU and coworkers, 1952; FORKER and coworkers, 1952), who all used internally labeled plasma protein. Labeled plasma protein has also been shown to move rapidly from the peritoneal cavity into the circulation in rats (ABDOU and TARVER, 1951a) and in the reverse direction in human subjects with ascites (BERSON and coworkers, 1953, 1954). Other workers have also occupied themselves with this problem, particularly in human subjects with portal cirrhosis (BAUER and coworkers, 1954; TYOR, 1954; BERSON and coworkers, 1953; SCHOENBERGER and coworkers, 1956). It has also been shown by immunological methods, that extravascularized plasma proteins may be returned to the circulation (GITLIN and JANEWAY, 1953; GITLIN, 1957). It may be noted that the lymph protein in the experiments by ABDOU and coworkers, 1952, always remained of lower specific activity than the plasma protein, although it was not determined whether this was due to a difference in proportion between albumin and globulin with different specific activities in the two channels, or whether it was due to actual differences in specific activities in any one or all of the proteins; but GITLIN (1957) has presented evidence that differences exist in the specific activities of the proteins throughout the system. At any rate, the transfer of protein occurred at such a rate in rats that a steady state was attained in 6 to 12 hr, a time which is shorter than the equilibration phase for plasma protein in the same species. The passage of labeled plasma proteins into other special channels such as perinal tissue has been shown in the baboon by COHEN (1956). The appearance of plasma protein in lymphedema and cysts has also been noted (GITLIN, 1957).

The passage of plasma protein into cells is more difficult to demonstrate with certainty by isotopic methods, although such experiments might well be done with tritiated proteins. However, the phenomenon has been observed with albumin and other proteins stained by the fluorescent antibody method (see GITLIN, 1957), and the passage of iodinated albumin into skin has been noted (HUMPHREY and coworkers, 1957) and into tumors (BAUER and coworkers, 1955).

The labeling of tissue protein in the period of 7 days following the injection of labeled plasma is shown in Fig. 5.

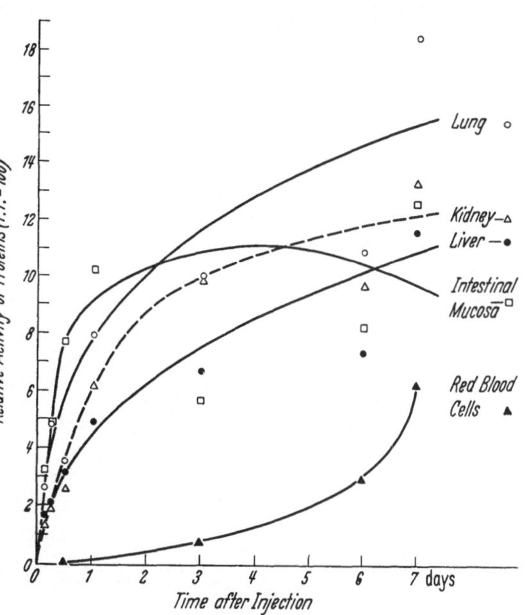

Fig. 5. Relative specific activity (R. S. A., Plasma protein = 100) of protein in various tissues of rats measured at different times after the intraperitoneal injection of plasma labeled from serine-β-C^{14}. ABDOU and TARVER, 1951; (plotted from Table IV.)

When altered (denatured) proteins are injected, there is a very rapid removal of such protein from the circulation to the extent that the metabolic phase may either cease to exist, or may appear only when the specific activity of the circulating protein has been reduced very greatly. Such behavior is exemplified by the results of MARGEN and TARVER (1956) and McFARLANE (1956), the former carried out on human subjects, the latter, on rabbits. In both studies, iodinated proteins were employed. From these studies and those of BERSON and coworkers (1953) and others, it appears that unless iodination is carried out with the utmost care the protein may behave abnormally. Many other workers have arrived at the same conclusion (ARMSTRONG and coworkers, 1954, 1955; GOLDSWORTHY and coworkers, 1956; VOLWILER, 1957; MARGEN and TARVER, 1957; STEINFELD and coworkers, 1957). This difficulty with respect to the employment of iodinated proteins in metabolic studies has led McFARLANE (1956), GORDON (1957), COHEN and GORDON (1958) and FREEMAN and coworkers (1958), to use "screened" iodinated proteins. By this is meant iodinated proteins freed of "fast" components. The protein is injected into an animal of the same species and is left there till the undesirable molecules are cleared out of the preparation. Then it is removed from the screening animal and is injected into the experimental animal. The virtue of this procedure has been very well demonstrated by the liver perfusion experiments of COHEN and

GORDON (1958) and by experiments of KATZ and coworkers (1959). It appears now, that under some conditions, the iodinated protein may possess labile iodine attached to cysteine residues forming a sulfenyl iodide (HUGHES, 1957; CUNNINGHAM and NUENKE, 1959).

Another approach to the problems of labeling proteins has been made by MARGEN and TARVER (1957), who polymerized methionine-S^{35} on to albumin by using the carbaminoanhydride derivative of methionine. Preliminary results indicate that albumin labeled internally with C^{14} and externally with methionine-S^{35} had practically identical half-lives by either method. An alternative method of labeling proteins with methionine involves the use of methionyl thiophenol (WIELAND and MERZ, 1958).

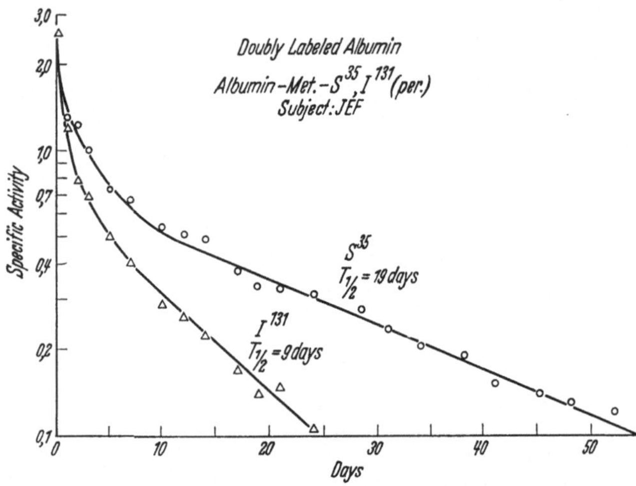

Fig. 6. Comparison of the behavior of the same protein doubly-labeled from methionine-S^{35} internally and by iodination with I^{131} in a human subject. S. A. in arbitary units. See MARGEN and TARVER (1957) for similar data.

So, it appears that when iodinated proteins are used to determine metabolic turnover rates, the results may be of doubtful validity although comparisons between similar preparations in different metabolic conditions may still be valid. In spite of the fact that many workers have encountered anomalous behavior with iodinated proteins, nonetheless, it must be mentioned that various groups, notably those of CAMPBELL and coworkers (1956), COHEN and coworkers (1956) and MCFARLANE (1957b) who worked with rats and rabbits, have claimed that their iodinated proteins behaved exactly like internally-labeled-C^{14} plasma proteins. It is not clear whether this arises due to the superiority of the method of iodination or for other reasons. However this may be, the same group (GORDON, 1957) has employed purification by screening before use of these products. In spite of what has been said, it is unquestionable that the iodinated proteins remain of considerable value, particularly on account of their ease of determination and for other reasons which will appear from the subsequent discussion.

The kinetics of the metabolism of iodinated albumin have recently been dealt with by LEWALLEN and coworkers (1959).

γ) *Slope of the metabolic phase*

Comparisons have been made in human subjects between the direct method and the Hevesy method with the result that longer half-lives have been found for the proteins by the former method. Thus VOLWILER and coworkers (1955) using cystine-S^{35} found average values for the half-life of albumin of 47.4 and 21.7 days respectively in normal subjects. MARGEN and TARVER (1956) using cystine or methionine-S^{35} reported average half-lives of 48.9 and 26.5 days. ARMSTRONG and coworkers (1954, 1955) also found long half-lives for albumin by the direct method.

Although the agreement between these data is not at all good (there being hardly enough subjects), it is clear that shorter half-lives are obtained by the Hevesy method than by the direct method. This difference must be attributed to the reutilization of labeled amino acid freed by the degradation of labeled tissue and plasma protein in the subjects in which the direct method was employed. The amino acid pool in the subject remains labeled at a significant level. Although this has not been shown to be the case in human subjects using the S^{35} label, it has been demonstrated with glycine-2-C^{14}, the pool being sampled by feeding small doses of benzoic acid and measuring the label in the excreted hippuric acid (BERLIN and coworkers, 1954). Direct measurements of glycine specific activities in liver and muscle have been made by KRUH and coworkers (1956) in experiments of a very instructive nature. These data evidently explain the long half-lives (29 and 39 days) observed for albumin in human subjects after the administration of glycine-2-C^{14} (MASOUREDIS and BEECKMANS, 1955).

In this connection, it should also be pointed out that the experiments of LOFTFIELD and HARRIS (1956) show that most of the essential(?) amino acid in the liver tissue of rats comes from the breakdown of liver constituents because even when labeled (essential) amino acids such as valine, leucine and isoleucine are infused in large amounts, the specific activity of the free liver leucine remains much lower than that infused.

The persistence of free labeled amino acid in other species of animals long after protein labeling has occurred has been demonstrated by many workers, particularly when the labeling agent used has been glycine, determined as hippuric acid in the urine (HENRIQUES and coworkers, 1955 (rat); CORNELIUS and coworkers, 1959 (cow). This method presumably can provide data relative to the specific activity of the amino acid in the liver pool. Similar experiments with cystine-S^{35} labeling in rabbits, and sampling by determinations made on *p*-bromophenylmercapturic acid excreted, appeared to give anomalous results, probably due to the fact that this toxic agent causes the animals to abstain from food with resultant excessive protein breakdown (MARGEN and TARVER, unpublished data).

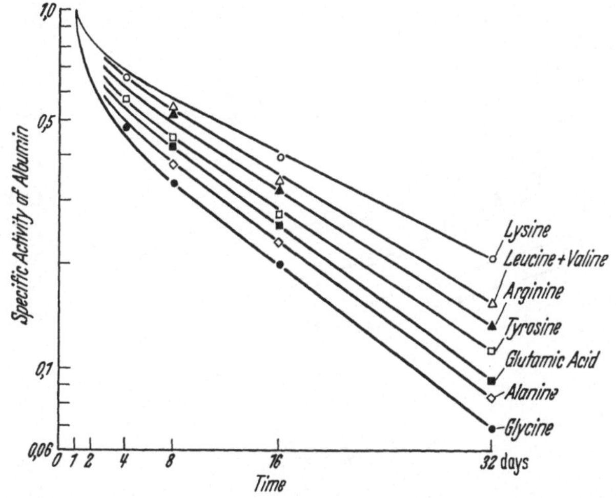

Fig. 7. Relative specific activities (R. S. A.) of amino acid residues of albumin (day one set equal to unity) after feeding a protein hydrolysate of Cannae leaves, generally labeled with C^{14} from carbon dioxide at day zero. PENN and coworkers, 1957.

Using data concerning the specific activity of the amino acid in the pool, it is possible to correct turnover curves obtained by the direct method by subtracting the amounts due to reincorporation of the labeled amino acid. This has been done by CORNELIUS and coworkers (1959) in studies on cows.

It has been pointed out by PENN and coworkers (1957) that short half-lives might result from lack of relabeling, or might result from the fact that some of the residues in the protein are in more labile positions than others. Experiments in rabbits with albumin labeled with glycine-C^{13} and subsequently with glycine-C^{14}, gave no support to the latter possibility. Hence, it appears that all residues on the protein are equivalent with respect to turnover (Section II, 1, f, δ). The same workers have carried out experiments which gave much additional insight into the nature of the relabeling phenomenon. The proteins of a rabbit were labeled with a number of amino acids and the rate of loss of each labeled amino acid from the serum

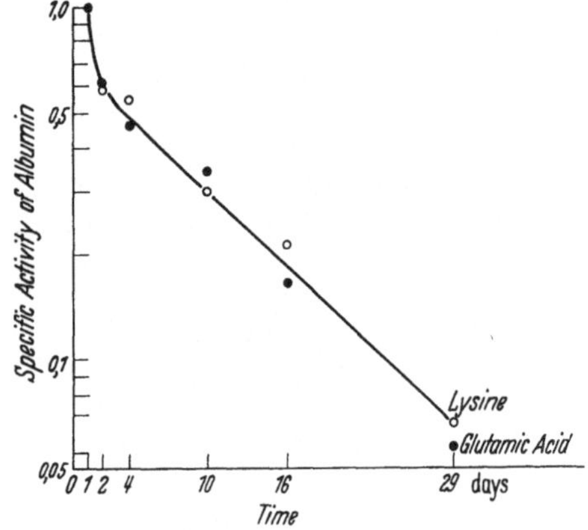

Fig. 8. R. S.A. of glutamic and lysine residues of albumin after transfusing doubly labeled plasma at day zero. PENN and coworkers, 1957.

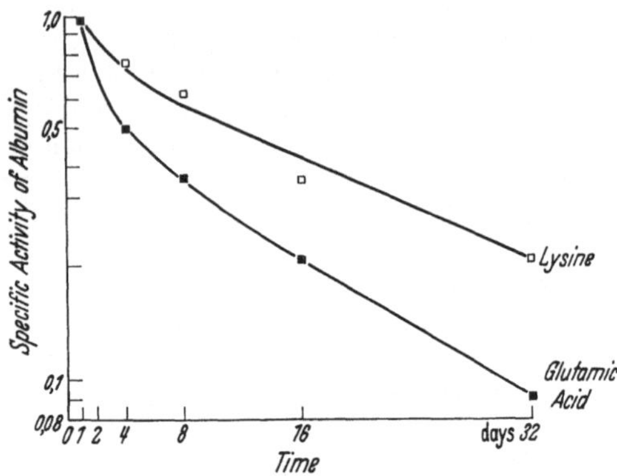

Fig. 9. R. S. A. of glutamic and lysine residues of albumin after feeding the labeled amino acids (1-C^{14}) at day zero. PENN and coworkers, 1957.

albumin was determined. The half-lives, in days, of the albumin as measured with each label were found to be as follows: glycine, 10.5; alanine, 10.8; glutamic acid, 11.4; tyrosine, 11.7; arginine, 12.4; leucine-valine, 13.8; lysine, 15.7 (Fig. 7). When the Hevesy method was employed using rabbit albumin doubly labeled with DL-glutamic acid-1-C^{14} and DL-lysine-1-C^{14} identical half-lives of 8.6 days were found with both labels (Fig. 8). When the direct method was used with these same two amino acids the results in Fig. 9 were obtained. From this data it appears that the essential amino acids are reincorporated to a less degree than the non-essential ones, and, as might be anticipated, the degree of reincorporation is different for each amino acid.

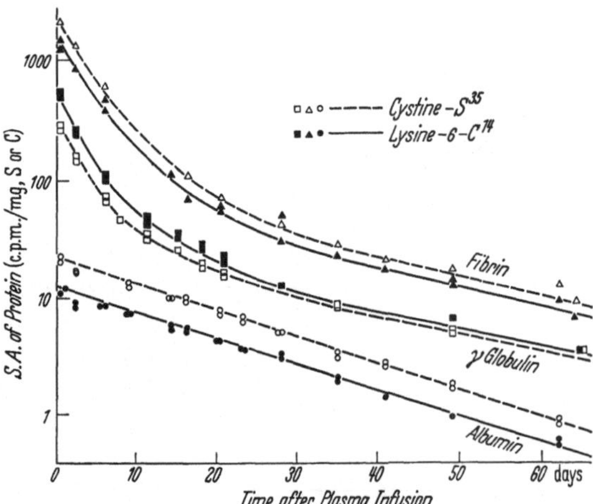

Fig. 10. Comparison of the turnover rates of three plasma protein fractions as measured with either cystine-S^{35} or lysine 6-C^{14}. Homologous proteins were transferred intravenously from one dog to another. GOLDSWORTHY and VOLWILER, 1957.

The half-life of albumin in the dog has also been measured by injecting doubly labeled plasma from donor animals labeled from both L-cystine-S^{35} and DL-lysine-6-C^{14} (GOLDSWORTHY and VOLWILER, 1958). Again, identical half-lives were found for albumin (16.5 days). For the other proteins examined (α-globulin. fibrinogen and γ-globulin) the decay curves were multiphasic, fibrinogen for example behaving as if there were a slow and intermediate turnover rate ($t_{1/2}$ 20.1 and 3.4 days). The slow rate is not in agreement with data obtained by MADDEN and GOULD (1949) ($t_{1/2}$ about 4.3 days, obtained by the constant pool method and 4.1 days by the the direct method). The reason for the discrepancy is not clear, although with the globulins it is possibly due to the heterogeneity of these proteins. It must be noted, however, that all the proteins measured by GOLDSWORTHY and VOLWILER lost both labels at the same rate (Fig. 10).

From this, these workers reached the conclusion that the data lent further support to the concept that the turnover phenomenon is concerned with the whole molecule and is not the result of exchange or partial breakdown-rebuilding phenomena. It must be noted that the results of WIGGANS and coworkers (1957) are not in accord with those just dealt with. These workers labeled albumin in rats with valine-1-C^{14} and methionine-S^{35}. When the half-life of the albumin was measured in recipient animals an entirely different value was obtained with each label, results for which no simple explanation can be offered.

δ) Nature of the reincorporation

When the direct method is used, the reincorporation leads to a reduction in the slope of the turnover curve which is particularly evident at the beginning of the experiment e. g. MARGEN and TARVER (1956), but with the Hevesy method it may be anticipated that the reincorporation would lead to reduction in the slope later in the experiments. Whether the reduction in slope of the curves of GOLDSWORTHY and VOLWILER (1957, 1958) result from reincorporation or are the result of some other phenomenon is not at all clear. In many cases, when iodinated proteins have been used, even though reincorporation does not occur, more than one phase exists in the turnover rate. This may be seen in the data of BERSON and coworkers (1953), in which from one human subject, the initial half-life appeared to be 11 days, but which subsequently changed to a half-life of 15 days and finally to one of 19 days. Such results are probably due to the presence of altered protein.

d) Pool size

In order to determine the actual rate of synthesis from the half-life of the protein, it is necessary to know the pool size. The pool of the circulating protein may readily be determined by the dilution of the labeled protein after injection. However, this circulating protein represents only a part of the total pool. To determine the total pool it has been customary to extrapolate the metabolic curve to zero time and from the dilution so found, to calculate the pool size e. g. STERLING (1951). It may be remarked that if the protein used contains any rapidly metabolized components, perhaps formed by denaturation, then the metabolic part of the curve will be lowered and the pool size will be overestimated. This error is evident in the data of MARGEN and TARVER (1956). In addition to this, it has been pointed out by CAMPBELL and coworkers (1956) that the pool size cannot be determined by this method, so that these workers elaborated a new method to attain the same end.

e) Factors affecting turnover of plasma proteins

In a previous section (I, 2, c, β) some of the literature was cited which deals with the problem of cirrhosis and the behavior of ascitic fluid. STERLING (1951) has also studied a number of cases of Laennec's cirrhosis with the aid of albumin-I^{131}. Idiophathic hypoproteinemia has been studied by SCHWARTZ and THOMSEN (1957) who found short half-lives of albumin-I^{131} in such subjects (7.2 days compared with normal 22.7 days), and KUSHNER and coworkers (1957) have studied nutritional and nephrotic hypoproteinemia. The turnover of lipoproteins labeled with I^{131} ha' also been studied in the nephrotic syndrome (GITLIN and coworkers, 1958). NIKLAS and LEHNERT (1954) have measured the turnover of plasma proteins in rabbits with Masugi's nephritis, finding that the total turnover is similar to that in the normal animal, but that there is an increase in globulin turnover with a corresponding decrease in albumin turnover. LEWALLEN and coworkers (1959) have studied the I^{131}-labeled albumin metabolism in myxedema. In this condition, there appears to be an increase in albumin in the extravascular compartment together with a reduction in its rate of synthesis and catabolism. The rate of breakdown of iodinated albumin has been shown to be increased following treatment with L-triiodothyronine (IBER and coworkers, 1958), and longer half-lives have been found for the total serum proteins in thyroidectomized rabbits as well as shorter half-lives in animals treated with thyroxine (D'ADDABBO and KALLEE, 1959). It has also been found that adrenocortical hormone increases the rate of catabolism of albumin in both rabbits and human subjects (ROTHSCHILD and co-workers, 1958). In the hypophysectomized rat the effect of adrenocorticotropic hormone on albumin turnover was not large according to ULRICH and coworkers (1954), whereas the effect of growth hormome was to decrease the half-life of the protein and to greatly increase its rate of synthesis. In tumor bearing rats, the rate of loss of labeled plasma proteins from the circulation is greatly increased (BABSON, 1956). When a large dose of unlabeled albumin together with a trace of albumin-I^{131} was injected into a patient lacking serum albumin, no dilution of the protein occurred subsequently, indicating a total lack of albumin synthesis (FREEMAN and coworkers, 1959).

It should be noted, however, in connection with turnover experiments that a change in the protein content of the diet, and presumably a change in protein consumption, will affect the rate of turnover of the plasma protein, so that unless this factor is controlled, erroneous conclusions may be made with respect to the effect of other factors in turnover (STEINBOCK and TARVER, 1954). Surprisingly enough, the loss of 30% of the circulating blood from rats made little difference in the rate of plasma protein synthesis (NIKLAS and HEMPEL, 1954).

The effect of temperature on the synthesis of serum proteins in rabbits, turtles *(Pseudomys elegans)*, and horseshoe crabs *(Limulus polyphemus)* has been measured by GREEN and ANKER (1955). It was found that the temperature coefficient of the reaction (Q_{10}) was about 3.9. Since the thermal denaturation of proteins has a coefficient greater than 250, it does not appear that the synthesis is geared to a breakdown which is the result of thermal denaturation.

The half-lives of homologous iodinated albumins and γ-globulins in species varying in size from mouse to cow have been measured by DIXON and coworkers (1952, 1953). Evidently, the larger the animal, the longer is the half-life of the proteins.

3. Turnover of tissue protein

In the previous section (I, 2, a) mention was made of various proteins with long half-lives, such as collagen, and muscle proteins, such as myosin. The difficulty of making measurements of the half-lives of such proteins largely results from the reincorporation phenomena, since it is impossible to label one tissue protein without labeling all the rest. Consequently, the relabeling phenomenon is of major importance. If we turn to the proteins with rapid turnover, it is found that a considerable number of workers have estimated the half-lives of such proteins as those of liver in rats with a considerable discrepancy in the results. Using N^{15}-labeled glycine, SHEMIN and RITTENBERG (1944) found half-lives of about 6.9 days whereas TARVER and MORSE (1948) who used methionine-S^{35} estimated a value of 2.8 days, in agreement with earlier data of USSING (1941) who measured the incorporation of deuterium from D_2O. Recently, more elegant methods have been adopted by NIKLAS and coworkers (1958) to measure the half-lives of the proteins in different tissues from fasting rats. These workers determined the behavior of the specific activity of free metionine-S^{35} in the serum, and used these figures to correct for reincorporation of methionine into tissue protein. By this means they found the average half-life for liver protein to be 2.6 days. Values for other tissues are to be found in the publication. They also made correlations between radioautographic studies and turnover studies in order to assess the behavior of the various cell types with respect to turnover. The only question which should be raised with respect to this type of data revolves around the validity of using data on serum specific activity to correct for reincorporation of tissue amino acid which may very well have a different value for its specific activity, as noted elsewhere in this section. This problem has also been attacked by SWICK (1958) who used a rather novel method. This worker measured the incorporation of label from $C^{14}O_2$ into the guanidino group of arginine, and hence into protein as the indicator, and the concentration of C^{14} in the urea excreted as a method of determining the specific activity of the precursor. In this way he estimated minimal half-lives of liver protein as 1.8 to 3.6 days and the maximal values as 2.2 to 3.8 days.

From studies on the rate of incorporation of L-leucine-1-C^{14} into the total liver protein of intact rats, LOFTFIELD and EIGNER (1958) have calculated that 3.3% of the protein-leucine is replaced per hour, or the fraction turned over is 0.79 per day. This leads to a value of 0.88 days for the half-life, a value considerably shorter than any of the values obtained from turnover data.

Since it has been claimed that the turnover rate of liver protein depends on the diet, some of the discrepancies in the results just dealt with may have arisen due to differences in diet (SOLOMON and TARVER, 1952).

FORSSBERG and REVESZ (1957) in studying the turnover in ascites tumor cells labeled in one animal and then transferred to a second, found that labeled glycine was lost more rapidly than labeled methionine. They attributed these results as being due to differences in amino acid composition of proteins with different turnover rates. In view of what has been said before, a more probable explanation rests in the greater reincorporation of labeled methionine.

It has also been shown that different proteins in the same tissue turn over at different rates, and in this connection mention may be made of the elegant experiments of SIMPSON and VELICK (1954). There workers injected a rabbit with five different radioactive amino acids and determined the specific activities of eight amino acids in pure crystalline aldolase and glyceraldehyde-3-phosphate dehydrogenase isolated from the muscle of the animal sacrificed thirty-eight hours later. When the ratios of the specific activities of each individual amino acid in the aldolase and dehydrogenase were measured they were all found to be 1.8. This means that the two proteins are synthesized at different rates from the same pool of amino acids. Moreover, it may be concluded that all the residues of any one amino acid are equivalent. Similar results were obtained in an experiment in which a rabbit was sacrificed only 30 min after the injection of the labeled amino acids (SIMPSON, 1955). When the behavior of another pair of proteins, aldolase and phosphorylase was examined, a different specific activity ratio was found, again indicating different rates of synthesis (HEIMBERG and VELICK, 1954).

More general estimates concerning the turnover of proteins in organs and tissues have been made by radioautographic technics (NIKLAS and OEHLERT, 1955; LEBLOND and coworkers, 1957).

4. Turnover of proteins in microorganisms

As a result of several types of experiments carried out with S^{35} in *E. coli*, HOGNESS and coworkers (1955) came to the conclusion that there was very little turnover of protein in these organisms during rapid growth. Similar conclusions were derived from work carried out in yeast (SPIEGELMAN and coworkers, 1955; COWIE and WALTON, 1956) and in *E. coli* (KOCH and LEVY, 1955). However, in resting yeast cells, turnover has been demonstrated by HALVORSON (1958). Whereas, in growing yeast, amino acid is lost from protein at a rate of 0.028% per hr, in resting cells the rate is 0.66% per hr. The same type of situation appears to prevail in resting cells of *E. coli* according to the work of MANDELSTAM (1958) and BOREK and coworkers (1958). The latter authors measured the introduction of O^{18} from O^{18}-water and D-from deuterated water into protein. With the O^{18} the results indicated a turnover of 6% per hour.

For the experimental data just considered it appears that in some way turnover is suppressed in growing microorganisms or else reincorporation is carried out with such efficiency that the release of amino acids cannot be detected.

II. Synthesis of protein

1. Incorporation of labeled amino acids

a) Activation of amino acids (Wieland and Pfleiderer, 1957)

Since the first studies on amino acid incorporation into protein it has been appreciated that the process requires energy because it is inhibited under anaerobic conditions (FRANZ and coworkers, 1947), and by such substances as interfere with respiration and phosphorylation, e. g. azide and dinitrophenol. This is well shown by the work of BORSOOK and coworkers (1952) who examined the effect of many inhibitors or the incorporation of either labeled glycine, L-histidine, L-leucine or L-lysine into the proteins of reticulocytes from rabbits. However, incorporation of amino acids may occur under conditions in which glycolysis is proceeding at a rate sufficient to supply the necessary energy (KIT and GREENBERG, 1951). A close connection between amino acid incorporation into the protein of a crude homogenate of rat liver and oxidative phosphorylation was shown by the experiments of SIEKEVITZ (1952).

More recently ZAMECNIK and KELLER (1954) developed a system for the incorporation of amino acid into protein which consisted of the microsomes from liver, the 105,000 $\times$ g supernatant from liver, together with an energy donor system and labeled amino acid. In this system, the amino acid becomes incorporated for the most part into the micosomes. When the supernatant was subjected to dialysis, a requirement for ATP (and phosphocreatine) could be demonstrated. Apparently, in this system, there is at least a two step reaction which leads to the incorporation of the amino acid into microsomal protein, the first step involving activation of the amino acid. This is also shown by the experiments of HULTIN and BESKOW (1956) carried out with the same system. Preincubation of the supernatant alone led to the production from labeled leucine of labeled intermediates which were subsequently incorporated into the microsomal protein (Fig. 11), the intermediate being of such a nature that it did not equilibrate rapidly with free leucine (Fig. 12).

A closer insight into the nature of the intermediates in protein synthesis was provided by the work of HOAGLAND (1955) and HOAGLAND and coworkers (1956). These workers found that in the presence of ATP the fraction precipitated at pH 5 from the supernatant from liver catalyzed the formation of α-aminohydroxamic acids in the presence of high concentrations of hydroxylamine, the amount of hydroxamic acid formed depending on the number of different amino acids present in the mixture. In addition, amino acids

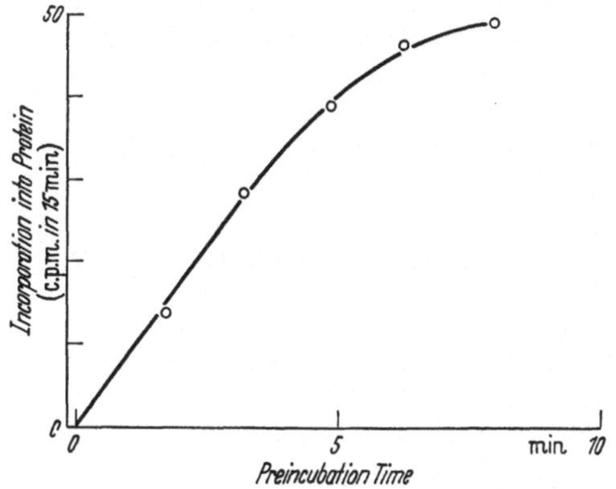

Fig. 11. Preincubation of microsome-free cell fluid with leucine-1-C^{14}, followed by incubation with microsomes for a standard time (15 min). Incorporation measured with respect to length of preincubation period. HULTIN and BESKOW, 1956.

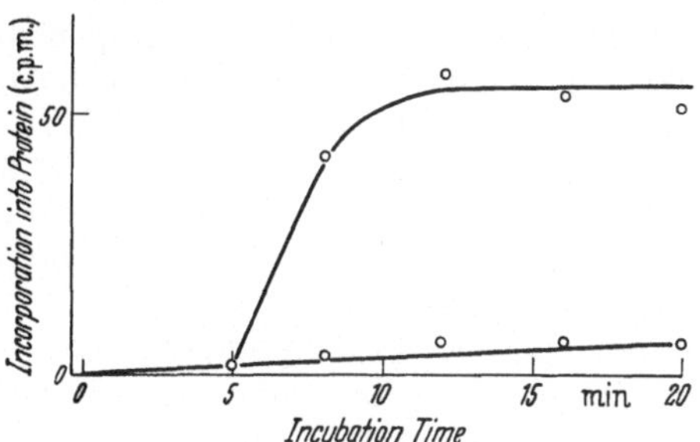

Fig. 12. Incubation of complete incorporation system for different lengths of time following the addition of unlabeled leucine at either zero time or after 5 minutes. HULTIN and BESKOW, 1956.

enhanced the exchange of radioactive pyrophosphate into ATP. The existence of a reaction of the following type is indicated by these results (and others):

$$\text{Enzyme} + \text{amino acid} + \text{ATP} \rightleftharpoons \text{Aminoacyl-AMP-enzyme} + \text{PP}$$

Many other workers have found systems which catalyze this type of exchange reaction and an example of the kind of results which have been obtained is given in Table 8 from the work of LIPMANN (1958). The data show that an extract of pigeon pancreas in the presence of any one of the natural amino acids is able to promote exchange of pyrophosphate into ATP. Preparations from many other sources behave in a similar fashion. Thus, BERG (1956) isolated an enzyme from yeast which would catalyze pyrophosphate incorporation into ATP in the presence of methionine, but was unable to detect an exchange of labeled AMP into ATP. However, HOLLEY (1957) described a preparation from rat liver which in the presence of L-alanine catalyzes such an exchange. Presumably this is due to the existence of a second reaction whereby the AMP is released:

Table 8. *Activation of amino acids by extracts of pigeon pancreas as shown by the PP—ATP exchange reaction*

	Exchange[1] mμM PP^{32} per mg protein		Exchange mμM PP^{32} per mg protein
Alanine . . .	58	Leucine	35
Arginine . . .	2	Lysine	44
Aspartic acid	53	Methionine	19
Asparagine	8	Phenylalanine	26
Cysteine	46	Proline	179
Glutamic acid	4	Serine	32
Glutamine	4	Threonine	108
Glycine	12	Tryptophan	105
Histidine	142	Tyrosine	55
Isoleucine	26	Valine	65

[1] Change in exchange in presence of amino acid named. In absence of added amino acid exchange amounts to 18—20 mμM. PP^{32} per mg protein.

From F. LIPMANN, Proc. nat. Acad. Science (U. S.) **44**, 67 (1958).

$$\text{Aminoacyl-AMP-enzyme} + \text{X} \rightleftharpoons \text{Aminoacyl X} + \text{enzyme} + \text{AMP}$$

DEMOSS and NOVELLI (1956) and NOVELLI and DEMOSS (1957) showed that such enzymes were present in fifteen different bacteria, and that in extracts of *E. coli*, exchange was promoted by nine amino acids but not by others. NISMAN and coworkers (1957), however, found that in lysed preparations of *E. coli*, exchange was promoted by all the natural amino acids. Extracts of pea seedlings and other plant tissues have also been found to catalyze the exchange of pyrophosphate into ATP in the presence of amino acids (DAVIS and NOVELLI, 1958; CLARK, 1958).

The original experiments of HOAGLAND (1955) indicated that an individual enzyme might exist which was responsible for the promotion by each amino acid of the pyrophosphate exchange. Such enzymes have now been separated in nearly pure form — for tryptophan from beef pancreas (DAVIE and coworkers, 1956); for tyrosine from hog pancreas (SCHWEET and ALLEN, 1958); and for tyrosine from baker's yeast (VAN DE VEN and coworkers, 1958). Using the tryptophan activating enzyme and tryptophan with O^{18} in the carboxyl group, HOAGLAND and coworkers (1957) as well as BERNLOHR and WEBSTER (1958) have shown that the O^{18} appears in AMP and not in the pyrophosphate.

The reverse of the amino acid activation reaction has been demonstrated using a synthetic leucyl-AMP compound of unknown structure, enzyme from *E. coli* and labeled pyrophosphate. A net formation of ATP was shown to occur (DEMOSS and coworkers, 1956). Similar experiments have been carried out by other workers using both glycyl- and leucyl-AMP compounds (MCCORQUODALE and MUELLER, 1958). In addition, BERG (1958) has shown that the methionine-activating enzyme catalyzes the conversion of methionyl adenylate to ATP in the presence of pyrophosphate.

By making use of substrate quantities of the purified tryptophan activating enzyme, tryptophan-C^{14} and ATP-P^{32}, it has been possible for KINGDON and coworkers (1958) to demonstrate the formation of enzyme-bound adenyl-tryptophan.

In contrast to the results just considered, BELJANSKI and OCHOA (1958) have described an enzyme which stimulates the incorporation of amino acids into particles prepared from *Alicaligenes faecalis*, yet this enzyme does not catalyze the amino acid promoted exchange of pyrophosphate into ATP.

This experimental work shows that there exists in organisms, systems for the activation of amino acids. However, a direct connection between such systems and the synthesis of protein has not been adequately shown and the recent experiments of MOLDAVE and coworkers (1959) have not made the situation less obscure. These workers prepared glycyl adenylate and tryptophanyl adenylate labeled with C^{14} in quite pure form and have presented evidence that in the products, the linkage of the acyl group was through the phosphorus and not through ribosyl group of the AMP. When such amino acid-adenylates were incubated in the incorporation system of ZAMECNIK and KELLER (1954) the labeled amino acid residues became bound to the protein, both of the supernatant fluid and of the microsomes. However, denatured preparations bound more residues than did native preparations. Similar results have been obtained by ZIOUDROU and coworkers (1948) who employed a synthetic tyrosyl adenylate.

b) Binding of amino acid to soluble RNA (Hoagland, 1958)

The amino acid activating fraction of the 105,000 $\times$ g supernatant from liver and ascites tumor cells (the pH 5 precipitable material) contains RNA, and it has been found that the amino acid becomes bound to this RNA (HOAGLAND and coworkers, 1957; OGATA and NOHARA, 1957). A similar system is present in *E. coli* (BERG and OFENGAND, 1958). The labeled amino acid may be removed from the RNA either by treatment with ribonuclease or by high concentrations of hydroxylamine. According to recent work, this binding of amino acid to RNA in the system from ascites tumor cells is dependent on cytidine triphosphate (HECHT and coworkers, 1958; ZAMECNIK and coworkers, 1958). From the work of ZACHAU and coworkers (1958), it appears that the amino acid is bound to the soluble RNA via the 2′ (or 3′) hydroxyl groups of the ribose.

Although much of this work does not demonstrate too clearly the separation of the amino acid activating system from the acceptor to RNA, this has been demonstrated by SCHWEET and coworkers (1958).

c) Transfer of amino acids to form protein

Studies of BORSOOK and coworkers (1950) showed that *in vivo*, labeled amino acids were most rapidly incorporated into the microsome fraction of liver cells (guinea pig), the fraction which contains the major part of the cellular RNA. The experiments of ALLFREY and coworkers (1953) carried out *in vivo* confirmed the importance of the microsomal fraction in liver and extended the observations to pancreas and kidney. The properties of the microsomal particles from rat liver have been studied in some detail by LITTLEFIELD and coworkers (1955), who found that they could be fractionated into deoxycholate soluble and insoluble fractions. The most rapid incorporation *in vivo* occurred in the RNA-rich insoluble fraction (Fig. 4). SIMKIN and WORK (1957) also found the most rapid incorporation into the RNA-rich fraction of microsomes from guinea pig liver in experiments carried out *in vitro*. Similar particles have been found to incorporate labeled amino acids rapidly in Ehrlich ascites tumor cells (LITTLEFIELD and KELLER, 1957), in tobacco leaves (STEPHENSON and coworkers, 1956), reticulocytes from rabbits (RABINOVITZ and OLSON, 1956) and in yeast and pea seedlings (WEBSTER, 1957).

Although these experiments all point to the importance of the microsomal fraction and RNA in the incorporation of amino acids into protein, it has been shown that amino acids are incorporated into other cell structures in the absence of microsomes. For instance, labeled amino acids have been shown to be incorporated into the proteins of nuclei from calf thymus (ALLFREY and coworkers, 1957) and into the mitochondria from liver and muscle of rats (MCLEAN and coworkers, 1958). Also, ZIEGLER and MELCHIOR (1956) found that methionine-S^{35} when incubated with pituitary tissue appeared in highest specific activity in the protein of the supernatant fluid.

Although much work has emphasized the role of RNA in the microsomal fraction, for example by showing the detrimental effects of ribonuclease, lecithinase A and lysolecithin also have pronounced effects, indicating the importance of the lipid in these structures (HENDLER, 1958).

d) Incorporation of individual amino acids

Work with all the commonly recognized amino acid constituents of proteins has now amply demonstrated that they are incorporated as such into the complex polymer. However, the question which arises concerns the behavior of what may be referred to as the derived amino acids, that is, asparagine, glutamine, tyrosine, hydroxyproline, hydroxylysine, as well as the amino acid derivatives such as serine phosphate, tyrosine-o-sulfate and the more complex derivatives involving sugars and other constituents which are bound to protein by covalent bonds. Are these components of protein incorporated as such, or is, for instance, asparagine incorporated as aspartic acid and then subsequently converted into the amide?

α) *Glutamine and asparagine*

RABINOVITZ and coworkers (1956) found that glutamine was the limiting amino acid in the synthesis of protein by the Ehrlich ascites carcinoma cell which suggests that at least part of the glutamine must be incorporated as such into the protein. By a more direct method, BARRY (1956) showed that the glutamine was incorporated as such into milk protein. He injected glutamine labeled with C^{14} and N^{15} (amide) into lactating goats and measured at intervals the specific activity of the glutamine in plasma and the casein from the milk. Later BARRY and SANSOM (1958) showed that asparagine was employed as such, for the synthesis of both casein and the plasma proteins. Hence, insofar as incorporation is concerned, the dicarboxylic acids and their amides comprise four different amino acids.

Experiments of LEVINTOW and coworkers (1957) in which HeLa cells were grown in a medium containing L-glutamine-C^{14}-N^{15} (amide) provide additional experimental proof that glutamine as such is used for the synthesis of protein. Apparently all the glutamine residues in the newly synthesized protein arose from the free glutamine in the medium.

β) Hydroxyproline and hydroxylysine

With hydroxyproline, the situation appears to be different because when hydroxyproline labeled with N^{15} was fed to rats little appeared in collagen (STETTEN, 1949). This must be contrasted with the results of feeding labeled proline, in which case hydroxyproline appears in collagen (STETTEN and SCHOENHEIMER, 1944). These results have been confirmed with hydroxyproline-2-C^{14} (WOLF and BERGER, 1958). In contrast to these results MITOMA and coworkers (1959) have found hydroxyproline-2-C^{14} to be incorporated directly into a protein similar to collagen in the chick embryo, although labeled proline appeared to be more efficiently utilized for the formation of hydroxyproline in the protein. For the conversion of the hydroxyproline to proline, ascorbic acid appears to be necessary (ROBERTSON and coworkers, 1959).

When DL-hydroxylysine labeled with tritium on C-6 was fed to rats, little of the amino acid appeared in the collagen isolated from skin (SINEX and coworkers, (1959) although when labeled lysine was used the labeling of the hydroxylysine was as high as that of the lysine (SINEX and VAN SLYKE, 1955). These experiments are interpreted to mean that lysine is converted to hydroxylysine during the process of incorporation. The results with labeled lysine have been confirmed by other investigators working with collagen from different locations (PIEZ and LIKINS, 1957; KAO and BOUCEK, 1958).

γ) Other amino acids

Numerous workers have shown the incorporation of labeled tyrosine into protein but it is not impossible that some phenylalanine is converted to tyrosine following its incorporation.

Phosphoserine and tyrosine-o-sulfate have not been investigated beyond the fact that it has been shown that serine is phosphorylated as such in rat liver and that in the intact rat 0.5 hr after the injection of L-serine-3-C^{14} the protein serine has a much lower specific activity (0.15) than the free phosphoserine (1.0) or the free serine (3.5) (NEMER and ELWYN, 1957).

e) Incorporation of amino acid analogs

LEVINE and TARVER (1951) found that ethionine-ethyl-C^{14} was incorporated into the tissue protein of rats, although it was not unequivocally demonstrated at that time that peptide bond formation occurred. Since that time GROSS and TARVER (1955) have shown that ethionine is also incorporated into the protein of *Tetrahymena* and that it is present in peptides resulting from partial hydrolysis of the protein. Incorporation of ethionine also occurs in the ascites carcinoma cells although the affinity of ethionine was found to be very small compared to that of methionine (RABINOVITZ and coworkers, 1957).

Other analogs are incorporated. Thus, after administration of norleucine-3-C^{14} to cows, it appears in the casein from milk (BLACK and KLEIBER, 1955). When *o* and *p*-fluorophenylalanine labeled with tritium were incubated with hen's oviduct tissue the amino acids were found to be present in crystalline lysozyme and ovalbumin isolated from the tissue (VAUGHAN and STEINBERG, 1958). *p*-Fluorophenylalanine labeled with C^{14} has also been shown to be incorporated into yeast protein (COHEN and coworkers, 1958).

Without the direct use of labeled materials, it has been shown that amino acid analogs are incorporated into proteins, particularly those of microorganisms e. g. selenomethionine into *E. coli* (COWIE and COHEN, 1957; COHEN and COWIE, 1957; TUVE and WILLIAMS, 1957), *p*-fluorophenylalanine in *Lactobacillus arabinosus* (BAKER and coworkers, 1958) and *E. coli* (MUNIER and COHEN, 1956), and ethionine into α-amylase produced by *B. subtilis* (YOSHIDA, 1958).

In this connection it is of interest to note that the tryptophan activating enzyme is capable of activating two tryptophan analogs which are incorporated into protein but does not activate another analog which is not incorporated (SHARON and LIPMANN., 1957) However, other analogs, although not activated, do inhibit growth and enzyme formation (Table 9).

Table 9. *Comparison of biological and enzymatic activities*[1]

Analog	Incorporation into protein	Activation by enzyme	Inhibition	
			Growth	Enzyme
7-Azatryptophan	+	+	+	
Tryptazan	+	+	+	
5-Fluorotryptophan.		+	+	
5-Methyl tryptophan	—	—	+	+
6-Methyl tryptophan		—	+	+
6-Methyl tryptazan		—	—	—

[1] SHARON and LIPMANN (1957).

f) Special considerations with respect to incorporation

α) *Effect of amino acid concentration*

The effect of the concentration of leucine on incorporation has been measured by ZAMECNIK and KELLER (1954) in the homogenate system from liver. The results are shown in Fig. 13, from which a Michaelis constant (K_m) of 1×10^{-4} *M* may be calculated. Similar measurements have been made by BORSOOK (1958) using the reticulocyte system from rabbits. For incorporation in this system, in which hemoglobin is the main protein which becomes labeled, iron, amino acids and glucose are required. When leucine was the limiting amino acid a K_m of 0.7 to 1.5×10^{-5} *M* was found.

GALE and FOLKES (1953) studied the effect of glutamic acid concentration on the uptake of glutamic acid by disrupted cells of *S. aureus* under two different sets of conditions, the first in which glutamic acid was present as the only amino acid and the second in which a mixture of amino acids necessary for growth of the organism was present in addition to the glutamic acid. Under both sets of conditions the uptake obeyed Michaels-Menten kinetics although the constants were different.

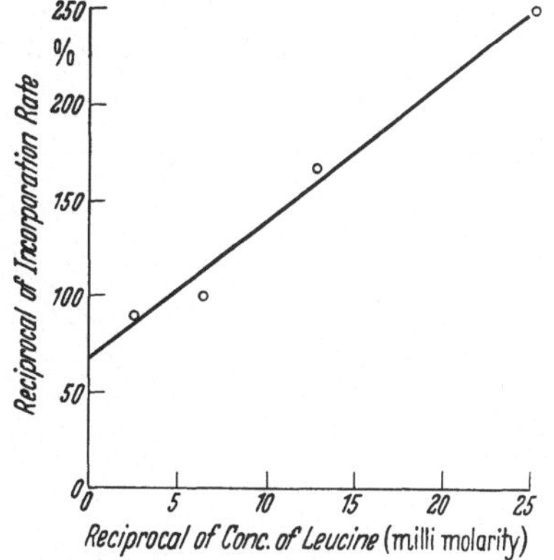

Fig. 13. Incorporation — concentration relationship in the incorporation reaction of DL-leucine-1-C^{14} into homogenate preparations from livers of rats. (Incorporation rate %), c.p.m. per mg of protein leucine × 100/c.p.m. mg of added DL-leucine. Saturation level for DL-leucine is 0.16 millimolar. For DL-alanine-1-C^{14} in similar experiments the corresponding value is 2.5 millimolar. Valine appears to lie between leucine and alanine in incorporation. ZAMECNIK and KELLER, 1954.

β) *Effect of amino acid analogs*

Interesting studies have been carried out by RABINOVITZ and coworkers (1954) on the effect of various analogs in the incorporation of amino acids into the protein of Ehrlich ascites carcinoma cells. By using various concentrations of the amino acid being incorporated e. g. phenylalanine, it was found that the incorporation was inhibited in a competitive manner with *o*-fluorophenylalanine and β-2-thienylalanine as shown in Fig. 14. However, in addition to this, competitive inhibition was found of the incorporation of leucine and lysine into the protein by the same two analogs (Fig. 15).

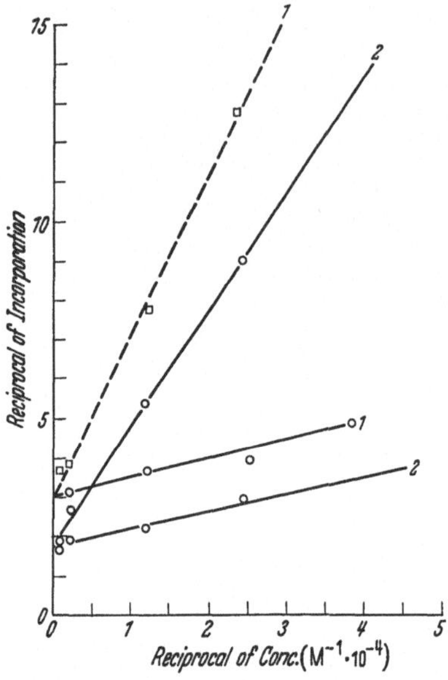

Fig. 14. Inhibition of incorporation of phenylalanine by o-fluorophenylalanine (curves 1) and β-2-thienylalanine (curves 2) into the protein of ascites cells. Lower pair of curves, uninhibited incorporation; upper pair of curves, 1, *o*-fluorophenylalanine, 2.5×10^{-3} *M*; 2, β-2-thienylalanine 1×10^{-2} *M*. RABINOVITZ and coworkers, 1954, Fig. 1.

Mention should be made of the fact that not all amino acid analogs act as competitive inhibitors as shown in studies with methionine sulfoximine (RABINOVITZ and coworkers, 1956).

γ) *Anomalous incorporation reactions*

In the bacterial system of GALE and FOLKES (1953), glutamic acid incorporation occurred in the absence of other amino acids and in the presence of chloramphenicol, but when protein was being synthesized in measurable amounts the system was inhibited by this agent. Recent investigations have thrown considerable light on the phenomena which are occurring under these two sets of conditions.

It is now known that the cell wall in *Staphylococci* is composed of the amino acids alanine, glutamic acid, glycine, lysine and serine combined in an hexoseamine peptide polymer. From the work of MANDELSTAM and ROGERS (1958), HANCOCK and PARK (1958) and GALE and coworkers (1958), it appears that cell wall synthesis

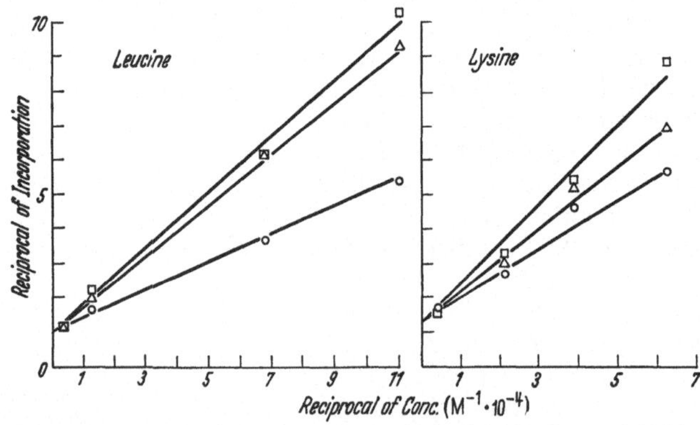

Fig. 15. Inhibition of incorporation of leucine and lysine into the protein of ascites cells: Squares, inhibition by thienylalanine; triangles by 1×10^{-2} *M* *o*-fluorophenylalanine; circles, uninhibited incorporation. RABINOWITZ and coworkers, 1954.

and protein synthesis proceed by different routes in these organisms, the cell wall synthesis not being inhibited by chloramphenicol. The data in Table. 10 from MANDELSTAM and ROGERS demonstrate that *S. aureus* in the presence of the inhibitor incorporates glycine, glutamic acid and lysine into the cell wall exclusively. No significant amount of radioactivity appears in the cellular proteins. Work of the other authors mentioned confirms these results. In addition, GALE and coworkers (1958) showed the presence of a smaller type of molecule in the cell which incorporated the amino acids mentioned and which might be a precursor of the cell wall material. Incorporation into this fraction was in part reversible.

Table 10. *Distribution of radioactivity incorporated into protein and cell wall by staphylococci in the presence of growth-inhibiting concentration of chloramphenicol*

Labeled amino acid	Specific activity of cell fraction			Increase in cell wall
	Cell wall + protein c. p. m.	Protein	Cell wall	%
Glycine-1-C^{14}	145	3	662	85
DL-glutamic acid-1-C^{14} .	17	3	65	33
L-lysine-U-C^{14}.	16	2	61	30

Staphylococcus aureus cells incubated 1 h in the presence of chloramphenicol (70 mg per liter) and labeled amino acids (400 mg per liter). Specific activities of amino acid in the medium: glycine, 350; glutamic, 665; lysine, 1350 c.p.m. per micromole. MANDELSTAM and ROGERS (1958).

BORSOOK and coworkers (1950) described the incorporation of lysine into the supernatant from a guinea pig liver homogenate under two different sets of conditions. Incorporation under one set of conditions was peculiar in that it took place in the absence of oxygen and required calcium. This type of incorporation was further investigated by SCHWEET (1956) who found that the lysine became bound through its ϵ-amino group rather than through its α-amino group, and that the binding probably occurred to glutamic acid. More recently, SARKAR and coworkers (1957) isolated an enzyme from the supernatant fluid from homogenates of livers of various species which would catalyze the incorporation of various amines and of lysine into protein. The preparation also catalyzed the exchange of N^{15}-labeled ammonia into the protein, the ammonia appearing in the protein-glutamine (NEIDLE and coworkers, 1958). Evidently, therefore, a type of transamidation of amino compounds into protein can occur under some circumstances in a reaction which involves the amide-N of glutamine (and asparagine?).

δ) *Inequality in labeling of amino acid residues in protein*

STEINBERG and ANFINSEN (1952), in connection with studies on ovalbumin synthesis, drew attention to the fact that there was a possibility of distinguishing between a complete template mechanism of protein synthesis and a stepwise mechanism by examining the specific activity of individual amino acids in the peptide chains of a protein following a period of incorporation. If they turned out to be equal, this would indicate the existence of a complete template mechanism for synthesis. This matter has since been discussed in detail by STEINBERG and coworkers (1956). Experimentally, ANFINSEN and STEINBERG (1951) showed that, when ovalbumin was synthesized by a minced preparation of hen's oviduct in the presence of labeled CO_2, the aspartic acid in different parts of the molecule was unequally labeled. When labeled alanine and glycine were employed, alanine, glycine and serine in different peptide fractions from the ovalbumin had different specific activities (STEINBERG and ANFINSEN, 1952; FLAVIN and ANFINSEN, 1954). Results of the same nature were also obtained with insulin and ribonuclease synthesized *in vitro* in the presence of labeled glycine and phenylalanine, respectively. A particularly striking difference was obtained between the specific activities of the glycine isolated from the two peptide chains of insulin.

KRUH and coworkers (1957) have investigated the synthesis of rabbit hemoglobin *in vitro* in the presence of labeled glycine, and have demonstrated that the specific activity of the glycine residues in the protein, globin, is not the same throughout the molecule. The glycine released by acid hydrolysis showed an increase in specific activity with time of hydrolysis. When labeled globin from hemoglobin synthesized *in vivo* was investigated, differences in specific activities of the glycine residues were apparent five days after the administration of the labeled amino acid, but by the thirty-fourth day the differences no longer existed.

When GEHRMANN and coworkers (1956) compared the rate of loss of label from glycine in the C-terminal position of collagen, from rats given glycine-2-C^{14}, with the rate of loss of label from the rest of the glycine residues, they found the terminal glycine lost label faster than the rest of the glycine residues.

The results of all these experiments indicate that there may be a stepwise synthesis of protein, or an exchange of amino acid into and out of the molecule. They are difficult to reconcile with the results of SIMPSON (1955) (Section I, 3) which suggest that all amino acids in tissue protein are equivalent with respect to rate introduction into the molecule. Moreover, the turnover data for the plasma proteins indicate that with these proteins there is no exchange of amino acids (Section I, 2, c).

References

ABDOU, I. A., and H. TARVER: Plasma protein I. Loss from circulation and catabolism to carbon dioxide. J. biol. Chem. **190**, 769 (1951a).

— — Plasma protein II. Relationship between circulating and tissue protein. J. biol. Chem. **190**, 781 (1951b).

— W. O. REINHARDT and H. TARVER: Plasma protein III. The equilibrium between blood and lymph protein. J. biol. Chem. **194**, 15 (1952).

ABELSON, P. H.: Amino acid biosynthesis in *Escherichia coli*: Isotopic competition with C^{14}-glucose. J. biol. Chem. **206**, 335 (1954).

— E. T. BOLTON and E. ALDOUS: Utilization of carbon dioxide in the synthesis of proteins by *Escherichia coli* I. J. biol. Chem. **198**, 165 (1952a).

— — — Utilization of carbon dioxide in the synthesis of proteins by *Escherichia coli* II. J. biol. Chem. **198**, 173 (1952b).

— — R. BRITTEN, D. B. COWIE, and R. B. ROBERTS: Synthesis of aspartic and glutamic families of amino acids in *Escherichia coli*. Proc. nat. Acad. Sci. (Wash.) **39**, 1020 (1953).

ABRAMS, A., and H. BORSOOK: The conversion of L-histidine to glutamic acid by liver enzymes. J. biol. Chem. **198**, 205 (1952).

ABRAMS, R., E. HAMMARSTEN, and D. SHEMIN: Glycine a precursor of purines in yeast. J. biol. Chem. **173**, 429 (1948).

ADAMS, E.: L-Histidinal, a biosynthetic precursor of histidine. J. biol. Chem. **217**, 325 (1955).

— R. FRIEDMAN and A. GOLDSTONE,: Animal metabolism of hydroxyproline: Isolation and enzymic reactions of γ-hydroxyglutamic semialdehyde. Biochim. biophys. Acta **30**, 212 (1958).

ADELBERG, E. A.: The biosynthesis of isoleucine and valine II. Independence of the biosynthetic pathways in *Neurospora*. J. biol. Chem. **216**, 431 (1955).

— D. M. BONNER, and E. L. TATUM: A precursor of isoleucine obtained from a mutant strain of *Neurospora crassa*. J. biol. Chem. **190**, 837 (1951).

ALBERT, P. W., B. T. SCHEER, and H. J. DEUEL, jr.: The effect of 3-hydroxyanthranilic acid on the excretion of niacin by the rat. J. biol. Chem. **175**, 479 (1948).

ALEXANDER, N., and D. M. GREENBERG: Studies on the biosynthesis of serine. J. biol. Chem. **214**, 821 (1955).

ALLFREY, V., M. M. DALY, and A. E. MIRSKY: Synthesis of protein in the pancreas II. The role of ribonucleoprotein. J. gen. Physiol. **37**, 157 (1953).

ALLFREY, V. G., A. E. MIRSKY, and S. OSAWA: Protein synthesis in isolated cell nuclei. J. gen. Physiol. **40**, 451 (1957).

ALTMAN, K. I., G. W. CASARETT, R. E. MASTERS, T. R. NOONAN, and K. SALOMON: Hemoglobin synthesis from glycine labeled with radioactive carbon on its α-carbon atom. J. biol. Chem. **176**, 319 (1948).

— K. SALOMON, and T. R. NOONAN: Hemin synthesis in rabbit bone marrow homogenates. J. biol. Chem. **177**, 489 (1949).

— L. L. MILLER, and J. E. RICHMOND: The role of the carbon skeleton of lysine in the biosynthesis of hemoglobin. Arch. Biochem. **36**, 399 (1952).

AMES, B. N.: In McELROY and GLASS, Amino Acid Metabolism, Baltimore. The Johns Hopkins Press, p. 365, 1955.
ANDERSON, E. I., and W. A. MOSHER: Incorporation of S^{35} from DL-cystine into glutathione and protein in the rat. J. biol. Chem. **188**, 717 (1951).
ANDERSSON-KOTTÖ, I., G. EHRENSVÄRD, G. HÖGSTRÖM, L. REIO, and E. SALUSTE: Amino acid formation and utilization in *Neurospora*. J. biol. Chem. **210**, 455 (1954).
ANFINSEN, C. B., and D. STEINBERG: Studies on the biosynthesis of ovalbumin. J. biol. Chem. **189**, 739 (1951).
ARMSTRONG, M. D., F-C. CHAO, V. J. PARKER, and P. E. WALL: Endogenous formation of hippuric acid. Proc. Soc. exp. Biol. (N. Y.) **90**, 675 (1955).
— A. McMILLAN, and K. N. F. SHAW: 3-Methoxy-4-hydroxy-D-mandelic acid, a urinary metabolite of norepinephrine. Biochim. biophys. Acta **25**, 422 (1958).
— K. N. F. SHAW, and P. E. WALL: The phenolic acids of human urine. Paper chromatography of phenolic acids. J. biol. Chem. **218**, 293 (1956).
ARMSTRONG, S. H., jr., J. KUKRAL, J. HERSHMAN, K. MCLEOD, J. WOLTER, and D. BRONSKY: The persistence in the blood of the radioactive label of albumins, gamma globulins and globulins of intermediate mobility II. Comparison of gamma globulins labeled with S^{35} and I^{131} in the same subjects. J. Lab. clin Med. **45**, 51 (1955).
— K. McLEOD, J. WOLTER, and J. KUKRAL: The persistence in the blood of the radioactive label of albumin, gamma globulins, globulins of intermediate mobility studied with S^{35} and paper electrophoresis: Methods and preliminary results. J. Lab. clin. Med. **43**, 918 (1954).
ARNSTEIN, H. R. V.: The biosynthesis of choline methyl groups by the rat. Biochem. J. **48**, 27 (1951).
— and J. C. CRAWHALL: The metabolism of DL-[β-^{14}C] and DL-[^{35}S] cystine by the rat. Biochem. J. **55**, 280 (1953).
— and D. KEGLEVIC: A comparison of alanine and glucose as precursors of serine and glycine. Biochem. J. **62**, 199 (1956).
— and A. NEUBERGER: Hippuric acid synthesis in the rat. Biochem. J. **50**, 154 (1951).
— — The synthesis of glycine and serine by the rat. Biochem. J. **55**, 271 (1953).
— — The effect of cobalamin on the quantitative utilization of serine, glycine and formate for the synthesis of choline and methyl groups of methionine. Biochem. J. **55**, 259 (1953).
— and V. STANKOVIC: The effect of certain vitamin deficiencies on glycine biosynthesis. Biochem. J. **62**, 190 (1956).
AWAPARA, J.: Absorption of injected taurine-S^{35} by rat organs. J. biol. Chem. **225**, 877 (1957).
— and V. M. DOCTOR: Enzymatic oxidation of cysteine-S^{35} to cysteine sulfinic acid. Arch. Biochem. **58**, 506 (1955).
— and W. J. WINGO: On the mechanism of taurine formation from cysteine in the rat. J. biol. Chem. **203**, 189 (1953).
AXELROD, J.: O-methylation of epinephrine and other catechols *in vitro* and *in vivo*. Science **126**, 400 (1957).
— J. K. INSCOE, S. SENOH, and B. WITKOP: O-methylation, the principal pathway for the metabolism of epinephrine and norepinephrine in the rat. Biochim. biophys. Acta **27**, 210 (1958).
BABSON, A. L.: The rate of loss of labeled plasma proteins from the circulation of tumor bearing rats. Biochim. biophys. Acta **20**, 418 (1956).
BACHHAWAT, B. K., and M. J. COON: Enzymatic activation of carbon dioxide I. Crystalline carbon dioxide activating enzyme. J. biol. Chem. **231**, 625 (1958).
— W. G. ROBINSON, and M. J. COON: Enzymatic carboxylation of β-hydroxyisovaleryl coenzyme A. J. biol. Chem. **219**, 539 (1956).
BADDILEY, J., G. EHRENSVÄRD, R. JOHANSSON, L. REIO, E. SALUSTE, and R. STJERNHOLM: Acetic acid metabolism in *Torulopsis utilis* I. The cultivation of *Torulopsis* yeast on $C^{13}H_3C^{14}OOH$ as a single carbon source. J. biol. Chem. **183**, 771 (1950).
— — E. KLEIN, L. REIO, and E. SALUSTE: Acetic acid metabolism in *Torulopsis utilis* II. Metabolic connection between acetic acid and tyrosine and a method of degradation of the phenolic ring structure of tyrosine. J. biol. Chem. **183**, 777 (1950).
BAKER, R. S., J. E. JOHNSON, and S. W. FOX: Incorporation of *p*-fluorophenylalanine into proteins of *Lactobacillus arabinosus*. Biochim. biophys. Acta **28**, 318 (1958).
BALDRIGE, R. C., and C. D. TOURTELLOTTE: The metabolism of histidine III. Urinary metabolites. J. biol. Chem. **233**, 125 (1958).
BARKER, H. A.: On the fermentation of glutamic acid. Enzymologia **2**, 175 (1937).
— In GUNSALUS and STANIER, The Bacteria, Vol. 2. New York: Academic Press 1959.
— R. D. SMYTH, E. J. WAWSZKIEWICZ, M. N. LEE, and R. M. WILSON: Enzymic preparation and characterization of an α-L-β-methylaspartic acid. Arch. Biochem. **78**, 468 (1958).
— H. WEISSBACH, and R. D. SMYTH: A coenzyme containing pseudo vitamin B_{12}. Proc. nat. Acad. Sci. (Wash.) **44**, 1093 (1958).

BARRY, J. M.: The use of glutamine and glutamic acid by the mammary gland for casein biosynthesis. Biochem. J. **63**, 669 (1956).
— and B. F. SANSOM: The use of asparagine and glutamine for the biosynthesis of casein and plasma proteins. Biochem. J. **68**, 487 (1958).
BAUER, F. K., W. H. BLAHD, M. FIELDS, and G. GETCHELL: Ascitic fluid and plasma protein exchange in cirrhosis of liver; studies with radioiodinated human serum albumin and gamma globulin. Metabolism **3**, 289 (1954).
— M. TUBIS, and H. B. THOMAS: Accumulation of homologous radioiodinated albumin in experimental tumors. Proc. Soc. exp. Biol. (N. Y.) **90**, 140 (1955).
BAUGHAM, D. R., and R. J. TERRY: The absorption of ^{131}I-labelled homologous and heterologous serum proteins fed orally to young rats. Biochem. J. **66**, 579 (1957).
BELJANSKI, M., and S. OCHOA: Protein biosynthesis by a cell-free bacterial system. Proc. nat. Acad. Sci. (Wash.) **44**, 494 (1958).
BENEDICT, J. D., H. J. KALINSKY, L. A. SCARRONE, A. R. WERTHEIM, and DE W. STETTEN, jr.: The origin of urinary creatine in progressive muscular distrophy. J. clin. Invest. **34**, 141 (1955).
BERG, P.: Synthesis of labile methyl groups by guinea pig tissue *in vitro*. J. biol. Chem. **190** 31 (1951).
— A study of formate utilization in pigeon liver extract. J. biol. Chem. **205**, 145 (1953).
— Acyl adenylates: The interaction of adenosine triphosphate and L-methionine. J. biol. Chem. **222**, 1025 (1956).
— Studies on the enzymatic utilization of amino acid adenylates: the formation of adenosine triphosphate. J. biol. Chem. **233**, 601 (1958).
— and E. J. OFENGARD: An enzymatic mechanism for linking amino acids to RNA. Proc. nat. Acad. Sci. (Wash.) **44**, 78 (1958).
BERLIN, N. I., C. HEWITT, and C. LOTZ: Hippuric acid synthesis in man after the administration of glycine-α-C^{14}. Biochem. J. **58**, 498 (1954).
— and B. M. TOLBERT: Metabolism of glycine-2-C^{14} in man: V. Further considerations of pulmonary excretion of $C^{14}O_2$. Proc. Soc. exp. Biol. (N. Y.) **88**, 386 (1955).
— — and J. H. LAWRENCE: Studies on glycine-2-C^{14} metabolism in man. I. The pulmonary excretion of $C^{14}O_2$. J. clin. Invest. **30**, 73 (1951).
BERNLOHR, R. W., and G. C. WEBSTER: Transfer of oxygen-18 during amino acid activation. Arch. Biochem. **73**, 276 (1958).
BERSON, S. A., and R. S. YALOW: The distribution of I^{131} labeled human serum albumin introduced into ascitic fluid: analysis of the kinetics of a three compartment catenary transfer system in man and speculations on possible sites of degradation. J. clin. Invest. **33**, 377 (1954).
— — S. S. SCHREIBER, and J. POST: Tracer experiments with I^{131} labeled human serum albumin: Distribution and degradation studies. J. clin. Invest. **32**, 746 (1953).
BIDINOST, L. E.: Rate of formation of myosin in the muscle of the rat. J. biol. Chem. **190**, 423 (1951).
BLACK, A. L., and M. KLEIBER: The recovery of norleucine from casein after administration of norleucine-3-C^{14} to intact cows. J. Amer. chem. Soc. **77**, 6082 (1955).
— — and C. F. BAXTER: Glucose as a precursor of amino acids in the intact dairy cow. Biochim. biophys. Acta **17**, 346 (1955).
— — and A. H. SMITH: Carbonate and fatty acids as precursors of amino acids in casein. J. biol. Chem. **197**, 365 (1952).
— — — and D. N. STEWART: Acetate as a precursor of amino acids of casein in the intact dairy cow. Biochim. biophys. Acta **23**, 54 (1957).
BLAKLEY, R. L.: The interconversion of serine and glycine: Participation of pyridoxal phosphate. Biochem. J. **61**, 315 (1955).
BLASCHKO, H., P. HOLTON, and G. H. S. STANLEY: The formation of noradrenaline from dihydroxyphenylserine. Brit. J. Pharmacol. **5**, 431 (1950).
BLOCH, K.: Some aspects of the metabolism of leucine and valine. J. biol. Chem. **155**, 255 (1944).
— Metabolism of l(+)-arginine in the rat. J. biol. Chem. **165**, 469 (1946a).
— Metabolism of l(+)-arginine and synthesis of creatine in the pigeon. J. biol. Chem. **165**, 477 (1946b).
— The synthesis of glutathione in isolated liver. J. biol. Chem. **179**, 1245 (1949).
— and R. SCHOENHEIMER: The biological precursors of creatine. J. biol. Chem. **138**, 167 (1941).
BLOCK, R. J., and J. A. STEKOL: Synthesis of sulfur amino acids from inorganic sulfate by ruminants. Proc. Soc. exp. Biol. (N. Y.) **73**, 391 (1950).
BOREK, E., L. PONTICORVO, and D. RITTENBERG: Protein turnover in microorganisms. Proc. nat. Acad. Sci. (Wash.) **44**, 369 (1958).

BORSOOK, H.: A rate governing reaction of protein synthesis. Nature (Lond.) **182**, 1006 (1958).
— C. L. DEASY, A. J. HAAGEN-SMIT, G. KEIGHLEY, and P. H. LOWY: The degradation of L-lysine in guinea pig liver homogenate: Formation of α-aminoadipic acid. J. biol. Chem. **176**, 1383 (1948).
— — — — — The degradation of α-aminoadipic acid in guinea pig liver homogenate. J. biol. Chem. **176**, 1395 (1948).
— — — — — The uptake *in vitro* of C^{14}-labeled glycine, L-leucine, and L-lysine by different components of guinea pig liver homogenate. J. biol. Chem. **184**, 529 (1950).
— — — — — Incorporation *in vitro* of labeled amino acids into proteins of rabbit reticulocytes. J. biol. Chem. **196**, 669 (1952).
— and G. L. KEIGHLEY: The "continuing" metabolism of nitrogen in animals. Proc. roy. Soc. Lond. **118** B, 488 (1935).
BOSTRÖM, H., and B. MANSSON: On the enzymatic exchange of the sulfate group of chondroitin sulfate in slices of cartilage. J. biol. Chem. **196**, 483 (1953).
BOULANGER, P., and R. OSTEUX: Action de la L-aminoacid-deshydrogenase du foie de dindon sur les acides amines basiques. Biochim. biophys. Acta **21**, 552 (1956).
BOUTHILLIER, L. P., and M. GOLDNER: The metabolism of histamine-β-C^{14}. Arch. Biochem. **44**, 251 (1953).
BOYER, P. D., O. J. KOEPPE, and W. W. LUCHSINGER: Direct oxygen transfer in enzymatic syntheses coupled to adenosine triphosphate degradation. J. Amer. chem. Soc. **78**, 365 (1956).
BRAUNSTEIN, A. E., and G. Y. VILENKINA: Enzymatic formation of glycine from serine, threonine and other hydroxyamino acids in animal tissues. Doklady Akad. Nauk S.S.S.R. **66**, 243 (1949).
BREGOFF, H. M., and C. C. DELWICHE: The formation of choline and betaine in leaf discs of *Beta vulgaris*. J. biol Chem. **217**, 819 (1955).
BREMER, J.: Species differences in the conjugation of free bile acids with taurine and glycine. Biochem. J. **63**, 507 (1956a).
— Cholyl-S-CoA as an intermediate in the conjugation of cholic acid with taurine by rat liver microsomes. Acta chem. scand. **10**, 56 (1956b).
— and U. GLOOR: Studies on the conjugation of cholic acid with taurine in cell subfractions. Bile acids and steroids 23. Acta chem. scand. **9**, 689 (1955).
BRITTEN, R. J., R. B. ROBERTS, and E. F. FRENCH: Amino acid adsorption and protein synthesis in *Escherichia coli*. Proc. nat. Acad. Sci. (Wash.) **41**, 863 (1955).
BROWN, D. D., and M. W. KIES: Hydantoin-5-propionic acid: A new urinary metabolite of urocanic acid. J. Amer. chem. Soc. **80**, 6147 (1958).
BROWN, R. R., and J. M. PRICE: Quantitative studies on metabolites of tryptophan in the urine of the dog, cat, rat, and man. J. biol. Chem. **219**, 985 (1956).
BROWN, S. A., and R. V. BYERRUM: The origin of the methyl carbon of nicotine formed by *Nicotiana rustica* L. J. Amer. chem. Soc. **74**, 1523 (1952).
BUCHANAN, J. M., J. C. SONNE, and A. M. DELLUVA: II. The role of lactate, glycine, and carbon dioxide as precursors of the carbon chain and nitrogen atom 7 of uric acid. J. biol. Chem. **173**, 81 (1948).
BURKE, K. A., R. F. NYSTROM, and B. C. JOHNSON: The role of methionine as a methyl donor for choline synthesis in the chick. J. biol. Chem. **188**, 723 (1951).
BYERRUM, R. U., J. H. FLOKSTRA, L. J. DEWEY, and C. D. BALL: Incorporation of formate and the methyl group of methionine into methoxyl groups of lignin. J. biol. Chem. **210**, 633 (1954).
— R. L. HAMILL, and C. D. BALL: The incoporartion of glycine into nicotine in tobacco plant metabolism. J. biol. Chem. **210**, 645 (1954).
CALVIN, M.: The path of carbon in photosynthesis. Harvey Lect. Ser. **46**, 218 (1950—1951).
CAMPBELL, L. L., jr.: The oxidative degradation of glycine by a *Pseudomonas*. J. biol. Chem. **217**, 669 (1955).
CAMPBELL, R. M., D. F. CUTHBERTSON, C. M. MATTHEWS, and A. S. MCFARLANE: Behaviour of ^{14}C- and ^{131}I-labelled plasma proteins in the rat. J. appl. rad. Isotopes **1**, 66 (1956).
CANELLAKIS, E. S., and H. TARVER: Studies on protein synthesis *in vitro* IV. Concerning the apparent uptake of methionine by particulate preparations from liver. Arch. Biochem. **42**, 387 (1953).
— — The metabolism of methylmercaptan in the intact animal. Arch. Biochem. **42**, 446 (1953).
CANTONI, G. L.: Methylation of nicotinamide with a soluble enzyme system from rat liver. J. biol. Chem. **189**, 203 (1951a).
— Activation of methionine for transmethylation. J. biol. Chem. **189**, 745 (1951b).
CANTONI, G. L., and J. DURELL: Activation of methionine for transmethylation 2. The methionine activating enzyme: studies on the mechanism of the reaction. J. biol. Chem. **225**, 1033 (1957).
— and P. L. VIGNOS, jr.: Enzymatic mechanism of creatine synthesis. J. biol. Chem. **209**, 647 (1954).

DE CASTRO, F. T., R. R. BROWN, and J. M. PRICE: The intermediary metabolism of tryptophan by cat and rat tissue preparations. J. biol. Chem. **228**, 777 (1957).
CHALLENGER, F.: Methyl mercaptan in relation to Foetor Hepaticus. Biochem. J. **59**, 372 (1955).
CHANG, M. L. W., and B. C. JOHNSON: Nicotinic acid metabolism 3. C^{14}-carboxyl labeled nicotinamide and nicotinic acid in the chick. J. biol. Chem. **226**, 799 (1956).
CHAO, F-C., C. C. DELWICHE, and D. M. GREENBERG: Biological precursors of glycine. Biochim. biophys. Acta **10**, 103 (1953).
— and H. TARVER: Breakdown of urea in the rat. Proc. Soc. exp. Biol. (N. Y.) **84**, 406 (1953).
CHAPEVILLE, F., et P. FROMAGEOT: La formation enzymatique de l'acide cystéine sulfinique à partir de sulfite. Biochim. biophys. Acta **14**, 415 (1954).
— — Formation de sulfite, d'acide cystéique et de taurine à partir de sulfate par l'oeuf embryonne. Biochim. biophys. Acta **26**, 538 (1957).
— — A. BRIGELHUBER, et M. HENRY: Utilization des sulfites par l'animal supérieur. Biochim. biophys. Acta **20**, 351 (1956).
CHRISTENSEN, H. N.: In MCELROY and GLASS, Amino Acid Metabolism. Baltimore: Johns Hopkins Press 1955.
— Active transport, with special reference to the amino acids. Perspectives Biol. Med. **2**, 228 (1959).
— H. M. PARKER, and T. R. RIGGS: Nonexchange of carboxyl oxygen in mammalian amino acid transport. J. biol. Chem. **233**, 1485 (1958).
— D. H. THOMPSON, S. MARKLE, and M. SIDKY: Decreasing "Amino acid hunger" of human muscle with age. Proc. Soc. exp. Biol. (N. Y.) **99**, 780 (1958).
CLARK, C. T., H. WEISSBACH, and S. UDENFRIEND: 5-Hydroxytryptophan decarboxylase: Preparation and properties. J. biol. Chem. **210**, 139 (1954).
CLARK, I., and D. RITTENBERG: The metabolic activity of the α-hydrogen atom of lysine. J. biol. Chem. **189**, 521 (1951).
CLARK, J. M., jr.: Amino acid activation in plant tissues. J. biol. Chem. **233**, 421 (1958).
COHEN, G. N., et D. B. COWIE: Remplacement total de la methionine par la selenomethionine dans les protéines d'*Escherichia coli*. C. R. Acad. Sci. (Paris) **244**, 680 (1957).
— H. O. HALVORSON, and S. SPIEGELMAN: Effects of *p*-fluorophenylalanine on the growth and physiology of yeast. Wash. Acad. Sci. Symp. **1**, 100 (1958).
— et V. RICKENBERG: Concentration spécifique reversible des amino acides chez *Escherichia coli*. Ann. Inst. Pasteur **91**, 693 (1956).
COHEN, S.: Plasma protein distribution and turnover in the female baboon. Biochem. J. **64**, 286 (1956).
— and A. H. GORDON: Catabolism of plasma albumin by the perfused rat liver. Biochem. J. **70**, 544 (1958).
— R. C. HOLLOWAY, C. MATTHEWS, and A. S. MCFARLANE: Distribution and elimination of ^{131}I- and ^{14}C-labelled plasma proteins in the rabbit. Biochem. J. **62**, 143 (1956).
COON, M. J.: The metabolic fate of the isopropyl group of leucine. J. biol. Chem. **187**, 71 (1950).
— and N. S. B. ABRAHAMSEN: The relation of α-methylbutyrate to isoleucine metabolism I. Acetoacetate formation. J. biol. Chem. **195**, 805 (1952a).
— — and G. S. GREENE: The relation of α-methylbutyrate to isoleucine metabolism. J. biol. Chem. **199**, 75 (1952b).
— and S. GURIN: Studies on the conversion of radioactive leucine to acetoacetate. J. biol. Chem. **180**, 1159 (1949).
CORNELIUS, C. E., A. L. BLACK, and M. KLEIBER: The use of glycine-1-C^{14} in the measurement of serum protein turnover rates in dairy cows. Amer. J. vet. Res. **20**, 44 (1959).
COWGILL, R. W., and B. FREEBURG: The metabolism of methylhistidine compounds in animals. Arch. Biochem. **71**, 466 (1957).
COWIE, D. B., E. T. BOLTON, and M. K. SANDS: Sulfur metabolism in *Escherichia coli* 2. Competitive utilization of labeled and non labeled sulfur Compounds. J. Bact. **62**, 63 (1951).
— and G. N. COHEN: Biosynthesis in *Escherichia coli* of active altered proteins containing selenium instead of sulfur. Biochim. biophys. Acta **26**, 252 (1957).
— and B. P. WALTON: Kinetics of formation and utilization of metabolic pools in the biosynthesis of protein and nucleic acids. Biochim. biophys. Acta **21**, 211 (1956).
CUNNINGHAM, L. W., and B. J. NUENKE: Physical and chemical studies of a limited reaction of iodine with proteins. J. biol. Chem. **234**, 1447 (1959).
CUTINELLI, C., G. EHRENSVÄRD, L. REIO, E. SALUSTE, and R. STJERNHOLM: Acetic acid metabolism in *Escherichia coli* 1. General features, and the metabolic connection between acetate and glutamic acid aspartic acid, glycine, alanine, valine, serine and threonine. Acta chem. scand. **5**, 353 (1951).
D'ADDABBO, VON A., and E. KALLEE: ^{131}I-Serumproteine und Schilddrüse. Z. Naturforsch. **14b**, 240 (1959).

DALGLIESCH, C. E., and H. TABECHIAN: Comparison of the metabolism of ^{14}C-labelled L-phenylalanine, L-tyrosine and L-tryptophan in the rat. Biochem. J. **62**, 625 (1956).
DAVIE, E. W., V. V. KONINGSBERGER, and F. LIPMANN: The isolation of a tryptophan-activating enzyme from pancreas. Arch. Biochem. **65**, 21 (1956).
DAVIS, B. D.: Aromatic biosynthesis I. The role of shikimic acid. J. biol. Chem. **191**, 315 (1951).
— Intermediates in amino acid biosynthesis. Advanc. Enzymol. **16**, 247 (1955).
DAVIS, J. W., and G. D. NOVELLI: The activation of amino acids in extracts of pea seedlings. Arch. Biochem. **75**, 299 (1958).
DELLUVA, A. M., and D. W. WILSON: A study with isotopic carbon of the assimilation of carbon dioxide in the rat. J. biol. Chem. **166**, 739 (1946).
DEWEY, L. J., R. U. BYERRUM, and C. D. BALL: The origin of the methyl group of nicotine through transmethylation. J. Amer. chem. Soc. **76**, 3997 (1954).
DEWEY, D. L., and E. WORK: Diaminopimelic acid and lysine. Nature (Lond.) **169**, 533 (1952).
DIMANT, E., E. LANDSBERG, and I. M. LONDON: The metabolic behavior of reduced glutathione in human and avian erythrocytes. J. biol. Chem. **213**, 769 (1955).
DINTZIS, R. Z., and A. B. HASTINGS: The effect of antibiotics on urea breakdown in mice. Proc. nat. Acad. Sci. (Wash.) **39**, 571 (1953).
DISCHE, R., and D. RITTENBERG: The metabolism of phenylalanine-4-C^{14}. J. biol. Chem. **211**, 199 (1954).
DIXON, F. J., P. H. MAURER, and M. P. DEICHMILLER: Half-lives of homologous serum albumins in several species. Proc. Soc. exp. Biol. (N. Y.) **83**, 287 (1953).
— D. W. TALMAGE, P. H. MAURER, and M. P. DEICHMILLER: The half-life of homologous gamma globulin (antibody) in several species. J. exp. Med. **96**, 313 (1952).
DOCTOR, V. M., and J. AWAPARA: The incorporation of serine-3-C^{14} into citrovorum factor. J. biol. Chem. **220**, 161 (1956).
— T. L. PATTON, and J. AWAPARA: Incorporation of serine-3-C^{14} and formaldehyde-C^{14} into methionine *in vitro* 1. Role of folic acid. Arch. Biochem. **67**, 404 (1957).
DOWNEY, P. F., and S. BLACK: A new naturally occurring isomer of β-methyl lanthionine. J. biol. Chem. **228**, 171 (1957).
DREYFUS, J-C., G. SHAPIRA, et J. KRUH: Sur la durée de vie des protéines musculaires. C. R. Soc. Biol. (Paris) **150**, 1145 (1956).
DRINKER, C. K.: Extravascular protein and the lymphatic system. Ann. N. Y. Acad. Sci. **46**, 807 (1946).
DUBECK, M., and S. KIRKWOOD: The origin of the O- and N-methyl groups of the alkaloid ricinine. J. biol. Chem. **199**, 307 (1952).
DURELL, J., D. G. ANDERSON, and G. L. CANTONI: The synthesis of methionine by enzymic transmethylation 1. Purification and properties of homocysteine methylpherase. Biochim. biophys. Acta **26**, 270 (1957a).
— and J. M. STURTEVANT: The synthesis of methionine by enzymic transmethylation 2. Enthalpy change in the methyl-transfer from dimethylacetothetin. Biochim. biophys. Acta **26**, 282 (1957b).
DU VIGNEAUD, V.: Migration of the methyl group in the body. Proc. Amer. Philos. Soc. **92**, 127 (1948).
— J. P. CHANDLER, M. COHN, and G. B. BROWN: The transfer of the methyl group from methionine to choline and creatine. J. biol. Chem. **134**, 787 (1940).
— — and A. W. MOYER: The inablility of creatine and creatinine to enter into transmethylation *in vivo*. J. biol. Chem. **139**, 917 (1941).
— — — and M. COHN: The utilization of the methyl groups of choline in the biological synthesis of methionine. J. biol. Chem. **149**, 519 (1943).
— — S. SIMMONDS, A. W. MOYER, and M. COHN: The role of dimethyl- and monomethyl-aminoethanol in transmethylation reactions *in vivo*. J. biol. Chem. **164**, 603 (1946).
— M. COHN, J. P. CHANDLER, J. R. SCHENCK, and S. SIMMONDS: The utilization of the methyl group of methionine in the biological synthesis of choline and creatine. J. biol. Chem. **140**, 625 (1941).
— J. R. RACHELE, and A. M. WHITE: A crucial test of transmethylation *in vivo* by intramolecular isotopic labeling. J. Amer. chem. Soc. **78**, 5131 (1936).
— C. RESSLER, and J. R. RACHELE: The biological synthesis of "labile methyl groups". Science **112**, 267 (1950c).
DU VIGNEAUD, V., S. SIMMONDS, J. P. CHANDLER, and M. COHN: Synthesis of labile methly groups in the white rat. J. biol. Chem. **159**, 755 (1945).
— — — — A further investigation of the role of betaine in transmethylation reactions. J. biol. Chem. **165**, 639 (1946).

DU VIGNEAUD, V., S. SIMMONDS, and M. COHN: A further investigation of the ability of sarcosine to serve as a labile methyl donor. J. biol. Chem. **166**, **47** (1946).
— and W. G. VERLY: Incorporation *in vivo* of C^{14} from labeled methanol into the methyl groups of choline. J. Amer. chem. Soc. **72**, 1049 (1950a).
— — and J. E. WILSON: Incorporation of the carbon of formaldehyde and formate into the methyl groups of choline. J. Amer. chem. Soc. **72**, 2819 (1950b).
DZIEWIATKOWSKI, D. D.: Conversion of sulfide sulfur to cystine sulfur in the rat, with use of radioactive sulfur. J. biol. Chem. **164**, 165 (1946).
— Utilization of sulfate sulfur in rat for the synthesis of cystine. J. biol. Chem. **207**, 181 (1954).
— Some aspects of the metabolism of chondroitin sulfate-S^{35} in the rat. J. biol. Chem. **223**, 239 (1956).
EDLBACHER, S.: Histidase und Urocaninase. Ergebn. Enzymforsch. **9**, 131 (1943).
DE EDS, F., A. N. BOOTH, and F. T. JONES: Methylation and dehydroxylation of phenolic compounds by rats and rabbits. J. biol. Chem. **225**, 615 (1957).
EHRENSVÄRD, G.: Amino acid metabolism in *Torulopsis utilis*. Cold Spr. Harb. Symp. quant. Biol. **13**, 81 (1948).
— Metabolism of amino acids and proteins. Ann. Rev. Biochem. **24**, 275 (1955).
— Biosynthesis of aromatic ring systems from C_3 and C_4 fragments. Chem. Soc. Symp. p. 17 (1958).
— The formation of tyrosine in *Escherichia coli* and *Neurospora crassa*, grown on isotope-labeled acetate as the sole source of carbon. Ark. Kemi. **5**, 229 (1953).
— L. REIO, and E. SALUSTE: On the origin of the basic amino acids. Acta chem. scand. **3**, 645 (1949).
— — — and R. STJERNHOLM: Acetic acid metabolism in *Torulopsis utilis* III. Metabolic connection between acetic acid and various amino acids. J. biol. Chem. **189**, 93 (1951).
ELDER, N. A., and R. A. MORTENSEN: The incorporation of labeled glycine into erythrocyte glutathione. J. biol. Chem. **218**, 261 (1956).
ELJARN, L.: The conversion of cystinamine to taurine in rat, rabbit, and man. J. biol. Chem. **206**, 483 (1954).
— and J. BREMER: The conjugation of 2-aminoethane sulfinic acid (hypotaurine) with cholic acid by rat liver microsomes. Acta chem. scand. **10**, 1046 (1956).
— A. PHIL, and A. SVERDRUP: The synthesis of S^{35} labeled hypotaurine and its metabolism in rats and mice. J. biol. Chem. **223**, 353 (1956).
ELLIOTT, D. F., and A. NEUBERGER: The irreversibility of the deamination of threonine in the rabbit and rat. Biochem. J. **46**, 207 (1950).
ELWYN, D., and D. B. SPRINSON: The relation of folic acid to the metabolism of serine. J. biol. Chem. **184**, 475 (1950).
— A. WEISSBACH, S. S. HENRY, and D. B. SPRINSON: The biosynthesis of choline from serine and related compounds. J. biol. Chem. **213**, 281 (1955).
ERICSON, L. E., J. N. WILLIAMS, jr., and C. A. ELVEHJEM: Studies on partially purified betaine-homocysteine transmethylase of liver. J. biol. Chem. **212**, 537 (1955).
EVANS, E. A., and L. SLOTIN: The role of carbon dioxide in the synthesis of urea in rat liver slices. J. biol. Chem. **136**, 805 (1940).
FEINBERG, R. H., and D. M. GREENBERG: Studies of urocanic acid. Nature (Lond.) **181**, 897 (1958).
FELLMAN, J. H., and M. K. DEVLIN: Concentration and hydroxylation of free phenylalanine in adrenal glands. Biochim. biophys. Acta, **28**, 328 (1958).
FINE, J., and A. M. SELIGMAN: Traumatic shock IV. A study of the problem of the lost plasma in hemorrhagic shock by the use of radioactive plasma proteins. J. clin. Invest. **22**, 285 (1943).
FINK, R. M., T. ENNS, C. P. KIMBALL, H. E. SILBERSTEIN, W. F. BALL, S. G. MADDEN, G. H. WHIPPLE: Plasma protein metabolism — Normal and associated with shock. Observations using protein labeled by heavy nitrogen in lysine. J. exp. Med. **80**, 455 (1944).
FLAVIN, M., and C. B. ANFINSEN: The isolation and characterization of cysteic acid peptides in studies on ovalbumin synthesis. J. biol. Chem. **211**, 375 (1954).
FONES, W. S., T. P. WAALKES, and J. WHITE: Conversion of L-valine to glucose and glycogen in the rat. Arch. Biochem. **32**, 89 (1951).
FORKER, L. L., I. L. CHAIKOFF, and W. O. REINHARDT: Circulation of plasma proteins: Their transport to lymph. J. biol. Chem. **197**, 625 (1952).
FORSSBERG, A., and L. REVESZ: A study on the metabolic state of proteins in the cells of two ascitic tumors. Biochim. biophys. Acta **25**, 165 (1957).
FOURNIER, J. P., and L. P. BOUTHILLIER: Additional evidence on the enzymatic transformation of histidine to glutamic acid. J. Amer. chem. Soc. **74**, 5210 (1952).
FRANZ, I. D., jr., R. B. LOFTFIELD, and W. W. MILLER: Incorporation of C^{14} from carboxyl-labeled DL-alanine into the proteins of liver slices. Science **106**, 544 (1947).

FREEMAN, T., A. H. GORDON, and J. H. HUMPHREY: Distinction between catabolism of native and denatured proteins by the isolated perfused liver after carbon loading. Brit. J. exp. Path. **39**, 459 (1958).
— C. M. E. MATTHEWS, A. S. MCFARLANE, H. BENNHOLD, and E. KALLER: Albumin labeled with iodine-131 in an analbuminaemic subject. Nature (Lond.) **183**, 606 (1959).
FRIEDBERG, F., H. TARVER, and D. M. GREENBERG: The distribution pattern of sulfur-labeled methionine in the protein and the free amino acid fraction of tissues after intravenous administration. J. biol. Chem. **173**, 355 (1948).
GALE, E. F., and J. P. FOLKES: The assimilation of amino acids by bacteria 18. The incorporation of glutamic acid into the protein fraction of *Staphyloccocus aureus*. Biochem. J. **55**, 721 (1953).
— C. J. SHEPHERD, and J. P. FOLKES: Incorporation of amino acids by disrupted Staphylococcal cells. Nature (Lond.) **182**, 592 (1958).
GEHRMANN, G., K. LAUENSTEIN, and K. I. ALTMAN: Evidence for non-uniform labeling of glycine residues in rat collagen. Arch. Biochem. **62**, 509 (1956).
GERDES, K., u. W. MAURER: Messung zur Lebensdauer von Fibrinogen beim Menschen und beim Kaninchen. Biochem. Z. **328**, 522 (1957).
GHOLSON, R. K., and L. M. HENDERSON: The formation of acetate from the benzene ring of tryptophan. Biochim. biophys. Acta **30**, 424 (1958).
— — G. A. MOURKIDES, R. J. HILL, and R. E. KOEPPE: The metabolism of DL-tryptophan-α-C^{14} by the rat. J. biol. Chem. **234**, 96 (1959).
— D. R. RAO, L. M. HENDERSON, R. J. HILL, and R. E. KOEPPE: The metabolism of DL-tryptophan-7α-C^{14} by the rat. J. biol. Chem. **230**, 179 (1958).
GIATONDE, M. K., and D. RICHTER: The uptake of ^{35}S into rat tissues after injection of [^{35}S] methionine. Biochem. J. **59**, 690 (1950).
GILVARG, C.: The enzymatic synthesis of diaminopimelic acid. J. biol. Chem. **233**, 1501 (1958).
— and K. BLOCH: The utilization of acetic acid for amino acid synthesis in yeast. J. biol. Chem. **193**, 339 (1951).
— — Utilization of glucose-1-C^{14} for the synthesis of phenylalanine and tyrosine. J. biol. Chem. **199**, 689 (1952).
GITLIN, D.: Distribution dynamics of circulating and extravascular-I^{131} plasma proteins. Ann. N. Y. Acad. Sci. **70**, 122 (1957).
— D. G. CORNWELL, D. NAKASATO, J. L. ONCLEY, W. L. HUGHES, jr., and C. A. JANEWAY: Studies on the metabolism of plasma proteins in the nephrotic syndrome II. The lipoproteins. J. clin. Invest. **37**, 171 (1958).
— and C. A. JANEWAY: The dynamic equilibrium between circulating and extravascular plasma proteins. Science **118**, 301 (1953).
GOLDSTEIN, M., A. J. FRIEDHOFF, and C. SIMMONS: Metabolic pathways of 3-hydroxytyramine. Biochim. biophys. Acta **33**, 572 (1959).
GOLDSWORTHY, P. D., and W. VOLWILER: Comparative metabolic fate of chemically (I^{131}) and biosynthetically (C^{14} or S^{35}-) labeled proteins. Ann. N. Y. Acad. Sci. **70**, 26 (1957).
— — Mechanism of protein turnover studied with cystine-S^{35}, lysine-C^{14} doubly labeled plasma proteins of the dog. J. biol. Chem. **230**, 817 (1958).
— T. WINNICK, and D. M. GREENBERG: Distribution of C^{14} in glycine and serine of liver protein following the administration of labeled glycine. J. biol. Chem. **180**, 341 (1949).
GOODWIN, L. D., and J. M. KINNEY: Studies on one-carbon metabolism in man. J. biol. Chem. **230**, 487 (1958).
GORDON, A. H.: The use of the isolated perfused liver to detect alterations to plasma proteins. Biochem. J. **66**, 255 (1957).
GRAU, C. R., and R. STEELE: Phenylalanine and tyrosine utilization in normal and phenylalanine deficient young mice. J. Nutr. **53**, 59 (1954).
GREEN, H., and H. S. ANKER: Kinetics of amino acid incorporation into serum proteins. J. gen. Physiol. **38**, 283 (1955).
GREENBERG, D. M.: Chemical pathways of metabolism vol. 2. New York: Academic Press 1954.
— and E. N. SASSENRATH: Non conversion of arabinose and ribose to glycine. Biochim. biophys. Acta **15**, 150 (1954).
GREENBERG, G. R., L. JAENICKE, and M. SILVERMAN: Occurrence of N^{10}-formyl tetrahydrofolic acid and its general involvement in transformylation. Biochim. biophys. Acta **17**, 588 (1955).
GRINSTEIN, M., M. D. KAMEN, and C. V. MOORE: Observations on the utilization of glycine in the biosynthesis of hemoglobin. J. biol. Chem. **174**, 767 (1948).
GRISOLIA, S., R. H. BURRIS, and P. P. COHEN: Carbon dioxide and ammonia fixation in the biosynthesis of citrulline. J. biol. Chem. **191**, 203 (1951).

Grisolia, S., and P. P. Cohen: Study of carbon dioxide fixation in the synthesis of citrulline. J. biol. Chem. **176**, 929 (1948).
— — Catalytic role of glutamate derivatives in citrulline biosynthesis. J. biol. Chem. **204**, 753 (1953).
Grobbelaar, N., and F. C. Steward: Pipecolic acid in *Phaseolus vulgaris*: Evidence on its derivation from lysine. J. Amer. chem. Soc. **75**, 4341 (1953).
Gross, D., and H. Tarver: Studies on ethionine IV. The incorporation of ethionine into the proteins of tetrahymena. J. biol. Chem. **217**, 169 (1955).
Gross, S. R.: The enzymatic conversion of 5-dehydroshikimic acid to protocatechuic acid. J. biol. Chem. **233**, 1146 (1958).
Grossman, C. M., R. J. Winzler, and J. D. Hauschildt: The conversion of glycine to serine by human liver tissue. Science **118**, 330 (1953).
Grossowicz, N., and Y. S. Halpern: Enzymatic transfer and hydrolysis involving glutamine and asparagine. J. biol. Chem. **228**, 643 (1957).
Gurin, S., and A. M. Delluva: The biological synthesis of radioactive adrenalin from phenylalanine. J. biol. Chem. **170**, **545** (1947).
Gutmann, H. R., and J. L. Wood: A note on the acetylation of sulfur amino acids by liver and kidney. J. biol. Chem. **189**, 473 (1951).
Halvorson, H.: Intracellular protein and nucleic acid turnover in resting yeast cells. Biochim. biophys. Acta **27**, 255 (1958).
— Studies on protein and nucleic acid turnover in growing cultures of yeast. Biochim. biophys. Acta **27**, 267 (1958).
Halvorson, H. O., et G. N. Cohen: Incorporation des amino-acides endogènes et exogènes dans les protéines de la levure. Ann. Inst. Pasteur **95**, 73 (1958).
Hancock, R., and J. T. Park: Cell-wall synthesis by *Staphylococcus aureus* in the presence of chloramphenicol. Nature (Lond.) **181**, 1050 (1958).
Hankes, L. V., and L. M. Henderson: The metabolism of carboxyl-labeled 3-hydroxyanthranilic acid in the rat. J. biol. Chem. **225**, 349 (1957).
— and I. H. Segel: Synthesis and metabolism of tritium-labeled DL-kynurenine. Proc. Soc. exp. Biol. (N. Y.) **97**, 568 (1958).
— — Synthesis and metabolism of quinolinic acid ring labeled with tritium. Proc. Soc. exp. Biol. (N. Y.) **94**, 447 (1957).
— and M. Urivetsky: Mammalian conversion of C^{14} carboxyl labeled 3-hydroxyanthranilic acid into N′-methyl nicotinamide. Arch. Biochem. **52**, 484 (1954).
Harmon, D. H., M. R. Kirk, and B. M. Tolbert: The effect of cancer and fasting on oxidation of labeled acetate, glucose and glycine to $C^{14}O_2$. Amer. J. Physiol. **196**, 265 (1959).
Harms, W. S., and T. Winnick: Further studies of the biosynthesis of carnosine and anserine in vertebrates. Biochim. biophys. Acta **15**, 480 (1954).
Hayaishi, O., S. Rothberg, A. H. Mehler, and Y. Saito: Studies on oxygenases. Enzymatic formation of kynurenine from tryptophan. J. biol. Chem. **229**, 889 (1957).
— and R. Y. Stanier: The bacterial oxidation of tryptophan III. Enzymatic activities of cell-free extracts from bacteria employing the aromatic pathway. J. Bact. **62**, 691 (1951).
— H. Tabor, and T. Hayaishi: Enzymatic formation of formylaspartic acid from imidazole acetic acid. J. Amer. chem. Soc. **76**, 5570 (1954).
— — — N-Formimino-L-aspartic acid as an intermediate in the enzymatic conversion of imidazole acetic acid to formyl aspartic acid. J. biol. Chem. **227**, 161 (1957).
Hecht, L. I., M. L. Stephenson, and P. C. Zamecnik: Dependence of amino acid binding to soluble ribonucleic acid on cytidine triphosphate. Biochim. biophys. Acta **29**, 460 (1958).
Heidelberger, C., E. P. Abraham, and S. Lepkovsky: Tryptophan metabolism 2. Concerning the mechanism of the mammalian conversion of tryptophan into nicotinic acid. J. biol. Chem. **179**, 151 (1949b).
— M. E. Gullberg, A. F. Morgan, and S. Lepkovsky: Tryptophan metabolism 1. Concerning the mechanism of the mammalian conversion of tryptophan into kynurenine, kynurenic acid, and nicotinic acid. J. biol. Chem. **179**, 143 (1949a).
Heimberg, M., and S. F. Velick: The synthesis of aldolase and phosphorylase in rabbits. J. biol. Chem. **208**, 725 (1954).
Heinz, E.: Kinetic studies on the "influx" of glycine-1-C^{14} into the Ehrlich mouse ascites carcinoma cell. J. biol. Chem. **211**, 781 (1954).
— The exchange ability of glycine accumulated by carcinoma cell. J. biol. Chem. **225**, 305 (1957).
— and H. A. Mariani: Concentration work and energy dissipation in active transport of glycine into carcinoma cells. J. biol. Chem. **228**, 97 (1957).
— and P. M. Walsh: Exchange diffusion, transport, and intracellular level of amino acids in Ehrlich carcinoma cells. J. biol. Chem. **233**. 1488 (1958).
Henderson, L. M., and L. V. Hankes: The metabolism of DL-tryptophan-3a, 7a, 7-C^{14} and DL-tryptophan-α-C^{14} in the rat. J. biol. Chem. **222**, 1069 (1956).

HENDLER, R. W.: Possible involvement of lipids in protein synthesis. Science **128**, 143 (1958).
— and C. B. ANFINSEN: The incorporation of carbon dioxide into both carboxyl groups of glutamic acid. J. biol. Chem. **209**, 55 (1954).
HENRIQUES, O. B., S. B. HENRIQUES, and A. NEUBERGER: Quantitative aspects of glycine metabolism in the rabbit. Biochem. J. **60**, 409 (1955).
HEVESY, G.: Radioactive indicators, New York, Interscience, p. 303, 1948.
HOAGLAND, M. B.: An enzymatic mechanism for amino acid activation in animal tissues. Biochim. biophys. Acta **16**, 288 (1955).
— Enzymatic reactions between amino acids and ribonucleic acids as intermediate steps in protein synthesis, IV. Internat. Congr. Biochem. (Vienna). Symp. VIII (2), 1958.
— E. B. KELLER, and P. C. ZAMECNIK: Enzymatic carboxyl activation of amino acids. J. biol. Chem. **218**, 345 (1956).
— P. C. ZAMECNIK, N. SHARON, F. LIPMANN, M. P. STULBERG, and P. D. BOYER: Oxygen transfer to AMP in the enzymatic synthesis of the hydroxamate of tryptophan. Biochim. biophys. Acta **26**, 215 (1957).
— — and M. L. STEPHENSON: Intermediate reactions in protein biosynthesis. Biochim. biophys. Acta **24**, 215 (1957).
HOBBS, D. C., and R. E. KOEPPE: The metabolism of glutaric acid-3-C^{14} by the intact rat. J. biol. Chem. **230**, 655 (1958).
HOGNESS, D. S., M. COHN, and J. MONOD: Studies on the induced synthesis of β-galactosidase in *Escherichia coli*: The kinetics and mechanism of sulfur incorporation. Biochim. biophys. Acta **16**, 99 (1955).
HÖGSTRÖM, G.: Isotope distribution in amino acids from regenerating rat liver after administration of labeled acetate. Acta chem. scand. **7**, 45 (1951).
HOLLEY, R. W.: An alanine dependent, ribonuclease-inhibited conversion of AMP to ATP, and its possible relation to protein synthesis. J. Amer. chem. Soc. **79**, 658 (1957).
HORNER, W. H., and C. G. MACKENZIE: The biological formation of sarcosine. J. biol. Chem. **187**, 15 (1950).
— I. SIEGEL, and J. BRUTON: The synthesis of arginine from guanidino acetic acid. J. biol. Chem. **220**, 861 (1956).
HUGHES, W. L.: The chemistry of iodination. Ann. N. Y. Acad. Sci. **70**, 3 (1957).
HULTIN, T., and G. BESKOW: The incorporation of C^{14}-leucine into rat liver protein *in vitro* visualized as a two step reaction. Exp. cell. Res. **11**, 665 (1956).
HUMPHREY, J. H., A. NEUBERGER, and D. J. PERKINS: Observations on the presence of plasma proteins in skin and tendon. Biochem. J. **66**, 390 (1957).
HUNNEKENS, F. M., M. J. OSBORN, and H. R. WHITELEY: Folic acid coenzymes. Metabolic reactions involving "active formate" and "active formaldehyde" are surveyed. Science **128**, 120 (1958).
IBER, F. L., K. NASSAU, I. C. PLOUGH, F. M. BERGER, W. H. MERONEY and K. FREMONT-SMITH: The use of radioiodinated albumin in metabolic studies. Effects of level of dietary protein and L-triiodothyronine on the catabolism of radioiodinated human serum albumin. J. clin. Invest. **37**, 1442 (1958).
ICHIHARA, A., and D. M. GREENBERG: Pathway of serine formation from carbohydrate in rat liver. Proc. nat. Acad. Sci. (Wash.) **41**, 605 (1955).
— — Further studies on the pathway of serine formation from carbohydrate. J. biol. Chem. **224**, 331 (1957).
JOHNSTON, R. B., and K. BLOCH: The synthesis of glutathione in cell free pigeon liver extracts. J. biol. Chem. **179**, 493 (1949).
— — Enzymatic synthesis of glutathione. J. biol. Chem. **188**, 221 (1951).
JONES, M. E., L. SPECTOR, and F. LIPMANN: Carbamyl phosphate, the carbamyl donor in enzymatic citrulline synthesis. J. Amer. chem. Soc. **77**, 819 (1955).
JONSSON, S., and W. A. MOSHER: The *in vitro* synthesis of labile methyl groups. J. Amer. chem. Soc. **72**, 3316 (1950).
KAO, K. Y. T., and R. J. BOUCEK: Incorporation and conversion of lysine-2-C^{14} in rat biopsy connective tissue. Proc. Soc. exp. Biol. (N. Y.) **98**, 526 (1958).
KARJALA, S. A., B. TURNQUEST, 3rd and R. W. SCHAYER: Urinary metabolites of radioactive histamine. J. biol. Chem. **219**, 9 (1956).
KATZ, J., and coworkers: Personal communication.
KELLER, E. B., R. A. BOISSONNAS, and V. DU VIGNEAUD: The origin of the methyl group of epinephrine. J. biol. Chem. **183**, 627 (1950).
— J. R. RACHELE, and V. DU VIGNEAUD: A study of transmethylation with methionine containing deuterium and C^{14} in the methyl group. J. biol. Chem. **177**, 733 (1949).
— J. L. WOOD, and V. DU VIGNEAUD: An investigation of transmethylation from N′-methylnicotinamide. Proc. Soc. exp. Biol. (N. Y.) **67**, 182 (1948).
KIKUCHI, G., A. KUMAR, P. TALMAGE, and D. SHEMIN: The enzymatic synthesis of δ-aminolevulinic acid. J. biol. Chem. **233**, 1214 (1958).

KIKUCHI, G., D. SHEMIN, and B. J. BUCHMANN: The enzymatic synthesis of δ-aminolevulinic acid. Biochim. biophys. Acta **28**, 219 (1958).
KINGDON, N. S., L. T. WEBSTER, jr., and E. W. DAVIE: Enzymatic formation of adenyl tryptophan: isolation and identification. Proc. nat. Acad. Sci. (Wash.) **44**, 757 (1958).
KINNORY, D. S., Y. TAKEDA, and D. M. GREENBERG: Isotope studies on the metabolism of valine. J. biol. Chem. **212**, 385 (1955).
KIPNIS, D. M., and M. W. NOALL: Stimulation of amino acid transport by insulin in the isolated rat diaphragm. Biochim. biophys. Acta **28**, 226 (1958).
KIRK, M. R., S. LEPKOVSKY, and B. M. TOLBERT: Effect of feeding on $C^{14}O_2$ respiration of labeled metabolites in rats, Metabolism, in press (1959).
KIRKWOOD, S., and L. MARION: The biogenesis of alkaloids 2. Origin of the methyl groups of hordenine and choline. Canadian J. Chem. **29**, 30 (1951).
KIRSHNER, N.: Pathway of noradrenaline formation from DOPA. J. biol. Chem. **226**, 821 (1957).
— McC. GOODALL, and L. ROSEN: Metabolism of DL-adrenaline-2-C^{14} in the human. Proc. Soc. exp. Biol. (N. Y.) **98**, 627 (1958).
KISLIUK, R. L., and W. SAKAMI: The stimulation of serine biosynthesis in pigeon liver extracts by tetrahydrofolic acid. J. Amer. chem. Soc. **76**, 1456 (1954).
— — A study of the mechanism of serine biosynthesis. J. biol. Chem. **214**, 47 (1955).
— — and M. V. PATWARDHAN: The metabolism of the methionine carbon chain in the intact rat. J. biol. Chem. **221**, 885 (1956).
KIT, S., and D. M. GREENBERG: Tracer studies on the metabolism of the Gardner lymphosarcoma II. Energy yielding reactions and amino acid uptake into protein of the tumor cell. Cancer Res. **11**, 495 (1951).
KLEIBER, M., A. H. SMITH, A. L. BLACK, M. A. BROWN, and B. M. TOLBERT: Acetate as a precursor of milk constituents in the intact dairy cow. J. biol. Chem. **197**, 371 (1952).
KNOX, W. E., and A. H. MEHLER: The conversion of tryptophan to kynurenine in liver. J. biol. Chem. **187**, 419 (1950).
KOCK A. L., and H. R. LEVY: Protein turnover in growing cultures of *Escherichia coli.* J. biol. Chem. **217**, 947 (1955).
KOEPPE, R. E., and R. J. HILL: The incorporation of carboxyl and biocarbonate carbon into glutamic acid by the rat. J. biol. Chem. **216**, 813 (1955).
— M. L. MINTHORN, JR. and R. J. HILL: Formation of serine from glycerol-1,3-C^{14}. Arch. Biochem. **68**, 355 (1957).
KOESSLER, K. K., and M. T. HANKE: Studies on proteinogenous amines IV. The production of histamine from histidine by *Bacillus coli communis.* J. biol. Chem. **39**, 539 (1919).
KOPPELMAN, R., S. MANDELES, and M. E. HANKE: Use of enzymes and radiocarbon in estimation of the equilibrium constants for the decarboxylation of lysine and glutamate. J. biol. Chem. **230**, 73 (1958).
KORNBERG, H. L., R. E. DAVIES, and D. R. WOOD: The activity and function of gastric urease in the rat. Biochem. J. **56**, 363 (1954).
KORZENOVSKY, M.: In MCELROY and GLASS, Amino Acid Metabolism. p. 309. Baltimore: Johns Hopkins Press 1955.
KOWALSKY, A., C. WYTTENBACH, L. LANGER, and D. E. KOSHLAND, jr.: Transfer of oxygen in the glutamine synthetase reaction. J. biol. Chem. **219**, 719 (1956).
KRAML, M., and L. P. BOUTHILLIER: The conversion of urocanic acid to glutamic acid in the intact rat. Canad. J. Biochem. **33**, 590 (1955).
KREBS, H. A., L. V. EGGLESTON, and V. A. KNIVETT: Arsenolysis and phosphorolysis of citrulline in mammalian liver. Biochem. J. **59**, 185 (1955).
— S. GURIN, and L. V. EGGLESTON: The pathway of oxidation of acetate in baker's yeast. Biochem. J. **51**, 614 (1952).
KREHL, W. A., P. S. SARMA, L. J. TEPLY, and C. A. ELVEHJEM: Factors affecting the dietary niacin and tryptophan requirement of the growing rat. J. Nature **31**, 85 (1946).
KRUH, J., J-C. DREYFUS, G. SCHAPIRA, and P. PADIEU: Non-uniform incorporation of glycine-2-C^{14} with rabbit hemoglobin *in vivo* and *in vitro.* J. biol. Chem. **228**, 113 (1957).
— G. SCHAPIRA, and J-C. DREYFUS: Evolution différente dans le temps de la radioactivité du glycocolle libre du muscle et du foie. C. R. Soc. Biol. (Paris) **150**, 1356 (1956).
KUSHNER, D. S., D. BRONSKY, A. DUBIN, B. P. MADUROS, and S. H. ARMSTRONG, jr.: The persistence in the blood of the radioactive label of albumins, gamma globulins, and globulins of intermediate mobility IV. Specific activity ratios between plasma and edema fluid of I^{131}-albumin injected intravenously in nutritional and nephrotic hypoproteinemia. J. Lab. clin. Med. **49**, 440 (1957).
LARDY, H. A., R. L. POTTER, and R. H. BURRIS: I. The role of biotin in bicarbonate utilization by *Lactobacillus arabinosus* studied with C^{14}. J. biol. Chem. **179**, 721 (1949).
LASCELLES, J., and D. D. WOODS: The synthesis of serine and *Leuconostoc citrovorum* factor by cell suspensions of *Streptococcus faecalis.* R. Biochem. J. **58**, 486 (1954).

LEBLOND, C. P., N. B. EVERETT, and B. SIMMONS: Sites of protein synthesis as shown by radioautography after administration of S^{35}-labelled methionine. Amer. J. Anat. **101**, 225 (1957).

LEIFER, E., W. H. LANGHAM, J. F. NYC, and H. K. MITCHELL: The use of isotopic nitrogen in a study of the conversion of 3-hydroxyanthranilic acid to nicotinic acid in *Neurospora*. J. biol. Chem. **184**, 589 (1950).

— L. J. ROTH, and L. H. HEMPELMANN: Metabolism of C^{14}-labeled urea. Science **108**, 748 (1948).

— — D. S. HOGNESS, and M. H. CORSON: The metabolism of radioactive nicotinic acid and nicotinamide. J. biol. Chem. **190**, 595 (1951).

LERNER, A. B.: On the metabolism of phenylalanine and tyrosine. J. biol. Chem. **181**, 281 (1949).

LETELLIER, G., and L. P. BOUTHILLIER: The metabolism of DL-hydroxyproline-2-C^{14} in the rat. Canad. J. Biochem. **32**, 154 (1954).

LEVINE, M., and H. TARVER: On the synthesis and some applications of serine-β-C^{14}. J. biol. Chem. **184**, 427 (1950).

— — Studies on ethionine III. Incorporation of ethionine into rat proteins. J. biol. Chem. **192**, 835 (1951).

LEVINTON, L., H. EAGLE, and K. A. PIEZ: The role of glutamine in protein biosynthesis in tissue culture. J. biol. Chem. **227**, 929 (1957).

— and A. MEISTER: Reversibility of the enzymatic synthesis of glutamine. J. biol. Chem. **209**, 265 (1954).

— — G. H. HOGEBOOM, and E. L. KUFF: Studies on the relationship between the enzymatic synthesis of glutamine and the glutamyl transfer reaction. J. Amer. chem. Soc. **77**, 5304 (1955).

LEVY, L., and M. J. COON: The role of formate in the biosynthesis of histidine. J. biol. Chem. **192**, 807 (1951).

— — Biosynthesis of histidine from radioactive acetate and glucose. J. biol. Chem. **208**, 691 (1954).

LEWALLEN, C. G., M. BERMAN, and J. E. RALL: Studies of iodoalbumin metabolism I. A mathematical approach to the kinetics. J. clin. Invest. **38**, 66 (1959).

— J. E. RALL, and M. BERMAN: Studies of iodoalbumin metabolism II. The effects of thyroid hormone. J. clin. Invest. **38**, 88 (1959).

LEWIS, K. F., and S. WEINHOUSE: Studies in valine biosynthesis II. α-acetolactate formation in microörganisms. J. Amer. chem. Soc. **80**, 4913 (1958).

LIEN, O. G., jr., and D. M. GREENBERG: Chromatographic studies on the interconversion of amino acids. J. biol. Chem. **195**, 637 (1952).

— — Identification of α-aminobutyric acid enzymatically formed from threonine. J. biol. Chem. **200**, 367 (1953).

LIN, P. H., and B. C. JOHNSON: Nicotinic acid metabolism II. The metabolism of radioactive nicotinic acid and nicotinamide in the rat. J. Amer. chem. Soc. **75**, 2974 (1953).

LINKO, P., and A. I. VIRTANEN: On the biosynthesis of some recently discovered derivatives of glutamic acid in plants. Acta chem. scand. **12**, 68 (1958).

LIPMANN, F.: Symposium on amino acid activation. Chairman's introduction: some facts and problems. Proc. nat. Acad. Sci. (Wash.) **44**, 67 (1958).

LITTLEFIELD, J. W., and E. B. KELLER: Incorporation of C^{14}-amino acids into ribonucleoprotein particles from the Ehrlich mouse ascites tumor. J. biol. Chem. **224**, 13 (1957).

— — J. GROSS, and P. C. ZAMECNIK: Studies on cytoplasmic ribonucleoprotein particles from the liver of the rat. J. biol. Chem. **217**, 111 (1955).

— The biosynthesis of protein. Prog. Biophys. **8**, 347 (1957).

— and E. A. EIGNER: The time required for the synthesis of a ferritin molecule in rat liver. J. biol. Chem. **231**, 925 (1958).

— and A. HARRIS: Participation of free amino acids in protein synthesis. J. biol. Chem. **219**, 151 (1956).

LONDON, I. M.: In YOUMANS, J. B., Symposia on Nutrition II. Plasma Proteins. p. 72. Springfield: C. C. Thomas 1950.

LONG, C. L., H. N. HILL, I. M. WEINSTOCK, and L. M. HENDERSON: Studies of the enzymatic transformation of 3-hydroxyanthranilate to quinolate. J. biol. Chem. **211**, 405 (1954).

LOWENSTEIN, J. M., and P. P. COHEN: The formation of carbamyl aspartic acid by rat liver preparations. J. Amer. chem. Soc. **76**, 5571 (1954).

— — Studies on the mechanism of carbamylaspartic acid synthesis. J. biol. Chem. **213**, 689 (1955).

— — Studies on the biosynthesis of carbamylaspartic acid. J. biol. Chem. **220**, 57 (1956).

LOWY, B. A., G. B. BROWN, and J. R. RACHELE: A study of formaldehyde-C^{14}, D_2 as a one carbon metabolite in the rat. J. biol. Chem. **220**, 325 (1956).

LOWY, P. H.: The conversion of lysine to pipecolic acid by *Phaseolus vulgaris*. Arch. Biochem. **47**, 228 (1953).

MACHLIN, L. J., and P. B. PEARSON: Studies on utilization of sulfate sulfur for growth of the chicken. Proc. Soc. exp. Biol. (N. Y.) **93**, 204 (1957).
— L. STRUGLIA, and P. B. PEARSON: Metabolism of methionine and cysteine sulfur in the developing chick embryo. Arch. Biochem. **59**, 326 (1955).
MACKENZIE, C. G.: Formation of formaldehyde and formate in the biooxidation of the methyl group. J. biol. Chem. **186**, 351 (1950).
— In McELROY and GLASS, Amino Acid Metabolism. p. 684. Baltimore: Johns Hopkins Press 1955.
— and R. H. ABELES: Production of active formaldehyde in the mitochondrial oxidation of sarcosine-CD_3. J. biol. Chem. **222**, 145 (1956).
— and V. DU VIGNEAUD: The source of urea carbon. J. biol. Chem. **172**, 353 (1948).
— and W. R. FRISELL: The metabolism of dimethylglycine by mitochondria. J. biol. Chem. **232**, 417 (1958).
— J. M. JOHNSTON, and W. R. FRISELL: Isolation of formaldehyde from dimethylethanolamine, dimethylglycine, sarcosine and methanol. J. biol. Chem. **203**, 743 (1953).
— J. R. RACHELE, N. CROSS, J. P. CHANDLER, and V. DU VIGNEAUD: A study of the rate of oxidation of the methyl group of dietary methionine. J. biol. Chem. **183**, 617 (1950).
MACLEOD, P. R., and H. A. LARDY: Metabolic functions of biotin II. Fixation of carbon dioxide by normal and biotin-deficient rats. J. biol. Chem. **179**, 733 (1949).
— S. GRISOLIA, P. P. COHEN, and H.A. LARDY: Metabolic functions of biotin III. The synthesis of citrulline from ornithine in liver tissue of normal and biotin deficient rats. J. biol. Chem. **180**, 1003 (1949).
MADDEN, R. E., and R. G. GOULD: Turnover rate of fibrinogen in the dog. J. biol. Chem. **196**, 641 (1952).
MAGASANIK, B.: Guanine as a source of the nitrogen 1-carbon 2 portion of the imidazole ring of histidine. J. Amer. chem. Soc. **78**, 5449 (1956).
MANDELES, S., and K. BLOCH: Enzymatic synthesis of γ-glutamylcysteine. J. biol. Chem. **214**, 639 (1955).
MANDELSTAM, J.: Turnover of proteins in growing and non-growing populations of *Escherichia coli*. Biochem. J. **69**, 110 (1958).
— and H. J. ROGERS: Chloramphenicol-resistant incorporation of amino acids into *Staphylococci* and cell wall synthesis. Nature (Lond.) **181**, 956 (1958).
MARGEN, S., and H. TARVER: Comparative studies on the turnover of serum albumin in normal human subjects. J. clin. Invest. **35**, 1161 (1956).
— — The deiodination of proteins labeled with I^{131}. Ann. N. Y. Acad. Sci. **70**, 49 (1957).
MARSDEN, C. M., and L. YOUNG: Biochemical studies of toxic agents 10. Observations on the metabolism of ^{35}S-labelled mercapturic acids. Biochem. J. **69**, 257 (1958).
MARTIGNONI, P., and T. WINNICK: Biosynthesis of carnosine and anserine in the chick. J. biol. Chem. **208**, 251 (1954).
MASOUREDIS, S. P., and M. L. BEECKMANS: Comparative behavior of I^{131} and C^{14} labelled albumin in plasma of man. Proc. Soc. exp. Biol. (N. Y.) **89**, 398 (1955).
MATSUO, Y., and D. M. GREENBERG: Metabolic formation of homoserine and α-aminobutyric acid from methionine. J. biol. Chem. **215**, 547 (1955).
— M. ROTHSTEIN, and D. M. GREENBERG: Metabolic pathways of homoserine in the mammal. J. biol. Chem. **221**, 679 (1956).
MATSUOKA, Z., and S. YOSHIMATSU: Über eine neue Substanz, die aus Tryptophan im Tierkörper gebildet wird. Hoppe Seylers Z. physiol Chem. **143**, 206 (1925).
MAURER, W., A. NIKLAS, u. G. LEHNERT: Messung der Umsatzrate von Serumeiweiß und Körpereiweiß beim normalen Kaninchen mit S^{35}-Methionin. Biochem. Z. **326**, 28 (1954).
MAW, G. A.: Thetin-homocysteine transmethylase. A preliminary study of the enzyme from rat liver. Biochem. J. **63**, 116 (1956).
MCCORQUODALE, D. J., and G. C. MUELLER: Preparation and properties of amino acid-adenylic acid mixed anhydrides. Arch. Biochem. **77**, 13 (1958).
MCFARLANE, A. S.: Labelling of plasma proteins with radioactive iodine. Biochem. J. **62**, 135 (1956).
— Use of labeled plasma proteins in the study of nutritional problems. Prog. Biophys. **7**, 115 (1957a).
— The behavior of I^{131}-labeled plasma proteins *in vivo*. Ann. N. Y. Acad. Sci. **70**, 19 (1957b).
MCISAAC, W. M., and I. H. PAGE: The metabolism of serotonin (5-hydroxytryptamine). J. biol. Chem. **234**, 858 (1959).
MCKEE, F. W., W. G. WILT, jr., R. E. HYATT, and G. H. WHIPPLE: The circulation of ascitic fluid. J. exp. Med. **91**, 115 (1950).
MCLEAN, J. R., G. L. COHN, I. K. BRANDT, and M. V. SIMPSON: Incorporation of labeled amino acids into the protein of muscle and liver mitochondria. J. biol. Chem. **233**, 657 (1958).
MCMANUS, I. R.: Some metabolic precursors of the N-1-methyl group of anserine in the rat. J. biol. Chem. **225**, 325 (1957).

McMANUS, I. R.: The biosynthesis of valine by *Saccharomyces cerevisiae*. J. biol. Chem. **208**, 639 (1954).
MEHLER, A. H., and E. L. MAY: Studies with carboxyl-labeled 3-hydroxyanthranilic and picolinic acids *in vivo* and *in vitro*. J. biol. Chem. **223**, 449 (1956).
— and H. TABOR: Deamination of histidine to form urocanic acid in liver. J. biol. Chem. **201**, 775 (1953).
— — and H. BAUER: The oxidation of histamine to imidazole acetic acid *in vivo*. J. biol. Chem. **197**, 475 (1952).
MEISTER, A.: The α-keto analogues of arginine, ornithine and lysine. J. biol. Chem. **206**, 577 (1954).
— Enzymatic transamination reactions involving arginine and ornithine. J. biol. Chem. **206**, 587 (1954).
— The metabolism of glutamine. Physiol. Rev. **36**, 183 (1956).
— Biochemistry of amino acids. New York: Academic Press 1957.
— A. N. RADHAKRISHNAN, and S. D. BUCKLEY: Enzymatic synthesis of L-pipecolic acid and L-proline. J. biol. Chem. **229**, 789 (1957b).
— H. A. SOBER, S. V. TICE, and P. E. FRASER: Transamination and associated deamidation of asparagine and glutamine. J. biol. Chem. **197**, 319 (1952).
MELTZER, H. L., and D. B. SPRINSON: The synthesis of 4-C^{14}, N^{15}-L-threonine and a study of its metabolism. J. biol. Chem. **197**, 461 (1952).
METZENBERG, R. L., L. M. HALL, M. MARSHALL, and P. P. COHEN: Studies on the biosynthesis of carbamyl phosphate. J. biol. Chem. **229**, 1019 (1958).
MEYER, E.: Über Alkaptonurie. Dtsch. Arch. klin. Med. **70**, 443 (1901).
MILLER, D. A., and S. SIMMONDS: The metabolism of L-threonine and glycine by *Escherichia coli*. Proc. nat. Acad. Sci. (Wash.) **43**, 195 (1957).
MILLER, L. L., and W. F. BALE: The metabolic conversion of the carbon chain of lysine-6-C^{14} to glutamic acid, aspartic acid and arginine. Arch. Biochem. **48**, 361 (1954).
— — C. L. YUILE, R. E. MASTERS, G. H. TISHKOFF, and G. H. WHIPPLE: The use of radioactive lysine in studies of protein metabolism. Synthesis and utilization of plasma proteins. J. exp. Med. **90**, 297 (1949).
MILLS, G. C., and J. L. WOOD: Total mercapturic acid synthesis by liver and kidney. J. biol. Chem. **207**, 695 (1954).
— — Mercapturic acid precursors. J. biol. Chem. **219**, 1 (1956).
MITCHELL, H. K., and M. B. HOULAHAN: An intermediate in the biosynthesis of lysine in *Neurospora*. J. biol. Chem. **174**, 883 (1948).
MITOMA, C.: Studies on partially purified phenylalanine hydroxylase. Arch. Biochem. **60**, 476 (1956).
— and D. M. GREENBERG: Studies on the mechanism of the biosynthesis of serine. J. biol. Chem. **196**, 599 (1952).
— T. E. SMITH, F. FRIEDBERG, and C. R. RAYFORD: Incorporation of hydroxyproline into tissue proteins by chick embryos. J. biol. Chem. **234**, 78 (1959).
MIYAKE, A., A. H. BOKMAN, and B. S. SCHWEIGERT: 3-Hydroxyanthranilic acid metabolism VI. Chemical studies on intermediate. J. biol. Chem. **211**, 391 (1954).
MOLDAVE, K.: Effect of vitamin B_6 on the *in vivo* utilization of radioactive phenylalanine. Arch. Biochem. **75**, 418 (1958).
— P. CASTELFRANCO, and A. MEISTER: The synthesis and some properties of amino acyl adenylates. J. biol. Chem. **234**, 841 (1959).
— and A. MEISTER: Synthesis of phenacetylglutamine by human tissue. J. biol. Chem. **229**, 463 (1957).
— M. E. RAFELSON, jr., D. LAGERBORG, H. E. PEARSON, and R. J. WINZLER: *In vitro* conversion of radioglucose to free and protein bound amino acids by virus-infected mouse brain. Arch. Biochem. **50**, 383 (1954).
— R. J. WINZLER, and H. E. PEARSON: The incorporation *in vitro* of C^{14} into amino acids of control and virus-infected mouse brain. J. biol. Chem. **200**, 357 (1953).
MOLINE, S. W., H. C. WALKER, and B. S. SCHWEIGERT: 3-Hydroxyanthranilic acid metabolism VII. Mechanism of formation of quinolinic acid. J. biol. Chem. **234**, 880 (1959).
MOSS, A. R., and R. SCHOENHEIMER: The conversion of phenylalanine to tyrosine in normal rats. J. biol. Chem. **135**, 415 (1940).
DE MOSS, J. A., S. M. GENUTH, and G. D. NOVELLI: The enzymatic activation of amino acids via their acyl-adenylate derivatives. Proc. nat. Acad. Sci. (Wash.) **42**, 325 (1956).
— and G. D. NOVELLI: An amino acid dependent exchange between ^{32}P labeled inorganic pyrophosphate and ATP in microbial extracts. Biochim. biophys. Acta **22**, 49 (1956).
MOYED, H. S., and B. MAGASANIK: The role of purines in histidine biosynthesis. J. Amer. chem. Soc. **79**, 4812 (1957).
MUDD, S. H., and G. L. CANTONI: Selenomethionine in enzymatic transmethylation. Nature (Lond.) **180**, 1052 (1957).
MUIR, H. M., and A. NEUBERGER: The biogenesis of porphyrins. The distribution of N^{15} in the ring system. Biochem. J. **45**, 163 (1949).

MUIR, H. M., and A. NEUBERGER: The biogenesis of porphyrins 2. The origin of the methyne carbon atoms. Biochem. J. **47**, 97 (1950).
MUNCH-PETERSEN, A., and H. A. BARKER: The origin of the methyl group in mesaconate formed from glutamate by extracts of *Clostridium tetanomorphum*. J. biol. Chem. **230**, 649 (1958).
MUNIER, R. L., and G. N. COHEN: Incorporation of d'analogues structuraux d'amino acides dans les protéines. Biochim. biophys. Acta **21**, 592 (1956).
MUNTZ, J. A.: The inability of choline to transfer a methyl group directly to homocysteine for methionine formation. J. biol. Chem. **182**, 489 (1950).
NAKADA, H. I., and L. P. SUND: Glyoxylic acid oxidation by rat liver. J. biol. Chem. **233**, 8 (1958).
— and S. WEINHOUSE: Studies of glycine oxidation in rat tissues. Arch. Biochem. **42**, 257 (1953).
NAKAO, A., and D. M. GREENBERG: Studies on the incorporation of isotope from formaldehyde C^{14} and serine-3-C^{14} into the methyl group of methionine. J. biol. Chem. **230**, 603 (1958).
NEIDLE, A., M. J. MYCEK, D. D. CLARKE, and H. WAELSCH: Enzymatic exchange of protein amide groups. Arch. Biochem. **77**, 227 (1958).
— and H. WAELSCH: Participation of glutamine in the biosynthesis of histidine. J. Amer. chem. Soc. **78**, 1767 (1956).
NEMER, M., and D. ELWYN: Phosphorylation of serine in rat liver. J. Amer. chem. Soc. **79**, 6564 (1957).
NEUBERGER, A., and H. G. B. SLACK: The metabolism of collagen from liver, bone, skin and tendon in the normal rat. Biochem. J. **53**, 47 (1953).
NIKLAS, A.: Über die Neubildungsgeschwindigkeit einzelner, getrennter Serumeiweiß-Fraktionen nach oraler Gabe von S^{35}-Methionin an Ratten. Verh. dtsch. Ges. inn. Med. 58. Kongreß, 378 (1952).
— and K. HEMPEL: Regeneration einzelner getrennter Serumeiweiß-Fraktionen nach akutem Blutverlust. Z. ges. exp. Med. **122**, 399 (1954).
— and G. LEHNERT: Messung der Neubildungsrate des Serumeiweißes bei Kaninchen mit Masugi-Nephritis. Biochem. Z. **326**, 79 (1954).
— and W. MAURER: Messung der Neubildung- und Abbaugeschwindigkeit einzelner Serumeiweiß-Fraktionen nach Gabe von S^{35}-Methionin. Verh. dtsch. Ges. inn. Med. 59. Kongreß, 319 (1953).
— — and H. KRAUSE: Messung der biologischen Halbwertszeiten einzelner Serumeiweiß-Fraktionen beim Kaninchen. Biochem. Z. **325**, 464 (1954).
— and W. OEHLERT: Autoradiographische Untersuchung der Größe des Eiweißstoffwechsels verschiedener Organe, Gewebe und Zellarten. Beitr. path. Anat. **116** (1) 92 (1956).
— an H. POLIWODA: Zur Frage der biologischen Halbwertzeit menschlicher Albumine und Globuline. Biochem. Z. **326**, 97 (1954).
— E. QUINCKE, W. MAURER, and H. NEYEN: Messung der Neubildungsraten und biologischen Halbwertszeiten des Eiweißes einzelner Organe und Zellgruppen bei der Ratte. Biochem. Z. **330**, 1 (1958).
NISMAN, B., F. H. BERGMANN, and P. BERG: Observations on amino acid-dependent exchanges of inorganic pyrophosphate and ATP. Biochim. biophys. Acta **26**, 639 (1957).
NISONOFF, A., F. W. BARNES, jr., and T. ENNS: Mechanisms of enzymatic transamination. Estimation of velocity of the glutamate-aspartate reaction at equilibrium. J. biol. Chem. **204**, 957 (1953).
— — — and S. VON SCHUCHING: Mechanisms of enzymatic transamination reaction between carbon chains of same length. Bull. Johns Hopk. Hosp. **94**, 117 (1954).
NOALL, M. W., T. R. RIGGS, L. M. WALKER, and H. N. CHRISTENSEN: Endocrine control of amino acid transfer. Science **126**, 1002 (1957).
NOVELLI, G. D., and J. A. DE MOSS: The activation of amino acids and concepts of the mechanism of protein synthesis. J. cell. comp. Physiol. (Suppl.) **50**, 173 (1957).
NYC, J. F., H. K. MITCHELL, E. LIEFER, and W. H. LANGHAM: The use of isotopic carbon in a study of the metabolism of anthranilic acid in *Neurospora*. J. biol. Chem. **179**, 783 (1949).
OGATA, K., and H. NOHARA: The possible role of the ribonucleic acid (RNA) of the p_H 5 enzyme in amino acid activation. Biochim. biophys. Acta **25**, 659 (1937).
OGINSKY, E. L.: In MCELROY and GLASS, Amino Acid Metabolism. p. 300. Baltimore: Johns Hopkins Press 1955.
OHMURA, E., and O. HAYAISHI: Enzymatic conversion of formyl aspartic acid to aspartic acid. J. biol. Chem. **227**, 181 (1957).
OTTEY, L., and E. L. TATUM: The cleavage of β-ketoadipic acid by *Neurospora crassa*. J. biol. Chem. **229**, 77 (1957).
PARTRIDGE, C. W. H., D. M. BONNER, and C. YANOFSKY: A quantitative study of the relationship between tryptophan and niacin in *Neurospora*. J. biol. Chem. **194**, 269 (1952).

PELLERIN, J., and A. D'IORIO: Metabolism of radioactive β-(3,4-dihydroxyphenyl)-alanine-α-C^{14} in the albino rat. Canad. J. Biochem. **33**, 1055 (1955).
PENN, N. W., S. MANDELES, and H. S. ANKER: On the kinetics of turnover of serum albumin. Biochem. biophys. Acta **26**, 349 (1957).
PETERS, T., jr., and C. B. ANFINSEN: Net production of serum albumin by liver slices. J. biol. Chem. **186**, 805 (1950).
PETERSON, E. A., W. A. FONES, and J. WHITE: Evidence for a three-carbon intermediate in the metabolism of valine. Arch. Biochem. **36**, 323 (1952).
PIEZ, K. A., and R. C. LIKINS: The conversion of lysine to hydroxylysine and its relation to the biosynthesis of collagen in several tissues of the rat. J. biol. Chem. **229**, 101 (1957).
PLAUT, G. W. E., J. J. BETHEIL, and H. A. LARDY: The relationship of folic acid to formate metabolism in the rat. J. biol. Chem. **184**, 795 (1950).
— and H. A. LARDY: Enzymatic incorporation of C^{14}-bicarbonate into acetoacetate in the presence of various substrates. J. biol. Chem. **192**, 435 (1951).
PUTNAM, F. W., F. MEYER, and A. MIYAKE: Proteins in multiple myeloma V. Synthesis and excretion of Bence-Jones protein. J. biol. Chem. **221**, 527 (1956).
— and A. MIYAKE: Proteins in multiple myeloma VIII. Biosynthesis of abnormal proteins. J. biol. Chem. **231**, 671 (1958).
— — and F. MEYER: The metabolism of DL-glutamic acid-1-C^{14} in man. J. biol. Chem. **231**, 657 (1958).
RAACKE, I. D.: Chemical aspects of recent hypotheses on protein synthesis. Quart. Rev. Biol. **33**, 245 (1958).
RABINOWITZ, J. C., and H. TABOR: The urinary excretion of formic acid and formiminoglutamic acid in folic acid deficiency. J. biol. Chem. **233**, 252 (1958).
— and M. OLSON: Evidence for a ribonucleoprotein intermediate in the synthesis of globin by reticulocytes. Exp. Cell. Res. **10**, 747 (1956).
— — and D. M. GREENBERG: Independent antagonism of amino acid incorporation into protein. J. biol. Chem. **210**, 837 (1954).
— — — Role of glutamine in protein synthesis by the Ehrlich ascites carcinoma. J. biol. Chem. **222**, 879 (1956).
— — — Characteristics of the inhibition by ethionine of the incorporation of methionine into proteins of the Ehrlich ascites carcinoma *in vitro*. J. biol. Chem. **227**, 217 (1957).
RACHELE, J. R., E. J. KUCHINASKAS, F. H. KRATZER, and V. DU VIGNEAUD: Hydrogen isotope effect in the oxidation *in vivo* of methionine labeled in the methyl group. J. biol. Chem. **215**, 593 (1955).
— L. J. REED, A. R. KIDWAI, M. F. FERGER, and V. DU VIGNEAUD: Conversion of cystathionine labeled with S^{35} to cystine *in vitro*. J. biol. Chem. **185**, 817 (1950).
RADHAKRISHNAN, A. N., and A. MEISTER: Conversion of hydroxyproline to pyrrole-2-carboxylic acid. J. biol. Chem. **226**, 559 (1957).
RADIN, N. S., D. RITTINBERG, and D. SHEMIN: The role of glycine in the biosynthesis of heme. J. biol. Chem. **184**, 745 (1950).
RAFELSON, M. E., jr.: Conversion of acetate-1-C^{14} to tryptophan in *Aerobacter aerogenes*. J. biol. Chem. **212**, 953 (1955a).
— Conversion of radioactive glucose and acetate to tryptophan by *Aerobacter aerogenes*. J. biol. Chem. **213**, 479 (1855).
— The biosynthesis of valine in *Aerobacter aerogenes*. J. Amer. chem. Soc. **77**, 4679 (1955).
— The biosynthesis of leucine in *Aerobacter aerogenes*. Arch. Biochem. **72**, 376 (1957).
— and H. ARNOFF: Studies on the metabolism of virus infected tissues I. Free amino acid metabolism in chick chorioallantoic membranes infected with influenza virus. Arch. Biochem. **75**, 163 (1958).
— R. E. WINZLER, and H. E. PEARSON: The effects of Theiler's GD VII virus on the incorporation of radioactive carbon from glucose into minced one day-old mouse brain. J. biol. Chem. **181**, 595 (1949).
— — — A virus effect on the uptake of C^{14} from glucose *in vitro* by amino acids in mouse brain. J. biol. Chem. **193**, 205 (1951).
RATNER, S., V. NOCITO, and D. E. GREEN: Glycine oxidase. J. biol. Chem. **152**, 119 (1944).
— and O. ROCHOVANSKY: Biosynthesis of guanidinoacetic acid II. Mechanism of amidine group transfer. Arch. Biochem. **63**, 296 (1956).
RAVDIN, R. G., and D. T. CRANDALL: The enzymatic conversion of homogentisic acid to 4-fumarylacetoacetic acid. J. biol. Chem. **189**, 137 (1951).
REED, D. J., B. E. CHRISTENSEN, V. H. CHELDELIN, and C. H. WANG: Biosynthesis of leucine in baker's yeast. J. Amer. chem. Soc. **76**, 5574 (1954).
REED, L. J., D. CAVALLINI, F. PLUM, J. R. RACHELE, and V. DU VIGNEAUD: The conversion of methionine to cystine in the human cystinuric. J. biol. Chem. **180**, 783 (1949).
REICHARD, P.: Ornithine carbamyl transferase from rat liver. Acta chem. scand. **11**, 523 (1957).

REICHARD, P., and G. HANSHOFF: Aspartate carbamyl transferase from *Escherichia coli*. Acta chem. scand. **10**, 548 (1956).
REISS, O., and K. BLOCH: Studies on leucine biosynthesis in yeast. J. biol. Chem. **216**, 703 (1955).
RENDINA, G., and M. J. COON: Enzymatic hydrolysis of the coenzyme A thiol ester of β-hydroxypropionic and β-hydroxyisobutyric acids. J. biol. Chem. **225**, 523 (1957).
REVEL, H. R. B., and B. MAGASANIK: The enzymatic degradation of urocanic acid. J. biol. Chem. **233**, 930 (1958).
RIGGS, T. R., and L. M. WALKER: Diminished uptake of C^{14}-α-aminoisobutyric acid by tissues of vitamin B_6-deficient rats. J. biol. Chem. **233**, 132 (1958).
RITTENBERG, D., and H. WAELSCH: The source of carbon for urea formation. J. biol. Chem. **136**, 799 (1940).
ROBERTS, E., and S. FRANKEL: Further studies of glutamic acid decarboxylase in brain. J. biol. Chem. **190**, 505 (1951).
— M. ROTHSTEIN, and C. F. BAXTER: Some metabolic studies of γ-aminobutyric acid. Proc. Soc. exp. Biol. (N. Y.) **97**, 796 (1958).
ROBERTS, R. B., D. B. COWIE, R. BRITTEN, E. BOLTON, and P. H. ABELSON: The role of the tricarboxylic acid cycle in amino acid synthesis in *Escherichia coli*. Proc. nat. Acad. Sci. (Wash.) **39**, 1013 (1953).
— — P. H. ABELSON, E. T. BOLTON, and R. J. BRITTEN: Studies of biosynthesis in *Escherichia coli*. Carnegie Inst. Pub. (Wash.) **607**, 1955.
ROBERTSON, W. V. B., J. HIWETT, and C. HERMAN: The relation of ascorbic acid to the conversion of proline to hydroxyproline in the synthesis of collagen in the Carrageenan granuloma. J. biol. Chem. **234**, 105 (1959).
ROBINSON, W. G., B. K. BACHHAWAT, and M. J. COON: Tiglyl coenzyme A and α-methylacetoacetyl coenzyme A, intermediates in the enzymatic degradation of isoleucine. J. biol. Chem. **218**, 391 (1956).
— and M. J. COON: The purification and properties of β-hydroxyisobutyric dehydrogenase. J. biol. Chem. **225**, 511 (1957).
— R. NAGLE, B. K. BACHHAWAT, F. P. KUPIECKI, and M. J. COON: Coenzyme A thiol esters of isobutyric, methacrylic, and β-hydroxyisobutyric acids as intermediates in the enzymatic degradation of valine. J. biol. Chem. **224**, 1 (1957).
ROLOFF, M., S. RATNER, and R. SCHOENHEIMER: The biological conversion of ornithine into proline and glutamic acid. J. biol. Chem. **136**, 561 (1940).
ROSENFELD, G., L. C. LEEPER, and S. UDENFRIEND: Biosynthesis of norepinephrine and epinephrine by the isolated perfused calf adrenal. Biochim. biophys. Acta **74**, 252 (1958).
ROTHSCHILD, S. S., M. O. SCHREIBER, and H. L. MCGEE: The effects of adrenocortical hormones on albumin metabolism studied with albumin-I^{131}. J. clin. Invest. **37**, 1229 (1958).
ROTHSTEIN, M., C. G. BLY, and L. L. MILLER: The metabolism of D-lysine-ϵ-C^{14}. Arch. Biochem. **50**, 252 (1954).
— and D. M. GREENBERG: Studies on the metabolism of xanthurenic acid-4-C^{14}. Arch. Biochem. **68**, 206 (1957).
— — Evidence for a new oxidative pathway for tryptophan. Biochim. biophys. Acta **34**, 598 (1959).
— — Metabolism of DL-pipecolic acid-2-C^{14}. J. Amer. chem. Soc. **81**, 4756 (1959).
— and L. L. MILLER: The metabolism of glutaric acid-1,5-C^{14} I. In normal and phlorizinized rats. J. biol. Chem. **199**, 199 (1952).
— — The metabolism of L-lysine-6-C^{14}. J. biol. Chem. **206**, 243 (1954a).
— — The metabolism of glutaric acid-1,5-C^{14} 2. Conversion to α-ketoglutaric acid in the intact rat. J. biol. Chem. **211**, 859 (1954b).
— — The conversion of lysine to pipecolic acid in the rat. J. biol. Chem. **211**, 851 (1954c).
RUST, J. H., W. J. VISEK, and L. J. ROTH: Carbon dioxide fixation and urea synthesis in the rat. J. biol. Chem. **223**, 671 (1956).
SAGERS, R. D., and I. C. GUNSALUS: Glycine cleavage and one-carbon transfer reactions in *Clostridium acidi-urici* and *Diplococcus glycinophilus*. Bact. Proc. **58**, 119 (1958).
SAITO, Y., O. HAYAISHI, and S. ROTHBERG: Studies on oxygenases. Enzymatic formation of 3-hydroxy-L-kynurenine from L-kynurenine. J. biol. Chem. **229**, 921 (1957).
SAKAMI, W.: The conversion of formate and glycine to serine and glycogen in the intact rat. J. biol. Chem. **176**, 995 (1958).
— Formation of formate and labile methyl groups from acetone in the intact rat. J. biol. Chem. **187**, 369 (1950).
— In MCELROY, and GLASS, Amino Acid Metabolism. p. 658. Baltimore: Johns Hopkins Press 1955.
— and A. D. WELCH: Synthesis of labile methyl groups by the rat *in vivo* and *in vitro*. J. biol. Chem. **187**, 379 (1950).

SALAMON, I. I., and B. D. DAVIS: Aromatic biosynthesis IX. The isolation of a precursor of shikimic acid. J. Amer. chem. Soc. **75**, 5567 (1952).

SAMUELS, P. J.: The assimilation of amino acids by bacteria 17. Synthesis of glutathione by extracts of *E. coli*. Biochem. J. **55**, 441 (1953).

SARKAR, N. K., D. D. CLARKE, and H. WAELSCH: An enzymatically catalyzed incorporation of amines into protein. Biochim. biophys. Acta **25**, 451 (1957).

SATO, C. S., R. U. BYERRUM, P. ALBERSHEIM, and J. BONNER: Metabolism of methionine and pectin esterification in plant tissue. J. biol. Chem. **233**, 128 (1958).

— — and C. D. BALL: The biosynthesis of pectinic acid methyl esters through transmethylation from methionine. J. biol. Chem. **224**, 717 (1957).

SCHAYER, R. W.: Metabolism of ring labeled histamine. J. biol. Chem. **196**, 469 (1952).

— and L. M. HENDERSON: The conversion of deutero-N^{15}-tryptophan to quinolinic acid by the rat. J. biol. Chem. **195**, 657 (1952).

SCHENCK, J. R., S. SIMMONDS, M. COHEN, C. M. STEVENS, and V. DU VIGNEAUD: The relation of transmethylation to anserine. J. biol. Chem. **149**, 355 (1943).

SCHEPARTZ, B., and S. GURIN: The intermediary metabolism of phenylalanine labeled with radioactive carbon. J. biol. Chem. **180**, 663 (1949).

SCHER, W. I., jr., and H. J. VOGEL: Occurrence of ornithine-γ-transaminase A. dichotomy. Proc. nat. Acad. Sci. (Wash.) **43**, 796 (1957).

SCHILLER, S., M. B. MATHEWS, J. A. CIFONELLI, and A. DORFMAN: The metabolism of mucopolysaccharides in animals. III. Further studies on skin utilizing C^{14}-glucose, C^{14}-acetate and S^{35}-sodium sulfate. J. biol. Chem. **218**, 139 (1956).

SCHLENK, F., and R. E. DE PALMA: The formation of S-adenosylmethionine in yeast. J. biol. Chem. **229**, 1037 (1957).

— and R. L. SMITH: The mechanism of adenosine thiomethylriboside formation. J. biol. Chem. **204**, 27 (1953).

— and J. A. TILLOSTON: Formation of 5′ ethylthioadenosine from DL-ethionine in yeast. J. biol. Chem. **206**, 687 (1954).

SCHLOSSMANN, K., and F. LYNEN: Biosynthese des Cysteins aus Serin und Schwefelwasserstoff. Biochem. Z. **328**, 591 (1957).

SCHOENBERGER, J. A., G. KROLL, E. L. ECKERT, and R. M. KARK: Investigation of transfer rates of albumin tagged with I^{131} in ascites and edema II. Studies in control subjects and in patients with cirrhosis. J. Lab. clin. Med. **47**, 227 (1956).

SCHOENHEIMER, R.: The dynamic state of body constituents. Cambridge: Harvard Univ. Press 1942.

SCHREIER, K., K. I. ALTMAN, and L. H. HEMPELMANN: Metabolism of benzoic acid in normal and irradiated rats. Proc. Soc. exp. Biol. (N. Y.) **87**, 61 (1954).

SCHULTZE, B.: Biologische Halbwertzeit einzelner Globulin-Fraktionen beim Kaninchen. Biochem. Z. **329**, 144 (1957).

— and W. MAURER: Über im Organismus des Kaninchens nach Injektion von S^{35}-β und -γ-Globulinen entstehende S^{35}-Albumine. Biochem. Z. **329**, 127 (1957).

SCHWARTZ, M., and B. THOMSEN: Idiopathic or hypercatabolic hypoproteinaemia. Brit. med. J. **1**, 14 (1957).

SCHWEET, R.: Incorporation of radioactive lysine into protein. Fed. Proc. **15**, 350 (1956).

SCHWEET, R. S., and E. H. ALLEN: Purification and properties of tyrosine-activating enzyme of hog pancreas. J. biol. Chem. **233**, 1104 (1958).

— F. C. BOVARD, E. ALLEN, and E. GLASSMAN: The incorporation of amino acids into ribonucleic acid. Proc. nat. Acad. Sci. (Wash.) **44**, 173 (1958).

— J. T. HOLDEN, and P. H. LOWY: The metabolism of lysine in *Neurospora*. J. biol. Chem. **211**, 517 (1954).

— — — In MCELROY, and GLASS, Amino Acid Metabolism, p. 496. Baltimore: Johns Hopkins Press 1955.

SHAPIRO, S. K.: Biosynthesis of methionine from homocysteine and S-methyl methionine in bacteria. J. Bact. **72**, 730 (1956).

— Adenosyl methionine-homocysteine transmethylase. Biochim. biophys. Acta **29**, 405 (1958).

— and A. N. MATHER: The enzymatic decomposition of S-adenosyl-L-methionine. J. biol. Chem. **233**, 631 (1958).

SHARON, N., and F. LIPMANN: Reactivity of analogs with pancreatic enzyme. Arch. Biochem. **69**, 219 (1957).

SHAW, K. N. F., A. MCMILLAN, and M. D. ARMSTRONG: The metabolism of 3,4-dihydroxyphenylalanine. J. biol. Chem. **226**, 255 (1957).

SHEMIN, D.: The biological conversion of l-serine to glycine. J. biol. Chem. **162**, 297 (1946).

— In MCELROY, and GLASS, Amino Acid Metabolism, p. 727. Baltimore: Johns Hopkins Press 1955.

SHEMIN, D., and D. RITTENBERG: Some interrelationships in general nitrogen metabolism. J. biol. Chem. **153**, 401 (1955).
— — The utilization of glycine for the synthesis of porphyrin. J. biol. Chem. **159**, 547 (1945).
SHEMIN, D., and D. RITTENBERG: The biological utilization of glycine for the synthesis of the protoporphyrin of hemoglobin. J. biol. Chem. **166**, 621 (1946).
— — The life span of the human red blood cell. J. biol. Chem. **166**, 627 (1946).
— — On the utilization of glycine for uric acid synthesis in man. J. biol. Chem. **167**, 875 (1947).
— and C. S. RUSSELL: δ-Aminolevulinic acid, its role in the biosynthesis of porphyrin and purines. J. Amer. chem. Soc. **75**, 4873 (1953).
— — and T. ABRAMSKY: The succinate-glycine cycle I. The mechanism of pyrrole synthesis. J. biol. Chem. **215**, 613 (1955).
— and J. WITTENBERG: The mechanism of porphyrin formation. The role of the tricarboxylic acid cycle. J. biol. Chem. **192**, 315 (1951).
SIEGEL, I., and J. LAFAYE: Formation of the β-carbon of serine from formaldehyde. Proc. Soc. exp. Biol. (N. Y.) **74**, 620 (1950).
SIEKEVITZ, P.: Uptake of radioactive alanine *in vitro* into the proteins of rat liver fractions. J. biol. Chem. **195**, 549 (1952).
— and D. M. GREENBERG: The biological formation of serine from glycine. J. biol. Chem. **180**, 845 (1949).
— — The biological formation of formate from methyl compounds in liver slices. J. biol. Chem. **186**, 275 (1950).
SIMKIN, J. L., and T. S. WORK: Incorporation of radioactive amino acids into proteins of the microsome fraction of guinea-pig liver in a cell free system. Biochem. J. **67**, 617 (1957).
SIMMONDS, S., and V. DU VIGNEAUD: Transmethylation as a metabolic process in man. J. biol. Chem. **146**, 685 (1942).
— — A further study of the lability of the methyl groups of creatine. Proc. Soc. exp. Biol. (N. Y.) **59**, 293 (1945).
SIMPSON, M. V.: Further studies on the biosynthesis of aldolase and glyceraldehyde-3-phosphate dehydrogenase. J. biol. Chem. **216**, 179 (1955).
— and S. F. VELICK: The synthesis of aldolase and glyceraldehyde-3-phosphate dehydrogenase in the rabbit. J. biol. Chem. **208**, 61 (1954).
SINEX, F. M., and D. D. VAN SLYKE: The source and state of the hydroxylsine of collagen. J. biol. Chem. **216**, 245 (1955).
— — and D. R. CHRISTMAN: The source and state of hydroxylsine of collagen II. J. biol. Chem. **234**, 918 (1959).
SIPERSTEIN, M. D., and A. W. MURRAY: Enzymatic synthesis of cholyl CoA and taurocholic acid. Science **123**, 377 (1956).
SKIPPER, H. E., L. L. BENNETT, jr., C. E. BRYAN, and L. WHITE, jr.: Carbamates in the chemotherapy of leukemia VIII. Over-all tracer studies on carbonyl-labeled urethan, methylene-labeled urethan, and methylene-labeled ethyl alcohol. Cancer Res. **11**, 46 (1951).
SKY-PECK, H. H., H. E. PEARSON, and D. W. VISSER: Incorporation of glucose-U-C^{14}, glucose-1-C^{14}, and glucose-6-C^{14} *in vitro* into the protein-bound amino acids of one day old mouse brain. J. biol. Chem. **223**, 1033 (1956).
SLADE, H. D.: In MCELROY and GLASS, Amino Acid Metabolism, p. 321. Baltimore: Johns Hopkins Press 1955.
SMITH, L. H., and D. STETTEN: Biosynthesis of orotic acid from citrulline. J. Amer. chem. Soc. **76**, 3864 (1954).
SMITH, M. E., and D. M. GREENBERG: Preparation and properties of partially purified glutamic semialdehyde reductase. J. biol. Chem. **226**, 317 (1957).
SMITH, R. L., and F. SCHLENK: The metabolic relationship between methionine and adenine thiomethyl riboside in yeast. Arch. Biochem. **38**, 167 (1952).
SMYTHE, C. V., and D. HALLIDAY: An enzymatic conversion of radioactive sulfide sulfur to cystine sulfur. J. biol. Chem. **144**, 237 (1942).
SNOKE, J. E.: On the mechanism of the enzymatic synthesis of glutathione. J. Amer. chem. Soc. **75**, 4872 (1953).
— Isolation and properties of yeast glutathione synthetase. J. biol. Chem. **213**, 813 (1955).
— and K. BLOCH: Formation and utilization of γ-glutamylcysteine in glutathione synthesis. J. biol. Chem. **199**, 407 (1952).
— — In COLOWICK, S. P., Glutathione, p. 129. New York: Academic Press 1954.
— — Studies on the mechanism of action of glutathione synthetase. J. biol. Chem. **213**, 825 (1955).
— S. YANARI, and K. BLOCH: Synthesis of gluathione from γ-glutamyl cysteine. J. biol. Chem. **201**, 573 (1953).

SOLOMON, G., and H. TARVER: The effect of diet on the rate of loss of labeled amino acid from tissue proteins. J. biol. Chem. **195**, **447** (1952).

SOLOWAY, S., and D. W. STETTEN, jr.: The metabolism of choline and its conversion to glycine in the rat. J. biol. Chem. **204**, 207 (1953).

SONNE, J. C., J. M. BUCHANAN, and H. M. DELLUVA: Biological precursors of uric acid I. The role of lactate, acetate, and formate in the synthesis of the ureide groups of uric acid. J. biol. Chem. **173**, 69 (1958).

SOURKES, T., P. HENEAGE, and Y. TRANO: Enzymatic decarboxylation of isomers and derivatives of dihydroxyphenylalanine. Arch. Biochem. **40**, **185** (1952).

SPECK, J. F.: The enzymatic synthesis of glutamine, a reaction utilizing adenosine triphosphate. J. biol. Chem. **179**, **1405** (1949).

SPIEGELMAN, S., H. O. HALVORSON, and R. BEN-ISHAI: In MCELROY, and GLASS, Amino Acid Metabolism, p. 124. Baltimore: Johns Hopkins Press **1955.**

SPRINSON, D. B., and D. RITTENBERG: The metabolic reactions of carbon atom 2 of L-histidine. J. biol. Chem. **198**, **655** (1952).

SRINIVASAN, P. R., M. KATAGIRI, and B. D. DAVIS: The conversion of phosphoenolpyruvic acid and D-erythrose-4-phosphate to 5-dehydroquinic acid. J. biol. Chem. **234**, **713** (1959).

— H. T. SHIGEURA, M. SPRECKER, D. B. SPRINSON, and B. D. DAVIS: The biosynthesis of shikimic acid from D-glucose. J. biol. Chem. **220**, **477** (1956).

— and D. B. SPRINSON: 2-Keto-3-deoxy-D-arabo-heptonic acid 7-phosphate synthetase. J. biol. Chem. **234**, 716 (1959).

— — E. B. KALAN, and B. D. DAVIS: The enzymatic conversion of sedoheptulose-1,7-diphosphate to shikimic acid. J. biol. Chem. **223**, 913 (1956).

STADTMAN, T. C., and P. ELLIOTT: A new ATP-forming reaction: The reductive deamination of glycine. J. Amer. chem. Soc. **78**, 2020 (1956).

STAEHELIN, M., and F. LEUTHARDT: Über den Mechanismus der Glutaminsynthese. Helv. chim. Acta **38**, 184 (1955).

STEELE, R.: The formation of amino acids from carbohydrate carbon in the mouse. J. biol. Chem. **198**, 237 (1952).

STEINBERG, D., and C. B. ANFINSEN: Evidence for intermediates in ovalbumin synthesis. J. biol. Chem. **199**, 25 (1952).

— M. VAUGHAN, and C. B. ANFINSEN: Kinetic aspects of assembly and degradation of proteins. Science **124**, 389 (1956).

STEINBOCK, H. L., and H. TARVER: Plasma protein V. The effect of the protein content of the diet on turnover. J. biol. Chem. **209**, 127 (1954).

STEINFELD, J. L., R. R. PATON, A. L. FLICK, R. A. MILCH, F. E. BEACH, and D. L. TABERN: Distribution and degradation of human serum albumin labeled with I^{131} by different techniques. Ann. N. Y. Acad. Sci. **70**, 109 (1957).

STEKOL, J. A.: In MCELROY, and GLASS, Amino Acid Metabolism, p. 509. Baltimore: Johns Hopkins Press 1955.

— E. I. ANDERSON, and S. WEISS: S-Adenosyl-L-methionine in the synthesis of choline, creatine, and cysteine *in vivo* and *in vitro*. J. biol. Chem. **233**, 425 (1958).

— S. WEISS, E. I. ANDERSON, P. T. HSU, and A. WATJEN: Vitamin B_{12} and folic acid in relation to methionine synthesis from betaine *in vivo* and *in vitro*. J. biol. Chem. **226**, **95** (1957).

— — and S. WEISS: On the origin of the carbon chain of cysteine in the rat. J. biol. Chem. **185**, 271 (1950).

— S. WEISS, and K. W. WEISS: Vitamin B_{12} and folic acid in the synthesis of choline in the rat. Arch. Biochem. **36**, 11 (1952).

STEPHENSON, M. L., K. V. THIMANN, and P. C. ZAMECNIK: Incorporation of C^{14}-amino acids into proteins of leaf discs and cell-free fractions of tobacco leaves. Arch. Biochem. **56**, **194** (1956).

STERLING, K.: The turnover rate of serum albumin in man as measured by I^{131}-tagged albumin. J. clin. Invest. **30**, 1228 (1951).

— Serum albumin turnover in Laennec's cirrhosis as measured by I^{131}-tagged albumin. J. clin. Invest. **30**, 1238 (1951).

STETTEN, D., jr.: Biological relationships of choline, ethanolamine, and related compounds. J. biol. Chem. **140**, **143** (1941).

— The fate of dietary serine in the body of the rat. J. biol. Chem. **144**, **501** (1942).

— and B. BLOOM: The metabolism of the amidine group of arginine in the intact rat. J. biol. Chem. **220**, 723 (1956).

STETTEN, M. R.: Some aspects of the metabolism of hydroxyproline studied with the aid of isotopic nitrogen. J. biol. Chem. **181**, 31 (1949).

STETTEN, M. R.: Mechanism of the conversion of ornithine into proline and glutamic acid *in vivo*. J. biol. Chem. **189**, 499 (1951).
— and R. SCHOENHEIMER: The metabolism of 1(-)proline studied with the aid of deuterium and isotopic nitrogen. J. biol. Chem. **153**, 113 (1944).
STRASSMAN, M., L. A. LOCKE, A. J. THOMAS, and S. WEINHOUSE: A study of leucine biosynthesis in *Torulopsis utilis*. Science **121**, 303 (1955).
— — — — A study of leucine biosynthesis in *Torulopsis utilis*. J. Amer. chem. Soc. **78**, 1599 (1956).
— J. B. SHATTON, M. E. CORSEY, and S. WEINHOUSE: Enzyme studies on the biosynthesis of valine in yeast. J. Amer. chem. Soc. **80**, 1771 (1958).
— A. J. THOMAS, L. A. LOCKE, and S. WEINHOUSE: The biosynthesis of isoleucine. J. Amer. chem. Soc. **78**, 228 (1956).
— — and S. WEINHOUSE: The biosynthesis of valine. J. Amer. chem. Soc. **77**, 1261 (1955).
— and S. WEINHOUSE: The biosynthesis of arginine by *Torulopsis utilis*. J. Amer. chem. Soc. **74**, 1726 (1952).
— — Biosynthetic pathways III. The biosynthesis of lysine by *Torulopsis utilis*. J. Amer. chem. Soc. **75**, 1680 (1953).
STRECKER, H. J.: The interconversion of glutamic acid and proline I. The formation of Δ'-pyrroline-5-carboxylc acid from glutiamic acid in *Escherichia coli*. J. biol. Chem. **225**, 825 (1957).
SUHADOLNIK, R. J., C. O. STEVENS, R. H. DECKER, L. M. HENDERSON, and L. V. HANKES: Species variation in the metabolism of 3-hydroxyanthranilate to pyridinecarboxylic acids. J. biol. Chem. **228**, 973 (1957).
SWICK, R. W.: Measurement of protein turnover in rat liver. J. biol. Chem. **231**, 751 (1958).
— D. L. BUCHANAN, and A. NAKAO: The normal content of fixed carbon in amino acids. J. biol. Chem. **203**, 55 (1953).
— D. T. HANDA: The distribution of fixed carbon in amino acids. J. biol. Chem. **218**, 577 (1956).
TABACHNICK, M., and H. TARVER: The conversion of methionine-S^{35} to cystathionine-S^{35} and taurine-S^{35} in the rat. Arch. Biochem. **56**, 115 (1955).
TABOR, H., A. H. MEHLER, O. HAYAISHI, and J. WHITE: Urocanic acid as an intermediate in the enzymatic conversion of histidine to glutamic and formic acids. J. biol. Chem. **196**, 121 (1952).
— — and R. W. SCHAYER: Isotopic measurements on the oxidation of histamine to imidazole acetic acid *in vivo*. J. biol. Chem. **200**, 605 (1953).
— S. M. ROSENTHAL, and C. W. TABOR: The biosynthesis of spermidine and spermine from putrescine and methionine. J. biol. Chem. **233**, 907 (1958).
TAKAHASHI, H., and J. M. PRICE: Dehydroxylation of xanthurenic acid to 8-hydroxyquinaldic acid. J. biol. Chem. **233**, 150 (1958).
TARVER, H., and L. M. MORSE: The release of the sulfur from the tissues of rats fed labeled methionine. J. biol. Chem. **173**, 53 (1948).
— and C. L. A. SCHMIDT: The conversion of methionine to cystine: Experiments with radioactive sulfur. J. biol. Chem. **130**, 67 (1939).
— — Radioactive sulfur studies 1. Synthesis of methionine, 2. Conversion of methionine sulfur to taurine sulfur in dogs and rats. J. biol. Chem. **146**, 69 (1942).
— — The urinary sulfur partition in normal and cystinuric dogs fed labeled methionine. **167**, **387** (1947).
TATUM, E. L., and D. SHEMIN: Mechanism of tryptophan synthesis in *Neurospora*. J. biol. Chem. **209**, 671 (1954).
THOMAS, R. C., V. H. CHELDELIN, B. E. CHRISTENSEN, and C. H. WANG: Conversion of acetate and pyruvate to tyrosine in yeast. J. Amer. chem. Soc. **75**, 5554 (1953).
THOMPSON, R. C., and J. E. BALLOU: Studies of metabolic turnover with tritium as a tracer IV. Metabolically inert lipide and protein fractions from the rat. J. biol. Chem. **208**, 883 (1954).
— — Studies of metabolic turnover with tritium as a tracer V. The predominantly nondynamic state of body constituents in the rat. J. biol. Chem. **223**, 795 (1956).
TOLBERT, B. M., and coworkers: Private communication.
TOMLINSON, N.: Carbon dioxide and acetate utilization by *Clostridium kluyveri* II. Synthesis of amino acids. J. biol. Chem. **209**. 597 (1954a).
— Carbon dioxide utilization by *Clostridium kluyveri* III. A new path of glutamic acid synthesis. J. biol. Chem. **209**, 605 (1954b).
TOPOREK, M., L. L. MILLER, and W. F. BALE: Carbon atom 2 of L-histidine-2-C^{14}, a source of the carbon of labile methyl groups in liver. J. biol. Chem. **198**, 839 (1952).
TOPPER, Y. J., and D. W. STETTEN, jr.: Formation of "acetyl" from succinate by rabbit liver slices. J. biol. Chem. **209**, 63 (1954).
TURBA, F. A. LEISMANN, and G. KLEINHENZ: Zeitlicher Verlauf des Einbaues von C^{14}-markierten Aminosäuren in die Proteine von Hefezellen. Biochem. Z. **329**, 97 (1937).

TUVE, T. W., and H. H. WILLIAMS: Identification of selenomethionine in the protein of *E. coli* employing the chromatographic fingerprint method. J. Amer. chem. Soc. **79**, 5830 (1957).
TYOR, M. P.: Human serum albumin tagged with I^{131} in patients with ascites caused by abdominal carbinomatosis and portal cirrhosis: The rates of interchange between the vascular compartment and peritoneal cavity. J. Lab. clin. Med. **44**, 110 (1954).
UDENFRIEND, S., and S. P. BESSMAN: The hydroxylation of phenylalanine and antipyrine in phenylpyruvic oligophrenia. J. biol. Chem. **203**, 961 (1953).
— J. R. COOPER, C. T. CLARK, and J. E. BAER: Rate of turnover of epinephrine in the adrenal medulla. Science **117**, 663 (1953).
— E. TITUS, H. WEISSBACH., and R E. PETERSON: Biogenesis and metabolism of 5-hydroxyindole compounds. J. biol. Chem. **219**, 335 (1956).
— and J. B. WYNGAARDEN: Precursors of adrenal epinephrine and norepinephrine *in vivo*. Biochim. biophys. Acta **20**, 48 (1956).
ULRICH, F., H. TARVER, and C. H. LI: Effects of growth and adrenocorticotropic hormones on the metabolism of albumin in hypophysectomized rats. J. biol. Chem. **209**, 117 (1954).
UMBARGER, H. E., and B. BROWN: Isoleucine and valine metabolism in *Escherichia coli* 8. The formation of acetolactate. J. biol. Chem. **233**, 1156 (1958).
— — and E. J. EYRING: Acetolactate, an early intermediate in valine biosynthesis. J. Amer. chem. Soc. **79**, 2980 (1957).
USSING, H. H.: The rate of protein renewal in mice and rats studied by means of heavy hydrogen. Acta physiol. scand. **2**, 209 (1941).
VARNER, J. E., D. H. SLOCUM, and G. C. WEBSTER: Transfer of oxygen in the arsenolysis of glutamine. Arch. Biochem. **73**, 508 (1958).
— and G. C. WEBSTER: Studies on the enzymatic synthesis of glutamine. Plant Physiol. **30**, 393 (1955).
VAUGHAN, M., and D. STEINBERG: Incorporation of amino acid analogues into crystalline proteins. IV. Int. Cong. Biochem. (Vienna) Symp. VIII (**5**) (1958).
VEN, A. M., VANDE, V. V. KONINGSBERGER, and J. T. G. OVERBEEK: Isolation of a tyrosine-activating enzyme from baker's yeast. Biochim. biophys. Acta **28**, 134 (1958).
VOGEL, H. J.: In McELROY, and GLASS, Amino Acid Metabolism. Baltimore: Johns Hopkins Press 1955.
— An ornithine-proline interrelation in *Escherichia coli*. J. Amer. chem. Soc. **78**, 2631 (1956).
— P. H. ABELSON, and E. T. BOLTON: On ornithine and proline synthesis in *Escherichia coli*. Biochim. biophys. Acta **11**, 584 (1953).
— and D. M. BONNER: Acetylornithinase of *Escherichia coli*. Partial purification and some properties. J. biol. Chem. **218**, 97 (1956).
— and B. D. DAVIS: Glutamic-γ-semialdehyde and Δ'-pyrroline-5-carboxylic acid, intermediates in the biosynthesis of proline. J. Amer. chem. Soc. **74**, 109 (1952).
VOHRA, P., F. H. LANTZ, and F. H. KRATZER: The effect of folic acid and vitamin B_{12} on the synthesis of serine and choline from glycine in the liver of young turkey poults. J. biol. Chem. **221**, 501 (1956).
VOLWILER, W., P. D. GOLDSWORTHY, M. P. MACMARTIN, P. A. WOOD, I. R. MACKAY, and K. FREMONT-SMITH: Biosynthetic determination with radioactive sulfur of turnover rates of various plasma proteins in normal and cirrhotic man. J. clin. Invest. **34**, 1126 (1955).
WACHSMAN, J. T.: The role of α-ketoglutarate and mesaconate in glutamate fermentation in *Clostridium tetanomorphum*. J. biol. Chem. **223**, 19 (1956).
— and H. A. BARKER: Tracer experiments on glutamate fermentation by *Clostridium tetanomorphum*. J. biol. Chem. **217**, 695 (1955).
WAGNER, R. P., A. BERGQUIST, and H. S. FORREST: The accumulation of acetylmethylcarbinol and acetylethylcarbinol by a mutant of *Neurospora crassa* and its significance in the biosynthesis of isoleucine and valine. J. biol. Chem. **234**, 99 (1959).
WALKER, J. B.: Studies on the mechanism of action of kidney transamidinase. J. biol. Chem. **224**, 57 (1957).
WALTER, H., and F. HAUROWITZ: Turnover of young and old serum proteins. Science **128**,140 (1958).
WANG, C. H., B. E. CHRISTENSEN, and V. H. CHELDELIN: Conversion of acetate and pyruvate to glutamic acid in yeast. J. biol. Chem. **201**, 683 (1953).
— R. C. THOMAS, V. H. CHELDELIN, and B. E. CHRISTENSEN: Conversion of acetate and pyruvate to aspartic acid in yeast. J. biol. Chem. **197**, 663 (1952).
WASSERMAN, K., and H. S. MAYERSON: Exchange of albumin between plasma and lymph. Amer. J. Physiol. **165**, 15 (1951).
WATANABE, Y., S. KONISHI, and K. SHIMURA: Biosynthesis of threonine from homoserine VI. Homoserine kinase. J. Biochem. (Tokyo) **44**, 299 (1957).
WEBSTER, G. C.: Peptide bond synthesis in higher plants I. The synthesis of glutathione. Arch. Biochem. **47**, 241 (1953).

WEBSTER, G. C., Amino acid incorporation by intact and disrupted ribonucleoprotein particles. J. biol. Chem. **229**, 535 (1957).
— and J. E. VARNER: On the mechanism of the enzymatic synthesis of glutamine. J. Amer. chem. Soc. **76**, 633 (1954).
WEBSTER, G. C., and J. E. VARNER: Peptide bond synthesis in higher plants II. Studies on the mechanism of synthesis of γ-glutamylcysteine. Arch. Biochem. **52**, 22 (1954).
— — Aspartate metabolism and asparagine synthesis in plant systems. J. biol. Chem. **215**, 91 (1955).
— — Peptide bond synthesis in higher plants III. The formation of glutathione from γ-glutamylcysteine. Arch. Biochem. **55**, 95 (1955).
WEGAND, F., R. JUNK, and D. LEBER: Adenyl-thiomethyl pentose. Hoppe-Seylers Z. physiol. Chem. **291**, 191 (1952).
WEINHOUSE, S.: In MCELROY, and GLASS, Amino Acid Metabolism. Baltimore: Johns Hopkins Press 1955.
— and B. FRIEDMANN: Metabolism of labeled 2-carbon acids in the intact rat. J. biol. Chem. **191**, 707 (1951).
— — Study of precursors of formate in the intact rat. J. biol. Chem. **197**, 733 (1952).
— and R. H. MILLINGTON: Ketone body formation from tyrosine. J. biol. Chem. **181**, 645 (1949).
WEISS, U., B. D. DAVIS, and E. S. MINGIOLI: Aromatic biosynthesis X. Identification of an early precursor as 5-dehydroquinic acid. J. Amer. chem. Soc. **75**, 5572 (1952).
— C. GILVARG, E. S. MINGIOLI, and B. D. DAVIS: Aromatic biosynthesis XI. The aromatization step in the synthesis of phenylalanine. Science **119**, 774 (1954).
WEISSBACH, A., D. ELWYN, and D. B. SPRINSON: The synthesis of the methyl groups and ethanolamine moiety of choline from serine and glycine in the rat. J. Amer. chem. Soc. **72**, 3316 (1950).
WESTLEY, J., and J. CEITHAML: Synthesis of histidine in *Escherichia coli* II. Radioisotopic tracer studies. J. biol. Chem. **219**, 139 (1956).
WHITE, K.: The formation of glycine and serine: calculations of certain reaction rates in the rat using the data of ARNSTEIN and NEUBERGER. Arch. Biochem. **75**, 215 (1958).
WIAME, P. J.: Le role biosynthétique du cycle des acides tricarboxyliques. Advanc. Enzymol. **18**, 241 (1957).
WIELAND, T., and H. MERZ: *In vitro* Reaktion von Proteinen mit aktivierten Aminosäuren. Ein Ultramikroverfahren zum Edmanschen Ablauf radioaktiver Peptide. Biochem. Z. **330**, 521 (1958).
— and G. PFLEIDERER: Aktivierung von Aminosäuren. Advanc. Enzymol. **19**, 235 (1957).
— — and B. SANDMANN: Zum Wirkungsmechanismus der Glutamin-Synthetase aus Erbsen. Biochem. Z. **330**, 198 (1958).
WIGGANS, D. S., W. W. BURR, jr., and H. W. RUMSFELD, jr.: Metabolism of serum proteins I. Albumin labeled with valine-1-C^{14} and methionine-S^{35}. Arch. Biochem. **72**, 169 (1957).
WILLSON, C. D., and E. A. ADELBERG: The biosynthesis of leucine and valine 4. Accumulation of citramalic acid and α,β-dimethylmalic acids by a *Neurospora* mutant. J. biol. Chem. **229**, 1011 (1957).
— K. W. KING, and R. H. BURRIS: Transamination reactions in plants. J. biol. Chem. **208**, 863 (1954).
— R. J. HILL, and R. E. KOEPPE: The metabolism of γ-aminobutyric acid-4-C^{14} by intact rats. J. biol. Chem. **234**, 347 (1959).
WINDSOR, E.: α-Aminoadipic acid as a precursor to lysine in *Neurospora*. J. biol. Chem. **192**. 607 (1951).
WINGO, W. J., and J. AWAPARA: Decarboxylation of L-glutamic acid by brain. J. biol. Chem. **187**, 267 (1950).
— R. A. SMITH, and J. WOOD: The metabolism of DL-methionine sulfone by the rat. Arch. Biochem. **47**, 307 (1953).
WINNICK, T., I. MORING-CLAESSON, and D. M. GREENBERG: Distribution of radioactive carbon among certain amino acids of liver homogenate protein, following uptake experiments with labeled glycine. J. biol. Chem. **175**, 127 (1948).
— and R. E. WINNICK: Biosynthesis of carnosine and anserine *in vitro*. Biochim. biophys. Acta **23**, 649 (1957).
WINZLER, R. J., K. MOLDAVE, M. E. RAFELSON, jr., and H. E. PEARSON: Conversion of glucose to amino acids by brain and liver of the new born mouse. J. biol. Chem. **199**, 485 (1925).
WITTENBERG, J., and D. SHEMIN: The location in the protoporphyrin of the carbon atoms derived from the α-carbon atom of glycine. J. biol. Chem. **185**, 103 (1950).
WOESSNER, J. F., B. K. BACHHAWAT, and M. J. COON: Enzymatic activation of carbon dioxide II. Role of biotin in the carboxylation of β-hydroxyisovaleryl coenzyme A. J. biol. Chem. **233**, 520 (1958).

WOLF, G.: The metabolism of α-C^{14}-histidine in the intact rat. J. biol. Chem. **200**, 637 (1953).
— and C. R. A. BERGER: Themetabolism of hydroxyproline in the intact rat. Incorporation of hydroxyproline into protein and urinary metabolites. J. biol. Chem. **230**, 231 (1958).
WOLF, G., W. W. HECK, and J. C. LEAK: The metabolism of hydroxyproline-α-C^{14} in the intact rat. Radioactivity in amino acids from proteins. J. biol. Chem. **223**, 95 (1956).
— P-H. L. WU, and W. W. HECK: The metabolism of α-C^{14}-histidine in the intact rat 2. Radioactive excretion products in urine. J. biol. Chem. **222**, 159 (1956).
WOLFF, E. C., S. BLACK, and P. F. DOWNEY: Enzymatic synthesis of S-methylcysteine. J. Amer. chem. Soc. **78**, 5958 (1956).
WOOD, H. G.: The synthesis of liver glycogen in the rat as an indicator of intermediary metabolism. Cold Spr. Harb. Symp. quant. Biol. **13**, 201 (1948).
WORK, E.: The isolation of α, ε-diaminopimelic acid from *Cornybacterium diphtheriae* and *mycobacterium tubercolosis*. Biochem. J. **49**, 17 (1951).
— and D. L. DEWEY: The distribution of α, ε-diaminopimelic acid among various microorganisms. J. gen. Microbiol. **9**, 394 (1953).
YANOFSKY, C.: An isotopic study of the conversion of anthranilic acid to indole. J. biol. Chem. **217**, 345 (1955).
— Indole-3-glycerolphosphate, an intermediate in the biosynthesis of indole. Biochim. biophys. Acta **20**, 438 (1956).
YOSHIDA, A., and M. YAMASAKI: Studies on the mechanism of protein synthesis; Incorporation of ethionine into α-amylase of *Bacillus subtilis*. Biochim. biophys. Acta **34**, 158 (1959).
ZABIN, I., and K. BLOCH: The formation of ketone bodies from isovaleric acid. J. biol. Chem. **185**, 117 (1950).
ZACHAN, N. G., G. ACS, and F. LIPMANN: Isolation of adenosine amino acid esters from a ribonuclease digest of soluble liver ribonucleic acid. Proc. nat. Acad. Sci. (Wash.) **44**, 885 (1958).
ZAKRZEWSKI, S. F., and C. A. NICHOL: The incorporation of formate-C^{14} into citrovorum factor. J. biol. Chem. **213**, 697 (1955).
ZAMECNIK, P. C., and E. B. KELLER: Relation between phosphate energy donors and incorporation of labeled amino acids into proteins. J. biol. Chem. **209**, 337 (1954).
ZIEGLER, D. M., and J. B. MELCHIOR: Fractionation of pituitary homogenates by differential centrifugation II. Distribution of the amino acid-incorporating system. J. biol. Chem. **222**, 731 (1956).
ZIOUDROU, G., S. FUJII, and J. S. FRUTON: Labeling of proteins by isotopic amino acid derivatives. Proc. nat. Acad. Sci. (Wash.) **44**, 439 (1948).

Metabolism of N and S Methyl Groups

By

Wilhelm R. Frisell and Cosmo G. Mackenzie

With 7 Figures

The use of isotopically labelled compounds has revolutionized our understanding of the chemistry of living systems. Nowhere is the power of this technique more apparent than in the area of methyl metabolism for here we are dealing with the fate of but a single carbon atom. Furthermore, because only one carbon is involved it has been possible to determine if and when the methyl group moves in biochemical systems as an intact CH_3 radical, and alternatively if, and when, transfer of the methyl carbon involves an oxidation-reduction reaction.

$$R\text{-}CH_3 \longrightarrow R'\text{-}CH_3$$
$$\searrow \quad :CH_2 \text{ or } \vdots CH \quad \nearrow$$

For this reason not only C^{14}, but also deuterium and tritium, have been used extensively in studying the metabolism of methyl groups, and this labelling of the H as well as the C has provided a picture of methyl metabolism that is unique in its detail and precision. At the same time, the combined use of C^{14} and D, or T, has also revealed subtleties and dangers inherent in the isotope technique that heretofore had not been fully appreciated.

It is the purpose of this paper to summarize some aspects of our current knowledge of the metabolism of methyl groups in mammals that have been revealed through the use of isotopes, and to discuss the criteria that should be employed in interpreting isotope experiments, particularly when an organic radical or compound is being studied in its entirety. The term "transmethylation" will be restricted to the transfer of the methyl group as a unit, i.e., transfer of the C together with all three of its H atoms. The noncommittal term "methyl carbon transfer" will be used when the transfer of all three H atoms with the methyl C has not been demonstrated. If one H atom has become detached in the transfer of the methyl C, the term "transformalation" will be employed to indicate the oxidation level of the active intermediate (H_2CO), and if two H atoms have been lost (HCOOH) the term "transformylation" will be used.

The presentation has been divided into four parts: Transmethylation and methyl carbon transfer; methyl oxidation and the production of formaldehyde and formate; the biosynthesis of methyl groups; and isotope effects in the metabolism of methyl groups.

Transmethylation and methyl carbon transfer

In 1939 du Vigneaud, Chandler, Moyer, and Keppel discovered that dietary methionine could be replaced by homocystine for purposes of growth in the rat provided the diet contained choline or betaine. In the following year Borsook and Dubnoff showed that creatine was synthesized when methionine and guanidoacetic acid were incubated with liver slices. Both experiments suggested that an N or S methyl carbon could be transferred from one compound to the N or S of another compound. According to DU VIGNEAUD, the transfer of methyl groups had been postulated as early as 1894 by HOFMEISTER.

In discussing the animal experiments referred to above, DU VIGNEAUD suggested that there might have been a direct transfer of methyl groups from choline, or betaine, to homocystine to produce methionine, and furthermore that this methyl transfer might be a reversible reaction in the body.

$$\text{choline} + \text{homocystine} \rightleftarrows \text{methionine}$$

He also suggested that biologically labile methyl groups could not be synthesized at an adequate rate in the body, and hence had to be provided in the diet. To test the transmethylation hypothesis, DU VIGNEAUD, CHANDLER, COHN, and BROWN (1940) labelled the methyl group of methionine with 85 atom % D and fed the isotopic compound for periods of 3 to 54 days to rats receiving a methionine and choline free diet (DU VIGNEAUD, COHN, CHANDLER, SCHENCK, and SIMMONDS, 1941). Choline was then isolated from the bodies of these animals and its methyl groups were analyzed for their D content. In each case the methyl groups contained D, and in the 54 day experiment the D content was equal to 67% of the D present in the fed methionine. DU VIGNEAUD pointed out the necessity of isolating choline whose methyl groups contained more than two thirds of the level of D present in the fed methionine, if the possibility of transfer via D_2CO was to be eliminated and true transmethylation via $\cdot CD_3$ was to be established. Accordingly, an animal was fed the deuteromethionine for 94 days. In this case, the methyl groups of the isolated choline contained D equivalent to 89% of the level of D present in the original methionine. More important the *absolute* quantity of D in the choline methyl was 74 atom %. In addition, the methyl group of the tissue creatine contained 73 atom % D.

The results of this experiment fulfilled the requirements set forth by DU VIGNEAUD and coworkers for the establishment of a true transmethylation reaction, namely that

$$\frac{\text{D transferred}}{\text{D fed}} > 0.67$$

Fortunately it also excluded the possibility, to be discovered later, that the high D content of the isolated choline was due to an "isotope effect", that might have produced a ratio exceeding 0.67 even with CD_2O as an intermediate; for, so far as we can see, the appearance of 73 atom % deuterium in the methyl groups of choline and creatine could not have occurred without involving a true transmethylation of $\cdot CD_3$.

Following this clear cut demonstration of the existence of transmethylation reactions in the synthesis of choline and creatine, DU VIGNEAUD and his coworkers embarked on a series of experiments in which deuterated choline, betaine, dimethylaminoethanol, etc., were fed (Table 1) (SIMMONDS, COHN, CHANDLER, and DU VIGNEAUD, 1943; DU VIGNEAUD, CHANDLER, SIMMONDS, MOYER, and COHN, 1946).

However, all of these experiments were of shorter duration than the methionine-CD_3 experiment and in no case did the D content of the methyl groups of the isolated methionine, choline, or creatine attain the level necessary for the establishment of a true transmethylation reaction. Consequently, transfer of methyl carbon in the reactions: choline → methionine, and betaine → choline could have been via a dehydrogenated intermediate. Of particular interest is the relatively low D content of methionine isolated after feeding deuterocholine for 56 days. (Table 1).

Table 1. *Metabolism of deuteriomethyl groups by the rat.* These results have been summarized from the papers of DU VIGNEAUD et al. discussed in the text

Compound Fed	Atom % D in · CH_3	Total millimoles labelled · CH_3 Fed	Days on Diet[1]	Atom % D in isolated methyl Groups		
				Choline	Methionine	Creatine
Methionine	84.5	9	23	50		
Methionine	84.5	21	54	59		57
Methionine	84.5	42	94	74		73
Choline	84.5	25	23	52	17	20
Choline	84.5	28[2]	56	65	18	24
Betaine	82.5	15	14	34		22
Aminoethanol-CH_3	95.2	18	17[3]	11		Trace
Aminoethanol-$(CH_3)_2$	12.5	18	21	6		1
Sarcosine	82.9	8	7	1.3		0.5
Dimethylglycine	22.5	10	21	0.8		0.5

[1] All diets contained nonisotopic homocystine except in the methionine experiments.
[2] In addition, this animal also received 6 millimoles of ordinary choline.
[3] Animals lost weight and died.

Despite their failure to demonstrate transmethylation conclusively, these experiments did indicate that the methyl carbons of choline and betaine could migrate to new compounds in the body accompanied by one or more of their H atoms. The possibility that the D level of the isolated compounds could have originated from the oxidation of · CD_3 to D_2O and exchange of the latter with · CH_3 is excluded by the enormous dilution with body water of any D_2O so formed. Consequently, with D as a label it was possible to demonstrate the migration of the methyl carbons of choline and betaine long before C^{14} became available as a tracer. Calculation of the extent of methyl carbon transfers in such experiments will, of course, depend on whether one, two, or three D atoms are assumed to have moved with the carbon. It should be mentioned that transfer of the methyl carbons of betaine to choline, and of choline to methionine, originally demonstrated with D, has been confirmed repeatedly using C^{14} as the methyl label.

During the last decade, methyl carbon transfer has also been studied *in vitro*. In 1949, DUBNOFF using a liver homogenate made the important observation that betaine, under anaerobic conditions, was a much more effective methyl donor than choline in the methylation of homocysteine, and MUNTZ found, in a similar system, that N^{15} choline was converted to N^{15} dimethylglycine in the course of methionine synthesis. These two experiments provided strong evidence that choline acted as a source of methyl carbon in methionine synthesis, not directly, but through the following reactions:

$$\text{Choline} \rightarrow \text{Betaine}$$

$$\text{Betaine} + \text{Homocysteine} \rightarrow \text{Methionine} + \text{Dimethylglycine}$$

Furthermore, the fact that the enzymatic synthesis of methionine from betaine took place in an atmosphere of N_2 suggested that the methyl group was not dehydrogenated and that the reaction represented a true transmethylation. However, the critical *in vitro* experiment using betaine-CD_3, to eliminate the possibility of methyl oxidation by residual O_2, or labilization of D atoms during the transfer reaction, has not yet been performed.

The biological origin of choline was studied by STETTEN who showed that its N atom was derived from aminoethanol. He had also found that betaine-N^{15} was a poor source of the N of choline. DU VIGNEAUD, SIMMONDS, CHANDLER, and COHN (1946) labeled betaine with N^{15} and with D and showed that the N^{15} did not accompany the methyl carbon in its transfer to choline. They also showed that the methyl carbons of monomethyl- and dimethylaminoethanol labelled with D were precursors of the methyl carbons of choline (DU VIGNEAUD, CHANDLER, SIMMONDS, MOYER, and COHN, 1946). These experiments indicate that betaine is not reduced to choline in the whole animal and that the methyl carbons of betaine contribute to choline synthesis by way of aminoethanol. Presumably methionine is an intermediate in this transfer. PILGERAM, GAL, SASSENRATH, and GREENBERG have shown that choline is synthesized in the intact rat from aminoethanol-1,2-C^{14}.

Employing D and N^{15}, DU VIGNEAUD, SIMMONDS, CHANDLER, and COHN, (1946) and DU VIGNEAUD, SIMMONDS, and COHN (1946) found that dimethylglycine and sarcosine were poor sources of both the methyl carbons and the N of choline *in vivo*. Inasmuch as the methyl carbons of betaine are sources of choline methyl these experiments indicate that dimethylglycine and sarcosine are not methylated in the body to yield betaine.

In addition to the foregoing transmethylation and methyl carbon transfer reactions, SCHENCK, SIMMONDS, COHN, STEVENS, and DU VIGNEAUD demonstrated that the deuterated methyl group of methionine can be converted in the rabbit to deuteromethyl anserine, a finding consistent with a methyl carbon transfer reaction. Moreover, KELLER, BOISSONNAS and DU VIGNEAUD after feeding methionine-$C^{14}H_3$ to rats were able to isolate radioactive epinephrine from the adrenal glands.

All of the transmethylation and methyl carbon transfer reactions discussed thus far have been of the general type:

$$R{-}S{-}CH_3 \rightleftarrows R{-}\overset{+}{N}{\equiv}(CH_3)_3$$

Recently, AXELROD and TOMCHICK have presented evidence that the methionine methyl can also be transferred to aromatic hydroxyl groups to yield -O-CH_3 groups. The reverse reaction, however, has not been demonstrated.

The major known methylation reactions in mammals which involve transmethylation, or possibly transfer of partially oxidized methyl groups with subsequent reduction, are formulated in Fig. 1. Methionine can transmethylate to form creatine from guanidoacetic acid and to form choline from aminoethanol. Choline itself is apparently not a direct methyl donor. However, as a precursor of betaine, it is a potent source of biologically labile methyl groups. Betaine can methylate homocysteine to yield methionine. The other product of this reaction, dimethylglycine, does not participate extensively in transmethylation or methyl carbon transfer reactions in the whole animal.

Although the methylation of homocysteine by betaine is probably a transmethylation reaction, rigorous proof of this based on experiments with betaine-CD_3 is lacking. At present betaine is not known to participate in any other methylations. However, WILLSTÄTTER has shown that heating betaine in aqueous solution causes the transfer of a methyl group from the N to the carboxyl group to form the methylester of dimethylglycine, and it is possible that betaine is also a source of O-methylester in biological systems.

Lastly, with respect to the N and the carbon chain of choline there is substantial isotopic evidence that both entities are derived from aminoethanol. Monomethylaminoethanol and dimethylaminoethanol are precursors of choline and thus far there is no evidence that either of these aminoethanols participates directly in methylation reactions. It also appears that the reactions shown in Fig. 1 are for all practical purposes irreversible in mammals. In this connection DU VIGNEAUD, CHANDLER and MOYER (1941) and SIMMONDS and DU VIGNEAUD (1945) have shown that the methyl group of creatine (and creatinine) is not a source of methionine methyl in the rat.

The key role played by methionine in transmethylation reactions is apparent from its ability to donate methyl groups to a variety of substrates. The experiments of CANTONI have shown that in two instances at least, namely the methylation of guanidoacetic acid and the methylation of nicotinamide, the active methyl donor is S-adenosylmethionine.

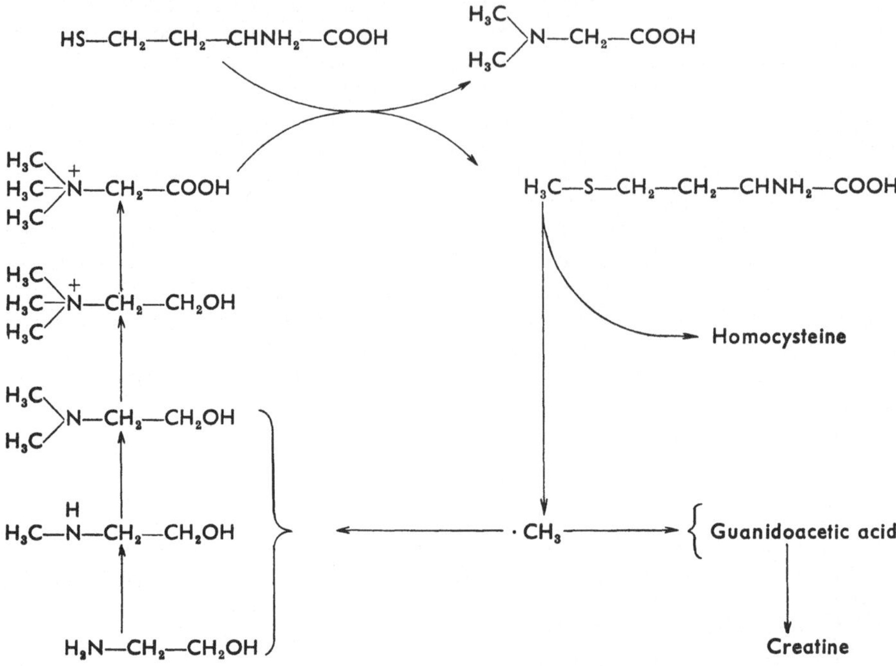

Fig. 1. Transmethylation reactions in mammals

The transmethylation reactions illustrated in Fig. 1 can be formulated either as exchange reactions between $\cdot CH_3$ and $\cdot H$, or between CH_3+ and $H+$. If and when the methyl carbon loses one or two $\cdot H$ in its transfers, such reactions can be formulated as oxidation-reduction reactions. Finally, the demonstration that a compound can be methylated as the result of a true transmethylation reaction does not exclude the possibility that it can also be methylated by condensation with "formaldehyde" or "formate" and subsequent reduction. The *de novo* synthesis of methyl groups from one carbon compounds will be discussed in a later section.

Methyl oxidation and the production of formaldehyde and formate

It was apparent from the experiments of DU VIGNEAUD and coworkers with D labelled methyl compounds summarized in Table 1, that appreciable quantities of erstwhile labile methyl groups could be lost from the body as creatine and creatinine. Whether these and similar pathways of excretion were the primary routes for eliminating methyl groups, or whether the labile methyl pool was also subject to catabolic depletion could not be determined readily using the D marker. Consequently, when C^{14} became available, experiments were undertaken in DU VIGNEAUD's laboratory to test the possibility that S and N linked methyl groups were oxidized to CO_2. Radioactive CO_2 was converted to $C^{14}H_3I$ and thence to methionine-$C^{14}H_3$ in an elegant synthesis by MELVILLE, RACHELE, and KELLER.

When the radiomethionine was administered to a rat there was an immediate appearance of $C^{14}O_2$ in the expired air (MACKENZIE, CHANDLER, KELLER, RACHELE, CROSS, MELVILLE, and DU VIGNEAUD, 1947; and MACKENZIE, CHANDLER, KELLER, RACHELE, CROSS, and DU VIGNEAUD, 1949). This clear cut demonstration of the oxidation of the methyl group, administered as methionine, meant that the methyl groups which are converted to methionine by transmethylation or methyl carbon transfer *in vivo* (Fig. 1) can also be catabolized to CO_2. Similarly, it was also possible that the methyl groups administered as methionine-$C^{14}H_3$ had been transferred to some other compound before being oxidized to $C^{14}O_2$. In other words, the *specific* compounds undergoing oxidative demethylation could not be deduced from an *in vivo* experiment. Our examination of the oxidation of $\cdot CH_3$ in the whole animal was next extended to a study of the rate of oxidation of methionine-$C^{14}H_3$ fed at two different levels (MACKENZIE, RACHELE, CROSS, CHANDLER, and DU VIGNEAUD, 1950). Increasing the quantity of methionine-$C^{14}H_3$ in a 2 gm. sample of ingested food from 0.6 to 1.2% resulted in a six-fold increase in the rate of $C^{14}O_2$ production. Following this observation we tested the effect of small alterations in the experimental diet on the rate of oxidation of methionine-$C^{14}H_3$. For this purpose, three groups of rats were fed: (1) a purified diet containing 0.6% of nonisotopic L-methionine, (2) the same diet plus 0.2% choline chloride or (3) the same diet plus 0.2% choline chloride and 0.4% L-cystine. All of the animals were then given 2 gms. of diet containing 0.6% L-methionine-$C^{14}H_3$ by stomach tube. The results are shown in Fig. 2. The presence of choline in the diet caused a threefold increase in the rate of oxidation of the radiomethyl group; and, the addition of cystine to the choline-containing diet suppressed this effect completely.

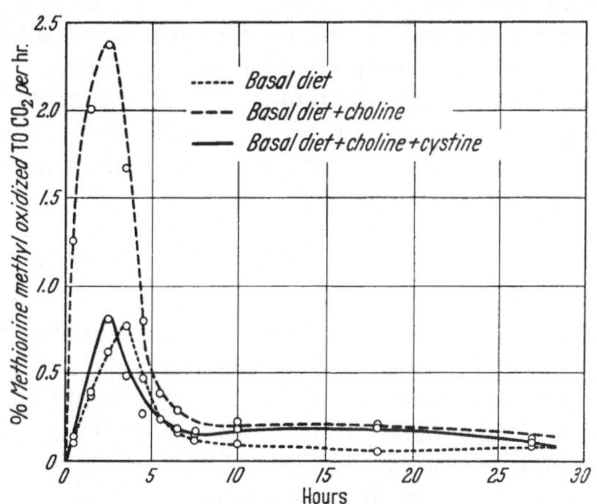

Fig. 2. Effect of choline and cystine on the oxidation of the methyl group of methionine

While the explanation of these phenomena is still not completely clear, these experiments do show the profound effects that dietary variables can produce in isotopic experiments. In these experiments growth was equally good on all three diets (MACKENZIE and DU VIGNEAUD, 1952).

Table 2. *Oxidation of methyl groups by rat liver and kidney cortex slices.* 3.35 μM. radioactive substrate per 200 mg. tissue slices in Krebs-Ringer-phosphate, pH 7.4

Tissue	% —$C^{14}H_3$ oxidized to $C^{14}O_2$ per hour			
	Methionine	Choline[1]	Betaine[1]	Sarcosine
Liver	3.48	0.45	0.38	5.56
Kidney cortex .	1.37	< 0.02	< 0.02	6.90

[1] One methyl group labelled per molecule.

The studies on the oxidation of $\cdot C^{14}H_3$ to $C^{14}O_2$ naturally directed our attention to the nature of the intermediates produced in this reaction. We therefore examined the production of $C^{14}O_2$ when methyl labelled methionine, choline, betaine, and sarcosine were incubated with liver and kidney cortex slices (MACKENZIE,

1950). Only the methyl groups of methionine and sarcosine were converted to $C^{14}O_2$ to an appreciable extent by the slices (Table 2).

Accordingly, methionine-$C^{14}H_3$ and sarcosine-$C^{14}H_3$ were incubated with liver homogenates. Only sarcosine yielded appreciable quantities of $C^{14}O_2$ and hence appeared to be suitable for the attempted isolation of intermediates in methyl oxidation (MACKENZIE, 1950). However it appeared that sarcosine had never been shown to be a metabolite in higher animals. Consequently, in collaboration with HORNER, the carrier technique for the isolation of sarcosine was applied to the intact animal. Rats were fed ordinary sarcosine in a quantity that insured its excretion in the urine. The animals were then injected with methionine-$C^{14}H_3$ or betaine-$C^{14}H_3$ and the excreted sarcosine was isolated as the β-naphthalenesulfonyl derivative. This compound was in turn converted into a series of derivatives. The isolated sarcosine and all of its derivatives proved to be highly radioactive. Moreover, they possessed the same specific activity. It could be concluded, therefore, that sarcosine was indeed a metabolite and hence a suitable substrate for investigating methyl oxidation:

$$\text{Betaine-}C^{14}H_3 \rightarrow \text{Sarcosine-}C^{14}H_3 \leftarrow \text{Methionine-}C^{14}H_3$$

When sarcosine-$C^{14}H_3$ was incubated with liver homogenates it was possible to isolate radioformaldehyde as the dimethyldihydroresorcinol derivative. Subsequently it was possible to demonstrate the production of free formaldehyde in the incubation mixture. With these experiments as a guide radioformaldehyde and radioformate were isolated from liver slices incubated with sarcosine-$C^{14}H_3$. Consequently, an oxidative pathway for sarcosine, and for all methyl compounds giving rise to sarcosine in the body, could be formulated as follows:

$$H_3C^{14}\text{—NH—}CH_2COOH \rightarrow [X] \rightarrow C^{14}H_2O \rightarrow HC^{14}OOH \rightarrow C^{14}O_2$$

where X represented the initial product or products in the dehydrogenation reaction.

The carrier technique was again applied to the whole animal and $HC^{14}OOH$ and traces of $C^{14}H_2O$ were isolated from the urine following the administration of sarcosine-$C^{14}H_3$. These isotope experiments demonstrated for the first time that formaldehyde is a naturally occurring metabolite (MACKENZIE, 1950) in the animal organism. In addition they provided the first definitive evidence regarding a metabolic source of formic acid, which was just beginning to elicit interest as a precursor of purines.

Formaldehyde was next isolated, without the use of carrier, following the incubation of dimethylglycine, dimethylaminoethanol, sarcosine, or methanol with homogenized liver (MACKENZIE, JOHNSTON, and FRISELL, 1953). All of the other compounds listed in Fig. 1 were inactive. Fractionation of liver cells revealed that the oxidation of methanol to formaldehyde occurred only in the supernatant fraction, whereas the enzymes responsible for the oxidation of dimethylglycine and sarcosine to formaldehyde resided in the mitochondria. Methanol was therefore eliminated as an intermediate in the oxidation of dimethylglycine and sarcosine to formaldehyde. The oxidation of dimethylaminoethanol to formaldehyde was found to require both the mitochondrial and supernatant fractions.

In the same series of experiments we discovered that methoxyacetate and acetate were powerful inhibitors of the oxidation of sarcosine by mitochondria without affecting the oxidation of dimethylglycine. Using these inhibitors, it was possible to demonstrate the following reaction in mitochondria:

$$\text{Dimethylglycine} \rightarrow \text{formaldehyde} + \text{sarcosine}$$

At the same time, chromatographic analysis enabled us to identify glycine and serine as products of the mitochondrial metabolism of sarcosine.

$$\text{Sarcosine} \rightarrow \text{formaldehyde} + \text{glycine} + \text{serine}$$

Prior to this last observation, MITOMA and GREENBERG had confirmed our isolation of formaldehyde from sarcosine and had further found that the methyl group of sarcosine-$C^{14}H_3$ was extensively converted to the β-carbon of serine by mitochondria. They concluded that ordinary formaldehyde was an intermediate in the synthesis of serine from sarcosine by mitochondria but that it was not the *direct* precursor which condenses with the number 2 carbon of glycine to form the β-carbon of serine. We had by this time embarked upon an independent series of isotope experiments which were to clearly demonstrate that in the mitochondrial oxidation of sarcosine, the methyl group is first converted to "active formaldehyde" and that this 1-C entity has two fates; either to become the β-carbon of serine, or to be irreversibly converted to ordinary formaldehyde. Furthermore, ordinary formaldehyde was found to be ineffective as a source of serine-β-carbon in our mitochondrial preparation.

The oxidative and synthetic system used by us was an ideal one for isotopic experiments because it was "closed". That is to say, the oxidation of the methyl group of the sarcosine did not proceed beyond the level of formaldehyde and there were no metabolic "pools" of the reactants or products. Equally important was the fact that the two oxidation products of the methyl group, serine-β-carbon and ordinary formaldehyde, could be accounted for quantitatively and independently both by chemical analysis and by isotopic analysis. It therefore became possible to evaluate the "absolute" or "true" specific activities of the reaction products under a variety of conditions. To our knowledge, few isotope experiments have ever been conducted under such well defined conditions.

In the series of reactions summarized below[1] the figures beneath the formulas are the "true" specific activities (counts per minute per micromole) in terms of the individual atoms of the initial reactants and the products except in experiment (d) where for reasons that will be evident the results are expressed as percentages of the antecedent C^{14} atoms.

(a)

10 μM. 4.0 μM. 5.2 μM.

$$H_3C-NH-CH_2-COOH \longrightarrow CH_2O + HOCH_2-CHNH_2-COOH$$

7.3×10^3 0 0 7.7×10^3 7.7×10^3 0 0

Oxygen Consumption = 10 μAtoms

(b)

10 μM. 4.3 μM. 4.2 μM.

$$H_3C-NH-CH_2-COOH \longrightarrow CH_2O + HOCH_2-CHNH_2-COOH$$

0 0 6.0×10^3 0 0 0 6.3×10^3

Oxygen Consumption = 9.8 μAtoms

(c)

10 μM. 4.1 μM. 5.7 μM.

$$H_3C-NH-CH_2-COOH \longrightarrow CH_2O + HOCH_2-CHNH_2-COOH$$

3.2×10^3 0 3.2×10^3 3.2×10^3 3.0×10^3 0 3.0×10^3

Oxygen Consumption = 9.8 μAtoms

---

[1] These experiments were done in collaboration with Dr. H. J. SALLACH.

(d)

10 μM. 10 μM.

$$H_3C-NH-CH_2-COOH+H_2N-CH_2-COOH \longrightarrow$$

7.3 × 10³ 0 0 0 6.0 × 10³

2.2 μM. 7.2 μM.

$$CH_2O+HOCH_2-CHNH_2-COOH$$

22% 72% 0 44%

Oxygen Consumption = 10 μAtoms

(e)

10 μM. 4.7 μM.

$$H_3C-NH-CH_2-COOH+C^{14}H_2O \longrightarrow$$

0 0 6.0 × 10³ 7.0 × 10³

4.7 μM. 3.5 μM. 4.8 μM.

$$C^{14}H_2O+CH_2O+HOCH_2-CHNH_2-COOH$$

7.0 × 10³ 0 0 0 6.2 × 10³

Oxygen Consumption = 8.8 μAtoms

Experiment (a) illustrates how all of the methyl carbon of sarcosine can be recovered from the mitochondrial system as formaldehyde and serine-β-carbon. As indicated both of these products possessed the same specific activity as the methyl carbon of the starting sarcosine. The alternative experiment, (b), employing carboxyl-labelled sarcosine, showed that the serine formed had the specific activity of the starting sarcosine with all of the C^{14} of the isolated serine residing in the carboxyl group. Experiments (a) and (b) were then corroborated by employing a mixture of isotopic sarcosines labelled in the methyl and carboxyl carbons as shown in experiment (c). The ratio of C^{14} in the carboxyl and β-carbon of the serine was found to be the same as the ratio of C^{14} in the carboxyl and methyl carbons of the starting sarcosine. Taken together these three isotope experiments proved unequivocally that in such a mitochondrial preparation, the β-carbon of serine is derived exclusively from the methyl carbon of sarcosine, and that the carboxyl and α-carbons of serine are derived exclusively from their counterparts in the glycine moiety of sarcosine. More important, however, these studies revealed a hitherto unknown oxidative rearrangement of the sarcosine, yielding serine.

Subsequent investigations illustrated by experiment (d) demonstrated that the yield of serine under these conditions could be markedly increased by adding exogenous glycine to the mitochondria, an observation also made by MITOMA and GREENBERG. Indeed, the exogenous glycine behaves like the glycine formed in the oxidation of sarcosine.

It was now possible to assay accurately the roles of exogenous formaldehyde and formate in the conversion of sarcosine to serine. For this purpose, radioactive formaldehyde was added to carboxyl-labelled sarcosine in the presence of mitochondria. The results of this experiment (e), showed that the specific activity of the serine synthesized in this preparation was identical with the activity of the carboxyl-labelled sarcosine and that the β-carbon was devoid of C^{14}. Moreover, the C^{14}-formaldehyde which originally had been added to the system was recovered quantitatively from the reaction mixture. Thus, it was concluded that ordinary formaldehyde is not the one-carbon compound derived from the sarcosine methyl group which condenses with glycine to yield serine, and further that exogenous formaldehyde is not an intermediate in this reaction.

The closed system which had been defined by the five experiments just described could therefore be summarized by the following consecutive reactions:

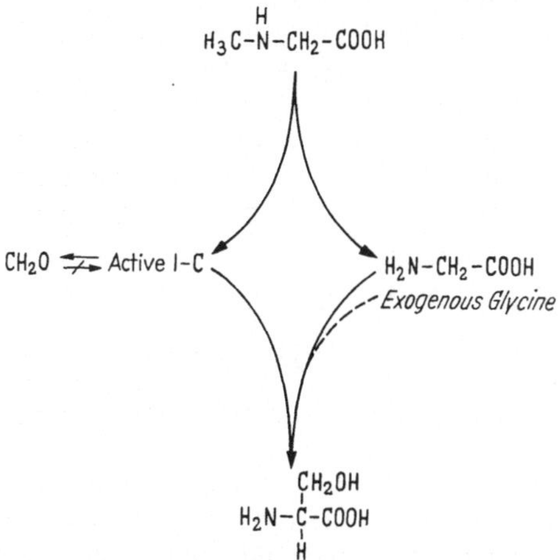

Fig. 3. Formation of active formaldehyde and serine in mitochondrial oxidation of sarcosine

In view of the failure of added formaldehyde to participate in this serine synthesis, and because formic acid is known to be a precursor of serine β-carbon in a number of other preparations (SAKAMI, 1950; SIEKEVITZ and GREENBERG, 1949; PLAUT, BETHEIL, and LARDY, 1950; KRUHØFFER, 1951), our laboratory next undertook an investigation of the oxidation level of the 1-carbon moiety — "active 1-C" in the diagram above — involved in the conversion of the methyl carbon of sarcosine to the β-carbon of serine (MACKENZIE and ABELES, 1956). This was done by synthesizing sarcosine containing virtually 100 atom % D in the methyl group and subjecting this isotopic substrate to the same mitochondrial system described above. These experimental circumstances allowed a valid interpretation of results because three critical conditions were fulfilled: first, since the N-methyl group contained only deuterium, it was possible to avoid any preferential enzymatic oxidation of the protium species ($\cdot CH_3$) with an accompanying dilution of deuterium in the products; second, there would be no dilution of the metabolic formaldehyde and serine by endogenous sources; and third, the serine and formaldehyde could be isolated from the incubation mixture without the use of carriers.

Table 3. *Atom per cent excess deuterium in formaldehyde and* —CH_2-*portion of methylol group of serine isolated from metabolism of sarcosine*-CD_3 *by liver mitochondria*

Experiment number	Incubated sarcosine methyl	Isolated	
		Formaldehyde	Serine-β-carbon
1	97 ± 1.9	90.5 ± 1.4	83.7 ± 3.0
2	97 ± 1.9	96.8 ± 1.4	86.2 ± 1.7

The results of this study are summarized in Table 3. The high deuterium concentration in the —CH_2-moiety of the isolated formaldehyde, 90% of theoretical, shows that formate is not involved extensively in the production of the free formaldehyde. At the same time it can be concluded that the metabolic formaldehyde and its precursors are not in equilibrium with the hydrogen atoms or protons of the environment. Furthermore, from the deuterium content of the —CH_2-moiety of the $\cdot CH_2OH$ group of the isolated serine, it may be calculated that at least 70% of the serine molecules derived from sarcosine contained two D atoms bonded to the β-carbon, $\cdot CD_2OH$, and hence in their "migration" from sarcosine to serine most of the methyl carbons possessed the oxidation level of formaldehyde. Therefore, we have called this $—CH_2$-precursor of the serine β-carbon "active formaldehyde" to distinguish it from ordinary formaldehyde, which, as pointed out above, is inert in our system.

One of the unexplored areas of 1-C metabolism concerns the chemical nature of "active formaldehyde", particularly whether it condenses directly with glycine or is first converted to some other bound form, such as tetrahydrofolic acid-formaldehyde. Such an intermediate could be interposed between "active formaldehyde" and serine as is illustrated in the following equations where "active formaldehyde" is represented by $=CD_2$ and any subsequently formed 1-C compound is designated as $[=CD_2]$.

$$D_3C-NH-CH_2-COOH \rightarrow \;>CD_2 \rightarrow [>CD_2] \rightarrow H_2N-\underset{\displaystyle CD_2OH}{\underset{|}{CH}}-COOH$$
$$\downarrow CD_2O \qquad \updownarrow DCOO^-$$

Pertinent to the isotopic studies just described is the report of ELWYN, WEISSBACH, and SPRINSON that the β-carbon of serine can be converted, without loss of its bonded hydrogens, to the methyl groups of choline and thymine. Since, as shown by the data of Table 3, the methyl group of sarcosine is converted to the β-carbon of serine by way of active formaldehyde, a pathway is thus provided for the conversion of one methyl group to another by way of a 1-C intermediate (or intermediates) possessing the oxidation level of formaldehyde. In other words a methyl carbon may migrate in the body, not only by a process of transmethylation but also via a "transformalation" as illustrated below.

$$\text{Sarcosine-}CD_3 \rightarrow \;>CD_2 \rightarrow \text{serine-}CD_2OH \rightarrow \text{choline-}CD_2H$$
$$\searrow D \qquad \downarrow CD_2O \qquad \nearrow H$$

In more recent studies this laboratory (MACKENZIE and FRISELL, 1958) has demonstrated that both of the methyl groups of dimethylglycine are also sources of active formaldehyde, and hence of the β-carbon of serine. It becomes possible, therefore, to formulate a cyclic series of reactions as shown in Fig. 4 to account for the oxidation of two-thirds of the methyl groups entering the body as dietary choline or betaine. This cycle provides two pathways for the oxidation of methyl groups. The first is a direct pathway to carbon dioxide via active formaldehyde, formaldehyde, and formate. The second is more circuitous and involves one and a half turns of the cycle. In the latter pathway the methyl carbons of dimethylglycine are converted in turn to active formaldehyde and thence to the β-carbon of serine, the alcohol carbon of the aminoethanols, the carboxyl carbon of betaine, the carboxyl carbon of dimethylglycine, the carboxyl carbon of glycine, the carboxyl carbon of serine, and finally to carbon dioxide. In the course of this series of reactions, the α-carbon and the N of dimethylglycine become the α-carbon and N of each of the other members of the cycle, to finally reappear in their original positions on a new molecule of dimethylglycine. That is to say, the N and α-carbon act as carriers for the N-methyl groups and the carboxyl groups which the cycle oxidizes. To summarize: for every methyl group transmethylated from betaine, the remaining two methyl groups, now carried in dimethylglycine and no longer capable of transmethylation, will be oxidized to carbon dioxide, either directly via active formaldehyde, formaldehyde, and formate; or indirectly, via the complete 1-C cycle.

The only other member of the 1-C cycle which we have found to be oxidized to formaldehyde in yields large enough to be detected by chemical analysis is N-dimethylaminoethanol (See, again, MACKENZIE, JOHNSTON, and FRISELL, 1953). Dimethylaminoethanol-$C^{14}H_3$ has been synthesized and shown to be a source of $C^{14}H_2O$ in whole liver homogenates. The enzymatic pathway for this oxidative demethylation has not yet been established. Presumably dimethylaminoethanol

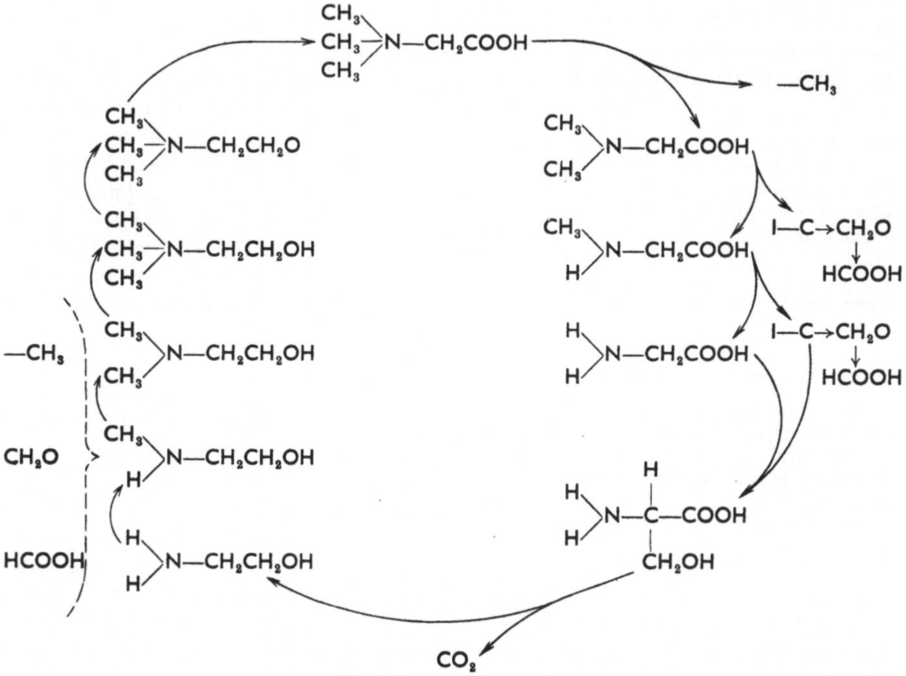

Fig. 4. The one-carbon cycle

is either oxidatively demethylated directly to yield formaldehyde and monomethylaminoethanol, or it is oxidized to dimethylglycine and thence to formaldehyde. In the latter event, this would constitute a "shunt" across the 1-C cycle. (JOHNSTON and MACKENZIE, 1956).

With respect to the oxidation of the methyl group of methionine, it is apparent from the work of DU VIGNEAUD, COHN, CHANDLER, SCHENCK, and SIMMONDS (1941) that this methyl group may be incorporated into choline and hence oxidized to carbon dioxide in the 1-C cycle via betaine, dimethylglycine, and sarcosine. Indeed, in the same experiments which demonstrated unequivocally that the methyl group introduced into the body as methionine is oxidized to carbon dioxide, evidence was provided that the specific activity of both lipid-soluble and free choline exceeded the specific activity of the protein-bound methionine (MACKENZIE, CHANDLER, KELLER, RACHELE, CROSS, and DU VIGNEAUD, 1949). In addition to their being oxidized after transmethylation to other compounds, however, there is suggestive evidence that the methyl group of methionine is oxidized by a more direct route. It had been shown (MACKENZIE, 1950), that the rate of oxidation to carbon dioxide of methionine methyl by liver and kidney slices was much faster than the rate of oxidation of the methyl groups of choline and betaine. A unique avenue for the oxidation of the methionine methyl group is one involving cleavage of the R-S bond to give methyl mercaptan. CANELLAKIS and TARVER have reported that when methionine-S^{35}-$C^{14}H_3$ is incubated with liver mitochondria, methyl mercaptan is a reaction product and also that injected radio-methyl mercaptan can be oxidized to carbon dioxide in the whole animal at a rate comparable to that of methionine itself.

In recent experiments (FRISELL and MACKENZIE, unpublished results) summarized in Table 4, we have studied the oxidation of methionine-$C^{14}H_3$ in whole liver homogenates as well as in the mitochondrial and supernatant fractions and have succeeded in isolating radioformaldehyde as an intermediate oxidation product by employing semicarbazide, as an aldehyde trapping agent (FRISELL and MACKENZIE, 1955). Furthermore, we find that the oxidation of the methyl group in these broken cell preparations proceeds at a rate comparable to that observed in the intact animal, assuming that the liver is the principal site of oxidation in the body. Radioformate which is also produced under these conditions presumably arises via the formaldehyde or an intermediate convertible to formaldehyde. Formate accumulation is increased when formaldehyde is not trapped with semicarbazide.

Table 4. *Oxidation of methionine-$C^{14}H_3$ to formaldehyde, formate, and carbon dioxide in various liver cell fractions.* Incubation mixtures contained 2.0 ml. of liver cell fraction, equivalent to 0.5 g. of liver in 0.075 M. K phosphate, pH 7.5, plus water solutions of 720 γ of methionine-$C^{14}H_3$ (90,000 c.p.m., corrected) and 10 μ moles of semicarbazide where indicated to give total volume of 2.4 ml.

Cell fraction	γ methionine converted to:		
	CH_2O	HCOOH	CO_2
Whole homogenate	0	3.4	6.2
Whole homogenate, plus semicarbazide	4.7	2.2	1.5
Mitochondria	1.7		
Mitochondria, plus semicarbazide	3.7		
Supernatant	0.8	3.7	3.5
Supernatant, plus semicarbazide	2.4	2.0	0

These results, taken together with all of the previous studies of this laboratory, allow the generalization that the methyl groups of methionine, dimethylglycine, sarcosine, and dimethylaminoethanol can be oxidized to carbon dioxide by way of the same intermediates — formaldehyde and formate. In the case of methionine the question of whether the methyl group is oxidized while still attached to the parent compound or must first be removed or transferred remains an unsolved problem in enzymatic chemistry. In any event, the dimethylglycine-sarcosine pathway accounts for the oxidation of two-thirds of the methyl groups of choline and betaine and presumably limits the activity of the latter compounds in the "biologically labile methyl pool" at one methyl group each.

The biosynthesis of methyl groups

In the course of the feeding experiments which had demonstrated that choline, or betaine, plus homocystine could substitute for methionine, DU VIGNEAUD, CHANDLER, MOYER, and KEPPEL (1939) observed that an occasional animal grew without the addition of choline or betaine to the diet. Four years later, TOENNIES, BENNETT, and MEDES reported similar results with rats receiving methyl free diets containing homocystine and they also observed that the addition of a crude liver extract to the methyl-free diets made the growth response more reproducible. From such experiments it was clear that labile methyl groups could be synthesized either by the body or by the intestinal flora, the latter possibility being favored by DU VIGNEAUD. Further evidence for *de novo* methyl synthesis was obtained by DU VIGNEAUD, SIMMONDS, CHANDLER, and COHN (1945) when it was shown that rats, whose body water was maintained at 3 atom % D for three weeks, possessed 0.24 atom % D in the methyl groups of the tissue choline.

Although *de novo* synthesis of methyl groups had thus been established by two groups of investigators, the site of synthesis was still uncertain. In 1950 WELCH and SAKAMI produced definitive evidence of methyl synthesis by the liver when they demonstrated the conversion of $HC^{14}OOH$ to methionine-$C^{14}H_3$ and choline-$C^{14}H_3$ by liver slices. Shortly thereafter DU VIGNEAUD, RESSLER, and RACHELE reported the results of experiments on germ free rats, carried out in collaboration with REYNIERS, LUCKEY, and coworkers at Notre Dame University, which demonstrated the synthesis of choline labelled with D in the methyl groups when D_2O was administered to these animals. Moreover, in the germ free animals the synthesis of deuterocholine approached the level observed in rats fed the same diet under nonsterile conditions.

These demonstrations of *de novo* methyl synthesis in the body tissues focused attention on the precursors of labile methyl groups as well as their relative efficiencies in this regard. Among the more obvious compounds to be examined as possible precursors were formaldehyde and formate, which had been shown by MACKENZIE to be products of methyl oxidation, and methanol, which contains the $\cdot CH_3$ group.

The utilization of C^{14}-methanol in the formation of the labile methyl group is now unequivocally established (DU VIGNEAUD and VERLY, 1950; DU VIGNEAUD, VERLY, WILSON, RACHELE, RESSLER, and KINNEY, 1951; and ARNSTEIN, 1951). The same is true for C^{14}-formaldehyde (WELCH and SAKAMI, 1950; DU VIGNEAUD, VERLY, 1950; SIEGEL and LAFAYE, 1950; MITOMA and GREENBERG, 1951; JONSSON and MOSHER, 1950), and also C^{14}-formate (SAKAMI and WELCH, 1950; DU VIGNEAUD, VERLY et al., 1950, 1951; and SIEKEVITZ and GREENBERG, 1950; ARNSTEIN, 1951; MITOMA and GREENBERG, 1951; STEKOL, WEISS, and WEISS, 1951; and BERG, 1951). On the other hand, the C of bicarbonate is not converted to methyl groups *in vivo* (DU VIGNEAUD, VERLY et al., 1951). Finally, RESSLER, RACHELE, and DU VIGNEAUD (1952) and RACHELE and AEBI showed that when DCOOH is administered to a rat, the formate C is converted to choline-methyl with no detectable loss of its D. Other evidence, to be discussed later, has been obtained which shows that the carbons of methanol and formaldehyde attain the oxidation level of formate in their conversion to labile methyl groups.

Another precursor of methyl groups in the body is the β-carbon of serine as shown by the experiments of WEISSBACH, ELWYN, and SPRINSON (1950); ELWYN and SPRINSON (1950); and ARNSTEIN. Still more recent studies have revealed that during its conversion to the methyl group of choline the serine β-carbon preserves its oxidation level which is equivalent to that of formaldehyde. In other words, there is no labilization during transfer of the C-bound hydrogens of the serine β-carbon. The evidence for this nonoxidative, "intact" transfer of the serine β-carbon was obtained by ELWYN, WEISSBACH, HENRY, and SPRINSON (1951 and 1955), employing intramolecularly labelled serine, i. e., serine-$C^{14}D_2OH$. When this isotopic amino acid was administered to rats, the ratio of C^{14}: D in the choline isolated from the tissues was found to be the same as that in the administered serine. Moreover, identical results were obtained with the two stereoisomers of monodeuterio-serine:

$$\begin{array}{c} OH \\ | \\ H—C^{14}—D \\ | \end{array} \qquad \begin{array}{c} OH \\ | \\ D—C^{14}—H \\ | \end{array}$$

The latter findings therefore not only corroborated the previous experiment, but also demonstrated that the stereoisomerism imposed on the β-carbon by the single D atoms had no steric influence in the formation of the choline methyl group.

One more precursor of labile methyl groups in the body, to be only mentioned here, is the α-carbon of glycine (WEISSBACH, ELWYN, and SPRINSON, 1950; ARNSTEIN, 1950), which can also be converted to the β-carbon of serine and to formate in the body. Conversely, the β-carbon of serine may be converted to the α-carbon of glycine and to formate.

We can now summarize, in the following diagram, the overall pathways whereby 1-C compounds may be converted to methyl groups in the body:

CH_3OH
↓
Sarcosine—CH_3 ↑ Dimethylglycine—$(CH_3)_2$ ↑ } → Active Formaldehyde → CH_2O ↔ HCOOH → Labile $\cdot CH_3$
Active Formaldehyde → Glycine α—C
Glycine α—C ↕ Serine—CH_2OH
←—— One—Carbon Cycle ←——

The double arrows here designate "biological" reversibility, and do not imply "thermodynamic" reversibility.

In considering this series of reactions it is important to realize that in the whole animal there exist interrelationships between one-carbon entities, at the level of both formaldehyde and formate, which may not be in direct equilibrium with or have direct access to all of their exogenous counterparts. To illustrate this point, one may compare the conversion of exogenous formaldehyde and serine-β-carbon to methyl groups. Although both entities are at the same oxidation level, the formaldehyde loses a H prior to its conversion to a methyl group (LOWY, BROWN, and RACHELE), whereas the hydrogens of the serine-β-carbon are apparently not lost.

As shown in the preceding scheme, all of the 1-C entities which have been found to give rise to methyl groups are also precursors of the serine-β-carbon group. Furthermore, as a member of the "1-C-cycle", described in Fig. 4, serine serves as an intermediate in the oxidation of labile methyl groups entering the body via dietary choline and betaine, after the latter has been converted to dimethylglycine. In other words, the oxidation products of methyl groups themselves, now in the form of serine-β-carbon, can in turn be re-converted to methyl groups. Serine, therefore, may occupy a central position in the overall process of methyl neogenesis, but there is as yet no evidence that serine-β-carbon is an obligatory intermediate for all methyl syntheses. For a further discussion of the relations between 1-C entities in methyl neogenesis the reader is referred to the papers of SPRINSON (1955) and LOWY, BROWN, and RACHELE (1956).

In concluding this section on the neogenesis of labile methyl groups, it is appropriate to assess our current knowledge of other aspects of this important area of intermediary metabolism. Some of the questions which may be asked are: Does variation in the level of dietary methyl groups influence the extent of *de novo* synthesis of methyl groups? What are the relative "efficiencies" with which various 1-C compounds are converted to methyl groups? What is the chemical nature of the coenzymes and their combination with 1-C entities involved in the synthesis of methyl groups? Are the methyl groups of a compound such as choline derived from both neogenetic processes and transmethylation? Both C-14 and D have been employed in answering such questions and a few studies will be presented here as illustrations.

In the experiments discussed thus far which demonstrated the *de novo* synthesis of methyl groups in rats maintained on D_2O, the diets contained biologically labile methyl compounds. To determine whether methyl synthesis would be influenced by a methyl-free diet, DU VIGNEAUD, KINNEY, WILSON, and RACHELE (1953) administered D_2O to animals on such a diet and found a four-fold increase in the D incorporated into choline methyl groups as compared with animals fed a diet containing choline and methionine.

As was pointed out at the beginning of this section, the discovery that methyl groups could be synthesized in the body was coincident with independent demonstrations in nutritional experiments that vitamin B_{12} and folic acid are implicated in methyl metabolism (BENNETT, 1950). The isotopic experiments of ARNSTEIN and NEUBERGER (1953) and STEKOL (1951) also indicate that B_{12} can influence methyl neogenesis in the rat. ARNSTEIN and NEUBERGER found that the administration of B_{12} increased methyl synthesis from C-14-labelled serine-β-carbon, glycine-α-carbon and formate and that under these conditions the serine-β-carbon is quantitatively the most important precursor of the methyl group. A comprehensive discussion of the role of B_{12} in methyl metabolism has been given by JUKES and STOKSTAD (1951).

Elucidation during the past several years of the coenzyme role of folic acid has led to the discovery that HCHO and HCOOH participate in methyl synthesis as the methylol and formyl derivatives of tetrahydrofolic acid or a closely related compound. Detailed critiques of folic acid chemistry are presented in reviews by SAKAMI (1955), G. R. GREENBERG and JAENICKE (1957), and HUENNEKENS (1958).

One of the most important unanswered questions in 1-C metabolism concerns the nature of the primary acceptor or acceptors of methyl groups synthesized *de novo*, i. e., whether a S compound such as homocysteine receives a 1-C fragment and then is converted to methionine, or whether a 1-C entity unites first with a N atom, as in the aminoethanols, and then is reduced to methyl. Recently, STEKOL, WEISS, and ANDERSON (1955) examined the utilization of methionine-$C^{14}H_3$ in the conversion of aminoethanol to choline in rats on normal and folic-acid deficient diets. The authors interpreted their results as indicating that the "first two" methyl groups of choline were acquired by a *de novo* synthesis mediated by a folic acid derivative and that only the third methyl was added in a true transmethylation reaction. On the other hand, DU VIGNEAUD, COHN, CHANDLER, SCHENCK, and SIMMONDS in 1941, using a different diet, showed that all three of the methyl groups of tissue choline may be derived from dietary methionine.

Our own work on the organic synthesis of dimethylaminoethanol (JOHNSTON and MACKENZIE, 1956) presents a plausible analogy for the direct biosynthesis of the methyl groups of the N-methylaminoethanols:

$$H_3C-NH-CH_2-CH_2OH + C^{14}H_2O + HCOOH \rightarrow \begin{matrix} H_3C^{14} \\ \quad \diagdown \\ \quad\quad N-CH_2-CH_2OH + CO_2 \\ \quad \diagup \\ H_3C \end{matrix}$$

In this synthesis only formaldehyde was a source of the methyl carbon of the dimethylaminoethanol since the specific activities of the formaldehyde and the added methyl carbon were identical. Therefore, the initial step in the above reaction was presumably the condensation of monomethylaminoethanol and formaldehyde, followed by reduction of the formaldehyde carbon with formate to yield the new methyl group. We suggested the possibility that an analogous methylation reaction involving the synthesis of dimethylaminoethanol from formaldehyde and aminoethanol might occur *in vivo* with only the addition of the third methyl group being an obligatory transmethylation with methionine as the methyl donor.

Isotope effects in the metabolism of methyl groups

It is apparent from the studies of methyl metabolism discussed thus far that the fate of both the C atom and the H atoms joined to it must be accounted for simultaneously in order to delineate the oxidation levels of 1-C entities in biochemical systems. In practice, the only way to achieve this has been to label the appropriate molecules with both C-14 and D or T. The success of such analytical procedures was most simply illustrated by our own experiments which characterized the "active formaldehyde" produced in the oxidation of sarcosine-CD_3 by liver mitochondria. It was during these same studies that we also became more aware of the subtleties and dangers of isotope labelling when heavy H isotopes are employed. In this final section of the review we shall describe our enzyme experiments on "isotope effects" which have been published thus far only in a preliminary form, as well as results from other laboratories, in order to underscore the rigorous criteria which should be met in interpreting isotope data.

In establishing :CH_2 as the oxidation level of the active 1-C entity involved in the conversion of the methyl group of sarcosine to the β-carbon of serine, we employed sarcosine *completely* deuterated in the methyl group (MACKENZIE and ABELES, 1956). In the course of these experiments, it was observed that the initial rate of oxidation of the sarcosine was markedly depressed when D was substituted for H in the methyl group. The magnitude of the isotope effect exerted by D and the simplicity of our enzymatic system encouraged us to explore the phenomenon further. Moreover, it appeared that the only other observations dealing with the effects of D on an oxidative enzymatic reaction were the early experiments of ERLENMEYER, SCHOENAUER, and SÜLLMANN (1936), which seemed to have been overlooked in most heavy isotope experiments, and a later extension of this work by THORN (1951). In both cases a reduction in the rate of oxygen consumption had been obtained when *partially* deuterated succinate was incubated with succinic acid oxidase preparations. In our experiments we were able for the first time to employ a completely deuterated substrate and, in addition, to measure the rate of product formation by direct chemical analysis. Moreover, we were also able to study simultaneously the effect of D on a dehydrogenation reaction, $\cdot CD_3 \rightarrow CD_2O$, and on a synthetic reaction, "active" CD_2O + glycine → serine-CD_2OH. To our knowledge, no other system is presently available which offers so many advantages in the study of isotope effects on enzymatic reactions.

When sarcosine-CD_3 was presented to mitochondria at a level sufficient to saturate the enzyme, its initial rate of oxidation was found to be only two thirds that of the sarcosine-CH_3. As shown in Table 5, the difference in rates was the same for both oxygen uptake and the rate of CD_2O production. Also, within the limits of our analytical methods, the *per cent* of serine produced was not affected significantly by the substitution of D for H in the sarcosine methyl group. In other words, any effect of D on the C—C bonding reaction whereby serine is synthesized is minor compared to the D effect on the concurrent oxidative demethylation reaction which entails breaking of a C—D bond.

Table 5. *Enzymatic oxidation of deutero methyl sarcosine.* 10 µmoles of sarcosine were incubated with mitochondria prepared from 0.5 gm. rat liver

Sarcosine	Time min.	O µmoles	CH_2O µmoles	Serine µmoles	Total products µmoles	Serine %
H	30	2.4	1.8	1.2	3.0	40
D	30	1.6	1.2	0.8	2.0	40
H	60	5.1	3.2	3.0	6.2	48
D	60	3.4	2.0	2.2	4.2	52

Because "saturation" quantities of the sarcosine-CD_3 and sarcosine-CH_3 had been employed in these experiments, there was no need to account for the kinetics of initial interaction between enzyme and substrate, and the observed difference in the rates of oxidation was therefore a direct measure of the difference in zero point vibrational energies of the C—H and C—D bonds (EYRING and SHERMAN, 1933). Since this energy is greater for the C—H bond than for C—D, the activation energy is lower for the rupture of the C—H bond, leading in turn to a greater reactivity of this bond than for the C—D bond. Clearly this difference in rates of breaking C—H and C—D bonds alone, 1.5:1 in the case of sarcosine, could lead to considerable isotopic fractionation in a biological system if a mixture of H and D substrates was employed.

It was now pertinent to determine whether the substitution of D for H also affected the initial binding of the sarcosine to the enzyme. The "Michaelis constants" (MICHAELIS and MENTEN, 1913) for both the D and H substrate were therefore determined as shown in Fig. 5. The constant for sarcosine-CD_3 was found to be twice as high as for the H species, and could be taken to mean that sarcosine-CD_3 is bound less tightly to the enzyme than sarcosine-CH_3. This conclusion was corroborated by comparing the kinetics of oxidation of D- and H-sarcosine in the presence of methoxyacetate, a substrate-competitive inhibitor of sarcosine oxidation by mitochondria (FRISELL and MACKENZIE, 1955). As shown in Table 6, this inhibitor exerted a far greater effect toward sarcosine-CD_3 than toward the CH_3-substrate, a result which would be expected if the D sarcosine is bound less tightly by the enzyme than the H species.

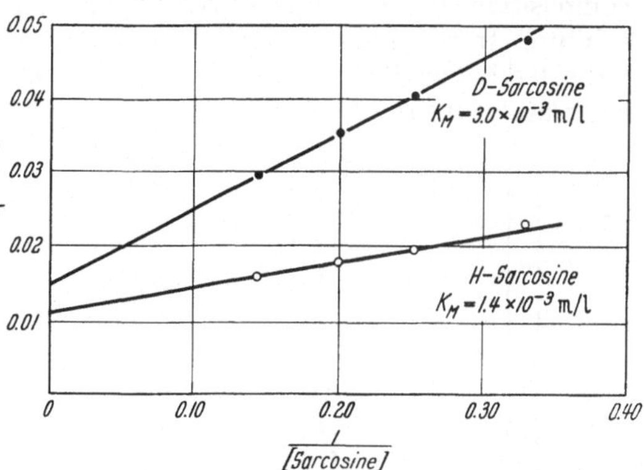

Fig. 5. Michaelis constants for sarcosine-CH_3 and sarcosine-CD_3

Our experiments with sarcosine containing 100 per cent D in its methyl group demonstrated, therefore, that at least two vectors were responsible for the "isotope effect". That is to say, isotopic selection in a biological system can arise not only from the innate difference in reactivity of C—D and C—H bonds, but also from the ability of an enzyme to discriminate between deuterium and protium substrates in the binding reaction.

Table 6. *Inhibition of sarcosine*-CH_3 *and sarcosine*-CD_3 *oxidation by methoxyacetate.* 10 μmoles of sarcosine plus 25 μmoles of methoxyacetate incubated with mitochondria equivalent to 0.5 gm. of rat liver in 0.075 M. potassium phosphate buffer, pH 7.8

Inhibitor	H-Sarcosine	D-Sarcosine
	μl. O_2/min. × 100	
None	120	77
Methoxyacetate	76	33
Inhibition[1]	37%	57 %

The isotopic selection which the dehydrogenase system might exert when it was saturated simultaneously with both sarcosine-CH_3 and sarcosine-CD_3 was next examined. In these experiments the fate of the sarcosine-CH_3 was followed by tagging its methyl carbon with C-14, a procedure which has no discernible effect on the oxidation rate. The product of methyl oxidation was then trapped with semicarbazide and isolated without carrier as the dimedon derivative of formaldehyde. Determination of the ratio of C-14 to C-12 in the isolated formaldehyde

[1] Percent inhibition = (1 minus the inhibited rate divided by the uninhibited rate) × 100.

thus provided us with a direct measure of the quantities of sarcosine-CD_3 and sarcosine-$C^{14}H_3$ which had been oxidized during any given period of time. In the first experiment an equimolar mixture of the two substrates was employed as indicated in bar graph (a) of Fig.6. The concentration of either species alone was sufficient to saturate the enzyme. Bar graph (b) shows the composition of the reaction products which would be obtained if the D sarcosine were oxidized only two thirds as fast as the H sarcosine as was found to be the case when the two substrates were incubated separately with mitochondria. Bar (c) shows the isotope composition of the formaldehyde which was actually isolated from the reaction mixture. It will be seen that its D content is lower than the calculated value indicated in bar (b) From this composition of the isolated formaldehyde it could be calculated that the D sarcosine in the mixture must have been oxidized only one

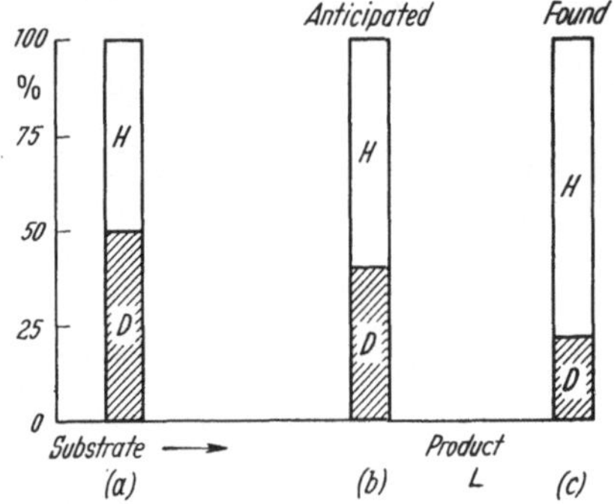

Fig. 6. Enzymatic selection in oxidation of 1:1 mixture of sarcosine-CD_3 and sarcosine-CH_3

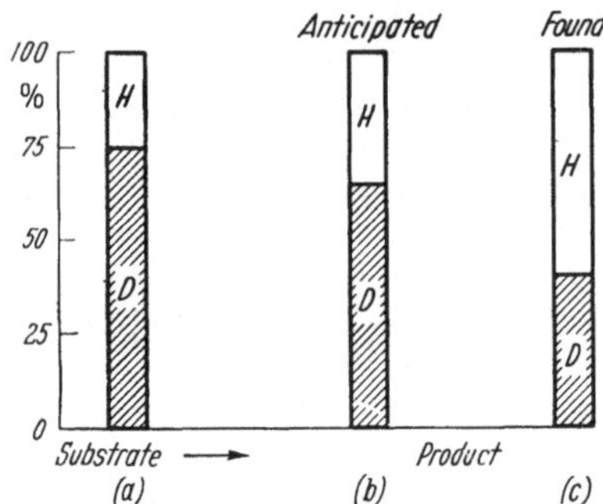

Fig. 7. Enzymatic selection in oxidation of 3:1 mixture of sarcosine-CD_3 and sarcosine-CH_3

fourth as fast as the H sarcosine, instead of two thirds as fast as was the case when the two species were incubated separately. This same experiment was repeated employing a mixture of 75% D and 25% H sarcosine as shown in Fig. 7. The middle bar shows the composition of the formaldehyde which would be obtained if the D sarcosine were oxidized at two thirds the rate of the H sarcosine. However, as shown in bar (c) the observed D content was again lower and once more the rate of oxidation of the D substrate was found to be only one fourth as great as that of the H substrate, thereby verifying the results obtained with the 1:1 mixture. These mixture experiments thus corroborated the earlier results which showed that the D sarcosine is bound to the enzyme less tightly than the H species. In the mixtures the two species must compete for the same enzyme site and this antagonism will lead to an enhanced enzymatic fractionation of the isotopic mixture as indicated in Figs. 6 and 7.

These studies provided an excellent example of how an isotope effect can result in gross misinterpretation of biochemical pathways. Thus, taken at face value, comparison of the composition of the starting mixtures of D and H sarcosines in Figs. 6 and 7 with the composition of the formaldehyde isolated in each case leads to the conclusion that the sarcosine-methyl had attained the oxidation level of formate during its conversion to formaldehyde. However, our previous experiments with the completely deuterated sarcosine (Table 3) showed unequivocally that the oxidized methyl group does not exceed the level of formaldehyde in this system.

Such experiments with a "closed" enzyme system where all of the metabolic products can be accounted for quantitatively show clearly that a mixture of D and H species cannot be employed to determine either the rates of oxidation of the chemical radicals in question or the oxidation level of the intermediates produced in the reaction. In fact, even a completely deuterated radical will not suffice in less purified systems or in the whole animal where it is subject to dilution by its endogenous, non-isotopic counterparts. It should also be re-emphasized here that the type of "mixture" used in our studies has always been CD_3-sarcosine plus CH_3-sarcosine and that the exact compositions of the isotopic mixtures were always known. Sarcosine-CD_2H or sarcosine-CH_2D also constitute "isotopic mixtures", but in these two cases, the precise proportions of H and D per mole would be almost impossible to control. Moreover, enzymatic selection between D and H of the *same* molecule would also complicate the experiment. Except for purposes of crude tracing, experiments with such "mixed" substrates would be exceedingly difficult to interpret.

In light of our experiences, we feel that more rigorous definitions should be employed to describe various modes of labelling. The term "double-labelled" should no longer be applied to a mixture of isotopically different species of a compound, e. g., R—CD_3 plus R—$C^{14}H_3$, but instead the term "mixed labelled" should be used. Only the species R—$C^{14}D_3$ is truly "double-labelled" and only it should be so designated.

If an isotope effect can lead to ambiguous results with well-defined *in vitro* reactions, one can appreciate how whole animal studies with tracers will be fraught with even greater pitfalls in interpretation. Some of these problems, which were well recognized by the investigators, and the experiments which had to be designed to avoid them are exemplified in the studies of methyl neogenesis from methanol, formaldehyde, and formate by DU VIGNEAUD, RACHELE, VERLY and coworkers.

In their first study with methanol DU VIGNEAUD, VERLY, WILSON, RACHELE, RESSLER, and KINNEY (1951) used a mixture of $C^{14}H_3OH$ plus CD_3OD. The D:C^{14} ratio in the methyl group of the choline isolated was found to be only about *one-fourth* to one-third of the D:C^{14} ratio present in the injected methanol. It was concluded therefore that the methyl radical in methanol is converted to the methyl groups of choline via "formate" during which process carbon-bound deuterium is partially lost. This experiment was then repeated by administering a mixture of $C^{14}H_3OH$, CD_3OH, and CH_2TOH. (VERLY, RACHELE, DU VIGNEAUD, EIDINOFF, and KNOLL, 1952). Confirming the results of the first deuterio-methanol experiment, the D:C^{14} ratio in the isolated choline was found to be only about one-fourth of the D:C^{14} ratio of the administered methanol. However, the ratio of T to C^{14} in the choline methyl group was almost three-fourths of that in the administered methanol. Here was still another example of how one might arrive at totally different interpretations of possible oxidative pathways depending on the mass of the H isotope used as the label. In the case of CD_3OH it would appear that two or more of the C-bound D atoms had been lost during the conversion of the methanol to choline-methyl. This would imply that the methanol had been oxidized as far as formate, and in some instances to CO_2, before undergoing subsequent reduction to yield a choline methyl group. In the case of CH_2TOH on the other hand, where very few T atoms were lost, the result could be interpreted as meaning that the methanol had only been oxidized to the formaldehyde level, or, alternatively, that it had been converted to formate with a selective loss of H and a retention of T.

Feeling that the previous triple mixture experiment was not properly controlled in that a —CD_3 methanol had been compared with a —CH_2T methanol, RACHELE, KUCHINSKAS, KNOLL, and EIDINOFF (1954) next administered a mixture of $C^{14}H_3OH$, CH_2DOH, and CH_2TOH to a rat and again isolated the tissue choline. The D:C^{14} ratio in the methyl groups was increased and approached the

T:C^{14} ratio suggesting that formaldehyde was an intermediate in the conversion of both CH_2DOH and CH_2TOH to choline methyl. As already mentioned the alternative was a selective removal of H in both cases with the production of formate. As the authors pointed out, "In view of the large degree of selection among the hydrogen isotopes during these metabolic reactions, it is not possible from the type of experimentation employed in the present or the previous isotopic studies, to make an unequivocal deduction with regard to a particular intermediate."

Mixed labelled formaldehydes, DCDO plus $HC^{14}DO$, and also intramolecularly labelled formaldehyde, $DC^{14}DO$, have recently been studied as precursors of the methyl groups of choline and creatine (LOWY, BROWN, and RACHELE, 1956; RACHELE, WHITE, and GRÜNEWALD, 1957). In both cases the D:C^{14} ratio in the isolated methyl groups, was found to be one-half of the ratio in the administered compounds, indicating that the formaldehyde had been oxidized to the level of "formate" during its conversion to a methyl group.

$$C^{14}D_2O \rightarrow DC^{14}OOH \rightarrow \cdot C^{14}DH_2 \quad (\nearrow D,\ \searrow 2H)$$

The metabolism of methionine-$C^{14}D_3$ also has been examined in the whole animal. The rate of oxidation to carbon dioxide of the intramolecularly labelled methyl group was found to be only 60—80 per cent of the protium species, clearly demonstrating an isotope effect (RACHELE, KUCHINSKAS, KRATZER, and DU VIGNEAUD, 1955). The methionine-$C^{14}D_3$ was then tested for transmethylation, and the methyl groups of the isolated choline and creatine were found to have the same ratio of D:C^{14} as the administered methionine (DU VIGNEAUD, RACHELE, and WHITE, 1956). Similar results had been obtained earlier by KELLER, RACHELE, and DU VIGNEAUD in 1949 employing a mixture of methionine-CD_3 and methionine-$C^{14}H_3$. These findings therefore confirmed the original deuterium experiments of DU VIGNEAUD and coworkers (1941) which showed that the methyl group of methionine is moved as a unit in the synthesis of choline and creatine.

Summary

The use of D and C^{14} as tracers in the investigation of methyl metabolism in mammals has demonstrated a cyclic series of reactions in which methyl groups are transferred as a unit, oxidized to formaldehyde and formate, and synthesized from one-carbon compounds.

In the one-carbon cycle the transmethylation reactions are as follows:

Betaine + Homocysteine → Methionine + Dimethylglycine

Methionine + Aminoethanol → Choline + Homocysteine

Monomethyl and dimethylaminoethanol are intermediates in the synthesis of choline.

The one-carbon cycle includes two reactions for the catabolism of methyl groups, and in both cases these reactions take place in the mitochondria:

Dimethylglycine → Sarcosine + active formaldehyde

Sarcosine → Glycine + active formaldehyde

Active formaldehyde may be converted by mitochondria to the β-carbon of serine, or alternatively to free formaldehyde and formate.

Biologically labile methyl groups may be synthesized from formate and from the β-carbon of serine. The precursors of these two one-carbon entities, which include methyl groups themselves, also contribute to methyl synthesis in the body.

An isotope effect on oxidative reactions both at the enzyme level and in the intact animal has been demonstrated with substrates labelled in the methyl group with deuterium or tritium. The isotope effect, which is manifest by a decrease in the rate of dehydrogenation, appears to be due to an increase in energy of activation and to a decrease in binding forces between substrate and enzyme. On the other hand, D has no significant effect on the rates of transmethylation reactions or C—C bonding reactions.

Addendum added in proof: More recent work in this laboratory (D. D. HOSKINS and C. G. MACKENZIE) has demonstrated that sarcosine dehydrogenase and dimethylglycine dehydrogenase can be solubilized from mitochondria by sonic oscillation and also that both enzymes show a requirement for flavin adenine dlnucleotide. Furthermore, the oxidation of sarcosine-CD_3 with the soluble preparation exhibits the same isotope effect as was observed in the intact mitochondria. It now becomes possible to examine separately the kinetics of the isotope effect on the enzyme binding of substrate and inhibitors and on the subsequent H transfer reactions.

References

ABELES, R. H.: Dual nature of isotope effect in metabolism of sarcosine-CD_3. Fed. Proc. **14**, 170 (1955).

ARNSTEIN, H. R. V.: The biosynthesis of choline methyl groups in the rat. Biochem. J. **47**, XVIII (1950).

— The biosynthesis of choline methyl groups by the rat. Biochem. J. **48**, 27 (1951).

— and A. NEUBERGER: The effect of cobalamin on the quantitative utilization of serine, glycine, and formate for the synthesis of choline and methyl groups of methionine. Biochem. J. **55**, 259 (1953).

AXELROD, J., and R. TOMCHICK: Enzymatic 0-methylation of epinephrine and other catechols. J. biol. Chem. **233**, 702 (1958).

BENNETT, M. A.: Utilization of homocystine for growth in presence of vitamin B_{12} and folic acid. J. biol. Chem. **187**, 751 (1950).

BERG, P.: Synthesis of labile methyl groups by guinea pig tissue in vitro. J. biol. Chem. **190**, 31 (1951).

BORSOOK, H., and J. W. DUBNOFF: The formation of creatine from glycocyamine in the liver. J. biol. Chem. **132**, 559 (1940).

CANELLAKIS, E. S., and H. TARVER: Studies on protein synthesis in vitro. IX. Concerning the apparent uptake of methionine by particulate preparations from liver. Arch. Biochem. **42**, 387 (1953).

— — The metabolism of methyl mercaptan in the intact animal. Arch. Biochem. **42**, 446 (1953).

CANTONI, G. L.: S-Adenosylmethionine; a new intermediate formed enzymatically from L-methionine and adenosinetriphosphate. J. biol. Chem. **204**, 403 (1953).

DUBNOFF, J. W.: The role of choline oxidase in labilizing choline methyl. Arch. Biochem. **24**, 251 (1949).

ELWYN, D., and D. B. SPRINSON: The extensive synthesis of the methyl groups of thymine in the adult rat. J. Amer. chem. Soc. **72**, 3317 (1950).

— A. WEISSBACH, and D. B. SPRINSON: The synthesis of methyl groups from serine and its bearing on the metabolism of one-carbon fragments. J. Amer. chem. Soc. **73**, 5509 (1951).

— — S. S. HENRY, and D. B. SPRINSON: The biosynthesis of choline from serine and related compounds. J. biol. Chem. **213**, 281 (1955).

ERLENMEYER, H., W. SCHOENAUER, and H. SÜLLMANN: Chemical and biochemical dehydrogenation of an ethane-α,d,α^1-d-dicarboxylic acid. Helv. chim. Acta **19**, 1376 (1936).

EYRING, H., and A. SHERMAN: Theoretical considerations concerning the separation of isotopes. J. chem. Phys. **1**, 345 (1933).

FRISELL, W. R., and C. G. MACKENZIE: The binding sites of sarcosine oxidase. J. biol. Chem. **217**, 275 (1955).

GREENBERG, G. R., and L. JAENICKE: On the activation of the one-carbon unit for the biosynthesis of purine nucleotides. In chemistry and biology of purines, WOLSTENHOLME, G. E. W., and C. M. O'CONNER, Eds. 204. Boston: Little, Brown 1957.

HOFMEISTER, F.: Über Methylierung im Tierkörper. Naunyn-Schmiedebergs Arch. exp. Path. Pharmak. **33**, 198 (1894).

HORNER, W. H., and C. G. MACKENZIE: The biological formation of sarcosine. J. biol. Chem. **187**, 15 (1950).
HUENNEKENS, F. M., M. J. OSBORN, and H. R. WHITELEY: Folic acid coenzymes. Science **128**, 120 (1958).
JOHNSTON, J. M., and C. G. MACKENZIE: Isolation of radioformaldehyde in the metabolism of dimethylaminoethanol-$C^{14}H_3$. J. biol. Chem. **221**, 301 (1956).
JONSSON, S., and W. A. MOSHER: The in vivo synthesis of labile methyl groups. J. Amer. chem. Soc. **72**, 3316 (1950).
JUKES, T. H., and E. L. R. STOKSTAD: The role of vitamin B_{12} in metabolic processes. Vitam. and Horm. **9**, 1 (1951).
KELLER, E. B., R. A. BOISSONNAS, and V. DU VIGNEAUD: The origin of the methyl group of epinephrine. J. biol. Chem. **183**, 627 (1950).
— J. R. RACHELE, and V. DU VIGNEAUD: A study of transmethylation with methionine containing deuterium and C^{14} in the methyl group. J. biol. Chem. **177**, 733 (1949).
KRUHØFFER, P.: On the role played by formate in serine biosynthesis. Biochem. J. **48**, 604 (1951).
LOWY, B. A., G. B. BROWN, and J. R. RACHELE: A study of formaldehyde-C^{14}, D_2 as a one-carbon metabolite in the rat. J. biol. Chem. **220**, 325 (1956).
MACKENZIE, C. G.: Biological antioxidants. Transactions of the fourth conference. New York: Josiah Macy, jr. Foundation **1950**.
— Formation of formaldehyde and formate in the biooxidation of the methyl group. J. biol. Chem. **186**, 351 (1950).
— Conversion of N-methylglycines to active formaldehyde and serine, in amino acid metabolism. MCELROY, W. D., and B. GLASS, Eds. 702. Baltimore: The Johns Hopkins Press **1955**.
— and R. H. ABELES: Production of active formaldehyde in the mitochondrial oxidation of sarcosine-CD_3. J. biol. Chem. **222**, 145 (1956).
— J. P. CHANDLER, E. B. KELLER, J. R. RACHELE, N. CROSS, D. B. MELVILLE, and V. DU VIGNEAUD: The demonstration of the oxidation in vivo of the methyl group of methionine. J. biol. Chem. **169**, 757 (1947).
— — — — — and V. DU VIGNEAUD: The oxidation and distribution of the methyl group administerred as methionine. J. biol. Chem. **180**, 199 (1949).
— and W. R. FRISELL: The metabolism of dimethylglycine by liver mitochondria. J. biol. Chem. **232**, 417 (1958).
— J. M. JOHNSTON, and W. R. FRISELL: The isolation of formaldehyde from dimethylaminoethanol, dimethylglycine, sarcosine, and methanol. J. biol. Chem. **203**, 743 (1953).
— J. R. RACHELE, N. CROSS, J. P. CHANDLER, and V. DU VIGNEAUD: A study of the rate of oxidation of the methyl group of dietary methionine. J. biol. Chem. **183**, 617 (1950).
— and V. DU VIGNEAUD: Effect of choline and cystine on the oxidation of the methyl group of methionine. J. biol. Chem. **195**, 487 (1952).
MELVILLE, D. B., J. R. RACHELE, and E. B. KELLER: A synthesis of methionine containing radio-carbon in the methyl group. J. biol. Chem. **169**, 419 (1947).
MICHAELIS, L., and M. L. MENTEN: Die Kinetik der Invertinwirkung. Biochem. Z. **49**, 333 (1913).
MITOMA, C., and D. M. GREENBERG: Precursors of beta carbon of serine and of methionine methyl group. Fed. Proc. **10**, 225 (1951).
— — Studies on the mechanism of the biosynthesis of serine. J. biol. Chem. **196**, 599 (1952).
MUNTZ, J. A.: The inability of choline to transfer a methyl group directly to homocysteine for methionine formation. J. biol. Chem. **182**, 489 (1950).
PILGERAM, L. O., E. M. GAL, E. N. SASSENRATH, and D. M. GREENBERG: Metabolic studies with ethanolamine-1,2-C^{14}. J. biol. Chem. **204**, 367 (1953).
PLAUT, G. W. E., J. J. BETHEIL, and H. A. LARDY: The relationship of folic acid to formate metabolism in the rat. J. biol. Chem. **184**, 795 (1950).
RACHELE, J. R., and H. AEBI: Methyl synthesis in the rat from formate intramolecularly labeled with C^{14} and deuterium. Fed. Proc. **15**, 333 (1956).
— E. J. KUCHINSKAS, J. E. KNOLL, and M. L. EIDINOFF: Isotopic selection in the neogenesis of labile methyl groups from monodeuterio-, monotritio-, C^{14}-labelled methanol. J. Amer. chem. Soc. **76**, 4342 (1954).
— — F. H. KRATZER, and V. DU VIGNEAUD: Hydrogen isotope effect in the oxidation in vivo of methionine labelled in the methyl group. J. biol. Chem. **215**, 593 (1955).
— A. M. WHITE, and H. GRÜNEWALD: Biosynthesis of labile methyl groups and of serine from intramolecularly labeled formaldehyde-C^{14}, D_2, abstracts. Amer. chem. Soc. 57C, 132nd Meeting, New York, September **1957**.
RESSLER, C., J. R. RACHELE, and V. DU VIGNEAUD: Studies in vivo on labile methyl synthesis with deuterio-C^{14}-formate. J. biol. Chem. **197**, 1 (1952).

Sakami, W.: The conversion of formate and glycine to serine and glycogen in the intact rat. J. biol. Chem. **176**, 995 (1948).
— The conversion of glycine into serine in the intact rat. J. biol. Chem. **178**, 519 (1949).
— The formation of the β-carbon of serine from choline methyl groups. J. biol. Chem. **179**, 495 (1949).
— The biochemical relationship between glycine and serine, in amino acid metabolism. McElroy, W. D., and B. Glass, Eds. 658. Baltimore: Johns Hopkins Press **1955**.
— and A. D. Welch: Synthesis of labile methyl groups by the rat in vivo and in vitro. J. biol. Chem. **187**, 379 (1950).
Schenck, J. R., S. Simmonds, M. Cohn, C. M. Stevens, and V. du Vigneaud: The relation of transmethylation to anserine. J. biol. Chem. **149**, 355 (1943).
Siegel, I., and J. Lafaye: Formation of the β-carbon of serine from formaldehyde. Proc. Soc. exp. Biol. (N. Y.) **74**, 620 (1950).
Siekevitz, P., and D. M. Greenberg: The biological formation of formate from methyl compounds in liver slices. J. biol. Chem. **186**, 275 (1950).
— T. Winnick, and D. M. Greenberg: The biological synthesis of serine from glycine. Fed. Proc. **8**, 250 (1949).
Simmonds, S., M. Cohn, J. P. Chandler, and V. du Vigneaud: The utilization of the methyl groups of choline in the biological synthesis of methionine. J. biol. Chem. **149**, 519 (1943).
— and V. du Vigneaud: A further study of the lability of the methyl group of creatine. Proc. Soc. exp. Biol. (N. Y.) **59**, 293 (1945).
Sprinson, D. B.: The formation of C_1 fragments from serine, in amino acid metabolism. McElroy, W. D., and B. Glass, Eds. 608, Baltimore: Johns Hopkins Press **1955**.
Stekol, J. A., K. W. Weiss, and S. Weiss: Role of folacine and vitamin B_{12} in synthesis and utilization of choline by the rat as studied with C-14-glycine, formate, and methionine. Fed. Proc. **10**, 252 (1951).
— S. Weiss, and E. I. Anderson: On the origin of the methyl groups of phospholipid choline in the rat. J. Amer. chem. Soc. **77**, 5192 (1955).
Stetten, D. jr.: Biological relationships of choline, ethanolamine, and related compounds. J. biol. Chem. **138**, 437 (1941).
— Biological relationships of choline, ethanolamine, and related compounds. J. biol. Chem. **140**, 143 (1941).
Thorn, M. B.: Studies on the enzymic oxidation of succinic acid containing deuterium in the methylene groups. Biochem. J. **49**, 602 (1951).
Toennies, G., M. A. Bennett, and G. Medes: The ability of homocystine to support rat growth in the absence of dietary choline and methionine. Growth **7**, 251 (1943).
Verly, W. G., J. R. Rachele, V. du Vigneaud, M. L. Eidinoff, and J. E. Knoll: A test of tritium as a labeling device in a biological study. J. Amer. chem. Soc. **74**, 5941 (1952).
Vigneaud, V. du, J. P. Chandler, M. Cohn, and G. B. Brown: The transfer of the methyl group from methionine to choline and creatine. J. biol. Chem. **134**, 787 (1940).
— — and A. W. Moyer: The inability of creatine and creatinine to enter into transmethylation in vivo. J. biol. Chem. **139**, 917 (1941).
— — — and D. M. Keppel: The ability of homocystine plus choline to support growth of the white rat on a methionine-free diet. Proc. Amer. Soc. Biol. Chem., J. biol. Chem. **128**, CVIII (1939).
— — — — The effect of choline on the ability of homocystine to replace methionine in the diet. J. biol. Chem. **131**, 57 (1939).
— — S. Simmonds, A. W. Moyer, and M. Cohn: The role of dimethyl- and monomethyl-amino-ethanol in transmethylation reactions in vivo. J. biol. Chem. **164**, 603 (1946).
— M. Cohn, J. P. Chandler, J. R. Schenck, and S. Simmonds: The utilization of the methyl group of methionine in the biological synthesis of choline and creatine. J. biol. Chem. **140**, 1625 (1941).
— J. M. Kinney, J. E. Wilson, and J. R. Rachele: Effect of the presence of labile methyl groups in the diet on labile methyl neogenesis. Biochem. biophys. Acta **12**, 88 (1953).
— J. R. Rachele, and A. M. White: A crucial test of transmethylation in vivo by intramolecular isotopic labeling. J. Amer. chem. Soc. **78**, 5131 (1956).
— C. Ressler, and J. R. Rachele: The biological synthesis of "labile methyl groups". Science **112**, 267 (1950).
— — — J. A. Reyniers, and T. D. Luckey: The synthesis of "biologically labile" methyl groups in the germ-free rat. J. Nutr. **45**, 361 (1951).
— S. Simmonds, J. P. Chandler, and M. Cohn: Synthesis of labile methyl groups in the white rat. J. biol. Chem. **159**, 755 (1945).
— — — — A further investigation of the role of betaine in transmethylation reactions in vivo. J. biol. Chem. **165**, 639 (1946).
— — and M. Cohn: A further investigation of the ability of sarcosine to serve as a labile methyl donor. J. biol. Chem. **166**, 47 (1946).

Vigneaud, V. du, and W. G. L. Verly: Incorporation in vivo of C^{14} from labeled methanol into the methyl groups of choline. J. Amer. chem. Soc. **72**, 1049 (1950).
— — J. E. Wilson, J. R. Rachele, C. Ressler, and J. M. Kinney: One-carbon compounds in the biosynthesis of the "biologically labile" methyl group. J. Amer. chem. Soc. **73**, 2782 (1951).
Weissbach, A., D. Elwyn, and D. B. Sprinson: The synthesis of the methyl groups and ethanolamine moiety of choline from serine and glycine in the rat. J. Amer. chem. Soc. **72**, 3316 (1950).
Welch, A. D., and W. Sakami: Synthesis of labile methyl groups by animal tissues in vivo and in vitro. Fed. Proc. **9**, 245 (1950).
Willstätter, R.: Über Betaine. Ber. dtsch. chem. Ges. **35**, 1584 (1902).

The use of isotope technique in studies of purine and pyrimidine metabolism

By

Charles E. Carter

Recent research in purine and pyrimidine metabolism has been characterized by fractionation of enyzmes and identification of the reactants in the stepwise processes of biosynthesis. Isotope techniques have played a part in these investigations but, in contrast to an earlier period when the physiological disposition of a labeled compound was predominantly employed to trace a path of biosynthesis, evidence now comes mainly from experimentation with purified enzymes and defined reactants. Isotopically labeled compounds are used with increasing frequency to determine the mechanism of a reaction thus established. One might look forward to another phase in the application of isotope techniques to studies of purine and pyrimidine metabolism which will confront the problem of molecular behavior in steady state systems of integrated biological processes.

In this paper application of isotope techniques to some problems of contemporary importance in purine and pyrimidine metabolism will be discussed. This objective precludes an adequate historical development of the subjects and emphasizes current investigations.

Although no single enzymatic reaction occupies a dominant position in the development of purine and pyrimidine metabolism, certainly the 5-phosphoribosylpyrophosphorylase reaction discovered by KORNBERG, LIEBERMAN, and SIMS (1955) and independently described by REMY, REMY and BUCHANAN (1955) was historically the key to the systematic description of enzymatic events in nucleotide metabolism. KHORANA, FERNANDEZ and KORNBERG (1958) have recently established, through the use of P^{32} labeled reactants, that the synthesis of 5-phosphoribosyl-1-pyrophosphate (PRPP) involves a pyrophosphate transfer from ATP in the presence of purified pigeon liver enzyme to the C-1 position of ribose-5-phosphate. The reaction is formulated as a nucleophilic attack of C-1 hydroxyl of ribose 5-phosphate on the middle P atom of ATP.

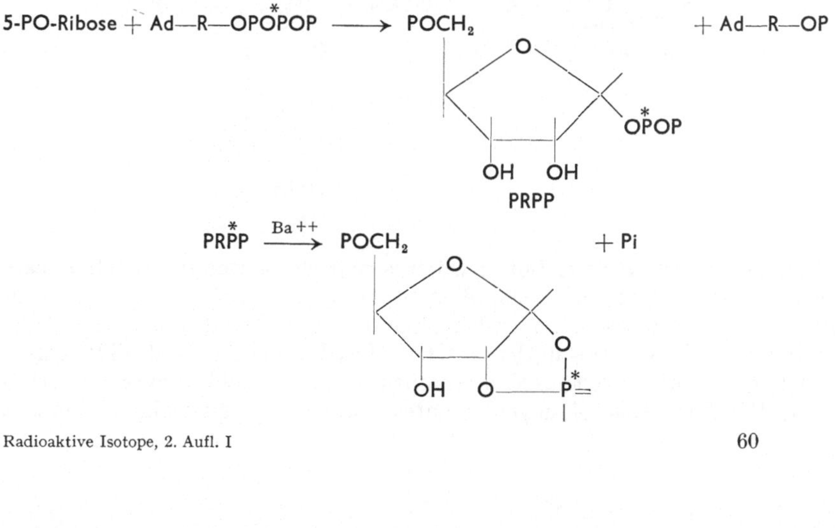

5-PO-Ribose + Ad—R—OPO$\overset{*}{\text{P}}$OP ⟶ POCH₂ (ribose ring: O; C-1 —O$\overset{*}{\text{P}}$OP; OH OH) + Ad—R—OP

PRPP (1)

PR$\overset{*}{\text{P}}$P $\xrightarrow{Ba^{++}}$ POCH₂ (ribose ring: O; C-1 —O—$\overset{*}{\text{P}}$= bridged to C-2 —O; OH) + Pi

When ATP labeled with P^{32} in the middle phosphorus atom is utilized in the synthesis of PRPP, and the labeled product degraded by a base catalyzed reaction, the resultant 5-phosphoribosyl 1,2-cyclic phosphate contains the isotope in the cyclic phosphate group. This evidence excludes a two step monophosphate kinase mechanism and confirms a transfer of an intact pyrophosphate group from ATP to ribose 5-phosphate. As pointed out earlier by REMY, REMY and BUCHANAN (1955), the cyclic phosphate ester is compatible only with the α configuration at C-1 and this is borne out by the synthesis of 5-phosphoribosylpyrophosphate of α configuration by TENER and KHORANA (1958) and proof of its identity with the naturally occurring compound.

In purine biosynthesis the sequential development of the heterocyclic structure departs from a reaction between glutamine and PRPP described by GOLDTHWAIT, PEABODY and GREENBERG (1955), which results in the formation of 5-phosphoribosyl 1-amine. Ribose 5-phosphate in liquid ammonia was employed by GOLDTHWAIT (1956) to synthesize a compound of this structure.

$$5\ \text{PO—Ribose—OPOP} + \text{Glutamine} \rightarrow 5\ \text{PO—Ribose—NH}_2 + \text{Glutamic Acid} + \text{POP} \quad (2)$$

Although 5-phosphoribosylamine has not been isolated from enzymatic reactions or from tissues, the ability of the synthetic product to participate in the subsequent reactions of purine biosynthesis is accepted as sufficient evidence for the proposed structure. HARTMAN and BUCHANAN (1958) studied the enzymatic synthesis of 5-phosphoribosylamine and determined that the reaction represented in equation *2* is irreversible. Glutamic acid labeled with C^{14} and pyrophosphate P^{32} do not equilibrate with glutamine and PRPP. The reaction is designated 5-phosphoribosylpyrophosphate amidotransferase and the mechanism proposed is a nucleophilic attack by the amide nitrogen of glutamine upon C-1 of PRPP. In light of the findings with isotopically labeled reactants, this reaction is viewed as a concerted mechanism which does not involve an intermediary glutamyl derivative.

The recognition of a ribosyl-5-phosphate derivative of glycinamide as a purine precursor came from GOLDTHWAIT, PEABODY and GREENBERG's (1954, 1956) studies with glycine-C^{14} in pigeon liver extracts capable of synthesizing inosinic acid. A recent investigation of the enzymatic synthesis of the glycinamide nucleotide (GAR), 2-amino-N-ribosylacetamide-5'-phosphate (equation 3), by HARTMAN and BUCHANAN (1958) places this reaction in a group which require

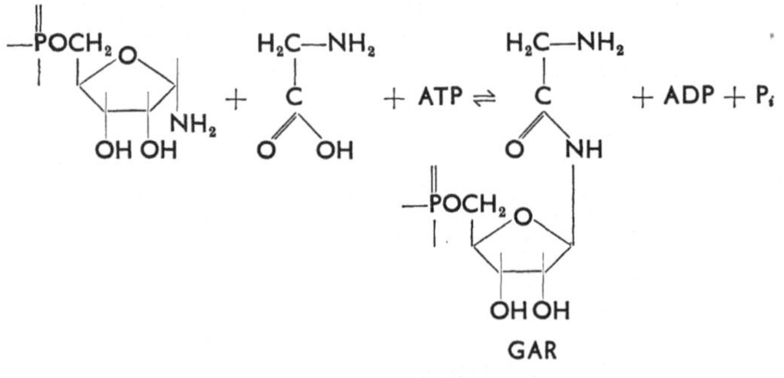

$$\text{—POCH}_2\text{-Ribose(OH, OH)-NH}_2 + \text{H}_2\text{C—NH}_2\text{—C(=O)OH} + \text{ATP} \rightleftharpoons \text{H}_2\text{C—NH}_2\text{—C(=O)—NH—Ribose(OH, OH)—CH}_2\text{OP—} + \text{ADP} + \text{P}_i \quad (3)$$

GAR

ATP for carboxyl activation, but in which a phosphorylated intermediate cannot be demonstrated; reactions exemplified by glutamine synthesis and glutathione synthesis. In these reactions carboxyl activations are demonstrated by the formation of hydroxamates in the presence of hydroxylamine and ATP. This is in contrast to the other recognized mechanism of amino acid carboxyl activation, namely, the formation of acyladenylates through pyrophosphate elimination reactions with ATP described by BERG (1958). The products of the utilization of ATP in glycine activation are ADP and inorganic phosphate. Reversibility of the reaction was demonstrated by the formation of both the carboxyl and amino reactant from GAR, but only in the presence of ADP and inorganic phosphate or arsenate. Similarly, inorganic P^{32}-phosphate exchange with ATP occurred only if both carboxyl and amino reactants were present. An additional piece of evidence which established the correspondence of the GAR synthetic reaction to glutamine synthesis was obtained by HARTMAN and BUCHANAN (1958) from experiments in which O^{18} labeled inorganic phosphate was incubated with ADP and GAR in the presence of enzyme. Upon equilibration the O^{18} was found without significant dilution in the carboxyl group of glycine, a finding which excludes carboxyl activation through the formation of glycyl adenylate. A concerted one step mechanism for the reaction is proposed on the basis of these findings which precludes covalent enzyme substrate compounds or free carboxyl phosphate intermediates. To differentiate this class of reactions from the ATP kinase which, as in the case of hexokinase, lead to the synthesis of a phosphorylated compound, HARTMAN and BUCHANAN (1958) have suggested that the term "kinosynthase" be applied to enzymatic reactions where ATP is involved, ADP and inorganic phosphate are the products, and no phosphorylated intermediate can be isolated.

The formylation of the amino group of glycinamide ribosyl phosphate was shown in GREENBERG and BUCHANAN's laboratory to take place in pigeon liver enzyme systems incubated with radioactive formate, tetrahydrofolic acid and ATP. Subsequently, it was found that N^5, N^{10}-anhydroformyltetrahydrofolic acid is the coenzymatically active formylating agent and that for its formation ATP is required. This formylation reaction has recently been studied by WARREN and BUCHANAN (1957) in a purified chicken liver enzyme system (equation 4).

$$N^5\,N^{10}\text{-Anhydroformyl-THFA} + \text{GAR} + H_2O \rightarrow \text{FGAR} + \text{THFA} \qquad (4)$$

Although the early recognition of these compounds involved the use of isotopes, the reactions conducted in purified systems permitted chemical determination of reactants. Tetrahydrofolic acid, which is labile under these conditions, gives rise to p-aminobenzoylglutamic acid in amounts stoichiometrically equivalent to the 2-formylamino-N-ribosyl acetamide 5'-phosphate (FGAR) formed. The determination of acetylatable diazotizable amine can then be used to assess the extent of the formylation reaction.

BUCHANAN and his coworkers have found that the transformation of the aliphatic ribosyl phosphate to imidazole ribosyl phosphate involves two enzymatic reactions which are catalyzed by purified pigeon liver enzymes. The first, represented in equation 5, was shown by MELNICK and BUCHANAN (1957) to be an ATP dependent amidination of 2-formyl-N-ribosyl acetamide 5'-phosphate which utilized

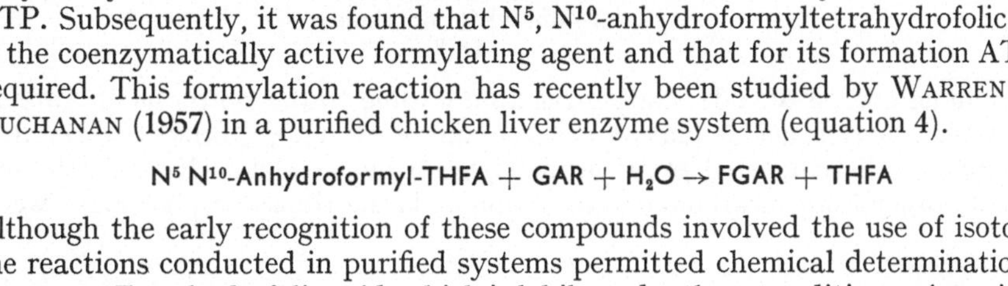
Azaserine
Block
FGAR + Glutamine + ATP
H
H₂C—N—CHO
C
HN NH
R5'—P
FGAM
+ Glutamic + ADP + Pi
(5)

the amide group of glutamine. The mechanism of this reaction has not been studied, but the products of the reaction are ADP, glutamic acid and inorganic phosphate. A phosphorylated intermediate has not been demonstrated. Of considerable interest to chemotherapy and of equal importance for detection and isolation of the foregoing aliphatic intermediates of purine biosynthesis was the finding of LEVENBERG, MELNICK and BUCHANAN (1957) that azaserine blocked the amidination reaction (equation 5) and acted as a competitive inhibitor with respect to glutamine. The K_M for glutamine was estimated to be 6.2×10^{-4} and the K_I for azaserine, 3.4×10^{-5}. These observations accounted for the accumulation of 2-formylamino-N-ribosyl acetamide 5'-phosphate in purified pigeon liver fractions when azaserine was added to appropriate substrate mixtures. The synthesis of 5-aminoimidazole ribosyl phosphate from the aliphatic amidine precursor was found to be ATP dependent and was accomplished by a separate enzyme partially purified by LEVENBERG and BUCHANAN (1957) (equation 6). The aminoimidazole nucleotide was characterized by a Bratton-Marshall arylamine reaction product with maximum absorption at 500 mμ, and the aglycone was identified by chemical conversion to 5-ureido imidazole picrate.

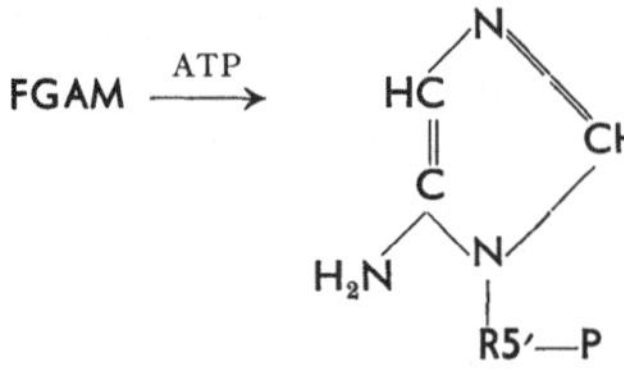

FGAM $\xrightarrow{ATP}$ [structure: HC=C(H₂N)–N(R5'—P)–CH=N– ring] (6)

5-Aminoimidazole
Ribosyl 5'-Phosphate
(AIR)

A unique carbon dioxide fixation reaction leading to the synthesis of aminoimidazole carboxylic acid (equation 7) was found by MILLER, LUKENS and BUCHANAN (1957) to be catalyzed by a purified pigeon liver enzyme. No cofactors or reactants other than bicarbonate and aminoimidazole ribosyl 5-phosphate were

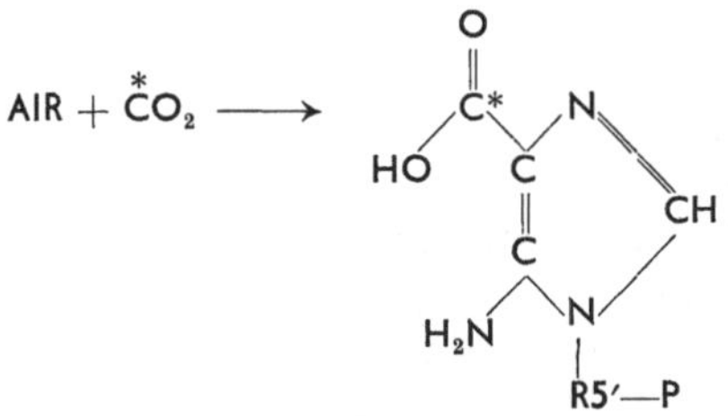

AIR + $\overset{*}{C}O_2$ ⟶ [structure: HO–C*(=O)–C=C(H₂N)–N(R5'—P)–CH=N– ring] (7)

5-amino 4-imidazole carboxylic
acid ribosyl 5'-phosphate

detected. With radioactive bicarbonate it was shown that CO_2 entered the product, 5-amino, 4-imidazole carboxylic acid ribosyl 5'-phosphate without dilution. The imidazole carboxylate product, in contrast to its precursor, has an absorption maximum at 265 mμ at pH 7.0 which facilitates assay of the reaction.

Historically, no compound has played a more important role than 5-amino, 4-imidazole carboxamide ribosyl 5'-phosphate in the development of a detailed knowledge of purine biosynthesis. With SHIVE's identification of the aglycone as the diazotizable amine which accumulated during sulfonamide bacteriostasis in E. coli, it became the first recognized intermediate in purine biosynthesis, and has remained the focal point of many subsequent investigations. Only recently has the synthesis of this compound been clarified by the work of BUCHANAN's laboratory. An aspartic acid condensation reaction, similar to that described by RATNER (1954) for the synthesis of argininosuccinate from citrulline and aspartic acid, was found by LUKENS and BUCHANAN (1957) in a purified pigeon liver enzyme system to produce an analogous N-succinocarboxamide nucleotide. The system required 5-amino 4-imidazole carboxylate nucleotide, aspartic acid and ATP. In contrast to the argininosuccinate reaction described by RATNER, the products of ATP participation were ADP and inorganic phosphate. RATNER and PETRACK have shown

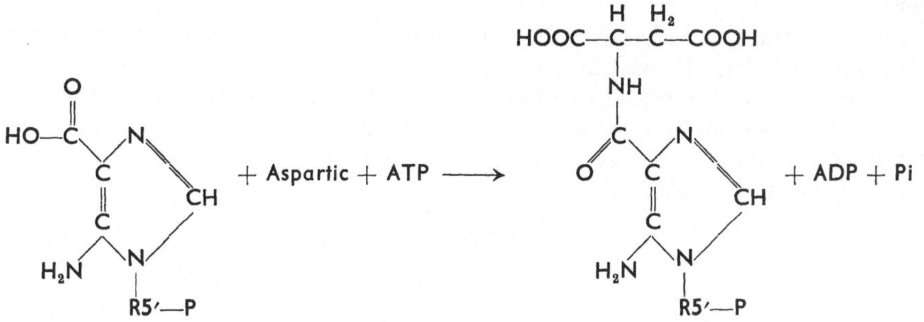

+ Aspartic + ATP ⟶ + ADP + Pi (8)

5-Amino-4-Imidazole-
N-Succinocarboxamide Ribosyl 5′-Phosphate
(SAICAR)

(1956) that the citrulline-aspartic acid condensation reaction, which required ATP, yields AMP and pyrophosphate and that the reaction is reversible. Cleavage of the N-succinocarboxamide to yield 5-amino, 4-imidazole carboxamide ribosyl 5′-phosphate and fumaric acid is similar to RATNER's argininosuccinase reaction and, as shown in equation 9, is a reversible reaction of the aspartase type.

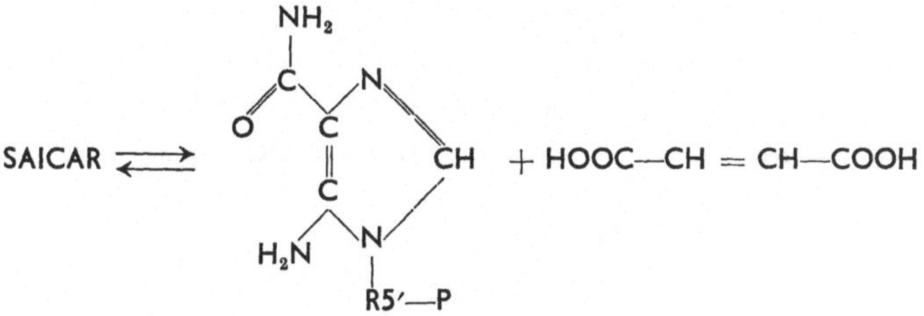

SAICAR ⇄ + HOOC—CH = CH—COOH (9)

5-Amino 4-Imidazole
Carboxamide Ribosyl 5′-Phosphate
(AICAR)

GREENBERG and BUCHANAN had earlier shown that a folic acid dependent formylation reaction transformed the imidazole carboxamide to inosinic acid. This reaction has now been resolved into two steps by FLAKS and coworkers (1957). As shown in equation 10, N^{10}-formyltetrahydrofolic acid donates a formyl

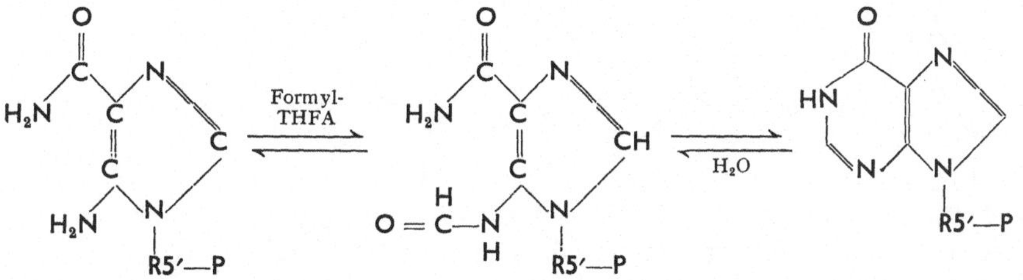

Formyl-THFA ⇄ ⇄ H_2O (10)

5-Amino-
4-Imidazole Carboxamide-
Ribosyl 5′-Phosphate

Inosinic Acid

group to the 5-amino position of the imidazole precursor to yield 5-formamido 4-imidazole carboxamide ribosyl 5'-phosphate. A subsequent enzymatic reaction (inosinicase) dehydrates this compound and closes the ring to yield inosinic acid. The formamido compound does not accumulate in the overall biosynthesis, but presumptive evidence for its independent formation is afforded by an enzyme fractionation which yielded a three fold enrichment of transformylase activity.

The biosynthesis of adenine and guanine is achieved by separate enzymatic mechanisms utilizing different amino donors, but both routes of synthesis depart from inosinic acid. LIEBERMAN (1956) purified an enzyme from E. coli which effected the transformation of inosinic acid to adenylic acid through the reaction represented in equation 11. This reaction is similar to the previously described aspartyl condensation reactions.

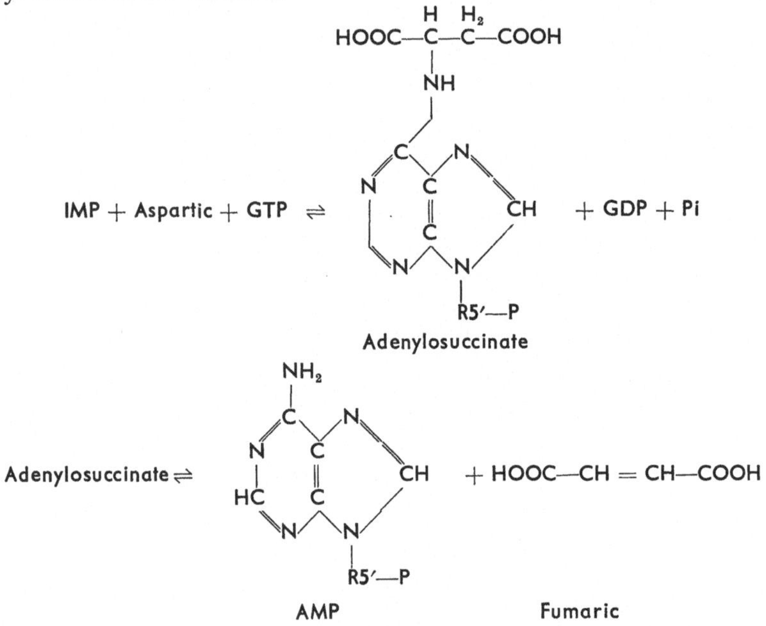

H H₂
HOOC—C—C—COOH
NH
IMP + Aspartic + GTP ⇌ [purine ring: C, N, C, CH, C, N, N] + GDP + Pi
R5'—P
Adenylosuccinate (11)

NH₂
Adenylosuccinate ⇌ [purine ring: C, N, N, C, CH, HC, C, N, N] + HOOC—CH = CH—COOH
R5'—P
AMP Fumaric

However, in the synthesis of adenylosuccinate, GTP is required and GDP and inorganic phosphate are the products. Reversibility of the reaction was demonstrated by P^{32}-inorganic phosphate exchange into GTP. Through the use of O^{18} labeled inosinic acid, prepared by the deamination of adenylic acid in the presence

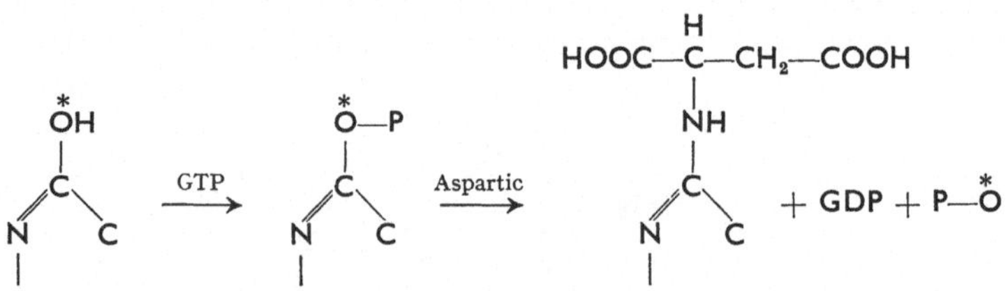

H
HOOC—C—CH₂—COOH
*OH *O—P NH
C —GTP→ C —Aspartic→ C + GDP + P—*O (12)
N C N C N C

of H_2O^{18}, the mechanism of activation of the C-6 hydroxyl of inosinic acid represented in equation 12 was proposed. The transfer of O^{18} to the inorganic phosphate is explained by the intermediate occurrence of a transient C-6 phosphoester which activates the group and makes possible the aspartic acid condensation at C-6 with the elimination of phosphate. Adenylosuccinate, which has now been isolated from several natural sources (JOKLIK, 1957), is cleaved by an aspartase type reaction analogous to those previously discussed yielding adenylic acid and fumaric acid (equation 11) (CARTER and COHEN, 1956). A finding of considerable importance for biochemical genetics is the evidence from GILES' (1957) experiments with mutant Neurospora which shows that adenylosuccinase and the enzyme which cleaves 5-amino, 4-N-succinocarboxamide imidazole ribosyl 5'-phosphate to yield 5-amino, 4-imidazole carboxamide nucleotide are linked to the same genetic locus. Furthermore, LUKENS and BUCHANAN (1957) reported that the splitting enzyme purified from pigeon liver has the same affinity for both the imidazole and adenyl substrates.

Several workers have demonstrated the DPN linked transformation of inosinic acid to guanylic acid. MAGASANIK had shown that xanthosine accumulates in a mutant of A. *aerogenes* which could not synthesize guanine but could assimilate radioactive glycine and formate into adenine. From this organism MAGASANIK et al. (1957) purified an inosine 5'-phosphate dehydrogenase which in the presence

Inosinic Acid (R5'—P) + DPN ⟶ Xanthosinic Acid (R5'—P) + DPNH (13)

of DPN yielded xanthosine 5'-phosphate (equation 13). From pigeon liver LAGERKVIST (1958) purified a similar enzyme. The dehydrogenase reaction has a specific requirement for DPN, is irreversible, and, in the microorganism, was shown to have an obligate requirement for potassium or ammonium ions. The amination reaction, whereby xanthosine 5'-phosphate is converted to guanylic acid, differs in microorganisms and mammals with respect to the amino donor. The microbial enzyme studied by MOYED and MAGASANIK (1957) utilizes ammonia and ATP (equation14),

Xanthosine 5'-phosphate (R5'—P) + ATP + Glutamine (Mammals) / NH_3 (Bacteria) ⟶ Guanylic acid (H_2N, R5'—P) + AMP + PP + (Glutamic) (14)

whereas, the liver system requires glutamine and ATP. Both reactions yield AMP and pyrophosphate and, therefore, implicate a pyrophosphate elimination reaction in the activation of the C-2 hydroxyl. MOYED and MAGASANIK employed P^{32} labeled pyrophosphate to demonstrate the irreversibility of the amination reaction in bacteria. LAGERKVIST's investigation of the pigeon liver enzyme system, in which glutamic acid is a product, also showed irreversibility when glutamic acid-C^{14} was incubated in the complete reaction mixture. The mechanism of activation of the C-2 hydroxyl of xanthosine 5'-phosphate was studied by LAGERKVIST (1958) through employment of XMP labeled with O^{18} at the C-2 position. By a mechanism analogous to that of acetate activation by ATP, the attack by an anionic group upon the innermost phosphorus of ATP would lead to pyrophosphate elimination and the formation of an adenylate linked to the active anionic group; in the present case an adenyl C-2 ester of xanthosine 5'-phosphate. Cleavage of this group in the amide transfer from glutamine would result in the transfer of the O^{18} at C-2 of xanthosine 5′-phosphate to the phosphate group of AMP. If, on the other hand, the C-2 hydroxyl were activated by pyrophosphate, then the O^{18} would label the pyrophosphate group. In an experiment using C-2, O^{18}-XMP with 10.67 atom percent excess, the AMP was estimated to contain 1.91 and the pyrophosphate 0.08 atom percent excess O^{18}. LAGERKVIST proposed on the basis of these data an adenyl XMP (equation 15) as the intermediate, but recognized the

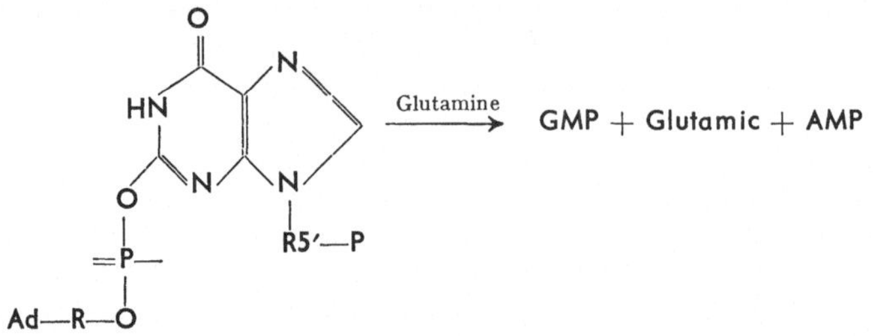

$$\text{Ad—R—O—P(=)—O—XMP (R5'—P)} \xrightarrow{\text{Glutamine}} \text{GMP} + \text{Glutamic} + \text{AMP} \qquad (15)$$

limitations of the system imposed by the presence of contaminating mononucleotide kinase reactions and a P^{32} pyrophosphate exchange reaction with ATP which is independent of the presence of other reactants.

The relationship of purines to histidine metabolism, a matter of controversy but continuing interest since HOPKIN's studies in 1911–1914, has been clarified by the recent work of MAGASANIK's laboratory. MITOMA and SNELL (1955) had shown that in L. casei grown in media lacking histidine, the 2 carbon of guanine gave rise to the ureido carbon (C-2) of the imidazole ring of histidine. NEIDLE and WAELSCH (1957) and MAGASANIK (1956) subsequently found that when guanine 1-N^{15}, 2-C^{14} was employed under restricted nutritional conditions in mutant microorganisms, the labeled N-1 and C-2 of guanine entered N-1 and C-2 of histidine. NEIDLE and WAELSCH (1956) then showed that N-3 of the imidazole ring of histidine was derived from the amide nitrogen of glutamine. Evidence for the derivation of the carbon chain of histidine from ribose was advanced by the work of AMES and MITCHELL (1955) which also established the position of imidazole glycerol phosphate as a histidine precursor. MOYED and MAGASANIK (1958) have advanced an integrated scheme of purine and imidazole relationships based on the above findings and, in addition, their discovery that in an extract of a histidineless mutant of S. typhimurum, the incubation of AMP, ribose 5-phosphate and glutamine in the presence of an ATP generating system gave rise to equimolar amounts of imidazole glycerol phosphate and 5-amino, 4-imidazole carboxamide ribosyl 5′-phosphate. The proposed intermediate which accumulated in the absence of glutamine (equation 16) is acid labile and has not been isolated. Supporting the operation of

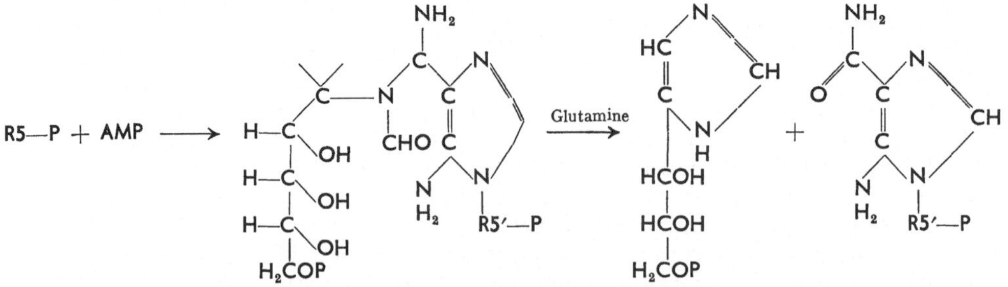

$$\text{R5—P} + \text{AMP} \longrightarrow \text{intermediate} \xrightarrow{\text{Glutamine}} \text{imidazole glycerol phosphate (H}_2\text{COP)} + \text{5-amino-4-imidazole carboxamide ribotide (R5'—P)} \qquad (16)$$

this scheme is the data obtained by MOYED and MAGASANIK (1958) employing labeled substrates and extracts of S. *typhimurum*. Ribose 5-phosphate 1-C^{14} was incorporated into imidazoleglycerol phosphate without dilution and AMP 8-C^{14}

was recovered as 5-amino 4-imidazolecarboxamide nucleotide without dilution. The 2 carbon of imidazoleglycerol phosphate was derived from AMP 2-C^{14}.

Another relationship of purine metabolism to imidazoles appeared in RABINOWITZ's (1956) description of the enzymatic process of xanthine fermentation in Clostridia. In contrast to the synthetic path, the imidazoles resulting from the anaerobic degradation of xanthine contain no ribose or phosphate. Although isotope labeling of intermediates facilitated these studies, the chemical characterization of the several compounds produced by purified enzymes has provided definitive evidence for the several reactions (equation 17).

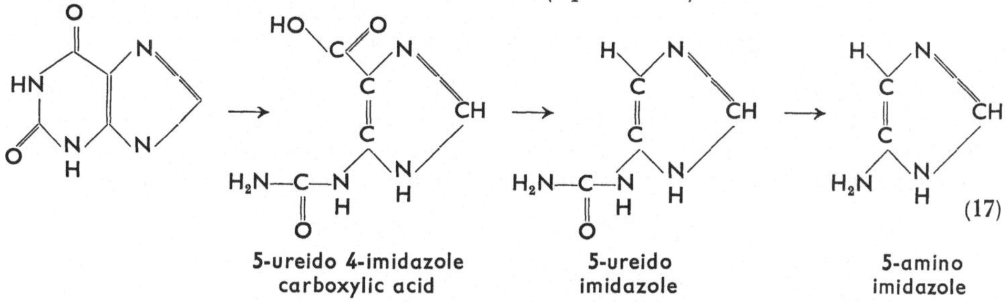

5-ureido 4-imidazole carboxylic acid → 5-ureido imidazole → 5-amino imidazole (17)

A unique application of isotopically labeled nucleotides to a study of enzymatic mechanisms has arisen from the investigation of reactions which require ATP but do not involve its chemical participation. MUNTZ (1953) has described such an ATP requirement for brain adenylic acid deaminase, and HURWITZ, HEPPEL, and HORECKER (1957) have studied a similar situation with 5'-AMP ribosidase. In the latter reaction, which is irreversible, (equation 18) Mg^{++} is necessary and ATP is required in about $^{1}/_{10}$ the concentration of substrate AMP. ATP is quantitatively

$$\text{AMP} \xrightarrow{\text{ATP}} \text{Adenine} + \text{Ribose 5-phosphate} \qquad (18)$$

recovered in this reaction and does not become labeled when AMP, inorganic phosphate, or pyrophosphate is added to the incubation mixture. The significance of the ATP requirement is not known but it may serve to stabilize an enzyme substrate configuration.

Pyrimidine Metabolism

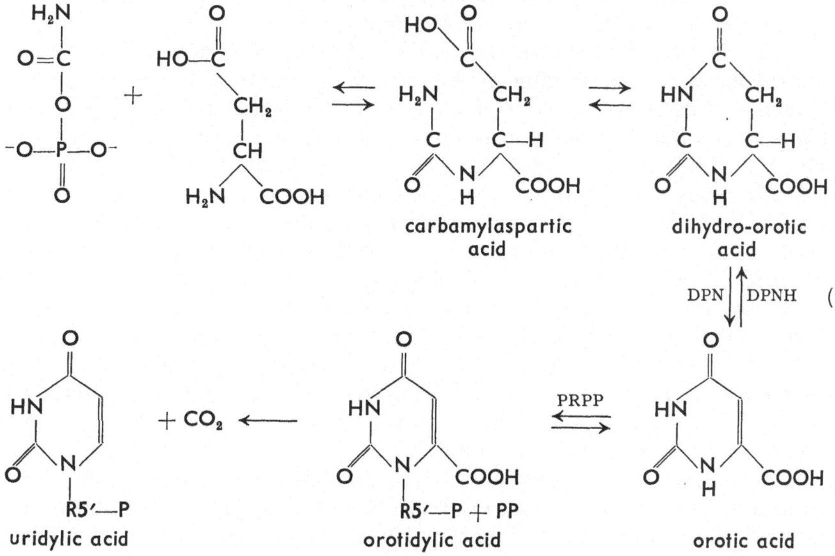

carbamylaspartic acid ⇌ dihydro-orotic acid

DPN ⇅ DPNH (19)

uridylic acid + CO_2 ← orotidylic acid ($R5'$—P + PP) ⇌ (PRPP) orotic acid

Turning to a consideration of pyrimidine biosynthesis, it is apparent from the diagram (equation 19), that, in contrast to purine biosynthesis, 5-phosphoribosyl-pyrophosphate does not react with acyclic precursors of pyrimidine but enters the path only after the heterocyclic structure of orotic acid is formed. In purine biosynthesis ammonia is assimilated through amide activation in glutamine. In pyrimidine biosynthesis ammonia is assimilated through carbamyl activation in carbamyl phosphate. The latter reaction, described in microorganisms by JONES, SPECTOR, and LIPMAN (1955), involves the phosphorylation of spontaneously

$$CO_2 + NH_3 + ATP \rightleftharpoons NH_2\text{—}\overset{\overset{\displaystyle O}{\|}}{C}\text{—}O\text{—}PO_3^{=} + ADP \qquad (20)$$

formed carbamic acid by ATP (equation 20). METZENBERG, MARSHALL, and COHEN (1958), and HALL et al. (1958) have shown that in mammalian and amphibian liver the formation of carbamyl phosphate is a two step process shown in equation 21. The first step, requiring ATP and acetyl glutamate as a cofactor,

$$\text{a) } ATP + CO_2 \xrightarrow{\text{acetyl glutamate}} ADP + Pi + \text{"active } CO_2\text{"}$$

$$\text{b) } ATP + \text{"active } CO_2\text{"} + NH_3 \xrightleftharpoons{\text{acetyl glutamate}} ADP + NH_2\text{—}\overset{\overset{\displaystyle O}{\|}}{C}\text{—}O\text{—}PO_3^{=} \qquad (21)$$

activates CO_2. A subsequent reaction which also requires ATP and acetyl glutamate, combines the active CO_2 with ammonia and phosphate to form carbamyl phosphate. The stoichiometry of the overall reaction supports this formulation. Experiments with P^{32} labeled inorganic phosphate showed very little incorporation into ATP, whereas P^{32} labeled carbamyl phosphate readily transferred its label to ATP. Therefore, reaction (a) is irreversible and reaction (b) is reversible. The role of acetyl glutamate in these reactions is not yet chemically defined. Probably, it does not function as a phosphorylated derivative because MARSHALL et al. (1958) were unable to demonstrate exchange reactions with P^{32} labeled ADP and unlabeled ATP in the presence of acetylglutamate and purified carbamyl phosphate synthesizing enzyme.

The transfer of the carbamyl group from carbamyl phosphate to carbamyl aspartate (equation 19) first described by JONES, SPECTOR and LIPMAN (37) is now recognized as a general reaction of pyrimidine biosynthesis in several species. Earlier experiments had shown that carbamyl aspartate, labeled with C^{14} in the ureido carbon was a pyrimidine precursor which led to the labeling of C-2 in the uracil and cytosine moieties of nucleotides (WEED et al., 1954). LIEBERMAN and KORNBERG (1954) subsequently purified an enzyme from a soil microorganism which reversibly cyclized carbamylaspartate to dihydro-orotic acid, and a DPN linked dehydrogenase which converted dihydro-orotic acid to orotic acid (equation 19). The latter enzyme has been further purified and the mechanism of the reaction studied by GRAVES and VENNESLAND (1957) and FRIEDMAN and VENNESLAND (1958). The equilibrium of the dehydrogenase reaction is far toward the side of DPN^+ and the reaction with DPNH is stereospecific, utilizing only the α side of deuterium labeled coenzyme. However, there is no appreciable transfer of isotopic hydrogen from DPNH to dihydro-orotate in the reaction. This is accounted for by the demonstration that the enzyme, dihydro-orotic dehydrogenase, is a flavoprotein and that hydrogen transferred to the pyrimidine substrate arises through the reaction with water of the medium.

The participation of 5-phosphoribosyl pyrophosphate in nucleotide synthesis was first described by KORNBERG et al. (1955) in the enzymatic transformation of orotic acid to orotidylic acid (equation 19), a reaction classified as a nucleotide pyrophosphorylase. Through the use of purified enzymes the stoichiometry of the reaction and identity of products was established. The decarboxylation of orotidylic acid to yield uridylic acid is irreversible as shown by KORNBERG et al. (1955) in experiments with radioactive CO_2. This decarboxylation reaction shows no requirement for divalent metal ion nor apparent dependence on pyridoxal. HANDSCHUMACHER and PASTERNAK (1958) have recently shown that the antimetabolite 6-azauracil is metabolized to 6-azauridylic acid, a compound which inhibits orotidylic acid decarboxylase and thus promotes the accumulation of orotidylic acid in bacteria and tumor tissue. The operation of the overall reactions of pyrimidine biosynthesis, tested by the assimilation of radioactive precursors into uridine nucleotides in cell-free liver extracts, has been employed by STONE and POTTER (1957) to assess the site and efficacy of antimetabolite activity of a series of pyrimidine analogues.

It is generally held that the foregoing reactions represent the path of net uridylic acid synthesis. However, this judgment must be tempered by the following considerations. Many microorganisms efficiently utilize radioactive uracil for nucleic acid synthesis. A strain of *L. bifidus* studied by CRAWFORD, KORNBERG and SIMS (1957) exhibits a nutritional requirement for uracil which cannot be replaced by orotic acid. Extracts of this organism contain a uridine mononucleotide pyrophosphorylase, and the enzyme shows no activity toward orotic acid. In L. *Bulgarius*-09, which has a nutritional requirement for orotic acid and will not utilize uracil, only the orotidylic acid pyrophosphorylase reaction is present. Species which utilize both uracil and orotic acid have nucleotide pyrophosphorylase reactions for both substrates. The situation in mammals is somewhat different. There is no report of a uracil mononucleotide pyrophosphorylase in mammalian tissues and, in general, uracil-2-C^{14} injected into animals does not become incorporated into nucleic acid; the radioactivity appearing as respiratory CO_2. Certain exceptions to this generalization have been observed. RUTMAN, CANTAROW, and PASHKIS (1954) first showed that tumors utilize uracil for nucleic acid synthesis, and LAGERKVIST and REICHARD (1954) found that the mouse, in contrast to the rat, also possessed this capability. These data are in accord with CANELLAKIS' investigations (1957) in which utilization of uracil-2-C^{14} in several rat tissues was studied and the specific activity of the uridylic acid moiety of RNA of each tissue compared with its capacity to degrade precursor uracil to CO_2. As shown in Table I, in tissues that do not extensively catabolize uracil to CO_2, uracil-2-C^{14} enters the RNA with high specific activity. The enzymes uridine phosphorylase and uridine kinase (equation 22a, b), purified from rat liver by CANELLAKIS (1957), accomplish the transformation of uracil to 5′-uridylic acid in tissues having no uridylic acid mononucleotide pyrophosphorylase.

Table 1. *Incorporation of uracil-2-C^{14} into uridylic acid of RNA and degradation of uracil-2-C^{14} to $C^{14}O_2$ by various tissues*

Tissue	Specific Activity RNA	% Conversion to CO_2
Liver	53	90
Regenerating liver . . .	163	22
Intestinal mucosa . . .	168	0
Hepatoma	540	12

The catabolic path of pyrimidine metabolism was first delineated by the work of FINK et al. (1953) in which the isotopically labeled carbons of uracil and thymine were recovered in the chromatographically separated products; carbamyl β-alanine, carbamyl β-amino isobutyric acid and the respective free β-amino acids. The

$$\begin{aligned} &\text{a) Uracil} + \text{Ribose 1-PO}_4 \rightleftharpoons \text{Uridine} + \text{PO}_4 \\ &\text{b) Uridine} + \text{ATP} \rightarrow \text{UMP} + \text{ADP} \end{aligned} \tag{22}$$

first step in the degradative scheme in mammals studied in purified enzyme systems by CANELLAKIS (1956) and GRISOLIA and CARDOSO (1957) is a TPNH dependent hydrogenase (equation 23). In Clostridia a comparable enzymatic

$$\text{Uracil} + \text{TPNH} \longrightarrow \text{Dihydrouracil} + \text{TPN} \quad (23)$$

$$\text{Dihydrouracil} \rightleftharpoons \text{Carbamyl } \beta\text{-alanine} \longrightarrow \beta\text{-alanine} + CO_2 + NH_3 \quad (24)$$

reaction has been shown by CAMPBELL (1957) to require DPNH. The hydrogenated pyrimidine is then cleaved by a hydrolytic enzyme, extensively purified by WALLACH and GRISOLIA (1957), to the carbamyl β-amino acid, a reversible reaction with a pH optimum of 5.0 and a Mn^{++} requirement in the forward reaction, and a pH optimum of 8.0 in the back reaction. Enzymatic decarbamylation of the carbamyl β-amino acids was studied with a purified liver enzyme by CARAVACA and GRISOLIA (1958) and found to be an irreversible, non-phosphorolytic reaction (equation 24). In a rat liver slice system FRITZON (1957) employed 2-C^{14} uracil to demonstrate that the rate limiting reaction in the degradation scheme was the conversion of uracil to dihydrouracil. Several studies have been interpreted as excluding any nucleic acid precursor function for dihydropyrimidines, (GREEN and COHEN, 1957). However, MOKRASH and GRISOLIA (1958) reported that a purified chicken liver fraction which incorporated labeled UMP into RNA also incorporated C^{14} labeled dihydrouridylic acid and the ribosyl-5′-phosphate N-glycoside of carbamyl β-alanine. These data, published as a note, and, therefore, necessarily incomplete, indicate an importance of the saturated and acylic pyrimidine metabolites previously unrecognized.

The amination of 5′-uridylic acid to cytidylic acid in E. *coli* was shown by LIEBERMAN (1956) to take place at the nucleoside triphosphate level and to utilize ammonia exclusively as the nitrogen donor (equation 25). Ammonia labeled with

$$\text{UTP} + NH_3 + \text{ATP} \longrightarrow \text{CTP} + \text{ADP} + \text{Pi} \quad (25)$$

N^{15} entered the amino group of cytidine triphosphate without dilution. The mechanism of the reaction has not been studied. Recently KAMMEN and HURLBERT (1958) have extended the earlier observation of EIDNOFF et al. (1958) that 6-diazo-5-oxo-L-norleucine DON, which acts as a glutamine antagonist, blocks the synthesis of cytidylic acid in mammalian tissues. In liver homogenates it was found that the conversion of C^{14} labeled orotic acid to cytidylic acid required glutamine, ATP, guanosine nucleotides and an ATP generating system. Although the stoichiometry of the reaction and the level of phosphorylation of substrates and cofactors cannot be stated, it appears that mammalian tissues utilize glutamine and not ammonia for the amination reaction. A comparable situation exists with respect to guanylic acid synthesis in mammals.

In considering the biosynthesis of thymidylic acid, it is apparent that one path must involve a precedent transformation of ribonucleotides to deoxyribonucleotides. This event, though not enzymatically characterized, is known from the isotope experiments of ROSE and SCHWEIGERT (1953), which have been confirmed and extended by others (MCNUTT, 1958), to involve the conversion of uniformly labeled ribosides to deoxyribosides without rupture of the glycosyl bond. The work of FREIDKIN and KORNBERG (1957) showed that C^{14} labeled deoxyuridylic acid in the presence of purified enzymes, serine or formaldehyde, ATP, and tetrahydrofolic acid resulted in the synthesis of C^{14} labeled thymidylic acid; formaldehyde or the β-carbon of serine becoming incorporated into the 5-methyl group of thymidylic acid (equation 26). The reaction probably proceeds through a

$$\text{[uracil ring: HN, C=O, N-deoxy R5'—P]} + \overset{*}{H}CHO \xrightarrow[\text{THFA}]{\text{ATP}} \text{[thymine ring with 5-}\overset{*}{C}H_3\text{, N-deoxy R5'—P]} \quad (26)$$

hydroxymethylation and reduction at C-5 in the pyrimidine ring. The synthesis of 5-hydroxymethyl deoxycytidylic acid, a constituent of the nucleic acid of T-even bacteriophages, also involves a tetrahydrofolic acid dependent hydroxymethylation reaction (equation 27), which has recently been studied in E. coli by FLAKS and

$$\text{deoxy UMP} + \overset{*}{H}CHO \xrightarrow[\text{THFA}]{\text{ATP}} \text{[pyrimidine ring with 5-}\overset{*}{C}H_2OH\text{, N-deoxy R5'—P]} \quad (27)$$

COHEN (1957). This reaction, studied by measuring the assimilation of C^{14}-formaldehyde into the 5-hydroxymethyl group of product deoxynucleotide, is not present in normal E. coli and is induced upon infection with T2 bacteriophage.

In a series of mononucleotide kinase reactions purine and pyrimidine ribo- and deoxyribomononucleotides are phosphorylated by ATP to the corresponding nucleoside triphosphates. Whereas no coenzyme function has been assigned to deoxynucleoside triphosphates, the ribonucleoside pyrophosphates have been implicated in a range of coenzyme functions which encompasses virtually every class of group activation process (BADDILEY and BUCHANAN, 1958). Whether in this role nucleosidetriphosphates participate in the directive processes of ribonucleic acid metabolism remains an intriguing problem.

References

AMES, B., and H. M. MITCHELL: The biosynthesis of histidine imidazoleglycerol phosphate, imidazoleacetol phosphate, and histidinol phosphate. J. biol. Chem. **212**, 687 (1955).

BADDILEY, J., and J. G. BUCHANAN: Nucleotide coenzymes. Quart. Rev. **12**, 152 (1958).

BERG, P.: Studies on the enzymatic utilization of amino acyl adenylates: the formation of adenosine triphosphate. J. biol. Chem. **233**, 601 (1958).

CAMPBELL, L.: Reductive degradation of pyrimidines. III. Purification and properties of dihydrouracil dehydrogenase. J. biol. Chem. **227**, 693 (1957).

CANELLAKIS, E. S.: Pyrimidine metabolism. I. Enzymatic pathways of uracil and thymine degradation. J. biol. Chem. **221**, 315 (1956).

— Pyrimidine metabolism. II. Enzymatic pathways of uracil anabolism. J. biol. Chem. **227**, 329 (1957).

— Pyrimidine metabolism. III. The interaction of the catabolic and anabolic pathways of uracil metabolism. J. biol. Chem. **227**, 701 (1957).

CARAVACA, J., and S. GRISOLIA: Enzymatic decarbamylation of carbamyl β-alanine and carbamyl β-aminoisobutyric acid. J. biol. Chem. **231**, 357 (1958).

CARTER, C. E., and L. H. COHEN: The preparation and properties of adenylosuccinase and adenylosuccinic acid. J. biol. Chem. **222**, 17 (1956).

CRAWFORD, I., A. KORNBERG, and E. S. SIMMS: Conversion of uracil and orotate to uridine 5′ phosphate by enzymes in Lactobacilli. J. biol. Chem. **226**, 1093 (1957).

EIDINOFF, M. L., J. E. KNOLL, B. MARANO, and L. CHEONG: Pyrimidine studies. I. Effect of DON (6-Diazo-5-oxo-L-norleucine) on incorporation of precursors into nucleic acid pyrimidines. Cancer Res. **18**, 105 (1958).
FINK, R. M., K. FINK and R. B. HENDERSON: β-Amino acid formation by tissue slices incubated with pyrimidines. J. biol. Chem. **201**, 349 (1953).
FLAKS, J., and S. S. COHEN: Enzymic synthesis of 5-hydroxymethyldeoxycytidylic acid. Biochim. biophys. Acta **25**, 667 (1957).
FLAKS, J. G., M. J. ERWIN, and J. M. BUCHANAN: Biosynthesis of the purines. XVII. 5-Amino-1-ribosyl-4-imidazolecarboxamide 5′-phosphate transformylase and inosinicase. J. biol. Chem. **229**, 603 (1957).
FRIEDKIN, M., and A. KORNBERG: Enzymatic conversion of deoxyuridylic acid to thymidylic acid, the chemical basis of heredity. Johns Hopk. Press, Baltimore **1957**, p. 611.
FRIEDMAN, H. C., and B. VENNESLAND: Purification and properties of dihydroorotic dehydrogenase. J. biol. Chem. **233**, 1398 (1958).
FRITZSON, P., and A. PIHL: The catabolism of C^{14}-labeled uracil, dihydrouracil, and β-ureidopropionic acid in the intact rat. J. biol. Chem. **226**, 229 (1957).
GILES, N. H., C. W. H. PARTRIDGE, and N. J. NELSON: Genetic control of adenylosuccinase in *Neurospora crassa*. Proc. nat. Acad. Sci. (Wash.) **43**, 305 (1957).
GOLDTHWAIT, D. A.: 5-Phosphoribosylamine, a precursor of glycinamide ribotide. J. biol. Chem. **222**, 1051 (1956).
— R. A. PEABODY, and G. R. GREENBERG: Glycine ribotide intermediates in the *de novo* synthesis of inosinic acid. J. Amer. chem. Soc. **76**, 5258 (1954).
— — — The involvement of 5-Phosphoribosylamine in the biosynthesis of glycinamide ribotide. Biochim. biophys. Acta **18**, 148 (1955).
GRAVES, J. L., and B. VENNESLAND: The stereospecific hydrogen exchange in the dihydroorotic dehydrogenase reaction. J. biol. Chem. **226**, 307 (1957).
— — The stereospecific hydrogen exchange in the dihydroorotic dehydrogenase reaction. J. biol. Chem. **226**, 307 (1957).
GREEN, M., and S. S. COHEN: Studies on the biosynthesis of bacterial and viral pyrimidines. III. Derivatives of dihydrocytosine. J. biol. Chem. **228**, 601 (1957).
GRISOLIA, S., and S. S. CARDOSO: The purification and properties of hydropyrimidine dehydrogenase. Biochim. biophys. Acta **25**, 430 (1957).
HALL, C. H., R. L METZENBERG, and P. P. COHEN: Isolation and characterization of a naturally occurring cofactor of carbamyl phosphate biosynthesis. J. biol. Chem. **230**, 1013 (1958).
HANDSCHUMACHER, R. E., and C. A. PASTERNAK: Inhibition of orotidylic acid decarboxylase. A primary site of carcinostasis by 6-azauracil. Biochim. biophys. Acta **30**, 451 (1958).
HARTMAN, S. C., and J. M. BUCHANAN: Biosynthesis of the purines. XXI. 5-Phosphoribosylpyrophosphate amidotransferase. J. biol. Chem. **223**, 451 (1958).
— — Biosynthesis of the purines. XXII. 2-amino-N-ribosylacetamide-5′-phosphate kinosynthase. J. biol. Chem. **233**, 456 (1958).
HURWITZ, J., L. A. HEPPEL, and B. L. HORECKER: The enzymatic cleavage of adenylic acid to adenine and ribose 5-phosphate. J. biol. Chem. **226**, 525 (1957).
JOKLIK, W. K.: Adenine succinic acid and adenylsuccinic acid from mammalian liver: isolation and identification. Biochem. J. **66**, 333 (1957).
JONES, M. E., L. SPECTOR, and F. LIPMANN: Carbamyl phosphate, the carbamyl donor in enzymatic citrulline synthesis. J. Amer. chem. Soc. **77**, 819 (1955).
KAMMEN, H. O., and R. B. HURLBERT: Amination of uridine nucleotides to cytidine nucleotides by soluble mammalian enzymes: role of glutamine and guanosine nucleotides. Biochim. biophys. Acta **30**, 195 (1958).
KHORANA, H. G., J. F. FERNANDES, and A. KORNBERG: Pyrophosphorylation of ribose 5-phosphate in the enzymatic synthesis of 5-phosphorylribose 1-pyrophosphate. J. biol. Chem. **230**, 941 (1958).
KORNBERG, A., I. LIEBERMAN, and E. S. SIMS: Enzymatic synthesis and properties of phosphoribosylpyrophosphate. J. biol. Chem. **215**, 389 (1955).
— — — Enzymatic synthesis and properties of 5-phosphoribosylpyrophosphate. J. biol. Chem. **215**, 389 (1955).
LAGERKVIST, U.: Biosynthesis of guanosine 5′-phosphate. I. Xanthosine 5′-phosphate as an intermediate. J. biol. Chem. **233**, 138 (1958).
— and P. REICHARD: Uracil, a precursor of polynucleotide pyrimidines in the mouse. Acta chem. scand. **8**, 361 (1954).
LEVENBERG, B., and J. M. BUCHANAN: Biosynthesis of the purines. XII. Structure, enzymatic synthesis, and metabolism of 5-aminoimidazole ribotide. J. biol. Chem. **224**, 1005 (1957).
— I. MELNICK, and J. M. BUCHANAN: Biosynthesis of the purines. XV. The effect of aza-L-serine on inosinic acid biosynthesis de novo. J. biol. Chem. **225**, 163 (1957).

LIEBERMAN, I.: Enzymatic amination of uridine triphosphate to cytidine triphosphate. J. biol. Chem. **222, 765** (1956).
— Enzymatic synthesis of adenosine-5'-phosphate from inosine-5'-phosphate. J. biol. Chem. **223,** 327 (1956).
— and A. KORNBERG: Enzymatic synthesis and breakdown of a pyrimidine, orotic acid. II. Dihydroorotic acid, ureidosuccinic acid and 5-carboxymethylhydantoin. J. biol. Chem. **207,** 911 (1954).
MAGASANIK, B.: Guanine as a source of the nitrogen 1-carbon 2 portion of the imidazole ring of histidine. J. Amer. chem. Soc. **78,** 5449 (1956).
— H. S. MOYED, and L. B. GEHRIG: Enzymes essential for the biosynthesis of nucleic acid guanine: inosine 5'-phosphate dehydrogenase of Aerobacter aerogenes. J. biol. Chem. **226,** 339 (1957).
MARSHALL, M., R. L. METZENBERG, and P. P. COHEN: Purification of carbamyl phosphate synthetase from frog liver. J. biol. Chem. **233,** 103 (1958).
MELNICK, I., and J. M. BUCHANAN: Biosynthesis of the purines. XIV. Conversion of (α-N-formyl) glycinamide ribotide to (α-N-formyl) glycinamidine ribotide; purification and requirements of the enzyme system. J. biol. Chem. **225,** 157 (1957).
METZENBERG, R. L., M. MARSHALL, and P. P. COHEN: Carbamyl phosphate synthetase: Studies on the mechanism of action. J. biol. Chem. **233,** 1560 (1958).
MCNUTT, W. S.: The incorporation of the carbon skeleton of cytidine into the pyrimidine nucleosides of ribonucleic acid and deoxyribonucleic acid by Neurospora. J. biol. Chem. **233,** 189, 193 (1958).
MILLER, R. W., L. N. LUKENS, and J. M. BUCHANAN: The enzymatic cleavage of 5-amino-4-imidazole-N-succinocarboxamide ribotide. J. Amer. chem. Soc. **79,** 1513 (1957).
MITOMA, C., and E. E. SNELL: The role of purine bases as histidine precurcors in Lactobacillus casei. Proc. nat. Acad. Sci. (Wash.) **41,** 891 (1955).
MOKRASCH, L. C., and S. GRISOLIA: Incorporation of hydropyrimidine derivatives in ribonucleic acid with liver preparations. Biochim. biophys. Acta **27,** 226 (1958).
MOYED, H. S., and B. MAGASANIK: Enzymes essential for the biosynthesis of nucleic acid guanine; xanthosine 5'-phosphate aminase of Aerobacter aerogenes. J. biol. Chem. **226,** 351 (1957).
— — Cited in L. A. HEPPEL and J. C. RABINOWITZ, Nucleic acids, purines, and pyrimidines. Ann. Rev. Biochem. **27,** 630 (1958).
MUNTZ, J. A.: The formation of ammonia in brain extracts. J. biol. Chem. **201,** 221 (1953).
NEIDLE, A., and H. WAELSCH: Participation of glutamine in the biosynthesis of histidine. J. Amer. chem. Soc. **78,** 1767 (1956).
— — Histidine synthesis in E. coli. Fed. Proc. **16,** 225 (1957).
PEABODY, R. A., D. A. GOLDTHWAIT, and G. R. GREENBERG: The structure of glycinamide ribotide. J. biol. Chem. **221,** 1071 (1956).
RABINOWITZ, J. C.: Purine fermentation by Clostridium cylindrosporum. III. 4-Amino-5-imidazolecarboxylic acid and 4-aminoimidazole. J. biol. Chem. **218,** 175 (1956).
RATNER, S.: Metabolism of arginine and citrulline. Advanc. in Enzymol. **15,** 319 (1954).
— and B. PETRACK: Conversion of argininosuccinic acid to citrulline coupled to ATP formation Arch. Biochem. Biophys. **65,** 582 (1956).
REMY, C., W. T. REMY, and J. M. BUCHANAN: Biosynthesis of the purines. VIII. Enzymatic synthesis and utilization of α-5-phosphoribosylpyrophosphate. J. biol. Chem. **217,** 885 (1955).
ROSE, I. A., and B. S. SCHWEIGERT: Incorporation of C^{14} totally labeled nucleosides into nucleic acids. J. biol. Chem. **202,** 635 (1953).
RUTMAN, R. J., A. CANTAROW, and K. E. PASCHKIS: The catabolism of uracil *in vivo* and *in vitro*. J. biol. Chem. **210,** 321 (1945).
STONE, J. E., and V. R. POTTER: Biochemical screening of pyrimidine antimetabolites. II. The development of a system with a nonoxidative energy source, Cancer Res. **17,** 794 (1957).
TENER, G. M., and H. G. KHORANA: Phosphorylated sugars. VI. Syntheses of α-D-ribofuranose 1,5-diphosphate and α-D-ribofuranose 1-pyrophosphate 5-phosphate. J. Amer. chem. Soc. **80,** 1999 (1958).
WALLACH, D. P., and S. GRISOLIA: The purification and properties of hydropyrimidine hydrase. J. biol. Chem. **226,** 277 (1957).
WARREN, L., and J. M. BUCHANAN: Biosynthesis of the purines. XIX. 2-Amino-N-ribosylacetamide 5'-phosphate (glycinamide ribotide) transformylase. J. biol. Chem. **229,** 613 (1957).
WEED, L. L., and D. W. WILSON: Studies on precursors of pyrimidines of nucleic acid. J. biol. Chem. **207,** 439 (1954).

Enzymatic Synthesis of Ribonucleic Acid

By

Severo Ochoa

With 11 Figures

The nucleic acids perform important biological functions. As disclosed by the pioneer experiments of CASSPERSON and BRACHET, RNA[1] is concerned with cell growth through its participation in the biosynthsis of proteins. DNA, on the other hand, is concerned with the transmission of hereditary characters. It is now known that the individual genes control the synthesis of individual enzymes and other proteins and there are good grounds for the belief that genes are but stretches of a DNA chain with a specific nucleotide sequence. The nucleotides in DNA represent, therefore, the letters of an alphabet used by nature in the transmission of genetic information. It is of interest that in certain viruses which consist of RNA and protein, such as tobacco mosaic, influenza, or poliomyelitis virus, RNA is the carrier of genetic information. The distribution of DNA and RNA in the cell reflects their biological function. DNA is exclusively located in the nuclear chromosomes while RNA is mainly localized in the cytoplasm. There are two kinds of cytoplasmic RNA, one of small size (molecular weight 20,000 to 50,000) is present in the cytoplasmic supernatant obtained by high speed centrifugation and is referred to as soluble RNA; the other is of much larger size (molecular weight 1 to 2×10^6) and is a component of the ribonucleoprotein particles or ribosomes. Both play an essential role in protein biosynthesis. Small amounts of RNA are also found in the nucleus, predominantly in the nucleolus. Experiments on the incorporation of ^{32}P-labeled phosphate or of radioactive purine or pyrimidine bases into RNA, indicate that nuclear RNA has a much higher rate of turnover than cytoplasmic RNA. The turnover of the latter, in turn, is higher than that of DNA which, in the absence of cell division, appears not to turn over at all. Cytological experiments suggest that RNA is synthesized in the nucleus from which it finds its way into the cytoplasm. It is believed that the DNA in the nucleus determines the nature of the RNA, and this on passing into the cytoplasm, controls the specificity and nature of the cytoplasmic proteins. Recent studies on the enzymatic synthesis of DNA[2] have thrown much light on the mode of replication of this compound. These results are in good agreement with the mechanisms of duplication of chromosomes, arrived at by cytological and biochemical experiments, and with the Watson-Crick hypothesis of DNA structure and replication. On the other hand, while RNA can be readily synthesized in the test tube[3] we do not as yet know the mechanism of replication of specific RNA molecules, nor do we have direct indications for control of RNA synthesis by DNA.

The mode of synthesis of nucleic acids remained obscure until recently despite notable advances in our understanding of the enzymatic mechanism in the synthesis of the mononucleotides, the purine and pyrimidine bases, and the sugar moieties. Our present knowledge stems from the discovery of enzymes which catalyze the synthesis of RNA and DNA in the test tube from simple, naturally occurring precursors, the nucleoside di- and triphosphates. Nucleotide polymerization occurs from nucleoside diphosphates with release of orthophosphate, or from nucleoside triphosphates with release of pyrophosphate. The use of radioactive compounds has been essential for the discovery and purification of nucleic acid-synthesizing enzymes and for studies of reaction mechanisms and structure of the synthetic polymers.

The only enzymes so far discovered capable of catalyzing net synthesis of RNA and other polyribonucleotides is polynucleotide phosphorylase[3]. This enzyme brings about the synthesis of polyribonucleotides from nucleoside 5'-diphosphates with release of orthophosphate. The reaction, which requires Mg^{++} and is reversible, can be represented as in Equation 1, where R stands for ribose, PP for pyrophosphate, P for orthophosphate and X for one or more of a number of naturally occurring purine and pyrimidine bases and some of their analogues. The reaction is analogous to the reversible synthesis and

$$n\,X-R-P-P \rightleftharpoons (X-R-P)_n + n\,P \tag{1}$$

breakdown of polysaccharides catalyzed by polysaccharide phosphorylase; for this reason the enzyme was named polynucleotide phosphorylase.

There have been many recent reports of systems which bring about the *in vitro* incorporation of nucleotides from nucleoside 5'-polyphosphates into RNA. However, the only system which has been relatively well characterized thus far[4] does not effect a net synthesis of RNA. It consists of soluble cytoplasmic enzymes, present in many animal and bacterial cells, which catalyze the sequential addition of a few nucleotide residues to the ends of soluble RNA chains. The reaction can be represented thus: RNA + 2 CTP + ATP ⇌ RNA—CMP—CMP—AMP + 3 PP. As established by ZAMECNIK's group[4] and confirmed in many laboratories the presence of a terminal —CMP—CMP—AMP sequence in soluble RNA is essential for the binding of activated amino acid residues prior to their transfer to the ribosomes in protein synthesis.

Polynucleotide Phosphorylase

Polynucleotide phosphorylase was discovered[5,6] through the observation that on incubating cell-free extracts of *Azotobacter vinelandii* with nucleoside 5'-diphosphates and ^{32}P-labeled orthophosphate, in the presence of Mg^{++}, there was an incorporation or exchange of radiophosphate into the terminal phosphate of the nucleoside diphosphates (see Equation 1). The rate of this reaction was proportional to the amount of extract and could be utilized for purification of the enzyme. The reaction was specific for nucleoside 5'-diphosphates; nucleoside 5'-monophosphates or nucleoside 5'-triphosphates were inactive. Simultaneously with the phosphate exchange there was a liberation of orthophosphate with disappearance of an equivalent amount of nucleoside diphosphate. This was accompanied

Table 1. *Exchange of ^{32}P with nucleoside 5'diphosphates singly and mixed*[7]

Nucleoside diphosphate µmoles/ml	^{32}P incorporated
ADP, 2.0	108000
GDP, 1.0	29000
UDP, 4.0	142300
CDP, 2.0	79600
ADP, GDP, UDP, CDP*	5800
ADP, GDP, UDP, CDP**	13600

The samples contained tris(hydroxymethyl)-aminomethane-HCl buffer, p_H 8.0, $MgCl_2$, ^{32}P-labeled potassium phosphate (690000 cpm), partially purified *Azotobacter* enzyme (46 µg protein) and nucleoside diphosphates as indicated 15 min at 30°.

* Each in same amount as when used singly.
** Each in half the amount as when used singly.

by formation of a polynucleotide which could be precipitated from the reaction mixture with alcohol or acid. Table 1[7] illustrates the exchange reaction of nucleoside diphosphates. Its rate varies with the different diphosphates; it depends, among other things, on the relative concentrations of nucleoside diphosphate, orthophosphate, and Mg^{++}. Phosphate exchange is also obtained with IDP, ribothymidine 5′-diphosphate and certain diphosphates containing analogues of the naturally occurring bases. There is exchange with 2-thiouridine 5′-diphosphate[8] and 5-fluorouridine 5′-diphosphate[9], but not with 6-azauridine diphosphate[10], dihydrouridine 5′-diphosphate[11], or 5-bromouridine 5′-diphosphate[11]. Ribo-

Table 2. *Polyribonucleotides synthesized with polynucleotide phosphorylase*

Substrate	Product	Reference
ADP	poly A	GRUNBERG-MANAGO, et al.[7], LITTAUER and KORNBERG[28], BEERS[29]
GDP	poly G	SINGER, et al.[24], MII and WARNER[13]
UDP	Poly U	GRUNBERG-MANAGO, et al.[7]
CDP	poly C	GRUNBERG-MANAGO, et al.[7]
IDP	poly I	GRUNBERG-MANAGO, et al.[7]
Ribothymidine 5′-diphosphate	polyribo T	TODD, et al.[14]
Thiouridine 5′-diphosphate (TUDP). . . .	polythio U	LENGYEL and CHAMBERS[8]
Fluorouridine 5′-diphosphate	polyfluoro U	LENGYEL[9]
ADP + UDP	poly AU	GRUNBERG-MANAGO, et al.[7]
GDP + CDP	poly GC	MII and WARNER[13]
ADP + GDP + UDP + CDP	poly AGUC*	GRUNBERG-MANAGO, et al.[7], ORTIZ and OCHOA[33]
ADP + GDP + UDP + CDP + TUDP .	poly AGUC thio U	LENGYEL and CHAMBERS[8]

* Synthetic RNA.

thymidylic acid is present in small amounts in soluble RNA and both 2-thiouracil and 5-fluorouracil are incorporated into RNA by growing bacterial cells. On the other hand, 5-bromouracil is incorporated not into RNA but into DNA and 6-azauracil is incorporated into RNA to a very slight extent if at all. Fig. 1 illustrates the time course of liberation of phosphate from individual nucleoside diphosphates or mixtures therefrom. The reaction reaches equilibrium and comes to a standstill when 60 to 80% of the acid-labile phosphate has been released. While polynucleotide phosphorylase can catalyze the synthesis of polynucleotides which in chemical structure, nucleotide composition, and other properties are closely related to RNA, it can also synthesize a number of non-naturally occurring polyribonucleotides with only one kind or with two or more different kinds of nucleotides (Table 2). Polynucleotides containing IMP, not normally present in RNA, and others (polythio U, polyfluoro U) containing analogues of the naturally occurring nucleotides are also synthesized. For reasons which are not clear, the enzyme does not readily act on GDP[12] (Fig. 1) and only recently have methods been found for the preparation of poly G.

There is no evidence that polynucleotide phosphorylase can bring about the synthesis of RNA with specific nucleotide sequences and this function might be performed by enzymes yet to be discovered. Nevertheless, the correlation, pointed out above, between the incorporation or lack of incorporation of analogues of the naturally occurring bases into RNA *in vivo* and the reactivity of the corresponding nucleoside diphosphates with polynucleotide phosphorylase, suggests that this enzyme may be concerned with some phase of intracellular RNA synthesis. Since the molecular weight of synthetic RNA (poly AGUC) is of the order of magnitude of that of soluble RNA, the possibility that the enzyme may participate in the synthesis of the latter deserves consideration.

Phosphorolysis of RNA and synthetic polyribonucleotides[15] to the corresponding nucleoside 5'-diphosphates can be followed through the uptake of orthophosphate and the stoichiometric appearance of easily hydrolyzable phosphate.

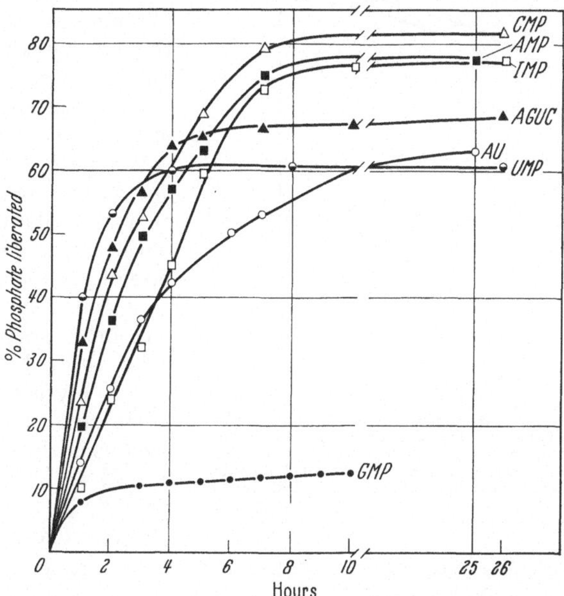

Fig. 1. Time course of orthophosphate liberation during synthesis of polynucleotides[7]. All samples contained tris (hydroxymethyl) aminomethane-HCl buffer, p_H 8.1, $MgCl_2$, and partially purified *Azotobacter* enzyme. For single polymers 50 mg/ml were used of each of the following nucleoside diphosphates, ADP, IDP, UDP, and CDP, and 25 mg/ml of GDP. The sample for poly AU contained 25 mg/ml of each ADP and UDP; that for poly AGUC contained 7 mg/ml each of ADP, UDP and CDP, and 3.5 mg/ml of GDP. The samples for poly G and poly AGUC contained 24 units[7] of enzyme, all others contained 4.75 units. Incubation at 30°. The ordinate gives the percentage of acid-labile phosphate (i. e., of the terminal phosphate group of nucleoside diphosphates) released as orthophosphate. Labels of curves, CMP, AMP, etc., mean that the polymers synthesized are, poly C, poly A, etc.

Measurement of the uptake of radiophosphate provides a sensitive method of phosphorolysis assay. There are wide differences in the facility with which different polyribonucleotides are phosphorolyzed. Polynucleotides with only one kind of nucleotide unit are easily cleaved whereas copolymers consisting of different kinds of nucleotide units, e.g., poly AU, poly AGUC and most samples of natural RNA are but slowly phosphorolyzed. The resistance of some polyribonucleotides to phosphorolysis is due to the occurrence of double-stranded helical regions in the polynucleotide chains, for the complex formed by interaction of poly A and poly U, which has a double-stranded helical structure[16], is very resistant to phosphorolysis[15]. Figs. 2 and 3 show the rapid phosphorolysis of such homopolymers as poly A or poly U and the much slower rate of this reaction with the poly A + U complex. Synthetic or natural (yeast) RNA is phosphorolyzed at about the same rate as the poly A + U complex (Fig. 3). Low rates of phosphorolysis have also been obtained with many samples of natural RNA including *Staphylococcus aureus*, *Alcaligenes faecalis*, *Mycobacterium phlei* and *Azotobacter vinelandii*[15], as well as liver, tobacco and spinach RNA[17]. Tobacco mosaic virus RNA was a notable exception (Figs. 2 and 3). This suggests that, like poly A and poly U, tobacco mosaic virus RNA is largely single-stranded. Phosphorolysis of RNA yields ADP, GDP, UDP and CDP. This has been shown by chromatography and autoradiography of digests in the presence of ^{32}P-labeled phosphate[7] or, in the case of tobacco mosaic virus RNA which is more readily phosphorolyzed, by direct chromatography[15].

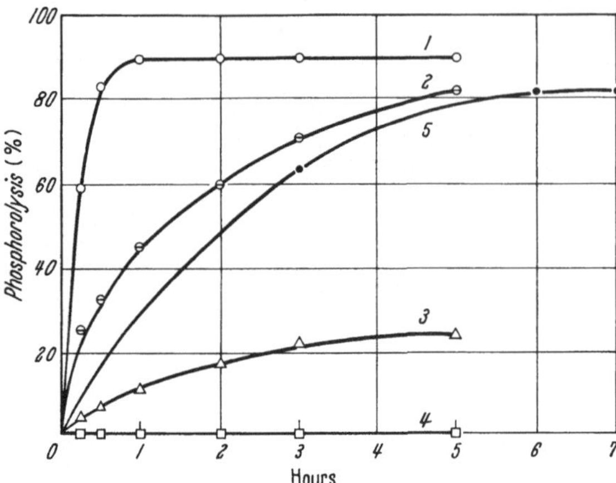

Fig. 2. Time course of phosphorolysis followed by orthophosphate disappearance and formation of easily hydrolyzable phosphate[15]. The samples contained potassium phosphate buffer, pH 7.2, $MgCl_2$, polynucleotide, and partially purified *Azotobacter* enzyme. Incubation at 30°. Curve 1, poly U; curve 2, poly A; curve 3, complex of poly A and poly U; curve 4, poly U (no enzyme); curve 5, tobacco mosaic virus RNA. The ordinate gives the per cent phosphorolysis calculated from the orthophosphate disappearance and formation of easily hydrolyzable phosphate (10 min at 100° in 1.0 NHCl); these two values were identical at each time interval.

Properties — In *Azotobacter vinelandii* all of the polynucleotide phosphorylase activity is present in the supernatant obtained by centrifugation of the cell-free extract at 100,000 g for one hour or longer. In early purification steps the enzyme was assayed by ^{32}P-exchange with ADP[7]. A rapid, sensitive optical test was used for assay at more advanced stages of purification. In this test the rate of production of ADP by phosphorolysis of poly A is measured spectrophotometrically through coupling with the glycolytic enzymes pyruvic kinase and lactic dehydrogenase[18] as outline in Equations 2, 3, and 4. In the presence of poly A, Mg^{++}, polynucleotide phosphorylase,

$$\text{Poly A} + \text{phosphate} \rightarrow \text{ADP (polynucleotide phosphorylase)} \quad (2)$$

$$\text{ADP} + \text{phosphoenolpyruvate} \rightarrow \text{ATP} + \text{pyruvate (pyruvic kinase)} \quad (3)$$

$$\text{Pyruvate} + \text{DPNH}^{+} + \text{H}^{+} \rightarrow \text{lactate} + \text{DPN}^{+} \text{ (lactic dehydrogenase)} \quad (4)$$

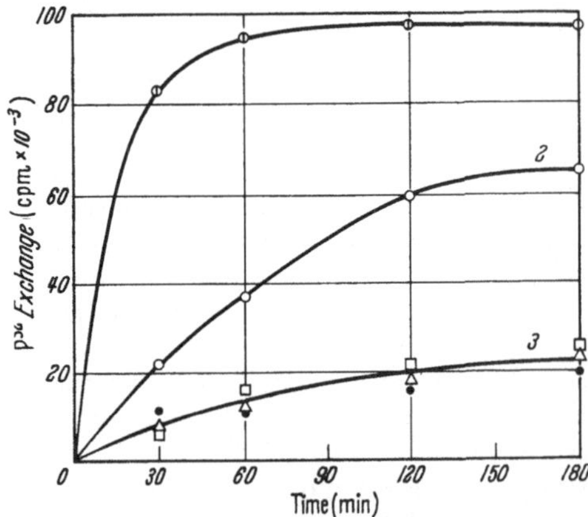

Fig. 3. Time course of phosphorolysis measured with ^{32}P-labeled phosphate[15]. Conditions as in Fig. 2 except that radioactive phosphate (577 × 10^3 cpm) formation of ^{32}P-labeled nucleoside diphosphates was measured. Curve 1, poly U; curve 2, tobacco mosaic virus RNA; curve 3, complex of poly A and poly U (●), poly AGUC (△), or yeast RNA (□).

phosphoenolpyruvate, DPNH, and an excess of two auxiliary enzymes, DPNH is oxidized to DPN^+, with decrease in absorbancy at wavelength 340mμ, at a rate proportional to the concentration of phosphorylase. The best preparations of the *Azotobacter* enzyme represent a purification of 500 to 600-fold from the initial cell-free extract and are chromatographically homogenous (hydroxyl apatite). The initial rate of phosphorolysis of poly A, as catalyzed by these preparations[19] is 3×10^3 moles ADP/min/10^5 g protein at 30°. Since the molecular weight of the enzyme is in the neighborhood of 2×10^5, its turnover number would be about 6000 (moles/min/mole enzyme). The rate of synthesis of poly A, under optimal conditions, is 2.5 to 3 times higher[19, 20].

Although the *Azotobacter* preparations catalyze the synthesis of many different polynucleotides (Table 2) there are indications that only one enzyme is involved.

This is strongly suggested by the fact that when the activity toward individual nucleoside diphosphates is followed by the radioactive phosphate exchange assay at different steps of purification, the increase in activity for each of them is about the same throughout purification; the nucleoside 5′-diphosphates tested included ADP, GDP, UDP, CDP, and IDP. The preparations of *Azotobacter* polynucleotide phosphorylase of highest purity contain an oligoribonucleotide which cannot be removed by activated charcoal and resists digestion with ribonuclease[3]. This material can be isolated following denaturation of the protein with perchloric acid or phenol. It is about 12—15 nucleotides in length and contains AMP, GMP, UMP and CMP in approximately the same proportions as in whole-cell *Azotobacter* RNA. The oligonucleotide represents about 3% of the enzyme or roughly 1 molecule/2 × 10^5 g of protein. Since it has not been possible to remove this oligonucleotide without inactivating the enzyme protein, it remains undecided whether it represents a true prosthetic group or a contaminant which is difficult to remove.

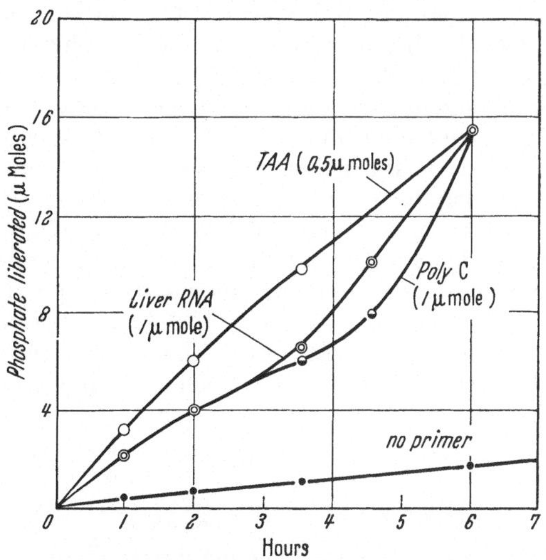

Fig. 4. Priming of RNA (poly AGUC) synthesis by triadenylic acid (TAA), poly C, and liver RNA[3]. 1 ml of reaction mixture contained tris(hydroxymethyl)aminomethane buffer, p_H 8.1 (150 μmoles), $MgCl_2$ (2.0 μmoles), highly purified *Azotobacter* enzyme (140 μg), and ADP, GDP, UDP and CDP (each 5 μmoles). Incubation at 30°. Reaction followed by the liberation of orthophosphate

Mode of Action — With partially purified enzyme, polynucleotide synthesis starts at once after mixing all the reactants. However, with highly purified preparations there is either a lag period, following which the reaction starts and slowly increases in rate, or a very slow reaction of constant rate from the beginning. In either case, equilibrium is not reached even after many hours of incubation.

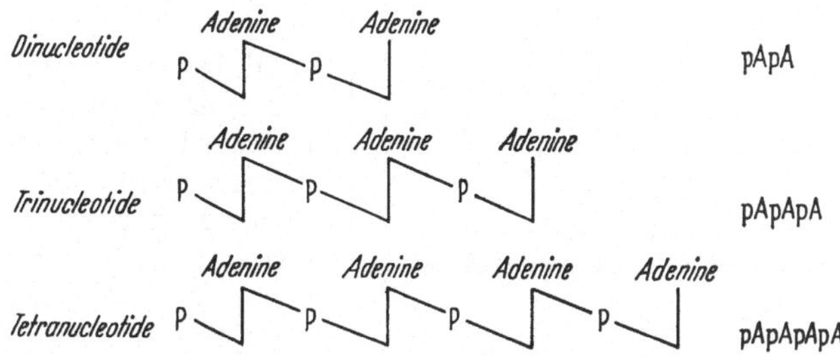

Fig. 5. Outline structure of homologous series of adenylic acid oligonucleotides (di-, tri- and tetraadenylic acid).

The lag can be overcome and the reaction rate markedly accelerated by addition of certain oligoribonucleotides, RNA or synthetic polynucleotides which act as primers of polynucleotide synthesis (Fig. 4). The oligonucleotides most frequently used are di, tri, and tetraadenylic acids formed as products of partial hydrolysis of poly A an by enzyme preparations from mammalian liver nuclei[21]. Their structure is illustrated diagramatically in Fig. 5. In the same way as polysaccharide phosphorylase catalyzes the addition of glucosyl residues from glucose 1-phosphate to the terminal units of a polysaccharide primer, polynucleotide phosphorylase adds nucleotide residues from nucleoside 5′-diphosphates to the terminal units of the oligonucleotide primers which act, therefore, as nuclei for polynucleotide synthesis. Several lines of evidence lead to this conclusion[22, 23]. When poly A is prepared in the presence of pApApA labeled with ^{32}P, the polymer is radioactive. Paper chromatography of aliquots of the reaction mixture after incubation for one hour shows the disappearance of the added oligonucleotide and the appearance of ^{32}P-labeled long chain polynucleotide (which remains at the origin of the chromatogram) and of radioactive polynucleotides of chain length intermediate between the oligonucleotide primers and the long chain polynucleotide. With longer incubation the short chain intermediates disappear concomitantly with an increase in long chain polynucleotide. These results indicate that first step is the addition of the nucleotide moiety of a nucleoside diphosphate to the nucleoside end of the oligonucleotide primer and that this chain grows by successive, stepwise additions of nucleotide units in this fashion to form a polynucleotide. In accordance with these results, when the synthesis of poly U is primed by diadenylic acid (pApA), the newly formed polynucleotide should have two adenylic acid residues at the origin of the chain (Equation 5). Such a polymer is degraded by pancreatic ribonuclease as shown diagramatically in Equation 6. The trinucleotide pApApUp

$$\text{pApA} + n\ \text{UDP} \xrightarrow[\text{phosphorylase}]{\text{polynucleotide}} \text{pApApUpU} \ldots\ldots \text{pUpU} + n\ \text{P} \tag{5}$$

$$\text{pApApUpU} \ldots\ldots \text{pUpU} \xrightarrow[\text{ribonuclease}]{\text{pancreatic}} \text{pApApUp} + (n-2)\ 3'\ \text{UMP} + \text{uridine} \tag{6}$$

$$\text{pApApUp} \xrightarrow{\text{alkali}} \text{pAp} + \text{Ap} + \text{Up} \tag{7}$$

isolated by chromatography, was identified through its hydrolysis by alkali to adenosine 3′,5′-diphosphate, adenosine 3′-monophosphate, and uridine 3′-monophosphate (Equation 7)[22, 23]. Further evidence that polynucleotide phosphorylase catalyzes the stepwise addition of nucleotide units to an oligonucleotide primer has been obtained by the isolation of intermediates which represent the addition of 1, 2 or 3 new nucleotide residues to the primer. As previously pointed out poly G is not readily synthesized by the enzyme. However, short chain polyguanylic acids are produced when the reaction is primed with oligonucleotides[24]. Priming of poly G synthesis by triadenylic acid is shown in Fig. 6[25]. Chromatography of aliquots of the reaction mixture of Fig. 6, where drawn at various time intervals, demonstrated the formation of oligonucleotides of increasing chain length of which the following were identified: pApApApG, pApApApGpG and pApApApGpGpG[24]. Fig. 7 indicates schematically the mechanism of chain proliferation just described. The preexisting polynucleotide chain (primer) is represented by the nucleotide residue with an R group esterified at C-5′, where R represents one or more additional nucleotide units. The nucleoside 5′-diphosphate forms a diester link with the

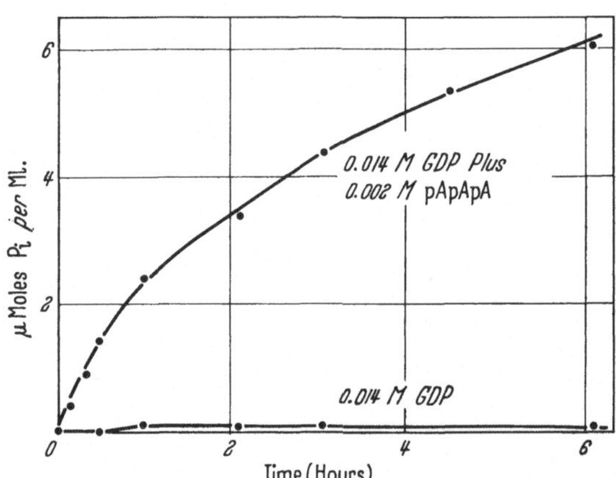

Fig. 6. Priming of poly G synthesis by triadenylic acid[25]. Conditions similar to those of Fig. 4 with the indicated concentrations of GDP and pApApA. Incubation at 37°. Reaction followed by the liberation of orthophosphate.

C-3′ hydroxyl of the primer releasing a molecule of phosphate and yielding a chain one unit longer than the starting material. The occurrence of some polynucleotide synthesis in the absence of added oligonucleotide primers (cf. Fig. 4, lower curve), must be attributed to the presence of primer, e.g. the previously mentioned bound oligonucleotide, in the enzyme.

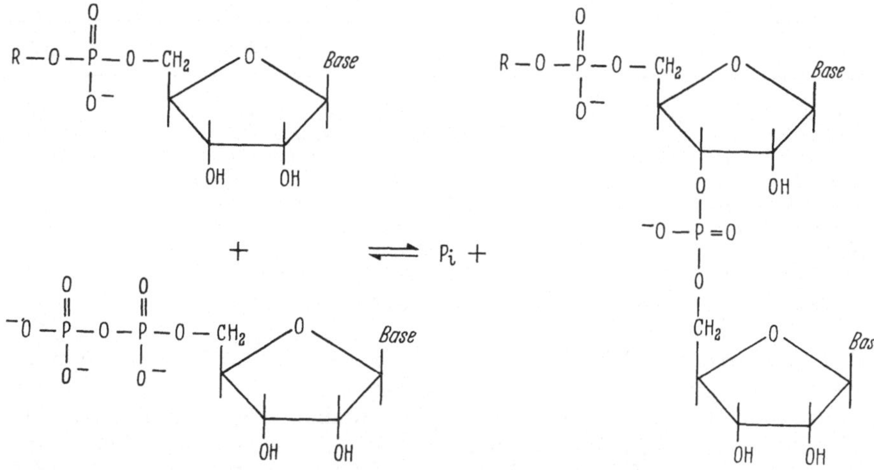

Fig. 7. Scheme of lengthening of the chain of a primer oligonucleotide through addition of mononucleotide units by polynucleotide phosphorylase. *R* represents one or more mononucleotide units adjacent to the terminal nucleotide of a primer oligonucleotide. *Pi* = inorganic phosphate.

The mechanism of priming by RNA and other large polynucleotides is as yet unexplained. It is doubtful that they act as the oligonucleotides do by addition of nucleotide units with resulting further elongation of their chains. Moreover, priming by oligonucleotides is non-specific; triadenylic acid, for example, can prime the synthesis of many different polynucleotides (poly A, poly U, poly AGUC, etc.). On the other hand, priming by polynucleotides exhibits some specificity. Thus, poly A primes its own synthesis but not that of poly U and vice versa. Neither of them primes the synthesis of poly AGUC. Poly AGUC (or RNA), on the other hand, primes the synthesis of poly A and poly U, as well as its own. Poly C primes not only its own synthesis but also that of many other polynucleotides including poly AGUC (Fig. 4) and poly G. Poly G of about 100 nucleotide units in length has recently been obtained by priming with poly C[13]. Curiously enough the synthesis of poly C is primed only by poly C itself. Despite these intriguing results, the specifitity of priming by polynucleotides does not appear to be related to a mechanism of polynucleotide replication.

Phosphorolysis of polynucleotides occurs by the exact reversal of their synthesis[26]. With the exception of diadenylic acid, which is not attacked, oligonucleotides of the polyadenylic acid series are phosphorolyzed at rates which increase with the increasing chain length. The phosphorolysis of tetraadenylic acid results in an early accumulation of triadenylic acid and ADP; later triadenylic acid disappears and diadenylic acid accumulates. One molecule of diadenylic and two molecules of ADP are the end products of the reaction (Equation 8a, b, and c). With triadenylic acid one molecule of diadenylic acid and one of ADP are formed.

$$\text{pApApApA} + \text{phosphate} \rightarrow \text{pApApA} + \text{ppA (ADP)} \qquad (8a)$$

$$\text{pApApA} + \text{phosphate} \rightarrow \text{pApA} + \text{ppA (ADP)} \qquad (8b)$$

$$\text{End result: pApApApA} + 2\text{ phosphate} \rightarrow \text{pApA} + 2\text{ phosphate} \rightarrow \text{pApA} + 2\text{ ADP} \qquad (8c)$$

Distribution — Polynucleotide phosphorylase is widely distributed in bacteria (Table 3). Cell-free extracts were assayed with radioactive phosphate utilizing either the ^{32}P-ADP exchange or the phosphorolysis of poly A[27]. The formation of ^{32}P-labeled ADP by phosphorolysis of poly A (Equation 2, page 964) is quite specific

Table 3. *Polynucleotide phosphorylase in bacteria*[27]

Organism	Relative* activity	Organism	Relative* activity
Azotobacter vinelandii	100	*Streptococcus faecalis*	2
Myobacterium phlei	50	*Streptococcus lactis* R	15
Micrococcus lysodeikticus	35	*Pneumococcus* (type III)	7
Escherichia coli (Crookes) . . .	25	*Bacillus cereus*.	25
Escherichia coli (4157)	40	*Clostridium kluyveri*	2
Micrococcus pyogenes var. *aureus* (Duncan).	70	*Cornynebacterium diphtheriae* . .	5
		Alcaligenes faecalis	90
Streptococcus haemolyticus . . .	15	*Hydrogenomonas facilis*	20

* Based on standard ^{32}P-exchange assays[7] of cell-free extracts.

and the occurrence of this reaction points unequivocally to the presence of poly nucleotide phosphorylase. Fig. 8 shows radioautograms of paper chromatograms obtained from aliquots of a reaction mixture containing poly A, radioactive phosphate, Mg^{++}, and *Staphylococcus aureus* extract, at various times of incubation. Due to the presence of adenylic kinase (which catalyzes the reaction 2 ADP $\rightleftharpoons$ ATP + AMP) in the bacterial extracts radioactive ATP and ADP and non-radioactive AMP are formed. The weakly radioactive spots on top of ADP and ATP are due to other nucleoside diphosphates (GDP, CDP and UDP) released by phosphorolysis of the RNA present in the bacterial extract. The enzyme has been partially purified from extracts of *E. coli*[28], *M. lysodeikticus*[29] and *A. faecalis*[27], and several polyribonucleotides have been made with these preparations. Polynucleotide phosphorylase has also been detected in enzyme fractions of spinach leaves[27] and mammalian liver nuclei[30]. The latter observation provides the only clue thus far to the intracellular localization of the enzyme. This may not be without significance in view of the indications that RNA is synthesized in the nucleus.

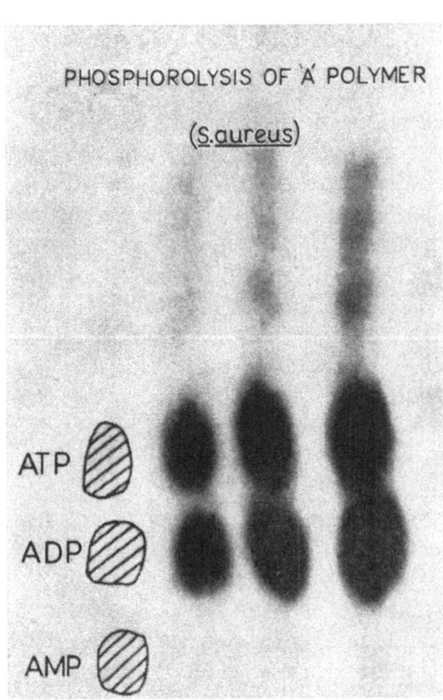

Fig. 8. Phosphorolysis of poly A in *Staphylococcus aureus* extracts in the presence of ^{32}P-labeled orthophosphate[27]. Autoradiograms of paper chromatograms showing the formation of radioactive ADP (and ATP through adenylic kinase). First track, sketch of ultraviolet absorbing spots after incubation with poly A for 60 minutes at 30°. Autoradiographic tracks from left to right correspond to incubation for 15, 30 and 60 minutes.

Structure and Properties of Synthetic Polynucleotides

All the synthetic polynucleotides have the same chemical structure[31, 32]. Poly AGUC, for example, has all the chemical properties of RNA. It is a linear polymer of mononucleotide units joined together by phosphodiester bridges between C-3′

of one nucleoside residue and C-5′ of the neighboring residue. Fig. 9 represents schematically a portion of such a chain and summarizes the results of the degradation of poly AGUC by chemical means and by use of various hydrolytic enzymes. In all cases the products of degradation were identical to those obtained by similar treatment of RNA isolated from natural sources. Alkaline hydrolysis yields a mixture of 2′ and 3′ isomers of AMP, GMP, UMP and CMP. Incubation

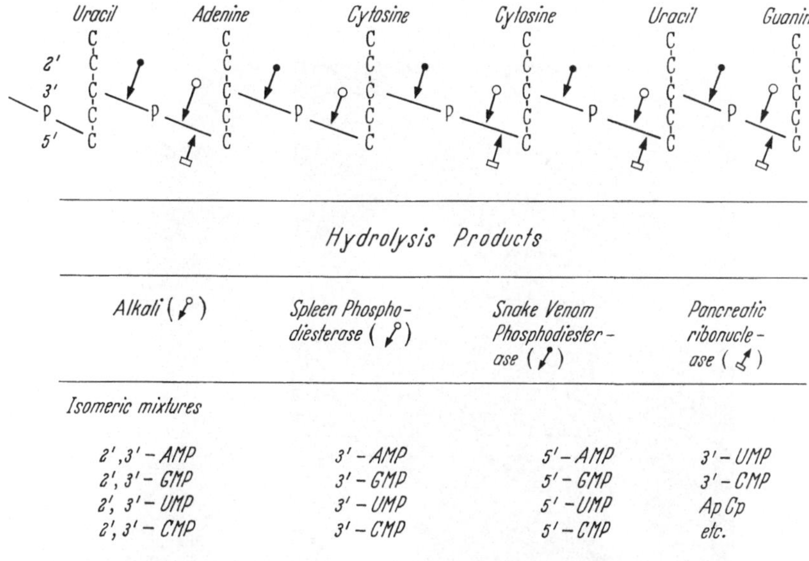

Fig. 9. Hydrolysis products of poly AGUC[32]. Bonds cleaved are indicated by arrows (modified from SINGER, et al.[25]).

with spleen phosphodiesterase results in the formation of 3′-phosphate esters of adenosine, uridine, guanosine and cytidine. Hydrolysis with snake venom phosphodiesterase gives the 5′-phosphate esters of the four nucleosides. On treatment of AGUC with crystalline pancreatic ribonuclease the hydrolysis products are also similar to those obtained from RNA. After exhaustive digestion, 3′-uridylic and 3′-cytidylic acid are formed, as well as a group of oligonucleotides including the dinucleotides ApUp, ApCp, GpUp and GpDp. Fig. 9 shows the various nucleotides as coexisting in single chains. This latter point has been established by experiments in which ADP (or UDP) labeled with ^{32}P in the inner phosphate and unlabeled GDP, UDP (or ADP) and CDP were used to synthesize poly AGUC[33]. Table 4 gives the base ratios of these two polymers and of *Azotobacter* RNA. On hydrolysis with spleen phosphodiesterase and separation of the resultant nucleoside 3′-mono-

Table 4. *Base ratios*[33]

Base	Poly AGUC Sample 1	Poly AGUC Sample 2	Azotobacter RNA (from whole cells)
Adenine	1.00	1.00	1.00
Guanine	1.16	1.25	1.30
Uracil	0.66	0.69	0.73
Cytosine	0.72	0.73	0.90

Poly AGUC was prepared from equimolar mixtures of ADP, GDP, CDP and UDP. In Sample 1, the ADP used was labeled with ^{32}P in the two terminal phosphates (adenine-ribose-^{32}P-^{32}P in Sample 2, the UDP was labeled with ^{32}P in the inner phosphate (uracil-ribose-^{32}P-P).

phosphates, each of these was found to be radioactive (Fig. 10) and each had approximately the same specific radioactivity (Table 5). It will be noted from Fig. 11 that hydrolysis with spleen phosphodiesterase cleaves the phosphodiester bond in such a manner that ^{32}P-labeled phosphate initially esterified to C-5′ of adenosine (or C-5′ of uridine in the case of the poly AGUC prepared with ^{32}P-labeled UDP) now appears esterified to C-3′ of the preceding residue. In similar ways it has been

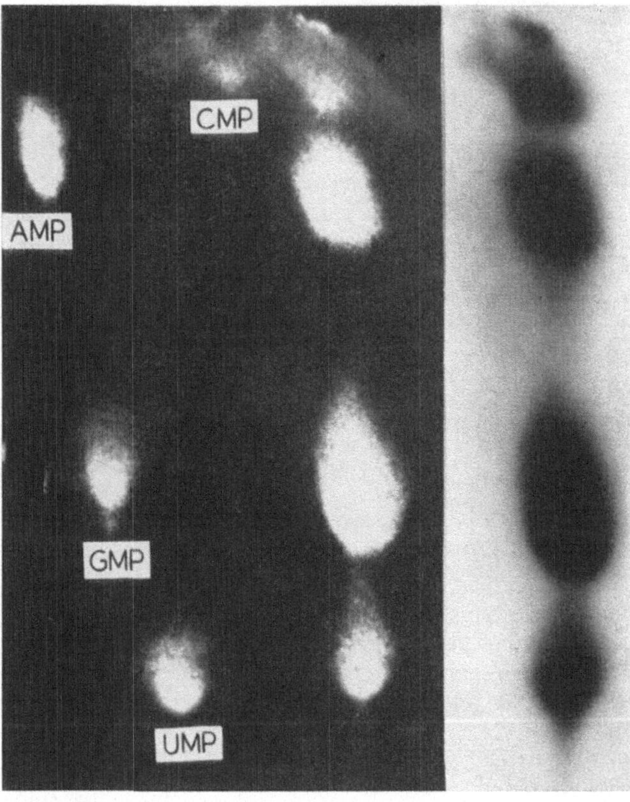

Fig. 10. Hydrolysis of poly AGUC (sample 2 of Table 4) with spleen phosphodiesterase[33]. After hydrolysis the resultant mononucleotides (nucleoside 3′-monophosphates), were separated by paper electrophoresis and radioactivity was located by autoradiography. Ultraviolet prints of ionogram are shown to the left; first four tracks correspond to markers of authentic 3′(2′) AMP, 3′(2′) GMP, 3′(2′) UMP and 3′(2′) CMP; fourth track to the hydrolysis mixture. The autoradiogram of the latter is at extreme right (all four nucleotides are radioactive).

shown that all the synthetic polynucleotides, whether they contain one or more kinds of nucleotide, are linear polymers in which the nucleotides are linked through the same 3′,5′-phosphodiester bridges as are present in RNA.

The molecular weight of polynucleotides synthesized enzymatically[3] varies between about 30,000 and 1×10^6. This is true of preparations made with highly purified enzyme relatively free of contaminating nucleases. All preparations are more or less polydisperse, in particular those of copolymers such as poly AU or poly AGUC, indicating the presence of chains of varying lengths. The homopolymers (poly A, poly U, poly C) show in general a lower degree of polydispersity and their molecular weight lies in the higher ranges (5×10^5 to 1×10^6). Such preparations give highly viscous solutions; in fact on incubation of ADP, UDP, or CDP with a few micrograms of highly purified enzyme, the reaction can be followed visually by the marked increase in viscosity which occurs within 20 to 30 minutes. End-group analysis and sedimentation studies of poly AGUC preparations give average chain lengths around 100 nucleotide residues with molecular weights of the order of 30,000. This is in the range of soluble RNA. X-ray diffraction studies[34] have shown that polymers such as poly AU or poly AGUC, which contain both purine and pyrimidine bases, give patterns identical to those of natural RNA indicating that these polymers are very similar to RNA also in configuration and molecular architecture. The same conclusion may be derived from the observation that different kinds of synthetic polyribonucleotides interact with tobacco mosaic virus protein to form virus-like rods[35].

Table 5. *Specific radioactivity of nucleotides released by hydrolysis of ^{32}P-labeled poly AGUC with spleen phosphodiesterase*[33]

Nucleotide	Poly AGUC Sample 1 (8390)	Poly AGUC Sample 2 (7000)
3'-AMP	7580	5579
3'GMP	7627	6144
3'UMP	7592	6522
3'-CMP	5677	7013

The values give the specific radioactivity in cpm/μmole nucleotide. Separation of nucleotides by ion exchange chromatography (Dowex 1-formate). For comparison, the specific radioactivity of the poly AGUC before hydrolysis is given in parentheses (in cpm/μmole mononucleotide) at the top of column corresponding to each polymer. For definition and base composition of samples 1 and 2 see Table 4. The specific radioactivity of AMP in poly AGUC, Sample 1, was 26500 cpm/μmole; that of UMP in poly AGUC, Sample 2, 39800 cpm/μmole.

The synthetic polyribonucleotides have proved to be useful tools as model compounds for nucleic acids. Their use has allowed confirmation and extension of studies of the specificity and mode of action of nucleases such as pancreatic ribonuclease[31, 32]. Physical chemical investigations of the polymers containing only one

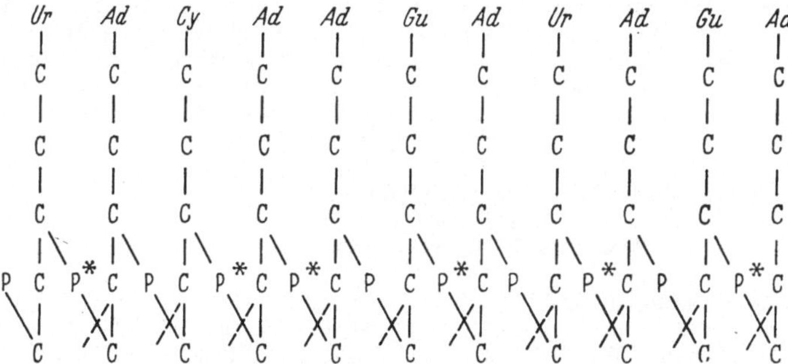

Fig. 11. Scheme of hydrolysis of poly AGUC (Sample 1, Table 4) by spleen phosphodiesterase[33]. The bonds hydrolyzed are indicated by dashed lines and the asterisk denotes ^{32}P-labeling. Ad, Gu, Ur, and Cy represent adenine, guanine, uracil, and icytosine, respectively.

type of base residue have afforded information on the properties of polynucleotides in solution. Studies concerning the interaction, to form stable aggregates, of such polynucleotide pairs as poly A and poly U, poly I and poly C, poly G and poly C through hydrogen bonding between the complementary base pairs[34,36,37,38,39], have supplied experimental evidence for the theoretical proposal of WATSON and CRICK concerning base pairing in a double-stranded helical structure of DNA. These studies have thrown much light on the macromolecular structure of the synthetic polynucleotides and may further our understanding of the biological properties of RNA and DNA. It was originally observed by WARNER[36] that poly A and poly U interact in solution to form a stable complex which, at suitable pH values, migrates on electrophoresis with a sharp single boundary of mobility intermediate between that of poly A and poly U and, on ultracentrifugation has a higher sedimentation constant than that of the parent polynucleotides. The formation of the complex is accompanied by a marked hypochromic effect, i.e., by a marked decrease of the absorption of ultraviolet light at the wavelength of maximum absorption. Formation of such a complex can be observed visually through the marked increase in viscosity that takes place on mixing solutions of poly A and poly U. From X-ray diffraction studies RICH[34] concluded that the poly A + U complex has a double-stranded helical structure similar to that of DNA. The formation of analogous complexes between poly I and poly C, poly A and polyribothymidylic acid and that of a triple-stranded helical structure consisting of two strands of poly U and one of poly A has also been reported[38, 39]. Further, it has been shown that above neutral p_H poly A exists in solution as a random coil but the chains are joined to form a double-stranded helical complex at p_H values below neutrality[40]. This transformation is reversible and has a sharp transition point. Poly I can also interact with itself to give rise to double- and triple-stranded complexes[41].

[1] The following abbreviations are used: adenosine, guanosine, uridine, cytidine and inosine are represented by A, G, U, C and I, respectively; 5′-monophosphates of these nucleosides by AMP, GMP, UMP, CMP and IMP; the corresponding 5′-diphosphates by ADP, GDP, UDP, CDP and IDP; the 5′triphosphates by ATP, GTP, etc. Synthetic polyribonucleotides are abbreviated thus: polyadenylic acid, poly A; polyguanylic acid, poly G; polyuridylic acid, poly U; polycytidylic acid, poly C; polyinosinic acid, poly I; polyribothymidylic acid, polyribo T; polythiouridylic acid, polythio U; polyfluorouridylic acid, polyfluoro U; copolymer of adenylic and uridylic acids, poly AU; copolymer of guanylic and cytidylic acids; poly GC; copolymer of adenylic, guanylic, uridylic and cytidylic acids (synthetic RNA), poly AGUC; copolymer of adenylic, guanylic, uridylic, cytidylic and thiouridylic acids, poly AGUC thio U. Other abbreviations are: ribonucleic acid, RNA; deoxyribonucleic acid, DNA; orthophosphate, P; pyrophosphate, PP. Small polynucleotides (oligonucleotides) are designated by the following system: a phosphate residue is designated by p; when placed to the left of a nucleoside symbol, the phosphate is esterified at C-5′ of the ribose moiety; when placed to the right of the nucleoside symbol, the phosphate is esterified to C-3′ of the ribose moiety. Thus pApA is a dinucleotide with one phosphate monoesterified at C-5′ of an adenosine residue and a phosphodiester bond between C-3′ of the same adenosine residue and C-5′ of the other adenosine group.

[2] KORNBERG, A.: Angew. Chem. **72**, 231 (1960).
[3] OCHOA, S.: Angew. Chem. **72**, 225 (1960).
[4] HECHT, L. I., P. C. ZAMECNIK, M. L. STEPHENSON and J. F. SCOTT: J. Biol. Chem. **233**, 954 (1958).
[5] GRUNBERG-MANAGO, M., and S. OCHOA: J. Am. Chem. Soc. **77**, 3165 (1955).
[6] GRUNBERG-MANAGO, M., P. J. ORTIZ and S. OCHOA: Science **122**, 907 (1955).
[7] GRUNBERG-MANAGO, M., P. J. ORTIZ and S. OCHOA: Biochim. et. Biophys. Acta: **20**, 269 (1956).
[8] LENGYEL, P., and R. W. CHAMBERS: J. Am. Chem. Soc. **82**, 752 (1960); Federation Proc. **19**, 315 (1960).
[9] LENGYEL, P.: Unpublished observations.
[10] ŠKODA, J., J. KÁRA, A. ŠORMOVA and F. ŠORM: Biochim. et Biophys. Acta **33**, 579 (1959); ŠKODA, J., J. KÁRA and Z. ŠORMOVA: Coll. Czechoslov. Chem. Commun. **24**, 3783 (1959.)
[11] OCHOA, S., and L. A. HEPPEL: In W. D. MCELROY and B. GLASS: The Chemical Basis of Heredity. p. **615**. Baltimore, Maryland: Johns Hopkins Press **1957**.
[12] OCHOA, S.: XI. Conseil de Chimie Solvay, Brussels, June **1959**.
[13] MII, S., and R. C. WARNER: Federation Proc. **19**, 317 (1960).
[14] GRIFFIN, B. A., A. TODD and A. RICH: Proc. Nat. Acad. Sci., U. S. A., **44**, 1123 (1958).
[15] OCHOA, S.: Arch. Biochem. Biophys. **69**, 119 (1957).
[16] RICH, A., and D. R. DAVIES: J. Am. Chem. Soc. **78**, 3548 (1956).

[17] LENGYEL, P., and S. OCHOA: Biochim. et Biophys. Acta **28**, 200 (1958).
[18] OCHOA, S., S. MII and M. C. SCHNEIDER: Proceedings Internatl. Symposium on Enzyme Chemistry, p. 44. Tokyo, Japan: Marzen Co. 1957.
[19] OCHOA, S., and S. MII: Unpublished observations.
[20] MII, S., and S. OCHOA: Biochim. et Biophys. Acta **26**, **445** (1957).
[21] HEPPEL, L. A., P. J. ORTIZ and S. OCHOA: Science **123**, **415** (1956).
[22] SINGER, M. F., L. A. HEPPEL and R. J. HILMOE: Biochim. et Biophys. Acta **26**, 447 (1957).
[23] SINGER, M. F., L. A. HEPPEL and R. J. HILMOE: J. Biol. Chem. **235**, 738 (1960).
[24] SINGER, M. F., R. J. HILMOE and L. A. HEPPEL: J. Biol. Chem. **235**, **751** (1960).
[25] SINGER, M. F., L. A. HEPPEL, R. J. HILMOE, S. OCHOA and S. MII: Proceedings 3rd Canad. Cancer Conference, p. 41. New York: Academic Press 1959.
[26] SINGER, M. F.: J. Biol. Chem. **232**, 211 (1958).
[27] BRUMMOND, D. O., M. STAEHELIN and S. OCHOA: J. Biol. Chem. **225**, 835 (1957).
[28] LITTAUER, U. Z., and A. KORNBERG: J. Biol. Chem. **226**, **1077** (1957).
[29] BEERS, R. F., JR.: Nature (London) **177**, **790** (1956).
[30] HILMOE, R. J., and L. A. HEPPEL: J. Am. Chem. Soc. **79**, 4810 (1957).
[31] HEPPEL, L. A., P. J. ORTIZ and S. OCHOA: J. Biol. Chem. **229**, 679 (1957).
[32] HEPPEL, L. A., P. J. ORTIZ and S. OCHOA: J. Biol. Chem. **229**, 695 (1957).
[33] ORTIZ, P. J., and S. OCHOA: J. Biol. Chem. **234**, 1208 (1959).
[34] RICH, A.: In W. D. MCELROY and B. GLASS: The Chemical Basis of Heredity, p. 557. Baltimore, Maryland: Johns Hopkins Press 1957.
[35] HART, R. G., and J. D. SMITH: Nature (London) **178**, 739 (1956).
[36] WARNER, R. C.: J. Biol. Chem. **229**, **711** (1957).
[37] WARNER, R. C., and E. BRESLOW: Symposia of 4th Internatl. Congress of Biochemistry, Vienna, p. 157. London: vol. 9.: Pergamon Press 1958.
[38] FELSENFELD, G., and A. RICH: Biochim. et Biophys. Acta **26**, 459 (1957).
[39] RICH, A.: Nature (London) **181**, **521** (1958).
[40] FRESCO, J. R., and P. DOTY: J. Am. Chem. Soc. **79**, 3928 (1957).
[41] RICH, A.: Biochim. et Biophys. Acta **29**, **502** (1958).

Use of Radioactive Isotopes in the Enzymatic Synthesis of DNA

By

Arthur Kornberg

With 2 Figures

The use of ^{3}H, ^{14}C- and ^{32}P-labeled molecules has been of inestimable value in the investigation of the biosynthesis of DNA in living organisms as well as in broken-cell systems. This presentation, however, will be restricted to the consideration of certain techniques involving the use of isotopes which have been especially valuable in the studies of the enzymatic synthesis of DNA(*1*).

I. Assays of Enzymes

1. „Polymerase" This assay measures the conversion of deoxynucleoside triphosphates labeled with ^{14}C or with ^{32}P (in the phosphate esterified to the sugar) from their acid-soluble form to a product which is insoluble in acid (*2*). After a suitable incubation period DNA is added as "carrier" to facilitate precipitation of traces of synthesized DNA and for reprecipitations designed to free the DNA from any acid-soluble substrates that might remain adherent. Since it is possible by repeated reprecipitations of the DNA to completely remove deoxynucleoside triphosphates, it is feasible to measure extremely minute amounts of incorporation of such substrates into DNA. For example, starting with 0.1 μM of a triphosphate with a specific radioactivity of 10^{7} counts per minute per micromole it is possible to measure the incorporation into DNA of as little as 0.01 mμM with some accuracy.

Through the use of this assay, an enzyme has been recognized and extensively purified from extracts of *E. coli*. This enzyme carries out the polymerization of the four commonly occurring deoxynucleoside triphosphates to a form that is chemically and physically indistinguishable from DNA isolated from natural sources. The use of radioactive isotopes has permitted the demonstration of absolute requirements for a DNA primer and the dependence on having all four of the substrates present in order to obtain measurable net synthesis of DNA (*3*). While the reaction has not been demonstrated to be reversible in the sense that inorganic pyrophosphate will progressively degrade an intact DNA molecule, it was possible to show extensive exchange between ^{32}P-labeled inorganic pyrophosphate and each of the deoxynucleoside triphosphates in the presence of DNA.

2. Nucleases and Diesterases. These enzymes are abundant in *E. coli* as well as widespread in nature. They are important components of the enzyme preparations of polymerase that require identification and quantitative estimation. While several chemical and physical methods are available for their estimation, the use of ^{32}P-labeled DNA as substrate is of great value, since it permits the detection of minute quantities of these enzymes with considerable accuracy and simplicity. The assays depend simply on the degradation of DNA to acid-soluble fragments which are measured directly in the counter (*2, 4*).

3. *Phosphorylating Enzymes (Kinases).* These enzymes are responsible for the conversion of deoxynucleoside monophosphates to the di- and triphosphate levels. The assay uses a ^{32}P-labeled deoxynucleoside monophosphate and measures its conversion from a form that is susceptible to the action of semen phosphatase to a form that is resistant to the phosphatase (*2*). Adsorption on Norit is used to distinguish between the phosphate that is liberated from the nucleoside and that which is bound to it. The assay consists of three stages as shown in Fig. 1.

In a control incubation from which enzyme was omitted in Stage 1, no radioactivity was found adsorbed to the Norit, whereas with an excess of the deoxynucleotide kinase all the radioactivity was accounted for in the Norit precipitate. By the use of this assay, kinases for each of the four commonly occurring deoxynucleotides were partially purified and served for the preparation of the triphosphates which were in turn used as substrate in the polymerase reaction. These assays also served for the study of the kinetics of enzyme development in cells infected with bacteriophage and for the purification of a new enzyme responsible for the phosphorylation of hydroxymethylcytosine deoxynucleoside triphosphate (*5*). As mentioned below, the thymidylate kinase assay was used for the discovery and purification of thymidylate synthetase.

Stage	*Reagent*	*Reaction*	
I	*Deoxynucleotide kinase*	*Deoxynucleoside* – P* $\xrightarrow{ATP}$	*deoxynucleoside* – P*–P–(P)
II	*Phosphatase (monoesterase) in excess*	↓ *Deoxynucleoside* + P_i^*	↓ *no change*
III	*Norit, in excess*	↓ *Radioactivity unadsorbed*	↓ *Radioactivity adsorbed*

Fig. 1

4. *Thymidylate synthetase.* The assay of this enzyme depends on the absence in *E. coli* of a kinase for deoxyuridine monophosphate and, as mentioned above, on the presence of a kinase for deoxythymidine monophosphate (*6*). Thus, by supplying ATP and an excess of the deoxythymidine monophosphate kinase, the conversion of ^{32}P-labeled deoxyuridine monophosphate to a phosphomonoesterase-resistant form was feasible:

deoxyuridine 5′-^{32}P (phosphomonoesterase-susceptible)
↓ methylation reaction
deoxythymidine 5′-^{32}P (phosphomonoesterase-susceptible)
↓ ATP + deoxythymidine 5′-P kinase
deoxythymidine 5′-^{32}P-P-P (phosphomonoesterase-resistant).

Further studies (*7*) with ^{3}H-labeled tetrahydrofolic acid have revealed details of the mechanism of the methylation reaction.

5. *Hydroxymethylase.* This reaction is responsible for the conversion of cytosine deoxynucleotide to the hydroxymethyl cytosine deoxynucleotide only in cells infected by the T-even coliphages (*8*). The assay for this enzyme depends on the conversion of ^{14}C-formaldehyde to a form that is non-volatile at acid pH.

6. *Glucosylating enzymes.* These enzymes are also unique to cells infected with the T-even coliphages and carry out reactions in which glucose is transferred from uridine diphosphate glucose to certain hydroxymethyl groups of DNA containing hydroxymethylcytosine (instead of cytosine) (*5*). The assay depends on the conversion of ^{14}C glucose from an acid-soluble form (UDPG) to an acid-insoluble form (glucosylated DNA).

7. *Triphosphatases*

a) Deoxyguanosine triphosphatase. This enzyme is present in normal *E. coli* and splits deoxyguanosine triphosphate to deoxyguanosine and inorganic tripolyphosphate (*9*). For the assay of the enzyme, deoxyguanosine triphosphate labeled with ^{32}P in the phosphate esterified to the sugar was used as the substrate. The addition of Norit at the end of the reaction period indicated the cleavage of the substrate at the sugar-phosphate bond; deoxyguanosine and the unreacted substrate are adsorbed to the Norit, whereas the phosphate no longer bound to a nucleoside remains in solution. The amount of phosphate in a non-nucleotide form may then be determined by centrifuging the Norit-treated mixture and measuring the radioactivity of the supernatant fluid. The assay as such does not indicate whether non-adsorbed ^{32}P is in tripolyphosphate, deoxyribose phosphate, or inorganic pyro- or orthophosphate; this identification is made independently by other methods with reaction mixtures catalyzed by purified enzymes.

b) Deoxycytidine triphosphatase. This enzyme was found in, and purified from, cells infected with the T-even coliphages and is responsible for the conversion of deoxycytidine triphosphate to inorganic pyrophosphate and deoxycytidine monophosphate (*5*). The assay depends on the conversion of a substrate labeled with ^{32}P in one or both of the terminal phosphate groups to a form that is not adsorbed to Norit.

II. Linkage of Single Deoxynucleotides to the Deoxynucleoside Ends of DNA

Although the synthesis of DNA by polymerase requires the four deoxynucleoside triphosphates (in addition to Mg^{++} and DNA), nevertheless a single deoxynucleoside triphosphate can be incorporated into DNA to an extent of one-thousandth that of the complete reaction. The number of the single deoxynucleotides incorporated is of the same order as an approximation of the number of DNA chains added to the reaction mixture. The reaction between the DNA and the single radioactive deoxynucleoside triphosphate catalyzed by the enzyme resulted in a product whose radioactivity sedimented at the same rate as the average DNA molecule; this finding indicated that the deoxynucleotide had become incorporated into molecules of the same size as DNA (*10*). Enzymatic hydrolysis of the product to 3′-deoxynucleotides demonstrated the formation of 3′-5′-phosphodiester linkages between the deoxynucleoside end of the DNA chain and the added deoxynucleotide. These studies further showed that only one, or a very few, molecules of a single deoxynucleoside triphosphate reacted with the end of each chain. The kinetics of hydrolysis of the product by snake venom phosphodiesterase showed that essentially all the radioactivity had been converted to an acid-soluble form when relatively little of the DNA appeared as ultraviolet-absorbing acid-soluble products. From this it could be inferred that there was a sequential liberation of deoxynucleotides from the deoxynucleoside end of DNA chains, thus providing additional evidence that the deoxynucleoside triphosphate reacted with the deoxynucleoside end of a DNA chain.

III. The Incorporation of Pyrimidine and Purine Analogues into DNA

The deoxyribonucleoside triphosphates of analogues of the pyrimidine and purine bases were prepared chemically and tested as substrates for polymerase (*11*). In those cases where radioactively-labeled analogues could be prepared, direct measurement of their incorporation into DNA was possible. When such labeled analogues were not available their substitution for one of the naturally-occurring substrates could be measured by observing whether or not they supported the incorporation of one or another labeled deoxynucleoside triphosphate (under the polymerase assay conditions). The pattern of substitution of analogues for the naturally-occurring bases was in close agreement with what would be expected of the base-pairing relationships and the double helix model of DNA proposed by WATSON and CRICK.

In view of the known ability of *E. coli* to incorporate 5-bromouracil into its DNA, it was of interest to observe that kinases which phosphorylate 5-bromodeoxyuridine monophosphate to the triphosphate were demonstrable in extracts of *E. coli*. The absence of such kinases for the phosphorylation of deoxyuridine monophosphate is in keeping with the fact that cells incorporate 5-bromouracil, but not uracil, into DNA.

IV. Analysis of the Chemical Composition of Enzymatically Synthesized DNA

The base ratios of the synthesized product were demonstrated by chemical analysis to be the same as that of the DNA primer used in the reaction (*12*). In order to determine whether this result held even at the earliest stages of reaction, isotopically marked substrates were used to distinguish the newly synthesized DNA from the added primer. In such experiments it could be demonstrated that when the increase relative to the DNA added as primer was as little as 2%, there was a faithful replication of the base ratios which characterized the particular primer used in the reaction.

V. Frequencies in Nearest Neighbor Dinucleotide Sequences in DNA and Their Replication

DNA is a genetic code in which the four kinds of nucleotides make up a four-letter alphabet; the sequence spells the message. At present this sequence is completely unknown. The procedure to be described makes a start in this direction by providing a precise determination of the nearest-neighbor nucleotide sequences in a DNA chain (*13*). This procedure was as follows: DNA is enzymatically synthesized using ^{32}P as label in one of the deoxynucleoside triphosphates; the other three substrates are unlabeled. This radioactive phosphate, attached to the 5-carbon of the deoxyribose, now becomes the bridge between that substrate molecule and the nucleotide at the growing end of the chain with which it has reacted (Fig. 2). At the end of the synthetic reaction (after some 10^{16} diester bonds have been formed), the DNA is isolated and digested enzymatically to yield the 3'deoxynucleotides quantitively. It is apparent (Fig. 2) that the P atom formerly attached to the 5-carbon of the deoxynucleoside triphosphate substrate is now attached to the 3-carbon of the nucleotide with which it reacted during the course

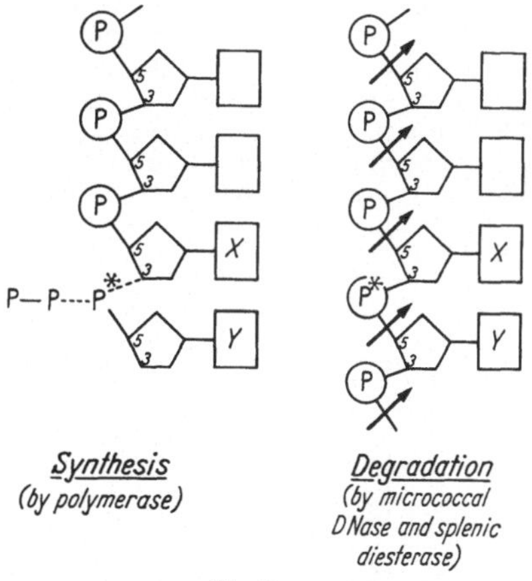

Synthesis (*by polymerase*)

Degradation (*by micrococcal DNase and splenic diesterase*)

Fig. 2

of synthesis of the DNA chains. The ^{32}P content of each of the 3'-deoxynucleotides, isolated by paper electrophoresis, is a measure of the relative frequency with which a particular substrate reacted with each of the four available nucleotides in the course of synthesis of the DNA chains. This procedure carried out four times, using in turn a different labeled substrate, yields the relative frequencies of all the sixteen possible kinds of dinucleotide (nearest neighbor) sequences.

Such studies have to date been carried out using DNA primer samples from a variety of natural sources. The conclusions are:

1. All sixteen possible dinucleotide sequences are found in each case.
2. The pattern of relative frequencies of the sequences is unique and reproducible in each case and is not predicted from the base composition of the DNA.
3. Enzymatic replication involves base pairing of adenine to thymine and guanine to cytosine.
4. The frequencies indicate clearly that the enzymatic replication produces two strands of opposite direction, as predicted by the WATSON and CRICK model.
5. The DNA synthesized has the same dinucleotide sequence frequencies whether the primer is native DNA or enzymatically prepared DNA containing only a trace of the native DNA.

References

1. KORNBERG, A.: Science **131**, 1503 (1960); Angew. Chem. **72**, 231 (1960).
2. LEHMAN, I. R., M. J. BESSMAN, E. S. SIMMS and A. KORNBERG: J. Biol. Chem. **233**, 163 (1958).
3. BESSMAN, M. J., I. R. LEHMAN, E. S. SIMMS and A. KORNBERG: J. Biol. Chem. **233**, 171 (1958).
4. LEHMAN, I. R.: J. Biol. Chem. **235**, 1479 (1960).
5. KORNBERG, A., S. B. ZIMMERMAN, S. R. KORNBERG and J. JOSSE: Proc. Nat. Acad. Sci. (U.S.A.) **45**, 772 (1959).
6. FRIEDKIN, M., and A. KORNBERG: In The Chemical Basis od Heredity (W. D. MCELROY and B. GLASS, eds.), p. 609 (1957).
7. FRIEDKIN, M.: Federation Proc. **19**, 312 (1960).
8. FLAKS, J. G., and S. S. COHEN: J. Biol. Chem. **234**, 1501 (1959); FLAKS, J. G., J. LICHTENSTEIN, and S. S. COHEN: J. Biol. Chem. **234**, 1507 (1959).
9. KORNBERG, S. R., I. R. LEHMAN, M. J. BESSMAN, E. S. SIMMS, and A. KORNBERG: J. Biol. Chem. **233**, 159 (1958).
10. ADLER, J., I. R. LEHMAN, M. J. BESSMAN, E. S. SIMMS and A. KORNBERG: Proc. Nat. Acad. Sci. (U.S.A.) **44**, 641 (1958).
11. BESSMAN, M. J., I. R. LEHMAN, J. ADLER, S. B. ZIMMERMAN, E. S. SIMMS, and A. KORNBERG: Proc. Nat. Acad. Sci. (U.S.A.) **44**, 633 (1958).
12. LEHMAN, I. R., S. B. ZIMMERMAN, J. ADLER, M. J. BESSMAN, E. S. SIMMS, and A. KORNBERG: Proc. Nat. Acad. Sci. (U.S.A.) **44**, 1191 (1958).
13. JOSSE, J., and A. KORNBERG: Federation Proc. **19**, 305 (1960).

The Biosynthesis of Porphyrins[1]

By

David Shemin[2]

With 9 Figures

Introduction

This article is intended as a summary of some of the work which has been done, over the past ten years, on the biosynthesis of porphyrins. The treatment accorded to this subject should not be considered to be that of an exhaustive review article. It will consider only those papers which, in the author's opinion, are most pertinent to the particular discussion. The article will attempt to develop and describe those experiments which have uncovered the precursors of the porphyrin molecule and those which have established the relationship of its synthesis to the other metabolic events occurring in the cell.

I. The utilization of glycine for protoporphyrin synthesis

a) The utilization of the nitrogen atom of glycine for porphyrin synthesis

In 1945 it was found that the nitrogen atom of glycine is the source of the nitrogen atoms of the protoporphyrin of hemoglobin (*1, 2, 3*). Administration of

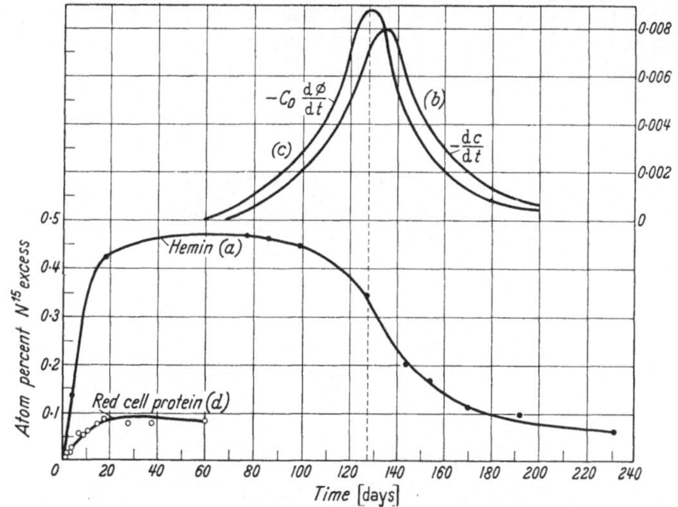

Fig. 1 N^{15} concentration in hemin after feeding N^{15}-labeled glycine for 3 days (*3*)

[1] This work was supported by gran' from the National Institutes of Health, United States Public Health Service (A-1101 (C 7)], from the American Cancer Society on the recommendation of the Committee on Growth of the National Research Council, from the Rockefeller Foundation and from the Williams-Waterman Fund.

[2] Department of Biochemistry, College of Physicians and Surgeons Columbia University, New York, New York.

N^{15} labeled glycine to a human or to a rat resulted in the incorporation of the labeled nitrogen atom into the heme moiety of hemoglobin. Calculations and other experiments revealed that this conversion or utilization of the glycine nitrogen atom was specific.

The specific utilization of the nitrogen atom of glycine enabled one to study red blood cell dynamics *in vivo* and hemoglobin synthesis. The N^{15} concentrations of the hemin samples, isolated from a subject's red blood cells after the administration of N^{15} labeled glycine, plotted against the time the samples were obtained gave rise to the curve shown in Fig. 1 (*2*). From an analysis of this curve it was concluded that the hemoglobin of the red cell of the mammal is not in the dynamic state and therefore one can determine the average life span of the red blood cell. The average life span of the human erythrocyte was estimated to be 120 days, and therefore 0.8 per cent of the total red cells are produced and broken down per day in a normal individual. This method of investigating red blood cell dynamics was subsequently applied to studies on other normal subjects and to patients with blood dyscrasias (*4,5*).

Protoporphyrin (Fig. 2) contains two types of pyrrole units; methyl and vinyl bearing pyrroles (pyrrole rings A and B), and methyl and propionic acid bearing pyrroles (pyrrole rings C and D). Since little was known at that time concerning the mechanism of porphyrin synthesis, it was conceivable that glycine nitrogen was utilized for only one pair of pyrrole rings, and that some other nitrogenous compound was the precursor for the other pair of rings. To test this possibility, hemin which was biologically synthesized from N^{15} labeled glycine was chemically degraded in a manner to achieve the separation of rings A and B from rings C and D, so that the N^{15} concentrations of the different rings could be determined. It was found that the N^{15} concentration of the fragment originating from rings A and B was identical to that representing rings C and D (6, *7*, *8*). These experiments demonstrated that glycine was the nitrogenous precursor of both types of pyrrole rings and presumably of all four pyrrole units. This finding led to the suggestion (*7*) that a common precursor pyrrole is first synthesized which is then the source of all four pyrrole rings of the porphyrin. This conclusion was well supported and experimentally demonstrated by the subsequent experimental results.

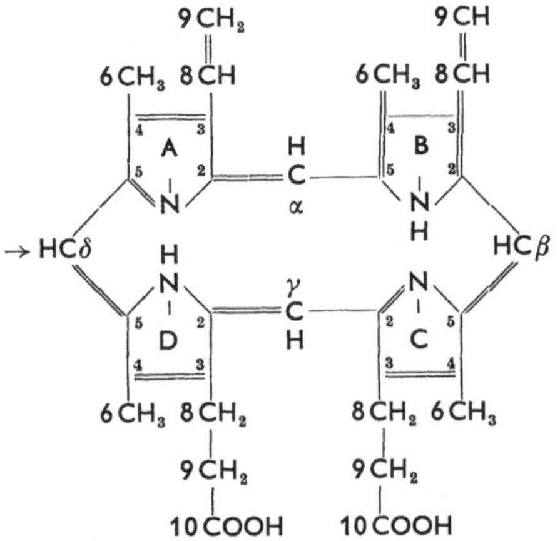

Protoporphyrin IX

Fig. 2. Protoporphyrin IX. The above numbering system is the same as that previously employed (*13*, *16*)

b) Porphyrin synthesis in vitro

In order to facilitate further studies on the biosynthetic mechanism of heme or porphyrin synthesis a simpler biologic system was sought, preferably for many obvious reasons an *in vitro* system. It was fortunately soon found that avian erythrocytes and mammalian blood containing reticulocytes were surprisingly capable of enzymatically synthesizing this complicated looking molecule from relatively simple substrates (*9, 10*).

On incubation of these blood preparations with glycine, heme was synthesized. This was established by demonstrating the incorporation of N^{15} into the hemin molecule from N^{15} labeled glycine. It may be well to point out that besides discovering a comparatively simple system capable of forming porphyrin from simple precursors, the demonstration is evidence for the conclusion that the red blood cell can synthesize, *in vivo*, its own complement of heme. Subsequently, as will be shown below, it was found that even hemolyzed preparations and cell-free extracts can synthesize heme from the proper substrates. Most of all work to be described below on porphyrin synthesis which was done in our laboratory has been carried out with duck red blood cell preparations.

c) The utilization of the carbon atoms of glycine for porphyrin synthesis

It appeared reasonable to expect that since the nitrogen atom of glycine is specifically utilized for porphyrin synthesis, the carbon atoms of this amino acid may also be involved. It was found that indeed the α-carbon atom of glycine is incorporated into protoporphyrin (*11—14*) and the carboxyl group is not (*12, 15*). This latter negative finding was an important clue in the elucidation of the mechanism by which glycine is converted into the next intermediate utilized for pyrrole synthesis.

In order to study the relative utilization of the nitrogen atom and α-carbon atom of glycine for porphyrin formation, duck red blood cells were incubated with doubly labeled glycine ($N^{15}H_2$—$C^{14}H_2$—COOH) and the N^{15} concentration and C^{14} activity of the resulting heme determined (*12*). A similar experiment was done *in vivo* (*14*). Doubly labeled glycine was injected into rabbits and the relative isotope dilution determined in the isolated hemin. It was found in both of these experiments that two carbon atoms arising from the α-carbon atom of glycine were utilized for heme synthesis for each nitrogen atom incorporated into the porphyrin. Since the porphyrin molecule contains 4 nitrogen atoms, it appeared that eight carbon atoms of the porphyrin molecule originate from the α-carbon atom of glycine.

d) Location of the position in the porphyrin derived from the a-carbon atom of glycine

In order to establish definitely that eight carbon atoms of the porphyrin are indeed derived from the α-carbon atom of glycine, and if so to locate the position of these carbon atoms in the porphyrin molecule, and in order to gain some insight into the mechanism of porphyrin synthesis, we developed a chemical degradation procedure of protoporphyrin whereby each carbon atom from a particular position in the porphyrin could be unequivocally isolated (*13, 16*). The outline of this degradation is shown in Fig. 3. The mesoporphyrin, obtained by reduction of the vinyl side chains of protoporphyrin, is oxidatively cleaved to give rise to methylethylmaleimide (from rings A and B) and hematinic acid (from rings C and D) while the methene bridge carbon atoms are converted to CO_2. The hematinic acid

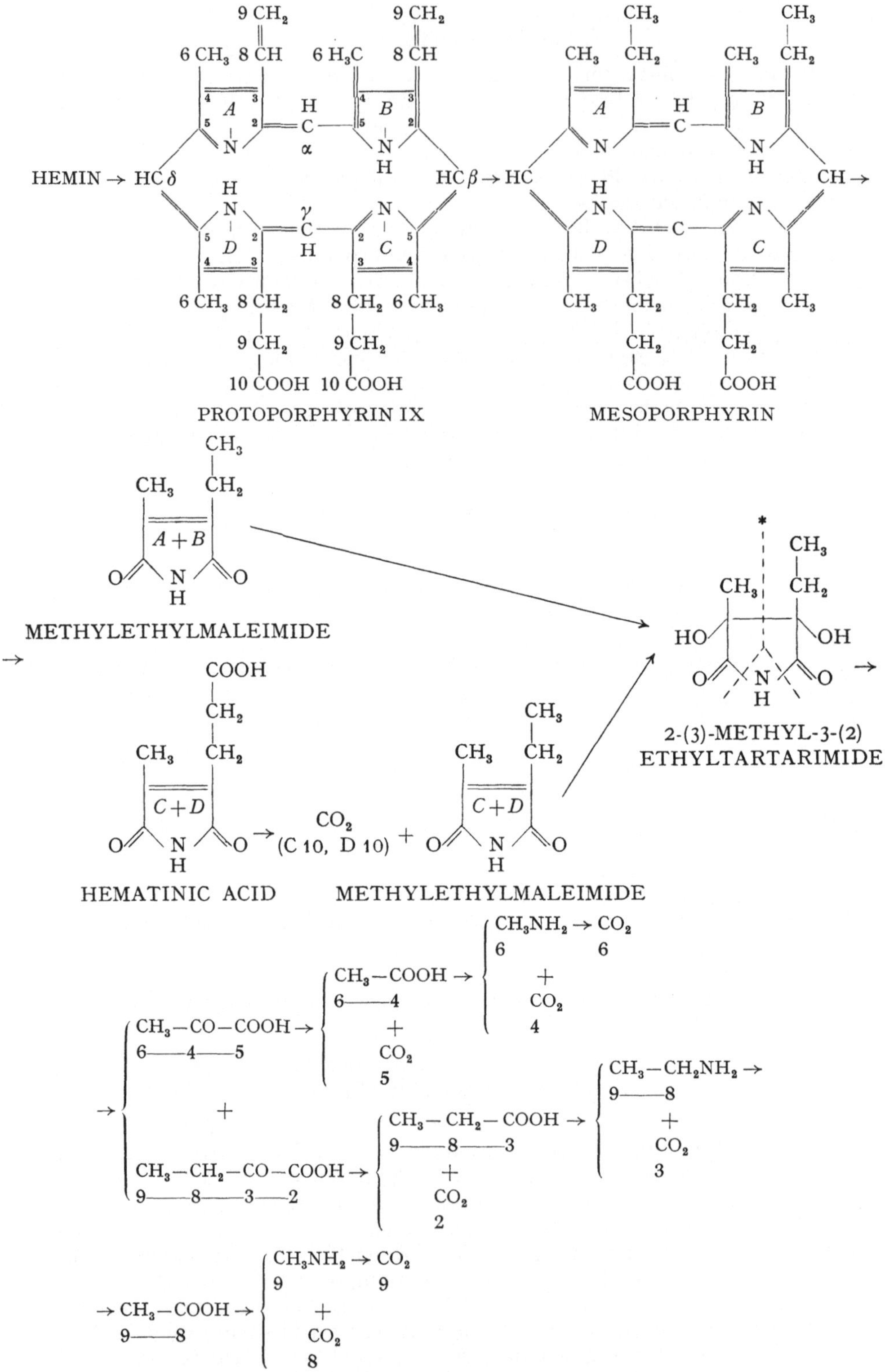

HEMIN → PROTOPORPHYRIN IX → MESOPORPHYRIN →

PROTOPORPHYRIN IX: rings A, B, C, D; HC α, HC β, HC γ, HC δ; ring A and ring B: 6 CH_3, 8 CH=9 CH_2; ring C and ring D: 6 CH_3, 8 CH_2–9 CH_2–10 COOH

MESOPORPHYRIN

METHYLETHYLMALEIMIDE (A+B)

HEMATINIC ACID (C+D) → CO_2 (C 10, D 10) + METHYLETHYLMALEIMIDE (C+D)

→ 2-(3)-METHYL-3-(2) ETHYLTARTARIMIDE →

$$\rightarrow \begin{cases} CH_3{-}CO{-}COOH \ (6{-}4{-}5) \rightarrow \begin{cases} CH_3{-}COOH \ (6{-}4) \rightarrow \begin{cases} CH_3NH_2 \ (6) \rightarrow CO_2 \ (6) \\ + \\ CO_2 \ (4) \end{cases} \\ + \\ CO_2 \ (5) \end{cases} \\ + \\ CH_3{-}CH_2{-}CO{-}COOH \ (9{-}8{-}3{-}2) \rightarrow \begin{cases} CH_3{-}CH_2{-}COOH \ (9{-}8{-}3) \rightarrow \begin{cases} CH_3{-}CH_2NH_2 \ (9{-}8) \rightarrow \\ + \\ CO_2 \ (3) \end{cases} \\ + \\ CO_2 \ (2) \end{cases} \end{cases}$$

$$\rightarrow CH_3{-}COOH \ (9{-}8) \rightarrow \begin{cases} CH_3NH_2 \ (9) \rightarrow CO_2 \ (9) \\ + \\ CO_2 \ (8) \end{cases}$$

Fig. 3. Protoporphyrin degradation. The letters and numbers designate positions of the carbon atoms (*13, 16*)

is decarboxylated to give rise to CO_2 (originally the carboxyl groups of protoporphyrin) and to methylethylmaleimide. The two methylethylmaleimide samples are converted to their glycols and then cleaved to give rise to pyruvic and α-keto-butyric acids. These two keto acids are separated and degraded in a stepwise fashion so that the original position in the porphyrin of each carbon atom obtained as carbon dioxide is known. In this degradation scheme, not only can the C^{14} activities of the individual carbon atoms be determined, but their C^{14} activities can be checked by comparing the sum of the activities of the individual carbon atoms to that of the parent compound from which they are derived; e.g. the sum of the individual activities of carbon atoms numbered 6, 4 and 5 can be compared to the C^{14} activity of the pyruvic acid sample and likewise the sum of the activities of the keto acids can be compared to the C^{14} activity of the maleimide sample.

On degrading protoporphyrin synthesized from glycine-2-C^{14}, it was found that indeed 8 carbon atoms are derived from the α-carbon atom of glycine, and the exact positions were located. It was found that the four methene bridge carbon atoms were derived from glycine and that each of the rings contained one radioactive carbon atom (*13, 14, 17*). On further degradation of the rings the positions in the ring were located (*13, 17*) (Fig. 4). It will be noted that the carbon atoms in the pyrrole rings derived from the α-carbon atom of glycine are in the α-position

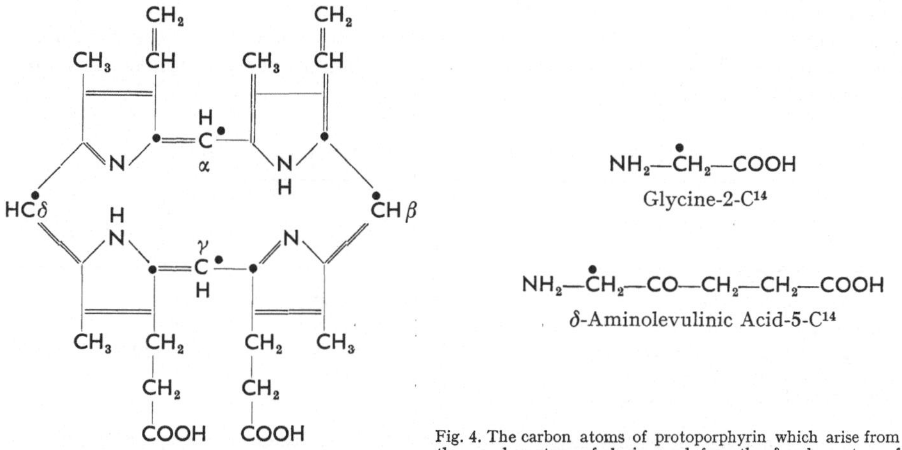

Protoporphyrin IX

NH_2—$\dot{C}H_2$—COOH
Glycine-2-C^{14}

NH_2—$\dot{C}H_2$—CO—CH_2—CH_2—COOH
δ-Aminolevulinic Acid-5-C^{14}

Fig. 4. The carbon atoms of protoporphyrin which arise from the α-carbon atom of glycine and from the δ-carbon atom of δ-aminolevulinic acid (*13, 24, 25*)

underneath the vinyl and propionic acid side chains. This finding supported the suggestion of a common precursor pyrrole first being formed, and led to the postulation that the vinyl side chains arose from propionic acid side chains by decarboxylation and dehydrogenation.

II. The utilization of a succinyl intermediate arising from the citric acid cycle for the remaining carbon atoms of the porphyrin

a) The experiments with C^{14} labeled acetate

Having accounted for eight carbon atoms of protoporphyrin, the origin of the remaining twenty-six carbon atoms remained to be determined. It was found by BLOCH and RITTENBERG (*18*) that on administration of deuterioacetic acid

(CD_3COOH) to a rat, the hemin isolated contained deuterium. This indicated that some of the side chain carbon atoms, at least, were derived from the methyl group of acetate since these are only carbon atoms bonded to hydrogen.

It was found subsequently that both C^{14}-carboxyl and C^{14}-methyl labeled acetate produced labeled heme *in vitro* and *in vivo*, and several of the carbon atoms of the porphyrin arising from these labeled substrates were located (*14, 19*). In one instance, however, the conclusion that the carboxyl group of acetate is utilized for either one or both of the carbon atoms of the vinyl side chains (*14*) appears to be in error.

In order to determine the extent of utilization of acetate for porphyrin synthesis and to locate all the carbon atoms which may be derived from acetate, duck blood was incubated separately with C^{14}-methyl labeled acetate and with C^{14}-carboxyl labeled acetate, and the resulting C^{14} labeled hemin samples degraded by the method mentioned above. It was found that all the remaining twenty-six carbon atoms were derived from acetate (*16*). Before discussing the activities of the individual carbon atoms, we may arrive at some conclusions concerning the biosynthesis of porphyrins by examining the C^{14} activities of some of the fragments obtained on degradation of the hemin. It can be seen from Table 1 that the molar activity of the porphyrins produced from C^{14}-methyl labeled and carboxyl labeled acetate resides in the carbon atoms other than the methene bridge carbon atoms, since the sum of the molar activities of the methylethylmaleimide and hematinic acids samples is equal to the molar activities of the porphyrin samples. This is consistent with the previous finding that the α-carbon atom of glycine is the source of the methene bridge carbon atoms.

Table 1. C^{14} *activity of fragments of the protoporphyrin* (*16*)

Porphyrin fragments	Molar activity	
	$C^{14}H_3COOH$ Exp. c.p.m.	$CH_3C^{14}OOH$ Exp. c.p.m.
Porphyrin (mesoporphyrin)	23,776	2,910
Pyrrole rings A + B (methylethylmaleimide)	11,620	456
Pyrrole rings C + D (hematic acid)	11,840	2,620 (450—COOH)[1]
Pyrrole rings A + B + C + D (methylethylmaleimide and hematinic acid)	23,460	3,076

[1] The C^{14} activity of pyrrole rings C + D minus the activity of the carboxyl groups was 450 c.p.m.

In Table 1 it can also be seen that the molar activities of pyrrole rings A and B are equal to those of pyrroles C and D in hemin made from methyl labeled acetate. This equality holds in hemin synthesized from carboxyl labeled acetate if one excludes those carboxyl groups in C and D which are not found in A and B. Also as will be pointed out below, in both of these experiments the carbon atoms of rings A and B that occupy comparable positions in rings C and D have the same activities. These findings support the previously suggested hypothesis that in the biosynthesis of protoporphyrin a pyrrole is formed which is the common precursor of both types of pyrrole structures found in protoporphyrin.

Another conclusion concerning the mechanism of porphyrin formation can be drawn by examination of the keto acid fragments of the pyrrole rings. It was found in each of the experiments that the C^{14} activities of the pyruvic acid and of the α-ketobutyric acid samples were equal (Table 2). Furthermore the C^{14} distribution pattern among the carbon atoms of these keto acids was the same (Fig. 5). In the

Table 2. C^{14} *activities of fragments of the pyrrole rings* (*16*)

Pyrrole ring fragments	Molar activity	
	$C^{14}H_3COOH$ Exp. c.p.m.	$CH_3C^{14}OOH$ Exp. c.p.m.
Pyrrole rings A + B	11,620	456
Pyrivic acid	5,430	206
α-ketobutyric acid	5,560	208
Pyruvic acid + α-ketobutyric acid . . .	10,990	414
Pyrrole rings C + D (-COOH group) . .	11,840	450
Pyruvic acid	5,508	208
α-ketobutyric acid	5,480	204
Pyruvic acid + α-ketobutyric acid . . .	10,988	412

methyl labeled acetate experiment the pyruvic acid and α-ketobutyric acid fraction contained three radioactive carbon atoms each, and comparable carbon atoms had the same activity; carbon atom 6 had the same activity as that of 9, carbon atom 4 had the same as that of 8, and carbon atom 5 had the same activity as that od 3. This is illustrated in Fig. 5. In the experiment using carboxyl labeled acetate the two keto acids obtained on degradation also had the same C^{14} activity pattern. These data strongly suggest that in the synthesis of the precursor pyrrole the same compound is utilized for the methyl side of the structure and for the vinyl and propionic sides of the structure.

If each side of each pyrrole unit utilizes the same compound, the precursor which condenses with glycine to form the pyrrole unit must be either a three or a four carbon atom compound. On examination of the structure of protoporphyrin

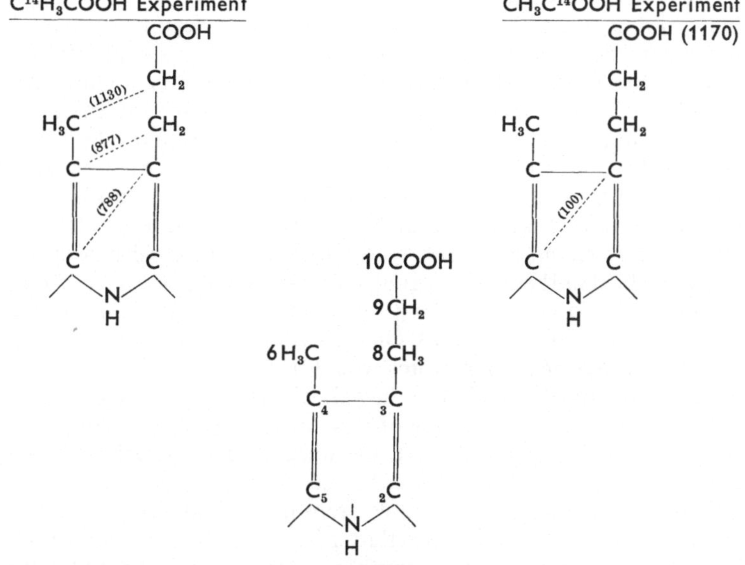

Fig. 5. Average activities of comparable carbon atoms in all pyrrole units. The activities are given in parentheses. The pyrrole unit represented contains a carboxyl group which is found only in rings C and D of protoporphyrin (*16*)

and noting the quantitative distribution of C^{14} among the carbon atoms in the experiments, it can be seen that a three carbon atom compound would satisfy the data as the precursor of the methyl sides of the pyrrole units (carbon atoms 6,

4 and 5), and the same compound would also be consistent with the data as the precursor of the vinyl sides of the pyrrole units (carbon atoms 9, 8 and 3) excluding carbon atom 2, which is derived from the α-carbon atom of glycine. However, it would appear that a four carbon atom compound would be necessary as the precursor for the propionic acid sides (carbon atoms 10, 9, 8 and 3), again exclusive of carbon atom 2. If a three carbon atom compound were utilized, subsequent carboxylations must have occurred to give rise to the methyl and vinyl groups. It can be decided which of these two alternative mechanisms operates in the synthesis of protoporphyrin by comparing the data obtained in the experiments using methyl labeled and carboxyl labeled acetate. The C^{14} activities of the carboxyl groups (1170 c.p.m.) in protoporphyrin synthesized from carboxyl labeled acetate are equal to those found in the carbon atoms (1130) adjacent to these groups in the porphyrin synthesized from methyl labeled acetate (Fig. 5). This equality, i. e. the same degree of dilution, demonstrates that the acetic acid enters as a unit and that the utilization of acetic acid for pyrrole formation is *via* a four carbon atom unsymmetrical compound. The four carbon atom compound must have been an unsymmetrical compound since in each of the experiments the terminal carbon atoms had different C^{14} activities, and in the methyl labeled acetate experiment the two methylene carbon atoms of the propionic acid side chain had different C^{14} activities. Therefore the common precursor pyrrole originally contained acetic and propionic acid side chains in its β-positions, and the methyl groups in the porphyrin arose by decarboxylation of the acetic acid side chains and the vinyl groups arose from decarboxylation and dehydrogenation of propionic acid side chains.

b) The conversion of acetate via the citric acid cycle to the four carbon atom unsymmetrical compound

The data obtained in these experiments (*16*) can readily be explained by assuming the participation of the tricarboxylic acid cycle in porphyrin formation. In the light of the relative distribution of the C^{14} activities among the carbon atoms of the porphyrin derived from acetate, it appeared that the acetate was converted to the four carbon unsymmetrical compound *via* this cycle. The entrance of methyl labeled acetate in the citric acid cycle can give rise to a four carbon atom compound, derived from α-ketoglutarate, which would have a similar relative C^{14} distribution pattern to that found in the porphyrin synthesized from methyl labeled acetate. For example, if one starts with methyl labeled acetate with a relative activity of 10 in the methyl group, the α-ketoglutarate formed on the first turn of the cycle would contain C^{14} activity only in the γ-carbon atom, and the relative activity would be 10 (Table 3). On formation of symmetrical succinate, the activities of the methylene carbon atoms would be 5 and 5, and those of the oxaloacetate eventually formed would contain half of the C^{14} activity of the γ-carbon atom of α-ketoglutarate. The recycling of this newly formed oxaloacetate with the labeled acetate would now result in a specimen of α-ketoglutarate having the relative activities shown in Table 3 for the second cycle. In Table 3 the relative activities found in α-ketoglutarate formed from methyl labeled acetate are given after a number of cycles. It can be seen that a four carbon atom compound arising from α-ketoglutarate after a finite number of cycles and utilized for pyrrole synthesis would have three radioactive carbon atoms, one with the highest activity next to the carboxyl group (6 and 9) and two adjacent carbon atoms (4 and 8; 5 and 3) having somewhat lower, but equal, activities. However, the comparable carbon atoms 4 and 8 are slightly more active (877 c.p.m.) than those numbered 5 and 3 (788 c.p.m.). This slight inequality of activities among these carbon atoms (4 and 8; 5 and 3) would at first suggest that the tricarboxylic acid cycle is not functioning as postulated theoretically above. It was found, however, that carbon atoms numbered 5 and 3 are also in part derived from the carboxyl group of acetate (Fig 5). Correcting for this dilution, since in the methyl labeled acetate experiment the unlabeled carboxyl group went into these positions to the same extent, the activities of these two pairs of adjacent carbon atoms are equal. The contribution of the unlabeled carboxyl group of acetate to position 5 and 3 is to dilute these carbon atoms by about 100 counts. The addition of these 100 counts to the carbon atoms having an activity of 788 given a total 888 c.p.m. a figure close to the 877 c.p.m. found for the activities of carbon atoms 4 and 8 in the product from methyl labeled acetate. It would appear therefore that acetate is utilized via the tricarboxylic acid cycle since the relative C^{14} activities found fit those theoretically predicted in the four carbon atom compound derived from α-ketoglutarate.

Table 3. *Relative distribution of* C^{14} *activity in carbon atoms of α-ketoglutaric acid resulting from utilization of* C^{14}*-labeled acetate in tricarboxylic acid cycle*
The results are expressed in counts per minute

α-Keto-glutaric acid	From C^{14}-methyl-labeled acetate (activity of methyl group = 10 c.p.m.)				From C^{14}-carboxyl-labeled acetate (activity of carboxyl group = 10 c.p.m.)			
	No. of cycles in tricarboxylic acid cycle							
	1st	2nd	3rd	∞	1st	2nd	3rd	∞
COOH	0	0	0	0	10	10	10	10
CH_2	10	10	10	10	0	0	0	0
CH_2	0	5	7.5	10	0	0	0	0
C = O	0	5	7.5	10	0	0	0	0
COOH	0	0	2.5	5	0	5	5	5

The C^{14} distribution which would occur in the four carbon atom compound synthesized from carboyxl labeled acetate is shown in Table 3. It can be seen that theoretically only the carboxyl group of the four carbon atom compound would be radioactive. In Fig 5 the C^{14} distribution among the carbon atoms of the pyrrole units of the porphyrin synthesized from carboxyl labeled acetate is given. It can be seen that whereas the carboxyl groups contain the bulk of the activity there is a small amount of C^{14} activity in carbon atoms 5 and 3 which correspond to the carbonyl carbon atom of α-ketoglutarate. The small amount of activity may occur if this unsymmetrical four carbon atom compound is formed from succinate as well as from α-ketoglutarate. The four carbon atom compound formed from α-ketoglutarate would only contain C^{14} in its carboxyl group. However, on conversion of this compound to succinate, a symmetrical compound is formed and in any subsequent reaction would behave as if both carboxyl groups contain C^{14}. If part of the "active" succinate is formed from succinate (see Reaction C, Fig. 6) then some of "active" succinate would have both terminal carbon atoms labeled and this in turn would cause the finding of C^{14} in positions 5 and 3 of the pyrrole units. The relationship between the citric acid cycle and porphyrin formation is shown in Fig. 6.

c) Experiments with labeled succinate

In order to establish experimentally that indeed two moles of a four carbon atom compound are utilized for each pyrrole unit of the porphyrin, that the citric acid cycle is intimately related to porphyrin formation and that Reaction C, Fig. 6 occurs, studies on protoporphyrin formation were carried out with both carboxyl and methylene labeled succinate (*20*).

On examination of Fig. 6 it can be seen that it is possible to experimentally demonstrate both Reaction C and F and to differentiate between them by investigating the synthesis of protoporphyrin from C^{14}-carboxyl labeled and C^{14}-methylene labeled succinate in the presence and absence of malonate since the labeling of protoporphyrin from radioactive succinate will depend on the position of the C^{14} in the succinate and on the pathway. Theoretically C^{14}-carboxyl-labeled succinate cannot give rise to C^{14}-labeled protoporphyrin via Reaction F, but only via Reaction C. On entering the tricarboxylic acid cycle, i. e. in the oxidative direction of the cycle (Reaction F, Fig. 6) carboxyl-labeled succinate would give rise to α-carboxyl-labeled α-ketoglutarate. The resulting succinyl intermediate arising by oxidative decarboxylation and utilized for porphyrin formation would therefore contain no C^{14}. However, if Reaction C occurs, carboxyl-labeled succinate would produce labeled protoporphyrin. If this postulation is correct, then carboxyl-labeled succinate should produce labeled protoporphyrin only by Reaction C, and therefore malonate, which blocks Reaction F, should have little or no influence on the C^{14} activity of protoporphyrin.

Methylene-labeled succinate, in contrast to carboxyl-labeled succinate, should produce labeled protoporphyrin via two pathways: (1) Reaction C and (2) the

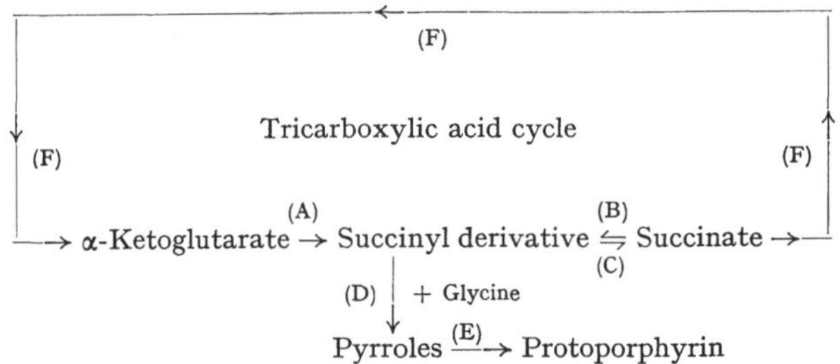

Fig. 6. The relationship of the citric acid cycle and protoporphyrin formation (*20*)

oxidative direction of the tricarboxylic acid cycle (Reaction F). Methylene-labeled succinate should produce α-ketoglutaric acid labeled in its α- and β-carbon atoms by Reaction F. As a result the succinyl intermediate formed by this pathway, and utilized for porphyrin formation, should have two of its carbon atoms labeled with C^{14}. Malonate should, in this case, have a marked inhibitory effect on the utilization of methylene-labeled succinate for porphyrin formation, and any C^{14} activity in protoporphyrin made from methylene-labeled succinate in the presence of malonate will be the result of Reaction C.

In Table 4 the C^{14} activity of the hemin samples obtained by incubating equal amounts of C^{14}-carboxyl-labeled and C^{14}-methylene-labeled succinate, with and without malonate, is given. It can be seen from Table 4 that the C^{14} activity of the hemin samples made from methylene-labeled succinate is much higher than that made from carboxyl-labeled succinate. Whereas malonate had a large inhibitory effect (compare columns c and e, Table 4) on the utilization of methylene-labeled succinate, it had either only a very slight inhibitory effect or even an enhancing effect on the utilization of carboxyl-labeled succinate. The enhanced utilization of carboxyl-labeled succinate in the presence of malonate may be due to the greater availability of the succinate for Reaction C since the succinate was not drawn off by oxidation. These results are in complete agreement with the postulation that carboxyl-labeled succinate produces labeled protoporphyrin by Reaction C only and that methylene-labeled succinate forms labeled protoporphyrin by Reactions C and F.

Table 4. *Comparison of C^{14} activities of hemin made from C^{14}-carboxyl-labeled succinic acid and from C^{14}-methylene-labeled succinic acid in presence and absence of malonate* (*20*)

Experiment No.	Hemin synthesized from C^{14}-carboxyl-labeled succinic acid		Hemin synthesized from C^{14}-methylene-labeled succinic acid			
			without malonate		with malonate, 0.02 M	
	without malonate (a) c.p.m.	with malonate, 0.02 M (b) c.p.m.	found (c) c.p.m.	calculated for labeling 10 carbon atoms (c) × 10/16 (d) c.p.m.	found (e) c.p.m.	calculated for labeling 10 carbon atoms (e) × 10/16 (f) c.p.m.
1	353	307	1686	1053	600	375
2	247	208	870	544	455	284
3	128	211	1070	668	404	252
4	132	114	473	296	223	139
5	540	697				
6	139	105	314	196	173	108
7	94	104	254	159	175	109

Experiments 1 to 5 were carried out with intact red cells; experiments 6 and 7, with hemolyzed preparations.

Support of the labeling of protoporphyrin from methylene-labeled succinate by the two pathways can be gathered by comparing the C^{14} activity values of Columns a and d of Table 4. If the methylene-labeled succinate were only utilized via Reaction C, the C^{14} activity of the hemin samples would be only 16/10 as high as that found for carboxyl-labeled succinate, since methylene-labeled succinate would label equally 16 carbon atoms of the porphyrin, while carboxyl-labeled succinate would label 10 carbon atoms (see Fig. 7). The C^{14} activities of the hemin samples made from methylene-labeled succinate (Column c, Table 4) were multiplied by 10/16 and are given in Column d. It can be seen that the activities calculated in Column d are still much higher than those of Column a, demonstrating the labeling of the porphyrin from methylene-labeled succinate by the two pathways.

However, 10/16 of the C^{14} activities of the hemin samples made from methylene-labeled succinate with malonate (Column f) are quite similar to those made from carboxyl-labeled succinate (Column b). These results demonstrate the utilization of the methylene-labeled succinate under these experimental conditions through Reaction C. The slightly higher values in Column f in experiments 1 to 4 with whole cells are, in all likelihood, due to the lack of complete inhibition of the oxidation of succinate in the presence of malonate. On the other hand, in the experiments in which hemolyzed preparations were used (Experiments 6 and 7, Table 4) the malonate inhibition of Reaction F was more complete; the C^{14} activities of Column v and f are equal.

Further evidence for the existence of Reaction C and proof for the utilization of a 4-carbon compound for porphyrin formation was obtained by investigating the C^{14} distribution in protoporphyrin synthesized from carboxyl-labeled succinate. If Reaction C occurs and if the succinate is utilized as a unit, carboxyl-labeled succinate would not only give rise to labeled protoporphyrin but the resulting porphyrin should have the C^{14} activity pattern shown in Fig. 7. This predicted C^{14} pattern is based on our previous evidence that each side of all the pyrrole units is made from the same 4-carbon atom compound (*16*). If the succinate were converted into the "active" derivative and 2 moles of the latter compound condensed with glycine, the common precursor pyrrole formed would contain C^{14} in positions shown in Fig. 7. On utilizing 4 moles of this pyrrole to form protoporphyrin

4 radioactive carbon atoms from position 7 and 2 from position 10 would be lost and the protoporphyrin would contain 10 carbon atoms equally labeled in positions shown in Fig. 7: Carbon atoms 3 and 5 of pyrrole rings A and B and carbon atoms 3, 5, and 10 of pyrrole rings C and D. Therefore, 40 per cent of the C^{14} activity should reside in rings A and B and 60 per cent should be found in rings C and D. Further, if the succinate were utilized as a unit, the carboxyl groups of the protoporphyrin should contain 20 per cent of the C^{14} activity of the porphyrin and

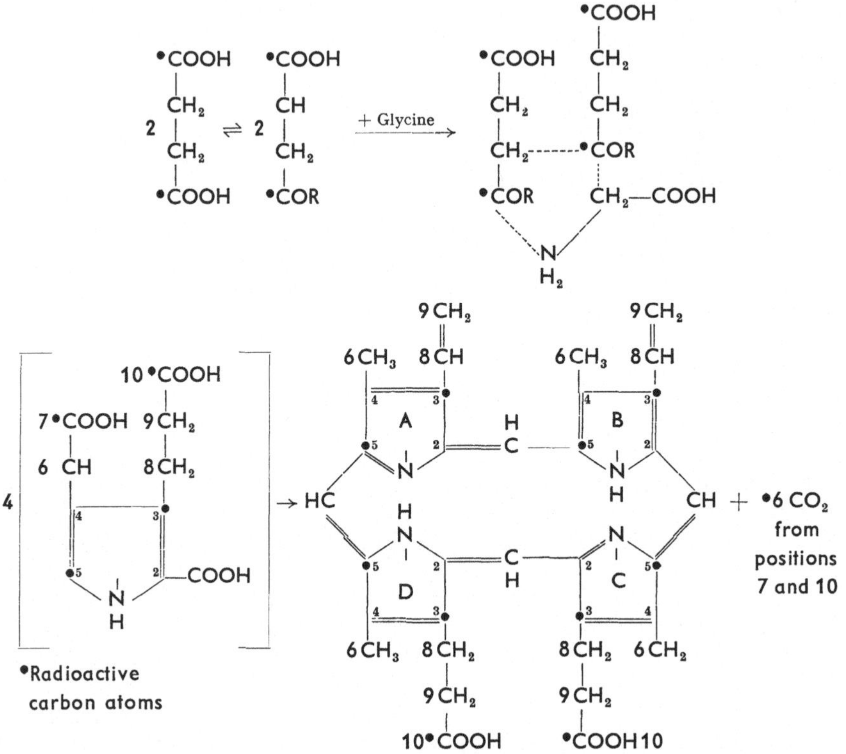

Fig. 7. The position of succinate in protoporphyrin and the labeling pattern obtained in protoporphyrin synthesized from succinate-1.4-C^{14}

Table 5. *Distribution of* C^{14} *activity in protoporphyrin made from* C^{14}*-carboxyl-labeled succinic acid*

Compound analyzed for C^{14} activity	Position in porphyrin	Experiment 1		Experiment 2		Experiment 3 with malonate (0.02 M)	
		found[1] c.p.m.	theory[2] c.p.m.	found[1] c.p.m.	theory[2] c.p.m.	found[1] c.p.m.	theory[2] c.p.m.
Hemin	Whole porphyrin	9000		9670		9920	
Methylethylmaleimide	Pyrrole rings A and B	3520	3600	3820	3870	3710	3970
Hematinic acid	Pyrrole rings C and D	5250	5400	5880	5800	6210	5950
Methylethylmaleimide	Pyrrole rings C and D minus carboxyl groups	3670	3600	3920	3870	4050	3970
Barium carbonate	Carboxyl groups	1900	1800	1930	1940	2040	1990

[1] Molar activities.

[2] Based on the activity of the porphyrin.

its activity should be one-half and one-third of rings A and B (Fig. 7). It can be seen in Experiments 1 and 2 of Table 5 that the activities found in these fractions agree, within experimental limits, with theoretical values calculated for the formation of protoporphyrin from carboxyl-labeled succinate through Reaction C (Fig. 6), as outlined in Fig. 7; rings A and B and rings C and D contained respectively 40 and 60 per cent of the activity. The finding that the carboxyl groups contained respectively one-half and one-third of the activities of those of rings A and B and of rings C and D is further evidence for the utilization of all carbon atoms of succinate as a unit. It should be noted that the succinyl intermediate utilized for porphyrin formation will be unsymmetrically labeled if it arises from α-ketoglutarate, as previously demonstrated (*16*), and symmetrically labeled when formed directly from succinate (Reaction C).

In support of the above evidence, hemin was synthesized fromc carboxyl-labeled succinate in the presence of malonate. The labeled hemin was degraded and it was found (Experiment 3, Table 5) that the C^{14} distribution pattern in the protoporphyrin made from carboxyl-labeled succinate in the presence of malonate was the same as that made in the absence of malonate.

d) Further experiments with C^{14} labeled acetate, C^{14} labeled citrate and C^{14} labeled α-ketoglutarate

Further documentation of the relationship of the citric acid cycle and porphyrin formation was obtained by studying the utilization of acetate-1-C^{14} and acetate -2-C^{14}, in the absence and presence of malonate, for porphyrin formation and the utilization of α-ketoglutarate-5-C^{14}, α-ketoglutarate-1,2-C^{14} and of citrate-1,5-C^{14} for porphyrin formation (*21*).

In Table 3 the relative C^{14} distribution pattern is given for the "active" succinate synthesized from either methyl or carboxyl labeled acetate after one and several turns of the citric acid cycle. It can be seen that the C^{14} distribution pattern in the "active" succinate synthesized from methyl labeled acetate is dependent on the number of cycles, whereas that synthesized from carboxyl labeled acetate is independent of the number of cycles. Therefore malonate which inhibits the succinate-fumarate reaction should affect only the C^{14} distribution pattern in the "active" succinate synthesized from methyl labeled acetate. This effect will then be reflected in the radioactivity and C^{14} distribution pattern of the resulting porphyrin. Therefore, malonate should lower the radioactivity in the heme synthesized from methyl-labeled acetate and have little or no influence on the radioactivity of the hemin synthesized from carboxyl-labeled acetate. It can be seen from Table 6 that, whereas the presence of malonate lowered the radioactivity in the hemin samples synthesized from methyl-labeled acetate, there is no such effect in the experiment in which carboxyl-labeled acetate was the substrate (*21*). The experimental results are in complete agreement with the theory. It may be well

Table 6. *Comparison of C^{14} activities of hemin synthesized from C^{14}-methyl-labeled acetate and from C^{14}-carboxyl-labeled acetate in absence and presence of malonate* (*21*)

Experiment No.	Hemin synthesized from			
	C^{14}-methyl-labeled acetate		C^{14}-carboxyl- labeled acetate	
	without malonate c.p.m.	with malonate c.p.m.	without malonate c.p.m.	with malonate c.p.m.
1	427	249	82	67
2	499	207	87	92
3	296	125	65	54
4	283	114	56	55

to point out that one need consider the pathway if conclusions are to be drawn concerning the effect malonate may have on a system.

Also the utilization of α-ketoglutarate-1,2-C^{14}, α-ketoglutarate-5-C^{14} and citrate-1,5-C^{14} for porphyrin formation was studied. If the picture in Fig. 6 is an accurate description of the relationship of porphyrin synthesis and the citric acid cycle, not only should C^{14}-labeled members of the cycle produce C^{14}-labeled protoporphyrin but one should be able to predict, as was done above, which carbon atoms of the porphyrin are radioactive or arise from particular carbon atoms of the substrate. On incubation of hemolyzed preparations (*20, 22*) of duck red blood cells (*9*) with these labeled substrates the hemin samples isolated were radioactive. On degradation of the labeled porphyrin the predicted carbon atoms of the porphyrin molecule contained C^{14}, e. g. α-ketoglutarate-5-C^{14} and citrate-1,5-C^{14} should and did form a labeled porphyrin in which the C^{14} distribution pattern was the same as was previously found in the sample synthesized from carboxyl-labeled acetate. Both of these compounds on entering the citric acid cycle should form a succinyl derivative labeled in the carboxyl group (see Table 3). In these experiments a hemolyzed preparation of avian erythrocytes was used since α-ketoglutarate and citrate do not readily penetrate the intact duck red blood cell.

It may be worth mentioning that this pathway (Fig. 6) of porphyrin synthesis may be considered, from an experimental point of view, as a natural trapping mechanism for the "active" succinate and thus certain aspects of the citric acid cycle can be studied by investigating porphyrin synthesis.

III. The role of δ-aminolevulinic acid in porphyrin synthesis

It then became of interest to find the mechanism by which the "active" succinate and glycine combine to form the pyrrole unit of the porphyrin. It was realized that in the initial condensation of glycine and succinate the whole molecule of glycine is involved since in all experiments in which glycine-2-C^{14} was the substrate the carbon atom in the pyrrole ring and the methene bridge carbon atom (Fig. 4) had the same C^{14} activity and no derivative of the α-carbon atom of glycine (CH_3OH, H_2CO, HCOOH, CH_3NH_2) could substitute for glycine. These findings led us to the conclusion that the *same* derivative of glycine was utilized for the pyrrole ring carbon atom and for the bridge carbon atom even though the bridge carbon atom was no longer attached to the nitrogen atom of glycine as is the ring atom. On consideration of the possible methods of condensation of succinate and glycine which would give rise to a product from which a pyrrole could reasonably be made, a mechanism by which the carboxyl group of glycine is detached from its α-carbon atom, subsequent to the initial condensation must be taken into account, for the carboxyl group of glycine is not utilized for porphyrin synthesis. The condensation of succinate on the α-carbon atom of glycine to form α-amino-β-keto-adipic acid (Fig. 8) would appear to be in agreement with all the experimental findings and conclusion. The compound formed, being a β-keto acid, could then readily decarboxylate and thus provide a mechanism by which the carbo xylgroup of glycine is detached from its α-carbon atom subsequent to the initial condensation of the whole molecule of glycine with succinate. Further, the product of decarboxylation would be δ-aminolevulinic acid and condensation of two moles of the latter compound by a Knorr type of condensation (Fig. 9) would give a reasonable mechanism for formation of a pyrrole in which the α-carbon atom of glycine would be distribution in the position previously observed (*13*). To test this hypothesis δ-aminolevulinic acid was synthesized and its utilization for porphyrin synthesis studied (*23, 24, 25*).

In the initial experiments, unlabeled δ-aminolevulinic acid was added to duck red blood cell hemolysates along with either C^{14} labeled glycine or C^{14} labeled succinate. The radioactivities of the hemin samples isolated in these experiments

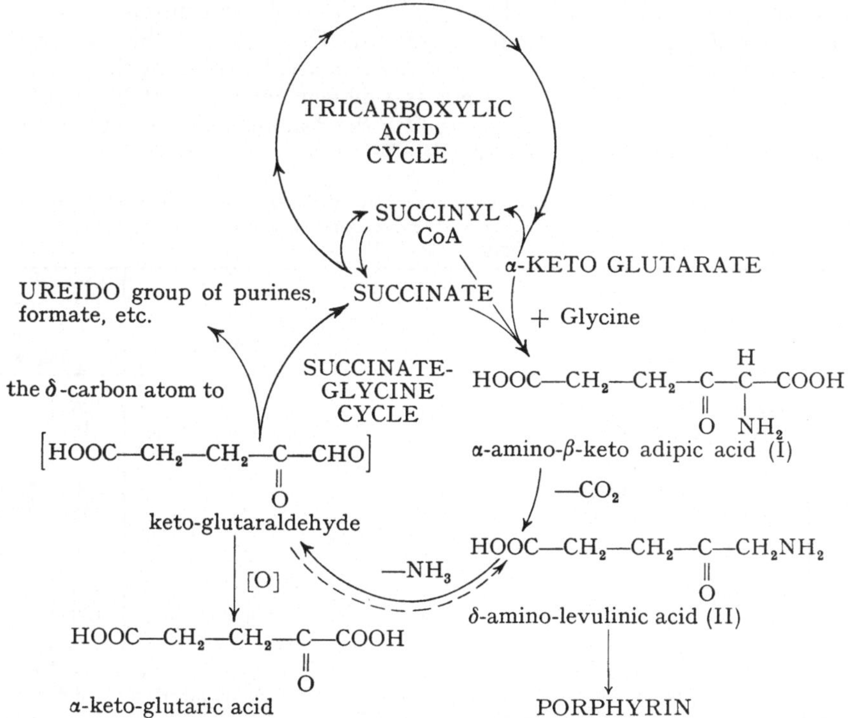

Fig. 8. Succinate-glycine cycle: a pathway for the metabolism of glycine (*23, 25*)

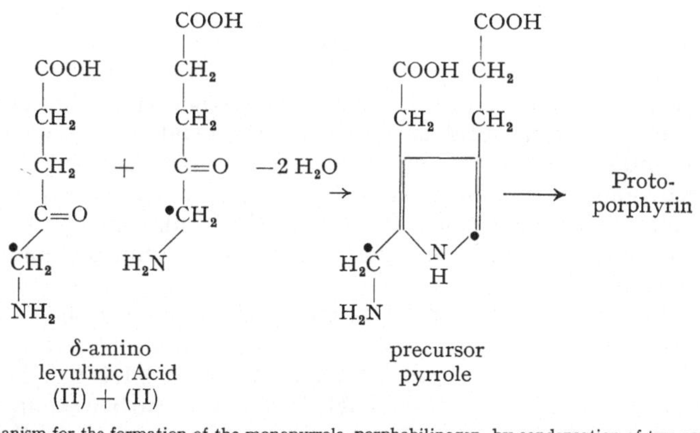

δ-amino levulinic Acid (II) + (II) $\xrightarrow{-2\,H_2O}$ precursor pyrrole → Proto-porphyrin

Fig. 9. The mechanism for the formation of the monopyrrole, porphobilinogen, by condensation of two moles of δ-amino-levulinic acid. The carbon atoms bearing the closed circles (•) were originally the α-carbon atom of glycine (*23, 25*)

were compared with those obtained from controls in which the unlabeled δ-amino-levulinic acid was omitted. The rationale for these dilution-type experiments is as follows: if δ-aminolevulinic acid is an intermediate formed from the condensation of glycine and succinate, any labeled δ-aminolevulinic acid formed from these labeled substrates will be diluted by the added unlabeled compound, and consequently this should be reflected in the lowered radioactivity of the hemin samples synthesized in the presence of unlabeled δ-aminolevulinic acid. It can be seen from Table 7 that the hemin samples made in the presence of unlabeled δ-aminolevulinic acid contained less C^{14} than those of the controls made either from C^{14} labeled glycine or succinate (*23, 25*). These results which are in full agreement with the hypothesis, can also be explained, however, by the possibility that δ-aminolevulinic acid is acting not as a diluent but as an inhibitor of heme synthesis. To rule out the latter possibility, the δ-aminolevulinic acid added in Experiment 2 (Table 7) was labeled with N^{15}. It can be seen that whereas the

Table 7. *Comparison of* C^{14} *activities of hemin samples synthesized from glycine-2-*C^{14} *(0.05 mc/mM) or succinic acid-2-*C^{14} *(0.05 mc/mM) in the presence and absence of non-radioactive δ-aminolevulinic acid* (*23, 25*)

Experiment No.	Substrates			Isotope concentration in hemin	
	C^{14}-labeled	N^{15}-labeled	unlabeled	C^{14} c.p.m.	N^{15} (atom % excess)
1	Glycine-2-C^{14} (0.05 mM)	—	—	125	
	Glycine-2-C^{14} 0.05 mM)	—	δ-aminolevulinic acid (0.05 mM)	15	
2	Glycine-2-C^{14} (0.05 mM)	—	—	230	
	Glycine-2-C^{14} (0.05 mM)	δ-aminolevulinic acid (0.05 mM)[1]	—	48	0,21
	—	Glycine (0.33 mM)[1]	—		0.06
3	Succinate-2-C^{14} (0.1 mM)	—	—	660	
	Succinate-2-C^{14} (0.1 mM)	—	δ-aminolevulinic acid (0.1 mM)	180	

[1] The isotopic concentrations of these samples were 34 atom per cent excess N^{15}. In each of the experiments the volume of the hemolyzed preparations was 30 ml. Unlabeled succinate (0.1 mM) was added to the flasks in which labeled glycine was the substrate, and unlabeled glycine (0.33 mM) was added to the flasks in which labeled succinite was the substrate. Each flask contained 1 mg of iron (ferric).

incorporation of C^{14} from the glycine was lowered, there was a comparatively large incorporation of N^{15} into the porphyrin, thus demonstrating that the lowered C^{14} activity of the hemin samples was due to dilution rather than inhibition. Further proof that δ-aminolevulinic acid is a result of the condensation of glycine and succinate was obtained by incubation red blood cell hemolysates with glycine-2-C^{14} and unlabeled δ-aminolevulinic acid, and subsequently isolating the δ-carbon atom. In such an experiment it was found that the formaldehyde liberated upon periodate oxidation of a crude fraction containing δ-aminolevulinic acid was highly radioactive.

More rigorous proof that δ-aminolevulinic acid is indeed the precursor for porphyrin synthesis was obtained by degrading a hemin sample synthesized from δ-aminolevulinic acid-5-C^{14} and from δ-aminolevulinic acid-1,4- C^{14}. The δ-carbon atom of the former compound should label the same carbon atoms of protoporphyrin as those which we have previously found to arise from the α-carbon atom of glycine, since according to the hypothesis latter carbon atom is the biological source of the δ-carbon atom of δ-aminolevulinic acid. Furthermore, the δ-aminolevulinic acid-1,4-C^{14} should label the same carbon atoms of protoporphyrin found to arise from the carboxyl groups of succinate since from Fig. 8 these carbon atoms arise from succinate.

It can be seen from Table 8 that the same C^{14} distribution pattern was found in protoporphyrin synthesized from δ-aminolevulinic acid-5-C^{14} as from glycine-2-C^{14}; 50 per cent of the C^{14} activity resides in the pyrrole rings and 50 per cent in the methene bridge carbon atoms (see Fig. 4) (*24, 25*).

Also, it can be seen from Table 9 that the same C^{14} distribution pattern was found in protoporphyrin synthesized from δ-aminolevulinic acid-1,4-C^{14} as from succinate-1,4-C^{14}; ten carbon atoms are equally radioactive, 40 per cent of the C^{14}-activity resides in pyrrole rings A and B, 60 per cent of the activity resides in pyrrole rings C and D and the carboxyl groups contain 20 per cent of the C^{14} activity (see Fig. 7) (*26*).

Table 8. *Distribution of* C^{14} *activity in protoporphyrin synthesized from δ-aminolevulinic acid-5-*C^{14} *and from glycine-2-*C^{14} (*24, 25*)

Fragments of porphyrin	Molar activity (%) in fragments of porphyrin synthesized from	
	δ-amino-levulinic acid-5-C^{14} %	glycine-2-C^{14} %
Protoporphyrin	100	100
Pyrrole rings A + B (methylethylmaleimide)	24.5	24.6
Pyrrole rings C + D (hematinic acid)	25.2	25.3
Pyrrole rings A + B + C + D	49.7	49.9
Methene bridge carbon atoms	50.3	50.1

Table 9. *Distribution of* C^{14} *activity in protoporphyrin synthesized from δ-aminolevulinic acid-1,4-*C^{14} *and from succinate-1,4-*C^{14}(*26*)

Fragments of porphyrin	Molar activity (%) in fragments of porphyrin synthesized from	
	δ-amino-levulinic acid-1,4-C^{14}	succinic acid-1,4-C^{14}
Protoporphyrin	100	100
Pyrrole rings A + B (methylethylmaleimide)	38.0	39.4
Pyrrole rings C + D (hematinic acid)	61.5	59.5
Pyrrole rings A + B + C + D	99.5	98.5
Carboxyl groups	20.4	20.5

Thus all the carbon atoms of protoporphyrin are derived from δ-aminolevulinic acid. The role of δ-aminolevulinic acid in porphyrin synthesis was also actively pursued by NEUBERGER and SCOTT (*27*), and subsequent to our initial finding they published a confirmatory paper and further confirmation was published by DRESEL and FALK (*28*). Furthermore, it may be well to point out that the theo- retical formulation of the structure of the precursor pyrrole (*23*) is the same structure which was determined for porphobilinogen (*29, 30*) by a compound excreted in the urine of patients with acute porphyria.

The mechanism condensation of "active" succinate to form δ-aminolevulinic acid has been elucidated more recently. The "active" succinate has now been established to be succinyl coenzyme A. The purified enzyme requires pyridoxal phosphate besides succinyl coenzyme A. It appears that the glycine is stabilized as a carbanion by pyridoxal phosphate prior to its condensation with the succinate which is activated by the thiol ester linkage with coenzyme A (*31*). The enzyme isolated from *Rhodopseudomonas spheroides* appears the most active and most really purified (*31 d*).

Prior to the above study of the enzymatic synthesis of δ-aminolevulinic acid it was found in three different laboratories, that a highly purified protein fraction from ox liver (*32, 33*), duck erythrocytes (*34*) and from chicken erythrocytes (*33*) can convert δ-aminolevulinic acid to porphobilinogen. In our laboratory we obtained a highly purified fraction from duck blood which on incubation with δ-aminolevulinic acid-5-C^{14} produced labeled porphobilinogen. Since the porphobilinogen is presumably synthesized from two moles of δ-aminolevulinic acid (Fig. 9), its molar radioactivity should be twice that of the δ-aminolevulinic acid used as the substrate. The molar radioactivities of the substrate, δ-aminolevulinic acid, and of the product, porphobilinogen, were found to be 242×10^3 c.p.m. and 487×10^3 c.p.m. respectively. This finding demonstrates experimentally the utilization of two moles of δ-aminolevulinic acid for porphobilinogen formation. Further evidence that porphobilinogen is an intermediate in protoporphyrin synthesis was obtained by incubating equal volumes of the cell-free extract of duck erythrocytes with equimolar amounts of δ-aminolevulinic acid (0.018 mc/mM) and with the enzymatically synthesized radioactive porphobilinogen (0.036 mc/mM) and subsequently isolating the hemin and determining its radioactivity. The radioactivities of the hemin samples synthesized from δ-aminolevulinic acid and from the porphobilinogen were 92 c.p.m. and 85 c.p.m. respectively, after a two-hour incubation period (*34*), The latter result is in agreement with the findings of FALK, DRESEL and RIMINGTON (*36*) and of BOGORAD and GRANICK(*37*).

IV. The succinate-glycine cycle

The problem of the biosynthesis of porphyrins at least in the formation of the initial intermediates can be considered from a more general point of view, to be merely one aspect of the metabolism of glycine. Many over-all aspects of glycine metabolism are now known, and especially the metabolic pattern of the α-carbon atom of glycine in its utilization for the synthesis of other compounds has been established. The α-carbon atom of glycine, no longer attached to the carboxyl group, is utilized for the synthesis of porphyrins, the ureido groups of purines (*38*), the β-carbon atom of serine (*39, 40*), and for methyl groups (*41, 42, 43*). This metabolic pattern is similar to that of the so-called "C_1" compounds, with the exception that the latter cannot substitute for glycine in porphyrin synthesis. It would seem therefore that these apparently unrelated compounds (porphyrins, purines, serine and methyl groups) have one common feature, namely the participation of the α-carbon atom of glycine for their synthesis.

It would appear reasonable, from a unitarian approach, therefore, to consider the possibility of glycine being metabolized via a pathway in which intermediates are produced which then can be utilized for the synthesis of all these different compounds. In an attempt to unify the reactions of glycine we have postulated a series of reactions called the succinate-glycine cycle (Fig. 8). This pathway for glycine metabolism suggested itself from the study, outlined above, on the mechanism of porphyrin synthesis. In this pathway it is postulated that "active" succinate condenses on the α-carbon atom of glycine to give rise to α-amino-β-ketoadipic acid. This β-keto acid decarboxylates to give rise to δ-aminolevulinic acid, which can be utilized for porphyrin synthesis or be further metabolized in such a manner that its δ-carbon atom (originally the α-carbon atom of glycine) is utilized for the synthesis of the ureido groups of purines, the β-carbon atom of serine, and for methyl groups, while the remaining four-carbon atom residue is reconverted to succinate.

Indeed, the predicted formation of two the metabolic moieties ("C_1" and succinate) of δ-aminolevulinic acid was experimentally supported. In studies carried out in ducks and in rats, it was found that the δ-carbon atom of this aminoketone is utilized for the ureido groups of purines, for the β-carbon atom of serine and for the methyl group of methionine (*44*) and is also converted to formic acid (*45*). Injection of equimolar amounts of glycine-2-C^{14} and δ-aminolevulinic acid-5-C^{14}, having equal C^{14} activities, into a duck resulted in the formation of labeled heme and labeled adenine and guanine isolated from the red blood cells. The C^{14} activity of the hemin isolated from the duck that received the δ-aminolevulinic was 2.5 times higher than the sample isolated from the duck injected with glycine. The same ratio of activities was found for the ureido groups of the purines isolated from the red blood cells of the duck that received the δ-aminolevulinic acid to that injected with glycine. The ratio found for the C^{14} activities in the different experiments may be minimal considering the possible rapid excretion (*46*) of the δ-aminolevulinic acid and the ease with which it can condense with itself to form pyrazine derivatives. However, it is of interest to note that the δ-aminolevulinic acid was utilized for both heme and purine synthesis in the same cell 2.5 times more efficiently than was glycine. In *in vitro* experiments in which δ-amonilevulinic acid utilization was compared to glycine utilization for heme synthesis, it was found that the heme synthesized from the aminoketone was 65 times more radioactive than that synthesized from glycine (*23, 25*).

If one is permitted to extrapolate from this experiment, done under more favorable conditions, it would appear that the δ-carbon atom of the aminoketone is utilized to a much greater extent for purine synthesis than is the α-carbon atom of glycine.

Both δ-aminolevulinic acid-5-C^{14} and glycine-2-C^{14} on injection into rats gave rise to radioactive formate. However, the formate arising from the δ-aminolevulinic acid was 2—4 times more radioactive than the sample arising from the labeled glycine (*45*). These experiments in part document the formulation of the succinate-glycine cycle since the fate of the δ-carbon atom of δ-aminolevulinic acid is that of a "C_1" compound.

To document further this series of reactions studies were undertaken to ascertain if the succinate moiety of δ-aminolevulinic acid were formed as the aminoketone was metabolized. Rats injected with δ-aminolevulinic acid-1,4-C^{14} and malonate excreted succinate. The isolated succinate was radioactive, merely diluted two hundred fold, and all the C^{14} activity resided in its carboxyl groups (*47*)

These experiments and those in which porphyrin synthesis was studies support the postulated series of reactions, the succinate-glycine cycle. Thus far evidence for the possible "reversibility" of one of the reactions outlined in Fig. 8, has been obtained. Injection of the diester of α-amino-β-ketoadipic acid together with benzoic acid into a rat gave rise to hippuric acid which was highly radioactive and all the activity resided in the α-carbon atom of the glycine.

Although the evidence for the condensation of "active" succinate and glycine appears to be rather conclusive, it does seem that this type of reaction may not be unique but rather a prototype of a more general reaction. We observed a few years ago that the utilization of glycine for porphyrin synthesis is markedly inhibited by either acetate or pyruvate (*48*). These compounds appear to inhibit the condensation of succinate with glycine, since the conversion of δ-aminolevulinic acid to porphyrin is not influenced by the presence of these acids. It would appear that "active" acetate may compete with succinate for the glycine, since the inhibition can be overcome by the addition of other members of the citric acid cycle to the incubation system. The acetate may condense with glycine to form α-aminoacetoacetic acid and this compound upon decarboxylation would yield aminoacetone, an analogue of δ-aminolevulinic acid. In order to test this hypothesis esperimentally we have synthesized C^{14}-labeled aminoacetone, the carbon atom containing the C^{14} was the one bearing the amino group, and have studied its metabolic reactions (*44*). It was found that this aminoketone is formed from glycine. Also we have found that the labeled carbon atom is utilized for ureido groups of uric acid, that it can be converted both to formate and carbon dioxide, the radioactivity of which is several times greater than that produced from glycine-2-C^{14}.

The condensation of glycine with either succinyl CoA or acetyl CoA provides a pathway whereby glycine can be oxidized and the intermediates produced in the cycle drawn off for the synthesis of other compounds. This is similar to the citric acid cycle, in which another two carbon atom compound is oxidized and intermediates are produced which can be converted to other compounds and thus interupt the cycle. In the succinate-glycine cycle, succinate is the substrate catalyst instead of oxaloacetate.

V. General considerations

The picture on porphyrin synthesis which has been summarized emphasizes the general concepts which have emerged during the biochemical studies carried out during the past few decades: the relative simplicity of the reactions, the relative simplicity and availability of the substrates utilized for the synthesis of complicated structures and the biochemical unity in living matter. Protoporphyrin is synthesized from two simple and readily available compounds glycine and succinate, by rather simple reactions and the synthesis is very closely linked to the main energy-yielding reactions of cell. Further, it appears that all porphyrins in nature, including chlorophyll, in all different types of cells are synthesized by the same basic pathway. The different porphyrins merely arise by modifications occurring in the side chains in the β-positions of the pyrrol units. This conclusion is amply supported by a perusal of the literature in which studies on chlorophyll synthesis were carried out with the known precursors of protoporphyrin (*35, 37*). In further support of this conclusion it might be worth mentioning our recent studies on the biosynthesis of Vitamin B_{12}. The structure of this vitamin has recently been formulated to contain a porphyrinlike component (*49, 50*). We have found that δ-aminolevulinic acid is readily utilized for the synthesis of vitamin B_{12} (*51*).

References

1. Shemin, D., and D. Rittenberg: The utilization of glycine for the synthesis of a porphyrin J. biol. Chem. **159**, 567 (1945).
2. — — The biological utilization of glycine for the synthesis of the protoporphyrin of hemoglobin. J. biol. Chem. **166**, 621 (1946).
3. — — The life span of the human red blood cell. J. biol. Chem. **166**, 627 (1946).
4. London, I. M., D. Shemin, R. West and D. Rittenberg: Heme synthesis and red blood cell dynamics in normal humans and in subjects with polycythemia vera, sickle-cell anemia, and pernicious anemia. J. biol. Chem. **179**, 463 (1949).
5. Gray, C. H., and A. Neuberger: Studies in congenital porphyria. I. Incorporation of N^{15} with coproporphyrin, uroporphyrin and hippuric acid. Biochem. J. **47**, 81 (1950).
6. Shemin, D.: The biosynthesis of porphyrins. Cold Spring Harb. Symp. quant. Biol. **13**, 185 (1948).
7. Wittenberg, J., and D. Shemin: The utilization of glycine for the biosynthesis of both types of pyrroles in protoporphyrin. J. biol. Chem. **178**, 47 (1949).
8. Muir, H. M., and A. Neuberger: The biogenesis of porphyrins. The distribution of N^{15} in the ring system. Biochem. J. **43**, lx (1948); **45**, 163 (1949).
9. Shemin, D., I. M. London, and D. Rittenberg: The synthesis of protoporphyrin in vitro by red blood cells of the duck. J. biol. Chem. **173**, 799 (1948); **183**, 757 (1950).
10. London, I. M., D. Shemin, and D. Rittenberg: Synthesis of heme in vitro by the immature non-nucleated mammalian erythrocyte. J. biol. Chem. **173**, 797 (1948); **183**, 749 (1950).

11. Altman, K. I., G. W. Casarett, R. E. Masters, T. R. Noonan, and K. Solomon: Hemoglobin synthesis from glycine labeled with radioactive carbon in its α-carbon atom. J. biol. Chem. **176**, 319 (1948).
12. Radin, N., D. Rittenberg, and D. Shemin: The role of glycine in the biosynthesis of heme. Fed. Proc. **8**, 240 (1949). — J. biol. Chem. **184**, 745 (1950).
13. Wittenberg, J., and D. Shemin: The location in protoporphyrin of the carbon atoms derived from the β-carbon atom of glycine. J. biol. Chem **185**, 103 (1950).
14. Muir, H. M., and A. Neuberger: The biogenesis of porphyrins. 2. The origin of the methyne carbon atoms. Biochem. J. **45**, XXXIV (1949); **47**, 97 (1950).
15. Grinstein, M., M. Kamen and C. V. Moore: Observation on the utilization of glycine in the biosynthesis of hemoglobin. J. biol. Chem. **174**, 767 (1948).
16. Shemin, D., and J. Wittenberg: The mechanism of porphyrin formation. The role of the tricarboxylic acid cycle. J. biol. Chem. **192**, 315 (1951). Isotopes in biochemistry. Ciba Found. Conf. London, Churchill, p. 41, 1951.
17. — Some aspects of the biosynthesis of amino acids. Cold Spring Harb. Symp. quant. Biol. **14**, 161 (1949).
18. Bloch, K., and D. Rittenberg: An estimation of acetic acid formation in the rat. J. biol. Chem. **159**, 45 (1945).
19. Radin, N. S., D. Rittenberg, and D. Shemin: The role of acetic acid in the biosynthesis of heme. Fed. Proc. **8**, 240 (1949). — J. biol. Chem. **184**, 755 (1950).
20. Shemin, D., and S. Kumin: The mechanism of porphyrin formation. The formation of a succinyl intermediate from succinate. J. biol. Chem. **198**, 827 (1952).
21. Wriston, J. C., L. Lack, and D. Shemin: The mechanism of porphyrin formation. Further evidence on the relationship of the citric acid cycle and porphyrin formation. Federat. Proc. **12**, 294 (1953). — J. biol. Chem. **215**, 603 (1955).
22. London, I. M., and M. Yamasaki: Heme synthesis in non-intact mammalian and avian erythrocytes. Fed. Proc. **11**, 250 (1952).
23. Shemin, D., and C. S. Russel: δ-Aminolevulinic acid; its role in the biosynthesis of porphyrins and purines. J. Amer. chem. Soc. **75**, 4873 (1953).
24. — T. Abramsky, and C. S. Russel: The synthesis of protoporphyrin from δ-aminolevulinic acid in a cell-free extract. J. Amer. chem. Soc. **76**, 1204 (1954).
25. — C. S. Russell, and T. Abramsky: The succinate-glycine cycle. I. The mechanism of pyrrole synthesis. J. biol. Chem. **215**, 613 (1955).
26. Schiffmann, E., and D. Shemin: The conversion of δ-aminolevulinic acid to protoporphyrin. J. biol. Chem. **225**, 623 (1957).
27. Neuberger, A., and J. J. Scott: Aminolevulinic acid and porphyrin biosynthesis. Nature (Lond.) **172**, 1093 (1953).
28. Dresel, E. I. B., and J. R. Falk: Conversion of δ-aminolevulinic acid to porphobilinogen in a tissue system. Nature (Lond.) **172**, 1185 (1953).
29. Westall, R. G.: Isolation of porphobilinogen from the urine of a patient with acute porphyria. Nature (Lond.) **170**, 614 (1952).
30. Cookson, G. H., and C. Rimington: Porphobilinogen. Chemical constitution. Nature (Lond.) **171**, 875 (1953).
31. Shemin, D.: The metabolism of α-amino-β-ketoadipic acid. Unpublished observations.
31a. Gibson, K. D., W. G. Laver and A. Neuberger: Biochem. **68**, 17 P (1955).
31b. – Biochem. Biophys. Acta. **28**, 451 (1958).
31c. Sawyer, E., and R. A. Smith: Bact. Proc. **58**, 111 (1958).
31d. Kikuchi, G., A. Kumar, P. Talmage and D. Shemin: J. biol. Chem. **233**, 1214 (1958).
32. Gibson, K. D., A. Neuberger and J. J. Scott: The enzymic conversion of δ-aminolevulic acid to porphobilinogen. Biochem. J. **58**, 41 (1954).
33. — — — The purification and properties of δ-aminolaevulic acid dehydrase. Biochem. J. **61**, 6181 (1955).
34. Schmid, R., and D. Shemin: The enzymatic formation of porphobilinogen from δ-aminolevulinic acid and its conversion to protoporphyrin. J. Amer. chem. Soc. **77**, 506 (1955).
35. Granick, S.: Enzymatic conversion of δ-aminolevulinic acid to porphobilinogen. Science **120**, 1105 (1954).
36. Falk, J. E., E. I. B. Dresel, and C. Rimington: Porphobilinogen as a porphyrin precursor, and interconversion of porphyrins in a tissue system. Nature (Lond.) **172**, 292 (1953).
37. Bogorad, L., and S. Granick: The enzymic synthesis of porphyrins from porphobilinogen. Proc. nat. Acad. Sci. (Wash.) **39**, 1176 (1953).
38. Karlsson, J. L., and H. A. Barker: Biosynthesis of uric acid labeled with radioactive carbon. J. biol. Chem. **177**, 597 (1949).

39. Sakami, W.: The conversion of glycine into serine in the intact rat. J. biol. Chem. **178**, 519 (1949).
40. Winnick, T., I. Moring-Claesson, and D. M. Greenberg: Distribution of radioactive carbon among certain amino acids of liver homogenate protein, following uptake experiments with labeled glycine. J. biol. Chem. **175**, 127 (1948).
41. Arnstein, H. R. V.: The biosynthesis of choline methyl groups in the rat. Biochem. J. **47**, 18 (1950).
42. Jonsson, S., and W. A. Mosher: The *in vivo* synthesis of labile methyl groups. J. Amer. chem. Soc. **72**, 3316 (1950).
43. Weissbach, A., D. Elwyn, and D. B. Sprinson: The synthesis of the methyl groups and enthanolamine moiety of choline from serine and glycine in the rat. J. Amer. chem. Soc. **72**, 3316 (1950).
44. Russell, C. S., S. Gatt, G. L. Foster, and D. Shemin: Unpublished observations.
45. Gatt, S., and D. Shemin: The metabolism of aminoacetone and its relation to glycine metabolism. Ph.D. dissertation, Columbia Univ. **1955**. — Shemin, D., in: Amino acid metabolism (W. D. McElroy and B. Glass). Baltimore: The Johns Hopkins Press **1955**.
46. Scott, J. J.: The metabolism of δ-aminolaevulic acid. In: The biosynthesis of porphyrins and porphyrin metabolism, p. 43. Ciba Found. Conf. London: Churchill, **1955**.
47. Nemeth, A., C. S. Russell, and D. Shemin: The succinate-glycine cycle: the metabolism of δ-aminolevulinic acid. J. biol. Chem. **229**, 415 (1957).
48. Labbe, R. F., T. Abramsky, and D. Shemin: Studies on the formation of δ-aminolevulinic. acid, Zitiert nach: Currents in Biochemical Research, ed by D. E. Green, Intercience Publ., Inc., New York **1956**: D. E. Shemin, The Biosynthesis of Porphyrins, p. 518.
49. Hodgkin, D. C., S. Pickworth, J. H. Robertson, K. Trueblood, R. J. Piozen, and J. G. White: Structure of vitamins B_{12}. Nature (Lond.) **176**, 325 (1955).
50. Bonnett, R., J. R. Cannon, A. W. Johnson, I. Sutherland, A. R. Todd, and E. L. Smith: The structure of vitamin B_{12} and its hexacarboxylic acid degradation product. Nature (Lond.) **176**, 328 (1955)
51. Shemin, D., J. W. Corcoran, C. Rosenblum, and I. M. Miller: On the biosynthesis of the porphyrin-like moiety of vitamin B_{12}. Science **124**, 272 (1956).

Isotope bei Untersuchungen an Vitaminen

Von

Claus von Holt und Hellmuth C. Heinrich

Mit 22 Abbildungen

Einleitung

Die bisher unter Einsatz der Isotopentechnik durchgeführten Untersuchungen über den Eigenstoffwechsel von Vitaminen zeigen deutlich, daß sich hier eher ein neues Arbeitsgebiet der Vitaminforschung abzuzeichnen beginnt, als daß es heute bereits möglich ist, für alle Vitamine ausführliche Angaben über Biosynthese und Stoffwechsel zu machen. Dieses liegt partiell darin begründet, daß die Vitamine als akzessorische Nahrungsstoffe lediglich in außerordentlich geringen Mengen im Organismus vorliegen und so nur unter Einsatz eines erheblichen methodischen Aufwandes nachweisbar sind, bzw. im Experiment nur in kleinsten (physiologischen) Dosen verabreicht werden dürfen, wenn man aus den Versuchsergebnissen auf physiologisch bedeutsame Stoffwechselwege schließen will. Daher können in Stoffwechselstudien an Vitaminen nur solche Vitamine eingesetzt werden, die als isotop markierte Verbindungen eine ausreichend hohe spezifische Aktivität besitzen. Häufig bestehen jedoch keine geeigneten Syntheseverfahren, um die notwendige spezifische Aktivität der markierten Verbindung zu erreichen. Darüber hinaus sind der Markierungsintensität bei einigen Vitaminen infolge rascher interner Selbstzerstrahlung der empfindlichen Moleküle relativ enge Grenzen gesetzt.

Die fortschreitende Verfeinerung der Meßtechnik, besonders die Entwicklung der Flüssigkeitsszintillationsspektrometrie läßt jedoch hoffen, daß in Zukunft auch Vitamine geringerer spezifischer Aktivität für Untersuchungen eingesetzt werden können und so die z. Z. noch bestehenden erheblichen Lücken in unserer Kenntnis ausgefüllt werden.

In der vorliegenden Übersicht ist nur das durch die Isotopentechnik gesicherte Wissen aufgenommen worden, so daß naturgemäß bei den meisten Vitaminen keine geschlossene Darstellung der Biosynthese und des Intermediärstoffwechsels gegeben werden konnte. Einige Vitamine (z. B. Pyridoxin und Pantothensäure) sind im Hinblick auf Biosynthese und Stoffwechsel unter Anwendung der Isotopentechnik überhaupt nicht oder so wenig bearbeitet worden, daß im Rahmen dieser Literaturzusammenstellung auf eine Erwähnung verzichtet wurde.

A. Vitamin A

I. Radioaktive Markierung

Die von van Dorp und Arens (1946) beschriebene Vitamin A-Synthese wurde zur Darstellung von 2-^{14}C-markiertem Vitamin A mit einer spezifischen Aktivität von 0,314 mC/mMol benutzt (Garbers, 1956; Wolf, Kahn und Johnson, 1957).

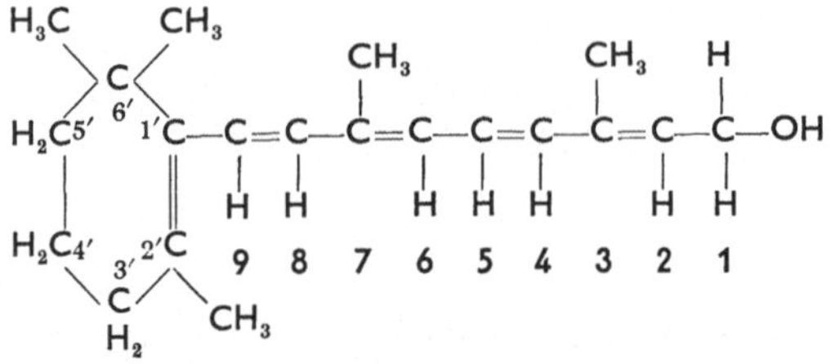

Vitamin A (1-Hydroxy-3,7-dimethyl-9-(2′, 6′, 6′-trimethyl-cyclohexenyl)-nona-2, 4, 6, 8-tetraen).

Im Verlaufe der Synthese von 2-^{14}C-markiertem Vitamin A kommt es neben der Bildung der all-trans-Form auch zur Entstehung der 2-cis- und 6-cis-Isomeren (Gabers, 1956). In Anbetracht der unterschiedlichen biologischen Aktivität (Tab. 1) ist eine radiochemische Reindarstellung der Isomeren für Tracer-Studien notwendig.

Die Synthese von zentral-markiertem β-Carotin (15-^{14}C-15′-^{14}C), Provitamin A mit einer spezifischen Aktivität von 0,536 mC/mMol wurde von Inhoffen, Schwieter, Chichester und MacKinney (1955) beschrieben. Würsch und Schwieter arbeiteten ein Verfahren zur ^{14}C-Markierung des Ionenringes aus; sie erhielten 6,6′-^{14}C-β-Carotin mit einer spezifischen Aktivität von 7,1 μC/mMol (Würsch und Schwieter, 1956).

Mit Hilfe des Wilzbach-Verfahrens (Wilzbach, 1957) soll es gelingen, Vitamin A in hoher spezifischer Aktivität (511 mC/mMol) mit ^{3}H zu markieren (Scharpenseel und Wolf, 1958). Allerdings liegen Untersuchungen vor, die nachweisen, daß unter den Bedingungen der Markierung zum überwiegenden Teil eine Addition des Tritiums an die Doppelbindungen eintritt, so daß das markierte Produkt von zweifelhaftem biologischen Wert ist (Nystrom und Sunko, 1958).

Tabelle 1. *Biologische Aktivität von cis-Isomeren des Vitamins A (all-trans-Form = 100%)*

2-mono-cis-Vit. A-acetat	75%
6-mono-cis-Vit. A-acetat	22%
2,6-di-cis-Vit. A-acetat	24%
2,4-di-cis-Vit. A-acetat	23%

Nach Ames, Swanson und Harris (1955).

Neben diesen, durch radiochemische Synthese gewonnenen Vitamin A- bzw. β-Carotin-Präparaten, steht biosynthetisch markiertes β-Carotin zur Verfügung (Krause, Coover und Powell, 1954; Krause und Sanders, 1957; Willmers und Laughland, 1957).

II. Biosynthese

Die bisher mit Hilfe der Isotopentechnik erhaltenen Ergebnisse deuten auf eine enge biogenetische Verwandtschaft von Carotinoiden und Steroiden hin. Die am Aufbau des Carotin-Moleküls beteiligten biosynthetischen Mechanismen verlaufen in den Grundzügen etwa so, wie es von der Steroidsynthese her bekannt ist (s. S. 804). So zeigen die Untersuchungen von Grob, Poretti, von Muralt und Schopfer (1951) und Grob (1956), daß die Inkorporierung von Carboxyl- bzw. Methyl-markierter Essigsäure in β-Carotin nach dem gleichen Einbaumuster erfolgt, das die genannten Tracer im Squalen-Molekül aufweisen.

Wie auch in der Steroidbiosynthese ist jedoch das Kohlenstoffskelett der Mevalonsäure (β, δ-Dihydroxy-β-methyl-valeriansäure) der unmittelbare Vorläufer der Polyprenkette. Darauf weisen die Untersuchungen von Braithwaite

Schema 1. *Biosynthese von β-Carotin*

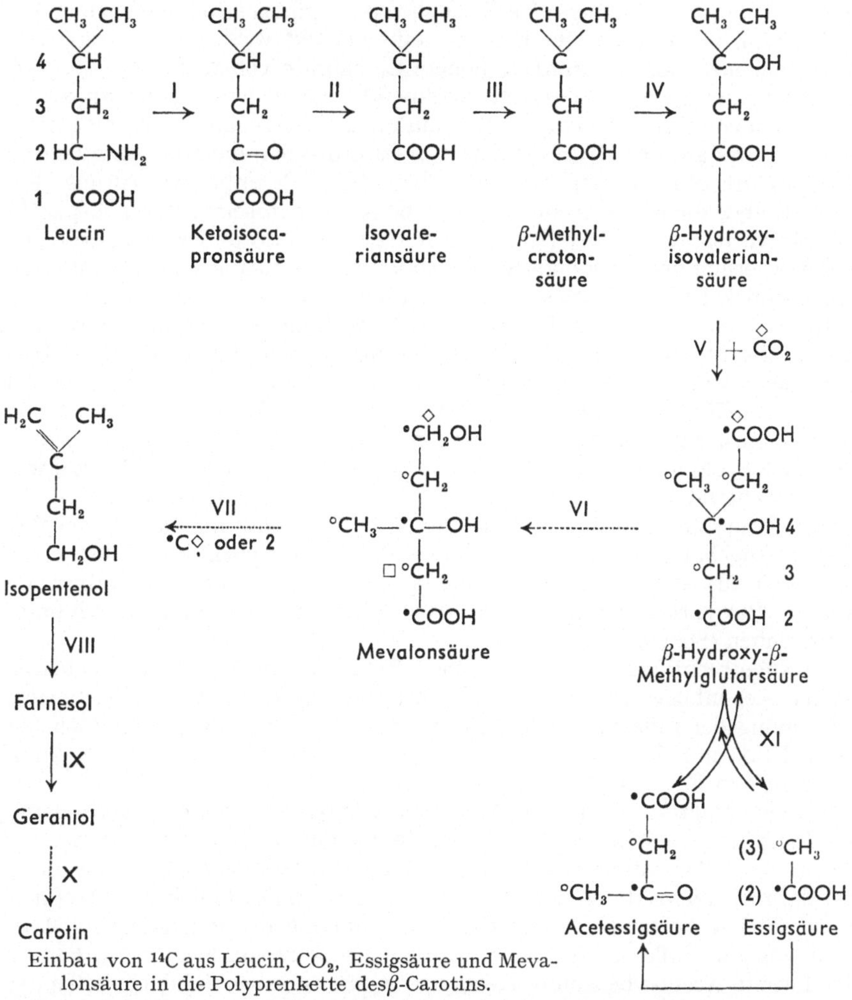

Leucin (4 CH, 3 CH_2, 2 HC—NH_2, 1 COOH) —I→ Ketoisocapronsäure —II→ Isovaleriansäure —III→ β-Methylcrotonsäure —IV→ β-Hydroxy-isovaleriansäure —V (+ ◇CO_2)→ β-Hydroxy-β-Methylglutarsäure —VI→ Mevalonsäure —VII (•C◇ oder 2)→ Isopentenol —VIII→ Farnesol —IX→ Geraniol —X→ Carotin

Acetessigsäure ⇄ (XI) β-Hydroxy-β-Methylglutarsäure; Essigsäure ((3) °CH_3, (2) •COOH) → Acetessigsäure

Einbau von ^{14}C aus Leucin, CO_2, Essigsäure und Mevalonsäure in die Polyprenkette des β-Carotins.

C-Atom 1 des Leucins = 1	C-Atom 4 des Leucins = 4	Methyl-C der Essigsäure = °
C-Atom 2 des Leucins = 2	( ) = geringe Einbaurate	C aus CO_2 = ◇
C-Atom 3 des Leucins = 3	Carboxyl-C der Essigsäure = •	C-Atom 2 der Mevalonsäure = □

Literatur zu Schema 1:

Reaktion I—V und XI

BACHHAWAT, B. K., W. G. ROBINSON u. M. J. COON (1954). — COON, M. J., W. G. ROBINSON u. B. K. BACHHAWAT (1955). — ROBINSON, W. G., B. K. BACHHAWAT u. M. J. COON (1955). — BACHHAWAT, B. K., J. F. WOESSNER jr. u. M. J. COON (1956).

Reaktion VI

GEY, K. F., A. PLETSCHER, O. ISLER, R. RÜEGG u. J. WÜRSCH (1957).

Reaktion VII—X

BRAITHWAITE, G. D., u. T. W. GOODWIN (1957). — LYNEN, EGGERER, HENNIG und KESSEL (1958)

Reaktion XI

RUDNEY, H. (1957). — FERGUSON, J. J. jr., u. H. RUDNEY (1957). — RUDNEY, H., u. J. J. FERGUSON jr. (1957).

und GOODWIN (1957) hin, die gezeigt haben, daß durch unmarkierte Mevalonsäure ein erheblicher Verdünnungseffekt bezüglich des Einbaues von markiertem Acetat in β-Carotin bei Phycomyces blakesleeanus bewirkt wird. Die im Vergleich zu Acetat um mehr als das zehnfach höhere Einbaurate von 2-^{14}C-Mevalonat kennzeichnet letzteres eindeutig als Schlüsselmetaboliten in der Carotinsynthese. Nach Inkubation von Phycomyces blakesleeanus mit 2-^{14}C-Mevalonat zeigt die Isotopenverteilung des aus dem Mycel isolierten β-Carotins, daß die Kohlenstoffkette der Mevalonsäure ohne vorangehenden Abbau, lediglich unter Abspaltung des C-Atoms 1, über die Bildung von Isopentenol, welcher in seiner Pyrophosphatform das „aktive Isopren" bildet (LYNEN, EGGERER, HENNIG und KESSEL) direkt zur Polymerisierung der Isoprenkette verwendet wird, wobei als Zwischenstufen das Kohlenstoffskelet des Farnesols und Geraniols nachgewiesen wurden (LYNEN u. Mitarb., 1958). Die Entdeckung der Bedeutung der Mevalonsäure in der Carotenoidsynthese macht gleichzeitig die mit verschieden markiertem Leucin erhaltenen Befunde verständlich (CHICHESTER, NAKAYAMA, MACKINNEY und GOODWIN, 1955; YOKOYAMA, CHICHESTER, NAKAYAMA, LUKTON und MACKINNEY, 1957; WUHRMANN, YOKOYAMA und CHICHESTER, 1957) (s. Schema 1). So werden C 3 und C 4 des Leucins in erheblichem Ausmaß in das Carotin-Molekül inkorporiert, während C 1 gar nicht und C 2 nur zu einem geringen Anteil eingebaut werden. Zusammen mit dem Befund der $^{14}CO_2$-Fixierung im Carotin bei gleichzeitigem Angebot von Leucin als Induktor der Carotinsynthese (GOODWIN, 1958) lassen sich aus den bisher zur Verfügung stehenden Isotopendaten die Hauptwege der Biosynthese des β-Carotins als wichtigstem Provitamin des Vitamins A kennzeichnen (Schema 1).

In Anbetracht der unübersichtlichen Relation von Acetat- zu Acetoacetatpool kann es infolge der Reversibilität der Reaktion X zu einer ungleichmäßigen Verdünnung der radioaktiven C-Atome des Leucins kommen, eine Möglichkeit, die zur Erklärung der unterschiedlichen Einbauraten von C-Atom 4 bzw. 2 und 3 des Leucins in Betracht gezogen werden muß.

Der bevorzugte Einbau des C-Atoms 4 als Träger der seitlichen Methylgruppe deutet auf einen direkten Einbau der terminalen Isopropylkonfiguration des Leucins in das β-Carotinmolekül hin. Die Inkorporierung der C-Atome des Leucins wird darüber hinaus durch den gleichzeitigen Abbau des Leucins zu Acetat und die durch den Acetat-pool eintretende Verdünnung des entstandenen Methylmarkierten (im Falle von 3-^{14}C-Leucin) bzw. Carboxyl-markierten (im Falle von 4-^{14}C-Leucin) Acetats beeinflußt (Reaktion X). So ist es verständlich, daß die seitlichen Methylgruppen der Carotinkette eine geringe Markierung aus dem C-Atom 3 und die benachbarten Atome eine solche aus dem C-Atom 2 besitzen. Das Ausmaß des Einbaues von in der Reaktion V fixiertem CO_2 bzw. C 2 des Leucins in das Carotinmolekül ist abhängig von dem Gleichgewicht der Deacylierung der als Coenzym A-Derivat vorliegenden β-Hydroxy-β-methyl-glutarsäure (DEKKER, 1957) bzw. Aktivierung an der in der Reaktion V entstandenen Carboxylgruppe.

Während die Biosynthese des Carotins in Karotten offenbar auf ähnlichen Wegen verläuft wie bei Phycomyces blakesleeanus (BRAITHWAITE und GOODWIN, 1957), scheint die in Chloroplasten grüner Pflanzen nach Belichtung einsetzende β-Carotinbildung als eine de novo-Synthese unter Fixierung photosynthetisch gebundenen Kohlendioxyds vor sich zu gehen (GOODWIN, 1958).

III. Stoffwechsel und Verteilung von β-Carotin bzw. Vitamin A

Es liegen nur wenige an der Ratte durchgeführte Untersuchungen über Resorption und Verteilung von biosynthetisch markiertem ^{14}C-β-Carotin vor (KRAUSE,

Tabelle 2. *Verteilung von* [14]*C-Aktivität bei der Ratte 24 Std. nach oraler Zufuhr von biosynthetisch markiertem β-Carotin* [nach R. F. KRAUSE, and P. L. SANDERS (1957)].

	Impulse pro Minute		% der resorbierten Menge	
	Tier I	Tier II	Tier I	Tier II
Zufuhr	65000	35000		
Faeces, Urin, Intestinalinhalt (total)	35000	16000		
1. nicht verseifbare Fraktion	21000	10000		
2. Fettsäuren	14000	6000		
3. wasserlösliche Fraktion	—	—		
Extrahepatische Gewebe (total)	13200	10850	44,0	57,1
1. carotinfreie, nicht verseifbare Fraktion	9700	7050	32,3	37,1
2. Fettsäuren	3500	3800	11,7	20,0
3. wasserlösliche Fraktion	—	—	—	—
Leber (total)	1425	872	4,8	4,6
1. carotinfreie, nicht verseifbare Fraktion	765	599	2,6	3,1
a) Vitamin A	425	310	1,4	1,6
b) Sterole	60	39	0,2	0,2
c) Rest	280	250	0,9	1,3
2. Fettsäuren	510	173	1,7	0,9
3. wasserlösliche Fraktion	150	100	0,5	0,5
Ausatmungsluft als CO_2	1420	1020	4,7	5,4

COOVER und POWELL, 1954; KRAUSE und SANDERS, 1957; WILLMER und LAUGHLAND, 1957). Die Angaben über den innerhalb von 24 Std. zur Resorption gelangten Anteil des β-Carotins schwanken zwischen 30 und 60% der oral verabreichten Dosis (KRAUSE, COOVER und POWELL, 1954; KRAUSE und SANDERS, 1957; FISHWICK und GLOVER, 1957), s. Tab. 2 und 3. Die gefundene Verteilung der ^{14}C-Aktivität auf verschiedene Lipidfraktionen weist einen weitgehenden Abbau des β-Carotins nach, erlaubt jedoch nicht ohne weiteres den Schluß, daß der Rattenorganismus das Carotin bzw. Vitamin A zu Bruchstücken abbaut, die in der Steroid- oder Fettsäuresynthese verwendet werden können. Die hohe Aktivität der Fettsäurefraktion der Faeces läßt vielmehr die Beteiligung eines intestinalen bakteriellen Abbaues des Carotins mit Resynthese zu Fettsäuren und sekundärer Resorption möglich erscheinen. Auf Grund der relativ hohen, die der Gewebsfettsäuren übersteigenden spezifischen Aktivität des Cholesterins muß ein bevorzugter Einbau von Abbauprodukten mit verzweigter Kohlenstoffkette des β-Carotins in das Cholesterin angenommen werden (WILLMER und LAUGHLAND, 1957).

Die starke Konzentrierung von ^{14}C-Aktivität in der nicht verseifbaren Lipidfraktion der Nebenniere nach ^{14}C-Vitamin A-Zufuhr (WILLMER und LAUGHLAND, 1957) erscheint im Hinblick auf die ausgeprägte Steroidsynthesefähigkeit dieses Organs von besonderem Interesse, zumal Vitamin A-Mangelerscheinungen in ihren Stoffwechselfolgen eine enge Verwandtschaft mit den durch Nebennierenrindenunterfunktion hervorgerufenen Störungen besitzen (WOLF, FANE und JOHNSON, 1957).

Während KRAUSE, COOVER und POWELL (1954) und KRAUSE und SANDERS (1957) keine wasserlöslichen Metaboliten des β-Carotins im Harn nachweisen können, finden WOLF, KAHN und JOHNSON (1957) als Hauptausscheidungsprodukt

Tabelle 3. *Verteilung von ^{14}C-Aktivität 14 (Ratte 1) bzw. 24 (Ratte 2) Std. nach intraperitonealer Injektion von 2-^{14}C-Vitamin A* [nach G. WOLF, S. G. KAHN and B. C. JOHNSON (1957)]

	Ratte 1		Ratte 2	
Zufuhr	2,90 μC		4,28 μC	
	Aktivität $\mu C \times 10^{-2}$	% der Dosis	Aktivität $\mu C \times 10^{-2}$	% der Dosis
Harn				
Ligroinextrakt	0,058	0,02	3,895	0,91
wasserlösliche Fraktion	33,943	11,67	20,373	4,76
Faeces				
unverseifbare Fraktion	0,667	0,23	0,000	0,00
verseifbare + wasserlösliche Fraktion	64,235	22,15	0,000	0,00
Leber				
unverseifbare Fraktion	27,028	9,32	3,100	0,71
verseifbare Fraktion	9,628	4,64		
wasserlösliche Fraktion	3,335	1,61		
Niere				
unverseifbare Fraktion	1,102	0,38	0,813	0,19
Haut				
unverseifbare Fraktion	5,626	1,94	1,284	0,30
Augen				
unverseifbare Fraktion	0,008	0,009		
Intestinalgewebe				
unverseifbare Fraktion	6,206	2,14		
verseifbare Fraktion	3,857	1,33		
wasserlösliche Fraktion	10,643	3,67		
Blut				
unverseifbare Fraktion	0,145	0,05		
verseifbare + wasserlösliche Fraktion	0,435	0,15		
Restkörper				
unverseifbare Fraktion	28,710	9,90	28,820	6,74
verseifbare + wasserlösliche Fraktion	19,314	6,66	92,971	21,73
Ausatmungsluft als CO_2	15,04	5,2		

des 2-^{14}C-Vitamin A ein wasserlösliches Keton ($C_{11}H_{14}O_4$) (s. Tab. 3). Auch nach Zufuhr von ^3H-markiertem Vitamin A wurde bei der Ratte der Hauptanteil der Aktivität im Harn in der wasserlöslichen Fraktion gefunden (SCHARPENSEEL und WOLF, 1958). Ob die Diskrepanz dieser Ergebnisse in methodischen Verschiedenheiten der Untersuchungen begründet ist, oder ob ein unterschiedlicher radiochemischer Reinheitsgrad der verwendeten Provitamin- bzw. Vitamin-Präparationen dafür verantwortlich ist, müssen weitere Untersuchungen zeigen (s. S. 1002).

In der Leber liegt das Vitamin A zu etwa gleichen Teilen als solches bzw. in Form von Estern vor; Vitamin A-Aldehyd ist nicht nachweisbar (WOLF, KAHN und JOHNSON, 1957). Die Hauptmenge der Aktivität jedoch findet sich in noch unbekannten polaren Verbindungen. In Nebenniere und Auge dagegen scheint die Aldehydfraktion des Vitamin A die höchste spezifische Aktivität zu besitzen, wie Untersuchungen mit ^3H-markiertem Vitamin A bei der Ratte möglich erscheinen lassen (SCHARPENSEEL und WOLF, 1958). Aus der Ausscheidungsgeschwindigkeit von ^{14}C-Aktivität mit dem Harn läßt sich ein Umsatz von etwa 5—7 μg Vitamin A/100 g Ratte abschätzen (WOLF, KAHN und JOHNSON, 1957).

B. Vitamin D

I. Radiochemische Synthese

Cholecalciferol (Vitamin D_3) wurde als in der Position 3 markierte Verbindung (57 μC/mM) durch Bestrahlung aus entsprechend markiertem 7-Dehydrocholesterol dargestellt (HAVINGA und BOTS, 1954). Ergocalciferol (Vitamin D_2) steht als randomisiert mit ^{14}C-markiertes Vitamin (3,4 μC/mM), das durch Bestrahlung von biosynthetisch dargestelltem Ergosterin dargestellt wird, zur Verfügung (KODICEK, 1955).

Durch Anwendung von ^{14}C-markiertem Ergosterin bzw. 7-Dehydrocholesterin konnte der bei der Bestrahlung mit ultraviolettem Licht in vitro zum Vitamin D führende Reaktionsverlauf näher charakterisiert werden (HAVINGA, KOLVOET und VERLOOP, 1955). Es hat sich gezeigt, daß der früher angenommene Reaktionsablauf

$$\text{Provitamin D} \xrightarrow{h\nu} \text{Lumisterol} \xrightarrow{h\nu} \text{Tachysterol} \xrightarrow{h\nu} \text{Vitamin D} \xrightarrow{h\nu} \text{Überstrahlungsprodukte}$$

sich auf Grund der spezifischen Aktivitäten der bei Bestrahlung von markierten Provitaminen auftretenden Zwischenprodukte nicht aufrechterhalten läßt. Es scheint vielmehr so zu sein, daß sowohl Lumisterol als auch Tachysterol keine obligaten Vorstufen des Vitamin D darstellen, so daß folgendes Reaktionsschema vorgeschlagen wurde (HAVINGA, KOLVOET und VERLOOP, 1955):

Vitamin D
⇅
Prävitamin D ← (from Tachysterol^x and Lumisterol^x)

$$\text{Provitamin D} \underset{\leftarrow}{\xrightarrow{h\nu}} \text{Provitamin D}^x \xrightarrow{h\nu} \text{Tachysterol} \underset{\leftarrow}{\xrightarrow{h\nu}} \text{Tachysterol}^x$$

Provitamin D^x ↗ Prävitamin D; Provitamin D^x ↘ Lumisterol

$$\text{Lumisterol} \underset{\leftarrow}{\xrightarrow{h\nu}} \text{Lumisterol}^x$$

x = angeregtes Molekül

II. Biosynthese

Die Biosynthese der Provitamine Ergosterin und 7-Dehydrocholesterin verläuft auf gleichen Wegen wie die des Cholesterins (s. S. 820). Die Anwendung der Isotopentechnik hat gezeigt, daß das Cholesterinskelet vom biosynthetischen Standpunkt aus als Isoprenderivat aufzufassen ist. Damit besteht zwischen der Biosynthese des Cholesterins und anderer Polyprene, z. B. dem Carotin (s. S. 1002), eine enge Verwandtschaft. Die Untersuchungen von BLOCH (1951) haben ergeben, daß das Einbaumuster markierter Essigsäure in das Steringrundskelet den gleichen Gesetzmäßigkeiten folgt wie beim Carotin. Bezüglich der ersten Schritte der Biosynthese der Polyprene kann auf das Biosyntheseschema des Carotins verwiesen werden (s. S. 1002).

Der Befund, daß ^{14}C-markiertes Squalen bei der Ratte rasch in Cholesterin eingebaut wird (LANGDON und BLOCH, 1953), weist auf die Bedeutung des Squalens als Stoffwechselvorläufer des Cholesterins hin. Es konnte nun durch Isotopenuntersuchungen wahrscheinlich gemacht werden, daß das Kohlenstoffgerüst des Farnesols (C_{15}) wiederum einen unmittelbaren Vorläufer des Squalens (C_{30}) darstellt (DITURI, COBEY, WARMS und GURIN, 1956). So ergibt sich heute in großen Zügen folgender Biosyntheseweg: Drei Isoprenbausteine (die zum Isoprenbaustein führenden Schritte sind bei der Biosynthese des Carotins, s. S. 1002 dargestellt), deren Kohlenstoffskelet in der Mevalonsäure vorgebildet ist, werden unter Dekarboxylierung, Dehydrierung und Wasserentzug zum Kohlenwasserstoffskelet des Farnesols aufgebaut, das seinerseits mit einem zweiten gleichartigen

Molekül das Squalen bildet, welches in noch weitgehend unbekannter Reaktionsfolge zum Lanosterol und über weitere Zwischenprodukte zum Cholesterin umgebaut wird. Ob die unter dem Einfluß von UV-Bestrahlung in der Haut aus 7-Dehydrocholesterol eintretende Umwandlung des Provitamins in gleicher Weise erfolgt wie in vitro (s. S. 1007), ist nicht bekannt.

III. Stoffwechsel

3-^{14}C-Cholecalciferol wird aus intramuskulären Depots außerordentlich langsam resorbiert, die Halbwertszeit der Resorption beträgt etwa 60 Tage (Bots, 1957). Oral zugeführtes ^{14}C-Ergocalciferol dagegen findet sich 24 Std. nach Zufuhr bei der Ratte zu etwa 30% als unverändertes Vitamin in Organen und Exkreten (Kondicek, 1956). 70% der applizierten Dosis werden als Abbauprodukte vorwiegend in den Faeces nachgewiesen. Es ist nicht entschieden, ob es sich dabei um bakterielle Abbauprodukte nicht resorbierten Vitamins handelt oder um Exkretionsprodukte. Eine Oxydation von ^{14}C-Ergocalciferol zu $^{14}CO_2$ konnte nicht nachgewiesen werden. Etwa 50% der in den Organen nachweisbaren Aktivität finden sich in der Leber zu gleichen Teilen in Form von unverändertem Vitamin D und nicht näher identifizierten Abbauprodukten.

C. Vitamin E

I. Radiochemische Synthese

Vitamin E steht als d-α-Tocopheryl-5-^{14}C-methylsuccinat mit einer spezifischen Aktivität von 0,147 μC/mg zur Verfügung (Simon, Gross und Milhorat, 1956).

II. Biosynthese

Der Polyprencharakter der Seitenkette des Vitamins E macht eine nahe biogenetische Verwandtschaft zum Vitamin K und Vitamin A (s. S. 1002 und S. 1009) wahrscheinlich. Isotopenuntersuchungen zur Biosynthese des Ringanteils des Vitamins liegen nicht vor.

III. Verteilung und Stoffwechsel

Organverteilungsstudien unter Anwendung von markiertem Vitamin E sind bisher nicht mitgeteilt.

Die intracelluläre Verteilung des Vitamins wird wesentlich davon beeinflußt, ob das freie Vitamin oder sein Bernsteinsäureester in Untersuchungen eingesetzt werden. So finden sich in der Leber nach Applikation von markiertem Vitamin E 60—80% in der Mitochondrien- und Mikrosomenfraktion, jedoch wird der Bernsteinsäureester hauptsächlich in den Mikrosomen angereichert, während die Applikation des freien Vitamins zu einer Konzentrierung von Radioaktivität vorwiegend in den Mitochondrien führt (Simon, Gross und Milhorat, 1957).

Nach subcutaner Injektion von ^{14}C-Vitamin E-succinat kommt es zu einer verhältnismäßig langsamen Resorption des Vitamins bei der Ratte. 11 Tage nach der Injektion werden 14% der applizierten Dosis an der Injektionstelle wiedergefunden (Simon, Gross und Milhorat, 1956). Bei oraler Zufuhr des Vitamins dagegen wird nur ein außerordentlich geringer Anteil überhaupt resorbiert; innerhalb von 3 Tagen werden über 60% der Dosis als unverändertes α-Tocopherol bzw. 5-Tocopherylsuccinat in den Faeces wiedergefunden (Simon, Gross und Milhorat, 1956). Jedoch sind eindeutige Aussagen über eine Vitamin E-Bilanz nach oraler Zufuhr durch die Tatsache erschwert, daß ein erheblicher Anteil des Vitamins auch nach intravenöser oder subcutaner Zufuhr über die Faeces, wahrscheinlich via Galle, ausgeschieden wird (SIMON, GROSS und MILHORAT, 1956; NIEDNER und JOHNSON, 1955). Die Hauptausscheidungsprodukte des Vitamins im Harn stellen das um 13 C-Atome in der Seitenkette des Tocopherols verkürzte Lacton des 2-(3-Hydroxy-3-Methyl-5-Carboxy-pentyl)-3,5,6-Trimethylbenzchinons bzw. die entsprechende freie Säure dar, die beide als Glucuronide im Urin vorliegen (SIMON, EISENGART, SUNDHEIM und MILHORAT, 1956; SIMON und MILHORAT, 1955; SIMON, EISENGART und MILHORAT, 1955).

D. Vitamin K

I. Radiochemische Synthese

Vitamin K_1 (2-Methyl-3-phythyl-1,4-naphthochinon) sowie Vitamin K_3 (2-Methyl-1,4-naphthochinon) sind beide als in der Methylgruppe mit ^{14}C-markierte Verbindungen dargestellt worden (PHILLIPS, TREVOY, JAQUES und SPINKS, 1952; WOODS und TAYLOR, 1957). Die Naphthochinonkonfiguration ist jedoch außerordentlich strahlenempfindlich, so daß beide Vitamine einer verhältnismäßig raschen internen Selbstzerstrahlung unterliegen (WOODS und TAYLOR, 1957). Neben diesen mit isotopem Kohlenstoff markierten Verbindungen wurde der Naphthochinonring des Vitamins K_3 in der Position 3 mit Tritium markiert (MARRIAM, 1957).

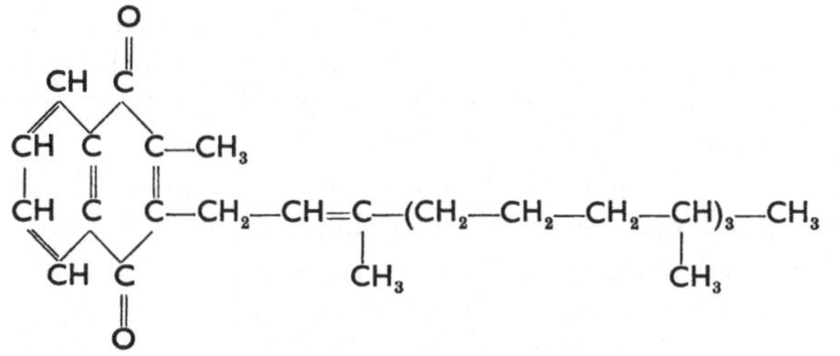

Vitamin K_1

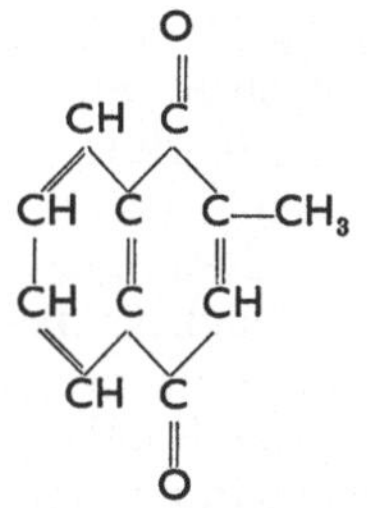

Vitamin K_3
(Menadion)

II. Biosynthese

Die Einzelwege der Biosynthese des Vitamins K sind nicht bekannt. Jedoch sind auf Grund des Isoprenderivatcharakters der Seitenkette weitgehende Gemeinsamkeiten des Aufbaues mit anderen Polyprenen anzunehmen (s. S. 1002). Untersuchungen zur Biosynthese des Naphthochinonringes mit Hilfe isotop-markierter Verbindungen liegen nicht vor. Die Untersuchungen von MARTIUS (1956) lassen es möglich erscheinen, daß lediglich der Naphthochinonring Vitamincharakter besitzt, da wahrscheinlich gemacht werden konnte, daß ^{14}C-Vitamin K_3 beim Huhn in eine Substanz der Vitamin K_2-Reihe umgewandelt wird.

III. Stoffwechsel

Die bisher vorliegenden Untersuchungen mit markiertem Vitamin K_1 bzw. K_3 zeigen, daß zwischen dem Stoffwechsel beider Vitamine gewisse Unterschiede bestehen. Markiertes Vitamin K_3 wird bei der Ratte außerordentlich rasch resorbiert, und zwar sowohl in das Portalsystem wie auch zu einem geringen Anteil in die Lymphe. Nach peroraler Zufuhr erscheint innerhalb von 15 min. bereits Radioaktivität im Urin und 40—50% der verabfolgten Dosis sind nach 2 Tagen ausgeschieden. Das Vitamin K_1 wird im Vergleich zum Vitamin K_3 zu einem größeren Anteil mit der Lymphe resorbiert (MILLAR, LEDDY und FISHER, 1953).

Eine hohe Bindungsfähigkeit der Radioaktivität von injiziertem Vitamin K_1 wird bei Ratten in Leber und Milz gefunden (TAYLOR, MILLAR und WOOD, 1957). Es erscheint jedoch fraglich, ob die Anreicherung in diesen Organen auf eine spezifische Funktion des Vitamins in Leber und Milz hinweist, es muß vielmehr in Betracht gezogen werden, daß die intravenöse Injektion des Lipoids zu einer Speicherung des Vitamins im reticuloendothelialen Gewebe dieser Organe führt, zumal bei intramuskulärer Injektion des Vitamins K_1 die bevorzugte Speicherung in der Milz nicht beobachtet wird (TAYLOR, MILLAR, JAQUES und SPINKS, 1956). Neben der Leber, in der sich über 50% der nach Verabfolgung von Radiovitamin K_1 wiedergefundenen Aktivität nachweisen lassen, spielt die Skeletmuskulatur, in der etwa 20% der Aktivität gebunden sind, quantitativ eine bedeutsame Rolle für die Aufnahme von Vitamin K_1.

Die Bindungsfähigkeit der Muskulatur für das wasserlösliche Vitamin K_3 ist etwas größer als die für Vitamin K_1, dagegen wird Vitamin K_3 in der Leber zu weniger als 5% der wiedergefundenen Aktivität gebunden (TAYLOR, MILLAR und WOOD, 1957). Intracellulär liegt das Vitamin K vorwiegend in den Mitochondrien vor (MARTIUS, 1956). Welche Wege bei dem intermediären Abbau des Vitamins beschritten werden, ist nicht bekannt. Die Metaboliten des Vitamins K_1 werden über die Galle mit den Faeces ausgeschieden, während die des Vitamins K_3 zu etwa gleichen Anteilen in Harn und Faeces erscheinen (TAYLOR, MILLAR und WOOD, 1957). Die Hauptausscheidungsprodukte des Vitamins K_3 sind sein Diglukuronid und das Monosulfat (HOSKIN, SPINKS und JAQUES, 1954). Ein oxydativer Abbau des Naphthochinonringes scheint auf Grund des Nichtauftretens von $^{14}CO_2$ in der Ausatmungsluft nach Applikation von methyl-markiertem Vitamin nicht einzutreten (TAYLOR, MILLAR, JAQUES und SPINKS, 1956).

Im Zusammenhang mit dem Fragenkomplex der herabgesetzten Blutgerinnungsfähigkeit beim Neugeborenen sind Untersuchungen von besonderem Interesse, die zeigen, daß sowohl markiertes Vitamin K_1 wie auch Menadion die Placentaschranke passieren und in der fetalen Leber zum größten Teil als solches wiedergefunden werden (TAYLOR, MILLAR und WOOD, 1957).

E. Ascorbinsäure, Vitamin C

I. Radiochemische Synthese

L-Ascorbinsäure steht in verschiedenen Positionen mit ^{14}C-markiert zur Verfügung. U-^{14}C-L-Ascorbinsäure wurde in einer spezifischen Aktivität von 0,8 μC/mg von BOTHNER-BY, GIBBS und ANDERSON (1950) dargestellt, während eine Synthese für 1-^{14}C-L-Ascorbinsäure (2,6 μC/mg) von BURNS und KING (1950) sowie von SALOMON, BURNS und KING (1952) angegeben wurde. Daneben stehen Methoden zur Darstellung von 2,3,4,5,6-^{14}C-L-Ascorbinsäure (RUDOLFF, BECKER und KING, 1956) sowie 3,4,5,6-^{14}C-L-Ascorbinsäure (CHAN, BECKER und KING, 1958) zur Verfügung. 1-^{14}C-D-Ascorbinsäure (1,18 μC/mg) wurde von DAYTON und BURNS (1958) synthetisiert.

II. Biosynthese der L-Ascorbinsäure

Die L-Ascorbinsäure besitzt unter den Vitaminen insofern eine Sonderstellung, als daß sie auch von höheren Tieren, mit Ausnahme der Primaten und des Meerschweinchens, synthetisiert werden kann und deswegen nur für letztere einen essentiellen Nahrungsstoff darstellt. Die strukturelle Ähnlichkeit zwischen L-Ascorbinsäure und Hexosen deutet auf eine biogenetische Verwandtschaft dieser Stoffe hin. Die Anwendung der Isotopentechnik hat den Nachweis erbracht, daß der Stoffwechselvorläufer der L-Ascorbinsäure in Tier und Pflanze durch die D-Glucose repräsentiert wird, s. S. 1014.

Die Biosynthese der L-Ascorbinsäure aus D-Glucose beinhaltet den Übergang einer Hexose der D-Reihe in ein Hexose-Derivat der L-Reihe. Dieser Übergang ist nur dann möglich, wenn u. a. eine Umorientierung der Hydroxylgruppe am C-Atom 5 vorgenommen wird. Eine weitere wesentliche Voraussetzung für die Umwandlung von D-Glucose in L-Ascorbinsäure ist die Erhaltung der D-Konfiguration am C-Atom 4[1]. Rein formal kann die L-Ascorbinsäure als Derivat der L-Gulose aufgefaßt werden.

Die strukturellen Beziehungen des Überganges der D-Glucose in die L-Ascorbinsäure sind in dem Schema 2 dargestellt. Die durch Reduktion am C-Atom 1 und Oxydation am C-Atom 6 aus D-Glucose entstehende Aldohexose (II) besitzt bei korrekter Schreibweise (Carbonylfunktion = C-Atom 1 mit entsprechender Umorientierung aller Hydroxylgruppen) die Konfiguration der L-Gulose (III), welche über die Gulonsäure (IV) bzw. ihr γ-Lacton (V) mit der L-Ascorbinsäure (VI) verwandt ist. Eine weitere Möglichkeit der Umorientierung der Hydroxylgruppe am C-Atom 5 verläuft über eine Oxydation der primären Alkoholgruppe der D-Glucose (I) zur D-Glucuronsäure (VII) mit anschließender Reduktion zur L-Gulonsäure (IV).

Mit Hilfe der Anwendung isotop-markierter Verbindungen konnte nun nachgewiesen werden, daß in tierischen Organismen tatsächlich ein Stoffwechselweg zur Biosynthese der L-Ascorbinsäure beschritten wird, der im Prinzip der in Schema 2 dargestellten formalen Entstehung von L-Ascorbinsäure aus D-Glucose entspricht.

Zunächst konnte gezeigt werden, daß die Applikation von U-^{14}C-Glucose bei der Ratte zur Exkretion von radioaktiver L-Ascorbinsäure führt (JACKEL, MOSBACH, BURNS und KING, 1950). Die gefundene Verteilung der Radioaktivität auf die C-Atome der L-Ascorbinsäure spricht dafür, daß eine gleichmäßige Verdünnung der Radioaktivität im Verlaufe der Biosynthese eintritt mit Ausnahme der C-Atome 3 und 4, deren ^{14}C-Gehalt geringer ist. Dieses erklärt sich dadurch, daß U-^{14}C-Glucose neben dem Umbau zur L-Ascorbinsäure abgebaut wird und aus den entstehenden Bruchstücken über CO_2-Fixierung erneut Glucose entsteht, deren C-Atome 3 und 4 dem Kohlendioxyd entstammen, wie durch Versuche mit $^{14}CO_2$ gezeigt werden konnte (FEIL und LORBER, 1949). Dadurch wird die applizierte U-^{14}C-Glucose verdünnt durch 1,2,5,6-^{14}C-Glucose. Die Biosynthese von L-Ascorbinsäure aus einem Glucosepool, der U-^{14}C-Glucose und 1,2,5,6-^{14}C-Glucose enthält, würde bei direkter Überführung der Hexosekette in das Kohlenstoffgerüst der L-Ascorbinsäure zu einer weitgehend uniform-markierten L-Ascorbinsäure führen, in der lediglich die Positionen 3 und 4 eine etwas geringere Aktivität aufweisen infolge der beschriebenen ungleichmäßigen Verdünnung durch gleichzeitigen Abbau und Resynthese des Glucosemoleküls. Die gefundene Aktivitätsverteilung auf die C-Atome in der L-Ascorbinsäure steht daher mit der Annahme einer direkten Umwandlung der Kohlenstoffkette der Glucose in diejenige der Ascorbinsäure in Übereinstimmung. Allerdings läßt das Versuchsergebnis noch die entferntere Möglichkeit offen, daß zunächst eine Spaltung der Glucose in zwei 3-Kohlenstoffverbindungen eintritt, die dann nach absolut gleichmäßiger Verdünnung zur Kohlenstoffkette der Ascorbinsäure aufgebaut werden. Diese Alternative konnte durch Versuche mit 1-^{14}C-Glucose (HOROWITZ, DOERSCHUK und KING, 1952) und 6-^{14}C-Glucose (HOROWITZ und KING, 1953) ausgeschlossen werden. Der Befund, daß 1-^{14}C-Glucose zur Entstehung von 6-^{14}C-L-Ascorbinsäure und 6-^{14}C-Glucose zu der von 1-^{14}C-L-Ascorbinsäure führt, wobei in beiden Fällen die

[1] Die Konfiguration an den C-Atomen 2 und 3 ist ohne Bedeutung, da diese C-Atome in der L-Ascorbinsäure optisch inaktiv sind.

Schema 2. *Formale Entstehung von* L-*Ascorbinsäure aus* D-*Glucose*

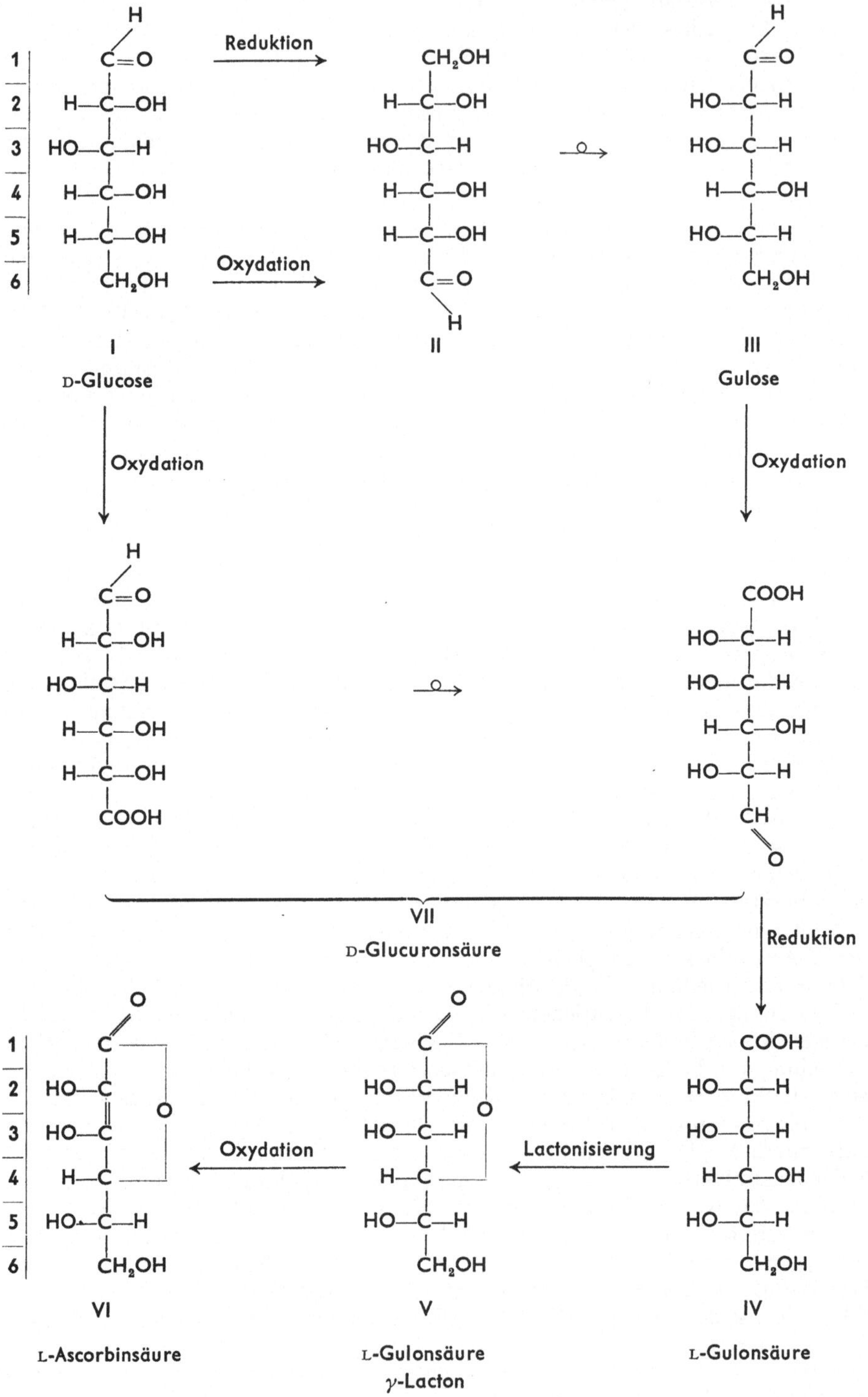

I D-Glucose (C 1–6):
H–C=O
H–C–OH
HO–C–H
H–C–OH
H–C–OH
CH_2OH

Reduktion → / Oxydation →

II:
CH_2OH
H–C–OH
HO–C–H
H–C–OH
H–C–OH
C=O (H)

⟶ (180°)

III Gulose:
H–C=O
HO–C–H
HO–C–H
H–C–OH
HO–C–H
CH_2OH

I ↓ Oxydation:
H–C=O
H–C–OH
HO–C–H
H–C–OH
H–C–OH
COOH

⟶ (180°)

III ↓ Oxydation:
COOH
HO–C–H
HO–C–H
H–C–OH
HO–C–H
CH=O

VII D-Glucuronsäure

↓ Reduktion

IV L-Gulonsäure:
COOH
HO–C–H
HO–C–H
H–C–OH
HO–C–H
CH_2OH

← Lactonisierung

V L-Gulonsäure γ-Lacton:
C=O (–O– to C 4)
HO–C–H
HO–C–H
H–C
HO–C–H
CH_2OH

← Oxydation

VI L-Ascorbinsäure (C 1–6):
C=O (–O– to C 4)
HO–C
HO–C (C 2=C 3 double bond)
H–C
HO–C–H
CH_2OH

Hauptaktivität in dem C-Atom 6 bzw. 1 der L-Ascorbinsäure gefunden wurde, beweist einen direkten Übergang der Kohlenstoffkette der Glucose in diejenige der Ascorbinsäure. Eine Spaltung der Kohlenstoffkette in C_3-Bruchstücke (Typus Glycerinaldehyd) würde bei anschließender Resynthese zur C_6-Kette ein anderes Verteilungsmuster der Radioaktivität ergeben (symmetrische Markierung). Diese Versuche beweisen zwar den direkten Übergang des Kohlenstoffskelets der D-Glucose in das der L-Ascorbinsäure, jedoch bleibt das Problem der Umwandlung des C-Atoms 1 der Glucose in das C-Atom 6 der Ascorbinsäure noch unklar. Den formalen Zusammenhang der Verbindungen entsprechend (s. Schema 2) müßte für diese Umwandlung eine Überführung der D-Glucosekonfiguration in jene der L-Gulose bzw. L-Gulonsäure erfolgen.

Die von ISHERWOOD, CHEN und MAPSON (1953) als Biosyntheseweg in Tier und Pflanze vorgeschlagene Umwandlung von D-Glucose über D-Glucuron-γ-lacton mit anschließender Reduktion zum L-Gulono-γ-lacton und nachfolgender Reduktion zur L-Ascorbinsäure hat sich durch Anwendung der Isotopentechnik für das Tier bestätigen lassen. So haben die Ergebnisse von HOROWITZ und KING (1953) gezeigt, daß U-^{14}C-Glucurono-γ-lacton eine höhere Einbaurate in L-Ascorbinsäure aufweist als D-Glucose, ein Hinweis darauf, daß Glucorono-γ-lacton in der biosynthetischen Kette der L-Ascorbinsäure näher steht als D-Glucose. Die Einbaurate des L-Gulono-γ-lactons liegt noch höher als die des Lactons der Glucuronsäure (BURNS und EVANS, 1956), so daß das Verhältnis der Einbauraten von D-Glucose : D-Glucurono-γ-lacton : L-Gulono-γ-lacton $= 1:3:8$ in L-Ascorbinsäure (BURNS und EVANS, 1956) die Reihenfolge der Einzelschritte in der Biosynthese (s. Schema 3) festlegt. Eine besondere Bedeutung für die Verwendbarkeit als Stoffwechselvorläufer der L-Ascorbinsäure bei Versuchen am Ganztier kommt der Lactonkonfiguration zu, wie die fehlende Inkorporierung von ^{14}C-Aktivität aus 6-^{14}C-Glucuronat bzw. 1-^{14}C-Gulonat in L-Ascorbinsäure zeigt (BURNS und EVANS, 1956). Auf Grund des Befundes jedoch, daß die isolierte Gulonsäure-Dehydrogenase ihr Substrat nur nach vorangehender Spaltung durch eine spezifische Lactonase oder entsprechend der Geschwindigkeit der spontanen Lactonöffnung umsetzt (BUBLITZ, GROLLMANN und LEHNINGER, 1958; FELIX, 1958), läßt daran denken, daß die Lactonkonfiguration lediglich bei Versuchen am Ganztier, möglicherweise infolge einer besseren Permeationsfähigkeit im Vergleich zur freien Säure, eine Rolle spielt. Entsprechend dem Einbau des C-Atoms 6 der Glucose in das C-Atom 1 der Ascorbinsäure findet sich die dem C-Atom 6 der Glucose entstammende Carboxylgruppe (EISENBERG und GURIN, 1952) des Glucuronolactons sowie diejenige des Gulonolactons in der Carboxylgruppe (Pos. 1) der L-Ascorbinsäure (BURNS und EVANS, 1956), s. Schema 3. Daraus ist zu folgern, daß ein direkter Übergang der Kohlenstoffkette der Glucuronsäure bzw. Gulonsäure in die der L-Ascorbinsäure statthat.

Sehr wahrscheinlich verläuft die Reaktion: L-Gulonsäure $\rightarrow$ L-Ascorbinsäure über die intermediäre Entstehung von 3-Ketogulonsäure (ASHWELL, KANFER und BURNS, 1958), die über Enolisierung in L-Ascorbinsäure umgelagert werden kann (REICHSTEIN und GRÜSSNER, 1934). Die außerordentlich labile 3-Ketogulonsäure konnte aber bisher noch nicht in Biosyntheseversuchen isoliert werden; jedoch kann ihre Existenz durch den Nachweis des Auftretens einer β-Ketohexonsäure bei Inkubation eines Fermentpräparates aus Rattenniere mit 1-^{14}C-Gulonsäure als gesichert angesehen werden. Die ebenfalls durch Enolisierung in L-Ascorbinsäure umwandelbare und deswegen auch als Vorstufe in Betracht zu ziehende 2-Ketogulonsäure ist nach in vivo-Versuchen keine Biosynthesezwischenstufe (DAYTON, 1957), wobei allerdings die mangelnde Verwertbarkeit der freien Säuren gegenüber den Lactonen in der Beurteilung dieses Ergebnisses zu berücksichtigen ist.

Es hat sich nun gezeigt, daß die Sequenz der Biosyntheseschritte der Ascorbinsäure, wie sie z. B. in der Ratte, einem von exogener L-Ascorbinsäure-Zufuhr unabhängigen Organismus abläuft, bei anderen Tieren, wie Meerschweinchen und Primaten, auf der letzten Stufe unterbrochen ist (BURNS, PEYSER und MOLTZ,

Schema 3. *Biosynthese von L-Ascorbinsäure im Säugerorganismus*

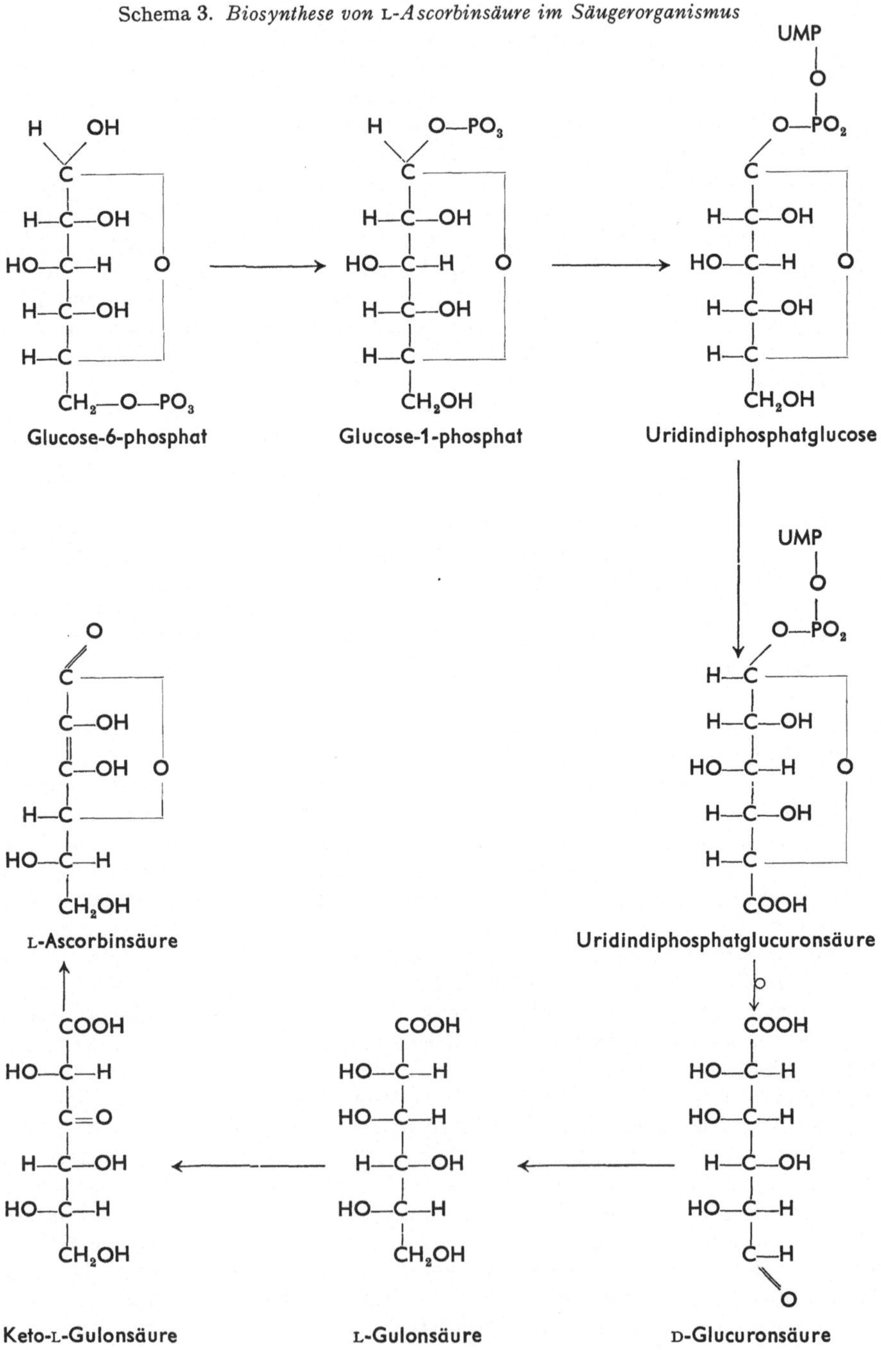

Glucose-6-phosphat → Glucose-1-phosphat → Uridindiphosphatglucose

↓

Uridindiphosphatglucuronsäure

↓

D-Glucuronsäure → L-Gulonsäure → 3 Keto-L-Gulonsäure → L-Ascorbinsäure

1956). So findet in Leberhomogenaten von Affen, Menschen und Meerschweinchen keine Umwandlung von 1-^{14}C-Gulonolacton in L-Ascorbinsäure statt (BURNS, 1957). Die Bildung von 1-^{14}C-Gulonsäure aus Carboxyl-markiertem Glucuronolacton läuft jedoch unbehindert ab (BURNS, 1957).

Das die Oxydation von L-Gulonsäure katalysierende Enzymsystem ist in den Mikrosomen lokalisiert (BURNS, PEYSER und MOLTZ, 1956). Es scheint so zu sein, daß das Gulonsäureoxydasesystem auch bei jenen Tieren, für die L-Ascorbinsäure essentiell ist, in der Leber vorhanden ist (GROLLMANN und LEHNINGER, 1957; FELIX, 1958). Die von der Gulonsäureoxydase gebildete β-Ketohexonsäure (ASHWELL, KANFER und BURNS, 1958) wird jedoch bei den Ascorbinsäure-abhängigen Organismen in einer enzymatischen Reaktion rasch zu L-Xylulose decarboxyliert (GROLLMANN und LEHNINGER, 1957; (FELIX, 1958) und so der Umwandlung zu L-Ascorbinsäure entzogen. Die Unfähigkeit zur Ascorbinsäurebildung bei Primaten und Meerschweinchen könnte also sowohl auf einem genetischen Enzymdefekt auf der Höhe der Reaktion 3-Ketogulonsäure $\rightarrow$ Ascorbinsäure beruhen (GROLLMAN und LEHNINGER, 1957), als auch darauf, daß die spontane Enolisierung der 3-Ketogulonsäure in L-Ascorbinsäure bei diesenTieren durch eine gesteigerte enzymatische Decarboxylierung zur L-Xylulose, also einen „Enzymneuerwerb", verhindert wird. Für den enzymatischen Defekt spricht der Befund, daß offenbar sowohl bei der Ratte als auch beim Meerschweinchen — also L-Ascorbinsäuresynthetisierenden bzw. -abhängigen Tieren — die Inkorporierungsrate von ^{13}C und ^{14}C aus 1-^{13}C-6-^{14}C-Glucuronolacton und 1-^{14}C-6-^{13}C-Gulonolacton in Glucose sich gleich, nämlich wie 27 : 1, verhält, wobei ^{13}C sich vorwiegend in der Position 1 (55%) und 3 (15%) der Glucose findet. Hieraus ist zu schließen, daß das C-Atom 1, welches dem ^{14}C-markierten C_6 der Glucuronsäure bzw. dem C_1 der Gulonsäure entstammt, auf der Höhe der 3-Ketogulonsäure durch Decarboxylierung verloren gegangen ist und die entstandene ^{13}C-markierte L-Xylulose über Xylitol $\rightarrow$ D-Xylulose mit anschließendem Pentosecyclus zu Glucose aufgebaut wird (DAYTON, EISENBERG jr. und BURNS, 1958). Wenn die Vitamin C-Abhängigkeit des Meerschweinchens auf einer absolut gesteigerten Decarboxylierungsfähigkeit für 3-Ketogulonsäure beruhen würde, müßte ein vermehrter Einbau von ^{13}C in Glucose beim Meerschweinchen im Vergleich zur Ratte beobachtet werden.

Die in vitro-Umwandlung von Glucuronolacton bzw. Gulonolacton in L-Ascorbinsäure wird erheblich gefördert durch KCN (GUHA, 1957); ob es sich hierbei um eine echte Aktivierung, die unter in vivo-Bedingungen eine Rolle spielt, oder um die Hemmung der Decarboxylierungsreaktion der 3-Ketogulonsäure handelt, ist nicht bekannt.

Die Ausscheidung von L-Ascorbinsäure wird bei Ratte und Hund erheblich vermehrt durch die Verabreichung bestimmter Substanzen wie Chloreton (1,1,1-Trichloro-2-Methyl-2-Propanol), Barbituraten oder Paraldehyd (LONGENECKER, FRICKE und KING, 1940). Versuche über turnover- und Poolgröße von Ascorbinsäure bei der Ratte unter Zuhilfenahme von 1-^{14}C-LAscorbinsäure haben ergeben, daß die vermehrte Ausscheidung von L-Ascorbinsäure nach Zufuhr der erwähnten Substanzen auf einer Steigerung der Biosynthese beruht (BURNS, MOSBACH und SCHULENBERG, 1954). So konnte gezeigt werden, daß unter Chloreton bzw. Barbital (Diäthylbarbitursäure) der Ascorbinsäurepool von etwa 10 mg/100 g Ratte auf 19—20 mg/100 g ansteigt und gleichzeitig der Turnover von 2,6 mg/100 g auf 21,5 mg bzw. 11,6 mg/100 g Ratte zunimmt (BURNS, MOSBACH und SCHULENBERG, 1954). Obwohl die erwähnten Pharmaka nicht an Glucuronsäure gebunden im Harn erscheinen, steigern sie doch die Biosynthese der letzteren, wie der erhöhte Einbau von 1-^{14}C-Glucose in Glucuronsäure zeigt (CHARALAMPOUS und LYRAS, 1957), so daß die Steigerung der Ascorbinsäuresynthese auf einer vermehrten

Bereitstellung des Stoffwechselvorläufers Glucuronsäure beruht. Diese Wirkung von Barbital und Chloreton ist an die Anwesenheit der Hypophyse gebunden, jedoch nicht an die der Nebenniere (BURNS, EVANS und TROUSOFF, 1957), was auf eine hormonale Kontrolle der Vitamin C-Synthese hindeutet.

Da Glucuronsäure sowohl aus Glucose, als auch aus Myo-inositol (CHARALAMPOUS und LYRAS, 1957; ANDERSON und COOTS, 1958) hervorgeht, wäre eine Verknüpfung des Inositolstoffwechsels mit der Biosynthese der L-Ascorbinsäure denkbar. Versuche mit ^{3}H-Inositol an der Ratte haben jedoch keinerlei Hinweis dafür gegeben, daß der Inositolabbau in nennenswerter Weise mit der Biosynthese der L-Ascorbinsäure gekoppelt ist (BURNS, TROUSOFF, PAPADOPOULOS und EVANS, 1958). Neben der Entstehung der Glucuronsäure als Stoffwechselvorläufer der L-Ascorbinsäure aus Glucose scheint zumindesten in vitro noch die asymmetrische Kondensation von 2 C_3-Resten zur Glucuronsäure eine Rolle zu spielen, worauf die höhere spezifische Aktivität des C_6 der Glucuronsäure im Vergleich zum C_1 nach in vitro-Inkubation von 3-^{14}C-Lactat mit Leberschnitten hinweist (BIDDER, 1952). Auf diesem Wege kann offenbar 2-^{14}C-Pyruvat in Leberhomogenaten in beträchtlichem Ausmaß in L-Ascorbinsäure inkorporiert werden (GUHA, 1957).

L-Sorbose, die durch Oxydation am C-Atom 1 in 2-Ketogulonsäure und nachfolgende Enolisierung und Lactonisierung in L-Ascorbinsäure übergehen könnte, wurde ebenfalls als Stoffwechselvorläufer der L-Ascorbinsäure diskutiert (ISHERWOOD, CHEN und MAPSON, 1954). Der Befund jedoch, daß 6-^{14}C-L-Sorbose bei der Ratte zur Bildung von in Position 1 und 6 gleichmäßig markierter L-Ascorbinsäure führt (BURNS, MOSBACH, SCHULENBERG und REICHENTHAL, 1955), schließt die L-Sorbose als unmittelbaren Vorläufer der L-Ascorbinsäure aus und macht vielmehr die Passage der Sorbose durch einen Triosepool vor der Resynthese zur Glucose wahrscheinlich (BURNS, MOSBACH, SCHULENBERG und REICHENTHAL, 1955).

Die Biosynthese der L-Ascorbinsäure aus Glucose in der Pflanze unterscheidet sich insofern grundsätzlich von der Biosynthese im tierischen Organismus, als zwar ebenfalls ein direkter Übergang der Kohlenstoffkette der D-Glucose in diejenige der L-Ascorbinsäure erfolgt, aber dieser Übergang bei der Pflanze ohne Inversion der Kette vor sich geht. So haben Versuche mit 1-^{14}C-Glucose und 2-^{14}C-Glucose gezeigt, daß sowohl in Erdbeerfrüchten als auch in keimenden Kressesamen die in diesen Pflanzenteilen synthetisierte L-Ascorbinsäure die Radioaktivität im C-Atom 1 bzw. 2 enthält (LOEWUS, JANG und SEEGMILLER, 1956; LOEWUS und JANG, 1957). Daraus ist zu schließen, daß die Carbonylfunktion der Glucose zur Carboxylgruppe der L-Ascorbinsäure wird. Galaktose wird erst nach Passage durch einen Triosepool zur Ascorbinsäuresynthese in Erdbeeren verwendet, wie die gleichmäßige Inkorporierung von ^{14}C-Aktivität in C_1 und C_6 der Ascorbinsäure nach Angebot von 1-^{14}C-Galaktose zeigt (LOEWUS, JANG und SEEGMILLER, 1956). Die fehlende Inversion der Kohlenstoffkette der Glucose kommt auch darin zum Ausdruck, daß, entsprechend der Inkorporierung des C-Atoms 1 der Glucose in die Position 1 der L-Ascorbinsäure, 6-^{14}C-Glucose in Erdbeeren Anlaß zur Entstehung von 6-^{14}C-Ascorbinsäure gibt (LOEWUS und JANG, 1958) und Glucuronolacton-6-^{14}C bzw. Glucuronsäure-6-^{14}C nicht in L-Ascorbinsäure eingebaut werden (LOEWUS, JANG und SEEGMILLER, 1956).

Diese Ergebnisse haben somit in der Pflanze den von ISHERWOOD, CHEN und MAPSON (1954) vorgeschlagenen Biosyntheseweg der L-Ascorbinsäure nicht bestätigen können.

Die Einzelschritte der Biosynthesekette in der Pflanze, die zur Umwandlung einer Hexose der D-Reihe in ein Hexosederivat der L-Reihe unter Erhaltung des Zusammenhanges der Kohlenstoffkette ohne Inversion führen, sind noch unbekannt.

III. Stoffwechsel der L-Ascorbinsäure

Der L-Ascorbinsäurepool beträgt bei der Ratte 10,7 mg/100 g (BURNS, MOSBACH und SCHULENBERG, 1954), die "turnover" rate 2,6 mg/100g und Tag (BURNS, MOSBACH und SCHULENBERG, 1954), s. Tab. 4.

Untersuchungen an skorbutischen Meerschweinchen und solchen unter Stress-Bedingungen (Diphtherie-Toxin-Stress) haben keine Anhaltspunkte dafür gegeben, daß unter diesen Bedingungen der Ascorbinsäureabbau im Vergleich zur Norm gesteigert ist (SALOMON, 1957). Ebenso haben Organverteilungsstudien mit Hilfe von 1-^{14}C-Ascorbinsäure gezeigt, daß bei normalen und skorbutischen Meerschweinchen die Verteilung von injiziertem Vitamin C die gleiche ist (BURNS, BURCH und KING, 1951). Diese Ergebnisse deuten darauf hin, daß Vitamin C-Mangel nicht zu gesteigertem Vitaminabbau führt, wie es vergleichsweise bei Vitamin B_1-Mangel der Fall ist (s. S. 1020). Ein deutlicher Unterschied bezüglich des Stoffwechsels der Ascorbinsäure besteht zwischen Mensch und Nagern, wie in der unterschiedlichen Halbwertszeit zum Ausdruck kommt.

Tabelle 4. *Halbwertszeiten von L-Ascorbinsäure*

Mensch	etwa 18 Tage[1]
Meerschweinchen	etwa 100 Std.[2,3]
Ratte	etwa 86 Std.[4]
Ratte (D-Ascorbinsäure)	etwa 14 Std.[3]

[1] HELLMAN u. BURNS (1955).
[2] SALOMON (1957).
[3] BURNS, DAYTON u. SCHULENBERG (1956).
[4] CURTIN u. KING (1955).

Neben freiem Vitamin C kommt offenbar eine gebundene Form der L-Ascorbinsäure in den Organen vor. So finden sich in der Leber normaler Meerschweinchen etwa 19% der L-Ascorbinsäure in proteingebundener Form vor; bei Vitamin C-Mangel scheint dieser Wert anzusteigen (DAYTON, REICHENTHAL und BURNS, 1956). Ob es sich dabei um eine signifikante Veränderung handelt, kann auf Grund der vorliegenden Untersuchungen nicht beurteilt werden. Die Bindung der Ascorbinsäure erfolgt unabhängig von der sterischen Konfiguration (DAYTON, REICHENTHAL und BURNS, 1956; DAYTON und BURNS, 1958).

Tabelle 5. *Verteilung von ^{14}C-Aktivität in % der applizierten Dosis auf Ausatmungsluft und Harn nach Zufuhr markierter L-Ascorbinsäure.* Zusammengestellt nach 1—6.

	CO_2	Urin[1]			
		total	Oxalat	L-Ascorbinsäure	Diketogulonsäure
	%	%	%	%	%
48 Std. nach Zufuhr von 1-^{14}C-Ascorbinsäure an Meerschweinchen	30—35	8,6	2,0	3,0	1—2
48 Std. nach Zufuhr von 6-^{14}C-Ascorbinsäure an Meerschweinchen	30—35	9,6	0,9	3,0	1—2
24 Std. nach Zufuhr von 1-^{14}C-Ascorbinsäure an Menschen	3	10,0	5,0	1,5	1,5
24 Std. nach Zufuhr von 1-^{14}C-Ascorbinsäure an Ratten	19	33,0	2,2	12,5	—

[1] Unter den nicht quantitativ erfaßten Metaboliten im Harn findet sich L-Xylose.

1. O'H. CURTIN u. KING (1955).
2. HELLMAN u. BURNS (1955).
3. BURNS, DAYTON u. SCHULENBERG (1956).
4. BURNS, BURCH u. KING (1951).
5. CHAN, BABINEAU, BECKER u. KING (1957).
6. DAYTON u. BURNS (1958).

L-Ascorbinsäure wird im Organismus weitgehend abgebaut, s. Tab. 5. Das rasche Erscheinen von ^{14}C-Aktivität in der Ausatmungsluft von Ratten und Meerschweinchen nach Zufuhr markierter L-Ascorbinsäure, unabhängig von der Position der Markierung, deutet auf einen durchgreifenden oxydativen Abbau des Vitamins bei diesen Tieren hin. Entsprechend der Halbwertszeit der Ascorbinsäure verläuft die CO_2-Bildung beim Menschen im Vergleich zu Nagern wesentlich langsamer (Hellman und Burns, 1955). Ascorbinsäure ist offenbar ein Stoffwechselvorläufer des Harnoxalats, wie ihre relativ hohe Inkorporierungsrate in Oxalat zeigt. Es ist z. Zt. nicht entschieden, ob die Oxalatentstehung, die bevorzugt an dem Carboxylende der Ascorbinsäure statthat (s. Tab. 5) (Burns, Dayton und Schulenberg, 1956), auf einen enzymatischen Prozeß zurückzuführen ist. Wenn auch die im Vergleich zu Nagern beim Menschen bevorzugte Oxalatentstehung (Hellman und Burns, 1955) (Tab. 5) auf einen aktiven enzymatischen Prozeß der Oxalatbildung hinweisen könnte, so spricht der Befund, daß in vitro die Oxalatbildung aus 1-^{14}C-L-Ascorbinsäure unabhängig von der eingesetzten Homogenatmenge abläuft, für einen nicht-enzymatischen Prozeß (Chan, Becker und King, 1958).

Die als Vitamin praktisch unwirksame D-Ascorbinsäure wird wesentlich schneller metabolisiert als die Vitamin-wirksame L-Form. So erscheinen beim Meerschweinchen zwischen 50—60% der ^{14}C-Aktivität von D-Ascorbinsäure bereits nach 24 Std. im Harn und etwa 30% als CO_2 in der Ausatmungsluft (Dayton und Burns, 1958). (Werte für L-Ascorbinsäure s. Tab. 5). Bei der Ratte erreicht die Harnausscheidung von ^{14}C-Aktivität nach Applikation markierter D-Ascorbinsäure sogar über 90% in 24 Std. (Dayton und Burns, 1958).

Die rasche Eliminierung der D-Form macht eine erneute Prüfung der Frage des Vergleichs der Vitaminwirksamkeit beider Enantiomorphen der Ascorbinsäure notwendig, da die endgültige Entscheidung über eine stereospezifische Wirksamkeit nur bei gleichen Gewebsspiegeln getroffen werden kann. Darüber hinaus konnte gezeigt werden, daß im in vitro-System die Tyrosinoxydation in gleicher Weise durch die D- als auch die L-Form gefördert wird (La Du jr. und Greenberg, 1953).

Der Hauptabbauweg der L-Ascorbinsäure verläuft über die primäre Entstehung von Dehydroascorbinsäure, deren Bildung durch ein Cytochrom c-haltiges Ascorbinsäure-Oxydasesystem erfolgt (Chan, Becker und King, 1958). Wie aus Versuchen mit 1-^{14}C-L-Ascorbinsäure hervorgeht, wird in Leberhomogenaten, die mit Cytochrom c angereichert sind, das C-Atom 1 schnell decarboxyliert, während aus 2,3,4,5,6-^{14}C-L-Ascorbinsäure unter vergleichbaren Bedingungen nur 1—2% der ^{14}C-Aktivität von 1-^{14}C-L-Ascorbinsäure als CO_2 freigesetzt werden (Chan, Becker und King, 1958). Der aus 2,3,4,5,6-L-Dehydroascorbinsäure entstehende C_5-Körper konnte als L-Xylose identifiziert werden (Chan, Becker und King, 1958). Die L-Xylose kann nach Überführung in L-Xylulose über den von Touster, Reynolds und Hutcheson (1956) beschriebenen Weg: L-Xylulose → Xylitol → D-Xylulose in die bekannten Wege des Kohlenhydratstoffwechsels einmünden. Diesem Abbauweg der Ascorbinsäure entspricht der Befund, daß Verfütterung von 3,4,5,6-^{14}C-L-Ascorbinsäure zur Entstehung von Leberglykogen führt, dessen Glucose in den Positionen 1,2,3,4,5 markiert ist (Chan, Becker und King, 1958). (3,4,5,6-^{14}C-L-Ascorbinsäure → 2,3,4,5-^{14}C-L-Xylose → 1,2,3,4-^{14}C-D-Xylose → Pentosephosphatcyclus → 1,2,3,4,5-^{14}C-Glucose). Hiermit in Übereinstimmung steht die Bildung uniform-markierter Glucose aus 2,3,4,5,6-^{14}C-L-Ascorbinsäure (Rudolff, Becker und King, 1956) sowie das Auftreten von markierter L-Xylose im Harn (Chan, Babineau, Becker und King, 1957).

Ein der Biosynthese entsprechender, rückläufiger Abbauweg der L-Ascorbinsäure zur Glucuronsäure existiert im Säugerorganismus nicht, wie die fehlende Inkorporation von 1-^{14}C-L-Ascorbinsäure in Glucuronsäure aus Chondroitinschwefelsäure (BURNS, BURCH und KING, 1951) und Harnglucuronide (MOSBACH und KING, 1950) zeigt.

Wenn auch die Biosynthese und der Stoffwechsel des Vitamin C mit Hilfe von Tracerexperimenten in den Grundzügen aufgeklärt wurden, so konnten jedoch Anhaltspunkte für den Mechanismus der Vitaminwirkung der L-Ascorbinsäure nicht gewonnen werden. Insbesondere sind die der Wirkung auf das Bindegewebe zugrunde liegenden chemischen Reaktionen sowie die Beziehungen zu den Nebennierenrindenhormonen nach wie vor unklar. Es scheint jedoch auf Grund von Versuchen mit 1-^{14}C-L-Ascorbinsäure sicher zu sein, daß die Ascorbinsäureverarmung der Nebennierenrinde, die einer Hormonausschüttung parallel geht, nicht eine zufällige Koinzidenz darstellt, sondern die Folge eines funktionellen Zusammenhanges ist. So führt ACTH-Stimulierung der Nebennierenrindeninkretion zum Absinken des 1-^{14}C-L-Ascorbinsäuregehaltes, wobei gleichzeitig eine nicht mehr mit L-Ascorbinsäure identische ^{14}C-markierte Substanz im Nebennierenvenenblut auftritt (SALOMON, 1957), was auf einen mit der Hormonausschüttung gekoppelten, die L-Ascorbinsäure betreffenden Stoffwechselprozeß hindeutet.

F. Thiamin (Vitamin B_1, Aneurin)

I. Radioaktive Markierung

Thiamin wurde bisher als in der Position 2 des Thiazolringes ^{14}C-markierte Verbindung mit einer spezifischen Aktivität von 2,54 mC/mMol (WILLIAMS und RONZIO, 1952) sowie als ^{35}S-markiertes Molekül (BORSOOK, BUCHMAN, HATCHER, YOST und MCMILLAN, 1940; VINCENT, 1957) dargestellt.

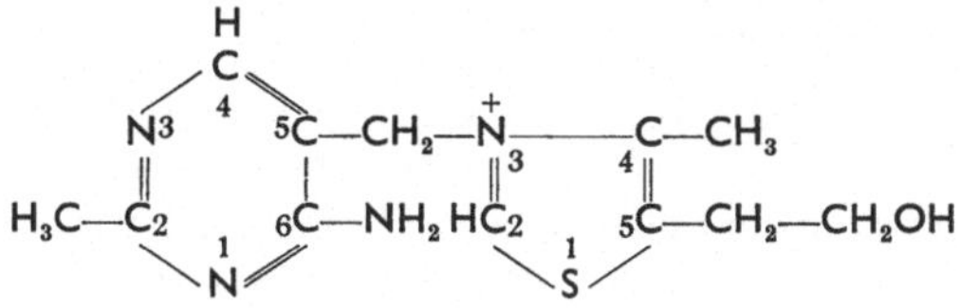

II. Verteilung und Stoffwechsel von Thiamin

Untersuchungen mit ^{35}S-markiertem Thiamin haben ergeben, daß das Stoffwechselschicksal des Thiazolringes des Vitamins B_1 bei Mensch (BORSOOK, BUCHMANN HATCHER, YOST und MCMILLAN, 1940; BORSOOK, HATCHER und YOST, 1941) und Ratte (MCCARTHY, CERECEDO und BROWN, 1954) den gleichen Gesetzmäßigkeiten folgt. Der Säugetierorganismus ist offenbar in der Lage — wenn auch in sehr beschränktem Ausmaß —, den Thiazolring aufzuspalten, wie die Ausscheidung von markiertem Sulfatschwefel im Harn nach Applikation von ^{35}S-Thiamin zeigt (Tab. 6).

Tabelle 6. *Totalausscheidung von ^{35}S mit verschiedenen Schwefelfraktionen im Urin von Ratten über 5 Tage nach einmaliger Injektion von ^{35}S-Thiamin* (MCCARTHY, CERECEDO und BROWN, 1954)

Schwefel-Fraktion	% der injizierten Dosis
Anorganisches Sulfat . . .	1,43
Äthersulfat	0,12
Neutralschwefel	39,8

In der Neutralschwefelfraktion (Tab. 6) erscheint jedoch der größte Teil des radioaktiven Schwefels, der zu etwa 50—60% in Form unveränderten Thiamins vorliegt. Untersuchungen von BORSOOK, BUCHMAN, HATCHER, YOST und McMILLAN (1940) weisen darauf hin, daß beim Menschen offenbar die wiederholte Zufuhr größerer Mengen von Thiamin eine Steigerung der Fähigkeit zum oxydativen Abbau des Thiazolringes zur Folge hat. Nicht nur bei Überangebot, sondern auch bei Vitamin B_1-Mangel kommt es zu einer Intensivierung des Thiaminstoffwechsels, die etwa das Doppelte des Wertes bei normalem Angebot erreicht (BORSOOK, BUCHMAN, HATCHER, YOST und McMILLAN, 1940; McCARTHY, CERECEDO und BROWN, 1954). Die Resorption des Thiamins ist bei alimentärer Avitaminose nicht gestört (DRAPER, 1958).

Die Zufuhr des Oxythiamins, eines Thiamin-Antimetaboliten, hat nicht nur einen Antivitamineffekt in der üblichen Bedeutung dieses Begriffes zur Folge, sondern ruft gleichzeitig eine Abbauhemmung des Vitamins hervor, wie der Rückgang des bei alimentärer B_1-Avitaminose gesteigerten Abbaues des Thiazolkerns des Thiamins nach zusätzlicher Oxythiamingabe zeigt (McCARTHY, CERECEDO und BROWN, 1954). Die dabei ebenfalls eintretende vermehrte Neutralschwefelausscheidung ist ein Hinweis darauf, daß Oxythiamin eine Bindung des Thiamins an die Gewebsproteine als einleitendem Schritt des Thiaminstoffwechsels verhindert; allerdings erklärt letzteres nicht quantitativ die eben erwähnte Herabsetzung des Thiazolabbaues.

Tabelle 7. *Verteilung von ^{35}S in Exkreten und Organen von alimentär B_1-avitaminotischen Ratten 10 Tage nach Injektion von 50 γ ^{35}S-Thiamin* (McCARTHY, 1954)

	% der verabfolgten Dosis
Urin[1]	49,15
Faeces[1]	2,89
Nieren	1,15
Lungen	0,36
Leber	1,07
Milz	0,18
Herz	0,97
Testes	2,03
Gehirn	0,66
Thymus	0,20
Samenblasen	0,13
Muskel	16,36
Summe	75,15

[1] Totalausscheidung während 10 Tage.

Organverteilungsstudien haben gezeigt, daß die weitaus größte Menge von Thiamin in der Muskulatur gefunden wird, während die Testes die höchste spezifische Aktivität aufweisen (Tab. 7). Intracellulär liegt das Thiamin bzw. seine Phosphorsäureester in der Leber zu etwa gleichen Teilen in Mitochondrien und Mitochondrien-freiem Überstand vor; auf diese Verteilung hat Thiaminmangel keinen Einfluß (RYSER und FREI, 1956). Während im allgemeinen die Aufnahme von ^{35}S-Thiamin in die Gewebe etwa der Stoffwechselintensität der Organe entspricht, bildet das Gehirn, in dem nur sehr geringe ^{35}S-Mengen nach ^{35}S-Thiaminapplikation gefunden werden, eine Ausnahme (SAVITSKII, 1958). Eine bevorzugte Incorporation erfolgt in die Großhirnhemisphären (KOLESNICHENKO, 1958). Der hohe Gehalt des Urins an ^{35}S zeigt, daß die Exkretion mit dem Harn den Hauptausscheidungsweg des Thiamins und seiner Stoffwechselprodukte darstellt (BORSOOK, BUCHMAN, HATCHER, YOST und McMILLAN, 1940; McCARTHY, CERECEDO und BROWN, 1954).

Sowohl 2-^{14}C als auch ^{35}S-markiertes Thiamin wird beim Nager außerordentlich rasch wieder ausgeschieden bzw. metabolisiert (JACONO, WOLF und JOHNSON, 1953; JACONO, 1954; JACONO und JOHNSON, 1954; VERRETT und CERECEDO, 1958). Dabei scheint es gleichgültig zu sein, ob die Verabreichung des Vitamins in Größenordnungen von μg oder mg erfolgt (Normalbedarf bzw. 1000—10000 fache des Tagesbedarfes, FARRIS und GRIFFITH, 1949). Der Hauptanteil des ausgeschiedenen ^{35}S bzw. ^{14}C findet sich in der Neutralschwefelfraktion als unverändertes Thiamin oder als Thiazol (VERRETT und CERECEDO, 1958; JACONO, WOLF und JOHNSON, 1953; JACONO, 1954; JACONO und JOHNSON, 1954). Etwa 60—90% der zugeführten Radioaktivität werden innerhalb 24 Std. ausgeschieden. Die Resorption von Thiamin erfolgt bei der Ratte in den einzelnen Lebensabschnitten unterschiedlich. Während Tiere im Alter bis zu 19—20 Monaten etwa 95% einer einmaligen, physiologischen Dosis resorbieren, sinkt die Resorptionsrate im Alter von 24 Monaten auf 75% der Dosis ab (DRAPER, 1958).

Ebenso wie die Resorption des Vitamins ist auch der intermediäre Stoffwechsel des Thiamins in Abhängigkeit vom Alter verschieden. Die Veresterung mit Phosphorsäure sinkt bei 2jährigen Tieren auf etwa ein Drittel des Wertes ab, der bei 1—2 Monate alten Tieren beobachtet wird (DRAPER, 1958).

In qualitativer Übereinstimmung mit den Ergebnissen von BORSOOK, BUCHMAN, HATCHER, YOST und MCMILLAN (1940) und MCCARTHY, CERECEDO und BROWN (1954) wurde auch von IACONO und JOHNSON (1957) ein oxydativer Abbau des Thiazolringes nachgewiesen, gemessen an der intermediären Entstehung von $^{14}CO_2$ bei der Ratte nach Applikation von 2-^{14}C-Thiamin. Die Ratte metabolisiert 2-^{14}C-Thiamin zu 16 radioaktiven Stoffwechselprodukten. Im Lactobacillus fermenti 36-Test weisen 8 dieser Metaboliten noch Thiaminaktivität auf, von denen 4 Substanzen die Thiochromreaktion ergeben; unter diesen befindet sich eine wahrscheinlich mit Thiamindisulfid identische Verbindung. Auch der freie Thiazolrest wird unter den Stoffwechselprodukten des Thiamins gefunden (FARRIS und GRIFFITH, 1949).

Neben der Lieferung von Beiträgen über den Gesamtumsatz des Thiamins im Organismus hat die Anwendung der Isotopentechnik auch neue Aspekte über die physiologische Rolle dieses Vitamins eröffnet. So haben Untersuchungen von KIESSLING (1957) gezeigt, daß intramitochondriales Thiamindiphosphat einen raschen turnover seiner terminalen Phosphatgruppe aufweist; dieser turnover ist abhängig von dem Ausmaß der gleichzeitigen Substratoxydation. Dieses Ergebnis, dessen Bedeutung durch Befunde von OGATA, NOHARA, MORITA und KAWAI (1955) unterstrichen wird, die eine direkte Phosphorylierung von Adenosindiphosphat (ADP) durch den terminalen Phosphatrest der Cocarboxylase unter Umgehung des anorganischen Phosphat-pools wahrscheinlich machen, deutet darauf hin, daß Thiamin in Form seines Diphosphorsäureesters in bisher noch unklarer Weise in den Prozeß einer oxydativen Phosphorylierung eingeschaltet sein könnte. Sicherlich ist dieser Stoffwechselweg von dem bisher bekannten der oxydativen Phosphorylierung verschieden, wie der mangelnde Einfluß von Dinitrophenol auf die ADP-Phosphorylierung durch Cocarboxylase erkennen läßt (OGATA, NOHARA, MORITA und KAWAI, 1955).

BARTLEY (1954) konnte keinen substratkonzentrationsabhängigen turnover der terminalen Phosphatgruppe des Thiamindiphosphates nachweisen; seine damit im Gegensatz zu den Resultaten von KIESSLING und OGATA stehenden Ergebnisse erklären sich möglicherweise durch methodische Unterschiede. So untersuchte BARTLEY mit Hilfe eines Cyclophorasesystems (Mitochondrien-Präparation ohne intakte Mitochondrienstruktur) die Phosphorylierungsrate von Thiamin, das dem Testansatz als Phosphorylierungssubstrat zugesetzt wurde, während die Ergebnisse von KIESSLING (1956 und 1957) den Phosphat-turnover der terminalen Phosphatgruppe der präformierten intramitochondrialen Cocarboxylase von intakten Mitochondrien betreffen. Für eine Koppelung zwischen Substratoxydation und Phosphat-turnover von Phosphorylierungsstufen des Thiamins spricht auch die Tatsache eines raschen Einbaues von ^{32}P in Thiamintriphosphat in Hefe bei gleichzeitigem Abbau von Glucose ohne wesentliche Neusynthese von Thiamintriphosphat (KIESSLING, 1956).

Während die ohne Anwendung von Isotopen erhaltenen Untersuchungsergebnisse verschiedener Autoren (SILIPRANDI, 1951/1952; FOA, WEINSTEIN, SMITH und

Greenberg, 1952) einen Einfluß des Insulins auf die Thiaminphosphorylierung möglich erscheinen lassen, spricht die gleiche spezifische und Totalaktivität der Cocarboxylasefraktion der Leber normaler und alloxandiabetischer Ratten nach Zufuhr von ^{35}S-Thiamin gegen einen derartigen Einfluß des Insulins (Vincent, 1957). Thiamin ist nicht nur in der Lage, in Form seines Diphosphorsäureesters als Coferment der Carboxylase die Decarboxylierung von Brenztraubensäure zu katalysieren, sondern besitzt auch unphosphoryliert in vitro die Fähigkeit, in Abwesenheit von Fermentproteinen diese Reaktionen zu katalysieren. Die auf Grund dieses Befundes geäußerte Hypothese, nach der die Brenztraubensäure an die intraannuläre, in Carbanionenform vorliegende Methylengruppe des Thiamins zunächst angelagert, dann decarboxyliert und anschließend als Acetaldehyd abhydrolysiert wird (Breslow, 1956), konnte durch Untersuchung der Reaktion in D_2O nicht bestätigt werden (Ingraham und Westheimer, 1956; Fry, Ingraham und Westheimer, 1957). Die außerordentlich schwache Isotopenhäufigkeit von D in der Methylengruppe des nach Ablauf der Reaktion isolierten Thiamins schließt eine Wechselwirkung zwischen der Methylengruppe und dem Lösungsmittel aus, die bei Anlagerung der Brenztraubensäure mit nachfolgender Hydrolyse zu fordern wäre.

G. Riboflavin (Vitamin B_2, Lactoflavin)

I. Radioaktive Markierung

Die radiochemische Synthese von 2-^{14}C-D-Riboflavin mit einer spezifischen Aktivität von 1,28 mC/mMol wurde von Haley und Lambooy (1954) beschrieben. Durch Biosynthese läßt sich Riboflavin mit relativ spezifischer oder weitgehend randomisierter Markierung bei Einsatz entsprechend markierter Vorstufen für Tracerzwecke darstellen. So führt z. Z. die Biosynthese von Riboflavin bei Eremothecium ashbyii aus 5-^{14}C-Guanin zu einem Riboflavinmolekül (spez. Aktivität 9,4 mC/mMol), dessen Radioaktivität vorwiegend im C-Atom 4a lokalisiert ist (Korte, Aldag und Schicke, 1958). Aus Kulturen von Ashbya gossypii wurde nach Inkubation mit U-^{14}C-Glucose und U-^{14}C-Fructose Riboflavin mit randomisierter Markierung (spez. Aktivität 9,9 mC/mMol) isoliert (Wase, 1956).

II. Biosynthese

Das durch die Untersuchungen von Plaut (1953 und 1954) bei der Hefe Ashbya gossypii gefundene Einbaumuster von $^{14}CO_2$, ^{14}C-Formiat sowie 1- und 2-^{14}C-Glycin in den Isoalloxazinring weist auf eine biogenetische Verwandtschaft von Riboflavin und Purinen hin (Schema 4). Hiermit in Übereinstimmung wurde von Klungsöyr (1954) eine Inkorporierung von ^{14}C-Formiat und 1-^{14}C-Acetat (via Decarboxylierung zu $^{14}CO_2$) in die Position 2 des Isoalloxanzinringes des Riboflavins bei E. ashbyii gezeigt. Die Isotopenverteilung von U-^{14}C-Serin und 2-^{14}C-Serin in den Positionen 2, 4a und 9a des Riboflavins ist erklärbar durch eine Umwandlung des Serins in Glycin und Formiat mit nachfolgendem Einbau in Riboflavin via Purin-pool (Goodwin und Jones, 1956).

Die hohe Einbaurate von Radioaktivität aus U-^{14}C-Adenin in den 6,7-Dimethyl-iso-alloxazinanteil des Riboflavinmoleküls (McNutt jr., 1954), wobei die Relation der spezifischen Aktivität der C-Atome des Pyrimidinanteiles (Ring C) des Riboflavins im Vergleich zum eingesetzten Adenin nicht verändert ist (McNutt jr., 1956), weist einen direkten Einbau des Adenins in das Isoalloxazin-Ringgerüst nach. Da die Biosynthese aus 8-^{14}C-Adenin (McNutt jr., 1954) und ebenso auch

8-^{14}C-Guanin (Al-Khalidi, 1958) jedoch kein aktives Riboflavinmolekül entstehen läßt, muß angenommen werden, daß der Zusammenschluß des Pyrimidinteiles des Purinringes mit dem aromatischen Ring A bei Bildung des Ringes B unter Verlust des C-Atoms 8 des Purinringes vollzogen wird.

Während der Ablauf der Biosynthese des Pyrimidinanteiles des Riboflavins in seinen Grundzügen geklärt ist, sind die Stoffwechselvorstufen und Synthesewege zum Aufbau der Ringe A und B noch weitgehend unbekannt. Der Nachweis des

Schema 4. *Einbau von ^{14}C aus Kohlendioxyd, Ameisensäure, Glycin, Acetat und Glucose in das Isoalloxazin- und Purinringsystem. R = Ribitylseitenkette (Plaut, G. W. E., 1954)*

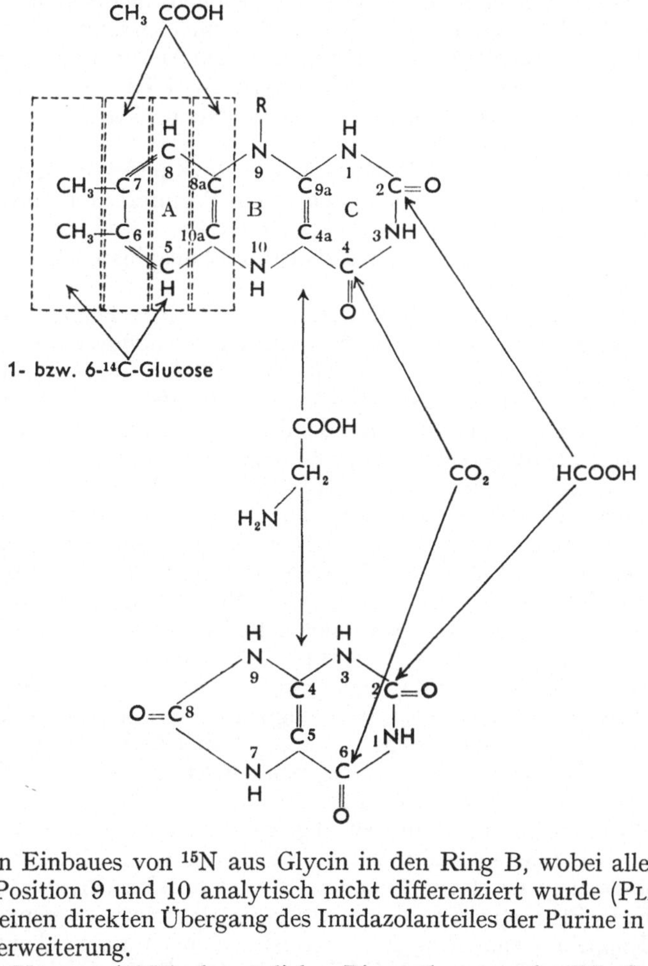

CH_3 COOH

1- bzw. 6-^{14}C-Glucose

COOH

CH_2

H_2N

CO_2

HCOOH

bevorzugten Einbaues von ^{15}N aus Glycin in den Ring B, wobei allerdings zwischen der Position 9 und 10 analytisch nicht differenziert wurde (Plaut, 1954), spricht für einen direkten Übergang des Imidazolanteiles der Purine in den Ring B unter Ringerweiterung.

Der von Masuda (1957) als möglicher Biosyntheseweg des Riboflavins diskutierte Übergang von Purinen in Diaminouracil, das durch Kondensation mit Acetoin in ein substituiertes Pteridin übergeht, welches nach nochmaliger Kondensation mit Acetoin den Isoalloxazinring liefert, hat sich experimentell bisher nicht beweisen lassen. So wurde bei Inkubationsversuchen an E. ashbyii sowohl mit 4-^{14}C-Diaminouracil (Störiko, 1958) als auch mit 4a-^{14}C-6,7-Dimethyl-8-ribityllumazin (Korte, Aldag und Schicke, 1958), das im Mycel von E. Ashbyii nachgewiesen wurde (Masuda, 1957) und bei diesem Syntheseweg zu fordern ist, sowie mit einem weiteren in der Position 4a^{14}C-markierten, Ribityl-substituierten Pteridin (McNUTT und FORREST, 1958), das ebenfalls in E. ashbyii gefunden wird, nur eine sehr geringe oder gar keine Radioaktivität des isolierten Riboflavins gefunden, so daß der Übergang der Pteridin-Ringstruktur in jene des Isoalloxazins auf Grund dieser Versuche zumindest als Hauptweg der Riboflavinsynthese unwahrscheinlich ist. Allerdings könnte die hohe Einbaurate von ^{14}C-Glycin in 6,7-Dimethyl-8-ribityl-lumazin, die diejenige in das Riboflavin übertrifft, dennoch für eine "Prekursor-Produkt"-Beziehung zwischen Pteridinen und Riboflavin sprechen (MALEY und PLAUT, 1958). Die Ursache der geringen Ausbeute an radioaktivem Riboflavin bei Einsatz von markiertem 6,7-Dimethyl-8-ribityl-lumazin oder Diaminouracil ist möglicherweise in einer weitgehenden Impermeabilität der untersuchten Hefezellen für das Lumazinderivat bzw. in einer Instabilität des Diaminiouracils in wäßriger Lösung (STÖRIKO, 1958) zu suchen. Darüber hinaus ist es denkbar, daß die eingesetzten Vorstufen nicht direkt als Glied der biosynthetischen Kette fungieren können, sondern in einer metabolisch aktiven Form vorliegen müssen.

Der Befund, daß E. ashbyii 6-^{14}C-Orotsäure zwar in die Pyrimidinfraktion und in außerordentlich geringem Umfang auch in die Purinfraktion einbaut, jedoch nicht in Pteridine und Riboflavin, schließt eine direkte Verwendung der Pyrimidinringstruktur via Pteridin-pool zum Aufbau des Riboflavins aus (KORTE, ALDAG, LUDWIG, PAULUS und STÖRIKO, 1959).

Der Aufbau des aromatischen Ringes A des Riboflavins scheint nach den bisher vorliegenden Daten über Zwischenprodukte des Kohlenhydratstoffwechsels abzulaufen. So baut A. gossypii die ^{14}C-Atome 1 und 6 der Glucose in die Methylgruppen und Positionen 5 und 8 des Ringes A ein, die über 90% der Gesamtaktivität des Ringes enthalten, während durch Randomisierung der markierten C-Atome der Glucose auch eine, allerdings sehr geringe (2—6%) Inkorporierung in die Positionen 6, 7, 8a und 10a zustandekommt (PLAUT, 1954), (s. Schema 4). Dieses symmetrische Einbaumuster der Glucose deutet auf die Existenz eines C_2-Körpers als unmittelbarer Vorstufe des Ringes A hin. Hiermit in Übereinstimmung steht die intensive Markierung der C-Atome 6, 7, 8a und 10a des Ringes A bei Angebot von 1-^{14}C-Acetat als Kohlenstoffquelle (PLAUT, 1954; PLAUT und BROBERG, 1954). Die auf Grund dieses Ergebnisses zu erwartende hohe Einbaurate von 2-^{14}C-Acetat in die Positionen 5 und 8 sowie die Methylgruppen des Ringes A wird nicht erreicht; lediglich 67% der Gesamtaktivität vom Ring A finden sich in den genannten Positionen, ein Ergebnis, das durch bevorzugte Randomisierung des C-Atoms 2 gegenüber dem C-Atom 1 der Essigsäure bedingt ist (PLAUT, 1954; PLAUT und BROBERG, 1954). Allerdings zeigt ein Vergleich der Ergebnisse des Einbaues von C-Atomen der Essigsäure bzw. der Glucose, daß das aus beiden Enden der Glucose entstehende C_2-Fragment nicht in den allgemeinen Acetat-pool einmündet, da eine Randomisierung der markierten C-Atome (1 und 6) der Glucose in weitaus geringerem Maße als jener (1 und 2) der Essigsäure statthat (PLAUT, 1954). Welcher Natur die C_2-Bruchstücke sind, aus denen der Ring A zusammengefügt wird und wie die Koppelung zum Ring B erfolgt, ist z. Z. noch nicht bekannt.

Versuche mit U-^{14}C-Guanosin als Vorläufer des Riboflavins haben gezeigt, daß lediglich dessen Isoalloxazinanteil markiert wird, die Ribosylseitenkette des Guanosins also keinesfalls das Kohlenstoffskelet des Ribitylrestes liefert (McNUTT und FORREST, 1958). Zweifellos entstammt aber der Ribitylrest des Riboflavins dem Kohlenhydratstoffwechsel, wie die intensive Markierung der Ribitylkette bei Biosynthese des Riboflavins aus U-, 1-, 2- oder 6-^{14}C-Glucose nachweist (PLAUT und BROBERG, 1956). Die unübersichtlichen Relationen der Anteile verschiedener Glucoseabbauwege in Mikroorganismen jedoch lassen eine schlüssige Deutung der den Übergang von Glucose in Ribitol bewirkenden Mechanismen, die dem Einbaumuster der erwähnten Tracer in dem Ribitylrest zugrunde liegen, nicht zu.

III. Verteilung und Stoffwechsel des Riboflavins

Auf Grund von Untersuchungen an Lactobacillus casei scheint Riboflavin intracellulär vorwiegend als Flavinadenindinucleotid (FAD) vorzuliegen (HALEY und LAMBOOY, 1954), welches sowohl in Hefen als auch in Leber aus Flavinmononucleotid gebildet wird (HOTTA, KATSUNUMA, WATARAI, UCHIDA, ISHIKAWA, ITAYA und KATSUNUMA, 1955/1956). Nach Inkubation von L. casei mit 2-^{14}C-Riboflavin findet sich außerdem ein geringer Anteil der Gesamtaktivität in einer noch nicht identifizierten Verbindung (HALEY und LAMBOOY, 1954). Dieser Befund kann im Zusammenhang mit der Isolierung einer dem mikrobiellen Abbau des Riboflavins entstammenden Verbindung mit intakter Ribitylkette aber dem Mindergehalt von 2 Stickstoffatomen und 1 Kohlenstoffatom, bezogen auf Riboflavin (SMYRNIOTIS, MILES und STADTMAN, 1958), als Hinweis darauf gelten, daß Ring C unterBildung einer die Harnstoffkonfiguration enthaltenden Verbindung aufgespalten wird. Dabei entsteht aus dem Riboflavin zunächst 1-Ribityl-2,3-diketo-1,2,3,4-tetrahydro-6,7-dimethylquinoxalin (STADTMAN, 1958), letzteres wird dann unter weiterer Absprengung des Ringes B zu 3,4-Dimethyl-6-carboxy-α-pyron oxydiert (SMYRNIOTIS, MILES und STADTMAN, 1958).

Turnover-Studien mit biosynthetisch markiertem ^{14}C-Riboflavin bei der Ratte haben gezeigt, daß die mittlere Halbwertzeit von Riboflavin 6,53 Tage beträgt (WASE, 1956).

H. Nicotinsäureamid

I. Radiochemische Synthese

Nicotinsäure bzw. Nicotinsäureamid wurde als carboxyl-markierte Verbindung dargestellt (MURRAY, FOREMAN und LANGHAM, 1947) und in dieser Form für zahlreiche Stoffwechseluntersuchungen eingesetzt.

II. Biosynthese

Der Weg der Biosynthese der Nicotinsäure bzw. des Nicotinsäureamids ist gleichzeitig der Abbauweg der exogenen Aminosäure Tryptophan. Insofern, als der Säugerorganismus in der Lage ist, seinen Nicotinsäureamidbedarf partiell über Biosynthese aus dem Tryptophan zu decken, kann zwar das Tryptophan als Provitamin betrachtet werden, jedoch liegen die Verhältnisse in Anbetracht der zahlreichen anderen Spezialaufgaben der Aminosäure einerseits und der komplizierten Biosynthese des Vitamins aus dem Tryptophan unter vollständiger Umwandlung des Moleküls andererseits wesentlich komplizierter als beispielsweise bei der Umwandlung des Carotins in das Vitamin A.

In Abhängigkeit von der Spezies werden beim Säuger etwa 1—10% des Tryptophans in Nicotinsäureamid umgewandelt (KREHL, SARMA, TEPLY und ELVEHJEM, 1946; COOPERMAN, MCCALL, RUEGAMER und ELVEHJEM, 1946). Im Stoffwechsel des Tryptophans lassen sich zwei Hauptabbauwege unterscheiden (STANIER und HAYAISHI, 1951). Der sog. aromatische Abbauweg führt zur Nicotinsäure, während der Chinolinabbauweg entweder in der Kynurensäure oder Xanthurensäure als bisher bekannten Endprodukten endet, s. Schema 5.

Schema 5. *Biosynthese der Nicotinsäure*

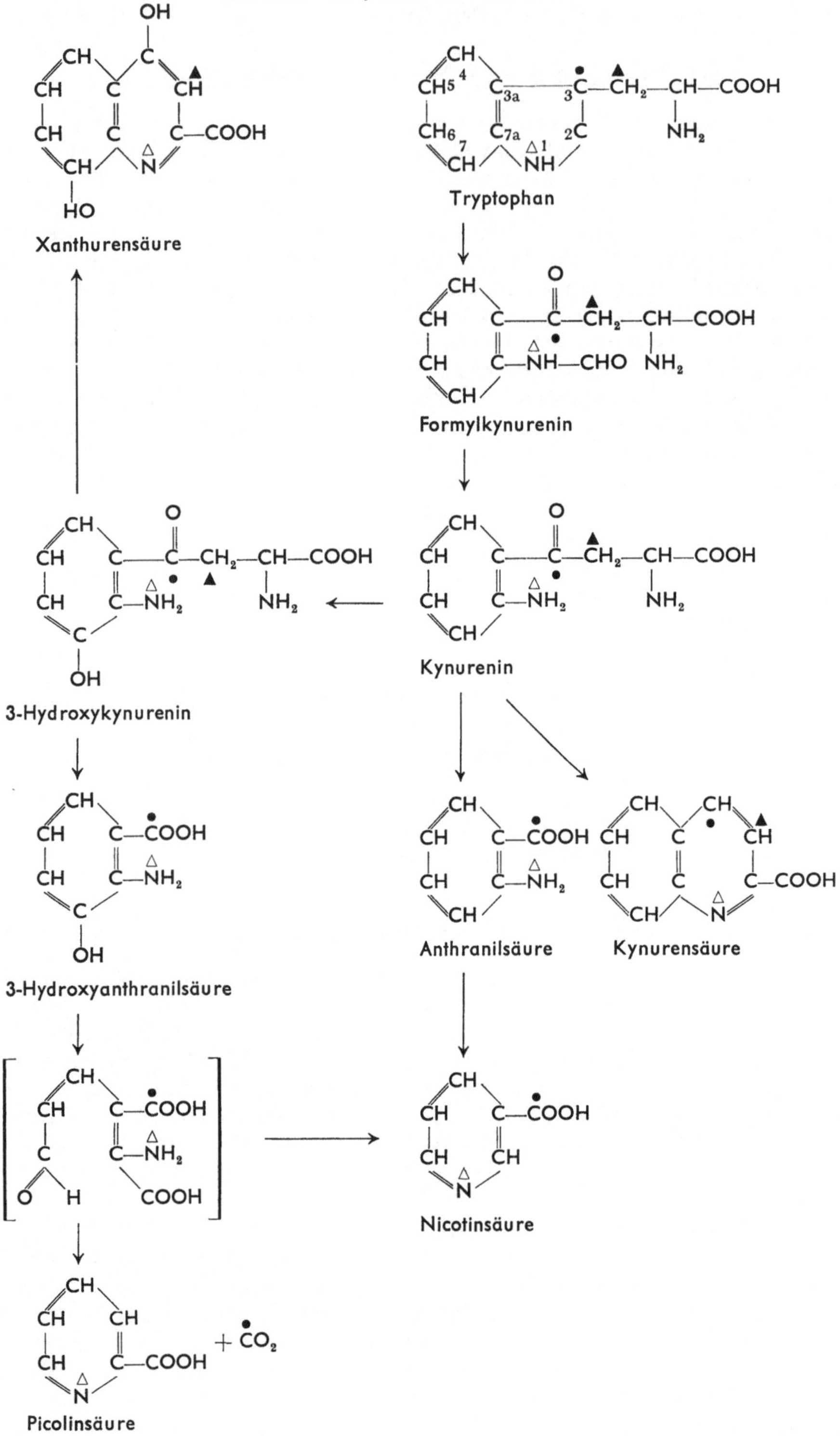

Xanthurensäure

Tryptophan

Formylkynurenin

3-Hydroxykynurenin

Kynurenin

3-Hydroxyanthranilsäure

Anthranilsäure

Kynurensäure

Nicotinsäure

$+ \overset{\bullet}{C}O_2$

Picolinsäure

Versuche mit β-^{14}C-Tryptophan haben gezeigt, daß im Verlaufe des aromatischen Abbauweges die Alaninseitenkette des Tryptophans verlorengeht (HEIDELBERGER, GULLBERG, MORGAN und LEPKOWSKY, 1948). Das C-Atom 3 des Indolringes dagegen findet sich nach Zufuhr von entsprechend markiertem Tryptophan in der Carboxylgruppe der Nicotinsäure (HEIDELBERGER, ABRAHAM und LEBKOVSKY, 1948), während der Indolstickstoff des Tryptophans nach Gabe von ^{15}N-Tryptophan in der Aminogruppe des Kynurenins bzw. als Chinolinstickstoff in Kynurensäure und Xanthurensäure wiedergefunden wird (SCHAYER, 1950). Diese Ergebnisse beweisen einmal die Ringaufsprengung des Indolringes mit Ringerweiterung zum Chinolinringsystem sowie die Umwandlung des C-Atom 3 des Tryptophans in den Amidkohlenstoff des Nicotinsäureamids. Mit großer Wahrscheinlichkeit entstammt der Pyridinstickstoff der Nicotinsäure dem Indolring des Tryptophans. Jedoch ist es außerordentlich schwierig, den eindeutigen Beweis hierfür in Isotopenexperimenten am Tier zu liefern. Es konnte nämlich nachgewiesen werden, daß der Indolstickstoff außerordentlich rasch im Säugerorganismus über Aufspaltung des Ringsystems hauptsächlich in der Niere, sowohl direkt in den Ammoniumpool einmündet, als auch randomisiert und in verschiedene Aminosäuren inkorporiert wird (SHAYER, 1950); so daß die Isolierung von ^{15}N-markierter Nicotinsäure nach Zufuhr von 1-^{15}N-Tryptophan nicht beweiskräftig wäre. Der Einsatz von Hydroxyanthranilsäure in Kulturen von Neurospora zusammen mit $^{15}NH_4Cl$ führt zur Bildung von markierter Nicotinsäure (LEIFFER, LANGHAM, NIC und MITCHELL, 1950), und zwar ist die Inkorporierungsrate offensichtlich von der Wachstumsintensität der Zellen abhängig; bei rasch wachsenden Kulturen wird eine so hohe Einbaurate von ^{15}N aus $^{15}NH_4Cl$ in Nicotinsäure gefunden, daß lediglich ein Bruchteil des Pyridinstickstoffes aus der Aminogruppe der Hydroxyanthranilsäure, die ja dem Indol-N entstammt, hervorgegangen sein kann. An ruhenden Zellen entspricht dagegen die außerordentlich geringe Inkorporierung von ^{15}N aus $^{15}NH_4Cl$ in den Pyridinring einer direkten Umwandlung der Aminogruppe der Hydroxyanthranilsäure in den Pyridinstickstoff (YANOVSKY und BONNER, 1951) ohne Isotopenverdünnung aus dem allgemeinen Stickstoffpool. Damit ist zum mindesten für Neurospora der direkte Übergang des Indolstickstoffes in den Pyridinstickstoff wahrscheinlich gemacht. Auf welchen Einzelschritten nun die Umwandlung der 3-Hydroxyanthranilsäure in Nicotinsäure erfolgt, kann heute noch nicht mit Sicherheit gesagt werden. Es besteht jedoch kein Zweifel darüber, daß die C-Atome 3a und 7a des Tryptophans in den Pyridinring der Nicotinsäure übergehen (HENDERSON und HANKES, 1956) und die Carboxylgruppe der 3-Hydroxyanthranilsäure, die dem C-Atom 3 des Tryptophans entstammt zur Carboxylgruppe der Nicotinsäure wird (HANKES und HENDERSON, 1957; HANKES und URIVETSKI, 1954). Allerdings ist das Hauptumwandlungsprodukt der 3-Hydroxyanthranilsäure unter Ringöffnung und Decarboxylierung mit erneutem Ringschluß die Picolinsäure (HANKES und URIVETSKY, 1957), worauf unter anderem die schnelle Oxydierbarkeit carboxylmarkierter 3-Hydroxyanthranilsäure zu $^{14}CO_2$ hinweist (MEHLER und MAY, 1956). Mit den bisherigen Vorstellungen über die Biosynthese der Nicotinsäure schwer zu vereinbaren ist der Befund einer hohen Inkorporierungsrate von Tritium aus 4,5,6-^{3}H-Chinolinsäure in Nicotinsäure bei der Ratte (HANKES und SEGEL, 1957). Bevor jedoch die Chinolinsäure als metabolischer Vorläufer der Nicotinsäure betrachtet werden kann, bedarf dieser Befund noch einer Bestätigung durch andere Methoden. Es ist vielmehr anzunehmen, daß die Chinolinsäure durch nichtenzymatische Nebenreaktion aus dem der 3-Hydroxyanthranilsäure entstammenden acyclischen Fumarsäurederivat bzw. dem damit im Gleichgewicht stehenden Maleinsäureabkömmling durch Ringschluß hervorgeht (MEHLER und MAY, 1956).

III. Stoffwechsel der Nicotinsäure

Zur Erfüllung ihrer spezifischen Stoffwechselleistungen wird die Nicotinsäure in einem anabolen Stoffwechselweg zu den Pyridindinucleotiden aufgebaut.

Es konnte gezeigt werden, daß Nicotinsäure als solche und nicht ihr Amid der metabolische Vorläufer der Pyridindinucleotide in den Zellen ist, die vitaminwirksamere Amidform also offenbar zunächst desamidiert wird (Preiss und Handler, 1957). Der Aufbau zum Nucleotid bzw. Dinucleotid erfolgt, wie Untersuchungen mit 7-^{14}C-Nicotinsäure gezeigt haben, mit großer Wahrscheinlichkeit zunächst über die Bildung von Nicotinsäuremononucleotid (Preiss und Handler, 1957; Langan und Shuster, 1958), das dann durch Reaktion mit ATP in Nicotinsäuredinucleotid überführt wird. Erst auf dieser Stufe erfolgt die Bildung der Amidkonfiguration durch Reaktion mit Glutamin (Preiss und Handler, 1957).

Bei Zufuhr sowohl von Nicotinsäure als auch Nicotinsäureamid findet sich bei Hund, Ratte, Maus und Hamster das N'-Methylnicotinamid, wie Versuche mit ^{13}C bzw. ^{14}C-carboxyl-markierten Verbindungen gezeigt haben, als Ausscheidungsprodukt (Hundley und Bond, 1948; Leifer, Roth, Hogness und Corson, 1951; Johnson und Lin, 1951). Während von Lin und Johnson (1953) sowie Johnson und Lin (1951) nach Zufuhr von Nicotinsäure die Nicotinursäure auf Grund papierchromatographischer Befunde als Hauptausscheidungsprodukt bei der Ratte angesehen wird und das N'-Methylnicotinamid vorwiegend Excretionsprodukt nach Nicotinsäureamidzufuhr sein soll, wurde von Hundley und Bond (1948) nach Zufuhr von markierter Nicotinsäure das N'-Methylnicotinamid als Hauptausscheidungsprodukt isoliert. Auch die Ergebnisse von Leifer, Roth, Hogness und Corson (1951) zeigen, daß bei der Ratte die Nicotinursäure nach Zufuhr von Nicotinsäure als Ausscheidungsprodukt quantitativ eine untergeordnete Rolle spielt. Neben unveränderter Nicotinsäure und ihrem Amid findet sich sowohl nach Zufuhr der freien Säure wie auch des Amids N'-Methyl-2-Pyridon-5-Carboxylamid (Leifer, Roth, Hogness und Corson, 1951; Johnson und Lin, 1951; Lin und Johnson, 1953), Trigonellin konnte nicht nachgewiesen werden (Leifer, Roth, Hogness und Corson, 1951). Die geringe Ausscheidung von Nicotinursäure lediglich nach Zufuhr größerer Mengen von markiertem Nicotinsäureamid (Lin und Johnson, 1953) spricht dafür, daß es sich bei der Bildung dieser Substanz um einen Entgiftungsprozeß ohne Bedeutung für den physiologischen Stoffwechsel des Nicotinsäureamids handelt. Die Tatsache, daß bei Zufuhr von markierter Nicotinsäure bzw. ihrem Amid in Tracerdosen eine prozentual unvergleichbar niedrigere Ausscheidung von Nicotinursäure beobachtet wird (Leifer, Roth, Hogness und Corson, 1951), spricht für diese Annahme. Beim Vogel wird markiertes Nicotinsäureamid entsprechend an Ornithin in α- oder δ-Stellung gebunden oder als Dinicotinylornithin oder an Glucuronsäure gepaart ausgeschieden (Wu Chang, Johnson, 1956, 1957).

Neben der Methylierung des aus dem Abbau der Pyridinnucleotide freigesetzten Nicotinsäureamids zum Trigonellinamid und anschließender Oxydation zum entsprechenden Pyridon wird ein beträchtlicher Anteil des Nicotinsäureamids unter Verlust der Carboxylgruppe abgebaut, worauf die Ausscheidung von $^{14}CO_2$ nach Zufuhr von carboxyl-markiertem Nicotinsäureamid hinweist (Leifer, Roth, Hogness und Corson, 1951). Untersuchungen über Organverteilungen von markiertem, freiem Nicotinsäureamid sowie Studien über die die Dynamik des Gesamtstoffwechsels kennzeichnenden Größen (Halbwertszeit, Turnover) liegen nicht vor.

Die Einführung der Isotopentechnik hat die lange Zeit bestehende Unklarheit darüber, in welcher Position die eigentliche Wirkform des Vitamins, das DPN bei der Wasserstoffübertragung von Substraten durch dehydrierende Fermente hydriert wird, beseitigen können. Deuterium aus der 1-Position von markiertem Äthanol wird durch Alkoholdehydrogenase in para-Position (in bezug auf den Pyridinstickstoff) auf den Nicotinsäureamidanteil des DPN übertragen (PULLMAN, SAN PIETRO und COLOWICK, 1954). Damit konnte die Isotopentechnik einen für das Verständnis der Hydrierungsvorgänge im Stoffwechsel außerordentlich wichtigen Beitrag leisten.

J. Vitamin B_{12}

I. Markierung des Vitamin B_{12}-Moleküles mit Radioisotopen

1. Radiochemische Austausch-Markierung des Vitamin B_{12}-Moleküles

Da das dreiwertige Kobaltatom und z. B. auch das Phosphoratom im Vitamin B_{12}-Molekül unter „in vitro"-Bedingungen chemisch sehr fest gebunden sind (das Kobalt als Koordinationskomplex), ist eine einfache radiochemische Austauschmarkierung des Vitamin B_{12}-Moleküles durch mehrmonatige Inkubation mit in

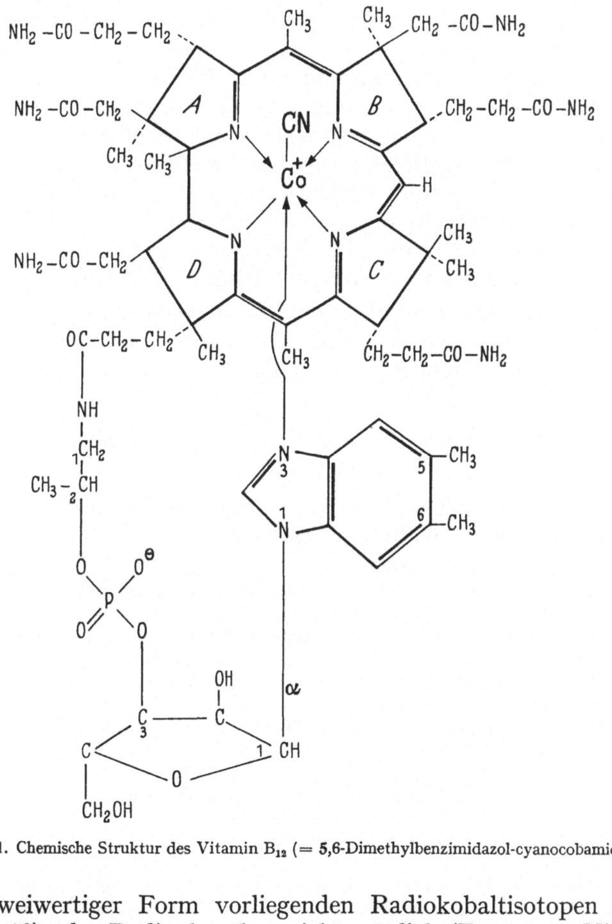

Abb. 1. Chemische Struktur des Vitamin B_{12} (= 5,6-Dimethylbenzimidazol-cyanocobamid)

anorganisch-zweiwertiger Form vorliegenden Radiokobaltisotopen (bei bis zu 100° C, p_H 2—10) oder Radiophosphor nicht möglich (FANTES u. Mitarb., 1949; BALDWIN u. Mitarb., 1951; BOOS u. Mitarb., 1951). Erst nach drastischer katalyti scher Hydrierung des B_{12}-Moleküles, bei der die rote Eigenfarbe und Bioaktivität verlorengeht, scheint in einem sehr geringen Ausmaße eine Austauschmarkierung des dann zweiwertigen Kobaltatoms im B_{12} mit $^{60}CoCl_2$ möglich zu sein (DIEHL und VOIGT, 1958).

Eine Austauschmarkierung der am zentralen Kobaltatom des Vitamin B_{12}-Moleküles gebundenen Cyanogruppe mit ^{14}C ist nach photolytischer Abspaltung des CN^- bei p_H 4 und anschließender Reaktion des dabei gebildeten Aquocobamids mit $H^{14}CN$ (1 mC/mol) zu Cyano-(^{14}CN)-Cobamid (0,6 μC/mg) leicht möglich (BOXER u. Mitarb., 1951), kann jedoch auch einfach durch Inkubation von Cyanocobamid mit $K^{14}CN$ im alkalischen und neutralen p_H-Bereich erfolgen (SMITH, 1951).

Das elektropositive Aquocobamid reagiert als schwache einwertige Base (vgl. Übersichtstabelle über elektro-positive, -neutrale und -negative Cobamide bei HEINRICH und LAHANN, 1954) mit $H_2{}^{35}SO_4$ unter Bildung des im Anionenteil mit ^{35}S markierten Aquocobamidsulfates, dessen markierte Sulfatgruppe schon in vitro bei neutralem p_H sehr schnell austauschbar ist, während im aus dem Aquocobamid mit $^{35}SO_2$ erhaltenen elektronegativen Sulfitocobamid, das als schwache einwertige Säure ein mit ^{24}Na markierbares Na-Salz liefert, die mit ^{35}S markierte Sulfitgruppe fester gebunden ist (SMITH, 1951). Das in der Cyanogruppe mit ^{14}C markierte Cyanocobamid, das in der Sulfitogruppe mit ^{35}S markierte Sulfitocobamid und besonders das im Sulfatanion mit ^{35}S markierte Aquocobamidsulfat sind lediglich für in vitro-Untersuchungen von begrenztem Interesse, da die markierten homöopolar bzw. ionogen gebundenen funktionellen Gruppen CN^-, SO_3^{--} bzw. HSO_4^- im Vitamin B_{12}-Molekül nicht fest genug gebunden sind und in der lebenden Zelle bzw. schon unter besonderen „in vitro"-Bedingungen zu schnell abgespalten bzw. ausgetauscht werden, um Untersuchungen über die Verteilung bzw. den Stoffwechsel des Vitamin B_{12}-Moleküles in Organismen zuzulassen (vgl. Intermediärstoffwechsel des Vitamin B_{12}-Moleküles, S. 1110).

„In vitro" wurden aus ^{14}C-markiertem Formaldehyd und B_{12} mehrere Vitamin B_{12}-$H^{14}CHO$-Komplexe dargestellt, die $^1/_2$, 1, 2 oder 3 Mol $H^{14}CHO$ pro Mol B_{12} enthielten und sich nicht vom B_{12} unterschieden (VOHRA u. Mitarb., 1958).

2. Markierungsversuche des Vitamin B_{12}-Moleküles durch Neutronenaktivierung

Es lag nahe, die Markierung des Vitamin B_{12}-Moleküles auch durch *Neutronenaktivierung* des zentralen Kobaltatoms zu versuchen.

Gerade bei der Bestrahlung kompliziert gebauter organischer Verbindungen mit kovalenten Bindungen (z. B. Vitamin B_{12}) im thermischen Neutronenfluß eines Kernreaktors ist aber zu bedenken, daß z. B. im Falle des Vitamin B_{12}:

1. Das durch Neutronenaktivierung (n,γ-Reaktion) gebildete radioaktive zentrale Kobaltatom [$^{59}_{27}Co\ (n,\gamma)^{60}_{27}Co$] infolge seiner die normale chemische Bindungsenergie (3—5 eV) weit übersteigenden Energietönung (Rückstoßenergie von etwa 500 eV) aus dem B_{12}-Molekül ausgestoßen werden kann.

2. Gleichzeitig auch andere Atome des Vitamin B_{12}-Moleküles im Sinne eines Szilard-Chalmers-Prozesses mit thermischen Neutronen (0,025 eV) reagieren können

$$\left[\text{z. B. } {}^{14}_{7}N + {}^{1}_{0}n \rightarrow {}^{15}_{7}N^{x} \rightarrow {}^{14}_{6}C + {}^{1}_{1}p \quad \text{oder} \quad {}^{31}P\,(n,\gamma)\,{}^{32}P\right]$$
$$\searrow {}^{15}_{7}N + \gamma$$

und dadurch im Molekül des Vitamin B_{12} N—C-Bindungen (3—5 eV) z. B. im Corrin-Ringsystem, in der Benzimidazolgruppe oder in den Säureamid-Seitenketten infolge der N→C-Umwandlung aufgehoben werden. Andererseits wird aber auch die bei dem Protonenausstoß aus dem angeregten ^{15}N-Kern auftretende Rückstoßenergie des verbleibenden ^{14}C-Atomkernes mit etwa 50000 eV jede evtl. noch vorhandene chemische Bindung sprengen (Szilard-Chalmers-Effekt; vgl. SZILARD und CHALMERS, 1934). Der infolge seiner enormen Rückstoßenergie frei umherfliegende ^{14}C-Kern verliert seine kinetische Energie zunächst durch Elektronenanregung, dann durch Rutherford-Streuung und schließlich durch Kollisionen, um dann mit etwa thermischer Energie in irgendein gerade vorhandenes Molekül seines Milieus organisch gebunden zu werden. Außerdem tauscht aber der sich mit großer kinetischer Energie bewegende ^{14}C-Kern auch noch nach Kollision mit einem ^{12}C-Atom mit diesem aus, indem es dem ^{12}C-Atom seinen Impuls überträgt und statt seiner in dessen chemische Bindung übertritt (Lit. bei WOLF, 1959).

3. Außer von den thermischen Neutronen (z. B. 10^{12}—10^{13} Neutronen/cm²/sec) wird das Vitamin B_{12}-Präparat auch von schnellen Neutronen (z. B. 10^{12}—10^{13}/cm²/sec) und der γ-Strahlung ($1—2 \cdot 10^6$ r/Std.) des Kernreaktors während der Bestrahlungszeit (Tage bis Wochen) getroffen und sicherlich dabei teilweise inaktiviert (z. B. wird u. a. die Cyanogruppe des B_{12}-Moleküles dabei abgespalten).

Im Anschluß an eine Neutronenaktivierungsmarkierung einer komplexen Verbindung ist es daher notwendig, die gewünschte radioaktive Verbindung durch sorgfältigste Reinigung von allen Zerstrahlungs- und Abbauprodukten zu befreien und auf noch vorhandene spezifische biologische Aktivität zu prüfen. Die Ausbeute ist dann theoretisch und erfahrungsgemäß extrem niedrig (wenige ‰ oder %) und die spezifische Aktivität der während der Reinigung evtl. noch durch Trägerzusatz verdünnten markierten Verbindung sehr gering.

Es ist daher auch nicht verwunderlich, daß die von ANDERSON und DELABARRE (1951) im hohen Neutronenstrom des kanadischen Chalk River-Kernreaktors (10^{13} Neutronen/cm²/sec über 7 Tage bei 80° C) erzielten Ergebnisse, nach denen nach einfacher papier- und säulenchromatographischer Reinigung des mit thermischen Neutronen bestrahlten Vitamin B_{12} etwa 80% der erzeugten spezifischen ^{60}Co-Radioaktivität noch mit dem Vitamin B_{12}-Molekül verknüpft sind und im — allerdings unspezifischen und daher möglicherweise auch auf Strahlen-Abbauprodukte des Vitamin B_{12} ansprechenden — Lactobacillus lactis Dorner — Vitamin B_{12}-Test noch 100% der mikrobiologischen Vitamin B_{12}-Aktivität besitzen, von weiteren Untersuchergruppen nicht bestätigt werden konnten. Nach den Untersuchungen von E. L. SMITH (1952) verhält sich nur ein sehr kleiner Teil der durch Aktivierung des Vitamin B_{12} in einem Forschungsreaktor mit geringem Neutronenfluß (4 Wochen bei $5 \cdot 10^{10}$ Neutronen/cm²/sec) erzeugten Radioaktivität wie Vitamin B_{12} und läßt sich wie dieses rekristallisieren, mit Phenol extrahieren und an der Kieselguhrsäule oder auf Papier chromatographieren. Die spezifische Radioaktivität war mit etwa 0,007 nC $^{60}Co/\mu g$ um den Faktor 100000 geringer als die auf biosynthetischem Wege z. B. mit Streptomyces griseus erzielbare spezifische Radioaktivität (1,1 $\mu C/\mu g$). Der Beweis, daß es sich bei den Spuren des Neutronen-aktivierten Vitamin B_{12}-Produktes noch um intaktes und biologisch aktives Vitamin B_{12} handelt, wurde nicht erbracht. Das gleiche gilt auch für die beobachtete Aktivität von 0,005 nC $^{32}P/\mu g$ Substanz. WOODBURY und ROSENBLUM (1953) erhielten bei der Neutronenbestrahlung von 21 mg kristallinem Vitamin B_{12} mit $3 \cdot 10^{12}$ Neutronen/cm²/sec über 2 bzw. 6 Tage eine spezifische ^{60}Co-Aktivität von 0,18 bzw. 1,7 μC/mg Bestrahlungsprobe. Im Gegensatz jedoch zu ANDERSON und DELABARRE (1951) und NUMEROF und KOWALD (1953), die aus ihrem Bestrahlungsprodukt mit Dithizon in Chloroform und α-Nitroso-β-Naphthol keine Radioaktivität, d. h. anorganisches Radiokobalt extrahieren konnten, vermochten diese Autoren schon aus ihrer 2 Tage lang bestrahlten Vitamin B_{12}-Probe mit Dithizon in Tetrachlorkohlenstoff 80% der Radiokobaltaktivität, d. h. als freies Kobalt, zu extrahieren und fanden nur für 20% ein bei der Benzylalkoholextraktion Vitamin B_{12}-ähnliches Verhalten. Der nach 6tägiger Bestrahlung beobachtete, nur 26% der Gesamt-Radiokobaltaktivität betragende Anteil an freiem Kobalt spricht für sekundäre Reaktionen des anfänglich aus dem Vitamin B_{12} freigesetzten neutronenaktivierten ^{60}Co, etwa als erneute Komplexbildung oder Ionenaustausch mit Strahlungsspaltprodukten des Vitamin B_{12}-Moleküles. Nach sorgfältigster Vorreinigung des bestrahlten Vitamin B_{12} und anschließender Gegenstromverteilung gelingt es den Autoren nicht mehr, eine signifikante spezifische Radioaktivität für das Vitamin B_{12} nachzuweisen, so daß sie die Möglichkeit einer Neutronenaktivierung des dabei noch intakt und damit biologisch aktiv bleibenden Vitamin B_{12}-Moleküles ablehnen. NUMEROF und KOWALD (1953) kamen unter ähnlichen Versuchsbedingungen und Einsatz der Gegenstromverteilung zur weiteren Reinigung der Vitamin B_{12}-Bestrahlungsprodukte ebenfalls zu der Überzeugung, daß eine Markierung des Vitamin B_{12}-Moleküles durch Neutronenaktivierung ohne weitgehende bzw. vollständige Zerstörung der biologisch wirksamen Vitamin B_{12}-Struktur nicht möglich ist. Auch MADDOCK und COELHO (1954) konnten nach Neutronenaktivierung nur eine bei 0,7—1,9% liegende Retention des entstandenen ^{60}Co in einer dem B_{12} ähnlichen, nicht aber mit diesem identifizierten und hinsichtlich biologischer Vitamin B_{12}-Aktivität nicht geprüften Fraktion beobachten.

Sehr wahrscheinlich reichen die benutzten chromatographischen Methoden nicht aus, um die Zerstrahlungsprodukte des Vitamin B_{12}-Moleküles vom intakten Vitamin B_{12}-Molekül zu unterscheiden und es gelingt nur mittels Gegenstromverteilung (z. B. mit den Phasen Benzylalkohol-H_2O), die während der Neutronenaktivierung erfolgende Dissoziation von spezifischer Radioaktivität und spezifischer Bioaktivität des zerstrahlten Vitamin B_{12}-Moleküles nachzuweisen. Die chemische Struktur der bei der Neutronenaktivierung der Vitamin B_{12}-Moleküle entstehenden biologisch inaktiven radiokobalthaltigen Zerstrahlungsprodukte ist noch unbekannt.

3. Biosynthetische Markierung des Vitamin B_{12}-Moleküles

Da sich die Radiokobalt-Markierung des Vitamin B_{12}-Moleküles mittels radiochemischer Austauschmarkierung oder Neutronenaktivierung nicht durchführen läßt, verbleibt nur die biosynthetische Markierung des Moleküles durch Zusatz von anorganischem Radiokobalt zum Basalmedium wachsender Kulturen Vitamin B_{12}-biosynthetisierender Mikroorganismen (Streptomyceten, Propionsäurebakterien, Bacillus subtilis u. a. m.). Auf diesem Wege war es möglich, außer den verschiedenen Radiokobaltisotopen auch ^{32}P und ^{14}C sowie das stabile ^{15}N in das Corrin-Ringsystem, die Seitenketten des Corphinamid-Teiles, in die Nucleotidähnliche Seitenkette sowie in die Aminopropanolgruppierung des Vitamin B_{12}-Moleküles einzubauen (vgl. Mechanismus der Biosynthese der Vitamin B_{12}-Struktur, S. 1041).

Die spezifische Aktivität des durch Biosynthese von z. B. Streptomyces griseus-Kulturen gebildeten ^{60}Co-markierten Vitamin B_{12}, das aus dem Fermentationsansatz durch eine Reihe von Adsorptions-, Extraktions-, Fällungs- und chromatographischen Reinigungsverfahren isoliert wird, kann gesteigert werden durch Einsatz von anorganischem ^{60}Co möglichst hoher spezifischer Aktivität (trägerfreies ^{60}Co existiert noch nicht, vgl. Tab. 2, S. 1038), Verwendung eines sonst möglichst kobaltfreien Fermentationsmediums und Verzicht auf Zusatz von inaktivem Vitamin B_{12} als Träger bei der Isolierung des markierten Vitamin B_{12} aus dem Fermentationsprodukt, da dabei eine Herabsetzung der spezifischen Aktivität des markierten Kobalts bzw. Vitamin B_{12} durch Isotopenverdünnung vermieden wird.

Mit Verbesserung der mikrobiologischen Fermentationstechnik und Beachtung der genannten 3 Bedingungen gelang es, im Laufe der Zeit ^{60}Co-Vitamin B_{12} immer höherer spezifischer Aktivität herzustellen: 0,00025 (CHAIET u. Mitarb., 1950), 0,067 (ROSENBLUM und WOODBURY, 1951), 0,120 (SMITH u. Mitarb., 1952), 0,770 (ROSENBLUM u. Mitarb., 1954) und schließlich etwa 1,1 μC ^{60}Co/μg Vitamin B_{12} (ROSENBLUM, 1955).

In entsprechender Weise lassen sich auch die kurzlebigen Kobaltisotope 56, 57 und 58 (Kernphysikalische Daten vgl. Tab. 2) in das Vitamin B_{12}-Molekül ein-

Tabelle 1. *Bezugsmöglichkeiten für* ^{58}Co- *und* ^{60}Co-*markiertes Vitamin* B_{12}

	Spezifische Aktivität	Radiochemischer und biochemischer Reinheitsgrad bzw. Testmethode	(Ungefähre) Preise in DM	Herstellerfirma
$^{58}Co-B_{12}$	1—3 μC/μg		auf Anfrage	Merck Sharp & Dohme International Division of Merck & Co., Inc. 100 Church Street New York 7/N. Y. (USA)
$^{58}Co-B_{12}$	etwa 2 μC/μg (100—400 μC/μg f. Forschungszwecke)	Papierchromat. Mikrobiolog.	62,50/3 μC (15,— f. jedes weitere μC	N. V. Philips-Duphar Apollolaan 151 Amsterdam/Niederlande
$^{58}Co-B_{12}$	1—3 μC/μg (evtl. 10 μC/μg)	94% Isotopenverdünnung 98% Chromatographie	74,—/5 μC 295,—/25 μC	The Radiochemical Centre Amersham/Buckinghamshire, England
$^{58}Co-B_{12}$ Konzentrat	1 μC/μg		36,—/0,5 μC 268,—/5 μC	E. R. Squibb & Sons Radiopharmaceutical Department, Georges Road New Brunswick/N. J. (USA)
$^{60}Co-B_{12}$	0,2—1,1 μC/μg		21,—/μC	Merck Sharp & Dohme International Division of Merck & Co., Inc. 100 Church Street New York 7/N. Y. (USA)
$^{60}Co-B_{12}$	1 μC/μg		auf Anfrage	N. V. Philips-Duphar Apollolaan 151 Amsterdam/Niederlande
$^{60}Co-B_{12}$ Konzentrat	1 μC/μg		21,—/0,5 μC 158,—/5 μC	E. R. Squibb & Sons Radiopharmaceutical Department, Georges Road New Brunswick/N. J. (USA)

Zusammengestellt nach persönlichen Mitteilungen der verschiedenen Herstellerfirmen und Angaben im "Isotope Index", 1957 Internat. Edition, Scient. Equipm. Co., Indianapolis 19/Ind. und im „International Directory of Radioisotopes", Vol. I, Intern. Atomic Energy Agency, Vienna 1959.

bauen. Da diese Kobaltisotope aber im Gegensatz zum ^{60}Co im Teilchenbeschleuniger bzw. Kernreaktor trägerfrei hergestellt werden können, weist auch das daraus durch Biosynthese gewonnene ^{56}Co-, ^{57}Co- bzw. ^{58}Co-markierte Vitamin B_{12} beträchtlich höhere spezifische Aktivitäten auf (vgl. Tab. 2, S. 1038). Jedoch gelang es mit keinem der vier Kobaltisotope, mehr als 1—4% der Vitamin B_{12}-Moleküle bei der Biosynthese mit Radiokobalt zu markieren (vgl. Tab. 2, S. 1038). Bei der biosynthetischen Markierung des B_{12} mit ^{58}Co wurden auch schon sehr hohe spezifische Aktivitäten erreicht (100—400 μC/μg, entsprechend einer Markierung von 7—29% aller B_{12}-Moleküle, vgl. Tab. 1). Jedoch ist die Stabilität und damit die radio- und biochemische Reinheit solcher Präparationen durch die bei derartig hohen spezifischen Aktivitäten leicht mögliche direkte und indirekte Selbstzerstrahlung besonders gefährdet. Für die Anwendung des Radio-B_{12} in der klinischen Diagnostik (vgl. Bd. II, S. 660) und auch für die meisten biologischen und biochemischen Fragestellungen reicht die spezifische Aktivität der erhältlichen Handelspräparate aus (vgl. Tab. 1). Manche mikrobiologischen und enzymologischen Arbeiten mit Vitamin B_{12} scheiterten aber schon an der — selbst bei

Verwendung höchstempfindlicher Strahlungsdetektoren (vgl. S. 1040) — zu geringen spezifischen Radioaktivität der während der letzten Jahre verfügbaren Radio-B_{12}-Präparationen.

Bei der biosynthetischen Markierung des Vitamin B_{12}-Moleküles mit ^{32}P ließ sich lediglich eine sehr geringe spezifische Aktivität von 0,00035 $\mu C/\mu g$ Vitamin B_{12} erzielen, da das markierte Phosphat bei dem Fermentationsprozeß auch in alle anderen P-haltigen Bau- und Wirkstoffe des Streptomyces griseus eingebaut wird (Smith u. Mitarb., 1952). Auch autotrophe Schwefelbakterien eignen sich für die biosynthetische Markierung des Vitamin B_{12} mit ^{60}Co, ^{14}C und ^{32}P. Thiobacillus thioparus biosynthetisiert z. B. uniform mit ^{14}C-markierte B_{12}-Vitamine (Vitamin B_{12} und 2 andere nicht identifizierte B_{12}-Faktoren) mit allerdings geringer spezifischer Aktivität, wenn dem anorganischen Basalmedium $NaH^{14}CO_3$ als einzige Kohlenstoffquelle zugesetzt wird (Ostrowski, 1958). Entsprechend gelingt es, mit Hilfe dieses und sicher vieler anderer autotropher oder heterotropher Vitamin B_{12}-biosynthetisierender Organismen doppelt (^{14}C und ^{60}Co) oder dreifach (^{14}C, ^{32}P und ^{60}Co) markiertes Vitamin B_{12} zu erhalten.

Von praktischem Interesse für die klinische Radio-Vitamin B_{12}-Diagnostik sowie für biologische und biochemische Studien ist lediglich das mit Radiokobaltisotopen biosynthetisch markierte Vitamin B_{12}. Es kann von verschiedenen Hersteller- bzw. Verteilerfirmen bezogen werden (vgl. Tab. 1).

Es empfiehlt sich, bei biosynthetisch markiertem Vitamin B_{12} ungenügender Deklaration und unklarer Provenienz zunächst die Radioaktivität mittels Relativ- oder Absoluteichung zu prüfen und die Bioaktivität mit einem mikrobiologischen Test ausreichender Spezifität (Ochromonas- oder Euglenen-Test) zu bestimmen. Zum Ausschluß der Verunreinigung der Radio-Vitamin B_{12}-Präparation mit inkompletten B_{12}-Faktoren oder Purin- bzw. Benzimidazolanalogen des Vitamin B_{12} ist dann noch je nach Spezifität der mikrobiologischen Testung eine genaue chromatographische und elektrophoretische Analyse zweckmäßig.

4. Inaktivierung des Radiokobalt-markierten Vitamin B_{12} während der Lagerung

Während der letzten 5 Jahre wurde bei der routinemäßigen Durchführung der Radio-Vitamin B_{12}-Resorptionsteste für Zwecke der Intrinsic Factor-Testung und klinischen Diagnostik immer wieder beobachtet (Heinrich u. Mitarb., 1957), daß Schwankungsbereich und Mittelwert der Radio-B_{12}-Resorption bei gesunden Menschen und Perniciosa-Patienten (bei gleichzeitiger Intrinsic-Factor-Gabe), die bei Verwendung einer neuen Radio-B_{12}-Charge im üblichen Bereich lagen (vgl. Tab. 4, Bd. II, S. 667, mit zunehmender Lagerung der Radio-B_{12}-Stammlösung oder Verdünnung immer niedriger werden (z. B. sank die Radio- B_{12}-Urinexkretion beim 0,5 μg Radio-B_{12}-UET von ursprünglich 30% auf 15% im Laufe eines Jahres ab und beim Resorptionstest am Meerschweinchen wurde aus einer oralen 30 ng ^{60}Co-B_{12}-Testdosis statt 28% nur noch 15% in die Leber inkorporiert).

Die spezifische Volumenradioaktivität des Radio-B_{12} war niemals größer als 1 μC ^{60}Co-B_{12} oder ^{58}Co-B_{12}/ml, und die Lösungen, die 500 μg p-Oxybenzoemethylester und 50 μg p-Oxybenzoesäure-n-propylester pro ml als Konservierungsmittel enthielten, wurden im Dunkeln bei + 2° C aufbewahrt.

Untersuchungen über die Strukturspezifität der Inkorporation des Vitamin B_{12}-Moleküles in wachsende und ruhende Ochromonas-Zellen ergaben bei Verwendung einer bestimmten Radio-B_{12}-Lösung, daß nur bis zu 25% der radiometrisch eingestellten ^{60}Co-B_{12}-Menge (Radio-B_{12}-Konzentration im Basalmedium: 10 bis 3000 pM) von Ochromonas malhamansis aufgenommen werden. Die mit dem

Chrysomonaden-Test bestimmte Bioaktivität betrug ebenfalls 25% des radiometrisch bestimmten Vitamin B_{12}-Gehaltes (MANJREKAR und HEINRICH, 1959). Da sich papierelektrophoretisch in den benutzten Radio-B_{12}-Lösungen (z. B. mit 0,5 N-CH_3COOH + 10^{-4} M KCN über 5 Std. bei 35 V/cm) der größere Teil der ^{60}Co-Radioaktivität vom intakten Radio-Vitamin B_{12} abtrennen ließ, können die am Menschen und mit Ochromonas gemachten Beobachtungen nur durch eine bakterielle Zersetzung des Radio-B_{12}, eine bisher niemals beobachtete Selbstzerstrahlung des Radio-B_{12} oder einen anderen unbekannten Inaktivierungsmechanismus erklärt werden.

In den Forschungslaboratorien der Fa. Merck Sharp & Dohme (USA) durchgeführte, über viele Jahre ausgedehnte Untersuchungen haben immer wieder ergeben, daß das Radio-Vitamin B_{12} gegen die β- und γ-Eigenstrahlung seiner Radiokobalt-Markierung stabil ist, solange die spezifische Volumenradioaktivität 1 μC/ml nicht überschreitet (ROSENBLUM, 1957). Durch umgekehrte Isotopenverdünnungsanalyse ließ sich zeigen, daß nach Zugabe eines chemischen Konservierungsmittels ampulliert im Kühlschrank oder auch bei Zimmertemperatur in Arzneimittelfläschchen über 2—3 Jahre aufbewahrtes ^{60}Co-B_{12} (0,5—1,0 μC/ml) nur 3—5% seiner ursprünglichen, mit der umgekehrten Isotopenverdünnungsmethode getesteten Vitamin B_{12}-Radioaktivität verloren hatte (ROSENBLUM, 1959). Unter der unbewiesenen Annahme, daß die bei der Isotopenverdünnungsanalyse benutzten chemischen Reinigungsmethoden das inaktivierte Radio-B_{12} nicht mit dem noch bioaktiven Radio-B_{12} zusammen erfassen, würden danach pro Jahr bei Lagerung im Kühlschrank (2° C) etwa 2% und bei Lagerung unter Zimmertemperatur (20° C) etwa 4—8% der mit der umgekehrten Isotopenverdünnungsanalyse erfaßbaren Radio-B_{12}-Menge verlorengehen.

Obwohl seit der ersten Radiokobaltmarkierung des Vitamin B_{12} von allen daran beteiligten Laboratorien immer behauptet wurde, daß sich Radio-B_{12} in seiner Stabilität vom nicht-markierten Vitamin B_{12} nicht unterscheidet, hat E. L. SMITH (1959) kürzlich beschrieben, daß ^{60}Co- und besonders schnell ^{58}Co-markiertes B_{12} unabhängig von spezifischer Gewichts- und Volumen-Radioaktivität, Lagertemperatur, Belichtung und in nicht vorherzusehendem Umfang in biologisch unwirksame, noch nicht näher bekannte, aber chromatographisch und elektrophoretisch vom intakten Radio-B_{12} abtrennbare kobaltmarkierte Produkte zerfällt. Vom ^{58}Co-B_{12} waren z. B. nach 1—2 Monaten Lagerung 25—50% zerfallen, während von ^{60}Co-B_{12} nach 3—13 Monaten noch 32—80% und nach 20 und 34 Monaten noch 67 bzw. 3% als intaktes ^{60}Co-B_{12} vorlagen. Es wird vermutet, daß eine indirekte Selbstzerstrahlung auf dem Wege über eine H_2O_2-Bildung in der wäßrigen Lösung, die ihrerseits das Radio-B_{12} chemisch inaktiviert, ursächlich für die Radio-B_{12}-Inaktivierung in Betracht kommen.

Der beschriebene Verlust der Bioaktivität des Radio-B_{12} bei der Testung im Radio-B_{12}-Resorptionstest am Menschen oder mit Ochromonas malhamensis (vgl. S. 1034) mahnt zu höchster Vorsicht bei der Verwendung von Radio-B_{12} in der Forschung oder Diagnostik, denn die unveränderte chemische Struktur und damit volle biologische Aktivität des Radio-B_{12} ist die erste Voraussetzung für seine Anwendung bei der Bearbeitung biologischer und medizinischer Fragestellungen (vgl. Strukturspezifität des B_{12}-Stoffwechsels, S. 1110).

Solange die Ursachen der Inaktivierung des Radio-B_{12} (bakterieller Abbau oder indirekte Selbstzerstrahlung) während der Lagerung nicht geklärt sind und vermieden werden können und nicht absolut sicher ausgeschlossen werden kann, daß unter bestimmten Voraussetzungen eine solche Inaktivierung bei gewissen Radio-B_{12}-Präparationen nicht vorkommt (bisher allgemeine Ansicht!), muß unbedingt jede neue Charge Radio-B_{12} im Laboratorium des Verbrauchers ausreichend analysiert werden.

Von den meisten Herstellerfirmen wird die Prüfung der radiochemischen Reinheit des Radio-Vitamin B_{12} mit der Isotopenverdünnungsanalyse und Chromatographie durchgeführt. Die Inaktivierungsprodukte des Radio-B_{12} sind dem intakten bioaktiven Radio-B_{12} aber chemisch so ähnlich, daß sie mit den meisten chromatographischen Methoden nicht von diesem abgetrennt werden können. Bisher ist auch nicht erwiesen, ob mit Hilfe der direkten oder umgekehrten Isotopenverdünnungsanalyse eine solche Abtrennung möglich ist. Solange von den Herstellerfirmen die radiochemische Reinheit des Radio-B_{12} nur durch Isotopenverdünnungsanalyse und Chromatographie kontrolliert und deklariert wird (z. B. beim ^{58}Co-B_{12} des Radiochemical Centre, Amersham), ist keine Gewähr für die radio-biochemische Einheitlichkeit und die für die Anwendung des Radio-B_{12} in der biochemischen Forschung und klinischen Diagnostik unerläßliche volle biologische Vitaminaktivität gegeben. Daher ist es notwendig, jede neu bezogene und zur Verwendung gelangende Radio-B_{12}-Charge vor ihrer Benutzung und dann in regelmäßigen Abständen von mindestens einem Monat mit einem genügend spezifischen Testorganismus (Ochromonas oder Euglena) auf ihre voll vorhandene Bioaktivität zu untersuchen.

Sobald spezifische Radioaktivität (in μC/μg) und spezifische Bioaktivität (Wachstumsstimulierung in log $\frac{Jo}{J}/\mu g$) der betreffenden Radio-B_{12}-Lösung dissozieren ($> \pm 5\%$), sollte papierchromatographisch oder papierelektrophoretisch mit mehreren geeigneten Lösungsmitteln bzw. bei verschiedenem p_H (2.7 u. 8.6) die radiochemische Einheitlichkeit derselben überprüft werden, da dann mit einer Strahlungsinaktivierung des Radio-B_{12} gerechnet werden muß. Ist mehr als 5—10% des Radio-B_{12} bioinaktiv geworden, sollten die Abbau- oder Spaltprodukte abgetrennt werden. Einfache analytische und präparative Methoden zur quantitativen Abtrennung der Inaktivierungsprodukte des Radio-B_{12}, die auch im klinischen Laboratorium vor der diagnostischen Anwendung des Radio-B_{12} benutzt werden können, wurden entwickelt und beruhen auf der Abtrennbarkeit des Aquocobamid vom Cyanocobamid durch Chromatographie an Carboxymethylcellulose-Kationenaustauscher (vgl. unten und S. 1123).

Um das Radio-Vitamin B_{12} während der Lagerung vor der Inaktivierung zu schützen, wurden drei Methoden vorgeschlagen:

1. Die Radio-B_{12}-Lösung wird soweit mit destilliertem Wasser verdünnt, daß die spezifische Volumenradioaktivität nicht größer als 1 μC ^{60}Co-B_{12}/ml ist. Durch Zusatz von Konservierungsmitteln (150 mg-% p-Oxybenzoesäuremethylester und 20 mg-% p-Oxybenzoesäurepropylester) und Aufbewahrung im Kühlschrank wird die bakterielle Zersetzung vermieden (ROSENBLUM, 1957 und 1959).

2. Die Radio-Vitamin B_{12}-Lösung wird in Ampullen gefriergetrocknet und unter Vakuum abgeschmolzen (SMITH, 1959).

3. Das papierchromatographisch oder papierelektrophoretisch abgetrennte bzw. gereinigte Radio-B_{12} verbleibt auf dem herausgeschnittenen Papierstreifen bzw. Radio-B_{12}-Lösungen werden auf Filterpapier aufgetragen und angetrocknet (nicht mehr als 1—10 μC/Papierstreifen). Die getrockneten Filterpapierstreifen können dann entweder in Ampullen unter Vakuum abgeschmolzen werden (für lange Lagerung) oder in kleinen Fläschchen verschlossen aufbewahrt werden. Hitzesterilisierung (30 min bei 120° C) ist in beiden Fällen möglich, und die Lagerung kann im Dunkeln in der Tiefkühltruhe (bei —10 bis —30° C) erfolgen. Bei Bedarf läßt sich das Radio-B_{12} einfach schon mit destilliertem Wasser durch 5 maliges Extrahieren mit kleinen Volumina fast quantitativ (96—100%) extrahieren und durch KCN-Zusatz (10μg/ml) stabilisieren. Ist das Radio-B_{12} während der Lagerung nicht zerfallen, so ist die spezifische Radioaktivität (die natürliche Kernumwandlung wird über die physikalische Halbwertzeit der betreffenden Kobaltisotope korrigiert) unverändert geblieben und die Lösung kann radiometrisch kalibriert werden. Sonst wird die spezifische Radioaktivität aus radiometrischer Eichung und mikrobiologisch bestimmter spezifischer Bioaktivität ermittelt. Um den

bakteriellen Abbau des vor dem Verbrauch vom Filterpapier extrahierten Radio-B_{12} zu verhindern, wird dessen Lösung nach Zusatz eines Konservierungsmittels (p-Oxybenzoesäuremethylester, 1 mg/ml) im Dunkeln bei $+2°$ C und 10 μg KCN/ml aufbewahrt (HEINRICH u. Mitarb., 1959).

Neuere Untersuchungen haben ergeben, daß in verdünnten ^{60}Co-B_{12}-Lösungen (1 μg/ml), die bei der Testung am Menschen (Radio-B_{12}-UET) zu einer geringen Harnexkretion führten, mit papierchromatographischen und papierelektrophoretischen Methoden sowie bei der Chromatographie an Carboxymethylcellulose-Kationenaustauscher ganz erhebliche Mengen (bis zu 80%) an ^{60}Co-Aquocobamid nachweisbar sind. Durch Zugabe von KCN im Überschuß (bis zu 10 μg/ml) läßt sich dieses ^{60}Co-Aquocobamid bis zu 95—98% zu ^{60}Co-Cyanocobamid recyanisieren, das dann bei der biologischen Testung am Menschen und an Ratten wieder zu einem normalen — dem Cyanocobamid entsprechenden — Stoffwechselverhalten (vgl. S. 1124) führt. Das sog. strahleninaktivierte Radio-B_{12} ist also durch Cyanidzugabe reaktivierbar (HEINRICH u. Mitarb., 1960). Die in verdünnten Lösungen ganz besonders ausgeprägte Lichtempfindlichkeit des Cyanocobamid, die zur Bildung des Aquocobamid führt, kann die in unserem Laboratorium bei der Verwendung längere Zeit gelagerter Radio-B_{12}-Lösungen unter Verwendung des Radio-B_{12}-Urinexkretionstestes beobachtete stark herabgesetzte Radio-B_{12}-Harnexkretion ausreichend erklären, da das ^{60}Co-Aquocobamid zwar im gleichen Umfange wie ^{60}Co-Cyanocobamid intestinal resorbiert wird, im Gegensatz zu diesem jedoch beim Radio-B_{12}-UET nur zu einem kleinen Teil in den Harn ausgeschwemmt wird (vgl. Stoffwechsel des Aquocobamid, S. 1123).

Solange jedoch noch ungewiß ist, ob außer dieser Lichtumwandlung des Cyanocobamid zum Aquocobamid auch noch eine bakterielle Zerstörung oder indirekte Strahlungsinaktivierung (nicht via H_2O_2) des Radio-B_{12} bei der Lagerung möglich ist, benutzen wir das unter 3. genannte Vorgehen zur Stabilisierung des Radio-B_{12} bei der Lagerung und kontrollieren in regelmäßigen Abständen die Bioaktivität (mit dem Ochromonas-Test) und das Stoffwechselverhalten (am Menschen oder an der Ratte) des Radio-B_{12}.

5. Messung der Radioaktivität des Radiokobalt-markierten Vitamin B_{12}

Grundsätzlich kann sowohl die β-Emission (β^+ und β^-) der Kobaltisotope 56, 58 und 60 im Proportional- oder Auslösezählrohr als auch die γ-Strahlung aller vier Radiokobaltisotope im Szintillationsdetektor gemessen werden. Die Elektronenzählung hat jedoch zur Voraussetzung, daß das betreffende Radiokobaltisotop aus dem biologischen Untersuchungsmaterial abgetrennt wird (feuchte oder trockene Veraschung, Extraktion aus der Asche und Fällung) und in dünner Schichtdicke gemessen wird. Im nicht aufgearbeiteten Untersuchungsmaterial würden praktisch alle emittierten relativ energiearmen β^-- und β^+-Teilchen absorbiert werden und nicht in das wirksame Detektorvolumen gelangen. Selbst im abgetrennten und ausgefällten Kobalt ist die Selbstabsorption noch beträchtlich (50% bei ^{58}Co mit 35 und bei ^{60}Co mit 23 mg/cm^2). Direktmessungen der β-Emission im Harn, Liquor oder Blut sind unter Berücksichtigung der Eigenabsorption in der Probe nur möglich, wenn genügend große Radioaktivitätsmengen in der Meßprobe vorhanden sind und damit in den Versuch eingesetzt wurden. Da beim Vitamin B_{12} die biosynthetisch erzielbare spezifische Radioaktivität begrenzt ist (vgl. S. 1032) und unter physiologischen Bedingungen in „in vitro-“ und „in vivo“-Experimente nur sehr geringe Vitamin B_{12}-Mengen eingesetzt werden können, ist das fast nie der Fall. Das Messen der von den Kobaltisotopen emittierten β^-- und β^+-Teilchen in flüssigen Szintillatoren ist zwar möglich, hat jedoch den Nachteil,

Tabelle 2. *Kernphysikalische und biophysikalische Daten für die*

Kobalt-isotope	Halbwertzeiten (in Tagen)			Zerfallsart u. Zerfalls-produkt	Energie der Strahlung in MeV[1] (und Häufigkeit in % der Kernumwandlung)	
	physikalische $T_r\,^1/_2$	biologische $T_b\,^1/_2$ etwa	effektive[3] $T_e\,^1/_2$ etwa		Teilchen	Quanten
$^{56}_{27}Co$	*als anorganisches Kation*			e^--Einfang		γ_1: 0,845 (100%)
				(80%)		
	77	9	8	β^+-Emission		
				(20%)	β^+: 1,50 (19%)	γ_2: 0,98 (2%)
					β^+: 0,44 (1%)	γ_3: 1,03 (16%)
						γ_4: 1,22 (70%)
						γ_5: 1,35 (6%)
						γ_6: 1,76 (17%)
						γ_7: 2,02 (12%)
						γ_8: 2,56 (16%)
						γ_9: 2,98 (2%)
	im Vitamin B_{12}			$^{56}_{26}Fe$		γ_{10}: 3,25 (12%)
	77	365	64			γ_{11}: 3,47 (1%)
						$\beta^+ + e^- \rightarrow 2\,\gamma_v$
						γ_v: 0,51 (40%)
						Röntgen K_α, Fe: 0,0064
$^{57}_{27}Co$	*als anorganisches Kation*			e^--Einfang		γ_1: 0,014 (100%)
				(100%)		γ_2: 0,122 (100%)
	270	9	9	β^+-Emission		
				(<0,1%)	β^+: 0,3 (<0,1%)	γ_3: 0,136 (7%)
	im Vitamin B_{12}			$^{57}_{26}Fe$		$\beta^+ + e^- \rightarrow 2\,\gamma_v$
	270	365	155			γ_v: 0,51 (<0,2%)
						Röntgen K_α, Fe: 0,0064
$^{58}_{27}Co$	*als anorganisches Kation*			e^--Einfang		
				(86%)		γ_1: 0,81 (100%)
	71	9	8	β^+-Emission		
				(14%)	β^+: 0,47 (14%)	γ_2: 1,62 (0,5 %)
	im Vitamin B_{12}			$^{58}_{26}Fe$		$\beta^+ + e^- \rightarrow 2\,\gamma_v$
	71	365	59			γ_v: 0,51 (28%)
						Röntgen K_α, Fe: 0,0064
$^{60}_{27}Co$	*als anorganisches Kation*			β^--Emission		
	1913 (5,24a)	9	9	(100%)	β_1^-: 0,312 (100%)	γ_1: 1,17 (100%)
					β_2^-: 1,48 (0,05%)	γ_2: 1,33 (100%)
						γ_3: 2,16 (10^{-3}%)
	im Vitamin B_{12}			$^{60}_{28}Ni$		
	1913 (5,24a)	365	307			

[1] Neuere Daten und Literatur bei D. STROMINGER, J. M. HOLLANDER u. G. T. SEABORG: "Table of Isotopes", Rev. Mod. Physics **30**, 585—904 (1958) und W. H. SULLIVAN: "Trilinear" Chart of Nuclides", 2nd. Edit., U.S.-A.E.C., 1957.

[2] Nach bisher inoffiziellem, noch im Druck befindlichen "Report of Committee on Permissible Dose for Internal Radiation" — 1958 Revision (K. Z. MORGAN) auf der Basis: Strahlendauerbelastung des Gesamtkörpers nicht größer als 0,1 rem/Woche.

[3] $T_e = \frac{T_r \cdot T_b}{T_r + T_b}$.

[4] Bei γ-Messung mit Ringbecher-Szintillationsdetektor, Applikation von 2 Sättigungs- und Ausschwemmungsdosen von jeweils 1 mg Depot-Vitamin B_{12} nach 2 und 10 Std. und

Radiokobaltisotope 56, 57, 58 und 60 sowie das damit markierte Vitamin B_{12}

Maximal zulässige Inkorporations-Radioaktivität im Gesamtkörper[2] (in μC)	Anzahl des maximal zulässigen Radio-B_{12}-UET mit 0,5 nMol ($\equiv$ 0,678 μg) B_{12} ($\cong$ 0,1 μC)	Theoretisch maximale spezifische Aktivität (Trägerfrei!) in μC/μg	Praktisch erreichbare spezifische Aktivität für Vitamin B_{12}	
			(in μC/μg)	(% d. Molek. markiert)
10[8]	100—200	$3{,}03 \cdot 10^4$ [6] (anorgan. ^{56}Co)	—	—
		$1{,}26 \cdot 10^3$ (^{56}Co-B_{12})	15	~ 1,2
200[2]	?[5]	$8{,}50 \cdot 10^3$ [6] (anorgan. ^{57}Co)	—	—
		$3{,}58 \cdot 10^2$ (^{57}Co-B_{12})	13,5	~ 3,8
30[2]	300—600	$3{,}18 \cdot 10^4$ [6] (anorgan. ^{58}Co)	—	—
		$1{,}36 \cdot 10^3$ (^{58}Co-B_{12})	< 5	~ 0,4
10[2]	100—200	$1{,}14 \cdot 10^3$ [7] (anorgan. ^{60}Co)	—	—
		$5{,}02 \cdot 10^1$ (^{60}Co-B_{12})	1,1	~ 2,2

unter der gegebenen Voraussetzung, daß nicht mehr als 40% der applizierten oralen Testdosis retiniert werden (30% werden in der Faeces und 30% im Harn ausgeschieden).

[5] Wirkungsgrad des kombinierten Ringbecher-Bohrloch-Szintillationsdetektors für ^{57}Co noch nicht bestimmt.

[6] Trägerfrei (Herstellung durch verschiedene Teilchenbeschleunigerprozesse).

[7] Steht trägerfrei nicht zur Verfügung (Herstellung durch Kernreaktorprozeß $^{59}_{27}Co(n,\gamma)$ $^{60}_{27}Co$; spez. Akt. ^{60}Co 40 C/g).

[8] Offiziell noch nicht festgelegt. Herrn Dipl.-Phys. A. PFAU (Max-Planck-Institut, Mariensee) verdanke ich die Berechnung.

daß bei der Anwendung auf biologisches Ausgangsmaterial Löscheffekte über innere Standards korrigiert werden müssen und die Meßempfindlichkeit gering ist. In vielen Fällen ist außerdem eine unerwünschte Probenaufarbeitung (Abtrennung des Radiokobalt) notwendig.

Somit verbleibt als allein ausreichend empfindliche radiometrische Methode für kobaltmarkiertes Vitamin B_{12} die „in vitro"-Messung der von allen vier Isotopen emittierten γ-Quanten in Szintillationsdetektoren mit anorganischen oder organischen Einkristallen (aus thallium-aktivierten NaJ bzw. p-Terphenyl mit 1,4-Di[2-(5-phenyl-oxazolyl)]-benzol in Polyvinyltoluol). Für die „in vivo"-Messung der von den Kobaltisotopen emittierten γ-Quanten eignen sich außerdem auch flüssige Szintillatoren in den Ganzkörper-Großraum-Detektoren vom Los-Alamos-Typ (vgl. Bd. II, S. 674). In Anbetracht der beim Arbeiten mit physiologischen Radio-Vitamin B_{12}-Mengen (0,000001—1 μg) notwendigen extrem hohen Empfindlichkeit des Strahlungsdetektors, war nicht nur — wie beschrieben — die übliche Messung der β-Emission zu umständlich und unempfindlich und damit ungeeignet, sondern auch die spezifische Empfindlichkeit der benutzten konventionellen NaJ(Tl)-Bohrloch-Szintillationsdetektoren ist meistens mit Werten von 1,7—12,9 Ipm/pC/ml sehr gering, so daß entweder die Testradioaktivität bei der Durchführung von Radio-B_{12}-Resorptionstesten entsprechend groß gewählt wurde (0,5—1 μC ^{60}Co-B_{12}) oder aber die spezifische Volumenradioaktivität durch Konzentrierung heraufgesetzt werden mußte. Von Kinnory u. Mitarb. (1957) wird nach Ammoniumchlorid-, Kobaltchlorid- und Ammoniumsulfid-Zusatz zum Harn das Radio-B_{12} an das ausfallende Kobaltsulfid adsorbiert und dadurch angereichert. Auch die bekannte Adsorbierbarkeit des Radio-B_{12} an Aktivkohle wurde zur Anreicherung aus dem angesäuerten Harn benutzt (Buchholz, 1958). Jedes Konzentrierungsverfahren aber ist zeitraubend und kann Ursache von Fehlerquellen sein, die durch die chemischen und physikalischen Eigenschaften der anzureichernden markierten Verbindung und durch die Besonderheiten des gewählten Anreicherungsverfahrens bedingt sind.

Durch die Entwicklung kombinierter Ringbecher-Bohrloch-Szintillationsdetektor-Meßanordnungen ist eine weitgehende Anpassung an das Meßvolumen des biologischen Untersuchungsmaterials (1—1500 ml) bei hoher spezifischer Empfindlichkeit (bis zu 293 Ipm/pC/ml) und kurzer Meßzeit möglich geworden (vgl. Pfau und Heinrich, 1959), so daß bei direkter Radioaktivitätsbestimmung im Urin oder in den Faeces Testradioaktivitäten von 0,01—0,1 μC ^{60}Co-B_{12} (FET) oder 0,05—0,1 μC ^{60}Co-B_{12} (UET) ausreichen, und eine Anreicherung der spezifischen Volumenradioaktivität durch Fällung, Adsorption oder Extraktion des Radio-B_{12} überflüssig geworden ist.

Die erreichbare spezifische Empfindlichkeit für die vier Radiokobaltisotope wird ganz wesentlich bestimmt durch die bei der jeweiligen Detektoranordnung vorliegende Geometrie von Detektorkristall und Meßprobe. Wir können daher die von einigen Autoren (Hutchison u. Mitarb., 1958) generalisierte Ansicht, daß ^{58}Co dem ^{60}Co in seinen Zähleigenschaften überlegen sei, für die von uns entwickelte kombinierte Ringbecher-Bohrloch-Szintillationsdetektor-Meßanordnung (Pfau und Heinrich, 1959) weder bei Bohrloch- noch bei Ringbecher-Messungen bestätigen.

Die für die radiometrische Bestimmung von ^{56}Co-B_{12}, ^{58}Co-B_{12} und ^{60}Co-B_{12} beschriebene Verwendung von Bohrloch-Detektoren aus plastischen Szintillatoren (Hine und Miller, 1956; Ellenbogen. 1959) ist der kombinierten Ringbecher-Bohrloch-NaI-Szintillationsdetektor-Meßanordnung hinsichtlich spezifischer Empfindlichkeit und spezifischer Güte für kleinere und für größere Volumina unterlegen (vgl. Pfau und Heinrich, 1959). Interessant werden plastische organische

Bohrloch-Szintillatoren für die γ-Strahlenzählung erst dann, wenn es gelingt, Szintillatoren mit Bohrlochvolumina von ein bis mehreren Litern preiswert herzustellen (bisher verfügbare Bohrlochvolumina von 80—110 ml).

Eine sehr geeignete „in vitro"-Zählmethode für ^{56}Co-, ^{58}Co- und ^{60}Co-markiertes B_{12} bietet die Anwendung des für den Radio-B_{12}-Resorptions-Gesamtkörperretentionstest „in vivo" am Menschen oder Tier verwendeten Ganzkörper-Flüssigkeitsszintillations-Radioaktivitätsdetektors, da dabei — insbesondere bei Verwendung eines 4π-Detektors — die Empfindlichkeit praktisch unabhängig von dem Volumen der auszuzählenden Probe (0—20 Liter) ist. Faeces, Organe u.a.m. brauchen also nicht mehr homogenisiert werden, sondern gelangen unmittelbar zur Messung. Schon mit einem 2π-Ganzkörper-Flüssigkeits-Szintillationsdetektor wurden bei kleinen Meßprobenvolumina für ^{60}Co-B_{12} im ^{40}K-Kanal eine Empfindlichkeit von etwa 33% und für ^{58}Co-B_{12} im speziell ausgelegten ^{58}Co-Kanal eine Empfindlichkeit von 51% erreicht. Bei Verzicht auf Impulshöhendiskrimierung ergibt sich für ^{60}Co-B_{12} im verbreiterten Meßkanal sogar eine Empfindlichkeit von bis zu 48% (vgl. Tab. 6, Bd. II, S. 676). Die Nachweisgrenze liegt bei der benutzten 2π-Detektoranordnung für ^{60}Co-B_{12} bei etwa 0,5 nC und für ^{58}Co-B_{12} bei 0,3 nC (Heinrich und Pfau, 1959). Die Empfindlichkeit des 2π-Ganzkörper-Flüssigkeitsszintillationsdetektors für ^{60}Co-B_{12} im ^{40}K-Kanal ist mit 0,744 Ipm/pC nur etwa um den Faktor 2 geringer als die eines Bohrloch-NaI-Szintillationsdetektors (1,37 Ipm/pC bei 1 ml Füllvolumen; vgl. Pfau und Heinrich, 1959), seine Überlegenheit ist durch die mit großen Meßprobenvolumina (von bis zu 100 Litern) stark ansteigende spezifische Empfindlichkeit und spezifische Güte bedingt. Aus den in Bd. II. S. 676 geschilderten Gründen ist ein 4π-Großraumdetektor noch wesentlich geeigneter als ein 2π-Detektor. In der Praxis empfiehlt es sich, alle die Kapazität eines modernen Ringbecher-NaI-Szintillationsdetektors überschreitenden Meßprobenvolumina (mehr als 1,5 Liter) in einem 2- oder 4π-Großraum-Flüssigkeitsszintillationsdetektor schnell und empfindlich auszuzählen.

Alle mit der empfindlichen Messung sehr geringer spezifischer Volumen-Aktivitäten des Radio-B_{12} im biologischen Material in Zusammenhang stehenden theoretischen und praktischen Probleme wurden an anderer Stelle (Pfau und Heinrich, 1959) ausführlich abgehandelt.

In der Tab. 2 sind die wichtigsten kernphysikalischen und biophysikalischen Daten für die Radiokobaltisotope 56, 57, 58 und 60 und das damit markierte Vitamin B_{12} zusammengestellt.

II. Biogenese der Vitamin B_{12}-Struktur

Mit dem Bekanntwerden der Struktur des Vitamin B_{12}-Moleküles war es naheliegend, für dieses einen analogen Biosynthesemechanismus wie für die chemisch so sehr ähnliche Porphyrinstruktur zu vermuten.

Der Mechanismus der Bindung der Nucleotid-ähnlichen Seitenkette mit dem Benzimidazol- bzw. Purinringsystem an das Corrinringsystem des Corphinamid war schon vor der Aufklärung der Vitamin B_{12}-Struktur durch Isolierung der Biosynthese-Zwischen- und Endprodukte bei Vitamin B_{12}-biosynthetisierenden Mikroorganismen (Streptomyceten, E. coli, Propionsäurebakterien, Nocardia rugosa u. a. m.) weitgehend bekannt geworden (zusammenfassende Darstellungen bei Heinrich und Lahann, 1954; Porter, 1956; Friedrich und Mitarb., 1956; Kon und Pawelkiewicz, 1958; Heinrich, 1958; Friedrich und Bernhauer, 1959) und konnte auch durch Isotopenstudien bestätigt werden.

So vermag z. B. Streptomyces olivaceus mit geringer Ausbeute 5,6-Dimethylbenzimidazol-2-^{14}C in einen möglicherweise mit dem Vitamin B_{12} (= 5,6-Dimethylbenzimidazolcyanocobamid) identischen, nicht näher untersuchten B_{12}-Faktor einzubauen (WEYGAND u. Mitarb., 1954).

Die beiden wichtigsten Vorstufen der Porphyrinbiosynthese, Succinyl-CoA und Glykokoll werden über die Zwischenprodukte α-Amino-β-ketoadipinsäure, δ-Aminolävulinsäure und Porphobilinogen auch in das Corphyrinskelet eingebaut (vgl. Abb. 2). δ-Aminolävulinsäure-1,4-^{14}C bzw. ^{14}C-markiertes Glycin werden nach Zugabe zu wachsenden, Vitamin B_{12}-biosynthetisierenden Kulturen in das Vitamin B_{12}-Molekül inkorporiert (SHEMIN u. Mitarb., 1956; SMITH u. Mitarb., 1956). Durch Verfütterung von Glycin-2-^{14}C an Sedormid-behandelte Kaninchen gewonnenes und aus dem Harn isoliertes ^{14}C-markiertes Porphobilinogen (Markierungslokalisation vgl. Abb. 2) wird von Vitamin B_{12}-biosynthetisierenden Bakterienkulturen (Organismus nicht angegeben) in die Vitamin B_{12}-Struktur inkorporiert (SCHWARTZ u. Mitarb., 1959). Die der Theorie entsprechende Verteilung der beiden ^{14}C-Markierungen des Porphobilinogen (im α-C-Atom und in der Methylamin-Seitenkette) im Corphyrinringsystem des Vitamin B_{12} (4mal im α-C-Atom und 3mal in den Methinbrücken) wurde dabei nicht untersucht. CORCORAN und SHEMIN (1957) konnten durch selektiven Abbau des nach δ-Aminolävulinsäure-1,4-^{14}C-Zusatz biosynthetisierten ^{14}C-markierten Vitamin B_{12} wahrscheinlich machen, daß die aus der 1,4-^{14}C-Markierung der aktiven Bernsteinsäure stammende 1,4-^{14}C-Markierung der δ-Aminolävulinsäure (vgl. Biosyntheseschema in Abb. 2) analog zur Biosynthese des Porphyrinringsystems in entsprechender Weise auch in 15 ganz bestimmte C-Positionen des Corphyrinringsystems (6 primäre Amid-C-Atome und 1 sekundäres Amid-C-Atom in den Seitenketten, 4-α-C-Atome und 4-β-C-Atome in 3 Pyrrolin- und 1 Pyrollidinringen der Corphyrinringstruktur) eingebaut wird (vgl. Schema in Abb. 2 auf den Seiten 1048 u. 1049).

Nach Zusatz von in der Methylgruppe mit ^{14}C-markiertem Methionin, Betain und Cholin zu einem, in einem synthetischen Medium partiell ausgewachsenen, Vitamin B_{12}-biosynthetisierenden Aktinomyceten-Stamm (ATCC 11072) ließ sich nur nach Zugabe des markierten Methionin die ^{14}C-Aktivität der Methylgruppe in der Corphyrin-Ringstruktur, nicht aber in der Nucleotid-ähnlichen Seitenkette des durch Rekristallisieren, Ionenaustauscher- und Papierchromatographie aus dem Ansatz gereinigten Vitamin B_{12} nachweisen. Aus diesen Befunden und grundsätzlichen Überlegungen wird gefolgert, daß die in den β-Positionen der Pyrrolin- bzw. Pyrrolidinringe der Corphyrinringstruktur an den C-Atomen Nr. 2, 7, 12 und 17 sowie an der ersten und dritten Methinbrücke (zwischen den Pyrrolinringen A und B am C-Atom Nr. 5 sowie zwischen dem Pyrrolinring C und dem Pyrrolidinring D am C-Atom Nr. 15) lokalisierten Methylgruppen, die nicht aus dem Kohlenstoffgerüst der δ-Aminolävulinsäure stammen, vom Methionin durch Transmethylierung der aktiven Methylgruppe (C-Alkylierung) geliefert werden (BRAY und SHEMIN, 1958). Die in der α-Position des Pyrrolinringes A am C-Atom Nr. 1 befindliche Methylgruppe dürfte der in der Porphyrinstruktur und auch zwischen den übrigen Ringen der Corphyrine vorhandenen Methinbrücke entsprechen und demnach aus dem δ-C-Atom der δ-Aminolävulinsäure stammen (vgl. Biosyntheseschema in Abb. 2).

Die D-1-Amino-2-propanol-Gruppe, die im Vitamin B_{12}-Molekül die Verbindung zwischen dem Corphyrinringsystem und der Nucleotid-ähnlichen Seitenkette herstellt, entsteht wohl durch Decarboxylierung aus Threonin, da KRASNA u. Mitarb. (1957) nachweisen konnten, daß sich das ^{15}N des mit dem stabilen N-Isotop markierten L-Threonin nach Zugabe zu Streptomyces griseus-Kulturen vorwiegend in der Aminopropanolgruppierung wiederfinden läßt und etwa 40% des Amins im Vitamin B_{12} aus dem dem Baselmedium zugesetzten L-Threonin-^{15}N entstanden sind. Die übrigen 60% können aus anderem, von der Kultur selbst gebildeten Threonin bzw. aus anderen Vorstufen stammen.

Die biosynthetische Umwandlung inkompletter in komplette B_{12}-Analoga kann außer in lebenden Mikroorganismen auch durch zellfreie Enzympräparationen aus E. coli 113—3 in vitro erreicht werden (SANDERS u. Mitarb., 1959). Nach Inkubation von ^{60}Co-Corphinamid (= Faktor B) mit Suspensionen bzw. Extrakten von acetongetrockneten Propionibacterium shermanii konnten PAWELKIEWICZ und BARTOSINSKI (1960) nach Zusatz von 5,6-Dimethylbenzimidazol radioautographisch die Bildung von ^{60}Co-Vitamin B_{12} nachweisen.

Der Mechanismus der biosynthetischen Verknüpfung des Corphyrinringsystems mit der Benzimidazole oder Purine enthaltenden Seitenkette ist noch nicht näher bekannt, und auch die im Biosyntheseschema auf S. 1049 aufgezeigte Reihenfolge der biosynthetischen Umwandlung (Komplettierung) des Dicyanocorphinamids zur Dicyano-corphinamidphosphoribose (Faktor B-phosphoribose) ist noch mehr oder minder unbewiesen. Diese und andere Fragen des Mechanismus der Vitamin B_{12}-Biogenese wurden an anderer Stelle diskutiert (HEINRICH, 1958). Der biosynthetische Einbau des anorganischen Radiokobalts in die Vitamin B_{12}-Struktur wird zur biosynthetischen Markierung des Vitamin B_{12} mit Kobaltisotopen benutzt (vgl. S. 1032). Zwischenprodukte der Porphobilinogen-Dicyanocorphinamid-Umwandlung wurden bisher nicht beschrieben, und es ist daher nicht bekannt, in welcher Phase der B_{12}-Biosynthese das Kobalt in das Corphyringerüst eingebaut wird.

Die Biogenese der Vitamin B_{12}-Struktur wurde bisher nur unter einfachen und übersichtlichen Versuchsbedinungen (mit Bakterien- oder Streptomyceten-Reinkulturen) mit ausreichend spezifischen Methoden studiert. Die von einigen Arbeitskreisen vor mehreren Jahren unter Verwendung von Radiokobalt durchgeführten Untersuchungen über den im Intestinaltrakt von Laboratoriums- und Haustieren mit Hilfe der Darmflora erfolgenden biosynthetischen Einbau des Radiokobalts in dadurch markiertes Vitamin B_{12} und den stimulierenden Effekt von Kobalt, Antibiotica u. a. m. auf diesen Mechanismus haben nur begrenzten Wert, da bei diesen Studien lediglich der Einbau des anorganischen Radiokobalts in eine butanollösliche, dem Vitamin B_{12} ähnliche Fraktion festgestellt wurde. Die erforderliche exakte Identifizierung des Biosyntheseproduktes nach Isolierung und ausreichender Reinigung (z. B. Chromatographie und Gegenstromverteilung) und Vergleich der spezifischen Radioaktivität mit der spezifischen Bioaktivität unterblieb dabei. Von Nachuntersuchern bzw. mit anderen Methoden konnte daher auch z. B. eine Förderung der intestinalen Vitamin B_{12}-Biosynthese durch Antibiotica nicht bestätigt werden (Übersicht und Literatur bei HEINRICH und LAHANN, 1954).

Zur Vitamin B_{12}-Biosynthese sind nur Mikroorganismen (z. B. eine große Anzahl von Bakterien und Aktinomyceten) befähigt, während höhere Pflanzen und tierische Organismen dazu nicht in der Lage sind und bei Vorliegen eines Vitamin B_{12}-Bedürfnisses auf die Verwendung exogener Vitamin B_{12}-Quellen (in der Nahrung bzw. über die Pansenflora) angewiesen sind. Untersuchungsbefunde, nach denen auch der Säugetierorganismus ohne Zuhilfenahme der Magen-Darm-Flora biosynthetisch intravenös appliziertes anorganisches Radiokobalt in Nebenniere und Milz in die Vitamin B_{12}-Struktur einbaut (MONROE u. Mitarb., 1952), wurden bisher nicht bestätigt und dürften auf die oben schon beschriebene Anwendung unzureichender Analysenmethoden zur Identifizierung der radio- und bioaktiven Vitamin B_{12}-Struktur zurückzuführen sein. Unter „in vitro“-Bedingungen ließ sich mit Pansen-Mikroorganismen des Ochsen und beim Hammel „in vivo“ der Nachweis erbringen, daß $^{60}CoCl_2$ durch die Pansenflora in mindestens sieben papierelektrophoretisch voneinander trennbare, bioaktive (E. coli) B_{12}-Faktoren biosynthetisch eingebaut wird (Johnson, R. R. u. Mitarb., 1956). Mehr als $^2/_3$ der Gesamtaktivität fand sich dabei in den nicht identifizierten und nicht mit dem eigentlichen B_{12} identischen fünf B_{12}-Faktoren wieder.

Beim Huhn liegt 6 Std. nach oraler Verabfolgung von 0,8—2 μg ^{60}Co-Cl_2 nur noch etwa 5% in anorganischer Form vor und nach 24 Std. finden sich etwa 50—75% des ^{60}Co im Darminhalt bzw. in den Faeces in B_{12}-ähnlicher Bindung (Menke, 1959). Die dabei benutzten präparativen und analytischen Methoden reichen jedoch nicht aus, um die verschiedenen beim Huhn durch die Darmflora biosynthetisierten ^{60}Co-markierten B_{12}-Analoga zu identifizieren, und es bleibt daher unbewiesen, ob tatsächlich 21% der ^{60}Co-B_{12}-Aktivität als B_{12}, 13% als Faktor B, 31% als Faktor III und 34% als Pseudo-B_{12} und Faktor A vorhanden sind. So war auch das schon 6 Std. nach oraler Gabe des $^{60}CoCl_2$ beobachtete Vorliegen des ^{60}Co in den Faktoren B, Ib und III, in dem Pseudo-B_{12} und Faktor A in der Hennenleber nicht reproduzierbar und wohl auf methodische Mängel bei der Versuchsdurchführung zurückzuführen.

Eine Resorbierbarkeit der im Hühnerdarm biosynthetisierten inkompletten B_{12}-Analoga und Purin-B_{12}-Analoga ist auch in Anbetracht der bekannten Strukturspezifität der intestinalen Vitamin B_{12}-Resorption (vgl. S. 1111) höchst unwahrscheinlich.

III. Intestinale Vitamin B_{12}-Resorption und Intrinsic Factor

Von theoretisch und praktisch gleich großer Bedeutung ist das Studium bzw. die Analyse der intestinalen Vitamin B_{12}-Resorption. Bei der B_{12}-Resorption im Dünndarm spielt der sog. Instrinsic Factor eine besondere und noch nicht genau bekannte essentielle Rolle, die auf dem Vitamingebiet einmalig ist und deren Aufklärung sehr wahrscheinlich neue wesentliche Erkenntnisse von grundsätzlicher biochemischer und medizinischer Bedeutung erwarten läßt. Andererseits ist die Analyse der Intrinsic Factor-abhängigen intestinalen Vitamin B_{12}-Resorption mit Hilfe von Radio-Vitamin B_{12} für die Pathogenese und biochemische Diagnostik der Vitamin B_{12}-Stoffwechselstörungen des Menschen im Rahmen der modernen klinischen Radioisotopen-Diagnostik so bedeutungsvoll geworden, daß ihr in diesem Buch ein eigenes Kapitel gewidmet wurde (vgl. Bd. II. S. 660). Dort wurden auch die heute zur Verfügung stehenden diagnostischen Radio-Vitamin B_{12}-Resorptionsteste ausführlich beschrieben und die biochemischen Grundlagen kurz diskutiert.

1. Physiologischer Bereich und zeitlicher Verlauf der Vitamin B_{12}-Resorption

Das Ausmaß der intestinalen Vitamin B_{12}-Resorption bei Tieren und bei Menschen wird bestimmt:

1. durch das Angebot an freiem oder gebundenem B_{12} in der Nahrung,
2. das Vorhandensein und die Sekretion ausreichender Mengen an homologem Intrinsic Factor in der Magenmucosa bzw. mit dem Magensaft,
3. die endogastral und evtl. auch noch intraduodenal erfolgende komplexartige Bindung des Nahrungs-B_{12} an den Intrinsic Factor.
4. das Zustandekommen der Fixation des B_{12}-Intrinsic Factor-Komplexes an einer zur B_{12}-Resorption befähigten Dünndarmschleimhaut.
5. durch einen stofflich noch nicht faßbaren, möglicherweise physiko-chemischen Prozeß, der selbst bei ausreichend vorhandenem IF die intestinale B_{12}-Resorption auf etwa 1,5—2 μg pro Applikation beschränkt,

6. durch die Anwesenheit bzw. das Fehlen von Inhibitoren der intestinalen Vitamin B_{12}-Resorption und des Intrinsic Factor (vgl. S. 1074),
7. durch die B_{12}-Resorption unspezifisch fördernde Substanzen.

a) Der physiologische, Intrinsic Factor-abhängige Bereich der intestinalen Vitamin B_{12}-Resorption

Bei der Ratte verläuft die intestinale Radio-B_{12}-Resorption bei einer oralen Testdosis von 1—10 ng linear zur Testdosis und bei etwa 100 ng wird der Sättigungsbereich der intestinalen B_{12}-Resorption erreicht (TAYLOR u. Mitarb., 1958). Aus einer oralen Testdosis von 10 pMol vermag die Ratte noch 62% (= 8,4 ng) ^{60}Co-B_{12} zu resorbieren (HEINRICH u. Mitarb., 1958/1959). Etwa 10% des resorbierten ^{60}Co-B_{12} wurden in die Leber inkorporiert (vgl. Tab. 14). Bei totalgastrektomierten Ratten ist das Plateau der Radio-B_{12}-Resorption schon mit etwa 10 ng nach oraler Applikation von 30 ng Radio-B_{12} und 3 ml Ratten-Magensaft erreicht (ABELS u. Mitarb., 1959).

Die für die verschiedenen Laboratoriumstiere mit Hilfe des ^{60}Co-B_{12}-Faecesexkretionstestes und ^{60}Co-B_{12}-Gesamtkörper-Retentionstestes ermittelten physiologischen B_{12}-Resorptionsbereiche sind in der Tab. 3 zusammengestellt. Für den Menschen liegen einigermaßen zuverlässige Daten, die mittels des Radio-B_{12}-Faecesexkretionstestes erhalten wurden (vgl. Tab. 2, Bd. II, S. 664), erst für den Bereich zwischen 0,1 und 10 μg vor.

Tabelle 3. *Physiologische Bereiche der intestinalen Vitamin B_{12}-Resorption bei verschiedenen Tierarten und beim Menschen*

Organismus	Physiologischer B_{12}-Resorptionsbereich	B_{12}-Resorption[1] (in % der Testdosis)	(in ng)
Goldhamster[2]	0—5 pMol (0—6,8 ng)	57	3,9
Ratte[2]	0—10 pMol (0—13,6 ng)	62	8,4
Meerschweinchen[2]	0—20 pMol (0—27 ng)	58	15,7
Schwein[2]	0—1000 ng	50	500
Mensch	0—2000 ng	50	1000

[1] im oberen Resorptionsbereich mit etwa 50—60% Resorption.
[2] nach Ergebnissen von HEINRICH u. Mitarb. (1956/59).

Wie aus dem in der Abb. 3 dargestellten Resorptionsverlauf (in Abhängigkeit von der oral verabfolgten Radio-B_{12}-Testdosis) hervorgeht, besteht beim Menschen eine etwa lineare stöchiometrische Beziehung zwischen oral aufgenommener B_{12}-Menge und wirklich davon resorbierter B_{12}-Menge nur im Bereich zwischen 0 und 1 μg. Schon von 1 μg Radio-B_{12} werden nur noch etwa 56% und von 2 μg etwa 50% resorbiert. Bei 5 μg B_{12} erreicht die B_{12}-Resorption ein Plateau mit einer Resorption von 1,5 μg (etwa 30% der Testdosis) und steigt bei Verdoppelung des Angebotes an B_{12} nur noch um etwa 10% auf etwa 1,6 μg B_{12}-Resorption (= etwa 16% der Testdosis) an.

Von an Perniciosa-Patienten durchgeführten Untersuchungen ist bekannt, daß im physiologischen, Intrinsic Factor-abhängigen Bereich der intestinalen B_{12}-Resorption bei Verabfolgung einer bestimmten Radio-B_{12}-Menge (z. B. 0,5 oder 1 μg) von jeder Intrinsic Factor-Präparation eine bestimmte — je nach spezifischer Bioaktivität verschieden große — mg-Menge benötigt wird, um bei Perniciosa-Patienten eine maximale Stimulierung der B_{12}-Resorption zu erreichen (HEINRICH, 1955). Eine weitere Heraufsetzung der IF-Menge führt dann zu keiner weiteren Steigerung der Radio-B_{12}-Resorption, die dann im Plateau liegt (CALLENDER und EVANS, 1955) oder mit weiter zunehmender IF-Menge mehr oder minder stark gehemmt wird (HEINRICH, 1955, 1956). So wie bei gesunden Menschen nur im Bereich zwischen 0 und 1 μg B_{12} (als orale Testdosis) eine linear-stöchiometrische Beziehung zur B_{12}-Resorption besteht (vgl. oben u. Abb. 3), läßt sich bei Perniciosa-Patienten nur bis zu einer B_{12}-Resorption von 0,2—1,0 μg eine linear-stöchiometrische Beziehung zur IF-Dosis nachweisen (BAKER und MOLLIN, 1955; CALLENDER und EVANS, 1955; HEINRICH, 1955, 1956). Das Ausmaß des Ansprechens auf ein Intrinsic Factor-Präparat und die für einen maximalen Effekt desselben notwendige IF-Menge wird bestimmt durch dessen spezifische Biokativität (vgl. S. 1059) und die von Individuum zu Individuum verschiedene und oft typische B_{12}-Resorptionsfähigkeit der Dünndarmmucosa. Werden zusammen mit bereits unphysiologisch großen B_{12}-Einzeldosen (2,5 bis 10 μg) auch unphysiologisch große IF-Mengen (200—1000 mg von rohen IFP oder 100—300 ml menschlichen Magensaftes) verabreicht, so gelingt es oft, die bei Perniciosa-Patienten mit 0,2—1,0 μg im Plateau liegende bzw. schon gehemmte B_{12}-Resorption noch weiter um etwa 100% zu steigern (CALLENDER und EVANS, 1955). Eine linearstöchiometrische Beziehung zwischen B_{12}-Resorption und B_{12}- bzw. IF-Testdosis ist in solchen unphysiologischen Dosierungen jedoch nur schwer nachweisbar (HEINRICH, 1955), und die von ABELS u. Mitarb. (1959) bei Perniciosa-Patienten nach oraler Verabfolgung von 10 μg Radio-B_{12} + 300 ml menschlichen Magensaftes beobachtete Resorption von 3,5 μg B_{12}, die mehr als doppelt so groß ist, wie die bei gesunden Personen nach Zufuhr solcher B_{12}-Mengen gemessene B_{12}-Resorption (vgl. Bd. II, S. 664 u. Abb. 3), dürfte unter normalen Bedingungen kaum vorkommen.

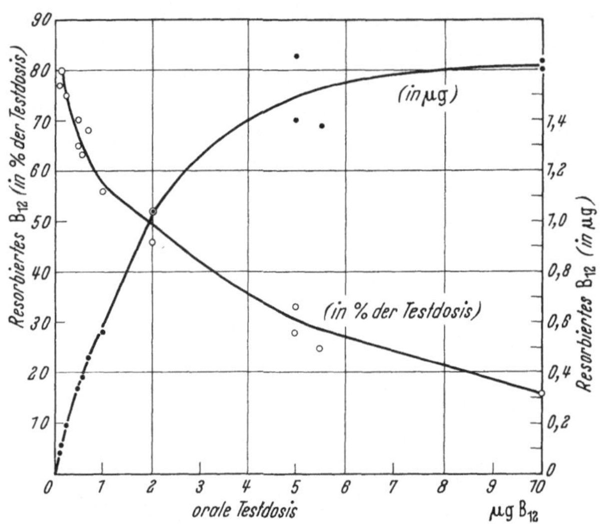

Abb. 3*. Intestinale B_{12}-Resorption beim Menschen im Bereich zwischen 0,1 und 10 μg Radio-B_{12}-Testdosis. (Errechnet aus den in Tab. 2, Bd. II, S. 664 dargestellten Ergebnissen der Radio-B_{12}-Faecesexkretionsteste)

* Abb. 2 mußte aus technischen Gründen auf den Seiten 1048/1049 untergebracht werden.

Die Ursache für die im Intrinsic Factor-abhängigen Bereich auf etwa 1,5 μg limitierte intestinale B_{12}-Resorption ist nicht bekannt. Während von HEINRICH und LAHANN (1954) angenommen wurde, daß neben dem B_{12}-Angebot und dem Intrinsic Factor-Gehalt außerdem noch eine aktive — möglicherweise physikochemische — Reaktion an oder in der Dünndarmschleimhaut das mögliche Ausmaß der intestinalen Vitamin B_{12}-Resorption begrenzt, postulierten GLASS u. Mitarb. (1954) hierfür einen intramuralen Vitamin B_{12}-Acceptor in der Dünndarmwand, ohne jedoch jemals seine Existenz oder stoffliche Natur beweisen zu können. Die Beobachtung, daß bei gastrektomierten Ratten die intestinale Resorption aus einer Testdosis von 30 ng Radio-B_{12} + 3 ml Rattenmagensaft, die etwa 35% der Testdosis beträgt, durch eine 30—60 min vorher verabfolgte Menge von 30 ng nicht-radioaktivem B_{12} + 3 ml Rattenmagensaft nicht wesentlich herabgesetzt wird, obwohl nach 30 und 60 min schon bzw. noch etwa 40% einer 30 ng-B_{12}-Menge im Dünndarm der Ratte inkorporiert sind, spricht gegen die Existenz eines durch seinen B_{12}-Sättigungsgrad die intestinale B_{12}-Resorption regulierenden intramuralen B_{12}-Acceptors im Ratten-Dünndarm (ABELS u. Mitarb., 1959). Auch REYNELL u. Mitarb. (1957) gelang es nicht, bei der Ratte die ^{56}Co-B_{12}-Dünndarm-Inkorporation aus einer oralen 10 ng ^{56}Co-B_{12}-Testdosis durch 90—120 min vorher erfolgte orale Verabfolgung von 50 und 100 ng nicht-radioaktivem B_{12} zu reduzieren. Allerdings ist es möglich, durch hohe parenterale B_{12}-Gaben beim Menschen eine ,,parenterale B_{12}-Resorptionsblockade" zu erzielen. Dabei liegt aber ein anderer Mechanismus zugrunde (vgl. Bd. II, S. 667).

Für die substitutions-therapeutische Praxis ergibt sich die Zweckmäßigkeit, das Vitamin B_{12} in Mengen von 0,5—2 μg und in Abständen von 4—6 Std. bis zu 4mal täglich oral zu verabfolgen, falls man es nicht vorzieht, das B_{12} sicherer auf parenteralem Wege zu verabfolgen.

b) Der unphysiologische, Intrinsic Factor-unabhängige Bereich der intestinalen B_{12}-Resorption

Von klinischen und mikrobiologischen Untersuchungen her ist bekannt, daß in großer Menge oral verabfolgtes Vitamin B_{12} (0,5—3 mg) auch ohne Intrinsic Factor beschränkt resorbiert wird und zum hämatopoetischen Effekt bzw. zum Anstieg der Serum-B_{12}-Konzentration und der Urin-B_{12}-Exkretion führt (Lit. u. Übersicht bei HEINRICH und LAHANN, 1954 und in ,,Vitamin B_{12} und Intrinsic Factor", 1956). Man pflegt zwischen dem physiologischen, Intrinsic Factor-abhängigen B_{12}-Resorptionsbereich (0—2 μg) und dem unphysiologischen und Intrinsic Factor-unabhängigen Bereich ($>$ 30 μg B_{12}) der intestinalen B_{12}-Resorption zu unterscheiden.

Mit Hilfe von ^{58}Co- und ^{60}Co-markiertem Vitamin B_{12} durchgeführte Untersuchungen haben ergeben, daß das in unphysiologisch hoher Dosierung (50—500 μg) oral verabfolgte B_{12} beim Menschen wesentlich rascher resorbiert wird als physiologische B_{12}-Mengen und schon nach 1—2 Std. im peripheren Blut erscheint, um nach 4—8 Std. das Konzentrationsmaximum zu erreichen. (Über den Anstieg der Radio-B_{12}-Konzentration im Blutplasma nach Resorption physiologischer Radio-B_{12}-Mengen, vgl. Bd. II, S. 671). Bei Perniciosa-Patienten ist der Intrinsic Factor für die Resorption solcher unphysiologisch großen B_{12}-Mengen ($>$ 50 μg) nicht nur überflüssig, sondern vermag diese sogar beträchtlich zu hemmen (z. B. bei einer B_{12}-Testmenge von 100 μg). Dabei verläuft die Plasma-Radio-B_{12}-Konzentrationskurve dann wie nach oraler Verabfolgung physiologischer Radio-B_{12}-Mengen (0,1—2 μg) und erreicht das Maximum erst nach 8—12 Std. (DOSCHERHOLMEN und HAGEN, 1957). Da der Maximalanstieg der Radio-B_{12}-Konzentration im Blutplasma nach oraler Gabe von 50 μg ^{58}Co-B_{12} 26 pg B_{12}/ml und nach 500 μg ^{58}Co-B_{12} 83 pg B_{12}/ml entspricht und somit im Verhältnis zu dem im Gesamtblutvolumen zirkulierenden B_{12} (0,7—1 μg) gering ist, gelang es bisher auch nicht, nach oraler Verabfolgung von weniger als 500 μg B_{12} mikrobiologisch einen signifikanten Anstieg der Serum-B_{12}-Konzentration zu erfassen (vgl. HEINRICH und LAHANN, 1954).

Ob der Intrinsic Factor-unabhängigen B_{12}-Resorption im unphysiologisch hohen B_{12}-Konzentrationsbereich ein anderer Mechanismus als bei der Intrinsic Factor-abhängigen Resorption physiologischer B_{12}-Mengen zugrunde liegt, kann noch nicht entschieden werden, da dafür noch zu wenig über den Intrinsic Factor-Wirkungsmechanismus bekannt ist.

Die von bisher nur einem einzigen Arbeitskreis beschriebene gelegentlich fördernde Wirkung von gereinigten Schweine-IFK auf die Radio-B_{12}-Resorption (aus z. T. völlig unphysiologischen Radio-B_{12}-Testdosen) und den Serum-B_{12}-Spiegel bei gesunden Menschen (CHOW u. Mitarb., 1956; WILLIAMS u. Mitarb., 1956; ELLENBOGEN u. Mitarb., 1958) konnte in anderen Laboratorien nicht generell bestätigt werden und dürfte — selbst dann, wenn sie reproduzierbar wäre — keinerlei praktische Bedeutung haben, da es für normal B_{12}-resorbierende Personen belanglos ist, ob ihre B_{12}-Resorption um 3 bis 29% gesteigert wird oder nicht. Die von der gleichen Arbeitsgruppe beschriebene Hemmung der B_{12}-Resorption bei gesunden Versuchspersonen durch 100 mg IFK-186-1 (von 1,86 auf 1,08 μg aus einer unphysiologischen Testdosis von 50 μg Radio-B_{12}) hat nichts mit der Intrinsic Factor-Aktivität dieser Konzentrate zu tun, sondern ist auf deren Verunreinigung mit unspezifisch B_{12}-bindenden Proteiden und möglicherweise auch Inhibitoren des Intrinsic Factor (vgl. S. 1074) zurückzuführen. Der Hemmeffekt als solcher ist schwer reproduzierbar, da die gleiche IF-Präparation bei einigen Patienten die B_{12}-Resorption hemmt, bei anderen dagegen fördert.

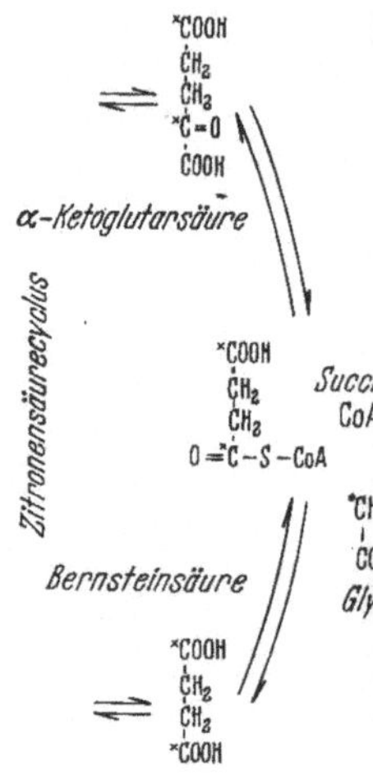

c) Zeitlicher Verlauf der intestinalen Vitamin B_{12}-Resorption

Bei der Ratte lassen sich 15—120 min nach einer oralen Testdosis von 2,5 ng ^{56}Co-B_{12} bereits 38% der Testdosis im Dünndarm nachweisen. Das resorbierte ^{56}Co-B_{12} erscheint schon nach 2 Std. im Blut und erreicht darin seine maximale Konzentration nach 3—6 Std. (beim Menschen erst nach 8—12Std.; vgl. Radio-B_{12}-BKT in Bd. II, S. 671). Dem entspricht eine zwischen der 2. und 6. Stunde erfolgende Abwanderung des resorbierten B_{12} aus dem Dünndarm und eine nach 2 Std. beginnende ^{56}Co-B_{12}-Leberinkorporation, die ihr Maximum jedoch erst nach 2—4 Tagen erreicht (BOOTH u. Mitarb., 1957).

Beim Meerschweinchen beginnt die Resorption aus einer oralen Testdosis von 30 ng ^{60}Co-B_{12} im Duodenum schon nach 10 min (4,8% in den proximalen Dünndarm inkorporiert) und hat zwischen der ersten und achten Stunde nach der Belastung Maximalwerte erreicht (23—38% der ^{60}Co-B_{12}-Testdosis sind dann in den mittleren und distalen Dünndarm inkorporiert, vgl. Abb. 4, S. 1050). Die Leberinkorporation des resorbierten ^{60}Co-B_{12} hat beim Meerschweinchen nach 2 Std. begonnen und das Maximum und Plateau nach 10—12 Std. erreicht (Abb. 5). Die intestinale Resorption einer einmaligen ^{60}Co-B_{12}-Testdosis verläuft über etwa 10 Std. und ist nach etwa 12—24 Std. abgeschlossen (HEINRICH, 1958; STAAK und HEINRICH, 1960).

Ähnliche — der eben für das Meerschweinchen beschriebenen Radio-B_{12}-Resorptionskinetik entsprechende — Beobachtungen am Menschen wurden von DOSCHERHOLMEN u. Mitarb. (1959) gemacht. Dabei ergab sich, daß nach oraler Gabe einer 0,56 μg ^{60}Co-B_{12}-Testdosis während der 2.—7. Std.

Abb. 2. Biosynthese-Schema
Sept. 1958). 1 Pyridoxal-5-p
5 Polypyrrol-isomer

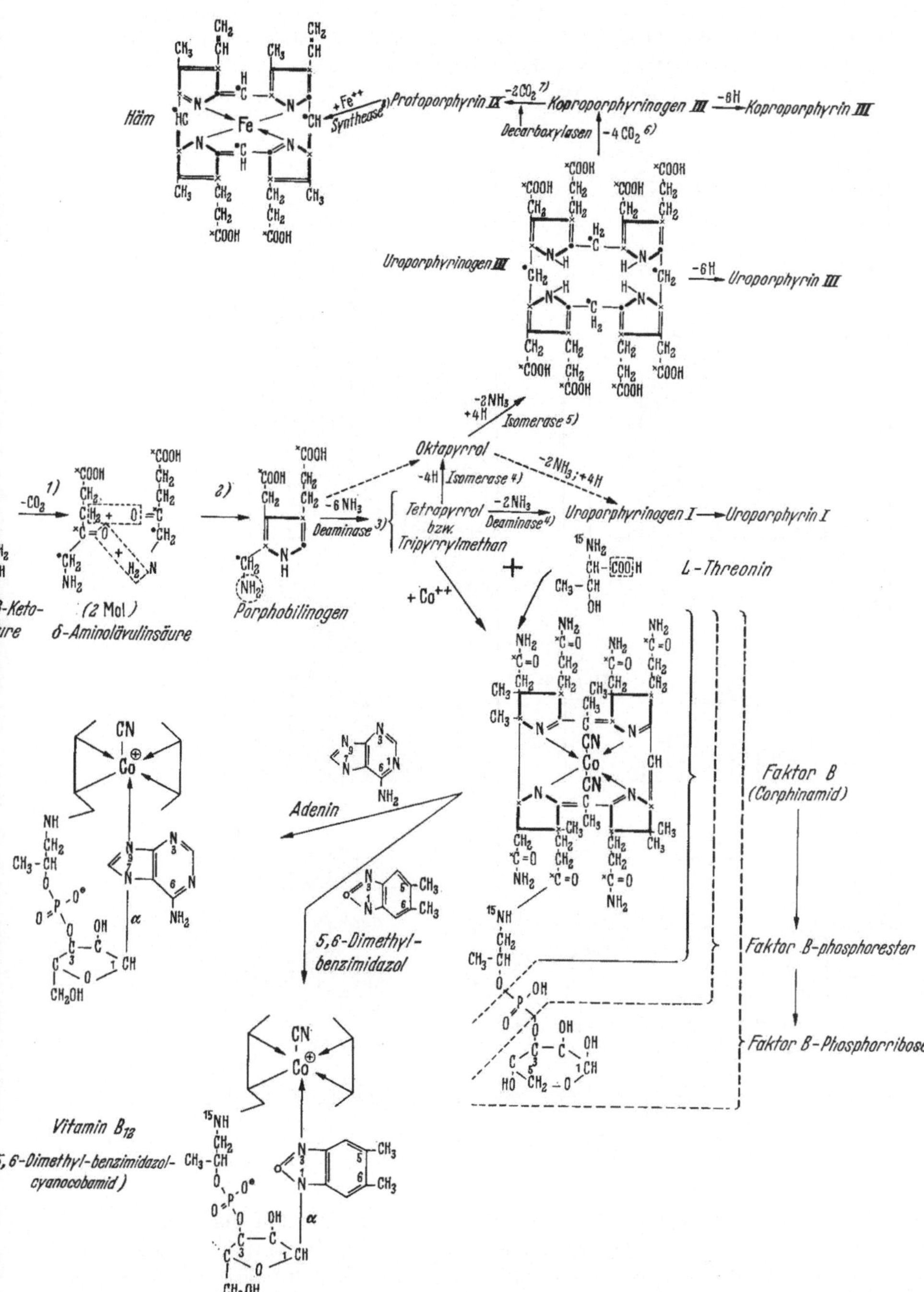

nd Vitamin B_{12}-Struktur (ergänzt nach HEINRICH, IV. Intern. Kongr. Biochem., Symp. XI: Metabolism of Vitamins, Wien, ym, *2* δ-Aminolävulinsäuredehydrase enthält SH-Gruppen und Cu, *3* Phorphobilinogen-deaminase, *4* Polypyrrol-deaminase, yrinogen-isomerase), *6* Uroporphyrinogen-III-decarboxylase, *7* Koproporphyrinogen-III-decarboxylase, *8* Häm-synthease

nach der Belastung noch ingesamt 92—97% der in die Eingeweide inkorporierten Radioaktivität in bzw. an der Dünndarmwand nachzuweisen waren. Nach 24—42 Std. war dieser Anteil erst auf 30—28% abgefallen und betrug nach 85—309 Std. noch 13—5%. Bei zwei Patienten, die nach 30 bzw. 113 Tagen starben, fanden sich noch etwa 1,5% der Eingeweide-^{60}Co-Aktivität im Dünndarm. Wie beim Meerschweinchen (vgl. oben), so war auch beim Menschen die

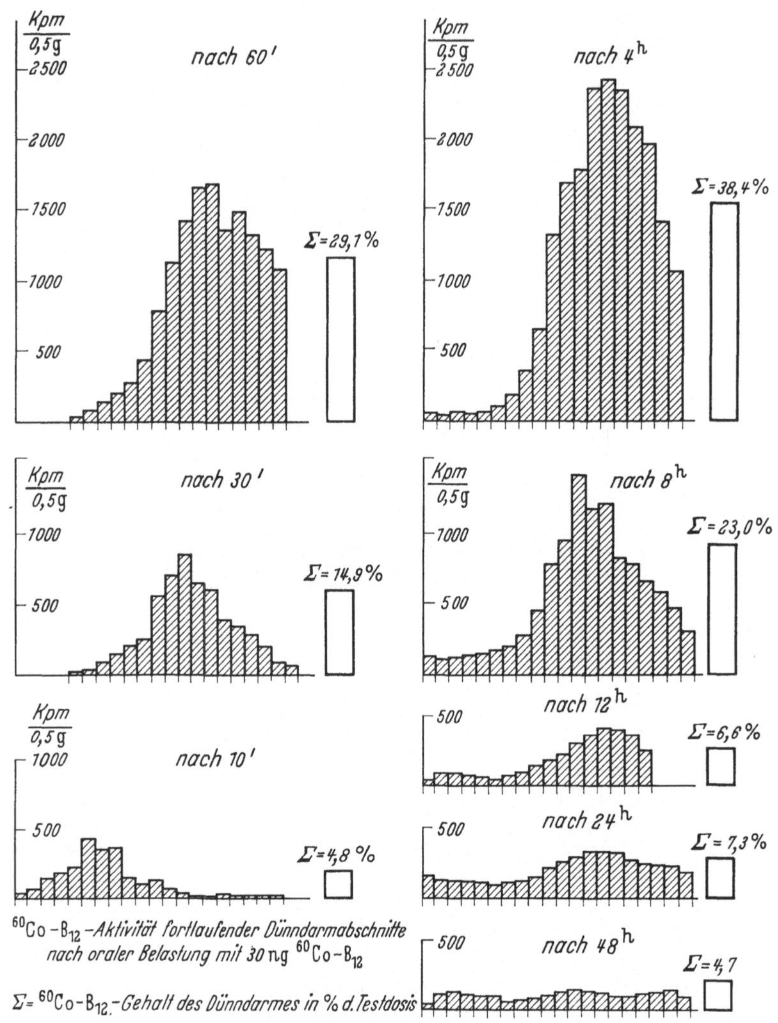

Abb. 4. Zeitlicher Verlauf der intestinalen Radio-Vitamin B_{12}-Resorption beim Meerschweinchen. (^{60}Co-B_{12}-Inkorporation in Dünndarmabschnitte, 10 min bis 48 Std. nach oraler Aufnahme von 30 ng Radio-B_{12})

beginnende Leberinkorporation des resorbierten ^{60}Co-B_{12} schon nach 2 Std. nachweisbar. Die maximale Leberinkorporation des ^{60}Co-B_{12} erfolgte jedoch erst zwischen der 7. und 85. Std., um dann über 5—113 Tage im Plateau zu liegen. Der verzögerte Verlauf der intestinalen ^{60}Co-B_{12}-Resorption ließ sich auch bei ^{60}Co-B_{12}-Bestimmungen im Pfortaderblut und bei Patienten mit Colektomie und Ileostomie, bei denen das nichtresorbierte Radio-B_{12}den Dünndarm größtenteils schon passiert hatte, als es zum Anstieg der Plasma-^{60}Co-B_{12}-Aktivität kam, nachweisen (DOSCHERHOLMEN und HAGEN, 1959).

Beim Meerschweinchen und beim Menschen kann die über viele Tage und selbst Monate in der Dünndarmwand verbleibende ^{60}Co-Radioaktivität wohl nicht allein auf von der intestinalen Resorption her zurückgebliebenes ^{60}Co-B_{12} zurückgeführt werden. Es besteht auch die Möglichkeit, daß das resorbierte B_{12} aus den Speicherorganen (z. B. Leber und Muskulatur) auf dem Blutwege zurückkehrt und in den Darm erneut inkorporiert wird. Eine beträchtliche Inkorporation von parenteral und oral zugeführtem ^{60}Co-B_{12} im Dickdarm, Dünndarm und Magen ließ sich beim Meerschweinchen nachweisen (vgl. Tab. 14, S. 1092).

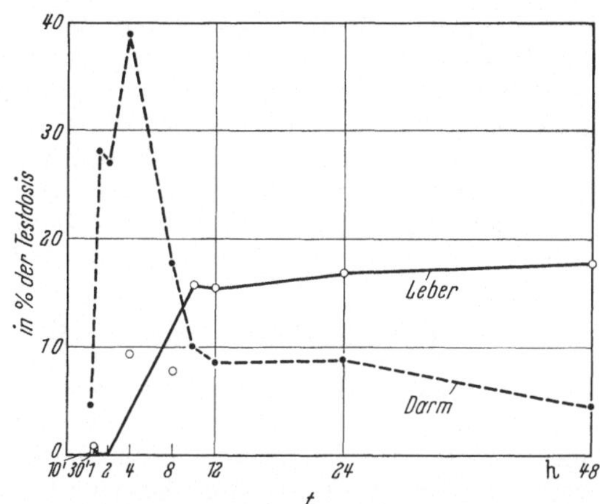

Abb. 5. Zeitlicher Verlauf der Leberinkorporation und der Dünndarmretention des resorbierten Radio-B_{12} beim Meerschweinchen (nach oraler Applikation von 30 ng ^{60}Co-B_{12})

Der bei Versuchstieren und beim Menschen ausgeprägt protahiert erfolgende zeitliche Verlauf der intestinalen Vitamin B_{12}-Resorption erklärt ausreichend die bei der diagnostischen Anwendung einiger Radio-B_{12}-Resorptionsteste gemachten Beobachtungen hinsichtlich des zeitlichen Ablaufes der Radio-B_{12}-Harnexkretion, Radio-B_{12}-Blutkonzentration und Radio B_{12}-Organ- bzw. Gesamtkörperretention (vgl. Bd. II, S. 663—678).

Unbekannt sind noch die Mechanismen, die innerhalb der Darmwand für die lange Fixierung und den dadurch zeitlich stark verzögert erfolgenden Durchtritt des resorbierten B_{12} aus dem Darmlumen in die Blutcapillaren der Darmwand sorgen. Möglicherweise spielt der Intrinsic Factor selbst dabei eine entscheidende Rolle. Eine eigentliche intestinale Speicherung des B_{12} während seiner Resorption ließ sich jedoch bisher nicht nachweisen.

2. Indirekter Radio-B_{12}-Resorptions-Exkretionstest

Um auch die Resorption oder andere Stoffwechselphasen noch nicht radioaktiv markierbarer B_{12}-Analoga untersuchen zu können, wurde ein indirekter Radio-B_{12}-Resorptions-Exkretionstest entwickelt (HEINRICH, 1956), der darauf basiert, daß beim Menschen das mögliche Ausmaß der intestinalen B_{12}-Resorption unter physiologischen Bedingungen auf etwa 1,5 μg pro Einzeldosis begrenzt ist (vgl. S. 1045) und eine reproduzierbare Proportionalität zwischen oraler B_{12}-Dosis und intestinaler B_{12}-Resorption nur im Bereich 0—1 μg B_{12} zu erreichen ist. Werden nun beispielsweise einer oralen 0,5 μg Radio-B_{12}- Testdosis 5 oder 10 μg nichtmarkiertes B_{12} hinzugesetzt, so wird die spezifische Aktivität der oralen Radio-B_{12}-Testdosis infolge Isotopenverdünnung um das 10- bis 20fache herabgesetzt und die resorbierte (beim Radio-B_{12}-UET mit dem Harn ausgeschiedene) Radio-B_{12}-Aktivität, die in % der 0,5 μg Radio-B_{12}-Testdosis angegeben wird, ist stark erniedrigt (z. B. von 16 auf 4% beim Radio-B_{12}-UET mit einer einzigen Sättigungs- und Ausschwemmungsdosis von 1 mg B_{12} nach 2 Std.). Der Absolutwert der B_{12}-Resorption nimmt bei Erhöhung der oralen Testdosis von 0,5 oder 1 auf 5 oder 10 μg noch etwas zu, während der Relativwert stark abnimmt (vgl. Abb. 3 auf S. 1046).

Diese Konkurrenz des zugesetzten B_{12} mit der Radio-B_{12}-Testdosis bei deren intestinaler Resorption läßt sich sowohl bei gesunden Menschen, d. h. bei Vorhandensein von körpereigenem IF, als auch bei Perniciosa-Patienten bei gleichzeitiger Zufuhr von körperfremdem homologen und heterologen Intrinsic Factor nachweisen. Die Annahme, daß nur diejenigen nicht-markierten B_{12}-Analoga konkurrieren, d. h. die Resorption der Radio-B_{12}-Aktivität herabsetzen, die selbst auch resorbiert werden können, wurde mit Hilfe ^{60}Co-markierter B_{12}-Analoga bestätigt (vgl. S. 1113).

Allerdings kann mit dieser semiquantitativen indirekten Methode die Größe der Resorption eines B_{12}-Analogons nicht unmittelbar getestet werden; sie sagt auch nichts darüber aus, in welcher Phase der intestinalen B_{12}-Resorption das zugegebene B_{12}-Analogon mit der ^{60}Co-B_{12}-Testdosis konkurriert. Mit dem beschriebenen indirekten Radio-B_{12}-Resorptions-Exkretionstest wurde die Resorption Benzimidazol-substituierter B_{12}-Analoga am Menschen (vgl. Strukturspezifität der B_{12}-Resorption, S. 1111) sowie die Verwertbarkeit von Peptid- und Proteingebundenem B_{12} untersucht (Heinrich, 1956).

3. Lokalisation der intestinalen Vitamin B_{12}-Resorption

Nach oraler Verabfolgung physiologischer B_{12}-Mengen (2,5 und 10 ng ^{56}Co-B_{12}) ließ sich bei der *Ratte* nach 0,25—2 Std. eine maximale Radio-B_{12}-Einlagerung, insbesondere in die mittleren Segmente des Dünndarmes nachweisen. Daraus wurde auf eine in diesem Dünndarmabschnitt bevorzugt erfolgende B_{12}-Resorption geschlossen (Booth u. Mitarb., 1957; Reynell u. Mitarb., 1957).

Der die ^{60}Co-B_{12}-Bindung an die Mucosa von ausgestülpten Beuteln aus Rattendünndarm fördernde Effekt von Schweine-Intrinsic Factor-Konzentraten läßt sich ebenfalls nur an aus dem mittleren und unteren Jejunum sowie aus dem oberen und mittleren Ileum hergestellten Dünndarmsäcken der Ratte zeigen (Strauss und Wilson, 1958; Herbert, 1959). Jedoch hat der dabei erfaßte Prozeß wohl nichts mit der eigentlichen IF-Wirkung zu tun (vgl. S. 1057).

Beim *Meerschweinchen* wurde bei oraler Aufnahme von 30 ng ^{60}Co-B_{12} nach 1—8 Std. eine maximale Inkorporation des Radio-B_{12} in die mittleren und distalen Dünndarmabschnitte festgestellt (vgl. Abb. 4). Das Maximum der Radio-B_{12}-Inkorporation in den Dünndarm lag bei 4 Std., während das Plateau der ^{60}Co-B_{12}-Leberinkorporation erst nach 10 Std. erreicht war (Staak und Heinrich, 1959). Die intestinale B_{12}-Resorption erfolgt demnach beim Meerschweinchen bevorzugt im Ileum, ist aber auch in allen anderen Teilen des Dünndarmes möglich.

Nach direkter Applikation einer 0,5 μg ^{60}Co-B_{12}-Testdosis durch eine Sonde in das Duodenum, Jejunum und Ileum ließ sich mit Hilfe des Radio-B_{12}-UET in jedem Falle eine ausreichende B_{12}-Resorption bei Gesunden und nach IF-Zusatz auch bei Perniciosa-Patienten nachweisen, während dies nach rektaler Applikation von 0,5—3,0 μg ^{60}Co-B_{12} auch bei Intrinsic Factor- oder Antibiotica-Zusatz nicht möglich war (Citrin u. Mitarb., 1957). Bei Menschen mit normaler B_{12}-Resorption ließ sich 3 Std. nach oraler Gabe von 1 μg ^{56}Co-B_{12} — d. h. zu einem Zeitpunkt, an dem die B_{12}-Resorption beim Menschen beginnt, — während der Laparatomie die Radioaktivität des nichtresorbierten und des in die Darmschleimhaut inkorporierten Radio-B_{12} fast nur noch in der distalen Hälfte des Dünndarmes (Ileum) nachweisen. Bei Patienten mit mehr oder minder vollständig reseziertem Ileum (oder Ileitis) war die intestinale B_{12}-Resorption stark herabgesetzt und auch durch Intrinsic Factor- oder Aureomycin-Zugabe nicht normalisierbar, während durch Resektion des Jejunums die B_{12}-Resorption nicht gestört wurde (Krevans u. Mitarb., 1956; McIntyre u. Mitarb., 1956; Booth und Mollin, 1957, 1959; Lous und SCHWARTZ, 1957). Demnach scheint die intestinale B_{12}-Resorption beim Menschen überraschenderweise auf den distalen Dünndarm (Ileum und distales Jejunum) beschränkt zu sein.

Der Resorptionsort für das B_{12} ist aber auch weitgehend von der Applikationsart des B_{12} abhängig, da nach intraduodenaler Verabfolgung von 30 ng ^{60}Co-B_{12} an

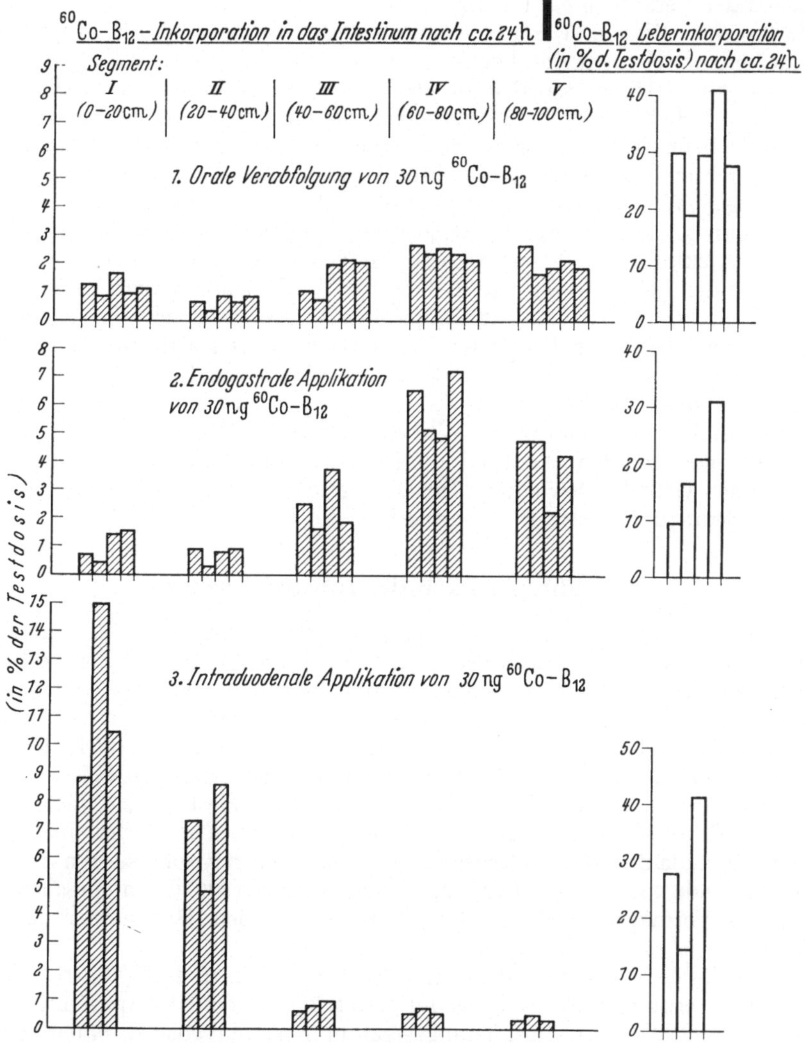

Abb. 6. ^{60}Co-B_{12}-Inkorporation in die Darmsegmente des Meerschweinchens nach oraler, endogastraler und intraduodenaler Applikation von 30 ng ^{60}Co-B_{12}

Meerschweinchen bei normaler B_{12}-Resorption (^{60}Co-B_{12}-Leberinkorporationstest) ein völlig anderes Verteilungsmuster der ^{60}Co-B_{12}-Inkorporation auf die 5 Abschnitte des Dünndarmes als nach endogastraler B_{12}-Applikation zu beobachten ist (vgl. Abb. 6). Nach endogastraler Verabreichung der B_{12}-Testdosis findet — ähnlich wie bei der oralen Verabfolgung — hauptsächlich eine ^{60}Co-B_{12}-Inkorporation in die distalen Dünndarmabschnitte statt, während das B_{12} nach intraduodenaler Applikation (bei unterbundener Magen-Duodenalverbindung) fast ausschließlich in die proximalen $^2/_5$ des Dünndarmes (Duodenum und proximales Jejunum) eingelagert wird (HEINRICH und STAAK, 1959). Beim Schwein ist die B_{12}-Resorption nach intraduodenaler Applikation des ^{60}Co-B_{12} — bei unterbundener Pylorus-Duodenalverbindung — erhöht und wird durch arteigenen Intrinsic Factor gehemmt (HEINRICH u. Mitarb., 1958). Sehr wahrscheinlich liegt der B_{12}-Resorption nach intraduodenaler Applikation ein anderer Mechanismus als nach oraler oder endogastraler Verabfolgung des B_{12} zugrunde (vgl. S. 1055).

JACKSON u. Mitarb. (1955) beobachteten nach direkter ^{60}Co-B_{12}-Injektion in das Caecum von Hennen, daß höchstens 8% der allerdings unphysiologisch hohen Testdosis (4 und 15 μg ^{60}Co-B_{12}) aus dem Caecum resorbiert und zu einem sehr kleinen Teil in Leber und Niere eingelagert werden. Eine solche Diffusionsresorption wurde beim Menschen nach oraler oder rektaler Gabe extrem großer B_{12}-Mengen (mehrere mg) bereits beobachtet, ist aber unphysiologisch und hat einen sehr geringen Wirkungsgrad. Mit physiologischen B_{12}-Mengen dürfte es kaum möglich sein, beim Huhn eine B_{12}-Resorption aus dem Caecum nachzuweisen.

Nach Injektion von 0,1 μg ^{60}Co-B_{12} in das Caecum von Meerschweinchen läßt sich in den bei dieser Tierart wichtigsten B_{12}-Speicherorganen Leber, Dünndarm und Dickdarm nur eine extrem geringe ^{60}Co-B_{12}-Inkorporation nachweisen (0,1; 0,3 bzw. 0,5% der Testdosis; Vergleichswerte vgl. Tab. 14), so daß eine Resorbierbarkeit des im Caecum und Colon vorhandenen B_{12} ausgeschlossen ist (HEINRICH und STAAK, 1959).

Grundsätzlich ist somit beim Wirbeltier eine B_{12}-Resorption im gesamten Dünndarm möglich. Ileum und Jejunum werden jedoch aus noch nicht ganz zu übersehenden Gründen bevorzugt. Im Dickdarm und Magen wird unter physiologischen Bedingungen kein B_{12} resorbiert.

4. Bildungsstätten des Intrinsic Factor

Durch ältere qualitative tierexperimentelle Untersuchungen und klinische Beobachtungen ist schon längere Zeit bekannt, daß beim Schwein der Intrinsic Factor hauptsächlich in der Pylorusmucosa des Magens gebildet bzw. sezerniert wird, während beim Menschen die Corpus- und Fundusmucosa des Magens dafür in Betracht kommt (Übers. und Lit. bei HEINRICH und LAHANN, 1954). Die vereinigten Extrakte und Rückstände des Ratten-Magens besitzen bei der radiometrischen Testung am Perniciosa-Patienten ausreichende Intrinsic Factor-Aktivität. Der Ratten-Intrinsic Factor wird im wesentlichen im Drüsenmagen der Ratte gebildet, da die aus dem Drüsenmagen gewonnenen lyophilisierten Extrakte und Rückstände eine größere Intrinsic Factor-Aktivität als die entsprechend aus dem Ratten-Vormagen erhaltenen Präparationen besaßen (HEINRICH u. Mitarb., 1957).

Bei der Ratte selbst wird die Radio-B_{12}-Resorption (5 ng $^{56,57}Co$-B_{12}) durch operative Entfernung des Vormagens nur geringfügig, durch Exstirpation von Vormagen und Fundus jedoch stark herabgesetzt, und bei total-gastrektomierten Ratten wird die Radio-B_{12}-Resorption nur durch Extrakte aus dem Gesamtmagen oder dem Fundus gefördert, während Extrakte aus dem Antrum pylori keine Intrinsic Factor-Aktivität besitzen (KEUNING u. Mitarb., 1959). Somit dürfte auch die bei der Ratte wirksame Intrinsic Factor-Aktivität im Drüsenmagen der Ratte gebildet werden. Nach dreistündiger Inkubation von gefrorenen histologischen Schnitten der Ratten-Magenmucosa mit einer nicht angegebenen Menge $^{56,57}Co$-B_{12} fand sich die autoradiographisch nachgewiesene B_{12}-Radioaktivität hauptsächlich in den Pepsinogen produzierenden Hauptzellen der Fundusdrüsen (KEUNING u. Mitarb., 1959). Mit dieser „in vitro"-Technik wird wohl recht spezifisch die unter allerdings unphysiologischen Bedingungen erfolgende thermolabile

Bindung des B_{12} an B_{12}-bindende Zellen der Magenmucosa erfaßt, ohne daß jedoch dadurch Aussagen über die Verteilung oder Bildung des Intrinsic Factor in der Magenschleimhaut möglich werden.

5. Mechanismus und Testung der Intrinsic Factor-Wirkung

Die noch vor einigen Jahren als wesentlich für den Wirkungsmechanismus des IF angesehene — in vitro meßbare — Bindung des B_{12} an den IF spielt heute keine besondere Rolle mehr bei Diskussionen über den Mechanismus der IF-Wirkung. Man hat eingesehen, daß die mikrobiologische oder radiometrische Bestimmung der B_{12}-IF-Bindung als in vitro Testmethode für die Bioaktivität des IF — wie nicht anders zu erwarten war — fast immer ungeeignet ist. Den methodischen Problemen und Ergebnissen zu der Frage der „in vitro"-Bindung des B_{12} an IF und andere Proteide wurde ein besonderer Abschnitt gewidmet (vgl. S. 1067).

Auch die extra-gastrointestinalen Effekte des IF, die mit dem eigentlichen IF-Mechanismus bei der B_{12}-Resorption nichts zu tun haben, wurden in einem eigenen Kapitel dargestellt (vgl. S. 1062).

a) Wirkungsmechanismus des Intrinsic Factor (IF)

Obwohl der IF bisher niemals isoliert werden konnte und somit auch niemals als chemisch wirklich reine Substanz für das Studium seines Wirkungsmechanismus zur Verfügung stand, wurden während der letzten 10 Jahre verschiedene — mehr oder minder unbewiesen gebliebene — Hypothesen hinsichtlich des Mechanismus der IF-Wirkung bei der intestinalen B_{12}-Resorption entwickelt. An dieser Stelle können nur einige neuere — mit Hilfe von Radio-B_{12} durchgeführte — Untersuchungen und Aspekte zu dieser Frage kurz dargestellt werden. Es sei daher auf ältere zusammenfassende Darstellungen von HEINRICH und LAHANN (1954) und WIJMENGA (1956) verwiesen.

α) Neuere Untersuchungen und Hypothesen zum „in vivo"-Mechanismus des Intrinsic Factor

An anderer Stelle (vgl. S. 1074) ist über die im Gastrointestinaltrakt des Schweines vorkommenden Inhibitoren der intestinalen B_{12}-Resorption und des Intrinsic Factor berichtet. Es ist noch nicht einzusehen, welche physiologische Bedeutung den beim Schwein in der Cardiamucosa des Magens nachgewiesenen Inhibitoren der intestinalen B_{12}-Resorption, die man auch als Anti-IF bezeichnen könnte (vgl. S. 1075), zukommt. Sehr wenig ist auch erst über die zahlreichen in der Magenschleimhaut und im Magensaft vorkommenden und z. T. mit hochspezifischen biologischen Eigenschaften [Blutgruppensubstanzen A und H, Lactobacillus bifidus-Faktor, den Dispersionsgrad von Blutplasmalipiden und Lipoproteidkomplexen beeinflussende lipotrope Faktoren (CAPRARO u. Mitarb., 1956; CRESSERI, 1956, vgl. in Vitamin B_{12} und Intrinsic Factor, 1956) u.a.m.] behafteten Mucoproteide und Mucopolysaccharide bekannt geworden. Es wäre daher durchaus denkbar, daß die — die Anti-IF-Aktivität tragenden — chemischen Strukturen der Cardiamucosa noch andere, vorläufig unbekannte biologische Funktionen haben und die teleologisch unerwünschte Inhibitorwirkung auf die B_{12}-Resorption — die dann vom Organismus durch die Existenz des IF kompensiert wird — nur eine Nebenwirkung ist.

Bisher liegen noch keine Hinweise dafür vor, daß der IF bei der Förderung der B_{12}-Resorption ebenfalls resorbiert wird. Wir nehmen daher an, daß das IF-Molekül zwei Haftgruppen besitzt, von denen die eine zunächst das B_{12}-Molekül im Lumen des Magen-Darm-Kanales bindet, während die zweite Haftgruppe dann für die Fixation des B_{12}-IF-Komplexes an einer an der Oberfläche der Intestinalmucosa-Zellmembran sitzenden Haftgruppe verantwortlich ist. Inhibitoren der intestinalen B_{12}-Resorption könnten sowohl die Bildung des B_{12}-IF-Komplexes als auch die Fixation dieses Komplexes an der Darmmucosamembran hemmen oder aber auch durch ihre vorher schon erfolgte Fixation an die Darmmucosa die Fixation des B_{12} dort stören und damit die Notwendigkeit des IF bedingen (Heinrich, 1959).

Ließe sich diese Arbeitshypothese beweisen, so könnte es dann die spezifische Aufgabe des IF sein, mit Hilfe seiner bivalenten Affinität zum B_{12} und der Darmmucosa für einen für die B_{12}-Diffusion durch die Darmzellmembran notwendigen, ausreichend hohen Konzentrationsgradienten zu sorgen. Je größer die B_{12}-Konzentration an der lumenseitigen Intestinalmucosazellmembran ist und je kleiner sie in dem im Diffusionsgeschehen aktiven intracellulären Raum der Mucosazelle ist, um so größer müßte dann die dem Konzentrationsgefälle folgende Diffusion des B_{12} durch die Mucosazellmembran sein. Die intestinale B_{12}-Resorption wäre ein reiner Diffusionsprozeß, der den physikochemischen Gesetzmäßigkeiten der Diffusion gehorcht. Da eine starke intramurale Speicherung des B_{12} in der Intestinalmucosa über einen längeren Zeitraum nach oraler und parenteraler Applikation physiologischer B_{12}-Mengen nicht erfolgt und das resorbierte B_{12} innerhalb von mehreren Stunden aus der Mucosazelle in die Blutbahn tritt, um dort im wesentlichen an das Transportprotein in der Serum-α_1-Globulinfraktion gebunden zu werden, ist auch für eine ständige Reduzierung der intracellulären B_{12}-Konzentration in der Dünndarmwand gesorgt.

Ein zweiter B_{12}-Konzentrationsgradient (B_{12}-Konzentration im intracellulären Raum der Darmmucosazelle und B_{12}-Konzentration an der wirksamen Grenzfläche zwischen Mucosazellmembran und Blutcapillaren) kann die B_{12}-Konzentration in der Mucosazelle und damit rückwirkend über den ersten B_{12}-Konzentrationsgradienten die B_{12}-Resorption beeinflussen, wie die nach mehrfacher Injektion sehr hoher B_{12}-Mengen erzielte „parenterale Resorptionsblockade" des B_{12} (Heinrich, 1956) beweist. Ein sehr hoher Serum-Spiegel aus proteingebundenem B_{12} (z. B. bei myeloischen Leukämien) wirkt sich auf diesen zweiten B_{12}-Konzentrationsgradienten nicht aus (vgl. Bd. II, S. 680). Auch die im physiologischen Bereich festgestellte Begrenzung der B_{12}-Resorption auf etwa 1 μg läßt sich mit dem dieser Arbeitshypothese zugrunde liegenden geschilderten Mechanismus der IF-Wirkung zwanglos erklären.

Im unphysiologischen, Intrinsic Factor-unabhängigen Bereich der intestinalen B_{12}-Resorption (vgl. S. 1047) reicht die durch die orale Verabfolgung großer B_{12}-Mengen (50 μg — 5 mg) im Darmlumen entstehende sehr hohe B_{12}-Konzentration allein schon aus, um — auch ohne IF — den für die B_{12}-Diffusion notwendigen hohen Konzentrationsgradienten an der resorbierenden Darmmucosamembran zu erreichen.

Ausgehend von Vorstellungen, nach denen der aktive Transport durch Zellmembranen an die Kontraktion von Proteinmolekülen gebunden ist (vgl. Danielli, 1953) vermuten Abels u. Mitarb. (1959), daß ein Intrinsic Factor-Acceptor in der Zellmembran als kontraktiles Protein für den aktiven B_{12}-Transport durch die Zellwand verantwortlich sein könnte. Jedoch fehlen auch für die rein spekulative Betrachtung noch die experimentellen Grundlagen.

Nach neueren „in vitro"-Untersuchungen ist die Radio-B_{12}-Bindung an Rattenleberschnitte Calcium-bedürftig und soll beim wohl nur experimentell in solchem Ausmaß erzeugbaren Calciummangel die Bindung des Radio-B_{12}-IFK-Komplexes an den Rattenleberschnitt gestört sein (vgl. S. 1063).

Nach GRÄSBECK und NYBERG (1958) wird beim Menschen die der oralen Gabe von 1 μg $^{60}Co-B_{12}$ folgende $^{60}Co-B_{12}$-Urinexkretion ($^{60}Co-B_{12}$-UET) durch gleichzeitige Verabfolgung von 2—10 g Na-Äthylendiamintetraacetat um den Faktor 2—5 herabgesetzt und dieser als eine Hemmung der intestinalen Radio-B_{12}-Resorption gedeutete Effekt des Äthylendiamintetraacetat durch Zugabe von genügend Calciumlactat völlig aufgehoben. Bei gastrektomierten Ratten vermögen jedoch 50 und 100 mg Äthylendiamintetraacetat die durch 0,5 ml neutralisierten Ratten-Magensaft ermöglichte intestinale Resorption aus einer Testdosis von 5 ng $^{58}Co-B_{12}$ nicht zu beeinflussen (ABELS u. Mitarb., 1959). Es ist somit fraglich, ob Calciumionen unter physiologischen Bedingungen überhaupt eine besondere Bedeutung für die intestinale Vitamin B_{12}-Resorption oder Vitamin B_{12}-Intrinsic Factor-Bindung haben (über die möglicherweise infolge Ca-Mangels bei Patienten mit idiopathischer Steatorrhoe herabgesetzte Radio-B_{12}-Resorption vgl. Bd. II, S. 687).

Beim Menschen soll es möglich sein, durch sehr häufige orale Gabe extrem großer Mengen von Natriumphytat die intestinale Radio-B_{12}-Resorption und den Serum-B_{12}-Spiegel herabzusetzen sowie die hämatologische und neurologische Frühsymptomatik des B_{12}-Mangels zu erzeugen (HERBERT, 1959). Selbst wenn sich dieser Effekt reproduzieren und durch Calcium aufheben lassen sollte, lassen sich daraus kaum schlüssige Aussagen über einen besonderen Calciumbedarf der Intrinsic-Factor-abhängigen Vitamin B_{12}-Resorption beim Menschen ableiten, da die Versuchsdurchführung nicht nur bedenklich, sondern auch unphysiologisch ist.

β) „In vitro"-Untersuchungen zum Mechanismus der IF-Wirkung an Dünndarmpräparaten

Die bisher mit „in vitro"-Methoden am überlebenden durchströmten Darm, an inkubierten Darmschnitten und mit umgestülpten Dünndarmsäcken sowie auch an mit Ligaturen versehenen noch „in situ" befindlichen Darmabschnitten durchgeführten Untersuchungen zum Mechanismus der IF-Wirkung wurden mit radioaktiv markiertem B_{12} durchgeführt, haben aber, bedingt durch die meist unphysiologische Versuchsanordnung, bisher nicht zu einheitlichen und reproduzierbaren Ergebnissen geführt.

Während STAAK (1956/1957) feststellte, daß der überlebende, bei erhaltener Peristaltik „in vitro" durchströmte Dünndarm des Meerschweinchens für Untersuchungen über die Resorption von $^{60}Co-B_{12}$ denkbar ungeeignet ist, beschrieben LATNER und RAINE (1956) eine manchmal nachweisbare schwache Hemmung der Radio-B_{12}-Bindung an „in vitro" inkubierte, aus dem oberen Dünndarm herausgeschnittene Stücke von Rattendarm durch den Magensaft der Ratte. Jedoch dürfte die gewählte Versuchsanordnung zu unbefriedigend sein, um zu Aussagen über physiologische Phänomene zu gelangen (vgl. auch WOLFF und WEIS, 1956).

Bei Benutzung einer von WILSON und WISEMAN (1954) angegebenen Technik am ausgestülpten geschlossenen Beutel aus Rattendünndarm beobachteten STRAUSS und WILSON (1958) eine 10—25fache Stimulierung der Bindung von 5 ng $^{60}Co-B_{12}$ an Beutel aus evertiertem Rattenjejunum und Ileum durch 1 ml neutralisierten Magensaft der Ratte. Diese Autoren können eine nennenswerte Radio-B_{12}-Bindung an die Darmmucosa der Beutel nur dann beobachten, wenn $^{60}Co-B_{12}$ und Ratten-Magensaft während der einstündigen Inkubationszeit gleichzeitig im Inkubat vorhanden waren. Nach Präinkubation der Darmsäckchen mit Ratten-Magensaft und anschließendem Spülen derselben mit NaCl-Lösung wird dann allein zugesetztes $^{60}Co-B_{12}$ kaum noch an die Darmmucosa gebunden, so daß eine Bindung und Retention des Ratten-IF an die Darmmucosa genauso unwahrscheinlich ist wie eine Bindung und Retention des im Präinkubat allein zugesetzten Radio-B_{12}. Nach den Beobachtungen von HERBERT (1959) soll sich jedoch eine Bindung des $^{60}Co-B_{12}$ an die Mucosa der Beutel aus evertiertem Rattendünndarm nur dann nachweisen lassen, wenn diese vorher mit einer bestimmten Menge des benutzten Schweine-Intrinsic-Factor-Konzentrates präinkubiert worden waren.

Bei gleichzeitiger Inkubation der Beutel mit ^{60}Co-B_{12} (10 ng) und Schweine IFK (5–500 μg) kann die Radio-B_{12}-Bindung gegenüber der Kontrollgruppe sogar gehemmt sein. Die Diskrepanzen zwischen den Ergebnissen beider Arbeitsgruppen lassen sich noch nicht erklären, sicherlich ist aber die Versuchsanordnung am evertierten Ratten-Darmsack recht unphysiologisch. Nur so ist die Beobachtung verständlich, daß für die Versuchsdurchführung niedrige Temperaturen von z. B. +6° C notwendig sind und bei 37° C das Radio-B_{12} auch ohne IFK gebunden wird, sowie eine Erniedrigung oder Erhöhung der IFK-Menge im Präinkubat um den Faktor 10 dazu führt, daß der mit der Standardmenge IFK erhaltene, die Radio-B_{12}-Bindung an den Beutel aus Rattendarm fördernde Intrinsic Factor-Effekt verschwunden ist. Ebenso wie für die Radio-B_{12}-Bindung an Rattenleberschnitte (vgl. S. 1063) soll auch Calcium für die B_{12}-Bindung bzw. die Bindung des B_{12}-IF-Komplexes an evertierte Rattendünndarmmucosa notwendig sein (HERBERT, 1959). Die vorliegenden experimentellen Befunde (herabgesetzter Intrinsic Factor-Effekt beim Arbeiten im Calcium-armen Medium oder nach Zusatz von Äthylendiamintetraacetat) zur Stütze dieser Annahme sind allerdings noch unvollkommen (vgl. auch S. 1057).

Während der Schweine-Intrinsic Factor somit zumindest unter artifiziellen „in vitro“-Bedingungen die Radio-B_{12}-Bindung zu fördern vermag, ist Schweine-IF bei der Testung an der lebenden Ratte ein Inhibitor der intestinalen Radio-Vitamin B_{12}-Resorption und an der total-gastrektomierten Ratte völlig wirkungslos, wie „in vivo“-Untersuchungen in sehr vielen Laboratorien gezeigt haben (vgl. hierzu III./9.: Artspezifität des Intrinsic Factor, S. 1078). Auch in diesem speziellen Fall sind „in vitro“-Versuchsanordnungen nicht geeignet, um zu Aussagen über „in vivo“ vorliegende Verhältnisse zu gelangen.

Die „in vitro“-Bindung einer $^{56,57}Co$-B_{12}-Testdosis (5 ng/ml) an aus dem Rattendünndarm herausgeschnittene Darmstreifen oder an Säckchen aus umgestülptem Rattendarm wird durch im Überschuß (25–1250 ng/ml) hinzugegebenes Pseudo-B_{12}, B_{12}-Lakton oder B_{12}-Monocarbonsäureäthylamid auf 17–40% des Kontrollwertes herabgesetzt (LATNER und RAINE, 1958). Das aus diesen und anderen Befunden gefolgerte Vorhandensein sowohl eines kompetitiven als auch eines nicht-kompetitiven Systems der B_{12}-Aufnahme im Rattendarm dürfte jedoch nicht ausreichend belegt sein. Sehr wahrscheinlich läßt sich der gleiche Effekt auch nach Zugabe von gewöhnlichem Vitamin B_{12} im Überschuß feststellen und ist über eine biologische Isotopenverdünnung auf eine Absättigung der begrenzten B_{12}-Bindungskapazität der Rattenmucosa zurückzuführen. Ein Studium der B_{12}-Bindung an die Darmmucosa erlaubt auch noch keine Aussagen über die B_{12}-Resorption am intakten Tier, denn gerade das Pseudo-B_{12}, das — wie oben beschrieben — mit dem Radio-B_{12} bei der „in vitro“-Bindung an den Rattendarm konkurriert, tut dies nicht bei der Resorption am intakten Tier und wird somit auch nicht resorbiert (vgl. „Strukturspezifität der intestinalen Vitamin B_{12}-Resorption, S. 1111 und „Indirekter Radio-B_{12}-Resorptionstest, S. 1051).

γ) Intestinale Resorption von in der Leber gebundenem Radio-B_{12}

Die genaue Bindungsform des B_{12} in der Zelle ist nicht bekannt. Bisher wurde in der Leber freies B_{12}, peptidgebundenes und proteingebundenes B_{12} sowie B_{12}-Coenzym als Speicherform des B_{12} wahrscheinlich gemacht (vgl. S. 1119). Eine gegenüber dem biosynthetisch aus Mikroorganismen gewonnenen B_{12} größere biologische und klinische Aktivität des in der Leber oder in Leberextrakten vorhandenen B_{12} wurde oft behauptet und nie bewiesen. Neuerdings wurde nun auch mitgeteilt, daß in der Schweineleber gebunden vorliegendes Radio-B_{12} (das ^{60}Co-B_{12} wurde einem Schwein täglich injiziert und so in dessen Leber inkorporiert) von gesunden Menschen und Perniciosa-Patienten wesentlich besser resorbiert werden soll als freies $^{60}Co\text{-}B_{12}$. Bei Perniciosa-Patienten soll nicht nur kein Intrinsic Factor dafür benötigt werden, sondern auch die Resorption größer als bei gesunden Menschen sein (NYBERG und REIZENSTEIN, 1958; REIZENSTEIN und NYBERG, 1959). Die verwendeten Testmengen an lebergebundenem und freiem $^{60}Co\text{-}B_{12}$ waren allerdings mit durchschnittlich 10—50 μg sehr groß und lagen außerhalb des Intrinsic Factor-abhängigen physiologischen B_{12}-Resorptionsbereiches. Außerdem weichen die in der Kontrollgruppe der Autoren für freies $^{60}Co\text{-}B_{12}$ angegebenen Resorptionswerte z. T. erheblich von den Ergebnissen anderer Untersucher ab (vgl. Abb. 3).

Eine Bestätigung dieser am Menschen gemachten und schwer zu verstehenden Beobachtungen unter exakteren Versuchsbedingungen ist daher wünschenswert. Total gastrektomierte Ratten vermögen das in physiologischen Mengen oral verabfolgte, in der Rattenleber gebundene $^{60}Co\text{-}B_{12}$ (etwa 14 ng $^{60}Co\text{-}B_{12}$/100 mg Leber) genausowenig zu resorbieren wie freies $^{60}Co\text{-}B_{12}$ (GRÄSBECK u. Mitarb., 1958).

Ein von WIJMENGA (1953) aus der Rinderleber isolierter Vitamin B_{12}-Polypeptidkomplex (WBC) wurde mit Hilfe des mikrobiologisch ausgewerteten oralen B_{12}-Resorptions-Urinexkretionstestes an Perniciosapatienten auf seine Resorbierbarkeit hin untersucht (HEINRICH, 1954). Dabei ergab sich, daß dieser Cyanid-freie B_{12}-Polypeptidkomplex, der bei spektrophotometrischer Testung bei 350 nm und im Ochromonas-Test 16 μg B_{12}/mg enthielt, nur bei gleichzeitiger Intrinsic Factor-Verabfolgung resorbierbar war. Auch das natürlich in der Leber peptidgebunden vorkommende B_{12} braucht somit den Intrinsic Factor zur Resorption.

b) Bestimmung der biologischen Intrinsic Factor-Aktivität

Bis zum Jahre 1952 war die Bestimmung der IF-Bioaktivität allein klinisch mit dem erythrocytopoetischen Test am dekompensierten Perniciosa-Patienten möglich. Diese Bestimmungsmethode war schlecht reproduzierbar, unempfindlich, zeitraubend und bestenfalls semiquantitativ und gehört heute schon deshalb der Vergangenheit an, weil dafür nicht genügend dekompensierte Perniciosa-Patienten zur Verfügung stehen. Sie wurde ersetzt durch den mikrobiologisch ausgewerteten oralen B_{12}-Resorptions-Exkretionstest (HEINRICH und LAHANN, 1953, 1954; HEINRICH, 1954, 1956) sowie die noch wesentlich einfachere Verwendung von Radio-Vitamin B_{12} beim Radio-B_{12}-Resorptions-Faecesexkretionstest (Radio-B_{12}-FET, vgl. Bd. II, S. 663), Radio-B_{12}-Resorptions-Urinexkretionstest (Radio-B_{12}-UET, vgl. Bd. II, S. 666), Radio-B_{12}-Blutkonzentrationstest (Radio-B_{12}-BKT, vgl. Bd. II, S. 671), Radio-B_{12}-Resorptions-Leberinkorporationstest (Radio-B_{12}-LIT, vgl. Bd. II, S. 671) und Radio-B_{12}-Resorptions-Gesamtkörperretentionstest (Radio-B_{12}-GRT, vgl. Bd. II, S. 674). Die bei der Durchführung zu berücksichtigenden technischen Einzelheiten und insbesondere die Vor- und Nachteile der fünf Radio-B_{12}-Resorptionsteste sind in dem Abschnitt über die „Diagnostischen Radio-Vitamin B_{12}-Resorptionsteste“ (vgl. Bd. II, S. 661) ausführlich dargestellt. Grundsätzlich sind alle fünf Radio-B_{12}-Resorptionsteste zur qualitativen Testung der IF-Bioaktivität an Personen mit möglichst vollständigem Verlust an körpereigenem Intrinsic Factor (Patienten mit dekompensierter oder kompensierter perniciöser Anämie, funiculärer Spinalerkrankung und totaler Gastrektomie, vgl. III. in Tab. 8, Bd. II, S. 679) geeignet. Für die quantitative Testung, d. h. für die Bestimmung des IF haben sich bisher nur der Radio-B_{12}-UET und Radio-B_{12}-FET durchgesetzt und bewährt.

Um zu vergleichbaren und reproduzierbaren Ergebnissen zu gelangen, ist es notwendig, am gleichen Patienten unter Standardbedingungen den die Radio-B_{12}-Resorption aus einer oralen Radio-B_{12}-Standardtestdosis von 0,5—1 μg fördernden

Effekt eines gereinigten oder hochgereinigten Intrinsic Factor-Konzentrates mit der biologischen Aktivität des nicht bekannten, zu testenden Intrinsic-Factor-Präparates zu vergleichen. Insbesondere bei der Testung der IF-Bioaktivität einer Reihe, während der IF-Reinigung bzw. Konzentrierung anfallender IF-Präparationen hat es sich bewährt, die einzelnen IF-Fraktionen in der 1 Frischmucosaeinheit (1 FME) des Ausgangsmaterials (gewöhnlich 1 g Schweinepylorusmucosa) entsprechenden Menge zu testen. Bei rohen IF-Präparationen sind das etwa 100—250 mg, bei gereinigten IFK entsprechen 1 FME etwa 1—10 mg und von hochgereinigten IFK werden etwa 0,1—1 mg dafür angesetzt. Bei solch einem Vorgehen kommt man zu unmittelbaren Aussagen über die während der IF-Fraktionierung erhaltenbleibende oder auch verloren gehende IF-Bioaktivität. Bei einer 100%igen Ausbeute und Vermeidung der IF-Inaktivierung hat dann 1 FME eines hochgereinigten IFK (0,1—1 mg) die gleiche IF-Bioaktivität wie 1 FME des Ausgangsmateriales vor der Reinigung (z. B. 1 FME $\triangleq$ 100—250 mg eines rohen IFK oder 1 FME $\triangleq$ 1—10 mg eines gereinigten IFK). Diese Art von IF-Biotestung bleibt aber gewöhnlich auf die Produktionskontrolle bei der industriellen Herstellung von IF-Präparaten beschränkt oder wird bei der Entwicklung neuer IF-Fraktionierungsmethoden benutzt.

Soll die spezifische Bioaktivität eines unbekannten Intrinsic Factor-Konzentrates, ausgedrückt in der durch ein mg IFK ermöglichten Radio-B_{12}-Resorption (z. B. in μg ^{60}Co-B_{12}/mg IFK), mit einem Standard-IFK verglichen werden, so empfiehlt sich die orale Verabfolgung gleicher Mengen von beiden IF-Präparaten. Verglichen werden Mengen des Standard-IFK und Test-IFK, die zu etwa gleichem Effekt führen, d. h. gleiche spezifische Bioaktivitäten besitzen. Bei der in der Tab. 4 zusammengestellten Testung handelt es sich um ein rohes, aus der Schweinepylorusmucosa fraktioniertes IFK, das in einer Dosierung von 100 mg die gleiche IF-Bioaktivität besaß wie 5 mg des von uns benutzten gereinigten Standard-Schweine-IFK (Lederle WES 847 A).

Tabelle 4. *Vergleichende Testung der spezifischen Bioaktivität eines rohen und in der Wirksamkeit unbekannten Schweine-IFK-1991 sowie eines gereinigten Standard-Schweine-IFK (Lederle WES 847 A) mit dem Radio-B_{12}-UET an 5 Perniciosa-Patienten*

100 mg des unbekannten rohen IFK-1991 besaßen etwa die gleiche Bioaktivität wie 5 mg eines Standard-Präparates (Lederle WES 847 A). Die spezifische Bioaktivität des IF-Standardpräparates war somit etwa 20mal größer

Tag	Orale Belastung mit	Radio-^{60}Co-B_{12}-Urinexkretion (in 72 h u. in % d. Testdosis)				
	Patient, Nr.	1	2	3	4	5
1.	0,50 nMol $^{60}Co-B_{12}$ ($\cong$ 0,1 μC)	3	0,5	2	1	0,3
4.	0,50 nMol + 5 mg eines gereinigten Standard IFK (Lederle WES 847 A)	18	22	17	20	15
7.	0,50 nMol + 10 mg eines gereinigten Standard IFK (Lederle WES 847 A)	31	32	27	29	23
10.	0,50 nMol + 50 mg eines unbekannten IFK-1991	9	14	12	8	7
13.	0,50 nMol + 100 mg eines unbekannten IFK-1991	19	21	20	18	17

Nach unseren Erfahrungen reicht die Menge eines IFK, die bei Perniciosa-Patienten die B_{12}-Resorption aus einer Radio-B_{12}-Testdosis von 0,5—1 μg normalisiert (Normalwerte der B_{12}-Resorption vgl. Abb. 3 u. Tab. 3, S. 1046) zusammen mit etwa 1—2 μg B_{12} bei dreimal täglicher Applikation für die orale Kompensations- und Erhaltungstherapie der perniciösen Anämie aus (HEINRICH, 1955, 1956). WILLIAMS u. Mitarb. (1956) hingegen benötigen bei der von ihnen durchgeführten IF-Testung mit dem Radio-B_{12}-UET zur Normalisierung der B_{12}-Resorption das 2—3fache der für die orale Kompensationstherapie benötigten täglichen IF-Menge. Da jedoch das von diesen Autoren benutzte und in einer Dosierung von 25 und 50 mg (zusammen mit 10 μg B_{12}) als hämatopoetisch aktiv deklarierte Standard-IFK 186-1 in seiner erythrocytopoetischen Aktivität nicht den vom U.S.P. Anti-Anemia Preparations Advisory Board (Juli 1948) ausgearbeiteten Richtlinien entspricht und wohl erst in 2—3fach höherer Dosierung hämatopoetisch voll wirksam (nicht die Reticulocytenkrise ist entscheidend, sondern der Erythrocytenanstieg nach 15 Tagen, der einer 10 μg B_{12}-Injektion entsprechen soll; vgl. CAMPBELL und McLAUGHLAN in „Vitamin B_{12} und Intrinsic Factor, 1956) wird, entspricht wohl auch bei WILLIAMS u. Mitarb. (1956) die zur Normalisierung der Resorption aus einer 0,5—1 μg Radio-B_{12}-Testdosis benötigte IF-Menge der für die Kompensationstherapie der perniziösen Anämie täglich notwendigen IF-Menge.

Bei Verwendung schonender Methoden mit hohem Wirkungsgrad zur Extraktion und Konzentrierung des IF entspricht die aus einem Gramm Frischmucosa (= 1 FME) der Schweine-Pylorusmucosa gewonnene Menge eines gereinigten oder hochgereinigten IFK der für die Normalisierung des Radio-B_{12}-UET bzw. die orale Kompensations- und Erhaltungstherapie von Perniciosa-Patienten täglich benötigten IF-Menge.

Uns hat sich während der vergangenen 5 Jahre die eben beschriebene IF-Testung am Perniciosa-Patienten mit Hilfe des Radio-B_{12}-UET bei der Untersuchung von etwa 100 Intrinsic Factor-Präparaten gut bewährt. Sie stellt keine besondere Strahlenbelastung für den Patienten dar, da in dem in der Tab. 4 gegebenen Beispiel insgesamt nicht mehr als etwa 0,1—0,2 μC ^{60}Co-B_{12} nach 5 Radio-B_{12}-UET von jedem Patienten retiniert wurden. Dieser Retention entspricht eine biologische Strahlenbelastung von nicht mehr als 0,77—1,54 mrem/Woche. Nicht mehr als 1—2% der maximal zulässigen Inkorporationsradioaktivität an ^{60}Co-B_{12} werden von den Perniciosa-Patienten retiniert (vgl. hierzu Bd. II, S. 690).

Der Radio-B_{12}-FET ist für die routinemäßige Testung der IF-Bioaktivität weniger gut geeignet, da er den doppelten Zeitaufwand erfordert (5—8 statt 2 bis 3 Tage pro Einzelbelastung, vgl. Tab. 7, Bd. II, S. 677) und mehr Fehlermöglichkeiten mit sich bringt. In seltenen Fällen, insbesondere wenn man bei wissenschaftlichen Fragestellungen direkt die pro mg IFK stimulierte B_{12}-Resorption oder genauer gesagt, die durch 1 mg eines IFK zur Resorption gebrachte B_{12}-Menge bestimmen will, ist der Radio-B_{12}-FET unentbehrlich.

Der limitierende Faktor bei allen mit Hilfe von Radio-B_{12} durchgeführten Intrinsic Factor-Testungen sind die Schwierigkeiten bei der Bereitstellung der dafür unumgänglich notwendigen ausreichenden Anzahl von Perniciosa-Patienten. Alle Bemühungen zur Entwicklung von „in vitro"-Testen zur Bestimmung der IF-Bioaktivität (mikrobiologisch, dialytisch, papierchromatographisch und papierelektrophoretisch bestimmte „in vitro"-B_{12}-IF-Bindung, vgl. S. 1067; B_{12}-Inkorporation in überlebende Darmabschnitte oder -Säcke, vgl. S. 1057, Organschnitte oder -Homogenate, vgl. S. 1062) müssen z. Z. als gescheitert angesehen werden. Dabei werden grundsätzlich andere Phänomene erfaßt, nicht aber die hochspezifische Bioaktivität des Intrinsic Factor. Nach wie vor ist allein der Patient mit dekompensierter oder kompensierter perniciöser Anämie für die Testung der IF-Bioaktivität mit Hilfe eines Radio-B_{12}-Resorptionstestes geeignet. Versuchstiere kamen bisher wegen der Artspezifität der IF-Wirkung (vgl. S. 1078) und der möglichen Existenz verschiedener B_{12}-Resorptions- bzw. IF-Mechanismen (vgl. S. 1055) nicht in Betracht. Vitamin B_{12}-haltige IF-Präparationen können nur dann mit Radio-B_{12}-Resorptionstesten am Perniciosa-Patienten getestet werden, wenn der B_{12}-Gehalt mikrobiologisch genau bestimmt worden ist und der Gesamt-B_{12}-Gehalt (IF-gebundenes, nichtradioaktives B_{12} + zugesetzte Radio-B_{12}-Testdosis) als B_{12}-Testdosis angesetzt wird. Sofern das nicht möglich ist, kann die Testung mit dem wesentlich umständlicheren und weniger zuverlässigen mikrobiologisch ausgewerteten B_{12}-Resorptions-Urinexkretionstest (vgl. HEINRICH und LAHANN, 1955; HEINRICH, 1954, 1956) durchgeführt werden.

In verschiedenen Laboratorien wurde ein recht gute Übereinstimmung zwischen erythrocytopoetisch und biochemisch mit Hilfe der verschiedenen Radio-B_{12}-Resorptionsteste bestimmter Bioaktivität an vielen IF-Präparationen festgestellt (ROSENBLUM u. Mitarb., 1954; GLASS u. Mitarb., 1955; HEINRICH, 1955, 1956; TOPOREK u. Mitarb., 1955; BEST u. Mitarb., 1956; WILLIAMS u. Mitarb., 1956), so daß die unzuverlässige, zeitraubende und vom ärztlichen Standpunkt nicht zu rechtfertigende klinisch-erythrocytopoetische Testung der IF-Bioaktivität durch die geeigneten Radio-B_{12}-Resorptionsteste ersetzt werden konnte. Da jedoch die orale B_{12} + IF-Therapie der perniciösen Anämie z. Z. nicht mehr verantwortet werden kann (vgl. S. 1081) und allgemein zugunsten der parenteralen B_{12}-Therapie aufgegeben worden ist, haben heute die mit der biochemischen IF-Aktivitätsbestimmung verknüpften Probleme nicht mehr die Aktualität wie vor wenigen Jahren.

6. Extra-gastrointestinale Wirkungen des Intrinsic Factor

Obwohl bisher noch keinerlei experimentelle Befunde vorliegen, die die Annahme einer im Gastrointestinaltrakt erfolgenden Resorption des homologen oder heterologen IF rechtfertigen könnten, wurden von verschiedenen angloamerikanischen Forschergruppen während der drei letzten Jahre „in vitro"-Untersuchungen über die Beeinflussung der Radio-B_{12}-Bindung an Organschnitten durch Magensaft und IF-haltige Präparationen durchgeführt und dabei beobachtet, daß z. B. die Bindung von ^{60}Co-B_{12} an Rattenleberschnitte von Schweine-IF-Konzentraten gefördert wird (MILLER u. Mitarb., 1957a, b; LATNER und RAINE, 1957; HERBERT und LONDON, 1957), während gekochte IF-Konzentrate und einige andere Proteine ohne IF-Aktivität inaktiv sind (MILLER u. Mitarb., 1957b).

So untersuchte HERBERT (1958a, d) in vitro bei 0° C die Radio-B_{12}-Bindung an Organschnitten und beschrieb nach Präinkubation derselben mit 0,5 mg eines gereinigten Schweine-IF-Konzentrates die in der Tab. 5 zusammengestellten Ergebnisse. Ohne Präinkubation mit Schweine-IF war die pro Gramm Organ-Frischgewicht von den Rattenorganschnitten gebundene Radio-B_{12}-Menge bei den einzelnen Organen sehr verschieden und verhielt sich etwa für Leber:Niere-Herzmuskel:Milz wie 1:2:3:5 und lag damit für das Organ Leber, an dem der die B_{12}-Bindung fördernde Effekt des Schweine-IF bei der Ratte allein in einem quantitativ interessanten Ausmaß nachweisbar war (vgl. Tab. 5), am niedrigsten. Hinsichtlich des Schweine-IF-Effektes auf die Radio-B_{12}-Bindung an Rattennierenschnitte liegen allerdings widerspruchsvolle Befunde vor, da MILLER und HUNTER (1957b) einen signifikanten fördernden Effekt beschrieben, während HERBERT und SPAET (1958d) einen solchen nicht bestätigen konnten.

Bemerkenswert ist, daß der Schweine-IF unter den unphysiologischen „in vitro"-Bedingungen die Radio-B_{12}-Bindung an Ratten-Organschnitte (Leber und Dünndarm) fördert (vgl. oben), obwohl bekannt ist, daß die B_{12}-Resorption bei der intakten oder gastrektomierten lebenden Ratte durch Schweine-IF mehr oder weniger stark gehemmt wird (ROSENBLUM u. Mitarb., 1954a, b; CHOW u. Mitarb., 1955; CLAYTON u. Mitarb., 1955; NIEWEG u. Mitarb., 1956; HOLDSWORTH und COATES, 1956). Auch an herausgeschnittenen Streifen aus dem Rattendarm wird die Radio-B_{12}-Bindung an die Mucosa durch gereinigten Schweine-IF nur gehemmt (LATNER und RAINE, 1957).

Tabelle 5. *Extra-gastrointestinale „in vitro"-IF-Effekte an Organschnitten* (vgl. Text)

an Rattenleberschnitten	eine 10–20fache Steigerung	der $^{60}Co-B_{12}$-Bindung an die Organschnitte
an Menschenleberschnitten	eine etwa 3fache Steigerung	der $^{60}Co-B_{12}$-Bindung an die Organschnitte
an Ratten-Dünndarm-segmenten	eine etwa 2fache Steigerung	der $^{60}Co-B_{12}$-Bindung an die Organschnitte
an Ratten-Nierenschnitten	eine geringfügige Steigerung (etwa 10%ige)	der $^{60}Co-B_{12}$-Bindung an die Organschnitte
an Ratten-Herzschnitten	eine geringfügige Steigerung (etwa 10%ige)	der $^{60}Co-B_{12}$-Bindung an die Organschnitte
an Ratten-Milzschnitten	eine geringfügige Steigerung (etwa 10%ige)	der $^{60}Co-B_{12}$-Bindung an die Organschnitte
und		
an Ratten-Leberschnitten	eine 11–22%ige Steigerung durch Präinkubation mit Serum von Gesunden oder Perniciosa-Patienten	
an Ratten-Leberschnitten	eine 51%ige Steigerung mit 15fach konzentr. Normalserum	

Nach den Arbeiten von MILLER und HUNTER (1958) ist die Steigerung der Radio-B_{12}-Bindung an Ratten-Leberhomogenate etwa proportional der Menge des in vitro zugesetzten IF-Konzentrates bzw. gefriergetrockneten menschlichen Magensaftes und bedarf der Gegenwart eines B_{12}-Acceptorproteins in den Mikrosomen und der löslichen Proteinfraktion der untersuchten Organhomogenate. Das B_{12}-Acceptorprotein konnte bei der Ratte in den meisten Organen nachgewiesen werden.

FRANZ und PENDL (1958) konnten zeigen, daß auch die Aufnahme von Radio-B_{12} in die Zellen von Megaloblastenkulturen (die dann in Normoblastenkulturen übergehen) durch Vitamin B_{12}-bindende Proteine erheblich gefördert wird.

Die „in vitro"-Bindung von $^{56,57}Co-B_{12}$ an Ratten-Leberschnitte verläuft im Bereich zwischen 0,5 und 25 ng/ml proportional zur Radio-B_{12}-Konzentration im Inkubationsmedium und wird durch Zusatz von 50 oder 500 ng Pseudo-Vitamin B_{12}/ml bei einer Radio-B_{12}-Konzentration von 5 ng/ml nicht beeinflußt, ist also hinsichtlich der Struktur der Base im B_{12}-Molekül vielleicht strukturspezifisch (LATNER u. RAINE, 1959). Der bei diesen Untersuchungen festgestellte, die $^{56,57}Co-B_{12}$-Bindung an die Ratten-Leberschnitte fördernde Effekt eines gereinigten Schweine Intrinsic Factor-Konzentrates (10 μg/ml) ließ sich nur bei einer bestimmten Radio-B_{12}-Konzentration (5 ng/ml) nachweisen und war im Vergleich zu den Ergebnissen anderer Autoren (vgl. S. 1062 u. Tab. 5) mit einer 47%igen Steigerung sehr gering. Nach unveröffentlichten Ergebnissen derselben Autoren soll dieser wenig ausgeprägte Intrinsic Factor-Effekt durch Zusatz einer nicht angegebenen Pseudo-Vitamin B_{12}-Menge sogar völlig aufhebbar sein. Dabei wird eine Absättigung der für den IF-Effekt auf die Radio-B_{12}-Bindung wichtigen B_{12}-Bindungskapazität des IF durch überschüssiges Pseudo-B_{12} als Mechanismus angenommen (vgl. Strukturunspezifität der B_{12}-IF-Bindung, S. 1115).

Die von HERBERT (1958c) erhobenen Befunde, nach denen die Radio-B_{12}-Bindung an Rattenleberschnitte durch Hitzevorbehandlung (10 min etwa 100° C) oder 2,4-Dinitrophenolzusatz (10^{-4}M) nicht beeinflußt wird und bei + 3° C fast in dem gleichen Ausmaß wie bei 37,5° C erfolgt, sprechen dafür, daß der an solchen Schnitten beobachtete Effekt der fördernden Wirkung eines gereinigten Schweine-IF-Konzentrates auf die Radio-B_{12}-Bindung voll funktionsfähige überlebende Zellen bzw. Schnitte nicht zur Voraussetzung hat und daher wohl auf rein physikalische Adsorptions- und Diffusionsphänomene des $^{60}Co-B_{12}$ an Zellgrenzflächen zurückzuführen ist. Auch die Notwendigkeit von Calcium oder Strontium für den genannten IF-Effekt sowie die Freisetzung des bereits im Rattenleberschnitt unter IF-Einfluß gebundenen $^{60}Co-B_{12}$ nach erneuter Inkubation desselben mit dem Chelatbildner Äthylendiamintetraacetat sind nur so zu deuten. Die Beobachtung, daß ohne Zugabe von Calcium das Schweine-IFK die Radio-B_{12}-Bindung an Rattenleberschnitte um einen Faktor 10 zu hemmen vermag, die zur Annahme der Bindung des $^{60}Co-B_{12}$ an das Schweine IFK und einer bei fehlendem Calcium gestörten Bindung des $^{60}Co-B_{12}$-Schweine-IFK-Komplexes an den Ratten-Leberschnitt führte (HERBERT, 1959), muß wohl auf die unphysiologischen „in vitro"-Versuchsbedingungen zurückgeführt werden. Eine besondere physiologische Bedeutung von im Organismus ubiquitär vorhandenen Calciumionen für die intestinale B_{12}-Resorption und B_{12}-IF-Bindung „in vitro" wurde bisher nicht bewiesen (vgl. S. III/5).

Erstaunlich ist, daß somit der extra-gastrointestinale „physikalische" Effekt von IF-Präparationen „in vitro" selbst unter völlig unphysiologischen Verhältnissen nachgewiesen werden kann, während es z. B. nicht mehr gelang, die in vivo am intakten Meerschweinchen gut meßbare Radio-B_{12}-Resorption am isolierten, durchströmten und unter optimalen Bedingungen mit erhaltener Peristaltik überlebenden Meerschweinchendarm mit ^{60}Co-B_{12} auch nur qualitativ zu erfassen (vgl. S. 1057).

Die Studien von Johnson und Driscoll (1958) zeigten, daß die ^{60}Co-B_{12}-Bindung durch Rattenleberschnitte in vitro auch durch den Magensaft des Schweines und insbesondere des Hundes stimuliert wird, obwohl die gleiche Präparation des Hunde-Magensaftes bei der Testung am Perniciosa-Patienten keine biologische IF-Aktivität besaß. Eine Beziehung zwischen der biologisch am Perniciosa-Patienten getesteten IF-Aktivität, der „in vitro" mittels Dialyse bestimmten B_{12}-Bindungskapazität und Förderung der „in vitro"-B_{12}-Bindung an Rattenleberschnitte konnte bei den benutzten Magensäften von Menschen, Hunden, Schweinen und Ratten nicht festgestellt werden, da der menschliche Magensaft mit der größten biologischen IF-Aktivität nicht nur keinen fördernden Einfluß auf die B_{12}-Bindung an Ratten-Leberschnitte hatte, sondern dieselbe sogar mit zunehmender Konzentration auf mehr als 50% des Kontrollwertes hemmte. Umgekehrt vermochte der als IF beim Perniciosa-Patienten völlig unwirksame Hunde-Magensaft die B_{12}-Bindung an die Rattenleberschnitte wesentlich stärker als alle anderen Magensäfte und das gereinigte Schweine-IF-Konzentrat zu stimulieren (vgl. Tab. 6). Gegen Identität von echtem IF und diesem „Gewebs"-IF spricht auch die Beobachtung, daß der arteigene IF des Rattenmagensaftes die B_{12}-Bindung an Rattenleberschnitte mit zunehmender Konzentration „in vitro" zunehmend hemmt (Johnson und Driscoll, 1958) und der Schweine-IF die B_{12}-Bindung an Schweine-Leberhomogenat nicht zu fördern vermag (Minard und Wagner, 1958). Es muß allerdings abgewartet werden, ob die jeweiligen speziellen Versuchsbedingungen (z. B. gleichzeitiges oder aufeinanderfolgendes Inkubieren der Organschnitte mit dem IF und Radio-B_{12}) für die unterschiedlichen Ergebnisse verschiedener Arbeitskreise verantwortlich gemacht werden können, da z. B. Herbert (1958b) mit dem Magensaft von Ratten und zweier Menschen ohne perniciöse Anämie eine Stimulierung der B_{12}-Bindung an Ratten-Leberschnitte erzielen konnte, wenn zuerst mit dem IF-haltigen Magensaft und anschließend nach Abwaschen des nicht an den Schnitt gebundenen IF und der B_{12}-bindenden Faktoren des Magensaftes mit dem Radio-B_{12} inkubiert wurde.

Sehr wichtig ist die Beobachtung, daß die Förderung und Hemmung der ^{60}Co-B_{12}-Bindung an Rattenleberschnitte auch sehr stark von der Konzentration der benutzten Magensäfte (Johnson und Driscoll, 1958) bzw. IF-Konzentrate (Herbert, 1958b) abhängig ist und mit zunehmender IF-Konzentration nach Erreichen einer für die Magensäfte verschiedener Species unterschiedlichen optimalen Relation (Intrinsic Factor: Vitamin B_{12}: Leberschnitt) aus einer Förderung eine Hemmung der B_{12}-Bindung an Ratten-Leberschnitte wird. Ähnliche Befunde wurden auch bei der biologischen Testung von IF-Präparationen am Perniciosa-Patienten erhoben, wenn bei gleichbleibender Radio-B_{12}-Menge die IF-Testdosis heraufgesetzt wurde (Heinrich, 1955; Heinrich und v. Heimburg, 1956; Toporek u. Mitarb., 1955).

Grundsätzlich muß zu den geschilderten Ergebnissen der Untersuchungen zur extra-gastrointestinalen Wirkung des IF außerdem noch bemerkt werden:

1. Es ist klar zwischen Wirkung und Wirkungsmechanismus des in der Magenschleimhaut sezernierten und wahrscheinlich auch dort gebildeten IF, dessen spezifische biologische Aktivität — die Förderung der intestinalen B_{12}-Resorption

Tabelle 6. *Vergleichende Übersicht über fehlende Beziehungen zwischen biologischer Intrinsic-Aktivität, dialytisch bestimmter „in vitro"-Vitamin B_{12}-Bindungskapazität und Vitamin B_{12}-Bindung an Ratten-Leberhomogenate bei Magensäften verschiedener Arten (nach experimentellen Ergebnissen von* Johnson u. Driscoll (1958) *zusammengestellt)*

Magensaft	Biologische IF-Aktivität von 25 mg Magensaft am Perniciosa-Patienten (Radio-B_{12}-Leber inkorporationstest)	Dialytisch bestimmte „in vitro" B_{12}-Bindungskapazität des Magensaftes (ngB_{12}/mg)	^{60}Co-B_{12}-Bindung an Rattenleberschnitte (in Ipm/100 mg Leberschnitt) mit 50 µg Magensaft	200 µg Magensaft
Kontrolle	0,9%[1]	—	485	
Menschlicher Magensaft	5,4	44	420	250
Schweine-Magensaft	5,0	16	658	558
Schweine-IF-Konzentrat	—	129	656	360
Ratten-Magensaft	3,5	15	425	342
Hunde-Magensaft	0,4	30	640	1018

[1] in % der Testdosis von 0,1 µg ^{60}Co—B_{12} (= 0,1 µC). Normalwert Gesunder: 4,7%.

— hochgradig spezialisiert und strukturspezifisch ist, und den strukturunspezifischen und ziemlich unspezialisiert und ubiquitär vorkommenden B_{12}-bindenden Faktoren zu unterscheiden. Während der letzten Jahre wurde von den verschiedensten Arbeitskreisen gezeigt, daß zwar alle IF-Präparationen B_{12}-bindende Eigenschaften aufweisen, daß dagegen aber die B_{12}-Bindung von B_{12}-bindenden Faktoren nichts zu tun hat mit der biologischen IF-Aktivität (Literatur bei Heinrich und Lahann, 1954). Bei der Anwendung verschiedener IF-Fraktionierungsmethoden zeigte sich vielmehr recht bald, daß zwischen der B_{12}-Bindungskapazität und der biologischen Aktivität von rohen und gereinigten IF-Konzentraten keinerlei Beziehungen bestehen (Lit. bei Wijmenga, 1956). Nur unter genau definierten Voraussetzungen (z. B. bei der Fraktionierung des IF aus dem gleichen Ausgangsmaterial und mit einer standardisierten Methodik) läßt sich eine Parallelität zwischen biologischer IF-Aktivität und radiopapierchromatographisch bestimmter B_{12}-Bindungskapazität nachweisen (Heinrich, 1956). Ähnlich dürfte es sich wohl auch mit der kürzlich wiederum verwendeten papierelektrophoretischen Testung der Radio-B_{12}-Bindung an IF-Konzentrate (Barlow und Frederick, 1958) verhalten.

2. Bisher liegen keinerlei Untersuchungen vor, die irgendwelche Hinweise auf das Schicksal des in den Gastrointestinaltrakt sezernierten IF gestatten oder gar die Vermutung zulassen, daß der IF vielleicht mit dem B_{12} zusammen im Dünndarm zur Resorption und anschließend auf dem Blut- oder Lymphwege in die verschiedenen Organe und Gewebe — an denen kürzlich seine Wirkungen unter „in vitro"-Bedingungen studiert wurden — gelangen könnte. Die „in vitro" beobachteten Effekte des Schweine-IF oder menschlichen Magensaftes auf z. B. Ratten-Leberschnitte bzw. Homogenate dürften daher wohl nicht physiologisch erklärbar und kaum auf die „in vivo"-Verhältnisse des intakten Organismus übertragbar sein. Auch die Tatsache, daß sowohl Sera von Gesunden als auch von Patienten mit perniciöser Anämie die Radio-B_{12}-Aufnahme von Ratten-Leberschnitten um 11—22% zu fördern vermögen (vgl. Tab. 5), spricht nicht für eine IF-Spezifität dieser Reaktion.

Das von Raney u. Mitarb. (1959) nach Injektion von 40 mg eines Schweine-Intrinsic Factor-Konzentrates in das Rattenileum im Blut der Tiere beobachtete Ansteigen einer die Radio-B_{12}-Bindung an Ratten-Leberschnitte fördernden Aktivität kann nicht die von Miller und Hunter (1958) geäußerte Hypothese, nach der der IF im Dünndarm resorbiert wird und dann im Blute zirkuliert, um die B_{12}-Inkorporation in die verschiedenen B_{12}-Speicherorgane und -Gewebe zu ermöglichen, beweisen. Mit der benutzten Testanordnung wird nämlich nicht die vorläufig allein am Perniciosa-Patienten bestimmbare IF-Bioaktivität (vgl. S. 1059) getestet, sondern eine hinsichtlich ihrer physiologischen Bedeutung höchst zweifelhafte, die B_{12}-Organbindung stimulierende Aktivität erfaßt.

Würde der von der Magenschleimhaut sezernierte Intrinsic Factor im Dünndarm resorbiert und wäre er dann essentiell für die Bindung und Inkorporation des resorbierten B_{12} an bzw. in die B_{12}-speichernden und verbrauchenden Organe, dann müßte bei Patienten mit mehr oder minder vollständigem Intrinsic Factor-Verlust (perniciöser Anämie, funikuläre Spinalerkrankung und totale Gastrektomie, vgl. Tab. 8, Bd. II, S. 679) parenteral appliziertes Vitamin B_{12} therapeutisch wirkungslos sein und injiziertes Radio-B_{12} könnte nicht in die Organe und Gewebe inkorporiert werden. In vielen zehntausend Beobachtungen und Hunderten von Publikationen aber ist der erythrocytopoetische und der die funikuläre Spinalerkrankung günstig beeinflussende Effekt der parenteralen B_{12}-Therapie gesichert und die bei Perniciosa-Patienten nicht nur normale, sondern sogar gesteigerte Organ- und Gewebsinkorporation und -Retention des injizierten Vitamin B_{12} bewiesen.

3. Untersuchungen über die Megaloblasten-Normoblastenumwandlungen „in vitro" hatten schon vor längerer Zeit (1950—1952, Lit. bei ASTALDI und CARDINALI, 1956) ergeben, daß das freie B_{12} allein dafür nicht ausreicht, sondern entweder in einer im Serum proteingebundenen Form vorliegen muß oder aber des Zusatzes von B_{12}-bindenden Faktoren (aus Hühnerembryonenextrakt, Leberextrakt, Magensaft, Normalserum u.a.m.) bedarf, um in der Knochenmarkskultur die im Serum Perniciosa-Kranker kultivierten Megaloblasten in Normoblasten überführen zu können. Andererseits ist das B_{12} bei direkter Injektion in das megaloblastische Knochenmark des Perniciosa-Patienten lokal sofort wirksam.

Alle diese Befunde rechtfertigen aber nicht die Postulation eines *„besonderen" Bindungsfaktors* für das B_{12} im Serum, der dann bei der perniciösen Anämie oder beim „in vitro" kultivierten Megaloblastenmark fehlen würde, und zwar aus folgenden Gründen:

a) Es konnte mit Hilfe eines am Menschen durchgeführten und mikrobiologisch ausgewerteten (Euglenen-Test) parenteralen B_{12}-Retentions-Exkretionstestes — bei dem eine physiologische Testdosis von 30 μg Verwendung fand — eindeutig gezeigt werden, daß die physiologische „in vivo"-Bindungskapazität des Humanserums (1—2 ng B_{12}/ml Serum) selbst bei schwersten B_{12}-Avitaminosen (z. B. bei dekompensierter perniciöser Anämie, funikulärer Spinalerkrankung ohne perniciöse Anämie u.a.m.) nicht herabgesetzt, sondern sogar noch gegenüber der Norm erhöht ist (HEINRICH u. Mitarb., 1956).

b) Es ist bekannt, daß der „in vitro"-Zusatz des B_{12} zu Humanserum nicht zu einer physiologischen Bindung an die Transportserumproteine (α_1-, α_2-Globuline und Albumin) führt und daher auch schon zu Fehlschüssen hinsichtlich der „in vivo"-Lokalisation des B_{12} an den Serumeiweißfraktionen Anlaß gab (JASINSKI u. Mitarb., 1956). Nur die intravital (z. B. nach intestinaler Resorption oder Injektion einer noch physiologischen B_{12}-Menge von weniger als 50 μg) erfolgende B_{12}-Bindung an die oben genannten drei Serumproteinfraktionen und die mit entsprechenden Versuchsanordnungen gewonnenen Ergebnisse können als physiologisch bezeichnet werden (HEINRICH und ERDMANN-OEHLECKER, 1956). Unter den unphysiologischen Bedingungen der Knochenmarkskultur liegt das zugesetzte B_{12} nicht in seiner normalen intravitalen Bindung an die Serumproteine vor. Die Penetration des B_{12} in die Zellen der Knochenmarkskultur ist dadurch wohl unterbrochen und die unterbleibende Megaloblasten-Normoblasten-Umwandlung so erklärbar. Die „in vitro" beobachtete stimulierende Wirkung des Zusatzes von

B_{12}-bindenden Faktoren auf diese Umwandlung könnte durch einen unspezifischen Effekt dieser Verbindungen auf den B_{12}-Konzentrationsgradienten an den Zellmembranen bedingt sein (vgl. S. 1056).

Es besteht bisher kein Anhalt dafür, daß die „in vitro" beobachteten Effekte von IF-Konzentraten auf die Radio-B_{12}-Bindung an Organschnitten, -Homogenaten bzw. Kulturen physiologisch von Bedeutung sind oder irgendetwas mit der biologischen Funktion des IF „in vivo" zu tun haben. Bei sämtlichen bisher durchgeführten Untersuchungen zur extragastrointestinalen Wirkung des IF handelt es sich um „in vitro"-Experimente, die sich bisher stets als ungeeignet erwiesen haben, um zu Auskünften über das Ausmaß und den Mechanismus der IF-Wirkung zu gelangen.

Nach Untersuchungen von OKUDA u. Mitarb. (1959) soll es möglich sein, bei der Ratte die Leberinkorporation einer intravenös oder intraperitoneal verabfolgten 40 ng $^{60}Co—B_{12}$-Testdosis durch Mitinjektion von 1 mg eines gereinigten Schweine-IF-Konzentrates erheblich zu steigern, nach intramuskulärer Injektion hingegen stark zu hemmen.

Der Effekt ist nicht IF-spezifisch, sondern wird auch durch IF-unwirksam, B_{12}-bindenden Speichel oder Galle sowie durch bei p_H 7,2 hitzeinaktivierten IF erreicht. Die in den kleinen Kontrollgruppen der Autoren beobachtete Leberinkorporation zeigt mit 8—18% der intravenösen Testdosis sehr große Schwankungen und die angegebene Relation der in die Rattenleber und -Niere inkorporierten $^{60}Co—B_{12}$-Menge (Leber: Niere = 1—2 :1 je nach Injektionsart) divergiert ganz erheblich von den in demselben und anderen Laboratorien früher gemachten Beobachtungen, nach denen bei der Ratte bei parenteraler Radio-B_{12}-Applikation immer wesentlich mehr B_{12} in die Niere als in die Leber inkorporiert wird (Niere: Leber = 1,5—6:1; vgl. S. 1089 u. Tab. 13 u. 14 sowie Stoffwechsel des ^{60}Co-Aquocobamid auf S. 1123).

Biochemische Untersuchungen am Ganztier, die für einen extragastrointestinalen Effekt des IF sprechen könnten, liegen noch nicht vor. Somit besteht keinerlei Veranlassung, die Strukturspezifität und den Mechanismus der IF-Wirkung an einem anderen Effekt als der intestinalen B_{12}-Resorption zu studieren und zu interpretieren.

7. „In vitro"-Bindung von Vitamin B_{12} an Intrinsic Factor und andere Proteide

Von verschiedenen Arbeitskreisen wurde noch bis vor einigen Jahren angenommen, daß „in vitro"-Vitamin B_{12}-Bindungskapazität und biologische Aktivität von Intrinsic Factor-Präparationen immer parallel verlaufen. Es konnte dann gezeigt werden, daß das selten und nur unter bestimmten Bedingungen der Intrinsic Factor-Präparation der Fall ist, und auch heute noch ist es unklar, ob „in vitro" bestimmte und „in vivo" ablaufende Bindung des B_{12} an IF etwas miteinander gemeinsam haben und welche Rolle der B_{12}-IF-Bindung für den IF-Wirkungsmechanismus zukommt (vgl. Vitamin B_{12} und Intrinsic Factor, 1956).

a) Testmethoden

Die zahlreich entwickelten Methoden zur Bestimmung der „in vitro"-Bindung des B_{12} an IF eignen sich auch für die Messung der „in vitro"-Bindung des B_{12} an andere Proteide (z. B. des Magensaftes, Serums und Speichels) oder Kohlenhydrate. Zur „in vitro"-Bindung des B_{12} an den IF oder andere Proteide im Plasma, Speichel, Magensaft u. a. m. werden die Reaktionspartner für 15—120 min bei 20—37° C und physiologischem p_H im biologischen Untersuchungsmaterial oder physiologischen Puffer inkubiert.

Bei der *dialytischen* Methode diffundiert das freie B_{12} infolge seines niedrigen Molekulargewichtes (1356,38) durch den dünnen Dialysierschlauch (mittlerer Porendurchmesser 2,4 bzw. 4,8 nm), während das an höhermolekulare Verbindungen (z. B. Proteine und Proteide) gebundene B_{12} mit diesen zusammen im

Schlauchinneren verbleibt. Das nichtdialysable, gebundene B_{12} kann im Schlauchinneren und das dialysierte freie B_{12} kann bei Dialyse gegen eine stehende Außenflüssigkeit auch in der Außenflüssigkeit (z. B. Puffer oder Aqua dest.) mikrobiologisch oder bei Verwendung von Radio-B_{12} schneller und exakter radiometrisch bestimmt werden. Die Adsorption des B_{12} an den Dialysierschlauch muß berücksichtigt und die Meßergebnisse sollen daraufhin korrigiert werden.

Mit der dialytischen Methode erhält man im allgemeinen die höchsten Werte der B_{12}-Bindung, da dabei unspezifisch sowohl das gebundene als auch das nur adsorbierte B_{12} mit erfaßt werden. Diese Methode eignet sich daher nur für grob vergleichende Untersuchungen oder bei Verwendung z. B. stark gereinigter Intrinsic Factor-Präparationen (Lit. und Übersicht bei Rosenblum u. Mitarb., 1954).

Mit der *mikrobiologischen* Methode werden je nach verwendetem Testorganismus (Lactobacillus leichmannii, Escherichia coli, Euglena gracilis oder Ochromonas malhamensis) verschiedene Fraktionen der B_{12}-Bindung an Intrinsic Factor oder andere Proteide erfaßt, da die Testorganismen sich hinsichtlich der Fähigkeit, auch gebundenes B_{12} in gewissem Umfange durch extracellulären enzymatischen Abbau bzw. Resorption und anschließenden intracellulären Abbau des Peptid- oder Proteid-Trägermoleküles freizusetzen bzw. direkt zu verwerten,unterscheiden. Das im Ansatz nicht gebundene B_{12} stimuliert das Wachstum der B_{12}-bedürftigen Mikroorganismen und ist dadurch bestimmbar, während das gebundene B_{12} nicht dazu befähigt ist und z. B. erst nach Hitzedenaturierung des Trägermoleküles abgespalten und dann mikrobiologisch bestimmt werden kann.

Von Davis und Mingioli (1950) wurde erstmalig beschrieben, daß Suspensionen von wachsenden oder ruhenden Bakterienzellen (z. B. Escherichia coli) das Vitamin B_{12} schnell aus dem Medium zu absorbieren vermögen. Bei Verwendung von Radio-B_{12} läßt sich die Radio-B_{12}-Aktivität des freien B_{12}, das von den wachsenden oder ruhenden Mikroorganismen aufgenommen bzw. adsorbiert wurde, nach Abzentrifugieren und Waschen der Testorganismen in denselben radiometrisch bestimmen, während das gebundene und für die Mikroorganismen nicht verwertbare Radio-B_{12} im zellfreien Überstand des Inkubates bestimmt werden kann.

Die Voraussetzung für die Anwendbarkeit dieses kombinierten radiometrisch-mikrobiologischen Testes ist eine 100%ige Bindung bzw. Inkorporation des Radio-B_{12} an die Zellen des gewählten Mikroorganismus. Für L. leichmannii soll das der Fall sein (Davis und Chow, 1952; Davis u. Mitarb., 1951, 1952), was aber von Rosenblum u. Mitarb. (1954) auf Grund vergleichend durchgeführter radiometrisch-dialytischer und radiometrisch-mikrobiologischer Studien über die „in vitro"-^{60}Co-B_{12}-Bindung an Intrinsic Factor-Präparate bezweifelt wird.

Die Voraussetzung aller mikrobiologischen Vitamin-Bestimmungsmethoden, daß nämlich der Mikroorganismus so lange wächst, bis das gesamte im Medium vorhandene freie und verwertbare Vitamin aufgenommen worden ist, scheint demnach nicht in jedem Falle gegeben zu sein. Aus diesem und anderen Gründen müssen daher alle mit mikrobiologischen und kombiniert radiometrisch-mikrobiologischen Methoden erzielten Ergebnisse über die „in vitro"-Bindung des B_{12} mit Kritik beurteilt werden.

Substanzen wie Heparin oder Nucleinsäuren, die bei Verwendung von ruhenden L. leichmannii-Zellen als Testorganismen die Aufnahme von Radio-B_{12} bis um 50% hemmen, beeinflussen die Radio-B_{12}-Aufnahme durch E. coli nicht (Davis und Chow, 1953). Auf keinen Fall sollte bei alleiniger Anwendung dieser Technik die gemessene Hemmung der Radio-B_{12}-Aufnahme durch die Mikroorganismen immer über eine „in vitro"-Bindung des Radio-B_{12} interpretiert werden, da auch andere, z. B. direkt an der Zelle angreifende, Mechanismen zum gleichen Effekt führen können.

Bei Verwendung der *papierchromatographischen* Methode ist darauf zu achten, daß die verwendeten Lösungsmittel die B_{12}-Bindung an das Trägermolekül bzw. dasselbe nicht denaturieren. Auch bei dieser Methode läßt sich die quantitative Auswertung bei Verwendung von Radio-B_{12} schneller und exakter als bei Durchführung mikrobiologischer B_{12}-Bestimmungen durchführen. Die Lokalisierung des Radio-B_{12} auf dem Papier erfolgt dabei am einfachsten und schnellsten in einem Radiopapierchromatographen mit GM-Zählrohren oder einem Methan-Durchflußzähler als Detektoren und parallel registrierendem Linienschreiber. Die quantitative und empfindliche Bestimmung des Radio-B_{12} in den den Maxima auf dem Registrierstreifen des Linienschreibers entsprechenden Stellen des Chromatographiestreifens erfolgt dann im Eluat oder besser noch am herausgeschnittenen Papierstreifen im Bohrloch eines Szintillationsdetektors (HEINRICH und v. HEIMBURG, 1956).

Freies B_{12} und die B_{12}-bindende Verbindung müssen sich in ihren R_F-Werten ausreichend unterscheiden. Da meistens sehr kleine Radio-B_{12}-Mengen (10 pMol ≙ 13,56 ng) mit größeren Mengen der Trägerverbindung (z. B. 50—100 μg Intrinsic Factor-Konzentrat oder 10 mg Kohlenhydrat) inkubiert und aufgetragen werden, stimmt der R_F-Wert des B_{12}-Kohlenhydrat-Komplexes z. B. mit dem des Kohlenhydrates überein, oder das IF-gebundene B_{12} bleibt mit dem IF an der Auftragsstelle liegen (HEINRICH u. Mitarb., 1958, 1959). Die radiopapierchromatographische Methode hat sich bei der „in vitro"-Bestimmung der B_{12}-Bindungskapazität von rohen und gereinigten IF-Konzentraten sowie für die Erfassung von Stoffwechsel- bzw. Abbauprodukten des B_{12}-Moleküles bewährt (HEINRICH, 1956) und wurde zu Untersuchungen über die Strukturspezifität der B_{12}-Intrinsic Factor-Bindung herangezogen (HEINRICH u. Mitarb. 1958). Die radiopapierchromatographisch bestimmte „in vitro"-Bindung des B_{12} an den IF ist in der Regel um den Faktor 5—7 niedriger als die mit der dialytischen oder mikrobiologischen Methode erhaltenen Werte und im Gegensatz zu der mit den beiden letztgenannten Methoden bestimmten B_{12}-IF-Bindung thermostabil. Mit den drei Testmethoden werden verschiedene Fraktionen der „in vitro"-B_{12}-Intrinsic Factor-Bindung erfaßt.

Die Vitamin B_{12}-Bindungskapazität von aus der Kardiamucosa des Schweinemagens stammenden, die intestinale Vitamin B_{12}-Resorption beim Menschen und Schwein hemmenden Inhibitorpräparation kann ebenfalls papierchromatographisch unter Verwendung von Radio-B_{12} bestimmt werden (HEINRICH u. Mitarb., 1958).

Auch *papierelektrophoretisch* und unter Verwendung verschiedener Phosphat-, Borat- und Tris-Puffer läßt sich die „in vitro"-Bindung des Radio-B_{12} an Intrinsic Factor und andere Proteide bestimmen. Lokalisierung und Bestimmung des freien und gebundenen B_{12} erfolgt dabei in gleicher Weise wie bei der radiopapierchromatographischen Methode. Es ist dabei nicht notwendig, daß sich freies B_{12} und Proteid in ihrer elektrophoretischen Beweglichkeit ($cm^2 \cdot V^{-1} \cdot sec^{-1}$) unterscheiden, sondern es genügt schon, das freie B_{12} durch Elektroosmose von dem gebundenen B_{12} des an das Linterspapier adsorbierten bzw. geringfügig wandernden Instrinsic Factor zu trennen (HEINRICH u. Mitarb., 1957).

b) „In vitro"-B_{12}-Bindung im Speichel

Die ^{60}Co-B_{12}-Bindung an normalen menschlichen Speichel wurde nach erschöpfender Dialyse untersucht und ergab eine für jedes Individium ziemlich konstante „in vitro"-Bindung von 13—80 (Mittelwert 31 ± 10) ng ^{60}Co-B_{12}/ml Speichel, die unabhängig war vom spezifischen Gewicht, dem Leukocytengehalt, Brechungsindex und der optischen Dichte des Speichels bei 280 nm, den AB0-Blutgruppen-Substanzen im Blut und Speichel sowie dem Alter der untersuchten

Personen (BERTCHER u. Mitarb., 1958). Mittels Säulenelektrophorese an Stärke ließ sich zeigen, daß im Speichel nur eine Radio-B_{12}-bindende Fraktion enthalten ist, die nicht mit den elektrophoretisch erhaltenen und durch Protein- oder Kohlenhydrat-Anfärbung lokalisierten Fraktionen übereinstimmt (GRÄSBECK, 1956).

c) „In vitro"-B_{12}-Bindung im Serum

Mikrobiologische Untersuchungen, die eine „in vitro"-Vitamin B_{12}-Bindungskapazität des Humanserums von 2—3 ng B_{12}/ml (Übers. und Lit. bei HEINRICH und LAHANN, 1954) und bei Durchführung des parenteralen 30 μg B_{12}-Retentions-Exkretions-Testes eine „in vivo"-B_{12}-Bindungskapazität des Humanserums von 1—2 ng B_{12}/ml (HEINRICH u. Mitarb., 1956) ergaben, wurden durch Dialyse-Studien über die „in vitro"-Radio-B_{12}-Bindung an Humanserum bestätigt.

So fanden MILLER und SULLIVAN (1958) unter Verwendung von ^{60}Co-B_{12} und einer Gleichgewichts-Dialyse-Methode für normales Humanserum eine maximale „in vitro"-Gesamt B_{12}-Bindungskapazität von 2,23 ng B_{12}/ml Serum bei Serum-B_{12}-Konzentrationen von durchschnittlich 0,64 ng B_{12}/ml, so daß die ungesättigte B_{12}-Bindungskapazität 1,51 ng B_{12}/ml Serum betrug. Bei Patienten mit chronisch myeloischer Leukämie waren — wie bereits bekannt — Serum-B_{12}-Konzentration (8,09 ng B_{12}/ml), maximale „in vitro"-Gesamt-B_{12}-Bindungskapazität des Serums (16,86 ng B_{12}/ml) und die ungesättigte „in vitro"-B_{12}-Bindungskapazität des Serums (8,87 ng B_{12}/ml) stark heraufgesetzt. Von anderen Autoren ist dagegen bei Dialyse gegen fließendes Leitungswasser eine mit ansteigender Radio-B_{12}-Menge im Inkubat (1—500 ng ^{60}Co-B_{12}/ml) ebenfalls ständig weiter zunehmende (von 0,89 bis auf 130 ng B_{12}/ml Serum) und damit praktisch unbegrenzte „in vitro"-B_{12}-Bindungskapazität des normalen Humanserums beschrieben worden (BERTCHER und MEYER, 1957). In einer späteren Veröffentlichung geben dieselben Autoren jedoch mit 1—6,5 ng ^{60}Co-B_{12}/ml Serum eine schon wesentlich geringere „in vitro"-B_{12}-Bindungskapazität des Serums von gesunden Personen an und beschreiben für Patienten mit chronisch myeloischer Leukämie eine „in vitro"-Bindung von 6—30 ng ^{60}Co-B_{12}/ml Serum (MEYER u. Mitarb., 1957). Bei den wenigen untersuchten Fällen von akuter Leukämie, chronisch lymphatischer Leukämie, Leukopenie, Leukocytose u. a. m. lag die „in vitro"-^{60}Co-B_{12}-Bindungskapazität des Serums fast immer in dem jeweiligen Normalbereich der betreffenden Autoren (vgl. MEYER u. Mitarb., 1957; MILLER und SULLIVAN, 1958).

Mit Hilfe mikrobiologischer B_{12}-Bestimmungsmethoden und papierelektrophoretischer Auftrennung der Serumproteine war bei der chronisch-myeloischen und Paramyeloblasten-Leukämie bereits früher eine starke Erhöhung der „in vivo"-B_{12}-Bindungskapazität des Serums (auf 18 ng B_{12}/ml Serum) und der B_{12}-bindenden Serumproteinfraktionen (α_1-Globulin: 15 ng B_{12}/ml Serum und α_2-Globulin etwa 3 ng B_{12}/ml Serum) und dadurch eine stark heraufgesetzte intravitale Retention von oral und parenteral aufgenommenem B_{12} nach Durchführung der parenteralen 30 und 1000 μg B_{12}-Retentions-Exkretionsteste und auch eine Normalisierung nach Chemo- und Röntgentherapie festgestellt worden (HEINRICH und ERDMANN-OEHLECKER, 1955, 1956).

Eine solche, auf eine heraufgesetzte „in vivo"-B_{12}-Bindungskapazität des Serums zurückzuführende, verzögerte Abwanderung des parenteral oder oral verabfolgten Vitamin B_{12} aus dem Blut wurde auch bei Verwendung von markiertem B_{12} bei Personen mit chronisch myeloischer Leukämie beobachtet (MOLLIN u. Mitarb., 1956; MILLER u. Mitarb., 1957; WEINSTEIN und WATKIN, 1958).

Beim Gesunden sind 5—18 (Mittelwert 13) % der „in vitro"-B_{12}-Bindungskapazität des Serums (Test: ^{60}Co-B_{12}-Gleichgewichtsdialyse) und bei Patienten mit chronisch myeloischer Leukämie 31—88 (Mittelwert 65) % an eine in 0,2 M-Sulfosalicylsäure lösliche und mit Phosphorwolframsäure fällbare Serum-Mucoproteidfraktion, die bei der p_H 8,6-Papierelektrophorese mit den α_1- und α_2-Globulinfraktionen wandert, gebunden. Die „in vitro“-B_{12}-Bindungskapazität des Serums (Dialyse-Test) wird bei chronisch myeloischer Leukämie durch saures p_H (3,6) bzw. Erhitzen auf 70° C um 0—10% bzw. 10—20% herabgesetzt, während bei Gesunden dann etwa 50% bzw. 50—65% des Kontrollwertes erreicht werden. Das ^{60}Co-B_{12} ist an die Serumproteine schon nach 1 min Inkubation sehr fest gebunden und tauscht bei dialytischer Testung mit dem inaktiven B_{12}-Trägerzusatz nicht aus. Von dem im Serum „in vitro“-gebundenen ^{60}Co-B_{12} (Dialyse-Test) kann Euglena gracilis bei p_H 7,3 ohne vorheriges Erhitzen bei Gesunden 60—77% und bei chronisch myeloischer Leukämie nur 9—13% verwenden (MILLER und SULLIVAN, 1959).

Die Ergebnisse dieser „in vitro“-Studien sind aber nicht ohne weiteres auf die „in vivo“-Verhältnisse übertragbar, da bei Gesunden und bei Patienten mit chronisch myeloischer Leukämie das „in vivo“, an die Serumproteine (α_1- und α_2-Globuline) gebundene B_{12} weder von Euglena ohne Erhitzen auf 100° verwertet werden kann, noch bei p_H 3,6 abgespalten wird. Auf die fehlende Übereinstimmung der Ergebnisse bei Anwendung verschiedener Testmethoden zur „in vitro“-Bestimmung der B_{12}- Bindungskapazität wurde zu Beginn dieses Abschnittes (vgl. S. 1067) bereits hingewiesen.

Die theoretisch und vielleicht auch therapeutisch so wichtige Frage nach den Ursachen für die bei der myeloischen Leukämie „in vivo“ so stark erhöhten B_{12}-Bindungskapazität der α_1- und α_2-Serumglobuline bleibt weiter ungeklärt.

Nach „in vitro“-Inkubation von ^{60}Co-B_{12} und Serum von Patienten mit β_2- und γ-Plasmocytom sowie nach B_{12}-Injektion bei der Ratte wurde bei anschließender papierelektrophoretischer Auftrennung der Serumproteine und autoradiographischer Lokalisation des Radio-B_{12} dieses auf der Höhe der γ-Globulinfraktion gefunden und daraus gefolgert, daß das B_{12} im Organismus angelagert an die γ-Globuline transportiert werde (JASINSKI u. Mitarb., 1956). SCHILLING und DEISS (1953) hatten schon früher unter ähnlich unphysiologischen Bedingungen („in vitro“-Inkubation einer nicht angegebenen ^{60}Co-B_{12}-Menge mit Humanserum und anschließende papierelektrophoretische Auftrennung mit p_H 8,6 Veronalpuffer) eine B_{12}-Bindung an die Serum-Albumin-Fraktion gefunden und vermutet, daß das mit den Serum-γ-Globulinen wandernde ^{60}Co-B_{12} nicht an diese gebunden sei, sondern nur infolge Elektroosmose gleiche Beweglichkeit wie die γ-Globuline besitzt. Es konnte auch nachgewiesen werden, daß bei Verwendung eines p_H 8,6-Veronal-Na-Acetat-Puffers und kathodischer Auftragung das freie B_{12} sich infolge Überwiegens der durch den Verdunstungs-Sog-Effekt bedingten anodischen Wanderung über die kathodisch gerichtete elektroosmotische Wanderung mit einer den γ-Globulinen entsprechenden Geschwindigkeit zur Anode bewegt (HEINRICH und ERDMANN-OEHLECKER, 1955, 1956). Das auf der Höhe der γ- und zu einem kleinen Teil auch noch auf der Höhe der β-Globulin-Fraktion liegende B_{12} ist daher als freies B_{12} anzusprechen, so daß angenommen werden muß, daß unter den Bedingungen der „in vitro“-Inkubation von Radio-B_{12} und Serum die physiologische B_{12}-Serumproteinbindung gar nicht stattgefunden hatte und somit auch nicht untersucht worden war.

Bemerkenswert und wohl wiederum auf unphysiologische Versuchsbedingungen zurückzuführen ist der Befund, daß nach „in vitro“-Inkubation von Radio-B_{12} und Humanserum und anschließender Abtrennung des freien B_{12} (durch Gleichgewichtsdialyse) sowie papierelektrophoretischer Auftrennung der Serumproteine beim gesunden Menschen im Durchschnitt 44% des Radio-B_{12} an die β-Globuline,

28% an die α_2-Globuline, 16% an die γ-Globuline, nur 4% an die α_1-Globuline und 9% an die Albumine gebunden sind, während bei Patienten mit chronisch myeloischer Leukämie ein völlig anderes Verteilungsmuster des Radio B_{12} (38% an den α_1-Globulinen, 34% an den α_2-Globulinen, 16% an den β-Globulinen, 8% an den γ-Globulinen und 4% an den Albuminen) ermittelt wurde (Miller und Sullivan, 1958). Da insbesondere bei der Gleichgewichtsdialyse nicht nur das eigentliche gebundene B_{12}, sondern auch nur leicht adsorbiertes B_{12} mit als gebundenes B_{12} getestet wird, besteht die Möglichkeit, daß auch bei diesen Untersuchungen das an der γ- und β-Globulin-Fraktion gefundene Radio-B_{12} als freies B_{12} vorgelegen hat (vgl. oben).

Unter „in vivo"-Bedingungen am Menschen durchgeführte Untersuchungen haben jedoch ergeben, daß sowohl bei Gesunden als auch bei Patienten mit Paramyeloblasten- und chronisch myeloischer Leukämie sowie β-Plasmocytom parenteral zugeführtes B_{12} fast ausschließlich an die α_1-Serumglobulin-Fraktion und in einem geringen Umfange noch an die α_2-Globulin- und Albumin-Fraktion, d. h. an die natürlichen Transportproteinfraktionen für das B_{12}, gebunden wird (Heinrich und Erdmann-Oehlecker, 1955, 1956).

Nach den Untersuchungen von Ostrowski u. Mitarb. (1955, 1956) soll das Vitamin B_{12} im Serum des Menschen und der Tiere als Erythroglobulin genannter B_{12}-Proteinkomplex vorliegen und bei der Cohnschen Äthanolfraktionierung mit der Fraktion III (3mal weniger in Fraktion IV) ausfallen. Als α-Euglobulinfraktion im Rinderserum ist er in 0,01 M NaCl löslich. Bei der Ammonsulfatfraktionierung verhält er sich wie ein α-Globulin, ist im p_H-Bereich 6,5—8,7 stabil und läßt sich aus dem Rinderserum 625fach anreichern. Das Erythroglobulin des Rinderserums soll ein Molekulargewicht von 50000 ± 5000 haben (Krawczyk u. Mitarb., 1956). Von Mendelsohn u. Mitarb. (1958) wurde die schon vorher von mehreren anderen Arbeitskreisen gemachte Beobachtung, nach der bei gesunden Menschen und Patienten mit myeloischer Leukämie unter „in vivo"-Bedingungen das Vitamin B_{12} hauptsächlich an der papierelektrophoretisch abgetrennten α_1-Serumglobulinfraktion lokalisiert ist, durch Verwendung der Säulenchromatographie an Anionenaustauscher-Cellulose (DEAE) und Zonenelektrophorese in Polyvinyl bestätigt. Neuere Untersuchungen von Weinstein u. Mitarb. (1959) haben erneut wahrscheinlich gemacht, daß das Vitamin B_{12} im Serum des Menschen an ein Glycoproteid der α_1-Globulinfraktion gebunden vorliegt. Nach „in vitro"-Zusatz von 0,1—1,0 ng ^{58}Co—B_{12}/ml zum Blutplasma von Gesunden oder Patienten mit chronisch myeloischer Leukämie und Entfernung des während der Inkubation nicht gebundenen Radio-B_{12} durch Dialyse, findet sich etwa 80% des gebundenen ^{58}Co—B_{12} in der mit Phosphorwolframsäure aus dem Perchlorsäurefiltrat des Blutplasmas ausgefällten Seromukoidfraktion, während die aus dieser Fraktion durch Ammonsulfatfällung erhaltene Orosomukoidfraktion keine B_{12}-bindende Eigenschaften besaß.

Nach Davis u. Mitarb. (1957) soll bei tuberkulösen Patienten beim Hinzukommen einer infektiösen Hepatitis oder Inokulationshepatitis die „in vitro"-B_{12}-Bindungskapazität des Serums stark absinken und während der Rekonvaleszenz mit Abfall des Serumbilirubins wieder normal werden. Die benutzte kombinierte radiometrisch-mikrobiologische Testmethode ist jedoch nicht spezifisch (vgl. S. 1068), so daß nicht ausgeschlossen werden konnte, daß die dem Test zugrunde liegende „in vitro"-B_{12}-Bindung bzw. Aufnahme des Radio-B_{12} durch L. leichmannii während der Hepatitis durch im Serum vorhandene Substanzen gestört wird. Unter „in vivo"-Bedingungen ließ sich bei Hepatitis-Patienten keine erniedrigte Serum-B_{12}-Bindungskapazität nachweisen, da sowohl der größte Teil des stark erhöhten Serum-B_{12}-Spiegels in peptid- bzw. proteingebundener Form vorlag als auch nach parenteraler B_{12}-Applikation dieses an die Serumproteine gebunden wurde (Jansen und Heinrich, 1956, 1957).

d) „In vitro"-B_{12}-Bindung im Liquor cerebrospinalis

Auch menschlicher Liquor zeigt zumindest unter in intro-Bedingungen bei der dialytischen Testung eine je nach zugesetzter ^{60}Co-B_{12}-Menge zwischen 0,4 und

3 ng B_{12}/ml liegende B_{12}-Bindungskapazität (MEYER u. Mitarb., 1959). In Anbetracht des geringen Proteingehaltes im Liquor wäre die stoffliche Natur dieser B_{12}- Bindungskapazität von Interesse (vgl. Inkorporation von B_{12} in den Liquorraum, S. 1096).

e) „In vitro“-B_{12}-Bindung im Magensaft

Eine ausführliche Diskussion der gesicherten und der hypothetischen Beziehungen zwischen der „in vitro“-B_{12}-Bindungskapazität und der biologischen Aktivität von Intrinsic Factor-Präparationen findet sich bei WIJMENGA (in „Vitamin B_{12} und Intrinsic Factor“, 1956).

Je nach benutzter Testmethode ergab sich für normalen menschlichen Magensaft eine „in vitro“-B_{12}-Bindungskapazität von 0,4—1,2 bzw. 15—60 ng B_{12}/ml, während diese für frische Schweine-Pylorusmucosa bei 5—16 μg B_{12}/g lag (vgl. „Vitamin B_{12} und Intrinsic Factor“, 1956).

Papierelektrophoretisch ließen sich im konzentrierten menschlichen Magensaft 6—7 B_{12}-bindende Fraktionen — von denen jedoch nur zwei Intrinsic Factor-Aktivität besitzen sollen — nachweisen (LATNER u. Mitarb., 1953). SCHILLING und DEISS (1953) hingegen beobachteten im konzentrierten menschlichen Magensaft nach Inkubation mit ^{60}Co-B_{12} und anschließender Papierelektrophorese nur eine anodisch laufende B_{12}-bindende Komponente, ohne deren Intrinsic Factor-Aktivität zu untersuchen. Bei der säulenelektrophoretischen Auftrennung von nativem menschlichen Magensaft an Stärke wurde nur eine einzige Radio-B_{12}-bindende Fraktion, die der aus dem Schweinemagen isolierten Vitamin B_{12}-bindenden Fraktion (vgl. WIJMENGA, 1956) hinsichtlich Molekulargewicht (etwa 70000) und elektrophoretischer Beweglichkeit ($-3 \cdot 10^{-5}$ cm$^2 \cdot$ V$^{-1} \cdot$ sec^{-1} bei p_H 8) sehr ähnlich ist und Träger der biologischen Intrinsic Factor-Aktivität ist, aufgefunden (Übersicht und Lit. in „Vitamin B_{12} und Intrinsic Factor“, 1956 und bei GRÄSBECK, 1956).

Selbst aus Magensaft oder Magenschleimhaut stark gereinigte und biologisch hochaktive Intrinsic Factor-Präparationen waren bisher bei der Papierelektrophorese und in der Ultrazentrifuge stets uneinheitlich und besaßen manchmal nur extrem geringe „in vitro“-B_{12}-Bindungskapazitäten (vgl. „Vitamin B_{12} und Intrinsic Factor“, 1956).

Nur bei Verwendung bestimmter Fraktionierungsmethoden zur Reinigung des Intrinsic Factor und auch der B_{12}-Resorptions-Inhibitoren verlaufen biologische Aktivität und radiopapierchromatographisch bestimmte B_{12}-Bindungskapazität der gewonnenen Fraktionen parallel, und die Bestimmung der „in vitro“-B_{12}-Bindungskapazität mit der papierchromatographischen Methode gibt dann einen ersten Anhalt für die Verteilung der dann noch im biologischen Test nachzuweisenden biologischen Aktivität des Intrinsic Factor bzw. der Inhibitoren während der Fraktionierung. Aus der Schweinepylorusmucosa gewonnene rohe und gereinigte, biologisch aktive Intrinsic Factor-Konzentrate besaßen bei radiopapierchromatographischer Testung eine thermostabile B_{12}-Bindungskapazität von 13—59 ng ^{60}Co—B_{12}/mg, während biologisch aktive Inhibitorpräparationen nur 5—7 ng ^{60}Co—B_{12} pro mg zu binden vermochten (HEINRICH, 1956; HEINRICH u. Mitarb., 1958).

Nach BARLOW und FREDERICK (1959) soll es auch möglich sein, die Intrinsic Factor-Aktivität in Konzentraten durch autoradiographische Bestimmung des an — bei der Papierelektrophorese anodisch laufende — B_{12}-bindende Fraktionen gebundenen ^{60}Co—B_{12} zu testen. Dabei werden pro Streifen relativ große Mengen aufgetragen (250 ng ^{60}Co—B_{12} und 1 mg IF) und die Papierelektrophorese über 24 h in p_H 6,2 Phosphatpuffer durchgeführt. Wahrscheinlich eignet sich dieses Vorgehen aber ebenfalls nur dann in begrenztem Umfange zur IF-Testung, wenn ständig eine bestimmte IF-Fraktionierung benutzt wird. Die biologische IF-Testung kann durch „in vitro“-Teste nicht ersetzt werden.

Mit der mikrobiologischen Methode wurde gezeigt, daß der Magensaft von Perniciosa-Patienten „in vitro“ 16 ng ^{60}Co-B_{12}/mg N bindet, während von normalem menschlichen Magensaft 71 ng ^{60}Co-B_{12}/mg N gebunden wurden (YAMAMOTO und CHOW, 1954). „In vitro“-Untersuchungen (Gleichgewichts-Dialyse in p_H 8-Phosphatpuffer bei 7° C) ergaben, daß bioptisch gewonnene Magenschleimhaut

(Bezugsmenge nicht angegeben) bei gesunden Menschen wesentlich mehr ^{60}Co-B_{12} (3,77 ng B_{12}/ ?) als bei Patienten mit perniziöser Anämie (0,42 ng B_{12}/ ?), totaler atrophischer Gastritis (0,88 ng B_{12}/ ?) und leichter atrophischer bzw. Oberflächengastritis (1,16 bzw. 1,26 ng B_{12}/ ?) bindet, obwohl die intestinale Radio-B_{12}-Resorption bei fast allen Patienten mit atrophischer oder Oberflächengastritis noch im Normalbereich lag (GRÄSBECK und SIURALA, 1958).

Mit der papierchromatographischen Methode wurde die „in vitro"-Bindung ^{60}Co-markierter und an der Benzimidazolgruppe substituierter B_{12}-Analoga an lyophilisierte Schweine-Pylorusmucosa und ein daraus gereinigtes Intrinsic Factor-Konzentrat untersucht und festgestellt, daß die „in vitro"-B_{12}-Intrinsic Factor-Bindung weder von seiten des B_{12} noch des IF strukturspezifisch ist (HEINRICH u. Mitarb., 1958; vgl. auch S. 1115).

8) Inhibitoren der intestinalen Vitamin B_{12}-Resorption und des Intrinsic Factor

An Schweinen wurde versucht, einen für die quantitative Intrinsic Factor-Testung mit Hilfe von Radio-B_{12} geeigneten Test zu entwickeln. Diese Bemühungen scheiterten wegen der Besonderheiten des Intrinsic Factor-Mechanismus bei der B_{12}-Resorption im Schweinedarm und führten zur Auffindung von Inhibitoren der B_{12}-Resorption und des Intrinsic Factors.

a) Im Magen-Darm-Kanal vorkommende Inhibitoren

An normalen Schweinen durchgeführte Untersuchungen über den Mechanismus der intestinalen Radio-Vitamin B_{12}-Resorption ergaben, daß die Resorption aus einer oralen 1,0 μg ^{60}Co-B_{12}-Testdosis durch 15—60 mg eines gleichzeitig verabfolgten, aus der Schweinepylorusmucosa gereinigten, also für das Schwein homologen IFK (Organon BFS 35) erheblich gesteigert werden kann. Wird die Radio-B_{12}-Testdosis durch eine Duodenalkanüle an Schweine mit unterbundener Pylorus-Duodenalverbindung verabfolgt, so wird eine gegenüber der Kontrollgruppe erhöhte B_{12}-Resorption festgestellt, obwohl bei diesen Tieren kein endogener IF aus dem Pylorus mehr zur Verfügung steht. Gleichzeitige Zugabe von 30 mg gereinigtem Schweine-IF-Konzentrat (Organon BFS 35) bewirkte eine 50%ige Hemmung der Radio-B_{12}-Resorption. Durch Pylorektomie, d. h. durch Entfernung des — beim Schwein als Hauptsekretionsort angesehenen — Pylorus gelingt es nicht, die B_{12}-Resorption beim Schwein zu unterbrechen, da diese dann zwar leicht erniedrigt ist, aber durchaus noch im normalen Bereich liegt. Homologer IF förderte bei pylorektomierten Schweinen die intestinale Radio-B_{12}-Resorption (HEINRICH, 1956).

Bei total-gastrektomierten Schweinen ist die Radio-B_{12}-Resorption nicht wie zu erwarten wäre — unterbrochen, sondern normal bis erhöht. Da die aus der Kardiadrüsenregion des Schweinemagens bzw. aus dem Duodenum pylorektomierter Schweine gewonnenen gefriergetrockneten Rohpräparationen bei der Testung am Perniciosa-Patienten keinerlei IF-Aktivität besaßen, scheidet eine im Kardiateil des Magens bzw. im Duodenum des Schweines stattfindende IF-Bildung bzw. -Sekretion als Erklärungsmöglichkeit für die angegebene gute B_{12}-Resorption bei gastrektomierten Schweinen aus. Diese Befunde werden verständlich, wenn man annimmt, daß beim Schwein primär für den Resorptionsprozeß des B_{12} im Dünndarm kein IF benötigt wird. Da der IF aber notwendig wird, wenn das B_{12} nach Passage des Magens in den Dünndarm kommt, lag die Annahme nahe, daß im Schweinemagen — möglicherweise im Kardiadrüsenbezirk — Faktoren gebildet werden, die die Resorption aus einer oralen Testdosis B_{12} im Dünndarm hemmen und dieser Hemmeffekt durch IF aufhebbar ist (Heinrich, 1958; Heinrich u. Mitarb., 1958).

Experimentell konnte die Existenz solcher natürlich vorkommender Inhibitoren der intestinalen B_{12}-Resorption in von der Pylorusmucosa befreiten Mägen normaler Schweine und in den Restmägen pylorektomierter Schweine bzw. in den daraus hergestellten Präparationen nachgewiesen werden. Diese Inhibitor-Präparationen hemmten nach oraler Applikation die intestinale Radio-B_{12}-Resorption beim Menschen, normalen Schwein und total-gastrektomierten Schwein bereits in physiologischer Dosierung (1—3 FME). Die Inhibitor-Aktivität findet sich nicht in der Muskulatur der Pylorus- und Cardiadrüsenbezirke und ist somit mehr oder minder scharf auf die Mucosa der Kardiadrüsenregion beschränkt. Der (oder die) B_{12}-Resorptions-Inhibitor(en) werden durch proteolytische Enzyme nicht inaktiviert und sind im Gegensatz zum IF thermostabil (30' bei 100° C). Eine Anreicherung bzw. Reinigung dieses Faktors wurde in Anbetracht der sehr umständlichen und langwierigen — und vorläufig auch nur am Menschen oder Schwein durchführbaren — biologischen Testung noch nicht versucht. Sämtliche bisher untersuchten Inhibitor-Präparationen besaßen bei der Testung am Perniciosa-Patienten praktisch keine IF-Aktivität und waren somit nicht durch — mit den Radio-B_{12}-Resorptionstesten noch meßbare — Intrinsic Factor-Mengen verunreinigt.

Die mit der radiopapierchromatographischen Methode bestimmte „in vitro-B_{12}-Bindungskapazität" der aktiven Inhibitor-Präparationen liegt zwischen 4,9 und 7,4 ng B_{12}/mg IHP und ist somit um den Faktor 6—9 geringer als die z. B. eines gereinigten IF-Konzentrates ($\cong$ 44 ng B_{12}/mg). Auch biologische Untersuchungen sprechen gegen eine wesentliche Bedeutung der B_{12}-Bindung für den Mechanismus des Inhibitor-Effektes.

Beim Schwein dürfte demnach dem in der Pylorusmucosa gebildeten IF die Funktion eines Antagonisten (Anti-Inhibitor) der in der Kardiamucosa produzierten physiologischen Inhibitoren der intestinalen B_{12}-Resorption zukommen (Heinrich u. Mitarb., 1958).

Eine aus diesen Ergebnissen resultierende neue Arbeitshypothese zur Erklärung der physiologischen Bedeutung und des Wirkungsmechanismus des IF und der Inhibitoren bei der B_{12}-Resorption wurde auf S. 1055 gegeben.

b) Kohlenhydrate als Inhibitoren der intestinalen Vitamin B_{12}-Resorption und des Intrinsic Factor

Außer den auf S. 1074 beschriebenen thermostabilen, in der Kardiadrüsenregion des Schweinemagens aufgefundenen natürlichen Inhibitoren der intestinalen B_{12}-Resorption, vermögen auch einfach strukturierte niedermolekulare Kohlenhydrate wie Sorbit, Sorbose, Fucose u.a.m. die B_{12}-Resorption im Dünndarm zu hemmen.

Im physiologischen Bereich der intestinalen Vitamin B_{12}-Resorption (vgl. S. 1045) an Ratten, Meerschweinchen, Schweinen und beim Menschen durchgeführte Untersuchungen mit ^{60}Co-B_{12} haben ergeben, daß L(-)Sorbose und D(-)Sorbit potente Inhibitoren der intestinalen Vitamin B_{12}-Resorption und des Intrinsic Factor sind (Heinrich, 1958; Heinrich u. Mitarb., 1959). Bei etwa 30% der gesunden Versuchspersonen reichen schon 10 g L(-)Sorbose oder D(-)Sorbit aus, um die intestinale Radio-B_{12}-Resorption stark zu hemmen. Die gleichzeitige orale Zufuhr von heterologem Intrinsic Factor genügt, um bei fast allen Personen, die durch 10 g Sorbit oder Sorbose bedingte Hemmung zu kompensieren. Nach oraler Gabe von 30—50 g Sorbit oder Sorbose kommt es bei fast allen Versuchspersonen zu einer B_{12}-Resorptionshemmung, die dann aber nicht mehr durch IF aufgehoben werden kann (HEINRICH u. Mitarb., 1959). Der die intestinale Radio-B_{12}-Resorption fördernde Effekt von gereinigtem Schweine-IFK kann bei Perniciosa-Patienten durch 10—30 g Sorbit oder Sorbose aufgehoben werden. Sofern diese Hemmung der Intrinsic Factor-Bioaktivität schon durch 10 g Sorbit erreicht wird, kann sie durch Steigerung der IF-Menge nach Art einer kompetitiven Hemmung wieder aufgehoben werden (HEINRICH, 1959; HEINRICH und STAAK, 1960; vgl. Tab. 7).

Tabelle 7. *Kompetitive Hemmung des Intrinsic-Factor-Effektes auf die intestinale Vitamin B_{12}-Resorption bei zwei Perniciosa-Patienten (N. u. M) durch 10 g D(—) Sorbit* (Radio-Vitamin B_{12}-Urinexkretionstest)

Orale Testdosen	^{60}Co-B_{12}-Urinexkretion in 72 Std. (in % der Testdosis) (N)	(M)
0,50 μg ^{60}Co—B_{12} (≡ 0,10 μC)	2,3	1,0
0,50 μg ^{60}Co—B_{12} + 12 mg IFK-BFS 35 (≡ 1 FME)	11,2	14,1
0,50 μg ^{60}Co—B_{12} + 24 mg IFK-BFS 35 (≡2 FME)	20,4	22,4
0,50 μg ^{60}Co—B_{12} + 24 mg IFK-BFS 35 + 10 g D(—) Sorbit (≡ 2 FME)	11,6	9,9
0,50 μg ^{60}Co—B_{12} + 24 mg IFK-BFS 35 + 30 g D(—) Sorbit (≡ 2 FME)	9,5	8,1
0,50 μg ^{60}Co—B_{12} + 48 mg IFK-BFS 35 + 10 g D(—) Sorbit (≡ 4 FME)	13,9	13,1
0,50 μg ^{60}Co—B_{12} + 96 mg IFK-BFS 35 + 10 g D(—) Sorbit (≡ 8 FME)	26,9	29,2
0,50 μg ^{60}Co—B_{12} + 24 mg IFK-BFS 35 + 10 g L(—) Sorbit (≡ 2 FME)	20,0	21,5
0,50 μg ^{60}Co—B_{12} + 24 mg IFK-BFS 35 + 30 g L(—) Sorbose (≡ 2 FME)	—	13,2

Anm.: 2 und 10 h nach der oralen Belastung wurden jeweils 1000 μg eines Depot-Vitamin B_{12} als Sättigungs- und Ausschwemmungsdosis i. m. injiziert und 15 min vorher 0,3 mg Histamindihydrochlorid s. c. injiziert.

IFK-BFS 35 = gereinigtes Schweine-Intrinsic Factor-Konzentrat aus der Pylorusmucosa (N. V. Organon/Holland).

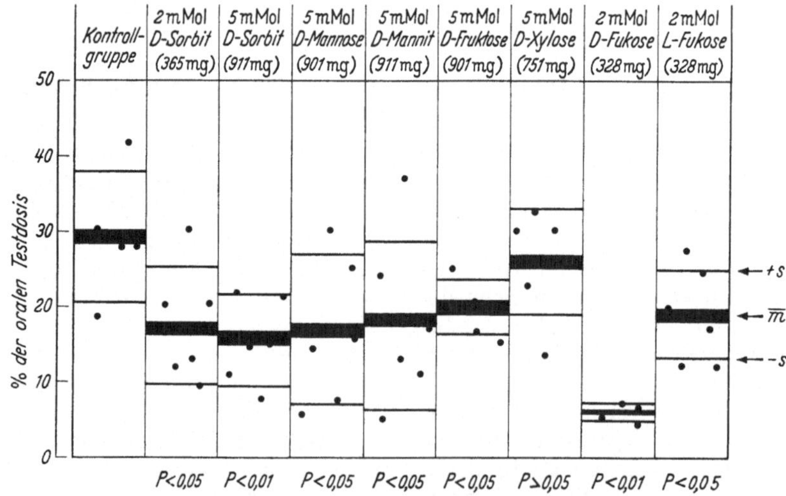

Abb. 7. Strukturspezifität des Kohlenhydrat-Inhibitoreffektes auf die intestinale ^{60}Co-Vitamin B_{12}-Resorption bei Meerschweinchen (^{60}Co-B_{12}-Leberinkorporation 24 Std. nach oraler Verabfolgung von 20 pMol ^{60}Co-B_{12} + angegebener Kohlenhydratmenge)

An Meerschweinchen durchgeführte Untersuchungen über die Strukturspezifität des Inhibitoreffektes der Kohlenhydrate auf die intestinale Vitamin B_{12}-Resorption (Faecesexkretions- und Leberinkorporationstest mit 20 pMol ^{60}Co-B_{12}) ergaben, daß der die B_{12}-Resorption hemmende Effekt mancher Kohlenhydrate und Zuckeralkohole nicht streng strukturspezifisch ist. Den weitaus stärksten Inhibitoreffekt zeigt die unnatürliche D-Fucose, während die natürliche und möglicherweise auch im Intrinsic Factor vorkommende L-Fucose wesentlich weniger hemmt (vgl. Abb. 7). D-Xylose hemmt die Radio-B_{12}-Resorption nicht,

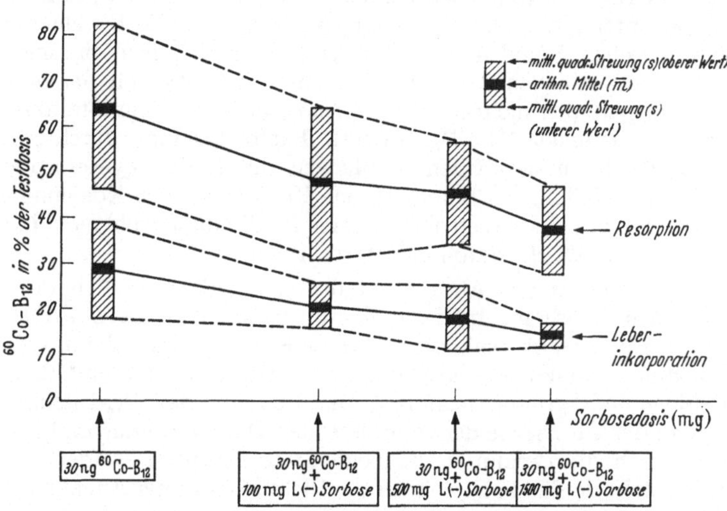

Abb. 8. Hemmung der intestinalen B_{12}-Resorption beim Meerschweinchen. (5 Tiere je Versuchsgruppe. Orale Testdosis: 30 ng ^{60}Co-B_{12} mit zunehmenden Sorbose-Mengen)

D-Sorbit, L-Sorbose, D-Mannose, D-Mannit und D-Fructose sind schwache Inhibitoren der intestinalen B_{12}-Resorption. Keines der untersuchten Kohlenhydrate vermochte die B_{12}-Resorption zu fördern (HEINRICH, 1959). Bei Ratten wird die nach oraler Verabfolgung von 10 oder 20 pMol ^{60}Co-B_{12} gemessene ^{60}Co-B_{12}-Nieren- und -Leberinkorporation (10 bzw. 5% der Testdosis) bei gleichzeitiger Gabe von 2 mMol D(—)Sorbit auf 8,5 bzw. 4,1% der Testdosis gehemmt. D(+) Fucose (1 mMol) ist auch bei der Ratte der bisher wirkungsvollste Inhibitor der intestinalen Vitamin B_{12}-Resorption (Hemmung auf 60% der Kontrollgruppe: 5,7 bzw. 3,2% der Testdosis). Im physiologischen B_{12}-Resorptionsbereich hemmen demnach auch bei der Ratte bestimmte Kohlenhydrate die B_{12}-Resorption (HEINRICH und STAAK, 1959). In ausreichender Dosierung vermag Sorbit auch die ^{60}Co-B_{12}-Resorption aus Darmsäckchen der Ratte zu hemmen. Nach mehrmonatiger Verfütterung von Sorbit bleibt die Radio-B_{12}-Resorption bei Ratten noch einige Zeit herabgesetzt (OKUDA und CHOW, 1959). Bei Meerschweinchen ist die durch L-Sorbose bewirkte Hemmung der ^{60}Co-B_{12}-Resorption aus einer 30 ng B_{12}-Testdosis im Bereich zwischen 100 und 1500 mg Sorbose etwa proportional dem Logarithmus der Sorbosemenge (HEINRICH u. Mitarb., 1959) (vgl. Abb. 8).

Der Mechanismus der Hemmung der intestinalen Vitamin B_{12}-Resorption durch Kohlenhydrate und Zuckeralkohole ist noch unbekannt. Da der Mensch uniform ^{14}C-markierten D(—)Sorbit nach oraler Verabfolgung von 35 g mindestens genau so schnell und in gleichem Umfange wie uniform ^{14}C-markierte D(+)Glucose im Darm resorbiert und nach Verstoffwechselung zu 75% innerhalb weniger Stunden als $^{14}CO_2$ abatmet (ADCOCK und GRAY, 1957), ist die verbreitete Ansicht, nach der Sorbit im Darm schlecht resorbiert wird und dadurch osmotisch Füllungszustand und Passagegeschwindigkeit im Darm beeinflußt, nicht länger haltbar und ungeeignet für Aussagen über den Sorbiteffekt auf die B_{12}-Resorption. Zudem hemmen schon solche Sorbitmengen die B_{12}-Resorption, die beim Menschen und bei Versuchstieren noch nicht ausreichen, um eine Diarrhoe zu erzeugen.

Papierchromatographische Untersuchungen unter Verwendung von ^{60}Co-B_{12} und einem cyanidhaltigen Collidin-H_2O-Lösungsmittelsystem haben ergeben, daß die die B_{12}-Resorption hemmenden Kohlenhydrate (z. B. Fucose, Sorbose, Sorbit u.a.m.) schon unter „in vitro"-Bedingungen mit dem Radio-B_{12} einen Komplex bilden und zwischen 5 und $40 \cdot 10^6$ Kohlenhydratmoleküle nötig sind, um ein ^{60}Co-B_{12}-Molekül zu binden. Die „in vitro"-Bindungskapazität der betreffenden Kohlenhydrate geht aber nicht in allen Fällen parallel ihrer Inhibitoraktivität. Da die „in vitro" ablaufende ^{60}Co-B_{12}-Intrinsic Factor-Bindung durch Sorbit- und Sorbosemengen, die in äquivalenten Mengen die Radio-B_{12}-Resorption stark hemmen, nicht beeinflußt wird, kommt eine Konkurrenz der Kohlenhydrate mit dem Intrinsic Factor bei der gastrointestinalen B_{12}-Bindung wohl nicht in Betracht (HEINRICH, 1958, 1959; HEINRICH u. Mitarb., 1959).

Wegen der strukturellen Ähnlichkeit der L(—)Sorbose und der D(+)Fucose mit der möglicherweise im Intrinsic Factor vorkommenden L(—)Fucose (vgl. WIJMENGA, 1956), wäre es denkbar, daß diese Kohlenhydrate die intestinale B_{12}-Resorption durch Konkurrenz mit einer im Intrinsic Factor enthaltenen L(—)-Fucose-haltigen Wirkgruppe hemmen. Die Fixation des B_{12}-Intrinsic-Factor-Komplexes an der Oberfläche der resorbierenden Dünndarmmucosa könnte dabei kompetitiv durch die genannten Kohlenhydrate gehemmt werden (HEINRICH, 1959), jedoch steht der letzte Beweis für die Richtigkeit dieser Annahme noch aus.

9. Artspezifität des Intrinsic Factor

Unter Verwendung von radioaktiv markiertem Vitamin B_{12} wurde die biologische Aktivität von Intrinsic Factor-Präparationen und Magensäften verschiedener Säugetiere an mehreren Testorganismen (Ratte, Meerschweinchen, Schwein und Mensch) untersucht. Die dabei interessante Bearbeitung des Problems der Artspezifität der IF-Wirkung wird ganz besonders erschwert durch das Fehlen reiner IF-Präparationen aus den Mägen der verschiedenen Tierspecies. In der Tab. 8 sind die gegenwärtig bekannten Effekte von Magensäften bzw. IF-Präparationen aus der Magenschleimhaut verschiedener Säugetierarten auf die intestinale B_{12}-Resorption bei verschiedenen Testorganismen (Ratte, Meerschweinchen, Schwein und Mensch) zusammengestellt.

Mehr oder minder schlüssig sind nur positive Aktivitätsbefunde, d. h. mit heterologem IF festgestellte IF-Aktivität bei einer der anderen Species, denn die fehlende biologische Aktivität eines heterologen IF-Präparates braucht nicht durch eine Artspezifität desselben bedingt zu sein, sondern kann ihre Ursache auch in

a) ungenügender Dosierung des heterologen IF (geringere spezifische Aktivität),

b) Überdosierung des heterologen IF,

c) andere chemischen und physikalischen Eigenschaften (z. B. andere Stabilität) des heterologen IF und damit unterschiedliche Ausbeuten bzw. Inaktivierung bei sonst wirkungsvollen Extraktions- oder Fraktionierungsmethoden,

d) der Existenz von spezifischen B_{12}-Resorptions-Inhibitoren in heterologen IF-Präparaten haben.

Von LATNER und MERRILS (1956) konnte zwar mittels Ionenaustauscher-Chromatographie aus durch Ammoniumsulfat gefällten Schweine-IF-Präparationen eine Mucoprotein-Fraktion abgetrennt werden, die bei der Ratte die intestinale Radio-B_{12}-Resorption stark hemmt, während die zweite dabei gewonnene Mucoproteid-Fraktion IF-Aktivität besaß, und wir konnten bei unseren Untersuchungen zum Wirkungsmechanismus des IF beim Schwein die Existenz von B_{12}-Resorptions-Inhibitoren in der Kardiadrüsenmucosa des Schweinemagens nachweisen und zeigen, daß diese Inhibitoren beim Menschen und Schwein die

Tabelle 8. *Mit Hilfe von Radio-Vitamin B_{12}-Resorptionstesten an verschiedenen Testorganismen ermittelte Aktivität und Artspezifität der Intrinsic Factor-Präparationen und Magensäfte einiger Mammalier*
(Literatur über Ergebnisse älterer klinischer Untersuchungen bei HEINRICH u. LAHANN, 1954)

Instrinsic Factor-Präparation bzw. Magensaft von der	Testorganismus						
	Ratte		*Meerschweinchen*	*Schwein*		*Mensch*	
	normal	gastrektomiert		normal	gastrektomiert	normal	gastrektomiert[1]
Maus, Magenhomogenat		+[1]					
Ratte, Magensaft . . .		+[1,4,11]					+[2]
Vormagen-IFP .		} +[11,14]					O(+)[7] } +[13]
Drüsenmagen-IFP	—[13]	+[13] }					+[7] }
Meerschweinchen . . .							O[7]
Kuh, Pansen-IFP . .							O[7]
Netzmagen-IFP .							O[7]
Blättermagen-IFP							O[7]
Labmagen-IFP .							O[7]
Duodenum-IFP .							O[7]
Schwein, Magensaft .		O[14]					++
Cardiamucosa-IFP . . .	} —[3,4,5,9,10,13]	O[1,3,10,11,13]		—[8]	—[8]	——[8]	O[8]
Pylorusmucosa-IFP . . .	}		—[12]	+[6]	O[8]		++[15]
Duodenal-mucosa-IFP							O[8]
Rhesus-Affen, Magen-homo-genat		O[1]					+[1]
Mensch, Magensaft . .	—[4]	O[4,11]					++[15]
Cardiamucosa-IFP. . . .							(+) ?
Fundusmucosa-IFP. . . .		+[13]					++
Pylorusmucosa-IFP . .							(+) ?

[1] Patienten mit Intrinsic-Factor-Verlust bei perniciöser Anämie oder nach totaler Gastrektomie.
O ohne Effekt; — Hemmung; —— starke Hemmung; + Förderung; ++ starke Förderung.

Literatur:

[1] ABELS (1959). — [2] ABELS u. Mitarb. (1957). — [3] CHOW u. Mitarb. (1955). — [4] CLAYTON u. Mitarb. (1955, 1957). — [5] COATES u. Mitarb. (1955). — [6] HEINRICH (1956). — [7] HEINRICH u. Mitarb. (1956/57). [8] HEINRICH u. Mitarb. (1958). — [9] HOLDSWORTH u. COATES (1956). — [10] ROSENBLUM u. Mitarb. (1954). — [11] NIEWEG u. Mitarb. (1956). — [12] STAAK u. HEINRICH (1957/58). — [13] TAYLOR u. Mitarb. (1958). — [14] WATSON u. FLOREY (1955). — [15] WELCH u. Mitarb. (1952)

intestinale ^{60}Co-B_{12}-Resorption stark hemmen (Heinrich u. Mitarb., 1958) (vgl. S. 1074). Jedoch können diese Befunde nicht generalisiert werden, und eine Inhibitor-Theorie reicht nicht aus, um die Artspezifität der IF-Wirkung erklären zu können.

Ähnlich verhält es sich mit der bei Meerschweinchen nach oraler Gabe von 30 ng ^{60}Co-B_{12} beobachteten Hemmung der intestinalen B_{12}-Resorption durch ein gereinigtes Intrinsic Factor-Konzentrat aus der Schweine-Pylorusmucosa (vgl. Abb. 9). Dieser mit Hilfe des Radio-B_{12}-Faecesexkretionstestes und Radio-B_{12}-Leberinkorporationstestes bestimmte Hemmeffekt ist im Bereich zwischen 0,005 und 0,1 Frischmucosa-Einheiten (≙ 0,06—1,2 mg) etwa proportional dem Logarithmus der verabfolgten Menge des benutzten Schweine-IF-Konzentrates (Staak und Heinrich, 1957/1958).

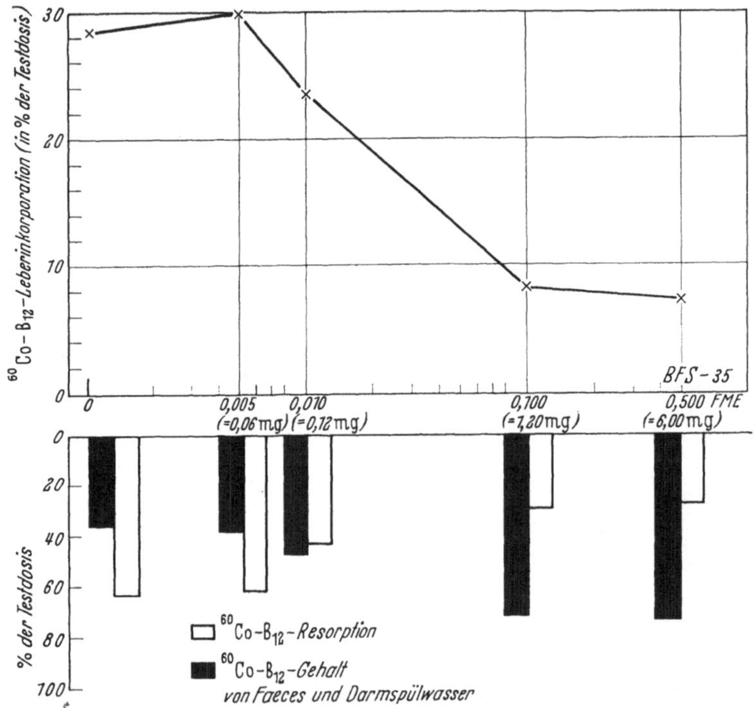

Abb. 9. Hemmung der intestinalen B_{12}-Resorption bei Meerschweinchen durch gereinigtes IF-Konzentrat aus der Schweine-Pylorusmucosa (IFK-BFS 35). Radio-B_{12}-Leberinkorporations- und Faecesexkretionstest mit 30 ng ^{60}Co-B_{12} und 0—0,50 FME (= 0—6,0 mg) IFK-BFS 35

Die von den verschiedenen Arbeitskreisen erzielten Ergebnisse sind außerordentlich stark durch die gewählte Versuchsanordnung bestimmt und daher nur selten unmittelbar untereinander vergleichbar. Noch stärker sind die Diskrepanzen zwischen den Befunden, die nicht unter „in vivo"-Bedingungen, d. h. an normalen bzw. gastrektomierten Testorganismen erzielt wurden, sondern unter Zuhilfenahme von „in vitro"-Techniken am überlebenden Darm, an inkubierten Darmschnitten oder an mit Ligaturen versehenen Darmabschnitten gewonnen wurden (vgl. S. 1057).

Definitive Aussagen zur Artspezifität der IF-Aktivität werden erst dann möglich sein, wenn chemisch reine IF-Präparationen der verschiedenen Tierspecies zur Verfügung stehen. Daß artspezifische Differenzen der IF-Wirkung bei der Therapie der Perniciosa eine Rolle spielen können, wird im nächsten Abschnitt besprochen.

10. Intestinale Radio-Vitamin B_{12}-Resorption und ihre Beeinflussung durch heterologen Intrinsic Factor bei der langzeitigen oralen Erhaltungstherapie der perniciösen Anämie mit Vitamin B_{12} und Intrinsic Factor

α) *Vitamin B_{12}-Stoffwechsel bei der oralen Vitamin B_{12}-Intrinsic Factor-Kompensations- und Erhaltungstherapie der perniciösen Anämie*

Die erfolgreiche orale Behandlung der perniciösen Anämie sowohl als Kompensationstherapie als auch als Erhaltungstherapie ist von vielen klinischen Untersuchergruppen beschrieben bzw. bestätigt worden (Lit. bei BEGEMANN (1956) u. GOLDECK (1955)].

Mit höchstempfindlichen mikrobiologischen Methoden (Euglena-Test) wurde der Vitamin B_{12}-Stoffwechsel während der oralen Kompensations- und Erhaltungstherapie der perniciösen Anämie mit kristallisiertem Vitamin B_{12} und rohen, gereinigten bzw. hochgereinigten heterologen Intrinsic Factor-Konzentraten (aus der Schweine-Pylorusmucosa) sehr eingehend untersucht (HEINRICH u. LAHANN, 1953; HEINRICH, 1954 u. 1956).

Der bald nach der oralen Gabe von B_{12} und einer biologisch wirksamen IF-Präparation beginnende und mikrobiologisch bestimmbare Anstieg der B_{12}-Harnexkretion beim dekompensierten Perniciosa-Patienten hat es ermöglicht, nicht nur mit Hilfe dieses B_{12}-Resorptions-Exkretionstestes am Perniciosa-Patienten die Aktivität von IF-Präparationen semiquantitativ zu testen, sondern auch eine quantitative Aussage über den Effekt einer oralen Vitamin B_{12} + Intrinsic Factor-Therapie auf den B_{12}-Stoffwechsel zu erhalten, d. h. eine biochemische Differentialdiagnostik der Megaloblasten-Anämien durchzuführen (HEINRICH u. LAHANN, 1953). Schon sehr frühzeitig wurde erkannt, daß es mit einer physiologisch dosierten oralen B_{12} + IF-Therapie der perniciösen Anämie sowohl während der Kompensations- als auch der Erhaltungsphase der Behandlung nicht gelingt, die biochemische Symptomatik einer B_{12}-Hypovitaminose zu beseitigen, da offenbar das dabei resorbierte B_{12} nicht ausreicht, um in den speichernden Organen und Geweben wieder die B_{12}-Depots aufzufüllen. Da sich bei diesen Patientengruppen aber klinisch und hämatologisch keinerlei Anhalt für einen B_{12}-Mangel mehr fand, mußte angenommen werden, daß das resorbierte B_{12} durchaus noch ausreichte, um den akuten B_{12}-Bedarf der Erythrocytopoese, des zentralen Nervensystems und anderer B_{12}-bedürftiger Funktionen und Gewebe zu decken. Als feinster Indicator für die Situation des B_{12}-Stoffwechsels bei der oralen Vitamin B_{12} + Intrinsic Factor-Therapie der perniciösen Anämie erwies sich die mikrobiologisch gut bestimmbare B_{12}-Harnextraktion. Nach Unterbrechung oder Herabsetzung der Dosis der oralen Therapie oder auch nach Anstieg des B_{12}-Bedarfes kommt es nämlich relativ schnell zu einem erkennbaren Absinken der B_{12}-Harnexkretion, die erst nach Wiederaufnahme bzw. Erhöhung der Dosis wieder ansteigt, ohne jedoch jemals bei physiologischer Vitamin B_{12}- und Intrinsic Factor-Dosierung für längere Zeit die bei gesunden Menschen mit 50—250 ng B_{12}/die gemessene B_{12}-Harnexkretion zu übertreffen (HEINRICH, 1954).

Auch bei der oralen Kompensationstherapie der perniciösen Anämie mit hochgereinigten IF-Konzentraten kann eine Normalisierung des B_{12}-Stoffwechsels trotz optimaler erythrocytopoetischer Effekte nicht erreicht werden (HEINRICH, 1956). Bei der oralen B_{12} + IF-Therapie verlaufen also die klinische und biochemische Symptomatik des B_{12}-Mangels nicht parallel. Dies ist auch der Fall bei der zu niedrig dosierten parenteralen Vitamin B_{12}-Therapie (z. B. wesentlich weniger als 30 μg B_{12} pro Injektion und Woche), wie ebenfalls mit mikrobiologischen Methoden gezeigt werden konnte (HEINRICH, 1956).

Es konnte dann gezeigt werden, daß bei konstanter oral verabfolgter Radio-B_{12}-Menge die B_{12}-Resorption beim Perniciosa-Patienten nur in einem bestimmten Bereich proportional der applizierten Menge des gereinigten heterologen IF-Konzentrates ist. Nach Überschreitung einer optimalen IF-Menge wird die intestinale B_{12}-Resorption sogar wieder bis auf die ohne IF-Zugabe bei Perniciosa-Patienten üblichen sehr niedrigen Ausgangswerte herabgesetzt (HEINRICH, 1955; HEINRICH u. v. HEIMBURG, 1956; TOPOREK u. Mitarb., 1955). Bei einer Gruppe von Perniciosa-Patienten, die über 2—3 Jahre ohne Dekompensationen oral mit B_{12} und rohen Schweine-IF-Präparationen behandelt worden waren, sank der Serum-B_{12}-Spiegel weiter ab und traten klinische Dekompensationen immer dann auf, wenn bei konstanter Zufuhr von 5 μg B_{12}/Tag die Menge des verwendeten gereinigten IF-Konzentrates von 9 bzw. 18 auf 36 bzw. 72 mg/Tag heraufgesetzt wurde (HEINRICH, 1956). Dies bedeutet aber, daß bei der oralen Perniciosabehandlung mit B_{12} und heterologem IF die B_{12}-Resorption nicht in der beim gesunden Menschen üblichen Weise abläuft.

β) *Wirksamkeitsminderung und reversibler Vitamin B_{12}-Resorptionsblock bei der langzeitigen oralen Erhaltungstherapie der perniciösen Anämie*

Es ist bekannt, daß nach mehrjähriger oraler Erhaltungstherapie mit Vitamin B_{12} und heterologem Schweine-IF ein mehr oder minder großer Teil der Perniciosa-

Patienten (5—40%) klinisch dekompensiert, die Serum-B_{12}-Spiegel abfallen und die intestinale Radio-B_{12}-Resorption bei diesen Patienten noch durch homologen IF (menschlicher Magensaft) und Ratten-IF, nicht aber mehr durch heterologen Schweine-IF (rohe und gereinigte Schweine-IF-Konzentrate) stimuliert werden kann (KILLANDER, 1956, 1957, 1958; SCHWARTZ u. Mitarb., 1957; BERLIN u. Mitarb., 1957, 1958; HEINRICH, 1956; LÖWENSTEIN u. Mitarb., 1957; ALLGEN und TOMENIUS, 1958; STOKES und PITNEY, 1958; ADAMS, 1958; PEDERSEN und EBBESEN, 1958). WILLIAMS und ELLENBOGEN (1959) dagegen konnten nach $1^1/_2$ jähriger Verwendung eines nicht näher definierten gereinigten Schweine-IF-Präparates bei einer Gruppe von 13 Perniciosa-Patienten keine Wirksamkeitseinbuße der Aktivität des heterologen IF feststellen.

In der Tab. 9 sind an einem Beispiel diese Verhältnisse erläutert. Es handelte sich um eine Patientin mit dekompensierter perniciöser Anämie, bei der im März 1955 die Diagnose mit dem mikrobiologisch ausgewerteten oralen 30 μg B_{12}-Resorption-Exkretionstest (HEINRICH und LAHANN, 1953) gesichert wurde. Nach oraler Gabe von 1 mg eines hochgereinigten, aus der Schweine-Pylorusmucosa nach Zusatz von kristallisiertem B_{12} isolierten roten Cobalaminproteid-Konzentrates pro die über 4 Wochen kam es zu einem beträchtlichen Anstieg der B_{12}-Harnexkretion (als Ausdruck der erfolgenden B_{12}-Resorption) und zu einem erythrocytopoetisch optimalen Effekt (Erythrocytenanstieg in 24 Tagen von 1,8 auf 3,9 · $10^6/\mu$l).

Über $1^1/_2$ Jahre wurde dann die Patientin mit täglich 5—10 μg B_{12} und 9—18 mg eines gereinigten Schweine-IF-Konzentrates behandelt, bis es im Herbst 1956 hämatologisch zur Dekompensation kam. Die daraufhin sofort durchgeführten Radio-B_{12}-Resorptionsteste ergaben, daß die intestinale B_{12}-Resorption durch rohen und gereinigten heterologen IF aus Schweine-Pylorusmucosa nicht mehr gefördert wurde, also ein Resorptionsblock vorlag, während homologer IF in Form von gefriergetrocknetem menschlichem Magensaft (1 mg MS 1 = 1 ml Magensaft) durchaus wirksam war (vgl. Tab. 9). Obwohl die orale Erhaltungstherapie dann unter genau gleichen Bedingungen ohne jegliche Unterbrechung über weitere 10 Monate fortgeführt worden war, zeigte sich dann im Oktober 1957 bei einer Kontrolle, daß die Patientin nunmehr wieder sowohl auf heterologen als auch auf homologen IF mit einer Stimulierung der intestinalen B_{12}-Resorption ansprach (vgl. Tab. 9).

Die orale Therapie mit B_{12} und heterologem IF wurde dann zu diesem Zeitpunkt abgebrochen, und die Patientin erhielt von November 1957 bis November 1958 keinerlei IF- oder B_{12}. Dennoch zeigte sich bei der im November 1958 durchgeführten Kontrolluntersuchung, daß die intestinale B_{12}-Resorption sowohl durch heterologen als auch durch homologen IF (gereinigtes IF-Konzentrat BFS 35 aus der Schweine-Pylorusmucosa bzw. gefriergetrockneter menschlicher Magensaft MS 1) nur geringfügig gefördert wurde (vgl. Tab. 9) und damit wiederum entweder die beginnende oder ausklingende Phase eines IF-refraktären Zustandes erfaßt wurde. Die Ursache dieses Phänomens ist völlig unklar; heterologer Schweine-IF kommt als auslösender Faktor des erneuten Refraktärwerdens in diesem Falle nicht in Betracht. Eine IF-Präparation aus dem Rinderpansen (= 2251 A) war unwirksam.

Bisher ist noch nicht bekannt, ob es auch bei der langjährigen oralen Erhaltungstherapie mit B_{12} und homologem IF (z. B. gefriergetrocknetem menschlichen Magensaft) zur Entwicklung IF-refraktärer Phasen kommen kann, da bisher eine solche orale Erhaltungstherapie der perniciösen Anämie aus verständlichen Gründen nicht versucht wurde.

Selbstverständlich lag es nahe, die Ursache für die Wirksamkeitsminderung des heterologen IF bei der oralen Erhaltungstherapie in der Bildung eines gegen den IF gerichteten Antikörpers zu suchen. Während sich bei unseren gegen rohen und gereinigten Schweine-IF refraktär gewordenen Perniciosa-Patienten gegen die verwendeten IF-Präparationen gerichtete Antikörper im Serum nicht nachweisen ließen, fand SCHWARTZ (1958), daß 50 ml Serum von Perniciosa-Patienten, die über längere Zeit mit Schweine-Pylorusmucosa bzw. mit einer anderen rohen Magenpräparation oral behandelt worden waren, die IF-Aktivität von 100 mg Schweine-Pylorusmucosa im Radio-B_{12}-Resorptionstest bei etwa $^2/_3$ der daraufhin untersuchten Perniciosa-Patienten z. T. stark zu hemmen vermögen. Jedoch zeigen auch die Sera von Perniciosa-Patienten, deren intestinale B_{12}-Resorption noch

Tabelle 9. *Vitamin B_{12}-Resorption bei temporär gegen heterologen Intrinsic Factor refraktärer Perniciosa*

	Mikrobiologisch (Euglena-Test) ausgewerteter oraler Vitamin B_{12}-Resorptions-Exkretionstest	Vitamin B_{12}-Urinexkretion (in pg B_{12}/die)
15. III. 55	30 μg B_{12}-Testdosis	4–11
19. III. 55	1 mg rotes Cobalaminproteid-Konzentrat/die	
20. IV. 55	(≡ 5 μg B_{12} + IFK/die)	bis 70
23. IV. 55 bis 20. X. 56	1–2 Tabl. IF 20/die (≡ 9,2 mg IFK + 5 μg B_{12}/die bzw. 18,4 mg IFK + 10 μg B_{12}/die)	
	Orale Radio-B_{12} Urinexkretionsteste	Radio-B_{12}-Urinexkretion in 72 h (in % der Testdosis)
22. X. 56	0,50 μg ^{60}Co–B_{12} (≡ 0,42 μC)	0,0
25. X. 56	0,50 μg ^{60}Co B_{12} + 12 mg IFK-BFS 35 (≡ 1 FME)	1,3
29. X. 56	0,50 μg ^{60}Co–B_{12} + 100 mg MS 1 (≡ 100 ml Magensaft)	7,8
1. XI. 56	0,50 μg ^{60}Co–B_{12} + 216 mg IFP 1990 (≡ 1 FME)	2,6
6. XII. 56 bis 30. IX. 57	1 Tabl. IF 20/die (≡ 9,2 mg IFK + 5 μg B_{12}/die)	
14. X. 57	0,50 μg ^{58}Co–B_{12} (≡ 0,35–0,30 μC)	1,2
16. X. 57	0,50 μg ^{58}Co–B_{12} + 30 mg IFK-BFS 35 (≡ 2,5 FME)	16,5
18. X. 57	0,50 μg ^{58}Co–B_{12} + 100 mg MS 1 (≡ 100 ml Magensaft)	12,4
30. X. 57	0,50 μg ^{58}Co–B_{12} + 216 mg IFP 1990 (≡ 1 FME)	10,0
1. XI. 57 bis 12. XI. 58	keinerlei orale Therapie mit Vitamin B_{12} und Intrinsic Factor	
13. XI. 58	0,50 μg ^{60}Co–B_{12} (≡ 0,50 μC)	0,4
17. XI. 58	0,50 μg ^{60}Co–B_{12} + 24 mg IFK-BFS 35 (≡ 2 FME)	9,2
20. XI. 58	0,50 μg ^{60}Co–B_{12} + 310 mg IFP 2251 A (≡ 5 FME)	0,8
24. XI. 58	0,50 μg ^{60}Co–B_{12} + 24 mg IFK-BFS 35 (≡ 2 FME)	6,2
1. XII. 58	0,50 μg ^{60}Co–B_{12} + 100 mg MS 1	6,6

Anm.: 15 min vor der oralen Belastung s.c.-Injektion von 0,3 mg Histamindihydrochlorid. Als Sättigungs- und Ausschwemmungsdosis wurden 1000 μg B_{12} i. m. injiziert.
IFK-BFS 35: gereinigtes IF-Konzentrat aus der Schweine-Pylorusmucosa
MS 1: gefriergetrockneter menschlicher Magensaft (1 mg = 1 ml)
IFP-2251 A: lyophilisierter Extrakt aus dem Pansen der Kuh
IFP-2251 B: lyophilisierter Extrakt aus dem Netzmagen der Kuh

durch heterologen IF gefördert wurde, diesen Hemmeffekt auf die Aktivität des Schweine-IF, und selbst die Aktivität des bei den betreffenden Patienten ja immer noch wirksamen homologen IF des Menschen wird gehemmt. Das Vorhandensein eines IF-Inhibitors im Serum von oral mit heterologem IF behandelten Perniciosa-Patienten kann daher das bei diesen Patienten gelegentlich beobachtete Phänomen des Refraktärwerdens gegen heterologen IF nicht ausreichend erklären. TAYLOR (1959) beobachtete bei drei Patienten mit perniciöser Anämie, deren Sera die biologische Aktivität von 50 mg Schweine-Intrinsic Factor-Konzentrat um 20 bis 28% gehemmt hatten (Radio-B_{12}-FET), ein Verschwinden dieses Inhibitoreffektes nach vierwöchiger oraler Hydrokortison-Verabfolgung (80 mg täglich). Da jedoch nicht angegeben wurde, ob es sich um Schweine-Intrinsic Factor-refraktäre Perniciosa-Patienten gehandelt hat und auch sonst noch manche experimentelle Unterlagen fehlen, ist die Bedeutung dieses Befundes kaum zu beurteilen. Fraglich ist auch noch, ob der von Taylor und Morton (1958, 1959) bei mit Schweine- oder Menschen-IF-Präparationen immunisierten Kaninchen im Serum nachgewiesene IF-Antikörper etwas mit dem obengenannten Phänomen spezifisch zu tun hat, oder nur einen speziellen Fall einer durch artfremdes Eiweiß ausgelösten Antikörperbildung darstellt. Bemerkenswerterweise hemmt der im Kaninchenserum durch Injektion von Schweine-IFK induzierte IF-Konzentrat-Antikörper bei der Testung am Perniciosa-Patienten (Radio-B_{12}-FET mit 0,5 μg ^{60}Co-B_{12}) nicht nur die Bioaktivität des Schweine-IFK, sondern auch die des menschlichen IFK und ist somit nicht spezifisch. Möglicherweise sind sowohl in dem Schweine-IFK als auch in dem menschlichen IFK, die beide nicht rein waren, die gleichen Verunreinigungen mit Antigeneigenschaften enthalten. Diese für die Antikörper-Bildung verantwortlichen Antigeneigenschaften von IFK brauchen nichts mit deren Bioaktivität und Artspezifität zu tun zu haben.

Beobachtungen von Berlin u. Mitarb. (1958) zeigten, daß bei den gegen heterologen (Schweine) IF refraktär gewordenen Perniciosa-Patienten die B_{12}-Resorptionsblockade durchbrochen werden kann, wenn die orale Dosis des verwendeten Schweine-IF-Konzentrates von 50 auf 500 mg heraufgesetzt wird. Auch bei den aus nicht angegebenen Gründen gegen den IF des menschlichen Magensaftes refraktären Perniciosa-Patienten ließ sich die B_{12}-Resorptionsblockade durchbrechen, wenn die 4fache Menge menschlichen Magensaftes verabreicht wurde (200 statt 50 ml). Auch Schwartz u. Mitarb. (1958) konnten feststellen, daß bei einem Teil der gegen sonst ausreichende Mengen heterologen IF (100 mg Schweine-Pylorusmucosa) refraktären Perniciosa-Patienten die intestinale B_{12}-Resorption durch Heraufsetzung der Dosis der gleichen IF-Präparation auf 400 bis 3500 mg fast normalisiert werden kann.

Die letztgenannten Befunde sprechen zusammen mit den oben geschilderten Ergebnissen nicht dafür, daß eine Antigen-Antikörper-Reaktion zwischen dem artfremden IF-Proteid und einem lokal in der Darmschleimhaut oder gar humoral vorhandenen (vom Wirtsorganismus gebildeten) Antikörper im Magen-Darm-Kanal stattfindet. Schwartz u. Mitarb. (1958) versuchten allerdings, auf rein spekulativer Basis den die Resorptionsblockade durchbrechenden Effekt einer stark heraufgesetzten Schweine-IF-Dosis durch die Annahme einer Absättigung eines hypothetischen lokalen oder humoralen, gegen den heterologen Schweine-IF gerichteten Antikörpers zu erklären. Die nach der Absättigung der an oder in der Intestinalmucosa vorhandenen Antikörper-Menge noch verbleibende IF-Dosis stünde demnach zur Förderung der intestinalen B_{12}-Resorption zur Verfügung. Diese Überlegung ist ebenso unbewiesen wie die Vermutung, daß nur die Trägermoleküle der IF-Aktivität in gereinigten IF-Konzentraten mit höherem Molekulargewicht ($>$ 20000), nicht dagegen enzymatisch vorbehandelte und damit niedermolekulare Trägermoleküle (5000—20000) der IF-Aktivität den temporären B_{12}-Resorptionsblock bei der oralen Perniciosa-Therapie auslösen können.

Da durch antibiotische Vorbehandlung bzw. gleichzeitige Verabfolgung von Tetracyclin der B_{12}-Resorptionsblock bei Gabe von Radio-B_{12} und heterologem IF vom Schwein nicht beeinflußt werden konnte (Heinrich, 1956), kann man sich der nunmehr von Berlin u. Mitarb. (1958) vorgetragenen Ansicht nicht anschließen, nach der Stoffe der veränderten mikrobiellen Besiedlung des Darmes mit dem B_{12} um den IF konkurrieren und nur der im Überschuß gegebene IF (nach Sättigung der Bakterien) zur B_{12}-Resorptionsförderung zur Verfügung steht (vgl. Tab. 10).

Auch Schwartz u. Mitarb. (1958) konnten bei ihren refraktären Perniciosa-Patienten nach oraler antibiotischer Vorbehandlung (6 Tage lang 4mal täglich

Tabelle 10. *Effekt oraler Tetracyclin- (Achromycin-)Gaben auf den Radio-B_{12}-UET bei gegen heterologen Intrinsic Factor temporär refraktärer Perniciosa*

Datum	Oraler Radio-B_{12}-Urinexkretionstest	Radio-B_{12}-Urinexkretion (in % d. Testdosis)
22. XI. 56	0,50 μg ^{60}Co$-B_{12}$ + 12 mg IFK-BFS 35 (= 1 FME)	0,3
26. XI. 56		
9^{00}	250 mg Tetracyclin (oral)	
9^{30}	250 mg Tetracyclin (oral)	
10^{00}	0,50 μg ^{60}Co$-B_{12}$ + 12 mg IFK-BFS 35 (= 1 FME)	0,0
28. XI. 56		
20^{00}	250 mg Tetracyclin (oral)	
29. XI. 56		
9^{00}	250 mg Tetracyclin (oral)	0,5
9^{30}	0,50 μg ^{60}Co$-B_{12}$	

250 mg Chlor-Tetracyclin=Aureomycin) keine Veränderung der B_{12}-Resorptionsblockade feststellen.

Im physiologischen und substitutions-therapeutischen Bereich ist das mögliche Ausmaß der IF-bedürftigen B_{12}-Resorption weitgehend unabhängig vom B_{12}-Angebot (bis zu 30 μg B_{12}/Dosis) und der Menge des im Magensaft vorhandenen oder oral verabfolgten Intrinsic Factor, da die intestinale B_{12}-Resorption nur bis zu einem gewissen Grenzwert (beim Menschen etwa 1,5 μg/Dosis, beim Schwein 0,5–1 μg/Dosis, beim Meerschweinchen etwa 30 ng/Dosis) gesteigert werden kann. Wir haben daher vermutet, daß außer dem B_{12} und IF noch eine aktive Reaktion, die die B_{12}-Resorption kontrolliert und begrenzt, an oder in der Intestinalmucosa an der intestinalen B_{12}-Resorption beteiligt ist (HEINRICH u. LAHANN, 1954), ohne daß wir bisher auch nur Vermutungen hinsichtlich der stofflichen Natur und Eigenschaften eines möglichen Trägers dieser die B_{12}-Resorption limitierenden Reaktion haben. Etwa gleichzeitig und unabhängig von uns wurde von GLASS u. Mitarb. (1954) ein in der Dünndarmschleimhaut lokalisiertes B_{12}-Acceptorprotein postuliert und dessen Sättigung mit B_{12} für die eben diskutierten Phänomene verantwortlich gemacht. Die Existenz eines solchen intramuralen B_{12}-Acceptorproteins konnte bisher aber nicht experimentell nachgewiesen werden, und die Bedeutung seiner hypothetischen Sättigung mit B_{12} als eines Regelmechanismus für die B_{12}-Resorption wurde neuerdings in Frage gestellt (NIEWEG u. Mitarb., 1958; ABELS u. Mitarb. 1959). Die von SCHWARTZ u. Mitarb. (1958) geäußerte Vermutung, daß die Entwicklung eines gegen heterologen IF refraktären Zustandes möglicherweise auf einer Beeinflussung des intramuralen B_{12}-Acceptorproteins beruhe, hat daher nur wenig Wahrscheinlichkeit für sich.

Gelegentlich kann auch beobachtet werden, daß sich bei Patienten mit perniciöser Anämie, die mehrere Jahre lang keine orale Erhaltungstherapie mit B_{12} und heterologem IF mehr bekommen haben, ein temporäres Refraktärsein gegen heterologen und manchmal auch homologen IF entwickelt.

Bei einem Perniciosa-Patienten, der von Juli 1953 bis März 1956 mit täglich 1–5 μg B_{12} und bis zu 120 mg Schweine-Pyloruspulver oral behandelt wurde, sank der mit Hilfe des Radio-B_{12}-UET meßbare, die intestinale Resorption einer Standard-Testdosis von 0,5 μg ^{60}Co$-B_{12}$ fördernde Effekt eines Standard-IF-Konzentrates (1 bzw. 2 FME) von 1956 bis 1958 immer weiter ab, obwohl der Patient seit dem März 1956 keine orale IF + B_{12}-Therapie mehr erhalten hatte (vgl. Tab. 11). Bei der letzten Testung im November 1958 war die Resorptionsblockade zwar noch nicht vollständig, aber selbst durch 100 ml menschlichen Magensaft (= homologer IF (MS 1)] und eine Überdosis von 10 FME des heterologen IF-Konzentrates (BFS-35) vom Schwein nicht zu durchbrechen.

Auch aus dem Pansen bzw. Netzmagen der Kuh gewonnene Präparate waren selbst in Überdosierung von 5 FME (IFP 2251 A bzw. 2251 B in Tab. 11) ohne IF-Effekt bei diesem langsam gegen Schweine- und menschlichen IF refraktär werdenden Perniciosa-Patienten. Doch kann es sich um einen artspezifischen Vorgang handeln, da die aus verschiedenen Teilen des Magen-Darm-Kanals der Kuh gewonnenen IF-Präparationen auch bei der Testung an normalen Perniciosa-Patienten unwirksam waren.

Wäre die von 1953–1956 mit einem rohen heterologen IF-Präparat durchgeführte orale Erhaltungstherapie für die Entstehung des IF-refraktären Zustandes verantwortlich gewesen, so hätte sich dieser Zustand schon 1955 oder 1956 nachweisen lassen müssen. Gegen heterologen und manchmal auch homologen IF mehr oder minder vollständig refraktäre Zustände bei Patienten mit perniciöser Anämie werden somit nicht nur durch langzeitige orale Intrinsic

Tabelle 11. *Orale Radio-Vitamin B_{12}-Resorptionsteste (UET) bei spontan gegen heterologen und homologen Intrinsic Factor refraktär werdendem Perniciosa-Patienten*

Datum	Mikrobiologisch (Euglena-Test) ausgewerteter oraler Vitamin B_{12}- Resorptions-Urinexkretionstest	Vitamin B_{12}-Urinexkretion (in pg B_{12}/die)
26. VI. bis		
27. VI. 53	— (Ausgangswerte)	1—20
28. VI. 53	30 μg Vitamin B_{12}	8—28
30. VI. 53	30 μg Vitamin B_{12} + 780 mg Schweine-Pyloruspulver	80—185
	Orale Radio-B_{12}-UET	Radio B_{12}-Urinexkretion in 72 h (in % der Testdosis)
5. IV. 56	0,53 μg (≡ 0,50 uC)	1,5
19. IV. 56	0,53 μg ^{60}Co—B_{12} + 12 mg IFK-BFS 35 (≡ 1 FME)	11,8
11. III. 57	0,50 μg ^{60}Co—B_{12} (≡0,41 μC)	1,1
14. III. 57	0,50 μg ^{60}Co—B_{12} + 12 mg IFK-BFS 35 (≡ 1 FME)	6,9
1. IV. 57	0,50 μg ^{60}Co—B_{12} + 24 mg IFK-BFS 35 (≡ 2 FME)	10,1
10. XI. 58	0,50 μg ^{60} Co—B_{12} (≡ 0,50 μC)	0,0
13. XI. 58	0,50 μg ^{60}Co—B_{12} + 24 mg IFK-BFS 35 (≡ 2 FME)	4,4
17. XI. 58	0,50 μg ^{60}Co—B_{12} + 310 mg IFP 2251 A (≡ 5 FME)	0,4
20. XI. 58	0,50 μg ^{60}Co—B_{12} + 220 mg IFP 2251 B (≡ 5 FME)	0,4
24. XI. 58	0,50 μg ^{60}Co—B_{12} + 100 mg MS 1 (≡ 100 ml Magensaft)	3,3
27. XI. 58	0,50 μg ^{60}Co—B_{12} + 120 mg IFK-BFS 35 (≡ 10 FME)	6,9

Anm.: 15 min vor der oralen Belastung wurden jeweils 0,3 mg Histamindihydrochlorid s.c. injiziert. 1000 μg B_{12} wurden 60 min nach der oralen Belastung als Sättigungs- und Ausschwemmungsdosis i.m. injiziert.

Factor + Vitamin B_{12}-Therapie ausgelöst, sondern können auch andere, vorläufig noch unbekannte Ursachen haben.

Gegenwärtig kann mit einigermaßener Wahrscheinlichkeit zusammenfassend wohl nur festgestellt werden:

1. Bei einem Teil (5—40%) der oral mit B_{12} und heterologem IF aus der Schweine-Pylorusmucosa über längere Zeit behandelten Patienten mit perniciöser Anämie (mehrjährige orale Erhaltungstherapie) kommt es zu einem Zustand, in dem physiologische Mengen von gereinigtem oder rohem heterologem IF (1—4 FME) die intestinale Resorption einer physiologischen Radio-B_{12}-Testdosis von 0,5 μg nicht mehr zu fördern vermögen, nachdem die gleichen Präparate ursprünglich voll wirksam waren. Homologer IF ist bei solchen Patienten in der Regel noch wirksam.

Mit Vorbehalt kann man diesen Zustand als „gegen heterologen Intrinsic Factor refraktär“ bezeichnen.

2. Als Folge der dabei praktisch unterbrochenen intestinalen B_{12}-Resorption kann es bei diesen Perniciosa-Patienten zur Ausbildung der biochemischen und klinisch-hämatologischen Symptomatik einer B_{12}-Hypo- und schließlich Avitaminose (dekompensierte perniciöse Anämie) mit erniedrigtem Serum-B_{12}-Spiegel und herabgesetzter B_{12}-Urinexkretion bzw. Megalocyten-Anämie mit megaloblastärem Knochenmark kommen.

3. Dieser gegen heterologen IF refraktäre Zustand der intestinalen B_{12}-Resorption kann selbst bei fortgesetzter oraler Behandlung temporärer Art sein und ist oft quantitativer und nicht qualitativer Art, da er manchmal mit unphysiologisch hohen Mengen des heterologen IF durchbrochen werden kann.

4. Ursache und Mechanismus der Entwicklung des gegen heterologen IF refraktären Zustandes sind nach wie vor nicht bekannt.

Solange aber Ursache und Mechnismus der Entstehung dieses refraktären Zustandes unbekannt sind, muß bei der oralen Erhaltungstherapie der perniciösen

Anämie mit B_{12} und heterologem IF ständig mit der Entwicklung eines B_{12}-Mangelzustandes gerechnet werden. Eine solche Therapie ist daher z. Z. nicht mehr zu verantworten, wenn nicht gleichzeitig in regelmäßigen Abständen ausreichende Mengen von B_{12} — am geeignetsten in Form eines Depot-B_{12} — parenteral verabfolgt werden. Unter diesen Umständen ist dann aber eine orale Verabfolgung von B_{12} und heterologem IF sinnlos geworden, da die einzige bisher bekannte Funktion des heterologen IF bei Perniciosa-Patienten — die Förderung der intestinalen B_{12}-Resorption — dabei durch die B_{12}-Injektion mehr als ersetzt worden ist.

Außerdem muß auch noch ein anderer diagnostisch sehr wichtiger Gesichtspunkt genügend berücksichtigt werden. Patienten mit IF-refraktärer perniciöser Anämie lassen sich nämlich nicht mehr mit Hilfe der Radio-B_{12}-Resorptionsteste von Patienten mit gestörter Darmmucosadurchlässigkeit für Vitamin B_{12} (z. B. bei idiopathischer oder symptomatischer Sprue; vgl. Bd. II, S. 687, Tab. 8 in Bd. II, S. 680) unterscheiden, da bei beiden Patientengruppen die nach oraler Gabe einer Testdosis von 0,5 oder 1 μg Radio-B_{12} radiometrisch gemessene geringfügige intestinale B_{12}-Resorption durch Zugabe eines heterologen IF-Präparates nicht mehr gesteigert wird. Gerade aber die differentialdiagnostische Abgrenzung der beiden klinisch manchmal ähnlichen Krankheitsbilder ließ sich bisher nur mit Hilfe der oralen Radio-B_{12}-Resorptions-Exkretionsteste durchführen. Der Ausfall der Anwendbarkeit der Radioisotopen-Diagnostik kommt daher in diesem Falle einem Verzicht auf jede exakte Diagnostik gleich und sollte daher im Interesse der Patienten und des Arztes nicht durch eine mit dem Risiko des Refraktärwerdens belastete orale B_{12}- und IF-Therapie heraufbeschworen werden. Die allein mit den Radio-B_{12}-Resorptionsteten mögliche biochemische Diagnostik der kompensierten perniciösen Anämie und funikulären Spinalerkrankung ist bei gegen heterologen Intrinsic Factor refraktären Patienten nur noch mit Hilfe des homologen Intrinsic Factor (menschlicher normaler Magensaft) möglich.

11. Zur Frage der B_{12}-Resorptions-Förderung durch nicht mit dem Intrinsic Factor identische Substanzen

a) Kohlenhydrat-Effekte auf die intestinale B_{12}-Resorption

GREENBERG u. Mitarb. (1957) berichteten kürzlich, daß unter speziellen Versuchsbedingungen 604,8 mg D(—)Sorbit bei normalen Ratten die intestinale Resorption aus einer — allerdings unphysiologisch hohen — oralen Testdosis von etwa 1,4 μg Radio-B_{12} um den Faktor 2,9 (Nierenspeichertest) bis 3,2 (Radio-B_{12}-UET) zu steigern vermögen und auch L(—)Sorbose, D(—)Mannit und D(+)Xylose diesen strukturunspezifischen Einfluß auf die B_{12}-Resorption bei der Ratte besitzen. Nach Untersuchungen desselben Arbeitskreises soll es bei trächtigen Ratten nach oraler Verabfolgung von 1 μg Radio-B_{12} zusammen mit 700 mg D(—)Sorbit zu einer gegenüber der Kontrollgruppe (die nur Radio-B_{12} erhielt) bis um den Faktor 2 gesteigerten Einlagerung des ^{60}Co-B_{12} in die Organe (Nieren, Leber und Gastrointestinaltrakt) der graviden Ratte und zu einer fast um das 3fache heraufgesetzten Inkorporation in den Fetus kommen und eine durch die Sorbitverabfolgung erhöhte B_{12}-Resorption für diesen Effekt verantwortlich sein (RICE u. Mitarb., 1958). Mit einer für den Menschen weit außerhalb des physiologischen Resorptionsbereiches liegenden oralen Testdosis von 50 μg Radio-B_{12} beobachteten CHOW u. Mitarb. (1958) unter Verwendung des Radio-B_{12}-UET bei gesunden Menschen einen Anstieg der Radio-B_{12}-Harnexkretion um 7,5—52,8% bzw. auch eine um 20,9% herabgesetzte Radio-B_{12}-Urinexkretion (Formel Nr. 4), wenn der oralen Radio-B_{12}-Testdosis eine nicht angegebene Menge D(—)Sorbitol zugesetzt worden war.

Eine tatsächliche Förderung der intestinalen B_{12}-Resorption durch Sorbit müßte bei oraler gleichzeitiger Verabfolgung beider Substanzen über einen längeren Zeitraum bei gesunden Menschen und eventuell auch Patienten mit perniciöser Anämie zu einem signifikanten und daher mikrobiologisch meßbaren Anstieg der Serum-B_{12}-Konzentration führen. Ein solcher Effekt wurde für gesunde Personen auch beschrieben (Chow u. Mitarb., 1958), konnte jedoch von Nachuntersuchern (Chalmers u. Shinton, 1959) nicht reproduziert werden.

Mit dem Radio-B_{12}-UET durchgeführte Untersuchungen ergaben, daß 0,1 bis 10 g D(—)Sorbit oder L(—)Sorbose bei Patienten mit perniciöser Anämie nur eine sehr geringe oder gar keine, die B_{12}-Resorption fördernde Wirkung besitzen (Heinrich, 1958; Ellenbogen u. Mitarb., 1958). Der Intrinsic Factor-Effekt wird bei Perniciosa-Patienten durch D-Sorbit und L-Sorbose gehemmt (vgl. S. 1075 u. Tab. 7).

Die an Ratten und Menschen nur bei Verabfolgung unphysiologisch großer Testdosen von Radio-B_{12} (1,4 μg bei der Ratte und 50 μg bei Menschen, vgl. hierzu S. 1047) die B_{12}-Resorption fördernde Wirkung des Sorbit wurde bisher aus anderen Laboratorien noch nicht bestätigt. Mit physiologischen Radio-B_{12}-Testmengen durchgeführte Studien ergaben, daß bei normalen und total-gastrektomierten Ratten die Resorption aus einer oralen Testdosis von 15 ng ^{60}Co-B_{12} durch ein 28% Sorbit enthaltendes Elixier nicht beeinflußt wird (Cooper, 1958).

Im physiologischen, Intrinsic Factor-abhängigen Bereich der intestinalen Vitamin B_{12}-Resorption sind Kohlenhydrate und Zuckeralkohole wie D-Sorbit, L-Sorbose, D-Fukose u. a. m. beim Menschen, bei Schweinen, Meerschweinchen und Ratten starke Inhibitoren der intestinalen Vitamin B_{12}-Resorption und hemmen unter bestimmten Umständen kompetitiv den Instrinsic Factor (vgl. S. 1075).

Die therapeutische oder prophylaktische Anwendung von D-Sorbit und anderen Kohlenhydraten zum Zwecke der Vitamineinsparung ist abzulehnen, da sie zur Hemmung der intestinalen B_{12}-Resorption und damit zur Entwicklung von B_{12}-Hypovitaminosen führen kann. Selbst wenn es gelänge, allgemein die B-Vitaminbiosythese im Dickdarm durch Verfütterung von Kohlenhydraten über eine Stimulierung der Vermehrungsrate und Stoffwechselaktivität der Dickdarmflora heraufzusetzen, so kann das dort gebildete B_{12} mit Sicherheit nicht im Dickdarm resorbiert werden, da dafür der Instrinsic Factor fehlt (vgl. S. 1054), die intestinale Resorption strukturspezifisch ist (vgl. S. 1111) und prinzipiell im Dickdarm nicht möglich ist (vgl. S. 1052). Für die meisten anderen B-Vitamine ist die Frage der Resorbierbarkeit der im Dickdarm von der Flora biosynthetisch gebildeten Vitamine noch nicht mit ausreichend zuverlässigen Methoden bewiesen. Die für manche Säugetiere (Ratten, Kaninchen u. a. m.) übliche partielle Verwertung der im Dickdarm biosynthetisierten und dort nicht resorbierten B-Vitamine nach Koprophagie kommt für andere Säugetiere und den Menschen unter normalen Umständen nicht in Betracht.

Abgesehen von dem Intrinsic Factor ist bisher keine Substanz bekannt geworden, die unter physiologischen Bedingungen die intestinale Vitamin B_{12}-Resorption zu fördern vermag oder gar bei Patienten mit Intrinsic Factor-Verlust diesen ersetzen kann. Genausowenig ist es bisher möglich gewesen, mit irgendeiner Substanz gezielt einen einsparenden Effekt auf den Vitamin B_{12}-Haushalt zu erreichen.

b) Steroidhormon-Effekte auf die intestinale B_{12}-Resorption

Bei je einem Patienten mit dekompensierter perniziöser Anämie wurde nach oraler Gabe von täglich 30 mg Prednisolon bzw. intramuskulärer Injektion von 25 mg Prednisolon/die über 21 Tage der nach ausreichender Prednisolon-Zufuhr schon länger bekannte gute erythrocytopoetische Effekt (Erythrocyten- und Hb-Anstieg sowie Reticulocytenkrise) mit geringem Anstieg des Serum B_{12}-Spiegels (von etwa 50 auf etwa 130 pg/ml) beobachtet. Die bei wenigen Perniciosa-Patienten mit dem Radio-B_{12}-UET gemessene B_{12}-Resorption war nach 7—21 tägiger Zufuhr von täglich 30 mg Prednisolon nur unbedeutend verbessert (von etwa 0,1 bis 2,6% auf 0,9—5,6%) und blieb bei einem total gastrektomierten Patienten unverändert niedrig. Die Vermutung, daß das Prednisolon über eine Stimulierung der Intrinsic Factor-Produktion zu einer Förderung der intestinalen B_{12}-Resorption führt (GORDIN, 1958, 1959), dürfte jedoch noch nicht berechtigt sein, da der dafür schlüssige Beweis nicht erbracht wurde und zudem FROST und GOLDWEIN (1958) bei einem von drei Perniciosa-Patienten, dessen B_{12}-Resorption nach 3 wöchiger oraler Gabe von täglich 20 mg Prednison bei einem einzigen Radio-B_{12}-UET von 0,2 auf 11,9% angestiegen war, in 100 ml Magensaft keinen vermehrten Intrinsic Factor-Gehalt nachweisen konnten.

Irgendwelche therapeutische Konsequenzen ergeben sich aus dem lediglich theoretisch interessanten, nur bei wenigen Perniciosa-Patienten bisher nachgewiesenen und hinsichtlich seines Mechanismus unklaren Steroidhormon-Effektes auf die B_{12}-Resorption selbstverständlich nicht.

IV. Verteilung, Retention und Exkretion des resorbierten und parenteral aufgenommenen Radio-B_{12} im Organismus

1. Verteilung nach Applikation unphysiologischer großer Radio-B_{12}-Mengen

Die ersten, in den Jahren 1951—1953 durchgeführten Untersuchungen über die Organverteilung und -retention des Radio-B_{12} im tierischen Organismus wurden mit unphysiologisch großen Radio-B_{12}-Mengen durchgeführt und haben daher nur eine begrenzte Aussagekraft bei der Diskussion physiologischer Verhältnisse. Die damalige Unkenntnis der physiologischen Bereiche des B_{12}-Stoffwechsels, unempfindliche Strahlungsdetektoren und zu geringe spezifische Aktivität des benutzten ^{60}Co-B_{12} veranlaßten die Verwendung hoher Testdosen. Die Ergebnisse dieser Untersuchungen an Ratten und Küken sind in der einer früheren Übersicht (HEINRICH und LAHANN, 1954) entnommenen Tab. 12 zusammengefaßt. Schon die hohe Faecesexkretion des ^{60}Co-B_{12} nach oraler bzw. die hohe ^{60}Co-B_{12}-Harnexkretion nach parenteraler B_{12}-Gabe beweist, wie unphysiologisch groß die verwendeten Radio-B_{12}-Testdosen waren. Das kommt besonders deutlich heraus, wenn man damit die nach oraler oder parenteraler Aufnahme physiologischer ^{60}Co-B_{12}-Mengen bei Ratte, Meerschweinchen und Goldhamster (vgl. Tab. 14) gemessene Faeces- und Harnexkretion bzw. Organinkorporation des Radio-B_{12} (HEINRICH und STAAK, 1957, 1959) vergleicht. Mit einer für die Ratte extrem unphysiologischen B_{12}-Menge von 20 μg ^{60}Co-B_{12} ließ sich nach oraler und parenteraler B_{12}-Applikation kein signifikanter Unterschied im Organverteilungsmuster nachweisen (BARBEE und JOHNSON, 1951), und die Radioaktivität in der Milz lag in der gleichen Größenordnung wie in Niere und Leber (vgl. Tab. 12). Nach oraler oder parenteraler Zufuhr physiologischer Radio-B_{12}-Mengen (10 bzw. 50 pMol ^{60}Co-B_{12}) hingegen fand sich bei der Ratte eine 50—90 bzw. 70—110 mal größere ^{60}Co-B_{12}-Inkorporation in Niere und Leber als in die Milz (vgl. Tab. 14) und in Niere, Leber, Pankreas und Herzmuskel war nach parenteraler ^{60}Co-B_{12}-Gabe — ausgedrückt in % der Testdosis — eine 2—3 mal größere B_{12}-Inkorporation als nach oraler Applikation zu beobachten (HEINRICH und STAAK, 1957, 1959). Schon mit Test-

Tabelle 12. *Organinkorporation und Exkretion des* ^{60}Co—B_{12} *nach oraler und parenteraler Applikation unphysiologisch großer Radio-*B_{12}*-Mengen bei Ratten und Küken* (Zusammenstellung aus HEINRICH u. LAHANN, 1954)

	nach BARBEE-JOHNSON 1951		nach ROSENBLUM u. Mitarb., 1952		nach MONROE u. Mitarb., 1952				
	Ratten Verteilung n. Applik. von 20 γ B_{12}(= 1,3 μC) in % der Gesamtaktivität 72 Std. 72 Std. nach		*Ratten* Verteilung d. Radioakt. 98 Std. n. Applik. von 4,24 γ B_{12} (spez. Akt. = 65 μC/mg) in % der Gesamtaktivität (= 264400 I. p. m.)		*Küken* Verteilung der Aktivität nach intraperiton. Applik. von 11—12 γ B_{12} in % der Gesamtaktivität pro g Frischgewicht (in % der Gesamtaktivität der Gesamtorgane)				
Organ bzw. Gewebe	oraler Gabe	subcutaner Gabe	oral	subcutan	0,5	1	2	8	24
					Stunden nach der Injektion				
Leber	0,44	0,46	0,29	2,88	1,41 (3,19)	0,87 (1,97)	0,40 (0,90)	0,67 (1,51)	0,8 (1,92)
Niere	0,62	0,52	0,23	9,30	2,28 (1,15)	2,03 (1,38)	2,16 (1,47)	3,37 (2,29)	2,94 (2,00)
Pankreas					0,87 (0,34)	0,68 (0,27)	0,52 (0,20)	0,34 (0,13)	0,25 (0,10)
Milz	0,28	0,32	0,0	0,13	1,96 (0,11)	1,80 (0,10)	0,77 (0,04)	1,12 (0,06)	1,28 (0,07)
Muskulatur . . .			1,2	6,50	0,98	0,75	0,62	0,46	0,35
Herz			0,015	0,22					
Gehirn			0,02	0,16	0,08 (0,10)	0,11 (0,13)	0,08 (0,10)	0,07 (0,07)	0,08 (0,09)
Hoden			0,14	0,61					
Haut.			0,5	3,22	2,27	2,21	1,34	1,06	1,04
Knochenmark . .			0,0	0,03	1,02	1,75	1,05	0,95	0,83
Gastrointest. Trakt	0,57	0,48							
Caecum			0,24	2,46					
Blut	0,22	0,28	0,16	0,3	2,26	2,74	2,28	1,93	1,21
Faeces (Gesamt)					In den Exkreten				
nach			80,71	6,36					
0—24 h	89,06	0,77	55,6	2,31	0,06	9,30	20,4	3,82	4,46
24—48 h	2,2	0,68	20,6	0,75	(0,02)	(9,3)	(15,2)	(15,9)	(23,9)
48—96 h	0,66	0,42	4,5	3,30					
Urin (Gesamt)									
nach			1,23	50,30					
0—24 h	0,53	93,2	0,47	48,3					
24—48 h	0,11	0,83	0,57	0,8					
48—96 h	0,11	0,53	0,19	1,2					
Wiedergefunden in % d. gegebenen Menge . .	96,8	98,5	84,88	84,52					

dosen von etwa 4 μg ^{60}Co-B_{12} läßt sich bei der Ratte nach parenteraler Applikation eine gewisse Selektivität der Organinkorporation des B_{12} zeigen (ROSENBLUM u. Mitarb., 1952), obwohl noch der größte Teil der unphysiologisch großen B_{12}-Testdosis mit dem Harn ausgeschieden wird und einige andere Gewebe (Skeletmuskulatur und Haut) in einem unter physiologischen Bedingungen nicht feststellbaren Ausmaße ^{60}Co-B_{12} inkorporieren (vgl. Tab. 12). Die nach oraler Gabe von etwa 4 μg ^{60}Co-B_{12} bei der Ratte gemessene Organverteilung des B_{12} ist sicherlich unphysiologisch und z. T. auch paradox (vgl. Tab. 12). Die Ergebnisse der von MONROE u. Mitarb. (1952a) nach intraperitonealer Applikation von 1 μC ^{60}Co-B_{12} am Küken untersuchten ^{60}Co-B_{12}-Verteilung können nicht verwertet werden, da weder die Menge des injizierten B_{12} noch dessen spezifische Radioaktivität angegeben wurden. Unter der Voraussetzung, daß die spezifische Aktivität des 1951 verfügbaren ^{60}Co-B_{12} etwa 0,065 μC/μg war (vgl. S. 1032), läßt sich eine Testdosis von etwa 15 μg ^{60}Co-B_{12} errechnen. Selbst bei Berücksichtigung dieser unphysiologisch hohen Testmenge ist der beschriebene Verteilungsmodus des B_{12} beim Küken schwer zu verstehen (vgl. Tab. 12) und bedarf der Überprüfung mit physiologischen B_{12}-Mengen.

Im Gegensatz zu den beschriebenen, mit physiologischen und unphysiologischen Radio-B_{12}-Mengen durchgeführten ^{60}Co-B_{12}-Verteilungsstudien soll es nach WOODS u. Mitarb. (1958) beim Hund 9 Monate nach subcutaner ^{60}Co-B_{12}-Injektion zu einer 3—15mal stärkeren ^{60}Co-B_{12} Retention in der Skeletmuskulatur als in der Leber kommen und auch Herz, Magen, Gehirn und Milz eine beträchtliche und z. T. höhere B_{12}-Speicherung als die Leber aufweisen. Bei durch Phenylhydrazin-Injektionen anämisch gemachten Hunden, deren Organe vorher durch Injektion mit ^{60}Co-B_{12} markiert waren, erscheint eine ^{60}Co-Aktivität während der Blutregeneration im Erythrocytenstroma, die vielleicht aus den B_{12}-Speicherorganen stammt. Da die gewählten Versuchsbedingungen nicht übersichtlich sind und nicht angegeben wurde, welcher Radio-B_{12}-Menge (in μg) die injizierten $4—13 \cdot 10^6$ Impulse pro Minute entsprachen, kann nur vermutet werden, daß das für den Hund beschriebene merkwürdige Verteilungsmuster des Radio-B_{12} auf Besonderheiten der Versuchstechnik zurückzuführen ist, obwohl wahrscheinlich unphysiologisch große B_{12}-Mengen verwandt wurden. Von anderen Autoren (GLASS u. Mitarb., 1958) wurde beim Hund 205—302 Tage nach Injektion des B_{12} eine grundsätzlich andere und den bei anderen Tieren gemachten Beobachtungen (vgl. Tab. 14) entsprechende Verteilung des Radio-B_{12} festgestellt (^{60}Co-B_{12}-Leber: Niereninkorporation = 2—5:1; vgl. auch LUHBY u. Mitarb., 1959).

Die von COOPERMAN u. Mitarb. (1960) nach subcutaner Injektion von insgesamt etwa 0,7 μg ^{60}Co—B_{12} an zwei Hunden beobachtete Konzentrierung des Radio-B_{12} und der mikrobiologisch bestimmten Gesamt-B_{12}-Konzentration in der Hypophyse steht im Widerspruch zu den Ergebnissen der von WOODS u. Mitarb. (1958) ebenfalls am Hund durchgeführten ^{60}Co—B_{12}-Verteilungsstudien. Da für die mikrobiologische B_{12}-Bestimmung der sehr unzuverlässige und unspezifische und daher allgemein nicht mehr benutzte Lactobacillus lactis Dorner-Test verwendet wurde, muß erst mit ausreichend spezifischen Testorganismen (Ochromonas- oder Euglenen-Test) der Beweis erbracht werden, daß es sich bei der pro Gramm Organfrischgewicht in den Hypophysen verschiedener Organismen ermittelten hohen B_{12}-ähnlichen Aktivität tatsächlich um Vitamin B_{12} handelt.

Tabelle 13. *Organinkorporation und Exkretion des ^{60}Co—B_{12}. 4 Tage nach subcutaner Injektion von großen, nicht mehr physiologischen Radio-B_{12}-Mengen bei verschiedenen Tierarten* (in % d. injizierten Testdosis) (zusammengestellt nach Ergebnissen von MILLER u. Mitarb., 1956)

Tierart	Mäuse	Hamster	Ratten	Meerschweinchen
subcutane ^{60}Co—B_{12}-Testmenge (in μg)	0,15	0,70	0,30	0,26
Leber	23,7	18,0	7,4	29,7
Niere	6,2	7,2	16,2	2,4
Milz	1,4	0,3	0,8	0,2
Herzmuskulatur	0,4	0,4	0,7	0,2
Skeletmuskulatur	15,9	7,7	13,6	—
Hoden	1,5	—	1,0	0,3
Schlachtkörper	26,0	43,0	34,5	—
Harn	5,9	14,1	7,4	12,5
Faeces	15,5	3,1	18,5	5,5

Bei Ratten, Meerschweinchen und Schweinen ließ sich nach oraler und parenteraler ^{60}Co—B_{12}-Applikation in der Hypophyse praktisch keine Radioaktivität nachweisen, da weniger als 0,05 bzw. 0,001% der verabreichten ^{60}Co—B_{12}-Testdosis in die Hypophyse inkorporiert worden waren (vgl. Tab. 14).

Tabelle 14. *Organinkorporation und Exkretion des* ^{60}Co—B$_{12}$ *nach oraler und intramuskulärer Applikation kleiner physiologischer Radio-*B_{12}*-Mengen bei Goldhamstern, Ratten und Meerschweinchen sowie nach Injektion unphysiologischer* ^{60}Co—B_{12}*-Mengen beim Schwein*
Angaben in % der verabfolgten ^{60}Co—B$_{12}$-Testdosis bzw. in ng ^{60}Co—B$_{12}$/g Organfrischgewicht

Tierart	Goldhamster			Ratten[1]		Meerschweinchen[1]		Schweine[1]	
Überlebenszeit nach der ^{60}Co-B$_{12}$-Applikation	24 Std.			24 Std.		24 Std.		4 Wochen	
Applikationsart . . .	oral		intra-muskul.	oral	intra-muskul.	oral	intra-muskul.	intramuskulär	
Testdosis	5 pMol	10 pMol	10 pMol	10 pMol	50 pMol	20 pMol	100 pMol	500 μg	1000 μg
(in ng)	6,78	13,6	13,6	13,6	67,8	27,1	136	= 2 μC	= 2 μC
(in nC)	6,15	12,3	12,3	12,7	65,7	25,0	19,1		
Leber	14,3	7,5	22,8	5,6	14,4	29,3	37,3	16,4	11,3
Nieren (2)	6,0	3,5	11,7	9,0	21,9	1,2	3,8	1,28	0,75
Lungen (2)	0,3	0,3	0,4	0,6	0,6	0,4	0,8	0,78	0,54
Milz	—	0,1	0,3	0,1	0,2	0,4	0,7	0,33	0,17
Pankreas	—	—	—	0,4	0,6	0,1	0,3	0,24	0,13
Großhirn	} 0,1	0,1	0,2	—	0,2	0,2	0,3	0,20	0,07
Kleinhirn				—	0,1	0,1	0,1	—	—
Herzmuskel	0,3	0,1	0,3	0,3	0,5	0,2	0,4	0,16	0,10
Skeletmuskel	0,01 ng/g	0,02 ng/g	0,04 ng/g	—	0,05 ng/g	0,05 ng/g	0,04 ng/g	2,0 ng/g	1,6 ng/g
Nebennieren (2) . . .	< 0,01		0,2	0,0	0,1	0,1	0,2	0,0038	0,0030
Hypophyse	—		—	—	0,0	0,0	0,0	0,0010	0,0009
Schilddrüse	—		—	—	0,3	—	0,0	3,8 ng/g	6,7 ng/g
Gallenblase	—		—	—	—	0,1	0,3	0,0070	0,013
Hoden + Nebenhoden	1,8	0,7	1,2	—	0,7	0,1	0,3	—	—
Haut- u. Subcutan-gewebe	0,01 ng/g	0,02 ng/g	0,04 ng/g	—	0,1 ng/g	0,01 ng/g	0,3 ng/g	—	—
Knochen	0,02 ng/g	0,02 ng/g	0,07 ng/g	—	0,09 ng/g	<0,01 ng/g	0,1 ng/g	—	—
Magen	0,5	0,1	0,5	0,6	1,0	1,5	2,8	—	—
Dünndarm	4,5	2,5	1,7	5,0	3,5	6,7	4,3	—	—
Dickdarm	1,5	0,5	1,4	1,6	2,0	5,3	12,5	—	—
Schlachtkörper . . .	11,0	7,1	38,1	—	—	—	—	—	—
^{60}Co-B$_{12}$-Gehalt in Faeces + Darminhalt (nichtresorbiertes ^{60}Co-B$_{12}$)	42,9	59,3	1,8	38,0	3,7	42,2	4,5	<0,2	<0,2
^{60}Co-B$_{12}$-Ausscheidung im Harn	1,2	0,5	4,4	0,2	2,6	1,0	5,5	28,6	53,4

[1] Da Schlachtkörper und viele kleine Organe unberücksichtigt blieben und verschiedene Gewebe (Skeletmuskulatur, Haut, Knochen und Fettgewebe) nicht quantitativ herauspräpariert wurden, werden nur zwischen 52 und 88% der eingesetzten ^{60}Co—B$_{12}$-Menge wiedergefunden. (Zusammengestellt nach unveröffentlichten Ergebnissen von HEINRICH u. Mitarb., 1956/59).

Bei der Ratte soll es nach subcutaner Injektion von Radio-B$_{12}$ zu einer besonders starken und durch Testosteroninjektionen geförderten Anreicherung des Vitamins in der Nebenniere kommen und die Radio-B$_{12}$-Affinität der Nebenniere mit einer Bedeutung des B$_{12}$ für den Nebennierenstoffwechsel verknüpft sein (WIDER u. Mitarb., 1958). Andere Autoren konnten jedoch bei Ratte, Schwein, Meerschweinchen und Goldhamster weder nach oraler noch nach parenteraler Gabe physiologischer Radio-B$_{12}$-Mengen eine besondere Inkorporation des ^{60}Co-B$_{12}$ in die Nebenniere beobachten (vgl. Tab. 14).

2. Verteilung nach Applikation physiologischer Radio-B$_{12}$-Mengen

Nach intramuskulärer Injektion physiologischer ^{60}Co-B$_{12}$-Mengen beträgt das Verhältnis der ^{60}Co-B$_{12}$-Leber- zur ^{60}Co-B$_{12}$-Niereninkorporation beim Meerschweinchen etwa 10 : 1 und beim Goldhamster etwa 2 : 1, während bei der Ratte mehr ^{60}Co-B_{12} in die Niere als in die Leber inkorporiert wird und der Quotient daher einen Wert von 2 : 3 erreicht (vgl. Tab. 14). Beim Meerschweinchen fällt dabei die sehr hohe ^{60}Co-B_{12}-Inkorporation in den Dickdarm (und Dünndarm) auf, die bei Ratten und Goldhamstern nicht so ausgeprägt ist.

Auch nach Resorption physiologischer Radio-B_{12}-Mengen finden sich bei Meerschweinchen, Ratte und Goldhamster ähnliche Relationen der ^{60}Co-B_{12}-Leber- und -Niereninkorporation (vgl. Tab. 14) und besonders beim Meerschweinchen eine wiederum beträchtliche ^{60}Co-B_{12}-Retention im Darm, die noch nicht gedeutet werden kann (HEINRICH u. Mitarb., 1957, 1959).

Die allein bei der Ratte besonders auffällige bevorzugte Inkorporation und Speicherung des oral oder parenteral applizierten ^{60}Co-B_{12} in der Niere (vgl. Tab. 12, 13 und 14) kann noch nicht erklärt werden. Sicherlich hat sie aber nichts mit der Harnexkretion des Radio-B_{12} zu tun, da sie noch bis zu 90 Tage nach subcutaner Gabe des B_{12} nachweisbar ist und zu dieser Zeit längst kein Radio-B_{12} mehr mit dem Harn ausgeschieden wird (HARTE u. Mitarb., 1953). Nach intraperitonealer Injektion von 10 pMol-1 nMol ^{60}Co-B_{12} ist bei Ratten nach 48 Std. die Inkorporation des ^{60}Co-B_{12} in die Niere bis zu fünfmal größer als in die Leber (GABBE, 1959).

Nach intraperitonealer, intravenöser, subcutaner und intramuskulärer Injektion von 20 pMol ^{60}Co-B_{12} findet sich bei Ratten nach 24 Std. ein fast identisches Verteilungsmuster des ^{60}Co-B_{12}. Der größte Teil des ^{60}Co-B_{12} findet sich in jedem Falle in der Niere (30—33% der Testmenge), in der Leber sind 9—11% inkorporiert, im Dünn- und Dickdarm finden sich zwischen 3 und 5% und im Magen, der Milz und den Lungen zwischen 0,5 und 1,5% der ^{60}Co-B_{12}-Testdosis. Durch Mitinjektion von 2 mg eines gereinigten Schweine-Intrinsic Factor-Konzentrates ändert sich das Verteilungsmuster des ^{60}Co-B_{12} insofern, als nach intraperitonealer (und weniger ausgeprägt auch nach intravenöser) Applikation von ^{60}Co-B_{12} + JF nunmehr weniger ^{60}Co-B_{12} in die Niere (22%) und wesentlich mehr in die Rattenleber (44%) inkorporiert wird. Parallel dazu wird ein größerer Anteil der ^{60}Co-B_{12} (8% statt 3%) über die Galle mit den Faeces ausgeschieden. Die Verteilung auf die übrigen untersuchten Organe (Magen, Dünndarm und Dickdarm, Darm, Milz und Lungen) und auch die Harnexkretion des ^{60}Co-B_{12} ($\cong$ 1%) werden durch IFK-Mitinjektion nicht beeinflußt. Nach subcutaner oder intramuskulärer Mitinjektion des IFK ist ein anderer Effekt auf die ^{60}Co-B_{12}-Verteilung in der Ratte zu beobachten, da — wahrscheinlich bedingt durch die vorübergehende Fixierung des ^{60}Co-B_{12} an den am Injektionsort liegenbleibenden IF — die ^{60}Co-B_{12}-Inkorporation in alle untersuchten Organe stark herabgesetzt ist. In Niere und Leber finden sich dann nur 3—5%, im Darm nur 0,3—0,8% und im Magen, Milz und Lungen 0,1—0,4% der ^{60}Co-B_{12}-Testmenge. Die ^{60}Co-Faecesexkretion ist von 4% auf 1% der Testmenge herabgesetzt (GABBE und HEINRICH, 1959).

Beim Hausschwein (40—60 kg) läßt sich nach intramuskulärer Injektion einer beim Radio-B_{12}-UET als Sättigungs- und Ausschwemmungsdosis üblichen 500 oder 1000 μg B_{12}-Menge (^{60}Co-markiertes B_{12}) eine noch stärkere Leberinkorporation als beim Meerschweinchen nachweisen. Der Quotient der Leber- und Nieren-^{60}Co-B_{12}-Inkorporation steigt bis auf 15 : 1 an (vgl. Tab. 14). Nach mehrfacher oraler Gabe von jeweils 1 μg ^{60}Co-B_{12} wird beim Schwein sogar 26—43mal mehr ^{60}Co-B_{12} in die Leber als in die Niere eingelagert, und im Pankreas findet sich eine 3mal stärkere ^{60}Co-B_{12}-Inkorporation als in der Milz (vgl. Tab. 15). Nach B_{12}-Injektion wurde dagegen mehr ^{60}Co-B_{12} in die Milz als in Pankreas und Großhirninkorporiert (HEINRICH u. Mitarb., 1956/1957). Der zeitliche Verlauf der

Tabelle 15. *Organinkorporation des Radio-Vitamin B_{12} bei Schweinen nach parenteraler und oraler Applikation von ^{60}Co — Vitamin B_{12}*
(nach HEINRICH u. Mitarb., 1956/1957)

Schweine Nr.	66		67		68		04	
	nach i.m. Injektion von				nach mehrfacher oraler Applikation			
	500 µg (= 2 µC) ^{60}Co-B_{12}		1000 µg (= 2µC) ^{60}Co-B_{12}		von jeweils 1 µg (= 0,1 µC) ^{60}Co-B_{12}			
Organ	Kpm/g[1]	Kpm/Organ	Kpm/g[1]	Kpm/Organ	Kpm/g[1]	Kpm/Organ	Kpm/g[1]	Kpm/Organ
Leber	975	725900	742	499500	111	98350	166	118100
Niere	365	57010	194	33520	48	3752	45	2731
Lunge	108	34410	57	23980	—	—	—	—
Milz	186	14830	77	7637	5	346	10	826
Pankreas	205	10720	117	5728	15	972	31	2864
Großhirn	83	8991	35	3130	—	—	—	—
Herzmuskel	40	7037	33	4551	—	—	—	—
Skeletmuskel	18	—	7	—	12	—	7	—
Nebenniere	66	169	40	133	—	—	—	—
Hypophyse	—	49	—	38	—	—	—	—
Schilddrüse	34	—	30	—	—	—	—	—
Gallenblase	33	309	34	584	5	309	2	103

[1] Kernumwandlungen pro Minute und Gramm Organfrischgewicht.

Blutverteilung und Exkretion des intramuskulär injizierten Radio-B_{12} ist in der Abb. 10 dargestellt.

Nach mehrfacher intramuskulärer Injektion kleinerer physiologischer oder auch schon unphysiologischer B_{12}-Mengen läßt sich beim Meerschweinchen, bei der Ratte und beim Schwein eine prozentual (in % der Testdosis) größere ^{60}Co-B_{12}-Inkorporation in die B_{12}-speichernden Organe als nach einmaliger Injektion einer entsprechend größeren B_{12}-Menge erreichen (HEINRICH u. Mitarb., 1957/59). Die begrenzte zeitliche und Gesamt-B_{12}-Inkorporationskapazität der Serumproteine und Organe dürfte dafür die Erklärung sein, und als Konsequenz für das therapeutische Handeln wäre die wiederholte Injektion kleiner B_{12}-Mengen gegenüber der selteneren Injektion großer B_{12}-Mengen zu bevorzugen, wenn die B_{12}-Speicher in Organen und Geweben ökonomisch aufgefüllt werden sollen. Die Verwendung von Depot-Vitamin B_{12}-Präparaten bringt allerdings die Möglichkeit, auch mit einer einzigen hoch dosierten B_{12}-Injektion eine maximale Inkorporation und Retention in den B_{12}-Speichern zu erzielen (Mechanismus dieses Effektes vgl. S. 1100).

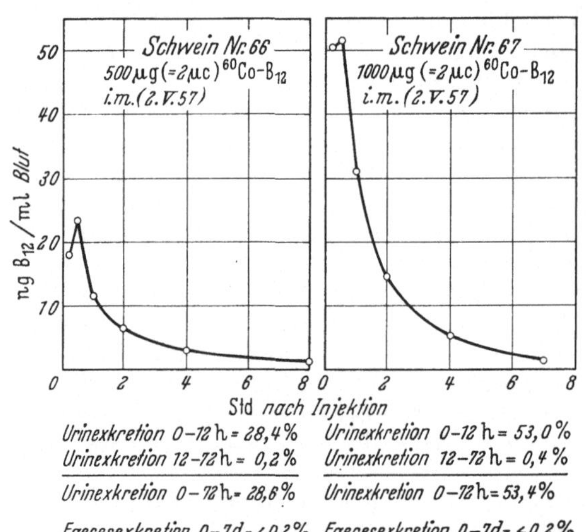

Abb. 10. Blutspiegel und Exkretion des ^{60}Co-Vitamin B_{12} bei Schweinen nach intramuskulärer Injektion von 500 und 1000 µg ^{60}Co-Vitamin B_{12} (nach HEINRICH u. Mitarb., 1956/1957)

3. Biologische Halbwertzeit des Radio-Vitamin B_{12}

Die bei der Ratte nach subcutaner Injektion einer großen B_{12}-Menge (1 μg ^{60}Co-B_{12}) anfänglich beobachtete starke ^{60}Co-B_{12}-Retention in der Niere ist schon nach etwa 14 Tagen auf die Hälfte abgefallen und ist nach 90 Tagen nicht viel größer als die ^{60}Co-B_{12}-Retention in der Leber. In den Organen Leber, Pankreas und Milz erreicht die wesentlich geringere ^{60}Co-B_{12}-Speicherung schon nach 1—20 Tagen ein Plateau und fällt nur langsam ab. Die ^{60}Co-B_{12}-Retention in den verschiedenen Organen kann durch B_{12}-Sättigung der selben herabgesetzt werden (HARTE u. Mitarb., 1953).

Die *biologische Halbwertzeit* des in das Speicherorgan Leber inkorporierten Radio-B_{12} ist weitgehend unabhängig davon, ob die Speicherorgane im physiologischen Bereich mit B_{12} aufgefüllt sind oder nicht und schwankt beim Menschen zwischen 11 und 14 Monaten (SCHLOESSER u. Mitarb., 1956 bzw. 1958) bzw. 5 und 30, Mittelwert 12 Monaten (GLASS, 1958), und beträgt bei Hunden nur 2—3 Monate (GLASS u. Mitarb., 1958). Für die übrigen Vitamin B_{12} speichernden Organe wurde die biologische Halbwertzeit bisher nicht untersucht, jedoch ist anzunehmen, daß diese für den Gesamtorganismus ebenfalls in der Größenordnung eines Jahres liegt. Durch Injektion sehr großer B_{12}-Mengen (100mal 1 mg) konnte die biologische Halbwertzeit des in die Leber inkorporierten Radio-B_{12} bei einer Versuchsperson auf etwa 100 Tage herabgesetzt werden. Etwa 40% der Radio-B_{12}-Testdosis wurden dabei im Harn ausgeschieden (DOSCHERHOLMEN und HAGEN, 1957). Andererseits zeigte GLASS (1958) jedoch, daß bei Perniciosa-Patienten die biologische Halbwertzeit des in die Leber inkorporierten Radio-B_{12} durch parenterale B_{12}-Sättigung des Organismus verlängert werden kann.

Erste Angaben über die *biologische Halbwertzeit* des in den Gesamtorganismus des Menschen inkorporierten Vitamin B_{12} wurden durch die nach oraler Verabfolgung von 0,50 nMol ^{60}Co-B_{12} ($\cong$) 10 nC) im Rahmen eines Radio-B_{12}-Resorptions-Gesamtkörperretentionstestes mit einem 2π-Gesamtkörper-Flüssigkeitsszintillations-Radioaktivitätsdetektors gemessene, mit der Zeit abnehmende ^{60}Co-B_{12}-Inkorporationsradioaktivität erhalten. Dabei ergab sich (vgl. Abb. 1, Bd. II, S. 676), daß nach der Faecesexkretion des aus der oralen Testdosis nicht resorbierten ^{60}Co-B_{12} (5.—8. Tag) das retinierte ^{60}Co-B_{12} zunächst noch in einem relativ größeren Umfange aus dem Körper ausgeschieden wird und die biologische Halbwertzeit zwischen der 2. und 7. Woche von etwa 150 auf fast 300 Tage ansteigt. Zwischen der 7. und 9. Woche nach der oralen ^{60}Co-B_{12}-Belastung liegt die biologische Halbwertzeit des dann noch vom menschlichen Körper retinierten ^{60}Co-B_{12} zwischen 300 und 400 Tagen. Das ^{60}Co-B_{12} ist in diesem Zeitraum ziemlich stark in den Organen und Geweben fixiert und wird nur in mit „in vitro"-Meßmethoden kaum meßbaren Mengen ausgeschieden. Die biologische Halbwertzeit des inkorporierten B_{12} ist somit keine konstante Größe, sondern u.a.m. von der Inkorporationszeit abhängig (HEINRICH und PFAU, 1959).

Die mikrobiologische Bestimmung des Gesamt-Vitamin B_{12}-Gehaltes des menschlichen Körpers ergab einen B_{12}-Pool von etwa 5 mg (BLUM u. HEINRICH, 1957). Aus dem B_{12}-Pool und der im Gesamtkörper-Detektor mit 800 Tagen ermittelten Umsatzzeit (turnover time = 2 biologische Halbwertzeiten) des Vitamin B_{12} läßt sich die Umsatzrate (turnover rate) des B_{12} im menschlichen Organismus errechnen. Sie beträgt etwa 0,125% des B_{12}-Pools pro Tag oder etwa 6,25 μg Vitamin B_{12}/Tag (HEINRICH, 1960).

Die lange biologische Halbwertzeit und der große Vorrat an B_{12} in der Leber (etwa 1,8 mg B_{12}) und anderen Speicherorganen (in der Muskulatur z. B. etwa 3 mg B_{12}) bei einem relativ geringen täglichen B_{12}-Bedarf von etwa 1—2 μg erklären ausreichend, daß nach totaler Gastrektomie erst 2—8 Jahre verstreichen, ehe die ersten biochemischen und dann die klinischen Symptome der perniziösen Anämie nachweisbar werden und bei der Perniciosa-Behandlung nach wirklicher Normalisierung des B_{12}-Stoffwechsels die nächste Dekompensation erst nach Jahren auftritt (Lit. und Übersicht bei HEINRICH und LAHANN, 1954, und in „Vitamin B_{12} und Intrinsic Factor, 1956").

4. Blut-Liquor-Schranke für Vitamin B_{12}

Im Liquor cerebrospinalis gesunder Menschen finden sich bei der Bestimmung mit dem Euglenentest zwischen 0,01 und 0,13 pg B_{12}/ml (HEINRICH u. Mitarb., 1953). Die Vitamin B_{12}-Durchlässigkeit der Blut-Liquorschranke dürfte somit sehr gering sein, da einem Konzentrationsverhältnis der Proteine im Serum und Liquor von 200:1 ein solches für das B_{12} von 6000:1 gegenübersteht. Nach parenteraler Applikation selbst großer Radio-B_{12}-Mengen ließ sich daher beim Menschen nur dann eine beträchtliche Inkorporation des ^{60}Co-B_{12} (1000 μg = 2 μC) in den Liquorraum und das Zentralnervensystem nachweisen, wenn intrathecal (intracisternal und intralumbal) injiziert worden war. So injiziertes ^{60}Co-B_{12} (1000 μg) erscheint um mehrere Stunden verzögert und in viel geringerem Ausmaß (10—30%) als intravenös oder intramuskulär injiziertes B_{12} im Blutkreislauf, ohne daß die Urinexkretion wesentlich herabgesetzt ist. 24 Std. nach intralumbaler Injektion von 1000 μg ^{60}Co-B_{12} betrugen die Radio-B_{12}-Konzentrationen im lumbalentnommenen Liquor 500 ng/ml, im cisternalentnommenen Liquor 170 ng/ml und im Serum nur 4 ng/ml. Nach intramuskulärer Injektion von 1000 μg ^{60}Co-B_{12} läßt sich nach 24 Std. nur extrem wenig Radio-B_{12} im Liquor nachweisen (BAUER und HEINRICH, 1958; HEINRICH u. Mitarb., 1959).

Eine praktische Konsequenz dieser Beobachtungen ist die Indikation zur intrathecalen Vitamin B_{12}-Therapie, um so ausreichende B_{12}-Mengen in die bei Patienten mit funikulärer Spinalerkrankung oft sehr dicht unter der Oberfläche, d. h. in der Nähe des Liquorraumes lokalisierten Degenerationsherde in den Hinter-, Seiten- und Vordersträngen des Rückenmarkes hineinzubringen, solange nur die Markscheiden geschädigt sind und der Prozeß somit noch reversibel ist (vgl. Bd. II, S. 682).

5. Placentarpassage und intraembryonale Verteilung des Radio-Vitamin B_{12}

Eine ausreichende *Placentarpassage* des B_{12} ist möglich, da bei Tieren nur dann ein B_{12}-Mangel erzeugt werden kann, wenn die Muttertiere während der Gravidität B_{12}-arm ernährt werden und auch nach Verabreichung an gravide Ratten die embryonale Erythrocytopoese stimuliert wird (Lit. bei HEINRICH und LAHANN, 1954). Nach subcutaner Injektion von 0,2 μg ^{60}Co-B_{12} (0,060 μC/μg) lassen sich bei graviden Ratten 12% des injizierten ^{60}Co-B_{12} im Feten und 6% in der Placenta nachweisen, während die Amnionflüssigkeit kein ^{60}Co-B_{12} enthält. Der B_{12}-Transport durch die Placenta in den Feten ist beträchtlich, da die ^{60}Co-B_{12}-Inkorporation in die Organe (Leber und Niere) des Feten nur um den Faktor 2—4 geringer war als bei den Muttertieren (CHOW u. Mitarb., 1951). Nach Berechnungen von LUHBY u. Mitarb. (1959) soll beim Hund bis zu 20% des schon 2 Monate vor Beginn der Schwangerschaft nach subcutaner Injektion von 9,6 μg ^{60}Co-B_{12} retinierten Radio-B_{12} während der Gravidität transplacentar in die Speicherorgane der Feten abwandern (3—4% der applizierten ^{60}Co-B_{12}-Gesamtmenge).

Die beim Menschen während der Gravidität und Lactation beobachtete und sehr verbreitete Aufbrauch-B_{12}-Hypovitaminose (HEINRICH und LAHANN, 1953; HEINRICH, 1954), deren Existenz inzwischen von vielen Untersuchern bestätigt wurde, und die durch den besonders ante und post partum herabgesetzten Serum-B_{12}-Spiegel und verminderte Harnexkretion bei normaler intestinaler B_{12}-Resorption charakterisiert ist (vgl. Tab. 8, Bd. II, S. 680), findet ihre pathogenetische Erklärung in der wohl auch beim Menschen während der Gravidität erfolgenden Abwanderung beträchtlicher B_{12}-Mengen aus den mütterlichen Depots in die B_{12}-Speicherorgane des Feten, wie sie auch vom Eisenstoffwechsel her bekannt ist. Eine gesteigerte B_{12}-Stoffwechsel-Umsatzrate während der Schwangerschaft ist außerdem wahrscheinlich, konnte jedoch aus methodischen Gründen noch nicht nachgewiesen werden.

Die von SADOVSKY u. Mitarb. (1959) bei acht Müttern und deren Kindern mit einer nicht ausreichend sicheren Methode „in vitro" bestimmte $^{60}Co-B_{12}$-Bindungskapazität (nicht angegebene $^{60}Co-B_{12}$-Mengen wurden über Nacht bei 4° C mit 0,5 ml Serum inkubiert und das nicht vom Serum gebundene $^{60}Co-B_{12}$ an Holzkohle adsorbiert) zeigt eine gegenüber fünf nicht-schwangeren Frauen um das Vier- bis Fünffache erhöhte ungesättigte B_{12}-Bindungskapazität und eine auf das Doppelte heraufgesetzte Gesamt-B_{12}-Bindungskapazität im Serum. Die erhaltenen sehr niedrigen Normalwerte liegen jedoch bei 20—30% der mit der Radio-B_{12}-Dialysemethode erzielten Ergebnisse (vgl. S. 1070) und sind wohl durch die benutzte ungenügend erprobte Methode zur „in vitro"-Bestimmung der ungesättigten und Gesamt-B_{12}-Bindungskapazität im Serum bedingt (vgl. oben). Eine im mütterlichen und fetalen Blut gleich große B_{12}-Bindungskapazität kann die während der Gravidität beginnende Transferierung des B_{12} aus dem mütterlichen in den fetalen Organismus nicht erklären. Dafür ist ein möglicherweise in der Placenta lokalisierter Mechanismus notwendig, um den transplacentaren B_{12}-Transport gegen das B_{12}-Konzentrationsgefälle fetales-mütterliches Blut zu ermöglichen

In die Eier B_{12}-arm ernährter Hennen wurden am 6. Bruttage 3 μg $^{60}Co-B_{12}$ (= 0,11 μC) injiziert und anschließend die Radio-B_{12}-Retention und Exkretion an den aus diesen Eiern geschlüpften Küken untersucht. Nach 3 Wochen ließen sich in den Küken noch 57% und nach 12 Wochen noch 33% des in die Eier injizierten Radio-B_{12} nachweisen. Hieraus und aus gleichzeitigen mikrobiologischen Bestimmungen des B_{12}-Gesamtgehaltes der Küken konnte geschlossen werden, daß die B_{12}-Umsatzrate auch beim Küken niedrig ist und die im Ei deponierten B_{12}-Mengen während der ersten sechs Lebenswochen für das Wachstum der Küken ausreichen müssen, da erst dann die B_{12}-Resorption aus der Nahrung (und der intestinalen B_{12}-Biosynthese?) ausreicht, um den Bedarf der Küken zu decken und die Speicherorgane aufzufüllen (JACKSON u. Mitarb., 1953). Die das Kükenwachstum während der ersten beiden Lebensmonate stimulierende Wirkung des in die Eier B_{12}-arm ernährter Hennen injizierten B_{12} findet so ihre Erklärung.

6. Exkretion des Radio-Vitamin B_{12}

Untersuchungen über die Harnexkretion des in physiologischen und unphysiologisch hohen Dosen parenteral an Menschen oder Tiere verabfolgten Radio-B_{12} haben die bereits vorher mit mikrobiologischen Methoden gewonnenen Ergebnisse bestätigt (Übersicht und Lit. bei HEINRICH und LAHANN, 1954).

Mikrobiologische Untersuchungen hatten ergeben, daß Patienten mit einem larvierten oder auch klinisch manifesten B_{12}-Mangel von einer intramuskulär injizierten 30 μg Vitamin B_{12}-Testdosis wesentlich mehr retinieren als Personen mit einem normalen B_{12}-Stoffwechsel. Bei Gesunden beträgt die Harnausscheidung 1—7 (im Mittel 4) μg in den ersten 6—8 Std., während von B_{12}-Mangelpatienten nur 0,1—0,7 μg ausgeschieden werden. Dementsprechend kommt es bei diesem parenteralen B_{12}-Retentions-Exkretionstest bei Gesunden innerhalb von 1—3 Std. zu einem Anstieg der Serum-B_{12}-Konzentration auf 0,8—3 ng B_{12}/ml Serum, während bei Patienten mit einem B_{12}-Mangel dann nur B_{12}-Konzentrationen von 0,1—0,5 ng/ml Serum beobachtet werden (HEINRICH, 1954; HEINRICH und LAHANN, 1954; HEINRICH u. Mitarb., 1956).

Diese Beobachtungen wurden durch mit Radio-B_{12} durchgeführte Untersuchungen bestätigt, da nach intramuskulärer Injektion von 0,3—1,0 μg ^{56}Co- oder $^{58}Co-B_{12}$ Patienten mit einem B_{12}-Mangel zwischen 1,5- und 3mal weniger Radio-B_{12}

mit Harn, Fr ces und Galle ausscheiden als nicht in einem B_{12}-Mangelzustand befindliche Personen (Reizenstein, 1959). Die dabei mit 12,8% der injizierten Testdosis bei gesunden Personen beobachtete Radio-B_{12}-Urinexkretion lag jedoch höher als die bei Gesunden und Hepatitiskranken nach intramuskulärer Injektion von 1 μg ^{60}Co-B_{12} mit 3—5% der Testdosis gemessene ^{60}Co-B_{12}-Harnexkretion Jansen und Heinrich, 1957). Für die somit im Organismus bei Vorliegen eines B_{12}-Mangels gesteigerte Retention injizierter kleiner B_{12}-Mengen spricht auch die verzögerte Abwanderung des Radio-B_{12} aus dem Serum (Mollin u. Mitarb., 1956; Reizenstein, 1959). Nach intravenöser Injektion von 1,5 μg ^{58}Co-B_{12} konnten Mollin u. Mitarb. (1956) hingegen keine Unterschiede in der Radio-B_{12}-Urinexkretion zwischen gesunden Personen und Perniciosa-Patienten feststellen. Da jedoch auch Patienten mit akuter und chronischer myeloischer Leukämie sich in ihrer Radio-B_{12}-Retention (vgl. S. 1070) nicht von den beiden anderen Personengruppen, die alle zwischen 0,25 und 0,89% der Testdosis im Harn ausschieden, unterschieden, war möglicherweise die Versuchsanordnung nicht empfindlich genug.

Die bei akuter und chronisch myeloischer Leukämie charakteristische und diagnostisch verwertbare, stark heraufgesetzte „in vitro"- und „in vivo"-B_{12}-Bindungskapazität des Serum wurde unter III./7. (vgl. S. 1070) dargestellt.

Der gesunde Mensch scheidet nach intramuskulärer Injektion von 30 μg Vitamin B_{12} im Durchschnitt 4 μg mit dem Harn aus und vermag etwa 26 μg zu retinieren (vgl. oben). Nach Injektion von 100 μg ^{60}Co-B_{12} hingegen gehen schon 47% mit dem Harn verloren und nur 53% werden noch retiniert (vgl. S. 1116). Von einer 73,7 nMol ^{60}Co-B_{12}-Testmenge vermag der Mensch also lediglich etwa die Hälfte vorübergehend intravital zu binden, während die andere Hälfte nach einem Überlaufmechanismus mit dem Harn eliminiert wird (Heinrich u. Mitarb. 1958/1959). Bei der Ratte werden wesentlich größere B_{12}-Mengen benötigt, um eine parenterale 10 oder 20 pMol-^{60}Co-B_{12}-Menge zur Harnausschwemmung zu bringen. Im Bereich zwischen 10 pMol ($\widehat{=}$ 13,56 ng) und 500 pMol speichert die Niere 41—43% und die Leber 6—9% der ^{60}Co-B_{12}-Testdosis und nur 1—4% werden mit dem Harn ausgeschieden. Erst nach Injektion von 1—10nMol ($\widehat{=}$1,356—13,56 μg) ^{60}Co-B_{12} wird mit zunehmender B_{12}-Menge immer weniger ^{60}Co-B_{12} in Nieren und Leber inkorporiert und immer mehr mit dem Harn ausgeschieden. Immerhin vermögen ungefähr 250 g schwere Ratten von einer für sie unphysiologisch hoher Injektionsdosis von 10 nMol (= 13,56 μg) ^{60}Co-B_{12} noch etwa 6% in den Nieren und 1% in den Leber zu retinieren, während etwa 70% mit dem Harn ausgeschieden werden. Die Ratte hat somit — verglichen mit dem Menschen — eine enorm große intravitale Vitamin B_{12}-Bindungskapazität, ohne daß deren Ursache oder Bedeutung bekannt sind (Gabbe und Heinrich, 1959).

Parenteral in unphysiologisch großen Mengen verabfolgtes Radio-B_{12} wird bei allen Tierarten größtenteils mit dem Harn ausgeschieden. In physiologischen Mengen injiziertes Radio-B_{12} wird bei Mäusen und Ratten vorwiegend mit den Faeces ausgeschieden, während bei anderen Tierarten (Goldhamster, Meerschweinchen und Schwein) die Exkretion hauptsächlich mit dem Harn erfolgt (vgl. Tab. 12, 13 und 14).

Nach parenteraler Injektion von 40 ng ^{60}Co-B_{12} kommt es bei der Ratte zu einer 2—3mal größeren ^{60}Co-B_{12}-Exkretion mit den Faeces als mit dem Harn, und es wurde angenommen, daß das injizierte Radio-B_{12} über die Gallen- und Darmsekretion in den Darm gelangt (Okuda u. Mitarb., 1958).

Gräsbeck u. Mitarb. (1958) konnten zeigen, daß vom Menschen nach intramuskulärer Injektion von 0,5 μg ^{56}Co-B_{12} ($\cong$ 1μC) während der ersten vier Tage der größte Teil mit dem Harn (etwa 26 ng/Tag) und kleinere B_{12}-Mengen mit den Faeces (etwa 5 ng/Tag) und der Galle (13 ng/Tag) ausgeschieden werden. Nach dem 2. Tag ist kaum noch eine ^{56}Co-B_{12}-Harnausscheidung nachweisbar, während mit den Faeces noch etwa 1,4 ng/Tag über 30 Tage und mit der Galle 5,1 ng/Tag über mindestens 12 Tage hinweg ausgeschieden werden.

Diese Befunde machen wahrscheinlich, daß unter physiologischen Bedingungen ein beträchtlicher Teil des aus den B_{12}-Speicherorganen, der B_{12}-Resorption und dem B_{12}-Stoffwechsel stammenden B_{12} über Galle und Darmsekrete ausgeschieden wird und zum größten Teil (75%) im Dünndarm wieder rückresorbiert wird.

Es ist sehr unwahrscheinlich, daß das in den Organen und Geweben als Depot- und Funktions-B_{12} vorhandene B_{12} (nach mikrobiologischer Untersuchungen beim Menschen etwa 4—6 mg) einem einheitlichen Stoffwechsel-Pool zugehört, da bisher keine Befunde vorliegen, die für einen einzigen „B_{12}-Stoffwechsel-Space" sprechen.

Die auf einer solchen Annahme basierende Errechnung der Ausscheidung des aus den B_{12}-Speicherorganen, dem B_{12}-Stoffwechsel und der B_{12}-Resorption kommenden B_{12} [nach GRÄSBECK u. Mitarb. (1958): 10—120 μg B_{12}/Tag mit der Galle, 2—30 μg B_{12}/Tag in den Faeces und 0,2—3 μg B_{12}/Tag im Harn], die zu unwahrscheinlich hohen B_{12}-Exkretionswerten in den Faeces (10 μg/Tag im Durchschnitt) führt, muß mit Vorbehalt bewertet werden, und daraus abgeleitete Aussagen über B_{12}-Bilanz und aktuellen B_{12}-Bedarf des Menschen (5—6 μg/die, GRÄSBECK, 1959) sind verfrüht. Ungewiß ist auch, ob das aus der Gallensekretion kommende und mit den Faeces ausgeschiedene B_{12}-Produkt (die Bezeichnung „endogenes B_{12}" sollte dafür nicht verwendet werden, sondern dem im Organismus biosynthetisierten B_{12} vorbehalten bleiben) noch die intakte chemische B_{12}-Struktur besitzt und im Dünndarm mit Hilfe des Intrinsic Factor resorbierbar ist, d. h. wirklich ein enterohepatischer Kreislauf des B_{12} vorliegt.

Da es nicht gelingt, bei Ratten durch tägliche subcutane Injektion von 16,6 μg B_{12} die ^{60}Co-Faecesexkretion nach einer drei Tage vorher subcutan applizierten 0,25 μg ^{60}Co-B_{12}-Testdosis beträchtlich heraufzusetzen, während die ^{60}Co-B_{12}-Harnexkretion noch um das etwa 6fache ansteigt, vermuten WIDER u. Mitarb. (1958), daß die in den Intestinaltrakt ausgeschiedene ^{60}Co-Aktivität nicht mehr mit dem B_{12} identisch ist. Ein solcher Schluß ist jedoch nicht gerechtfertigt, da das mit der Galle zur Ausscheidung in den Dünndarm gelangende ^{60}Co-B_{12} durchaus einem besonderen B_{12}-Pool bzw. -Space angehören kann, der mit injiziertem B_{12} nicht im Sinne eines biologischen Isotopenverdünnungseffektes reagiert.

Bei Personen mit infolge Intrinsic Factor-Verlustes gestörter intestinaler B_{12}-Resorption ist die nach intramuskulärer Injektion von 0,3—1,0 μg Radio-B_{12} gemessene Radio-B_{12}-Exkretion mit der Galle und den Faeces etwa um 30% gegenüber gesunden Personen herabgesetzt und paradoxerweise liegt bei Patienten mit gestörter B_{12}-Resorption die Gallensekretion des Radio-B_{12} wie bei gesunden Personen um das Dreifache über der Radio-B_{12}-Faecesexkretion (REIZENSTEIN, 1959). An Ratten konnte jedoch gezeigt werden, daß der aus einer intraperitoneal injizierten 20 ng ^{58}Co-B_{12}-Testmenge mit den Faeces pro Tag ausgeschiedene Anteil vom 1.—14. Tage nach der Injektion bei gastrektomierten Tieren gegenüber Kontrolltieren um etwa 50—100% erhöht ist (GRÄSBECK u. Mitarb., 1959). Obwohl der entscheidende Versuch, die Normalisierung des enterohepatischen Kreislaufes bei gastrektomierten Ratten durch orale Verabfolgung von Ratten-Intrinsic Factor, nicht durchgeführt wurde, ist die Notwendigkeit des IF für die intestinale Rückresorption des B_{12} zumindest für die Ratte möglich. Die an sich bei Vorliegen eines Intrinsic Factor-bedürftigen enterohepatischen Kreislaufes bei Perniciosa-Patienten zu erwartende vollständige Faecesexkretion des mit der Galle in das Duodenum ausgeschiedene Radio-B_{12} konnte bisher nicht nachgewiesen werden.

Bis zu einem Jahr nach der letzten Injektion kleiner Radio-B_{12}-Mengen (0,5 μg) werden noch zwischen 0,09 und 0,30% der Testmenge pro Tag mit den Faeces ausgeschieden (GRÄSBECK, 1959; REIZENSTEIN, 1959). Diese Daten erlauben jedoch keine verbindlichen Aussagen über die Stoffwechsel-Umsatzrate bzw. Umsatzzeit, da die dafür notwendigen grundsätzlichen Voraussetzungen wie

Vorhandensein eines einzigen B_{12}-Pool, uniforme Verteilung des B_{12} in einem einheitlichen B_{12}-Space, Proportionalität zwischen Gesamtkörper-B_{12}-Gehalt und B_{12}-Exkretion nicht gegeben sind bzw. noch nicht bewiesen werden konnten. Andererseits stehen sorgfältige Untersuchungen über die bei täglicher oraler oder parenteraler Zufuhr für die Normalisierung oder Normalerhaltung des Vitamin B_{12}-Stoffwechsels (Serum-B_{12}-Spiegel, Organ- und Gewebs-B_{12}-Gehalt, B_{12}-Urinexkretion und Ausfall der parenteralen B_{12}-Belastungsteste) bei Perniciosa-Patienten ausreichende B_{12}-Menge noch aus. Solche Bilanzuntersuchungen am Gesamt-B_{12}-Stoffwechsel allein dürften zu physiologischen Aussagen über die B_{12}-Stoffwechselkinetik beim Menschen führen.

7. Verwendung von Radio-B_{12} bei der Testung der „in vivo"-Wirksamkeit von Depot-Vitamin B_{12}-Präparationen

Die Markierung von Depot-Vitamin B_{12}-Präparationen mit ^{60}Co-B_{12} und die anschließende Anwendung empfindlicher „in vitro" und „in vivo"-Meßmethoden für ^{60}Co-markiertes B_{12} zur quantitativen Erfassung der Verteilung und Ausschei-

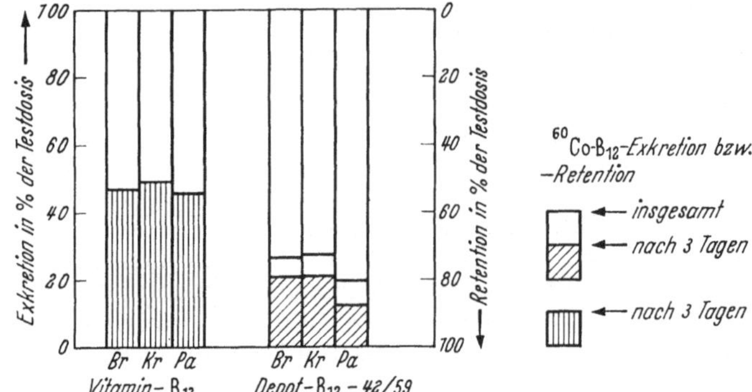

Abb. 11. ^{60}Co-Vitamin B_{12}-Gesamt-Urinexkretion und -Retention beim Menschen nach intramuskulärer Injektion von 100 μg ^{60}Co-B_{12} und 100 μg eines Depot-^{60}Co-B_{12}-Präparates 42/59

dung des B_{12} nach Injektion des Depot-B_{12}-Präparates erwiesen sich als zuverlässigste und eleganteste, am Menschen ohne nennenswerte Strahlenbelastung (durch die 0,6 μC ^{60}Co-B_{12}-Testdosis) durchführbare Methode zur quantitativen Eichung der Wirksamkeit von 100 und 1000 μg Depot-B_{12}-Präparationen unter „in vivo"-Bedingungen.

Nachfolgend genannte Effekte sind besonders gut zur Charakterisierung des Depot-Effektes eines Depot-B_{12}-Präparates geeignet:

1. Die herabgesetzte ^{60}Co-B_{12}-Gesamt-Urinexkretion und dementsprechend gegenüber der Kontrollgruppe (^{60}Co-B_{12}) erhöhte Retention des ^{60}Co-B_{12} im Organismus (vgl. Abb. 11).

2. Die insgesamt zwar erniedrigte, zeitlich aber protahiert verlaufende ^{60}Co-B_{12}-Harnexkretion. Während z. B. nach i.m. Injektion von 100 μg ^{60}Co-B_{12} schon am 2. oder 3. Tag nach der Injektion nur noch weniger als 1‰ der Radioaktivitätstestdosis pro Tag mit dem Harn ausgeschieden wird, erreicht die ^{60}Co-B_{12}-Urinexkretion nach Injektion des Depot-^{60}Co-B_{12}-Präparates 42/59 (= 100 μg B_{12}) erst am 12.—15. Tag nach der Injektion diesen niedrigen Ausscheidungswert. Die hohe initiale B_{12}-Harnexkretion (0—6 Std. bzw. 0—12 Std.) nach der Injektion von 100 μg B_{12} unterbleibt, wenn ein gutes Depot-Präparat injiziert wird (vgl. hierzu auch Abb. 12).

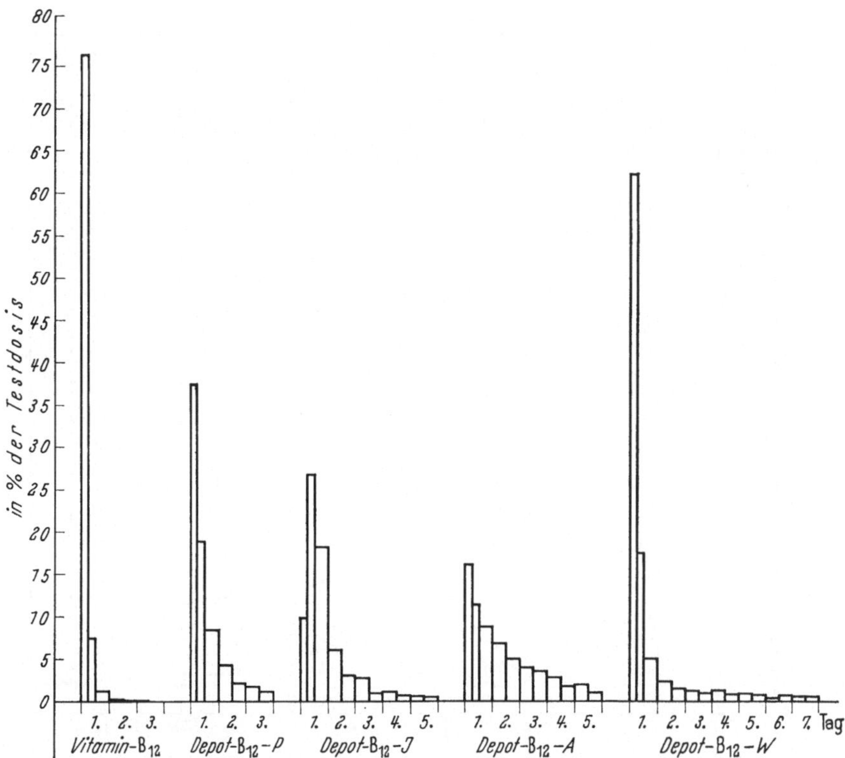

Abb. 12. Zeitliche Verteilung der ^{60}Co-Vitamin B_{12}-Urinexkretion bei einem gesunden Menschen nach intramuskulärer Injektion von 1 mg $^{60}Co-B_{12}$ und von jeweils 1 mg verschiedener ^{60}Co-markierter Depot-Vitamin B_{12}-Präparationen (mit P, J, A und W bezeichnet). Das Präparat Depot-$^{60}Co-B_{12}$-A zeigt den stärksten Depot-Effekt (vgl. auch Abb. 14 u. 15)

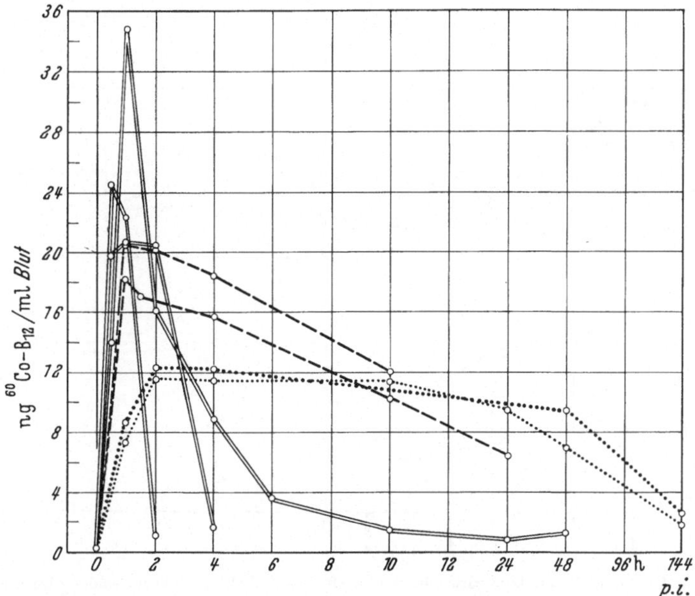

Abb. 13. Zeitlicher Verlauf der $^{60}Co-B_{12}$-Radioaktivität im Blut des Menschen nach intramuskulärer Injektion von 1 mg $^{60}Co-B_{12}$ und jeweils 1 mg der ^{60}Co-markierten Depot-Vitamin B_{12}-Präparationen P und J. B_{12} ═══; B_{12}-P — — —; B_{12}-J · · · · ·

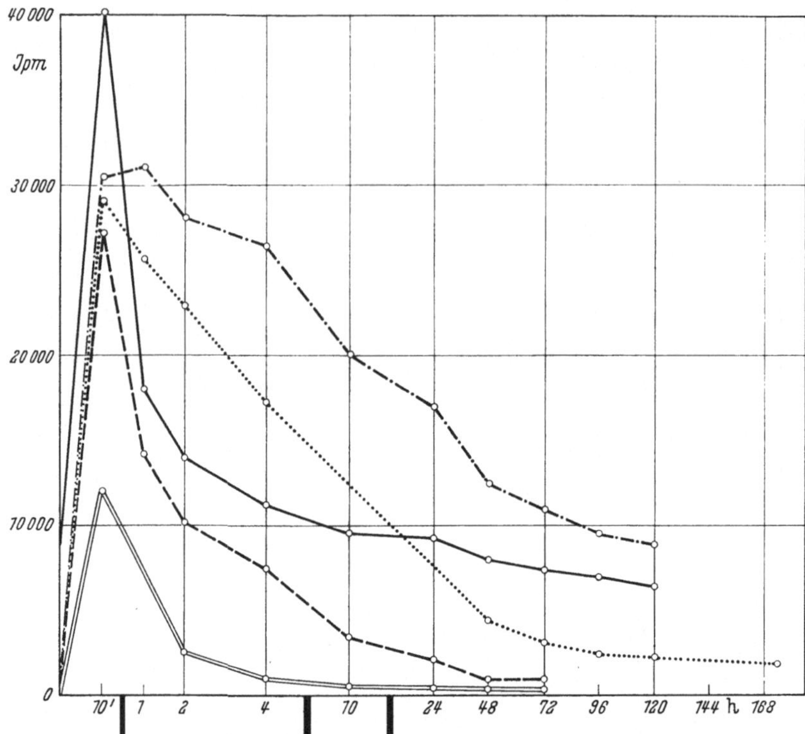

Abb. 14. Zeitlicher Verlauf der Abwanderung der ^{60}Co-B_{12}-Radioaktivität von der Injektionsstelle im Musculus glutaeus maximus (rechts). Nach Injektion von 1 mg ^{60}Co-B_{12} und von jeweils 1 mg verschiedener ^{60}Co-markierter Depot-Vitamin B_{12}-Präparationen (mit P, J, A u. W bezeichnet). Das Präparat Depot-^{60}Co-B_{12}-A zeigt den stärksten Depoteffekt (vgl. Abb. 13 u. 15). B_{12} ═══; B_{12}-P — — —; B_{12}-J · · · ·; B_{12}-A · — · —; B_{12}-W ———

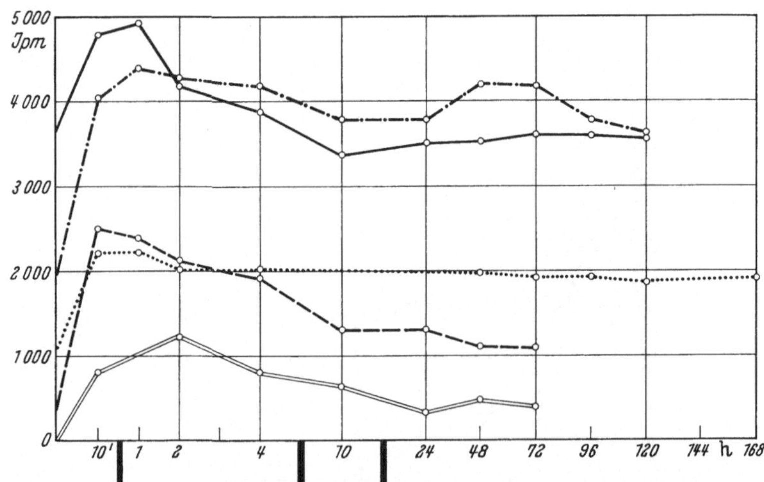

Abb. 15. Zeitlicher Verlauf der Leberinkorporation der ^{60}Co-B_{12}-Radioaktivität. Nach intramuskulärer Injektion von 1 mg ^{60}Co-B_{12} und von jeweils 1 mg verschiedener ^{60}CO-markierter Depot-Vitamin B_{12}-Präparationen (mit P, J, A u. W bezeichnet). Die ^{60}Co-B_{12}-Radioaktivität der Depotpräparate P u. J wird im gleichen Umfange wie die des B_{12} inkorporiert, während die des Präparates W kaum in der Leber retiniert wird. Das Präparat A mit dem stärksten Depoteffekt wird auch in größerem Umfange in die Leber eingelagert. B_{12} ═══; B_{12}-P — — —; B_{12}-J · · · · ; B_{12}-A · — · —; B_{12}-W ———

3. Nach Injektion eines Depot-B_{12}-Präparates unterbleibt der sonst nach i.m. Injektion von 100 μg B_{12} typische initiale steile Anstieg der ^{60}Co-B_{12}-Radioaktivität im Blut auf 1,9—13,6 ng ^{60}Co-B_{12}/ml Blut (1 Std. p. inj.), dem ein sehr schneller Abfall (schon nach 4—6 Std.) folgt, fast vollständig. Statt dessen erreicht der dann geringe Anstieg der ^{60}Co-B_{12}-Radioaktivität im Blut des Menschen nach 1 Std. ein bei etwa 0,6 ng ^{60}Co-B_{12}/ml Blut liegendes Plateau. Selbst 100 Std. nach der Injektion des Depot-B_{12} liegt die ^{60}Co-B_{12}-Aktivität im Blut noch zwischen 0,2 und 0,4 ng ^{60}Co-B_{12}/ml Blut und damit noch im Plateau (vgl. Abb. 13).

4. Durch „in vivo“-Messungen über der Injektionsstelle mittels eines kollimierten Szintillationsdetektors läßt sich nachweisen, daß die ^{60}Co-B_{12}-Radioaktivität von der Injektionsstelle nach Injektion eines Depot-^{60}Co-B_{12}-Präparates wesentlich langsamer abwandert als nach Injektion von ^{60}Co-B_{12}. Selbst 10 Tage nach Injektion des Depot-B_{12}-Präparates ist an der Injektionsstelle noch mehr ^{60}Co-Aktivität nachweisbar als 2—4 Std. nach Injektion einer vergleichbaren Menge ^{60}Co-B_{12} (vgl. Abb. 14). Das ^{60}Co-B_{12} des Depot-B_{12}-Präparates wird mindestens im gleichen Umfange wie ^{60}Co-B_{12} in die Leber inkorporiert und dort retiniert. (vgl. Abb. 15).

Die geschilderten Effekte nach i. m. Injektion eines Depot-^{60}Co-B_{12}-Präparates lassen sich durch die lange Verweildauer der Markierung an der Injektionsstelle im Glutäalmuskel, den nur sehr langsamen und in kleinen Mengen erfolgenden Übertritt des ^{60}Co-B_{12} in die Blutbahn, den geringen Anteil der Fraktion des nichtproteingebundenen ^{60}Co-B_{12} im Blutplasma und die dadurch bedingte geringe, protahierte Urinexkretion der ^{60}Co-B_{12}-Aktivität und im Endeffekt hohe Organ- und Gewebsretention des ^{60}Co-B_{12} ausreichend erklären.

Dieses Beispiel zeigt, wie elegant und zuverlässig radioaktiv markierte Vitamine bei der Entwicklung und Erprobung von gerade für die zukünftige ökonomische und physiologische parenterale Vitamintherapie notwendigen Depot-Vitamin-Präparaten als Testsubstanzen verwendet werden können (HEINRICH u. Mitarb., (1957/1959).

8. Vitamin B_{12}-Stoffwechsel bei Lebererkrankungen

Neben der Skeletmuskulatur ist die Leber beim Menschen und vielen Tieren das wichtigste Speicherorgan für Vitamin B_{12}. Wahrscheinlich hat die Leber auch eine — noch nicht geklärte — Bedeutung für den Vitamin B_{12}-Stoffwechsel (Übers. und Lit. bei WOLFF, 1956). Es war somit naheliegend, den Vitamin B_{12}-Stoffwechsel bei Lebererkrankungen zu untersuchen.

Ausgehend von der Beobachtung, daß bei bestimmten Lebererkrankungen im peripheren Blut sehr hohe Konzentrationen an Vitamin B_{12}-Konjugaten mikrobiologisch nachweisbar sind (HEINRICH und LAHANN, 1953, 1954), ließ sich im Leberpunktat bei Patienten mit akuter Hepatitis eine starke Erniedrigung des Vitamin B_{12}-Gehaltes der Leberzellen (auf etwa 10% des Normalwertes) nachweisen. Es wurde daher angenommen, daß die starke Erhöhung des Serum-B_{12}-Spiegels und selten auch der B_{12}-Harnexkretion bei Patienten mit akuter Hepatitis auf eine Freisetzung des Speicher-B_{12} im geschädigten Leberparenchym und nicht auf eine reduzierte Leberinkorporation des resorbierten B_{12} zurückzuführen ist (JANSEN und HEINRICH, 1956, 1957). Noch in der akuten Phase der Hepatitis ließ sich nach intramuskulärer Injektion von 1 oder 1000 μg ^{60}Co-B_{12} (und auch nach oraler Gabe von 0,5 μg ^{60}Co-B_{12}) eine gegenüber der Kontrollgruppe um 50—100% gesteigerte und beschleunigte Leberinkorporation des Radio-B_{12} in die noch geschädigte Leber nachweisen (vgl. Abb. 16), die wohl durch die in einigen Leberbezirken schon beginnende Regenerationsphase zu erklären ist (JANSEN und HEINRICH, 1957). Diese am Menschen gemachte Beobachtung konnte an Ratten, die partiell hepatektomiert waren bzw. deren Lebern durch Tetrachlorkohlenstoffinjektion geschädigt worden waren, bestätigt werden, da sich bei diesen Tieren ebenfalls während der Regeneration der Leber eine gesteigerte Leberinkorporation der intravenös verabfolgten 0,12 μg ^{60}Co-B_{12} nachweisen ließ (STEIN u. Mitarb., 1959).

Nach anderen, allerdings widerspruchsvollen Untersuchungen, soll bei Ratten nach Tetrachlorkohlenstoffinjektion die Radio-B_{12}-Harnexkretion aus drei vorher subkutan injizierten ^{60}Co-B_{12}-Mengen von jeweils 20 ng heraufgesetzt sein, obwohl gleichzeitig mehr ^{60}Co-B_{12} in Leber und Niere inkorporiert worden war. Außerdem soll bei der Ratte 24 Std. nach Injektion von 50 μl Tetrachlorkohlenstoff/100 g Ratte die intestinale Resorption aus einer

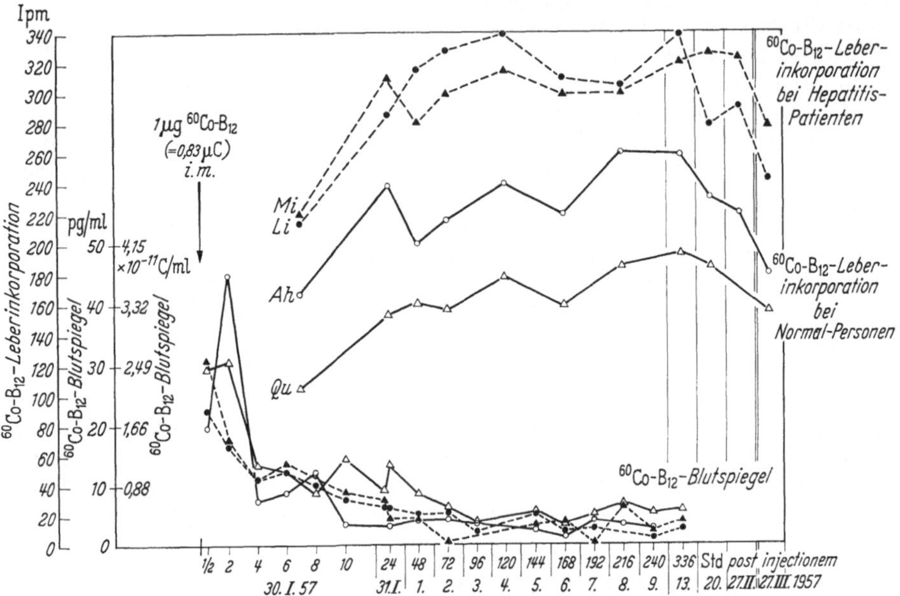

Abb. 16. Leberinkorporation und Blutkonzentration des ^{60}Co-B_{12} bei Normalpersonen und Hepatitis-Patienten nach intramuskulärer Injektion von 1 μg ^{60}Co-B_{12}

50 ng ^{60}Co-B_{12}-Testdosis von 30 ng auf 25 ng B_{12} herabgesetzt sein (OKUDA, 1957). Bei Ratten, die eine durch Verfütterung einer cholinarmen und fettreichen Diät erzeugte Verfettung bzw. Cirrhose der Leber aufwiesen, soll es nach subcutaner Injektion einer allerdings unphysiologisch großen ^{58}Co-B_{12}-Menge (0,7—5,3 μg/100 g Körpergewicht) zu einer gegenüber der Kontrollgruppe geringfügig herabgesetzten Leberinkorporation bei entsprechend mehr oder weniger heraufgesetzter Niereninkorporation des ^{58}Co-B_{12} kommen (HELLER u. Mitarb., 1960).

Mit dem Radio-B_{12}-LIT beobachteten GLASS u. Mitarb. (1958) bei Patienten mit verschiedenen Lebererkrankungen (Hepatitis, Cirrhose, Carcinom u. a. m.) meistens eine ungestörte, in wenigen Fällen aber auch eine erniedrigte Radio-B_{12}-Inkorporation in die Leber nach oraler Verabfolgung oder intramuskulärer Injektion von 0,5 μg ^{60}Co-B_{12}. Diese Autoren vertreten die Ansicht, daß eine gestörte Leberinkorporation des in normalem Umfange resorbierten Nahrungs-B_{12} für den bei den verschiedensten Lebererkrankungen beobachteten Anstieg des Serum-B_{12}-Spiegels bei gleichzeitig erniedrigtem B_{12}-Gehalt des Leberparenchyms verantwortlich zu machen sei.

Wäre dies wirklich so, so könnte in der akuten Phase der Hepatitis niemals ein so schneller und starker Anstieg des Serum-B_{12}-Spiegels stattfinden, da die intestinale B_{12}-Resorption nicht ausreichen würde, um so viel resorbiertes B_{12} kurzfristig an das Blut abzugeben. Ebenfalls nicht erklären ließe sich mit dieser Anschauung der in der akuten Hepatitisphase schon stark erniedrigte B_{12}-Gehalt der Leberzelle und die nach sehr akutem Hepatitisverlauf — bei stark erhöhtem freiem B_{12} im Serum — erfolgende Harnexkretion des infolge kurzzeitiger Überschreitung der „in vivo"-Bindungskapazität der Serumproteine nicht gebundenen B_{12}. Die von JANSEN und HEINRICH (1956, 1957) vorgetragene Ansicht über die Pathogenese der B_{12}-Stoffwechselstörung bei Lebererkrankungen vermag hingegen alle Beobachtungen zwanglos zu erklären (vgl. oben).

9. Radio-Vitamin B_{12}-Inkorporation in Neoplasmen

So wie normale Organe und Gewebe Vitamin B_{12} aufnehmen und speichern, vermögen auch genügend große methylcholanthrenerzeugte Sarkome des Hamsters sowie Walker-Carcinosarkome der Ratte subcutan injiziertes ^{60}Co-B_{12} (0,1—0,5 μg) in oft beträchtlichem Umfange und in z. T. austauschbarer Form (10—23% der Testdosis) aufzunehmen. Die biologische Halbwertszeit des B_{12} im Sarkom lag in der gleichen Größenordnung wie beim in die Leber oder in die Niere inkorporierten Radio-B_{12} (niedrige Umsatzrate!). Solange die experimentellen Tumoren noch klein sind, wird die normale Organverteilung der allerdings in unphysiologisch hoher Dosis injizierten Radio-B_{12}-Menge nicht beeinflußt (MILLER u. Mitarb., 1956). Nach Injektion einer nichtphysiologischen Menge von 0,12 μg ^{60}Co-B_{12} beobachteten STEIN u. Mitarb. (1958) eine geringere ^{60}Co-B_{12}-Inkorporation in die durch p-Dimethylaminozobenzol-Fütterung erzeugten Hepatome als in die unveränderte Leber. Mikrobiologische Untersuchungen haben ergeben, daß der Vitamin B_{12}-Gehalt in Neoplasmen und deren Metastasen beim Menschen sehr niedrig ist und auch das B_{12}-Speicherorgan Leber besonders bei Metastasenbefall einen gegenüber der Norm herabgesetzten B_{12}-Gehalt aufweist (BLUM und HEINRICH, 1957). Die für das Carcinom postulierte Fähigkeit zur B_{12}-Biosynthese bleibt damit weiterhin unbewiesen (Übers. und Lit. bei HEINRICH und LAHANN, 1954; BLUM und HEINRICH, 1957).

10. Radio-B_{12}-Aufnahme und Verteilung in Pflanzen

Verschiedene rote und braune Meeresalgen können zugesetztes ^{60}Co-B_{12} aus dem Meerwasser anreichern (Konzentrierungsfaktor 20—120), speichern anorganisches ^{60}Co aber wesentlich intensiver (Konzentrierungsfaktor 300—1000). Jedoch reicht die Konzentrierungsfähigkeit in Anbetracht des niedrigen B_{12}-Gehaltes des Meereswassers nicht aus, um den bei diesen Algen manchmal beträchtlichen B_{12}-Gehalt (1 μg/g Trockengewicht) zu erklären (ERICSON, 1952).

Auch höhere Pflanzen sind wohl zur Vitamin B_{12}-Resorption aus einem flüssigen Kulturmedium befähigt (vgl. Tab. 16), wie an Vicia faba durchgeführte Versuche mit Radio-B_{12} gezeigt haben (PFAU u. Mitarb., 1958/59).

Tabelle 16. *Intravitale Verteilung der ^{60}Co-Aktivität nach Inkubation von Vicia faba mit anorganischem ^{60}Co- und ^{60}Co-Vitamin B_{12}* (24 Std. in Knopscher Lösung)

	14,7 pMol $^{60}CoCl_2$/20 ml (≙ 0,86 ng Co^{++} = 10 nC)	14,7 pMol ^{60}Co-B_{12}/20 ml (≙ 20 ng B_{12} = 20 nC)
	in % der inkorporierten Menge pro Gesamtorgan	
Wurzel	85,0 ± 1,7	86,9 ± 1,9
Stengel-Wurzelzwischenstück (etwa 2 cm lang)	1,2 ± 0,8	8,6 ± 1,2
Samen	1,7 ± 0,4	0,5 ± 0,1
Stengel	5,5 ± 0,6	1,1 ± 0,2
Blätter	6,3 ± 0,7	3,1 ± 0,4
Von der Pflanze aufgenommene Menge (in % der Testmenge)	32,5 ± 4,7	27,3 ± 2,7

Bisher ist nichts über die Bedeutung und den Stoffwechsel des B_{12} in der höheren Pflanze bekannt, und auch über die Stabilität der Vitamin B_{12}-Struktur in der Pflanze sind noch keine Aussagen möglich.

11. Intracelluläre Verteilung des Vitamin B_{12}

Die intravitale Verteilung des natürlichen Vitamin B_{12}-Gehaltes und auch des parenteral verabfolgten B_{12} auf die vier aus dem Homogenat durch differentielle Zentrifugation erhaltenen subcellulären Fraktionen der Leberzelle wurden von mehreren Arbeitsgruppen untersucht, jedoch sind die erzielten Ergebnisse durchaus nicht übereinstimmend.

SWENDSEID u. Mitarb. (1951) untersuchten die intracelluläre Verteilung des natürlichen Vitamin B_{12}-Gehaltes in der Mäuseleber. Die Mäuseleberhomogenate wurden im Potter-Elvehjem-Homogenisator in 0,88 M-Saccharose gewonnen und nach der Schneider-Hogeboom-Standardmethode (1950) vier subcelluläre Fraktionen (Zellkerne, Mitochondrien, submikroskopische Partikel-Mikrosomen und Überstand) erhalten. Der Vitamin B_{12}-Gehalt in den Fraktionen wurde nach Autoklavieren bei pH 4,5 mit L. leichmannii mikrobiologisch bestimmt und dabei der größte Teil des Vitamin B_{12}-Gehaltes der Leberzelle in der Mitochondrien-Fraktion gefunden (vgl. Tab. 17). Die Autoren sprachen daher von einer Konzentrierung des B_{12} in den Mitochondrien und vermuteten eine B_{12}-Funktion bei bestimmten Enzymen in den Mitochondrien.

In den subcellulären Fraktionen des Ratten-Nierenhomogenates fand sich 48 Stunden nach subcutaner Injektion von ^{60}Co-B_{12} die Radioaktivität besonders in den Zellkernen und der aus den Mikrosomen und dem Überstand bestehenden, nicht weiter getrennten sog. löslichen Fraktion (vgl. Tab. 17). Das Verteilungsmuster des ^{60}Co-B_{12} war dabei weitgehend unabhängig von der unphysiologisch hohen applizierten B_{12}-Menge, und die ^{60}Co-B_{12}-Aktivität lag zu $^2/_3$ in gebundener Form vor (BARROWS und CHOW, 1957). WAGLE u. Mitarb. (1958) injizierten einer Ratte 3mal 1 μC ^{60}Co-B_{12} (die Gewichtsmenge an B_{12} wurde nicht angegeben, dürfte aber unphysiologisch groß gewesen sein) in achtstündigen Abständen und fanden dann

Tabelle 17. *Intracelluläre Verteilung des Vitamin B_{12} in der Leber und Niere* (in % des Gesamt-B_{12}-Gehaltes des Organhomogenates)

Zellfraktion	SWENDSEID u. Mitarb., 1951 Mikrobiolog. B_{12}-Bestimmung	BARROWS u. CHOW, 1957 ^{60}Co-B_{12}-Verteilung	berechnet nach Ergebnissen von WAGLE u. Mitarb., 1958 ^{60}Co-B_{12}-Verteilung	FRASER u. HOLDSWORTH, 1959 ^{60}Co-B_{12}-Verteilung
	Mäuse-Leber	Ratten-Niere	Ratten-Leber	Hühner-Leber
Zellkerne (+ Zellreste)	9	38—42	13	59
Mitochondrien	56	9—15	17	4
Mikrosomen	5	38—44 (Mikrosomen + Überstand)	25—39	5
Überstand	31		21	33
pH 5 Überstand			3	27
pH 5 Enzym			16	6

im Gegensatz zu SWENDSEID u. Mitarb. (1951) mit der in der Tab. 17 angegebenen subcellulären ^{60}Co-B_{12}-Verteilung eine besonders hohe Inkorporation des ^{60}Co-B_{12} in die Mikrosomenfraktion der Rattenleber. FRASER und HOLDSWORTH (1959) wiederum fanden beim Huhn nach intramuskulärer Gabe von 2mal 1 μg ^{60}Co-B_{12} (48 und 24 Std. vor der Fraktionierung) weder eine Inkorporation des ^{60}Co-B_{12} in die Mitochondrien noch in die Mikrosomenfraktion der Leberzelle des Huhnes. Die hohe Inkorporationsrate in die Zellkernfraktion könnte auf eine besonders starke

Verunreinigung dieser Fraktion mit nichthomogenisierten Zellresten zurückzuführen sein.

STRENGTH u. Mitarb. (1959) untersuchten nach ein- bis fünfmaliger Injektion von jeweils etwa 0,9 μg $^{60}Co-B_{12}$ die intracelluläre Verteilung des Radio-B_{12}in der Rattenleber und -niere und bezogen sie auf mg N. Dabei ergab sich in beiden Organen eine Verteilung auf alle vier subcellulären Fraktionen. Die mit Abstand größte $^{60}Co-B_{12}$-Inkorporation weist der Überstand der Niere auf. Mit zunehmendem zeitlichen Abstand zwischen $^{60}Co-B_{12}$-Injektion und Aufarbeitung (0,5, 12 und 30 Tage) findet sich eine mehr oder minder bevorzugte Retention des $^{60}Co-B_{12}$ in den Mitochondrien der Niere und Leber, während der $^{60}Co-B_{12}$-Gehalt in den übrigen drei subcellulären Fraktionen der Niere gleichzeitig stark abnimmt. Das dabei frei werdende $^{60}Co-B_{12}$ wird dabei möglicherweise in die Mitochondrienfraktion der Leber und weniger ausgeprägt auch der Niere eingelagert, da deren Radio-B_{12}-Gehalt zwischen dem 12. und 30. Tage nach der Injektion allein noch beträchtlich angestiegen ist. Bei B_{12}-Mangelratten ist nach 12 Std. die $^{60}Co-B_{12}$-Inkorporation in alle vier subcellulären Fraktionen beider Organe bis auf das Doppelte erhöht und steigt sogar in den drei anderen Leberfraktionen bis zum 30. Tage weiter an.

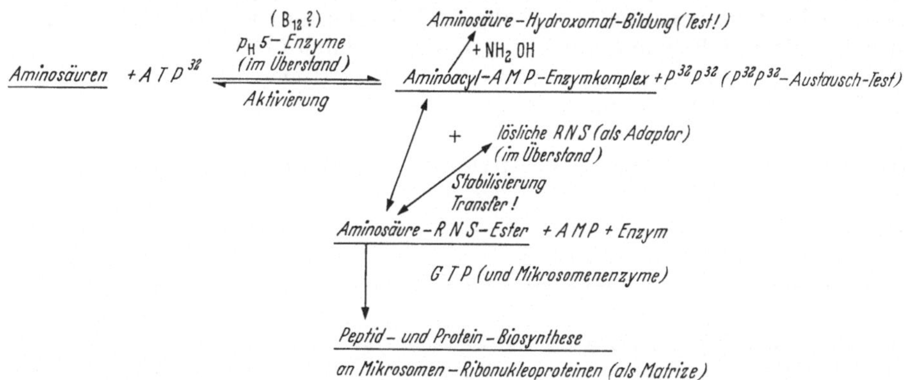

Abb. 17. Vereinfachtes Schema der Aminosäuren-Aktivierung und Proteinbiosynthese (nach HEINRICH, III. Intern. Vitaminsymp., Posen 1959)

Es bleibt abzuwarten, ob das hinsichtlich der Mitochondrien- und Mikrosomeninkorporation so grundverschiedene Muster der intracellulären Verteilung des Vitamin B_{12} auf Artbesonderheiten bei Maus, Ratte und Huhn beruht oder durch technische Unzulänglichkeiten bei der Versuchsdurchführung (unterschiedliche Verteilung von natürlichem, oral aufgenommenem B_{12}-Gehalt und in unphysiologisch hoher Dosis parenteral verabfolgtem B_{12} in der Leberzelle, Artefakte bei der Fraktionierung der subcellulären Zellbestandteile) bedingt ist.

In einer Reihe von Veröffentlichungen aus dem Laboratorium von B. C. JOHNSON wird eine unmittelbare Schlüsselposition des Vitamin B_{12} bei der Proteinbiosynthese postuliert und das Vitamin B_{12} als Coenzym der Aminosäureaktivierung durch die p_H 5-Enzyme angesehen (Lit. bei WAGLE u. Mitarb., 1958). Die Untersuchungen über die „in vitro"-Proteinbiosynthese durch aus Mikrosomen und dem Überstand der Rattenleber bestehende zellfreie Präparationen wurden mit Hilfe ^{14}C-markierter Aminosäuren durchgeführt und sind daher an anderer Stelle dieses Buches dargestellt (vgl. S. 888 ff.). In dem einfachen Schema der Proteinbiosynthese (vgl. Abb. 17) ist die postulierte Schlüsselstellung des Vitamin B_{12} aufgezeigt, die erwarten läßt, daß mit der Nahrung oder parenteral aufgenommenes B_{12} in die p_H 5-Enzymfraktion des Überstandes des Rattenleberhomogenates „in vivo" und evtl. auch „in vitro" inkorporiert wird.

WAGLE u. Mitarb. (1958) konnten tatsächlich zeigen, daß nach Injektion von 3mal 1 μC (= ? μg) $^{60}Co-B_{12}$ bei einer Ratte von den 21% Anteil des $^{60}Co-B_{12}$ im Überstand des Rattenleberhomogenaten der weitaus größte Teil (16% der Gesamt-

B_{12}-Menge der Zelle) an die p_H 5-Enzymfraktion gebunden ist (vgl. Tab. 17) und nur wenig ^{60}Co-B_{12} im Überstand der p_H 5-Fällung verbleibt. Auch unter „in vitro"-Bedingungen (Inkubation von 50 ng ^{60}Co-B_{12} mit ATP, GTP und FDP mit Mikrosomen und bzw. mit Überstand über 1 Std.) konnten diese Autoren eine Bindung des B_{12} sowohl an die Mikrosomen als auch an die p_H 5-Enzymfraktion des Überstandes feststellen. Bei der Ammoniumsulfatfraktionierung der gelösten p_H 5-Enzymfraktion aus dem Überstand des Leberhomogenates einer Ratte, der während der 24 Std. vor der Tötung 3mal 2 μC (Gewichtsmenge B_{12} nicht angegeben) injiziert worden waren, fand sich fast die gesamte ^{60}Co-B_{12}-Aktivität der vorher von der löslichen niedermolekularen Ribonucleinsäure-Fraktion (vgl. deren Bedeutung bei der Proteinbiosynthese, Abb. 17) befreiten p_H 5-Enzymfraktion in der Ammoniumsulfat-Fraktion (40—60%, vgl. Tab. 18) der p_H 5-Enzyme, die auch den stärksten stimulierenden Effekt auf den biosynthetischen Einbau von 2-^{14}C-Alanin in Proteine durch eine aus Mikrosomen und löslicher Nucleinsäure bestehende Präparation hatte. Die die Aminosäuren für die Proteinbiosynthese aktivierende p_H 5-Enzymfraktion bzw. die daraus durch 40—60%ige Ammoniumsulfat-Sättigung erhaltene aktive und B_{12}-haltige Fraktion wurde daher „Vitamin B_{12}-Enzym" genannt (WAGLE u. Mitarb., 1958).

Tabelle 18. *Verteilung der ^{60}Co-B_{12}-Aktivität bei der Fällung und Ammoniumsulfatfraktionierung aus dem Überstand des Rattenleberhomogenates* (berechnet nach Ergebnissen von WAGLE u. Mitarb., 1958)

Fraktion	^{60}Co-B_{12}-Gehalt in % d. ^{60}Co-B_{12}-Gehaltes d. Überstandes
105000 g-Überstand	100
Enzymfraktion nach p_H 5-Fällung aus dem Überstand (= sog. p_H 5-Enzyme)	76
Nach Abtrennung der Ribonucleinsäure aus den p_H 5-Enzymen	70
Ammonsulfatfraktionierung der p_H 5-Enzyme	
0— 20% Ammonsulfatfraktion	0
20— 40% Ammonsulfatfraktion	8
40— 60% Ammonsulfatfraktion	59
60— 80% Ammonsulfatfraktion	0
80—100% Ammonsulfatfraktion	0

Während bei allen drei Tierarten eine größenordnungsmäßig übereinstimmende Verteilung des B_{12} auf den Überstand (21—33%, vgl. Tab. 17) gefunden wurde, sind die bei der p_H 5-Fällung der für die Aminosäureaktivierung in der Überstandsfraktion notwendigen sog. p_H 5-Enzymfraktion gemessenen ^{60}Co-B_{12}-Verteilungen bei Ratte und Huhn wiederum einander entgegengesetzt (vgl. Tab. 17). FRASER und HOLDSWORTH (1959) konnten weder nach ^{60}Co-B_{12}-Injektion bei lebenden Hühnern (vgl. oben) noch nach „in vitro"-Inkubation von 2 μg ^{60}Co-B_{12} mit 3 g Leberbrei von B_{12}-entspeicherten Hühnern einen nennenswerten ^{60}Co-B_{12}-Gehalt in der p_H 5-Enzym-Fraktion des Überstandes der Hühnerleber nachweisen und lehnen daher die Bezeichnung „Vitamin B_{12}-Enzym" für diese Enzymfraktion der Aminosäure-Aktivierung ab.

Da auch andere Ergebnisse der im Johnsonschen Laboratorium durchgeführten Untersuchungen zur Frage des direkten Wirkungsmechanismus des B_{12} bei der Protein-Biosynthese von Nachuntersuchern nicht bestätigt werden konnten (ARNSTEIN und SIMKIN, 1959; FRASER und HOLDSWORTH, 1959), ist wohl doch anzunehmen, daß der biochemische Wirkungsmechanismus des B_{12} primär nicht an der Aminosäureaktivierung oder einer anderen Phase der Protein-Biosynthese lokalisiert ist.

V. Stoffwechsel des Vitamin B_{12}

1. Stoffwechselschicksal der Vitamin B_{12}-Struktur

Die beim Radio-B_{12}-UET im Harn ausgeschiedene Radiokobaltaktivität ist erwartungsgemäß zum größten Teil mit dem eingesetzten Radio-B_{12} oder einem ihm sehr ähnlichen Umwandlungsprodukt identisch. Jedoch reichen die bisher verwendeten Kriterien: gleiche N-Butanol-Extrahierbarkeit (60%) der ^{60}Co-Aktivität im Harn und nach Zusatz von ^{60}Co-B_{12} zum Harn (SCHILLING, 1953), ähnliches Verhalten der aus dem Harn nach dem ^{60}Co-B_{12}-UET extrahierten ^{60}Co-Aktivität und des authentischen ^{60}Co-B_{12} hinsichtlich N-Butanol-Extrahierbarkeit, Verteilungskoeffizient zwischen Ammonsulfat-gesättigtem Harn und Butanol sowie bei der Papierchromatographie in Lutidin-H_2O-Lösungsmittelsystemen (MACLEAN und BLOCH, 1954) bzw. bei der Phenol- und Butanolextraktion des Harnes und anschließender Papierchromatographie mit Phenol-H_2O oder Methyläthylketon-Äthanol-HCl als Lösungsmittelsystem (HEINRICH, 1956) nicht zu einer Identifizierung der ^{60}Co-Aktivität im Harn mit dem B_{12} aus, da sehr viele B_{12}-Analoga und B_{12}-Komplexe bei diesem Vorgehen nicht vom B_{12} unterschieden werden können. Das gleiche dürfte für bisher noch nicht bekannte, im Organismus entstehende Umwandlungs- oder Abbauprodukte des B_{12} zutreffen. Die Intaktheit der im Harn ausgeschiedenen unveränderten B_{12}-Struktur kann definitiv nur durch Isolierung (Chromatographie und Gegenstromverteilung) mit anschließender Strukturidentifizierung bewiesen werden.

Die beobachtete Strukturspezifität des Sättigungs- und Ausschwemmungseffektes der hochdosierten parenteralen B_{12}-Injektion auf das resorbierte Radio-B_{12} (vgl. S. 1118) und die oben geschilderten Befunde machen aber wahrscheinlich, daß von dem intestinal resorbierten B_{12} wenige Stunden nach der Resorption, d. h. bei Gabe der unphysiologisch hohen Sättigungs- und Ausschwemmungsdosis von 1 mg B_{12}, der weitaus größte Teil (90—98%) noch als unverändertes B_{12} im Plasma zirkuliert und mit dem Harn ausgeschieden wird.

Jedoch läßt sich bei der papierchromatographischen Auftrennung des von dem Radio-B_{12}-UET beim gesunden Menschen stammenden eingeengten Harnes oder des Butanolauszuges aus solchem Harn eine im R_F-Wert dem anorganischen Kobalt ähnliche ^{60}Co-Fraktion nachweisen ($R_F = 0{,}9$ bzw. 0,8 mit Methyläthylketon-Äthanol-HCl als Lösungsmittel; intaktes B_{12} hat dabei einen R_F-Wert von 0,0—0,1), die im Harn-Phenolextrakt nicht vorhanden ist. Auch bei der Verwendung von Phenol-H_2O als Lösungsmittelsystem läßt sich papierchromatographisch neben der mengenmäßig überwiegenden Radio-B_{12}-Fraktion ($R_F = 0{,}85$) eine langsamer wandernde ^{60}Co-Fraktion ($R_F = 0{,}25$) nachweisen, die wiederum im Harnphenolextrakt fehlt (HEINRICH, 1956). Diese Befunde sprechen dafür, daß beim Radio-B_{12}-UET neben dem überwiegenden, unverändert im Harn ausgeschiedenen B_{12} schon eine kleine Menge (wenige %) eines in den R_F-Werten bei Verwendung verschiedener Lösungsmittelsysteme dem anorganischen Kobalt ähnlichen wahrscheinlichen B_{12}-Abbauproduktes ausgeschieden wird. Es läßt sich nicht entscheiden, ob es sich dabei um nach der Resorption im Organismus abgebautes B_{12} oder um die Ausscheidung eines im Magen-Darm-Kanal bakteriell entstandenen und dann resorbierten B_{12}-Abbauproduktes handelt.

Das im Magen-Darm-Kanal nicht resorbierte Vitamin B_{12} dürfte von der Darmflora z. T. abgebaut, umgewandelt bzw. gebunden werden und dabei frei werdende Spaltprodukte der B_{12}-Struktur könnten von anderen Mikroorganismen im Intestinaltrakt wieder zur B_{12}-Biosynthese verwendet werden. Mit ausreichend spezifischen Methoden durchgeführte Untersuchungen liegen hierzu aber noch nicht vor.

Es konnte aber bereits gezeigt werden, daß die nach oraler oder parenteraler Radio-B_{12}-Applikation mit dem Faeces ausgeschiedene ^{60}Co-Aktivität sich bei Testung mit einer allerdings wenig zuverlässigen (zu geringe R_F-Wert-Differenzen) papierchromatographischen Methode größtenteils wie anorganisches Kobalt verhält (Barbee und Johnson, 1951) und mikrobiologisch nicht bzw. wenig B_{12}-aktiv ist (Rosenblum u. Mitarb., 1952). Die chemische Natur dieses wohl im Dickdarm durch die Darmflora gebildeten B_{12}-Abbauproduktes ist noch nicht bekannt, obwohl nach oraler Radio-B_{12}-Zufuhr mehr als 80% des nichtresorbierten B_{12} und nach parenteraler Radio-B_{12}-Zufuhr sogar fast die gesamte in den Faeces ausgeschiedene ^{60}Co-Aktivität in dieser Form vorliegen.

Im Harn wird kurze Zeit nach oraler oder parenteraler Radio-B_{12}-Zufuhr sowohl beim Menschen als auch beim Tier größtenteils intaktes Radio-B_{12} ausgeschieden (vgl. oben und in „Vitamin B_{12} und Intrinsic Factor", 1956).

Bisher liegen keine unter physiologischen Bedingungen durchgeführten Untersuchungen über das Stoffwechselschicksal der B_{12}-Struktur im Organismus vor.

2. Stoffwechsel der Cyanogruppe des Vitamin B_{12}

Es kann zur Zeit noch nicht entschieden werden, ob dem Vitamin B_{12} infolge seiner „in vitro" und „in vivo" leicht abspaltbaren Cyanogruppe (vgl. radiochemische Austauschmarkierung des Vitamin B_{12}-Moleküles, S. 1030) eine Bedeutung für die Bereitstellung oder die Übertragung einer evtl. stoffwechselaktiven Cyanidform für die Bildung aktiver C_1-Körper (aktiver Formaldehyd bzw. Formiat) bzw. deren Einbau in z. B. die Methylgruppen des Methionins und Cholins zukommt (vgl. C_1-Körperstoffwechsel, S. 920 ff.). Nach Injektion von ^{14}C-markiertem Cyanid (0,5 mg mit 1 mC/mM) wird vom Hund die ^{14}C-Aktivität im Harn (insges. 30%) als $-S^{14}CN^-$ (15%; als Cyanidentgiftungsprodukt), freies-$^{14}CN^-$ (mit sehr niedriger spezifischer Aktivität infolge starker Verdünnung durch hohe Umsatzrate im Cyanid-Stoffwechselpool) und als in der Cyanogruppe markiertes ^{14}C-Cyanocobamid ausgeschieden. Während des ersten Tages nach der Injektion ist die spezifische Radioaktivität der Vitamin B_{12}-Cyanogruppe 12mal größer als die des freien-$^{14}CN^-$ und 4mal größer als die des $-S^{14}CN^-$, um dann stark abzufallen (Boxer u. Mitarb., 1951). Diese Befunde lassen sich ausreichend erklären durch eine „in vivo" erfolgende rasche Austausch-Bindung des $-^{14}CN^-$ an Vitamin B_{12} [diese schnelle Fixierung des $-CN^-$ läßt z. B. das Aquocobamid als Antidot der Blausäurevergiftung — zumindest im Tierversuch — Verwendung finden (Mushett u. Mitarb., 1952)] und eine gegenüber dem freien Cyanidstoffwechselpool niedrige Umsatzrate des am zentralen Kobaltatom des Vitamin B_{12} gebundenen $-^{14}CN^-$. Eine besondere Stoffwechselaktivität der Vitamin B_{12}-Cyanidgruppe oder gar eine spezifische Trägerfunktion des Vitamin B_{12} für diese stoffwechselaktive Cyanogruppe (Stekol und Weiss, 1951) kann aus den vorliegenden Befunden wohl doch nicht gefolgert werden, und auch die vielfältigen biologischen Funktionen des Vitamin B_{12} können damit nicht erklärt werden. Außerdem enthält das in der Natur als Polypeptid- und Proteidkonjugat sowie „Coenzym" vorkommende Vitamin B_{12} keine Cyanogruppe, sondern liegt als Aquocobamid vor (vgl. S. 1123).

3. Strukturspezifität des Vitamin B_{12}-Stoffwechsels

Die eigentliche „in vivo"-wirksame Struktur des Vitamin B_{12}, in der es resorbiert, transportiert und schließlich in den Depotorganen bzw. Geweben gespeichert wird oder essentiell und regulativ in den Intermediärstoffwechsel eingreift, ist noch nicht genau bekannt; möglicherweise aber mit einem cyanidfreien B_{12}-Konjugat bzw. Coenzym identisch (vgl. S. 1119).

Sehr wahrscheinlich enthält das natürlich vorkommende Vitamin B_{12} am zentralen Cobaltatom keine Cyanogruppe, sondern liegt als Aquocobamid vor (vgl. Abb. 1, S. 1029). Verschiedene biologische Experimente sprechen dafür. Durch die Einführung der Cyanidgruppe wird das B_{12}-Molekül stabilisiert, von Peptid- und Proteidträgermolekülen abgespalten und dadurch besser extrahierbar. Das Cyanocobamid wäre somit ein lediglich bei der Gewinnung des B_{12} anfallendes, sonst nicht in der Natur vorkommendes Kunstprodukt, das allerdings bei oraler und parenteraler Verabreichung eine unübertroffen hohe spezifische Bioaktivität besitzt. Während das B_{12} im Serum möglicherweise als Aquocobamid an die bei der Papierelektrophorese mit der α_1- und α_2-Serumglobulinfraktion wandernden Glykoproteide gebunden vorliegt (vgl. S. 1070), findet sich in der Leber bzw. in Leberextrakten das gespeicherte B_{12} teilweise als Aquocobamid an Polypeptide oder Proteide gebunden und ist von diesen durch Cyanidbehandlung abspaltbar (WIJMENGA u. Mitarb., 1950). Die Zusammensetzung eines von WIJMENGA (1953) aus der Leber isolierten B_{12}-Polypeptidkomplexes (WBC) wurde von HEDBOM (1955) bearbeitet und seine Resorbierbarkeit am Menschen untersucht (vgl. S. 1052). Ein aus der Rinderleber isoliertes einheitliches B_{12}-Polypeptidkonjugat besaß ein Molekulargewicht von 9100, bestand aus 13 Aminosäuren, 15% Cobamid und enthielt keine Cyanogruppe (HEDBOM, 1960). Nach Untersuchungen von BARKER u. Mitarb. (persönl. Mitteilung, 1960) liegt das in der Leber des Menschen und verschiedener Tiere gespeicherte B_{12} auch als Cyanid-freies B_{12}-Coenzym (vgl. S. 1119) vor. Verschiedene Isolierungsmethoden sind möglicherweise die Erklärung für die z. Z. noch unterschiedlichen Ergebnisse. In allen vorliegenden Ergebnissen kommt aber zum Ausdruck, daß das in der Zelle gespeicherte oder wirkende B_{12}-Molekül keine Cyanogruppe enthält.

Weitestgehende Auskünfte über die Beziehungen zwischen chemischer Struktur und biologischer Aktivität des B_{12}-Moleküles und die Strukturspezifität der verschiedenen Phasen des B_{12}-Stoffwechsels erhält man durch das Studium des Stoffwechsels von natürlich vorkommenden und durch gesteuerte Biosynthese bzw. chemische Partialsynthese gewonnenen B_{12}-Analoga. Dabei läßt sich zeigen, welche Teile der B_{12}-Struktur als biologisch funktionelle Gruppen Träger der Bioaktivität sind bzw. das Schicksal des B_{12}-Moleküles bei der Resorption, im Stoffwechsel u.a.m. bestimmen.

a) Strukturspezifität der intestinalen Vitamin B_{12}-Resorption

Die Strukturspezifität der Intrinsic Factor-abhängigen intestinalen Resorption kann grundsätzlich sowohl im IF-Molekül, also als Abhängigkeit der biologischen IF-Aktivität von der chemischen Struktur des IF-Moleküls, als auch in dessen Substrat, dem B_{12}-Molekül, lokalisiert sein. Außerdem könnte eine strukturspezifische Phase der B_{12}-Resorption auch noch von der Struktur des Erfolgsorgans (d. h. der Intestinalmucosa) abhängen.

Da der IF noch nicht rein dargestellt werden konnte und seine Struktur somit unbekannt ist, konnten bisher weder biosynthetisch noch chemisch irgendwelche Variationen am IF-Molekül vorgenommen werden. Aussagen über mögliche Beziehungen zwischen chemischer Struktur und biologischer Aktivität sind demnach für den IF z. Z. leider noch nicht möglich.

Anders sieht es mit dem Reaktionspartner des IF, dem B_{12}, aus. Nach der Aufklärung der chemischen Struktur des B_{12} (vgl. Abb. 1) war es möglich, sowohl biosynthetisch als auch chemisch eine ganze Anzahl von natürlich vorkommenden und unnatürlichen, kompletten bzw. nichtkompletten sog. B_{12}-Analogen herzustellen. Mit Hilfe dieser B_{12}-Analoga, die teilweise in radioaktiv markierter Form zur Verfügung standen, konnte dann am Menschen, Schwein und Meerschweinchen die Strukturspezifität der intestinalen, IF-bedürftigen B_{12}-Resorption sowie die Strukturspezifität der B_{12}-Bindung am IF untersucht werden. Dadurch sind Aussagen über die Substratspezifität der IF-Wirkung möglich geworden, die von erheblichem Interesse sind, da von den im Pansen der Wiederkäuer bzw. im Dickdarm der übrigen Tiere biosynthetisierten endogenen B_{12}-Analogen (bis zu 10 μg B_{12}/g Trockensubstanz) höchstens 10% mit dem eigentlichen B_{12} (= 5,6-Dimethylbenzimidazolcyanocobamid) identisch sind, während die übrigen 90% beim Menschen und Wirbeltieren biologisch unwirksame Purin-Analoge des B_{12} (etwa 60% 2-Methyladenincyanocobamid = Faktor A und etwa 30% Adenincyanocobamid = Pseudovitamin B_{12}) oder inkomplette B_{12}-Analoga (Corphinamid = Faktor B sowie die noch nicht genauer erforschten B_{12}-Faktoren C) darstellen (vgl. in Vitamin B_{12} und Intrinsic Factor, Hamburg 1956).

Gerade in Anbetracht dieser merkwürdigen und einzigartigen Situation, daß im Gastrointestinaltrakt der Wirbeltierorganismen fast 90% der endogen durch bakterielle Biosynthese gebildeten B_{12}-Aktivität in Form von für den Wirtsorganismus biologisch inaktiven Purinanalogen und inkompletten Analogen des B_{12} vorliegen, war es notwendig, festzustellen, ob diese für höher differenzierte Organismen wirkungslosen B_{12}-Analoga überhaupt vom Wirtsorganismus aus dem Darm resorbiert werden können. Es wäre ja möglich, daß der Wirbeltierorganismus auch biologisch und klinisch inaktive B_{12}-Analoga gewissermaßen kritiklos resorbiert und dann unverwertbar entweder in Organen und Geweben deponiert bzw. mit dem Harn oder Stuhl wieder ausscheidet.

Die Notwendigkeit der Cyanogruppe am zentralen Kobaltatom des 5,6-Dimethylbenzimidazol-cyanocobamids für die Resorbierbarkeit des B_{12}-Moleküles wurde durch Untersuchungen am Menschen mit Hilfe des Radio-B_{12}-UET gezeigt, da die aus ^{60}Co-markiertem B_{12} „in vitro“ durch photochemische Umwandlung hergestellten Chlor- und Schwefelsäuresalze des elektropositiven Aquocobalamins (= 5,6-Dimethylbenzimidazol-aquocobamid-chlorid bzw. -sulfat) und auch die ähnlich gewonnenen elektroneutralen Nitro- und Thiocyanocobamide des 5,6-Dimethylbenzimidazols vom Menschen nach einer oralen Dosierung von 2 μg wesentlich schlechter resorbiert wurden als das B_{12} selbst (Rosenblum u. Mitarb., 1955, 1956).

Am Menschen und an Ratten durchgeführte Untersuchungen über den Stoffwechsel von ^{60}Co-markiertem Aquocobamidacetat (vgl. S. 1123), das unter sehr schonenden Bedingungen hergestellt und gereinigt worden war (vgl. S. 1123), haben jedoch ergeben, daß ^{60}Co-Cyanocobamid und ^{60}Co-Aquocobamid vom menschlichen und tierischen Organismus gleich gut resorbiert werden (Radio-B_{12}-FET), bei Durchführung des Radio-B_{12}-Urinexkretionstestes das resorbierte Aquocobamid aber in viel geringerem Umfange in den Harn ausgeschwemmt wird. Da bei diesen Untersuchungen das typische Stoffwechselverhalten des ^{60}Co-Aquocobamids durch Recyanisierung wieder in das Stoffwechselverhalten des ^{60}Co-Cyanocobamid umwandelbar war, muß es sich bei dem nach der Gewinnung durch Chromatographie an Carboxymethylcellulose gereinigten ^{60}Co-Aquocobamid tatsächlich um ein reines und nicht denaturiertes Präparat gehandelt haben (vgl. S. 1124).

An gesunden Menschen und an Perniciosa-Patienten wurde zunächst mit einem auf dem biologischen Isotopenverdünnungseffekt beruhenden indirekten Radio-B_{12}-Resorptions-Exkretionstest (vgl. S. 1051) die intestinale Resorption an der Benzimidazolgruppe substituierter, nichtmarkierter B_{12}-Analoga untersucht und festgestellt (Heinrich, 1956), daß

1. Corphinamid (= Faktor B) und 3,5,6-Trimethylbenzimidazol-dicyanocobamid (= B_{12} Nm) die intestinale Resorption von 0,5 μg ^{60}Co-B_{12} nicht herabsetzen und daher wohl auch nicht resorbiert werden.

2. 5,6-Dichlorbenzimidazol-cyanocobamid und Benzimidazol-cyanocobamid mit der intestinalen Radio-B_{12}-Resorption konkurrieren und daher resorbierbar sein dürfen.

3. 5-Hydroxybenzimidazol-cyanocobamid die ^{60}Co-B_{12}-Resorption etwas weniger stark als B_{12} reduziert und daher noch resorbiert werden könnte.

4. 5,6-Diäthylbenzimidazol-cyanocobamid sich so verhält, als würde es nicht resorbiert.

5. 2-Methyladenin-cyanocobamid (= Faktor A) zu keiner Herabsetzung der ^{60}Co-B_{12}-Resorption führt und daher wohl nicht resorbiert wird.

Mit einer ähnlichen Versuchsanordnung konnte gezeigt werden, daß 50 µg Pseudo-B_{12} und 5 µg 5,6-Dimethylbenzimidazol beim Menschen nicht mit der Resorption einer 1 µg ^{60}Co-B_{12}-Testdosis konkurrieren (BUNGE u. Mitarb., 1956).

Die nach oraler Verabfolgung von jeweils 1 µg ^{60}Co-markierter B_{12}-Analoga an gesunden Menschen und Perniciosa-Patienten erhobenen Befunde bestätigen größtenteils die mit dem indirekten Radio-B_{12}-Resorptions-Exkretionstest erzielten Ergebnisse (Vgl. Abb. 18 u. 19):

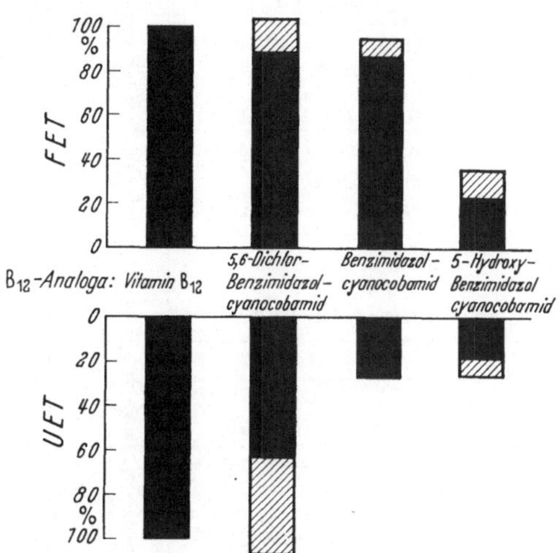

Abb. 18. Mit dem Radio-B_{12}-FET und -UET bei gesunden Menschen bestimmte Resorbierbarkeit ^{60}Co-markierter Benzimidazol-B_{12}-Analoga. (Streubereich von jeweils 10 Versuchspersonen und bezogen auf die Resorption von B_{12} = 100%)

1. Das ^{60}Co-markierte 3,5,6-Trimethylbenzimidazol-cyanocobamid (= B_{12} Nm) wird etwa um den Faktor 5 schlechter resorbiert als B_{12}. Die intakte koordinative Bindung zwischen zentralem Kobaltatom und dem N-3 der Benzimidazolringstruktur ist somit Voraussetzung für die normale Resorbierbarkeit des B_{12}-Moleküles (HEINRICH, 1958).

2. ^{60}Co-markiertes Corphinamid (= Faktor B) wird daher als inkomplettes B_{12}-Analogon, dem außer der koordinativen Bindung auch die nucleotidähnliche Seitenkette fehlt, vom menschlichen Organismus ebenfalls kaum resorbiert (HEINRICH, 1958).

3. Der Ersatz der beiden in 5,6-Position am Benzimidazolring befindlichen Methylgruppen durch 2 Chloratome ist ohne Auswirkung auf die Resorbierbarkeit des B_{12}-Moleküles beim Menschen und Meerschweinchen, da ^{60}Co-markiertes 5,6-Dichlorbenzimidazol-cyanocobamid im selben Ausmaße wie B_{12} resorbiert wird (KÜHNAU und HEINRICH, 1957; HEINRICH, 1958). ROSENBLUM u. Mitarb. (1957) beobachteten mit einer 2 µg Testdosis im Radio-B_{12}-UET eine im Vergleich zum B_{12} auf 30—50% herabgesetzte Resorbierbarkeit des markierten 5,6-Dichlorbenzimidazol-cyanocobamids.

4. Auch das Methylgruppen-freie Benzimidazol-cyanocobamid wird vom Menschen (und Meerschweinchen, vgl. Abb. 20 S. 1114) gut resorbiert, wie mit einem kombinierten FET-UET festgestellt wurde (KÜHNAU und HEINRICH, 1957). Die von ROSENBLUM u. Mitarb. (1957) bei alleiniger Benutzung des Radio-B_{12}-UET angenommene schlechte Resorbierbarkeit ist auf eine schlechte Harnausschwemmung des normal resorbierten ^{60}Co-Benzimidazol-cyanocobamids zurückzuführen (HEINRICH, 1958).

5. Das ^{60}Co-5-Hydroxybenzimidazol-cyanocobamid (-Faktor III) wird vom Menschen um den Faktor 3—5 (0,07—0,11 μg aus einer 1 μg-Testdosis) schlechter resorbiert als B_{12} (Kühnau und Heinrich, 1957; Heinrich, 1958). Nach einer

Oral verabfolgte Menge der Radio-B_{12}-Analoga	Struktur der Benzimidazol-gruppe	Radio-B_{12}-UET: in % d. Testdosis im 72-h-Urin	Radio-B_{12}-UET: in % von B_{12}	Bindung der B_{12}-Analoga an gereinigtes JFK-BFS-35 in ng/mg JFK: Radiopapierchromatographische Methode	Bindung der B_{12}-Analoga an gereinigtes JFK-BFS-35 in ng/mg JFK: Dialytische Methode
5,6-Dimethyl-benzimidazol-cyanocobamid (= B_{12}) 1,0 µg = 0,128—0,145 µC	Co; N; N; CH_3 (5); CH_3 (6); R	15,5	100	44	199
3,5,6-Trimethyl-benzimidazol-cyanocobamid (= B_{12} Nm) 1,0 µg = 0,116—0,121 µC	CH_3; N^+; N; CH_3 (5); CH_3 (6); R	3,5	22,6	41	80
5,6-Dichlor-benzimidazol-cyanocobamid 1,0 µg = 0,134—0,151 µC	Co; N; N; Cl (5); Cl (6); R	13,0	83,9	48	200
Benzimidazol-cyanocobamid 1,0 µg = 0,133—0,150 µC	Co; N; N; R	4,7	30,3	49	201
5-Hydroxy-benzimidazol-cyanocobamid (= Faktor III) 1,0 µg = 0,128—0,144 µC	Co; N; N; OH (5); R	3,9	25,2	45	204
5-Methoxy-benzimidazol-cyanocobamid (= Faktor III_m) 1,0 µg = 0,116—0,124 µC	Co; N; N; OCH_3 (5); R	11,4	73,5	41	121

Abb. 19. Intestinale Resorbierbarkeit (bei gesunden Menschen) und Intrinsic Factor-Bindung Benzimidazol-substituierter, ^{60}Co-markierter B_{12}-Analoga. (Mittelwerte aus Radio-B_{12}-UET an 10 Versuchspersonen)

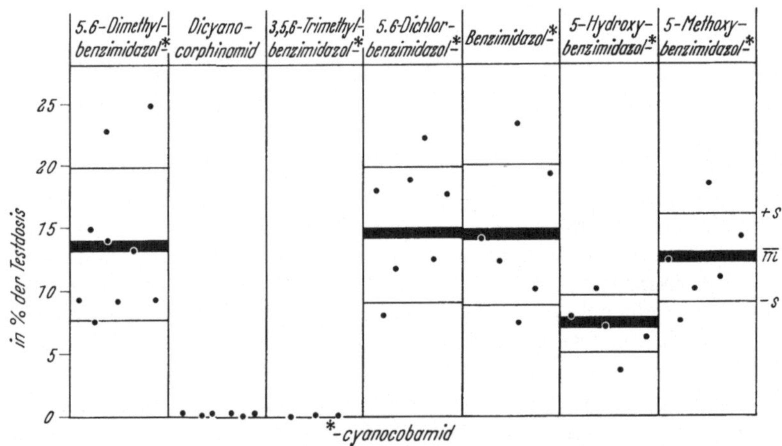

Abb. 20. Strukturspezifität der intestinalen Vitamin B_{12}-Resorption beim Meerschweinchen. (^{60}Co-B_{12}-Leber-Inkorporationstest, 24 Std. nach oraler Gabe von 30 ng ^{60}Co-B_{12}-Analogon; arithmet. Mittel $\overline{m}$ und mittlere quadratische Streuung s)

2 μg-Testdosis konnten Rosenblum u. Mitarb. (1957) beim Menschen kaum eine Resorption feststellen. Beim Meerschweinchen ist die Resorbierbarkeit des ^{60}Co-

markierten 5-Hydroxybenzimidazol-cyanocobamids (vgl. Abb. 20) gegenüber dem B_{12} nur auf die Hälfte herabgesetzt (HEINRICH, 1958; STAAK und HEINRICH, 1960).

Wird die freie phenolische Hydroxylgruppe des Faktors III durch Methylierung zum Methyläther maskiert, so wird dieses ^{60}Co-markierte 5-Methoxybenzimidazol-cyanocobamid (= Faktor IIIm) beim Menschen etwa 3—4mal besser resorbiert als das schlecht resorbierbare 5-Hydroxybenzimidazol-cyanocobamids. Während die Resorbierbarkeit des 5-Methoxybenzimidazol-cyanocobamid beim Menschen noch deutlich geringer als die des B_{12} ist (etwa 75%), lassen sich beim Meerschweinchen (vgl. Abb. 20) keine signifikanten Unterschiede in der Resorbierbarkeit beider Substanzen nachweisen (HEINRICH, 1958; STAAK und HEINRICH, 1960).

Untersuchungen an Perniciosa-Patienten ergaben, daß für die Resorption sämtlicher resorbierbarer B_{12}-Analoga homologer oder heterologer Intrinsic Factor benötigt wird (KÜHNAU und HEINRICH, 1957).

So wie beim Menschen ist auch beim Meerschweinchen die intestinale B_{12}-Resorption im physiologischen Bereich ausgeprägt strukturspezifisch (vgl. Abb. 20). Jedoch ließ sich mit dem verwendeten ^{60}Co-B_{12}-Leberinkorporationstest keine Resorption des 3,5,6-Trimethylbenzimidazol-cyanocobamids nachweisen, während die Corphinamid-Resorption eben noch nachweisbar war (weniger als 2% der B_{12}-Resorption; vgl. Abb. 20) (HEINRICH, 1958; STAAK und HEINRICH, 1960).

b) Struktur-Unspezifität der Vitamin B_{12}-Intrinsic Factor-Bindung

Der Verdacht, daß die schlecht resorbierbaren B_{12}-Analoga (vgl. oben) infolge qualitativ oder quantitativ unterschiedlicher Bindung an den Intrinsic Factor nicht zur Resorption gelangen, hat sich nicht bestätigen lassen, da bei der papierchromatographischen „in vitro"-Testung der Bindung der ^{60}Co-markierten B_{12}-Analoga (vgl. Methodik auf S. 1067) an lyophilisierte Schweine-Pylorusmucosa und ein gereinigtes Schweine-Intrinsic Factor-Konzentrat sowohl die gut als auch die schlecht resorbierbaren ^{60}Co-B_{12}-Analoga im gleichen Ausmaße gebunden werden (vgl. Abb. 19). Auch mit der Dialysemethode konnte keine gesetzmäßige Beziehung zwischen der Resorbierbarkeit und der IF-Bindung der ^{60}Co-markierten B_{12}-Analoga festgestellt werden. Selbst die kaum noch resorbierbare Nucleotid-freie Grundstruktur des B_{12}-Moleküles, das Dicyanocorphinamid (= Faktor B), wird noch vom IF gebunden, wie mit einer indirekten Testmethode festgestellt wurde. Die Intrinsic Factor-Bindung ist somit kein Kriterium für die Resorbierbarkeit eines B_{12}-Analogons, und einer ausgeprägten Strukturspezifität der Resorbierbarkeit des B_{12}-Moleküls steht die Struktur-Unspezifität seiner „in vitro"-Intrinsic Factor-Bindung gegenüber (KÜHNAU und HEINRICH, 1957; HEINRICH u. Mitarb., 1958). Die Ursache der Strukturspezifität der intestinalen Vitamin B_{12}-Resorption bleibt weiter ungeklärt.

Mit einer Radio-B_{12}-Dialysemethode (vgl. S. 1067) wurde von BUNGE und SCHILLING (1957) der Einfluß verschiedener nichtmarkierter Benzimidazol-B_{12}-Analoga und des Pseudo-B_{12} auf die „in vitro"-Bindung von ^{60}Co-B_{12} an menschlichen Magensaft und ein Schweine-Intrinsic Factor-Konzentrat untersucht. Unter den gewählten „in vitro"-Versuchsbedingungen ist die Cyanogruppe am zentralen Kobaltatom des B_{12} für die B_{12}-Bindung an menschlichen Magensaft nicht notwendig, und natürliche und unnatürliche Benzimidazol-substituierte B_{12}-Analoga sowie Pseudo-B_{12} konkurrieren im gleichen Umfange wie B_{12} mit der ^{60}Co-B_{12}-Bindung an Schweine-Intrinsic Factor, Speichel und Colostrum. Die ^{60}Co-B_{12}-Bindung an menschlichen Intrinsic Factor wird jedoch durch Pseudo-B_{12} nur wenig beeinflußt. Auch diese mit einer indirekten Testmethode erhaltenen Ergebnisse bestätigen die bei Verwendung einer direkten Testmethode (papierchromatographische und dialytische Bestimmung der Bindung ^{60}Co-markierter B_{12}-Analoga an Intrinsic Factor, vgl. S. 1069) festgestellte Struktur-Unspezifität der Vitamin B_{12}-Intrinsic Factor-Bindung (KÜHNAU und HEINRICH, 1957).

c) Strukturspezifität der intravitalen Bindung (= Retention) des Vitamin B_{12}

Unter physiologischen „in vivo"-Bedingungen durchgeführte direkte Untersuchungen über die Strukturspezifität der intravitalen Bindung des Vitamin B_{12} an Proteide oder Zellbestandteile im Blut, in Organen oder Geweben liegen noch nicht vor.

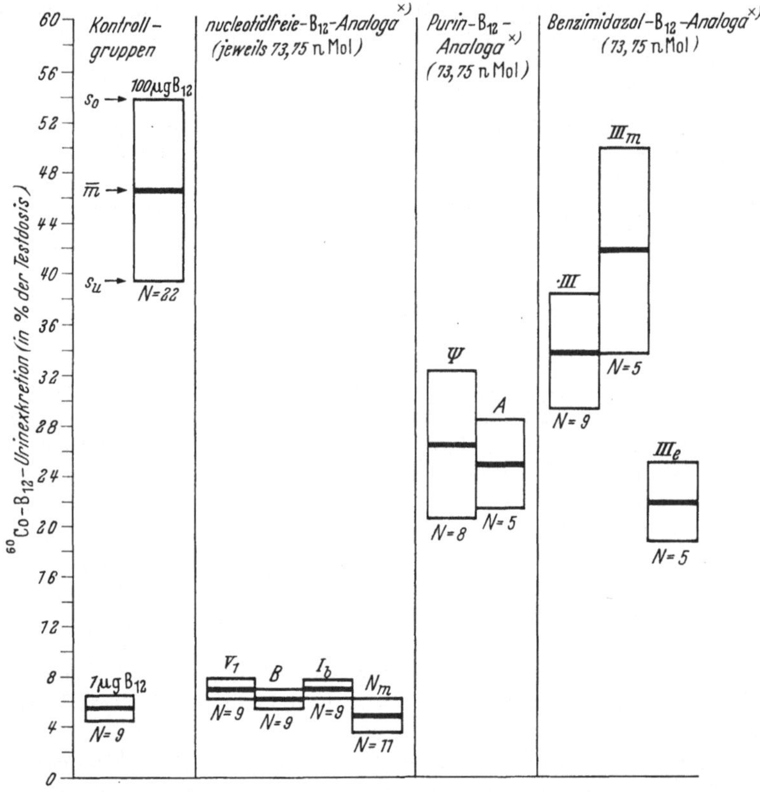

Abb. 21. *Strukturspezifität der intravitalen Vitamin B_{12}-Bindung (Retention) und Exkretion beim Menschen* (1 µg = 0,737 nMol ≙ 50 nC ^{60}Co-B_{12} wurde zusammen mit 73,7 nMol verschiedener inkompletter und kompletter B_{12}-Analoga intramuskulär injiziert; vgl. Text!)

An gesunden Menschen konnte gezeigt werden, daß der Sättigungs- und Ausschwemmungseffekt einer 100 µg Vitamin B_{12}-Injektion auf die gleichzeitig intramuskulär mitinjizierte 1 µg ^{60}Co-B_{12}-Testdosis ausgeprägt strukturspezifisch ist (vgl. Abb. 21). Inkomplette (= nucleotidfreie) B_{12}-Analoga (V_1 = Corphinamid-Monocarbonsäure, B = Corphinamid und Ib = Corphinamid-Phosphoribose) sind in einer Menge von 73,7 nMol (entsprechen 100 µg B_{12}) nicht in der Lage, die intra- und extracellulär lokalisierten Vitamin B_{12} bindenden Faktoren und Fraktionen zu sättigen und dadurch die Retention der 1 µg ^{60}Co-B_{12}-Testdosis blokkieren und die Urinexkretion derselben steigern zu können. Durch 73,7 nMol (= 100 µg) B_{12} wird die Retention der 1 µg ^{60}Co-B_{12}-Testdosis (≡ 0,737 nMol) von 94,5 auf 53,4% der Testdosis herabgesetzt und die Urinexkretion von 5,5 auf

46,6% heraufgesetzt (Kontrollgruppen der Abb. 21). Auch das Vitamin B_{12} Nm (3,5,6-Trimethylbenzimidazol-dicyanocobamid) besitzt infolge seiner fehlenden koordinativen Bindung zwischen zentralem Co-Atom und Benzimidazolgruppe keinen sättigenden oder ausschwemmenden Effekt und verhält sich damit auch in dieser Phase des B_{12}-Stoffwechsels trotz seiner vorhandenen nucleotid-ähnlichen Seitenkette wie ein inkomplettes (nucleotidfreies) B_{12}-Analog Abb. 21.

Während der Aktivität der B_{12}-Analoga, die die Purinbasen Adenin, Hypoxanthin, 2-Methyladenin und 2-Methylhypoxanthin enthalten, zwischen 51 und 57% der Aktivität des Vitamin B_{12} liegt, besitzt das 2-Methylmercaptoadenin-Analog nur noch eine bei 31% liegende Aktivität und sein Desaminierungsprodukt, das 2-Methylmercaptohypoxanthin-Analog, ist mit 6% fast inaktiv und konkurriert somit kaum noch mit dem B_{12} bei dessen intravitaler Bindung und Retention (vgl. Tab. 19). Der Faktor III (5-Hydroxybenzimidazol-cyanocobamid) und besonders sein Methyläther (= IIIm) stehen als Benzimidazolanaloga des B_{12} in ihrer Aktivität zwischen B_{12} und den Purinanaloga; und die von der Strukturspezifität der intestinalen Vitamin B_{12}-Resorption (vgl. S. 1115) her bekannte Verbesserung der Resorbierbarkeit des Faktors III durch Methylierung seiner freien Hydroxylgruppe findet ihre Parallele in der gegenüber dem Faktor III gesteigerten Wirksamkeit des 5-Methoxybenzimidazol-cyanocobamids im Sättigungs- und Ausschwemmungstest. Daß es dabei nicht auf die Maskierung der freien Hydroxylgruppe im Faktor III ankommt, zeigt die selbst gegenüber dem Faktor III herabgesetzte Aktivität des Faktor III-Äthyläthers (IIIe) (HEINRICH u. Mitarb., 1958/59). Die Benzimidazol-B_{12}-Analoga mit den Nucleotidbasen Benzimidazol, 5-Methylbenzimidazol, 6-Methylbenzimidazol und Naphthimidazol werden im gleichen Umfange wie das 5,6-Dimethylbenzimidazolcobamid im menschlichen Organismus gebunden und retiniert. 5,6-Dimethoxybenzimidazolcyanocobamid hingegen konkurriert kaum noch mit dem ^{60}Co-B_{12} (etwa 11% der Aktivität des B_{12}), während das 5-Methoxybenzimidazol-Analog immerhin noch 79% der B_{12}-Aktivität besaß. Die intravitale Bindung und Retention der Benzimizadol-B_{12}-Analoga nimmt also mit zunehmender Methoxy-Substitution in der 5- und 6-Position der Benzimidazolbase ab.

Durch chemische Partialsynthese gelang FRIEDRICH u. Mitarb. (1960) die Darstellung einer ganzen Reihe von kompletten Alkanolamin-Analogen des B_{12} mit einer C_3' bzw. C_2'-Ribosebindung der Phosphorsäure. Mit diesen neuen B_{12}-Analogen am Menschen durchgeführte Untersuchungen ergaben, daß es für die intravitale Bindung und Retention des B_{12} belanglos ist, ob an der 2-Aminoäthanol-Gruppe des B_{12} eine Methylgruppe am C_1 oder C_2 vorhanden ist oder nicht. Eine Phenyl- oder Benzylgruppe am C_1 oder C_2 blockiert jedoch völlig die intravitale Bindung, da solche Analoga kaum noch einen Ausschwemmungseffekt auf die intramuskulär mitinjizierte ^{60}Co-B_{12}-Testmenge (1,0 μg) zeigen (vgl. Tab. 19). Erfolgt die Phosphorsäure-Ribosebindung nicht wie im Vitamin B_{12} über die Hydroxylgruppe am C_3' der Ribose, sondern über das C_2'-Hydroxyl, so wird dadurch nicht nur die mikrobiologische Aktivität, sondern auch die intravitale Bindung und Retention ganz erheblich herabgesetzt (vgl. Tab. 19). Vitamin B_{12}-Coenzym verhält sich bei der indirekten Testung am Menschen und an der Ratte wie Aquocobamid, konkurriert also in vollem Umfange mit dem B_{12} in dessen intravitalen Stoffwechsel.

Eine Strukturspezifität der intravitalen Bindung und Retention des Vitamin B_{12} ließ sich somit bisher für die Nucleotidbase, die Art der Phosphoribosebindung im Nucleotid, den Alkanolamin-Teil des B_{12}-Moleküles und die koordinative Bindung zwischen dem zentralen Kobalt und dem N_3 der Benzimidazolbase nachweisen.

Daß bei der benutzten indirekten Versuchsanordnung am Menschen wirklich die intravitale Bindung und Retention in den Organen und Geweben getestet wird,

Tabelle 19. *Zusammenfassende Übersicht zur Strukturspezifität der intravitalen Vitamin B_{12}-Bindung (Retention) und Exkretion beim Menschen*

	Struktur-Variation im B_{12}-Molekül		*Sättigungs- und Ausschwemmungseffekt* bezogen auf B_{12} = 100%
Kontrollgruppen	—		0
Kontrollgruppen	5,6-Dimethylbenzimidazol-B_{12}		100
Anorganisches Kobalt	$CoCl_2$		0
Nucleotidfreie B_{12}-Analoga	Cobyrinsäure-hexamid	(V_1)	4
	Cobinamid	(B)	2
	Cobinamid-phosphoribose	(Ib)	4
Purin-B_{12}-Analoga	Adenin-B_{12}	(φ)	54
	Hypoxanthin-B_{12}	(G)	54
	2-Methyladenin-B_{12}	(A)	51
	2-Methylhypoxanthin-B_{12}	(H)	57
	2-Methylmerkaptoadenin-B_{12}	(S)	31
	2-Methylmerkaptohypoxanthin B_{12}	(S')	6
Benzimidazol-B_{12}-Analoga	5-Hydroxybenzimidazol	(III)	68
	5-Methoxybenzimidazol	(III m)	79
	5-Äthoxybenzimidazol	(III e)	39
	3,5,6-Trimethyl-benzimidazol	(B_{12}Nm)	2
Komplette Alkanol-amin-B_{12}-Analoga	C_3-2-Aminoäthanol		96
	C_2-2-Aminoäthanol		19
	C_3-L-2-Methyl-2-amino-äthanol		100
	C_2-L-2-Methyl-2-amino-äthanol		45
	C_3-DL-2-Amino-2-benzyl-äthanol		2
	C_2-DL-2-Amino-2-benzyl-äthanol		0

geht aus direkten Untersuchungen mit ^{60}Co-markierten B_{12}-Analoga hervor. B_{12}-Analoga wie Cobinamid oder 3,5,6-Trimethylbenzimidazolcobamid, die bei der Testung am Menschen nicht oder kaum meßbar mit der intravitalen Bindung der ^{60}Co-B_{12}-Testmenge konkurrieren (vgl. Abb. 21 u. Tab. 19), werden von Ratten nach intraperitonealer Injektion in großem Umfange mit dem Harn ausgeschieden (50mal mehr als nach Injektion von B_{12}), da die Inkorporation in die Speicherorgane Niere und Leber bis um den Faktor 8 herabgesetzt ist.

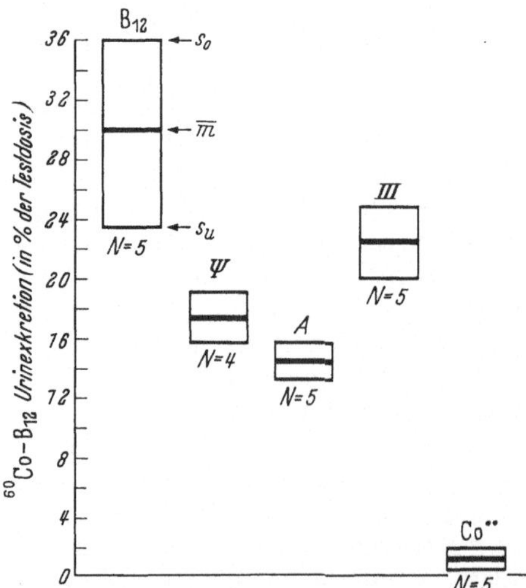

Abb. 22. *Strukturspezifität der intravitalen Vitamin B_{12}-Bindung (Retention) und Exkretion beim Menschen* (2 Std. nach oraler Gabe von 0,50 μg ≙ 0,10 μC ^{60}Co-B_{12} wurden 1000 μg verschiedener B_{12}-Analoga bzw. anorganisches Kobalt intramuskulär injiziert; vgl. Text!)

Auch nach oraler Gabe von 0,50 μg (≡ 0,50 μC) ^{60}Co-B_{12} ist der Effekt der beim Radio-B_{12}-UET anschließend injizierten 1000 μg B_{12}-Sättigungs- und Ausschwemmungsdosis beim Menschen hochgradig strukturspezifisch (vgl. Abbildung 22). Die Aktivität der getesteten Purin- und Benzimidazolanaloga verhält sich dabei zueinander wie bei der vorher beschriebenen Testanordnung, und anorganisches Kobalt ist in äquimolarer Menge praktisch ohne Effekt (HEINRICH u. Mitarb., 1958/59). Von BUNGE u. Mitarb. (1956) wurde ebenfalls ein das resorbierte Radio-B_{12}

ausschwemmender Effekt einer 1 mg-Pseudo-B_{12}-Injektion beschrieben, jedoch schwankte die Wirksamkeit des Pseudo-B_{12} zwischen 25—60% (B_{12}= 100%).

Während diese am Menschen durchgeführten „in vivo"-Untersuchungen für eine weitgehende Strukturspezifität der intravitalen Bindung des Vitamin B_{12} an die B_{12}-transportierenden Serumproteide (vgl. S. 1070) und B_{12}-speichernden Organ- und Gewebsproteide sprechen, konnte mit einer Radio-B_{12}-Dialysemethode (vgl. S. 1067) kein Anhalt für eine Spezifität der „in vitro"-Bindung des B_{12} an Humanserum gefunden werden. Verschiedene Benzimidazolanaloga und Pseudo-B_{12} konkurrieren im gleichen Umfange wie B_{12} mit der Bindung der Radio-B_{12}-Testdosis an das Serum (Bunge u. Mitarb., 1957). Auch in diesem speziellen Falle erlauben somit „in vitro"-Studien keine Aussage über die „in vivo" vorliegenden Verhältnisse der B_{12}-Bindung.

d) Stoffwechsel des sogenannten Vitamin B_{12}-Coenzym

Die kürzlich mit Hilfe von Clostridium tetanomorphum und Propionibacterium shermannii biosynthetisch gewonnenen und isolierten B_{12}-Analoga enthalten neben den üblichen Purin- oder Benzimidazolbasen am möglicherweise zweiwertigen Kobaltatom an Stelle der Cyano- oder Aquogruppe Adenin bzw. ein Adeninnucleotid mit einer noch unbekannten Aldose in N_9-Stellung und sind mehr oder minder aktiv als Coenzym bei der enzymatischen Glutaminsäure → β-Methylasparaginsäure-Umwandlung in zellfreien Extrakten von C. tetanomorphum (Barker u. Mitarb., 1958, 1960), sowie als Coenzym der Methylmalonyl-CoA-Succinyl-CoA-Isomerase in der Ratten- und Rinderleber und in zellfreien Extrakten von Propionibacterium shermannii (vgl. Übersicht bei Friedrich und Heinrich, 1960). Es wurde angenommen, daß diese Adenin-B_{12}-Coenzyme die eigentliche Speicher- und Wirkform des Vitamin B_{12} auch in der tierischen Zelle repräsentieren, eine größere spezifische biologische Aktivität besitzen und aus dem Intestinaltrakt im Gegensatz zum Vitamin B_{12} auch ohne Intrinsic Factor in nennenswertem Umfange resorbiert werden können (Weissbach u. Mitarb., 1959). Bei der angeblich durch Vitamin B_{12} als Coenzym der Aminosäureaktivierung in vitro stimulierten Proteinbiosynthese (vgl. S. 1107) soll das Vitamin B_{12}-Coenzym wirksamer sein als Vitamin B_{12} (Mehta u. Mitarb., 1959).

Mit ^{58}Co-markiertem 5,6-Dimethylbenzimidazolcobamid-Coenzym, das bei radio-papierelektrophoretischer Testung in einem p_H 8,6-Borsäure-Borax-Puffer noch 92—95% intaktes B_{12}-Coenzym und 5—8% aus diesem entstandenes freies B_{12} enthielt, wurden verschiedene Phasen des Vitamin B_{12}-Stoffwechsels am Meerschweinchen und Menschen untersucht (Heinrich u. Mitarb., 1959/1960).

Für die präparative und analytische Abtrennung des Vitamin B_{12}-Coenzym (= 5,6-Dimethylbenzimidazolcobamid-Coenzym) vom Cyanocobamid und Aquocobamid eignet sich besonders gut die Chromatographie an Carboxymethylcellulose, wobei für die Entwicklung und Elution frisch destilliertes Quarzwasser Verwendung findet (Heinrich u. Mitarb., 1960). Dadurch ist es möglich, das B_{12}-Coenzym von dem während der Lagerung durch Spuren von Licht und Cyanid leicht daraus entstehenden Aquocobamid bzw. Cyanocobamid kurz vor der Benutzung für Stoffwechselversuche abzutrennen.

Nach intraperitonealer Injektion von 50 pMol ^{58}Co-B_{12}-Coenzym war die Organinkorporation und Retention beim Meerschweinchen mit dem nach Verabfolgung einer äquimolaren ^{60}Co-B_{12}-Menge beobachteten Verteilungstyp identisch (Tab. 20). Auch am Menschen unterschied sich der die Serum-Proteine und Organ- bzw. Gewebsreceptoren sättigende und eine parenteral verabfolgte Testdosis von 0,737 nMol ^{60}Co-B_{12} ($\widehat{=}$ 1 μg) bzw. ^{58}Co-B_{12}-Coenzym ($\widehat{=}$ 1,22 μg) partiell in den Harn ausschwemmende Effekt einer intramuskular injizierten Menge von 73,7 nMol B_{12}-Coenzym ($\widehat{=}$ 122 μg) nicht von dem durch Verabfolgung einer äquimolaren B_{12}-Menge (73,7 nMol $\widehat{=}$ 100 μg) erzielten Effekt.

Die Bestimmung der intestinalen Vitamin B_{12}-Resorption mittels des Radio-B_{12}-Resorptions-Gesamtkörperretentionstestes (= Radio-B_{12}-GRT, vgl. Bd. II, S. 674)

Tabelle 20. *Organinkorporation und Exkretion von ^{60}Co-Vitamin B_{12}- und ^{58}Co-Vitamin B_{12}-Coenzym 24 Std. nach oraler und intraperitonealer Applikation bei Meerschweinchen*
($\overline{m} \pm s$ für 6 Tiere pro Gruppe; in % der Testmenge)

	orale Verabfolgung		*intraperitoneale Injektion*	
	^{60}Co-B_{12} 20 pMol ≡ 23,8 nC	*^{58}Co-B_{12}-Coenzym* 20 pMol ≡ 12,5 nC	*^{60}Co-B_{12}* 50 pMol ≡ 59,6 nC	*^{58}Co-B_{12}-Coenzym* 50 pMol ≡ 29,8 nC)
Leber	24,1 ± 7,5	21,0 ± 5,9	28,5 ± 3,1	33,4 ± 6,3
Nieren	1,32 ± 0,39	1,24 ± 0,51	1,66 ± 0,22	1,95 ± 0,49
Herz	0,14 ± 0,02	0,13 ± 0,03	0,27 ± 0,13	0,33 ± 0,11
Lungen	0,55 ± 0,17	0,30 ± 0,09	0,73 ± 0,21	0,70 ± 0,13
Gehirn	0,32 ± 0,11	0,19 ± 0,02	0,72 ± 0,20	0,34 ± 0,14
Magen	1,68 ± 0,21	1,46 ± 0,55	2,84 ± 0,68	2,42 ± 0,44
Dünndarm	9,52 ± 2,67	7,66 ± 3,10	9,55 ± 2,12	7,39 ± 1,24
Dickdarm	5,47 ± 1,55	4,57 ± 1,71	13,71 ± 1,68	10,63 ± 2,48
Urin-Exkretion . .	0,64 ± 0,22	0,92 ± 0,37	3,04 ± 0,50	3,77 ± 0,47
Faeces-Exkretion .	35,9 ± 9,1	42,9 ± 9,5	8,13 ± 0,88	6,51 ± 2,65
Intest. Resorption .	64,1	57,1		

ergab bei gesunden Menschen nach oraler Verabfolgung von 0,50 nMol ^{60}Co-B_{12} eine bei 70—90% der Testdosis liegende Resorption und Gesamtkörperretention, während von denselben Personen im Selbstversuch nur 50—56% der oralen 0,50 nMol ^{58}Co-B_{12}-Coenzym-Testdosis resorbiert und retiniert wurden.

In der Tab. 21 ist die bei Ratten nach intraperitonealer Injektion von ^{58}Co-B_{12}-Coenzym beobachtete Organverteilung und Exkretion der des ^{60}Co-B_{12} gegenübergestellt. Wesentliche Unterschiede zwischen dem Verteilungsmuster beider Verbindungen ergaben sich nicht und auch mit- injizierter Intrinsic Factor wirkte sich in gleicher Weise auf den Nieren-Leber-Inkorporationsquotienten aus (vgl. Tab. 21).

Tabelle 21. *Organinkorporation und Exkretion von ^{60}Co-Vitamin B_{12} und ^{58}Co-Vitamin B_{12}-Coenzym nach oraler und intraperitonealer Applikation bei Ratten* (nach 48 Std)

Applikationsart	*orale Verabfolgung*[1]		*intraperitoneale Injektion*[2]			
Testdosis	10 pMol ^{60}Co-B_{12} (11,9 nC	10 pMol ^{58}Co-B_{12} Coenzym (9,10 nC)	20 pMol ^{60}Co-B_{12} (23,7 nC)	20 pMol ^{60}Co-B_{12} + 2 mg IFK[3]	20 pMol ^{58}Co-B_{12} Coenzym (18,2 nC)	20 pMol ^{58}Co-B_{12} Coenzym + 2 mg IFK[3]
Leber . . .	4,6 ± 1,9	5,2 ± 1,7	12,6 ±0,7	25,9 ±0,75	15,2 ±3,0	38,3 ±3,4
Niere . . .	14,2 ± 4,3	9,2 ± 3,4	30,9 ±5,4	19,7 ±2,2	26,0 ±2,5	15,8 ±0,6
Milz . . .	0,33± 0,12	0,23± 0,01	0,83±0,08	0,73±0,10	0,91±0,12	0,77±0,13
Pankreas. .	0,43± 0,17	0,28± 0,04	0,71±0,05	0,60±0,11	0,72±0,06	1,22±0,28
Herz . . .	0,21± 0,03	<0,22	0,53±0,12	0,42±0,06	0,47±0,04	0,32±0,04
Lunge . . .	0,34± 0,05	0,28± 0,01	0,59±0,05	0,57±0,04	0,60±0,14	0,50±0,07
Gehirn. . .	0,19± 0,01	<0,14	0,30±0,03	0,19±0,02	0,17±0,03	<0,14
Hypophyse.	<0,14	<0,14	<0,08	<0,08	<0,08	<0,08
Nebenniere.	<0,14	<0,14	0,13±0,02	0,11±0,03	0,15±0,02	<0,08
Magen . .	0,60± 0,29	0,55± 0,04	1,11±0,10	1,01±0,02	1,39±0,17	0,88±0,11
Dünndarm .	2,56± 1,8	1,82± 0,88	2,84±0,32	2,79±0,40	3,91±0,68	2,51±0,13
Dickdarm .	1,27± 0,40	0,88± 0,06	2,65±0,24	1,77±0,48	2,69±0,70	1,42±0,31
Harn . . .	0,59± 0,27	0,51± 0,25	1,15±0,29	0,73±0,12	1,37±0,13	0,91±0,31
Faeces. . .	53,2 ±14,3	66,3 ±14,3	9,24±1,38	7,94±1,18	8,15±0,67	7,11±0,80
Resorbierte Menge . .	46,8 ±14,2	33,7 ±14,2	—	—	—	—

[1] Arithmetisches Mittel der Einzelwerte ± mittlere quadratische Streuung von jeweils 4 Tieren pro Versuchsgruppe.
[2] Arithmetisches Mittel der Einzelwerte ± mittlere quadratische Streuung von jeweils 3 Tieren pro Versuchsgruppe.
[3] IFK = hochgereinigtes Schweine-Intrinsic Factor-Konzentrat Lederle WES 847-A.

Tabelle 22. *Intestinale Resorption und Exkretion des ^{58}Co-Vitamin B_{12}-Coenzym bei gesunden Menschen mit normaler Intrinsic Factor-Sekretion.* Angegeben ist die bei Durchführung eines kombinierten Faeces-Urinexkretions-Radio-B_{12}-Resorptionstestes bzw. die nach alleiniger Anwendung des Radio-B_{12}-Resorptions-Urinexkretionstestes ermittelte Resorption und Exkretion in % der oralen Testdosis (0,50 bzw. 1,00 nMol)

Orale Testdosis	Pat.	^{60}Co-Vitamin B_{12}			^{58}Co-B_{12}-Coenzym		
		Faeces-exkretion	Resorption	Urinexkretion	Faeces-exkretion	Resorption	Urinexkretion
0,50 nMol ^{60}Co-B_{12} bzw. ^{58}Co-B_{12}-Coenzym	Pau	33,6	66,4	21,8	63,2	36,8	7,63
		33,4	66,6	17,6	68,5	31,5	6,30
		40,5	59,5	21,2			
	Mie	41,1	58,9	22,5	44,5	55,5	7,87
	Lor	18,5	81,5	33,6	29,7	70,3	8,31
	Wal	—	—	40,9	—	—	9,16
1,00 nMol ^{60}Co-B_{12} bzw. ^{58}Co-B_{12}-Coenzym	Sol	47,9	52,1	20,6	77,4	22,6	5,89
					62,8	37,2	6,65
					79,8	20,2	5,11
	Bil	32,4	67,6	29,4	88,1	11,9	7,15
	Mau	43,8	56,2	17,2	77,8	22,2	7,17
		46,1	53,9	23,1	72,1	27,9	9,91
					74,2	25,8	12,8

Nach oraler Verabfolgung des ^{58}Co-B_{12}-Coenzym ließ sich bei Menschen, Ratten und Meerschweinchen eine gegenüber dem ^{60}Co-B_{12} um 10—50% herabgesetzte Resorbierbarkeit nachweisen. Bei Ratten und Meerschweinchen ist die Organverteilung des ^{58}Co-B_{12}-Coenzym dieser geringeren intestinalen Resorbierbarkeit entsprechend in fast allen Organen anteilmäßig herabgesetzt (vgl. z. B. Tab. 20 u. 21). Sowohl nach oraler als auch nach intraperitonealer Gabe läßt sich bei Ratten und Meerschweinchen eine gegenüber dem ^{60}Co-B_{12} etwas gesteigerte Leberaffinität des ^{58}Co-B_{12}-Coenzym nachweisen (Tab. 20 u. 21), die auch vom Stoffwechsel des ^{60}Co-Aquocobamid her bekannt ist (vgl. S. 1123).

Bei gesunden Menschen mit normaler Intrinsic Factor-Sekretion ist die mit dem Radio-B_{12}-FET gemessene intestinale Resorption des ^{58}Co-B_{12}-Coenzym aus einer Testmenge von 0,50 oder 1,00 nMol im Durchschnitt auf 54% der ^{60}Co-B_{12}-Resorption herabgesetzt (vgl. Tab. 22). Im Radio-B_{12}-UET ist die Urinexkretion des ^{58}Co-B_{12} -Coenzym sogar auf 34% des ^{60}Co-B_{12}-Wertes erniedrigt.

Bei Patienten mit einem relativen Intrinsic Factor-Mangel (vgl. Tab. 23) liegen die entsprechenden Werte für das ^{58}Co-B_{12}-Coenzym bei 67% (FET) und 46% (UET).

Patienten mit einem völligen Intrinsic Factor-Verlust resorbieren das ^{58}Co-B_{12}-Coenzym genau so wenig wie das ^{60}Co-B_{12} (vgl. Tab. 24). Durch gleichzeitige orale Verabfolgung von 5—10 mg eines heterologen Intrinsic Factor-Konzentrates LEDERLE WES 847 A) läßt sich die intestinale Resorption des ^{58}Co-B_{12}-Coenzym ebenfalls erheblich steigern, jedoch werden dabei nur etwa 70% der mit ^{60}Co-B_{12} + IFK erzielbaren Resorbierbarkeit erreicht (Tab. 24). Auch im Radio-B_{12}-UET liegt die Harnexkretion nach Gabe von ^{58}Co-B_{12}-Coenzym + IFK nur bei etwa 48% der mit ^{60}Co-B_{12} + IFK erreichbaren Resorbierbarkeit.

Das Vitamin B_{12}-Coenzym wird somit vom Menschen nur dann resorbiert, wenn ausreichende Mengen an aktivem homologen und heterologem Intrinsic Factor

Tabelle 23. *Intestinale Resorption und Exkretion des* ^{58}Co-*Vitamin* B_{12}-*Coenzym bei Patienten mit (beginnendem) relativem Intrinsic Factor-Mangel* (beginnende perniciöse Anämie oder funikuläre Spinalerkrankung). Angegeben ist die bei Durchführung eines kombinierten Faeces-Urinexkretions-Radio-B_{12}-Resorptionstestes bzw. die nach alleiniger Anwendung des Radio-B_{12}-Resorptions-Urinexkretionstestes ermittelte Resorption und Exkretion in % der oralen Testdosis (0,50 nMol)

Orale Testdosis	Pat.	^{60}Co-Vitamin B_{12}			^{60}Co-Vitamin B_{12} + Intrinsic Factor			^{58}Co-B_{12}-Coenzym			^{58}Co-B_{12}-Coenzym + Intrinsic Factor		
		Faeces-exkretion	Resorption	Urinexkretion	Faeces-exkretion	Resorption	Urinexkretion	Faeces-exkretion	Resorption	Urinexkretion	Faeces-exkretion	Resorption	Urinexkretion
0,50 nMol ^{60}Co-B_{12} bzw. ^{58}Co-B_{12}-Coenzym	Fre	60,7	39,3	11,2	35,2	64,8	16,5	73,7	26,3	5,42	62,0	38,0	10,2
						(+ 5 mg IFK)						(+ 5 mg IFK)	
	Raa	—	—	10,3	—	—	22,9	—	—	4,50	—	—	9,84
						(+ 5 mg IFK)						(+ 5 mg IFK)	

Tabelle 24. *Intestinale Resorption und Exkretion des* ^{58}*Co-Vitamin* B_{12}*-Coenzym bei Patienten mit Intrinsic Factor-Verlust (perniciöse Anämie oder funikuläre Spinalerkrankung).* Angegeben ist die bei Durchführung eines kombinierten Faeces-Urinexkretions-Radio-B_{12}-Resorptionstestes bzw. die nach alleiniger Anwendung des Radio-B_{12}-Resorptions-Urinexkretionstestes ermittelte Resorption und Exkretion in % der oralen Testdosis (0,50 bzw. 1,00 nMol)

Orale Testdosis	Pat.	^{60}Co-Vitamin B_{12}			^{60}Co-Vitamin B_{12} + Intrinsic Factor			^{58}Co-B_{12}-Coenzym			^{58}Co-B_{12}-Coenzym + Intrinsic Factor		
		Faeces-exkretion	Resorption	Urinexkretion	Faeces-exkretion	Resorption	Urinexkretion	Faeces-exkretion	Resorption	Urinexkretion	Faeces-exkretion	Resorption	Urinexkretion
0,50 nMol ^{60}Co-B_{12} bzw. ^{58}Co-B_{12}-Coenzym	Sla	93,7	6,3	1,07	49,0	51,0	14,5	97,4	2,6	0,54	55,5	44,5	7,00
						(+ 5 mg IFK)						(+ 5 mg IFK)	
					33,0	67,0	27,1				42,9	57,1	6,24
						(+10 mg IFK)						(+10 mg IFK)	
											52,4	47,6	6,76
												(+10 mg IFK)	
	Arn	97,6	2,4	0,95	36,1	63,9	29,3	—	—	—	45,8	54,2	11,7
						(+ 10 mg IFK)						(+ 10 mg IFK)	
	Sim	—	—	1,51	—	—	12,5	—	—	0,44			
						(+ 5 mg IFK)							
					—	—	16,7						
						(+10 mg IFK)							
1,00 nMol ^{60}Co-B_{12} bzw. ^{58}Co-B_{12}-Coenzym	Spo	92,6	7,3	1,72	40,1	59,9	21,8	93,3	6,7	4,34	66,2	33,8	14,1
						(+10 mg IFK)						(+10 mg IFK)	
	Kut	96,1	3,9	0,66	62,4	37,6	12,2	91,0	9,0	1,32	84,6	15,4	6,50
						(+ 5 mg IFK)						(+ 5 mg IFK)	
					46,9	53,1	17,6						
						(+10 mg IFK)							
	Hu	—	—	1,65	—	—	20,7	—	—	0,20	—	—	16,0
						(+10 mg IFK)						(+10 mg IFK)	
					—	—	19,4						
						(+10 mg IFK)							
	Ach	—	—	4,63	—	—	16,2	—	—	3,27	—	—	7,80
						(+ 5 mg IFK)						(+ 5 mg IFK)	
					—	—	17,9				—	—	9,44
						(+ 5 mg IFK)						(+ 5 mg IFK)	

vorhanden sind. Gegenüber der Resorbierbarkeit des Vitamin B_{12} ist die des Vitamin B_{12}-Coenzym bei Gesunden um 46% und bei Perniciosa-Patienten um 30% erniedrigt (Radio-B_{12}-FET). Die bei Durchführung des kombinierten Radio-B_{12}-FET-UET zu beobachtende geringe Harnexkretion des resorbierten Vitamin B_{12}-Coenzym spricht für eine größere intravitale Retention, wie sie auch vom Aquocobamid her bekannt ist (vgl. S. 1124).

Während sich für die an Ratten und Meerschweinchen sowie beim Menschen festgestellte schlechtere Resorbierbarkeit des Vitamin B_{12}-Coenzym noch keine Erklärung geben läßt, ähnelt das Stoffwechselverhalten des resorbierten oder intraperitoneal injizierten ^{58}Co-Vitamin B_{12}-Coenzym sehr dem des ^{60}Co-Aquocobamid (vgl. S. 1124). Daraus könnte gefolgert werden, das aus dem Vitamin B_{12}-Coenzym vor der intravitalen Verteilung sehr schnell das Aquocobamid entsteht oder — weniger wahrscheinlich — das letztere vor seiner Organinkorporation noch in das Vitamin B_{12}-Coenzym überführt wird.

Es besteht somit keinerlei Veranlassung, das stabile Cyano- oder Aquocobamid in der Prophylaxe und Therapie von Vitamin B_{12}-Mangelzuständen durch das Vitamin B_{12}-Coenzym zu ersetzen, da dem Nachteil der geringeren Resorbierbarkeit und Instabilität gegenüber Licht und Cyanid keinerlei Vorteile gegenüberstehen. Zudem ist bisher nicht erwiesen und auch unwahrscheinlich, daß die B_{12}-Coenzyme „in vivo" nach parenteraler Zufuhr wirksamer als z. B. Aquocobamid oder das unnatürliche Cyanocobamid — bei der Katalyse B_{12}-bedürftiger Stoffwechselreaktionen — sind. Vielmehr dürften die Zellen der B_{12}-bedürftigen ein- und vielzelligen Organismen ohne Schwierigkeiten in der Lage sein, das oral oder parenteral aufgenommene Cyano - oder Aquocobamid nach Inkorporation in die Zelle rasch in die B_{12}-Coenzyme umzuwandeln und als solche zu speichern.

Die B_{12}-Coenzyme sind vorläufig nur von theoretischem Interesse.

e) Stoffwechsel des Aquocobamid

Mit der Auffindung der cyanidfreien Vitamin B_{12}-Coenzyme oder -Konjugate und ihres z. T. vom Cyanocobamid abweichenden Stoffwechselverhaltens ergab sich die Notwendigkeit, auch den Stoffwechsel des Aquocobamid genauer zu untersuchen (HEINRICH u. Mitarb., 1960).

Sehr verdünnte Lösungen des ^{60}Co-markierten Cyano- oder Aquocobamid (1 ng — 1 μg/ml) sind extrem instabil gegen Licht bzw. Cyanidionen (vgl. S. 1037). Sorgfältigste Reinigung des durch photolytische Cyanidabspaltung bei p_H 3 aus reinstem ^{60}Co-Cyanocobamid im Mikromaßstab gewonnenen ^{60}Co-Aquocobamid ist daher kurz vor der Verwendung notwendig und erfolgte durch Chromatographie an Carboxymethylcellulose-Kationenaustauscher-Säulen. Bei der Entwicklung mit frisch Quarz-destilliertem Wasser läuft das nicht umgesetzte ^{60}Co-Cyanocobamid sehr schnell durch die Säule, während das ^{60}Co-Aquocobamid infolge seines basischen Charakters (elektropositiv) am oberen Ende der Säule fest gebunden wird und erst mit 0,1 n Essigsäure eluiert werden kann. Aus dem dann im Eluat enthaltenen ^{60}Co-Aquocobamidacetat wird die Essigsäure durch Chromatographie an Dowex-2 entfernt. Auf diese Weise werden verdünnte Lösungen des ^{60}Co-Cyano- und Aquocobamid erhalten, die bei entsprechender Aufbewahrung (im Dunkeln bei p_H 7 und KCN-Zusatz bzw. im Licht bei p_H 3 ohne CN') für wenige Tage stabil sind und bei der papierelektrophoretischen und papierchromatographischen Testung sowie an der CM-Cellulose einheitliches Verhalten zeigen (98—100% ^{60}Co-Cyano- bzw. Aquocobamid).

Mit dem auf diese Weise hergestellten ^{60}Co-Aquocobamid am Menschen und an Laboratoriumstieren durchgeführte Stoffwechseluntersuchungen (HEINRICH u. Mitarb., 1960) ergaben:

1. Das ^{60}Co-Aquocobamid wird von gesunden Menschen im gleichen Umfange wie ^{60}Co-Cyanocobamid nach oraler Verabfolgung von 0,10—0,50 nMol ^{60}Co-B_{12} intestinal resorbiert (Radio-B_{12}-Faeces-Exkretionstest).

2. Bei der gleichzeitigen Durchführung des Radio-B_{12}-Urinexkretionstestes wird durch die intramuskulär injizierte Sättigungs- und Ausschwemmungsdosis von 2mal 1 mg Cyanocobamid aber nur eine um den Faktor 3—6 geringere ^{60}Co-B_{12}-Radioaktivität in den Harn ausgeschwemmt (vgl. hierzu die sog. Strahleninaktivierung des Radio-B_{12}, S. 1034).

3. Bei Patienten mit perniciöser Anämie benötigt das ^{60}Co-Aquocobamid den Intrinsic Factor-Zusatz und wird dann ebenfalls wie ^{60}Cyanocobamid resorbiert und in stark herabgesetztem Umfange mit dem Harn ausgeschieden (kombinierter Radio-B_{12}-FET-UET).

4. Recyanisierung des ^{60}Co-Aquocobamid führt zu einem Produkt, dessen Stoffwechselverhalten beim Menschen mit dem des ^{60}Co-Cyanocobamid identisch ist.

5. Auch Ratten (Sprague-Dawley: 220—280 g Gewicht) resorbieren das ^{60}Co-Aquocobamid aus einer oralen Testmenge von 20 pMol (27,1 ng) im gleichen Umfange wie ^{60}Co-Cyanocobamid (Radio-B_{12}-FET) und die ^{60}Co-B_{12}-Niereninkorporation ist mit 16,5% der Testmenge ebenfalls gleich groß. Die Leberinkorporation des ^{60}Co-Aquocobamid ist jedoch von 2,5 auf 6,3% der Testmenge heraufgesetzt, und auch im Dünndarm findet sich nach oraler Verabfolgung von ^{60}Co-Aquocobamid mit 2,8% der Testmenge eine größere Retention als nach Resorption von ^{60}Co-Cyanocobamid. Entsprechend ist der Nieren-Leber-Inkorporationsquotient des ^{60}Co-B_{12}, der bei der Ratte nach oraler Applikation von ^{60}Co-Cyanocobamid zwischen 5,6 und 6,5 liegt, bei der oralen Verabfolgung von ^{60}Co-Aquocobamid — infolge der gesteigerten Leberinkorporation und -Retention des Aquocobamid — auf 1,7—2,6 herabgesetzt.

Recyanisierung des ^{60}Co-Aquocobamid zum ^{60}Co-Cyanocobamid führt wieder zu einem dem Cyanocobamid entsprechenden Stoffwechselverhalten.

6. Wird das ^{60}Co-Aquocobamid den Ratten intraperitoneal injiziert, so läßt sich eine gegenüber dem ^{60}Co-Cyanocobamid herabgesetzte Niereninkorporation bei gleichzeitig stark heraufgesetzter Leberinkorporation des ^{60}Co-B_{12} nachweisen. Der Nieren-Leber-Inkorporationsquotient des ^{60}Co-Cyanocobamid beträgt 4,3 bis 5,7 und fällt infolge der besonders stark heraufgesetzten Leberinkorporation des ^{60}Co-Aquocobamids bei diesem auf etwa 1,1 ab.

^{60}Co-Cyano- und Aquocobamid werden also vom Menschen und der Ratte gleichgut resorbiert (Radio-B_{12}-FET). Da das resorbierte ^{60}Co-Aquocobamid aber wesentlich stärker retiniert wird und durch die beim Radio-B_{12}-UET übliche parenterale Sättigungs- und Ausschwemmungsdosis von 1—2mal 1 mg Cyanocobamid drei-bis sechs-mal weniger in den Harn ausgeschwemmt wird als resorbiertes Cyanocobamid, ist der Radio-B_{12}-Urinexkretionstest für die Beurteilung der Resorbierbarkeit des Aquocobamid grundsätzlich ungeeignet. Der direkte Beweis für eine stärkere intravitale Bindung (Retention) des oral oder parenteral verabfolgten Aquocobamid konnte mit ^{60}Co-H_2O-B_{12} erbracht werden (Heinrich u. Mitarb., 1960). „In vitro"-Untersuchungen haben zu keinen schlüssigen Ergebnissen geführt.

Bauriedel u. Mitarb. (1956) untersuchten mit einer Radio-Dialyseanordnung (4 Std. bei Zimmertemperatur im Dunkeln gegen stehenden Puffer) die „in vitro"-Bindung des ^{60}Co-markierten Cyano- und Aquocobamid an Proteine. Da jedoch dabei festgestellt wurde, daß z. B. durch Hitze- oder Alkalidenaturierung der Eiweißkörper deren Fähigkeit, ^{60}Co-Aquocobamid zu binden, noch gesteigert wird und auch der benutzte Cellophan-Dialysierschlauch und Filterpapier das Aquocobamid selektiv binden, kann den mit dieser Methode gewonnenen Ergebnissen kaum eine physiologische Bedeutung zukommen. Bei dem gewählten p_H von 6,6 lagen die meisten Proteine in negativem Ladungszustand vor, so daß die bevorzugte oder alleinige Bindung des elektropositiven (basischen) Aquocobamid allein schon durch die gewählten „in vitro"-Versuchsbedingungen bedingt sein könnte. Aussagen über die unter „in vivo"-Verhältnissen erfolgende Bindung des Aquocobamid an Proteide und andere Verbindungen sind somit nocht nicht möglich.

Die publizierten Ergebnisse sehr vieler bisher durchgeführter Untersuchungen über die Resorption und die intravitale Verteilung des Radio-B_{12} nach oraler und parenteraler Applikation sprechen dafür, daß die dabei benutzten sehr verdünnten Radio-B_{12}-Lösungen nicht homogen aus Radio-Cyanocobamid bestanden, sondern z. T. ganz beträchtliche Mengen an Radio-Aquocobamid enthielten (bis zu 80%). Die in den Kontrollgruppen mancher Autoren nachweisbaren enormen Streubereiche, die oft die Interpretation der Versuchsergebnisse sehr erschweren, finden so ihre Erklärung.

Auch die sog. Strahlungsinaktivierung des Radio-B_{12} bei der Lagerung kann zumindest teilweise auf die photolytische Umwandlung des Cyanocobamid zum Aquocobamid zurückgeführt werden (vgl. S. 1034).

Das Stoffwechselverhalten des Aquocobamid beweist, daß es mindestens im gleichen Umfange wie Cyanocobamid für die orale und parenterale Therapie von Vitamin B_{12}-Mangelzuständen geeignet ist und sicherlich eine physiologischere Form als das Cyanocobamid darstellt.

Literatur

I. Zusammenfassende Darstellungen mit Literaturübersichten

„Vitamin B_{12} und Intrinsic Factor". 1. Europäisches Symposion über Vitamin B_{12} und Intrinsic Factor, Hamburg 23.—26. Mai 1956. Herausgegeben von H. C. HEINRICH. Stuttgart: F. Enke-Verlag 1957.

FRIEDRICH, W., u. H. C. HEINRICH: Chemie, Biochemie, Pathologie und Klinik der B_{12}-Vitamine; in „Fermente — Hormone — Vitamine und die Beziehungen dieser Wirkstoffe zueinander", 3. Aufl., Band III: Die Vitamine. Herausgegeben von R. AMMON u. W. DIRSCHERL. Stuttgart: G. Thieme-Verlag, in Vorbereitung.

HEINRICH, H. C., u. H. LAHANN: Physiologie, Pathologie und biochemischer Wirkungsmechanismus der B_{12}-Vitamine; Z. Vitamin-, Hormon- u. Fermentforsch. **6**, 126—200 (1954).

STEPP, W., J. KÜHNAU u. H. SCHROEDER: Die Vitamine und ihre klinische Anwendung, Bd. I (1952), Bd. II (1957). Stuttgart: F. Enke-Verlag.

II. Originalarbeiten

ABELS, J.: Intrinsic factor van Castle en resorptie van vitamine B_{12}; Promotionsschrift, Rijksuniversiteit Groningen, 11. 3. 1959.

— J. J. M. VEGTER, M. G. WOLDRING, J. H. JANS and H. O. NIEWEG: The physiologic mechanism of vitamin B_{12} absorption. Acta med. scand. **165**, 105—113 (1959).

— M. G. WOLDRING, H. O. NIEWEG, J. G. FABER and J. A. DE VRIES: Ethylenediamine tetraacetate and the intestinal absorption of vitamin B_{12}. Nature (Lond.) **183**, 1395—1396 (1959).

ADAMS, J. F.: Intrinsic factor. Brit. med. J. **1958 I**, 644.

ADCOCK, L. H., and C. H. GRAY: The metabolism of sorbitol in the human subject. Biochem. J. **65**, 554—560 (1957).

AMES, S. R., W. J. SWANSON and P. L. HARRIS: Biopotencies of geometric isomeres of vitamin A-aldehyde in the rat. J. Amer. chem. Soc. **77**, 4136 (1955).

ANDERSON, E. C., F. N. HAYES and R. D. HIEBERT: Walk — in human counter. Nucleonics **16/8**, 106 (1958).

— R. L. SCHUCH, I. D. PERRINGS and W. H. LANGHAM: The Los Alamos human counter. Nucleonics **14/1**, 26—29 (1956).

ANDERSON, L., and R. H. COOTS: Metabolism of myoinositol-2-C^{14} in the normal rat. Fed. Proc. **17**, 182 (1958).

ANDERSON, R. C., and Y. DELABARRE: The preparation of radioactive vitamin B_{12} by direct neutron irradiation. J. Amer. chem. Soc. **73**, 4051—4052 (1951).

ARNSTEIN, H. R. V., and I. L. SIMKIN: Vitamin B_{12} and protein biosynthesis, vitamin B_{12} and biosynthesis in rat liver. Nature (Lond.) **183**, 524—525 (1959).

ARONOFF, S.: Techniques of radiobiochemistry. Ames/Iowa. The Iowa State College Press 1956.

ASHWELL, G., J. KANFER and J. J. BURNS: Enzymatic studies on conversion of L-gulonic acid to L-xylulose. Fed. Proc. **17**, 183 (1958).

BACHHAWAT, B. K., W. G. ROBINSON and M. J. COON: Carbon dioxyde fixation in heart extracts by β-hydroxy-isovaleryl coenzyme A. J. Amer. chem. Soc. **76**, 3098 (1954).

— J. F. WOESSNER jr. and M. J. COON: Role of adenosine triphosphate in the enzymatic activation of carbon dioxyde. Fed. Proc. **15**, 214 (1956).

BAKER, S. J., and D. L. MOLLIN: The relationship between intrinsic factor and the intestinal absorption of vitamin B_{12}. Brit. J. Hemat. **1**, 46—51 (1955).

BALDWIN, R. R., J. R. LOWRY and R. V. HARRINGTON: The failure of crystalline vitamin B_{12} to exchange with ^{60}Co in acidic and neutral aqueous solutions. J. Amer. chem. Soc. **73**, 4968—4969 (1951).

BARBEE, K. W., and B. C. JOHNSON: Metabolism of radioactive vitamin B_{12} by the rat. Proc. Soc. exp. Biol. (N. Y.) **76**, 720—721 (1951).

BARKER, H. A., R. D. SMYTH, H. WEISSBACH, A. MUNCH-PETERSEN, J. I. TOOHEY, J. N. LADD, B. E. VOLCANI and R. M. WILSON: Assay, purification, and properties of the adenylcobamide coenzyme. J. biol. Chem. **235**, 181—190 (1960).

— H. WEISSBACH and R. D. SMYTH: A coenzyme containing pseudovitamin B_{12}. Proc. Nat. Acad. Sci. (Wash.) **44**, 1093—1097 (1958).

BARLOW, G. H., and K. J. FREDERICK: In vitro assay of hog intrinsic factor concentrates employing paper elektrophoresis and ^{60}Co-B_{12}. Fed. Proc. **17**, 185 (1958); Proc. Soc. exp. Biol. (N. Y.) **101**, 400—405 (1959).

BARROWS, C. H. jr., and B. F. CHOW: Fractionation of radioactive B_{12} complex in kidney homogenates. Proc. Soc. exp. Biol. (N. Y.) **95**, 517—520 (1957).

BARTLEY, W.: Metabolism of thiamine phosphates in washed suspensions of kidney particles. Biochem. J. **56**, 379 (1954).

BAURIEDEL, W. R., J. C. PICKEN and L. A. UNDERKOFLER: Reactions of cyanocobalamin and aquocobalamin with proteins. Proc. Soc. exp. Biol. Med. **91**, 377—381 (1956).

BERLIN, H., R. BERLIN, G. BRANTE and S.-G. SJÖBERG: Studies on intrinsic factor and pernicious anemia. I. Oral uptake of vitamin B_{12} in pernicious anemia with increasing doses of an intrinsic factor concentrate. Scand. J. clin. Lab. Invest. **10**, 278—282 (1958).

BERLIN, R., H. BERLIN, G. BRANTE and S.-G. SJÖBERG: Failures in long-term oral treatment of pernicious anemia with B_{12}-intrinsic factor preparations. Acta med. scand. **161**, 143—150 (1958).

— — — — Refractoriness to intrinsic factor-B_{12} preparations abolished by massive doses of intrinsic factor. a) VII. Kongr. Intern. Gesellsch. Hämatol., Rom, 8.—13. Sept. 1958, Abstr. Nr. 176. b) Acta med. scand. **162**, 317—319 (1958).

BERTCHER, W., and L. M. MEYER: ^{60}Co vitamin B_{12} binding capacity of normal human serum. Proc. Soc. exp. Biol. (N. Y.) **94**, 169—171 (1957).

BERTCHER, R. W., L. M. MEYER and I. F. MILLER: ^{60}Co vitamin B_{12} binding capacity of normal human saliva. Proc. Soc. exp. Biol. (N. Y.) **99**, 513—515 (1958).

BEST, W. R., W. F. WHITE, K. C. ROBBINS, W. A. LANDMANN and S. L. STEELMAN: Studies on urinary excretion of vitamin B_{12} ^{60}Co in pernicious anemia for determining effective dosage of intrinsic factor concentrates. Blood **11**, 338—351 (1956).

BIDDER, T. G.: The origins of glucuronic acid. J. Amer. chem. Soc. **74**, 1616 (1952).

BLOCH, K.: The biological synthesis of cholesterol. Rec. Progr. Hormone Res. **6**, 111 (1951).

BLUM, K.-U., u. H. C. HEINRICH: Neoplasma und Organ-Vitamin B_{12}-Gehalt des Menschen. Vitam. u. Horm. **7**, 486—496 (1957).

BOOS, R. N., CH. ROSENBLUM and D. T. WOODBURY: The exchange stability of cobalt in vitamin B_{12}. J. Amer. chem. Soc. **73**, 5446—5447 (1951).

BOOTH, C. C., I. CHANARIN, B. B. ANDERSON and D. L. MOLLIN: The site of absorption and tissue distribution of orally administered ^{56}Co-labelled vitamin B_{12} in the rat. Brit. J. Haemat. 3/3, 253—261 (1957).

— and D. L. MOLLIN: Importance of the ileum in the absorption of vitamin B_{12}. Lancet **1957II**, 1007.

— — The site of absorption of vitamin B_{12} in man. Lancet **1959I**, 18—21.

BORSOOK, H., E. R. BUCHMAN, J. B. HATCHER, D. M. YOST and E. MCMILLAN: The course of thiamin metabolism in man as indicated by the use of radioactive sulfure. Proc. nat. Acad. Sci. (Wash.) **25**, 412 (1940).

— J. B. HATCHER and D. M. YOST: The course of vitamin B_1 (thiamine) metabolism in man as indicated by the use of radioactive sulfure. J. appl. Physiol. **12**, 325 (1941).

BOTHNER-BY, A. A., M. GIBBS and R. C. ANDERSON: The synthesis of L-ascorbic acid uniformly labelled with ^{14}C. Science **112**, 363 (1950).

BOTS, J. P. L.: Resorption of cholecalciferol from an intramuscular oil depot. Rec. trav. chim. **76**, 209 (1957).

BOXER, G. E., J. C. RICKARDS, CH. ROSENBLUM and D. T. WOODBURY: The preparation of ^{14}C-labelled vitamin B_{12} (^{14}C-cobalamin). Arch. Biochem. **30**, 470—471 (1951).
— — — — Vitamin B_{12} and cyanide metabolism. Fed. Proc. **10**, 166 (1951).
BRAITHWAITE, G. D., and T. W. GOODWIN: Biosynthesis of β-carotene from DL-β-hydroxy-β-methyl-δ-valerolactone by phycomyces blakesleeanus and carrot slices. Biochem. J. **67**, 13p (1957).
BRAY, R., and D. SHEMIN: The biosynthesis of the porphyrin — like moiety of vitamin B_{12}, II. The origin of the methyl groups. Biochim. biophys. Acta **30**, 647—648 (1958).
BRESLOW, R.: The mechanism of thiamine action. Chem. and Ind. R 28 (1956).
BUBLITZ, C., A. P. GROLLMAN and A. L. LEHNINGER: The enzymic conversion of D-glucuronate to L-ascorbate and L-xylulose in animal tissues. Biochim. biophys. Acta **27**, 221 (1958).
BUCHHOLZ, C. H.: Concentration of vitamin B_{12} from urine by adsorption on carbon: a sensitive assay of radiocyanocobalamin in the Schilling test for pernicious anemia. J. Lab. clin. Med. **52**, 653—656 (1958).
BUNGE, M. B., and R. F. SCHILLING: Intrinsic factor studies, VI. Competition for vitamin B_{12} binding sites offered by analogues of the vitamin. Proc. Soc. exp. Biol. (N. Y.) **96**, 587—592 (1957).
— L. L. SCHLOESSER and R. F. SCHILLING: Intrinsic factor studies, IV. Selective absorption and binding of cyanocobalamin by gastric juice in the presence of excess pseudovitamin B_{12} or 5,6-dimenthylbenzimidazole. J. Lab. clin. Med. **48**, 735—744 (1956).
BURNS, J. J.: Missing step in man, monkey and guinea pig required for the biosynthesis of L-ascorbic acid. Nature (Lond.) **180**, 553 (1957).
— Biosynthesis of L-gulonic acid in rats and guinea pigs. J. Amer. chem. Soc. **79**, 1257 (1957).
— H. B. BURCH and C. G. KING: The metabolism of 1-C^{14}-L-ascorbic acid in guinea pigs. J. biol. Chem. **191**, 501 (1951).
— P. G. DAYTON and S. SCHULENBERG: Further observations on the metabolism of L-ascorbic acid in guinea pigs. J. biol. Chem. **218**, 15 (1956).
— and C. EVANS: The synthesis of L-ascorbic acid in the rat form D-glucoronolactone and L-gulonolactone. J. biol. Chem. **223**, 897 (1956).
— — and N. TROUSOFF: Stimulatory effect of barbital on urinary excretion of L-ascorbic acid and nonconjugated D-glucuronic acid. J. biol. Chem. **227**, 785 (1957).
— and C. G. KING: Synthesis of 1-C^{14}-L-ascorbic acid. Science **111**, 257 (1950).
— E. H. MOSBACH and S. SCHULENBERG: Ascorbic acid synthesis in normal and drug-treated rats, studied with L-ascorbic-1-C^{14} acid. J. biol. Chem. **207**, 679 (1954).
— — — and J. REICHENTHAL: Studies on the incorporation of C^{14} administered as L-sorbose into L-ascorbic acid and D-glucose in rats. J. biol. Chem. **214**, 507 (1955).
— P. PEYSER and A. MOLITZ: Missing step in guinea pigs required for the biosynthesis of L-ascorbic acid. Science **124**, 1148 (1956).
— N. TROUSOFF, N. PAPADOPOULOS and C. EVANS: Conversion of inositol to D-glucuronic acid and L-gulonic acid in vivo. Fed. Proc. **17**, 198 (1958).
CALLENDER, S. T., and J. R. EVANS: Observations on the relationship of intrinsic factor to the absorption of labelled vitamin B_{12} from the intestine. Clin. Sci. **14**, 387—393 (1955).
— A. TURNBULL and G. WAKISAKA: Estimation of intrinsic factor of castle by use of radioactive vitamin B_{12}. Brit. med. J. No. **4852**, 10—13 (1954).
CHAIET, L., CH. ROSENBLUM and D. T. WOODBURY: Biosynthesis of radioactive vitamin B_{12} containing cobalt^{60}. Science **111**, 601—602 (1950).
CHALMERS, J. N. M., and N. K. SHINTON: Effect of D-sorbitol on the absorption of orally administered vitamin B_{12}. Nature (Lond.) **183**, 120—121 (1959).
CHAN, P. C., L. M. BABINEAU, R. R. BECKER and C. G. KING: Ascorbic acid metabolism. Fed. Proc. **16**, 163 (1957).
— R. R. BECKER and C. G. KING: Metabolic products of L-ascorbic acid. J. biol. Chem. **231**, 231 (1958).
CHARALAMPOUS, F. C., and C. LYRAS: Biochemical studies on inositol, IV. conversion of inositol to glucuronic acid by rat kidney extracts. J. biol. Chem. **228**, 1 (1957).
CHICHESTER, C. O., T. NAKAYAMA, G. MACKINNEY and T. W. GOODWIN: Incorporation of labelled leucine into carotene by phycomyces. J. biol. Chem. **214**, 515 (1955).
CHOW, B. F., L. BARROWS and C. T. LING: The distribution of radioactivity in the organs of the fetus or of young rats born by mothers injected with vitamin B_{12} containing Co^{60}. Arch. Biochem. **34**, 151—157 (1951).
— P. MEIER, S. M. FREE: Absorption of vitamin B_{12} enhanced by D-sorbitol. Amer. J. clin. Nutr. **6**, 30—33 (1958).
— J. K. QUATTLEBAUM and CH. ROSENBLUM: Effect of intrinsic factor concentrate on vitamin B_{12} absorption by gastrectomized rats. Proc. Soc. esp. Biol. (N. Y.) **90**, 279—281 (1955).
— W. L. WILLIAMS, K. OKUDA, R. GRÄSBECK: The urinary excretion test for absorption of vitamin B_{12}, II. Effect of crude and prufied intrinsic factor preparation. Amer. J. clin. Nutr. **4**, 147—150 (1956).

CITRIN, Y., C. DE ROSA and J. A. HALSTED: Sites of absorption of vitamin B_{12}. J. Lab. clin. Med. **50/5**, 667—672 (1957).

CLAYTON, C. G., A. L. LATNER and B. SCHOFIELD: The absorption of radioaktive B_{12} in normal and gastrectomized. J. Physiol. **129**, 56p—57p (1955).

— — — The absorption of vitamin B_{12} in normal and gastrectomized rats and the effect of some gastric extracts. Brit. J. Nutr. **11**, 339—345 (1957).

COATES, M. E., and E. S. HOLDSWORTH: The absorption of vitamin B_{12} in the rat. Biochem. J. **69**, 20p (1958).

COON, M. J., W. G. ROBINSON and B. K. BACHHAWAT: In amino acid metabolism (MCELROY and GLASS), S. 431. Baltimore: John Hopkins Press 1955.

COOPER, B. A.: Failure of sorbitol to replace intrinsic factor in the gastrectomized rat. Nature (Lond.) **182**, 647—648 (1958).

COOPERMAN, J. M., K. B. MCCALL, W. R. RUEGAMER and C. A. ELVEHJEM: Attempts to produce a niacin deficiency in the rhesus monkey. J. Nutr. **32**, 37 (1946).

— A. L. LUHBY, D. N. TELLER and J. F. MARLEY: Distribution of radioactive and nonradioactive vitamin B_{12} in the dog. J. biol. Chem. **235**, 191—194 (1960).

CORCORAN, J. W., and D. SHEMIN: On the biosynthesis of the porphyrin-like moiety of vitamin B_{12}. The mode of utilization of δ-aminolevulinic acid. Biochim. biophys. Acta **25**, 661—662 (1957).

CURTIN, C. O. H., and C. G. KING: The metabolism of ascorbic acid-1-C^{14} and oxalic acid-C^{14} in the rat. J. biol. Chem. **216**, 539 (1955).

DAVIS, B. D., and E. S. MINGIOLI: Mutants of Escherichia coli requiring methionine or vitamin B_{12}. J. Bacteriol. **60**, 17—28 (1950).

DAVIS, R. L., and B. F. CHOW: Some applications of the rapid uptake of vitamin B_{12} by resting lactobacillus leichmannii organism. Science **115**, 351 (1952).

— — Determination of vitamin B_{12} by means of its combination with L. leichmannii resting cells. Fed. Proc. **11**, 466 (1952).

— — Compounds inhibiting uptake of vitamin B_{12} by resting bacterial cells. Fed. Proc. **12** 440 (1953).

— — Vitamin B_{12} binding substances in human serum. Fed. Proc. **13**, 33 (1954).

— R. C. DUVALL and B. F. CHOW: Serum vitamin B_{12} level and binding substance of tuberculous patients with and without liver disease. J. Lab. clin. Med. **49**, 422—428 (1957).

— L. L. LAYTON and B. F. CHOW: Uptake of radioactive vitamin B_{12} by bacteria in single and mixed cultures. Fed. Proc. **10**, 380 (1951).

— — — Uptake of radioactive vitamin B_{12} by various microorganisms. Proc. Soc. exp. Biol. (N. Y.) **79**, 273—276 (1952).

DAYTON, P. G.: Fate of 2-keto-L-gulonic acid in rat and guinea pig. Proc. Soc. exp. Biol. (N. Y.) **94**, 286 (1957).

— and J. J. BURNS: Metabolism of D-ascorbic acid-1-C^{14} in guinea pigs and rats. J. biol. Chem. **231**, 85 (1958).

— F. EISENBERG jr. and J. J. BURNS: Conversion of D-glucuronolactone and L-ascorbic acid to glucose. Fed. Proc. **17**, 209 (1958).

— J. REICHENTHAL and J. J. BURNS: Observations on bound ascorbic acid in guinea pig liver. Proc. Soc. exp. Biol. (N. Y.) **91**, 326 (1956).

DEKKER, E. E.: Encymatic hydrolysis of the thiol ester band of β-hydroxy-β-methyl-glutaryl coenzyme A (HMG-CoA). Fed. Proc. **16**, 170 (1957).

DIEHL, H., and A. VOIGT: The failure of exchange between vitamin B_{12} and radioactive cobalt chloride. Iowa State Coll. J. Sci. **32**, 471—473 (1958).

DITURI, F., F. A. COBEY, J. V. B. WARMS and S. GURIN: Terpenoid intermediates in the biosynthesis of cholesterol. J. biol. Chem. **221**, 181 (1956).

DORP, D. A. VAN, and J. F. ARENS: Synthesis of a "vitamin A acid", a bilogically active substance. Rec. trav. Chim. **65**, 338 (1946).

DOSCHERHOLMEN, A., P. FINLEY and P. S. HAGEN: Organ distribution of radioactivity in human subjects after the oral administration of physiologic test doses of radiolabelled cyanocobalamin; **7** th European Congress Heaematol. Nr. 12. London, September 7—12., 1959.

— and P. S. HAGEN: Alteration of hepatic storage of radiolabelled vitamin B_{12}. Proc. Soc. exp. Biol. (N. Y.) **95**, 667—669 (1957).

— — A dual mechanism of vitamin B_{12} plasma absorption. J. clin. Invest. **36**. 1551—1557 (1957).

— — Comparison of the plasma absorption and the urinary excretion tests as measure of absorption of cyanocobalamin. J. Lab. clin. Med. **52**, 809 (1958).

— — Delay of absorption of radiolabelled cyanocobalamin in the intestinal wall in the presence of intrinsic factor. J. Lab. clin. Med. **54**, 434—439 (1959).

DUTTON, H. J., and R. F. NYSTROM: Reaction of unsaturated organic compounds with tritium gas. In "Proc. Symposium on Advances in Tracer application of Tritium.[66] S. 8—15, New York 1959.
EISENBERG, F., and S. GURIN: The biosynthesis of glucuronic acid from 1-C^{14}-glucose. J. biol. Chem. **195**, 317 (1952).
ELLENBOGEN, L.: Counting efficiency of Co^{56}, Co^{58} and Co^{60} with 2 counters and 3 counting techniques. Proc. Soc. exp. Biol. (N. Y.) **102**, 667—669 (1959).
— B. F. CHOW and W. L. WILLIAMS: Effect of intrinsic factor on absorption of vitamin B_{12} in healthy individuals. Amer. J. clin. Nutr. **6**, 26—29 (1958).
— V. HERBERT and W. L. WILLIAMS: Effect of D-sorbitol on absorption of vitamin B_{12} by pernicious anemia patients. Proc. Soc. exp. Biol. (N. Y.) **99**, 257—259 (1958).
ERICSON, L. E.: Uptake of radioactive cobalt and vitamin B_{12} by some marine algae. Chem. and Ind. 829—830 (1952).
FANTES, K. H., J. E. PAGE, L. F. J. PARKER and E. L. SMITH: Crystalline anti-pernicious anemia factor from liver. Proc. roy. Soc. **136**, 592 (1949).
FEIL, G., and V. LORBER: Distribution of C^{14}. Administered as $CaC^{14}O_3$, in rat liver glycogen and blood glucose and lactate. Proc. Soc. exp. Biol. (N. Y.) **71**, 452 (1949).
FELIX, K.: Versuche von A. J. LEHNINGER u. Mitarb. über die Bildung von Ascorbinsäure. Neuere Ergebnisse aus Chemie und Stoffwechsel der Kohlenhydrate, S. 56. Berlin, Göttingen, Heidelberg: Springer-Verlag **1958**.
FERGUSON, J. J. jr., and H. RUDNEY: Biosynthesis of β-hydroxy-β-methyl glutarate (HMG) in yeast extracts. Fed. Proc. **16**, 179 (1957).
FISHWICK, M. J., and J. GLOVER: The metabolism of uniformly ^{14}C-labelled β-carotene in the rat. Biochem. J. **66**, 36p (1957).
FOA, P. P., H. R. WEINSTEIN, J. A. SMITH and M. GREENBERG: Effects of insulin on thiamine phosphorylation and dephosphorylation in liver homogenates of normal thiaminedeficient, and alloxan diabetic rats. Arch. Biochem. **40**, 323 (1952).
FRASER, M. J., and E. S. HOLDSWORTH: Vitamin B_{12} and protein biosynthesis, vitamin B_{12} and biosynthesis in chick liver. Nature (Lond.) **183**, 519—525 (1959).
FRIEDRICH, W., u. K. BERNHAUER: Biologie und Biochemie der natürlichen Vitamin B_{12}-Analoga. In Ergebn. Medizin-Grundlagenforschg. Bd. II, 662—715. Stuttgart: G. Thieme-Verlag 1959.
— HW. DELLWEG, G. GROSS, E. BECHER, S. SPAUDE u. K. BERNHAUER: Vitamin B_{12}-ähnliche Faktoren des Faulschlammes. In „Vitamin B_{12} und Intrinsic Factor". S. 62—72. Hamburg 1956.
— H. C. HEINRICH, E. GABBE, S. P. MANJREKAR u. M. STAAK: Chemische Partialsynthese kompletter Alkanolamin-Analoga des Vitamin B_{12} und Untersuchungen zur Strukturspezifität des Vitamin B_{12}-Stoffwechsels. Tagung der deutschen, französischen und schweizerischen Biochemiker, Zürich/Schweiz, 10.—12. Oktober 1960.
FRY, K., L. L. INGRAHAM and F. H. WESTHEIMER: The thiaminepyruvate reaction. J. Amer. chem. Soc. **79**, 5225 (1957).
GABBE, E., u. H. C. HEINRICH: Die Verteilung, Retention und Exkretion von parenteral verabfolgtem ^{60}Co-Vitamin B_{12} und ^{58}Co-B_{12}-Coenzym bei der Ratte unter dem Einfluß von parenteral mit injiziertem Intrinsic Factor. Unveröffentlichte Ergebnisse, 1959.
GAFFNEY, G. W., D. M. WATKIN and B. F. CHOW: Vitamin B_{12} absorption. Relationship between oral administration and urinary excretion of $cobalt^{60}$-labelled cyanocobalamin following a parenteral dose. J. Lab. clin. Med. **53**, 525—534 (1959).
GARBERS, C. F.: Synthesis of all-trans-2-cis-(or neo), and 6-cis-(2-^{14}C) vitamin A. J. chem. Soc. 1956, 3234.
GEY, K. F., A. PLETSCHER, O. ISLER, R. RÜEGG u. J. WÜRSCH: Zur Beeinflussung des Azetateinbaues in Cholesterin durch isoprenartige C_5- und C_6-Verbindungen. Helv. chim. Acta **40**, 2354 (1957).
GLASS, G. B. J.: Radioactive vitamin B_{12} in the liver, III. Hepatic storage and discharge of Co^{60}-B_{12} in pernicious anemia. J. Lab. clin. Med. **52**, 875—882 (1958).
— L. J. BOYD and L. EBIN: Radioactive vitamin B_{12} in the liver, I. Hepatic uptake of Co^{60}-B_{12} in liver disease. J. Lab. clin. Med. **52**, 849—859 (1958).
— — A. L. LUHBY and L. STEPHANSON: Assay of intrinsic factor preparations: Comparisons of the hepatic uptake of radioactive Co^{60}-B_{12} with the hemapoietic response in pernicious anemia. J. Lab. clin. Med. **46**, 60—73 (1955).
— — and L. STEPHANSON: Intestinal absorption of vitamin B_{12} in man. Science **120**, 74—75 (1954).
— and W. L. MERSHEIMER: Radioactive vitamin B_{12} in the liver, II. Hepatic deposition, storage, and discharge of Co^{60}-B_{12} in dogs. J. Lab. clin. Med. **52**, 860—874 (1958).
GOLDECK, H.: Spezielle Therapie der Blutkrankheiten. F. Enke-Verlag, Stuttgart **1955**.

Goodwin, T. W.: Incorporation of $^{14}CO_2$, (2-^{14}C)-acetat and 2 (^{14}C) mevalonic acid into β-carotene in etiolated maize seedlings. Biochem. J. **68**, 26p (1958).
— The biosynthesis of vitamin A-active carotenoides, IV. Intern. Congress of Biochem. 1958, Symposion XI, Nr. 7.
— and O. T. G. Jones: Studies on the biosynthesis of riboflavin. 3. The utilization of ^{14}C-labelled serine for riboflavin biosynthesis by eremothecium ashbyii. Biochem. J. **64**, 9 (1956).
Gordin, R.: Vitamin B_{12} absorption in corticosteroid-treated pernicious anemia. Lancet **1958 II**, 46; Acta med. scand. **164**, 159—164 (1959).
Gräsbeck, R.: Studies on the vitamin B_{12}-binding principle and other biocolloids of human gastric juice. Acta med. scand. **154**, Suppl. 314 (1956).
— Maintenance treatment in pernicious anemia. Lancet **1959 I**, 206—207.
— and W. Nyberg: Inhibitation of radiovitamin B_{12} absorption by ethylenediaminetetra-acetate (EDTA) and its reversal by calcium ions. Scand. J. clin. Lab. Invest. **10**, 448 (1958).
— — and P. Reizenstein: Biliary and fecal vitamin B_{12} excretion in man. An isotope study. Proc. Soc. exp. Biol. (N. Y.) **97**, 780—784 (1958).
— L. Runeberg and K. Simons: Intrinsic factor and radio-vitamin B_{12} excretion in rats. Acta physiol. scand. **47**, 370—374 (1959).
— — — and W. Nyberg: Absorption of bound radioactive vitamin B_{12}. Lancet **1958 II**, 961.
— and M. Siurala: The vitamin B_{12} binding capacity of the gastric mucosa in gastritis and pernicious anemia. Acta med. scand. **161**, 181—188 (1958).
Green, C., and A. Latner: Intestinal absorption of vitamin B_{12}. Lancet **1958 II**, 156—157.
Greenberg, S. M., I. F. Herndon, E. C. Rice, E. T. Parmelee, J. J. Gulesich and E. J. van Loon: Enhancement of vitamin B_{12}-absorption by substances other than intrinsic factor. Nature (Lond.) **180**, 1401—1402 (1957).
Grob, E. C.: Über die Biosynthese der Carotinoide bei einigen Microorganismen. Chemia **10**, 73 (1956).
— G. G. Poretti, A. v. Muralt et W. H. Schopfer: Recheres sur la biosynthese des caroténoides chez un microorganisme. Production des caroténoides marqués rae phycomyces blakesleeanus. Experientia (Basel) **7**, 218 (1951).
Grollman, A. P., and A. L. Lehninger: Enzymic synthesis of L-ascorbic acid in different animal species. Arch. Biochem. **69**, 458 (1957).
Guha, B. C.: The enzyme system involved in the biosynthesis of ascorbic acid by animal tissues in vitro. Proc. Soc. biol. Chem. (Bangalore) **16**, **5** (1957).
Haley, E. E., and J. P. Lambooy: Synthesis of D-riboflavin-2-^{14}C and its metabolism by lactobacillus casei. J. Amer. chem. Soc. **76**, 2926 (1954).
Hankes, L. V., and L. M. Henderson: The metabolism of carboxyllabelled 3-hydroxyanthranilic acid in the rat. J. biol. Chem. **225**, 349 (1957).
— and J. H. Segel: Synthesis and metabolism of quinolinic acid ring labelled with tritium. Proc. Soc. exp. Biol. (N. Y.) **94**, 447 (1957).
— and M. Urivetsky: Mammalian conversion of ^{14}C-carboxyl-labelled 3-Hydroxyanthranilic acid into N^1-methyl-nicotinamid. Arch. Biochem. **52**, 484 (1954).
Harte, R. A., B. F. Chow and L. Barrows: Storage and elimination of vitamin B_{12} in the rat. J. Nutrit. **49**, 669—678 (1953).
Havinga, E., and J. P. L. Bots: Studies on vitamin D I. The synthesis of vitamin D 3-^{14}C. Rec. trav. chim. **73**, 393 (1954).
— A. L. Koevoet and A. Verloop: Studies on vitamin D and related compounds IV. Rec. trav. chim. **74**, 1230 (1955).
Hedbom, A.: A native cobalamin-polypeptide complex from liver: isolation and characterisation. Biochem. J. **74**, 307—312 (1960).
Heidelberger, C., E. P. Abraham and S. Lepkovsky: Concerning the mechanism of the mammalian conversion of tryptophan into nicotinic acid. J. biol. Chem. **176**, 1461 (1948).
— M. E. Gullberg, A. F. Morgan and S. Lepkovsky: Concerning the mechanism of the mammalian conversion of tryptophan into kynurenine, kynurenic acid and nicotinic acid. J. biol. Chem. **175**, 471 (1948).
Heinrich, H. C.: Biochemical and microbiological studies with purified and highly purified intrinsic factor concentrates (IFC). 3e Congrès Intern. de Biochimie, No. 13—13, Bruxelles, 1.—6. VIII. 1955. Abstr. Res. Communic., S. 115 (1955).
— Die Testung hochgereinigter Intrinsic Factor-Konzentrate mit dem oralen Vitamin B_{12}-Resorptions-Exkretionstest. Arzneimittel-Forsch. **6**, 305—309 (1956).
— Vitamin B_{12}-metabolism under normal and pathological conditions. Gordon Research Conference on vitamins and metabolism. American Association for the Advancement of Science. Colby Junior College, New London/N. H., USA, 13.—17. VIII. 1956.

HEINRICH, H. C.: Radiometrische Intrinsic Factor-Studien am Menschen und am Schwein. In „Vitamin B_{12} und Intrinsic Factor". (1. Europäisches Symposion, Hamburg, 23.—26. Mai 1956), S. 213 bis 240. Stuttgart: F. Enke-Verlag 1957.
— Die Strukturspezifität der Resorbierbarkeit und Intrinsic Factor-Bindung von Vitamin B_{12}. Naturwissenschaften **45**, 269—270 (1958).
— Intestinale Resorption und Intrinsic Factor-Bindung von an der Benzimidazolgruppe substituierten Radio-(Co^{60})-Vitamin B_{12}-Analogen. Z. Vitamin-, Hormon- u. Fermentforsch. **9**, 385—389 (1958).
— Intestinal vitamin B_{12} absorption, its structure specificity and influence by augmenting or inhibiting factors. 1st World Congress of Gastroenterology, Abstr. Nr. 235, S. 104—105, Washington/D. C., USA, 25.—31. 5. 1958.
— Biosynthese und Strukturspezifität der Resorption von Vitamin B_{12}-Analogen. IV. Intern. Kongr. Biochem., Symp. XI. (Metabolism of Vitamins) Wien, 1.—6. September 1958; Proceedings: Vitamin Metabolism, Vol. XI, 150—160. London: Pergamon Press 1960.
— Zur Frage der Beeinflussung des Vitamin-Stoffwechsels durch Sorbose und Sorbit. Klin. Wschr. **37**, 525—526 (1959).
— Experimentelle Beiträge zum Wirkungsmechanismus, zur Struktur- und Artspezifität sowie zur therapeutischen Anwendung des Intrinsic Factor; Habilitationsschrift (Physiologische Chemie). Medizinische Fakultät der Universität Hamburg, 1959.
— Inhibitors of intestinal absorption of vitamin B_{12} and the intrinsic factor; 7th. European Congress of Haematology, Nr. 6, London, 7.—12. September 1959; Kongreßbericht. Basel: S. Karger-Verlag 1960, im Druck.
— Structure spezificity of the inhibitory effect of some carbohydrates on intestinal vitamin B_{12}-absorption; III. Intern. Symposion on Vitamins, Polish Academy of Sciences, Poznan/Poland, 21.—24. Sept. 1959 (Kongreßbericht im Druck).
— Biological and microbiological assay-methods for B_{12}-vitamins; III. Intern. Symp. on Vitamins, Polish Academy of Sciences, Poznan/Poland, 21.—24. Sept. 1959 (Kongreßbericht im Druck).
— u. S. ERDMANN-OEHLECKER: Der Vitamin B_{12}-Stoffwechsel bei Haemoblastosen, II. Die intravitale Bindung (Transport) der B_{12}-Vitamine an die Serumproteinfraktionen bei Haemoblastosen, III. Resorption, Blutverteilung, Serumproteinbindung, Retention und Exkretion der B_{12}-Vitamine bei Haemoblastosen nach oraler und parenteraler B_{12}-Applikation. Clin. chim. Acta **1**, 311—325 (1956); **1**, 326—341 (1956).
— W. FRIEDRICH, E. GABBE, S. P. MANJREKAR and M. STAAK: Metabolism and nutritional importance of natural occurring and synthetic vitamin B_{12}-analogues and antagonists. 5th. International Congress on Nutrition, Washington/D.C., USA., 1.—7. September 1960.
— E. GABBE u. C. SÖFFGE: Untersuchungen zur Strukturspezifität der intravitalen Bindung und Exkretion von Vitamin B_{12}-Analoga. Unveröffentlichte Ergebnisse 1958/1959.
— H. GOLDECK, E. APPUHN u. H. BAUER: Sprue-Syndrom und Vitamin B_{12}-Haushalt. 43. Tagung Nordwestdeutsch. Gesellsch. Innere Medizin, Nr. 21, Bremen, 23.—24. Juli 1954.
— — — — Mikrobiologische Untersuchungen über die B_{12}-Vitamine, ihre Serum-Verteilung, Retention und Harnexkretion nach parenteraler Applikation bei verschiedenen hämatologischen und neurologischen Erkrankungen. Vitam. u. Horm. **7**, 157—199 (1956).
— u. R. G. v. HEIMBURG: Die radiopapierchromatographische Trennung geringer Radio-Vitamin B_{12}-(^{60}Co-)Mengen von anorganischem ^{60}Co. Z. med. Isotopenforsch. **1**, 46—53 (1956).
— — Radio-Vitamin B_{12}-Resorption und "Intrinsic Factor". Z. Naturforsch. **11b**, 113—115 (1956).
— H. HILL u. W. PRINZ: Die intravitale Verteilung des Vitamin B_{12} beim Schwein nach oraler und parenteraler Applikation von ^{60}Co-markiertem Vitamin B_{12}. Unveröffentlichte Ergebnisse 1956/1957.
— — — and M. WITT: Studies on the absorption of radioactive vitamin B_{12}. A new concept of the mechanism of action of intrinsic factor in swine; 2nd United Nations Intern Confer. on the Peaceful Uses of Atomic Energy, Nr. 1050, Geneva, 1.—13. Sept. 1958. Proc. of the Confer. Vol. **25**, 72—78, United Nations, Geneva 1958.
— G. KALLISTRATOS, A. PFAU u. M. STAAK: Resorption, Organverteilung und Exkretion des ^{60}Co-Vitamin B_{12} beim Goldhamster nach Applikation physiologischer B_{12}-Mengen. Unveröffentlichte Ergebnisse 1959.
— u. J. KÜHNAU: Über natürliche Hemmstoffe des Intrinsic Factor; 6th. Colloquium on Protides of the Biological Fluids, Bruges/Belgium, May 1958. Proceedings of the Colloq. (Edited by H. PEETERS), p. 202—203, Elsevier Publ. Co., 1959; Clin. chim. Acta **4**, 36—37 (1959).
— S. P. MANJREKAR, E. GABBE, M. STAAK u. A. PFAU: Untersuchungen zum Stoffwechsel von ^{58}Co-markiertem Vitamin B_{12}-Coenzym. Unveröffentlichte Ergebnisse 1959/1960.
— — u. M. STAAK: Radiometrische „in vitro"- und „in vivo"-Methoden zur biologischen Testung des Depot-Vitamin B_{12}-Stoffwechseleffektes. Unveröffentlichte Ergebnisse 1958/1959.

HEINRICH, H. C.: u. Mitarb.: Unveröffentlichte Ergebnisse 1956/1959.
— G. RÄDEL u. R. SKIBBE: Radiopapierchromatographische Untersuchungen über die Spezifität der Bindung von (Co^{60})-Vitamin B_{12}-Analogen an Intrinsic Factor-Konzentrate. III. Intern. Symp. über radioaktive Isotope in Klinik u. Forschung, Bad Gastein/Österreich, 7. —10. Januar 1958, 38. Sonderband zur Strahlentherapie: Radioaktive Isotope in Klinik und Forschung, Bd. III, S. 218—235. München-Berlin: Urban & Schwarzenberg-Verlag 1958.
— R. SKIBBE u. M. STAAK: L(—)Sorbose als Inhibitor der intestinalen Vitamin B_{12}-Resorption. Z. Naturforsch. **14b**, 42—49 (1959).
— u. M. STAAK: Unveröffentlichte Ergebnisse 1957/1959.
— — Sorbitol, an inhibitor of intestinal vitamin B_{12}-absorption. Amer. J. clin. Nutr. **8**, 247—248 (1960).
HELLER, P., W. HENDERSON, E. BOWSER, J. M. LEVITSKY and H. J. ZIMMERMANN: The distribution of ^{58}Co-labeled vitamin B_{12} in the rat with fatty metamorphosis and cirrhosis of the liver. J. Lab. Clin. Med. **55**, 29—37 (1960).
HELLMAN, L., and J. J. BURNS: Metabolism of L-ascorbic-1-C^{14} acid in man. Fed. Proc. **14**, 225 (1955).
HENDERSON, L. M., and L. V. HANKES: The metabolism of DL-tryptophan 3a—7a—7-^{14}C and DL-α-^{14}C-tryptophan in the rat. J. biol. Chem. **222**, 1069 (1956).
HERBERT, V.: Development of a possible in vitro assay for intrinsic factor. Proc. Soc. exp. Biol. (N. Y.) **97**, 668—671 (1958).
— Sorbitol and vitamin B_{12} absorption. Amer. J. clin. Nutr. **6**, 547 (1958).
— Studies of the mechanism of the effect of hog intrinsic factor concentrate on the uptake of vitamin B_{12} by rat liver slices. J. Clin. Investig. **37**, 646—650 (1958).
— In vitro organ specificity of intrinsic factor action. Fed. Proc. **17**, 440 (1958).
— Mechanism of intrinsic factor action in everted sacs of rat small intestine. J. clin. Invest. **38**, 102—109 (1959).
— Studies on the role of intrinsic factor in vitamin B_{12} absorption, transport, and storage. Amer. J. clin. Nutr. **7**, 433—443 (1959).
— M. BIERFASS, L. R. WASSERMAN, S. ESTREN and E. BRODY: Effect of D-sorbitol on absorption of vitamin B_{12} by human subjects able to produce intrinsic factor. Amer. J. clin. Nutr. **7**, 325—327 (1959).
— and J. M. LONDON: Enhancement of vitamin B_{12} uptake by rat liver slices in the presence of hog intrinsic factor concentrate. Clin. Res. Proc. **5**, 289 (1957).
— and T. H. SPAET: Distribution of intrinsic factor activity. Amer. J. Physiol. **195**, 194—196 (1958).
HINE, G. J., and A. MILLER: Large plastic well makes efficient gamma counter. Nucleonics **14/10**, 78 (1956).
HOROWITZ, H. H., A. P. DOERSCHUK and C. G. KING: The origin of L-ascorbic acid in the albino rat. J. biol. Chem. **199**, 193 (1952).
— and C. G. KING: The conversion of glucose-6-C^{14} to ascorbic acid by the albino rat. J. biol. Chem. **200**, 125 (1953).
— — Glucuronic acid as a precursor of ascorbic acid in the albino rat. J. biol. Chem. **205**, 815 (1953).
HOTTA, K., R. KATSUNUMA, K. WATARI, T. UCHIDA, E. ISHIKAWA, J. ITAYA and N. KATSUNUMA: Studies on flavin adenine dinucleotide biosynthesis using ^{32}P-labelled flavin mononucleotide. J. Vitaminol. **1/2**, 57 (1955/1956).
HUNDLEY, J. M., and H. W. BOND: A study of the conversion of isotopic nicotinic acid to N^1-methylnicotinamid. J. biol. Chem. **173**, 513 (1948).
HUTCHISON, J. L., S. R. TOWNSEND and D. G. CAMERON: The advantages of cobalt^{58} tagged vitamin B_{12} in the study of vitamin B_{12} absorption. Canad. med. Ass. J. **78**, 685—687 (1958).
IACONO, J. M.: Studies on the metabolism of ^{14}C-thiamine hydrochloride in the rat. Doct. Thesis, University of Illinois, 1954.
— and B. C. JOHNSON: Thiamine metabolism. I. The metabolism of ^{14}C thiamine in the rat. J. Amer. chem. Soc. **79**, 6321 (1957).
— G. WOLF and B. C. JOHNSON: Metabolism of radioactive thiamin in the rat. Fed. Proc. **12**, 223 (1953).
INGRAHAM, L. L., and F. H. WESTHEIMER: The thiamine-pyruvate reaction. Chem. and Ind. 846 (1956).
INHOFFEN, H. H., U. SCHWIETER, C. O. CHICHESTER and G. MACKINNEY: Synthesis of centrally labelled (15,15')-β-carotene. J. Amer. chem. Soc. **77**, 1053 (1955).
ISHERWOOD, F. A., Y. T. CHEN and L. W. MAPSON: Synthesis of L-ascorbic acid in plants and animals. Nature (Lond.) **171**, 348 (1953).
ISHERWOOD, F. A., Y. T. CHEN and L. W. MAPSON: Synthesis of L-ascorbic acid in plants and animals. Biochem. J. **56**, 1 (1954).

JACKEL, S. S., E. H. MOSBACH, J. J. BURNS and C. G. KING: The synthesis of L-ascorbic acid by the albino rat. J. biol. Chem. **186**, 569 (1950).

JACKSON, J. T., L. J. MACHLIN, E. A. BRANDENBURGER, W. L. KELLOGG and C. A. DENTON: Retention of cobalt^{60} labelled vitamin B_{12} in chicken. Proc. Soc. exp. Biol. (N. Y.) **83**, 221—222 (1953).

— G. F. MANGAN, L. J. MACHLIN and C. A. DENTON: Absorption of vitamin B_{12} from the cecum of the hen. Proc. Soc. exp. Biol. (N. Y.) **89**, 225—227 (1955).

JANSEN, L., u. H. C. HEINRICH: Zum Vitamin B_{12}-Haushalt bei Lebererkrankungen. In „Vitamin B_{12} u. Intrinsic Factor. Hamburg 1956", S. 541—543. F. Enke-Verlag, Stuttgart 1957. „Der Vitamin B_{12}-Stoffwechsel bei der Hepatitis"; Tag. Dtsch. Ges. inn. Med. Wiesbaden, 29. 4.—2. 5. 1957, Verh. Dtsch. Ges. inn. Med. 63. Kongreß, S. 329—332. München: J. F. Bergmann-Verlag 1957.

JASINSKI, B., H. FREI u. G. E. STIEFEL: Bindung, Transport und Verteilung von Vitamin B_{12} im Organismus; in „Vitamin B_{12} und Intrinsic Factor", (1. Europäisches Symposion, Hamburg, 23.—26. Mai 1956), S. 449—456. Stuttgart: F. Enke-Verlag 1957.

JOHNSON, B. C., and P. H. LIN: Metabolism of radioactive nicotinic acid and nicotinamide in the rat. Fed. Proc. **10**, 203 (1951).

JOHNSON, P. C., and E. S. BERGER: Enhanced urinary excretion of Co^{60} vitamin B_{12} produced by delayed release capsules. Blood **13**, 457—463 (1958).

— and T. B. DRISCOLL: Effect of different intrinsic factor preparations on Co^{60} vitamin B_{12} uptake in rat liver slices. Proc. Soc. exp. Biol. (N. Y.) **98**, 731—734 (1958).

JOHNSON, R. R., O. G. BENTLEY and A. L. MOXON: Synthesis in vitro and in vivo of Co^{60} containing vitamin B_{12}-active substances by rumen microorganisms. J. biol. Chem. **218**, 379—390 (1956).

KEUNING, F. J., A. ARENDS, E. MANDEMA and H. O. NIEWEG: Observations on the site of production of Castle's intrinsic factor in the rat. J. Lab. clin. Med. **53**, 127—139 (1959).

AL KHALIDI, U.: Riboflavin biosynthesis. Fed. Proc. **17**, 180 (1958).

KIESSLING, K.-H.: Incorporation of radioactive phosphate into thiamine phosphates in yeast. Acta chem. scand. **10**, 831 (1956).

— Thiamine phosphates and phosphate transport in liver mitochondria. Acta chem. scand. **11**, 917 (1957).

KILLANDER, A.: Reduced effect of heterologous intrinsic factor. Meet. Swedish Med. Soc., December 1956. Lancet **1957 I**, 1041.

— Oral treatment of pernicious anemia with vitamin B_{12} and purified intrinsic factor. I. The value of serial estimation of the vitamin B_{12} levels of serum. Acta med. scand. **160**, 1—14 (1958).

— Oral treatment of pernicious anemia with vitamin B_{12} and purified intrinsic factor. II. Studies on the reduced effect of prolonged treatment. Acta Soc. Med. upsalien. **63**, 1—13 (1958).

— Oral treatment of pernicious anemia with vitamin B_{12} and purified intrinsic factor. Acta med. scand. **160**, 339—351 (1958).

KINNORY, D. S., E. KAPLAN, Y. T. OESTER and A. A. IMPERATO: Determination of urinary excretion of radiocobaltlabelled vitamin B_{12} by cobalt sulfide precipitation. J. Lab. clin. Med. **50**, 913—917 (1957).

KLUNGSÖYR, L.: The biosynthesis of riboflavin in eremothecium ashbyii. Acta Chem. Scand. **8**, 723, 1292 (1954).

KODICEK, E.: The biosynthesis of ^{14}C labelled ergocalciferol. Biochem. J. **60**, XXV. (1955).

KOLESNICHENKO, I.: Radioactive indicators in the study of the absorption and distribution of vitamin B_1. Trudy Vsesoynz, Konf. Med. Radiol., Eksptl. Med. Radiol., 227, 1957. Zit. na. Chem. Abstr. **52**, 12114 d (1958).

KON, S. K., and J. PAWELKIEWICZ: Biosynthesis of vitamin B_{12} analogues. IV. Intern. Kongr. Biochemie, Symposion XI (Metabolism of Vitamins), Wien, 1.—6. Sept. 1958. Proceed. Vitamin Metabolism, Vol. XI, 115—149. London: Pergamon-Press 1960.

KONDICEK, E.: Metabolic studies on vitamin D. In "Bone structure and metabolism". Ciba Found. Symp. London: Churchill 1956.

KORTE, F., H. U. ALDAG u. H. G. SCHICKE: Heterocyclen im Stoffwechsel. VII. Über die Biosynthese des Riboflavins. Z. Naturforsch. **13b**, 463 (1958).

— — G. LUDWIG, W. PAULUS u. K. STÖRIKO: Heterocyclen im Stoffwechsel. X. Mitteilung zur Biosynthese des Riboflavins. Justus Liebigs Ann. Chemie **619**, 70 (1958).

KRASNA, A. I., CH. ROSENBLUM and D. B. SPRINGSON: The conversion of L-threonine to the DG-1-amino-2-propanol of vitamin B_{12}. J. biol. Chem. **225**, 745—750 (1957).

KRAUSE, R. F., M. O. COOVER and L. T. POWELL: Conversion of ^{14}C-caroteneto a non-saponofiable substance in the rat. Proc. Soc. exp. Biol. (N. Y.) **85**, 317 (1954).

— and P. L. SANDERS: Metabolism of ^{14}C-labelled β-carotene in the rat. Proc. Soc. exp. Biol. (N. Y.) **95**, 549 (1957).

KRAWCZYK, A., W. OSTROWSKI, B. SKARZYNSKI: Polaczenia witaminu B_{12} z bialkami. V. Ciezar czasteczkowy polaczenia witamin B_{12}-bialko z surowicy krwi bydlecej. Acta biochim. pol. 3, 401—408 (1956).
KREHL, W. A., P. S. SARMA, L. J. TEPLY and C. A. ELVEHJEM: Factors affecting the dietary niacin and tryptophan requirement of the growing rat. J. Nutr. **31**, 85 (1946).
KÜHNAU, J., u. H. C. HEINRICH: Resorption und Exkretion von Radio-Vitamin B_{12}-Analogen beim gesunden Menschen und bei Patienten mit perniciöser Anämie. 2. Intern. Europ. Kongr. f. klin. Chem., Nr. 105, Stockholm, 19.—23. 8. 1957. Scand. J. clin. Lab. Invest. **10**/Suppl. 31, 284 (1958).
LA DU jr., B. N., and D. M. GREENBERG: Ascorbic acid and the oxidations of tyrosine. Science **117**, 111 (1953).
LANG, C. A., D. M. GLEYSTEEN and B. F. CHOW: The disappearence of radioactivity from the tissues of rats of different ages after subcutaneous administration of radiovitamin B_{12}. J. Nutr. **50**, 213—222 (1953).
LANGAN, T. A., and L. SHUSTER: Pyridin nucleotides formed during in vivo synthesis of DPN in the mouse. Fed. Proc. **17**, 260 (1958).
LANGDON, R. G., and K. BLOCH: The utilization of squalene in the biosynthesis of cholesterol. J. biol. Chem. **200**, 135 (1953).
LATNER, A. L.: Absorption of bound radioactive vitamin B_{12}. Lancet **1958 II**, 961.
— C. GREEN and L. RAINE: Further studies of vitamin B_{12} uptake by rat intestine. Biochem. J. **69**, 60p—61p (1958).
— and L. RAINE: The uptake of radioactive vitamin B_{12} by rat intestine. In „Vitamin B_{12} u. Intrinsic Factor, Hamburg 1956", S. 243—246. Biochem. J. **66**, 53p (1957).
— — The vitamin B_{12} binding systems of isolated intestine of the rat. Biochem. J. **68**, 592—596 (1958).
— — Uptake of vitamin B_{12} by rat-liver slices. Biochem. J. **71**, 344—347 (1959).
— and C. C. UNGLEY: Electrophoresis of human gastric juice in relation to Castle's intrinsic factor. Brit. med. J. 467—472 (1953).
LEIFER, E., W. H. LANGHAM, J. F. NIC and H. K. MITCHELL: The use of isotopic nitrogen in a study of the conversion of 3-hydroxyanthranillic acid to nicotinic acid in neurospora. J. biol. Chem. **184**, 589 (1950).
— L. J. ROTH, D. S. HOGNESS and M. H. CORSON: The metabolism of radioactiv nicotinic acid and nicotinamide. J. Biol. Chem. **190**, 595 (1951).
LIN, P. H., and B. C. JOHNSON: Nicotinic acid metabolism. II. The metabolism of radioactiv nicotinic acid and nicotinamide in the rat. J. Amer. chem. Soc. **75**, 2974 (1953).
LOEWUS, F. A., and R. JANG: Further studies on the formation of ascorbic acid in plants. Biochim. biophys. Acta **23**, 205 (1957).
— — Formation of L-ascorbic acid in plants. Fed. Proc. **17**, 265 (1958).
— — and C. G. SEEGMILLER: The conversion of C^{14}-labelled sugars to L-ascorbic acid in ripening strawberries. J. biol. Chem. **222**, 649 (1956).
LONGENECKER, H. E., H. H. FRICKE and C. G. KING: The effect of organic compounds upon vitamin C synthesis in the rat. J. biol. Chem. **135**, 497 (1940).
LUHBY, A. L., J. M. COOPERMAN and A. M. DONNENFELD: Placental transfer and biological half-live of radioactive vitamin B_{12} in the dog. Proc. Soc. exp. Biol. (N. Y.) **100**, 214—217 (1959).
LYNEN, F. L., H. EGGERER, U. HENNING u. I. KESSEL: Farnesylpyrophosphat und 3-Methyl-Δ^3-butenyl-1-pyrophosphat, die biologischen Vorstufen des Squalens. Angew. Chemie **70**, 738 (1958).
MADDOCK, A. G., and F. P. COELHO: The retention of cobalt 60 in vitamin B_{12}. J. Chem. Soc. 4702—4704 (1954).
MALEY, G. F., and G. W. E. PLAUT: Metabolic activity of a green fluorescent compound isolated from ashbya gossypii. Fed. Proc. **17**, 268 (1958).
MANJREKAR, S. P., and H. C. HEINRICH: Structure specificity of the biological activity and incorporation of vitamin B_{12}-analogues in microorganisms. IIIrd. International Symposion on Vitamins, Poznan/Poland, 21.—24. September 1959.
MARRIAN, D. H.: Tritium-labelled 2-methyl-1,4-naphthoquinone and configuration of the structure of its adduct with sedium hydrogen sulphite. J. chem. Soc. 499 (1957).
MARTIUS, C.: Über die intracelluläre Verteilung des Vitamin K in den Organen des Huhnes. Biochem. Z. **327**, 407 (1956).
— u. H. O. ESSER: Über die Konstitution des im Tierkörper aus Methylnaphthochin gebildeten K-Vitamins. Biochem. Z. **331**, 1 (1958).
MASUDA, T.: Application of chromatographie. XXXI. Structure of a green fluorescent substance produced by eremothecium ashbyii. Pharm. Bull. (Tôkyô) **5**, 28, 136 (1957).
MCCARTHY, P. T., L. R. CERECEDO and E. V. BROWN: The fate of thiamine-^{35}S in the rat. J. biol. Chem. **209**, 611 (1954).

McNutt jr., W. S.: The direct contribution of adenine to the biogenesis of riboflavin by eremothecium ashbyii. J. biol. Chem. **210**, 511 (1954).
— The incorporation of the pyrimidine ring of adenine into the isoalloxazine ring of riboflavin. J. biol. Chem. **219**, 365 (1956).
McNutt, W. S., and H. S. Forrest: The incorporation of the ^{14}C of adenine into pteridine derivative by eremothecium ashbyii. J. Amer. chem. Soc. **80**, 951 (1958).
Mehler, A. H., and E. L. May: Studies with carboxyl-labelled 3-hydroxyanthranilic and picolinic acids in vivo and in vitro. J. biol. Chem. **223**, 449 (1956).
Mehta, R., S. R. Wagle and B. C. Johnson: Vitamin B_{12} and protein biosynthesis. VII. Activity of a cofactor form of vitamin B_{12} on amino acid incorporation into protein. Biochim. biophys. Acta **35**, 286—287 (1959); vgl. a. B. C. Johnson: Studies on the function of vitamin B_{12}. III. Intern. Vitamin-Symposion, Posen, 21.—24. Sept. 1959. Abstr. S. 11—45 (1959).
Meites, J., and Y. S. L. Feng: Effect of cortisone and insuline on urinary excretion of radioactive vitamin B_{12} in rats. J. clin. Endocr. **15**, 858 (1955).
Mendelsohn, R. S., D. M. Watkin, A. P. Horbett and J. L. Fahey: Identification of the vitamin B_{12}-binding protein in the serum of normals and of patients with chronic myelocytic leukemia. Blood. **13**, 740—747 (1958).
Menke, K. H.: Untersuchungen über das Stoffwechselverhalten des Kobalts und des Vitamins B_{12} im Huhn sowie über die Biosynthese des Vitamin B_{12} nach oraler Verabreichung von organischem Kobalt. Arch. Geflügelk. **23**, 32—38 (1959).
Meyer, L. M., R. W. Bertcher and E. P. Cronkite: Serum Co^{60} Vitamin B_{12} binding capacity in some hematologic disorders. Pro. Soc. exp. Biol. (N. Y.) **96**, 360—363 (1957).
— — and C. Mulzac: Co^{60} vitamin B_{12} binding capacity of normal human cerebrospinal fluid. Proc. Soc. exp. Biol. (N. Y.) **100**, 607—608 (1959).
Millar, G. J., J. A. Leddy and L. Fisher: Absorption and excretion patterns of radioactiv vitamins K_1 and K_3. XIX. Internat. Congr. Physiol. Abstr. 618 (1953).
Miller, A., H. F. Corbus and J. F. Sullivan: The plasma disappearance, excretion, and tissue distribution of $cobalt^{60}$ labelled vitamin B_{12} in normal subjects and patients with chronic myelogenous leukemia. J. clin. Invest. **36**, 18—24 (1957).
— G. Gaull, H. M. Lemon and J. F. Ross: Studies on the uptake of vitamin B_{12}-Co^{60} by the hamster methyl-cholanthrene-induced sarcoma and the rat walker carcinosarcoma. Cancer Res. **16**, 842—847 (1956).
— — J. F. Ross and H. M. Lemon: Tissue distribution of parenteral Co^{60} vitamin B_{12} in mouse, hamster, rat and guinea pig. Proc. Soc. exp. Biol. (N. Y.) **93**, 33—35 (1956).
— and J. F. Sullivan: The in vitro binding of $cobalt^{60}$ labelled vitamin B_{12} by normal and leucemic sera. J. clin. Invest. **37**, 556—566 (1958).
— — Some physiochemical properties of the vitamin B_{12} binding substances of normal and chronic myelogenous leucemic sera. J. Lab. clin. Med. **53**, 607—616 (1959).
Miller, O. N.: Recent concepts of Castle's intrinsic factor. Bull. Tulane med. Fac. **16**, 115 bis 122 (1957).
— and F. M. Hunter: Stimulation of vitamin B_{12}-uptake in tissue slinces by intrinsic factor concentrates. Proc. Soc. exp. Biol. (N. Y.) **96**, 39—43 (1957).
— — Effect of intrinsic factor on, and distribution of, vitamin B_{12}-receptor-proteins. Fed. Proc. **17**, 485 (1958).
— — Effect of instrinsic factor concentrates on vitamin B_{12} receptor protein of tissues. Proc. Soc. exp. Biol. (N. Y.) **97**, 863—867 (1958).
— J. L. Raney and F. M. Hunter: Effect of intrinsic factor on uptake of radioactive vitamin B_{12} by slices of rat liver. Fed. Proc. **16**, 393 (1957).
Minard, F. N., and C. L. Wagner: In vitro assay of hog intrinsic factor with rat liver homogenates. Proc. Soc. exp. Biol. (N. Y.) **98**, 684—686 (1958).
Mollin, D. L., W. R. Pitney, S. J. Baker and J. E. Bradley: The plasma clearence and urinary excretion of parenterally administered ^{58}Co-B_{12}. Blood. **11**, 31—43 (1956).
— and E. L. Smith: The absorption of vitamin B_{12} and the pathogenesis of vitamin B_{12}-deficiency. 1st. United Nations Intern. Confer. on the Peaceful Uses of Atomic Energy, Nr. 447, Geneva **1955**.
— — Proc. of the Confer. Vol **10**, **475**, United Nations. New York 1956.
Monroe, R. A., H. Patrick, C. L. Comar and O. E. Goff: Metabolism of vitamin B_{12}. 1. The comparative excretion and distribution in the chick of Co^{60} and vitamin B_{12} labelled with Co^{60}. Poultry Sci. **31**, 79—84 (1952).
— H. E. Sauberlich, C. L. Comar and S. L. Hood: Vitamin B_{12} biosynthesis after oral and intravenous administration of inorganic Co^{60} to sheep. Proc. Soc. exp. Biol. (N. Y.) **80**, 250—257 (1952).
Mosbach, E. H., and C. G. King: Traces studies of glucuronic acid biosynthesis. J. biol. Chem. **185**, 491 (1950).

Murray, A., W. W. Foreman and W. Langham: The hologen-metal interconversion reaction and its application to the synthesis of nicotinic acid labelled with isotopic carbon. Science **106**, 277 (1947).

Mushett, C. W., K. L. Kelley, G. E. Boxer and J. C. Rickards: Antidotal efficacy of vitamin B_{12} (hydroxo-cobalamin) in experimental cyanide poisoning. Proc. Soc. exp. Biol. (N. Y.) **81**, 234—237 (1952).

Niedner, A. B., and C. Johnson: The metabolism of radiocarbonlabelled vitamin E. Abstr. 3rd. Internatl. Congr. Vitamin E. Venedig **1955**, 10.

Nieweg, H. O., J. Abels, J. J. M. Vegter and M. G. Woldring: Observations on the mechanism of vitamin B_{12}-absorption. VII. Kongr. Intern. Gesellsch. Hämatol., Rom, 8.—13. Sept. **1958**, Abstr. Nr. 181.

— A. Arends, E. Mandema and W. B. Castle: Enhanced absorption of vitamin B_{12} in gastrectomized rat by rat intrinsic factor. Proc. Soc. exp. Biol. (N. Y.) **91**, 328—332 (1956).

Numerof, P., and J. Kowald: The irradiation of crystalline vitamin B_{12} with neutrons. J. Amer. chem. Soc. **75**, 4350—4352 (1953).

Nyberg, W., and P. Reizenstein: Intestinal absorption of radiovitamin B_{12} bound in pig liver. Lancet **1958 II**, 832—833.

Ogata, K., H. Nohara, T. Morita and K. Kawai: The incorporation of phosphorus from ^{32}P labelled cocarboxylase into adenosinetriphosphate by rat liver homogenate and cyclophorase system. J. Biochem. (Tokyo) **42**, 13 (1955).

Okuda, K.: Effect of carbon tetrachloride administration on the metabolism of vitamin B_{12} in the rat. 1. Plasma B_{12} level. 2. Excretion of radioactive vitamin B_{12}. Bull. Yamaguchi med. Sch. **4**, 109—114 (1957); **4**, 115—120 (1957).

— and B. F. Chow: Study of vitamin B_{12}-absorption with rat intestinal loop. Fed. Proc. **18**, 588 (1959) u. persönl. Mitteil. 1959.

— R. Gräsbeck and B. F. Chow: Bile and vitamin B_{12} absorption. J. Lab. clin. clin. Med. **51**, 17—23 (1958).

— J. A. Wider and B. F. Chow: The effect of intrinsic factor on the hepatic uptake of vitamin B_{12} following intravenous injection. J. Lab. clin. Med. **54**, 535—544 (1959).

Ostrowski, W.: Polaczenia witaminu B_{12} z bialkami. III. Badania nad kompleksem cyjanokobalamina-bialko (erythroglobulin) w surowicy krwi. Acta. biochim. pol. **2**, 297—313 (1955).

— Vitamin B_{12} in the autotrophic sulfur bacteria thiobacillus thioparus. The biosynthesis of vitamin B_{12} uniformly labelled with ^{14}C. 2nd. United Nations Intern. Conf. on the Peaceful Uses of Atomic Energy. A/Conf. 15/P/1938, Genf 1.—13. IX. 1958.

— i A. Niewiarowska-Pawlus: Polaczenia witaminu B_{12} z bialkami. IV. Oczyszczanie i wlasnoci kompleksu witamin B_{12}-bialko (erythroglobulin) w surowicy krwi bydlecej. Acta biochim. pol. **3**, 171—181 (1956).

Paulus, W.: Über die Aufnahme und Umwandlung von Orotsäure(6-^{14}C) durch Eremothecium ashbyii, Candida Guilliermandii und candida flareri. Diplomarbeit Bonn, 1958.

Pawelkiewicz, J., and B. Bartosinski: Enzymatic synthesis of vitamin B_{12}. Bull. Acad. Polon. Sci. VIII, 5—7 (1960).

Pedersen, J., and I. Ebbesen: Radioactive vitamin B_{12} tests in pernicious anemia after oral maintenance therapie. Act. med. scand. **161**, 413—425 (1958).

Pfau, A., u. H. C. Heinrich: Eine kombinierte Ringbecher-Bohrloch-Scintillationsdetektor-Meßanordnung zur schnellen Bestimmung sehr geringer spezifischer Aktivitäten γ-Quanten emittierender Radionukleide; Teil I. Atompraxis **5**, 14—21 (1959); Teil II. Atompraxis **5**, 100—109 (1959); Teil III. Atompraxis **5**, 160—169 (1959).

— G. Kallistratos u. H. C. Heinrich: Vergleichende Untersuchungen zur Resorption und Verteilung von ^{60}Co-markiertem anorganischen Kobalt und -Vitamin B_{12} bei Vicia faba. Unveröffentlichte Ergebnisse, 1958/1959.

Phillips, R. V., L. W. Trevoy, L. B. Jaques and J. W. T. Spinks: 2-methyl-^{14}C-1,4-naphthoquinone (vit. K_3). Canad. J. Chem. **30**, 844 (1952).

Plaut, G. W. E.: Mechanism of riboflavin biosynthesis. Fed. Proc. **12**, 254 (1953).

— Biosynthesis of riboflavin. I. Incorporation of ^{14}C-labelled compounds into ring B and C. J. biol. Chem. **208**, 513 (1954).

— Biosynthesis of riboflavin. II. Incorporation of ^{14}C-labelled compounds into ring A. J. biol. Chem. **211**, 111 (1954).

— and P. L. Broberg: Biosynthesis of the aromatic and ribityl portions of riboflavin. Fed. Proc. **13**, 274 (1954).

— — Biosynthesis of riboflavin. III. Incorporation of ^{14}C-labelled compounds into the ribityl side chain. J. biol. Chem. **219**, 131 (1956).

Porter, J. W. G.: Occurrence and biosynthesis of analogues of vitamin B_{12} in VitaminB_{12} und Intrinsic Factor", Hamburg, 1956, S. 43—55. Stuttgart: F. Enke-Verlag 1957. In „Vitamin B_{12} und Intrinsic Factor" (1. Europäisches Symposion, Hamburg, 23.—26. Mai 1956), S. 43—55. Stuttgart: F. Enke-Verlag 1957.

PREISS, J., and P. HANDLER: Synthesis of diphosphopyridinnucleotide from nicotinic acid by human erythrocytes. J. Amer. Chem. Soc. **79, 1514** (1957).
— — Intermediates in the synthesis of diphosphopyridin nucleotide from nicotinic acid. J. Amer. chem. Soc. **79**, 4246 (1957).
PRONJAKOVA, G. V.: Incorporation of acetate and glycine into the vitamin B_{12} molecule during its biosynthesis (in russisch). Dokl. Akad. Nauk SSSR **123**, 331—334 (1958).
PULLMAN, M. E., A. SAN PIETRO and S. P. COLOWICK: On the structure of reduce diphosphopyridine nucleotide. J. biol. Chem. **206**, 129 (1954).
RANEY, L. J., H. J. HANSEN and O. N. MILLER: Studies on the possible absorption of intrinsic factor. Fed. Proc. **18**, 542 (1959).
REICHSTEIN, T., u. A. GRÜSSNER: Eine ergiebige Synthese der l-Ascorbinsäure (C-Vitamin). Helv. chim. Acta **17**, 311 (1934).
REIZENSTEIN, P. G.: Excretion, enterohepatic circulation, and retention of radiovitamin B_{12} in pernicious anemia and in controls. Proc. Soc. exp. Biol. (N. Y.) **101**, 703—707 (1959).
— Body distribution, turnover rate, and radiation doses after the parenteral administration of radiovitamin B_{12}. Acta med. scand. **165**, 467—479 (1959).
— and W. NYBERG: Intestinal absorption of liver-bound radiovitamin B_{12} in patients with pernicious anemia and in controls. Lancet **1959 II**, 248—252.
REYNELL, P. C., G. H. SPRAY and K. B. TAYLOR: The site of absorption of vitamin B_{12} in the rat. Clin. Sic. **16/4**, 663—667 (1957).
RICE, E. G., J. F. HERNDON, E. J. VAN LOON and S. M. GREENBERG: Enhancement of vitamin B_{12}-absorption by D-sorbitol as measured by maternal and fetal tissue levels in pregnant rats. Amer. J. Physiol. **193**, 513 (1958).
ROBINSON, W. G., B. K. BACHHAWAT and M. J. COON: Properties of the β-hydroxy-β-methylglutaryl coenzyme A (HMG CoA) cleavage enzyme. Fed. Proc. **14**, 270 (1955).
ROSENBLUM, CH.: Principles of isotope dilution assays. Anal. Chem. **29/12**, 1740—1744 (1957).
— Persönliche Mitteilung, 13. Oktober 1959.
— B. F. CHOW, G. P. CONDON and R. S. YAMAMOTO: Oral versus parenteral administration of Co^{60}-labelled vitamin B_{12} to rats. J. biol. Chem. **198/2**, 915—927 (1952).
— R. L. DAVIS and B. F. CHOW: Comparative absorption of vitamin B_{12} analogues by normal humans. III. 5,6-dichlorbenzimidazole, 5,6-desdimethylbenzimidazole and 5-hydroxybenzimidazole analogues. (23108). Proc. Soc. exp. Biol. (N. Y.) **95**, 30—32 (1957).
— and D. T. WOODBURY: $Cobalt^{60}$ labelled vitamin B_{12} of high specific activity. Science **113**, 215 (1951).
— — The determination of the stability of vitamin B_{12} in multivitamin mixture by a radioactive indicator method. J. Amer. pharm. Ass. sci. Ed. **41/7**, 368—371 (1952).
— — J. P. GILBERT, K. OKUDA and B. F. CHOW: Comparative absorption of vitamin B_{12} analogues by normal humans. I. Chlorocobalamin vs. cyanocobalamin. Proc. Soc. exp. Biol. (N. Y.) **89**, 63—66 (1955).
— — E. W. GILFILLAN and G. A. EMERSON: Influence of intrinsic factor upon utilization of orally administered vitamin B_{12}. Fed. Proc. **13**, 475 (1954).
— — — — Effect of intrinsic factor concentrate upon utilization of orally administered vitamin B_{12} by rats. Proc. Soc. exp. Biol. (N. Y.) **87**, 268—273 (1954).
— — and E. H. REISNER: The use of $cobalt^{60}$ labelled vitamin B_{12} for the evaluation of intrinsic factor activity. Radioisotope Conference, Vol. I, 287—297. London: Butterworth Sci. Publ. 1954.
— R. S. YAMAMOTO, R. WOOD, D. T. WOODBURY, K. OKUDA and B. F. CHOW: Comparative absorption of vitamin B_{12} analogues by normal humans. II. Chloro-, sulfato-, nitro- and thiocyanato-vs. cyanocobalamin. Proc. Soc. exp. Biol. (N. Y.) **91**, 364—367 (1956).
ROSENTHAL, H. L., and J. K. HAMPTON jr.: The absorption of cyanocobalamin (B_{12}) from the gastro-intestinaltract of dogs. J. Nutr. **56**, 67—82 (1955).
RUDNEY, H.: The biosynthesis of β-hydroxy-β-methylglutaric acid. J. biol. Chem. **227**, 363 (1957).
— and J. J. FERGUSON jr.: The biosynthesis of β-hydroxy-β-methylglutaryl coenzyme A. J. Amer. chem. Soc. **79**, 5580 (1957).
RUDOLFF, S., R. R. BECKER and C. G. KING: Synthesis and metabolism of L-ascorbic acid-2, 3, 4, 5, 6,-C^{14}. Fed. Proc. **15**, 343 (1956).
RYSER, H., et J. FREI: Incorporation et répartition intracellulaire de thiamine marqué (^{35}S) dans le foie de rats normaux et carencés en thiamine. Helv. physiol. pharmacol. Acta **14**, 424 (1956).
SADOVSKY, A., B. BERCOVICI, M. RACHMILEWITZ, N. GROSSOWICZ and J. ARONOVITCH: Vitamin B_{12} concentration in maternal and fetal blood. Obstet. and Gynec. **13**, 346—349 (1959).

SALOMON, L. L.: Studies on adrenal ascorbic acid. I. The fate of adrenal ascorbic acid. Tex. Rep. Biol. Med. **15**, 925 (1957).
— Ascorbic acid catabolism in guinea pigs. J. biol. Chem. **228**, 163 (1957).
— J. J. BURNS and C. G. KING: Synthesis of L-ascorbic-1-C^{14} acid from D-sorbitol. J. Amer. chem. Soc. **74**, 5156 (1952).
SANDERS, F., T. J. STAAR and R. L. GREGORY: Synthesis of analogues of vitamin B_{12} by cell-free preparations of bacteria. Fed. Proc. **18**, 136 (1959).
SAVITSKII, I. V.: Distribution of radioactive vitamin B_1 in organs and tissues of animals under the influence of drug sleep of different intensity. Fiziol. Zhur., Akad. Nauk. Ukr. R. S. R. **4**, 121, 1958; zit. n. Chem. Abstr. **52**, 12113 e (1958).
SCHARPENSEEL, H. W., and G. WOLF: Distribution studies with tritium-labelled vitamin A. Fed. Proc. **17**, 491 (1958).
SCHAYER, R. W.: Studies of the metabolism of tryptophan labelled with ^{15}N in the indol ring. J. biol. Chem. **187**, 777 (1950).
SCHILLING, R. F.: Vitamin B_{12} absorption. Amer. J. Clin. Nutr. **6**, 332—333 (1958).
— and W. P. DEISS: Intrinsic factor studies. I. Paper electrophoresis of mixture of gastric juice and radioactive vitamin B_{12}. Proc. Soc. exp. Biol. (N. Y.) **83**, 506—509 (1953).
SCHLOESSER, L. L., P. DESHPANDE and R. F. SCHILLING: Biologic turnover rate of cyanocobalamin (vitamin B_{12}) in human liver. Arch. intern. Med. **101**, 306—309 (1958); 6. Intern. Congr. Intern. Soc. Hematol., Boston/Mass. USA, 27. VIII.—1. IX. 1956.
SCHWARTZ, M.: Intrinsic factor — inhibiting substances in serum of orally treated patients with pernicious anemia. Lancet **1958 II**, 61—62.
— P. LOUS and E. MEULENGRACHT: Reduced effect of heterologous intrinsic factor after prolonged oral treatment in pernicious anemia. Lancet **1957 I**, 751—753; Ugeskr. Laeg. **119**, 899 (1957).
— — — Absorption of vitamin B_{12} in pernicious anemia defective absorption induced by prolonged oral treatment. Lancet **1958 II**, 1200—1204.
SCHWARTZ, S., K. IKEDA, J. M. MÜLLER and C. J. WATSON: Utilization of porphobilinogen carbon-14 in biosynthesis of vitamin B_{12}. Science **129**, 40—41 (1959).
SHEMIN, D., J. W. CORCORAN, CH. ROSENBLUM and J. M. MILLER: On the biosynthesis of the porphyrin like moiety of vitamin B_{12}. Science **124**, 272 (1956).
SILIPRANDI, D., and N. SILIPRANDI: Cocarboxylase in experimental diabetes. Action of insulin on thiamine phosphorylation. Nature (Lond.) **168**, 422 (1951); Nature (Lond.) **169**, 329 (1952).
SIMON, E. J., A. EISENGART and A. T. MILHORAT: A metabolite of vitamin E from human urine. Fed. Proc. **14**, 281 (1955).
— — L. SUNDHEIM and A. T. MILHORAT: The metabolism of vitamin E II. J. biol. Chem. **221**, 807 (1956).
— C. S. GROSS and A. T. MILHORAT: The metabolism of vitamin E I. J. biol. Chem. **221**, 797 (1956).
— — — Intracellulär distribution of radioactivity following intravenous administration of ^{14}C-labelled vitamin E. Fed. Proc. **16**, 249 (1957).
— and A. T. MILHORAT: Studies on the metabolic fate of vitamin E. Abstr. 3rd. Internatl. Congr. Vitamin E, Venedig 1955, 9.
SMITH, E. L.: Tracer studies with the vitamin B_{12}; Radioisotope Techniques, Vol. 1 (Proc. Isot. Techn. Conf., Oxford, July 1951).
— Tracer studies with the B_{12}-vitamins. 1. Neutron irradiation of vitamin B_{12}. Biochem. Z. **52**, 384—387 (1952).
— Radioactive penicillin and vitamin B_{12}. Brit. med. Bull. **8**, 203—205 (1952).
— Instability of radioactive vitamin B_{12}. Lancet **1959 I**, 387—388.
— D. J. D. HACKENSHULL and A. R. J. QUILTER: Tracer studies with the B_{12}-vitamins. 2. Biosynthesis of vitamin B_{12} labelled with ^{60}Co and ^{32}P. Biochem. J. **52**, 387—388 (1952).
— A. NEUBERGER u. J. J. SCOTT: Unveröffentlichte Ergebnisse. Zit. nach E. L. SMITH: In „Vitamin B_{12} und Intrinsic Factor, Hamburg 1956", S. 1—9.
SMYRNIOTIS, P. Z., H. T. MILES and E. R. STADMAN: Isolation and structure of 3,4-dimethyl-6-carboxy-α-pyrone as a bacterial degradation product of riboflavin. J. Amer. chem. Soc. **80**, 2541 (1958).
— — — Intermediates in the decomposition of riboflavin. Bact. Proc. **1958**, S. 120.
STAAK, M.: Inaugural-Dissertation, Medizin. Fakultät der Universität Hamburg, 1959.
— u. H. C. HEINRICH: Unveröffentlichte Ergebnisse, 1957/1958.
— — Die intestinale Vitamin B_{12}-Resorption und ihre Strukturspezifität beim Meerschweinchen. Z. Naturforsch. **15b**, 11—23 (1960).
STADMAN, E. R.: Persönliche Mitteilung 1958.
STANIER, R. Y., and O. HAYAISHI: Bacterial oxydation of tryptophanstudy in comparative biochemistry. Science **114**, 326 (1951).

STEIN, O., Y. STEIN, J. ARONOVITCH, N. GROSSOWICZ and M. RACHMILEWITZ: Isotopic and microbiological studies of vitamin B_{12} distribution in normal and hepatoma-bearing rats. Cancer Res. **18**, 849—852 (1958).
— — — — — Effect of liver damage and regeneration on vitamin B_{12} concentration in rat liver. J. Lab. clin. Med. **54**, 545—550 (1959).
STEKOL, J. A., and S. WEISS: Possible metabolic role of KCN in the rat as studied with $K^{14}CN$. Fed. Proc. **10**, 252 (1951).
STEPHANSON, L., M. RICH, R. LAUGHTON and G. B. J. GLASS: Isotope assay of intrinsic factor activity of human gastric juice after its fractionation by continuous paperelectrophoresis. Fed. Proc. **15**, 488 (1956).
STÖRIKO, K.: Zur Biosynthese des Riboflavins durch Mikroorganismen. Darstellung von 4,5-Diaminouracil-(4-^{14}C) sowie Untersuchungen über seine Selbstkondensation und über sein Verhalten in Kulturlösungen von Eremothecium ashbyii. Diplomarbeit Bonn, 1958.
STOKES, J. B., and W. R. PITNEY: Pernicious anemia treated orally with "bifaction" refractoriness to potent animal intrinsic factor. Brit. Med. J. **1**, 322—323 (1958).
STRAUSS, E. W., and T. H. WILSON: Effect of intrinsic factor on vitamin B_{12} uptake by rat intestine in vitro. Proc. Soc. exp. Biol. (N. Y.) **99**, 224—226 (1958).
STRENGTH, D. R., W. F. ALEXANDER and J. P. WACK: Intracellular distribution of vitamin B_{12}-Co^{60} in liver and kidney of B_{12}-deficient and normal rats. Proc. Soc. exp. Biol. (N. Y.) **102**, 15—18 (1959).
SWENDSEID, M. E., F. H. BETHELL and W. W. ACKERMANN: The intracellular distribution of vitamin B_{12} and folinic acid in mouse liver. J. biol. Chem. **190**, 791—798 (1951).
— M. GASSTER and J. A. HALSTED: Limits of absorption of orally administered vitamin B_{12}: Effect of intrinsic factor sources. Proc. Soc. exp. Biol. (N. Y.) **86**, 834—836 (1954).
SZILARD, L., and T. A. CHALMERS: Chemical separation of the radioactive element from its bombarded isotope in the Fermi-Effect. Nature (Lond.) **134**, 462 (1934).
TAYLOR, J. D., G. J. MILLAR, L. B. JAQUES and J. W. T. SPINKS: The distribution of administered vitamin K_1 in rats. Canad. J. Biochem. **34**, 1143 (1956).
— — and R. J. WOOD: A comparison of the concentration of ^{14}C in the tissues of pregnant and nonpregnant female rats following the intravenous administration of vitamin K_1-^{14}C and vitamin K_3-^{14}C. Canad. J. Biochem. **35**, 691 (1957).
TAYLOR, K. B.: Inhibition of intrinsic factor by pernicious anemia sera. Lancet **1959 II**, 106—108.
— B. J. MALLETT and G. H. SPRAY: Observations on the inhibitory effects of intrinsic factor preparations on vitamin B_{12} absorption. Clin. Sci. **17**, 647—652 (1958).
— — L. J. WITTS and W. H. TAYLOR: Observations on vitamin B_{12} absorption in the rat. Brit. J. Haematol. **4**, 63—69 (1958).
— and J. A. MORTON: An antibody to Castle's intrinsic factor. Lancet **1958 I**, 29—30; J. Path. Bact. **77**, 117—122 (1959).
— and W. H. TAYLOR: The effect of oral histamine on the absorption of radioactive vitamin B_{12} from the gastrointestinal tract. Clin. Sci. **16**, 401—404 (1957).
TOPOREK, M., R. C. BISHOP, N. A. NELSON and F. H. BETHELL: Urinary excretion of Co^{60} vitamin B_{12} as a test for effectiveness of intrinsic factor preparations. Fed. Proc. **14**, 421 (1955); J. Lab. clin. Med. **46**, 665—670 (1955).
TOUSTER, O., V. H. REYNOLDS and R. M. HUTCHESON: The reduction of L-xylulose to xylitol by guinea pigs liver mitochondria. J. biol. Chem. **221**, 697 (1956).
VINCENT, J. E.: The phosphorylation of thiamine in the livers of normal and alloxan diabetic rats. Rec. Trav. chim. Pays-Bas. **76**, 779 (1957).
VOHRA, P., F. LANTZ and F. H. KRATZER: Study of the reaction of formaldehyde with vitamin B_{12}. Arch. Biochem. **76**, 180—187 (1958).
WAGLE, S. R., R. MEHTA and B. C. JOHNSON: Vitamin B_{12} and protein biosynthesis. V. The site of action of vitamin B_{12} and its inhibitition by a B_{12} antagonist. VI. Relation of vitamin B_{12} to amino acid activation. Biochim. biophys. Acta **28**, 215—216 (1958); J. biol. Chem. **233**, 619—624 (1958).
WASE, A. W.: The biological halflife of riboflavin-^{14}C in the liver of normal rats and rats fed 2-acetylaminofluorene. Arch. Biochem. **61**, 174 (1956).
WATSON, G. M., and H. W. FLOREY: The absorption of vitamin B_{12} in gastrorectomised rats. Brit. J. exp. Pathol. **36**, 479—486 (1955).
WEINSTEIN, I. B., and D. M. WATKIN: Vitamin B_{12}-Co^{58} absorption, distribution, plasma clearance and excretion in patients with and without elevated plasma B_{12}-levels. Proc. Amer. Ass. Cancer Res. **2**, 355 (1958).
— S. M. WEISSMAN and D. M. WATKIN: Identification of a vitamin B_{12}-binding substance in the seromucoid fraction of plasma. Fed. Proc. **18**, Nr. 2169 (1959).
— — — The plasma vitamin B_{12}-binding substance: I. Its detection in the seromucoid fraction of plasma from normal subjects and patients with chronic myelocytic leucemia. J. clin. Invest. **38**, 1904—1914 (1959).

WEISSBACH, H., J. TOOHEY and H. A. BARKER: Isolation and properties of B_{12}-coenzymes containing benzimidazole or dimethylbenzimidazole. Proc. nat. Acad. Sci. (Wash.) **45**, 521–525 (1959).
WEYGAND, F., H. KLEBE u. A. TREBST: Einbau von 5,6-Dimethylbenzimidazol-(–2-^{14}C) in Vitamin B_{12} durch Streptomyces olivaceus. Z. Naturforsch. **9b**, 449–450 (1954).
WIDER, S., J. A. WIDER and E. P. REINEKE: A study of adrenal radioactivity subsequent to parenteral Co^{60}-labelled vitamin B_{12}. Endocrinology **63**, 431–434 (1958).
— — — Differential excretion of cobalt-containing products following administration of Co^{60}-labelled vitamin B_{12} to rats. Proc. Soc. exp. Biol. (N. Y.) **98**, 180–183 (1958).
WIJMENGA, H. G.: Intrinsic factor and vitamin B_{12}-binding substances, purification, properties and possible relationship (review). In „Vitamin B_{12} und Intrinsic Factor" (1. Europäisches Symposion, Hamburg, 23.–26. Mai 1956), S. 156–193. Stuttgart: F. Enke-Verlag 1957.
— W. L. C. VEER and J. LENS: Vitamin B_{12}. II. The influence of HCN on some factors of the vitamin B_{12}-group. Biochim. biophys. Acta **6**, 229–236 (1950).
WILLIAMS, D. L., and A. R. RONZIO: Synthesis of thiamin labelled with ^{14}C. J. Amer. chem. Soc. **74**, 2409 (1952).
WILLIAMS, W. L., B. F. CHOW, L. ELLENBOGEN and K. OKUDA: Intrinsic factor preparations which augment and inhibit absorption of vitamin B_{12} in healthy individuals. In „Vitamin B_{12} und Intrinsic Factor, Hamburg 1956", S. 250–257. Stuttgart: F. Enke-Verlag 1957.
— and L. ELLENBOGEN: Purification and assay of intrinsic factor. In „Vitamin B_{12} und Intrinsic Factor" (1. Europäisches Symposion, Hamburg, 23.–26. Mai 1956), S. 206–213. Stuttgart: F. Enke-Verlag 1957.
— — S. F. RABINER and H. C. LICHTMAN: An improved urinary excretion test as an assay for intrinsic factor. III. Comparison of results of this method with the classical clinical method. J. Lab. clin. Med. **48**, 511–518 (1956).
WILLIGAN, D. A., E. P. CRONKITE, L. M. MEYER and S. L. NOTO: Biliary excretion of Co^{60} labelled vitamin B_{12} in dogs. Proc. Soc. exp. Biol. (N. Y.) **99**, 81–84 (1958).
WILLMERS, J. S., and D. H. LAUGHLAND: The distribution of radioactive carbon in the rat after the administration of randomly labelled ^{14}C-carotene. Canad. J. Biochem. **35**, 819 (1957).
WILSON, T. H., and G. WISEMAN: The use of sacs of everted small intestine for the study of the transference of substances from the mucosal to the serosal surface. J. Physiol. **123**, 116 (1954).
WILZBACH, K. E.: Tritium-labeling by exposure of organic compounds to tritium gas. J. Amer. chem. Soc. **79**, 1013 (1957).
WOLF, A. P.: Isotopen-Markierung organischer Verbindungen durch Neutronenbestrahlung. Angew. Chem. **71**, 237–243 (1959).
WOLF, G., S. G. KAHN and B. C. JOHNSON: Metabolism studies with radioactive vitamin A. J. Amer. chem. Soc. **79**, 1208 (1957).
— M. D. LANE and B. C. JOHNSON: Studies on the function of vitamin A in metabolism. J. biol. Chem. **225**, 995 (1957).
WOLFF, R.: La position du foie dans le métabolisme normal et pathologique de la vitamine B_{12}. In „Vitamin B_{12} und Intrinsic Factor, Hamburg 1956", S. 519–537. Stuttgart: F. Enke-Verlag 1957.
— L'absorption de la vitamine B_{12} radioactive par l'anse intestinale du rat normal in situ. C. R. Acad. Sci. (Paris) **246**, 3103–3105 (1958).
— et J. VUILLEMIN-WEIS: Recherches sur l'absorption intestinale de la vitamine B_{12} chez le rat. Bull. Soc. Chim. Biol. **40**, 1539–1558 (1958).
— — et P. ARNOULD: Le mode d'action du facteur intrinsèque dans l'absorption intestinale de la vitamine B_{12} chez le rat. Bull. Acad. nat. Méd. (Paris) **142**, 179–181 (1958).
WOODBURY, D. T., and CH. ROSENBLUM: The neutron irradiation of crystalline vitamin B_{12}. J. Amer. chem. Soc. **75**, 4364–4365 (1953).
WOODS, R. J., and J. D. TAYLOR: Notes on the preparation and use of ^{14}C-labelled vitamin K_1 and vitamin K_3. Canad. Chem. J. **35**, 941 (1957).
WOODS, W. D., W. B. HAWKINS and G. H. WHIPPLE: Vitamin B_{12} Co^{60} distribution in dog tissues during many months. Red cell stroma with labelled B_{12} in hemolytic anemia. J. exp. Med. **108**, 1–8 (1958).
WU CHANG, M. L., and B. C. JOHNSON: Metabolism of radioactive nicotinamide in chick. Fed. Proc. **15**, 546 (1956).
— — Nicitonic acid metabolism. III. ^{14}C-carboxyl-labelled nicotinamid and nicotinic acid in the chick. J. biol. Chem. **226**, 799 (1957).
WÜRSCH, J., u. U. SCHWIETER: Synthese von β-Carotin-(6,6'-^{14}C). Helv. chim. Acta **39**, 1067 (1956).

WUHRMANN, J. J., H. YOKOYAMA and C. O. CHICHESTER: The degradation of leucine-derived carotenes. J. Amer. chem. Soc. **79**, 4569 (1957).
YAMAMOTO, R. S., and B. F. CHOW: A rapid method for the determination of B_{12} binding power, in the gastric juice. J. Lab. clin. Med. **43**, 316—320 (1954).
YANOFSKY, C., and D. M. BONNER: Studies on the conversion of 3-hydroxyanthranilic acid to niacin in neurospora. J. biol. Chem. **190**, 211 (1951).
YEH, D. J., and B. F. CHOW: Vitamin B_{12} absorption in pyridoxindeficient rats. Further studies. Amer. J. clin. Nutr. **7**, 426—432 (1959).
YOKOYAMA, H., C. O. CHICHESTER, T. NAKAYAMA, A. LUKTON and G. MACKINNEY: Carotene-3-^{14}C and 4-^{14}C-leucine. J. Amer. chem. Soc. **79**, 2029 (1957).
ZIRM, K. L.: Über die spezifische Anreicherung von Kobalt-chlorophylin im Nervensystem, ihre therapeutische Bedeutung und Beziehung zum Vitamin B_{12}. In „Vitamin B_{12} und Intrinsic Factor, Hamburg 1956", S. 383—386, 1957.

Anwendung von radioaktiven Isotopen in der Enzymforschung

Von

Kurt Wallenfels und Horst Sund [1]

Mit 9 Abbildungen

I. Einleitung

Die Methode der Markierung von Verbindungen, welche bei der Aufklärung von Stoffwechselwegen im komplexen System lebender Zellen so große Fortschritte gebracht hat, kann auch sinngemäß auf einzelne Enzymreaktionen angewendet werden, indem man das Substrat an bestimmten Atomen radioaktiv markiert und im Reaktionsprodukt Umfang und Ort der Markierung bestimmt. In vielen Fällen stellt diese Methode nur eine Variation einer Bestimmungsmethode dar, die vor einer anderen quantitativen Bestimmung bei Vorhandensein geeigneter Apparate Vorteile hinsichtlich der Schnelligkeit, Spezifität und Empfindlichkeit aufweisen kann. Eine Markierung des Phosphors in einem organischen Phosphorsäureester kann z. B. benutzt werden, um eine Spaltung durch Phosphatase auch in Gegenwart größerer Mengen von Fremdphosphor verschiedener Bindungsweise quantitativ zu untersuchen. Auch die vielen Nachweise und Bestimmungsmethoden bei der Überführung von Phosphor in eine andere Bindungsweise sind hier zu nennen. Man bedient sich hierbei vorzugsweise der Papierchromatographie, Papierelektrophorese oder Ionenaustauschchromatographie zur

[1] Zur Zeit Medicinska Nobelinstitutet, Biokemiska avdelningen, Stockholm.

Abkürzungen:

A	Adenin
ADH	Alkoholdehydrogenase
ADP	Adenosindiphosphat
AMP	Adenosin-5′-phosphat
ATP	Adenosintriphosphat
BTS	Brenztraubensäure
C	Cytosin
CoA, CoA-SH	Coenzym A
DH	Dehydrogenase
DHAP	Dihydroxyacetonphosphat
DIFP	Diisopropyl-fluor-phosphat
DIP	Diisopropyl-phosphat
1,3-DPGS	1,3-Diphospho-glycerinsäure
DPN	Diphosphopyridinnucleotid
DPN^+	oxydiertes DPN
DPNH	reduziertes DPN
DPNT	reduziertes DPN mit Tritium in p-Stellung
E	Enzym
G	Guanin
G-1-P	Glucose-1-phosphat
G-6-P	Glucose-6-phosphat
G-1,6-P	Glucose-1,6-diphosphat
GA-3-P	Glycerinaldehyd-3-phosphat
Gal-1-P	Galaktose-1-phosphat
GSH	Glutathion
GTP	Guanosintriphosphat
MIP	Monoisopropyl-phosphat
N	Nicotinamid
P	Orthophosphat
PBTS	Phosphoenol-brenztraubensäure
PCMB	p-Chlormercuribenzoat
3-PGS	3-Phosphoglycerinsäure
P-P	Pyrophosphat
PS	Serylphosphat
R	Ribose
RNS	Ribonucleinsäure
S	Serin
Th	Thiamin
ThPP	Thiaminpyrophosphat
TPN	Triphosphopyridinnucleotid
TPN^+	oxydiertes TPN
TPNH	reduziertes TPN
U	Uracil
UDP	Uridindiphosphat
UDPG	Uridindiphosphat-glucose
UDPGal	Uridindiphosphat-galaktose
UMP	Uridin-5′-phosphat
UTP	Uridintriphosphat
XMP	Xanthosin-5′-phosphat

Trennung der vorliegenden Gemische. Die phosphorhaltigen Reaktionsprodukte lassen sich dann durch Radioautographie leicht sichtbar machen. Eine wichtige Anwendung dieser Methode war z. B. die Markierung des Phosphors in Nucleosid-diphosphaten, welche bei der enzymatischen Synthese von Polynucleotiden zum Nachweis und zur Konstitutionsermittlung des Reaktionsprodukts herangezogen wurde (GRUNBERG-MANAGO, ORTIZ und OCHOA; BRUMMOND, STAEHELIN und OCHOA; LITTAUER und KORNBERG). Die Kinetik derartiger Reaktionen läßt sich durch die bequeme quantitative Messung der phosphorhaltigen Reaktionspartner in Mikroansätzen relativ leicht untersuchen. Gleiches gilt für die Polydesoxyribonucleotidsynthese aus Desoxyribonucleosidtriphosphaten (LEHMAN, BESSMAN, SIMMS und KORNBERG; BESSMAN, LEHMAN, SIMMS und KORNBERG).

Prinzipiell gleiche Anwendungsmöglichkeiten ergeben sich aus der Markierung des Schwefels. So ließ sich z. B. der Verbleib des Methioninschwefels bei der enzymatischen Transmethylierung auf diese Weise nachweisen (CANTONI). Auch die für die Strukturaufklärung von Proteinen wichtige Reaktion von SWAN, die Spaltung von Cystinylresten mit Sulfit, wurde auf Enzyme angewendet und durch die Benutzung von radioaktiv markiertem Reagens einer relativ einfachen quantitativen Kontrolle zugeführt (PECHÈRE, DIXON, MAYBURY und NEURATH).

Bei der Besprechung der Anwendung von Radioisotopen in der Enzymforschung soll das Hauptgewicht auf drei relativ junge Arbeitsrichtungen der modernen Biochemie gelegt werden: Die Aufklärung enzym-chemischer Reaktionen auf der Basis organisch-chemischer Reaktionsmechanismen, die Frage nach der Natur der intermediär auftretenden Enzym-Substrat-Komplexe und die Untersuchungen über den chemischen Mechanismus sowie die erbliche Festlegung der spezifischen Proteinsynthese.

II. Die Aufklärung der Reaktionsmechanismen von Enzymreaktionen

1. Enzymatische Substitutionsreaktionen

INGOLD und seine Mitarbeiter haben während der 30iger Jahre in zahlreichen Arbeiten die grundlegenden Untersuchungen über Substitutionsreaktionen durchgeführt. Bewirkt werden solche Reaktionen durch nucleophile, electrophile oder radikalische Agentien, sie laufen in einem Zweistufenprozeß (monomolekular) oder einem Einstufenprozeß (bimolekular) ab.

Die bimolekulare nucleophile Substitutionsreaktion (S_N2-Mechanismus) findet ihren Ausdruck in der allgemeinen Gleichung:

$$Y + R{-}X \rightarrow Y \cdots R \cdots X \rightarrow Y{-}R + X \qquad (1)$$

oder im speziellen Fall der alkalischen Hydrolyse eines Alkylchlorids:

$$OH^{\ominus} + (R_1)(R_2)(R_3)C{-}Cl \rightarrow HO \cdots C(R_1)(R_2)(R_3) \cdots Cl \rightarrow HO{-}C(R_1)(R_2)(R_3) + Cl^{\ominus} \qquad (2)$$

Das nucleophile Agens Y ($OH^{\ominus}$) mit seinem freien Elektronenpaar greift den Kohlenstoff von der entgegengesetzten Seite der zu verdrängenden Gruppe in Richtung der R—X(C—Cl)-Bindung an, wobei gleichzeitig die R—X-Bindung gelockert wird. Im Übergangszustand steht das Kohlenstoffatom, an dem die Reaktion stattfindet, mit 5 Atomen bzw. Gruppen in Verbindung, von denen

3 kovalent und 2 halbionisch gebunden sind. Aus dem Übergangszustand kann dann nur unter Umkehrung der sterischen Anordnung am C-Atom (Waldensche Umkehrung) das Endprodukt entstehen.

Bei den monomolekularen nucleophilen Substitutionsreaktionen (S_N1-Mechanismus) erfolgt die Substitution in 2 Schritten:

$$R{-}X \rightarrow R^{\oplus} + X^{\ominus} \text{ (langsam)} \tag{3}$$

$$R^{\oplus} + Y \rightarrow R^{\oplus}{-}Y \text{ (schnell)} \tag{4}$$

Für die Hydrolyse eines tertiären Alkylhalogenids erhält man:

$$(R_1)(R_2)(R_3)C{-}Cl \rightarrow (R_1)(R_2)(R_3)C^{\oplus} + Cl^{\ominus} \text{ (langsam)} \tag{5}$$

$$(R_1)(R_2)(R_3)C^{\oplus} + H_2O \rightarrow (R_1)(R_2)(R_3)C{-}OH + H^{\oplus} \text{ (schnell)} \tag{6}$$

Diese Reaktionen sind kinetisch betrachtet von 1. Ordnung. Der reaktionsbestimmende Schritt ist in diesem Fall die Ausbildung des Carbeniumions. S_N1-Reaktionen lassen sich von S_N2-Reaktionen nicht immer streng trennen. Sie verlaufen unter mehr oder weniger vollständiger Beibehaltung der Konfiguration am asymmetrischen Kohlenstoffatom.

Beim Austausch von OH durch Cl mit Thionylchlorid beobachtet man häufig eine Reaktion ohne Waldensche Umkehr. In diesem Falle wird wahrscheinlich primär ein Ester gebildet, der in einer internen S_N1-Reaktion zum Alkylchlorid unter Beibehaltung der ursprünglichen sterischen Anordnung reagiert (Cowdrey, Hughes, Ingold, Masterman und Scott, 1937; Cram, 1953; Lewis und Boozer, 1952):

$$(R_1)(R_2)(R_3)C{-}OH + SOCl_2 \longrightarrow \underset{\text{Ester} + HCl}{(R_1)(R_2)(R_3)C{<}\overline{O}{-}SO{-}\overline{Cl}|} \longrightarrow (R_1)(R_2)(R_3)C{-}Cl + SO_2 \tag{7}$$

In analoger Weise wurden diese Gedankengänge von Koshland auf enzymatische Reaktionen übertragen. Betrachtet man die enzymatischen nucleophilen Substitutionsreaktionen (Hydrolyse, Phosphorolyse, Phosphorylierungen, Glykosidierungen) auf der Basis des S_N2-Mechanismus, dann gibt es nach Koshland 3 Typen von Austauschreaktionen:

a. "Single Displacement" (einfacher Austausch)

b. "Double Displacement" (doppelter Austausch)

c. "Frontside Displacement" (Austausch von der Stirnseite).

a) Single Displacement

Die beiden miteinander in Reaktion tretenden Substratmolekeln R—X und Y werden zuerst nebeneinander von der Enzymmolekel gebunden. Das Acceptorsubstrat Y unternimmt dann einen direkten nucleophilen Angriff auf das Donorsubstrat R—X, wobei wahrscheinlich basische Gruppen des Enzyms die Nucleophilie des Acceptors begünstigen und saure Gruppen lockernd auf die R—X-Bindung einwirken. Da Y von der Gegenseite kommt, tritt wie bei der nichtenzymatischen Reaktion Inversion der Konfiguration ein (z. B. bei der Maltosephosphorylase). (Schematisch dargestellt in Abb. 1.)

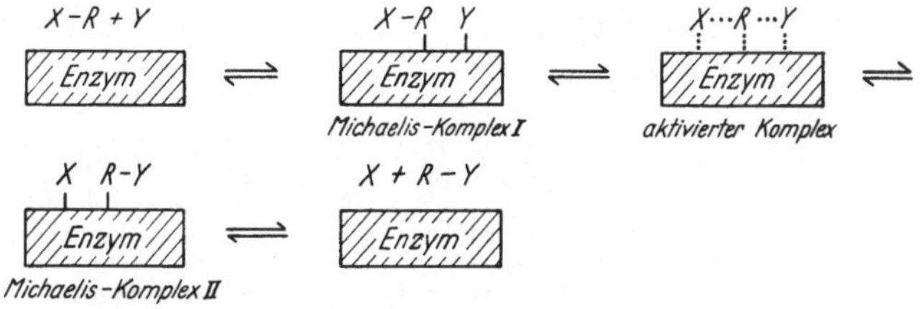

X-R + Y Enzym ⇌ X-R Y Enzym Michaelis-Komplex I ⇌ X···R···Y Enzym aktivierter Komplex ⇌

X R-Y Enzym Michaelis-Komplex II ⇌ X + R-Y Enzym

Abb. 1. Schematische Darstellung des single displacement-Mechanismus

b) Double Displacement

Bei dieser Reaktionsweise unternimmt zuerst das Enzym mit einer basischen Gruppe einen nucleophilen Angriff auf das Donorsubstrat, indem ohne Mitbeteiligung des zweiten Substrates, des Acceptorsubstrates, eine Enzym-R-Verbindung ausgebildet wird. Anschließend daran greift das Acceptorsubstrat Y — wiederum nucleophil — die Enzym-R-Verbindung an, wobei dann das Endprodukt R—Y gebildet wird. Ist kein Acceptorsubstrat zugegen, und ist fernerhin die Ausbildung des intermediär entstehenden Enzym-R-Komplexes reversibel, dann zerfällt dieser wieder in das Enzym und das Donorsubstrat R—X. (Schematisch dargestellt in Abb. 2.)

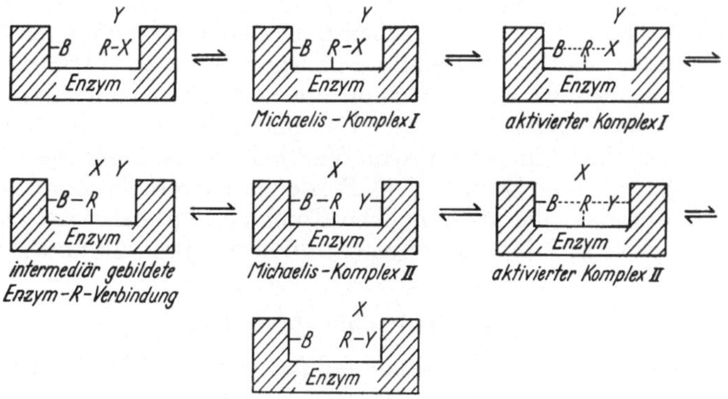

Y -B R-X Enzym ⇌ Y -B R-X Enzym Michaelis-Komplex I ⇌ Y -B···R···X Enzym aktivierter Komplex I ⇌

X Y -B-R Enzym intermediär gebildete Enzym-R-Verbindung ⇌ X -B-R Y- Enzym Michaelis-Komplex II ⇌ X -B···R···Y- Enzym aktivierter Komplex II ⇌

X -B R-Y Enzym

Abb. 2. Schematische Darstellung des double displacement-Mechanismus

Zwei zeitlich nacheinander ablaufende S_N2-Reaktionen — Spaltung der R—X-Bindung und Bildung der R—Y-Bindung — und damit verbundene zweimalige Waldensche Umkehr führen in diesem Falle zu einem Endprodukt, das die gleiche Konfiguration am asymmetrischen Kohlenstoffatom besitzt wie das Ausgangsprodukt, die intermediär gebildete Enzym-R-Verbindung dagegen die inverse Konfiguration.

c) Frontside Displacement

Auch hier erfolgt wie beim single displacement ein direkter Austausch von X in RX durch Y, aber nicht von der der abzutrennenden Gruppe entgegengesetzten Seite her, sondern von der Stirnseite in einem Winkel. (Schematisch dargestellt in Abb. 3.) Voraussetzung ist, daß der aktiv wirksame Bereich des Enzyms für R, X und Y eine sterisch günstige Anordnung schafft, die einem cyclischen Zwischenprodukt, wie es für die Chlorierung durch Thionylchlorid angenommen wird (Gleichung 7), äquivalent ist[1]. Die nach dem frontside displacement-Mechanismus verlaufenden Reaktionen sind in der organischen Chemie nicht so wichtig wie die anderen beiden Austauschreaktionen. Sie spielen aber wahrscheinlich in der Enzymchemie eine wichtige Rolle, z. B. bei den Reaktionen am anomeren Kohlenstoffatom von Zuckern.

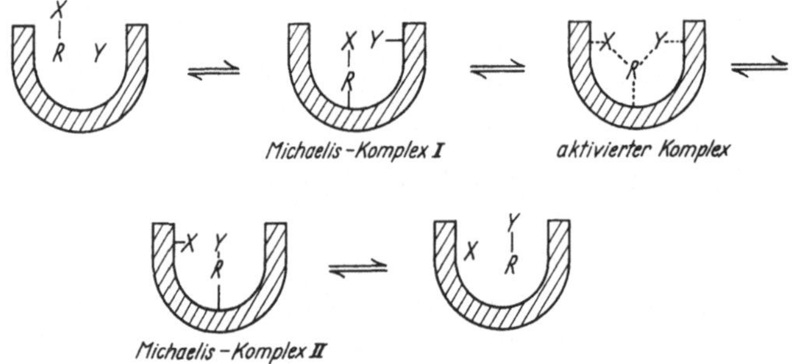

Abb. 3. Schematische Darstellung des frontside displacement-Mechanismus

Zur Unterscheidung zwischen einem single und einem double displacement-Mechanismus gibt es im wesentlichen 3 Methoden, die eine experimentelle Untersuchung erlauben: Isotopenaustausch-, stereochemische und kinetische Untersuchungen. Die stereochemische Methode findet, da sie ja auf Verbindungen mit asymmetrischen Kohlenstoffatomen beschränkt ist, besonders in der Zuckerreihe Verwendung. So konnte neben Versuchen mit radioaktiv markierten Verbindungen gezeigt werden, daß bei der Maltose-phosphorylase ein single displacement-Mechanismus vorliegt, da eine Inversion am asymmetrischen Kohlenstoffatom stattfindet, also ein direkter Angriff der Phosphatmolekel auf die Maltosemolekel ohne Ausbildung einer Enzym-Substrat-Verbindung im Sinne des Schemas in Abb. 2 erfolgt (FITTING und DOUDOROFF). Bei der Saccharosephosphorylase dagegen besitzt das Endprodukt die ursprüngliche Konfiguration, hier folgt die Reaktion dem double displacement-Mechanismus (DOUDOROFF, BARKER und HASSID).

d) Saccharosephosphorylase

Zur Klärung einer derartigen Fragestellung wurde die Isotopentechnik zum ersten Mal von DOUDOROFF, BARKER und HASSID bei der Untersuchung der Saccharosephosphorylase aus *Pseudomonas saccharophila* angewandt. Sie inkubierten Glucose-1-phosphat in Gegenwart des Enzyms mit Phosphat-[P^{32}] und in Abwesenheit von Fructose und fanden einen Einbau von P^{32} in das Glucose-1-phosphat (Tab. 1). Es mußte sich also nach dem Gleichgewicht

$$\text{G-1-P} + \text{Enzym} \rightleftharpoons \text{Glucosyl-Enzym} + \text{P} \tag{8}$$

[1] Die Reaktionen können beim frontside displacement außer mit einfachem auch mit doppeltem Austausch entsprechend dem double displacement ablaufen.

der Einbau des P^{32} vollzogen haben. In Gegenwart von Fructose kann dann der zweite Schritt, die Glucosidierung der Fructose

$$\text{Glucosyl-Enzym} + \text{Fructose} \rightleftharpoons \text{Saccharose} + \text{Enzym} \tag{9}$$

ablaufen.

Tabelle 1. *Isotopenaustausch zwischen Phosphat-[P^{32}] und Glucose-1-phosphat durch Saccharose-phosphorylase* (DOUDOROFF, BARKER und HASSID)

Exp. Nr.	Reaktionsmischung	I. p. M. per μMol nach 60 min Inkubation bei 30°	
		Phosphat	Glucose-1-phosphat
1	0,1 m Glucose-1-phosphat . . . . 0,033 m Phosphat-[P^{32}]	1098 ± 40	0 ± 1
2	wie 1 aber mit Enzym	859 ± 40	119 ± 3
3	wie 2 aber mit 0,06 m Fructose	886 ± 40	99 ± 3
4	wie 2 aber mit 0,12 m Glucose . . . . (Glucose ist Inhibitor)	1096 ± 40	7 ± 1

e) Phospho-serinphosphatase

Entsprechende Versuche mit Serin-[C^{14}] und Phosphat-[P^{32}] führten zur Aufklärung der Wirkungsweise der Phospho-serinphosphatase durch NEUHAUS und BYRNE sowie BORKENHAGEN und KENNEDY. Inkubiert man Serinphosphat mit Phosphat-[P^{32}] oder Serin-[C^{14}], so findet man im Serinphosphat Radioaktivität nur in Gegenwart von Serin-[C^{14}], P^{32} wird nicht eingebaut. Da dieses Enzym sowohl Kinase als auch Phosphatase ist, ergibt sich für den double displacement-Mechanismus folgende Reaktionsweise:

$$\text{Enzym} + \text{PS} \rightleftharpoons \text{Enzym-PS} \rightleftharpoons \text{Enzym}<^{\text{P}}_{\text{S}} \rightleftharpoons \text{Enzym-P} + \text{S} \tag{10}$$

$$\text{Enzym-P} \xrightarrow{H_2O} \text{Enzym} + \text{P}$$

Enzym-PS ist der Michaelis-Komplex der Phosphatase-Reaktion, $\text{Enzym}<^{\text{P}}_{\text{S}}$ derjenige des Phosphoryl-Enzyms mit Serin und Enzym-P das phosphorylierte Enzym. Enzym-P wirkt entweder phosphorylierend auf Serin oder wird irreversibel hydrolysiert.

f) Glycerinaldehyd-3-phosphat-dehydrogenase

Wichtige Aufschlüsse über die Wirkungsweise der Glycerinaldehyd-3-phosphat-dehydrogenase ergaben die Untersuchungen von RACKER (1954), RACKER und KRIMSKY, HARTING und VELICK sowie OESPER. Dieses Enzym katalysiert die Reaktion

$$\text{GA-3-P} + \text{P} + \text{DPN}^{\oplus} \rightleftharpoons \text{1,3-DPGS} + \text{DPNH} + \text{H}^{\oplus} \tag{11}$$

sowie den Austausch zwischen Phosphat-[P^{32}] und der Phosphatgruppe am C_1-Atom der 1,3-Diphosphoglycerinsäure oder dem Acetylphosphat. Bei diesem

Austausch, an dem DPN^+ nicht beteiligt ist, muß sich intermediär eine 3-Phosphoglyceryl-Enzym-Verbindung ausbilden. Es erfolgt daher primär die Oxydation des 3-Phosphoglycerinaldehyds und sekundär dann die Phosphorylierung nach dem Schema:

$$\begin{array}{c} \text{GA-3-P} + \text{DPN}^{\oplus} \rightleftharpoons \text{3-PG-Enzym} + \text{DPNH} + \text{H}^{\oplus} \\ \upharpoonleft\!\downharpoonright \text{P} \\ \text{1,3-DPGS} + \text{E} \end{array} \quad (12)$$

In Übereinstimmung damit stehen die Befunde von Krimsky über die Bildung einer Acetyl-Enzym-Verbindung, die durch Einwirkung von Acetyl-phosphat auf das DPN-freie Enzym erhalten wurde und DPNH sehr schnell zu oxydieren vermag. Die Bindung des Acylrestes erfolgt sehr wahrscheinlich als Thioester, da Jodessigsäure die Bindung verhindert und mit Hydroxylamin Hydroxamsäure gebildet wird. Dieser Mechanismus war schon früher von Racker und Krimsky gefordert worden.

In entsprechender Weise wurden solche Austauschreaktionen an zahlreichen weiteren Enzymsystemen untersucht, die in der Tab. 2 zusammengestellt sind. In allen diesen Fällen darf man annehmen, daß die Reaktionen nach dem double displacement-Mechanismus ablaufen, intermediär also eine Enzym-Substrat-Verbindung entsprechend dem Schema in Abb. 2 gebildet wird. Man muß aber bedenken, daß ein Austausch zwischen R—X und X* nicht unbedingt einen single displacement-Mechanismus ausschließt. Wenn X auch an der Enzymbindungsstelle von Y gebunden werden könnte, so würde im aktivierten Komplex des single displacement

X · · · R · · · X* an Stelle von X · · · R · · · Y stehen

// Enzym //   // Enzym //

In diesem Komplex wäre dann der Austausch

$$\text{RX} + \text{X}^* \rightleftharpoons \text{R—X}^* + \text{X} \quad (13)$$

möglich. Da aber eine spezifisch strukturierte Enzymoberfläche für die Substratspezifität des Enzyms verantwortlich ist, müßte die Bindungsstelle für beide Substrate Spezifität aufweisen, und die Substrate müßten im Komplex austauschbar sein. Dies erscheint aber für so verschiedenartige Substrate wie z. B. Fructose und Phosphat sehr unwahrscheinlich.

In den zahlreichen anderen Fällen, in denen kein Austausch nach (13) beobachtet werden kann (Tab. 3), ist eine Klärung des Mechanismus nicht ohne weiteres möglich. Es könnte z. B. das Gleichgewicht der durch double displacement gebildeten Intermediärverbindung ganz auf der Seite dieser Verbindung liegen, so daß ein Austausch praktisch nicht festzustellen wäre. Es sind daher zusätzliche Beweise notwendig, um den Reaktionsmechanismus aufklären zu können. So konnten Fitting und Doudoroff zeigen, daß zwischen Glucose-1-phosphat und Phosphat-[P^{32}] sowie zwischen Maltose und Glucose-[C^{14}] kein Austausch zu beobachten ist, sondern erst dann, wenn auch noch das 3. Substrat zugegen ist (Tab. 4). In Verbindung mit den stereochemischen Ergebnissen ist man in diesem Falle berechtigt, für die Reaktionsweise der Maltose-phosphorylase einen single displacement-Mechanismus anzunehmen.

Tabelle 2. *Enzymsysteme mit Isotopenaustausch*

Enzym	Reaktion	Isotopenaustausch untersucht in Gegenwart von Enzym und	Literatur
Saccharose-phosphorylase (*Pseudomonas saccharophila*)	Glucose-1-phosphat + Fructose ⇌ Saccharose + Phosphat	1. G-1-P und Phosphat-[P^{32}] 2. Fructose-[C^{14}] und Saccharose	a b
Glycerinaldehyd-3-phosphat-dehydrogenase (Hefe, Kaninchenmuskel)	Glycerinaldehyd-3-phosphat + Phosphat + DPN^+ ⇌ 1,3-Diphosphoglycerinsäure + DPNH + H^+	1. 1,3-DPGS und Phosphat-[P^{32}] 2. Acetylphosphat und Phosphat-[P^{32}]	c—e
DPNase (Rindermilz)	ARPPR-Nicotinamid (DPN^+) + Acceptor ⇌ ARPPR-Acceptor + Nicotinamid (Acc. = Nicotinamid, Nicotinsäure, Histamin usw.)	Nicotinamid-[C^{14}] + DPN^+	f, u
Phosphoserin-phosphatase (Hühner- und Rattenleber)	Serylphosphat ⇌ Serin + Phosphat	Serin-[C^{14}] und Serylphosphat (mit P^{32}-Phosphat kein Austausch)	g—i
Glutathion-Synthetase (Hefe)	L-γ-Glutamyl-L-cystein + Glycin + ATP ⇌ Glutathion + ADP + Phosphat	1. ATP und $ARPP^{32}$ 2. GSH, ADP bzw ATP und Glycin-[C^{14}]	j, k
Chymotrypsin	Carbobenzoxy-L-phenylalanin (Austausch des O der Carboxylgruppe gegen O^{18}	H_2O^{18} (mit Phenylalanin nur geringer Austausch)	l
	N-Acetyl-3,5-dibrom-L-tyrosin-[Br^{82}] (Austausch des O der Carboxylgruppe gegen O^{18})	H_2O^{18}	m
Papain	Benzoylglycinamid (Transamidierung)	$N^{15}H_3$	n
Alkalische Phosphatase	R—O—PO_3H_2 + H_2O ⇌ H_3PO_4 + ROH	H_2O^{18} und verschiedene R—O—PO_3H_2-Verbindungen	o
Glucose-6-phosphatase (Rattenleber)	Glucose-6-phosphat + H_2O ⇌ Glucose + Phosphat	Glucose-[C^{14}] und Glucose-6-phosphat (mit Phosphat-[P^{32}] kein Austausch)	p
Lipase	R—$COOR_1$ + H_2O ⇌ R—COOH + R_1OH	H_2O^{18} und Essigsäure	q
Acetylcholinesterase	Acetylcholin + H_2O ⇌ Cholin + Essigsäure	H_2O^{18} und Buttersäure	r
Chymotrypsin	Benzol-L-tyrosylglycinamid (Transpeptidierung)	Glycinamid-[N^{15}]	s
UDPG-Pyrophosphorylase (Bierhefe)	UDPG + Pyrophosphat ⇌ UTP und Glucose-1-phosphat	1. UDPG + Glucose-1-phosphat-[P^{32}] 2. UTP + P^{32}-P^{32} (UMP-[C^{14}] tauscht nicht aus mit UDPG oder UTP)	t
Transamidinase (*S. griseus*, Hundeniere)	Transamidinierung: Arginin + Ornithin-[C^{14}] (Canalin, Glycin, NH_2OH) ⇌ Ornithin + Arginin-[C^{14}] (Canavanin, Guanidinessigsäure, Hydroxyguanidin)	1. Ornithin-[2-C^{14}] und Arginin 2. Glycin-[2-C^{14}] und Guanidinessigsäure	v

Literatur: a DOUDOROFF, BARKER und HASSID; b WOLOCHOW, PUTNAM, DOUDOROFF, HASSID und BARKER; c OESPER; d RACKER und KRIMSKY; e HARTING und VELICK; f ZATMAN, KAPLAN und COLOWICK; g NEUHAUS und BYRNE (1959a); h NEUHAUS und BYRNE (1959b); i BORKENHAGEN und KENNEDY (1958, 1959); j SNOKE; k SNOKE und BLOCH; l SPRINSON und RITTENBERG; m DOHERTY und VASLOW; n JOHNSTON, MYCEK und FRUTON (1950a); o STEIN und KOSHLAND; p HASS und BYRNE; q BENTLEY und RITTENBERG; r BENTLEY und RITTENBERG; s JOHNSTON, MYCEK und FRUTON (1950b); t MUNCH-PETERSEN; u ALIVISATOS; v WALKER (1957, 1958), s. a. RATNER und ROCHOVANSKY (1956).

Tabelle 3. *Enzymsysteme ohne Isotopenaustausch*

Enzym	Reaktion	Isotopenaustausch untersucht in Gegenwart von Enzym und	Literatur
Maltosephosphorylase *(Neisseria meningitides)*	Maltose + Phosphat ⇌ Glucose + β-D-Glucose-1-phosphat	1. Phosphat-[P^{32}] und β-D-Glucose-1-phosphat 2. Glucose-[C^{14}] und Maltose	a
DPNase *(Neurospora)*	ARPPR-Nicotinamid + Acceptor ⇌ ARPPR-Acceptor + Nicotinamid	DPN^+ und Nicotinamid-[C^{14}] (Austausch aber in Gegenwart von Ergothionein)	b c
Aspartat-transcarbamylase *(E. coli)*	Carbamyl-phosphat + L-Asparaginsäure ⇌ Phosphat + Carbamylasparaginsäure (Ureidobernsteinsäure)	1. Carbamylphosphat und Phosphat-[P^{32}] 2. Asparaginsäure-[2,3-C^{14}] und Carbamylasparaginsäure 3. H_2O^{18} und den Substraten	d, s
Thymidin-phosphorylase (Pferdeleber)	Thymin + Desoxyribose-1-phosphat ⇌ Thymidin + Phosphat	Phosphat-[P^{32}] und Desoxyribose-1-phosphat	e
5-Nucleotidase (Bullensperma)	AMP + H_2O ⇌ Adenosin + Phosphat	1. Adenosin-[C^{14}] und AMP 2. Phosphat und H_2O^{18} 3. H_2O^{18} und AMP	f—h
Pyruvat-kinase (Hefe)	BTS + ATP ⇌ PBTS + ADP	1. BTS-[2-C^{14}] und PBTS 2. H_2O^{18} und den Substraten	i
Acetokinase *(E. coli)*	Acetat + ATP ⇌ Acetyl-phosphat + ADP	1. Acetat-[C^{14}] und Acetyl-phosphat 2. $ARPP^{32}$ und ATP	j
Muskelphosphorylase a (Kaninchen)	$(C_6H_{10}O_5)_n$ (Glykogen) + Phosphat ⇌ Glucose-1-phosphat + $(C_6H_{10}O_5)_{n-1}$	1. Phosphat-[P^{32}] und G-1-P 2. Glucose-[C^{14}], Glucose-1-phosphat und Glykogen	k
Kartoffelphosphorylase	$(C_6H_{10}O_5)_n$ (Stärke) + Phosphat ⇌ Glucose-1-Phosphat + $(C_6H_{10}O_5)_{n-1}$	Phosphat-[P^{32}] und Glucose-1-phosphat	l
Actomyosin und Myosin (Kaninchenmuskel)	ATP + H_2O ⇌ ADP + Phosphat	1. H_2O^{18} und KH_2PO_4 2. $ARPP^{32}$ und ATP 3. $KH_2P^{32}O_4$ und ATP 4. H_2O^{18} und ATP	m
Pyruvatkinase (Kaninchenmuskel	Phosphoenolbrenztraubensäure + ADP ⇌ Brenztraubensäure + ATP	BTS-[2-C^{14}] und PBTS	n
DPN-Pyrophosphorylase	DPN^+ + Pyrophosphat ⇌ AMP + ATP	ATP und P^{32}—P^{32}	o
Purinnucleosidase	Adenosin + Phosphat ⇌ Ribose-1-phosphat + Adenin	Adenosin-[C^{14}] und Adenosin	p
Fructose-1,6-diphosphatase (Spinat)	Fructose-1,6-diphosphat + H_2O ⇌ Fructose-6-phosphat + Phosphat	1. Fructose-6-phosphat-[C^{14}] und Fructosediphosphat 2. Phosphat-[P^{32}] und Fructosediphosphat	q
UDPG-Pyrophosphorylase (Bohnen)	UTP + Glucose-1-phosphat ⇌ UDPG + Pyrophosphat (an Stelle von G-1-P können auch andere Zuckerphosphate pyrophosphorolytisch gespalten werden)	UTP-P^{32} + P-P (in Gegenwart von Zuckerphosphaten ist Austausch vorhanden)	r

Literatur: a FITTING und DOUDOROFF; b ZATMAN, KAPLAN und COLOWICK; c GROSSMANN und KAPLAN; d REICHARD und HANSHOFF; e FRIEDKIN und DEWAYNE ROBERTS; f KOSHLAND und SPRINGHORN; g KOSHLAND (1955a); h KOSHLAND (1955b); i BOYER und HARRISON; j ROSE, GRUNBERG-MANAGO, KOREY und OCHOA; k COHN und CORI; l COHN und CORI; m KOSHLAND, BUDENSTEIN und KOWALSKY; n HARRISON, BOYER und FALCONE; o KORNBERG und PRICER; p KOSHLAND (1955a); q RACKER und SCHROEDER; r NEUFELD, GINSBURG, PUTNAM, FANSHIER und HASSID; s REICHARD.

Tabelle 4. *Isotopenaustauschversuche mit Maltose-Phosphorylase* (FITTING und DOUDOROFF)

Markiertes Substrat	Reaktionsansatz	I. p. M. pro μMol			
		Anfangszustand		Inkubation 2 Std. bei 37°	
		Phosphat	Glucose	säurelabiles Phosphat	Maltose
P^{32}	10 μMol β-Glucose-1-phosphat 8 μMol Phosphat-[P^{32}]	4100		12	
	10 μMol β-Glucose-1-phosphat 8 μMol Phosphat-[P^{32}] 1 μMol Glucose	4100		145	
Glucose-[C^{14}]	8 μMol Maltose 18 μMol Glucose-[C^{14}]		7800		54
	8 μMol Maltose 18 μMol Glucose-[C^{14}] 2 μMol Phosphat		7800		841

g) Nucleotidase

Die Untersuchung der Austauschreaktion in der Hin- und Rückreaktion sowie kinetische Messungen sind weitere Mittel zur Klärung dieser Frage. KOSHLAND und SPRINGHORN haben die 5'-Nucleotidase aus Bullensperma eingehend untersucht. Isotopenaustauschversuche in Gegenwart des Enzyms und

1. Adenosin-[C^{14}] und AMP,
2. H_2O^{18} und Phosphat
3. H_2O^{18} und AMP

ließen einen Austausch vermissen. Würde man für die Nucleotidase-Reaktion einen double displacement-Mechanismus annehmen, dann müßten die beiden Reaktionsschritte

$$A{-}R{-}O{-}PO_3^{--} + E{-}H \underset{k_{-1}}{\overset{k_1}{\rightleftharpoons}} A{-}R{-}OH + E{-}PO_3^{--} \tag{14}$$

$$E{-}PO_3^{--} + H_2O \underset{k_{-2}}{\overset{k_2}{\rightleftharpoons}} E{-}H + HO{-}PO_3^{--} \tag{15}$$

auftreten. Da der Adenosin-[C^{14}]-Austausch nicht festzustellen ist, wird die Möglichkeit ausgeschlossen, daß der erste Schritt (14) schnell und reversibel verläuft und k_2 klein ist, analog schließt das Fehlen des H_2O^{18}-Austausches einen raschen Schritt 2 (15) und ein kleines k_{-1} aus. Das Ergebnis des Versuches mit Adenosin-[C^{14}] macht für das Verhältnis k_2/k_{-1} eine untere Grenze von 1,4 notwendig. Aus der Untersuchung mit H_2O^{18} in Verbindung mit der Gesamtgeschwindigkeit der Hydrolyse läßt sich für k_1/k_{-2} ein Wert von mindestens $1{,}9 \cdot 10^3$ berechnen. Die Gleichgewichtskonstante für die Gesamtreaktion müßte demnach

$$\frac{k_1\, k_2}{k_{-1}\, k_{-2}} = K = 2{,}6 \cdot 10^3 \tag{16}$$

oder größer sein. Der gefundene Wert liegt bei 0,7. Die Diskrepanz der beiden Werte weist darauf hin, daß der double displacement-Mechanismus in diesem Falle nicht vorliegt.

Ein ganz anderer Typ von Austauschreaktionen kann unter bestimmten Umständen zur Unterscheidung von single und double displacement-Mechanismus führen. Die notwendige Differenz zwischen beiden besteht ja darin, daß im double displacement die R—X-Bindung gespalten wird, bevor die Bildung der R—Y-Bindung beginnt. Wenn es sich zeigen läßt, daß die R—X-Bindung in Gegenwart des Enzyms intakt bleibt, dann wird damit ein Mechanismus mit doppeltem Austausch ausgeschlossen. Das ist der Fall, wenn das Enzym einen Austausch mit dem unveränderten Substrat und dem Lösungsmittel katalysiert. Bei einer Esterhydrolyse kann man das leicht mit H_2O^{18} machen. Bei den durch H^+ oder OH^- katalysierten Esterhydrolysen ließ sich ein derartiger Austausch nachweisen (Bender), doch weder bei der Nucleotidase (Koshland 1956), der Acetylcholinesterase (Stein und Koshland 1953), der ATPase (Koshland, Budenstein und Kowalsky), der alkalischen Phosphatase (Stein und Koshland 1952) noch beim Chymotrypsin (Bender, Ginger und Kemp) fand ein derartiger Austausch statt, bei dem im Falle der Nucleotidase das AMP O^{18} enthalten müßte:

$$\mathrm{A{-}R{-}O{-}\overset{\overset{\displaystyle O}{\uparrow}}{\underset{\underset{\displaystyle OH}{|}}{P}}{-}OH} + \mathrm{H_2O^*} \rightarrow \mathrm{A{-}R{-}O{-}\overset{HO^*\ \ OH}{\underset{\underset{\displaystyle OH}{|}}{P}}{-}OH} \rightarrow \mathrm{A{-}R{-}OH} + \mathrm{HO^*{-}P{-}OH} \tag{17}$$

$$\downarrow \qquad \mathrm{H_2O} + \mathrm{A{-}R{-}O{-}\overset{\overset{\displaystyle O^*}{\uparrow}}{\underset{\underset{\displaystyle OH}{|}}{P}}{-}OH}$$

h) Pyruvatkinase

Eingehend wurde der Mechanismus der Pyruvatkinase von Boyer und Harrison untersucht. Austauschversuche mit BTS-[2-C^{14}] und H_2O^{18} sollten prüfen, ob sich während der Reaktion

$$\mathrm{BTS} + \mathrm{ATP} \rightleftharpoons \mathrm{PBTS} + \mathrm{ADP} \tag{18}$$

intermediär ein phosphoryliertes Enzym

$$\mathrm{R{-}O{-}\overset{\overset{\displaystyle O^{\ominus}}{|}}{\underset{\underset{\displaystyle O}{\downarrow}}{P}}{-}O^{\ominus}} + \mathrm{Enzym{-}H} \rightleftharpoons \mathrm{R{-}OH} + \mathrm{Enzym{-}\overset{\overset{\displaystyle O^{\ominus}}{|}}{\underset{\underset{\displaystyle O}{\downarrow}}{P}}{-}O^{\ominus}} \tag{19}$$

oder ein Phosphorsäurediester

$$\mathrm{R{-}O{-}\overset{\overset{\displaystyle O^{\ominus}}{|}}{\underset{\underset{\displaystyle O}{\downarrow}}{P}}{-}O^{\ominus}} + \mathrm{R'{-}OH} \rightleftharpoons \mathrm{R{-}O{-}\overset{\overset{\displaystyle O^{\ominus}}{|}}{\underset{\underset{\displaystyle O}{\downarrow}}{P}}{-}O{-}R'} + \mathrm{OH^{\ominus}} \tag{20}$$

bildet. Da in Abwesenheit von ADP weder ein Austausch zwischen BTS-[2-C^{14}] und PBTS noch ein Einbau von O^{18} in Phosphatgruppen beobachtet wurde, konnte ausgeschlossen werden, daß H_2O oder OH-Ionen an der Reaktion beteiligt sind oder ein phosphoryliertes Enzym intermediär gebildet wird. Aus diesen Ergebnissen ist zu folgern, daß der Sauerstoff des Acceptors (ADP) einen nucleophilen Angriff auf den positiv geladenen Phosphor des Donors (PBTS) unternimmt, wobei die O—P-Bindung der C—O—P-Gruppe gespalten und eine P—O—P-Gruppe gebildet wird (Abb. 4). Denkbar, aber weniger wahrscheinlich, wäre auch eine primäre Dissoziation der C—O—P-Bindung in $C—O^{\ominus}$ und

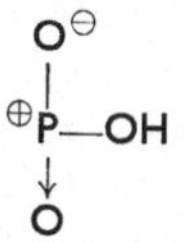

$$\begin{array}{c} O^{\ominus} \\ | \\ {}^{\oplus}P—OH \\ \downarrow \\ O \end{array}$$

und sekundär dann ein elektrophiler Angriff des positiv geladenen Phosphors auf den Sauerstoff des Acceptors (S_E1-Mechanismus).

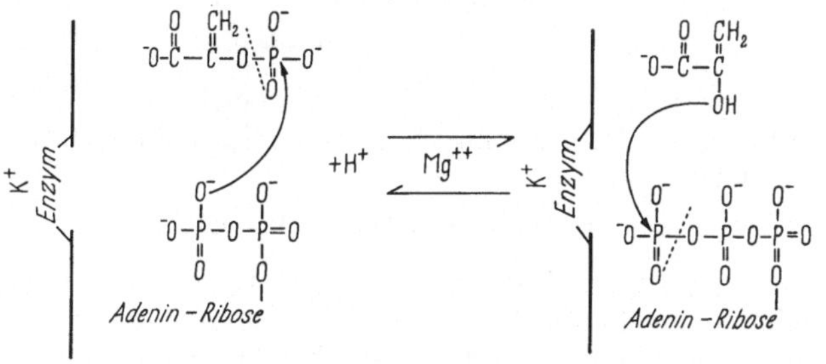

Abb. 4. Schematische Darstellung der Phosphatübertragung durch Pyruvatkinase (BOYER und HARRISON)

Von den anderen in der Tabelle 3 angegebenen Enzymen dürfte neben der Nucleotidase und der Pyruvatkinase auch das Myosin, Actomyosin, die Acetokinase und die Aspartat-transcarbamylase einem single displacement-Mechanismus gehorchen, während bei den anderen noch keine eindeutige Aussage möglich ist.

Im Zusammenhang mit den besprochenen enzymatischen Substitutionsreaktionen soll auch auf die zahlreichen Untersuchungen aufmerksam gemacht werden, die sich mit der Hydrolyse in Gegenwart von H_2O^{18} befassen, um den Reaktionsablauf und den genauen Ort der Spaltung festzustellen, so z. B. mit der Frage, ob im Glucose-phosphat die C—O-Bindung oder die O—P-Bindung gespalten wird. Es wurden untersucht[1]:

ATPase (MILDRED COHN und G. A. MEEK; D. E. KOSHLAND)
Phosphatasen (MILDRED COHN; R. BENTLEY)
Hexokinasen (MILDRED COHN)
Phosphorylasen (MILDRED COHN)
Amylasen (F. C. MAYER und J. LARNER)
Acetylcholinesterase (S. S. STEIN und D. E. KOSHLAND)
Invertase (D. E. KOSHLAND und S. S. STEIN)
Glycerinaldehyd-3-phosphatdehydrogenase (MILDRED COHN)
Adenylatkinase (MILDRED COHN)
3-Phosphoglycerinsäurekinase (MILDRED COHN)
β-Glucuronidase (F. EISENBERG).

i) Die Mutasereaktionen

1938 haben MEYERHOF, OHLMEYER, GENTNER und MAIER-LEIBNITZ beim Studium der Zwischenreaktionen der Glykolyse die Reaktionsweise der Phosphoglucomutase und Phosphoglyceromutase mit Phosphat-$[P^{32}]$ untersucht. Dies ist wohl die erste Anwendung von Isotopen bei der Aufklärung von Enzymmechanismen. Sie konnten feststellen, daß die beiden Mutasereaktionen

$$\text{Glucose-6-phosphat} \rightleftharpoons \text{Glucose-1-phosphat} \quad (21)$$

$$\text{3-Phospho-glycerinsäure} \rightleftharpoons \text{2-Phospho-glycerinsäure}$$

[1] S. d. auch das Übersichtsreferat von K. D. GIBSON.

ohne Mitbeteiligung des zugesetzten Phosphats ablaufen. Nachdem LELOIR, TRUCCO, CARDINI, PALADINI und CAPUTTO 10 Jahre später erkannten, daß Glucose-1,6-diphosphat der Phosphoglucomutase als Coenzym dient, wurde der Mechanismus dieser Reaktion eingehender studiert. Von verschiedenen Seiten wurde gefunden, daß das Enzym in Gegenwart von Glucose-1-phosphat-[P^{32}] (ANDERSON und JOLLÈS; JAGANNATHAN und LUCK; KOSHLAND und ERWIN) und Glucose-6-phosphat-[P^{32}] (KENNEDY und KOSHLAND; KOSHLAND und ERWIN) phosphoryliert wird. Pro Enzymmolekel wird dabei etwa ein Phosphatrest in fester Bindung aufgenommen (ANDERSON und JOLLÈS; KENNEDY und KOSHLAND). Nach Partialhydrolyse konnten P^{32}-haltige Peptide isoliert werden, deren längstes ein Octapeptid der Zusammensetzung

(asp, ser, gly, glu, ala, val, thr, leu)

war (KOSHLAND und ERWIN). Hierbei wurde sehr spezifisch nur ein Serylrest von den etwa 40 vorhandenen (BOSER) phosphoryliert. Dieser Phosphatrest erwies sich entsprechend der Gleichung

$$\text{Enzym—P}^{32} + \text{G-1-P} \rightleftharpoons \text{Enzym—P} + \text{G-1-P}^{32} \qquad (22)$$

als enzymatisch übertragbar (JAGANNATHAN und LUCK; KENNEDY und KOSHLAND). Es ist daher anzunehmen, daß dieser Serylrest einen wesentlichen Bestandteil des wirksamen Enzymbereiches darstellt. Das Auftreten eines phosphorylierten Enzyms als aktive Intermediärverbindung geht auch aus folgenden Versuchen hervor:

1. Inkubation des Phosphoenzyms in Gegenwart großer Mengen von G-1-P führt zu einem dephosphorylierten Enzym (NAJJAR und PULLMAN).

2. Inkubation von Glucose-1,6-diphosphat in Gegenwart von Glucose-1-phosphat-[C^{14}-P^{32}] führt zu radioaktiv markierten Glucose-6-phosphat und Glucose-diphosphat (SUTHERLAND, POSTERNAK und CORI).

3. Bildung von Glucose-diphosphat aus Glucose-monophosphat ist von der zugesetzten Menge von Phosphoenzym abhängig (NAJJAR)

4. Phosphorylierung des Enzyms mit Glucosediphosphat (NAJJAR)

5. Glucose-[C^{14}]-Austausch mit Glucose-1-phosphat in Gegenwart des Enzyms tritt nicht auf (SCHLAMOWITZ und GREENBERG).

Nach diesen Ergebnissen muß die Mutasereaktion in zwei Schritten formuliert werden (SUTHERLAND, POSTERNAK und CORI):

$$\begin{aligned} &\text{G-1-P} + \text{Enzym—P} \rightleftharpoons \text{G-1,6-P} + \text{Enzym} \qquad (23)\\ &\text{G-1,6-P} + \text{Enzym} \rightleftharpoons \text{G-6-P} + \text{Enzym—P} \end{aligned}$$

Glucose-diphosphat reagiert also sozusagen wie zwei verschiedene Substrate, indem es das eine Mal den Phosphatrest vom C-Atom 1, das andere Mal denjenigen vom C-Atom 6 überträgt.

Für die Phosphoglyceromutase ist nach den Untersuchungen von SUTHERLAND, POSTERNAK und CORI ein analoger Mechanismus anzunehmen.

j) Pyrophosphorylasen[1]

Bei der reversiblen enzymatischen Synthese des DPN aus ATP und Nicotinamidmononucleotid wird Pyrophosphat gebildet. Um die Herkunft des Pyrophosphats festzustellen, inkubierten KORNBERG und PRICER DPN und P^{32}-P^{32} mit einem Enzym aus Schweineleber. Es zeigte sich nach der säulenchromatographischen Auftrennung und dem Abbau des gebildeten ATP mit Hexokinase und Myokinase, daß die beiden endständigen Phosphatgruppen des ATP markiert waren,

[1] S. auch das Übersichtsreferat von KORNBERG.

während das Nicotinamidmononucleotid keine Radioaktivität aufwies. Danach handelt es sich bei dieser Reaktion um eine reversible Pyrophosphorolyse des DPN:

$$\underset{\text{(DPN)}}{\text{N—R—P—P—R—A}} + \text{P}^{32}\text{—P}^{32} \rightleftharpoons \text{N—R—P} + \underset{\text{(ATP)}}{\text{P}^{32}\text{—P}^{32}\text{—P—R—A}} \quad (24)$$

In der Folgezeit wurden zahlreiche weitere Enzyme aufgefunden, die nach dem gleichen Prinzip Nucleosiddiphosphatverbindungen aufbauen (Tab. 5).

Tabelle 5. *Pyrophosphorylasen*

(Base—R—P—P—X + P^{32}—P^{32} ⇌ Base—R—P—P—P^{32} + P^{32}—X)

Enzym aus	Substrat	Untersuchung mit	Literatur
Schweineleber	A—R—P—P—R-Nicotinamid (DPN)	P^{32}—P^{32}	KORNBERG und PRICER
Hefe	U—R—P—P-Glucose	Glucose-1-phosphat-[P^{32}], UMP-[C^{14}] P^{32}—P^{32}, URPP^{32}P^{32}	MUNCH-PETERSEN (1955b) MUNCH-PETERSEN, KALCKAR, CUTULO u. SMITH (1953); KALCKAR (1953)
Bohnen	U—R—P—P-Glucose	URPP^{32}P^{32}, α-D-Glucose-1-phosphat-[1-C^{14}], P^{32}—P^{32}	NEUFELD, GINSBURG, PUTNAM, FANSHIER u. HASSID
Hefe	G—R—P—P-Mannose	P^{32}—P^{32}	MUNCH-PETERSEN (1955a); MUNCH-PETERSEN (1956)
Meerschweinchenleber Hefe, Rous-Sarcom	U—R—P—P-Acetylglucosamin	P^{32}—P^{32}	SMITH u. MILLS, GLASER u. BROWN
Meerschweinchen- u. Rattenleber	C—R—P—P-Äthanolamin	Phosphoäthanolamin-[P^{32}]	KENNEDY u. WEISS; BORKENHAGEN u. KENNEDY
Meerschweinchen- u. Rattenleber	C—R—P—P-Cholin	C—R—P—P-Cholin-[1,2-C^{14}], Phosphocholin-[P^{32}], Phosphocholin-[1,2-C^{14}, P^{32}], P^{32}—P^{32}	KENNEDY u. WEISS; BORKENHAGEN u. KENNEDY (1957)

Austauschversuche mit radioaktiv markierten Verbindungen zeigen, daß im Fall der UDPG-Pyrophosphorylase aus Hefe intermediär ein UMP-Enzym-Komplex gebildet wird (MUNCH-PETERSEN), während bei der Pyrophosphorolyse des DPN mit dem Leberenzym (KORNBERG und PRICER) sowie der UDP-Zucker-Verbindungen mit dem Enzym aus Bohnen (NEUFELD, GINSBURG, PUTNAM, FANSHIER und HASSID) wahrscheinlich kein analoger Komplex auftritt (s. Tab. 2u. 3).

In diesem Zusammenhang sei noch auf die enzymatische Synthese des aktiven Sulfats (Adenosin-3'-phosphat-5'-phosphosulfat) unter Verwendung von Sulfat-[S^{35}], A—R—P—P^{32}—P^{32} und P^{32}—P^{32} (ROBBINS und LIPMANN; HILZ und LIPMANN; BANDURSKI, WILSON und SQUIRES sowie DE MEIO und WIZERKANIUK), des 5-Phosphoribosyl-1-pyrophosphats mit A—R—P—P^{32}—P^{32} (KORNBERG, LIEBERMAN und SIMMS), von anorganischem Triphosphat aus A—R—P—P^{32} und Pyrophosphat (LIEBERMAN) und von Nucleosidtriphosphaten aus A—R—P—P^{32}—P^{32} und Nucleosiddiphosphaten (BERG und JOKLIK) hingewiesen.

2. Hexokinase und Phosphorylase

Wie bei den Mutasen ist auch bei der Hexokinase aus Hefe sowie den Phosphorylasen aus Kaninchenmuskel und Hundeleber die Serylgruppe leicht phosphorylierbar. ÅGREN und ENGSTRÖM inkubierten Hexokinase mit ATP-[P^{32}] und Glucose-6-phosphat-[P^{32}] und erhielten in beiden Fällen ein phosphoryliertes Enzym, aus dem sie nach der Hydrolyse Serylphosphat isolieren konnten. Die Autoren nehmen daher an, daß bei der enzymatischen Reaktion intermediär ein phosphoryliertes Enzym als Phosphatüberträger auftritt.

ENGSTRÖM und ÅGREN sowie RALL, SUTHERLAND und WOSILAIT phosphorylierten Phosphorylase mit Phosphat-[P^{32}] in Gegenwart von Glykogen. Aus dem Hydrolysat ließ sich wieder Serylphosphat isolieren. In Abwesenheit von Glykogen ist die Phosphorylierung sehr schwach und wahrscheinlich auf eine geringe Glykogenverunreinigung zurückzuführen, die in dem Enzympräparat enthalten ist. Untersuchungen an der Phosphorylase aus Hundeleber führten zu den interessanten Befunden, daß Glucagon und Adrenalin den Phosphateinbau auf das Vier- bis Fünffache steigern können.

KREBS, KENT und FISCHER sowie KENT, KREBS und FISCHER untersuchten die Umwandlung von Phosphorylase b in Phosphorylase a durch Phosphorylase b-Kinase in Gegenwart von A—R—P—P^{32}—P^{32} und A—R—P—P—P^{32}. 2 Mol Phosphorylase b gehen in Gegenwart von 4 Mol ATP unter Aufnahme von 4 Mol Phosphat in Phosphorylase a über:

$$\begin{gathered}\text{2 Phosphorylase b} + \text{4 A—R—P—P—}P^{32} \xrightarrow{Mg^{++}} \\ \text{Phosphorylase a-}[P^{32}]_4 + \text{4 A—R—P—P}\end{gathered} \tag{25}$$

Nach dem tryptischen Abbau lassen sich auch hier wieder Serylphosphat und P^{32}-haltige Peptide isolieren. Das Hauptpeptid besitzt die Struktur (FISCHER, GRAVES, CRITTENDEN und KREBS, 1959):

```
lys-glu-ileu-ser-val-arg-
     |        |
    NH2      PO4
```

Bemerkenswert ist das Fehlen eines Austausches des von Phosphorylase a gebundenen Phosphats mit zugesetztem Phosphat bei der enzymatischen Phosphorolyse von Glykogen. Kristallisiert man Phosphorylase b in Gegenwart von $Ca^{45}Cl_2$ um, so werden etwa 2 Mol Ca^{45} pro Mol Enzym vom Molekulargewicht 250000 gebunden, die gleiche Anzahl Mole AMP werden bei Inkubation mit AMP aufgenommen. Diese Ergebnisse sind besonders interessant in Verbindung mit den Untersuchungen von MADSEN und CORI, die Phosphorylase a und b mit PCMB behandelten und dabei Bruchstücke vom Molekulargewicht 125000 erhielten.

3. Die Aktivierung von Fettsäuren, Aminosäuren und Kohlendioxyd[1]

Die Energie für die Überführung der Fettsäuren in die Thioester des CoA wird aus der Spaltung von ATP gewonnen, das dabei unter Pyrophosphatabspaltung in AMP übergeht:

$$\text{R—COOH} + \text{HS—CoA} + \text{ATP} \rightleftharpoons \text{R—CO—S—CoA} + \text{AMP} + \text{P—P} \tag{26}$$

[1] S. d. auch das Übersichtsreferat von WIELAND und PFLEIDERER.

Die diesem Aktivierungsvorgang zugrunde liegende Reaktionsfolge konnte von BERG durch die Anwendung von Isotopen aufgeklärt werden. In Gegenwart des acetat-aktivierenden Enzyms sowie Mg^{++} und Acetat werden die beiden endständigen Phosphatgruppen des ATP gegen P^{32}—P^{32} ausgetauscht (Abb. 5), in Abwesenheit von Acetat findet sich dagegen praktisch keine Radioaktivität im ATP. Weiterhin konnte er einen Austausch beobachten zwischen AMP-[C^{14}] und ATP in Gegenwart von CoA und Acetat sowie von Acetat-[C^{14}] und Acetyl-CoA,

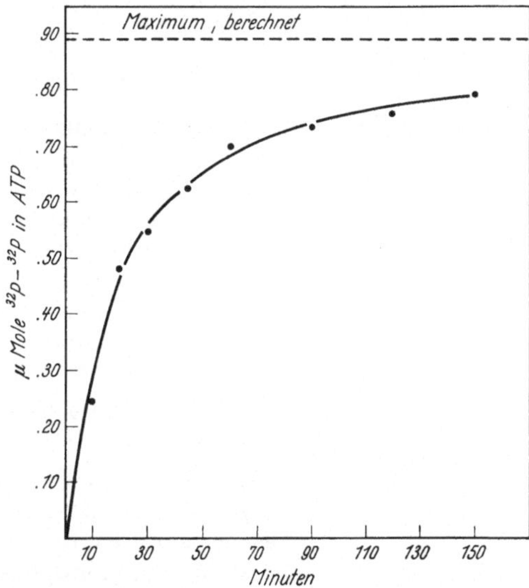

Abb. 5. Austausch zwischen P^{32}-P^{32} und ATP durch das acetat-aktivierende Enzym aus Hefe. (ATP = 0,0016 m, P^{32}-P^{32} = 0,002 m, $MgCl_2$ = 0,005 m, Acetat = 0,001 m. T = 37°, 0,1 m Kaliumphosphatpuffer p_H 7,5) (BERG 1956a)

wenn gleichzeitig AMP und Pyrophosphat anwesend waren. Diese Ergebnisse führten zu der Schlußfolgerung, daß primär durch Acetolyse des ATP Acetyladenylat gebildet wird, von dem die Acetylgruppe auf CoA übertragen wird:

$$\text{A—R—P—P*—P*} + \text{Acetat} \rightleftharpoons \text{A—R—O—}\underset{\underset{\displaystyle O^{\ominus}}{|}}{\overset{\overset{\displaystyle O}{\uparrow}}{P}}\text{—O—CO—CH}_3 + \text{P*—P*} \qquad (27a)$$

$$\text{A—R—O—}\underset{\underset{\displaystyle O^{\ominus}}{|}}{\overset{\overset{\displaystyle O}{\uparrow}}{P}}\text{—O—CO—CH}_3 + \text{HS—CoA} \rightleftharpoons \text{AMP} + \text{CH}_3\text{—CO—S—CoA} \qquad (27b)$$

Um diese Vorstellung weiter zu stützen, synthetisierte BERG Acetyladenylat und inkubierte dieses mit P^{32}—P^{32} und Enzym, wobei er A—R—P—P^{32}—P^{32} erhalten konnte. Außerdem wies er die Bildung von Acethydroxamsäure aus ATP, Acetat und Hydroxylamin durch das acetataktivierende Enzym nach.

Zu dem gleichen Ergebnis kamen JENCKS und LIPMANN für das acetataktivierende Enzym aus Hundeleber (Versuche mit P^{32}—P^{32}) und EISENBERG für das Enzym aus *Rhodospirillum rubrum* (Versuche mit P—P^{32} und Acetat-[2-C^{14}]).

Bei der Aktivierung von Aminosäuren liegen die Verhältnisse ähnlich wie bei der Acetataktivierung: Der nucleophile Angriff der Carboxylgruppe auf die α-ständige Phosphatgruppe des ATP führt unter Freisetzung von Pyrophosphat zu einem gemischten Anhydrid zwischen AMP und der Aminosäure:

$$\underset{\displaystyle NH_2}{R{-}\underset{|}{CH}{-}COOH} + A{-}R{-}P{-}P^*{-}P^* \rightleftharpoons \underset{\displaystyle NH_2}{R{-}\underset{|}{CH}{-}CO{-}O{-}}\overset{\displaystyle O}{\underset{\displaystyle O^{\ominus}}{\overset{\uparrow}{\underset{|}{P}}}}{-}O{-}R{-}A + P^*{-}P^* \qquad (28)$$

Diese Ergebnisse wurden auf Grund folgender Untersuchungen gewonnen:

1. HOAGLAND, KELLER und ZAMECNIK beobachteten einen von L-Aminosäuren (Alanin, Leucin, Tryptophan, Methionin) abhängigen Austausch zwischen P^{32}—P^{32} und ATP mit einem Enzym aus Rattenleber, AMP-[C^{14}] wird dagegen nicht ausgetauscht. Die Autoren nehmen an, daß der Aminosäurerest R′ und die Adeningruppe des ATP vom Enzym spezifisch gebunden werden, wobei sich die Phosphat-Carboxyl-Bindung ausbildet (Abb. 6). In dieser Bindung findet dann die Reaktion mit den Zellnucleotiden und anschließend die Peptidsynthese statt oder auch die Reaktion mit Hydroxylamin zur Hydroxamsäure.

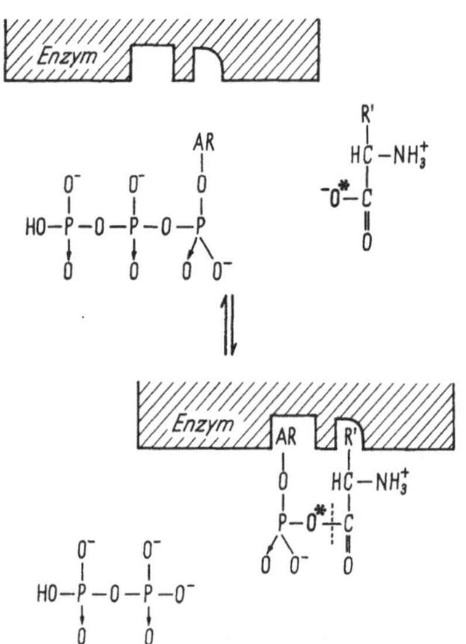

Abb. 6. Schematische Darstellung der enzymatischen Aktivierung von Aminosäuren. O*: Der nucleophil angreifende Sauerstoff der Carboxylgruppe der Aminosäure, der bei der nachfolgenden Spaltung des aktivierten Komplexes beim Nucleotid verbleibt (HOAGLAND, KELLER und ZAMECNIK; HOAGLAND)

2. Bei dem tryptophanaktivierenden Enzym aus Rinderpankreas wird ebenfalls bei der Reaktion zwischen ATP und der Aminosäure Pyrophosphat gebildet und ein Austausch zwischen P^{32}—P^{32} und ATP nur in Gegenwart von Tryptophan beobachtet. Die Hydroxamsäurebildung in H_2O^{18} führt zum Einbau von O^{18} in die Phosphatgruppe des AMP (DAVIE, KONINGSBERGER und LIPMANN sowie HOAGLAND, ZAMECNIK, SHARON, LIPMANN, STULBERG und BOYER).

3. Das methioninaktivierende Enzym aus Hefe katalysiert den P^{32}—P^{32}-Austausch mit ATP, dagegen keinen Austausch vom AMP-[C^{14}]. Das Intermediärprodukt bildet mit Hydroxylamin Hydroxamsäure[1].

Einen näheren Einblick in die Reaktionsfolge der Aktivierung der γ-Carboxylgruppe der Glutaminsäure und nachfolgende Umsetzung mit NH_3 zu Glutamin ergaben die Untersuchungen von WIELAND, PFLEIDERER und SANDMANN. Frühere

[1] Auch bei der Aktivierung des Tyrosins (VAN DE VEN, KONINGSBERGER und OVERBECK; SCHWEET und ALLEN), D-Alanins (BADDILEY und NEUHAUS) und anderer Aminosäuren (NISMANN, BERGMANN und BERG; DEMOSS und NOVELLI) wird nur in Gegenwart der Aminosäure ein Austausch zwischen ATP und P^{32}—P^{32} sowie die Hydroxamsäurebildung beobachtet. Die Aktivierung des Glycins durch das Enzym aus *Photobacterium fischeri* verläuft dagegen anders (CORMIER und NOVELLI): In diesem Fall tritt zwischen ATP und P^{32}—P^{32} kein Austausch ein, sondern es werden bei der Reaktion ADP und P gebildet, also intermediär keine Aminoacyl-AMP-Verbindung.

Versuche mit O^{18}-markierter Glutaminsäure hatten keine Klärung der durch Glutamin-Synthetase katalysierten Reaktion herbeiführen können (BOYER, KOEPPE und LUCHSINGER; KOWALSKY, WYTTENBACH, LANGER und KOSHLAND). WIELAND, PFLEIDERER und SANDMANN fanden:

1. Eine feste, wahrscheinlich kovalente Bindung von A—R—P—P—P^{32} an das Enzym in Abwesenheit von Glutaminsäure.
2. Nach Inkubation mit Glutaminsäure und A—R—P—P—P^{32} und anschließender Trägerelektrophorese findet sich auch wieder Radioaktivität im Enzym, aber nicht vom ATP herrührend, sondern vom Orthophosphat, das durch das Enzym aus dem ATP abgespalten wurde.
3. Glutaminsäure-[C^{14}] wird vom Enzym nur in Anwesenheit von ATP gebunden.
4. ATP schützt die SH-Gruppen des Enzyms gegen die Alkylierung durch Jodessigsäure, jedoch nicht gegen die Reaktion mit PCMB.

Aus diesen Ergebnissen wurden von den Autoren folgende Schritte der Glutamin-Synthetase-Reaktion vorgeschlagen, die im Einklang mit den Versuchen von BOYER, KOEPPE und LUCHSINGER sowie KOWALSKY, WYTTENBACH, LANGER und KOSHLAND stehen: Der eigentlichen Aktivierung ist eine Reaktion vorgeschaltet, bei der eine SH-Gruppe des Enzyms durch ATP phosphoryliert wird (29a). Im zweiten Schritt findet eine Umphosphorylierung durch die γ-ständige Phosphatgruppe des ATP zu einer Enzym-ATP-Verbindung statt (29b), die unter dem Einfluß von Glutaminsäure in ADP und den aktiven Glutaminsäurekomplex zerfällt (29c). Nachfolgende Reaktion mit NH_3 gibt dann Glutamin und die Phosphatverbindung des Enzyms (29d), die nach (29b) weiterreagieren kann. Der markierte Sauerstoff der Glutaminsäure verbleibt nach der Reaktion mit NH_3 in der am Enzym gebundenen Phosphatgruppe, die in der Reaktion mit ATP (29b) abgespalten wird.

$$\text{E—SH} + \text{ATP} \rightleftharpoons \text{E—S—PO}_3\text{H}_2 + \text{ADP} \qquad (29a)$$

$$\text{E—S—P(O)(OH)}_2 + \text{O}\leftarrow\text{P(O}^\ominus\text{)(OH)—P—P—R—A} \rightleftharpoons \text{E—S—P(O)(OH)—P—P—R—A} + \text{O PO}_3\text{H}_2^\ominus \qquad (29b)$$

$$\text{H}_2\text{C—CH}_2\text{—CH(NH}_3^\oplus\text{)—CO}_2^\ominus \text{ (}^\ominus\text{O*—CO) } + \text{E—S—P(O)(OH)—P—P—R—A} \rightleftharpoons \text{E—S—P(O)(OH)—O}^*\text{—C(=O)—CH}_2\text{—CH}_2\text{—CH(NH}_3^\oplus\text{)—CO}_2^\ominus + \text{ADP} \qquad (29c)$$

aktivierte Glutaminsäure

$$\text{E—S—P(O)(OH)—O}^*\text{—C(=O)—CH}_2\text{—CH}_2\text{—CH(NH}_3^\oplus\text{)—CO}_2^\ominus + \text{NH}_3 \qquad (29d)$$

$$\longrightarrow \text{E—S—P(O)(OH)—O*H} + \text{H}_2\text{N—C(=O)—CH}_2\text{—CH}_2\text{—CH(NH}_3^\oplus\text{)—CO}_2^\ominus$$

Glutamin

Erwähnt sei in diesem Zusammenhang auch noch die Aminierung von XMP zu GMP mit einem Enzym aus Kalbsthymus (ABRAMS und BENTLEY):

$$\text{XMP} + \text{ATP} + \text{Glutamin} \xrightarrow[\text{Cystein}]{\text{Mg}^{++}} \text{GMP} + \text{AMP} + \text{P—P} + \text{Glutaminsäure} \quad (30)$$

Hier tritt wahrscheinlich ein nucleophiler Angriff des Sauerstoffs vom XMP auf den α-ständigen Phosphor vom ATP und des Stickstoffs vom Glutamin auf das C-Atom 2 des XMP ein, da während der Reaktion mit XMP-[2-O^{18}] der Sauerstoff vom XMP auf das AMP übergeführt wird.

Bei der Aktivierung des CO_2 konnten die Verhältnisse bisher nicht eindeutig geklärt werden. Nach Ansicht von COON und seinen Mitarbeitern (COON 1955; BACHHAWAT, ROBINSON und COON 1956; BACHHAWAT und COON 1957, 1958; WOESSNER, BACHHAWAT und COON 1958; COON, KUPIECKI, DEKKER, SCHLESINGER und DEL CAMPILLO 1959) verläuft die im tierischen Gewebe beim Abbau des Leucins zu β-Hydroxy-β-methyl-glutaryl-CoA auftretende ATP-abhängige Carboxylierung des Hydroxy-isovaleryl-CoA durch das CO_2-aktivierende Enzym aus Schweineherz unter intermediärer Bildung von Adenylcarbonat, wobei Pyrophosphat abgespalten wird. Adenylcarbonat reagiert dann unter Freisetzung von AMP mit dem CO_2-Acceptor weiter:

$$CO_2 + \text{ATP} \overset{\text{Zn}^{++}}{\rightleftharpoons} \text{Adenylcarbonat} + \text{P—P} \quad (31\,a)$$

$$\text{Adenylcarbonat} + \beta\text{-Hydroxy-isovaleryl-CoA} \overset{\text{Zn}^{++}}{\rightleftharpoons} \beta\text{-Hydroxy-}\beta\text{-methyl-glutaryl-CoA} + \text{AMP} \quad (31\,b)$$

Diese Reaktionsfolge ist also analog derjenigen bei der Aktivierung von Fett- und Aminosäuren. Mit dem aus Schweineherz kristallisierten Enzym wurde die Reversibilität der Reaktion (31a) durch Austausch zwischen P^{32}—P^{32} und ATP nachgewiesen. Das Reaktionsprodukt Adenylcarbonat ließ sich nicht-enzymatisch durch Hydroxylamin spalten (BACHHAWAT und COON 1958). Die Carboxylierung von β-Hydroxyisovaleryl-Co Anach (31b) ist biotinabhängig. Leberextrakte von Biotinmangelratten sind nicht in der Lage, diese Reaktion zu katalysieren, auch nicht nach Zusatz von Biotin. Es ist im Augenblick noch keine Aussage darüber möglich, ob die Carboxylase bei Biotinmangel überhaupt gebildet wird, oder ob ein Apoenzym vorhanden ist, das unter den angegebenen Versuchsbedingungen nicht aktiviert werden kann (WOESSNER, BACHHAWAT und COON 1958).

In späteren Versuchen mit dem kristallisierten Enzym in Gegenwart von A—R—P—P^{32}—P^{32} wird nun aber gefunden (KUPIECKI und COON 1959), daß bei der CO_2- und NH_2OH-abhängigen Spaltung von ATP nicht AMP und P—P auftreten, sondern ADP und eine P-haltige Komponente gebildet werden. Diese in ihrer Struktur bisher nicht aufgeklärte Komponente ist weder ein Nucleotid noch Phosphat oder Pyrophosphat, durch Säuren wird aus ihr leicht Phosphat abgespalten. Die Untersuchung ergab, daß ein Austausch stattfindet zwischen ATP und A—R—P—P^{32}, nicht aber zwischen ATP und P^{32}, P^{32}—P^{32} oder AMP-[C^{14}], wie man es nach den Gleichungen 31 a und b erwarten sollte. Das von KUPIECKI und COON untersuchte Enzym ist wahrscheinlich identisch mit der von TIETZ und OCHOA (1958) kristallisierten „Fluorokinase". Weitere Versuche sind notwendig, um die Diskrepanz zwischen den Ergebnissen aufzuklären.

Prinzipiell anders verlaufen die Carboxylierungsreaktionen nach den Untersuchungen aus den Arbeitskreisen von LYNEN und OCHOA. Hier wird bei der ATP-abhängigen Carboxylierung aus dem ATP nicht AMP und Pyrophosphat gebildet, sondern Orthophosphat und ADP:

$$\text{ATP} + CO_2 + \text{Acyl-CoA} \overset{\text{Mg}^{++}}{\rightleftharpoons} CO_2\text{—Acyl—CoA} + \text{ADP} + \text{P} \quad (32)$$

Aus Untersuchungen mit ATP-[P^{32}], $C^{14}O_2$, $P^{32}-P^{32}$ und ADP-[8-C^{14}] wird von OCHOA u. Mitarb. (FLAVIN und OCHOA 1957; FLAVIN, CASTRO-MENDOZA und OCHOA 1956, 1957; TIETZ und OCHOA 1958) als primäres Carboxylierungsprodukt Carbonylphosphat angenommen, das dann z. B. mit Propionyl-CoA oder auch Fluorid weiterreagiert:

$$\text{ATP} + CO_2 \rightleftharpoons \text{ADP} + \text{Carbonylphosphat} \quad (33a)$$

$$\text{Carbonylphosphat} + \text{Propionyl-CoA} \rightleftharpoons \text{Methylmalonyl-CoA} + \text{P} \quad (33b)$$

$$\Downarrow\!\Uparrow$$

$$\text{Succinyl-CoA}$$

$$\text{Carbonylphosphat} + F^{\ominus} \rightleftharpoons \text{Fluorphosphat} + CO_2 \quad (33c)$$

Das nach (33b) gebildete Methylmalonyl-CoA (Isosuccinyl-CoA) wird durch eine Methylmalonyl-CoA-isomerase, die aus Schafsnierenrinde angereichert werden konnte, in Succinyl-CoA umgewandelt (BECK, FLAVIN und OCHOA 1957; BECK und OCHOA 1958). Diese Isomerisierung, die in Gegenwart von C^{14}-markiertem CO_2, Methylmalonyl-CoA, Succinyl-CoA und Propionyl-CoA studiert wurde, ist analog der Mutasereaktion bei den Triose- und Hexosephosphaten. Hier wird transphosphoryliert, dort transcarboxyliert, das heißt Methylmalonyl-CoA bzw. Succinyl-CoA werden decarboxyliert und Propionyl-CoA zu der isomeren Verbindung recarboxyliert:

$$\underset{\text{Methylmalonyl-CoA}}{\begin{array}{c}\text{CO—S—CoA}\\|\\\text{HC—COOH}\\|\\CH_3\end{array}} + \underset{\text{Propionyl-CoA}}{\begin{array}{c}CH_3\\|\\CH_2\\|\\\text{*CO—S—CoA}\end{array}} \rightleftharpoons \underset{\text{Propionyl-CoA}}{\begin{array}{c}\text{CO—S—CoA}\\|\\CH_2\\|\\CH_3\end{array}} + \underset{\text{Succinyl-CoA}}{\begin{array}{c}CH_2\text{—COOH}\\|\\CH_2\\|\\\text{*CO—S—CoA}\end{array}} \quad (33d)$$

Spätere Versuche von TIETZ und OCHOA (1959) zeigen nun aber, daß die Carboxylierung von Propionyl-CoA durch die Carboxylase, die sie wie BACHHAWAT und COON aus Schweineherz isolierten, wahrscheinlich in einem Schritt abläuft und intermediär weder das früher postulierte Carbonylphosphat noch das von COON angenommene Adenylcarbonat als Zwischenprodukte auftreten. Die CO_2-Fixierung lief in diesen Versuchen nur ab in Gegenwart von ATP, Mg^{++} und Propionyl-CoA. Markiertes ATP wird nur in Gegenwart aller Reaktionspartner (ADP, P^{32} oder ADP-[C^{14}], P und Methylmalonyl-CoA) gebildet, und ATP wird entsprechend nur in Gegenwart von Propionyl-CoA und CO_2 gespalten. Es wird die Möglichkeit erwogen, daß die CO_2-Aktivierung durch Reaktion des CO_2 mit einer SH-Gruppe des Enzyms unter Thioesterbindung erfolgt. Bemerkenswert ist, daß diese Carboxylase weder Biotin noch einen dissoziablen Faktor enthalten soll. [Siehe auch 1. zur Carboxylierung von Propionsäure FRIEDBERG, ADLER und LARDY 1956; LARDY und ADLER 1956 (Versuche mit $NaHC^{14}O_3$); 2. zur ATP-abhängigen Carboxylierung von Acetyl-CoA zu Malonyl-CoA in Gegenwart von Acetyl-CoA-[C^{14}] und Bicarbonat-[C^{14}] WAKIL 1959; FORMICA und BRADY 1959; 3. zur Beteiligung von $KHC^{14}O_3$ bei der Fettsäuresynthese aus Acetat-[C^{14}] und Acetat-[C^{14}]-CoA GIBSON, TITCHENER und WAKIL 1958; 4. zur Oxalessigsäurebildung aus PBTS, ADP und CO_2 (Versuche mit $C^{14}O_2$ und BTS-[C^{14}]) UTTER, KURAHASHI und ROSE 1954; UTTER und KURAHASHI 1954a, b und 5. zur Citratbildung aus Oxalessigsäure und Acetyl-CoA in Gegenwart von Citrat-[C^{14}] STERN, SHAPIRO, STADTMAN und OCHOA 1951].

Durch die Untersuchungen von LYNEN u. Mitarb. konnten die Teilschritte der Carboxylierung durch die β-Methyl-crotonyl-CoA-carboxylase aus *Mycobacterium spp.* aufgeklärt werden, die möglicherweise für alle Carboxylierungsreaktionen Gültigkeit besitzen (LYNEN, KNAPPE, LORCH, JÜTTING und RINGELMANN 1959; LYNEN, EGGERER, HENNING, KNAPPE, KESSEL und RINGELMANN 1959). Läßt man *Mycobacterium spp.* mit Isovaleriansäure als Kohlenstoffquelle wachsen, so ist im zellfreien Extrakt ein Enzymsystem nachweisbar, das β-Hydroxy-isovaleryl-CoA in β-Hydroxy-β-methyl-glutaryl-CoA überführt. An dieser Umwandlung sind im Gegensatz zu den Coonschen Untersuchungen mit dem Enzym tierischen Ursprungs 3 Enzyme beteiligt (LYNEN 1958; HILZ, KNAPPE, RINGELMANN und LYNEN 1958; KNAPPE und LYNEN 1958; LYNEN, EGGERER, HENNING, KNAPPE, KESSEL und RINGELMANN 1959):

Crotonase:

$$\underset{\beta\text{-Hydroxy-isovaleryl-CoA}}{CH_3{-}C(CH_3)(OH){-}CH_2{-}CO{-}S{-}CoA} \rightleftharpoons \underset{\beta\text{-Methyl-crotonyl-CoA}}{CH_3{-}C(CH_3){=}CH{-}CO{-}S{-}CoA} + H_2O \tag{34a}$$

β-Methyl-crotonyl-CoA-carboxylase:

$$\underset{\beta\text{-Methyl-crotonyl-CoA}}{CH_3{-}C(CH_3){=}CH{-}CO{-}S{-}CoA} + ATP + CO_2 \rightleftharpoons \underset{\beta\text{-Methyl-glutaconyl-CoA}}{HOOC{-}CH_2{-}C(CH_3){=}CH{-}CO{-}S{-}CoA} + ADP + P \tag{34b}$$

Methylglutaconase:

$$\underset{\beta\text{-Methyl-glutaconyl-CoA}}{HOOC{-}CH_2{-}C(CH_3){=}CH{-}CO{-}S{-}CoA} + H_2O \rightleftharpoons \underset{\beta\text{-Hydroxy-}\beta\text{-methyl-glutaryl-CoA}}{HOOC{-}CH_2{-}C(CH_3)(OH){-}CH_2{-}CO{-}S{-}CoA} \tag{34c}$$

In diesem Schema wird die Carboxylierung chemisch gut verständlich, da im β-Methyl-crotonyl-CoA ein vinyloges Acetyl-CoA vorliegt, dessen Methylgruppe durch die Nachbarschaft der in Konjugation zur Thioestergruppierung stehenden Doppelbindung aktiviert und zu Kondensationsreaktionen befähigt ist. Diese Carboxylierung läßt sich mit derjenigen von Propionyl-CoA zu Methyl-malonyl-CoA (LARDY und ADLER 1956; FLAVIN, CASTRO-MENDOZA und OCHOA 1956, 1957; FLAVIN und OCHOA 1957; BECK, FLAVIN und OCHOA 1957; TIETZ und OCHOA 1959) und Acetyl-CoA zu Malonyl-CoA (WAKIL 1958, FORMICA und BRADY 1959) unter einem Gesichtspunkt zusammenfassen: Allen ist die ATP-abhängige Einführung von CO_2 in die reaktive α-Stellung oder vinyloge α-Stellung des Acyl-CoA gemeinsam (LYNEN 1958; LYNEN, KNAPPE, LORCH, JÜTTING und RINGELMANN 1959). LYNEN u. Mitarb. fanden nun, daß die gereinigte Carboxylase ein Biotin-Proteid ist, die das Biotin fest gebunden enthält, und die Carboxylierungsreaktion über ein aktives CO_2 in Form eines Kohlensäurederivates des Biotins abläuft. Damit wurde zum ersten Mal die biochemische Bedeutung des Biotins aufgeklärt. Man wußte zwar schon seit längerer Zeit, daß Biotin bei Carboxylierungen eine Rolle spielt, und daß z. B. bei Biotinmangel-Ratten die entsprechenden Enzyme nicht gebildet werden (s. z. B. WAKIL, TITCHENER und GIBSON 1958; LARDY und ADLER 1956; WOESSNER, BACHHAWAT und COON 1958), doch sein wirklicher Angriffspunkt war unbekannt.

Einblick in die Biotinkatalyse, die erwartungsgemäß durch Avidin gehemmt werden kann, geben folgende Reaktionen:

1. P^{32}-Einbau in ATP bei der Inkubation des Enzyms in Gegenwart von ATP und P^{32}. Avidin und Bicarbonat hemmen diesen Austausch (35a).

2. β-Methyl-glutaconyl-[1,3,5-C^{14}]-CoA und Carboxylase sind auch in Abwesenheit von Mg^{++} in der Lage, Methylcrotonyl-CoA zu markieren (35c).

3. C^{14}-Einbau in Methyl-crotonyl-CoA ist Mg^{++}-abhängig ($C^{14}O_2$, β-Methyl-crotonyl-CoA und ADP~Biotin-Enzym, 35b u. c).

Diese Ergebnisse zeigen, daß sich die Carboxylierung in 3 Teilschnitte zerlegen läßt:

$$\text{ATP} + \text{Biotin-Enzym} \overset{Mg^{++}}{\rightleftharpoons} \text{ADP} \sim \text{Biotin-Enzym} + \text{P} \tag{35a}$$

$$\text{ADP} \sim \text{Biotin-Enzym} + CO_2 \overset{Mg^{++}}{\rightleftharpoons} CO_2 \sim \text{Biotin-Enzym} + \text{ADP} \tag{35b}$$

$$CO_2 \sim \text{Biotin-Enzym} + \beta\text{-Methyl-crotonyl-CoA} \rightleftharpoons \text{Biotin-Enzym} + \beta\text{-Methyl-glutaconyl-CoA} \tag{35c}$$

Intermediär werden energiereiche Verbindungen zwischen dem Biotin-Enzym und ADP bzw. CO_2 gebildet. Um die Struktur des aktiven CO_2 aufzuklären, machte man von der Tatsache Gebrauch, daß die Carboxylase an Stelle des natürlichen Substrates β-Methyl-crotonyl-CoA (35c) auch Biotin selbst carboxylieren kann (35d):

$$C^{14}O_2 \sim \text{Biotin-Enzym} + \text{Biotin} \rightleftharpoons \text{Biotin-Enzym} + C^{14}O_2 \sim \text{Biotin} \tag{35d}$$

Nach Inkubation mit $KHC^{14}O_3$, Aufarbeiten des Ansatzes und Behandlung des Reaktionsproduktes mit Diazomethan läßt sich papierchromatographisch der stabile Dimethylester des CO_2~Biotins (CO_2~Biotin selbst ist sehr säureempfindlich) nachweisen (Abb. 7).

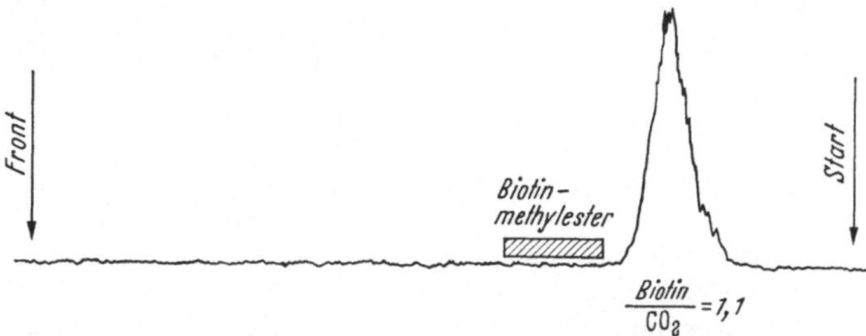

Abb. 7. Papierchromatographischer Nachweis des enzymatisch gebildeten Carboxylierungsproduktes von Biotin nach Methylierung mit Diazomethan. Lösungsmittel: n-Propanol : Wasser = 15 : 85. Papier: Schleicher und Schüll 2043 b acetyliert

Von den beiden möglichen Strukturen des CO_2~Biotin (I, II) wird bei der Carboxylierung diejenige mit der CO_2-Gruppe am N-Atom 3′ gebildet (LYNEN

```
       O      O                          O      O
       ‖      ‖                          ‖      ‖
  ⊖O—C      C                          C      C—O⊖
        \   / \                        / \   /
         N3'   1'NH                HN3'   1'N
         |      |                     |      |
        HC——————CH                   HC——————CH
         |      |                     |      |
        H2C     CH—(CH2)4COO⊖       H2C     CH—(CH2)4—COO⊖
           \   /                       \   /
             S                           S
             I                           II
```

1959). Dem CO_2~Biotin-Enzym-Komplex wird man eine analoge Struktur zuordnen können, nur mit dem Unterschied, daß hier die Carboxylgruppe wahrscheinlich mit einer Aminogruppe des Enzyms — möglicherweise mit der ε-Aminogruppe eines Lysinrestes — amidartig verknüpft ist. Man muß aber auch daran denken, daß sich eine Kohlensäure-ester-Verbindung (III) bildet, die sich von der

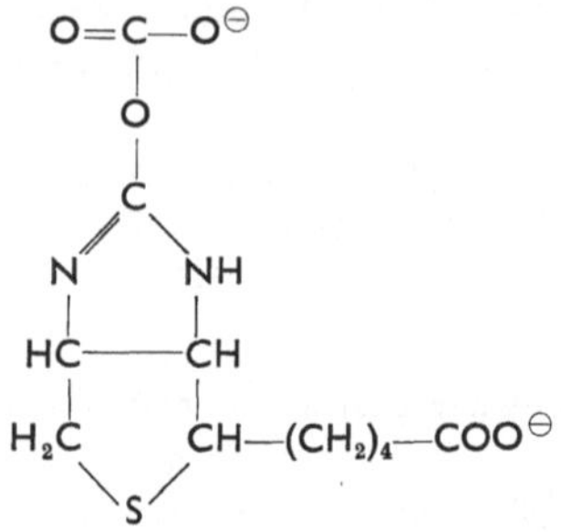

III

Isoharnstoffstruktur ableitet und reaktionsfähiger als die allophansäureartige Struktur wäre. Sie könnte am Enzym stabilisiert werden, würde sich aber im Falle des freien Biotins sofort in das stabilere N-Derivat umlagern. Die primär entstehende ADP~Biotin-Enzym-Verbindung könnte analog aufgebaut sein (IV, V), indem an Stelle des CO_2 ein ADP-Rest zu schreiben wäre:

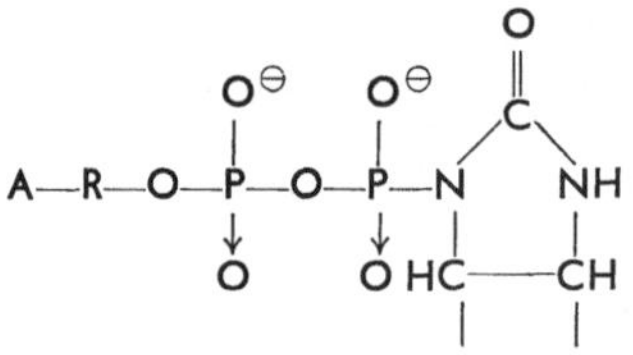

IV 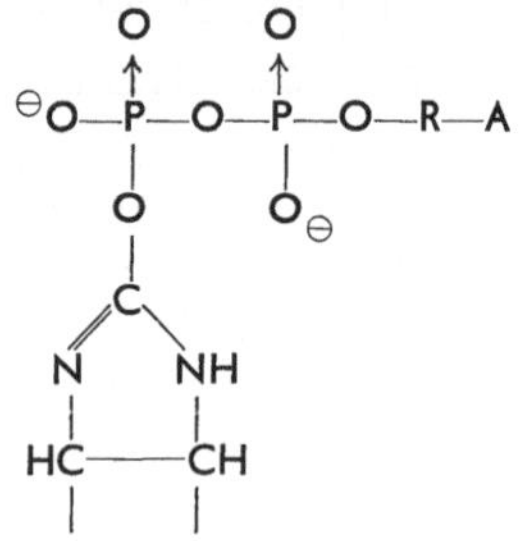 V

Die Reaktionsfähigkeit eines aktiven CO_2 der Struktur I läßt sich aus der Tatsache ableiten, daß der cyclische Harnstoff Biotin wie Harnstoff schwach saure Eigenschaften besitzt und deshalb die sich hiervon ableitende Allophansäure mit einem Säureanhydrid vergleichbar ist. Die polarisierte C—N-Bindung ermöglicht damit die Reaktion der biotingebundenen CO_2-Gruppe mit dem Carbeniat-Ion am α-C-Atom bzw. vinylogen α-C-Atom des Acyl-CoA (LYNEN, KNAPPE, LORCH, JÜTTING und RINGELMANN):

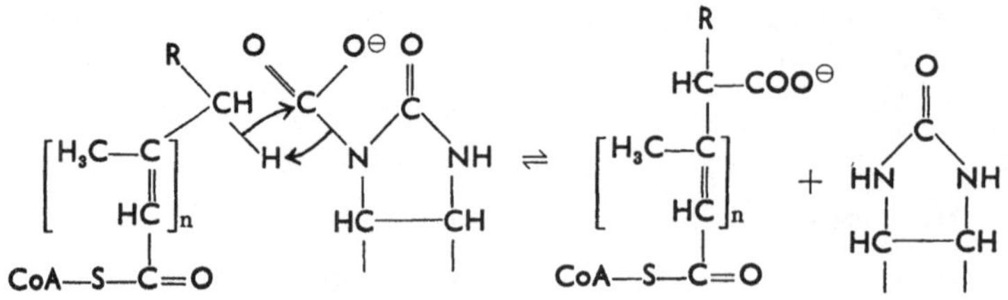

(36)

n = 1, R = H : β-Methyl-crotonyl-CoA
0, H : Acetyl-CoA
0, CH_3 : Propionyl-CoA

Man darf wohl annehmen, daß es mehrere Biotin-Enzyme gibt und daß eine Reihe von ihnen, wenn nicht sogar alle die Carboxylierung nach dem von LYNEN aufgezeigten Weg katalysieren.

4. Mechanismus der Bildung des S-Adenosylmethionins

Wichtige Aufschlüsse ergab die Isotopenmethode bei der Aufklärung der Reaktion des methionin-aktivierenden Enzyms aus Kaninchenleber. Schon 1953 hatte CANTONI mit Hilfe von Methionin-[S^{35}] und Methionin-[2-C^{14}] gefunden, daß aus ATP und Methionin neben 3 Mol Orthophosphat S-Adenosylmethionin gebildet wird. Bei der weiteren Reinigung des Enzyms stellte sich dann heraus, daß die Bildung des Orthophosphats zum Teil auf eine Verunreinigung an Pyrophosphatase zurückgeführt werden muß, da sich primär 1 Mol Orthophosphat und 1 Mol Pyrophosphat aus ATP bilden (CANTONI und DURELL). Die eingehende Untersuchung mit A—R—P^{32}—P—P und A—R—P—P^{32}—P^{32} ergab nun die interessante Tatsache, daß die α-β-ständigen Phosphatgruppen des ATP als Pyrophosphat, die γ-ständige als Orthophosphat abgespalten werden:

$$CH_3\text{—}S\text{—}CH_2\text{—}CH_2\text{—}\underset{\displaystyle NH_2}{\underset{|}{CH}}\text{—}COOH + A\text{—}R\text{—}P^{32}\text{—}P^{32}\text{—}P \xrightarrow[\text{Enzym}]{\text{Mg}^{++},\ \text{GSH}}$$

$$A\text{—}R\text{—}\underset{\displaystyle CH_3}{\underset{|}{S}}\text{—}CH_2\text{—}CH_2\text{—}\underset{\displaystyle NH_2}{\underset{|}{CH}}\text{—}COOH + P^{32}\text{—}P^{32} + P \qquad (37)$$

Versuche mit C^{14}-markiertem ADP zeigten, daß ADP intermediär als solches nicht auftritt, da das gebildete S-Adenosyl-methionin keine Radioaktivität aufwies. Nimmt man die enzymatische Synthese in H_2O^{18} vor, so enthält nur das entstandene Orthophosphat O^{18}, nicht aber das Pyrophosphat. Dadurch wird ausgeschlossen, daß ADP-Methionin Zwischenprodukt ist. Möglicherweise geht die Bildung des S-Adenosylmethionins über eine cyclische Zwischenverbindung, aus der dann Ortho- und Pyrophosphat abgespalten werden, oder aber die endständige Phosphatgruppe wandert intermediär, z. B. in die Stellung 2 oder 3 der Ribose unter Ausbildung eines phosphorylierten ADP, welches dann mit Methionin unter Freisetzung von Pyro- und Orthophosphat reagiert. Weitere Versuche sind noch notwendig, um diese offene Frage zu klären.

5. Die Struktur der katalytisch wirksamen Bereiche von Trypsin, Chymotrypsin und einigen Hydrolasen

Um die Reaktionsweise von Enzymen verstehen zu können, ist man bestrebt, die katalytisch wirksamen Bezirke kennenzulernen und ihre Aminosäuresequenz aufzuklären. Hierzu eignen sich Inhibitoren, die die aktiven Stellen blockieren und auch während der Partialhydrolyse gebunden bleiben, so daß die betreffenden Peptide isoliert und analysiert werden können. Neben gefärbten Verbindungen kommen hierfür insbesondere radioaktiv markierte in Frage, die eine einfache Identifizierung der interessierenden Peptide und Aminosäuren ermöglichen.

Viele Hydrolasen werden durch Diisopropyl-fluor-phosphat (DIFP) nichtkompetitiv gehemmt. Durch Verwendung von DIFP-[P^{32}] ist es wie bei den Mutasen möglich, die reagierenden Gruppen der Enzyme zu markieren. Zahlreiche Untersuchungen an

Trypsin (COHEN, OOSTERBAAN, WARRINGA und JANSZ; DIXON und NEURATH; DIXON, KAUFFMAN und NEURATH 1958a, b; NEURATH, DIXON und PECHÈRE; SCHAFFER, LANG, SIMET und DRISKO).

Chymotrypsin (COHEN, OOSTERBAAN, WARRINGA und JANSZ; DIXON, GO und NEURATH; DIXON und NEURATH; DOHERTY und VASLOW; JANDORF, MICHEL, SCHAFFER, EGAN und SUMMERSON; NEURATH, DIXON, PECHÈRE; OOSTERBAAN, KUNST, VAN ROTTERDAM und COHEN; SCHAFFER, SIMET, HARSHMAN, ENGLE und DRISKO; TURBA und GUNDLACH).

Cholinesterase (OOSTERBAAN, JANSZ und COHEN; SCHAFFER, MAY, SUMMERSON; DIXON und NEURATH; OOSTERBAAN, WARRINGA, JANSZ, BERENDS und COHEN).

Acetylcholinesterase (OOSTERBAAN, JANSZ und COHEN).

Aliesterase (COHEN, OOSTERBAAN, WARRINGA und JANSZ; OOSTERBAAN, JANSZ und COHEN).

Thrombin (GLADNER und LAKI).

Elastase (HARTLEY, NAUGHTON und SANGER)

mit P^{32}- und C^{14}-markiertem DIFP und Sarin[1]-[P^{32}] sowie an Acetyl-[C^{14}]-Chymotrypsin (OOSTERBAAN und VAN ADRICHEM) zeigen, daß bei allen untersuchten Hydrolasen nur der Serylrest mit dem DIFP reagiert, da in dem Totalhydrolysat wie bei den Mutasen und der Phosphorylase als einzige markierte Aminosäure Serylphosphat-[P^{32}] gefunden wurde. Im Falle des Chymotrypsins wird von den 25 vorhandenen Serylresten wie bei der Mutase spezifisch nur einer umgesetzt. Neben dieser einen Bindungsstelle gibt es aber noch weitere Gruppen, die mit DIFP reagieren, aber wesentlich langsamer und unspezifisch. Wahrscheinlich handelt es sich hier um eine Alkylphosphorylierung der aromatischen Aminosäuren (JANDORF, MICHEL, SCHAFFER, EGAN und SUMMERSON).

DIXON, KAUFFMAN und NEURATH konnten aus Trypsin nach DIFP-[P^{32}]-Behandlung, anschließender Oxydation mit Perameisensäure und tryptischem Abbau ein P^{32}-haltiges Pentadecapeptid der Zusammensetzung

```
H—asp—ser—cy—glu—gly—gly—asp—ser—gly—pro—val—cy—ser—gly—lys—OH
           |                  |              |
         SO3H             DIP-[P32]        SO3H
```

erhalten. Das ist das bisher längste P^{32}-haltige Peptid, das aus einer mit DIFP-[P^{32}] behandelten Hydrolase isoliert und in seiner Aminosäuresequenz aufgeklärt werden konnte. Auffallend ist, daß alle bisher untersuchten Hydrolasen die Gruppierung

—gly—asp—ser—gly—

enthalten[2], offenbar eine Anordnung, die ausschlaggebende Bedeutung für die enzymatische Aktivität dieser Klasse von Enzymen besitzt (s. a. RYDON sowie PORTER, RYDON und SCHOFIELD). Histidin wurde in den bisher isolierten Peptiden nicht gefunden, doch scheint es bei diesen Enzym-Reaktionen eine Rolle zu spielen. Es wurde nämlich festgestellt, daß bei der Hemmung durch DIFP (DIXON und NEURATH) und der Bindung von Acetyl-3,5-dibrom-L-tyrosin-[Br^{82}] (DOHERTY und VASLOW) eine Gruppe mit einem pK-Wert von 5—7 beteiligt ist, was auf eine Imidazolgruppe hinweist. Außerdem sind bei Modellreaktionen Histidylgruppen notwendig, z. B. bei der Hydrolyse von p-Nitro-phenylacetat (DIXON und NEURATH). Möglicherweise sind die Peptidketten in den Enzymen so gefaltet, daß Histidin in der Nähe des Serins lokalisiert wird, auch ohne durch eine kurze Peptidkette direkt mit ihm verbunden zu sein[3].

---

[1] Sarin = Isopropyl-methyl-fluor-phosphat.

[2] Aus Pferdeleber-Aliesterase und Pseudocholinesterase aus Pferdeserum wurden kürzlich Peptide isoliert, die eine andere Gruppierung besitzen:

```
—gly—glu—ser—ala—gly—gly—(glu, ser)  und  phe—gly—glu—ser—ala—gly—(ala2, ser)
          |                                           |
      DIP-[P32]                                   MIP-[P32]
```

(JANSZ, POSTHUMUS und COHEN, 1959; JANSZ, BRONS und WARRINGA, 1959).

[3] S. d. auch das Übersichtsreferat von BARNARD und STEIN sowie die Arbeiten von GUTFREUND und STURTEVANT, 1956 a und b; SPENCER und STURTEVANT; GREEN und NICHOLLS; RYDON; PORTER, RYDON und SCHOFIELD; TURNBULL und LEE; CUNNIGHAM sowie WESTHEIMER.

Einen weiteren Einblick in die Struktur von Trypsinogen und Chymotrypsinogen ergab die Spaltung der Disulfidbrücken mit Sulfit-[S^{35}] zu dem entsprechenden S-Sulfotrypsinogen-[S^{35}] und S-Sulfochymotrypsinogen-[S^{35}]. Nach Partialhydrolyse wurden die S^{35}-markierten Peptide isoliert und teilweise aufgeklärt.

DOHERTY und VASLOW haben die Gleichgewichtsdialyse (HUGHES und KLOTZ) angewandt, um die Stärke der Substrat-Chymotrypsin-Bindung festzustellen[1]. Als Substrat diente ihnen Acetyl-3,5-dibrom-L-tyrosin-[Br^{82}], das durch Messung der Radioaktivität in der Außen- und Innenflüssigkeit eine leichte quantitative Bestimmung von gebundenem und freiem Substrat zuließ. Von einer Enzymmolekel wird eine Substratmolekel gebunden. Aus der p_H-Abhängigkeit der Bindung (Abb. 8) konnte geschlossen werden, daß an der Bindung des Substrates wahrscheinlich neben dem Histidin wenigstens noch eine weitere Gruppe des Enzyms beteiligt ist. Für p_H 7 beträgt die freie Energie dieser Bindung —2500 cal, die Entropie 1000 cal und die Enthalpie —5000 cal. Daraus errechnet sich für die Bindungskonstante des Komplexes zwischen Enzym und Substrat

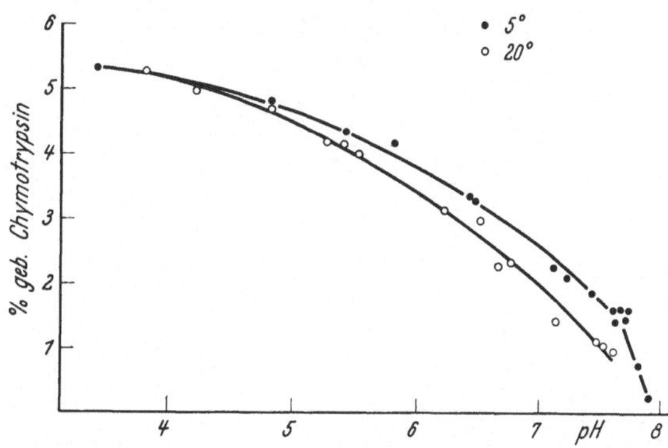

Abb. 8. Bindung von Acetyl-3,5-dibrom-L-tyrosin-[Br^{82}] durch Chymotrypsin in Abhängigkeit vom p_H-Wert bei 5° und 20° (Chymotrypsin einprozentig, Substrat weniger als 10^{-4} m. Ordinate: Substratgebundenes Chymotrypsin in Prozent vom Totalchymotrypsin) (DOHERTY und VASLOW)

$$K = \frac{[\text{Enzym-Substrat}]}{[\text{Enzym}]\,[\text{Substrat}]}$$

ein Wert von 74.

6. Die Rolle des Thiamins bei der Carboxylase-Reaktion

Auf Grund von Versuchen mit Deuterium (BRESLOW; FRY, INGRAHAM und WESTHEIMER) und Acetaldehyd-[C^{14}] (MIZUHARA und HANDLER) wurde gefordert, daß bei der durch Carboxylase und ThPP katalysierten Decarboxylierung von BTS die Methylengruppe zwischen dem Pyrimidin- und dem Thiazolring des Thiamins nicht — wie früher angenommen — ionisiert und das Ylid I, sondern der Wasserstoff vom

I

C-Atom 2 des Thiazolrings entsprechend der bevorzugten Reaktionsweise dieses Thiazol-Wasserstoffs (METZGER) abdisoziiert, und das Ylid II gebildet wird:

⇌ II $+ H^{\oplus}$

[1] Die gleiche Methode sowie die Ultrazentrifugentechnik wurden angewandt bei der Untersuchung der Bindung von P^{32} durch Glycerinaldehyd-3-phosphat-dehydrogenase (VELICK und HAYES). Die Austauschbarkeit des DPN^+ im Glycerinaldehyd-3-phosphat-dehydrogenase-$(DPN)_2$-Komplex wurde mit Hilfe von DPN^+-[P^{32}] (biosynthetisch durch Kultivierung von Hefe in Gegenwart von P^{32} erhalten) studiert (VELICK, HAYES und HARTING).

Neuere Untersuchungen von DETAR und WESTHEIMER über die Decarboxylierung von BTS in Gegenwart von Hefecarboxylase und TOH bestätigen diese Vorstellung. Nach der enzymatischen Reaktion und anschließender Bisulfitspaltung wird in der zwischen Pyrimidin- und Thiazolring liegenden Methylengruppe kein Tritium gefunden, was der Fall sein müßte, wenn ThPP entsprechend Ylid I reagieren würde. Vorläufige Ergebnisse zeigen, daß der T-Austausch am Thiazolring auftritt, so daß man für die Decarboxylierung von BTS die folgenden Reaktionsschritte annehmen muß[1]:

II + CH_3—C(=O)—COOH ⟶ [Pyrimidinyl(NH_2, CH_3)—CH_2—$N^{\oplus}$-Thiazolring(CH_3, —CH_2—CH_2—P—P)—C(CH_3)(OH)—COOH]

↓

[Pyrimidinyl(NH_2, CH_3)—CH_2—N-Thiazolring(CH_3, —CH_2—CH_2—P—P)=C(CH_3)—OH] + CO_2 + $H^{\oplus}$

$\xleftarrow{+H^{\oplus}}$ [Pyrimidinyl(NH_2, CH_3)—CH_2—$N^{\oplus}$-Thiazolring(CH_3, —CH_2—CH_2—P—P)—C(CH_3)(H)—OH] (38)

↓

II + CH_3—CHO

7. Transhydrogenasen

Transhydrogenasen, die den Wasserstoff zwischen TPN und DPN

$$\text{TPNH} + \text{DPN}^{\oplus} \rightleftharpoons \text{TPN}^{\oplus} + \text{DPNH}$$

übertragen können, sind in den Zellen weit verbreitet. Lange Zeit war es jedoch unklar, ob es sich bei diesen Reaktionen wirklich um eine Wasserstoffübertragung handelt, oder ob nicht die Phosphatgruppe des TPN übertragen bzw. der Nicotinamidteil ausgetauscht wird. Ein Phosphat-Transfer wurde durch Versuche mit Desamino-DPN ausgeschlossen. Untersuchungen von KAPLAN, COLOWICK, ZATMAN und CIOTTI mit DPN, dessen Carbonamidgruppe mit C^{14} markiert war, konnten dann eindeutig entscheiden, daß die Transhydrogenasen einen Wasserstoffaustausch zwischen den Coenzymen vornehmen. Die Autoren inkubierten $\text{DPN}^{\oplus}$-[C^{14}] mit DPNH und Enzym und analysierten die Reaktionsprodukte. Die Radioaktivität fand sich dann nicht mehr im oxydierten, sondern nur noch im reduzierten DPN. Danach muß die Reaktion

$$\underset{(\text{DPN}^{+})}{\text{A—R—P—P—R—N}_{ox}\text{-[C}^{14}]} + \text{A—R—P—P—R—N}_{red} \rightleftharpoons \tag{39}$$
$$\rightleftharpoons \text{A—R—P—P—R—N}_{red}\text{-[C}^{14}] + \text{A—R—P—P—R—N}_{ox}$$

in einer Übertragung des Wasserstoffs vom nichtmarkierten DPN auf das markierte bestehen.

8. Untersuchungen über enzymatische Glucose-Galaktose-Umwandlung

LELOIR entdeckte die reversible enzymatische Umwandlung von G-1-P in Gal-1-P, die in Form der UDP-Verbindungen

$$\text{UDPG} \rightleftharpoons \text{UDPGal} \tag{40}$$

vor sich geht. Man vermutete zuerst, daß das Enzym durch Wasserabspaltung aus

[1] Nach Inkubation von Pyruvatcarboxylase mit BTS-[C^{14}] konnten HOLZER und BEAUCAMP kürzlich die beiden Zwischenprodukte aktivierte Brenztraubensäure und aktivierten Acetaldehyd isolieren.

der Hexose ein Enol bilde, an welches dann wieder Wasser angelagert werde, entweder zu einer Verbindung mit gleicher oder einer mit entgegengesetzter Konfiguration am C-Atom 4. Nachdem aber Maxwell (1956) die Beteiligung von DPN an dieser Reaktion festgestellt hatte, wurde angenommen, daß die Umwandlung durch eine Oxydoreduktion erfolge. Versuche mit T_2O^{18} (Kowalsky und Koshland; Kalckar und Maxwell), H_2O^{18} (Anderson, Landel und Diedrich) und DPNT (Kalckar und Maxwell; Maxwell, de Robichon-Szulmajster und Kalckar) ergaben, daß das Lösungsmittel an der Reaktion nicht beteiligt ist, da weder Tritium noch O^{18} in der Glucose gefunden wurden. Warum aber auch kein Austausch mit dem Tritium des DPN auftritt, ist bisher noch nicht eindeutig geklärt.

Aus den Untersuchungen von Maxwell, de Robichon-Szulmajster und Kalckar ist bekannt, daß das Hefe-Enzym ein dem enzymgebundenen DPNH ähnliches Fluorescenzspektrum besitzt und daß Fluorescenz und Aktivität auf Zusatz von PCMB verschwinden. Das Fehlen des T-Einbaues in Galaktose auf Zusatz von DPNT deutet darauf hin, daß das DPNH sehr fest gebunden und daher durch das zugesetzte DPNT nicht ausgetauscht wird. Nach der Behandlung mit PCMB läßt sich unter bestimmten Versuchsbedingungen durch Zusatz von DPN^+ die Aktivität zurückgewinnen, die Fluorescenz dagegen nicht. Im Gegensatz zu dem Enzym aus Leber (Maxwell 1957) wird das Enzym aus Hefe durch DPNH nicht gehemmt und ist wie das Enzym aus *L. bulgaricus* (Kowalsky und Koshland) auch ohne DPN^+-Zusatz aktiv. Das Bakterienenzym bindet DPN^+ so fest, daß es durch Behandeln mit Aktivkohle nicht entfernt werden kann, erst auf Zusatz von DPNase wird seine Aktivität zerstört. Neben dem Einbau von T in die Hexosen untersuchte Maxwell (1957) das Auftreten von Zwischenprodukten. Aber weder durch Zusatz von Thiosemicarbazid, Hydroxylamin oder Hydrazin konnte ein Intermediärprodukt mit einer C=O-Gruppe abgefangen werden, noch konnte durch Koppelung der Reaktion mit DPNH-Oxydase oder Alkoholdehydrogenase und Alkohol das Auftreten von DPNH nachgewiesen werden.

Kalckar (1958) diskutiert unter anderem die Möglichkeit eines Hydridtransfers mit einer Halbacetalbrücke zwischen dem C-Atom 4 der Hexose und einer Gruppe am Enzym, z. B. einer OH-Gruppe. Diese Halbacetalbrücke soll dann unter dem Einfluß einer multifunktionellen Gruppierung (Säure-Base-Katalyse des Uracilringes z. B.) wechseln und dabei die inverse Konfiguration ausbilden.

Da sowohl DPN^+ als auch DPNH bei den verschiedenen Enzymen so fest gebunden werden, daß der Enzym-DPN-Komplex praktisch nicht dissoziiert ist und daher auch kein Austausch mit zugesetztem DPN stattfindet, erscheint es uns denkbar, daß für die Epimerisierung je ein Molekül DPN^+ und DPNH notwendig sind. Zwischen diesen beiden DPN-Molekeln würde dann durch einen direkten Hydridtransfer eine Oxydoreduktion am C-Atom 4 der Hexose erfolgen, wobei eine dem Zwischenprodukt der S_N2-Reaktion analoge Verbindung wie in Gleichung 2 auftreten würde:

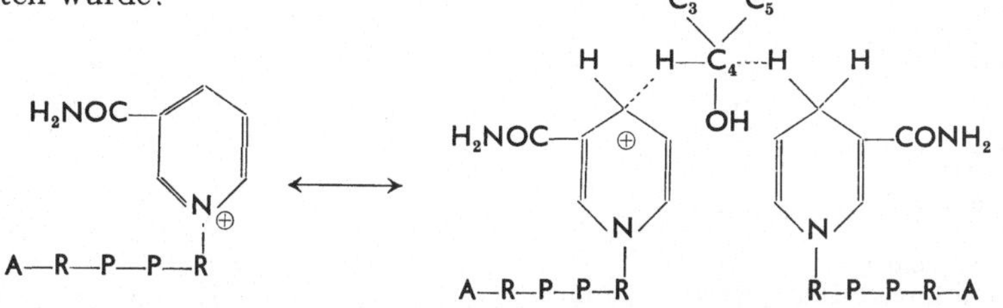

C_3 C_5
H H—C_4···H H
H_2NOC— N⊕ ⟷ H_2NOC— ⊕ OH —$CONH_2$
A—R—P—P—R A—R—P—P—R R—P—P—R—A

Es ist verständlich, daß das DPN in diesem Komplex gegen den Angriff von ADH oder DPNH-Oxydase geschützt ist und durch Carbonylreagentien eine Zwischenverbindung nicht gefaßt werden konnte.

9. Wasserstoffübertragende Enzyme

Die Indikationsmethode hat grundlegende Erkenntnisse über den chemischen Mechanismus der Wasserstoffübertragung mit Pyridinnucleotiden erbracht. In diesem Fall wurde jedoch nicht mit dem radioaktiven Wasserstoffisotop, sondern mit dem stabilen Deuterium gearbeitet. Da kein prinzipieller, sondern nur ein methodischer Unterschied besteht, sollen wegen der Wichtigkeit der Resultate die Versuche kurz geschildert werden:

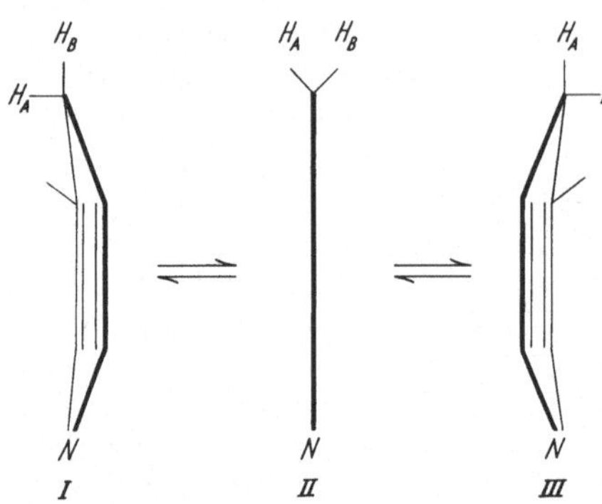

Abb. 9. Schematische Darstellung der möglichen Konstellationen des reduzierten Pyridinringes vom DPNH. In *I* besetzt H_A die axiale Position, H_B die äquatoriale Position, in *III* sind die Positionen vertauscht. *II* stellt die intermediär auftretende Position von H_A und H_B dar, aus der heraus der Hydridtransfer stattfindet. Die Carbonamidgruppe ist durch einen Strich angedeutet. Die Indices *A* und *B* sollen lediglich die stereochemische Verschiedenheit der beiden H-Atome in der p-Stellung kennzeichnen und keine Aussage über die α- oder β-Stellung im Sinne der Tab. 6 machen (LEVY und VENNESLAND)

Markiert man den am C_1 des Äthanols verknüpften Wasserstoff und reduziert damit $DPN^{\oplus}$ in Gegenwart von Alkoholdehydrogenase in H_2O, so erhält man DPND nach der Gleichung

$$CH_3—CD_2OH + DPN^{\oplus} \rightleftharpoons CH_3CDO + DPND + H^{\oplus} . \quad (41)$$

Dies war für die Betrachtung des Mechanismus dieser Reaktion ein fundamental wichtiges Resultat, da alle Theorien widerlegt waren, bei welchen ein Austausch des Wasserstoffs mit den Protonen des Mediums zu erwarten ist (WESTHEIMER, FISHER, CONN und VENNESLAND; FISHER, CONN, VENNESLAND und WESTHEIMER; VENNESLAND und WESTHEIMER). Darüber hinaus zeigte sich, daß Stereospezifität der Enzyme hinsichtlich der Seite des Pyridinrings festzustellen ist, an welcher der Wasserstoff aufgenommen wird. Die von ADH und einigen anderen Dehydrogenasen benutzte Seite wird die α-Seite genannt, die andere die β-Seite (Abb. 9), Tab. 6 unterrichtet über die Stereospezifität verschiedener Enzyme (LEVY und VENNESLAND; DRYSDALE und COHN; SAN PIETRO, KAPLAN und COLOWICK; MARCUS, VENNESLAND u. STERN).

Die kinetische Untersuchung der Reaktion unter Übertragung von einerseits Deuterium,

Tabelle 6. *Sterische Spezifität für DPN* (LEVY und VENNESLAND; DRYSDALE und COHN; SAN PIETRO, KAPLAN und COLOWICK; MARCUS, VENNESLAND und STERN)

Dehydrogenase	Herkunft	Stereospezifität
Alkohol-DH (mit Äthanol)	Hefe, *Pseudomonas*, Pferdeleber, Weizenkeimling	α
Alkohol-DH (mit Isopropanol)	Hefe	α
Acetaldehyd-DH	Leber	α
L-Milchsäure-DH	Rindermuskel	α
L-Äpfelsäure-DH	Schweineherz, Weizenkeimling	α
D-Glycerinsäure-DH	Spinat	α
Dihydroorotsäure-DH	*Zymobacterium oroticum*	α
β-Hydroxybutyryl-CoA-DH bzw. β-Hydroxybutyryl-Pantethein-DH	Schweineherz	β
α-Glycerophosphat-DH	Muskel	β
3-Phosphoglycerinaldehyd-DH	Hefe, Muskel	β
L-Glutaminsäure-DH	Rinderleber	β
D-Glucose-DH	Rinderleber	β
β-Hydroxysteroid-DH	*Pseudomonas*	β
DPNH-Cytochrom c-DH	Rattenlebermitochondrien, Schweineherz-Sarcosomen	β
TPNH (Transhydrogenase	*Pseudomonas*	β

andererseits Wasserstoff unter genau gleichen Bedingungen gestattete die Bestimmung des Isotopeneffekts, dessen Größe [nicht-enzymatisch 6 (WESTHEIMER und NICOLAIDES), enzymatisch etwa 2 (MAHLER und DOUGLAS; FRIEDEN)[1]] auf einen polaren Reaktionsmechanismus schließen ließ. Der Wasserstoff wird in Form von H-Ionen übertragen (WALLENFELS; WALLENFELS und SUND; WALLENFELS und GELLRICH).

10. Mechanismus der Glyoxalase I

Glyoxalase I katalysiert die intramolekulare Oxydoreduktion und Thioesterbildung des Glyoxals:

$$
\begin{array}{c} CH_3 \\ | \\ C{=}O \\ | \\ CHO \end{array} + GSH \rightarrow \begin{array}{c} CH_3 \\ | \\ C{=}O \\ | \\ H{-}C{-}OH \\ | \\ SG \end{array} \rightarrow \begin{array}{c} CH_3 \\ | \\ H{-}C{-}OH \\ | \\ C{=}O \\ | \\ SG \end{array} \rightarrow \begin{array}{c} CH_3 \\ | \\ H{-}C{-}OH \\ | \\ C{=}O \\ | \\ OH \end{array} + GSH \qquad (42)
$$

Glyoxalase II die Hydrolyse des gebildeten S-Lactyl-Glutathions. Diese Reaktion entspricht der basisch katalysierten Cannizzaro-Reaktion, bei der ebenfalls aus Methylglyoxal Milchsäure gebildet wird. FREDENHAGEN und BONHOEFFER konnten bereits 1938 feststellen, daß bei dieser Reaktion in D_2O kein D-Austausch mit dem Lösungsmittel auftritt. Zur Klärung der Frage, ob das von RACKER 1951 als Intermediärprodukt postulierte Endiol gebildet wird oder ein direkter Wasserstoff-Transfer ohne Beteiligung des Lösungsmittels wie bei der Cannizzaro-Reaktion stattfindet, wurde von FRANZEN (1956) und ROSE die Milchsäurebildung aus Glyoxal mit Glyoxalase in D_2O und TOH untersucht. Da die enzymatisch gebildete Milchsäure weder Deuterium noch Tritium enthielt, ist die Reaktion wie bei den Dehydrogenasen also mit einem direkten Wasserstoff-Transfer ohne Beteiligung des Lösungsmittels verbunden. Dieses Ergebnis steht im Einklang mit den Modellversuchen von FRANZEN, bei denen basische Thiole (N-Dialkyl-cysteamine) als Katalysatoren für die Disproportionierung von α-Ketoaldehyden zu α-Oxysäuren dienen. Für die durch Glyoxalase I katalysierte Reaktion ist daher folgender Reaktionsablauf anzunehmen:

$$
\begin{array}{c} CH_3 \\ | \\ C{=}O \\ | \\ H{-}C{-}OH \\ | \\ SG \end{array} + \begin{array}{c} R \\ | \\ |N{-}Enzym \\ | \\ R \end{array} \rightarrow \begin{array}{c} CH_3 \\ | \\ {}^{\oplus}C{-}O^{\ominus} \\ | \\ H{-}C{-}O^{\ominus} \\ | \\ SG \end{array} \begin{array}{c} R \\ {\oplus}| \\ H{-}N{-}Enzym \\ | \\ R \end{array} \rightarrow \begin{array}{c} CH_3 \\ | \\ {}^{\oplus}C{-}O^{\ominus} \\ | \\ (H{:})C{-}O^{\ominus}(H){:} \\ | \\ SG \end{array} \begin{array}{c} R \\ |\oplus \\ N{-}Enzym \\ | \\ R \end{array}
$$

$$
\downarrow \qquad (43)
$$

$$
\left[\begin{array}{c} CH_3 \\ | \\ H{-}C{-}OH \\ | \\ C{=}O \\ | \\ SG \end{array} \leftrightarrow \begin{array}{c} CH_3 \\ | \\ H{-}C{-}OH \\ | \\ {}^{\oplus}C{-}O^{\ominus} \\ | \\ SG \end{array} \right] + \begin{array}{c} R \\ | \\ |N{-}Enzym \\ | \\ R \end{array}
$$

Methylglyoxal und Glutathion bilden zusammen mit dem Enzym eine Halbmercaptal-Enzym-Verbindung. Ein basischer Rest am Enzym, z. B. eine Amino-

[1] Die Isotopeneffekte bei der Oxydation von Formiat und Formiat-[D] betragen 1,5 bei der Oxydation durch Leberkatalase, 2,5 bei Formiatdehydrogenase aus *Phaseolus multiflorus* und 6—10 bei alkalischem Permanganat (AEBI, FREI und SCHWENDIMANN; AEBI, BUSER und LÜTHI; FREI und AEBI; siehe dazu auch WIBERG).

gruppe, übernimmt das Proton der OH-Gruppe des Halbmercaptals unter Ausbildung eines Halbmercaptal-Anions. Die negative Ladung am Sauerstoff erleichtert die Abtrennung des Wasserstoffs vom Aldehyd-Kohlenstoff als Hydrid-Anion, das sich sofort an das positiv polarisierte Kohlenstoffatom der benachbarten Carbonylgruppe anlagert. Infolge der größeren Basizität eines Alkoxyl-Anions gegenüber einer Aminogruppe wandert das Proton von der basischen Gruppe am Enzym zum Alkoxyl-Anion, es entsteht S-Lactyl-Glutathion. Hydrid-Transfer und Protonen-Übergang erfolgen wahrscheinlich gleichzeitig.

11. Mechanismus der Wirkung von Aldolase und Isomerase

Die nichtenzymatische Aldolkondensation, welcher die Aldolase ihren Namen verdankt, läßt sich sowohl durch Basen als auch durch Säuren katalysieren. Die eingehende kinetische Untersuchung der basenkatalysierten Reaktion hat ergeben, daß diese in folgender Weise verläuft (HINE; MÜLLER):

$$\begin{matrix} | \\ C{=}O \\ | \\ -C-H \\ | \end{matrix} \longleftrightarrow \begin{matrix} | \\ {}^{\oplus}C-O^{\ominus} \\ | \\ -C-H \\ | \end{matrix} \xrightarrow{OH^{\ominus}} \begin{matrix} | \\ C{=}O \\ | \\ -C-H\cdots OH^{\ominus} \\ | \end{matrix} \rightleftharpoons \begin{matrix} | \\ C{=}O \\ | \\ -C^{\ominus} \\ | \end{matrix} + H_2O \qquad (44a)$$

$$\begin{matrix} | \\ O{=}C \\ | \\ -C^{\ominus} \\ | \end{matrix} + \begin{matrix} | \\ H-C- \\ | \\ {}^{\oplus}C-O^{\ominus} \\ | \end{matrix} \rightleftharpoons \begin{matrix} | \quad\quad | \\ O{=}C\;\; H-C- \\ | \quad\quad | \\ -C\text{——}C-O^{\ominus} \\ | \quad\quad | \end{matrix} \xrightarrow{H_2O} \begin{matrix} | \quad\quad | \\ O{=}C\;\; H-C- \\ | \quad\quad | \\ -C\text{——}C-OH \\ | \quad\quad | \end{matrix} + OH^{\ominus} \qquad (44b)$$

In dieser Reaktion wird ein Wasserstoffatom als Proton vom α-C-Atom an ein Hydroxylion abgegeben und hierdurch das α-Kohlenstoffatom so negativiert, daß es sich in die Elektronenlücke am Kohlenstoff der polarisierten Carbonylgruppe eines zweiten Moleküls einlagern kann.

Demgegenüber findet bei der säurekatalysierten Aldolkondensation eine Positivierung des Carbonylkohlenstoffs statt, die durch Aufnahme eines Protons am Sauerstoff verursacht wird. Das gebildete Carbeniumion addiert sich ausschließlich an die olefinische Doppelbindung der Enolform der Carbonylverbindung (HINE; MÜLLER):

$$\begin{matrix} | \\ C{=}O \\ | \\ -C-H \\ | \end{matrix} \longleftrightarrow \begin{matrix} | \\ {}^{\oplus}C-O^{\ominus} \\ | \\ -C-H \\ | \end{matrix} \xrightarrow{H^{\oplus}} \begin{matrix} | \\ {}^{\oplus}C-OH \\ | \\ -C-H \\ | \end{matrix} \rightleftharpoons \begin{matrix} | \\ C-OH \\ \| \\ -C \\ | \end{matrix} + H^{\oplus} \qquad (45a)$$

$$\begin{matrix} | \\ C-OH \\ \| \\ -C \\ | \end{matrix} + \begin{matrix} | \\ H-C-H \\ | \\ {}^{\oplus}C-OH \\ | \end{matrix} \rightleftharpoons \begin{matrix} | \quad\quad | \\ {}^{\oplus}C-OH\;\; H-C-H \\ | \quad\quad | \\ -C\text{——}C-OH \\ | \quad\quad | \end{matrix} \rightleftharpoons \begin{matrix} | \quad\quad | \\ C{=}O\;\; CH_2 \\ | \quad\quad | \\ -C\text{——}C-OH \\ | \quad\quad | \end{matrix} + H^{\oplus} \qquad (45b)$$

Die enzymkatalysierte Reaktion zwischen Dihydroxyacetonphosphat und verschiedenen Aldehyden, deren p_H-Optimum bei 7,5—8,5 liegt (MEYERHOF), könnte prinzipiell nach beiden Mechanismen ablaufen, wobei sich diese beiden Alternativen sowohl auf Dihydroxyacetonphosphat (DHAP) als auch auf die Aldehyde erstrecken können. Bei Vorliegen des chemischen Prinzips der Basenkatalyse wäre zu erwarten, daß vor allem Dihydroxyacetonphosphat das Proton verliert und das Carbeniumion bildet, während beim Vorliegen des Prinzips der Säurekatalyse vorwiegend eine Aktivierung des Glycerinaldehydphosphates erfolgen sollte, welche, wie das Reaktionsschema zeigt, ebenfalls einen Austausch mit Protonen des Mediums zur Folge haben müßte. Die Frage, welches die unmittelbare chemische Wirkung der Aldolase auf das gemischte Substrat ist, konnte durch Inkubation von DHAP bzw. Acetaldehyd mit dem Enzym in Gegenwart von Tritiumoxyd und Deuteriumoxyd entschieden werden (ROSE und RIEDER 1955; ROSE und RIEDER 1958; BLOOM und TOPPER 1956; ROSE 1958; RUTTER und LING 1958).

Wie aus Tab. 7 hervorgeht, findet eine Aufnahme von Tritium in Bindung am Kohlenstoff nur bei Inkubation von DHAP mit Enzym statt, während bei der Inkubation mit aldehydischen Reaktionspartnern der Aldolasereaktion kein Protonenaustausch erfolgt. Dieses Ergebnis zeigt klar, daß kein Hydridionentransfer vorliegt und daß die enzymatische Reaktion sich analog der basenkatalysierten Reaktion formulieren läßt. Die Enzymwirkung besteht also auch hier in der nucleophilen Reaktion des Enzyms mit dem Substrat zu einer intermediären Enzym-Substrat-Verbindung:

Tabelle 7. *Einführung von C-gebundenem Tritium in Dihydroxyacetonphosphat* (BLOOM und TOPPER)

Enzym	Tritiumaufnahme (μ-Atome pro μ-Mol Dihydroxyacetonphosphat
Aktive Aldolase	1,04
Inaktive Aldolase	0,05
Aktive Phosphotrioseisomerase	0,95
Inaktive Phosphotrioseisomerase.	0,42

Inkubationsbedingungen: Isomerasefreie Aldolase oder aldolasefreie Isomerase 30 min bei Zimmertemperatur mit Dihydroxyacetonphosphat in T_2O inkubiert. Enzyminaktivierung durch Erhitzen.

$$\underset{\text{(DHAP)}}{\mathrm{P{-}CH_2{-}CO{-}CH_2OH}} \longleftrightarrow \mathrm{P{-}CH_2{-}\overset{\oplus}{C}(O^{\ominus}){-}CH_2OH} \xrightarrow{E^{\ominus}} \mathrm{P{-}CH_2{-}\overset{\oplus}{C}(O^{\ominus}){-}CH(OH){-}H\cdots E^{\ominus}} \rightleftharpoons \mathrm{P{-}CH_2{-}C({=}O){-}\overset{\ominus}{C}H(OH)} + \mathrm{E{-}H} \qquad (46)$$

$$\mathrm{P{-}CH_2{-}C({=}O){-}\overset{\ominus}{C}H(OH)} \longleftrightarrow \mathrm{P{-}CH_2{-}C(O^{\ominus}){=}CH{-}OH}$$

$$\mathrm{P{-}CH_2{-}C({=}O){-}\overset{\ominus}{C}H(OH)} + \mathrm{R{-}\overset{\oplus}{C}H{-}O^{\ominus}} \rightleftharpoons \mathrm{P{-}CH_2{-}C({=}O){-}CH(OH){-}CHR{-}O^{\ominus}} \xrightarrow{\mathrm{E{-}H}} \mathrm{E^{\ominus}} + \mathrm{P{-}CH_2{-}C({=}O){-}CH(OH){-}CHR{-}OH}$$

Die Deuterium- und Tritiumindikation zeigte aber darüber hinaus, daß Aldolase in der Lage ist, zwischen den beiden α-H-Atomen der primären Carbinolgruppe des DHAP zu unterscheiden. Die Indikation des DHAP, die durch Inkubation von Aldolase mit DHAP in T_2O eingeführt wird, geht nämlich wieder völlig verloren, wenn das monotritierte Substrat wieder mit Aldolase und H_2O inkubiert wird.

Auch Trioseisomerase ist imstande, den Austausch eines Wasserstoffatoms von DHAP mit Tritiumoxyd oder Deuteriumoxyd zu katalysieren (Tab. 7, Bloom und Topper 1956, Rieder und Rose 1959). Es wird wiederum gerade etwa ein Tritiumatom in das Substrat eingeführt. Der Mechanismus der Labilisierung ist also offenbar gleich. Wird jedoch dieses durch Isomerase tritierte DHAP mit Aldolase und H_2O inkubiert, tritt kein Rückaustausch der Indikation ein. Diese Resultate zeigen, daß die beiden Enzyme zwei verschiedene α-Wasserstoffatome des Substrates ablösen. Dies entspricht der Möglichkeit der Addition des Substrats an das Enzym in der Form des cis- bzw. trans-Endiols in der intermediären Enzym-Substrat-Verbindung:

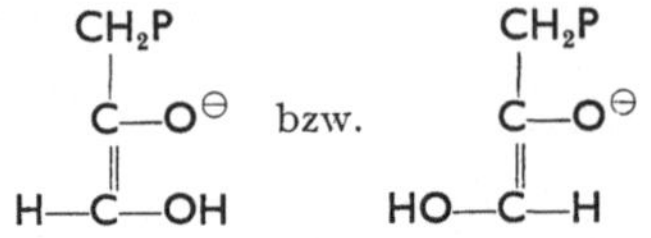

```
   CH₂P              CH₂P
    |                 |
    C—O⊖    bzw.      C—O⊖
    ‖                 ‖
 H—C—OH            HO—C—H
```

Ähnlich liegen die Verhältnisse bei der Phosphoglucose- und Phosphomannoseisomerase (Topper): Von den beiden Wasserstoffatomen des Kohlenstoffatoms 1 vom Fructose-6-phosphat wird das eine durch die Glucoseisomerase, das andere durch die Mannoseisomerase aktiviert. Fructose-6-phosphat kann daher in Gegenwart der Isomerasen entweder in das cis- oder trans-Endiol übergehen, Glucose-6-phosphat oder Mannose-6-phosphat dagegen nur jeweils in eines der beiden geometrischen Isomeren. Man darf daher annehmen, daß bei der Bildung des Substrat-Enzym-Komplexes eine Bindung an mindestens 3 Punkten erfolgt, wie es der Ogstonschen Theorie entspricht (Ogston; Racusen und Aronoff; Martius und Schorre).

Einen anderen Fall von Isomerisierung besitzen wir in der Überführung von Isopentenyl-pyrophosphat (3-Methyl-Δ^3-butenyl-(1)-pyrophosphat, „aktives Isopren") in γ,γ-Dimethyl-allyl-pyrophosphat durch Isopentenyl-pyrophosphat-isomerase, bei der eine Doppelbindung wandert. Da in der Enzymkette, die Mevalonsäure in Squalen überführt, die Isomerase das einzige Enzym ist, das durch Jodacetamid gehemmt wird, nehmen Lynen u. Mitarb. an, daß sich eine SH-Gruppe des Enzyms an die Doppelbindung anlagert und die Isomerisierung durch nachfolgende Abspaltung zwischen den C-Atomen 2 und 3 oder 3 und 4 zustandekommt (Lynen, Eggerer, Henning und Kessel 1958; Lynen, Agranoff, Eggerer, Henning und Möslein 1959; Agranoff, Eggerer, Henning und Lynen 1959):

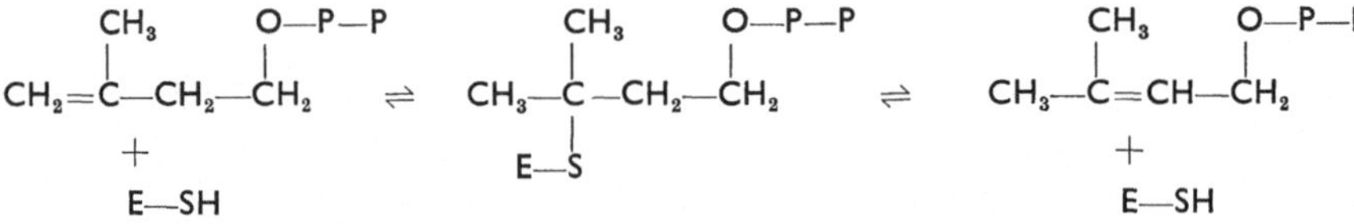

```
      CH₃     O—P—P             CH₃     O—P—P                CH₃     O—P—P
      |       |                 |       |                    |       |
CH₂=C—CH₂—CH₂      ⇌     CH₃—C—CH₂—CH₂        ⇌        CH₃—C=CH—CH₂        (47)
      +                         |                            +
     E—SH                      E—S                          E—SH
```

Die Reversibilität der Reaktion ergibt sich aus dem Tritiumeinbau in Isopentenyl-pyrophosphat bei der Inkubation der Isomerase mit synthetisch hergestelltem γ,γ-Dimethyl-allyl-pyrophosphat in tritiumhaltigem Wasser.

III. Der Mechanismus der induzierten Enzymsynthese

Während für viele niedermolekulare Naturstoffe der Verlauf der Biosynthese — zum großen Teil mit Hilfe der Indikationsmethode — weitgehend geklärt werden konnte, erscheint die gezielte Synthese hochmolekularer Stoffe wie Nucleinsäuren und Proteine noch immer rätselhaft. Bei diesen Synthesen müssen die einzelnen Bausteine wie Nucleotide bzw. Aminosäuren nicht nur durch chemische Bindungen miteinander verknüpft werden, sondern die Verknüpfung muß in genetisch vorbestimmter Ordnung und definierter Sequenz und Kettenlänge erfolgen, darüber hinaus müssen die so gebildeten Ketten noch in spezifischer Faltung in der sogenannten tertiären Struktur angeordnet werden. Diese Aufgabe entspricht etwa derjenigen eines Dichters, der Buchstaben vernünftig zu Wörtern, Wörter zu Sätzen ordnet und die Sätze zum Kunstwerk „verdichtet". In diesem Bild entsprechen die freien Aminosäuren den Buchstaben, und es gibt etwa gleich viele, wie das Alphabet Buchstaben aufweist. Die erste Stufe der Ordnung — die Wörter — ist eine definierte Kombination mit niedermolekularen löslichen Ribonucleinsäuren, wobei eine Aminosäure auf etwa 200 Mononucleotideinheiten kommt. Die nächst höhere Stufe der Ordnung — der Satz — ist eine Verbindung des löslichen Nucleinsäureaminosäurekomplexes zum unlöslichen Mikrosomen-Nucleoprotein, aus welchem unter spezifischer Steuerung — Induktion — das wirksame Protein entsteht. Erst in wenigen Fällen konnte dieses Schema erforscht und erkannt werden. Am besten untersucht erscheint zur Zeit die induzierte Synthese des Enzyms β-Galaktosidase bei bestimmten Mutanten von *Escherichia coli*. Dieses Enzym wird nur unter Induktion mit Galaktosiden definierter Konstitution gebildet. Dieser Prozeß läßt sich bildlich etwa folgendermaßen darstellen (modifiziert nach MONOD; MELVIN COHN und HOAGLAND)[1]:

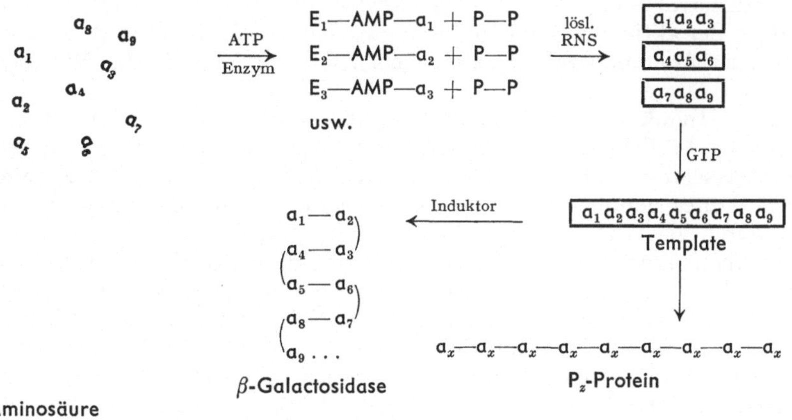

a_8 a_9 a_1 a_3 a_4 a_2 a_7 a_5 a_6 $\xrightarrow[\text{Enzym}]{\text{ATP}}$ E_1—AMP—a_1 + P—P; E_2—AMP—a_2 + P—P; E_3—AMP—a_3 + P—P; usw. $\xrightarrow{\text{lösl. RNS}}$ $a_1a_2a_3$ | $a_4a_5a_6$ | $a_7a_8a_9$

↓ GTP

$a_1a_2a_3a_4a_5a_6a_7a_8a_9$ Template $\xrightarrow{\text{Induktor}}$ a_1—a_2, a_4—a_3, a_5—a_6, a_8—a_7, a_9 . . . β-Galactosidase

Template ↓ a_x—a_x—a_x—a_x—a_x—a_x—a_x—a_x—a_x P_x-Protein

a = Aminosäure

Die Verwendung radioaktiver Isotope hat folgende Fragen dieses Komplexes geklärt:

1. Die primäre „Aktivierung" der C^{14}-indizierten Aminosäuren durch Enzym und P^{32}-indiziertes ATP liefert Aminosäure-AMP-Verbindungen der Konstitution

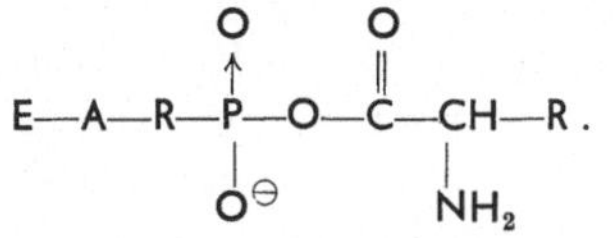

$$\mathrm{E{-}A{-}R{-}\overset{\overset{\displaystyle O}{\uparrow}}{\underset{\underset{\displaystyle O^{\ominus}}{|}}{P}}{-}O{-}\overset{\overset{\displaystyle O}{\|}}{C}{-}\underset{\underset{\displaystyle NH_2}{|}}{CH}{-}R}\,.$$

2. Versuche mit C^{14}-markiertem Leucin und Valin zeigen, daß der enzymatische Einbau dieser Aminosäuren in die lösliche RNS von Rattenleber als Ester erfolgt. ZACHAU, ACS und LIPMANN konnten aus der mit Leucin-[C^{14}] beladenen RNS nach

[1] S. d. auch The Chemical Basis of Heredity, ed. by W. D. MCELROY und B. GLASS. Baltimore: The Johns Hopkins Press 1957; Dynamik des Eiweißes, 10. Colloquium der Gesellschaft für physiologische Chemie, Mosbach 1959. Berlin-Göttingen-Heidelberg: Springer-Verlag 1960.

Einwirken von Ribonuclease den Ester des Leucins mit der 2′- oder 3′-OH-Gruppe des Adenosins isolieren, der nach diesem Befund die Endgruppe der RNS bilden muß:

NH_2
N
N
CH
N
N
Spaltung
durch Ribonuclease →
$O—H_2C$
O
$PO_2^{\ominus}$
Ester
O
O
O
Cytosin
Ribose
$OC—CH—\overset{\oplus}{N}H_3$
O
CH_2
$PO_2^{\ominus}$
$CH(CH_3)_2$
O
Cytosin
Ribose

3. Indiziertes ATP (α - P^{32}, 8-^{14}C) wird in die lösliche RNS-Fraktion unter Aufnahme der aktivierten Aminosäuren eingebaut. GTP ist erforderlich für den Transfer der Aminosäuren von der löslichen RNS-Fraktion in das Mikrosomenprotein.

4. Ohne Induktion wird eine Proteinfraktion (P_z) gebildet, die sowohl hinsichtlich der Löslichkeit als auch der serologischen Eigenschaften dem aktiven Galaktosidaseprotein gleicht, aber enzymatisch inaktiv ist. Es lag nahe zu glauben, daß es sich hierbei um die unmittelbare Vorstufe des Enzyms handele, welche durch die Wirkung des Induktors in die spezifische Faltung des aktiven Enzyms übergeführt wird. Ließ man ohne Induktion auf S^{35}-markiertem Nährboden wachsen, so entstand markiertes P_z-Protein in den enzymatisch inaktiven Zellen. Nach dem Abtrennen vom radioaktiven Nährmedium wurde auf inaktivem Nährboden unter Induktion mit Galaktosid weiter kultiviert. Die aus den nunmehr enzymatisch aktiven Bakterien gewonnene β-Galaktosidase zeigte keine Radioaktivität. Dies beweist, daß die induzierte Enzymsynthese de novo aus den freien Aminosäuren erfolgt. Umgekehrt ließ sich zeigen, daß unter Induktion auf S^{35}-markiertem Nährboden gebildete β-Galaktosidase beim Weiterwachsen der Zellen ohne Induktor nicht mehr abgebaut wird, die enzymatische Aktivität nimmt genau entsprechend der Verdünnung durch neue nicht induzierte Zellen ab, sie entspricht aber genau der verbleibenden Radioaktivität, wenn gleichzeitig mit Wegnahme des Induktors auch auf nicht markiertes Nährmedium umgestellt wird. Auf der anderen Seite konnte durch Verwendung von radioaktiv indiziertem Induktor gezeigt werden, daß dieser bei dem Induktionsprozeß nicht verbraucht oder mit dem gebildeten Protein irreversibel kombiniert wird: Der Induktionsvorgang ist also ein katalytischer Prozeß.

Radioaktive Indikatoren haben also bei den verschiedensten Problemstellungen der modernen Enzymforschung wesentliche Fortschritte gebracht. Die heute vorliegenden Kenntnisse über den chemischen Reaktionsmechanismus einzelner enzymkatalysierter Reaktionen sowie des komplexen Geschehens der genabhängigen Synthese der Enzyme in der Zelle hat man zum größten Teil der Methode der radioaktiven Markierung zu verdanken.

Literatur[1]

ABRAMS, R., and M. BENTLEY: Biosynthesis of nucleic acid purines. III. Guanosine 5'-phosphate formation from xanthosine 5'-phosphate and L-glutamine. Arch. Biochem. Biophys. **79**, 91 (1959).

AEBI, H., W. BUSER u. C. LÜTHI: Über Isotopieeffekte bei der Oxydation von Formiat mit Permanganat. Helv. chim. Acta **39**, 944 (1956).

— E. FREI u. M. SCHWENDIMANN: Isotopieeffekte bei der Formiatoxydation durch Formicodehydrogenase aus Phaseolus. Helv. chim. Acta **39**, 1765 (1956).

AGRANOFF, B. W., H. EGGERER, U. HENNING and F. LYNEN: Isopentenol pyrophosphate isomerase. J. Amer. chem. Soc. **81**, 1254 (1959).

ÅGREN, G., and L. ENGSTRÖM: Isolation of ^{32}P-labeled phosphoserine from a yeast hexokinase preparation, incubated with labeled ATP or glucose-6-phosphate. Acta chem. scand. **10**, 489 (1956).

ALIVISATOS, S. G. A.: Mechanism of action of diphosphopyridine nucleotidases. Nature (Lond.) **183**, 1034 (1959).

ANDERSON, L., and G. R. JOLLÈS: A study of the linkage of phosphorus to protein in phosphoglucomutase. Arch. Biochem. Biophys. **70**, 121 (1957).

— A. M. LANDEL and D. F. DIEDRICH: The galactose-glucose conversion in isotopic water. Biochim. biophys. Acta **22**, 573 (1956).

BACHHAWAT, B. K., and M. J. COON: The rôle of adenosine triphosphate in the enzymatic activation of carbon dioxide. J. Amer. chem. Soc. **79**, 1505 (1957).

— — Enzymatic activation of carbon dioxide. I. Crystalline carbon dioxide-activating enzyme. J. biol. Chem. **231**, 625 (1958).

— F. P. KUPIECKI and M. J. COON: Role of hydroxylamine in the carbon dioxide-activating enzyme system. Fed. Proc. **16**, 148 (1957).

— W. G. ROBINSON and M. J. COON: Enzymatic carboxylation of β-hydroxyisovaleryl coenzyme A. J. biol. Chem. **219**, 539 (1956).

BADDILEY, J., and F. C. NEUHAUS: The enzymic activation of D-alanine in *Lactobacillus arabinosus* 17—5. Biochim. biophys. Acta **33**, 277 (1959).

BANDURSKI, R. S., L. G. WILSON and C. L. SQUIRES: The mechanism of "active sulfate" formation. J. Amer. chem. Soc. **78**, 6408 (1956).

BARNARD, E. A., and W. D. STEIN: The roles of imidazole in biological systems. Advanc. in Enzymol. **20**, 51 (1958).

BECK, W. S., M. FLAVIN and S. OCHOA: Metabolism of propionic acid in animal tissues. III. Formation of succinate. J. biol. Chem. **229**, 997 (1957).

— and S. OCHOA: Metabolism of propionic acid in animal tissues. IV. Further studies on the enzymatic isomerization of methylmalonyl coenzyme A. J. biol. Chem. **232**, 931 (1958).

BENDER, M. L.: Oxygen exchange as evidence for the existence of an intermediate in ester hydrolysis. J. Amer. chem. Soc. **73**, 1626 (1951).

— R. D. GINGER and K. C. KEMP: Oxygen exchange during the acidic and basic hydrolysis of amides and the enzymatic hydrolysis of esters. J. Amer. chem. Soc. **76**, 3350 (1954).

BENTLEY, R.: The mechanism of hydrolysis of acetyl dihydrogen phosphate. J. Amer. chem. Soc. **71**, 2765 (1949).

— and D. RITTENBERG: Enzyme-catalyzed exchange of oxygen atoms between water and carboxylate ion. J. Amer. chem. Soc. **76**, 4883 (1954).

BERG, P.: Participation of adenyl-acetate in the acetate-activating system. J. Amer. chem. Soc. **77**, 3163 (1955).

— Acyl adenylates: An enzymatic mechanism of acetate activation. J. biol. Chem. **222**, 991 (1956a).

— Acyl adenylates: The interaction of adenosine triphosphate and L-methionine. J. biol. Chem. **222**, 1025 (1956b).

— and W. K. JOKLIK: Enzymatic phosphorylation of nucleoside diphosphates. J. biol. Chem. **210**, 657 (1954).

BESSMAN, M. J., I. R. LEHMAN, E. S. SIMMS and A. KORNBERG: Enzymatic synthesis of deoxyribonucleic acid. II. General properties of the reaction. J. biol. Chem. **233**, 171 (1958).

BLOOM, B., and Y. J. TOPPER: Mechanism of action of aldolase and phosphotriose isomerase. Science **124**, 982 (1956).

BORKENHAGEN, L. F., and E. P. KENNEDY: The enzymatic synthesis of cytidine diphosphate choline. J. biol. Chem. **227**, 951 (1957).

---

[1] Die Seitenangaben der Zusammenfassungen des IV. Internationalen Kongresses für Biochemie, Wien 1958, beziehen sich auf die erste vorläufige Ausgabe.

Borkenhagen, L. F., and E. P. Kennedy: The enzymic equilibration of L-serine with O-phospho-L-serine. Biochim. biophys. Acta **28**, 222 (1958).
— — The enzymatic exchange of L-serine with O-phospho-L-serine catalyzed by a specific phosphatase. J. biol. Chem. **234**, 849 (1959).
Boser, H.: Bausteinanalysen von Phosphorylase, Phosphoglucomutase und Hexokinase. Hoppe-Seylers Z. physiol. Chem. **300**, 1 (1955).
Boyer, P. D., and W. H. Harrison: On the mechanism of enzymic transfer of phosphate and other groups. The Mechanism of Enzyme Action, ed. by W. D. McElroy u. B. Glass, S. 658. Baltimore: Johns Hopkins Press 1954.
— O. J. Koeppe and W. W. Luchsinger: Direct oxygen transfer in enzymic syntheses coupled to adenosine triphosphate degradation. J. Amer. chem. Soc. **78**, 356 (1956).
Breslow, R.: On the mechanism of thiamine action. IV. Evidence from studies on model systems. J. Amer. chem. Soc. **80**, 3719 (1958).
Brummond, D. O., M. Staehelin and S. Ochoa: Enzymatic synthesis of polynucleotides. II. Distribution of polynucleotide phosphorylase. J. biol. Chem. **225**, 835 (1957).
Cantoni, G. L.: S-Adenosylmethionine; a new intermediate formed enzymatically from L-methionine and adenosinetriphosphate. J. biol. Chem. **204**, 403 (1953).
— and J. Durell: Activation of methionine for transmethylation. II. The methionine-activating enzyme: Studies on the mechanism of the reaction. J. biol. Chem. **225**, 1033 (1957).
Cohen, J. A., R. A. Oosterbaan, M. G. P. J. Warringa and H. S. Jansz: The chemical structure of the reactive group of esterases. Disc. Faraday Soc. **20**, 114 (1955).
Cohn, Melvin: Contributions of studies on the β-galactosidase of *Escherichia coli* to our understanding of enzyme synthesis. Bact. Rev. **21**, 140 (1957).
Cohn, Mildred: Mechanisms of cleavage of glucose-1-phosphate. J. biol. Chem. **180**, 771 (1949).
— Some mechanisms of cleavage of adenosine triphosphate and 1,3-diphosphoglyceric acid. Biochim. biophys. Acta **20**, 92 (1956),
— and G. T. Cori: On the mechanism of action of muscle and potato phosphorylase. J. biol. Chem. **175**, 89 (1948).
— and G. A. Meek: The mechanism of hydrolysis of adenosine di- and triphosphate catalysed by potato apyrase. Biochem. J. **66**, 128 (1957).
Coon, M. J.: Enzymatic synthesis of branched chain acids from amino acids. Fed. Proc. **14**, 762 (1955).
— F. P. Kupiecki, E. E. Dekker, M. J. Schlesinger and A. del Campillo: The enzymic synthesis of branched-chain acids. Ciba Foundation Symposium on the Biosynthesis of Terpenes and Sterols, ed. by G. E. W. Wolstenholme und M. O'Connor, S. 62. London: J. & A. Churchill Ltd. 1959.
Cormier, M. J., and G. D. Novelli: The carboxyl activation of glycine in extracts of *Photobacterium fischeri*. Biochim. biophys. Acta **30**, 135 (1958).
Cowdrey, W. A., E. D. Hughes, C. K. Ingold, S. Masterman and A. D. Scott: Reaction kinetics and the Walden inversion. Part VI. Relation of steric orientation to mechanism in substitutions involving halogen atoms and simple or substituted hydroxyl groups. J. chem. Soc. **1937**, 1252.
Cram, D. J.: Studies in stereochemistry. XVI. Ionic intermediates in the decomposition of certain alkyl chlorosulfites. J. Amer. chem. Soc. **75**, 332 (1953).
Cunnigham, L. W.: Proposed mechanism of action of hydrolytic enzymes. Science **125**, 1145 (1957).
Davie, E. W., V. V. Koningsberger and F. Lipmann: The isolation of a tryptophan-activating enzyme from pancreas. Arch. Biochem. Biophys. **65**, 21 (1956).
DeMoss, J. A., and G. D. Novelli: An amino acid dependent exchange between ^{32}P labeled inorganic pyrophosphate and ATP* in microbial extracts. Biochim. biophys. Acta **22**, 49 (1956).
DeTar, D. F., and F. H. Westheimer: The role of thiamin in carboxylase. J. Amer. chem. Soc. **81**, 175 (1959).
Dixon, G. H., S. Go and H. Neurath: Peptides combined with ^{14}C-diisopropyl phosphoryl following degradation of ^{14}C-DIP-trypsin with α-Chymotrypsin. Biochim. biophys. Acta **19**, 193 (1956).
— D. L. Kauffman and H. Neurath: Amino acid sequence in the region of diisopropyl phosphoryl binding in DIP-trypsin. J. Amer. chem. Soc. **80**, 1260 (1958a).
— — — Amino acid sequence in the region of diisopropylphosphoryl binding in diisopropylphosphoryl-trypsin. J. biol. Chem. **233**, 1373 (1958b).
— and H. Neurath: The reaction of DFP with trypsin. Biochim. biophys. Acta **20**, 572 (1956).
Doherty, D. G., and F. Vaslow: Thermodynamic study of an enzyme-substrate complex of chymotrypsin. J. Amer. chem. Soc. **74**, 931 (1952).

DOUDOROFF, M., H. A. BARKER and W. Z. HASSID: Studies with bacterial sucrose phosphorylase. I. The mechanism of action of sucrose phosphorylase as a glucose-transferring enzyme (transglucosidase). J. biol. Chem. **168**, 725 (1947).

DRYSDALE, G. R., and MILDRED COHN: The stereospecificity of enzymic interaction of diphosphopyridine nucleotide with water. Biochim. biophys. Acta **21**, 397 (1956).

EISENBERG, F. JUN.: Mechanism of action of β-glucuronidase. IV. Internationaler Kongreß für Biochemie, Wien 1958. Zusammenfassungen S. 44.

EISENBERG, M. A.: The acetate-activating mechanism in *Rhodospirillum rubrum*. Biochim. biophys. Acta **23**, 327 (1957).

ENGSTRÖM, L., and G. ÅGREN: On the phosphorus linkage in a muscle phosphorylase preparation. Acta chem. scand. **10**, 877 (1956).

FISCHER, E. H., D. J. GRAVES, E. R. S. CRITTENDEN and E. G. KREBS: Structure of the site phosphorylated in the phosphorylase b to a reaction. J. biol. Chem. **234**, 1698 (1959).

FISHER, H. F., E. E. CONN, B. VENNESLAND and F. H. WESTHEIMER: The enzymatic transfer of hydrogen. I. The reaction catalyzed by alcohol dehydrogenase. J. biol. Chem. **202**, 687 (1953).

FITTING, C., and M. DOUDOROFF: Phosphorolysis of maltose by enzyme preparations from *Neisseria meningitides*. J. biol. Chem. **199**, 153 (1952).

FLAVIN, M., H. CASTRO-MENDOZA and S. OCHOA: Bicarbonate-dependent enzymic phosphorylation of fluoride by adenosine triphosphate. Biochim. biophys. Acta **20**, 591 (1956).

— — — Metabolism of propionic acid in animal tissues. II. Propionyl coenzyme A carboxylation system. J. biol. Chem. **229**, 981 (1957).

— and S. OCHOA: Metabolism of propionic acid in animal tissues. I. Enzymatic conversion of propionate to succinate. J. biol. Chem. **229**, 965 (1957).

FORMICA, J. V., and R. O. BRADY: The enzymatic carboxylation of acetyl coenzyme A. J. Amer. chem. Soc. **81**, 752 (1959).

FRANZEN, V.: Basische Thiole als Katalysatoren der intramolekularen Cannizzaro-Reaktion. Ber. dtsch. chem. Ges. **88**, 1361 (1955).

— Wirkungsmechanismus der Glyoxalase I. Ber. dtsch. chem. Ges. **89**, 1020 (1956).

FREDENHAGEN, H., u. K. F. BONHOEFFER: Untersuchungen über die Cannizzarosche Reaktion in schwerem Wasser. Z. physik. Chem., Abt. A, **181**, 379 (1938).

FREI, E., u. H. AEBI: Isotopie-Effekte bei der peroxydatischen Formiatoxydation durch Leberkatalase. Helv. chim. Acta **41**, 241 (1958).

FRIEDBERG, F., J. ADLER and H. A. LARDY: The carboxylation of propionic acid by liver mitochondria. J. biol. Chem. **219**, 943 (1956).

FRIEDEN, C.: Kinetic studies on the diphosphopyridine nucleotide cytochrome c reductase from heart. Biochim. biophys. Acta **24**, 241 (1957).

FRIEDKIN, M., and DEWAYNE ROBERTS: The enzymatic synthesis of nucleosides. I. Thymidine phosphorylase in mammalian tissues. J. biol. Chem. **207**, 245 (1954).

FRY, K., L. L. INGRAHAM and F. H. WESTHEIMER: The thiamin-pyruvate reaction. J. Amer. chem. Soc. **79**, 5225 (1957).

GIBSON, D. M., E. B. TITCHENER und S. J. WAKIL: Studies on the mechanism of fatty acid synthesis. V. Bicarbonate requirement for the synthesis of long-chain fatty acids. Biochim. biophys. Acta **30**, 376 (1958).

GIBSON, K. D.: The mechanism of enzyme action studied with isotopes. Ann. Rep. Chem. Soc. London **54**, 306 (1957).

GLADNER, J. A., and K. LAKI: The active site of thrombin. J. Amer. chem. Soc. **80**, 1263 (1958).

GLASER, L., and D. H. BROWN: The enzymatic synthesis in vitro of hyaluronic acid chains. Proc. Nat. Acad. Sci. (Wash.) **41**, 253 (1955).

GREEN, A. L., and J. D. NICHOLLS: The reactivation of phosphorylated chymotrypsin. Biochem. J. **72**, 70 (1959).

GROSSMAN, L., and N. O. KAPLAN: Nicotinamide riboside phosphorylase from human erythrocytes. II. Nicotinamide sensitivity. J. biol. Chem. **231**, 727 (1958).

GRUNBERG-MANAGO, M., P. J. ORTIZ and S. OCHOA: Enzymic synthesis of polynucleotides. I. Polynucleotide phosphorylase of *Azotobacter vinelandii*. Biochim. biophys. Acta **20**, 269 (1956).

GUTFREUND, H., and J. M. STURTEVANT: The mechanism of the reaction of chymotrypsin with p-nitrophenyl acetate. Biochem. J. **63**, 656 (1956).

— — The mechanism of chymotrypsin-catalyzed reactions. Proc. Nat. Acad. Sci. (Wash.) **42**, 719 (1956).

HARRISON, W. H., P. D. BOYER and A. B. FALCONE: The mechanism of enzymic phosphate transfer reactions. J. biol. Chem. **215**, 303 (1955).

HARTING, J., and S. VELICK: Reaktions of acetyl phosphate catalyzed by 3-phosphoglyceraldehyde dehydrogenase. Fed. Proc. **11**, 226 (1952).

HARTLEY, B. S., M. A. NAUGHTON and F. SANGER: The amino acid sequence around the reactive serine of elastase. Biochim. biophys. Acta **34**, 243 (1959).

HASS, L. F., and W. L. BYRNE: Mechanism of glucose-6-phosphatase. IV. Internationaler Kongreß für Biochemie, Wien **1958**. Zusammenfassungen S. 39.

HILZ, H., J. KNAPPE, E. RINGELMANN u. F. LYNEN: Methylglutaconase, eine neue Hydratase, die am Stoffwechsel verzweigter Carbonsäuren beteiligt ist. Biochem. Z. **329**, 476 (1958).

— and F. LIPMANN: The enzymatic activation of sulfate. Proc. Nat. Acad. Sci. (Wash.) **41**, 880 (1955).

HINE, J.: Physical Organic Chemistry. S. 252ff. New York-Toronto-London: McGraw-Hill Book Comp. 1956.

HOAGLAND, M. B.: Enzymatic reactions between amino acids and ribonucleic acids as intermediate steps in protein synthesis. IV. Internationaler Kongreß für Biochemie, Wien **1958**. Symposium VIII: Proteins, ed. by H. NEURATH u. H. TUPPY, S. 199. London- New York-Paris-Los Angeles: Pergamon Press 1960.

— E. B. KELLER and P. C. ZAMECNIK: Enzymatic carboxyl activation of amino acids. J. biol. Chem. **218**, 345 (1956).

— P. C. ZAMECNIK, N. SHARON, F. LIPMANN, M. P. STULBERG and P. D. BOYER: Oxygen transfer to AMP in the enzymic synthesis of the hydroxamate of tryptophan. Biochim. biophys. Acta **26**, 215 (1957).

HOLZER, H., u. K. BEAUCAMP: Nachweis und Charakterisierung von Zwischenprodukten der Decarboxylierung und Oxydation von Pyruvat: „aktiviertes Pyruvat" und „aktivierter Acetaldehyd". Angew. Chemie **71**, 776 (1959).

HUGHES, T. R., and I. M. KLOTZ: Analysis of metal-protein complexes in Methods of Biochemical Analysis, ed. by D. GLICK, Vol. III, S. 265. New York-London: Interscience Publ. 1956.

INGOLD, C. K.: Structure and Mechanism in Organic Chemistry. London: G. Bell and Sons, Ltd. 1953.

JAENICKE, L: Über den Mechanismus der Tetrahydrofolat-Formylase. IV. Internationaler Kongreß für Biochemie, Wien 1958. Zusammenfassungen S. 47.

JAGANNATHAN, V., and J. M. LUCK: Phosphoglucomutase. II. Mechanism of action. J. biol. Chem. **179**, 569 (1949).

JANDORF, B. J., H. O. MICHEL, N. K. SCHAFFER, R. EGAN and W. H. SUMMERSON: The mechanism of reaction between esterases and phosphorus-containing anti-esterases. Disc. Faraday Soc. **20**, 134 (1955).

JANSZ, H. S., D. BRONS and M. G. P. J. WARRINGA: Chemical nature of the DFP-binding site of pseudocholinesterase. Biochim. biophys. Acta **34**, 573 (1959).

— C. H. POSTHUMUS and J. A. COHEN: On the active site of horse-liver ali esterase. II. Amino acid sequence in the DFP-binding site of the enzyme. Biochim. biophys. Acta **33**, 396 (1959).

JENCKS, W. P., and F. LIPMANN: Studies on the initial step of fatty acid activation. J. biol. Chem. **225**, 207 (1957).

JOHNSTON, R. B., M. J. MYCEK and J. S. FRUTON: Catalysis of transamidation reactions by proteolytic enzymes. J. biol. Chem. **185**, 629 (1950a).

— — — Catalysis of transpeptidation reactions by chymotrypsin. J. biol. Chem. **187**, 205 (1950b).

KALCKAR, H. M.: The role of phosphoglycosyl compounds in the biosynthesis of nucleosides and nucleotides. Biochim. biophys. Acta **12**, 250 (1953).

— Uridinediphospho galactose: Metabolism, enzymology and biology. Advanc. in Enzymol. **20**, 111 (1958).

— and E. S. MAXWELL: Some considerations concerning the nature of the enzymic galactose-glucose conversion. Biochim. biophys. Acta **22**, 588 (1956).

KAPLAN, N. O., S. P. COLOWICK, L. J. ZATMAN and M. M. CIOTTI: Pyridine nucleotide transhydrogenase. V. Exchange reactions studied with C^{14}. J. biol. Chem. **205**, 31 (1953).

KAUFMAN, S.: Studies on the mechanism of the reaction catalyzed by the phosphorylating enzyme. J. biol. Chem. **216**, 153 (1955).

— C. GILVARG, O. CORI and S. OCHOA: Enzymatic oxidation of α-ketoglutarate and coupled phosphorylation. J. biol. Chem. **203**, 869 (1953).

KENNEDY, E. P., and D. E. KOSHLAND: Properties of the phosphorylated active site of phosphoglucomutase. J. biol. Chem. **228**, 419 (1957).

— and S. B. WEISS: The function of cytidine coenzymes in the biosynthesis of phospholipides. J. biol. Chem. **222**, 193 (1956).

KENT, A. B., E. G. KREBS and E. H. FISCHER: Properties of crystalline phosphorylase b. J. biol. Chem. **232**, 549 (1958).

KNAPPE, J., u. F. LYNEN: Enzymatische Carboxylierung von β-Methyl-crotonyl-Coenzym A. IV. Internationaler Kongreß für Biochemie, Wien 1958. Zusammenfassungen S. 49.

KORNBERG, A.: Pyrophosphorylases and phosphorylases in biosynthetic reactions. Advanc. in Enzymol. **18**, 191 (1957).
— I. LIEBERMAN and E. S. SIMMS: Enzymatic synthesis and properties of 5-phosphoribosylpyrophosphate. J. biol. Chem. **215**, 389 (1955).
— and W. E. PRICER: Enzymatic cleavage of diphosphopyridine nucleotide with radioactive pyrophosphate. J. biol. Chem. **191**, 535 (1951).
KOSHLAND, D. E.: Group transfer as an enzymatic substitution mechanism. The Mechanism of Enzyme Action, ed. by W. D. MCELROY u. B. GLASS, S. 608. Baltimore: The Johns Hopkins Press 1954.
— Isotopic exchange criteria for enzyme mechanisms. Disc. Faraday Soc. **20**, 142 (1955a).
— Kinetics of isotopic exchange reactions. Fed. Proc. **14**, 239 (1955b).
— Molecular geometry in enzyme action, J. cell. comp. Physiol. **47**, Suppl. 1, 217 (1956).
KOSHLAND, D. E., Z. BUDENSTEIN and A. KOWALSKY: Mechanism of hydrolysis of adenosintriphosphate catalyzed by purified muscle proteins. J. biol. Chem. **211**, 279 (1954).
— and M. J. ERWIN: Enzyme catalysis and enzyme specificity-combination of amino acids at the active site of phosphoglucomutase. J. Amer. chem. Soc. **79**, 2657 (1957).
— and E. B. HERR: The role of water in enzymatic hydrolysis: General method and its application to myosin. J. biol. Chem. **228**, 1021 (1957).
— and S. S. SPRINGHORN: Mechanism of action of 5'-nucleotidase. J. biol. Chem. **221**, 469 (1956).
— and S. S. STEIN: Correlation of bond breaking with enzyme specificity. Cleavage point of invertase. J. biol. Chem. **208**, 139 (1954).
KOWALSKY, A., and D. E. KOSHLAND: The mechanism on the galactose-glucose interconversion in *Lactobacillus bulgaricus*. Biochem. biophys. Acta **22**, 575 (1956).
— C. WYTTENBACH, L. LANGER and D. E. KOSHLAND: Transfer of oxygen in the glutamine synthetase reaction. J. biol. Chem. **219**, 719 (1956).
KREBS, E. G., A. B. KENT and E. H. FISCHER: The muscle phosphorylase b kinase reaction. J. biol. Chem. **231**, 73 (1958).
KRIMSKY, I.: Isolation of an acyl-enzyme complex from a mixture of acetyl phosphate and glyceraldehyde-3-phosphate dehydrogenase. Fed. Proc. **14**, 239 (1955).
KUPIECKI, F. P., and M. J. COON: Bicarbonate- and hydroxylamine-dependent degradation of adenosine triphosphate. J. biol. Chem. **234**, 2428 (1959).
LARDY, H. A., and J. ADLER: Synthesis of succinate from propionate and bicarbonate by soluble enzymes from liver mitochondria. J. biol. Chem. **219**, 933 (1956).
LEHMAN, I. R., M. J. BESSMAN, E. S. SIMMS and A. KORNBERG: Enzymatic synthesis of deoxyribonucleic acid. I. Preparation of substrates and partial purification of an enzyme from *Escherichia coli*. J. biol. Chem. **233**, 163 (1958).
LELOIR, L. F.: The metabolism of hexosephosphates. Phosphorus Metabolism, Vol. I, S. 67, ed. by W. D. MCELROY u. B. GLASS. Baltimore: Johns Hopkins Press 1951.
— R. E. TRUCCO, C. E. CARDINI, A. PALADINI and R. CAPUTTO: The coenzyme of phosphoglucomutase. Arch. Biochem. **19**, 339 (1948).
LEVY, H. R., and B. VENNESLAND: The stereospecificity of enzymatic hydrogen transfer from diphosphopyridine nucleotide. J. biol. Chem. **228**, 85 (1957).
LEWIS, E. S., and C. E. BOOZER: The kinetics and stereochemistry of the decomposition of secondary alkyl chlorosulfites. J. Amer. chem. Soc. **74**, 308 (1952).
LIEBERMAN, I.: Inorganic triphosphate synthesis by muscle adenylate kinase. J. biol. Chem. **219**, 307 (1956).
LITTAUER, U. Z., and A. KORNBERG: Reversible synthesis of polyribonucleotides with an enzyme from *Escherichia coli*. J. biol. Chem. **226**, 1077 (1957).
LYNEN, F.: Verzweigte Carbonsäuren als Baustoffe der Polyisoprenoide. Proc. Int. Symp. Enzyme Chemistry, Tokyo und Kyoto 1957, I. U. B. Symposium Series, Vol. 2, S. 57. Tokyo: Maruzen 1958.
— Persönliche Mitteilung (1959).
— B. W. AGRANOFF, H. EGGERER, U. HENNING u. E. M. MÖSLEIN: γ, γ-Dimethyl-allyl-pyrophosphat und Geranyl-pyrophosphat, biologische Vorstufen des Squalens. Zur Biosynthese der Terpene, VI: Angew. Chem. **71**, 657 (1959).
— H. EGGERER, U. HENNING u. I. KESSEL: Farnesyl-pyrophosphat und 3-Methyl-Δ^3-butenyl-1-pyrophosphat, die biologischen Vorstufen des Squalens. Zur Biosynthese der Terpene, III: Angew. Chem. **70**, 738 (1958).
— — — J. KNAPPE, I. KESSEL u. E. RINGELMANN: New aspects of acetate incorporation into isoprenoid precursors. Ciba Foundation Symposium on the Biosynthesis of Terpenes and Sterols, ed. by G. E. W. WOLSTENHOLME u. M. O'CONNOR, S. 95. London: J. & A. Churchill Ltd. 1959.
LYNEN, F., J. KNAPPE, E. LORCH, G. JÜTTING u. E. RINGELMANN: Die biochemische Funktion des Biotins. Angew. Chem. **71**, 481 (1959).

Madsen, N. B., and C. F. Cori: The inhibition of muscle phosphorylase by p-chloromercuribenzoate. Biochim. biophys. Acta **18**, 156 (1955).
— — The interaction of muscle phosphorylase with p-chloromercuribenzoate. I. Inhibition of activity and effect on the molecular weight. J. biol. Chem. **223**, 1055 (1956).
Mahler, H. R., and J. Douglas: Mechanisms of enzyme-catalyzed oxidation-reduction reactions. I. An investigation of the yeast alcohol dehydrogenase reaction by means of the isotope rate effect. J. Amer. chem. Soc. **79**, 1159 (1957).
Marcus, A., B. Vennesland and J. R. Stern: The enzymatic transfer of hydrogen, VII. The reaction catalyzed by β-hydroxybutyryl dehydrogenase. J. biol. Chem. **233**, 722 (1958).
Martius, C., u. G. Schorre: Der enzymatische Abbau der isomeren α,α-Di-deuterocitronensäuren. Liebigs Ann. Chem. **570**, 143 (1950).
Maxwell, E. S.: Diphosphopyridine nucleotide, a cofactor for galacto-waldenase. J. Amer. chem. Soc. **78**, 1074 (1956).
— The enzymic interconversion of uridine diphosphogalactose and uridine diphosphoglucose. J. biol. Chem. **229**, 139 (1957).
— H. de Robichon-Szulmajster and H. M. Kalckar: Yeast uridine diphosphogalactose-4-epimerase, correlation between activity and fluorescence. Arch. Biochem. Biophys. **78**, 407 (1958).
Mayer, F. C., and J. Larner: Substrate cleavage point of the α- and β-amylases. J. Amer. chem. Soc. **81**, 188 (1959).
Meio, R. H. De, and M. Wizerkaniuk: On the "active sulfate" intermediate. Biochim. biophys. Acta **20**, 428 (1956).
Metzger, J.: Über metallorganische Verbindungen des Thiazol-Kernes. Angew. Chem. **71**, 248 (1959).
Meyerhof, O.: Aldolase and Isomerase in The Enzymes, ed. by J. B. Sumner u. K. Myrbäck. Vol. II, Part 1, S. 162. New York: Academic Press 1951.
— P. Ohlmeyer, W. Gentner u. H. Maier-Leibnitz: Studium der Zwischenreaktionen der Glykolyse mit Hilfe von radioaktivem Phosphor. Biochem. Z. **298**, 396 (1938).
Mizuhara, S., and P. Handler: Mechanism of thiamine-catalyzed reactions. J. Amer. chem. Soc. **76**, 571 (1954).
Monod, J.: An outline of enzyme induction. Rec. Trav. chim. Pays-Bas **77**, 569 (1958).
Müller, E.: Neuere Anschauungen der organischen Chemie. 2. Aufl., S. 222ff. Berlin-Göttingen-Heidelberg: Springer-Verlag 1957.
Munch-Petersen, A.: Enzymatic synthesis and pyrophosphorolysis of guanosine diphosphate mannose. Arch. Biochem. Biophys. **55**, 592 (1955a).
— Investigations of the properties and mechanism of the UDPG pyrophosphorylase reaction. Acta chem. scand. **9**, 1523 (1955b).
— Reversible enzymatic synthesis of guanosine diphosphate mannose from guanosine triphosphate and mannose-1-phosphate. Acta chem. scand. **10**, 928 (1956).
— H. M. Kalckar, E. Cutulo and E. E. B. Smith: Uridyl transferases and the formation of uridine triphosphate. Nature (Lond.) **172**, 1036 (1953).
Najjar, V. A.: Mechanism of Enzyme Action, ed. by W. D. McElroy u. B. Glass, S. 731. Baltimore: Johns Hopkins Press 1954.
— and M. E. Pullman: The occurrence of a group transfer involving enzyme (phosphoglucomutase) and substrate. Science **119**, 631 (1954).
Neufeld, E. F., V. Ginsburg, E. W. Putman, D. Fanshier and W. Z. Hassid: Formation and interconversion of sugar nucleotides by plant extracts. Arch. Biochem. Biophys. **69**, 602 (1957).
Neuhaus, F. C., and W. L. Byrne: Metabolism of phosphoserine. I. Exchange of L-serine with phosphoserine. J. biol. Chem. **234**, 109 (1959a).
— — Metabolism of phosphoserine. II. Purification and properties of O-phosphoserine phosphatase. J. biol. Chem. **234**, 113 (1959b).
— — 0-Phosphoserine phosphatase. Biochim. biophys. Acta **28**, 223 (1958).
Neurath, H., G. H. Dixon and J. F. Pechère: Certain aspects of the structure and active sites of α-chymotrypsin and trypsin. IV. Internationaler Kongreß für Biochemie. Wien 1958. Symposium VIII: Proteins, ed. by H. Neurath u. H. Tuppy, S. 63. London-New York-Paris-Los Angeles: Pergamon Press 1960.
Nismann, B., F. H. Bergmann and P. Berg: Observations on amino acid-dependent exchanges of inorganic pyrophosphate and ATP. Biochim. biophys. Acta **26**, 639 (1957).
Oesper, P.: The mechanism of action of glyceraldehyde-3-phosphate dehydrogenase. J. biol. Chem. **207**, 421 (1954).
Ogston, A. G.: Interpretation of experiments on metabolic processes, using isotopic tracer elements. Nature (Lond.) **162**, 963 (1948).

OOSTERBAAN, R. A., and M. E. VAN ADRICHEM: Isolation of acetyl peptides from acetylchymotrypsin. Biochim. biophys. Acta **27**, 423 (1958).
— H. S. JANSZ and J. A. COHEN: The chemical structure of the reactive group of esterases. Biochim. biophys. Acta **20**, 402 (1956).
— P. KUNST, J. VAN ROTTERDAM and J. A. COHEN: The reaction of chymotrypsin and diisopropylphosphorofluoridate. I. Isolation and analysis of diisopropylphosphoryl-peptides. Biochim. biophys. Acta **27**, 549 (1958).
— M. G. P. J. WARRINGA, H. S. JANSZ, F. BERENDS and J. A. COHEN: The reaction of pseudocholinesterase with diisopropyl-phosphoro-fluoridate (DFP). IV. Internationaler Kongreß für Biochemie, Wien 1958. Zusammenfassungen S. 38.
PECHÈRE, J. F., G. H. DIXON, R. H. MAYBURY and H. NEURATH: Cleavage of disulfide bonds in trypsinogen and α-chymotrypsinogen. J. biol. Chem. **233**, 1364 (1958).
PORTER, G. R., H. N. RYDON and J. A. SCHOFIELD: Nature of the reactive serine residue in enzymes inhibited by organo-phosphorus compounds. Nature (Lond.) **182**, 927 (1958).
RACKER, E.: The mechanism of action of glyoxalase. J. biol. Chem. **190**, 685 (1951).
— Formation of acyl and carbonyl complexes associated with electron-transport and group-transfer reactions. The Mechanism of Enzyme Action, ed. by W. D. MCELROY u. B. GLASS, S. 464. Baltimore: Johns Hopkins Press 1954.
— and I. KRIMSKY: The mechanism of oxidation of aldehydes by glyceraldehyde-3-phosphate dehydrogenase. J. biol. Chem. **198**, 731 (1952).
— and E. A. R. SCHROEDER: The reductive pentose phosphate cycle. II. Specific C-1 phosphatases for fructose 1,6-diphosphate and sedoheptulose 1,7-diphosphate. Arch. Biochem. Biophys. **74**, 326 (1958).
RACUSEN, D. W., and S. ARONOFF: The origin of asymmetrically labeled molecules from symmetrical precursors. Arch. Biochem. Biophys. **34**, 218 (1951).
RALL, T. W., E. W. SUTHERLAND and W. D. WOSILAIT: The relationship of epinephrine and glucagon to liver phosphorylase. III. Reactivation of liver phosphorylase in slices and in extracts. J. biol. Chem. **218**, 483 (1956).
RATNER, S., and O. ROCHOVANSKY: Biosynthesis of guanidinoacetic acid. II. Mechanism of amidine group transfer. Arch. Biochem. Biophys. **63**, 296 (1956).
REICHARD, P.: The enzymic synthesis of pyrimidines. Advanc. in Enzymol. **21**, 263 (1959).
— Some aspects of pyrimidine biosynthesis. IV. Int. Kongress f. Biochemie, Wien 1958, Vol. XIII: Colloquia, ed. by H. CHANTRENNE, O. HAYAISHI, E. E. SNELL, G. TOENNIES, K. S. DODGSON, H. A. KREBS, P. K. STUMPF u. O. F. SCHWARZ, S. 119. London-New York-Paris-Los Angeles: Pergamon Press 1959.
— and G. HANSHOFF: Aspartate carbamyl transferase from Escherichia coli. Acta chem. scand. **10**, 548 (1956).
RIEDER, S. V., and I. A. ROSE: The mechanism of the triosephosphate isomerase reaction. J. biol. Chem. **234**, 1007 (1959).
ROBBINS, P. W., and F. LIPMANN: Isolation and identification of active sulfate. J. biol. Chem. **229**, 837 (1957).
— — Separation of the two enzymatic phases in active sulfate synthesis. J. biol. Chem. **233**, 681 (1958).
ROSE, I. A.: Mechanism of the action of glyoxalase I. Biochim. biophys. Acta **25**, 214 (1957).
— The mechanism of action of aldolase and the asymmetric labeling of hexose. Proc. Nat. Acad. Sci. (Wash.) **44**, 10 (1958).
— M. GRUNBERG-MANAGO, S. R. KOREY and S. OCHOA: Enzymatic phosphorylation of acetate. J. biol. Chem. **211**, 737 (1954).
— and S. V. RIEDER: The mechanism of action of muscle aldolase. J. Amer. chem. Soc. **77**, 5764 (1955).
— — Studies on the mechanism of the aldolase reaction. Isotope exchange reactions of muscle and yeast aldolase. J. biol. Chem. **231**, 315 (1958).
RUTTER, W. J., and K. H. LING: The mechanism of action of fructose diphosphate aldolase. Biochim. biophys. Acta **30**, 71 (1958).
RYDON, H. N.: A possible mechanism of action of esterases inhibitable by organo-phosphorus compounds. Nature (Lond.) **182**, 928 (1958).
SANADI, D. R., M. LANGLEY and F. WHITE: α-Ketoglutaric dehydrogenase. VII. The role of thioctic acid. J. biol. Chem. **234**, 183 (1959).
SAN PIETRO, A., N. O. KAPLAN and S. P. COLOWICK: Pyridine nucleotide transhydrogenase. VI. Mechanism and stereospecificity of the reaction in *Pseudomonas fluorescens*. J. biol. Chem. **212**, 941 (1955).
SCHAFFER, N. K., R. P. LANG, L. SIMET and R. W. DRISKO: Phosphopeptides from acid-hydrolyzed P^{32}-labeled isopropyl methylphosphonofluoridate-inactivated trypsin. J. biol. Chem. **230**, 185 (1958).

Schaffer, N. K., S. C. May and W. H. Summerson: Serine phosphoric acid from diisopropylphosphoryl derivative of eel cholinesterase. J. biol. Chem. **206**, 201 (1954).
— L. Simet, S. Harshman, R. R. Engle and R. W. Drisko: Phosphopeptides from acid-hydrolyzed P^{32}-labeled diisopropylphosphoryl chymotrypsin. J. biol. Chem. **225**, 197 (1957).
Schlamowitz, M., and D. M. Greenberg: On the mechanism of enzymatic conversion of glucose-1-phosphate to glucose-6-phosphate. J. biol. Chem. **171**, 293 (1947).
Schweet, R. S., and E. H. Allen: Purification and properties of tyrosine-activating enzyme of hog pancreas. J. biol. Chem. **233**, 1104 (1958).
Smith, E. E. B., and G. T. Mills: Uridine nucleotide compounds of liver. Biochim. biophys. Acta **13**, 386 (1954).
Snoke, J. E.: On the mechanism of the enzymatic synthesis of glutathione. J. Amer. chem. Soc. **75**, 4872 (1953).
— and K. Bloch: Studies on the mechanism of action of glutathione synthetase. J. biol. Chem. **213**, 825 (1955).
Spencer, T., and J. M. Sturtevant: The mechanism of chymotrypsin-catalyzed reactions. III. J. Amer. chem. Soc. **81**, 1874 (1959).
Sprinson, D. B. and D. Rittenberg: Nature of the activation process in enzymatic reactions. Nature (Lond.) **167**, 484 (1951).
Stein, S. S., and D. E. Koshland: Mechanism of action of alkaline phosphatase. Arch. Biochem. Biophys. **39**, 229 (1952).
— and D. E. Koshland: Mechanism of hydrolysis of acetylcholine catalyzed by acetylcholinesterase and by hydroxide ion. Arch. Biochem. Biophys. **45**, 467 (1953).
Stern, J. R., B. Shapiro, E. R. Stadtman and S. Ochoa: Enzymatic synthesis of citric acid. III. Reversibility and mechanism. J. biol. Chem. **193**, 703 (1951).
Strecker, H. J., and S. Ochoa: Pyruvate oxidation system and acetoin formation. J. biol. Chem. **209**, 313 (1954).
Sutherland, E. W., T. Z. Posternak and C. F. Cori: The mechanism of action of phosphoglucomutase and phosphoglyceric acid mutase. J. biol. Chem. **179**, 501 (1949).
— — — Mechanism of the phosphoglyceric mutase reaction. J. biol. Chem. **181**, 153 (1949).
Swan, J. M.: Thiols, disulphides and thiosulphates: Some new reactions and possibilities in peptide and protein chemistry. Nature (Lond.) **180**, 643 (1957).
Tietz, A., and S. Ochoa: "Fluorokinase" and pyruvic kinase. Arch. Biochem. Biophys. **78**, 477 (1958).
— — Metabolism of propionic acid in animal tissues. V. Purification and properties of propionyl carboxylase. J. biol. Chem. **234**, 1394 (1959).
Topper, Y. J.: On the mechanism of action of phosphoglucose isomerase and phosphomannose isomerase. J. biol. Chem. **225**, 419 (1957).
Turba, F., u. G. Gundlach: Aminosäure-Sequenz in der Umgebung des reaktiven Serinrestes im Chymotrypsin-Molekül. Biochem. Z. **327**, 186 (1955).
Turnbull, J. H., and W. Lee: Inhibition of chymotrypsin by diphenyl phosphorochloridate: Some structural implications. IV. Internationaler Kongreß für Biochemie, Wien **1958**. Zusammenfassungen S. 43.
Utter, M. F., and K. Kurahashi: Purification of oxalacetic carboxylase from chicken liver J. biol. Chem. **207**, 787 (1954a)
— — Mechanism of action of oxalacetic carboxylase. J. biol. Chem. **207**, 821 (1954b).
— — and I. A. Rose: Some properties of oxalacetic carboxylase. J. biol. Chem. **207**, 803 (1954).
Velick, S. F., and J. E. Hayes: Phosphate binding and the glyceraldehyde-3-phosphate dehydrogenase reaction. J. biol. Chem. **203**, 545 (1953).
— — and J. Harting: The binding of diphosphopyridine nucleotide by glyceraldehyde-3-phosphate dehydrogenase. J. biol. Chem. **203**, 527 (1953).
Ven, A. M. van de, V. V. Koningsberger and J. T. G. Overbeek: Isolation of a tyrosine-activating enzyme from baker's yeast. Biochim. biophys. Acta **28**, 134 (1958).
Vennesland, B., and F. H. Westheimer: Hydrogen transport and steric specificity in reactions catalyzed by pyridine nucleotide dehydrogenases. The Mechanism of Enzyme Action, ed. by W. D. McElroy u. B. Glass, S. 357. Baltimore: Johns Hopkins Press 1954.
Wakil, S. J.: A malonic acid derivative as an intermediate in fatty acid synthesis. J. Amer. chem. Soc. **80**, 6465 (1958).
— E. B. Titchener and D. M. Gibson: Evidence for the participation of biotin in the enzymic synthesis of fatty acids. Biochim. biophys. Acta **29**, 225 (1958).
Walker, J. B.: Studies on the mechanism of action of kidney transamidinase. J. biol. Chem. **224**, 57 (1957).
— Further studies on the mechanism of transamidinase action: Transamidination in *Streptomyces griseus*. J. biol. Chem. **231**, 1 (1958).

WALLENFELS, K.: The mechanism of hydrogen transfer with pyridine nucleotides in Steric Course of Microbiological Reactions. Ciba Foundation Study Group No. 2, ed. by G. E. W. WOLSTENHOLME u. C. M. O'CONNOR, S. 10. London: J. & A. Churchill, Ltd. 1959.

— u. M. GELLRICH: Über den Mechanismus der Wasserstoffübertragung mit Pyridinnucleotiden XVII. Modelluntersuchungen zur chemischen Natur des „Aktivierten Wasserstoffs". Ber. dtsch. chem. Ges. **92**, 1406 (1959).

— u. H. SUND: Über den Mechanismus der Wasserstoffübertragung mit Pyridinnucleotiden. V. Das DPN^+-Bindungsvermögen von ADH und Zink-ADH. Biochem. Z. **329**, 59 (1957).

WESTHEIMER, F. H.: Hypothesis for the mechanism of action of chymotrypsin. Proc. Nat. Acad. Sci. (Wash.) **43**, 969 (1957).

WESTHEIMER, F. H., H. F. FISHER, E. E. CONN and B. VENNESLAND: The enzymatic transfer of hydrogen from alcohol to DPN. J. Amer. chem. Soc. **73**, 2403 (1951).

— and N. NICOLAIDES: The kinetics of the oxidation of 2-deuteropropanol-2 by chromic acid. J. Amer. chem. Soc. **71**, 25 (1949).

WIBERG, K. B.: The deuterium isotope effect. Chem. Rev. **55**, 713 (1955).

WIELAND, T., u. G. PFLEIDERER: Aktivierung von Aminosäuren. Advanc. in Enzymol. **19**, 235 (1957).

— — u. B. SANDMANN: Zum Wirkungsmechanismus der Glutamin-Synthetase aus Erbsen. Biochem. Z. **330**, 198 (1958).

WOESSNER, J. F., B. K. BACHHAWAT and M. J. COON: Enzymatic activation of carbon dioxide II. Role of biotin in the carboxylation of β-hydroxyisovaleryl coenzyme A. J. biol. Chem. **233**, 520 (1958).

WOLOCHOW, H., E. W. PUTNAM, M. DOUDOROFF, W. Z. HASSID and H. A. BARKER: Preparation of sucrose labeled with C^{14} in the glucose or fructose component. J. biol. Chem. **180**, 1237 (1949).

ZACHAU, H. G., G. ACS and F. LIPMANN: Isolation of adenosine amino acid esters from a ribonuclease digest of soluble liver ribonucleic acid. Proc. Nat. Acad. Sci. (Wash.) **44**, 885 (1958).

ZATMAN, L. J., N. O. KAPLAN and S. P. COLOWICK: Inhibition of spleen diphosphopyridine nucleotidase by nicotinamide, an exchange reaction. J. biol. Chem. **200**, 197 (1953).

Proteohormone

Von

Peter Karlson

1. Allgemeines

Die Zahl der Untersuchungen über Proteohormone, die sich der Indicatormethode bedienen, ist sehr gering. Dies liegt in der Natur der Sache: Die Methode beweist ihre Leistungsfähigkeit in der dynamischen Biochemie, beim Studium des Auf- und Abbaus körpereigener Stoffe. Die Biochemie der Proteohormone, besonders der Hypophysenhormone, ist noch deskriptiv: Die bemerkenswertesten Fortschritte der letzten Jahre sind die Reindarstellung und Konstitutionsermittlung dieser Proteine. Radioaktiv markierte Proteohormone wären willkommene Hilfsmittel zum Studium ihrer Verteilung im Organismus, der Anhäufung in verschiedenen Organen, der Wirkungsweise und der Inaktivierung und des Abbaus. Da eine chemische Synthese auch der einfacheren, wie Insulin oder Corticotropin, noch außerhalb des Bereiches unserer chemischen Möglichkeiten liegt, ist man bisher auf die Umsetzung mit J^{131} oder S^{35} angewiesen. Diese chemisch veränderten Hormone können nur mit Vorbehalten für solche Untersuchungen herangezogen werden (vgl. dazu SONENBERG und MONEY 1955); die bisherigen Ergebnisse werden nach der Besprechung der Biosynthese in Abschnitt 3 abgehandelt.

2. Biosynthese

Ein Studium der Biosynthese der Proteohormone ist experimentell möglich, da hierfür markierte Aminosäuren eingesetzt werden könnten. Indessen waren unsere Kenntnisse über die Proteinbiosynthese bis vor kurzem so rudimentär, daß sich gezielte Programme kaum entwickeln ließen. Es liegen nur wenige Untersuchungen vor, bei denen das Insulin als Beispiel eines gut bekannten Proteins gewählt wurde, um in den Chemismus der Proteinsynthese Einblick zu gewinnen.

GRODSKY und TARVER (1957) studierten am Beispiel des Insulins die Möglichkeit der Umkehrung der enzymatischen Proteolyse. Von russischen Autoren (BRESSLER u. Mitarb., 1947, 1952, 1953) war behauptet worden, daß unter hohem Druck eine solche Umkehrung möglich sei. Als gut definiertes enzymatisches System wählten GRODSKY und TARVER Insulin und Carboxypeptidase. Dieses Enzym spaltet das C-endständige Alanin rasch, den folgenden Asparaginylrest langsam ab. Nach entsprechender Inkubation des Insulins mit Carboxypeptidase (2,5 Std. bei p_H 7,8 und 25° C) wurde markiertes Alanin und Glucose zugesetzt und bei Drucken bis 6000 at bis zu 16 Std. bebrütet; das Insulin wurde dann ausgefällt, gewaschen und die Radioaktivität gemessen. Es ergab sich, daß besonders bei hohem p_H (10,5—11) eine geringe Menge aktives Alanin an Insulin gebunden wird; sie ist unabhängig vom Druck und vom Enzym. Rinderserumalbumin verhält sich ähnlich; Spuren von Schwermetall, besonders $Cu^{\cdot\cdot}$, müssen dabei zugegen sein. Es handelt sich demnach um eine unspezifische Komplexbildung aus Alanin, Schwermetall und Protein. Eine enzymatische Resynthese des Proteins konnte ausgeschlossen werden; sie war nach unseren Kenntnissen auch nicht zu erwarten. Eine Transpeptidierung, die thermodynamisch möglich ist, findet auch nicht statt. Immerhin ist der Komplexbindungseffekt von Interesse; er könnte in anderen Fällen als Fehlerquelle auftreten. — Die Biosynthese des Insulins in Gewebsschnitten wurde von drei verschiedenen Arbeitsgruppen untersucht. PETTINGA und RICE (1952) verfolgten den Einbau von S^{35}-Methionin; das Insulin wurde aus den Ansätzen nach einer neuen Methode (durch Fibrillenbildung bei p_H 1,6) isoliert. Der Cystinschwefel des Insulins war markiert (Insulin enthält kein Methionin). VAUGHAN und ANFINSEN (1954) inkubierten mit Glycin-1-C^{14}; das nach Zusatz von Trägerinsulin mit der Pettingaschen Methode isolierte Material wurde hydrolysiert und die Aktivität des Gly und Ser in den Spaltpeptiden gemessen. Es ergaben sich Werte, die für eine ungleichförmige Markierung der verschiedenen Positionen sprachen. Obwohl eine Erklärung dafür noch nicht gegeben werden kann, erscheinen heute die daraus gezogenen Schlüsse über den Chemismus der Proteinsynthese übereilt. Als wesentliches Ergebnis muß der Nachweis des Einbaus in die Peptidkette festgehalten werden.

LIGHT und SIMPSON (1956) verfolgten die Biosynthese von Proteinen in Gewebsschnitten von Rinder- oder Kalbspankreas mit Leucin-1-C^{14}. Zur Isolierung des Insulins aus dem Proteingemisch wurde eine papierchromatographische Methode entwickelt, die mit kleinsten Mengen eine gute Reinigung des Insulins und auch die Abtrennung des Glucagons gestattet (vgl. hierzu auch GRODSKY und TARVER 1956; LIGHT und SIMPSON 1956a). Die Radioaktivität des isolierten Insulins betrug 500—1000 Imp./min, wenn 300000 Imp./min als Leucin-C^{14} eingesetzt wurde. Reinheitsprüfungen zeigten, daß es sich tatsächlich um Insulin handelte.

3. Verteilung im Organismus und Abbau

Prolactin und Wachstumshormon können unter Bedingungen jodiert werden, bei denen die physiologische Wirkung erhalten bleibt; Thyrotropin wurde mit S^{35} markiert, das als Azobenzolsulfosäure durch Kupplung der Diazoverbindung eingeführt wird; hierbei kann aber nicht hoch markiert werden, ohne daß die Aktivität verlorengeht. Es wurde beobachtet (SONENBERG und MONEY 1955; dort weitere Literatur), daß markiertes Wachstumshormon bevorzugt vom Pankreas absorbiert wird; die Konzentration ist dort 2,4mal größer als im Blut. Auch in Knochen findet sich erhöhte Radioaktivität; dies ist jedoch auch nach Gabe von J^{131} oder jodiertem Rinderserumalbumin der Fall. Prolactin wird in verschiedenen Organen, auch im Ovar, besonders aber (bei männlichen Tieren) in der Prostata gespeichert. Das Maximum ist nach 100 min erreicht. Thyrotropes Hormon wird vor allem in der Schilddrüse angereichert, und zwar so schnell, daß schon nach wenigen Minuten der Maximalwert erreicht ist. Die Konzentration an S^{35} wird auch nicht annähernd erreicht durch Gaben von $H_2S^{35}O_4$ + Thyrotropin (nicht markiert), dürfte also spezifisch sein. Eine erhebliche Anreicherung findet auch in der Niere statt. Der Effekt ist sowohl beim Hühnchen als bei der Ratte deutlich, und er ist unabhängig davon, ob S^{35} über die Diazoverbindung oder direkt mit $H_2S^{35}O_4$ eingeführt wurde. Die biologische Halbwertszeit des markierten Hormons in der Schilddrüse beträgt 18 Std. Durch jodarme Diät wird der Anreicherungseffekt der Schilddrüse noch gesteigert, nicht jedoch durch Thiouracil.

Klinische Versuche an insgesamt 32 Patienten zeigten so große individuelle Variationen, daß keine klaren Schlüsse gezogen werden können. Lediglich die Anreicherung des Prolactins in der Prostata konnte bestätigt werden.

In ähnlicher Weise wurde markiertes Insulin hergestellt und sein Schicksal im Organismus untersucht (N. HAUGAARD et al. 1954). Ein großer Teil der Radioaktivität wird rasch im Urin ausgeschieden, und zwar als niedermolekulare dialysable Substanz, die offenbar durch Abbau (Proteolyse?) des Hormons entsteht. Daneben zeigt sich eine Anhäufung des Insulins im Blut, im Muskel und in der Leber.

Der enzymatische Abbau des Insulins wurde von verschiedenen Autoren untersucht. An dieser Stelle ist die Methode von MIRSKY et al. (1955) zu erwähnen, die als Substrat jodiertes Insulin verwenden und die Freisetzung niedermolekularer J^{131}-Aktivität messen. Die Methode, die auch von LEWIS und THIELE (1957) und von TOMIZAWA und R. H. WILLIAMS (1955) verwendet wurde, ist von JANDORF und MICHEL (1957) und von DIXON, NEURATH und PECHÈRE (1958) kritisiert worden. Die letzteren weisen darauf hin, daß ein Gemisch von Carboxypeptidase und Chymotrypsin (oder einer ähnlichen Protease) in dieser Versuchsanordnung hohe Aktivität entfalten würde: Chymotrypsin spaltet bevorzugt hinter aromatischen Aminosäuren und setzt damit Tyrosin-Carboxyle frei, an denen Carboxypeptidase angreift und Tyrosin abspaltet. Das Jod, das an Aromaten gebunden ist, wird sehr schnell freigesetzt, ohne daß eine Spezifität für Insulin vorliegt. Tatsächlich werden auch zahlreiche andere jodierte Proteine (Casein, Ribonuclease, Glucagon, ACTH) abgebaut (MIRSKY und PERISUTTI 1957), und über die Spezifität der beschriebenen Insulinasen aus Pankreas oder Leber herrscht noch keine Einigkeit.

Literatur

BRESSLER, Ss. JE.: Über das Prinzip der unter Druck verlaufenden enzymatischen Synthese. Ber. Akad. Wiss. USSR **55**, **145** (1947); Chem. Zbl. **1947**, **1584**.

— M. W. GLIKINA, N. A. SSELESNEWA u. P. A. FINOGENOW: Untersuchung der Resynthese von Eiweißstoffen unter Druck. Biokhimia **17**, 44 (1952); Chem. Zbl. **1952**, 4623.

— M. W. GLIKINA u. A. M. TONGUR: Resynthese des biologisch aktiven Insulins. Ber. Akad. Wiss. USSR **78**, 543—545 (1951); Chem. Zbl. **1952**, 3987.

DIXON, G. H., H. NEURATH and J. F. PECHÈRE: Proteolytic enzymes. Ann. Rev. Biochem. **27**, 489 (1958).

GRODSKY, G., and H. TARVER: Paper chromatography of insulin. Nature (Lond.) **177**, 223 (1956).

GRODSKY, G. M., and H. TARVER: Isotopic studies on the reconstitution of insulin under normal and at high pressure. Exchange and adsorption of alanine to insulin. Arch. Biochem. Biophys. **68**, 215—228 (1957).

HAUGAARD, E. S., and W. C. STADIE: Studies of radioactive injected labeled insulin. J. biol. Chem. **208**, 549 (1954).

JANDORF, B. J., and H. O. MICHEL: Proteolytic enzymes. Ann. Rev. Biochem. **26**, 97 (1957).

LEWIS, U. J., and E. H. THIELE: The isolation of a pancreatic insulinase. J. Amer. chem. Soc. **79**, 755 (1957).

LIGHT, A., and M. V. SIMPSON: Nature (Lond.) **177**, 225 (1956a).

— — Studies on the biosynthesis of insulin. I. The paper-chromatographic isolation of ^{14}C-labeled insulin from calf pancreas slices. Biochim. biophys. Acta **20**, 251—261 (1956b).

MIRSKY, I. A., and G. PERISUTTI: The relative specificity of the insulinase activity of rat liver extracts. J. biol. Chem. **228**, 77 (1957).

— — and F. J. DIXON: The destruction of J^{131}-labeled insulin by rat liver extracts. J. biol. Chem. **214**, 397—408 (1955).

PETTINGA, C. W., and C. N. RICE: Insulin fibril formation: application the isolation of S^{35}-labeled insulin. Fed. Proc. **11**, 268 (1952).

SONENBERG, U., and WILLIAM L. MONEY: The fate and metabolism of anterior pituitary hormones. In Rec. Progr. Hormone Res. **11**, 43—82 (1955).

TOMIZAWA, H. H., and R. H. WILLIAMS: Studies on the specificity of an insulin-inactivating system of the liver. J. biol. Chem. **217**, 685—694 (1955).

VAUGHAN, M., and C. B. ANFINSEN: Non-uniform labeling of insulin and ribonuclease synthesized in vitro. J. biol. Chem. **211**, 367—374 (1954).

Nachtrag bei der Korrektur: Ein mit Tritium H^3 markiertes Insulin haben v. HOLT u. Mitarb. dargestellt und untersucht (C. v. HOLT, I. VOELKER u. L. v. HOLT, Biochim. Biophys. Acta **38**, 88—101 (1960); — dort weitere Lit.). — H^3-markiertes Vacspressin wurde zur Untersuchung der Wirkungsweise verwendet [I. L. SCHWARTZ u. Mitarb., Proc. Nat. Acad. Sci. (Wash.) **46**, 1273; 1278; 1288 (1960)].

Metabolism of Adrenaline and Related Compounds

By

Richard W. Schayer

Knowledge of the metabolism of adrenaline and related compounds has undergone an unprecedented advance in the last two or three years. The reviewer believes that the principal steps of formation and breakdown of the catechol amines in mammals are now known. There remain, of course, many problems. These will be discussed later. Since only radioisotope studies will be considered in this paper, the following reviews are suggested for the non-isotopic work: Bacq, 1949; Blaschko, 1952, 1954 and 1957; von Euler, 1956 and 1958; and Hagen and Welsh, 1956.

Formation of adrenaline and related compounds

In the earliest isotopic study in this field, Gurin and Delluva (1947) isolated radioactive adrenaline from the adrenals of rats which had been administered phenylalanine labeled with C^{14} and H^3. Udenfriend, et al. (1953) found labeled adrenaline in rat adrenals after giving either C^{14} phenylalanine or tyrosine. These experiments confirmed the generally accepted belief that phenylalanine and tyrosine are the dietary precursors of adrenaline. Also generally accepted as an intermediate is 3,4-dihydroxyphenyl-alanine (dopa) known to be formed from tyrosine. The occurrence of dopa as an intermediate was confirmed by Udenfriend and Wyngaarden (1956) who showed that it was a more efficient precursor of adrenal adrenaline than either tyrosine or phenylalanine. They also found that neither C^{14} phenylethylamine or C^{14} tyramine produced labeled adrenaline.

From dopa to adrenaline are several possible pathways of which two have received considerable attention.

The first was suggested by Blaschko (1939) following the discovery of Holtz, et al. (1938) of the enzyme dopa decarboxylase which converts dopa to 3,4-dihydroxyphenyl-ethylamine (dopamine), a sympathomimetic catechol amine. From dopamine to noradrenaline requires introduction of a hydroxyl group to the β-carbon atom of the side chain.

The second possible pathway involves introduction of the hydroxyl group to the β-carbon of the side chain of dopa to form 3,4-dihydroxyphenylserine followed by decarboxylation to noradrenaline. An enzyme which effects this decarboxylation has been found in mammalian tissues [Blaschko, Burn and Langemann (1950); Werle and Jüntgen-Sell (1955)].

It seems very probable that the first pathway, dopa → dopamine → noradrenaline is the major one. Demis, Blaschko and Welsh (1956) showed that homogenates of bovine adrenal medulla rapidly decarboxylated C^{14} dopa to form dopamine. A small quantity of labeled noradrenaline was also found. Hagen (1956) obtained noradrenaline after incubating C^{14} dopamine with avian adrenal homogenates. KIRSHNER (1957) studied the action of fractions of bovine adrenal medulla on the conversion of C^{14} dopa to C^{14} noradrenaline. He concluded that 3,4-dihydroxy phenylserine is not an obligatory intermediate, and that if it occurs at all, it is minor in importance.

GOODALL and KIRSHNER (1957) tested the biosynthesis of catechol amines by incubating various labeled compounds with bovine adrenal slices. Separation of the radioactive products was made using ion-exchange resins [KIRSHNER and GOODALL (1957)]. Tyrosine and dopa were converted to dopamine, noradrenaline and adrenaline. Furthermore, the addition of unlabeled dopa and dopamine (but not of tyramine) decreased the amount of labeled noradrenaline formed from C^{14} tyrosine, presumably proving that these compounds are intermediates.

ROSENFELD, et al. (1958) showed that the perfused calf adrenal can carry out all the steps in the biosynthesis of catechol amines from C^{14} tyrosine.

GOODALL and KIRSHNER, 1958, demonstrated that the pathway of catechol amine biosynthesis in the sympathetic nervous system was similar to that in the adrenal with one important difference. In nerve tissue the reaction sequence appeared to terminate with noradrenaline. C^{14} labeled tyrosine and dopa were incubated with sympathetic nerves and ganglia. C^{14} dopamine and C^{14} noradrenaline were found but the amount of radioactivity in the adrenaline fraction was too low to permit positive identification. These findings confirmed the general belief that noradrenaline, not adrenaline, is the sympathetic neurohormone.

One possible source of the N-methyl carbon of adrenaline is methionine [KELLER, et al. (1950)]. VERLY (1956) showed that the methyl group of methionine is not transferred intact. After injection into rats of methionine doubly labeled in the methyl group with C^{14} and H^3, he found the C^{14} to H^3 ratio in the N-methyl group of the adrenal adrenaline to differ from that of the methionine.

The conversion of noradrenaline to adrenaline was first demonstrated by BULBRING (1949) using non-isotopic techniques. This step was shown to occur *in vivo* by isolating C^{14} adrenaline from adrenals after injection of C^{14} noradrenaline [MASUOKA, et al. (1956)]. The C^{14} noradrenaline was synthesized by a new procedure [HOWTON, MEAD and CLARK (1955)]. KIRSHNER and GOODALL (1957) showed that methyl-C^{14} S-adenosylmethionine is a source of the N-methyl group of adrenaline.

In conclusion, it seems very probable that the route of biosynthesis of catechol amines is phenylalanine → tyrosine → 3,4-dihydroxyphenylalanine → 3,4-dihydroxyphenylethylamine → noradrenaline → adrenaline.

Catabolism of adrenaline and related compounds

The early non-isotopic work on adrenaline breakdown led to several theories of mode of inactivation. Among them were oxidative deamination by monoamine oxidase, oxidation of the ring to form adrenochrome and other oxidation products, and conjugation as the sulfate or glucuronide. None were well substantiated for physiological quantities of adrenaline *in vivo*. These and other early theories are discussed in preceding reviews.

The first studies of the catabolism of adrenaline and noradrenaline using radioisotopes were performed by SCHAYER and his coworkers. SCHAYER synthesized adrenaline labeled in various positions, the α-, β- and methyl carbons, with C^{14}; the methyl and β-labeled compounds were resolved to give the physiological L-isomer [SCHAYER (1951 and 1952); SCHAYER et al. (1952 and 1953)]. α-C^{14}-noradrenaline [SCHAYER (1953)] and β-C^{14}-DL-adrenochrome [SCHAYER (1952)] were also prepared.

The earliest experiments in rats, using β-C^{14}-DL-adrenaline [SCHAYER (1951)], showed that there was no significant production of $C^{14}O_2$, that virtually all the C^{14} was excreted in the urine within 20 hours, and that the catabolism of adrenaline was complex, as indicated by the finding of numerous radioactive spots on paper chromatograms of urine.

The methyl group of adrenaline was in part converted to $C^{14}O_2$; about one-half was excreted in the urine. No conjugated adrenaline could be found in urine after injecting C^{14} adrenaline although considerable quantities were found if the adrenaline was fed. The chromatographic pattern of radioactive urinary metabolites was much simpler after methyl-labeled than after β-labeled adrenaline. In particular, one major metabolite was not detectable since it had lost the radioactive methyl group. From these facts it seemed likely that the adrenaline molecule was split at a point between the β-carbon and the methyl carbon atoms. Since C^{14} methylamine was formed when methyl C^{14} adrenaline was incubated with a monoamine oxidase preparation, it was possible that the adrenaline molecule lost methylamine *in vivo* through the action of monoamine oxidase. Adrenaline labeled in the α-position behaved like the β-labeled compound; there was thus no evidence of the split occurring between the α- and the β-carbons.

As no difference was seen in chromatograms of urine of rats given either the L- or the DL-methyl C^{14} adrenaline, it was felt warranted to continue use of the racemic mixture in attempts to find the nature of the urinary metabolites.

Using an isotopic trapping experiment, evidence was obtained which excluded adrenochrome as an intermediate in the formation of the several unidentified adrenaline metabolites in the rat.

Further confirmation of the importance of monoamine oxidase in adrenaline metabolism resulted from the finding that two monoamine oxidase inhibitors, iproniazid and choline p-tolyl ether [SCHAYER, et al. (1954)], produced marked alterations in the pattern of urinary adrenaline metabolites. In animals pre-treated with these inhibitors, it was observed that (a) the methyl carbon atom was almost completely excreted in the urine (b) the formation of a major metabolic product was almost completely inhibited.

Dibenamine, an adrenergic blocking agent, was useful in permitting larger dosage of adrenaline and noradrenaline. It did not seem to affect the pattern of urinary metabolites but did increase the rate of metabolism of adrenaline [SCHAYER, et al. (1953)].

When α-C^{14}-DL-noradrenaline is injected into rats, three major radioactive urinary metabolites are found. The formation of one of these could be suppressed through the use of monoamine oxidase inhibitors. The metabolism of noradrenaline seemed to be quite similar to that of adrenaline [SCHAYER, et al. (1955).]

At this stage of the research, although no metabolic product had been identified, the following summary of the metabolism of adrenaline and noradrenaline in rats could be made: (1) Approximately one-half of the molecules lost methylamine probably by the action of monoamine oxidase. (2) There were three major metabolites, and several minor ones. One major metabolite had lost the N-methyl carbon atom. Adrenochrome was not an intermediate in the formation of any of them. (3) One major metabolite was probably 3,4-dihydroxymandelic acid or a derivative of it.

These findings on adrenaline were confirmed, using similar techniques in man [RESNICK and ELMADJIAN (1958); RESNICK, et al. (1958)]. Schizophrenics of both sexes, and one normal male, were given infusion of either β- or methyl-C^{14}-adrenaline. Almost all the C^{14} from the former, but only about one-third that of the latter, was recovered in the urine in 30 hours. There was also chromatographic evidence that certain metabolites had lost the methyl carbon atom.

Research on catabolism of catechol amines had now reached an impasse; future progress depended on identification of the urinary metabolites. Attempts might be made by chromatographic comparison with known compounds, isolation after feeding, perfusing or incubating catechol amines, by isotope dilution, etc. Consideration of the complexity of the chemistry of catechols indicated that the problem might be one of extraordinary difficulty. For practical reasons, this interesting and important project was reluctantly dropped by the reviewer.

The breakthrough came by observations made in a laboratory which was investigating phenylketonuria, not catechol amine catabolism [ARMSTRONG, MCMILLAN and SHAW (1957)]. This group, studying phenolic acids, a group of compounds which increases in the urine in phenylketonuria, found that one unidentified phenolic acid of human urine appeared to be of endogenous origin since its excretion was not affected by dietary changes. Its reactions were similar to some compounds containing the 3-methoxy-4-hydroxyphenyl group. These workers had also recently found that homoprotocatechuic acid is methylated *in vivo* to give homovanillic acid. All these facts suggested that the unidentified phenolic acid might be 3-methoxy-4-hydroxymandelic acid and that the precursors might be adrenaline and noradrenaline. This was established by the demonstration that the metabolite is increased by administration of noradrenaline or of 3,4-dihydroxymandelic acid, and is very high in patients with pheochromocytoma.

The identification of 3-methoxy-4-hydroxymandelic acid as a major metabolic product of adrenaline and noradrenaline suggested to AXELROD (1957) that O-methylation might be the first step in the catabolism of these amines. He and his coworkers [AXELROD, et al. (1958 and 1958a)] estimated the excretion of free plus conjugated O-methyladrenaline (metanephrine) following injection of adrenaline or metanephrine into rats. They concluded that about 70% of the injected adrenaline was converted into metanephrine, part of which was conjugated to glucuronic acid and part of which was converted by oxidative deamination to 3-methoxy-4-hydroxymandelic acid. Since iproniazid greatly increased metanephrine in urine, they suggested that the oxidative deamination of metanephrine is catalyzed by monoamine oxidase. Similar results were found after injection of noradrenaline. The doses of catechol amines used in these experiments were high and in most cases dibenamine was used to protect the animal.

The synthesis of the O-methylated derivatives of adrenaline, noradrenaline and dopamine has been described; the first two compounds were found in various rat tissues [AXELROD, et al. (1958a)]. AXELROD and TOMCHICK, 1958, described an enzyme, catechol O-methyl transferase, which transfers the methyl group from S-adenosylmethionine to various catechols. This enzyme was found in several mammalian species including man. The same enzyme was described by LEEPER, WEISSBACH and UDENFRIEND, 1958, who called it catechol-O-methylpherase. These workers found that a soluble, partially purified monoamine oxidase, can utilize adrenaline and noradrenaline as well as their O-methyl derivatives as substrates.

LA BROSSE, AXELROD and KETY, 1958, extended the studies of *in vivo* methylation by infusing young normal men with DL-adrenaline labeled with H^3 in the β-position and analyzing the urine. After 48 hours the urines contained 73 to 95% of the radioactivity. Values for metabolites were free metanephrine 10—14%, conjugated metanephrine 36—49%, and 3-methoxy-4-hydroxymandelic acid 30—40%. The subjects were also given β-H^3 metanephrine; since the percentages of urinary metabolites were very similar to these found from adrenaline, the authors concluded that the principal action of monoamine oxidase in adrenaline metabolism occurs only after primary inactivation of adrenaline by O-methylation. This is a true inactivating step since metanephrine has lost the pharmacological properties of the parent compound [EVARTS, et al (1958)].

SJOERDSMA, et al. 1958, were unable to detect either metanephrine or normetanephrine in the urine of normal humans. Since 3-methoxy-4-hydroxymandelic acid occurs in normal urine to the extent of 1.5 to 3.0 γ per mg. of creatinine [ARMSTRONG, et al. (1957)] or a daily total of perhaps 2 to 4 mg., it seems to the reviewer that monoamine oxidase may be more important in the first step of catabolism of released endogenous adrenaline and noradrenaline than it is for these amines after injection.

KIRSHNER, GOODALL and ROSEN (1958) studied the metabolism of β-C^{14}-DL-adrenaline in young healthy males. Analysis for urinary metabolites was accomplished by a combination of filter paper and ion-exchange chromatography. The following results were obtained: adrenaline 4%, free metanephrine 5%, metanephrine conjugate $42 \pm 7\%$, 3-methoxy-4-hydroxymandelic acid $27 \pm 3\%$, 3,4-dihydroxymandelic acid $12 \pm 4\%$ and two unidentified fractions, 4%. Pretreatment of the same subjects with iproniazid markedly reduced the 3-methoxy-4-hydroxymandelic acid and 3,4-dihydroxymandelic acid, probably due to monoamine oxidase inhibition.

The conjugate of metanephrine in man found in these experiments was not the glucuronide; it may be the sulfate. It may be significant that a considerable amount of 3,4-dihydroxymandelic acid was found since this suggests a direct action of monoamine oxidase and this process might be important in the inactivation of catechol amines released in certain tissues. On the other hand, 3,4-dihydroxymandelic acid might arise from an O-methylated precursor: an enzyme which converts metanephrine to adrenaline *in vitro* has been described [AXELROD and SZARA (1958)].

Relative to the possibility of direct inactivation of released endogenous catechol amines by monoamine oxidase, SHORE, et al. (1957) found a three-fold increase over normal in the noradrenaline in the brain stem of rabbits treated with iproniazid. They also found that treatment of rabbits with reserpine frees noradrenaline from the brain depots after which it is rapidly destroyed; pre-treatment with iproniazid completely stopped the destruction. Serotonin, known to be a substrate of monoamine oxidase *im vivo* and *in vitro*, behaved similarly to noradrenaline in both experiments. Furthermore, BIEL, et al. (1958) found that small doses of 1-phenyl-2-hydrazinopropane, a new, very powerful inhibitor of monoamine oxidase, caused a two- to three-fold increase of noradrenaline in the brain stem of rabbits.

AXELROD (1958) however, has presented evidence in support of his contention that O-methylation is the inactivating step. He found normetanephrine in the brains of iproniazid-treated rats but not in untreated ones. *In vitro*, the rate of O-methylation of noradrenaline by brain tissue was not affected by iproniazid.

A most interesting and important problem is the resolution of the conflicting reports on the principal means of inactivation of released endogenous catechol amines.

Problems for the future

As is the case for any biologically active amine bound in the tissues, the life cycle of the catechol amines is complex. It may be divided into the same categories as those used to describe the various facets of the metabolism of histamine [SCHAYER (1959)]. These categories are formation, binding, storage, release, pharmacological action, catabolism and excretion. Since the present review emphasizes work done with radioisotopes, most of these categories have not been considered. But in time all may be subjected to scrutiny by isotopic techniques.

The mechanism of the individual steps leading to the formation of adrenaline must be studied; this includes characterization of the enzymes and the nature of hormonal controls. The binding mechanisms in nerve and adrenal tissue are poorly understood. Approximation has been made of the rate of turnover of catechol amines in animal adrenals [UDENFRIEND and WYNGAARDEN (1956)] and in patients with pheochromocytoma [SJOERDSMA, et al. (1957)]. These studies should be extended to the nervous system. Factors involved in the release of catechol amines require more attention. Achieving an understanding of the nature of the receptors, and of the biochemical reactions through which catechol amines exert their pharmacological action, is possibly the most difficult problem in this field.

More studies are needed to elucidate the details of catabolism of catechol amines. This includes characterization of the enzymes *in vitro* and *in vivo*, examination of hormonal regulation, and identification of minor metabolites. Development of improved analytical techniques for the major metabolic products in urine, blood and tissues would materially assist in determining the extent of formation and release of catechol amines and thus permit evaluation of their role in various physiological and pathological states. The function of the kidney in removing the amines from the body should be studied.

Finally, there is an immense field on the effects of drugs on the various aspects of catechol amine metabolism. A drug which modifies any step in this complex process, whether by inhibition of by facilitation, might provide important fundamental knowledge, and might also be of therapeutic value in hypertension, mental disease and other pathological conditions.

References

ARMSTRONG, M. D., A. MCMILLAN and K. F. SHAW: 3-Methoxy-4-hydroxy-D-mandelic acid, a urinary metabolite of norepinephrine. Biochem. biophys. Acta **25**, 422 (1957).

AXELROD, J.: O-Methylation of epinephrine and other catechols in vitro and in vivo. Science **126**, 400 (1957).

— Presence, formation and metabolism of normetanephrine in brain. Science **127, 754** (1958).

— J. K. INSCOE, S. SENOH and B. WITKOP: O-Methylation, the principal pathway for the metabolism of epinephrine and norepinephrine in the rat. Biochem. biophys. Acta **27**, 210 (1958).

— S. SENOH and B. WITKOP: O-Methylation of catechol amines in vivo. J. biol. Chem. **233**, 697 (1958a).

— and S. SZARA: Enzymic conversion of metanephrine to epinephrine. Biochem. biophys. Acta **30**, 188 (1958).

— and R. TOMCHICK: Enzymatic O-methylation of epinephrine and other catechols. J. biol. Chem. **233**, 702 (1958).

BACQ, Z. M.: Metabolism of adrenaline. J. Pharmacol. exp. Ther. **95**, No. 4, Pt. 2; Pharmacol. Rev. 1 (1949).

BIEL, J. H., A. E. DRUKKER, P. A. SHORE, S. SPECTOR and B. B. BRODIE: Effect of 1-phenyl-2-hydrazinopropane, a potent monoamine oxidase inhibitor, on brain levels of norepinephrine and serotonin. J. Amer. chem. Soc. **80**, 1519 (1958).

BLASCHKO, H.: The specific action of L-dopa decarboxylase. J. Physiol. **96**, 50 P (1939).

— Amine oxidase and amine metabolism. Pharmacol. Rev. **4**, 415 (1952).

— Metabolism of epinephrine and norepinephrine. Pharmacol. Rev. **6**, 23 (1954).

— Formation of catechol amines in the animal body. Brit. med. Bull. **13**, 162 (1957).

— J. H. BURN and H. LANGEMANN: The formation of noradrenaline from dihydroxyphenylserine. Brit. J. Pharmacol. **5**, 431 (1950).

BÜLBRING, E.: The methylation of noradrenaline by minced suprarenal tissue. Brit. J. Pharmacol. **4**, 234 (1949).
DEMIS, D. J., H. BLASCHKO and A. D. WELCH: The conversion of dihydroxyphenylalanine-2-C^{14} (dopa) to norepinephrine by bovine adrenal medullary homogenates. J. Pharmacol. exp. Ther. **117**, 208 (1956).
EULER, U. S., VON: Noradrenaline. Springfield, Ill.: Thomas 1956.
— Distribution and metabolism of catechol hormones in tissues and axones; recent progress in hormone research. Vol. XIV. New York: Academic Press 1958.
EVARTS, E. V., L. GILLESPIE JR., T. C. FLEMING and A. SJOERDSMA: Relative lack of pharmacologic action of 3-methoxy analogue of norepinephrine. Proc. Soc. exp. Biol. (N. Y.) **98**, 74 (1958).
GOODALL, McC., and N. KIRSHNER: Biosynthesis of adrenaline and noradrenaline in vitro. J. biol. Chem. **226**, 213 (1957).
— — Biosynthesis of epinephrine and norepinephrine by sympathetic nerves and ganglia. Circulation **17**, 366 (1958).
GURIN, S., and A. M. DELLUVA: The biological synthesis of radioactive adrenaline from phenylalanine. J. biol. Chem. **170**, 545 (1947).
HAGEN, P.: Biosynthesis of norepinephrine from 3,4-dihydroxyphenylethylamin (dopamine). J. Pharmacol. exp. Ther. **116**, 26 (1956).
— and A. D. WELCH: The adrenal medulla and the biosynthesis of pressor amines; recent progress in hormone research. Vol. XII. New York: Academic Press 1956.
HOLTZ, P., R. HEISE and K. LÜDTKE: Enzymic destruction of L-dihydroxyphenylalanine (dopa) by the kidney. Naunyn-Schmiedebergs Arch. exp. Path. Pharmak. **191**, 87 (1938).
HOWTON, D. R., J. F. MEAD and W. G. CLARK: A new synthesis of DL-arterenol, J. Amer. chem. Soc. **77**, 2896 (1955).
KELLER, E. B., R. A. BOISSONNAS and V. DU VIGNEAUD: The origin of the methyl group of adrenaline. J. biol. Chem. **183**, 627 (1950).
KIRSHNER, N.: Pathway of noradrenaline formation from dopa. J. biol. Chem. **226**, 821 (1957).
— and McC. GOODALL: The formation of adrenaline from noradrenaline. Biochem. biophys. Acta **24**, 658 (1957).
— — Separation of adrenaline, noradrenaline and hydroxytyramine by ion exchange chromatography. J. biol. Chem. **226**, 207 (1957).
— — and L. ROSEN: Metabolism of DL-adrenaline 2-C^{14} in the human. Proc. Soc. exp. Biol. (N. Y.) **98**, 627 (1958).
LA BROSSE, E. H., J. AXELROD and S. S. KETY: O-Methylation, the principal route of metabolism of epinephrine in man. Science **128**, 593 (1958).
LEEPER, L. C., H. WEISSBACH and S. UDENFRIEND: Studies of the metabolism of norepinephrine, epinephrine and their O-methyl analogs by partially purified enzyme preparations. Arch. Biochem. Biophys. **77**, 417 (1958).
MASUOKA, D. T., H. F. SCHOTT, R. I. AKAWIE, and W. G. CLARK: Conversion of C^{14} arterenol to epinephrine in vivo. Proc. Soc. exp. Biol. (N. Y.) **93**, 5 (1956).
RESNICK, O., and F. ELMADJIAN: The metabolism of epinephrine containing isotopic carbon in man. J. clin. Endocr. **18**, 28 (1958).
— J. M. WOLFE, H. FREEMAN and F. ELMADJIAN: Iproniazid treatment and metabolism of labeled epinephrine in schizophrenics. Science **127**, 1116 (1958).
ROSENFELD, G., L. C. LEEPER and S. UDENFRIEND: Biosynthesis of noradrenaline and adrenaline by the isolated perfused calf adrenal. Arch. Biochem. Biophys. **74**, 252 (1958).
SCHAYER, R. W.: Studies of the metabolism of β-C^{14}-DL-adrenaline. J. biol. Chem. **189**, 301 (1951).
— The metabolism of adrenaline containing isotopic carbon. J. biol. Chem. **192**, 875 (1951).
— Synthesis of adrenaline-β-C^{14}. J. Amer. chem. Soc. **74**, 2441 (1952).
— Synthesis of radioactive noradrenaline. J. Amer. chem. Soc. **75**, 1757 (1953).
— Histamine metabolism in the mammalian organism; Henry Ford Hospital International Symposium on the Mechanism of Hypersensitivity. Detroit 1959.
— J. KENNEDY and R. L. SMILEY: Effect of dibenamine on the metabolism of radioactive epinephrine. J. biol. Chem. **202**, 39 (1953).
— R. L. SMILEY and E. H. KAPLAN: The metabolism of epinephrine containing isotopic carbon-II. J. biol. Chem. **198**, 545 (1952).
— — The metabolism of epinephrine containing isotopic carbon-III. J. biol. Chem. **202**, 425 (1953).
— — K. J. DAVIS and Y. KOBAYASHI: Role of monoamine oxidase in noradrenaline metabolism. Amer. J. Physiol. **182**, 285 (1955).
— K. Y. T. WU, R. L. SMILEY and Y. KOBAYASHI: Studies on monoamine oxidase in intact animals. J. biol. Chem. **210**, 259 (1954).

SHORE, P. A., J. A. R. MEAD, R. G. KUNTZMAN, S. SPECTOR and B. B. BRODIE: On the physiological significance of monoamine oxidase in brain. Science **126**, 1063 (1957).
SJOERDSMA, A., L. C. LEEPER and S. UDENFRIEND: Catecholamine biosynthesis in patients with pheochromocytoma. Fed. Proc. **16**, 336 (1957).
— W. M. KING, L. C. LEEPER and S. UDENFRIEND: Demonstration of the 3-methoxy analog of norepinephrine in man. Science **127**, 876 (1958).
UDENFRIEND, S., J. R. COOPER, C. T. CLARK and J. E. BAER: Rate of turnover of epinephrine in the adrenal medulla. Science **117**, 663 (1953).
— and J. B. WYNGAARDEN: Precursors of adrenal epinephrine and norepinephrine in vivo. Biochem. biophys. Acta **20**, 48 (1956).
VERLY, W. G.: Contribution à l'étude du métabolisme du groupe méthyle labile. Arch. int. Physiol. **64**, 309 (1956).
WERLE, E., and J. JÜNTGEN-SELL: Decarboxylation of hydroxyphenylserines by adrenal cortex. Biochem. Z. **327**, 259 (1955).

Biochimie des hormones thyroïdiennes

Par

Jean Roche et Raymond Michel

Avec 5 Figures

A. Introduction

La biochimie du corps thyroïde a présenté une succession d'étapes, dont celle portant sur les vingt dernières années a été marquée par l'emploi, à une échelle de plus en plus large, des isotopes radioactifs de l'iode stable (I^{127}). Son développement, amorcé dès 1895, par la découverte, due à BAUMANN (1895), de l'accumulation de l'iode dans la glande à un taux relativement élevé, a reçu une première impulsion après l'isolement, par KENDALL (1915), d'une hormone iodée, la L-thyroxine, corps dont la structure a été établie par HARINGTON (1926). Dès 1938 HERZ, ROBERTS et EVANS (1938), puis HAMILTON et SOLEY, (1939), ont réalisé les premiers essais d'exploration de la fonction du corps thyroïde au moyen d'iodures radioactifs et ouvert ainsi une ère nouvelle dans la biochimie de cet organe. Seules les difficultés de la production à une large échelle de l'isotope radioactif de l'iode le plus employé aujourd'hui (I^{131}, demi-période: huit jours) ont retardé le premier essor des recherches. Celui-ci est devenu considérable depuis plus de dix ans, en raison des possibilités analytiques très étendues que comportent la chromatographie et l'électrophorèse des corps marqués par I^{131}.

La biochimie thyroïdienne n'a pu constituer son cadre actuel que grâce à un important ensemble de travaux mettant en oeuvre les isotopes radioactifs de l'iode. Elle est désormais indissociable de l'emploi de molécules marquées par I^{131}; aussi un chapitre de cet ouvrage méritait-il de lui être consacré.

Il envisage, sous une forme concise, la chimie des hormones thyroïdiennes, leur biosynthèse et leur métabolisme, en reliant les faits expérimentaux aux techniques ayant permis de les établir: séparation des corps marqués par chromatographie sur papier et sur colonne, autographie, radiochromatoélectrophorèse et synthèse de molécules marquées.

B. Chimie des hormones thyroïdiennes

On ne saurait exposer l'état actuel de la chimie des hormones thyroïdiennes sans évoquer les techniques qui ont permis son développement et les modalités de leur application auxquelles a été lié celui-ci. C'est pourquoi nous examinerons successivement: 1) les techniques générales d'étude des hormones thyroïdiennes mettant en oeuvre I^{131} et, éventuellement, d'autres éléments radioactifs, S^{35} et C^{14}; 2) la nature des hormones iodées et de leurs précurseurs dans le corps thyroïde; 3) la nature des hormones circulantes; 4) la synthèse des hormones marquées par I^{131}.

I. Techniques d'étude des hormones thyroïdiennes basées sur l'emploi d'I^{131}

On s'est borné, pendant près de dix ans, à mesurer au compteur de Geiger-Müller la radioactivité de fractions de l'extrait *n*-butanolique du corps thyroïde ou de divers tissus pour doser les deux seuls acides aminés iodés connus alors, la L-thyroxine (T_4) et la 3:5-diiodo-L-tyrosine (DIT). La méthode classique de Leland et Foster (1932), modifiée par Blau (1935) réalise, en effet, l'extraction quantitative de ces deux corps à $p_H = 4$ et le lavage par la soude 6 N du *n*-butanol qui les renferme permet de les séparer: T_4 demeure alors en solution *n*-butanolique, tandis que DIT passe entièrement dans la phase aqueuse. Cette technique simple, associée au dosage de l'iode total dans chacune des fractions, permet d'établir l'activité spécifique des celles-ci. Elle s'est toutefois révélée très grossière, car elle ne conduit qu'à la séparation en bloc de deux groupes de corps: les iodothyronines et les iodotyrosines.

De même, l'emploi de la dilution isotopique n'a conduit qu'à une identification incertaine de T_4 (Taurog, 1948). En effet, la solubilité de toutes les iodothyronines marquées présentes dans les mélanges naturels étant voisine de celle de T_4, la cristallisation de T_4 entraîneur, ajoutée aux milieux renfermant diverses iodothyronines à l'état de traces, conduit à la fixation des celles-ci au produit cristallisé que l'on isole. Leur taux étant infime, les constantes physiques et la composition élémentaire de l'échantillon radioactif recueilli sont alors celles de l'entraîneur. Ainsi s'explique que, le plasma renfermant un mélange d'iodothyronines, la cristallisation de T_4 entraîneur ait conduit à l'obtention d'un produit renfermant la totalité des combinaisons iodées marquées, ce qui a impliqué la conclusion erronée que T_4 constitue l'hormone circulante. Il est probable que la caractérisation de la thyroxamine dans le plasma par dilution isotopique appelle des réserves du même ordre (Hillman, 1958). En fait, la chromatographie des corps marqués et, accessoirement, son association à l'électrophorèse ont seuls fait l'objet d'applications sans cesse plus nombreuses, an raison de leur sélectivité et de la sécurité de leurs résultats lorsque ceux-ci sont judicieusement contrôlés.

La chromatographie sur papier des hormones thyroïdiennes marquées, des acides aminés iodés constituant leurs précurseurs et de leurs dérivés est aujourd'hui d'usage courant. Elle est appliquée selon deux modalités: l'autographie des taches renfermant I^{131} et la mesure, éventuellement avec enregistrement automatique, de la répartition de la radioactivité sur les chromatogrammes (Roche, 1954a). Elle exige, d'une part, la chromatographie simultanée de corps de référence purs obtenus par synthèse, et celle de l'échantillon soumis à l'analyse. L'emploi de solvants judicieusement choisis ne permet jamais de séparer avec une égale sélectivité que certains des corps à l'aide de chacun de ceux-ci: aussi convient-il de disposer d'une gamme de solvants bien étalonnée à l'aide de produits purs, pour caractériser les corps iodés radioactifs que l'on cherche à mettre en évidence ou à identifier.

C'est ainsi que la collidine aqueuse (100:35,5) utilisée en atmosphère saturée d'ammoniaque sépare les glycuroconjugués des hormones, tandis que les sulfoconjugués homologues migrent avec celles-ci. De même, les mélanges de *n*-butanol-dioxane (4:1) saturés d'NH_4OH 2 N séparent la 3:5:3'-triiodothyronine des trois autres iodothyronines naturelles, rassemblées en une tache unique. La caractérisation chromatographique définitive des corps iodés nouveaux individualisés par une tache radioactive comporte nécessairement deux types d'opération, les R_f dans une série de solvants une fois établis: 1) la démonstration bidimensionnelle de l'homogénéité de la tache étudiée, 2) la réalisation sur celle-ci d'un ensemble de réactions. Dans le cas particulier de la présence de deux éléments marqués sur une même molécule, par exemple, de S^{35} et de I^{131} dans les sulfoconjugués des iodothyronines naturelles, ces deux éléments peuvent être distingués à l'aide d'écrans appropriés. Ainsi, un écran d'aluminium (18 mg/cm^2) arrête-t-il totalement le rayonnement β mou de S^{35} et 50% environ des radiations émises par I^{131} (ROCHE, 1958d); un écran constitué par un simple film photographique arrête le premier en respectant la plus grande partie des secondes (KAMEN, 1957). La comparaison des zones d'autographie avec et sans écran (bande d'aluminium placée au centre de la ligne de migration) permet alors de repérer la nature et, éventuellement, la coexistence des deux atomes marqués.

La chromatographie sur colonne d'échangeurs d'ions a jusqu'ici rendu des services, surtout pour séparer les iodures marqués accompagnant les hormones et leurs précurseurs. Son emploi pour le fractionnement des combinaisons organiques iodées a été d'abord limité par la déshalogénation de ceux-ci au cours des opérations successives qu'il comporte; mais des techniques récentes se sont révélées plus satisfaisantes (BLANQUET, 1955). L'utilisation de colonnes de kieselguhr et d'un solvant approprié a permis la séparation de la 3:5:3'-triiodothyronine d'un hydrolysat thyroïdien marqué sans comporter un risque de deshalogénation (GROSS, 1953b).

L'électrophorèse sur papier rend, dans l'analyse des dérivés iodés radioactifs, des services complémentaires de ceux que l'on peut attendre de la chromatographie. Elle permet d'éliminer les iodures et, éventuellement, les autres ions minéraux, dont la migration est beaucoup plus rapide que celle des dérivés organiques. Aussi est-il parfois très utile de l'opérer avant la chromatographie d'un mélange, que l'on réalise ensuite sur l'éluat des corps marqués séparés des iodures, corps dont l'autographie révèle la position. En outre, la migration électrophorétique d'un produit n'étant pas due aux propriétés régissant sa chromatographie, la combinaison de l'une et de l'autre (chromatoélectrophorèse) est parfois d'un grand secours. Elle a été réalisée efficacement en opérant successivement l'électrophorèse et la chromatographie dans deux directions perpendiculaires, comme lors de la chromatographie bidimensionnelle. L'application de cette technique a permis, en particulier, la caractérisation des acides thyroacétiques en présence des hormones dont ils dérivent (ROCHE 1955b).

En l'état actuel de nos connaissances, des recherches sur les hormones thyroïdiennes marquées peuvent donc être poursuivies grâce à un ensemble de techniques très fines, dont l'expérimentateur doit arrêter le choix en fonction de ses besoins. L'élimination d'iodures, nécessaire lorsque l'on se trouve en présence d'un excès de ces corps (synthèses de corps de référence) ou lorsqu'ils se séparent mal de certains dérivés par chromatographie (étude des sulfoconjugués), s'opère commodément par électrophorèse sur papier ou par adsorption sur colonne échangeuse d'ions. La séparation et l'identification des corps marqués sont réalisées par chromatographie mono- ou bidimensionnelle, associée ou non à la chromatoélectrophorèse. Enfin, il est parfois possible de mettre en oeuvre ces dernières techniques lors d'opérations conférant à l'analyse une sélectivité particulière, parce qu'elles combinent des réactions dont la spécificité est bien définie à l'identification de dérivés d'un produit dont on cherche à préciser la constitution. Ainsi, l'hydrolyse par la β-glycuronidase d'*Escherichia coli* du glycuroconjugué de la L-thyroxine marquée par I^{131} et la caractérisation chromatographique de celle-ci (TAUROG, 1954) a-t-elle permis d'identifier ce produit. De même, la formation de sulfates et de L-thyroxine marqués aux dépens du sulfoconjugué de l'hormone a été démontrée par radiochromatographie. De même la formation de L-thyroxine par ioduration de la 3:5:3'-triiodo-L-thyronine, celle de la 3:3':5'-triiodo-L-thyronine aux dépens de la 3:3'diiodo-L-thyronine et celle de la 3'-monoiodo- et de la 3':5'-diiodo-L-thyronine aux dépens de la L-thyronine (Roche, 1956a).

II. Nature des hormones thyroïdiennes et de leurs précurseurs

Le corps thyroïde des Mammifères renferme environ 20% de l'iode total de leur organisme, bien que son poids ne représente que 0,01 à 0,02% de leur poids corporel (10 á 12 g chez le Boeuf, 5 à 8 g chez le Cheval, 12 à 15 g chez le Porc). D'importantes variations saisonnières ont été enregistrées, par exemple de 0,1 à 0,7% dans la glande de porcs des élevages d'une région determinée (Michel, 1948) mais le rapport: I hormonal/I total, demeure alors toujours sensiblement égal à 0,3 (Michel, 1946); il en est de même dans les diverses classes de vertébrés (Wolf, 1947).

Une très faible portion de l'iode total du corps thyroïde — 2% au plus chez les animaux normaux — y est présente à l'état d'iodures et 5% environ en sont extraits par le *n*-butanol. 90 à 95% de l'iode thyroïdien sont fixés à une protéine, la thyroglobuline. Celle-ci, dont une brève étude sera poursuivie plus bas, renferme un ensemble d'acides aminés iodés, parmi lesquels les hormones et leurs précurseurs, physiologiquement inactifs.

On a admis jusqu'en 1952 que la L-thyroxine (formule II), dérivé 3:5:3':5'-tétraiodé de la L-thyronine (formule I) ou acide L-β-4(4'-hydroxy-)phénoxyphényl-α-aminopropionique, était la seule hormone thyroïdienne.

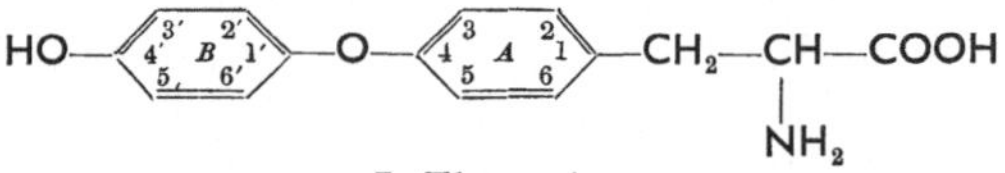

HO—(3' 2' 4' *B* 1' 5' 6')—O—(3 2 4 *A* 1 5 6)—CH_2—CH(—NH_2)—COOH

I. Thyronine

HO—(I, I)—O—(I, I)—CH_2—CH(—NH_2)—COOH

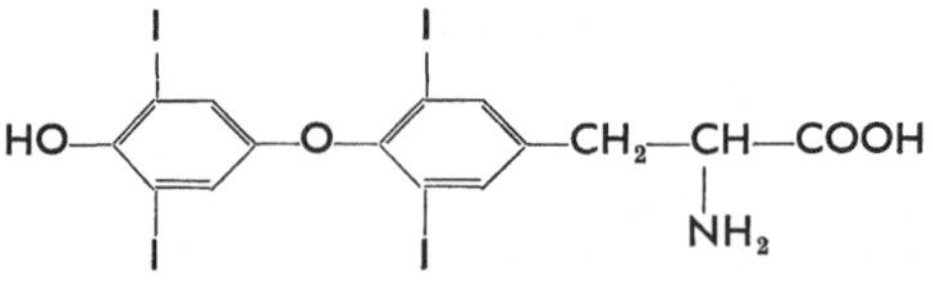

II. Thyroxine (T_4)

La préparation de ce corps à partir de l'hydrolysat alcalin de la glande (Kendall, 1915), la découverte de sa structure (Harington, 1926) et sa synthèse (Harington et Barger, 1927), réalisées par les méthodes de la chimie classique, ont exigé un travail expérimental considérable. L'identification et la préparation des autres dérivés hormonaux de la L-thyronine, acide aminé dont il n'existe dans la glande que des produits de substitutions iodés, ont été rendues possible par l'emploi d'I^{131} pour marquer leurs molécules.

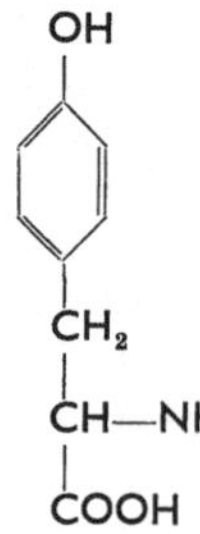

OH	OH	OH
(C₆H₄)	(C₆H₃I)	(I, C₆H₂, I)
CH_2	CH_2	CH_2
CH—NH_2	CH—NH_2	CH—NH_2
COOH	COOH	COOH
III. Tyrosine	IV. 3-Monoiodotyrosine (MIT)	V. 3:5-Diiodotyrosine (DIT)

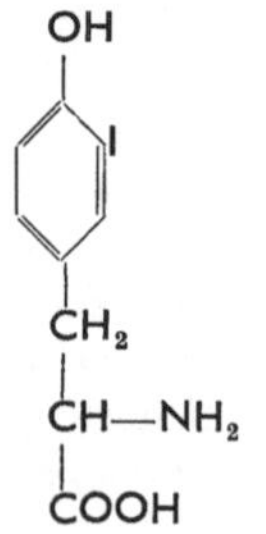

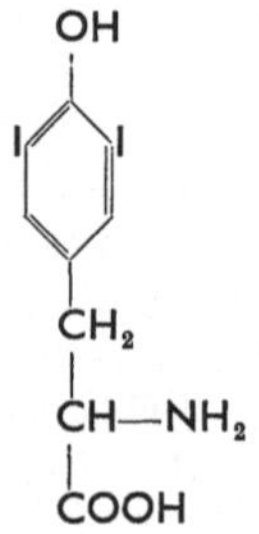

De même il a été établi dès 1929, par HARINGTON et RANDALL que la 3:5-diiodo-L-tyrosine (formule V), isolée par eux de la glande, accompagne la L-thyroxine, dont on la considéra dès lors comme le précurseur; mais c'est seulement grâce

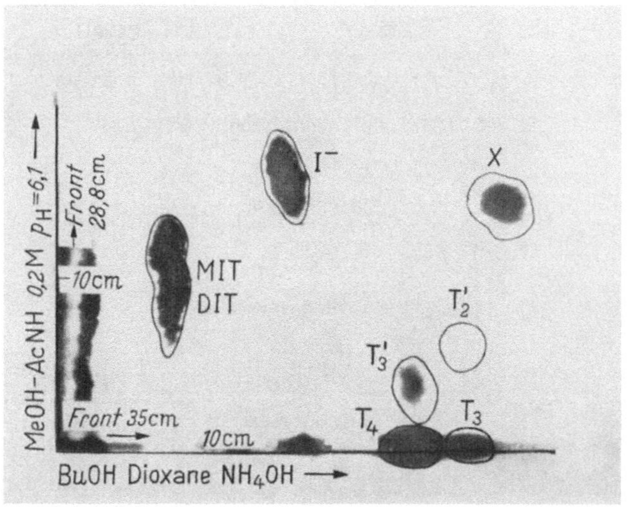

Fig 1. Radioautochromatogramme bidimensionnel d'un hydrolysat total (trypsine-papaïne) de thyroglobuline de Rat, 12 heures après injection de 50 μC de I^{131}Na. X = composé iodé inconnu

à l'autoradiochromatographie que la 3-monoiodo-L-tyrosine (formule IV) a été mise en évidence dans la même protéine en 1947 (FINK, 1948), après avoir été identifiée par des moyens chimiques dans des iodoprotéines naturelles d'Invertébrés où elle est très abondante (gorgonines et spongines) (FROMAGEOT, 1948).

La figure 1 illustre la complexité de la composition en acides aminés iodés de la thyroglobuline. Elle reproduit par autographie un radiochromatogramme bidimensionnel établi à partir d'un hydrolysat enzymatique de cette protéine marquée par I^{131}. Elle permet de saisir les difficultés analytiques auxquelles s'est heurtée la recherche pour séparer de multiples dérivés iodés dans des mélanges où certains n'existent qu'en quantité très minime. T_4 renferme, en général, près des trois quarts de l'iode hormonal. Elle est accompagnée, dans les hydrolysats de thyroglobuline, d'une iodothyronine dont on peut la séparer par chromatographie monodimensionnelle en présence d'un mélange de *n*-butanol et de dioxane (4:1) saturé par NH_4OH 2N (figure 2).

Celle-ci, éluée par l'ammoniaque à 1%, puis traitée par l'iode se transforme en T_4. Elle a été caractérisée en 1952, simultanément par deux groupes de chercheurs, GROSS et PITT-RIVERS (1952) à Londres, ROCHE, LISSITZKY et MICHEL (1952c) à Paris.

La constitution de ce corps, isolé à l'état cristallisé par fractionnement sur colonnes adsorbantes (GROSS, 1953b), répond à celle de la 3:5:3'-triiodo-L-thyro-

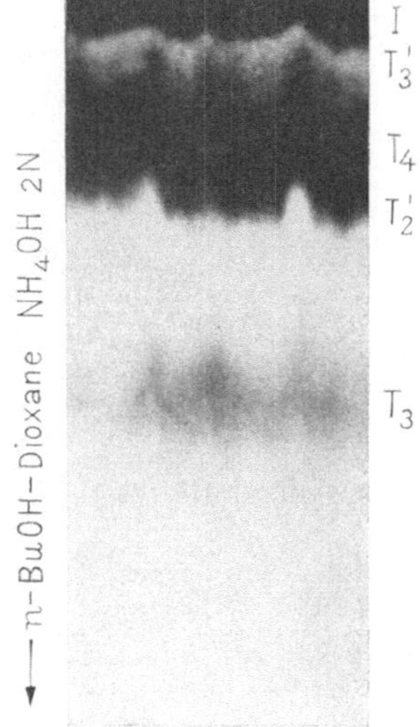

Fig. 2. Radioautochromatogramme monodimensionnel partiel d'hydrolysat (trypsine-papaïne) d'un extrait total de thyroïde de Rat, 24 heures après injection de 100 μC de I^{131}Na

nine ou T_3 (formule VI), préparée par synthèse au moyen de l'ioduration partielle de la 3:5-diiodothyronine (ROCHE, 1952b).

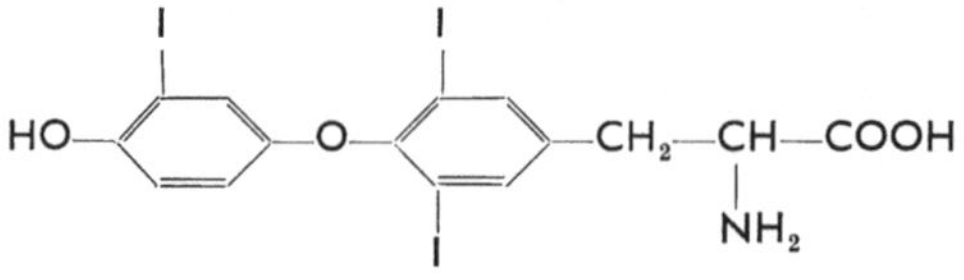

VI. 3:5:3'-Triiodothyronine (T_3)

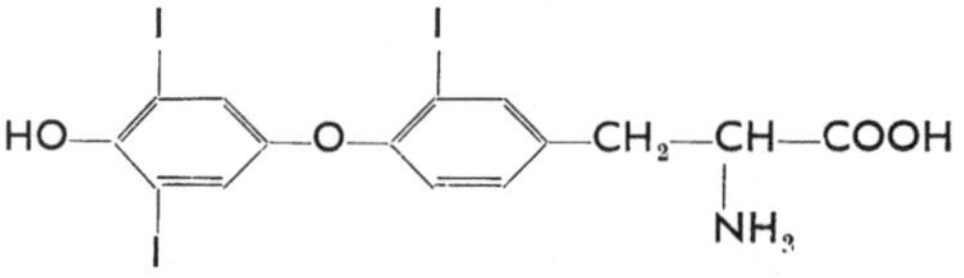

VII. 3:3':5'-Triiodothyronine (T'_3)

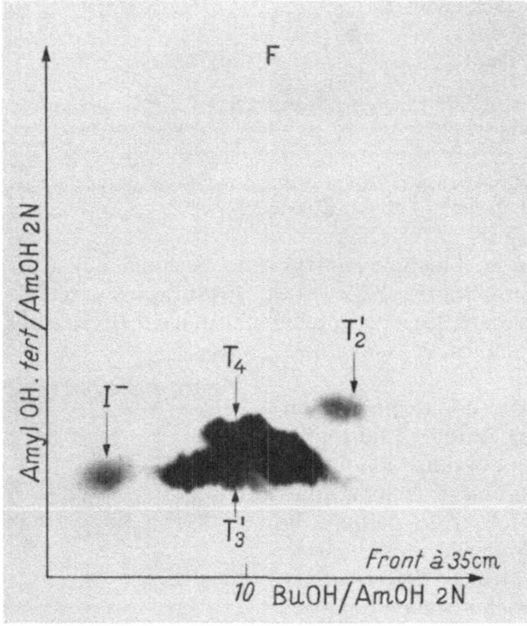

Fig. 3. Radioautochromatogramme bidimensionnel après purification partielle d'un hydrolysat (trypsine-papaïne) d'extrait total thyroïdien de Rat, 24 heures après injection de 100 μC de $I^{131}Na$

L'intérêt de T_3 tient à ses activités biologiques, de cinq à dix fois plus fortes que celles de T_4, selon le test biologique choisi. Sa mise en évidence a posé d'une part, le problème de la multiplicité des hormones thyroïdiennes et, d'autre part, celui d'une diversité possible dans la répartition des atomes d'iode sur les deux cycles benzéniques de la L-thyronine, lorsque les positions 3:5:3':5' ne sont pas toutes occupées par l'halogène.

La synthèse d'un certain nombre d'iodothyronines — dont il était nécessaire de disposer comme corps de référence — une fois réalisée, on a identifié dans le corps thyroïde deux hormones nouvelles: la 3:3':5'-triiodo-L-thyronine ou T'_3 (formule VII) (ROCHE, 1955f) et la 3:3'-diiodothyronine ou T'_2 (formule VIII) (ROCHE, 1955g).

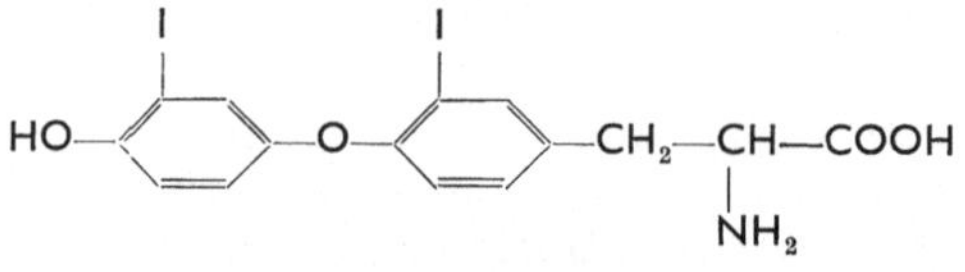

VIII. 3:3'-Diiodothyronine (T'_2)

Ces deux corps migrent avec T_4 dans les chromatogrammes monodimensionnels en *n*-butanol-dioxane (4:1) saturé d'NH_4OH 2N, mais peuvent être séparés dans

thyronine → (I_2) 3′-monoiodothyronine → (I_2) 3′:5′-diiodothyronine

(H_2) 3-monoiodothyronine → (I_2) 3:3′-diiodothyronine (4) → (I_2) 3:3′:5′-triiodothyronine (3)

(H_2) 3:5-diiodothyronine → (I_2) 3:5:3′-triiodothyronine (2) → (I_2) thyroxine (1)

l'éluat de leur tache commune (figure 3) au moyen de la chromatographie bidimensionnelle (figure 3).

Leur caractérisation a tout d'abord été réalisée par autographie des chromatogrammes et T'_2 a été, par la suite, séparée sur colonne échangeuse d'ions dans un hydrolysat de thyroglobuline non radioactive (Roche, 1957c). Comme dans le cas de T_3, son isolement à partir d'organes non marqués permet d'exclure l'éventualité de sa formation par radiodécomposition de T_4. L'intérêt biologique de T'_3 réside dans le fait que, présentant une activité métabolique quasi-nulle, elle est, comme les autres hormones thyroïdiennes, un inhibiteur de la sécrétion antéhypophysaire de la thyréostimuline (TSH) presque aussi puissant que T_4. T'_2 est uniformément un peu moins active (80%) que T_4 sur l'ensemble des processus régis par celle-ci. Quant aux acides aminés iodés accompagnant les hormones et renfermant environ les deux tiers de l'halogène de la glande, deux, dont l'existence a déjà été signalée, DIT et MIT (formules V et IV), sont des précurseurs des iodothyronines. De petites quantités d'une monoiodohistidine, ne contenant pas plus de 2% de l'halogène total de la protéine y sont également présentes (ROCHE, 1952a); il est possible que des traces d'une diiodohistidine y soient associées (BLOCK, 1958), mais la mise en évidence de celle-ci n'a été réalisée avec certitude que dans des protéines artificiellement iodées, très riches en halogène (ROCHE, 1952a). Les iodotyrosines et les iodohistidines sont dépourvues de toutes les activités hormonales des iodothyronines.

En définitive, on peut considérer la composition en acides aminés iodés de la thyroglobuline comme connue, tout au moins à 5—10% près; les taches non identifiées des radiochromatogrammes paraissent surtout renfermer des peptides dont l'hydrolyse conduit à la mise en liberté d'iodotyrosines ou d'iodothyronines. L'hormone physiologique renferme un mélange de quatre de ces dernières, avec prédominance de T_4.

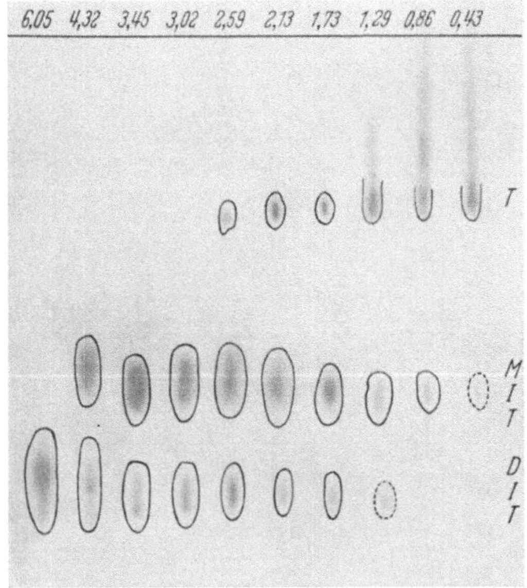

Fig. 4. Chromatogrammes descendants (solvant: *n*-butanol/acide acétique/eau 78:5:17) de solution de L-tyrosine traitée par des quantités diverses d'iode (de 0,43 à 6,05 atomes I par molécule de tyrosine). Les lettres *T*, *MIT* et *DIT* désignent les taches de tyrosine, de monoiodotyrosine et de diiodotyrosine rélévées par la ninhydrine. Les chiffres reportés sur la partie supérieure de la figure correspondent au nombre d'atomes I ayant réagi avec 1 molécule de l'acide aminé, soit 0,43, 0,86, 1,29, 1,73, 2,13, 2,59, 3,02, 3,45, 4,32 et 6,05

III. Synthèse des hormones thyroïdiennes marquées, de leurs précurseurs et de leurs dérivés

Les travaux poursuivis dans ce domaine ont eu deux objets principaux: étudier les réactions de substitution de l'iode sur les cycles benzéniques de la tyrosine ou de la thyronine et mettre à la disposition des chercheurs des corps de référence indispensables à la chromatographie des corps marqués opérée en vue d'identifier des produits nouveaux. L'élaboration des ces synthèses a, en outre, permis, dans certains cas, la préparation de corps non marqués utilisés comme entraîneurs.

Le principal résultat de l'étude de l'ioduration de la tyrosine par des solutions d'iode marqué ($I^{127} + I^{131}$) est illustré par la figure 4. Il traduit le fait que, contrairement à une opinion pendant longtemps admise, l'ioduration du cycle de la tyrosine s'opère en deux étapes successives à savoir, la formation de MIT puis de DIT. Ce résultat a été immédiatement extrapolé à l'halogénation de la 3:5-diiodo-thyronine. La synthèse classique de T_4 (HARINGTON, 1927) comporte, dans sa dernière étape, le traitement de celle-ci par un excès d'iode, réaction qui, opérée en présence d'un mélange d'I^{127} et d'I^{131}, permet la préparation de T_4 marquée en 3':5' (HOREAU, 1945).

En fait, cette réaction s'est révélée conduire à la formation successive de T_3 marquée en 3', puis de T_4 (figure 4). La séparation de T_4, terme final de l'halogénation, n'exige aucune précaution particulière, tandis que celle de T_3 doit être opérée par chromatographie, afin d'éliminer l'excès de T_4 et de 3:5-diiodothyronine ou T_2, dans le milieu où trois atomes d'iode sont entrés en réaction avec une molécule de l'isomère non naturel de T'_2. La synthèse de T'_2 et de T_3 a exigé une étude approfondie des réactions d'ioduration et de désioduration des deux cycles de la thyronine, dont nous ne retiendrons que le résultat d'ensemble, schématisé ci-dessous:

Le produit de base pour les synthèses utiles aux recherches chromatographiques sur les hormones thyroïdiennes est la 3-monoiodothyronine ou T_1, que l'on prépare par deshydrogénation catalytique partielle de la 3:5-diiodothyronine ou par synthèse: l'halogénation ménagée de T_1 par des solutions neutres d'iode marqué conduit à l'obtention de T'_2 marquée en 3' et de T'_3 marquée en 3' et 5' (ROCHE, 1957f). Le radical hydroxylé de la thyronine joue donc un rôle très important d'orientation dans les réactions d'iodation de l'acide aminé.

Des techniques particulières ont été élaborées, pour la préparation des acides thyroacétiques marqués homologues des hormones dont ils dérivent (ROCHE, 1956d) et pour celle du sulfoconjugué de ces corps et de T_3. On les a appliquées soit à de très petites quantités de matière, en purifiant par élution et chromatographie les corps destinés à servir de produits de référence sur les autogrammes, soit à une échelle plus grande, permettant d'obtenir des quantités pondérables de produits destinés à servir d'entraîneurs.

C. Biosynthèse des hormones thyroïdiennes

Le corps thyroïde emprunte au plasma l'iode des ions I^-, qu'il intègre dans les iodotyrosines et les iodothyronines. Celles-ci n'existent qu'en très faible proportion à l'état libre dans la glande; la plus grande partie est comprise dans une protéine, la thyroglobuline, dont l'hydrolyse enzymatique est nécessaire à la sécrétion des hormones. Nous étudierons successivement la thyroglobuline, les modèles chimiques d'hormonogénèse, le mécanisme biologique de celle-ci et le cycle intrathyroïdien de l'iode, sur lequel est basée la sélectivité de la sécrétion des iodothyronines.

I. Thyroglobuline

L'autoradiographie de coupes de glandes provenant d'hommes ou d'animaux traités par des doses traceuses d'iodures marqués, a permis de constater qu'I^{131}, d'abord concentré par les cellules épithéliales bordant les vésicules colloïdes, s'accumule rapidement dans celles-ci. Or, le contenu de ces vésicules est constitué par un glycoprotéide spécifique: la thyroglobuline, dont tous les acides aminés iodés de la glande sont des constituants. Le lieu de formation de ces dérivés halogénés au sein de la protéine est mal défini, car la réaction qui leur donne naissance pourrait s'amorcer dans les cellules où s'opère la synthèse de la thyroglobuline et se poursuivre dans les vésicules colloïdes où cette proteine s'accumule.

L'étude de cette protéine, de poids moléculaire 650.000 (DERRIEN, 1949) et de point isoélectrique 4,48 (DERRIEN, 1948), a été réalisée sur des produits d'un degré de pureté élevé. Sa composition en acides aminés présente comme particularité une forte teneur en arginine (12,7% chez le Porc), dont une fraction importante participe à des liaisons peptidiques très résistantes vis-à-vis des agents d'hydrolyse. Sa teneur en tyrosine est relativement faible (3,5% chez le Porc), mais une partie des groupements N-terminaux de la protéine proviennent de cet acide aminé, dont la structure paraît comporter des chaînes peptidiques ramifiées (Roche, 1955c, d).

De la thyroglobuline marquée par I^{131} a été préparée à partir de glandes d'animaux ayant reçu des injections d'iodures marqués (injection d'1 mC à un boeuf, de 0,2—0,5 mC à un chien) (Roche, 1951) ou de coupes d'organes immergées dans une solution isotonique additionnée des mêmes sels. L'incorporation d'I^{131} à la protéine a permis de suivre sa précipitation par les sels neutres (sulfate d'ammonium, mélange tampon équimoléculaire en phosphates mono- et dipotassique), dans ses solutions pures ou dans le plasma (Roche, 1950). La présence de thyroglobulines pathologiques a pu être décelée en comparant leurs courbes de solubilité et celles de la protéine de glandes normales, déterminées dans les mêmes conditions, par de simples mesures de radioactivité d'I^{131} total demeurant en solution à une série de concentrations croissantes de sels neutres. Ainsi a-t-il été établi que le corps thyroïde des chiens traités au 6-N-propylthiouracile renferme une thyroglobuline anormale (Roche, 1951), alors que la glande en hyperfonctionnement par administration d'hormone thyréotrope sécrète une protéine normale (Roche, 1952d). Enfin le marquage de la protéine *in vivo* permet de l'employer comme matière première en vue de la préparation d'iodothyronines marquées sur tous les atomes d'iode qu'elles renferment, alors que les synthèses chimiques usuelles ne conduisent qu'à des iodothyronines marquées en 3′ et en 3′:5′.

II. Modèles chimiques de l'hormonogénèse

La présence simultanée de T_4 et de DIT dans la thyroglobuline, démontrée depuis 1929, a permis de considérer comme plausible l'hypothèse qu'une molécule de la première prenne naissance à partir de deux molécules dans la seconde, selon le schéma réactionnel global suivant (Harington, 1944).

HO—$C_6H_2I_2$—CH_2—CH(NH_2)COOH + H O—$C_6H_2I_2$—CH_2—CH(NH_2)—COOH

↓

HO—$C_6H_2I_2$—O—$C_6H_2I_2$—CH_2—CH(NH_2)—COOH

Un important ensemble de travaux consacrés à des modèles chimiques de thyroxinogénèse a corroboré cette hypothèse. L'incubation à 37° de solutions faiblement alcalines de DIT pendant plusieurs semaines conduit à l'obtention de traces de T_4 (Mutzenbecher, 1939). Le rendement en T_4 est porté à 4% si l'on opère au bain-marie bouillant, en présence d'oxydants (H_2O_2, I_2) et avec extraction *n*-butanolique continue (Harington, 1945). Il atteint ou dépasse 30 à 35% si l'on substitue certains peptides de DIT (acides N-acétyl-3:5-diiodotyrosylglutamique, glycyl-diiodotyrosine, [N-acétyl-diiodotyrosyl-ε-N (α-acétyl)-lysine], à l'acide aminé libre (Pitt-Rivers, 1948, 1958).

L'iodation des protéines au moyen de solutions d'I_2^{127} marqué ou non par I^{131} a conduit à un modèle d'hormonogénèse probablement très voisin de celui réalisé dans la thyroglobuline (Roche, 1947). En effet, l'action de quantités croissantes d'halogène sur la caséine et sur de multiples protéines provoque la formation de MIT, puis de DIT, et cela jusqu'à saturation par l'iode des positions 3 et 5 de tous les restes de tyrosine.

MIT et DIT prennent naissance par une réaction de substitution: $RH + I_2 = RI + IH$, dont les carbones 3 et 5 des cycles benzéniques hydroxylés sont seuls le siège, le radical phényl ayant à cet égard un rôle d'orientation. Par ailleurs T_3 et T_4 apparaissent à partir d'un degré d'iodation assez élevé, en sorte que MIT et DIT peuvent légitimement en être considérées comme les précurseurs, au même titre que ceux de T'_3 et de T_2, selon le schéma suivant:

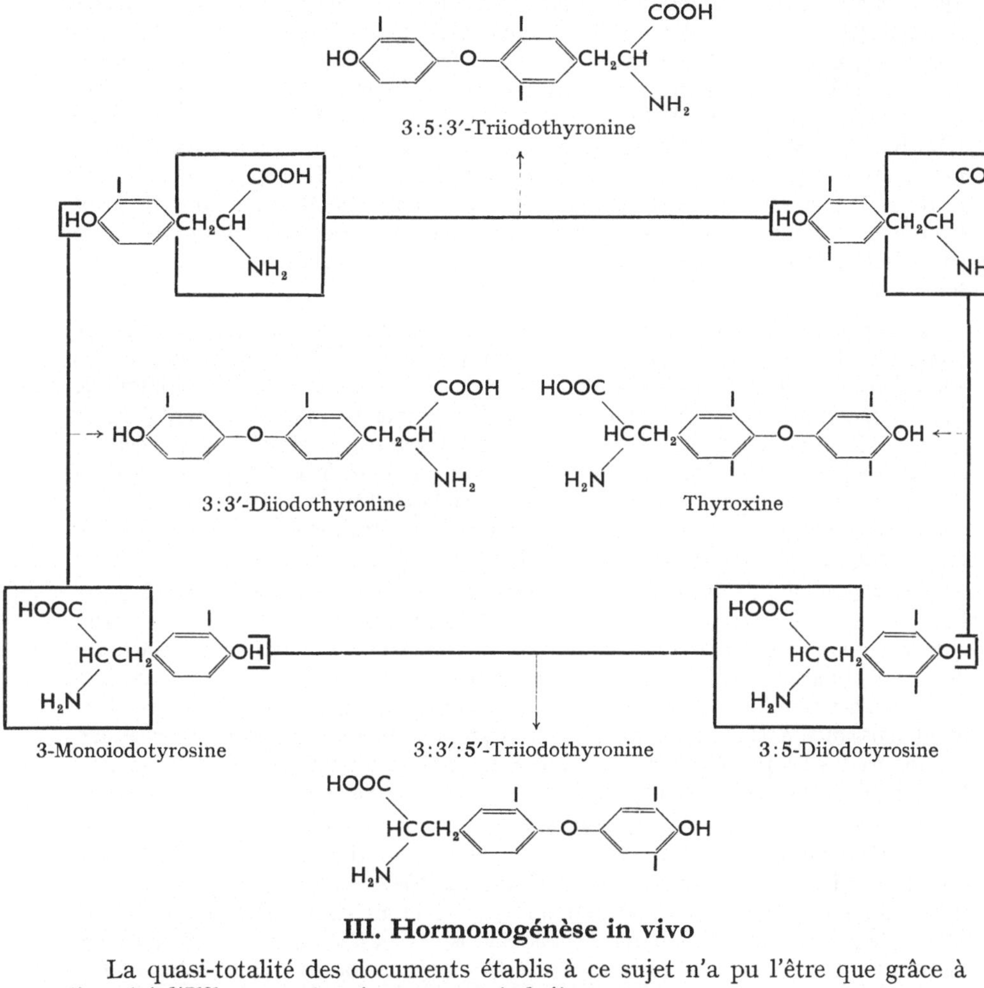

3:5:3'-Triiodothyronine

3:3'-Diiodothyronine

Thyroxine

3-Monoiodotyrosine

3:3':5'-Triiodothyronine

3:5-Diiodotyrosine

III. Hormonogénèse in vivo

La quasi-totalité des documents établis à ce sujet n'a pu l'être que grâce à l'emploi d'I^{131} et nous les résumerons très brièvement.

1. Phase initiale: concentration des iodures plasmatiques. Ce phénomène a fait l'objet de recherches très étendues, sur lesquelles repose en grande partie l'exploration de la fonction thyroïdienne (voir chapitre suivant). Sans en reprendre ici l'étude, il y a lieu de rappeler sa régulation et le comportement de la glande vis-à-vis d'autres éléments du groupe périodique VII.

L'effet inhibiteur d'un taux plasmatique élevé d'iodures est illustré par une figure reproduite dans le chapitre suivant (p. 607). Celui des iodothyronines a été étudié par mesure de la fixation d'I^{131} dans le corps thyroïde de rats préalablement traités pendant huit jours par un corps de cette série. L'action de T_3 est, à dose égale, environ cinq fois plus forte que celle de T_4 et voisine de celle de T'_2 et de T'_3. Cette inhibition est due à une diminution de la sécrétion antéhypophysaire d'hormone thyréotrope (TSH); il est remarquable qu'elle soit provoquée par T'_3, bien que cette hormone soit pratiquement dépourvue des activités métaboliques des autres iodothyronines naturelles (COURRIER, 1956).

La concentration d'autres éléments du groupe VII par la glande a été étudiée au moyen d'ions radioactifs. F^{18-} n'est pas fixé par le corps thyroïde (WALLACE, 1953), Br^{82-} l'est de manière temporaire (6 à 8 h), mais demeure alors sous forme minérale (PELMAN, 1941; YAGI 1953), tandis qu'I^{131} est rapidement intégré dans des corps organiques. L'astate (HAMILTON, 1954), élément 85, At^{211}, présente le même phénomène et il en est également ainsi d'éléments du groupe VII B, en particulier du rhénium marqué, Re^{188} (SHELLABARGER, 1956), de Mn^{56} et du technetium (BAUMANN, 1956). En l'état actuel de nos connaissances, le déterminisme de ce processus sélectif demeure hypothétique (MICHEL, 1956). La concentration d'I^{131} te d'autres éléments du même groupe ne s'opère activement, en dehors du corps thyroïde, que dans l'ovocyte de l'oeuf des Oiseaux, à la période où celui-ci constitue son vitellus; toutefois, il n'est pas certain que le mécanisme des deux phénomènes soit identique (ROCHE, 1957e).

2. Formation des hormones et de leurs précurseurs. — La concentration de l'iode à partir des ions I^- plasmatiques est rapidement suivie de la formation des combinaisons organiques iodées que l'on retrouve au sein de la thyroglobuline. Pareille réaction ne peut pas avoir lieu à partir des ions I^-, mais seulement d'I_2, en sorte que les premiers doivent nécessairement subir une oxydation. Lorsque celle-ci est inhibée, les ions I^- demeurent dans la glande, à l'état de sels de protéines, d'ou l'on peut les libérer par traitement à l'acide trichloracétique. Tel est le cas dans le corps thyroïde mis en hypofonctionnement par traitement au 6-N-propylthiouracile par exemple (CHAIKOFF, 1949).

On dispose de peu de données sur le mécanisme de l'oxydation des ions I^-, que l'on rapporte à l'activité d'oxydases diverses: peroxydases (DEMPSEY, 1949), cytochromeoxydase (TAUROG, 1945). C'est surtout par la conséquence immédiate de cette oxydation que l'on a inféré de son existence. Comme on l'a vu, la tyrosine des protéines fixe l'iode par une réaction de substitution, en donnant successivement naissance à MIT, puis à DIT. La thyroglobuline se comporte à cet égard comme toutes les protéines et, de même que celles-ci lorsqu'elles sont soumises à l'action d'I_2, elle ne s'enrichit en T_4 et en ses homologues que dans une étape postérieure à la réaction de substitution.

La dissociation des deux processus et leur succession dans le temps a été clairement démontrée par un travail (TAUROG, 1947) au cours duquel les faits suivants ont été établis. La méthode de LELAND et FOSTER (1932), modifiée par BLAU (1935) permet de séparer les iodotyrosines des iodothyronines dans un hydrolysat thyroïdien: les unes et les autres sont extraites par le *n*-butanol à $p_H = 4$ et seules les premières passent dans la phase aqueuse lorsque la solution butanolique est lavée par la soude 6N. Lorsque cette opération est réalisée sur un hydrolysat de glandes de rats ayant reçu des iodures marqués à des temps successifs pendant 48 à 72 heures, le dosage de l'iode total par une microméthode chimique et la mesure de la radioactivité d'I^{131} permet de déterminer l'activité spécifique de chaque fraction. Or, on constate que celle de la fraction iodotyrosinique augmente progressivement au cours des vingt-quatre premières heures, puis diminue au fur et à mesure que celle de la fraction hormonale, d'abord nulle, augmente. Il en découle que les iodothyronines paraissent se former aux dépens des iodotyrosines.

T_4 étant, chez les animaux normaux, très largement prédominante, il n'a pas été possible de suivre avec precision la biosynthèse de ses homologues moins iodés. En revanche, la formation de MIT marquée s'est confirmée avoir lieu avant celle de DIT marquée; la persistance de MIT marquée dans la glande, même plusieurs jours après l'injection d'I^{131}, sera expliquée par la suite.

Dans l'ensemble les résultats de l'iodation des protéines *in vitro* et la biosynthèse thyroïdienne des hormones présentent d'étroites analogies. Ce que nous savons déjà de leur mécanisme oriente l'évolution de la pathologie vers l'existence de troubles de la fonction thyroïdienne portant spécifiquement sur la concentration d'iodures par la glande, sur leur oxydation — laquelle conduit à la formation de MIT et de DIT — et sur la transformation de celles-ci en hormones par une réaction de condensation, dont le mécanisme demeure mal défini.

A cet égard, l'intervention de l'hormone thyréotrope (TSH) dans la biosynthèse des iodothyronines présente un intérêt particulier. L'hypophysectomie ralentit l'ensemble des processus participant à celle-ci, et, lorsqu'elle a été réalisée depuis un temps assez long pour que toute la TSH circulante ait disparu, le corps thyroïde demeure capable de concentrer I^{131} et de synthétiser MIT et DIT marquées, mais ne renferme pratiquement plus d'iodothyronines (TAUROG, 1958). Le défaut de TSH conduit donc à un blocage du processus de condensation hormonogène, lequel apparaît, dès lors nécessairement comme enzymatique.

IV. Aspects biochimiques de la sécrétion hormonale et cycle intrathyroïdien de l'iode

L'étude des constituants iodés marqués du corps thyroïde et du plasma d'animaux traités par $I^{131}Na$ a conduit à l'observation d'un fait inattendu. Les iodures injectés disparaissent progressivement du sang; une partie est captée par la glande et l'autre excrétée par l'urine. 24 à 48 heures après le début de l'expérience, la plus grande partie d'I^{131} plasmatique est présente dans des combinaisons organiques non protéiques. Or, tandis que les iodothyronines ne renferment alors pas plus d'un tiers d'I^{131} dans le corps thyroïde, elles renferment la quasi-totalité de l'halogène des combinaisons organiques marquées du plasma, dont T_4 est le principal constituant iodé (GROSS, 1951b). Tout se passe donc comme si la sécrétion ne portait que sur des iodothyronines, ce qui implique, d'une part que la thyroglobuline subit une hydrolyse libérant ses constituants iodés et, d'autre part, que la sécrétion thyroïdienne réalise entre ceux-ci une sorte de choix. La preuve directe de celui-ci a été apportée par l'étude comparée de la composition en dérivés iodés marqués des sangs afférent et efférent de la glande de chevaux ayant reçu au prélable $I^{131}Na$: le sang efférent s'enrichit sélectivement en iodothyronines comme seuls corps marqués (TAUROG, 1956).

L'absence de thyroglobuline dans le plasma a été démontrée par voie immunochimique (LERMAN, 1940), et confirmée par le fait que la précipitation fractionnée des protéines plasmatiques par les sels neutres n'entraîne pas d'I^{131} dans la marge de concentration en sel correspondant à l'insolubilisation de la thyroglobuline. L'existence d'une protéolyse a été établie par deux ordres de faits. D'une part on extrait par le *n*-butanol 2 à 3% d'I^{131} administré sous forme d'$I^{131}Na$ 24 à 48 heures avant, et l'analyse radiochromatographique des produits obtenus permet de déceler parmi eux tous les acides aminés iodés de la thyroglobuline (GROSS, 1951b). D'autre part, la glande renferme une catepsine (DE ROBERTIS, 1949a) de p_H optimum = 4,5, activable par H_2S et par KCN, adsorbée par la thyroglobuline elle-même dans les préparations de celle-ci, et que l'on a pu concentrer par des purifications successives (McQUILLAN, 1953, 1954). L'activité de la protéolyse dans la glande est sous la dépendance de la TSH (DE ROBERTIS, 1949b).

La composition en acides aminés iodés de l'extrait thyroïdien est la même que celle de la protéine dont celui-ci tire son origine. MIT et DIT prédominent et renferment environ les deux tiers d'I^{131}, dont un tiers seulement est présent dans des iodothyronines. Aussi pouvait-on en inférer que les premiers sont soit retenus par la glande, soit détruits sélectivement dans celle-ci. Cette dernière hypothèse s'est révélée exacte. Le corps thyroïde renferme, en effet, un enzyme désiodant sélectivement les iodotyrosines, mais non les iodothyronines (ROCHE, 1952e). Cet enzyme a reçu le nom de déshalogénase en raison de sa spécificité d'action, facile à étudier à l'aide de substrats marqués (ROCHE, 1953b). Il désiode DIT en MIT (ROCHE, 1952e), puis en tyrosine (ROCHE, 1957a). La caractérisation de MIT et des iodures libérés a été réalisée à partir de DIT marquée par I^{131} et celle de la tyrosine à partir de DIT marquée par I^{131} et C^{14} (LISSITZKY, 1958a). L'enzyme deshalogène spécifiquement les dérivés iodés de la série L (FLETCHER, 1958), les 3-monobromo- et 3:5-dibromo-L-tyrosine, mais ni les iodo- ou bromothyronines, ni les restes de MIT et DIT compris dans la thyroglobuline (ROCHE, 1953a). Son p_H optimum est de 6,2 et il est inhibé par le *p*-chloromercuribenzoate fixé aux microsomes des cellules; il est détruit, en quelques minutes à 55° ou par les ultrasons. Son activité est liée à la présence de triphosphopyridine nucléotide réduit comme coenzyme (STANBURY, 1957) et la réaction qu'il catalyse est un transfert d'hydrogène: $RI + 2H = RH + IH$. L'activité physiologique de la deshalogénase est régie par la TSH (ROCHE, 1953a).

Le rôle biologique de la deshalogénase apparaît comme lié à la sélectivité de la sécrétion hormonale. En effet, MIT et DIT sont spécifiquement désiodées par elle, alors que tel n'est pas le cas pour T_4, T_3, T'_3, T'_2 libérées simultanément par la protéolyse; aussi ces dernières sont-elles seules sécrétées. Quant aux iodures provenant de MIT et de DIT, ils sont fixés par les cellules des acini glandulaires au même titre que ceux d'origine sanguine et font retour au cycle des réactions conduisant à l'hormonogénèse. Ainsi, la totalité de l'iode entrant dans la glande est-elle sécrétée par celle-ci dans des molécules d'iodothyronines, ceci après un ou plusieurs cycles l'intégrant dans la thyroglobuline. Deux facteurs biochimiques dominent cette apparente complication du métabolisme intrathyroïdien de l'halogène. D'une part, la structure de la thyroglobuline est telle qu'une partie seulement de ses restes de MIT ou de DIT peuvent se condenser en T_4, T_3, T'_3 ou T'_2 (empêchement stérique, distance pouvant séparer les restes de MIT et de DIT). D'autre part, la spécificité de la désiodation conduit à la dégradation sélective de MIT et de DIT, dont l'halogène est alors récupéré.

D. Métabolisme des hormones thyroïdiennes

Les problèmes posés par l'étude du métabolisme des iodothyronines portent sur la nature et le transport de l'iode sanguin, sur la fixation cellulaire des hormones et sur leur destinée dans divers organes, dont certains, comme le foie et le rein, exercent une fonction particulière dans l'économie des iodothyronines. Tous ces problèmes ne se posent sous leur forme actuelle qu'à partir de résultats obtenus dans des recherches poursuivies à l'aide de corps marqués par I^{131} ou par d'autres radioisotopes.

I. Iode circulant

Le plasma sanguin de l'Homme et de divers Mammifères renferme de 6 à 8 μg d'iode par 100 ml, et les globules rouges des quantités de l'ordre de 0,1 μg. Il en est ainsi parce que, comme il a été facile de le constater grâce à l'emploi de corps marqués, les ions I^- pénètrent dans les hématies, alors que tel n'est pas le cas des hormones thyroïdiennes. Celles-ci et leurs dérivés précipitent avec les protéines du plasma en présence des agents usuels de déprotéinisation. Aussi désigne-t-on en chimie physiologique et en chimie clinique sous le nom d'iode lié aux protéines — en abrégé PBI ("protein bound iodine") — la fraction hormonale de l'iode sanguin présente dans les précipités protéiques. Le dosage de PBI rend de grands services en clinique humaine (voir chapitre suivant) et nous n'examinerons ici que la nature des conbinaisons iodées plasmatiques et le mode de transport de celles-ci aux cellules.

L'absence de thyroglobuline ou de toute autre iodoprotéine dans le sang des sujets normaux a déjà été signalée et les combinaisons iodées plasmatiques peuvent quantitativement être extraites à $p_H = 1{,}0$ par le *n*-butanol chlorhydrique. Leur analyse radiochromatographique a montré que T_4 en est le principal constituant (Barker, 1955) et que MIT et DIT n'y sont associées que dans des cas pathologiques, dont les plus remarquables sont ceux des goitres avec blocage de l'activité de la deshalogénase thyroïdienne (Stanbury, 1955). T_4 constitue toujours la fraction la plus importante des iodothyronines circulantes, en général près de 80% de celles-ci. Elle est associée à T_3, qui apparaît parfois à un taux relativement élevé, pouvant correspondre à 20—30% de PBI, au cours de dysthyroïdies ou dans le plasma de certains lots d'animaux (Gross, 1953a). De même T'_2 et T'_3 que l'on ne rencontre chez les sujets normaux qu'à l'état de traces, décelables irrégulièrement par radiochromatographie bidimensionnelle après élution de la région des chromatogrammes monodimensionnels où elles migrent (Roche, 1955e, 1956e).

En dehors des iodothyronines, le plasma renferme en quantité minime des dérivés métaboliques de celles-ci. Les plus abondants pourraient être les sulfoconjugués de T_4 et de T_3 (ST_4 et ST_3) corps prenant naissance dans le foie et résorbés au niveau de l'intestin, car les sulfatases de cet organe et des bactéries qu'il contient ne les hydrolysent pas (Roche, 1958b). Les glycuroconjugués de même origine (GT_4 et GT_3) sont, au contraire, dédoublés par la β-glycuronidase (Taurog, 1954, Roche, 1954) des bactéries intestinales et ne sont présents dans le plasma que lors d'obstructions des voies biliaires (Roche, 1953c). Enfin, de petites quantités des produits du métabolisme cellulaire des iodothyronines, entre autres des acides iodothyroacétiques, diffusent des tissus dans le plasma. Toutefois, cette hétérogénéité de PBI ne doit pas faire perdre de vue que les iodothyronines en constituent près de 90%, dont les trois quarts environ reviennent à T_4.

Un problème particulier a été posé par le transport de T_4 et de ses homologues plus pauvres en iode. En effet, l'électrophorèse sur papier du plasma de sujets ayant reçu $I^{131}Na$, opérée en solution tampon au véronal de $p_H = 8{,}6$, permet d'obtenir les documents dont l'autographie révèle la présence de T_4 dans une zone comprise entre les α_1- et les α_2-globulines (Pitt-Rivers, 1957). En milieu tamponné au trismaléate, T_4 est, en outre, présente dans la tache des albumines et dans une autre, migrant au delà de celle-ci vers l'anode, tache dite des préalbumines (Ingbar, 1958). La première de ces protéines transportant T_4, désignée habituellement par l'abréviation TBP ("thyroxin binding protein"), fixe également T_3, alors que tel n'est pas le cas de la préalbumine. TBP est un constituant particulier du sérum, que l'on a réussi à concentrer et à purifier par adsorption sur colonnes d'amidon ou de résine échangeuse d'ions, à partir du sérum ou de la fraction VI des protéines plasmatiques de Cohn (Ingbar, 1957). La préalbumine est distincte de TBP, mais possède la même propriété et joue peut-être un rôle très important dans le transport de l'hormone, car l'addition de celle-ci en quantité croissante conduit à son accumulation en proportion plus forte sur la fraction albuminique et préalbuminique que sur la TBP interglobulinique. T_4 fixée à TBP n'est plus dialysable alors que T_3, dont la combinaison protéique est très labile, le demeure. L'intérêt de ces faits réside à la fois en eux-mêmes et dans le problème qu'ils posent.

On peut, en effet, se demander par quel mécanisme T_4 et les autres hormones liées à la TBP pénètrent dans les cellules réceptrices. Les résultats de divers essais ont conduit à envisager que celles-ci renferment également des protéines fixant T_4, en sorte que l'on peut concevoir l'existence d'un équilibre entre les combinaison hormonales plasmatiques et cellulaires, T_4 di ssociée àpartir des premières étant captée par les secondes (TATA, 1958b). Le rôle des divers constituants morphologiques des cellules dans ce processus a été étudié (LIPNER, 1952).

II. Métabolisme général des hormones thyroïdiennes

L'injection de T_4, T_3, T'_3 et T'_2 marquées est suivie d'une répartition générale de ces corps, avec prédominance dans certains tissus; aussi y a-t-il lieu d'envisager que ceux-ci présentent des particularités dans leur comportement vis-à-vis des hormones. La concentration des iodothyronines à des taux relativement élevés dans le foie et dans le rein a été expliquée par la fonction métabolique de ces organes, que nous examinerons plus bas, mais leur fixation par le lobe postérieur de l'hypophyse de certains animaux ne peut pas être encore interprétée (COURRIER, 1951, 1956).

L'augmentation de la consommation d'oxygène et du métabolisme azoté que provoquent les hormones thyroïdiennes, paraît liée à une action cellulaire générale de celles-ci, en sorte que leur pénétration dans l'ensemble des tissus pouvait être prévue. Elle affecte des modalités que l'on trouvera décrites ailleurs (chapitre de N. H. BANSI) et qui portent uniformément sur T_4, T_3, T'_3 et T'_2. L'injection de ces corps à dose physiologique (dose traceuse de 0,1 à 0,01 μg chez le Rat par exemple) donne seule des résultats significatifs à cet égard, car celle de doses plus élevées met en jeu des mécanismes régulateurs complexes et conduit, par ailleurs, à une exagération du catabolisme des hormones. Dans des conditions d'études satisfaisantes, T_4, T_3, T'_3 et T'_2 se répartissent dans l'ensemble des tissus, avec prédominance marquée pour le foie, le rein, et, à un degré beaucoup moindre, pour la posthypophyse et les capsules surrénales (GROSS, 1954; ROCHE 1956b, c). Encore la fixation hypophysaire et, éventuellement, hypothalamique ne s'observent-elles que chez certains animaux (Lapin) et non chez d'autres (Rat, Cobaye).

Des produits iodés sont excrétés par l'urine et les fèces après l'injection d'iodothyronines marquées. L'émonctoire rénal est de beaucoup le plus important; il réalise en 24 heures l'élimination de 20 à 30% d'I^{131} et celle-ci se poursuit ultérieurement, pour atteindre, plus ou moins rapidement suivant la nature du produit administré, 80 à 90% en 4 jours. Des iodures constituent au moins 80% des produits radioactifs urinaires, parfois sensiblement plus, fait qui paraît témoigner à la fois d'une concentration des ions I^- circulants et d'une dégradation rénale des hormones (ROCHE, 1958a). On ne trouve, par contre, dans les matières fécales (BRIGGS, 1953) qu'une fraction minime de la radioactivité injectée, et l'on admet qu'elle doit être rapportée à l'hormone elle-même. Bien qu'une analyse approfondie des produits iodés fécaux, n'ait pas été réalisée à notre connaissance, cette opinion peut, en première approximation, être considérée comme exacte. En effet, les hormones et leurs conjugués sont déversés en abondance dans l'intestin par la bile, et, comme la résorption des premières et de leurs dérivés est lente, une fraction de ces produits échappe à ce processus; on la retrouve dans les fèces. De plus, les bactéries intestinales sont susceptibles de métaboliser les iodothyronines, en sorte que des dérivés de dégradation partielle de celles-ci peuvent les y accompagner.

Le métabolisme cellulaire des hormones thyroïdiennes comporte nécessairement des processus très divers: une désiodation, conduisant à la formation des iodures qu'excrète le rein — à ceci près qu'une partie est récupérée par le corps thyroïde — et la dégradation de leur squelette carboné; celle-ci mérite d'être envisagée au niveau du reste d'alanine et de la liaison phénoxydique.

La deshalogénation des iodothyronines a été surtout étudiée dans le cas de T_4, pour une raison d'ordre spéculatif. Lorsque l'existence de T_3, corps de cinq à dix fois plus actif que T_4 selon le critère d'efficacité choisi, a été établie, une séduisante hypothèse a été formulée (GROSS, 1953a). Comme l'action de T_4 n'est pas immédiate, on s'est demandé si l'existence de son «temps perdu» n'était pas due à la deshalogénation partielle de T_4 en T_3 au sein des cellules réceptrices. Un ensemble très important de travaux a été réalisé dès 1953, à l'aide de T_4 marquée, pour contrôler la validité de cette hypothèse. En fait, les résultats obtenus sont difficiles à interpréter. Il est certain que de petites quantités de T_3 peuvent se former à partir de T_4, mais ce processus paraît très limité. Il ne semble d'ailleurs pas avoir la signification prévue par l'hypothèse exposée ci-dessus, car les effets métaboliques de T_3 ne se manifestent, comme ceux de T_4, qu'après un «temps perdu» assez long. La caractérisation de T_3 dans les coupes d'organes incubées en présence de T_4 (LARSON, 1955) et dans les tissus d'animaux ayant subi l'hépatectomie (FLOCK, 1957) ou un traitement prolongé à certains antithyroïdiens (KALLANT, 1954) n'est pas, analytiquement, à l'abri de toute réserve. En effet le R_f de T_3 se confond dans les systèmes de solvants utilisés pour la séparation chromatographique avec celui de l'acide 3:5:3':5'-tétraiodothyroacétique, corps se formant en abondance par dégradation de T_4. En conséquence, il conviendrait que les expériences soient reprises en démontrant que la tache considérée comme due à la présence de T_3, renferme un corps qui fixe l'iode en donnant naissance à T_4, corps facile à identifier. Les faits acquis jusqu'ici ne permettent pas de considérer la formation de T_3 à partir de T_4 comme une étape essentielle de la désiodation de T_4. Le mécanisme de celle-ci demeure encore mal connu. En effet il a été récemment établi que de la L-thyronine se forme en petite quantité à partir de T_4 en présence de coupes de foie (LISSITZKY, 1958b), mais aucun intermédiaire n'a encore pu être mis en évidence, que T_4 soit marquée en 3':5' ou en 3:5:3':5' (YAMASAKI, 1958).

L'étude chimique des réactions d'halogénation de la thyronine et de ses dérivés partiellement iodés suggère que les atomes d'iode fixés en 3:5 doivent être plus labiles que ceux occupant la position 3':5'; de même la deshalogénation partielle de T_3 dans le rein et le muscle, processus dont le premier produit est T'_2, corps bien identifié, par autographie de chromatogrammes (ROCHE, 1955b). De toute manière, il est certain qu'I^{131} administré avec T_4 et ses homologues est rejeté en grande partie à l'état d'ions I^-, mais le mécanisme de la formation de ceux-ci demeure obscur. Il ne peut pas être précisé si les iodures prennent naissance à partir des hormones elles-mêmes ou de produits de leur dégradation métabolique, ni si certains des atomes d'iode fixés sur les premières en sont préférentiellement éliminés par un système enzymatique spécifique.

La dégradation de la chaîne carbonée des iodothyronines paraît réalisée dans toutes les cellules; mais ses phases n'ont été que très incomplètement dissociées. Le métabolisme du reste d'alanine fixé au radical p-hydroxyphénoxyphénylé subit la dégradation commune à tous les acides α-aminés. L'action de la L-amino-acideoxydase des tissus donne en effet naissance aux acides iodothyropyruviques à partir des iodothyronines correspondantes, par désamination oxydative: $R{-}CH(NH_2){-}COOH + O = R{-}CO{-}COOH + NH_3$. Des réactions de transamination peuvent conduire au même résultat, comme on l'a établi dans le cas de

DIT (TONG, 1954). Les formules ci-dessous (formules IX et X) rendent compte de la structure des acides iodothyropyruviques dérivés de T_4 et T_3 (T_4K et T_3K).

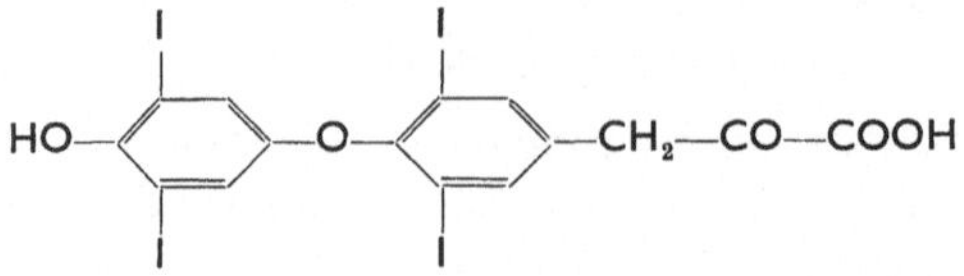

IX. Acide 3:5:3′:5′-tétraiodothyropyruvique (T_4K)

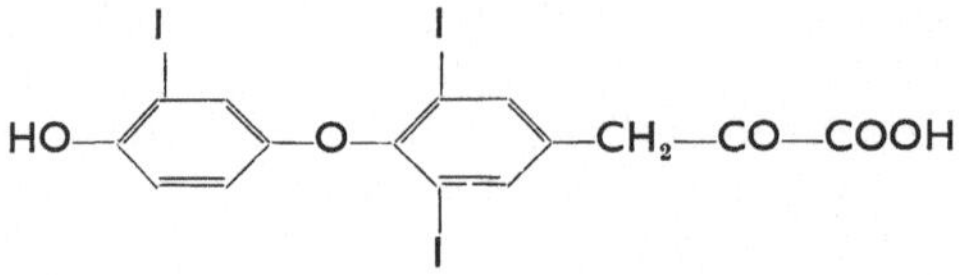

X. Acide 3:5:3′-triiodothyropyruvique (T_3K)

Ces deux corps ont été mis en évidence dans la bile de rats thyroïdectomisés recevant respectivement T_4 et T_3 marquées par I^{131} et, à l'état de traces, dans l'urine des mêmes animaux (ROCHE, 1954b, c.) Il est probable que les homologues dérivant de T'_3 et T'_2 se forment également à partir de ces hormones. Les autres organes ne les renferment pas, car ils y sont très rapidement décarboxylés en leurs dérivés acétiques, les acides 3:5:3′:5′-tétraiodothyroacétique, T_4A, et 3:5:3′-triiodothyroacétique, T_3A (formules XI et XII).

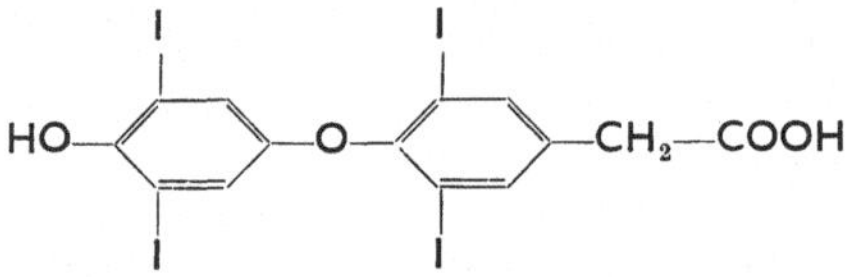

XI. Acide 3:5:3′:5′-tétraiodothyroacétique (T_4A)

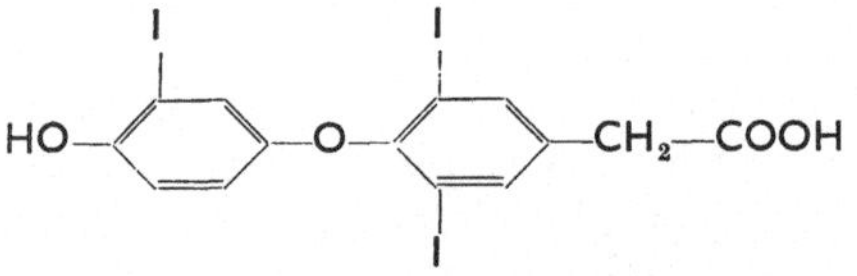

XII. Acide 3:5:3′-triiodothyroacétique (T_3A)

Ces corps ont été identifiés dans le rein, le muscle, la bile et l'urine des animaux traités par T_4 et T_3 (ROCHE, 1957b, TOMITA, 1957). De même, leurs homologues dérivés de T'_3 et T'_2 (ROCHE, 1957d). Ils ne sont probablement pas le produit ultime de l'oxydation du reste d'alanine; jusqu'ici, la formation d'acides thyrocarboxyliques n'a toutefois pas été mise en évidence[1].

L'intérêt des résultats obtenus dans ce domaine est de plusieurs ordres. D'une part, ils établissent qu'au moins une importante fraction des iodothyronines est dégradée sans désiodation préalable, ce qui est peu favorable à l'éventualité d'une

[1] L'existence éventuelle de dérivés iodothyropropioniques (R—CH_2—CH_2—COOH) isologues des acides iodothyropyruviques a été envisagée (TATA, 1957). Elle ne peut pas être considérée comme démontrée expérimentalement à partir des faits qui l'ont suggérée.

action de T_4 après passage obligatoire par le stade T_3. D'autre part, l'activité physiologique des dérivés des hormones a soulevé divers problèmes liés au métabolisme de celles-ci. En ce qui concerne les acides iodothyropyruviques, il a été établi qu'ils se forment également à partir des formes D et L des iodothyronines (ROCHE, 1954d) et qu'ils présentent une faible activité hormonale; celle-ci est probablement à l'origine de celle que l'on attribue aux formes D, soit un dixième de celle de L-T_4 pour D-T_4. Les activités métaboliques des T_4A et T_3A sont très sensiblement moindres que celles de T_4 et T_3; l'on s'est néanmoins demandé s'ils ne constituaient pas la «forme active» des premières (THIBAULT, 1957), car ils paraissent dans certaines conditions pouvoir exercer leurs effets sans «temps perdu» (THIBAULT, 1957). S'il en était ainsi, le délai nécessaire à l'action des hormones serait dû au temps qui exige leur dégradation en dérivés thyroacétiques. Cette hypothèse ne semble plus devoir être retenue et la signification de la présence de T_4A et de T_3A dans les tissus paraît être seulement celle de dérivés métaboliques dont la formation est indépendante de l'action des hormones.

On dispose de peu d'informations sur la dégradation du radical *p*-hydroxyphénoxyphényle, mais il est certain que le pont d'oxygène qui relie les deux cycles benzéniques est rompu par des oxydases. Un ensemble de travaux (LISSITZKY, 1957) a montré que la polyphénoloxydase des champignons agit sur la L-thyronine en libérant de la L-tyrosine et un dérivé quinonique mal défini. Toutefois, cet enzyme est inactif sur les iodothyronines naturelles, de sorte qu'une désiodation de celles-ci, de leurs dérivés acétiques ou, éventuellement carboxyliques, doit préceder la réaction qui dissocie les deux cycles benzéniques. La formation de thyronine par désiodation de T_4 (LISSITZKY, 1958b) confère à des recherches de cet ordre un grand intérêt.

III. Aspects particuliers du métabolisme des hormones thyroïdiennes dans divers organes: cas du foie et du rein

Au métabolisme général des iodothyronines se superpose, dans certains cas, des processus dont l'existence répond à une fonction particulière. A cet égard, le métabolisme des hormones peut être considéré comme bien connu dans le foie et il commence à l'être dans le rein; il est d'ailleurs possible que divers problèmes posés par l'existence d'interrelations thyro-endocriniennes diverses puissent être résolus de la même manière.

L'étude de la fixation d'I^{131} par le foie et celle de son excrétion biliaire ont été réalisées après administration d'$I^{131}Na$, de T_4, T_3, T'_3 et T'_2. Le foie ne concentre pas les iodures; en revanche sa radioactivité augmente rapidement après injection d'une iodothyronine marquée et il en est de même dans la bile qu'il excrète (ROCHE, 1955a). Après administration de doses traceuses d'hormones, 20—25% de T'_2 et 5—10% de T_3, T'_3 et T_4, sont retrouvés entre deux à quatre heures dans la bile, Environ 70% d'I^{131} sont excrétés par le foie en 12 à 24 heures dans tous les cas; la quasi-totalité de l'iode hormonal traverse donc cet organe en 24 heures environ, avec une rapidité particulière dans le cas de T'_2 (ROCHE, 1956b). Cette conclusion est valable pour des doses physiologiques des iodothyronines, mais non pour des doses notablement plus fortes, lesquelles sont en partie détruites au lieu de participer au cycle normal du métabolisme hépatique.

La signification du transit des hormones thyroïdiennes dans le foie a été déduite de l'analyse des constituants marqués de la bile après l'injection de T_4, T_3, T'_3 et T'_2 radioactives. Les radiochromatogrammes monodimensionnels établis en présence de collidine aqueuse (100:35,5) en atmosphère saturée d'NH_4OH ont révélé la complexité du mélange biliaire de ces corps marqués (TAUROG, 1954) (figure 5).

Par la suite, l'emploi d'autres solvants, de la radiochromatographie bidimensionnelle, de la chromatoélectrophorèse, le marquage de molécules à la fois par I^{131} et S^{35}, la mise en oeuvre d'hydrolyses spécifiques des glycuronides et des esters sulfuriques des phénols ont permis d'identifier les principaux constituants des mélanges. Après administration au Rat thyroïdectomisé d'une dose de l'une des quatre hormones naturelles comprise entre 0,1 et 1,0 μg, la bile renferme toujours au bout d'un petit nombre d'heures, l'hormone injectée, en quantité ne dépassant pas en général 20% d'I^{131} total biliaire. Des iodures sont toujours également présents; ils témoignent d'un processus plus ou moins intense de désioduration, que l'on a pu étudier en présence de coupes ou d'extraits de foie (McLagan, 1957). De nombreuses taches d'autres corps accompagnent les précédentes sur les radiochromatogrammes (Gross, 1957). Les plus abondantes sont, d'une part, des produits de dégradation des iodothyronines, et d'autre part, des dérivés de conjugaison de celles-ci.

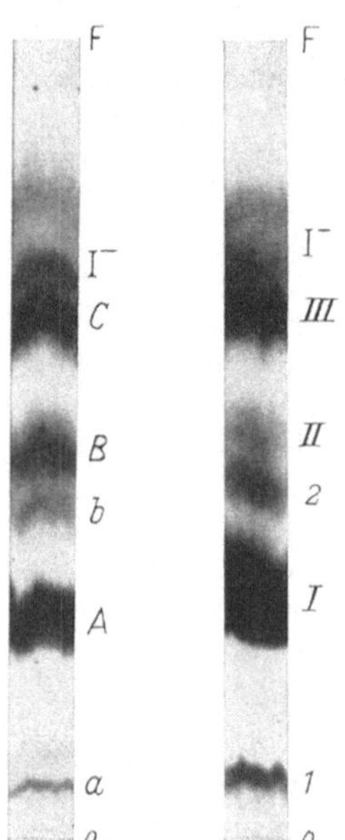

Fig. 5. Radioautochromatogrammes des produits iodés marqués par I^{131} sécrétés par la bile de Rat dans les 8 premières heures après l'injection de T_3 (partie gauche de la fig.) ou T_4 (partie droite de la fig.). Solvant: collidine aqueuse en atmosphère d'ammoniaque. *O* origine du chromatogramme; *F* front; *A* et *I* correspondent respectivement à GT_3 et GT_4; *B* et II à KT_3 et KT_4; *C* à un mélange de T_3 et ST_3; *III* à un mélange de T_4 et ST_4; I^- aux iodures; *a*, *b*, *1*, *2*, à des corps inconnus

Nous avons déjà signalé l'existence dans la bile des acides iodothyropyruviques homologues des iodothyronines et de petites quantités des acides iodothyroacétiques provenant de la décarboxylation des premiers. Les uns et les autres témoignent de l'oxydation des hormones thyroïdiennes par le foie, oxydation qui peut relever aussi bien du métabolisme normal des iodothyronines dans les cellules hépatiques, que d'une destruction de l'excès de celles-ci injectées aux animaux.

Il est possible que ce dernier processus joue un rôle physiologique dans la régulation de l'hormonémie; mais celle-ci paraît être beaucoup plus directement sous la dépendance d'une circulation entérohépatique des iodothyronines, portant non seulement sur les hormones libres, mais sur les produits de leur glycuroconjugaison (Albert, 1952; Roche, 1953c).

Il existe toujours en effet, dans la bile des animaux traités par T_4, T_3, T'_3 ou T'_2 marquées des quantités relativement importantes de glycuroconjugués (GT_4, GT_3, GT'_3, GT'_2) de ces corps (formules XIII pour GT_4), lesquels ont été caractérisés par identification des produits de leur hydrolyse, réalisée par la β-glycuronidase d'*Escherichia coli* ou de rate de veau (Taurog, 1954; Roche, 1954c). Ces corps, une fois excrétés dans l'intestin, sont rapidement dédoublés en leurs constituants et l'iodothyronine qu'ils renferment est alors résorbée et retourne au plasma. Ainsi, la formation de glycuroconjugués hormonaux par le foie contribue-t-elle très efficacement à la régulation de l'hormonémie, grâce à la circulation entérohépatique des iodothyronines à laquelle ils participent.

La formation des glycuronides est réalisée par le foie dans le cas de très nombreux phénols (Isselbacher, 1956) et ne représente, à ce titre, qu'un cas particulier d'un processus assez général de détoxication. La comparaison de son efficacité vis-à-vis des iodothyronines et d'autres phénols mériterait d'être faite, afin de préciser dans quelle mesure les premières sont ou non préférentiellement conjuguées. De toute manière, l'apparition dans l'intestin de glycuronides d'iodothyronines à de très faibles concentrations va de pair avec leur hydrolyse enzymatique totale, ce qui explique que les hormones, et non leurs combinaisons, soient résorbées, Comme tous les phénols, les premières sont également estérifiées par l'acide sulfurique et il a été possible de mettre en évidence la formation dans le foie et l'excrétion biliaire du sulfoconjugué de T_3 (ST_3) (formule XIV) (ROCHE, 1958d). Celui-ci a été caractérisé grâce à son marquage par S^{35} et I^{131} et par la régénération du constituant hormonal lors de son hydrolyse enzymatique, au moyen de la phénylsulfatase présente dans la takadiastase.

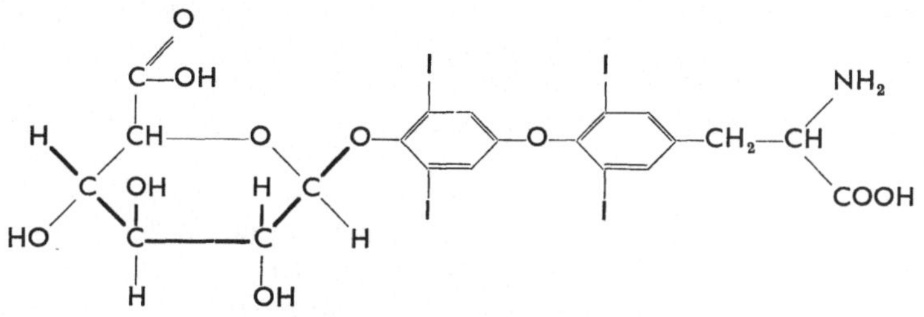

XIII. Glycurothyroxine (GT_4)

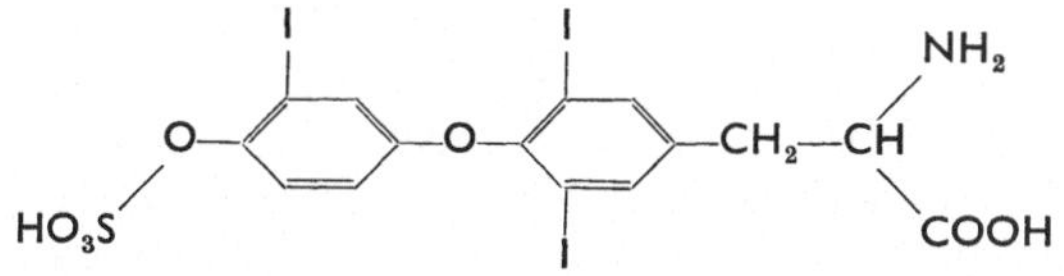

XIV. Sulfoconjugué de 3:5:3'-triiodothyronine (ST_3)

Contrairement à ce qui a lieu pour GT_4 et ses homologues, ST_3 n'est pratiquement pas dédoublé dans l'intestin (ROCHE, 1958c). Il en découle qu'il est, au moins partiellement, résorbé et circule dans le plasma sanguin. La signification physiologique de sa formation est encore mal définie. Produits de détoxication des hormones prenant naissance dans le foie, les sulfoconjugués paraissent constituer également une fraction de l'hormone circulante, car ils sont en partie hydrolysés dans les tissus; l'urine renferme, en effet, des sulfates marqués après administration de $S^{35}T_3$ (recherches personelles non publiées). Le métabolisme hépatique des hormones comporte donc des processus divers: utilisation des iodothyronines pour les besoins propres des cellules, dégradation oxydative importante de l'excès des iodothyronines et conjugaison de celles-ci aux acides glycuronique et sulfurique.

Le fait que l'urine renferme, en dehors d'iodures, de petites quantités de glycuro- et de sulfoconjugués de T_4 ou de T_3 en même temps que les produits d'oxydation de celles-ci après leur administration au Rat thyroïdectomisé, a posé les problèmes de la formation de ces produits par le rein et de la concentration de certains d'entre eux à partir d'hormones circulantes. Ce problème n'est pas entièrement résolu. Toutefois, des recherches sur l'activité de coupes de cet organe placées dans des solutions isotoniques renfermant T_4 ou T_3 (TOMITA, 1957) et sur les produits du métabolisme de celles-ci après exclusion du foie (FLOCK, 1957) ont donné à cet égard des résultats significatifs. Le rein paraît pouvoir opérer la conjugaison des iodothyronines au même titre que le foie et réaliser ainsi une détoxication de celles-ci, qu'il désiode et oxyde activement. Quant au métabolisme des hormones dans d'autres tissus, il n'a pas fait l'objet de recherches très étendues, en dehors de premiers travaux portant sur le cerveau (TATA, 1957) et le muscle (TATA, 1958b); il ne paraît pas présenter de particularités dans ceux-ci.

E. Conclusions générales

Cet exposé ne résume qu'une partie des connaissances acquises sur la biochimie des hormones thyroïdiennes et l'on trouvera par ailleurs, dans le chapitre rédigé par le Professeur BANSI, une excellente mise au point sur la physiologie de la sécrétion du corps thyroïde et l'exploration fonctionnelle de cette glande. L'un comme l'autre des deux chapitres se trouve limité, non pas tant par le fait que cet ouvrage est consacré à des travaux poursuivis à l'aide de corps radioactifs, mais parce que tous les progrès réalisés dans l'étude du corps thyroïde depuis quinze ans l'ont été grâce à l'emploi, de plus en plus répandu, d'isotopes radioactifs de l'iode. De ce fait, nous avons dû opérer un choix des sujets qu'il a paru le plus opportun de traiter, laissant délibérément de côté ceux qui, très importants pour le biochimiste, ne le sont pas encore pour le médecin. Tel est, entre autre, le cas de la "forme active" des hormones, de la liaison entre la structure des iodothyronines on de leurs analogues et de leurs activités, et de la dissociation des diverses actions hormonales en fonction de la constitution des molécules qui en sont le support. Il sera sans doute très important un jour, pour la physiologie et la pathologie de la croissance cellulaire, de pouvoir disposer d'un produit qui, comme l'acide 3:5:3'-triiodothyropropionique, est 290 fois plus actif sur la métamorphose des têtards de grenouilles que la thyroxine, dont il dérive par désioduration en T_3 et remplacement du reste d'alanine, [$-CH_2-CH(NH_2)-COOH$], par un reste d'acide propionique, [$-CH_2-CH_2-COOH$]; mais faire appel à des notions de cet ordre aurait trop élargi le cadre dans lequel il était nécessaire de nous maintenir.

Dans les limites que nous nous sommes fixées, de nombreux problèmes demeurent ouverts. La nature de la sécrétion hormonale n'en pose plus que dans son mécanisme physiologique, tandis que celle de l'hormone circulante n'est qu'incomplètement résolue. Si, contrairement à ce que l'on avait pu envisager il y a peu d'années encore, la L-thyroxine demeure la plus importante des hormones thyroïdiennes, le rôle des corps qui l'accompagnent dans le plasma est encore mal défini. L'hormone physiologique, c'est-à-dire celle qui est distribuée aux cellules, apparaît comme un mélange des iodothyronines sécrétées par la glande et de dérivés métaboliques de celles-ci diffusant dans le plasma: produits de désiodation partielle, produits d'oxydation du reste d'alanine des iodothyronines, sulfoconjugués des hormones. Le métabolisme des iodothyronines lui-même n'est qu'incomplètement connu, autant dans ses réactions de désiodation que dans celles conduisant à la dégradation du squelette carboné de la thyronine. Aussi le rôle de cette mise au point est-il, non seulement de présenter une brève synthèse des connaissances acquises sur les sujets dont elle traite, mais aussi de susciter de nouvelles recherches pour combler les lacunes qu'elle s'efforce de mettre en évidence.

Bibliographie

ALBERT, A., and F. R. KEATING: The role of the gastrointestinal tract including the liver in the metabolism of radio thyroxine. Endocrinology **51** 427 (1952).

BARKER, S. B.: The circulating thyroid hormone. In Brookhaven Symposia in Biology no. 7. The Thyroid, p. 74. Associated Universities Inc. Upton, N. Y. 1955.

BAUMANN, E.: Über das normale Vorkommen von Jod im Tierkörper. Z. physiol. Chem. **21**, 319 (1895).

BAUMANN, E. J., N. Z. SEARLE, A. A. YALOW, E. SIEGEL and S. M. SEIDLIN: Behavior of the thyroid toward elements of the seventh periodic group. Amer. J. Physiol. **185**, 71 (1956).

BLANQUET, P., R. W. DUNN and C. A. TOBIAS: Isolation and quantitative estimation of iodide, thyroxine and substances related to thyroxine by means of an anion exchange resin. Arch. Biochem. Biophys. **58**, 502 (1955).

BLAU, N. F.: The determination of thyroxine in the thyroid gland. J. biol. Chem. **110**, 351 (1935).

Block, R. J., R. M. Mandl, S. Keller and S. C. Werner: The binding of mixtures of iodamino acids and of inorganic iodide by various serum proteins. Arch. Biochem. Biophys. **75**, 508 (1958).

Briggs, F. N., A. Taurog and I. L. Chaikoff: The enterohepatic circulation of thyroxine in the rat. Endocrinology **52**, 559 (1953).

Chaikoff, I. L., and A. Taurog: Studies on the formation of organically bound iodine compounds in the thyroid gland and radioactive iodine. Ann. N. Y. Acad. Sci. **50**, 377 (1949).

Courrier, R., A. Horeau, M. Marois et F. Morel: Sur la pénétration de la thyroxine dans le lobe postérieur de l'hypophyse. C. R. Acad. Sci. (Paris) **332**, 776 (1951).

— J. Roche, O. Michel, R. Michel et R. A. Colonge: Sur la régulation hormonale de la fixation des hormones thyroïdiennes dans l'hypophyse. Bull. Soc. Chim. biol. (Paris) **37**, 1245 (1956).

Dempsey, E. W.: Chemical cytology of the thyroid gland. Ann. N. Y. Acad. Sci. **50**, 336 (1949).

Derrien, Y., R. Michel, K. O. Pedersen et J. Roche: Recherches sur la préparation et les propriétés de la thyroglobuline pure. II. Biochim. biophys. Acta **3**, 436 (1949).

— — et J. Roche: Recherches sur la préparation et les propriétés de la thyroglobuline pure I. Biochim. biophys. Acta **2**, 454 (1948).

Fink, K., and R. M. Fink: The formation of monoiodotyrosine from radioiodine in the thyroid of rat and man. Science (Wash.) **108**, 358 (1948).

Fletcher, P. E., J. Litvak and J. B. Stanbury: The capacity of normal man to deiodinate iodotyrosine. Acta endocr. (Kbh.) **27**, 307 (1958).

Flock, E. V., J. L. Bollman, J. M. Grindlay and B. F. McKenzie: Metabolites of radioactive L-thyroxine and L-triiodothyronine. Endocrinology **61**, 461 (1957).

Fromageot, C., M. Jutisz, M. Lafon et J. Roche: Sur la présence de monoiodotyrosine dans la gorgonine. C. R. Soc. Biol. (Paris) **142**, 785 (1948).

Gross, J.: The distribution of radioactive thyroid hormone in tissues. In Brookhaven, Symposia in Biology n°7, p. 102. Associated University Inc. Upton, N. Y. 1954.

— D. F. Ford, S. Symchowicz and J. M. Morton: The distribution and metabolism of thyroid hormones. Ciba Foundation Colloquia on Endocrinology **10**, 182 (1957).

— and C. P. Leblond: The effect of hypophysectomic on the biologic decay of thyroidal radioiodine. Endocrinology **48**, 339 (1951a).

— — The presence of free iodinated compounds in the thyroid and their passage into the circulation. Endocrinology **48**, 714 (1951b).

— and R. Pitt-Rivers: The identification of 3,5,3'-L-triiodothyronine in human plasma. Lancet **1952**, 439.

— — Recent knowledge of the biochemistry of the thyroid gland. Vitam. and Horm. **11**, 159 (1953a).

— — 3:5:3'-triiodothyronine. I. Isolation from thyroid gland and synthesis. Biochem. J. **53**, 645 (1953b).

Hamilton, J. G., and M. H. Soley: Studies in iodine metabolism by the use of a new radioactive isotope of iodine. Amer. J. Physiol. **127**, 557 (1939).

— P. W. Durbin and M. W. Parrot: Accumulation of astatine 211 by the thyroid in man. Proc. Soc. exp. Biol. (N. Y.) **86**, 366 (1954).

Harington, C. R.: Constitution and synthesis of desiodothyroxine. Biochem. J. **20**, 300 (1926).

— Thyroxine: its biosynthesis and its immunochemistry. Proc. roy. Soc. B **132**, 223 (1944).

— and G. Barger: Constitution and synthesis of thyroxine. Biochem. J. **21**, 169 (1927).

— and R. Pitt-Rivers: Preparation of thyroxine from casein treated with iodine. Nature (Lond.) **144**, 205 (1939).

— — The chemical conversion of di-iodotyrosine into thyroxine. Biochem. J. **39**, 157 (1945).

— and S. S. Randall: Observations of the iodine containing compounds of the thyroid gland. Isolation of DL-3:5-diiodotyrosine. Biochem. J. **23**, 373 (1929).

Hertz, S., A. Roberts and R. D. Evans: Radioactive iodine as an indicator in the study of thyroid physiology. Proc. Soc. exp. Biol. (N. Y.) **38**, 510 (1938).

Hillman, G.: Beitrag zum Wirkungsmechanismus des Schilddrüsenhormons, Internationaler Kongreß für Biochemie. Wien **1958**.

Horeau, A., et P. Süe: Synthèse de la thyroxine marquée par le radioiode. Séparation dans les organes des divers produits iodés résultant de sa décomposition. Bull. Soc. Chim. biol. (Paris) **27**, 483 (1945).

Ingbar, S. M.: Pre-albumin. A thyroxine binding protein of human plasma. Endocrinology **63**, 256 (1958).

— and N. Freinkel: Surface binding of thyroxine by thyroidal proteins. Endocrinology **61**, 398 (1957).

Isselbacher, K. J.: Enzymatic mechanism of Hormone metabolism. II. Mechanism of hormonal glucuronide formation. Recent Progr. Hormone Res. **12**, 134 (1956).

KALLANT, H., E. A. SELLERS and R. B. LEE: Metabolic fate of radioactive thyroid hormones in normal and propylthiouracil-treated rats. Abstract 251. Fed. Proc. **13**, 76 (1954).
KAMEN, M.: Isotopic tracers in biology. Acad. Press Inc. Publ. N. Y., 1. vol. 474 p. Ref. in appendix 3 (1957).
KENDALL, E. C.: The isolation in crystalline form of the compound containing iodine which occurs in the thyroid. Its chemical nature and physiologic activity. J. Amer. med. Ass. **64**, 2042 (1915).
LARSON, F. C., K. TOMITA and E. C. ALBRIGHT: The deiodination of thyroxine to triiodo-thyronine by kidney slices of rats with varying thyroid function. Endocrinology **57**, 338 (1955).
LELAND, J. P., and G. L. FOSTER: A method for the determination of thyroxine in the thyroid. J. biol. Chem. **95**, 165 (1932).
LERMAN, J.: Iodine components of the blood. Circulating thyroglobulin in normal persons and in persons with thyroid disease. J. clin. Invest. **19**, 555 (1940).
LIPNER, H. J., S. B. BARKER and T. WINNICK: Distribution of thyroxine in rat liver cell fractions. Endocrinology **51**, 406 (1952).
LISSITZKY, S., M. T. BENEVENT et J. ROCHE: Sur le mécanisme de la désiodation enzymatique des iodotyrosines par le tissu hépatique de Rat. C. R. Soc. Biol. (Paris) **152**, 10 (1958a).
— and S. BOUCHILLOUX: Enzymatic aspects of thyronine metabolism and its iodinated derivatives, Ciba Foundation Colloq. on Endocrinology **10**, 135 (1957).
— M. ROQUES, M. T. BENEVENT et A. PINCHERA: Sur la désiodation par le foie de Rat de radiothyroxine marquée par voie biosynthétique. Etude analytique des produits formés. C. R. Soc. Biol. (Paris) 152, 1431 (1958b).
McLAGAN, N. F., and D. REID: The deiodination of thyroid hormones in vitro. Ciba Foundation Colloq. on Endocrinology **10**, 190 (1957).
McQUILLAN, M. T., P. G. STANLEY and V. M. TRIKOJUS: A study of the action of purified thyroid protease on I^{131} labelled thyroglobulin. Aust. J. biol. Sci. **7**, 319 (1954).
— and V. M. TRIKOJUS: Purification and properties of thyroid protease. Aust. J. biol. Sci. **6**, 617 (1953).
MICHEL, R.: Contribution à la biochimie des iodoprotéines et des acides aminés iodés. Thèse Doct. Sci. 1948.
— Thyroid. Ann. Rev. Physiol. **18**, 457 (1956).
— et M. LAFON: Sur les teneurs en iode et en thyroxine de la thyroglobuline. C. R. Soc. Biol. (Paris) **140**, 634 (1946).
MUTZENBECHER, P., v.: Über die Bildung von Thyroxin aus Dijodtyrosin. Hoppe-Seylers Z. physiol. Chem. **261**, 253 (1939).
PERLMAN, I., M. E. MORTON and I. L. CHAIKOFF: The selective uptake of bromine by the thyroid gland with radioactive bromine as indicator. Amer. J. Physiol. **134**, 107 (1941).
PITT-RIVERS, R.: The oxidation of diiodotyrosine derivatives. Biochem. J. **43**, 223 (1948).
— Thyroid Hormones in the blood. Ciba Colloq. on Endocrinology **11**, 82 (1957).
— and A. T. JAMES: Further observations on the oxidation of di-iodotyrosine derivatives. Biochem. J. **70**, 173 (1958).
ROBERTIS, E., DE: Proteolytic enzyme activity of colloid extracted from single follicles of the rat thyroid. Anat. Rec. **80**, 219 (1949a).
— Cytological and cytochemical bases of thyroid function. Ann. N. Y. Acad. Sci. **50**, 317 (1949b).
ROCHE, J., S. LISSITZKY et M. T. BENEVENT: Sur la désioduration des iodotyrosines par le tissu hépatique. C. R. Soc. Biol. (Paris) **151**, 1666 (1957a).
— — et R. MICHEL: Caractérisation des iodohistidines dans les protéines iodées (thyroglobuline et iodoglobine). Biochim. biophys. Acta **8**, 339 (1952a).
— — — Sur la triiodothyronine, produit intermédiaire de la transformation de la diiodothyronine en thyroxine. C. R. Acad. Sci. (Paris) **234**, 997 (1952b).
— — — Sur la présence de triiodothyronine dans la thyroglobuline. C. R. Acad. Sci. (Paris) **234**, 1218 (1952c).
— — — Chromatographic analysis of radioactive iodine compounds from the thyroid gland and body fluids. Methods biochem. Anal. **1**, 243 (1954a).
— O. MICHEL, G. H. DELTOUR et R. MICHEL: Sur la thyroglobuline humaine marquée par l'iode radioactif, à l'état normal et dans maladie des Basedow. Ann. d'Endocr. **13**, 1 (1952d).
— — et R. MICHEL: Sur la thyroglobuline marquée par le radioiode I^{131}. C. R. Soc. Biol. (Paris) **144**, 506 (1950).
— — — A. GORBMAN et S. LISSITZKY: Sur la deshalogénation enzymatique des iodotyrosines par le corps thyroïde et sur son rôle physiologique. Biochim. biophys. Acta **12**, 570 (1953a).
— — — et S. LISSITZKY: Sur la deshalogénase thyroïdienne. C. R. Soc. Biol. (Paris) **147**, 232 (1953b).
— — — and J. TATA: On the products of hepatic and renal elimination of thyroxine and triiodothyronine labelled with iodine 131. Radioisotope Conference **1**, 325 (1954b).

ROCHE, J., and R. MICHEL: Nature, biosynthesis and metabolism of thyroid hormones. Physiol. Rev. **35**, 583 (1955a).

— — Nature and metabolism of thyroid hormones. Recent Progr. Hormone Res. **12**, 1 (1956a).

— — J. CLOSON et O. MICHEL: Sur la nature des produits éliminés par l'urine après administration de diiodo-L-tyrosine. Extraits Rev. franç. Etud. clin. biol. **3**, 135 (1958a).

— — — — Sur le métabolisme de l'ester sulfurique de la 3:5:3'-triiodo-L-thyronine (ST_3) chez le rat thyroidectomisé. C. R. Soc. Biol. (Paris) **152**, 291 (1958b).

— — — — Elimination biliaire, urinaire et fécale et répartition tissulaire comparées de l'ester sulfurique de la 3:5:3'-triiodo-L-thyronine (ST_3) et de la 3:5:3'-triiodo-L-thyronine chez la rat. C. R. Soc. Biol. (Paris) **152**, 33 (1958c).

— — — — Nouvelles recherches sur la présence de l'ester sulfurique de la 3:5:3'-triiodo-L-thyronine (ST_3) dans la bile du Rat traité par la 3:5:3'-triiodo-L-thyronine (T_3) C. R. Soc. Biol. (Paris) **152**, 245 (1958d).

— — N. ETLING et J. NUNEZ: Sur le métabolisme de la 3:3'-diiodothyronine. Biochim. biophys. Acta **19**, 490 (1956b).

— — — — Sur le métabolisme de la 3:3':5'-triiodothyronine. Biochim. biophys. Acta **22**, 550 (1956c).

— — and P. JOUAN: On the presence of 3:5:3'-triiodothyroacetic acid and 3:3'-diiodothyronine in rat muscle and kidney after administration of 3:5:3'-triiodo-L-thyronine. Ciba Foundation Colloq. on Endocrinology **10**, 168, (1957b).

— — — et W. WOLF: Sur la présence de l'acide 3:5:3'-triiodothyroacétique dans le rein de Rats après administration de 3:5:3'-triiodothyronine. C. R. Acad. Sci. (Paris) **241**, 1880 (1955b).

— — — — The recovery of 3:5:3'-triiodothyroacetic acid and 3:3'-diiodothyronine from rat kidney after injection of 3:5:3'-triiodothyronine. Endocrinology **59**, 425 (1956d).

— — et M. LAFON: Sur la formation de la thyroxine et de ses précurseurs dans les iodoprotéines. Biochim. biophys. Acta **1**, 453 (1947).

— — O. MICHEL, G. H. DELTOUR et S. LISSITZKY: Thyroglobuline marquée ou artificiellement iodée sans dénaturation. Formation dans des conditions expérimentales diverses et propriétés. Biochim. biophys. Acta **6**, 572 (1951).

— — — et S. LISSITZKY: Sur la deshalogénation enzymatique des iodotyrosines par le corps thyroïde et sur son rôle physiologique. Biochim. biophys. Acta **9**, 161 (1952e).

— — et J. NUNEZ: Sur la présence de la 3:3':5'-triiodothyronine dans le sang de Rat. C. R. Soc. Biol. (Paris) **150**, 20 (1956e).

— — — Nouvelles recherches sur la présence de la 3:3'-diiodothyronine et de la 3:3':5'-triiodothyronine dans la thyroglobuline. C. R. Soc. Biol. (Paris) **152**, 1699 (1957).

— — — et C. JACQUEMIN: Métabolisme de la 3:3'-diiodo-L-thyronine. C. R. Soc. Biol. (Paris) **151**, 2012 (1957d).

— — — et G. LACOMBE: Sur la présence d'acides aminés iodés N terminaux dans la thyroglobuline de Porc. Bull. Soc. Chim. biol. (Paris) **37**, 219 (1955c).

— — — Sur les acides aminés N terminaux de la thyroglobuline de Porc. Bull. Soc. Chim. biol. (Paris) **37**, 229 (1955d).

— — — et W. WOLF: Sur la présence dans le plasma de la 3:3'-diiodothyronine nouvelle hormone thyroïdienne. C. R. Soc. Biol. (Paris) **149**, 884 (1955e).

— — et J. TATA: Sur la présence dans le sang de glycuroconjugués de la triiodothyronine et de la thyroxine après ligature du canal cholédoque. C. R. Soc. Biol. (Paris) **147**, 1574 (1953c).

— — — Sur la nature des combinaisons iodées excrétées par le foie et le rein après administration de L-thyroxine et de L-3:5:3'-triiodothyronine. Biochim. biophys. Acta **15**, 500 (1954c).

— — — Sur le métabolisme hépatique de la D-thyroxine. C. R. Soc. Biol. (Paris) **148**, 1545 (1954d).

— — et E. VOLPERT: Sur la concentration des iodures, des hormones thyroïdiennes et des bromures par l'ovaire de la poule pondeuse. Biochim. biophys. Acta **26**, 559 (1957e).

— — et W. WOLF: Présence probable de la 3:3':5'-triiodothyronine dans la thyroglobuline. C. R. Acad. Sci. (Paris) **240**, 251 (1955f).

— — — Recherches sur la synthèse et la deshalogénation des iodothyronines. II. DL-3-monoiodothyronine, DL-3:3'-diiodothyronine et DL-3:3':5'-triiodothyronine. Bull. Soc. Chim. France **1957f**, **464**.

— — — et J. NUNEZ: Sur la présence dans la thyroglobuline de la 3:3'-diiodothyronine, nouvelle hormone thyroïdienne. C. R. Acad. Sci. (Paris) **240**, 921 (1955g).

SHELLABARGER, C. J.: Studies on the thyroidal accumulation of rhenium in the rat. Amer. goiter. Ass. Annual meeting, Abstract N° 6 (1955).

STANBURY, J. B.: The requirement of monoiodotyrosine deiodinase for triphosphopyridine nucleotide. J. biol. Chem. **228**, 801 (1957).

TATA, J.: A cellular thyroxine binding protein fraction. Biochim. biophys. Acta **28**, 91 (1958a).

TATA, J. R.: Enzymic deiodination of L-thyroxine and 3:5:3′-triiodo-L-thyronine. Intracellular localization of deiodinase in rat brain and skeletal muscle. Biochim. biophys. Acta **28**, 95 (1958b).

— E. RALL and R. W. RAWSON: Metabolism of L-thyroxine and L-3:5:3′-triiodothyronine by brain tissue preparations. Endocrinology **60**, 83 (1957).

TAUROG, A.: Conjugation and excretion of the hormone. In Brookhaven Symposia in Biology, p. 111. Associated Universities, Inc. Upton, N. Y., 1954.

— and I. L. CHAIKOFF: The metabolic interrelations of thyroxine and diiodotyrosine in the thyroid gland as shown by a study of their specific activity time relations in rats injected with radioactive iodine. J. biol. Chem. **169**, 49 (1947).

— — The nature of the circulating thyroid hormone. J. biol. Chem. **176**, 639 (1948).

— — and A. L. FRANKLIN: Structural specificity of sulfanilamide like compounds as inhibitor of the in vitro conversion of inorganic iodide to thyroxine and diiodotyrosine by thyroid tissue. J. biol. Chem. **161**, 537 (1945).

— W. TONG and I. L. CHAIKOFF: Thyroid I^{131} metabolism in the absence of the pituitary: the untreated, hypophysectomized rat. Endocrinology **62**, 646 (1958).

— J. D. WHEAT and I. L. CHAIKOFF: Nature of the I^{131} compounds appearing in the thyroid vein after injection of iodide I^{131}. Endocrinology **58**, 121 (1956).

THIBAULT, O.: Thyroid hormones at the peripheral tissue level: metabolism and mode of action. Ciba Foundation Colloq. on Endocrinology **10**, 230 (1957).

TOMITA, K., H. LARDY, F. C. LARSON and E. C. ALBRIGHT: Enzymatic conversion of thyroxine to tetraiodothyroacetic acid and of triiodothyronine to triiodothyroacetic acid. J. biol. Chem. **224**, 387 (1957).

TONG, W., A. TAUROG and I. L. CHAIKOFF: The metabolism of I^{131} labeled diiodotyrosine. J. biol. Chem. **207**, 59 (1954).

WALLACE, P. C.: The metabolism of fluorine in normal and chronically fluorised rats. Univ. of Calif. (Berkeley) Radiation lab. Rept. n° 2196 (21 S. Atomic Energy Comm., Techn. Inform. Service, Oak Ridge (Tenn.) 119 pp. (1953).

WOLF, J., and I. L. CHAIKOFF: The relation of thyroxine to total iodine in the thyroid gland. Endocrinology **41**, 295 (1947).

YAGI, Y., R. MICHEL et J. ROCHE: Sur le métabolisme des bromures radioactifs (Br^{82}). Bull. Soc. Chim. biol. (Paris) **35**, 289 (1953).

YAMAZAKI, E., and D. W. SLINGERLAND: Tissue metabolism of thyroxine, triiodothyronine and their analogues, Abstract 110, Amer. Goiter. Ass. Annual meeting 1958.

Steroid Hormone Metabolism

By

Ralph I. Dorfman

With 12 Figures

A. Introduction

The use of radioisotopes has advanced the field of steroid hormone metabolism so dramatically during the past ten years that at the present time a great deal is known of both the biosynthetic and catabolic pathways. Many established facts and relationships have been confirmed, extended, and amplified and frequently qualitative findings have been placed on a precise quantitative basis by the use of this efficient technic. In some instances, such as the biosynthesis of steroid hormones from cholesterol and the establishment of the principal pathway of estrogen biosynthesis, radioisotopic work has provided the technic for the first significant advances. This section will deal primarily with representative steroid hormone metabolism studies which have been dependent on radioactive isotopic experiments together with a condensed, unified picture of the field.

B. Biosynthesis of steroid Hormones

With the demonstration that sex hormones are chemically related to cholesterol the dominant working hypothesis was held that these hormones have their origin in cholesterol. Labelled cholesterol was in fact transformed into labelled pregnanediol by the pregnant women, a finding which implied the formation of progesterone from cholesterol in the placenta (K. Bloch 1945). In this case the labelling was deuterium. This experiment served as a model in vivo study for the use of radioisotopes in the elucidation of the biosynthetic pathways of progesterone, androgens estrogens, and corticoids. More intimate details have been established using in vitro methods.

I. Progesterone

This steroid plays a dual role in mammalian physiologn. It functions as the second female hormone playing important roles in regulation of the uterine and vaginal cycles and the maintenance of pregnancy. Beyond this hormonal role, it serves as a key intermediate in the biosynthesis of the three other groups of steroid hormones.

Progesterone is formed in the ovary, testis, adrenal, and placenta. Represented experiments demonstrating the conversion of labelled acetate, cholesterol, and β-dimethylacrylate to progesterone are contained in Table 1. The biosynthetic pathway from acetate through mevalonic acid and squalene to cholesterol have been reviewed in detail elsewhere (Gould 1958). What concerns us here is the pathway from cholesterol to progesterone. That pregnenelone as an intermediate is demonstrated by the easy conversion of pregnenolone to progesterone in adrenal, gonodal, and placental tissue; the isolation of pregnenolone from testes tissue; and the conversion of cholesterol to pregnenolone in adrenal tissue.

Table 1. *Biosynthesis of progesterone from radioactive precursors*

Substrate	Species	Test System	References
Acetate-1-C^{14}	Porcine	Adrenal Homogenate	HEARD et al. (1956)
Acetate-1-C^{14} β,β-Dimethyl-acrylate	Rat and Porcine	Adrenal Slices and Cell-free Preparations	APRILE et al. (1956)
Cholesterol-4-C^{14}	Bovine	Adrenal Homogenate	SABA and HECHTER (1955)
Cholesterol-4-C^{14}	Bovine	Adrenal Mitochondrial Preparations	HAYANO et al. (1956)
Cholesterol-C^{14}	Bovine	Adrenal Perfusion	SOLOMON et al. (1954)
Cholesterol-C^{14}	Human	Placental Perfusion	SOLOMON et al. (1956)

When cholesterol-4-C^{14} was incubated with cow adrenal homogenate, 20β-hydroxylcholesterol-C^{14} was formed but not the following derivatives of cholesterol: 22α-hydroxy, 22β-hydroxy, 22-keto, 24β-hydroxy, or 24-keto (SOLOMON et al. 1956—1957). This important finding leads to the possibility that the biosynthetic pathway from cholesterol to progesterone involves hydroxylated intermediates of cholesterol as well as pregnenolone. Fig. 1 summarizes the likely pathway of progesterone formation. It is postulated that a 20β,22-dihydroxy derivative of cholesterol is formed and this compound, by the action of a desmolase, forms pregnenolone. Pregnenolone, by means of the enzyme 3β-ol-dehydrogenase,

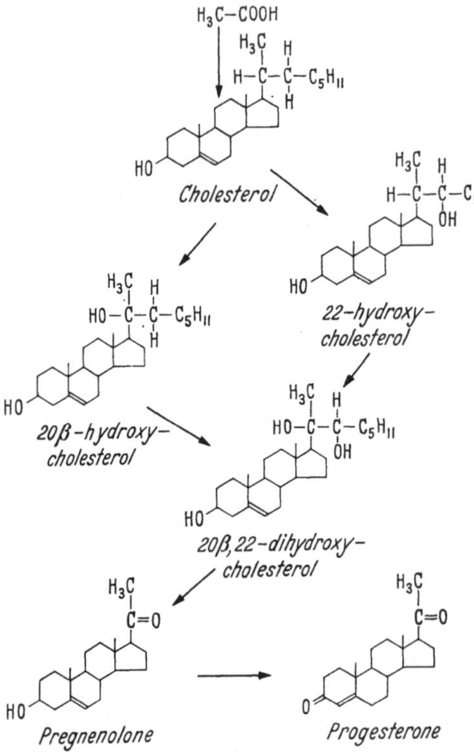

Fig. 1. Progesterone biosynthesis

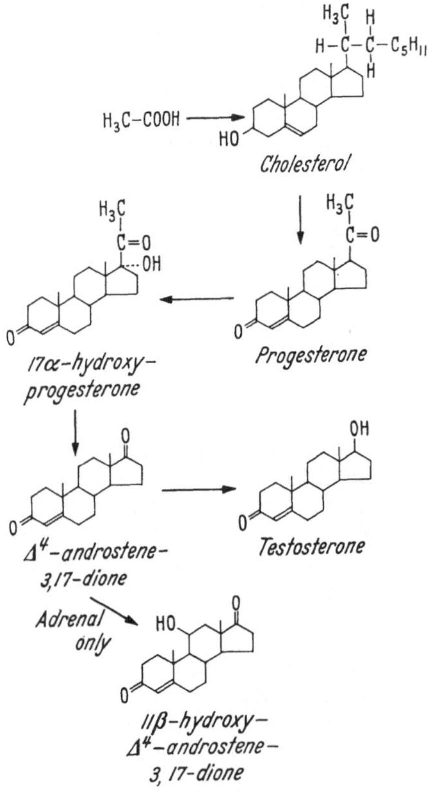

Fig. 2. Andriogen biosynthesis from progesterone and 17α-hydroxyprogesterone

is converted to progesterone. This pathway appears to be the primary biosynthetic route in the adrenal, placenta, and gonads. The control of the pathway differs in the different tissues. Adrenocorticotrophic hormone (ACTH) regulates the rate of progesterone production in the adrenal, while gonadotrophic hormones are responsible for control of production in the gonads and perhaps in the placenta as well.

II. Androgens

All androgens are of the C_{19} steroid class and, with perhaps one exception, are derived by pathways involving C_{21} steroids. Production of androgens is carried out by the gonads, adrenal, and placenta and experiments with radioactive isotopes have greatly assisted the elucidation of the various pathways. Representative experiments of this type are listed in Table 2.

Androgen biosynthesis takes place by a variety of pathways, of which cholesterol → pregnenolone → progesterone → 17α-hydroxyprogesterone → Δ^4-androstene-2,17-dione → testosterone (Fig. 2) is perhaps the principal one. That this pertains to testis androgen production is demonstrated by the conversion of acetate-1-C^{14} to testosterone-C^{14} (BRADY 1951; SAVARD et al. 1952) and Δ^4-androstene-3,17-dione-C^{14} (SAVARD 1952), and by the conversion of progesterone-C^{14} to labelled 17α-hydroxyprogesterone, Δ^4-androstene-3,17-dione and testosterone (SLAUNWHITE and SAMUELS 1956a; and SAVARD et al. 1956).

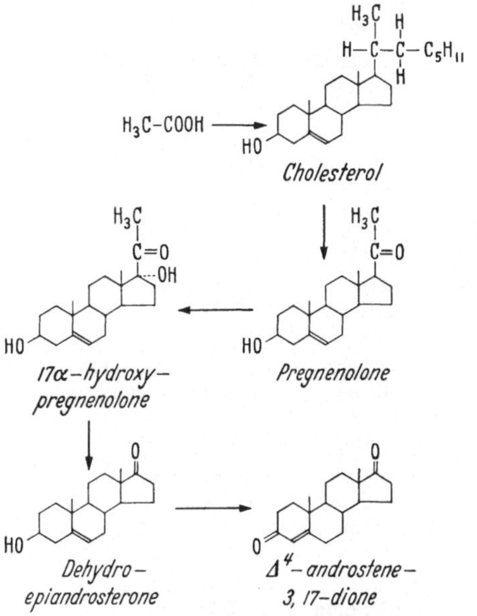

Fig. 3. Androgen biosynthesis from pregnenolone and 17α-hydroxypregnenolone

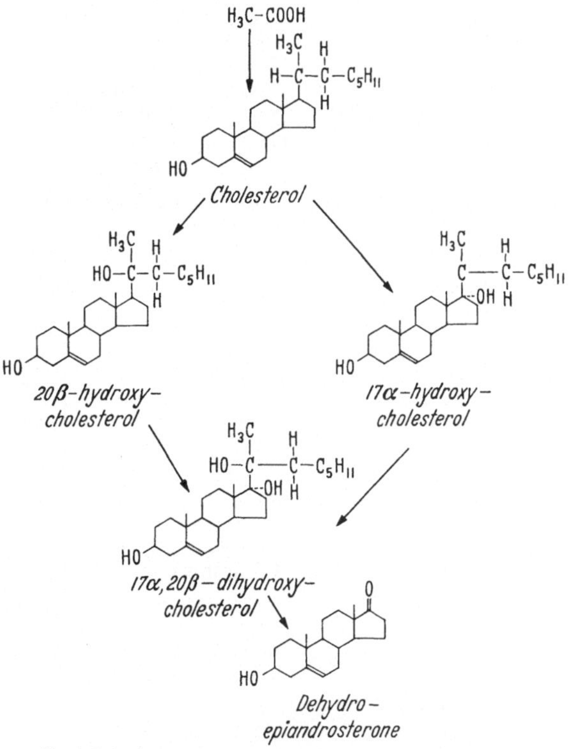

Fig. 4. Dehydroepiandrosterone biosynthesis from cholesterol without a C_{21} steroid intermediate

A second pathway for androgen biosynthesis which is specific for the adrenal involves reactions to pregnenolone identical to the first pathway, but differs in that this steroid is hydroxylated to form 17α-hydroxypregnenolone. By the action of a desmolase 17α-hydroxypregnenolone is transformed to dehydroepiandrosterone (Fig. 3), an androgen unique to the adrenal. Thus far there is no evidence

Table 2. *Biosynthesis of androgens from radioactive precursors*

Substrate	Products	Species	Test System	References
Acetate-1-C^{14}	Δ^4-Androstene-3,17-dione, Dehydroepiandrosterone 11β-Hydroxy-Δ^4-androstene-3,17-dione	Human	Adrenal Slices	BLOCH, E. et al. (1956a, 1956b)
Cholesterol-H^3 Cholesterol-C^{14}	Androsterone-C^{14}-H^3 Etiocholanolone-C^{14}-H^3, 11-Ketoetiocholanolone-C^{14}-H^3	Human	In Vivo	WERBIN and LEROY (1954, 1955) WERBIN et al. (1957a, 1957b)
Acetate-C^{14}	Testosterone Δ^4-Androstene-3,17-dione	Human	Testicular Carcinoma (Embryonal)	WOTIZ et al. (1955)
Progesterone-C^{14}	Δ^4-Androstene-3,17-dione (also non-androgenic compound 17α-hydroxyprogesterone)	Bovine	Ovarian Homogenate	SOLOMON et al. (1956)
Acetate-1-C^{14} Cholesterol-C^{14}	Androsterone-C^{14} Etiocholanolone-C^{14} Dehydroepiandrosterone-C^{14} Δ^5-Androstene-3β,17β-diol-C^{14}	Human	In Vivo	UNGAR and DORFMAN 1953)
Progesterone-C^{14}	11β-Hydroxy-Δ^4-androstene-3,17-dione	Bovine	Adrenal Perfusion	KUSHINSKY (1955)
Acetate-1-C^{14}	Δ^4-Androstene-3,17-dione-C^{14}	Porcine	Adrenal Homogenate	BLIGH et al. (1955) HEARD et al. (1956)
Progesterone-C^{14}	Δ^4-Androstene-3,17-dione-C^{14}	Porcine	Adrenal Cell-Free Extract	RAO and HEARD (1957)
Acetate-1-C^{14}	Testosterone-C^{14}	Rabbit Porcine	Testis Slices	BRADY (1951)
Acetate-1-C^{14}	Testosterone-C^{14} Δ^4-Androstene-3,17-dione-C^{14}	Human	Testis Perfusion	SAVARD et al. (1952)
Progesterone-C^{14}	17α-Hydroxyprogesterone C^{14} Δ^4-Androstene-3,17-dione-C^{14} Testosterone-C^{14}	Rat	Testis (Slices and Homogenate)	SLAUNWHITE and SAMUELS (1956a)
Progesterone-C^{14}	17α-Hydroxyprogesterone-C^{14} Δ^4-Androstene-3,17-dione-C^{14} Testosterone-C^{14}	Rat and Human	Testis and Testicular Tumor	SAVARD et al. (1956)
Pregnenolone-H^3	Dehydroepiandrosterone-H^3	Human	Adrenal Adenoma Homogenate	GOLDSTEIN et al. (1959)

for the presence of this androgen in gonadal or placental tissue. One preliminary communication reports that dehydroepiandrosterone can be formed bn the action of muscle tissue on pregnenolone (OERTEL and EIK-NES 1958).

The pathway to dehydroepiandrosterone has been demonstrated by the incubation of pregnenolone-H^3 with a homogenate prepared from a human adrenal adenoma. Dehydroepiandrosterone-H^3 was isolated and since this steroid cannot be formed from Δ^4-androstene-3,17-dione the route of formation most likely is through 17α-hydroxypregnenolone (GOLDSTEIN et al. 1959).

A third pathway for androgen biosynthesis involves the adrenal gland and consists in the formation of 11-oxygenated androgens. This pathway involves the formation (see corticoid biosynthesis of cortisol (or 21-desoxycortisol) in the adrenal and the direct conversion of these C_{21}-steroids to 11β-hydroxy-Δ^4-androstene-3,17-dione. That this can occur is indicated by the perfusion of cortisol-4-C^{14} through the bovine adrenal with the formation of 11β-hydroxy-Δ^4-androstene-3,17-dione-4-C^{14}.

A fourth biosynthetic pathway involves the formation of dehydroepiandrosterone from cholesterol without a C_{21} intermediate (Fig. 4). That this is possible to a limited extent comes from a double isotope experiment involving cholesterol-4-C^{14} and pregnenolone-H^3. These labelled substrates were incubated with a human adrenal adenoma homogenate and the C_{21} steroids were isolated as well as dehydroepiandrosterone. Since the ratio of incorporation of C^{14} to H^3 into dehydroepiandrosterone was greater than that into cortisol and cortisone produced simultaneously, it is most likely that a portion of the dehydroepiandrosterone originated from pregnenolone by pathway 2 and a part from cholesterol without going through a C_{21} intermediate (GOLDSTEIN et al. 1959).

III. Estrogens

The principal pathway for estrogen formation involves androgens. The importance of this reaction has been demonstrated by in vivo and in vitro experiments involving C^{14}-labelled androgens (Table 3). Since acetate and cholesterol are intermediates in the formation of androgens, it would be expected that these labelled precursors could yield estrogens as well. That this is the case is also indicated in Table 3. A likely intermediate in the biosynthesis of estrogens is 19-hydroxy-Δ^4-androstene-3,17-dione, which when labelled at carbon 4 with C^{14} nielded estrone-C^{14}.

Although not demonstrated with certainty, a second pathway of estrogen biosynthesis is indicated on the basis of a series of experiments involving the pregnant mares. When acetate-1-C^{14} was administered to a pregnant mare and the C^{14}-labelled estrogens estrone, equilin, and equilenin isolated from the urine, a significantly lower specific activity was found in the ring B unsaturated estrogens, eduilin and equilenin, as compared to that of estrone. These observations are consistent with the idea that the two classes of estrogens may arise by two different biosynthetic pathways (SAVARD et al. 1958). Other experiments that point to the same hypothesis include the lack of conversion of estrone-16-C^{14} to equilin or equilenin and the fact that testosterone-4-C^{14} was converted to estrone-C^{14} but not to labelled equilin or equilenin. From these facts we may visualize the possibility that acetate-1-C^{14}, by a pathway not involving cholesterol, progesterone and androgens, is converted to equilin and equilenin. Further, the possibility exists that on reduction of ring B these estrogens may be converted to estrone.

IV. Corticoids

Progesterone is the focal intermediate in the biosynthesis of corticoids. The biosynthetic pathway to progesterone has been discussed and involves, among others, the intermediates cholesterol, pregnenolone, and acetate. The many experiments demonstrating the transformation of acetate-C^{14} and cholesterol-C^{14} to corticoids are listed in Table 4.

Table 3. *Biosynthesis of estrogens from radioactive precursors*

Substrate	Products	Species	Test System	References
Testosterone-C^{14}	Estrone-C^{14}	Human	In Vivo	WEST et al. (1956)
Testosterone-4-C^{14}	Estradiol-17β-4-C^{14}	Human	Ovarian Slices	BAGGETT et al. (1955, 1956)
Testosterone-4-C^{14}	Estrone-4-C^{14}	Mare (Pregnant)	In Vivo	HEARD et al. (1955)
Testosterone-4-C^{14}	Estrone-C^{14} Estradiol-17β-C^{14} Estriol-C^{14}	Human	Ovary	WOTIZ et al. (1956)
Acetate-1-C^{14}	Estrone-C^{14} Estradiol-17β-C^{14}	Dog	Ovarian Homogenate	RABINOWITZ and DOWBEN (1955
Acetate-1-C^{14}	Estrone-C^{14} Estradiol-17β-C^{14}	Human	Placenta Perfusion	LEVITZ et al. (1955)
Acetate-1-C^{14}	Estrone-C^{14} Estradiol-17β-C^{14}	Human	Testis	WOTIZ et al. (1955)
Acetate-1-C^{14}	Estrone-C^{14} Equilin-C^{14} Equilenin-C^{14}	Mare (Pregnant)	In Vivo	HEARD et al. (1956) SAVARD et al. (1958)
Cholesterol-C^{14}	Estrone-C^{14}	Human	In Vivo	WERBIN et al. (1957a)
Sodium Carbonate-C^{14}	Estrone-C^{14}	Mare (Pregnant)	In Vivo	HEARD et al. (1956)
Acetate-2-C^{14}	Estradiol-17β-C^{14} Estrone-C^{14}	Dog	Ovarian Slices	RABINOWITZ and DOWBEN (1955)
Testosterone-3-C^{14}	Estradiol-17β-C^{14}	Stallion	Testis Homogenate	BAGGETT et al. (1959)
	Estradiol-17β-C^{14} Estrone-C^{14}	Human	Adrenal Cancer Slices	
	Estradiol-17β-C^{14} Estrone-C^{14}	Human	Placental Slices	

The question of whether cholesterol is a direct precursor of corticoids has been considered and definitive evidence is available to indicate that cholesterol is transformed with intact nucleus to corticoids. WERBIN and LEROY (1954, 1955) administered doubly labelled cholesterol (C^{14} and H^3) to humans and isolated the urinary metabolites of cortisol, urocortisone and urocortisol containing C^{14} and H^3. Of importance was the fact that the ratio of C^{14} to H^3 of the excreted metabolites, and therefore the biosynthesized cortisol, was identical to that of the administered doubly labelled cholesterol. This strongly suggests that the cholesterol nucleus remains intact during the transformation. A second series of experiments consistent with this idea involves the biosynthesis of C^{14} labelled cortisol and corticosterone by bovine adrenal perfusion with C^{14} acetic acid and the administration of the same substrate to a patient, and the isolation of 3α-, 17α, 21-trihydroxypregnan-20-one-C^{14}. In each case carbon atoms 20 and 21 were selectively isolated and assessed for radioactivity. Carbon atom 21 was devoid of radioactivity while carbon atom 20 was radioactive and contained a quantity of activity which indicated a total of 9 marked carbon atoms. The distribution of radioactivity at

Table 4. *Biosynthesis of corticoids from radioactive cholesterol and radioactive cholesterol precursors*

Substrate	Products	Species	Test System	References
Acetate-1-C^{14}	Cortisol Corticosterone	Bovine	Adrenal Perfusion	ZAFFARONI et al. (1951), CASPI et al. (1956)
Cholesterol-4-C^{14}	Cortisol Corticosterone	Bovine	Adrenal Perfusion	ZAFFARONI et al. (1951)
Acetate-1-C^{14}	$3\alpha, 17\alpha$, 21-Trihydroxy-pregnan-20-one-C^{14} (Urinary metabolite of 11-desoxy-cortisol)	Human (Adrenal Cancer)	In Vivo	CASPI et al. (1957)
Acetate-1-C^{14}	Cortisol-C^{14}	Guinea Pig	In Vivo (Isolated from Adrenal)	BURSTEIN and NADEL (1956)
Cholesterol-C^{14}	Cortisol-C^{14} Corticosterone-C^{14}	Bovine and Dog	Adrenal and Homogenate	REICH and LEHNINGER (1955)
Acetate-1-C^{14}	Cortisol-C^{14}	Bovine	Adrenal Slices	HAYNES et al. (1952, 1954)
Acetate-1-C^{14}	Cortisol-C^{14} Corticosterone-C^{14} 11-Dehydrocorticosterone-C^{14}, 17α-Hydroxyprogesterone-C^{14} Desoxycorticosterone-C^{14}, 11-Ketoprogesterone-C^{14} Progesterone-C^{14}	Hog	Adrenal Homogenate	HEARD et al. (1956)
Cholesterol-4-C^{14}	Pregnenolone-4-C^{14}	Bovine	Adrenal Homogenate Supernatant	STAPLE et al. (1956)
Cholesterol-4-C^{14}	Pregnenolone-C^{14} Progesterone-C^{14} Cortisol-C^{14} Corticosterone-C^{14}	Bovine	Adrenal Homogenate	SABA and HECHTER (1955)
Cholesterol-4-C^{14}	Pregnenolone-C^{14} Progesterone-C^{14} 11β-Hydroxy-progesterone-C^{14} Corticosterone-C^{14} Cortisol-C^{14}	Bovine	Adrenal Mitochondrial Preparation	HAYANO et al. (1956)
Cholesterol-H^3 Cholesterol-C^{14}	Urocortisol-C^{14}-H^3 Urocortisone-C^{14}-H^3 (Urinary Metabolites of Cortisol-C^{14}-H^3)	Human	In Vivo	WERBIN and LEROY (1954, 1955)
Acetate-C^{14} β,β-Dimethyl-acrylate-C^{14}	"Corticoids-C^{14}" Progesterone-C^{14}	Rat and Hog	Adrenal Homogenate and Slices	APRILE et al. (1956)
Cholesterol-C^{14}	Progesterone-C^{14} Corticosterone-C^{14} Cortisol-C^{14}	Bovine	Adrenal Perfusion	SOLOMON et al. (1954)
Cholesterol-C^{14}	Aldosterone-C^{14}	Bovine	Adrenal Capsule Strippings	AYRES et al. (1957a, 1957b) HECHTER (1958)
Acetate-1-C^{14}	Cortisol-C^{14} Cortisone-C^{14} Corticosterone-C^{14} 11-Desoxycortisol-C^{14}	Porcine	Adrenal Slices	HAINES (1952)

carbon atoms 20 and 21 together with the indicated number of tagged carbon atoms in the corticoids agrees with the distribution expected on the basis of the known pathway of cholesterol biosynthesis from acetate-1-C^{14} (CASPI et al. 1956, 1957).

The biosynthetic route of corticoid production involves pregnenolone, the first C_{21} intermediate, wich is oxidized to progesterone under the catalytic influence of 3β-ol-dehydrogenase. Hydroxylation at carbon atoms 11β, 17α, and 21 yields cortisol, the most active corticoid produced by the adrenal, while 11β and 21 hydroxylation results in the formation of corticosterone. Aldosterone formation appears to be specific to the glomerulosa layer of the adrenal and this specificity seems to be attributable to the location in this zone of the enzyme 18-hydroxylase. For aldosterone biosynthesis the 18-hydroxylase is needed as well as the 11β- and 21-hydroxylation enzymes (Fig. 5). Representative perfusion and in vitro experiments demonstrating biosynthesis of corticoids from C_{21} steroid precursors and involving radioactive tracers are listed in Table 5.

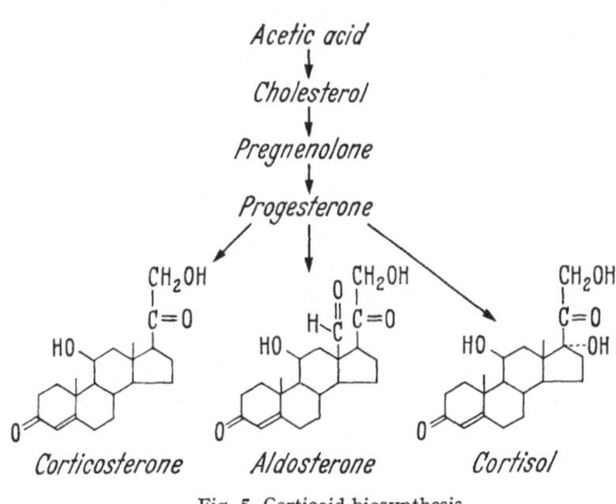

Fig. 5. Corticoid biosynthesis

Table 5. *Biosynthesis of corticoids from C_{21} steroid radioactive precursors*

Substrate	Products	Species	Test System	References
11β-Hydroxyprogesterone-C^{14} Progesterone-C^{14}	Cortisol-C^{14} Corticosterone-C^{14}	Bovine	Adrenal Perfusion	EICHHORN and HECHTER (1958)
Desoxycorticosterone-C^{14}	Corticosterone-C^{14}	Bovine	Adrenal Perfusion	
Progesterone-C^{14}	Cortisol-C^{14} Cortisone-C^{14} Aldosterone-C^{14}	Porcine	Adrenal Cell Free	RAO and HEARD (1957)
Desoxycorticosterone-C^{14}	Aldosterone-C^{14}	Bovine	Adrenal Homogenate	KAHNT et al. (1955)
Progesterone-C^{14} Desoxycorticosterone-C^{14}	Aldosterone-C^{14}	Bovine	Adrenal Capsule Strippings	AYRES et al. (1956, 1957a, 1957b)
Progesterone-C^{14} Desoxycorticosterone C^{14} Corticosterone-C^{14} 11β-Hydroxyprogesterone-C^{14}	Aldosterone-C^{14}	Bovine	Zona Glomerulosa	GIROUD et al. (1958)
Progesterone-C^{14} Corticosterone-C^{14}	Aldosterone-C^{14}	Bovine	Adrenal Capsule Strippings	TRAVIS and FARRELL (1958)

C. Catabolism of steroid hormones

Catabolic reactions of steroid hormones may be considered to be those changes that modify structure, with simultaneous decreases or complete loss of biological activity. In some instances although the catabolic reactions do in fact cause the loss of one type of biological activity, a second type of activity not present in the original molecule is a property of the newly formed catabolite.

Catabolic reactions among the neutral steroid hormones have some elements of similarity. These include the reduction of the α,β-unsaturated ketone grouping in ring A and the oxidative-reductive reactions involving a ketonic and a secondary hydroxy function usually at carbon atoms 11β, 17, and 20. On the other hand catabolism of estrogenic hormones involves quite different changes in ring A but reactions at carbon 17 and in ring D are strictly comparable to changes observed in the C_{19} androgen series.

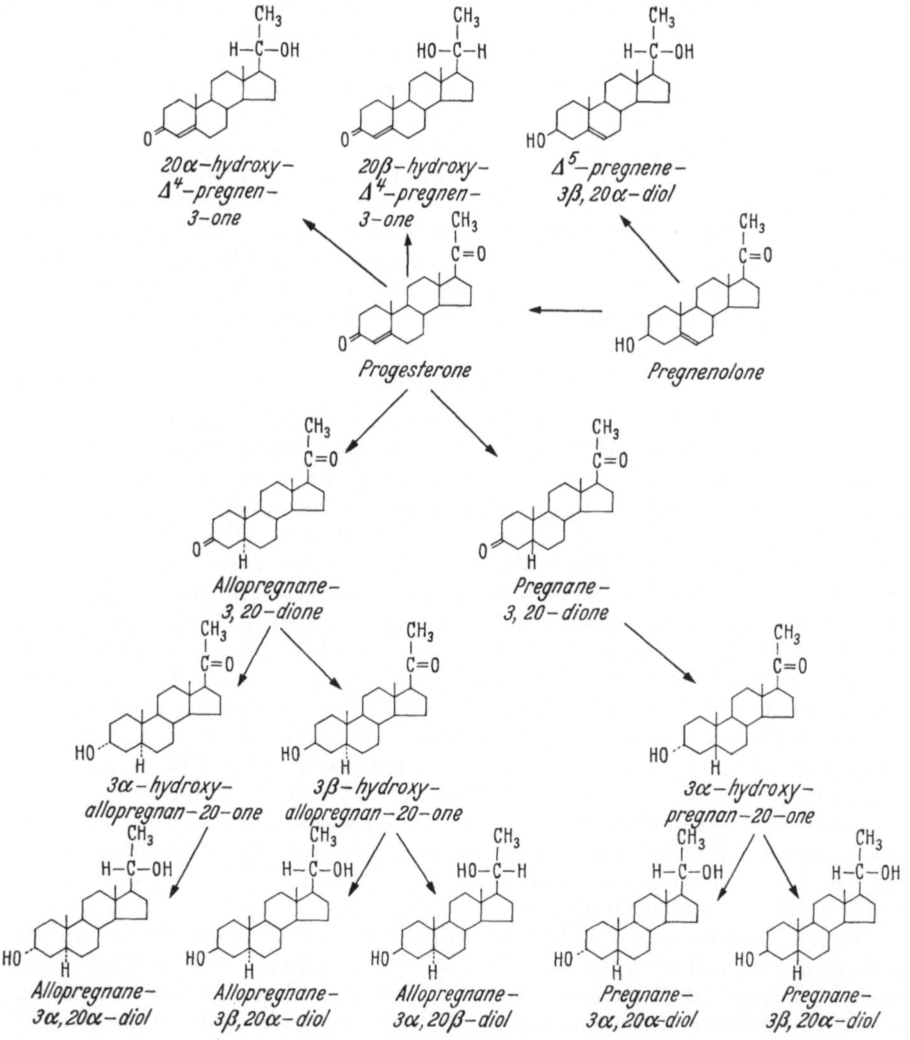

Fig. 6. Catabolic reactions of progesterone

I. Progesterone

The basic catabolic pathways of progesterone have been established with and without the use of radioactive tracer techniques. The pathways are illustrated in Fig. 6. However, the use of radioactive labelled progesterone has supplied important information on the general aspects of progesteron metabolism.

In mice and rats progesterone-C^{14} was excreted mainly in the feces but with a significant amount, however, appearing in the urine (REIGEL et al. 1950 ; BARRY et al. 1952; GRADY et al. 1952).

Detailed studies of progesterone metabolism in humans have been published. For example, the administration of progesterone-4-C^{14} to pregnant women resulted in a recovery of 25 and 54% in the urine of the administered dose within four days. The peak excretion occurred within 24—30 hr after treatment (DAVIS and PLOTZ 1957). During the ten day period after treatment another 28.5% was detected in the feces. No C^{14} could be detected in the respiratory CO_2 nor could C^{14} be found in the fatty film covering the skin surface of the trunk. These workers (DAVIS and PLOTZ 1957) indicated that when progesterone is administered intramuscularly, the steroid and/or its metabolites are taken up by the fat tissues. Actually amounts of 17.7%, 33.7%, and 19,6% of the administered progesterone could be found in the fatty tissues 12, 24, and 48 hr., respectively, after treatment.

The caproate of 17α-hydroxyprogesterone, which is an effective progestational agent, has been labelled with C^{14} at carbon 4 and its metabolism stydied in the female albine rat (KIMBEL et al. 1958). After subcutaneous injection 85% of the C^{14} was excreted in an eight day period, of which about 15% was detected in the urine while the bulk of the tracer was found in the feces. The maximum C^{14} excretion by both routes was reached on the third day after treatment. The liver and kidney contained the highest tissue contents during the first two days.

II. Androgens

The availability of testosterone-C^{14} has helped to elucidate the quantitative aspects of testosterone and Δ^4-androstene-3,17-dione metabolism as well as to confirm earlier studies which defined various catabolic pathways (DORFMAN et al. 1939; and CALLOW 1939). Androsterone and etiocholanolone are the principal metabolites (see Fig. 7) of testosterone and Δ^4-androstene-3,17-dione.

Administration of labelled testosterone to various species of animals has indicated that the bulk of the metabolites are excreted in the urine (FUKUSHINA et al. 1954a, 1954b) in humans and guinea pigs (BURSTEIN et al. 1955) but in some species such as the dog, rat, and mouse, a significant amount of the tracer is found in the feces (ASHMORE et al. 1953; BARRY et al. 1952; and PASCHKIS et al. 1954). About 50% of testosterone-4-C^{14} administered to humans is excreted in about four hours and about 100% is excreted in 48 hr. The clearance from plasma takes place at two different rates, the one having a half-life of 11 min. and the second having a half-life of 100 min. (SANDBERG and SLAUNWHITE 1956).

11β-Hydroxy-Δ^4-androstene-3,17-dione and the corresponding 11-keto derivative adrenosterone are interchangeable in metabolism and predominately are converted to four 17-ketosteroids possessing the 5α and 5β configuration and 11β-hydroxy and 11-keto functions.

On administration of 11β-hydroxy-Δ^4-androstene-3.17-dione-C^{14} to humans quantitative excretion of the tracer in the urine is effected in 8 to 12 hr. Only traces of the marked steroid could be found in the bile. Clearance from the plasma follows two different rates, one having a half-life of 30 min. and the slower component, 80 min. (SANDBERG and SLAUNWHITE 1957a).

Initial studies on the 11-oxygenated C_{19} steroids indicated that the bulk of the ring A reduced metabolites are of the 5α type (Savard et al. 1953). This has been confirmed and extended by the administration of 11β-hydroxy-Δ^4-androstene-3,17-dione-C^{14} to human subjects. The four 17-ketosteroids, 11β-hydroxyandrosterone, 11β-hydroxyetiocholanolone, 11-ketoandrosterone, and 11-ketoetiocholanolone, accounted for 80% of neutral urinary metabolites and the ratio of

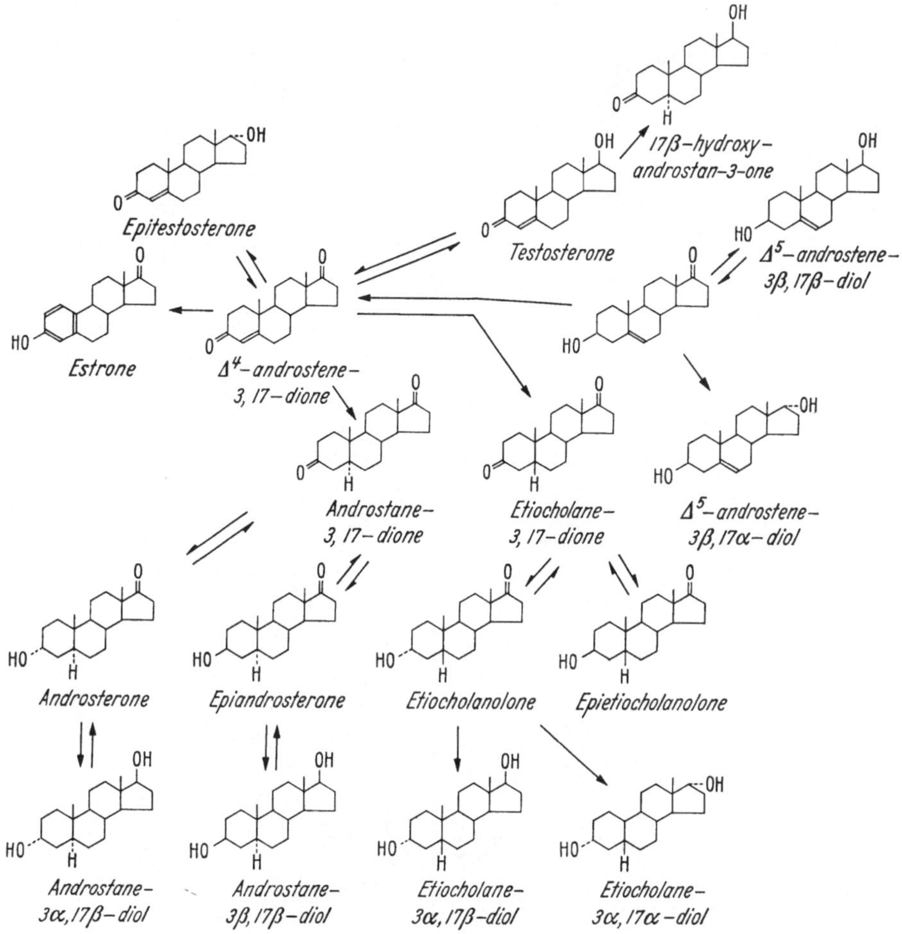

Fig. 7. Catabolic reactions of $C_{19}O_2$ androgens

$5\beta/5\alpha$ metabolites was found to be 0.32 and 0,21 (Bradlow and Gallagher 1957) as compared to a ratio of 0.19 previously reported (Savard et al. 1953; Dorfman 1954).

III. Estrogens

The earliest studies on radioisotopically labelled estrogens were those involving steroids marked either with radioactive bromine or iodine, either of which rendered the steroid biologically inactive (Twombly and Schoenewaldt 1950; Albert et al. 1949). This difficulty precluded meaningful findings applicable to the metabolism of the naturally occurring estrogens. With the advent of C^{14} and H^3 labelled estrogens more physiological studies have been done.

When estradiol-C^{14} was administered either intravenously, subcutaneously, or orally to human subjects about 65% of the isotope was detected in the urine and a small amount of radioactive in the feces. Soon after administration of the hormone estrone was the principal urinary metabolite, but with increasing time elapse after treatment estriol became the principal urinary metabolite (BEER and GALLAGHER 1955a; 1955b).

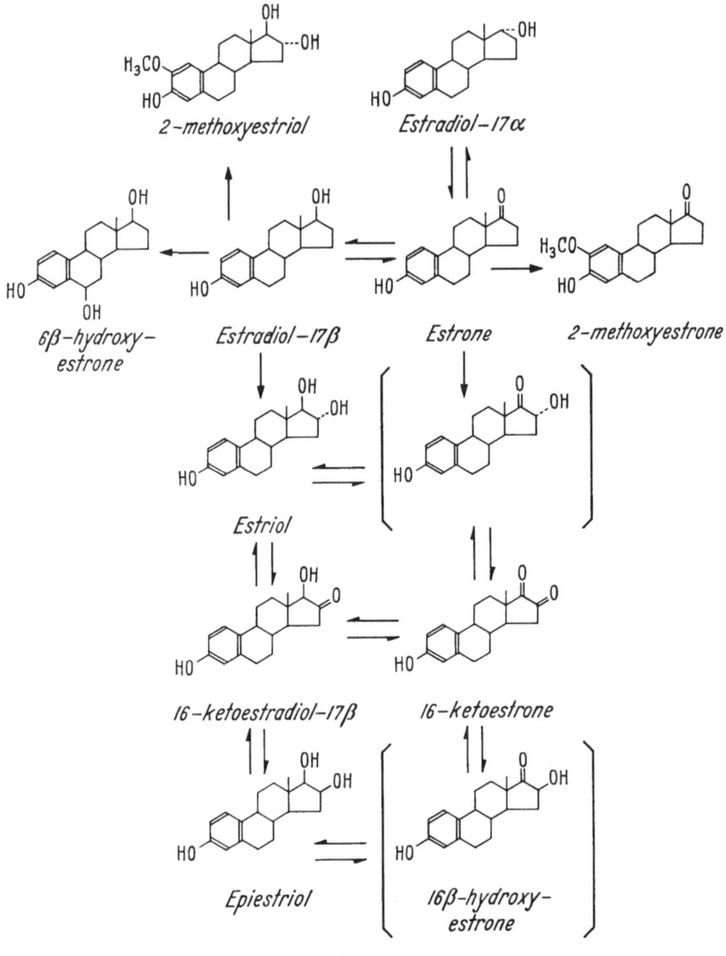

Fig. 8. Catabolic reactions of estrogens

In another study both estrone-C^{14} and estradiol-17β-C^{14} were injected intravenously into 22 women (SANDBERG and SLAUNWHITE 1957b). Approximately 80% of the administered radioactivity could be detected in the urine during the 96 to 120 hr. post treatment period. Seven percent was recovered in the feces. Bile collected from a patient with a bile fistula contained 50% of the administered isotope and less than 1% was found in the feces. A point of interest is the fact that the C^{14} present in the bile was mostly present in the form of steroid conjugates. The authors (SANDBERG and SLAUNWHITE (1957b) suggest that the conjugates are split in the intestine and reabsorbed as free estrogens which are reconjugated in the liver as glucuronides and excreted in the urine. This hepato-biliary-enteric circulation, so well demonstrated by isotopic technics in the human, confirms what had been demonstrated earlier without isotopic methods (CANTAROW et al. 1943; PEARLMAN et al. 1945).

Clearance of radioactive estrone-C^{14} and estradiol-17β-C^{14} from human plasma proceeded at two principal separate rates having half-lives of approximately 10 and 70 min. respectively. Following intravenous injection the conjugates reached peak concentrations in 15 to 30 min. and remained high for as long as three days (SANDBERG and SLAUNWHITE 1957b).

The catabolism of estrogens is summarized in Fig. 8 and representative experiments using radioisotopes are presented in Table 6. In addition to oxidative and reductive changes at carbon 17, hydroxylation at 6β and 16 have been demonstrated along with 2-methoxylation.

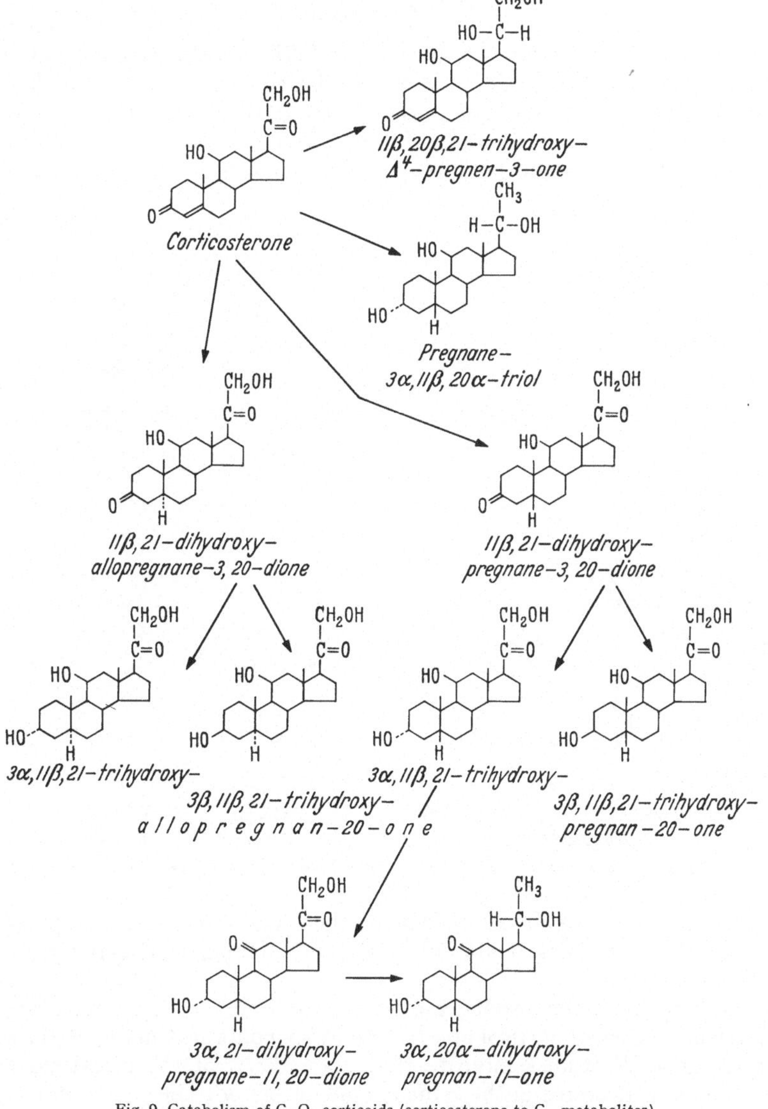

Fig. 9. Catabolism of $C_{21}O_4$ corticoids (corticosterone to C_{21} metabolites)

Table 6. *Catabolic studies of estrogens labelled with radioactive isotopes*

Substrate	Products	Species	Test System	References
Estradiol-17β-16-C^{14}	2-Methoxyestriol-C^{14}	Human Female	In Vivo	FISHMAN and GALAGHER (1958)
Estrone-C^{14} Estradiol-17β-C^{14}	Estrone-C^{14} Estriol-C^{14}	Human	In Vivo	BEER and GALLAGHER (1955a)
Estrone-16-C^{14}	16-Ketoestrone-C^{14}	Human	In Vivo	SLAUNWHITE and SANDBERG (1956)
Estradiol-17β-C^{14}	16-Ketoestradiol-17β	Human	In Vivo	LEVITZ et al. (1956)
Estradiol-17β-16-C^{14}	2-Methoxyestrone	Human Female	In Vivo	KRAYCHY and GALLAGHER (1957)

IV. Corticoids

Cortisol and corticosterone are the characteristic active glycocorticoids and the metabolic reactions they undergo show similarities but also certain important differences. Each of the corticoids is interconvertible with the corresponding 11-keto derivatives and reduction of the α,β-unsaturated ketone grouping in ring A takes place with the predominant formation of the $3\alpha,5\beta$ stereoisomers.

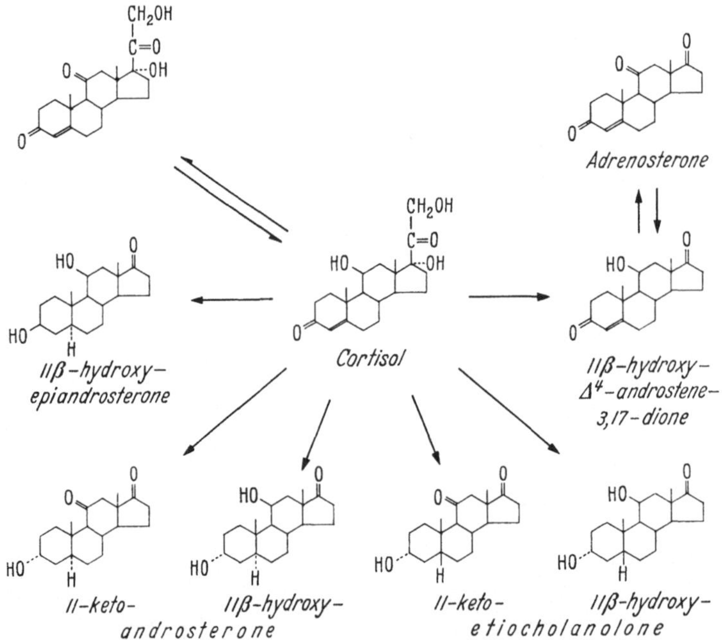

Fig. 10. Catabolism of $C_{21}O_5$ corticoids (cortisol and cortisone to C_{19} metabolites)

An important difference in catabolism of these corticoids is the conversion of cortisol to 17-ketosteroids while corticosterone, lacking a 17α-hydroxy group, is not so metabolized.

The specific catabolic products of corticosterone are represented in Fig. 9 while the metabolites of cortisol and cortisone are contained in Fig. 10, 11 and 12. Corticosterone-4-C^{14} studies indicate that about 75% of the intravenously administered dose is excreted in the urine in a 48 hr. period. The bile contained 20 to

31% of the steroid indicating a significant entero-hepatic circulation (MIGEON et al. 1956).

In an extensive study of the fate of cortisol in humans the 4-C^{14} isotopically labelled hormone was administered intravenously to four subjects (HELLMAN

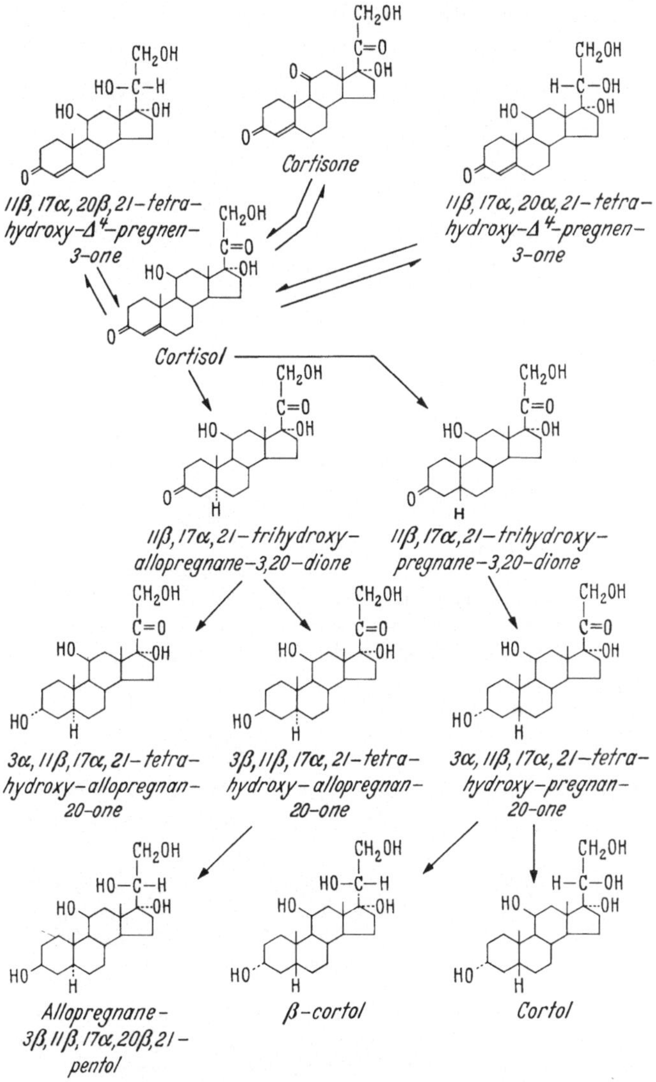

11β, 17α, 20β, 21-tetra-hydroxy-Δ⁴-pregnen-3-one
Cortisone
11β, 17α, 20α, 21-tetra-hydroxy-Δ⁴-pregnen-3-one
Cortisol
11β, 17α, 21-trihydroxy-allopregnane-3,20-dione
11β, 17α, 21-trihydroxy-pregnane-3,20-dione
3α, 11β, 17α, 21-tetra-hydroxy-allopregnan-20-one
3β, 11β, 17α, 21-tetra-hydroxy-allopregnan-20-one
3α, 11β, 17α, 21-tetra-hydroxy-pregnan-20-one
Allopregnane-3β, 11β, 17α, 20β, 21-pentol
β-cortol
Cortol

Fig. 11. Catabolism of $C_{21}O_5$ corticoids (cortisol to C_{21} metabolites)

et al. 1954). The radioactivity excreted in the urine was of the order of 80%, while fecal excretion accounted for about 10%. These figures are in agreement with PLAGER et al. (1957) who found that 75% of the injected cortisol was recovered in the urine and 10% in the feces within 48 hr. Some 8 hr. after the infusion no radioactivity could be detected in a 10 ml. sample of spinal fluid. Studies on the expired CO_2 indicated that less than 0,05% of the administered dose could have undergone ring A degradation with liberation of carbon 4.

In other experiments where thoracic duct cannulation was practised together with oral administration of the cortisol-C^{14}, it was found that the hormone was absorbed through the portal system. No significant excretion could be demonstrated in the bile of patients with biliary fistulas (HELLMAN et al. 1956).

PETERSON and WYNGAARDEN (1955) reported that normal human subjects metabolize cortisol-4-C^{14} with a half-life of seventy to ninety minutes with a

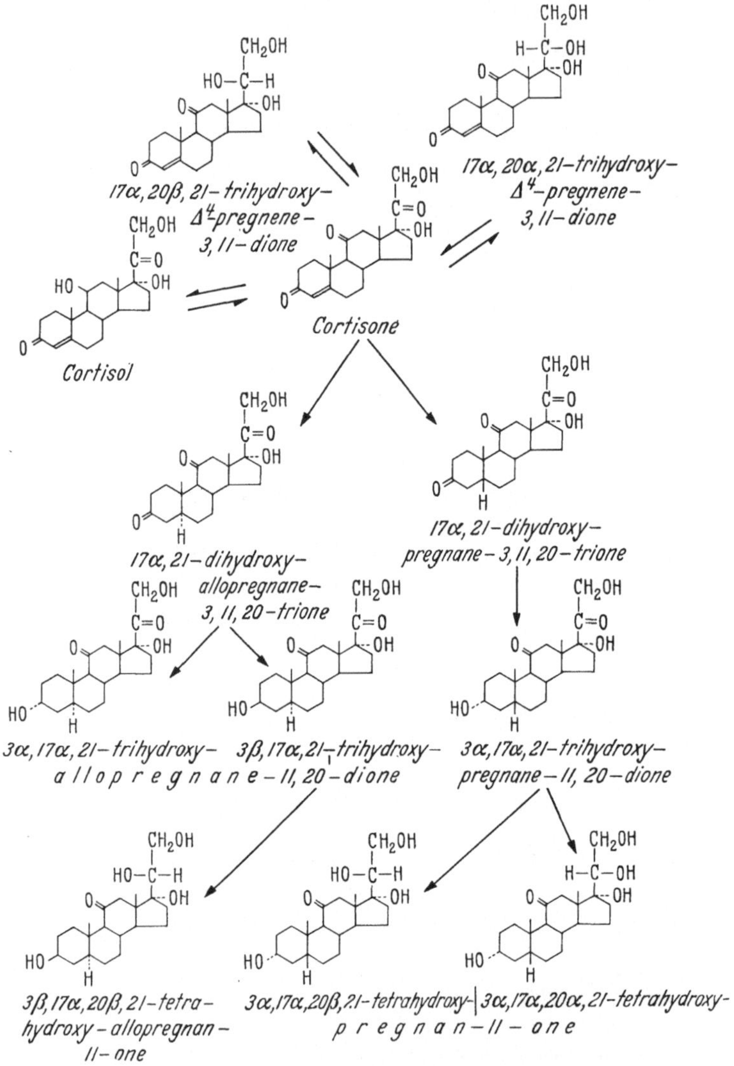

17α, 20β, 21-trihydroxy-Δ^4-pregnene-3, 11-dione
17α, 20α, 21-trihydroxy-Δ^4-pregnene-3, 11-dione
Cortisol
Cortisone
17α, 21-dihydroxy-allopregnane-3, 11, 20-trione
17α, 21-dihydroxy-pregnane-3, 11, 20-trione
3α, 17α, 21-trihydroxy-allopregnane-11, 20-dione
3β, 17α, 21-trihydroxy-allopregnane-11, 20-dione
3α, 17α, 21-trihydroxy-pregnane-11, 20-dione
3β, 17α, 20β, 21-tetrahydroxy-allopregnan-11-one
3α, 17α, 20β, 21-tetrahydroxy-pregnan-11-one
3α, 17α, 20α, 21-tetrahydroxy-pregnan-11-one

Fig. 12. Catabolism of $C_{21}O_5$ corticoids (cortisone to C_{21} metabolites)

metabolic pool of 1.3 to 2.4 mg. In another study (PLAGER et al. 1957) the half-life of cortisol-4-C^{14} was found to be 72 min. in arterial plasma, 114 min. in venous plasma, and 86 min. in hepatic plasma. The apparent distribution volume was 21—25% of the body mass.

No specific catabolic product of aldosterone has as yet been isolated but the report of ULICK and LIEBERMAN (1957) indicates that urine contains a ring A reduced compound with hydroxyl groups at C-3, C-18, and C-21 and carbonyl groups at C-11 and C-20. AYERS et al. (1957) have observed a metabolite of aldosterone in blood which they suggest, on the basis of mobility studies, may be a ring A reduced tetrahydroaldosterone. These workers prepared aldosterone-16-H^3 of extremely high specific activity and used this labelled steroid hormone for various metabolism studies. Aldosterone appears to be metabolized significantly more rapidly than either cortisol or corticosterone, the half-life being estimated at about 24 min. The rate of aldosterone production was calculated from the specific activity of the urinary aldosterone after administration of the tritiated compound. In two young men, who excreted normal quantities of the hormone, 170 and 190 μg. per day was found to be the daily production rate as opposed to a production rate of 780 μg. per day when one subject was depleted of sodium by sweating and placed on a low sodium diet as well.

References

ALBERT, S., R. D. H. HEARD, C. P. LEBLOND, and J. SAFFRAN: Distribution and metabolism of iodo-α-estradiol labeled with radioactive iodine. J. biol. Chem. **177**, 247 (1949).

APRILE, M., E. G. BLIGH, J. L. WEBB, and R. D. H. HEARD: Acetate and DMA as anabolites in the biosynthesis of the adrenocorticoids. Rev. Canad. Biol. **15**, 232 (1956—1957).

ASHMORE, J., W. H. ELLIOTT, E. A. DOISY JR., and E. A. DOISY: Excretion of the metabolites of testosterone-4-C^{14} in the rat. J. biol. Chem. **200**, 661 (1953).

AYRES, P. J., R. P. GOULD, S. A. S. SIMPSON, and J. F. TAIT: The in vitro demonstration of differential corticosteroid production within the ox adrenal gland. Biochem. J. **63**, 19 P (1956).

— O. GARROD, S. A. S. TAIT, J. F. TAIT, G. WALKER, and W. H. PEARLMAN: Ciba colloquia on endocr. **11**, 309 (1957a).

— O. HECHTER, N. SABA, S. A. SIMPSON, and J. F. TAIT: Intermediates in the biosynthesis of aldosterone by capsule strippings of ox adrenal gland. Biochem. J. **65**, 22P (1957b).

BAGGETT, B., L. L. ENGEL, L. BALDERAS, G. LANMAN, K. SAVARD, and R. I. DORFMAN: Endocrinology **64**, 600 (1959).

— — K. SAVARD, and R. I. DORFMAN: Formation of estradiol-17β-C^{14} from testosterone-3-C^{14} by surviving human ovarian slices. Fed. Proc. **14**, 175 (1955).

— — — — The conversion of testosterone-3-C^{14} to C^{14}-estradiol-17β by human ovarian tissue. J. biol. Chem. **221**, 931 (1956).

BARRY, M. C., M. L. EIDINOFF, K. DOBRINER, and T. F. GALLAGHER: The fate of C^{14}-testosterone and C^{14}-progesterone in mice and rats. Endocrinology **50**, 587 (1952).

BEER, C. T., and T. F. GALLAGHER: Excretion of estrogen metabolites by humans. I. The fate of small doses of estrone and estradiol-17β. J. biol. Chem. **214**, 335 (1955a).

— — Excretion of estrogen metabolites by humans. II. The fate of large doses of estradiol-17β after intramuscular and oral administration. J. biol. Chem. **314**, 351 (1955b).

BLIGH, E. G., R. D. H. HEARD, V. J. O'DONNELL, J. L. WEBB, M. SAFFRAN, and E. SCHONBAUM: Formation of corticosteroids from acetate and cholesterol in cell-free hog adrenal preparations. Arch. Biochem. Biophys. **58**, 249 (1955).

BLOCH, E., R. I. DORFMAN, and G. PINCUS: The conversion of acetate to dehydroepiandrosterone by human adrenal gland slices. Arch. Biochem. Biophys. **61**, 245 (1956a).

— G. PINCUS, and R. I. DORFMAN: Conversion of acetate to C_{19}-steroids by human adrenal gland slices. Fed. Proc. **15**, 222 (1956b).

BLOCH, K.: The biological conversion of cholesterol to pregnanediol. J. biol. Chem. **157**, 661 (1945).

BRADLOW, H. L., and T. F. GALLAGHER: Metabolism of 11β-hydroxy-Δ^4-androstene-3,17-dione in man. J. biol. Chem. **229**, 505 (1957).

BRADY, R. O.: Biosynthesis of radioactive testosterone in vitro. J. biol. Chem. **193**, 145 (1951).

BURSTEIN, S., and E. M. NADEL: Increased incorporation of radioacetate into adrenal cortisol and corticosterone in scurvy. Fed. Proc. **15**, 228 (1956).

— F. UNGAR, M. GUT, and R. I. DORFMAN: Metabolism of Testosterone-3-C^{14} in the guinea pig. Endocrinology **56**, 267 (1955).

CALLOW, N. H.: LXIX. The isolation of two transformation products of testosterone from urine. Biochem. J. **33**, 559 (1939).

CANTAROW, A., A. E. RAKOFF, K. E. PASCHKIS, L. P. HANSEN, and A. A. WALKING: Excretion of exogenous and endogenous estrogen in bile of dogs and human subjects. Proc. Soc. exp. Biol. (N. Y.) **52**, 256 (1943).

CASPI, E., G. ROSENFELD, and R. I. DORFMAN: Degradation of cortisol-C^{14} and corticosterone-C^{14} biosynthesized from acetate-1-C^{14}. J. org. Chem. **21**, 814 (1956).

— F. UNGAR, and R. I. DORFMAN: Degradation of 3α, 17α, 21-trihydroxypregnan-20-one-C^{14} biosynthesized from acetate-1-C^{14} by a Cushing's patient. J. org. Chem. **22**, 326 (1957).

Davis, M. E., and E. J. Plotz: Progesterone, the pregnancy hormone. Fertil. and Steril. **8**, 603 (1957).
Dorfman, R. I.: Neutral steroid hormone metabolites. Recent Progr. in Hormone Res. **9**, 5 (1954).
— J. W. Cook, and J. B. Hamilton: Conversion by the human of the testis hormone, testosterone, into the urinary androgen, androsterone. J. biol. Chem. **130**, 285 (1939).
Eichhorn, J., and O. Hechter: Role of 11β-hydroxyprogesterone as intermediary in biosynthesis of cortisol and corticosterone. Proc. Soc. exp. Biol. (N. Y.) **97**, 614 (1958).
Fishman, J., and T. F. Gallagher: 2-Methoxyestriol: A new metabolite of estradiol in man. Arch. Biochem. Biophys. **77**, 511 (1958).
Fukushima, D. K., K. Dobriner, and T. F. Galagher: Studies with testosterone-D in normal men. J. biol. Chem. **206**, 845 (1954a).
— H. L. Bradlow, K. Dobriner, and T. F. Gallagher: The fate of testosterone infused intravenously in man. J. biol. Chem. **206**, 863 (1954b).
Giroud, C. J. P., J. Stachenko, and P. Piletta: Aldosterone. Boston: Little, Brown, A. F. Muller and C. M. O'Conner, ed., p. 56 (1958).
Goldstein, M., M. Gut, and R. I. Dorfman: Unpublished (1960).
Gould, R. G.: Cholesterol. R. R. Cook, ed., p. 209. New York: Academic press 1958.
Grady, H. J., W. H. Elliott, E. A. Doisy jr., B. C. Bocklage, and E. A. Doisy: Synthesis and metabolic studies of progesterone-21-C^{14}. J. biol. Chem. **195**, 755 (1952).
Haines, W. G.: Studies on the biosynthesis of adrenal cortex hormones. Recent Progr. in Hormone Res. **7**, 255 (1952).
Hayano, M., N. Saba, R. I. Dorfman, and O. Hechter: Some aspects of the biogenesis of adrenal steroid hormones. Recent Progr. in Hormone Res. **12**, 79 (1956).
Haynes, R., K. Savard, and R. I. Dorfman: An in vitro effect of ACTH. J. clin. Endocr. **12**, 972 (1952).
— — — The action of adrenocorticotropic hormone on beef adrenal slices. J. biol. Chem. **207**, 925 (1954).
Heard, R. D. H., P. H. Jellinck, and V. J. O'Donnell: Biogenesis of the estrogens: The conversion of testosterone-4-C^{14} to estrone on the pregnant mare. Endocrinology **57**, 200 (1955).
— E. G. Bligh, M. C. Cann, P. H. Jellinck, V. J. O'Donnell, B. G. Rao, and J. L. Webb: Biogenesis of the sterols and steroid hormones. Recent Progr. in Hormone Res. **12**, 45 (1956).
Hechter, O.: Cholesterol, chemistry, biochemistry and pathology. R. P. Cook, ed.,p. 309. New York: Academic Press 1958.
Hellman, L., H. L. Bradlow, J. Adesman, D. K. Fukushima, J. L. Kulp, and T. F. Gallagher: The fate of hydrocortisone-4-C^{14} (HC) in man. J. clin. Invest. **33**, 1106 (1954).
— — E. L. Frazell, and T. F. Gallagher: Tracer Studies of the absorption and fate steroid hormones in man. J. clin. Invest. **35**, 1033 (1956).
Kahnt, F. W., R. Neher, and A. Wettstein: Umwandlung von radioaktivem Cortexon in Aldosteron durch Nebennieren-Enzyme. Experientia (Basel) **11**, 446 (1955).
Kimbel, K. H., J. Willenbrink, and K. Junkmann: Verteilung und Ausscheidung von 17α-Hydroxyprogesteroncapronat an der Ratte. Acta endocr. (Kbh). **28**, 502 (1058).
Kraychy, S., and T. F. Gallagher: 2-Methoxyestrone, a new metabolite of estradiol-17β in man. J. biol. Chem. **229**, 519 (1957).
Kushinsky, S.: The isolation of products from bovine adrenal perfusion with progesterone and progesterone-4-C^{14}. Doctoral Thesis. Boston Univ., Boston, Mass. 1955.
Levitz, M., G. P. Condon, and J. Dancis: Conversion of acetate-1-C^{14} to estradiol in perfused human placenta. Fed. Proc. **14**, 245 (1955).
— J. R. Spitzer, and G. H. Twombly: Conversion of estradiol-17β-16-C^{14} to radioactive 16-ketoestradiol-17β in man. Fed. Proc. **15**, 299 (1956).
Migeon, C. J., A. A. Sandberg, A. C. Paul, and L. T. Samuels: Metabolism of 4-C^{14}-corticosterone in man. J. clin. Endocr. **16**, 1291 (1956).
Oertel, G. W., and K. Eik-Nes: In vivo conversion of 5-pregnene-3β-ol-20-one to plasma dehydroepiandrosterone (DHEA) and androsterone in the dog. Fed. Proc. **17**, 400 (1958).
Paschkis, K. E., A. Cantarow, A. E. Rakoff, L. Hansen, and A. A. Walking: Excretion in the dog of androgens and estrogens in the bile following injection of androgens. Proc. Soc. exp. Biol. (N. Y.) **55**, 127 (1944).
Pearlman, W. H., K. E. Paschkis, A. E. Rakoff, A. Cantarow, A. A. Walking, and L. P. Hansen: A note on the biliary excretion of exogenous estrogen. Endocrinology **36**, 284 (1945).
Peterson, R. E., and J. B. Wyngaarden: The physiological disposition and metabolic fate of hydrocortisone in man. Ann. N. Y. Acad. Sci. **61**, 297 (1955).
Plager, J. E., L. T. Samuels, A. Ballard, F. H. Tyler, and H. H. Hecht: Rate of metabolism of cortisol in a normal human male. J. clin. Endocr. **17**, 1 (1957).

RABINOWITZ, J. L., and R. M. DOWBEN: The biosynthesis of radioactive estradiol. I. Synthesis by surviving tissue slices and cell-free homogenates of dog ovary. Biochim. biophys. Acta **16**, 96 (1955).

RAO, B. G., and R. D. H. HEARD: Biogenesis of the Corticosteroids. II. Conversion of C^{14}-progesterone in cell-free hog adrenal preparations. Arch. Biochem. Biophys. **66**, 504 (1957).

REICH, E., and A. L. LEHNINGER: Conversion of cholesterol to corticosteroids in adrenal homogenates. Biochim. biophys. Acta **17**, 136 (1955).

REIGEL, B., W. L. HARTROP JR., and G. W. KITTINGER: Studies on the metabolism of radio-progesterone in mice and rats. Endocrinology **47**, 311 (1950).

SABA, N., and O. HECHTER: Cholesterol-4-C^{14} metabolism in adrenal homogenates. Fed. Proc. **14**, 775 (1955).

SANDBERG, A. A., and W. R. SLAUNWHITE JR.: Metabolism of 4-C^{14}-testosterone in human subjects. I. Distribution in bile, blood, feces, and urine. J. clin. Invest. **35**, 1331 (1956).

— — Metabolic fate of 11-hydroxyandrostenedione-C^{14} in human subjects. Proc. Soc. exp. Biol. (N. Y.) **96**, 658 (1957a).

— — Studies on phenolic steroids in human subjects. II. The metabolic fate and hepato-biliary-enteric circulation of C^{14}-estrone and C^{14}-estradiol in women. J. clin. Invest. **36**, 1266 (1957b).

SAVARD, K., K. ANDREC, B. W. L. BROOKSBANK, C. REYNERI, R. I. DORFMAN, R. D. H. HEARD, R. JACOBS, and S. S. SOLOMON: The biosynthesis of estrone and progesterone in the pregnant mare. J. biol. Chem. **231**, 765 (1958).

— S. BURSTEIN, H. ROSENKRANTZ, and R. I. DORFMAN: The metabolism of andrenosterone in vivo. J. viol. Chem. **202**, 717 (1953).

— R. I. DORFMAN, B. BAGGETT, and L. L. ENGEL: Biosynthesis of androgens from progesterone by human testicular tissue in vitro. J. clin. Endocr. **16**, 1629 (1956).

— — and E. POUTASSE: Biogenesis of androgens in the human testis. J. clin. Endocr. **12**, 935 (1952).

SLAUNWHITE, W. R., JR., and L. T. SAMUELS: Progesterone as a precursor of testicular androgens. J. biol. Chem. **220**, 341 (1956).

— and A. A. SANDBERG: Studies on phenolic steroids in human subjects. Arch. Biochem. Biophys. **63**, 478 (1956).

SOLOMON, S., A. L. LENZ, R. VANDE WIELE and S. LIEBERMAN: Pregnenolone, an intermediate in the biosynthesis of progesterone and the adrenocortical hormones, Abst. American Chem. Soc., 126th Meeting, New York, Sept. (1954) p. 29C.

— P. LEVITAN, and S. LIEBERMAN: Possible intermediates between cholesterol and pregnenelone in corticosteroidogenesis. Rev. Canad. Biol. **15**, 282 (1956—1957).

— R. VANDE WIELE, and S. LIEBERMAN: Synthesis of 17α-hydroxyprogesterone and androst-4-ene-3,17-dione from progesterone. J. Amer. chem. Soc. **78**, 5453 (1956).

STAPLE, E., W. S. LYNN JR., and S. GURIN: An enzymatic cleavage of the cholesterol side chain. J. biol. Chem. **219**, 845 (1956).

TRAVIS, R. H., and G. L. FARRELL: Precursors of aldosterone; in vitro studies. Fed. Proc. **17**, 324 (1958).

TWOMBLY, G. H., and E. F. SCHOENEWALDT: The metabolism of radioactive dibromoestrone in man. Cancer **3**, 601 (1950).

ULICK, S., and S. LIEBERMAN: Evidence for the occurrence of a metabolite of aldosterone in urine. J. Amer. chem. Soc. **79**, 6567 (1957).

UNGAR, F., and R. I. DORFMAN: Incorporation of C^{14} in the urinary steroids in vivo. J. biol. Chem. **205**, 125 (1953).

WERBIN, H., and G. V. LE ROY: Cholesterol — a precursor of tetrahydrocortisone in man. J. Amer. chem. Soc. **76**, 5260 (1954).

— — Cholesterol — a precursor of tetrahydrocortisone (THF) and 11-ketoetiocholanolone in man. Fed. Proc. **14**, 303 (1955).

— J. PLOTZ, G. V. LE ROY, and M. E. DAVIS: Estrogen biosynthesis from cholesterol-4-C^{14} and acetate -1-C^{14} ih the pregnant woman. Fed. Proc. **16**, 346 (1957a).

— D. M. BERGENSTAL, R. G. GOULD, and G. V. LE ROY: Evaluation of tritium-cholesterol as a tracer. J. clin. Endocr. **17**, 337 (1957b).

WEST, C. D., B. L. DAMAST, S. D. SARRO, and O. H. PEARSON: Conversion of testosterone to estrogens in castrated, adrenalectomized human females. J. biol. Chem. **218**, 409 (1956).

WOTIZ, H. H., J. W. DAVIS, and H. M. LEMON: Steroid biosynthesis by surviving testicular tumor tissue. J. biol. Chem. **216**, 677 (1955).

— — — and M. GUT: Studies in steroid metabolism. V. The conversion of testosterone-4-C^{14} to estrogens by human ovarian tissues. J. biol. Chem. **222**, 487 (1956).

ZAFFARONI, A., O. HECHTER, and G. PINCUS: Adrenal conversion of C^{14} labeled cholesterol and Acetate to adrenal cortical hormones. J. Amer. chem. Soc. **73**, 1390 (1951).

Isotope bei Untersuchungen des Mineral- und Wasserhaushaltes (außer Schwermetallen und Spurenelementen)[1]

Von

Hans Netter

Mit 5 Abbildungen

A. Einleitung

Bedeutung des physikalisch-chemischen Systems: Körpersäfte/Zelle und H_2O/Elektrolyte

Nach LEIBNIZ bleiben die „Maschinen der Natur, d. h. die Lebewesen, noch in ihren kleinsten Teilen ad infinitum Maschinen" (Monadologie § 64). Ebenso sicher aber hängen auch diese kleinsten Teile in den Organismen so untereinander zusammen, daß sie eine biologische Einheit, d. h. ein einheitlich funktionierendes System bilden: In den Zellen, Organen und den Lebewesen liegen immer wieder vergleichbare Gebilde mit charakteristischer Feinstruktur vor, z. T. mikromorphologisch darstellbar, z. T. nur aus der Funktionsweise erschließbar. Die Funktion kann grundsätzlich nur vom chemischen Standpunkt aus verstanden werden.

Physikalisch-chemisch ist die funktionstüchtige Struktur als heterogenes System mit Phasengrenzen und Membranen zu charakterisieren. Den abgegrenzten oder umschlossenen Reaktionsorten wird mit ihrer Hilfe ein geeignetes katalytisches Milieu erhalten, in dem in erster Linie das Wasser als Lösungsmittel fungiert. Da die chemischen Reaktionen sich darüber hinaus unter Verbrauch oder Bildung von Wassermolekeln vollziehen und da Wasser weiterhin als Vehikel der zum Transport benötigten oder der gebildeten Stoffe dient, ist es während des Lebens in einem ständigen Wechsel zwischen den einzelnen Abschnitten des Organismus oder zwischen ihm und seiner Umgebung begriffen. Dabei passiert es verschiedene Trennwände. Die Regulierung des Übertritts durch sie bestimmt den Normalzustand der Wasserverteilung, deren Störungen von erheblicher biologischer und medizinischer Bedeutung sind. Die Verteilung und ihre Geschwindigkeit hängen von der Art der Membranen und der Größe der Triebkräfte ab, welche dem Wasser die Bewegung erteilen.

Die Membranen besitzen schon *für das Wasser* sehr unterschiedliche *Durchlässigkeitseigenschaften*. Durch die Darmschleimhaut und die Capillarmembranen passiert es schnell, langsamer durch die bindegeweblichen Hüllen, noch langsamer durch die Haut und die Zellmembranen. Solche Unterschiede sind für den Aufbau des physikalisch-chemischen Gesamtsystems entscheidend. Die Verschiedenheiten der Trennwände äußern sich auch immer in einer sehr unterschiedlichen Durchlässigkeit für die im Wasser gelösten Stoffe. Jene selbst aber bilden eine wesentliche Komponente im physikalisch-chemischen Aufbau des Lebendigen. Schon die Semipermeabilität, d. h. die Undurchlässigkeit für alle gelösten Moleküle ohne Rücksicht auf ihre Art, bedingt eine ganz bestimmte Verteilung des Wassers auf die Räume beiderseits der Membran. Denn sie ermöglicht es, daß sich die osmotischen Kräfte der Lösung in einer Bewegung des Lösungsmittels „Wasser" betätigen können. Das geschieht immer dann, wenn dessen

[1] Herrn Prof. REINWEIN zum 65. Geburtstag gewidmet.

Aktivität beiderseits einer solchen Membran ungleich ist. Seine Aktivität wird durch alle gelösten Stoffe proportional ihrer molaren Konzentration herabgesetzt. Zwischen verschieden konzentrierten Lösungen besteht daher ein Diffusionsgefälle des Wassers von der weniger zur stärker konzentrierten Seite; es bildet die *Triebkraft der Osmose*. Für ihre Größe kommt jeweils nur das Gefälle der Konzentration jener Stoffarten in Betracht, welche von der betreffenden Trennwand zurückgehalten werden. Bei selektiv durchlässigen Membranen können sich hingegen die nicht zurückgehaltenen Stoffe ihrem eigenen Diffusionsbestreben entsprechend frei verteilen. Auf die Wasserverteilung wirkt sich also nur der osmotische Partialdruck jener gelösten Stoffarten aus, welche die betrachtete Membran nicht passieren. Der Druck, welcher auf der Seite der höheren Konzentration, d. h. der geringeren Wasseraktivität angesetzt werden muß, um den Wassereinstrom zu verhindern und Gleichgewicht herzustellen, ist identisch mit dem osmotischen Druck.

Die verschiedenen Abteilungen des Organismus werden nun durch Membranen voneinander geschieden, welche auch für die *gelösten Stoffe* sehr verschieden gut durchlässig sind. Die *Blutgefäße* gestatten nur in ihrem capillaren Bereich einen Stoffdurchtritt; er vollzieht sich relativ schnell. Hier wird wesentlich nur der Durchtritt großer Molekeln beschränkt. Es ist aber dennoch eine — praktisch allerdings sehr brauchbare — Fiktion, wenn die Capillaren weiter Gefäßbereiche als undurchlässig für Eiweiß betrachtet werden. Der die kleinen Gefäße umgebende und an die Zellen der Organe grenzende weitverzweigte capillare Spaltraum — Interstitium — ist mit interstitieller Flüssigkeit gefüllt, welche sich als Filtrat des Blutplasmas bildet und zusätzlich Stoffe enthält, die der Tätigkeit der Zellen entstammen. Der gesamte extracellulare Raum (EZ) umfaßt die Flüssigkeit des Blutes, der Lymphe und der Interstitien. Er ist durch die *Zellmembranen* von den zelligen Teilen der Organe abgetrennt. Sie umgeben den cellularen Raum und sind in erster Annäherung als semipermeabel für fast alle gelösten Stoffe anzusehen. Auch die Geschwindigkeit des Wasserübertritts wird durch sie auf weniger als den tausendsten Teil der Eigendiffusionsgeschwindigkeit des Wassers in homogener Phase herabgesetzt. Nur sehr niedrig-molekulare Stoffe werden passiv hindurchgelassen; für manche von ihnen bestehen außerdem oft und für die größeren stets besondere Mechanismen der Aufnahme. Beide so verschieden durchlässige Membranen trennen in dem Dreikammerschema für die Wasserverteilung im Organismus 3 *Kompartimente* ab: *Blut, Interstitialraum, Cellularraum.*

Die Wasserverteilung wird in diesen Räumen durch besondere Mechanismen gewahrt, die die Grundlagen zur Aufrechterhaltung des physikalisch-chemischen Systems der höheren Organismen bilden.

1. Zwischen Blut und Gewebsflüssigkeit kann als osmotische Kraft nur derjenige osmotische Partialdruck wirksam werden, der von den Kolloiden, d. h. den durch die *Capillarmembran* nicht durchgelassenen Serumproteinen erzeugt wird (*kolloidosmotischer Druck*, KOD; rund 35 cm Wassersäule beim Menschen). Er bewirkt einen Wassereinstrom in das Capillarsystem. Ihm gegenüber ist die Kraft des Blutdruckes wirksam, welcher eine Ultrafiltration des Plasmas durch die Capillarmembran anstrebt. Er liegt im arteriellen Teil der Haargefäße über, im venösen Teil unter dem Wert des KOD. Daher wird im Anfang nahezu eiweißfreies Ultrafiltrat durch den Blutdruck aus der Strombahn herausgedrückt, während unterhalb des Gleichgewichtspunktes beider Kräfte der Kolloiddruck überwiegt und nunmehr Flüssigkeit in die Gefäße zurücktritt. Man kann schätzen, daß im Laufe eines Tages beim Menschen etwa 50—70 l Flüssigkeit in diesem *extracapillaren Wechsel* das Blut verlassen und wieder zu ihm zurückkehren, nachdem sie den Intercellularraum durchspült haben. Obwohl aber der Weg vom Blut zur Zelle durch diesen Raum geht, ist der capillare Flüssigkeitswechsel für die Ernährung der Zellen von untergeordneter Bedeutung, verglichen mit der direkten Diffusion der Stoffe aus der Blutbahn zur Zelle. Der Druckantagonismus an der Capillarwand dient vielmehr der Regulation einer normalen Wasserverteilung

zwischen beiden Räumen. Störungen im Sinne einer Ödembildung oder einer Exsiccose können daher auf relative Veränderungen des Blutdruckes, des Kolloiddruckes und der Durchlässigkeit der Capillarwand beruhen.

2. Die *Zellmembranen* sind schon für diejenigen niedrigmolekularen Stoffe, welche den osmotischen Druck der Körperflüssigkeiten und des Zellplasmas erzeugen, undurchlässig. Daher werden die osmotischen Wasserbewegungen an ihnen im Gegensatz zu den Capillarmembranen durch den *gesamtosmotischen Druck* bestimmt und nicht durch den Teildruck der Proteine, welcher in dem Blutplasma weniger als $^1/_{300}$ des Gesamtdruckes beträgt. Dabei dürfte die Verteilung an der Zellmembran mindestens angenähert der Einstellung eines osmotischen Gleichgewichtes entsprechen, weil die Geschwindigkeit der Wasserverteilung durch die sehr große Oberflächenentfaltung der zelligen Gewebe immer recht hoch im Vergleich zur Geschwindigkeit der Bildung und des Abtransportes der Stoffwechsel-Anfangs-, Zwischen- und Endprodukte ist.

Eine in neuerer Zeit öfter diskutierte, aber selten experimentell bestätigte *geringe Erhöhung* des osmotischen Druckes *im Zellraum* gegenüber der Außenflüssigkeit könnte mehrere Ursachen haben:

a) Erhöhte Organtätigkeit kann die *Spaltung hochmolekularer Vorratsstoffe* in niedrigmolekulare Metabolite und damit die Zahl der im gleichen Raum gelösten Teilchen so steigern, daß infolge ihrer mindestens vorübergehend großen Entstehungsgeschwindigkeit das osmotische Gleichgewicht in der Richtung eines erhöhten Druckwertes verschoben wird.

b) Es kann bei einigen Zellen und muß bei anderen mit der Möglichkeit einer *aktiven Wasserbewegung* entgegen einem osmotischen Gefälle gerechnet werden. Wahrscheinlich ist dieser Fall im mehrzelligen tierischen Organismus praktisch auf die Tubuluszellen der Niere und auf einige andere sekretorisch tätige Organe wie die Speicheldrüsen beschränkt. Nichtosmotische Wasserbewegungen könnten durch elektrische Kräfte, Quellungskräfte und solche der chemischen Bindung, z. B. bei sich gesetzmäßig umbauenden Proteinen, sowie durch Temperaturgradienten (Thermosmose) hervorgebracht werden.

c) Ein *Donnangleichgewicht* müßte zu einer Erhöhung des osmotischen Druckes auf der Seite der größeren Kolloidionenaktivität, d. h. im allgemeinen im Zellinnern führen. Dieser Überdruck würde durch die diffusiblen Elektrolyte erzeugt; bei den cellularen Systemen wirkt er sich aber in der Norm nicht aus, da ein Übertritt beider entgegengesetzt geladener Partner der Elektrolyte gewöhnlich nicht stattfindet oder durch besondere Mechanismen äquilibriert wird. Gerade aber dieses Verhalten der Elektrolyte bedingt die osmotische Stabilität der Zellen und damit die des allgemeinen physikalisch-chemischen Systems der Organismen (s. S. 1246).

Um die wesentlichen *Grundzüge einer osmotischen Zellstabilisierung* verstehen zu können, muß von der Tatsache ausgegangen werden, daß der osmotische Druck in den Zellen und der Gewebeflüssigkeit zu über 90% durch Elektrolyte, d. h. durch die Summe der freien niedrig-molekularen Anionen und Kationen gedeckt wird, wobei die Größe der Äquivalente aller Anionen und Kationen natürlich die gleiche ist. Danach ist offenbar die Aufrechterhaltung der Wasserverteilung und damit der Zellvolumina an die Regulation des Elektrolytgehaltes gebunden.

Wenn man von der Tatsache ausgeht, daß das Zellinnere wegen der größeren Menge an gelösten oder strukturbildenden Eiweißen auch eine größere Zahl an strukturell im Cytoplasma fixierten Ladungen, zur Hauptsache anionische, besitzt, dann sind bei der Gegenwart der *diffusiblen Elektrolyte* die Bedingungen für das Eintreten eines *Donnangleichgewichtes* gegeben.

Die ihm eigentümliche Verteilung der Ionen geht aus dem folgenden Schema hervor, bei dem vom anionischen Zustand der Proteine (P^-Na^+; $p_H > IP$) mit der Konzentration an Na^+ (z) ausgegangen sei und außerdem NaCl als diffusibles Fremdsalz in der Konzentration $x + y$ auf der eiweißfreien Seite der Membran (M) hinzugefügt werde.

i		M	a		
P^{z-}	Na^+ (z)		Na^+ ($x + y$)	Cl^- ($x + y$)	Anfang
P^{z-}	Na^+ (z)		Na^+ (x)	Cl^- (x)	Gleichgewicht
Cl^- (y)	Na^+ (y)				

Zur Erreichung des Gleichgewichtes muß bei als gleichbleibend vorausgesetztem Volumen eine solche Menge an Na^+ und Cl^- nach links übertreten, daß hier die Konzentration y entsteht. Im Donnangleichgewicht gilt nun für alle anwesenden diffusiblen Ionen:

$$[Na^+_i] \cdot [Cl_i^-] = [Na^+_a] \cdot [Cl^-_a]; \text{ bzw.: } (y + z) \cdot y = x^2 \qquad (1)$$

Da in der letzten Gleichung die Faktoren links verschieden voneinander sind, muß die Summe der Faktoren hier größer als auf der rechten Seite (x^2) sein, wie auch die Summe der Seitenlängen eines Rechtecks größer als die eines inhaltsgleichen Quadrates ist. Beispiel:

$$(2 + 16) \cdot 2 = 6 \cdot 6 = 36 \text{ und } 2 + 16 + 2 > 6 + 6$$

Ein solches System hätte also im *Innern einen höheren osmotischen Druck*, es würde in reiner Salzlösung ad infinitum Wasser aufnehmen, bzw. dadurch vorher zerstört werden, wenn nicht durch einen Gegendruck von der Innenseite her ein Wassergleichgewicht eingestellt würde.

Dieses Dilemma würde am einfachsten dadurch vermieden, daß die Zellen für Salze undurchlässig wären, denn bei fehlendem Salzübertritt ist die Einstellung eines Wassergleichgewichtes entsprechend dem osmotischen Druck leicht möglich. Phänomenologisch besitzen die Zellen in ihrer *Semipermeabilität* diese Eigenschaft. Tatsächlich liegen die Verhältnisse aber komplizierter:

a) Bei den *Erythrocyten* liegt nach den alten Erfahrungen eine praktische Undurchlässigkeit nur für Kationen, nicht aber für Anionen vor. Eine Salzdurchlässigkeit ist damit schon nicht mehr möglich. Eine solche *selektive Ionendurchlässigkeit* wird also den Zellen eine osmotische Stabilität sichern.

b) Am *Muskel* ergab sich, daß seine Membranen sowohl für K^+ als für Cl^- durchgängig sind, und außerdem, daß eine derartige Verteilung besteht, wie sie nach dem Donnangleichgewicht erwartet werden kann:

$$\frac{[K^+_i]}{[K^+_a]} = \frac{[Cl^-_a]}{[Cl^-_i]} \cong 40$$

Auch in diesem Fall läßt sich ein Wassergleichgewicht dann erhalten, wenn sowohl außen wie innen der gleiche Gehalt an entgegengesetzten, aber indiffusiblen Ladungen vorliegt; denn nun würden *2 in entgegengesetzter Richtung wasseranziehende Donnansysteme* durch die Zellmembran abgetrennt.

Das Schema (Abb. 1) stellt dar, daß das Innere die anionischen Ladungen der Struktureiweiße und vor allem der organischen nicht diffusiblen Phosphorsäureverbindungen enthält. Sie bewirken, daß die diffusiblen gleichgeladenen Ionen (Coionen) — wie im obigen Beispiel Cl^- — zum überwiegenden Maße nach außen treten und selbst durch die diffusiblen Gegenionen, nämlich hier durch K^+-Ionen äquilibriert werden. Gleichzeitig würde Wasser osmotisch nach innen tendieren. Dieser Tendenz wirkt nun das 2. Donnansystem entgegen, welches dadurch zustande kommt, daß das Na^+ außen verbleibt, praktisch also als nicht diffusibles Kation zu betrachten ist. Es würde durch das diffusible Cl^- außen neutralisiert und würde die diffusiblen Coionen, nämlich die des K^+, nach innen verdrängen und schließlich Wasser nun osmotisch nach außen ziehen. Letzteres ermöglicht die Einstellung des Wassergleichgewichtes in der Ruhe. Die zuerst genannte Verteilung der Ionen entspricht jener, welche bereits durch das Donnangleichgewicht mit den nicht diffusiblen Anionen des Zellinneren verlangt wird.

Wahrscheinlich kann vorstehendes Grundschema auch auf andere Zellen übertragen werden. Es läßt noch einige Fragen des cellulären Elektrolytstoffwechsels offen, deutet aber außer der osmotischen Zellstabilität vor allem die eigentümlichen Verhältnisse, welche sich bei der Untersuchung der Ionenverteilung immer wieder ergeben haben:

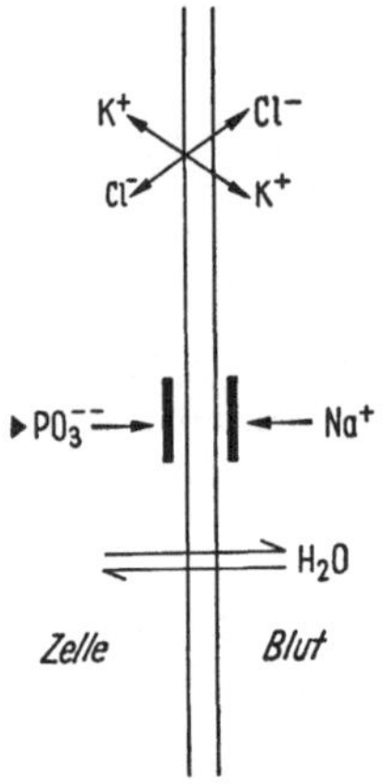

Abb. 1. Schema der Ionenverteilung an der Muskelmembran

1. K^+ wird allgemein als das *Hauptkation des Zellinnern* angetroffen. Hier kommt es beim Säugetier in einer Konzentration von rund 140 mäq/l vor; dabei ist es im Gleichgewicht mit dem K^+ der Körpersäfte, dessen Konzentration hier etwa 4 mäq/l beträgt. Dagegen ist das Innere einer ruhenden Zelle praktisch frei von Na^+, dem Hauptkation der Flüssigkeiten im extracellularen Raum, in dem seine Konzentration wieder etwa 140 mäq/l ausmacht.

2. Diese Verteilung kann formal in der oben durchgeführten Art als ein doppeltes Donnangleichgewicht beschrieben werden. Dabei kann aber die Membran nicht für jedes Ion als ein passives Hindernis oder als geöffnete Schranke angesehen werden. Es wird durch jene Formulierung nur ein Als-Ob-Verhalten dargestellt. Tatsächlich ist ein besonderer energieverzehrender Mechanismus in oder an der Membran am Werke, welcher sie gegen das von außen eindringende Natrium abschirmt. Die Membran ist nicht passiv dicht; im Gegenteil: es findet ständig ein aus physikalischen Gründen offenbar unvermeidbarer Na-Einfluß (Na-Influx) statt. Er wird in der Ruhe aber durch einen gleich stark wirksamen Na-Ausstrom (Na-Efflux) wieder aufgehoben; dieser Ausstrom ist gegen das Gefälle der Na-Aktivitäten beiderseits der Membran gerichtet. Er gebraucht daher Energie. Die hier tätige *Ionenpumpe* ist das Werkzeug eines sog. aktiven Transportes. Die Impermeabilität, welche das ganze System in der osmotischen Stabilität erhält, ist also selbst eine dynamische Erscheinung: die *Selektivität biologischer Membranen* ist daher nicht als passive Eigenschaft, etwa wie bei einer Austauschermembran zu betrachten.

3. Während einer *Erregung* wird die Durchgängigkeit für Na^+ erheblich gesteigert; ein Na-Efflux findet nicht statt, dafür aber tritt K^+ aus. Zeitlich ist der nun noch geschwindere Na^+-Einstrom dem K^+-Ausstrom vorgelagert.

Der zeitliche Ablauf der *Aktionsspannung* bringt beim Muskel oder Nerven diese Verhältnisse zum Ausdruck. Während des Erholungsvorganges wird dann durch verstärkten Na-Efflux das eingedrungene Na^+ zusammen mit dem ebenfalls übergetretenen Wasser wieder aktiv herausgeschafft. Es handelt sich bei diesen Vorgängen um die Bewegung äußerst geringer Mengen an den entsprechenden Ionen, die nur mit modernen physikalischen Methoden erfaßbar wurden. Gleichzeitig aber liegen hier Vorgänge vor, welche für die Erhaltung des normalen Lebens der Zellen essentiell sind. Daher wird sich eine Störung in der energieliefernden und energieübertragenden Funktionsstruktur unmittelbar in Störungen der normalen Ionenverteilung äußern, d. h. die Zellen werden zunächst leck für Natrium.

4. In einem häufig nur entfernten Zusammenhang mit dem hier entwickelten physikalisch-chemischen Grundsystem stehen zahlreiche Funktionen, die von der Gegenwart der Mineralien abhängen.

a) Die Ionen sind als Träger von Ladungen für die Größe der elektrischen *Leitfähigkeit* in den biolektrischen oder künstlich angelegten elektrischen Feldern verantwortlich. Die Behinderung ihrer Bewegung verringert erstere und schafft Widerstände namentlich an Membranen, die dadurch gleichzeitig polarisiert und somit zur Quelle neuer *Potentiale* werden. Letztere können ohne angelegte Spannung besonders an Membranen als Diffusionspotentiale auftreten.

b) Die Erregbarkeit von Nerven und Muskeln hängt von der ionalen Zusammensetzung der interstitiellen Flüssigkeit, d. h. des sog. inneren Milieus ab; ein normales Verhalten setzt eine *normale Ionenmischung* bei geeignetem p_H-Wert voraus.

c) Die biologische *Bedeutung der Einzelionen* zeigt sich in der „regulierenden" Beeinflussung von Zellvorgängen.

Ihr Einfluß kann katalytischer, kolloidchemischer und rein chemischer Natur sein. Beispiele sind die erhebliche Veränderung der Enzymtätigkeit mit Variationen des p_H-Wertes, außerdem die Notwendigkeit einer gewissen Gesamtionenkonzentration (*Ionenstärke*) für den Ablauf der *Fermentreaktionen*. Sehr oft werden bestimmte Ionen benötigt, wie Cl^- bei der Speichel (α-)-Amylase, K^+ bei der Pyruvatkinase oder der Glykogensynthese oder Mg^{2+} für die Phosphat-übertragenden und damit für die Mehrzahl der bei der Glykolyse beteiligten Enzyme. Die Blutgerinnung, speziell die Bildung des Thrombins, erfordert die Gegenwart von Ca^{2+}-Ionen, ebenso die Ausfällung des bei der Wirkung des Labfermentes aus Casein entstandenen Paracaseins. Beispiele für eine kolloidchemische Wirkung auf die Gewebe sind die Quellungen und Schrumpfungen bei gleichem p_H-Wert, die in der lyotropen Reihe der Ionen in ähnlicher Weise wie bei der Gelatine-Quellung zum Ausdruck kommen. Speziellere Wirkungen sind nur noch z. T. als lyotrop anzusehen. Schon die Unentbehrlichkeit des Na^+ für die Weiterleitung der Erregung, die des Ca^{2+} für die Erregungsübertragung an den Synapsen und die hier angreifende antagonistische Wirkung des Mg^{2+} erfordern spezielle Vorstellungen, ebenso die Bedeutung des K^+ für die Erzeugung des Ruhestroms und die Restitutionsvorgänge nach einer Erregung. Erregbarkeitsdämpfend wirkt Ca^{2+}, fördernd K^+. K^+-Mangel verursacht eine Lähmung (Paroxysmale Lähmung), ebenso K^+-Überschuß. Ca^{2+}-Mangel führt zur Tetanie; Ca^{2+}-Überschuß im Plasma ist ein Zeichen erhöhter Mobilisierung der Knochensalze. Der Knochen kann als Reservoir für Phosphat- und Ca-Ionen angesehen werden. Schon daraus ergibt sich, daß auch seine anorganische Struktur, welche durch Hydroxylapatit gebildet wird, nicht tot ist, sondern einem Stoffwechsel unterliegt, dessen Größe im Zustande besonderer Beanspruchung wie während des Wachstums der Zähne oder der Knochen oder bei der Bruchheilung von erheblichem Interesse ist.

Wenn schließlich an die Vorgänge bei der Resorption der Mineralien und bei ihrem *Transport*, ihrer Ablagerung unter normalen und pathologischen Umständen und an die *Sekretion* der Körpersäfte einschließlich der Milch gedacht wird, so ergibt sich, daß der *Wechsel der Mineralien und des Wassers* im engsten *Zusammenhang mit den übrigen chemischen Leistungen* des Organismus steht und auch von dieser Seite aus betrachtet werden muß. Alle diese Vorgänge aber lassen sich nicht erschöpfend und gerade nicht in ihren entscheidenden Feinheiten allein mit Hilfe der klassischen Methoden verfolgen. Es ist kein Zufall, daß eine der ersten Fragestellungen, welche unter Einsatz isotop markierter Verbindungen untersucht wurden, die nach der Verteilung des Wassers auf die verschiedenen Räume des Organismus war.

B. Isotope bei der Untersuchung des Wasserhaushaltes und des Wasserwechsels

1. Physikalischer Zustand und isotope Wassermolekeln

Der *physikalische Zustand des Wassers* ist bemerkenswert, denn er weicht von dem der Schwefel-, Selen-, Tellurhydride darin ab, daß diese im Gegensatz zum Wasser bei Zimmertemperatur noch gasförmig sind. Der flüssige Aggregatzustand des Stoffes, der $^2/_3$ der Erdoberfläche in einer mittleren Schichthöhe von 3,5 km bedeckt und in dem sich auch das Leben entwickelte, ist für den Ablauf der biochemischen Reaktionen erforderlich. Er beruht auf der Ausbildung molekularer Aggregate von mikrokristalliner Anordnung. Sie kommen durch die polaren Eigenschaften der Einzelmoleküle und durch die Ausbildung von Wasserstoffbrücken zwischen den Sauerstoffatomen benachbarter Wassermolekeln zustande.

Eine nähere Analyse zeigt, daß bei Körpertemperatur Aggregate besonders aus 2, 4 und immer noch zu etwa 10% aus 8 Wassermolekeln neben etwa 15% Einzelmolekeln vorliegen. Die relativ weiträumigen, höheren Aggregate werden durch Temperatursteigerung, Drucksteigerung sowie durch Steigerung der Konzentration gelöster Ionen wesentlich vermindert. Desaggregiertes Wasser lagert sich an geladene Grenzschichten in relativ dichter Packung an. In ähnlichem Zustand findet es sich in den hydratisierten Eiweißkörpern.

Chemisch gesehen ist das natürlich vorkommende Wasser ein Gemisch von etwa 18 verschiedenen Wassermolekeln, welche durch den Aufbau aus den einzelnen *Isotopen des Wasserstoffs und Sauerstoffs* gebildet werden, von denen der schwere Wasserstoff, das Deuterium ^2_1H bzw. D, das wichtigste ist. In sehr kleinen Mengen wird auch der überschwere Wasserstoff, das Tritium, ^3_1H bzw. T angetroffen, dessen Kern außer dem Proton noch 2 Neutronen enthält. Vom Sauerstoff existieren die stabilen Isotopen $^{16}_8O$, $^{17}_8O$, $^{18}_8O$. Vom Gesamtwasser sind 99,73% aus H_2O aufgebaut. ^{17}O und ^{18}O kommen in einer Häufigkeit von 0,04, bzw. 0,2% im natürlichen Wasser vor. $^{18}OH_2$ ist also unter den atypischen Wassermolekeln die am meisten vertretene Komponente. ^{14}O und ^{15}O sind künstliche Isotope mit der sehr kurzen Halbwertszeit von 1,3 bzw. 1,1 min. Von D_2O ist in natürlichem Wasser etwa $^1/_{6000}$ vorhanden. Es ist in seinen vom gewöhnlichen Wasser abweichenden Eigenschaften am besten charakterisierbar. Man gewinnt es entweder durch massenspektrographische Abtrennung oder durch Trennung bei der Elektrolyse wäßriger Lösungen (SCHACHINGER, 1955). Sein Schmelzpunkt liegt bei 3,82°, der Siedepunkt bei 101,42° C. Seine Dichte ist 1,1056 bei 20°. Das Dichtemaximum liegt bei 11,6° (statt bei 4° für H_2O). Die Oberflächenspannung ist mit 67,8 wenig geringer als bei H_2O mit 72,7 dyn/cm. Der Brechungsindex (n) ist für die Na-D-Linie bei D_2O 1,328, bei H_2O 1,333; für die grüne Hg-Linie (546 mμ) 1,32964, bei H_2O 1,33447 bei 20° C.

Schweres Wasser ist weniger dissoziiert als gewöhnliches. Das Ionenprodukt beträgt bei ihm $1{,}9 \cdot 10^{-15}$ gegenüber 10^{-14} für H_2O bei 21°. Der Neutralpunkt in reinem D_2O läge also bei einem pD ($= -\log [D^+]$) von 7,34. Die Dissoziationskonstanten schwacher Säuren sind dementsprechend in D_2O kleiner als in H_2O. Auch die Löslichkeit von Elektrolyten ist gegenüber H_2O zum Teil bis über 30% herabgesetzt und nur in wenigen Fällen größer. In organischen Lösungsmitteln ist die Sättigungskonzentration für D_2O im allgemeinen kleiner als für Wasser (KIRSCHENBAUM, UREY, MURPHY, 1951).

2. Zur Bestimmung von D_2O und HTO

Die *Bestimmung deuteriumhaltiger Verbindungen* und speziell des Deuteriumoxyds D_2O erfolgt entweder mit dem Massenspektrometer, durch Infrarotabsorption und besonders durch die Messung der Dichte des betreffenden Wassers. Die interferometrische Methode ist gegenüber Verunreinigungen sehr empfindlich und wird daher kaum noch benutzt.

Zur Ermittlung der Dichteunterschiede werden folgende Methoden angewandt (vgl. SCHACHINGER, 1955):

a) *Pyknometrische.* Sehr genau bekanntes Leervolumen des Pyknometers erforderlich; für die Feststellung des spezifischen Gewichtes mit Pyknometern ist sehr gute Temperaturkonstanz notwendig.

b) *Fallrohrmethode.* Gute Temperaturkonstanz erforderlich, Vorteil: geringer Substanzbedarf. Hierbei erfolgt die Messung der Fallzeit eines Tropfens der Wassermischung in wenig leichterem mit Wasser unmischbaren organischen Medium, das durch Mischung geeigneter Flüssigkeiten hergestellt wird.

c) Im *Dichte-Gradientenrohr* wird nicht die Fallgeschwindigkeit bei gleichbleibendem Medium, sondern die Schwebehöhe beim Gleichgewicht in einem Rohr bestimmt, das mit Flüssigkeitsgemischen einer von unten nach oben kontinuierlich abnehmenden Dichte gefüllt ist. Der Dichtegradient wird durch Eichung mit Tropfen bekannter H_2O/D_2O-Mischung bestimmt (Substanzbedarf sehr gering; Genauigkeit bis 1% bei 0,1 Gewichtsprozent D.).

d) Die *Schwimmermethoden* arbeiten sehr genau. Es wird ein Hohlkörper mit Luft und Flüssigkeit, z. B. auch Quecksilber, so gefüllt, daß er in einer Außenflüssigkeit geeigneter Dichte schwebt. Vermehrung des Flüssigkeitsgehaltes durch Kompression des abgeschlossenen Systems oder durch Temperaturherabsetzung führt zum Sinken, die entgegengesetzte Veränderung zum Steigen. Steigerung der Dichte außen bewirkt Aufsteigen des Schwebekörpers. Es wird derjenige Druckanstieg bei konstanter Temperatur oder derjenige Temperaturanstieg bei konstantem Druck gemessen, bei dem in einer solchen Flüssigkeit wieder das Schwebegleichgewicht erreicht wird. Die Temperatur- oder Druckänderungen sind lineare Funktionen der Dichte. Wenn der Schwimmer mit dem zu untersuchenden Gemisch verschieden schweren Wassers gefüllt wird, während die Außenflüssigkeit aus gewöhnlichem besteht, ist der Bedarf an Flüssigkeit relativ klein zu halten. Im übrigen steht der sehr hohen Genauigkeit der Schwimmermethode ein ziemlich großer Stoffbedarf zur Analyse gegenüber. Bei einer elektromagnetischen Methode wird der mit einem Anker versehene Schwimmer mittels einer stromdurchflossenen Drahtschleife am Boden des Gefäßes gehalten. Verringerung der Stromstärke führt zum Schwebegleichgewicht in der Flüssigkeit. Die dazu notwendige Herabsetzung der angelegten Spannung ist der Dichte umgekehrt proportional.

Von HAIGH wurde 1956 die Methode der *Photoneutronenmessung* zur Bestimmung des Deuteriums eingeführt: Aus D_2O werden durch γ-Strahlen einer Energie über 2,23 MeV, z. B. aus ^{24}Na, Neutronen freigesetzt. Die Zahl der so freigemachten Neutronen ist der Zahl der vorliegenden Deuteriumkerne proportional. Jene selbst werden mit Neutronenzählern oder mit Indium- oder Mangandioxydsonden gezählt. Die Empfindlichkeit reicht bis 0,02% D_2O in H_2O, wobei noch eine Genauigkeit von $\pm$ 2,0% erreicht wird. Der γ-Strahlenlieferant ^{24}Na muß frei von ^{9}Be sein, da dessen Photoneutronenschwelle schon bei 2,76 MeV liegt.

Vor Ausführung der Analysen ist das Wassergemisch durch die einmalige gründliche *Vakuumdestillation* bei 0,5–0,05 mm Hg von gelösten Stoffen oder Spuren organischer Lösungsmittel zu befreien. Dabei wird das übergegangene Wasser in einer Kältemischung kondensiert. Der Übergang muß vollständig erfolgen, damit wegen ihrer verschiedenen Flüchtigkeit keine Veränderungen des Verhältnisses der Isotopen eintritt.

Andere Deuterium-haltige Substanzen müssen zur Verbrennung in D_2O überführt werden, welches anschließend mit Hilfe der aufgezählten Methoden bestimmt wird. Die Verbrennung erfolgt nach den Regeln der Elementaranalyse. Benötigt werden mindestens 100–300 mg Substanz. Der zur Verbrennung benutzte O_2 muß frei von H_2 und trocken sein.

Tritium (^3H oder T), meistens aus Li durch einen n,α-Prozeß gewonnen, ist ein β-Strahler mit einer Halbwertszeit von 12,5 a. Die Strahlenenergie ist sehr niedrig, die Selbstabsorption daher hoch. Die Impulszählung kann aus diesem Grunde nur an dünnen Schichten erfolgen, deren konstante Herstellung so schwer praktikabel ist, daß tritiumhaltige Gase oder Dämpfe im allgemeinen direkt in das Zählrohr eingeführt werden müssen, wenn man nicht mit der Ionisationskammer messen will. Gewöhnlich wird das umständliche Verfahren der jedesmaligen Füllung des Zählrohrs benutzt. Es können auch Durchflußzählrohre verwendet werden. Wasserdampf einzufüllen, bietet wegen seiner hohen Adsorption Nachteile (memory-effect); deswegen wird T durch relativ einfache Manipulationen in weniger polare Gase wie mit Calciumcarbid in Acetylen oder mit der Grignard-Verbindung Butylmagnesiumbromid ($n\text{-}C_4H_9MgBr$) in Butan übergeführt und in dieser Form gemessen (GLASCOCK, 1955). T ist wegen seiner geringen β-Energie gut für das autoradiographische Nachweisverfahren geeignet (vgl. GRAUL u. HUNDESHAGEN 1957, 1959).

3. Isotopieeffekte bei den Elementen des Wassers

Vor Einsatz des D_2O oder THO zur Untersuchung des Wasserwechsels und seiner Beteiligung an chemischen Reaktionen muß der Einfluß sowohl der *Isotopie-Effekte* wie der des Deuterium-Tausches zwischen D_2O und den H-Atomen der organischen Verbindungen diskutiert werden, da beide Vorgänge beim Deuterium grundsätzlich besonders deutlich in Erscheinung treten können.

Isotopie-Effekte beruhen auf dem unterschiedlichen Gewicht bei gleichen chemischen Eigenschaften der Isotope. Die größte Gewichtsdifferenz ist zwischen ^{1}H und ^{3}H zu erwarten, die geringste unter den Elementen der Ordnungszahl 1 zwischen ^{2}H und ^{3}H. Die Effekte machen sich sowohl bei der Einstellung von Gleichgewichten als auch besonders bei der Feststellung von Reaktions- oder Umwandlungsgeschwindigkeiten bemerkbar.

a) Geänderte Verteilungsgleichgewichte

Das schwere Isotop des Wassers reichert sich aus einem deuterium- und besonders aus einem tritiumreichen Wasserstoffgas in Wasser an, da der *Verteilungskoeffizient* zwischen Wasser und Wasserstoff für Deuterium 3,7fach und für Tritium 6,3fach höher zugunsten des Wassers ist und sich die Reaktion: $H_2O + HD \rightleftharpoons HDO + H_2$ vollzieht.

Zwischen gewöhnlichem und schwerem Wasser findet, beschleunigt durch die einfache Dissoziation der H_2O-Molekeln, ein Austausch nach folgendem Schema statt:

$$H_2O + D_2O \rightleftharpoons HDO + HDO$$

Dessen Gleichgewichtskonstante:

$$K = \frac{[H_2O] \cdot [D_2O]}{[HDO]^2} = \frac{[DDO]}{[HDO]} \Big/ \frac{[DHO]}{[HHO]} \cong 4 \qquad (1)$$

ist mit 4 ein Ausdruck der Tatsache, daß das Verhältnis D : H der Atome, die an OD gebunden sind, viermal größer ist als bei den an OH gebundenen.

Dieses von der Temperatur abhängige Verhältnis kann unter Berücksichtigung der verschiedenen Trägheitsmomente und Schwingungsfrequenzen für die aus verschieden schweren Kernen aufgebauten, im übrigen aber chemisch gleichartigen Molekeln theoretisch erfaßt werden. Dabei ergibt sich wieder, daß im Gegensatz zum Wasserstoff schon bei Austauschreaktionen mit isotopen C-, N-, O- oder S-Atomen die Konstante K nur um wenige Prozent von 1 verschieden ist. Weiter ist dem zugehörigen quantenmechanischen Ansatz die Regel (UREY) zu entnehmen, daß das schwerere Isotop sich bevorzugt in derjenigen Molekel aufhält, welche mehr thermische Bewegungsfreiheitsgrade besitzt (vgl. WALCHER, 1957). Dementsprechend liegt das Gleichgewicht der folgenden Vorgänge ein wenig auf der rechten Seite:

1. $H_2{}^{18}O + (C^{16}O_2{}^{16}O)^{2-} \rightleftharpoons H_2{}^{16}O + (C^{16}O_2{}^{18}O)^{2-}$ ($K = 1{,}0220$ b. 0°C bzw. 1,0176 b. 25°C)
2. $^{15}NH_{3fl} + {}^{14}NH^{+}_{4} \rightleftharpoons {}^{14}NH_{3fl} + {}^{15}NH^{+}_{4}$

Die Temperaturabhängigkeit der Konstanten in Reaktion 1) gestattete es UREY, aus den Isotopenverhältnissen $^{18}O : {}^{16}O$ in $CaCO_3$-Schalen z. B. der Belemniten aus Sedimenten der Triasformation die Temperatur zu berechnen, welche bei der Abscheidung der Schale geherrscht hat. Auch die zu den Abscheidungsschichten gehörenden jahreszeitlichen Schwankungen der Temperatur konnten auf diese Weise ermittelt werden. Die Temperaturen lagen zwischen 15° und 21° C.

b) Geänderte Reaktionsgeschwindigkeiten

Wegen ihres steady-state-Charakters kommen bei biochemischen Abläufen die kinetischen Effekte, d. h. die *Geschwindigkeitsunterschiede* beim Vergleich isotop-gezeichneter Molekeln besonders in Frage. Deuterierte Verbindungen und besonders solche mit überschwerem Wasserstoff besitzen fast durchweg eine geringere Umsatzgeschwindigkeit als die mit gewöhnlichem Wasserstoff aufgebauten. So wird z. B. die Dehydrierung zum Aldehyd durch Br_2 beim Äthanol mit vollständiger Tritiummarkierung in der Methylgruppe auf 0,57 der Normalgeschwindigkeit herabgesetzt, oder die Bromierung von Nitromethan erfolgt schneller als die von Deuteronitromethan und die von Acetylen mit Carbiden läuft schneller als die von Deuteroacetylen bei Verwendung von D_2O. SCHWAB u. Mitarb. (1959) fanden bei der Dehydrierung von Dideuteroäthanol zu Äthylen mit anschließendem Tausch der Deuteronen im Wasser, daß D aus einer CHD-Gruppe leichter als aus $-CD_2$ austritt. Dabei sind die Geschwindigkeitsunterschiede größer, als nach dem geringen Massenunterschied beider Gruppen zu erwarten gewesen wäre $\left(1 - \sqrt{\frac{15}{16}} \cong 0{,}03\right)$.

SONDERHOF und THOMAS (1937) sahen schon früh, daß der Umsatz der Deuteroessigsäure bei Hefen um etwa 20% langsamer als der der gewöhnlichen Essigsäure erfolgte. Die Dehydrierung der Dideuterobernsteinsäure an der Succinodehydrogenase geschieht vergleichsweise noch langsamer (THORN 1951).

Obwohl Unterschiede zwischen der *Umsatzgeschwindigkeit* von D- und T-haltigen Verbindungen *im Stoffwechsel* allgemein auf kinetische Isotopeneffekte zurückzuführen sind, ist die Deutung entsprechender Versuchsergebnisse am Tier oft schwierig. THOMPSON und BALLOU (1954) fanden bei gleichzeitiger Injektion von D_2O und T_2O an Ratten nach 5 Wochen im Fett, Gehirn und Muskel eine nur geringe Bevorzugung des D-Einbaues. GLASCOCK und DUNCOMBE (1954) gaben Muttertieren und den Jungen nach der Geburt ebenfalls beide Wasserarten. Das T/D-Verhältnis betrug nach 14 Tagen 1,0 im Blut, 0,79 in den Fettsäuren der Jungtiere und 0,87 in der Leber der Muttertiere und 0,775 in der Milchdrüse. Danach wird die Verschiedenheit verständlicherweise am deutlichsten bei solchen Stoffen, welche, wie die Fette, durch reduktive Synthese im Organismus entstanden sind. Diese Gesetzmäßigkeit ist von den Autoren exakt formuliert worden. VERLY, DU VIGNEAUD u. Mitarb. (1952) fanden nach Fütterung von D- und T-haltigem ^{14}C-Methanol im daraus entstandenen Cholin einen stärkeren Schwund von D als von T. Leichter verständlich ist wieder die Tatsache, daß T-markierte Chinolinsäure im Stoffwechsel deutlich langsamer als normale umgesetzt wird (HANKES und SEGEL). Andererseits wird T-markiertes Cholesterin im Körper so mit dem in vivo synthetisch entstandenen vermischt, daß beide nicht unterscheidbar sind (HELLMAN u. Mitarb. 1955). Die biologische Halbwertszeit des Cholesterins im Serum ist etwa eine Woche. Der D-Gehalt des Cholesterins von Eiern D_2O-gefütterter Hennen betrug bis zum 32. Tage 0,6 Atom-%, am 44. Tage waren es nur noch 0,06% D (RICE u. Mitarb. 1952). Nach CHINARD und ENNS (1954) ist die Geschwindigkeit des Durchtritts durch die Capillarwand für T_2O und D_2O mit 0,99 : 1,0 praktisch gleich groß.

Die *Reaktionsgeschwindigkeiten* normaler Verbindungen *in schwerem Wasser* sind oft, aber keineswegs immer herabgesetzt. Die Bromierung von Nitromethan oder die Ketoenolumwandlung läuft z. B. in T_2O bis zu vierfach langsamer als in gewöhnlichem Wasser ab. Auch die Mutarotation von Glucose vollzieht sich in D_2O etwa mit der halben Geschwindigkiet.

Schon vor längerer Zeit wurde der Einfluß von D_2O auf *Fermentreaktionen* untersucht. BONHOEFFER (1937) fand z.B. die Spaltung von Salicin unter Emulsinwirkung herabgesetzt, die von β-Methylglykosid jedoch gesteigert. Er machte gleichzeitig darauf aufmerksam, daß die Michaeliskonstante (K_m) für den ersten Stoff klein, für den letzteren relativ groß sei. Die Herabsetzung der Salicinspaltung kann leicht durch Verminderung der Spaltungsgeschwindigkeit erklärt werden. Der niedrige Wert der Dissoziationskonstanten (K_m) der Enzymsubstratverbindung (ES) ist der Ausdruck einer großen Affinität zwischen Enzym und Substrat, welche durch D_2O dementsprechend kaum herabgesetzt würde. Wenn nur die Zerfallsgeschwindigkeit von ES zum Endprodukt beeinflußt wurde, müßte D_2O sich wie ein nichtkompetitiver Hemmstoff verhalten; seine Wirkung müßte also unabhängig von der Substratkonzentration sein. Wenn aber die Dissoziationskonstante des Komplexes, die seinen Zerfall in die Ausgangsstoffe Enzym und Substrat regelt, stärker als dessen Zerfallskonstante zum Produkt herabgesetzt ist, muß sich eine Erhöhung der Konzentration des zerfallsbereiten Vorproduktes ES ergeben und damit auch eine Vergrößerung der Geschwindigkeit der Gesamtreaktion, wie sie beim Methylglykosid beobachtet wurde. Eine solche Verringerung von K_m ist hier deswegen gut denkbar, weil die Michaeliskonstante in gewöhnlichem Wasser schon relativ groß ist. Durch Bestimmung der Reaktionsgeschwindigkeit bei variierter Substratkonzentration in schwerem Wasser ergab sich dementsprechend die nach dem Versuchsausfall zu erwartende Herabsetzung von K_m in quantitativer Übereinstimmung mit der Theorie. Die Geschwindigkeitsunterschiede der Reaktionen in D_2O erreichen allgemein erst bei relativ hoher Konzentration an schwerem Wasser ein merkliches Ausmaß.

4. Austausch von leichtem gegen schweren Wasserstoff

a) Stabile und tauschbare Atome

Bereits frühzeitig wurden Beobachtungen über die Fähigkeit der Deuterium-Atome gemacht, aus dem schweren Wasser in gelöste anorganische und organische Verbindungen überzutreten. Hierbei findet ein *Tausch zwischen den Wasserstoffatomen* beider Partner statt. Er kann sich in einem merklichen Umfang vollziehen, so daß eine durch ihn evtl. erfolgende Abnahme der Menge in den Organismus eingeführter D_2O-Molekeln diskutiert werden muß. Sie kann für die zur Bestimmung der H_2O-Räume benutzten Mengen und Zeiten mit höchstens 2% eingesetzt werden. Im einzelnen aber sind die Tauschvorgänge mannigfaltig. Sie betreffen nicht nur D_2O, sondern vor allem auch mit Deuterium markierte organische Verbindungen. Ein Tausch findet in erster Linie mit solchen Stoffen oder aus solchen Gruppen statt, welche, wenn auch mit sehr geringem Ausmaß, Deuterium- oder Wasserstoffionen abzudissoziieren vermögen. Dazu gehört auch der labile organische Wasserstoff und der labile Wasserstoff an CH_2-Kohlenstoffatomen, z. B. der Malonsäure, der durch die benachbarten Carbonyle gelockert ist, sowie das durch Übertreten an Carbonylsauerstoff enolisierbare H-Atom zahlreicher Verbindungen. Stabile Deuteroessigsäure kann durch Decarboxylierung der so durch einfachen Austausch entstandenen Dideuteromalonsäure hergestellt werden. Das gleiche gilt für die Ditritiumverbindung (LANGSETH, 1948; HALFORD und ANDERSON, 1936). Auch D-Atome von Aldehyden tauschen mit mäßiger Geschwindigkeit aus. Die H-Atome der polymeren Kohlenhydrate sind zu einem Drittel ebenfalls austauschbar. Dagegen sind die H- oder D-Atome der Paraffine, d. h. der Methyl- und Methylengruppen, in gesättigten Fettsäuren unter biologischen Bedingungen nicht austauschbar. Das gleiche trifft für hydroaromatische Verbindungen, z. B. für die Steroide, zu. Auch der Wasserstoff des Benzols wird nicht ohne weiteres getauscht. Er kann aber seine Stabilität bei höherer Temperatur oder in Gegenwart geeigneter Katalysatoren verlieren und gegen D ausgewechselt werden (z. B. mit konz. D_2SO_4 oder D_2O + Nickelkatalysator). Auch Cholesterin nimmt D aus D_2O + Eisessig + Pt bei 130° auf (BLOCH und RITTENBERG 1943); über den Ort des aufgenommenen D siehe FUKUSHIMA und GALLAGHER (1952).

b) Bedingungen und Katalyse des Tausches

Es liegt in der Natur des Deuteriumtausches begründet, daß sein Ausmaß in wäßriger Lösung *von dem p_H-Wert abhängig* ist. Die Einstellung eines mittleren

Dissoziationsgrades wird am günstigsten sein. So findet man Tauschvorgänge mit Aceton erst bei höheren p_H-Werten (Hevesy 1935). Der basenkatalysierte H-D-Tausch an der 2-Stellung des DPN findet in 99,5 D_2O bei p_H 12 in 2 Std. bis zu 0,89 Atomen D pro Nicotinamid statt (San Pietro 1957). Auch der Tausch von ^{18}O aus Benzamid gegen ^{16}O aus Wasser erfolgt nur bei alkalischer, nicht merklich jedoch bei saurer Hydrolyse. Bei der Spaltung mit Chymotrypsin findet ein solcher Tausch gleichfalls nicht statt (Bender und Kemp 1957). Die Anlagerung von D_2O an Doppelbindungen kann nicht als Austausch angesehen werden. Sie vollzieht sich deutlich langsamer als die von H_2O. Das trifft z. B. bei Pyrimidinen zu, bei bei denen sie die Voraussetzung für eine photolytische Spaltung ist. Die Wasserabspaltung verläuft umgekehrt schneller in D_2O (Shugar und Wierzchowski 1957). Nach England und Colowick (1955) ist die durch Fumarase katalysierte Anlagerung von D_2O an Fumarsäure die wichtigste Reaktion, welche den Schwund von schwerem Wasser aus der Suspensionsflüssigkeit von Herzstreifenpräparaten erklärt.

Da sich der Tauschvorgang allgemein in beiden Richtungen vollzieht, muß sich ein durch eine Verteilungskonstante geregeltes *Gleichgewicht* zwischen den Konzentrationen der Partner einstellen:

$$\mathrm{XH} + \mathrm{DHO} \rightleftharpoons \mathrm{XD} + \mathrm{HHO}$$

$$K = \frac{[\mathrm{XD}] \cdot [\mathrm{HHO}]}{[\mathrm{XH}] \cdot [\mathrm{DHO}]} \tag{2}$$

$$\text{für } [\mathrm{DHO}] + [\mathrm{XD}] << [\mathrm{XH}] + [\mathrm{H_2O}] \text{ gilt: } K \cong \frac{[\mathrm{XD}]}{[\mathrm{DHO}]} \tag{2a}$$

Es ist diskutabel, daß sich derartige Gleichgewichte auch im Organismus ausbilden. Das dürfte dann der Fall sein, wenn die Geschwindigkeit der entsprechenden Austauschreaktionen groß im Vergleich zur Umsatzgeschwindigkeit der Stoffe im Metabolismus ist. Mit einer solchen Möglichkeit kann aber deshalb gerechnet werden, weil viele Fermente in der Lage sind, den D–H- oder T–H-Tausch zu katalysieren, und zwar oft stärker als die Gesamtfermentreaktionen, welche sie zu lenken pflegen. Es handelt sich dabei um solche Fermente, welche während des katalytischen Vorganges intermediär mit H^+- oder OH^--Ionen reagieren. Das trifft für sehr viele Enzyme zu.

Während z. B. die Atome einer gewöhnlichen Wasserstoffmolekel auch im schweren Wasser nicht gegen Deuterium getauscht werden können, tritt in *Gegenwart eines Katalysators* (Platinmohr) oder eines Extraktes aus Colibakterien, wie schon Farkas (1934) beobachtete, eine prompte Austauschreaktion ein. Krasna und Rittenberg (1954) beschrieben eine entsprechende Hydrogenase aus Proteus vulg., welche außerdem auch noch eine ortho-para-Umwandlung des H_2 bewirkt. Letztere tritt jedoch im D_2O nicht ein. Das Ferment wird durch O_2 und CN^- gehemmt.

Die *enzymatische Übertragung* von Deuterium bei biologischen Reaktionen erfolgt stereochemisch streng auswählend. Dafür dient sowohl die gerichtete Anlagerung von D_2O an Fumarat (San Pietro, Kaplan und Colowick 1955) unter Bildung von optisch aktivem Malat als Beispiel wie besonders die Bildung des an Stellung 4 im Pyridinring hydrierten DPN (Vennesland). Die beiden möglichen Isomeren sind bekannt:

D H (A) und H D (B)

A bildet sich z. B. an der Hefe-ADH, *B* unter Transhydrogenasewirkung (N. O. Kaplan). Der Einsatz schweren Wassers zum Zwecke der Aufklärung von Reaktionsmechanismen hat bei der Frage nach dem intermediären Auftreten enolisierter Carbonylgruppen Entscheidungen ermöglicht. Danach wird z. B. bei der CO_2-Fixierung durch Phosphoenolpyruvat nur die Keto- und nicht die Enol-Form der Oxalessigsäure gebildet. Andernfalls hätte das in D_2O gebildete und zu Apfelsäure reduzierte Produkt 1 D pro Mol enthalten müssen, was nicht zutrifft (Vennesland 1954). Bei der Transaminierung der Asparaginsäure mit Ketoglutarsäure zeigte es sich, daß in D_2O für 1 transferiertes N-Atom ein D-Atom an das α–C-Atom des NH_3-Donators tritt (Hilton, Barnes und Enns 1956). Auch bei der Decarboxylierung von Aminosäuren wird aus schwerem Wasser 1 Äquivalent D pro Mol der Aminosäure aufgenommen, eine Tatsache, welche mit dem allgemeinen Schema der Reaktionsbeteiligung des Pyridoxalphosphates gut vereinbar ist (Mandeles, Koppelman und Hanke 1954).

Die Beteiligung der Bestandteile des Wassers an Fermentreaktionen wird auch durch zahlreiche Beobachtungen über einen *Austausch des O-Atoms* bestätigt, von denen hier nur einige erwähnt werden können. Zum Beispiel katalysiert die Acetyl-Cholinesterase den Übergang von ^{18}O aus $^{18}OH_2$ auf die Carboxylgruppe niedriger Fettsäuren, am besten auf Essigsäure. Er ist maximal bei p_H 6 und wächst linear mit der Fermentkonzentration. Lipase wirkt ähnlich, nur optimal mit Butyrat als Substrat (Bentley und Rittenberg 1954).

Die Pilzphenolase baut sogar den markierten gasförmig angebotenen Sauerstoff oxydativ ein (Mason, 1957) und ist daher ebenso wie die Uricase nach Bentley und Neuberger als eine Sauerstofftransferase aufzufassen.

Auch bei der Hydrolyse von N-Acetyl-Dibromtyrosin mit Chymotrypsin findet ein O-Tausch mit dem Lösungsmittel statt (Vaslov, 1955). Bei Inkubation von Carbobenzoxy-Phenylalanin mit Chymotrypsin in $H_2{}^{18}O$ tritt ^{18}O in die Carboxylgruppe ein als Zeichen für ihre Aktivierung am Enzym (Sprinson und Rittenberg, 1951).

M. Cohn (1953, 1955) zeigte, daß ^{18}O-*markiertes* O_2 aus anorganischem *Phosphat* bei der oxydativen Phosphorylierung in 1 Std. zu 90% gegen ^{16}O ausgetauscht wird; dieser Tausch wird durch DNP unterdrückt. Er vollzieht sich mehrfach geschwinder als die gleichzeitig ablaufende ATP-Bildung. Nach Boyer u. Mitarb. (1954, 1956) werden für jedes an den Mitochondrien gebildete ATP 20 Sauerstoffatome aus Phosphat mit H_2O getauscht. Auch in Abwesenheit von O_2 findet an Mitochondrien ein solcher Tausch statt, der durch Dinitrophenol unterdrückt wird und schneller als der von ^{32}P ist. Azid wirkt in gleicher Weise (Robertson und Boyer, 1955). Chlorpromazin entkuppelt wie Dinitrophenol, aber es hemmt im Gegensatz zu ihm die ATPase-Wirkung (Abood, 1955). Koshland (1953, 1954) fand einen ähnlichen Tausch mit schwerem O_2 auch an Enzymen, die wie Myosin spaltend auf ATP wirken. Dabei hat das entstandene anorganische Phosphat den höchsten ^{18}O-Gehalt, ADP praktisch gar keinen. Danach handelt es sich um eine nucleophile Verdrängungsreaktion durch das OH^- am P-Atom.

Auch an der Glutaminsynthetase findet in Gegenwart von ATP ein Transfer von ^{18}O aus Glutaminsäure auf organisches Phosphat statt (Kowalsky u. Mitarb., 1956). Er könnte sich über ein intermediäres Glutaminphosphat vollziehen. Etwas Ähnliches fanden Boyer u. Mitarb. (1956) für die Aceto-CoA-Kinase. Hierbei geht ^{18}O aus Acetat in die Phosphatgruppe der AMP und nicht in das gleichzeitig freiwerdende Pyrophosphat, ein Verhalten, das mit einer intermediären Adenylacetatbildung im Einklang ist. Ohne Substratgegenwart wird anorganisches Phosphat hier am Enzym nicht zwischen ADP und ATP getauscht (Rose u. Mitarb., 1954).

Im Gegensatz zu den Fetten und teilweise zu den Kohlenhydraten können *Proteine* in konzentriertem Deuterium- oder Tritiumoxyd die schweren Wasserstoffatome relativ *gut eintauschen*. Für den Tausch kommt zunächst der an N- oder

O-Atome gebundene Wasserstoff in Frage. Verhältnismäßig langsam aber setzt sich derjenige um, der zur H-Brückenbildung, d. h. in erster Linie zur Stabilisierung der Helixformen, festgelegt ist. Die errechnete Zahl der austauschbaren H-Atome wird im Versuch annähernd gefunden, wenn durch Alkalisieren für eine Lockerung auch des enolisierbaren Brücken-Wasserstoffs gesorgt wird. Zur Analyse ist besonders der Rücktausch von im Alkalischen deuterierten Proteinen geeignet. So werden beim Myoglobin von 264 – statt der errechneten 268 – D-Atomen bei p_H 7 in der Kälte 193 schnell und 75 langsam zurückgetauscht. Wenn man die langsamen auf die H-Brücken in den Helices bezieht, wäre nur etwa die Hälfte des Moleküls als Spirale vorhanden, da die Aminosäurezahl-vermindert um die des Prolins – 148 Brücken erwarten läßt. Mit den Ergebnissen der modernen Röntgenstrukturanalyse ist dieses Resultat nur schwer in Einklang zu bringen. Beim Insulin liegen ähnliche Verhältnisse vor, die so gedeutet wurden, daß der A-Kette keine Helix-Struktur zukommt (HVIDT und LINDERSTRÖM-LANG, 1954; BENSON und LINDERSTRÖM-LANG, 1959; HAGGIS, 1956, 1957). Der D-Gehalt der Proteine ist auch durch Veränderungen im IR-Spektrum von Eiweißfilmen zu erkennen (HAGGIS, 1956). Nach Harnstoffdenaturierung in D_2O sind alle tauschbaren H-Atome schnell durch D ersetzbar (MAYBURY und KATZ, 1956; HVIDT, 1955).

Bei geeigneter Anordnung läßt sich die Diffusionsgeschwindigkeit von D_2O in H_2O messen und damit der sog. Selbstdiffusionskoeffizient des Wassers ermitteln. Die Bestimmung seiner Größe in Protein- oder Nucleinsäurelösungen erlaubt dann die Messung des *Hydratationsmantels* ihrer gelösten Makromoleküle. Denn der genannte Koeffizient, der in reinem Wasser bei 25° $2{,}57 \cdot 10^{-5}$ $cm^2 sec^{-1}$ beträgt, erfährt eine dem Ausmaß der Hydratation entsprechende Erniedrigung. WANG fand bei DNS-Lösungen mit einer Hydratation von 0,35 g pro g trockene Nucleinsäure Werte, welche denen der Proteine entsprechen (1955).

5. Biologische Wirkungen des schweren Wassers

Die herangezogenen physikalisch-chemischen und biochemischen Eigenschaften des schweren Wassers erklären zum größten Teil die biologischen Erscheinungen, welche bei seiner *Einwirkung auf die Lebewesen* beobachtet werden. Da nun der Ersatz von D durch H keine grundsätzlichen Veränderungen der Reaktionsfähigkeit der Molekeln schafft, sind bei mäßigen Gaben von D_2O so lange keine eingreifenden Einwirkungen zu erwarten, wie seine von dem des H_2O abweichenden Eigenschaften als Lösungsmittel (z. B. K_w) noch nicht hervortreten. Es ist dennoch erstaunlich, wieweit das Wasser bei niederen Lebewesen ohne Zeichen einer wesentlichen Schädigung durch D_2O ersetzbar ist. *Algen* (Chlamydomonas, Scenedesmus) wurden erst in Wasser, dessen D-Gehalt 80% überstieg, merklich geschädigt. Die Trockensubstanz der Algen, die in einem derart stark D_2O-haltigem Wasser gewachsen waren, enthielt etwa 60% des Wasserstoffs ihres organischen Anteils als Deuterium (REITZ und BONHOEFFER, 1935). *Hefen*, gezüchtet in 10% D_2O, hatten bereits bis 30% aller Wasserstoffatome gegen D-Atome getauscht. Hier hat nur ein relativ schneller Tausch der labilen H-Atome aber noch kein stoffwechselbedingter Einbau des D stattgefunden. Einen ähnlichen Prozentsatz fanden REITZ und BONHOEFFER auch für den D–H-Tausch an Fröschen nach Gabe von 5% D_2O-haltigem Wasser.

Wenn man Tardigraden oder Rotatorien durch Befeuchten mit D_2O-haltigem Wasser aus der *Trockenstarre* erwachen läßt, ist noch bei Wasser bis zu 60% D_2O-Gehalt keine Verzögerung der Wiederbelebung im Vergleich zu der in reinem H_2O feststellbar. Hingegen ist die notwendige Zeit bei 98% D_2O auf das Dreifache (30′) verlängert. In diesen Medien ist die Lebensdauer stark verkürzt. Bemerkenswerterweise ist aber nach Austrocknen solcher Tiere, solange sie noch lebten, die Wiederbelebungsfähigkeit in reinem H_2O nicht herabgesetzt (PLANTEFOL und CHAMPETIER, 1935). Hefe zeigt in 98% D_2O einen auf etwa die Hälfte verminderten Stoffumsatz, wird aber über kürzere Zeiten hin noch nicht abgetötet (BONHOEFFER 1938). Die *Keimungsgeschwindigkeit* der Samen von Radieschen und Nachtschattengewächsen, auch von Moosen und Gräsern war – vielleicht auf Grund der verringerten Diffusionsgeschwindigkeit durch die Fruchtschalen – in schwerem Wasser herabgesetzt (CRUMLEY und MEYER, 1950). Die Keimfähigkeit von Erbsen erlosch schon bei 40% D_2O (BRUN und TRONSTAD, 1935 zit. nach HEVESY). In Gewebekulturen läuft die Mitose noch bis 25% D_2O normal ab; bei höherem Gehalt nimmt die Zahl der Mitosen bei kaum verändertem Ablauf ab. Erst bei über 75% D_2O beginnt eine Kernpyknose mit anschließendem Zellzerfall.

Die *Säugetiere* sind gegenüber größeren Gaben von D_2O empfindlicher. Mäuse werden durch Genuß von reinem D_2O als Trinkwasser innerhalb einer Woche getötet. Der Gehalt an D_2O betrug dann im Blut 25% (SCHLOERB). Diese Konzentration deckt sich etwa mit der, in welcher nach USSING (vgl. HEVESY 1935) keine Entwicklung des befruchteten Froscheies mehr zustande kommt. Im Vergleich hierzu ist bemerkenswert, daß in einer Ringerlösung, hergestellt mit 99,97% D_2O, die Leitungsgeschwindigkeit der untersuchten A-Fasern von Froschnerven (N. ischiadicus) nur um 20% verringert wird. Dieser Wert wird nach 5—10 min erreicht; er bleibt konstant und steigt nach Übertragung in normale Ringerlösung wieder auf den Ausgangswert an. Die Untersucher GARBY und NORDQVIST (1955) erwägen einen Wassertausch nicht nur an den Schnürringen, sondern auch durch die Markscheide.

6. Quantitatives über das Verhalten von D_2O im Tierkörper

Gibt man einem Menschen genügende Mengen von D_2O zu trinken, dann ist es nach kurzer Zeit auch im Harn anzutreffen. Im Anschluß an die Aufnahme von etwa 9 g, mit rund 2 l gewöhnlichem Wasser gemischt, fanden es HEVESY und HOFER (1934) bereits nach 26 min im Urin. Weil sich das D_2O mit einem sehr großen Wasservolumen im Körper durchmischt, wird die Hauptmenge von jenem allerdings relativ langsam wieder abgegeben. Die mittlere Verweildauer einer Wassermolekel wurde seinerzeit aus den Versuchsdaten zu 14 Tagen abgeleitet; d. h. die Hälfte des gegebenen D_2O hatte den Körper nach rund 10 Tagen verlassen, denn die mittlere Lebens- bzw. Verweildauer ist das 1,44fache der Halbwertszeit (s. S. 1276 u. 597)[1]. Es ist bemerkenswert, daß andere im Wasser gelöste Stoffe zwar erst später im Harn zu erscheinen brauchen, aber dennoch den Körper, wie es etwa nach Injektion von Methylenblau zutrifft, sehr viel schneller in ihrer Hauptmenge durch Elimination mit Hilfe der Nieren verlassen können.

Goldfische mit einem Wasservolumen ihres Körpers von etwa 3 ml setzten sich mit dem D_2O der Aquariumsflüssigkeit innerhalb von 4 Std. in vollständiges Gleichgewicht (HEVESY und HOFER, 1934). Die Resorption erfolgte bei ihnen wie bei Amphibien weitgehend durch die Haut.

a) Resorption

Bei den höher organisierten Tieren wird das Wasser praktisch ausschließlich durch die Darmwand resorbiert. Die Menge des durch die Magenschleimhaut aufgenommenen Wassers ist gering, eine für die Klinik wichtige Feststellung (v. MEHRING, 1893). STARKENSTEIN fand nach Unterbindung des Pylorus, daß der Kaninchenmagen eine eingeführte Wassermenge noch nach 4 Std. nahezu unverändert

[1] Die mittlere Verweildauer (mittlere biologische Verweilzeit) entsteht aus der biologischen Halbwertszeit durch Multiplikation mit dem Faktor $\ln 2 = 0'692$.

enthielt. Dennoch findet ein Wasserwechsel durch die *Magenschleimhaut* statt. Das ergibt sich schon daraus, daß die Magensaftsekretion durch Zuführung von Wasser angeregt wird (HEIDENHAIN, 1894). Dasselbe kann auch durch Einführung von Wasser oder Salzlösung in das Duodenum geschehen (CARLSON). Die Sekretion verdeckt eine gleichzeitig erfolgende Wasseraufnahme. So erklärt es sich, daß auch schweres Wasser aus dem Lumen des Magens, und zwar exponentiell mit der Zeit, verschwindet. Nach COPE ist die Halbwertszeit des D_2O im Magen, bzw. die seines Durchtritts durch die Magenschleimhaut mit 20 min relativ kurz (1943).

Im Darm ist die Gesamtaufnahme wegen der gleichzeitig erfolgenden Rückaufsaugung des Wassers aus den Sekreten der Verdauungsdrüsen sehr viel größer, als der eingeführten Flüssigkeitsmenge entspricht. Für den Menschen kann unter Berücksichtigung des Zottenareals die resorbierende Oberfläche des Darmes mit rund 40 m^2 eingesetzt werden. Dabei mag der mechanische Innendruck im Darm etwa 20 cm Wassersäule betragen. Nach großen Trinkmengen erfolgt die Resorption des Wassers sehr schnell, und zwar viel schneller als die Ausscheidungsvorgänge für eine gleichzeitige Eliminierung sorgen können. Die danach zu erwartende Blutverdünnung ist jedoch sehr gering, da das Wasser sehr rasch aus der Blutbahn in das Bindegewebe, namentlich das der Haut, übertritt. Ein Teil des verdünnten Blutes wird auch in der dem Körperkreislauf vorgeschalteten Leber festgehalten.

b) Fluxgrößen des Wassers

Grundsätzlich muß man bei der Beschreibung des *Stoffdurchtritts durch Membranen* berücksichtigen, daß eine Bewegung der Stoffe immer in beiden Richtungen stattfindet. Man spricht von einem *Fluß* (Flux) und unterscheidet dementsprechend den *Influx* und den *Outflux*, den Einstrom und den Ausstrom. Im Gleichgewicht bzw. im stationären Zustand ist der Fluß der Materie durch die Flächeneinheit der Membran in der Zeiteinheit gleich groß, der sog. *Nettofluß* ist gleich Null. Ein effektiver Transport oder eine mit den klassischen analytischen Methoden feststellbare Bewegung von Stoffen, etwa einem Diffusionsgradienten folgend, muß als Differenz beider entgegengesetzt gerichteter Flüsse aufgefaßt werden. Der Nettofluß ist in diesem Fall von Null abweichend und trägt ein nach der Richtung der Bewegung zu definierendes Vorzeichen. Die normale physiologische Transportrichtung einzelner Stoffe wird dabei gewöhnlich als positiv angesehen.

Bei der Permeation von Wasser durch poröse Membranen muß weiter grundsätzlich zwischen einer Diffusion seiner Teilchen und einer Filtration infolge eines mechanischen Druckgefälles unterschieden werden. Beide sind grundsätzlich beteiligt. Bei sehr engen Poren herrscht die *Diffusionsströmung* vor, bei weiteren der *hydrodynamische* Anteil. Nach PAPPENHEIMER sind für Wasser bei einem Porenradius von 5 Å beide Strömungsarten schon gleich stark beteiligt; bei 15 Å macht die Druckströmung bereits 90% der gesamten Wasserbewegung aus.

Auch die hydrostatische Druckdifferenz, welche zwischen anisotonischen Lösungen besteht, bewegt bei genügend weiter Pore das Wasser weitgehend durch laminare Strömung. Durch sie können dann gelöste Teilchen auch entgegen deren Diffusionsgefälle bewegt werden (solvent drag, USSING, s. S. 1299). In diesem Fall handelt es sich um die Übertragung von mechanischer Energie auf das System des gelösten Stoffes.

Zur eingehenden Untersuchung der Stoffbewegungen müssen die entgegengesetzt gerichteten *einzelnen Flüsse* bekannt sein. Sie lassen sich grundsätzlich mit Hilfe von „isotop" markierten Stoffen ermitteln, da nur auf diese Weise die Bewegungen in einer Richtung getrennt von der in der anderen festgestellt und quantitativ beschrieben werden können. Dabei hat sich gezeigt, daß tatsächlich an

Membranen immer eine Bewegung gleichartiger Stoffe in beiden Richtungen stattfindet.

Das gilt, wie bereits geschildert wurde, auch für die Analyse der Bewegung des Wassers durch die resorbierenden Wände des Darmtraktes. Man hat sich hier aber meistens darauf beschränkt, die Größe des unidirektionalen Flusses im Sinne der Resorption mit D_2O oder HTO festzulegen (VISSCHER, 1944). SCHOLER und CODE (1954) verglichen deren Resorptionsgrößen und fanden für D_2O eine 10mal größere mittlere initiale Resorptionsrate im Darm (26,2% pro min) als im Magen (2,5% pro min). Die Zeit bis zur Resorption von 67%, bzw. 95% der verabreichten Menge betrug im Magen 34,2 min bzw. 54,2 min, im Darm 3,7 min bzw. 10 min. Später gaben die Autoren mit 4 min und 7 min für 50% bzw. 67% eine nur wenig höhere Geschwindigkeit an (1957). Steigende Konzentrationen von NaCl hatten im Magen einen kaum feststellbaren Einfluß, wohl aber setzte NaCl in hypertonischen Lösungen die Resorptionsgeschwindigkeit des D_2O aus dem Darm sehr deutlich herab, so daß z. B. 96% erst nach 60 min resorbiert waren (1955). GRIM, SMITH und JONES (1957) fanden an der Gallenblase ebenfalls, daß der Netto-Ausstrom dem Salzgehalt der Gallenblasenflüssigkeit umgekehrt proportional ist. Die Resorptionskapazität ist hier, am Netto-Ausstrom gemessen, größer als in der Harnblase und auch im Ileum. Nach GOODNER u. Mitarb. (1955) wird bei Bestrahlung von Ratten mit 2000 r (Röntgen) der Transport von Wasser und von ^{22}Na in der Richtung von der Blutbahn zum Darmlumen gefördert und in umgekehrter Richtung verlangsamt, so daß eine verminderte Netto-Resorption resultiert. Die H_2O-Fluxe wurden mit HTO bestimmt und nach der Analyse von VISSCHER u. Mitarb. (1944) berechnet. Umgekehrt fördern oestrogene Hormone die H_2O-Aufnahme aus dem Darm (DONNET und GARNIER, 1953).

c) Übergang des Wassers in das Gewebe

Der Übergang des resorbierten Wassers aus dem Blut in die Gewebe erfolgt so schnell, daß ein Unterschied in der Geschwindigkeit des *Durchtritts durch die Capillarwand* für D_2O und HTO nicht mehr nachweisbar ist (CHINARD und ENNS, 1954). Der begrenzende Faktor für die Geschwindigkeit des transcapillaren Flüssigkeitstausches ist die Blutströmungsgeschwindigkeit (JOHNSON u. Mitarb., 1952). Die Konzentration des schweren Wassers nimmt in der Blutbahn mit der Zeit exponential ab (s. S. 1279). Sie (c_t) ist zur Zeit t:

$$c_t = A \cdot e^{-\alpha t} + B \cdot e^{-\beta t} + C \tag{3}$$

$\alpha(\beta)$ beträgt bei Katze, Hund, Mensch: 0,41 (0,063); 0,39 (0,046); 0,34 (0,06). Bei halblogarithmischer Auftragung erhält man damit zwei gegeneinander geneigte Geraden. Für die Durchströmung der Muskulatur (hintere Extremität) bekommt man immer eine einfache Exponentialfunktion, die einer geringeren Aufnahmegeschwindigkeit entspricht. Offenbar ist nicht die Capillarwand, sondern die *Zellmembran* ein entscheidendes Hindernis für die Wasserverteilung. Dabei heben sich das Gehirn, die Leber und der Magen als Gruppe mit größerer Aufnahmegeschwindigkeit gegenüber der Muskulatur, dem Liquor und dem Knochen heraus (EDELMANN, 1952).

FREIS und SCHNAPER (1956) verglichen die Verluste von SCN^- und D_2O aus dem Blut bei der Durchströmung der vorderen Extremitäten und sahen, daß von D_2O nach einem Blutumlauf bereits 94%, von SCN^- 48% durch Diffusion aus der Blutbahn verschwunden waren (1953). Die Gleichgewichtszeit betrug für D_2O: 130 ± 86 sec, für SCN^-: 111 ± 66 sec. Die Halbrückgewinnungszeit, welche den Stoffrückstrom in den venösen Capillarteil charakterisiert, war für D_2O halb so lang wie für SCN^-. Der sehr viel höhere Nettoverlust, aber auch die prompte Rückgewinnung bei D_2O sprechen für eine schnelle Erneuerung des Zellwassers durch Diffusion.

THOMPSON u. Mitarb. (1958) verglichen die Kinetik der D_2O- und Antipyrin-Verteilung an der isoliert durchströmten Rattenleber. Es wurde aus der Konzentrationsänderung, ausgehend von c_o auf c_v im durchflossenen Volumen (v) das Verteilungsvolumen (V) nach exponentiellen Ansätzen errechnet. Dabei ergab folgende Formulierung der Versuchsergebnisse einen konstanten Faktor k:

$$\ln\left(1 - \frac{c_v}{c_o}\right) = -\frac{v}{k \cdot V} \tag{4}$$

Es zeigte sich, daß Antipyrin – wie die Autoren vermuten – wegen seiner Lipoidlöslichkeit sich noch etwas schneller als D_2O auf das Zellinnere verteilt. Aufgrund der Überlegungen von KOEFOED-JOHNSEN und USSING ist eine solche Erklärung physikalisch plausibel (1953).

Eine sehr schnelle Verteilung des mit ^{18}O markierten Wassers auf das Innere der isolierten Froschmuskulatur wird durch Versuche von FLECKENSTEIN bewiesen (1959). Er zeigte, daß der ^{18}O-Tausch mit dem Orthophosphat des Zellinnern so geschwind vor sich geht, als ob sich dort eine über 40% Konzentration des markierten Wassers bereits 4 min nach Eintauchen in 80% ^{18}O-haltige Ringerlösung befunden hätte. Nach diesen Versuchen dringt H_2O rund 1 millionenfach schneller als anorganisches Phosphat in das Muskelinnere ein. Die ^{18}O-Analyse wurde in eleganter Weise dadurch auch für sehr kleine Mengen ermöglicht, daß aus ihm durch Protonenbeschuß im Cyclotron das leicht an der β^+-Strahlung meßbare ^{18}F erzeugt wird ($\tau = 1{,}92$ h).

PRESCOTT und MAZIA (1954) untersuchten die *Permeabilität* für schweres Wasser *an Einzellern* und fanden sie in kernhaltigen und kernfreien Zellfragmenten gleich groß. Sie lehnen daher einen direkten Einfluß des Kernes auf die Durchgängigkeit der Zellmembran für Wasser ab.

Quantitativ ist die Diffusionsgeschwindigkeit gelöster Stoffe und des dem H_2O beigemischten D_2O durch die Capillarwand und die stoffliche Gewebsversorgung mit dem einfachen *3-Kammer-Schema* nicht ohne weiteres zu beschreiben. Die *Schwierigkeiten* bestehen in folgendem:

a) Die Geschwindigkeit der Diffusion durch die Capillarwand ist so groß, daß keine konstante, sondern nur eine infolge der Diffusion stark *absinkende Konzentration* der Stoffe für die Flüssigkeit *in der Capillare* eingesetzt werden kann. Die Konzentrationsdifferenz zwischen beiden Capillarenden nimmt mit der Zeit exponentiell ab. Die anfänglichen Unterschiede sind aber sehr groß. Die aus der Anfangsbewegung gewonnenen Austauschraten werden danach wesentlich, fast 100fach, zu niedrig gefunden, weil sie auf die Konzentration der markierten Stoffe in den Capillaren bezogen wurden, welche als etwa ebensovielfach höher angesehen wurden als die hier tatsächlich noch vorhandenen (PAPPENHEIMER, 1951). Eine rechnerische Berücksichtigung dieses Effektes ist von mehreren Seiten vorgenommen worden. Die brauchbarste Lösung ist die von RENKIN, bei der eine Konzentrationsgleichheit im extravasalen Raum angenommen wird. Sie ist aber leider auf Stoffe beschränkt, die praktisch nicht in den Zellraum eintreten, kann also auf D_2O, Harnstoff, Antipyrin nicht ohne Korrektur angewandt werden. Letztere, bei der noch ein besonderer Permeabilitätskoeffizient eingeführt werden muß, hat sich für Harnstoff und Antipyrin bewährt (RENKIN, 1955).

b) Die zweite Schwierigkeit für die Benutzung des 3-Kammer-Modells zur quantitativen Analyse besteht darin, daß der extracellulare Raum nicht mit gleichmäßig zusammengesetzter Flüssigkeit ausgefüllt ist. Die *„transcellulare Phase“* enthält Flüssigkeiten, wie den Liquor, Sekrete oder Gelenkflüssigkeiten, oder getrennt fließende Lymphe und nimmt an der Wechselwirkung mit dem Blutplasma nur indirekten Anteil. Auch zwischen Blut und Zelle liegende Bindegewebsabschnitte erfahren nur einen langsamen Wechsel ihrer imbibierenden Flüssigkeit, d. h. sie beteiligen sich bei den soeben als schnell beschriebenen Vorgängen nur wenig. Es ist nicht einfach, das Volumen dieses *trägen Raumes* der zwischenzelligen Phasen im Verhältnis zu dem aktiven, sicher viel größeren extracellularen Volumen richtig einzusetzen (NICHOLS, 1953). Eine umfassende rechnerische Behandlung dieses Problems gibt MERTZ (1959).

Der *Übergang* von markiertem Wasser *in transcellulare Räume* wurde mehrfach verfolgt. So studierten GARBY und ULFENDAHL (1955) den Übertritt von D_2O durch die Ureterenwand. PINSON faßte 1952 die vorliegenden Ergebnisse zusammen. Sie gehen z. T. aus der Tabelle 1 hervor. Der Austausch von schwerem Wasser durch die Wand der Amnionhöhle wurde auch bei 2 Frauen gelegentlich der Vornahme einer Sectio untersucht, wobei sich eine Übertrittsgeschwindigkeit von 600 ml/H_2O/h ergab. Daraus folgt ein intensiver Teilflux bei praktisch fehlendem Nettoflux (PLENTL und HUTCHINSON, 1953). Von VOSBURGH u. Mitarb. war bereits vorher ein geschwinder Übergang von D_2O festgestellt worden (1948). PAUL, ENNS u. Mitarb. (1956) verfolgten den Austausch in beiden Richtungen; es wurde beim trächtigen Kaninchen THO in die Amnionhöhle injiziert und D_2O von der Blutbahn aus gegeben. Der Flux ist in beiden Richtungen gleich und beträgt 0,26 ml/min, bei abgetötetem Fetus weniger. Etwa die Hälfte des Wassers gelangt direkt aus dem mütterlichen Kreislauf, der andere Teil indirekt über die Placenta und den kindlichen Kreislauf in das Amnion.

Tabelle 1. *Halbwertszeiten des Austausches von HDO zwischen Plasma und verschiedenen extracellulären Räumen* (PINSON 1952)

	min
a) Vom Plasma zum	
Kammerwasser (Kaninchen)	2,7
(Affe)	7
Glaskörper (Kaninchen)	15
Liquor (Mensch) Cisterna magna	1,5
Gehirnventrikel	8—11
Lumbalraum	18—26
Erythrocyten	1
Mütterlicher Kreislauf und Amnion	
(Mensch) etwa	120
(Meerschweinchen) etwa	40

b) Wasserflux zwischen Placenta und mütterlichem Kreislauf
(Mensch) 101 ml/h bei 14 Wochen altem Fetus
2500 ml/h bei 31 Wochen altem Fetus
1580 ml/h gegen Ende der Gravidität.
Der 31 Wochen alte Fetus gebraucht zum Wachstum nur 0,66 ml Wasser/h.
Der Flux ist als 3800mal größer als der Nettoübertritt.

Auch in den Liquor cerebrospinalis erfolgt aus dem Blut ein schneller Übertritt von D_2O. Die Autoren SWEET und LOCKSLEY (1953) vermuten deswegen, daß er nicht nur durch die Plexus choreoidei erfolge. Die in den Gehirnventrikeln produzierte Wassermenge soll dagegen nur 10—20 ml/d betragen, während andere Autoren 400—600 ml/d eingesetzt hatten.

Eingehend wurde im Anschluß an KROGH der Wasserdurchgang durch die *Froschhaut* untersucht. KOEFOED-JOHNSEN und USSING versuchten an ihr die hydrodynamische von der Diffusionsströmung zu trennen. Abweichungen von einer durch sie begründeten Flußgleichung für Wasser scheinen auf verschiedenem Verhalten der Poren zu beruhen, weniger auf dem der lipoiden Phasen. Hinterlappenhormon bewirkt eine Zunahme des Influxes und besonders des Nettostromes, gleichzeitig aber auch des Membranpotentials. Das Hormon soll durch Erweiterung der Poren ohne Erhöhung des Gesamtquerschnittes wirken. Ein aktiver Wassertransport wird außerdem für möglich gehalten. Nach S. K. HONG (1957) wäre jedoch der Energieaufwand für den Wassertransport durch die Froschhaut sehr klein. GARBY und LINDERHOLM (1953) fanden die Permeabilität der Froschhaut für D_2O mit $k = 73 \cdot 10^{-6}$ cm sec^{-1} 30fach größer als für Na^+ und Cl^- (vgl. S. 1300).

7. Bestimmung des Gesamtkörperwassers (TBW) mit schwerem Wasser

a) Prinzip

Die immer wieder bestätigte hohe Geschwindigkeit des Übertrittes von schwerem und überschwerem Wasser in alle mit Wasser gefüllten Räume bildet die Grundlage für dessen Anwendung zur *Bestimmung der Menge des Gesamtkörper-Wassers.* Die ersten Wassergehaltsbestimmungen wurden auf diesem Wege bereits kurze Zeit nach der Entdeckung des schweren Wassers von HEVESY und HOFER (1934) vorgenommen. Das Verfahren erlaubt, das Verteilungsvolumen aus der nach eingetretenem Gleichgewicht zu messenden Konzentration (C_e) eines in bekannter Menge gelösten Stoffes nach der einfachen Beziehung:

$$\text{Volumen} = \text{Menge} / \text{Konzentration}$$

zu errechnen. Wird der Stoff in die Blutbahn verabfolgt, dann ist für die injizierte Menge zu setzen: Volumen (V_a) $\times$ Konzentration (C_a) der Ausgangslösung, so daß man mit der Endkonzentration im Plasma (C_e) erhält:

$$V = \frac{C_a \cdot V_a}{C_e} \tag{5}$$

Für das Verhältnis der Konzentrationen ist bei radioaktiven Stoffen direkt das Verhältnis der Aktivitäten zu verwenden. Es handelt sich hierbei grundsätzlich um eine Isotopenverdünnungsmethode.

Da sich bereits in einer wäßrigen Lösung hydratisierter Makromolekeln *jeder zugefügte Stoff* auf einen *verschieden großen Wasserraum* verteilen kann, je nachdem wie weit ihm die Hydratationsschichten als Lösungsmittel zur Verfügung stehen, hat man schon hier je nach den Prüfstoffen verschiedene Räume zu unterscheiden. Die im Organismus außerdem gegebenen Grenzen für die Verteilung der Stoffe führen zu noch größeren Unterschieden, welche zunächst experimentell als Inulin-, SCN^--, Thiosulfat-, Saccharose-, Antipyrin- und D_2O-Raum empirisch ermittelt werden. Es besteht kein Zweifel darüber, daß mit Hilfe der beiden zuletzt genannten Stoffe der Gesamtwasserraum, durch die übrigen aber das extracellulare Volumen mindestens angenähert erfaßt wird.

b) Kritik

Die *Kritik* aller auf der Basis der Verdünnungsversuche vorgenommenen *Raumbestimmungen* hat auf die *Geschwindigkeit* der Verteilung, *Ausscheidung* und *Verwandlung* oder *Bindung* der benutzten Stoffe einzugehen. Grundsätzlich eignen sich körpereigene, aber markierte Stoffe besser als körperfremde, obwohl auch diese, wie z. B. das Inulin, gelegentlich eine gute praktische Verwendbarkeit besitzen können. Es hat sich gezeigt, daß die Totalkörperwasserbestimmung mit Hilfe der schweren Wasserarten sowohl theoretisch wie praktisch am einwandfreiesten durchführbar ist. Obwohl sich diese Tatsache schon teilweise aus dem bisher referierten Verhalten des schweren Wassers im Organismus ergibt, müssen dessen Besonderheiten unter dem Gesichtspunkt seiner Verwendbarkeit zur Bestimmung des Körperwassers (TBW) zusammenfassend hervorgehoben und belegt werden.

Im allgemeinen wird D_2O deswegen bevorzugt gegenüber HTO benutzt und als idealere Prüfsubstanz angesehen, weil es nicht radioaktiv ist und weil es sich in seinem biologischen Verhalten nur bei sehr hoher Konzentration, wie sie praktisch niemals in Frage kommt, vom gewöhnlichen Wasser unterscheidet.

Bei intravenöser Gabe setzt sich schweres Wasser in einer, längstens in 2, bei peroraler und subcutaner Verabreichung in höchstens 3 Std. mit dem Gesamtkörperwasser ins Gleichgewicht. Der Ausgleich zwischen dem Blut und der extracellularen Phase erfolgt — wie bereits beschrieben — sehr viel schneller. (D_2O: v. Hevesy und Hofer 1934, Schloerb u. Mitarb. 1950, Hevesy und Jacobsen 1940, Hahn und Hevesy 1941, Edelman u. Mitarb. 1951, London und Rittenberg 1950, HTO: Pace u. Mitarb. 1947, Pinson u. Mitarb. 1957, Roberts u. Mitarb. 1958, Cooper u. Mitarb. 1958; T_2O: Thompson 1952).

Pinson und Langham (1957) sehen die Aufnahme von HTO nach 45 min als beendet an; sie ist bereits 2 min nach dem Trinken im Blut nachweisbar. Auch HTO-haltiger Wasserdampf wird schnell durch die Lungen, sogar auch durch die Haut aufgenommen. Für den Menschen wird von den Autoren die *Halbwertszeit der Abgabe* aus dem Organismus mit 11,5 Tagen angegeben. Diese Zahl liegt etwas höher als die für D_2O von Hevesy zuerst beobachtete (10 Tage) und die von Schloerb u. Mitarb. an 21 Versuchspersonen mit 9,3 ± 1,5 Tagen bestätigte Angabe. Aus der letzteren errechnet sich eine mittlere Verweildauer des Wassermoleküls im menschlichen Körper von 13,3 ± 2,2 Tagen. Für T_2O beträgt die biologische Halbwertszeit bei der Maus 1,1, bei Ratten 3,3 Tage, die Verweildauer daher 4,75 Tage. Beim Menschen hält sich nach der Gabe von 100 g D_2O die Konzentration des schweren Wassers im Blutplasma mit 0,2% fast einen Tag (19 h) lang auf annähernd konstanter Höhe (Elkinton u. Mitarb., 1944). Ein Unterschied in der Ausscheidungsgeschwindigkeit zwischen normalem und schwerem Wasser ist bei der Nierentätigkeit nicht nachweisbar. Man kann daher unmittelbar den Prozentgehalt an schwerem Wasser im Urin dem im Blutplasma gleichsetzen und dadurch die praktische Durchführung der Körperwasserbestimmung wesentlich erleichtern (Hurst u. Mitarb. 1952, Faller u. Mitarb. 1955).

Ein Teil der mit dem Wasser eingeführten Deuterium- oder Tritiumatome wird – wie bereits ausgeführt, – im *Austausch* gegen Wasserstoff in organische Bau- oder Betriebsstoffe eingebaut. Dadurch wird die Konzentration des schweren Wassers stärker als durch die alleinige Verdünnung mit dem Körperwasser herabgesetzt, so daß theoretisch immer ein zu großes Verdünnungsvolumen als Gesamtkörperwasser gefunden wird. Tatsächlich aber ist der Anteil der auf diese Weise dem Wasser entzogenen schweren Atome innerhalb der nur erforderlichen kurzen Versuchszeiten so gering, daß eine Verfälschung des zu bestimmenden Wassergehaltes um nicht mehr als + 2% erwartet werden kann (Hevesy und Jacobsen 1940, Schloerb 1950). Erst bei längerem Angebot an schwerem Wasserstoff findet ein erheblicherer Einbau statt.

Der organisch gebundene schwere Wasserstoff besitzt natürlich eine sehr viel größere Halbwertszeit des Verweilens im Organismus als schweres Wasser. Bei der Ratte ist sie für Tritium etwa 80 Tage (Thompson 1953). Diese Zahl muß wohl im wesentlichen auf Fett bezogen werden. Für Kollagen beträgt sie 300 und für die Haut 1000 Tage; den höchsten T-Gehalt besaßen die Hirnlipide (Thompson und Ballou 1954). Umgekehrt kann aus diesen Versuchen geschlossen werden, daß etwa 20–30% des Wasserstoffs der im Organismus aufgebauten Gewebsbestandteile dem Körperwasser entstammen. (Thompson und Ballou 1956). Bei diesen Versuchen wurden die Ratten etwa 1 Jahr lang mit H_2O gefüttert, welches 5 μC pro ml an Tritiumaktivität besaß, ohne daß Schädigungen bemerkbar wurden. Pinson (1957) hält für den Menschen bei einmaliger Gabe noch eine Gesamtaktivität von 3,7 μC an Tritium-haltigem Wasser für zulässig. Die Oxydation Tritium- oder Deuterium-haltiger Verbindungen vollzieht sich in einem so geringen Ausmaß, daß sie für die Berechnung des THO- und D_2O-Raumes nicht berücksichtigt werden kann. Sie ist aber nachweisbar und führt zu schwerem Wasser. Es entsteht auch bei Einatmung von T_2 sogar bei Tieren mit bakterienfreiem Darm, wenn auch in geringem Ausmaß (Smith u. Mitarb. 1953).

Bei allen Bestimmungen des Verteilungsvolumens mit schwerem Wasser wird ein nur schwer zu eliminierender Unsicherheitsfaktor durch die Nichtberücksichtigung des *Intestinalwassers* gebildet. Denn D_2O geht, wie übrigens auch Harnstoff und Antipyrin vom Körperkreislauf in das Wasser des Darmlumens über. Bei Inulin und Rohrzucker kommt dieser Effekt nicht in Frage. D_2O erreicht dabei ein Verteilungsgleichgewicht zwischen beiden Flüssigkeitsräumen. Die auf diese Weise dem Körperraum entzogene D_2O-Menge hängt vom jeweiligen intestinalen Flüssigkeitsvolumen ab. Beim Kaninchen gibt CIZEK (1954) hierfür durchschnittlich 15% des Körpergewichts an. Beim Hund sind es nach einem Hungertag nur 3%. Nach GOTSCH u. Mitarb. (1957) kann das Darmwasser beim Kaninchen durchschnittlich mit 12% des TBW angesetzt werden, wobei sich 4% im Magen, 6% im Dickdarm und 2% im Dünndarm befinden. Das Gleichgewicht mit dem Mageninneren wurde erst nach 4, das mit dem Darm nach 2 Std. erreicht.

c) Technik

Die *Methode zur TBW-Bestimmung* mit D_2O baut im einzelnen auf den Untersuchungen von SCHLOERB auf und hat ihre definitive Form durch PASCALE u. Mitarb. (1954) gefunden. Dabei wird in üblicher Weise auf die bis zum Untersuchungszeitpunkt, d. h. 3 Std. nach der Flüssigkeitsabgabe bereits mit dem Urin ausgeschiedene Menge des Prüfstoffes: $C_u \cdot V_u$ durch Subtraktion von der Ausgangsmenge Rücksicht genommen, so daß aus (5) wird:

$$V_{TBW} = \frac{C_a \cdot V_a - C_u \cdot V_u}{C_e} \tag{5a}$$

Für C_e wird hier der D_2O-Gehalt des Urins zur Gleichgewichtszeit, d. h. nach 3 Std. (vgl. S. 1258) eingesetzt. Die per os verabreichte Menge an D_2O beträgt 50 g oder bei intravenöser Injektion 0,9 g pro kg Körpergewicht. Die Güte der Methode steigt mit der benutzten Menge an D_2O. Sie ist im übrigen von der Art der Deuteriumbestimmung abhängig (s. S. 1248). SCHLOERB u. Mitarb. geben die Genauigkeit mit $\pm$ 0,8 l, d. h. etwa 2% an: wahrscheinlich wird eine so hohe Genauigkeit aber nur selten erreicht. Beim Vorliegen von Ödemen ist sie geringer und die Gleichgewichtszeit auf 4–11 Std. vergrößert (FALLER u. Mitarb. 1955).

d) Resultate

SCHLOERB gibt für das totale freie Körperwasser nach Bestimmungen mit je 100 g D_2O und als Durchschnittswert für 17 erwachsene Männer und 11 Frauen 61,8 bzw. 51,9% des Körpergewichtes an. Die Werte lagen zwischen 55.9 und 70,2 bzw. 45,6 und 59,9%. Mit THO erhielt PACE wie seinerzeit HEVESY mit D_2O 63% während PRENTICE an 20 männlichen Normalpersonen mit THO 52,1 $\pm$ 3,0% fand. Bei Kindern geben CORSA u. Mitarb. (1956) 800 ml H_2O pro kg für Neugeborene und 600 ml pro kg für das zweite Lebensjahr an (D_2O-Methode). Die genannten Zahlen liegen denjenigen am nächsten, welche mit der N-Acetylaminoantipyrinmethode (NAAP) gewonnen wurden (BERGER u. Mitarb. 1950). Die Substanz ist colorimetrisch gut zu bestimmen. Sie ergibt nach TALSO u. Mitarb. ein Verteilungsvolumen von 49,7–50,6%. Im Vergleich dazu liefert die Antipyrinmethode von SOBERMANN u. Mitarb. (1949) [Lit. vgl. D. P. MERTZ (1956)] etwa 9% kleinere Werte (LJUNGGREN, 1955). Nach SAN PIETRO und RITTENBERG ist aber der D_2O-Raum etwa von gleicher Größe wie der Harnstoffverteilungsraum, für den sie 50% des Körpergewichtes angeben (1953). Hierbei wurde das Körperwasser nach der Verteilungsmethode mit Hilfe von ^{15}N-markiertem Harnstoff bestimmt. Auch ^{14}C-markierter Harnstoff wurde zu diesem Zweck benutzt (H. L. KORNBERG, 1954).

Alle genannten *Zahlen lagen niedriger, als früher* für den Gesamtwassergehalt angegeben wurde. Das mag teilweise technisch bedingt sein, denn die zunächst an Tierleichen benutzten Evaporationsmethoden ergeben grundsätzlich größere Wassermengen als die Verteilungsmessungen. Es ist aber auch der im Durchschnitt etwas angestiegene Fettgehalt zu berücksichtigen. Mit ihm wurde schon immer der geringere Wassergehalt des weiblichen Geschlechts in Beziehung gebracht. Es ist nun aber möglich, mit Hilfe des Gesamt-Spez. Gewichtes der Versuchsperson das Verhältnis von Körperwasser und Körperfett abzuschätzen. Genauere Analysen haben für die Säugetiere fast übereinstimmend das Gesetz ergeben, daß der Wassergehalt der fettfrei gedachten Körpersubstanz 73% vom Körpergewicht beträgt (PACE und RATHBUN, 1945). Eine hiervon unabhängige Methode ergibt den Wassergehalt aus dem spez. Gewicht des Organismus zu:

$$\%\ \text{Wasser} = 100\left(4{,}317 - \frac{3{,}96}{\text{spez. G.}}\right) \text{(OSSERMANN u. Mitarb., 1950)} \qquad (6\text{a})$$

$$\%\ \text{Fett} = 100\left(\frac{5{,}548}{\text{spez. G.}} - 5{,}044\right) \text{(BEHNKE, 1942)}. \qquad (6\text{b})$$

Zieht man den so berechneten Fettgehalt vom Körpergewicht ab, und berechnet das D_2O-*Verteilungsvolumen auf das fettfreie Körpergewicht,* dann erhält man nach COOPER u. Mitarb. 72,3 ± 3,42% Gesamt-H_2O. WOODWARD u. Mitarb. (1956) erhielten ebenfalls ein D_2O-Verteilungsvolumen von 72%, bezogen auf das Gewicht des fettfreien Organismus. Sie betonen umgekehrt die Wichtigkeit der D_2O-Methode, um beim Organismus mit normalem Wassergehalt rückwärts dessen Fettgehalt auf ganz einfache Weise zu ermitteln. Denn es ist auch für Verteilungsstudien an anderen Stoffen vorteilhaft, den Zustand eines fettfreien Organismus zugrunde zu legen. Das trifft besonders auch für die Untersuchungen über das Verhalten der Elektrolyte zu.

C. Isotope bei der Untersuchung des Elektrolytstoffwechsels

1. Einleitung

Über 95% der *osmotisch wirksamen* Substanzen außerhalb der Zellen sind niedrig molekulare *anorganische Elektrolyte.* Im Zellinnern ist der Anteil der organischen Leiter und Nichtleiter etwas höher. Wie diese unterliegen auch die anorganischen Elektrolyte, sogar die festen Substanzen der Zähne und Knochen einem verschieden intensiven Wechsel ihrer Bausteine. Das ergibt sich schon bilanzmäßig aus der Menge der aufgenommenen und mit dem Urin täglich ausgeschiedenen Salze. Es folgt aber vor allem aus dem Studium der Feinheiten mineralischer Austausch- und Verteilungsvorgänge, welche mit Hilfe künstlicher radioaktiver Isotopen der Mineralbestandteile vorgenommen wurden. Erst die Verwendung von Tracern erlaubte es, *Verteilungs- und Geschwindigkeitsuntersuchungen* mit hinreichender, bis dahin nicht erreichbarer Genauigkeit durchzuführen. Sie boten auch Hilfsmittel zu einfachen und wenig umständlichen diagnostischen Analysen von Störungen des Mineralhaushaltes, wie sie bei zahlreichen Erkrankungen auftreten. Denn das Elektrolytsystem des Organismus steht in ständiger Wechselwirkung mit Funktion und Stoffwechsel aller Organe, besonders auch der regulatorisch wirksamen inkretorischen Drüsen.

Veränderungen der Konzentration von Ionen werden sich in erster Linie an den Hauptkationen der Zellen und des Extracellularraumes bemerkbar machen. Aus diesem Grunde wurde das Verhalten des Kaliums und des Natriums ausführlich mit Hilfe geeigneter Isotope der Alkalimetalle verfolgt. Oft erwies sich in diesem Zusammenhang auch das Studium der Chloride und der Phosphate als erforderlich, obwohl das Schicksal der letzteren besonders bei der Untersuchung der organischen Phosphatverbindungen verfolgt wurde, welche als aktivierende oder energieübertragende Verbindungen von hervorragender Wichtigkeit sind. Das Verhalten der zweiwertigen Kationen verdient im Rahmen der Knochenbildung und der Beeinflussung der Erregbarkeit von Muskeln und Nerven Beachtung. Ihnen gegenüber tritt das Sulfation im Rahmen des Mineralhaushaltes zurück, so wichtig seine Rolle als Endprodukt des Stoffwechsels schwefelhaltiger Aminosäuren und als Bestandteil der Mucopolysaccharide ist. Zu verschiedenen Zwecken geeignete Tracer stehen für alle genannten Elektrolyte zur Verfügung.

2. Die Eigenschaften der mineralischen Tracer

Die Eigenschaften der einzelnen Nuclide und ihre zweckmäßigsten oder erforderlichen Bestimmungsmethoden sind an anderer Stelle gebracht worden. Sie sollen hier nur für die hauptsächlich als Partner der Bioelektrolyte in Betracht kommenden Elemente zusammengefaßt werden.

Neben dem stabilen und im natürlichen Natrium einzigen Isotop ^{23}Na sind künstliche Isotopen mit der Massenzahl 21, 22, 24 und 25 bekannt. Für Tracer-Studien kommen nur ^{22}Na und ^{24}Na in Betracht. ^{22}Na ist ein Positronenstrahler mit der relativ schwachen Energie von 0,575 MeV; gleichzeitig werden bei dem Übergang in ^{22}Ne γ-Strahlen (1,3 MeV) emittiert. Die Halbwertszeit ist mit $\tau = 2{,}6$ a ziemlich groß. ^{22}Na kann nur im Cyclotron und zwar dann trägerfrei gewonnen werden.

^{24}Na ist ein kurzlebiger β-Strahler (1,39 MeV) mit $\tau = 14{,}8$ h, der unter Abgabe von 2 γ-Quanten (2,76 MeV; 1,38 MeV) in ^{24}Mg übergeht. Wegen der kurzen Halbwertszeit ist bei diesem gebräuchlichsten Na-Isotop auf genügend hohe Ausgangskonzentrationen und auf den Aktivitätsverlust während der Versuchszeit zu achten. Außerdem ist wegen der relativ harten γ-Strahlung an ausreichenden Strahlungsschutz zu denken. Wenn Na-Isotope aus Chloriden hergestellt wurden, muß wie bei allen übrigen Chloriden auf deren Anteil an der künstlichen Radioaktivität Rücksicht genommen werden (s. S. 1266). Eine Bestrahlung der Carbonate ist auf jeden Fall vorzuziehen. Wegen der relativ starken Energie der β-Strahlung sind beide Isotope leicht meßbar; bei beiden lassen sich auch Flüssigkeitszählrohre anwenden.

Neben 93,2% ^{39}K und 6,8% ^{41}K enthält das natürlich vorkommende Element *Kalium* zu etwa 0,012% den natürlichen schwachen β-Strahler ^{40}K ($\tau = 1{,}3 \cdot 10^9$ a; 34,5% β-Strahlung 1,35 MeV). Hierbei entsteht ^{40}Ca; unter K-Einfang und Aussendung von γ-Quanten (1,55 MeV) entsteht außerdem ^{40}A. Die γ-Aktivität des K im gesamten Menschen ist so stark, daß er pro Sekunde etwa 60 γ-Quanten abgibt, welche mit geeigneten Zählrohren registriert werden können (ANDERSON 1956 u. Mitarb.).

Das instabile Isotop ^{38}K kommt wegen seiner geringen Lebensdauer ($\tau = 7{,}65$ min) für Tracerstudien nicht in Betracht, dagegen trotz seiner auch noch recht geringen Lebensdauer ($\tau = 12{,}44$ h) das ^{42}K, welches beim Übergang in ^{42}Ca 2 energiereiche β-Strahlen aussenden kann (2,07 MeV, 25%; 3,58 MeV, 75%); 25% der Übergänge geben dabei die Energiedifferenz von 1,51 MeV als γ-Strahlung ab. Das Isotop ist durch Neutronenbestrahlung gut zugänglich, gut meßbar und in hoher Aktivität (bis 250 mC/gK) zu erhalten. Auf die Abwesenheit von Na im Trägermaterial ist besonders zu achten. Wegen der nahezu gleichen Halbwertszeit und nicht sehr unterschiedlichen Strahlungsintensität sind beide physikalisch kaum zu trennen. Das Flüssigkeitszählrohr ist verwendbar. Bei nicht allzu kleinen Mengen braucht die natürliche Radioaktivität von ^{40}K nicht berücksichtigt zu werden.

^{43}K hat eine nur wenig längere Lebensdauer ($\tau = 22{,}4$ h $\rightarrow$ ^{43}Ca); es ist aber ein schwächerer β-Strahler (0,25 und 0,8 MeV) und ein γ-Strahler (0,4 MeV). Es wird selten verwendet und bietet gegenüber ^{42}K keine Vorteile.

Rubidium enthält neben 72,8% des stabilen ^{85}Rb den Rest als ^{87}Rb. Dieses ist ein sehr schwacher β-Strahler von ähnlich langer Lebensdauer wie ^{40}K ($\tau = 69 \cdot 10^9$ a $\rightarrow$ ^{87}Sr) ^{83}Rb ist nur mit γ-Zählrohren nachzuweisen. ^{84}Rb ist ein Positronenstrahler ($\tau = 40$ d mit $\beta^+ = 1{,}53$ MeV; $\gamma = 0{,}85$ MeV) mit Übergang in ^{84}Kr. Es ist als Tracer geeignet, aber nur im Cyclotron zu erhalten; deswegen wird ganz allgemein ^{86}Rb für entsprechende Fragen eingesetzt. Dieses ist ein β-Strahler mit 2 Maximalenergien (1,8 MeV, 80%; 0,72 MeV, 20%; $\gamma = 1{,}08$, 20%) und Übergang in ^{86}Sr. ^{86}Rb ist auch im Gegensatz zu ^{87}Rb mit Flüssigkeitszählrohren bestimmbar. Es kann im Reaktor mit einer Aktivität bis zu 740 mC/g Rb gewonnen werden.

Unter den 5 *Cäsium*-Isotopen ist ^{137}Cs trägerfrei zu erhalten mit einer Aktivität von 825 mC/g Cs. Bei seinem Übergang in ^{137}Ba ($\tau = 33$ a) liefert es β-Strahlen (0,512 MeV, 92%; 1,174 MeV, 8%; γ: 0,662 MeV, 92%). Es wird bei der Bestrahlungstherapie angewandt. Öfter als Tracer benutzt wird ^{134}Cs ($\tau = 2{,}7$ a). Es ist ein weicher β-Strahler (0,66 MeV, 75%; γ: 1,35 MeV, 5%; 0,79 MeV, 95%).

Tracerstudien mit *Magnesium* wurden bisher selten durchgeführt. Geeignet ist ^{28}Mg, das allerdings nur im Cyclotron zu erhalten ist. Es ist ein β-Strahler mit 22,1 h Halbwertszeit. Die maximale β-Energie beträgt 0,3 MeV, die γ-Energie 1,35 MeV.

^{45}Ca ist das geeignete Isotop für Studien des *Calcium*-Stoffwechsels. Es ist ein β-Strahler mit $\tau = 152$ d und einer weichen β-Strahlung von 0,26 MeV und daher beträchtlicher Selbstabsorption. ^{45}Ca kann mit einer spezifischen Aktivität von 45 mC/g Ca geliefert werden. Die Zähler müssen besonders dünne Glimmerfenster besitzen, auch Durchflußzählrohre (Innenzählrohre) sind geeignet.

Zu einer Zeit, als ^{45}Ca für Mineralstoffwechseluntersuchungen noch nicht zur Verfügung stand, wurde gelegentlich an seiner Stelle inaktives *Strontium* eingesetzt welches sich nicht nur in Radiolarien (Akantharien), sondern auch in einer Menge von 0,02% in der Asche des Menschen findet. Später wurde ^{85}Sr ($\tau = 66$ d; β^-: 0,8 MeV) verfügbar. Die meisten Untersuchungen wurden mit ^{89}Sr und ^{90}Sr durchgeführt. Beide sind β-Strahler [^{89}Sr mit 1,5 MeV $\rightarrow$ ^{89}Y; ^{90}Sr mit 0,54 MeV $\rightarrow$ ^{90}Y $\rightarrow$ ^{90}Zr; ^{90}Y: 2,1 MeV ($\tau = 60$ h)]. ^{89}Sr hat eine Halbwertszeit von 54 d. ^{90}Sr ist mit $\tau = 19{,}9$ a langlebig; bei seiner Messung wird hauptsächlich die harte β-Strahlung des Folgeproduktes ^{90}Y bestimmt; nach Einstellung des radioaktiven Gleichgewichtes (etwa 20 d) ist sie ein exaktes Maß für die Aktivität von ^{90}Sr. Jenes stellt sich entweder nach Herstellung der Präparate vor der Analyse und gemeinsamer Ausfällung von Sr und Y als Carbonat oder Oxalat bzw. Naphthylhydroxamat ein oder nach Abtrennung des Sr als Sulfat.

Aus der *Chlor*-Familie sind ^{35}Cl und ^{37}Cl stabil und im natürlichen Cl im Verhältnis 75,4/24,6 miteinander gemischt. ^{34}, ^{36}, ^{38}Cl sind radioaktiv. Ersteres ist mit $\tau = 33$ min sehr kurzlebig; es wurde daher für biologische Untersuchungen bisher kaum benutzt (β^+ 2,5 MeV $\rightarrow$ ^{34}S). ^{38}Cl ist mit $\tau = 38{,}5$ min ebenfalls sehr kurzlebig. Es sendet aber zu 53% mit 4,18 MeV eine sehr harte β-Strahlung aus (außerdem 1,11 MeV, 30,8% und 2,77 MeV, 15,8%). Es ist nur im Reaktor zu gewinnen und daher auch nur an seinem Erzeugungsort verwendbar, aber wegen der ungewöhnlich harten Strahlung zu Tracer-Studien geeignet. Viel brauchbarer ist und fast ausschließlich benutzt wird ^{36}Cl mit $\tau = 4{,}5 \cdot 10^5$ a. Es geht als β-Strahler mit

0,73 MeV in ^{36}S über (0,1 und 0,57 MeV). Die erhältliche spezifische Aktivität ist relativ niedrig. Da die Strahlen wenig durchdringend sind, ist dem Einfluß einer Selbstabsorption Beachtung zu schenken. Die benötigten Chloride lassen sich aus der lieferbaren aktiven Chlorwasserstoffsäure leicht herstellen.

Für die Untersuchung des Verhaltens von *Bromiden* eignet sich praktisch nur das Isotop ^{82}Br mit einer Halbwertszeit von 35,7 h und relativ weicher β-Strahlung (0,465 MeV). Es sendet außerdem γ-Strahlen verschiedener maximaler Energie aus, von denen die härteste 1,45 MeV besitzt. Die Bestimmung kann gut mit γ-Zählrohren oder Szintillationszählern vorgenommen werden. Bei Analyse mit Hilfe der β-Strahlung muß die Selbstabsorption Beachtung finden. Über die Eigenschaften von Schwefel und Phosphor siehe S. 241ff.

3. Isotopieeffekte

Experimentell auffindbare Unterschiede in der Wirksamkeit oder Verteilung der verschieden schweren Ionen oder Atomkerne sind für die biologisch in Betracht kommenden Alkalimetalle nicht vorhanden. Theoretisch könnten die Verteilungsgleichgewichte – aus der Differenz der Massen berechnet – bei im Atomgewicht weit auseinanderliegenden isotopen Elementen für die hier besprochenen Elektrolyte um wenige Prozente verändert sein, während mögliche größere Unterschiede der Geschwindigkeit des Einbaus in Verbindungen auch als Intermediärprozesse bei den Elektrolyten keine Rolle spielen dürften. Anhaltspunkte für die Existenz eines solchen Unterschiedes haben sich schon deswegen nicht ergeben, weil die Fehlergröße der meisten quantitativen Aussagen über das biologische Verhalten der Ionen höher als der erwartete Isotopeneffekt liegt. Dementsprechend haben die Untersuchungen von Pohlmann und Netter (1938) und die weitaus genaueren von Mullins und Zerahn (1948) für das natürlich vorkommende Paar $^{39}K/^{40}K$ ergeben, daß eine Unterscheidung beider Elemente bei dem Einbau in den tierischen oder pflanzlichen Organismus nicht erfolgt; und zwar zeigten das die zuletzt erwähnten Untersuchungen mit einer Genauigkeit von 0,5%. Derartige Messungen waren notwendig geworden, weil entgegengesetzt ausgelegte experimentelle Befunde vorlagen, welche einerseits eine Anreicherung des radioaktiven Elementes postulierten oder als bewiesen ansahen (Ernst) oder das Gegenteil (Fenn u. Mitarb. 1942). Tatsächlich aber weist das z. B. aus der Muskulatur isolierte K keine andere Isotopenzusammensetzung wie das natürlich vorhandene mineralische K auf. Es besteht danach allgemein *keine Veranlassung*, bei Tracerexperimenten mit Mineralien *Isotopieeffekte in Betracht zu ziehen.*

Im Rahmen einer Diskussion über eine mögliche selektive Behandlung des natürlich strahlenden K-Isotops durch die Organismen (Vernadsky) wurde die von Zwaardemaker (1909) aufgeworfene *Frage der biologischen Notwendigkeit der K-Radioaktivität* erörtert. Die Anregung hierzu ging von Zwaardemakers Hypothese aus, daß die Radioaktivität des K für die Erhaltung der Automatie des Herzschlages erforderlich sei. Sie wurde z. T. durch die oben erwähnten Ergebnisse und dann allgemein durch die Versuche von Valette u. Mitarb. (1951) widerlegt, aus denen zu folgern war, daß K in äquilibrierten Salzlösungem nicht nach Maßgabe seiner Radioaktivität, sondern seiner Konzentration für das Überleben der Organe erforderlich ist. Vinogradow (1957) aus dem Vernadsky-Institut in Moskau zeigte darüber hinaus mit reinen ^{39}K- und ^{40}K-Präparaten sowohl am Wachstum von Aspergillus niger wie am Froschherzen, daß ^{40}K die normalen Zustände in gleicher Weise wie das natürliche oder das inaktive ^{39}K aufrecht erhält, so daß nur dessen übrige Eigenschaften entsprechend seiner Konzentration biologisch wirksam sind.

Der – negativ entschiedenen – Frage einer biologischen Notwendigkeit kann die nach einer *biologischen Schädlichkeit* einer natürlichen Radioaktivität der den

Organismus aufbauenden Elemente gegenübergestellt werden. Auch sie ist praktisch zu verneinen, wie eine kurze quantitative Überlegung ergibt (NETTER, 1959). Dabei werde vorausgesetzt, daß jedes β-Teilchen oder γ-Quant jeweils nur an einer Stelle wirksam werden könne. Dann ergibt sich aus dem K-Gehalt (175 g) eines Menschen eine Zahl von $4{,}8 \cdot 10^3$ und von ^{14}C von $3 \cdot 10^3$ Zerfallsakten pro sec bzw. zusammen von $2{,}3 \cdot 10^{11}$ im Jahr. Dieser Zahl stehen etwa $2{,}3 \cdot 10^{14}$, d. h. 1000mal mehr Zellen oder etwa $3 \cdot 10^{11}$ mehr Makromolekeln (Proteine) gegenüber. Hierdurch würde ein einzelnes Eiweißmolekül nur einmal in $3 \cdot 10^{11}$ Jahren durch die eigene Radioaktivität des Organismus getroffen werden.

4. Die Untersuchung des Mineralwechsels mit Hilfe von Isotopen

a) Die Größe des Mineralbedarfs

Eine notwendige Zufuhr der wichtigsten Mineralien wird mit der gesalzenen oder ungesalzenen gemischten kalorisch ausreichenden Nahrung im allgemeinen gewährleistet. Der NaCl-Bedarf wird durch Abgabe größerer Mengen an Schweiß erhöht, denn dieser kann als halbisotonische Salzlösung angesehen werden. Bei normalem Salzbestand könnten z. B. die 25 g NaCl, welche in 5 l Schweiß enthalten sind, einmalig ohne Nachteil abgegeben werden. Der Mensch pflegt den Bedarf mit einer durchschnittlichen Zufuhr von 10–15 g NaCl insofern mehr als reichlich zu decken, als hierdurch zusätzlich der Salzverlust in etwa 2 l Schweiß wettgemacht wird. Reichlicher Genuß von Vegetabilien, die gewöhnlich einen hohen K-Gehalt besitzen, steigert das Bedürfnis zur Aufnahme von Kochsalz (BUNGE, 1873). Besonders zu sichern ist eine genügende Zufuhr von Ca-Salzen beim Kind und während der Gestation und Lactation. Über den Bedarf an einzelnen mineralischen Elementen orientiert die Tabelle 2:

Tabelle 2. *Täglicher Bedarf des Menschen in g (in Millimol)*

	Na	Cl	K	P	Ca	Mg
Erwachsene	0,8—2,0 (35—85)	1,2—3,0 (35—85)	2,0 (50)	0,9 (30)	0,8 (20)	0,3 (12)
Kinder				1.3 (42)	1,3 (30)	
Schwangere				1,5 (48)	2,0 (50)	

Der Elektrolytwechsel läßt sich durch die Angabe einer Salzbilanz nur sehr oberflächlich beschreiben, da jedes Ion im Stoffwechsel seinen Weg mit seinen eigenen Besonderheiten geht. Dennoch bieten die Vorgänge der Resorption, Verteilung und Ausscheidung für die Kationen und Anionen soviele Gemeinsamkeiten, daß es zweckmäßig ist, das Schicksal der einzelnen Ionen im Rahmen jener Vorgänge gemeinsam und dabei vergleichend abzuhandeln.

b) Die Resorption

Die Resorption der Elektrolyte erfolgt fast ausschließlich vom Darmkanal aus; eine Salzaufnahme durch die Haut ist in sehr beschränktem, aber mit Isotopen nachweisbarem Umfang möglich. Dagegen kann unter experimentellen oder therapeutischen Bedingungen eine Resorption aus dem subcutanen Gewebe oder den Körperhöhlen eine größere Rolle spielen.

α) *Die Resorption aus dem Magen-Darm-Kanal*

α_1) *Die Resorption der Kationen.* Daß Wasser und Salze nach oraler Verabreichung sehr schnell aufgesaugt werden, ist eine seit langem bekannte Tatsache. Schon die Versuche von REID (1892) und von HEIDENHAIN (1894) zeigten, daß sowohl

H_2O wie Salze aus dem Darmlumen, d. h. der Mucosa- zur Blut- d. h. der Serosaseite auch dann getrieben werden, wenn der osmotische Druck und die Konzentration an NaCl im Lumen und im Blut gleich sind. Diese erste Feststellung einer aktiven Tätigkeit der Darmzellen ist auch von HÖBER herausgearbeitet und in ihrer gründsätzlichen Bedeutung betont worden. Dabei wurde den außerdem verlaufenden Ausgleichsvorgängen der freien Diffusion oder der Osmose entsprechend Rechnung getragen. Die Tracer-Versuche erleichtern die Durchführung von Experimenten über die Resorption erheblich; dennoch sind sie zur Theorie der eigentlichen Resorptionsvorgänge weniger herangezogen worden als z. B. zur Frage der Hautpermeabilität oder der Salzsäuresekretion. Man hat mit ihrer Hilfe aber trotzdem einige Einzelfragen bei der Resorption klarstellen können, besonders solche der relativen Resorptionsgeschwindigkeiten einzelner Ionen in freier Lösung oder in Gemischen. Dabei hat sich im Vergleich zu den Körperzellen bemerkenswerterweise immer wieder ergeben, daß Na wesentlich schneller als K oder Ca aufgenommen wird.

Schon bald, nachdem ^{24}Na zur Verfügung stand, beobachteten HAMILTON u. Mitarb. (1937), daß seine Resorption einige Minuten nach oraler Gabe einsetzt und nach etwa 3 Std. praktisch abgelaufen ist. Daß auch kleine Mengen von Na schnell aus dem Magen und Darm von Ratten verschwinden, zeigten dann GREENBERG u. Mitarb. (1940). Nach 10 min waren nur noch 25% und nach 60′ 5% des verabreichten Na im Magen und Darm-Gekröse zurückgeblieben. Die Aufnahme von ^{24}Na beim Menschen kann durch Ausschläge des von ihm mit einer Hand gehaltenen Zählrohrs leicht festgestellt und auf diese Weise z. B. verfolgt werden, nach welcher Zeit NaCl im Magen aus gehärteten Gelatine-Kapseln frei wird (LARK-HOROWITZ, 1941). In menschlicher Milch wurde Na^{24} 20 min nach oraler Gabe gefunden (POMMERENKE und HAHN, 1943). Die Aufnahme des Na erfolgt in den einzelnen Abschnitten des Darmkanals mit unterschiedlicher Geschwindigkeit. COPE u. Mitarb. fanden 1943 beim Hund im Antrum pylori eine mehrfach intensivere Resorption als im Magenfundus. Andererseits sahen EDELMAN und SWEET 1956 beim Studium der austauschbaren Na-Fraktion des menschlichen Kotes mit ^{24}Na, daß in den distalen Darmabschnitten eine besonders wirksame Resorption des Na stattfindet. K verhielt sich ähnlich, wenn auch bei ihm die Resorptionsgeschwindigkeit deutlich schwächer ist. Der Aufnahmemechanismus für Na ist im menschlichen Colon noch so wirksam, daß er Na^+-Ionen auch den anionischen Austauscherharzen entziehen kann, welche sich während der vorangegangenen Magen-Darm-Passage mit ihnen beladen hatten (FIELD u. Mitarb. 1954). SPENCER u. Mitarb. (1954) untersuchten die Na- und K-Verteilung an Austauschern während der Magen-Darm-Passagen mit entsprechenden Isotopen. Im Normalmagen liegt die H^+-Form vor, im Darm überwiegt das an die Austauscher gebundene Na^+. Im Colon wird Na^+ abgegeben und z. T. gegen K^+, größtenteils aber wohl gegen Mg^{2+} und Ca^{2+} getauscht. Die festgestellten Durchschnittsmengen für die adsorbierten Ionen betrugen, bezogen auf 1 g Austauscherharz: Im Darm 1,5 mäq Na, 0,3–0,5 mäq K; der zugehörige Gehalt im Chymus war 86–134 mäq/l Na und 6–17 mäq/l K. Salzarme Diät änderte an diesen Werten wenig. Andererseits wird die Na-Abgabe durch den Kot unter dem Einfluß von Laxantien (außer Paraffinöl) erhöht; auch die von K steigt dabei an.

Wie die Aufnahme des Wassers (s. S. 1258) durch die Darmwand ist auch die Resorption der Salze von der Motilität des Darmes und dem osmotischen Druck seines Inhaltes abhängig: Die Motilität steigert sie (HIGGINS u. Mitarb. 1956) und erst sehr hoher osmotischer Druck – in Experimenten mit Saccharose erzeugt – setzt sie herab (MADISON und CHRISTIAN 1950). Beide Versuchsreihen wurden an Versuchsgruppen von Menschen unter Verwendung von ^{22}Na und ^{24}Na durchgeführt.

Daß die Resorption der Ionen sich beim Menschen und Säugetier relativ schnell vollziehen muß, ergibt sich aus einer einfachen Überlegung über den Elektrolytgehalt der in das Lumen des Magen-Darm-Traktes täglich hinein abgegebenen Sekrete der Verdauungsdrüsen. Danach werden schätzungsweise 1 äq Na (23 g); 1,2 äq Cl (43 g) und 0,1 äq K (4 g) abgesondert und zurückresorbiert, ohne daß sie in der üblichen, in den Zahlen viel kleineren Bilanz über aufgenommene und im Harn und Kot wieder abgegebene Mineralstoffmengen erschienen. Wenn VISSCHER u. Mitarb. mit ^{24}Na fanden, daß der Na-Gehalt des Blutplasmas, bezogen auf den Tagesdurchschnitt 1 mal in 83 min zwischen Blut und Intestinum gewechselt wird, so kommt darin die Fähigkeit zu einer noch mehrfach größeren Resorptionsleistung zum Ausdruck (1944).

Daß die Resorptionsgröße für *Kalium* geringer ist, kann aus dem im vorigen Abschnitt erwähnten Befund erwartet werden, nach dem der K-Gehalt im durchschnittlich zusammengesetzten Darminhalt mehrfach niedriger liegt als der an Na. Das wiederum ist leicht zu verstehen, weil die Hauptmasse der Flüssigkeit im Darm durch die Verdauungssäfte mit ihrem – wie oben erwähnt – rund 10fach niedrigeren K-Gehalt gebildet wird. Außer den Untersuchungen von JOSEPH u. Mitarb. sind mit Hilfe von Isotopen zur Frage der K-Resorption keine weiteren Versuche beschrieben worden. Sie fanden schon 1939 an Ratten, daß der Magen nach 10 min noch die Hälfte an Radioaktivität enthält. Die Aufnahme selbst erfolgt nur zum kleinen Teil durch den Magen und überwiegend durch die Darmwand (1939).

Auch Rb und Cs werden rasch resorbiert. Untersuchungen über die Geschwindigkeit ihrer Resorption im Vergleich zu der des K liegen nicht vor. Nach dem Verhalten an einigen anderen Organen kann beim Cs eine etwas geringere Geschwindigkeit erwartet werden. Immerhin fanden HOOD und COMER für ^{137}Cs eine durchaus schnelle Aufnahme.

Die Geschwindigkeit der Resorption von *Erdalkalien* ist sicher geringer als die der Alkaliionen. Eingehende Tracer-Studien zu dieser Frage liegen nicht vor. Für Mg besteht eine bilanzmäßig normale Resorptionsrate von mindestens 200 mg/d entsprechend der Ausscheidung im Urin und zusätzlich etwa der gleichen Menge im Kreislauf: Blut–Verdauungssäfte–Blut.

Der Bedarf des Organismus an Calcium liegt höher; man kann ihn mit 20 bis 50 mäq/d gegenüber 10–15 mäq/d für Mg einsetzen. Mit höchstens 40 mg ist aber die äquivalente Menge des im Urin ausgeschiedenen Ca nicht wesentlich höher als die des Mg. Von dem Angebot an Kalksalzen entgeht je nach dem Bedarf des Organismus ein sehr wechselnder Anteil der Resorption. Der Bedarf selbst ist während der Gestations- und Lactationsperiode besonders groß. Nach oraler Gabe fanden HANSARD u. Mitarb. (1954) bei der Kuh eine fast vollständige Resorption des verabreichten ^{45}Ca. Die Exkretion in den Darm nahm mit steigendem Alter zu, während die renale Ausscheidung stets unter 5% der verabreichten Dosis lag. In einer anderen Versuchsreihe bestimmten COMAR u. Mitarb. ebenfalls an Kühen den Wert des endogenen Kot-Ca mit ^{45}Ca sowohl nach einer Bilanz – wie nach einer entsprechenden Verdünnungs-Methode, für welche die Feststellung der spezifischen Aktivität im Kot und im Plasma erforderlich ist. Dabei fanden sie eine aktive Ca-Ausscheidung im Darm von rund 15% der Dosis, während die Menge des endogenen Kot-Ca über 5 g gelegen war. Durch Verfolgung des ^{45}Ca in verschiedenen Abschnitten des Darmes nach intravenöser Injektion des Tracers konnten WALLACE u. Mitarb. (1951) auch an Ratten beweisen, daß tatsächlich eine Ca-Abgabe im gesamten Darm erfolgt. Die hier stattfindende Ausscheidung ist bei jüngeren Tieren – mit erhöhtem Ca-Bedarf – geringer als bei erwachsenen, wo sie nach 14 Tagen bis zu 40% ansteigen kann. Ebenfalls an Ratten sah CARLSSON nur nach oraler Gabe, nicht aber nach subcutaner Injektion von ^{45}Ca-Lactat eine deutliche Einlagerung in die Knochensubstanz, die bei jungen Tieren bereits nach wenigen Std. nachweisbar wird und stets und unabhängig vom Alter in den Nagezähnen deutlich und anhaltend ist. Eine Verringerung der Einbaugeschwindigkeit bei kalkreicher Nahrung wird auf ein anteiliges Zurücktreten der Resorption für ^{45}Ca zurückgeführt.

Eine ^{45}Ca-Resorption auch nur irgendwie nennenswerten Ausmaßes findet vom Rectum aus nicht mehr statt, wie die Versuche von CREMER u. Mitarb. am Menschen ergaben.

Die oft diskutierte Frage, ob unter den Einfluß von Vitamin D die Resorptionsgröße von Ca-Salzen gesteigert werden kann, ist nach den Untersuchungen CREMERs (1951) nur dann positiv zu beantworten, wenn es sich um die Aufnahme von Ca-Ionen aus schwer löslichen Salzen handelt. Während sich nämlich an Ratten bei Ca-Lactat oder -Chlorid kein Einfluß des Vitamins D ergibt, findet eine deutliche Förderung durch das Vitamin bei der Gabe der ohnehin viel langsamer resorbierbaren Carbonate oder Phosphate statt. Eine gewisse Resorptionsförderung durch Vitamin D kann auch aus den Versuchen von HARRISON entnommen werden (1950). Es bleibt dabei aber immer die Frage offen, ob der Vitamineinfluß auf die Resorption indirekt über eine Steigerung des Mineralbedarfs infolge einer direkt ausgelösten Erhöhung der Knochenbildungsgeschwindigkeit zustandekommt. Denn schon die älteren Versuche von GREENBERG (1945) haben sehr deutlich ergeben, daß auch intraperitoneal injiziertes ^{45}Ca und ^{89}Sr bei rachitischen Ratten nach Vitamin D-Gabe stärker in den Knochen eingelagert werden. In den Versuchen von UNDERWOOD wurde diese Vitamin D-Wirkung erst 2–3 Tage nach der Ca-Gabe deutlich (1951).

Bei den zuletzt genannten Versuchen hat die Verwendung von aktivem *Strontium* besonders konstante Ergebnisse geliefert. Schon daraus geht eine gewisse biochemische Gleichwertigkeit der beiden chemisch nahe verwandten Erdalkalien hervor. Sr wird auch beim Menschen enteral gut resorbiert; jedoch weisen die meisten Versuche darauf hin, daß die Aufnahmegeschwindigkeit etwas geringer als die des Ca ist. In den Versuchen von HARRISON (1955) wurden von nicht markiertem Sr nur bis 36% resorbiert, obwohl es in der Nahrung in nur sehr geringen Mengen, verglichen mit Ca vorlag. Die geringere Resorptionsgeschwindigkeit bewirkte, daß im Kot eine relative Anreicherung erfolgte, der eine entsprechende Verdünnung an allen übrigen Orten des Organismus, also vor allem im Knochen gegenüberstand. Das Verhältnis $Sr/Ca \cdot 10^4$ betrug in diesen Versuchen für die Nahrung 17, Faeces 28, Urin 8,5, Plasma 4, Knochen 2,5. SPENCER u. Mitarb. (1957) gaben 0,1–0,4 μC ^{85}Sr/kg per os. Sie fanden bei 6 Versuchspersonen eine durchschnittliche Resorption von 20%; bei intravenöser Gabe wurden 10% im Darm ausgeschieden. Auch diese Versuche bestätigen eine schlechtere Resorption und geschwindere Ausscheidung des Sr im Vergleich zu Ca. Hierbei ist der Proportionalitätsfaktor jeweils zwischen 2 und 4 gelegen, wenn beide aktiven Erdalkalien in gleicher Dosierung gegeben wurden. Die gleichen Verhältnisse gelten natürlich auch für das durch die Menschen täglich aufgenommene ^{89}Sr und ^{90}Sr aus dem "fall out" der Atombombenversuche (s. S. 1297).

α_2) *Über die enterale Resorption der anorganischen Anionen*: Bemerkenswert wenig ist mit Hilfe der Isotopentechnik über die Einzelheiten der *Chloridresorption* bekannt geworden. Lediglich aus den Versuchen von BURCH u. Mitarb. (1950) ist zu folgern, daß nur etwa 3% des Chloridbestandes mit den Faeces ausgeschieden werden. Damit verläßt ein nur sehr kleiner Teil des allein durch die Verdauungsdrüsen in das Darmlumen abgesonderten Chlorids den Organismus auf diesem Wege.

Der größte Teil der von Menschen durchschnittlich pro Tag aufgenommenen Menge von 5 g Phosphorsäure steht nach Spaltung ihrer organischen Bindung als anorganisches Phosphat zur Resorption bereit. Es hängt vermutlich von der Größe der anwesenden Calciummengen ab, wieviel Phosphat tatsächlich resorbiert wird. Im allgemeinen ist es wahrscheinlich nicht mehr als $^2/_3$. Die Untersuchungen mit oral eingeführtem ^{32}P zeigten gelegentlich noch geringere Werte (GREENBERG). Da intravenös injiziertes Phosphat fast total und schnell im Urin ausgeschieden wird, dürfte das Erscheinen des Phosphors im Stuhl nicht auf einer exkretorischen Abgabe durch die Darmwand, sondern auf einer unvollständigen Resorption beruhen (ERF und LAWRENCE, 1941). Von HEVESY stellte in Übereinstimmung mit dieser Deutung fest, daß die spezifische Aktivität der Phosphate im Serum wesentlich größer als die im Darminhalt ist. Beide Aktivitäten hätten gleich sein müssen, wenn die Plasmaphosphate bei einer Exkretion in den Darm übergegangen wären. Der gegenteilige Befund ist einfach durch die Zumischung des unresorbiert gebliebenen nicht aktiven Phosphors im Darm zu erklären. So können beim Menschen 70–80% des Phosphates im Kot direkt aus der Nahrung stammen. Die Verhältnisse scheinen bei verschiedenen Species verschieden zu liegen. Zum Beispiel wird parenteral gegebenes Phosphat bei den Omni- und Carnivoren nahezu ganz durch die Nieren, bei Herbivoren überwiegend im Kot ausgeschieden. Im Gegensatz zu den Verhältnissen im Kot ist die spezifische Aktivität nach Einstellung eines steady-state im Urin und Plasma gleich groß (v. HEVESY). Auch die spezifische Aktivität in Galle und Pankreassaft nimmt dann die gleiche Größe wie die im Plasma an (KJERULF-JENSEN, 1941).

Es ist bekannt, daß Sulfate aus dem Darm nur langsam resorbiert werden. Allerdings wird es aus wenig konzentrierter Na_2SO_4-Lösung doch merklich, etwa 3 mal langsamer als bei NaCl, bei $MgSO_4$ dagegen zehnfach langsamer aufgesaugt. Die abführende Wirkung wird durch eine bei höherer Konzentration ausgelöste starke Saftsekretion hervorgerufen.

$^{35}SO_4$ wird auch nach oraler Gabe bald im Urin nachweisbar, so daß merkliche Mengen relativ schnell zuvor resorbiert sein mußten (DZIEVIATKOWSKI, 1949). Ein großer Teil des so aufgenommenen Sulfates erscheint als Ester im Urin. Ein Einbau des Schwefels in Proteine kann aus dem Sulfat nur bei Wiederkäuern beobachtet werden, denn die Pansenflora vermag hier eine Reduktion zu Thiogruppen durchzuführen (BLOCK u. Mitarb. 1951, MÜLLER u. Mitarb. 1955).

β) Die Resorption aus Körperhöhlen und durch die Haut

Es spricht für die Empfindlichkeit der Tracer-Methode, daß man eine Aufnahme markierter Stoffe, vor allem auch einfacher Ionen von praktisch allen Stellen des Körpers aus nachweisen kann. In allen Fällen erscheint infolge des Überganges der genannten Stoffe in die Blutflüssigkeit hier eine gewisse Aktivität. Diese Tatsache ist theoretisch weniger interessant, sie kann aber in ihren Einzelheiten für das Studium der Aufnahme geeigneter Arzneimittel von besonderen Applikationssorten aus praktisch Bedeutung gewinnen, zumal da die Technik des Nachweises besonders einfach ist.

D'SILVA und NEIL sahen nach intraperitonealer Gabe von ^{42}KCl verglichen mit intravenöser Applikation keinen beachtlichen Unterschied in der Geschwindigkeit des Überganges auf verschiedene Organe. Der Übertritt in das Blutplasma erfolgt also aus dem Peritonealraum mindestens bei niedrig-molekularen Stoffen sehr schnell. Dementsprechend wird diese einfache Applikationsart im Tierversuch häufig benutzt.

Im Anschluß an Injektionen in die Höhle größerer Gelenke findet sich ein exponentieller Verlust der applizierten Aktivität. Bei gesunden Gelenken beträgt die Restaktivität nach 30 min für Männer 48%, für Frauen 41% mit einer Fehlerbreite von rund je 2%, bestimmt für ^{24}Na. Die Geschwindigkeit ist etwas kleiner als bei subcutaner Injektion an normal durchbluteten Körperteilen (JACOX u. Mitarb. 1952). In der Synovialflüssigkeit von Rheumatikern ist der K-Gehalt erhöht.

Schon früh fiel die recht unterschiedliche, im ganzen aber ziemlich geringe Größe der Resorption von ^{24}Na aus der Vagina auf (POMMERENKE und HAHN, 1943). KALMAN fand, daß Oestrogene eine Permeabilitätszunahme der Uterusmuskulatur bewirken, welche an der Aufnahme von ^{131}J und ^{22}Na ausgetestet worden war (1955).

MARUCCI u. Mitarb. untersuchten die Aufnahme von ^{131}J, ^{22}Na und ^{32}P aus normalen Harnblasen und verglichen sie beim Hund mit operativ aus Ileummucosa nach Ureterverpflanzung künstlich hergestellten. Bei den letzteren wurden die Isotope mit mehrfach größerer Geschwindigkeit getauscht, nicht jedoch bei solchen, welche aus Seromuscularis des Darmes gebildet worden waren (1954).

Die Aufnahme von Ionen durch die *menschliche Haut* ist nur gelegentlich geprüft worden. Lösungen von aktivem NaCl, mit Salbengrundlagen emulgiert und in der Haut verstrichen, gaben schon nach $^1/_2$ Std. nachweisbare Aktivität an die allgemeine Zirkulation ab. Urinproben waren nach 3 Std. radioaktiv. Es zeigten sich nach dem Menschentyp, der Intensität der Einreibung und der Hydrophilität der Salbengrundlagen deutbare Unterschiede in der Strahlungsintensität (JONSTON und LEE, 1943).

Auf den gut untersuchten aktiven Na-Transport durch die Froschhaut wird später eingegangen. Der Stichling nimmt aus Meerwasser 10mal mehr ^{24}Na als aus Süßwasser auf. Kalium wird wenig resorbiert. Im Süßwasser beträgt der ^{24}Na-Durchgang durch die Kiemen pro Std. etwa 1% der Körpermenge an Na oder 0,6 mäq/kg Fisch/Std., während der K-Tausch 0,15 mäq/kg Fisch/Std. ausmacht. Er verdoppelt sich im Meerwasser. Der Phosphattausch ist geringer als der des Na. Die getrunkene Komponente des Meerwasserdurchflusses betrug 4% des Körpergewichts pro Std.

γ) *Die Resorption aus Geweben und der Subcutis*

Ohne zu schädigen können kleine Mengen von strahlenden Isotopen in geeigneter Lösung in verschiedene Gewebe injiziert werden. Die Geschwindigkeit ihres Abtransportes in das Blut ist anschließend leicht quantitativ zu verfolgen. Sie ist von örtlichen Faktoren, namentlich der Durchblutungsgröße, aber auch von dem p_H-Wert, dem osmotischen Druck der Lösungen und der Zugabe z. B. adstringierender Stoffe deutlich abhängig. Der oft geringe Einfluß der p_H-Werte ist zweifellos ein Ausdruck einer guten Pufferung im Gewebe. Bei Ratten läßt sich das Ausmaß der in das Blut übergetretenen Stoffe an der Strahlungsaktivität des Schwanzes in einfacher Weise vergleichend verfolgen.

Bei anderen Tieren wird entweder die Zunahme der Strahlung in periodisch entnommenen Blutproben verfolgt (MADISON und CHRISTIAN, 1950) oder ihre Abnahme über den Injektionsort, wobei es auf eine mechanische Fixierung des Zählrohrs im definierten Abstande ankommt. Für die Geschwindigkeit der Abgabe des Isotopes an den Blutstrom wird der Ausdruck: „lokale oder Gewebs-Clearance" eingeführt. Tatsächlich ist man oft in der Lage, den Abstrom so gut quantitativ zu verfolgen, daß man nicht nur den exponentiellen Charakter dieses Vorgangs erkennt, sondern auch die biologische Konstante des Absinkens zahlenmäßig angeben kann. Die Clearance-Konstante nach KETY hat die Dimension eines Logarithmus der Konzentration pro Zeit, während die übliche Nieren-Clearance als Volumen pro Zeiteinheit angegeben wird. Die erstere entnimmt man als die

Neigung der Konzentrationsgraden im logarithmischen Maß, wieder im Koordinatensystem der Zeit zugeordnet. Für sie folgt aus dem allgemeinen Exponentialgesetz:

$$c_t = c_0 \cdot e^{-k \cdot t} \text{ bzw.} \tag{7}$$

$$\ln c_0 - \ln c_t = k \cdot t; \tag{7a}$$

für c_1 bei t_1 und c_2 bei t_2 ist dann:

$$k = \frac{\log c_2 - \log c_1}{0{,}43\,(t_1 - t_2)} \tag{7b}$$

Da nun die Aktivitätswerte hauptsächlich von der im ganzen leicht beeinflußbaren Durchblutungsgröße an dem Injektionsort abhängen, sind die quantitativen Beziehungen nicht immer gut erfüllt. Der Lymphweg wird für den Abtransport aus der Subcutis relativ wenig benutzt (MCINALLY u. Mitarb. 1952). Auch die Abfallquote der Aktivität in Quaddeln verläuft oft nicht entsprechend einer einfachen e-Funktion (KÜNKEL und SCHWERMUND, 1953). Allgemein wurde beobachtet, daß eine gleichzeitige Injektion von Hyaluronidasepräparaten die Resorptionsgeschwindigkeiten subcutan verabreichter Salze sehr deutlich erhöht (FORBES u. Mitarb. 1950, CH. LORMAND u. Mitarb. 1952). Nach MCGIRR ist das Exponentialgesetz für die Resorption von ^{24}Na sowohl aus der Haut des Fußrückens wie aus der Unterschenkelmuskulatur gut zu bestätigen. Die Halbwertszeit des Vorganges schwankt nach den Konditionen stark, sie liegt für den Muskel zwischen 6 und 25 min und für die Haut bei 10–44 min.

Auch bei der schon erwähnten Auswertung des Isotopenüberganges aus der Gelenkhöhle hatte sich vorstehende Formulierung gut bewährt. Nach Injektion von ^{24}Na oder ^{131}J in das subcutane Gewebe des Handrückens sahen CH. HYMAN u. Mitarb. (1952) einen Schwund von $7 \pm 2{,}2\%$ der Ausgangsaktivität pro Minute. Die Werte blieben für beide Testsubstanzen auch unter stark veränderten Filtrationsbedingungen unverändert, woraus auf einen überwiegenden Anteil der Diffusion beim Übertritt im Vergleich zur Filtration geschlossen werden kann.

Die ^{24}Na-Clearance aus der Muskulatur wurde oft untersucht, namentlich, um Einflüsse auf die Größe der Blutzirkulation in einzelnen Muskelgebieten auf einfache Weise zu objektivieren. Es zeigte sich dabei, daß die Wirkung der injizierten Flüssigkeitsmengen nicht zu vernachlässigen ist (WISHAM, 1951).Bei Verkleinerung des Volumens nimmt die Eliminationsgeschwindigkeit ab (WARNER u. Mitarb., 1953). PABST (1958) empfiehlt für das Studium der Strombahnen die Verwendung von ^{131}J. Hiermit gemessen nimmt bei der Arbeitshyperämie die Durchblutung einer Extremität im Ganzen zu, ohne daß dabei Verschiebungen der Versorgung auf Kosten einzelner Abschnitte erfolgen. Man hat auch am Hund erfolgreich versucht, strenger lokalisierte Durchströmungsänderungen nach Unterbindung des Ramus descendens der Coronararterie oder nach HCN-Vergiftung von Teilen des Herzmuskels mit dieser Methode zu erfassen (CULLEN und REESE, 1952). In das Gehirn wurden von KNAPP, HYMAN u. Mitarb, (1956) – ausgehend von Trepanlöchern an verschiedenen Stellen – bei Hunden ^{22}Na- oder ^{131}J-Depots gesetzt und dann die Aktivitäten in der Gegend der Femoralarterie gemessen. Es ergaben sich zunächst exponentielle Kurven, dann aber Werte, die besonders bei Injektionen in die Capsula interna, ziemlich steil abfielen. Sie waren durch Pharmaka deutlich beeinflußbar, wobei ein Gegensatz zwischen Histamin und Hydergen herausgearbeitet wurde. Auch die vegetativ-sympathische Regulation konnte an der Muskeldurchblutung dadurch studiert werden, daß z. B. mit Novocain ein Block des Lendensympathicus gesetzt wurde. Dabei zeigte sich – mit der Radioaktivitätsmethode gemessen – keine Durchblutungssteigerung der Muskulatur, wohl aber der Haut, besonders an den Zehen, und eine Erhöhung der Hauttemperatur (S. I. RAPAPORT u. Mitarb., 1952). Im ganzen hat sich die Gewebsclearance-Untersuchung zu einer praktisch brauchbaren Methode für das Studium lokaler Durchblutungsvorgänge entwickelt.

c) Verteilungsvorgänge

Die in das Blut gelangten Elektrolyte werden sehr schnell an die extracellulare Phase weitergegeben. Von hier aus gelangen sie mit wechselnder Geschwindigkeit in das Parenchym der einzelnen Organe, über die sie z. T. auch wieder zur Ausscheidung gebracht werden. Der *Gehalt markierter Stoffe im Blut ändert sich damit phasisch.* Zunächst erfolgt ein exponentieller Anstieg. Gleichzeitig vollzieht sich – im allgemeinen der jeweils erreichten Konzentration proportional – die Elimination, welche mit nachlassender Aufnahme diese überwiegt und damit zum Abfall der Konzentrationskurve im Blut führt. Das Maximum des Gehaltes stellt sich um so später ein, je geringer die Geschwindigkeit beider Vorgänge oder die der Eliminierung im Vergleich zu der Resorption ist. Es gilt (vgl. NETTER, 1959):

$$t_{max} = \frac{2,3}{k_1 - k_2} \log k_1/k_2 \tag{8}$$

Im Experiment kann man den Eliminationsvorgang allein dann untersuchen, wenn man den Resorptionsprozeß dadurch ausschaltet, daß die Stoffe direkt intravenös appliziert werden. Wie VON HEVESY zuerst sah (L. HAHN und G. HEVESY, 1941), findet der *Übergang* von ^{24}Na *aus dem Blut* in den übrigen Extracellularraum beim Kaninchen schon zur Hälfte in der ersten Minute statt und beim Menschen ist der Verlust aus der Blutbahn mit einem Drittel der Aktivität nicht wesentlich kleiner (BURCH u. Mitarb., 1947). Die Zeit, welche für die Mischung der injizierten Flüssigkeit mit dem Blut erforderlich ist, ist kaum geringer. Für beide Vorgänge würde schon nach sehr wenigen Minuten ein Gleichgewicht der Verteilung erreicht sein. Dessen Werte aber ändern sich in der anschließenden Zeit ständig durch den sich langsamer vollziehenden Übergang in die Organe. Grundsätzlich gelten für diese Verteilungsvorgänge 2 Gesetzmäßigkeiten mit guter Annäherung.

α) Im steady state-Zustand ist die Durchmischung in allen Räumen und schon vorher in jenen, aus denen die Diffusion bei der Verteilung erfolgt, praktisch so vollständig, daß die Aktivität in ihm oder in den entsprechenden Organen dem Gehalt an den inaktiven Ionen proportional ist. Das bedeutet, daß dann die Aktivität pro Gewichtseinheit des Elementes, d. h. die *spezifische Aktivität* (spez. a), *in den beteiligten Räumen gleich* ist. Unter dieser Voraussetzung ist die Gesamtaktivität (A) eines Organismus dem Gesamtgehalt an jenem Element proportional. Und wenn die spezifische Aktivität von einem Ort her, etwa dem Serum oder dem Urin, bekannt ist, läßt sich der analytische Gehalt aus der gemessenen Aktivität für ein Organ oder irgendeine Körperstelle ermitteln. Er ist dann:

$$m = A \cdot \text{spez. a}$$

in Gramm, wenn spez. a auch auf 1 g bezogen wurde.

Schon VON HEVESY sah, daß die Voraussetzung für die Anwendung dieser Überlegung zwar für Na und Cl – mit Ausnahme des Knochengewebes – ziemlich bald nach der Injektion gegeben ist, während sich die Verteilung von Phosphat und Kalium über wesentlich längere Zeit erstreckt, so daß eine Gleichheit der spez. Aktivität für alle Räume theoretisch kaum und praktisch erst nach mehreren Stunden angenommen werden kann. Die Ursache hierfür liegt in der Beteiligung der Parenchym- und Muskelzellen an den Austauschvorgängen. Sie erfolgen mit verschiedener Geschwindigkeit (Abb. 4).

β) Die *Geschwindigkeit der Verteilung* und auch der Ausscheidung kann grundsätzlich so behandelt werden wie die von chemischen Reaktionen erster Ordnung. Die Behandlung ist auch formal identisch mit der des radioaktiven Zerfalles: die Geschwindigkeit der Abdiffusion ist proportional der jeweils vorhandenen Konzentration. Dieses Verhalten folgt aus dem 1. Fickschen Diffusionsgesetz für die Grenzbedingung einer konstanten Diffusionsstrecke, konstanter Verteilungsräume und der Vernachlässigung einer Rückdiffusion. Es findet seinen Ausdruck in der oft verifizierten Beziehung:

$$-\frac{dc}{dt} = k \cdot c\,, \text{ bzw. } c_t = c_0 \cdot e^{-kt} \tag{9}$$

Dabei ist die Geschwindigkeitskonstante k ein reziprokes Maß für die zur Überwindung der Diffusionshindernisse – Reibung, Membranwiderstand – erforderliche Aktivierungsenergie. Die Gültigkeit des *exponentiellen* Verlaufs beweist, daß wie bei einer Boltzmann-Verteilung alle in einem Raum vorhandenen Teilchen ohne Rücksicht auf ihre individuelle Vorgeschichte nach Maßgabe der Konstanten k gleiche Wahrscheinlichkeit besitzen, in der Zeit t einen Diffusionsübertritt in der betrachteten Richtung zu erfahren. In Analogie zu der für den radioaktiven Zerfall gültigen Beziehung: $\tau = 0{,}693/\lambda$ kann auch hier von einer durch den Wert von k festgelegten Halbwertszeit der Verweildauer z.-B. in einem Raum P (Plasma) gesprochen werden. Der reziproke Wert der physikalischen Zerfallskonstanten wird allgemein als mittlere Lebensdauer des radioaktiven Elementes bezeichnet; man nennt dementsprechend $\frac{1}{k} = \tau \cdot 1{,}443$ die *Umsatzzeit* oder *mittlere Verweildauer*, während die biologische Konstante selbst, multipliziert mit der Substanzmenge im betrachteten Raum als *Umsatz* bzw. *turnover-rate* oder Erneuerungsgeschwindigkeit bezeichnet wird. Für Verteilungs- oder Stoffwechselprozesse ist es vorteilhaft, statt τ die *biologische Halbwertszeit* $\vartheta = \ln 2/k$ einzuführen.

Um es den technischen Gegebenheiten oder den in vivo vorliegenden Bedingungen anzupassen, muß das unter β) beschriebene Grundgesetz durch Berücksichtigung folgender drei Faktoren ergänzt werden, nämlich 1. der während der Versuchszeit erfolgenden Abnahme an Radioaktivität, 2. der Rückdiffusion, 3. des gleichzeitigen Überganges in mehrere Räume.

β_1) Bei vielen Indicatorelementen kommt eine *Abnahme* der gesamten verabreichten Aktivität *durch den eigentlichen radioaktiven Zerfall* praktisch während der Versuchsdauer nicht in Betracht. Die meisten der für den Elektrolytstoffwechsel heranzuziehenden Tracer verfügen jedoch über eine so kurze Lebensdauer, daß der Aktivitätsverlust bei der Auswertung der Versuche zu berücksichtigen ist. Der wirklich an einem Ort oder im ganzen Organismus gemessene Abfall der Strahlung wird als *effektive Halbwertszeit* (∂) bezeichnet. Sie wird durch die Differenz der biologischen und physikalischen Zerfallskonstanten bestimmt:

$$c_t = c_0 \cdot e^{-(k-\lambda)\,t} = c_0 \cdot e^{-\left(\frac{\ln 2\,(\tau-\vartheta)}{\vartheta\cdot\tau}\right)t} = c_0 \cdot e^{-\frac{\ln 2}{\partial}\,t} = c_0 \cdot 2^{-\frac{t}{\partial}} \tag{10}$$

$$\text{und } \partial = \frac{\ln 2}{k-\lambda} = \frac{\ln 2}{\ln 2/\vartheta - \ln 2/\tau} = \frac{\tau\cdot\vartheta}{\tau-\vartheta} \text{ (effektive Halbwertszeit).} \tag{11}$$

Hieraus erhält man die biologische Halbwertszeit leicht zu:

$$\vartheta = \frac{\partial\cdot\tau}{\partial+\tau} \text{ bzw. } \frac{1}{\vartheta} = \frac{1}{\partial} + \frac{1}{\tau} \qquad \text{d. h.} \tag{12}$$

bei großer physikalischer Halbwertszeit, bzw. bei kleinen Zerfallskonstanten ist die effektive praktisch gleich der biologischen Halbwertszeit. Ist umgekehrt die physikalische Halbwertszeit sehr klein, dann wird die Differenz zwischen der effektiven und biologischen so groß, daß letztere oft nur ungenau ermittelt werden kann. Aus diesem Grunde wird dann oft nur die effektive Halbwertszeit angegeben. Sie beträgt z. B. für ^{24}Na beim Menschen nach intravenöser Injektion etwa 11,5 Std. (MORGAN, 1947).

β_2) Die Behandlung der Aktivitätsabnahme infolge der Diffusion aus einem bestimmten Raum (A) genügt nur in Grenzfällen einer einfachen Exponentialfunktion. Häufig kann die *Rückdiffusion* aus dem angrenzenden 2. Raum (B) nicht vernachlässigt werden. Oder es sind die Geschwindigkeiten für die Bewegung in beiden Richtungen nicht ohne weiteres aus einem beobachteten exponentiellen Verlauf zu entnehmen. Es gelte z. B.:

$$-\frac{dc_a}{dt} = k_a \cdot c_a - k_b \cdot c_b \tag{13}$$

für den Konzentrationsabfall im Raum A, wenn gleichzeitig der Stoff aus dem Raum B mit der Konzentration c_b und der Konstanten k_b nach A rückdiffundiert, d. h. die Geschwindigkeit des Verlustes ist der Differenz der Flüsse in beiden Richtungen gleich. Hierbei sollen der Einfachheit halber die Volumina in beiden Räumen (v_a und v_b) gleichgesetzt werden. Die Lösung ist unter Zugrundelegung des exponentiellen Abfalls der Aktivität möglich:

$$c_a = c_{a_0} \cdot e^{-\alpha t}, \text{ differenziert:} \qquad [\text{vgl. (7)}]$$

$$\frac{dc_a}{dt} = -c_{a_0} \cdot \alpha \cdot e^{-\alpha t} \tag{7a}$$

Einsetzen in vorstehende Gleichung (13) ergibt:

$$k_b \cdot c_b = c_{a_0} (k_a - \alpha)\, e^{-\alpha t} \tag{13a}$$

Da für die Änderung der Menge Q im Raum A gilt:

$$\frac{dQ}{dt} = k_b \cdot c_b \cdot v_a - k_a \cdot c_a \cdot v_a \tag{14}$$

und $Q = c_a \cdot v_a$, erhält man unter Benutzung des zuvor gewonnenen Wertes $k_b \cdot c_b$:

$$\frac{dQ}{dt} = c_{a_0} \cdot v_a (k_a - \alpha)\, e^{-\alpha t} - k_a \cdot Q \tag{14a}$$

Mit $Q = 0$ bei $t = 0$ ist die Lösung vorstehender Differentialgleichung:

$$Q_t = c_{a_0} \cdot v_a (e^{-\alpha t} - e^{-k_a t}) \quad (\text{SOLOMON, 1953}) \tag{14b}$$

Sie enthält die Differenz zweier Exponentialglieder, welche entweder den Abstrom unter Berücksichtigung des Rückstromes oder die Zunahme im gleichen Raum bei Wirksamwerden eines Lecks darstellt. Als Beispiel hierfür gelte der unkompensierte Abstrom aus den Schnittflächen eines Nerven, der gleichzeitig durch seine Zylinderfläche tracer aus der Außenlösung aufnimmt. Beide Glieder lassen eine Kurve mit einem Maximum entstehen. Für $t = 0$ und $t = \infty$ nimmt Q den Wert Null an. Der Zeitpunkt des Maximums wird durch Gleichung (8) gegeben, in der k_1 durch α und k_2 durch k_a zu ersetzen ist. Nach KEYNES und LEWIS gehorcht z. B. die Aufnahme von ^{42}K in das Axoplasma des Krabbennerven diesem Gesetz.

Für ein *geschlossenes 2-Komponentensystem* – etwa Erythrocyten in einer Suspensionsflüssigkeit – mit 2 verschiedenen Konstanten für die Bewegung des betrachteten Stoffes von A nach B (k_a) und B nach A (k_b) erhält man, wenn die Summe der Mengen in beiden Räumen Q_{ab} ist, für die Menge im Raum B zur Zeit t:

$$Q_b = \frac{k_a \cdot Q_{ab}}{k_a + k_b} \left(1 - e^{-(k_a + k_b)t}\right) \tag{15a}$$

mit der Halbwertszeit $\vartheta = 0{,}693/(k_a + k_b)$ nach Integration von:

$$\frac{dQ_b}{dt} = k_a \cdot Q_a - k_b \cdot Q_b \text{ mit } Q_a = Q_{ab} - Q_b$$

Für den Gehalt im Raum A gilt:

$$Q_a = \frac{k_b \cdot Q_{ab}}{k_a + k_b}\left(1 + \frac{k_a}{k_b} e^{-(k_a + k_b)t}\right) \tag{15b}$$

Für $t = \infty$, d. h. für die Gleichgewichtseinstellung, erhält der Klammerausdruck den Wert 1, d. h. der Exponentialfaktor verschwindet. Die Kurve weist kein Maximum auf. Im übrigen gilt:

$$\ln\left(\frac{Q_a}{Q_{a\infty}} - 1\right) = -(k_a + k_b)\,t - \ln\frac{k_b}{k_a} \tag{15c}$$

und für den Raum B (Erythrocyten)

$$\ln\left(1 - \frac{Q_b}{Q_{b\infty}}\right) = -(k_a + k_b)\,t \tag{15d}$$

Diese Beziehung wurde 1950 von SHEPPARD u. Mitarb. und von RAKER u. Mitarb. an der Aufnahme von ^{42}K in Erythrocyten verifiziert.

β_3) In vielen Fällen läßt sich das Verhalten des Übertritts in einen zweiten Raum weder mit der Annahme von 2 verschiedenen Konstanten für den Übergang in der einen oder anderen Richtung in einem geschlossenen System noch mit der Existenz des Durchflusses durch das System oder – in der Formulierung gleichbedeutend – mit dem Vorhandensein eines Leckes befriedigend erklären. Das ist immer dann der Fall, wenn ein zwar grundsätzlich exponentieller Abfall oder Anstieg der Aktivität zunächst keine zufriedenstellende Zeitkurve ergibt.

Eine weitergehende Analyse ist aber dann sofort möglich, wenn sich herausstellt, daß der Verlauf durch eine Formulierung mit mehreren *Exponentialgliedern gleichen Vorzeichens* zureichend beschrieben wird: Jeder Ansatz, der den gleichzeitigen *Übergang aus einem Raum in mehrere* angrenzende zu beschreiben hat, führt zu einer Folge von mindestens ebenso vielen Potenzgliedern. Ein derartiger Verlauf wird bei eingehender Analyse der Verteilung markierter Ionen meistens gefunden.

Ein Übergang aus einen Raum in nur einen zweiten, welcher aber durch zwei verschieden große Poren mit verschiedenen Konstanten für die durch sie stattfindende Diffusion erfolgt, führt nicht zu einer Gleichung mit 2 Potenzgliedern, da zwei Poren verschiedener Größe einer einzigen größeren äquivalent sind. Das Verhalten unter Annahme eines Überganges in zwei Räume wurde zuerst von GELLHORN u. Mitarb. 1944 formuliert. Zu gleicher Zeit oder etwas später wurde erkannt, daß die Na-Diffusion aus dem Plasma nur durch eine Gleichung mit mindestens 2 Exponentialgliedern beschrieben werden kann (FLEXNER u. Mitarb., SWEET u. Mitarb. 1948).

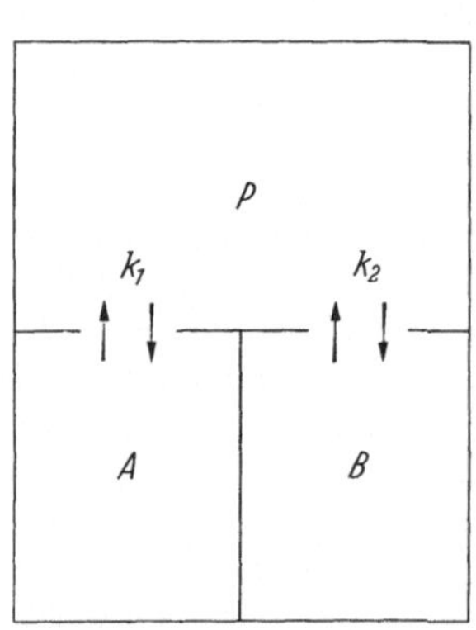

Abb. 2. Zwei Räume *(A u. B)* im Kontakt mit dem Plasmaraum *(P)*

Die formale Analyse von SOLOMON (1949, 1953) geht von folgenden vereinfachenden Annahmen aus. Zwei nicht miteinander kommunizierende Räume stehen in direktem Diffusionskontakt mit dem plasmatischen Raum (Abb. 2). Die Geschwindigkeitskonstante für den Übergang aus den Räumen zum Plasma sei für beide verschieden, aber für das Übertreten in beiden Richtungen d. h. vom Raum A zum Plasma und umgekehrt gleich (k_1), ebenso von und zum Raum B (k_2).

Die Gesamtmenge der Stoffe soll in den drei Räumen während der Versuchszeit konstant bleiben:

$$P + A + B = P_0 \text{(a) und} \frac{dP}{dt} + \frac{dA}{dt} + \frac{dB}{dt} = 0 \text{ (b)}$$

$$\text{Dann gilt:} \frac{dP}{dt} = -k_1 P + k_1 A - k_2 P + k_2 B \text{ (c)}$$

$$\frac{dA}{dt} = k_1 P - k_1 A; \frac{dB}{dt} = k_2 P - k_2 B \text{ (d) und (e)} \qquad (16)$$

Für den 2. Differentialquotienten von (c) erhält man

$$\frac{d^2P}{dt^2} = -(k_1 + k_2)\frac{dP}{dt} + k_1 \frac{dA}{dt} + k_2 \frac{dB}{dt}$$

und unter Benutzung von (b) und nach Einsetzen aus (d) und (e) unter Verwendung von (a):

$$\frac{d^2P}{dt^2} = -2(k_1 + k_2)\frac{dP}{dt} - 3\,k_1 \cdot k_2 P + k_1 \cdot k_2 P_0 \qquad (16\text{a})$$

$$\text{integriert:} \boxed{P = a_1\, e^{-b_1 t} + a_2\, e^{-b_2 t} + \frac{1}{3} P_0}, \text{ wo mit} \qquad (17)$$

$$W = \sqrt{k_1^2 + k_1 k_2 + k_2^2} \text{ und } V = k_1 + k_2 \text{ ist:}$$

$$a_1 = \frac{1}{3} P_0 + \frac{1}{6} P_0 \frac{V}{W};\ a_2 = \frac{1}{3} P_0 - \frac{1}{6} P_0 \frac{V}{W} \text{ und}$$

$$b_1 = V + W \text{ und } b_2 = V - W$$

Die Konstanten der in den Exponentialausdrücken zweigliedrigen Gleichung sind also aus den einzelnen Geschwindigkeitskonstanten und den Gleichgewichtswerten (P_0) der definitiven Verteilung hergeleitet. Formulierungen dieses Types mit häufig einer noch größeren Zahl der Exponentialglieder geben den Ablauf auch komplizierterer Verteilungsvorgänge gut wieder. Sie werden beim Studium der Ionenverteilung auf verschiedene Räume gewöhnlich angetroffen.

Bei der Analyse der Kurven beschränkt man sich meistens darauf, die Werte für $a_1, a_2, a_i \ldots$ und für $b_1, b_2, b_i \ldots$ zu ermitteln. Dazu werden die Konzentrations- oder Aktivitätsdaten in logarithmischem Maß aufgetragen und der Zeit zugeordnet (halblogarithmischer Raster). Beim Vorliegen eines Exponentialgliedes erhält man dann eine fallende Gerade mit der Neigung b; denn es gilt für $y = a e^{-bt}$: $\log y = \log a - bt \cdot \log e = \log a - 0{,}4343\, bt$. Wird nun aber der Verlauf durch mehrere Exponentenglieder mit verschiedenen Faktoren beschrieben, so ergibt die Auftragung eine im Anfang abfallende Kurve, welche darauf in eine Gerade übergeht (Abb. 3). Letztere verläuft horizontal, wenn der Ansatz noch ein konstantes Endglied enthält, das den Gleichgewichtswert derVerteilung angibt. Zieht man den – notfalls extrapolierten – Endwert jeweils von dem gemessenen ab, so erhält man eine im Anfang noch stärker abfallende Kurve mit Übergang in einen geraden Teil stärkerer Neigung; die gradlinige Verlängerung dieses Teils bis zur Ordinate schneidet hier den Grundwert a_2 ab, während seine Neigung b_2 ergibt. Wird nun der jeweilige Wert für $a_2 \cdot e^{-b_2 t}$ von dieser Kurve abgezogen, dann entsteht beim Vorliegen nur zweier Exponentialglieder nunmehr eine steil abfallende Gerade mit der Neigung b_1 und dem Ordinatenabschnitt a_1. Ein solches Vorgehen ist nur dann durchführbar, wenn b_1 und b_2 genügend verschieden voneinander sind. Daher folgen oft komplexe Vorgänge mit wenig unterschiedlichen Exponenten einer anscheinend einfachen Exponentialgleichung.

Eine Zurückführung empirisch gefundener Exponentialfaktoren und Exponenten auf die zugehörigen Geschwindigkeitskonstanten ist nur mit Hilfe von Annahmen über die Größe, Zahl und Verbindung der einzelnen Räume untereinander möglich. Unter solchen Umständen läßt sich eine Übereinstimmung mit den empirischen Geschwindigkeitswerten oft durch vergleichende Rechnung mit Analog-Rechenmaschinen gewinnen (SOLOMON).

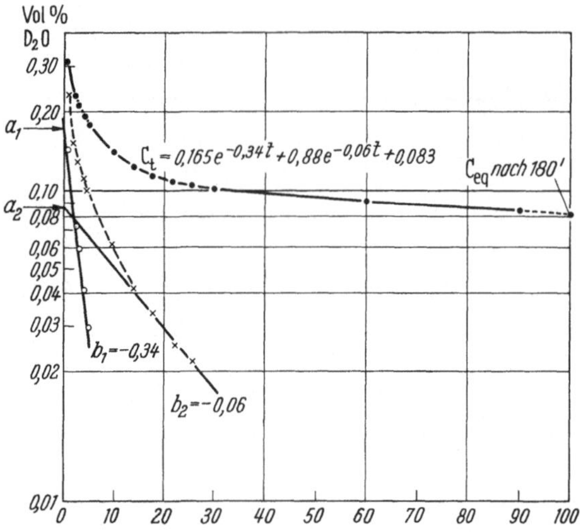

Abb. 3. Analyse der Abgabe-Kurve von D_2O aus menschlichem Plasma (SOLOMON 1953). •——• Experimentelle Kurve; ×– – –× Kurve nach Subtraktion von C_{eq} (Gleichgewichtswert); ○——○ nach weiterem Abzug von $a_2 \cdot e^{-b_2 t}$; Auftragung: D_2O-Gehalt logarithmisch; Zeit in Minuten

d) Die Auswertung von Gleichgewichten der Verteilung

Leichter auszuwerten als die Geschwindigkeitsuntersuchungen sind die Aktivitätswerte, welche nach eingetretenem oder nach als eingetreten angesehenem Verteilungsgleichgewicht in den verschiedenen Organen oder Körpersäften gewonnen werden. Unter Zugrundelegung der oben besprochenen Gesetze der Konstanz der spezifischen Aktivität können aus den Gleichgewichtswerten der Aktivität zwei allgemeine Aussagen gemacht werden, nämlich

1. kann die Größe der Verteilungsräume für die einzelnen Ionenarten und
2. die Menge der austauschbaren, d. h. am Austausch teilnehmenden oder für ihn verfügbaren Ionenarten in Organen oder Organismen pro Gewichtseinheit angegeben werden. Beide Angaben sind von besonderem physiologischen oder klinischen Interesse.

α) Die Methoden zur Bestimmung der *Größe von Verteilungsräumen*, welche einem bestimmten Teststoff zugänglich sind, sind bereits für die Körperwasserbestimmung abgehandelt worden. Für die Ermittlung von Na-, K-, Cl-Räumen ist in prinzipiell gleicher Weise vorzugehen: es ist das Verdünnungsvolumen für das entsprechende Ion aus der Abnahme der Aktivität an einer Probe zu bestimmen, welche zu einer Zeit nach der Injektion der Testsubstanz entnommen wird, für die eingetretenes Verteilungsgleichgewicht vorauszusetzen ist. Nur bei sich sehr schnell verteilenden, aber langsam auszuscheidenden Ionen ist es nicht erforderlich, die bis zur Meßzeit mit dem Urin ausgeschiedene Aktivität (a_u) in Abzug zu bringen. Allgemein jedoch gilt für das Verdünnungsvolumen

$$V_v = \frac{i - a_u}{a_p}, \tag{18}$$

wenn i die Dosis und a_p die Aktivität im Plasma bedeutet. Wie schnell sich bei diesem Verfahren konstante Werte für V_v einstellen, zeigt Abb. 4 nach Versuchen von HEVESY (HAHN und HEVESY, 1941). Man entnimmt ihr, daß die überwiegend extracellular verbleibenden Na-, Cl- und Br-Ionen ein entsprechend niedriges Volumen, dieses aber schnell erreichen. Kalium besitzt ein größeres Verteilungsvolumen, da es grundsätzlich auch mit dem Zellkalium tauscht. Dieser Tausch aber vollzieht sich relativ langsam. Bei Bestimmung der Ionenräume ist die Zeitabhängigkeit ihres Wertes zu berücksichtigen. Auch der so bestimmte Na-Raum ist

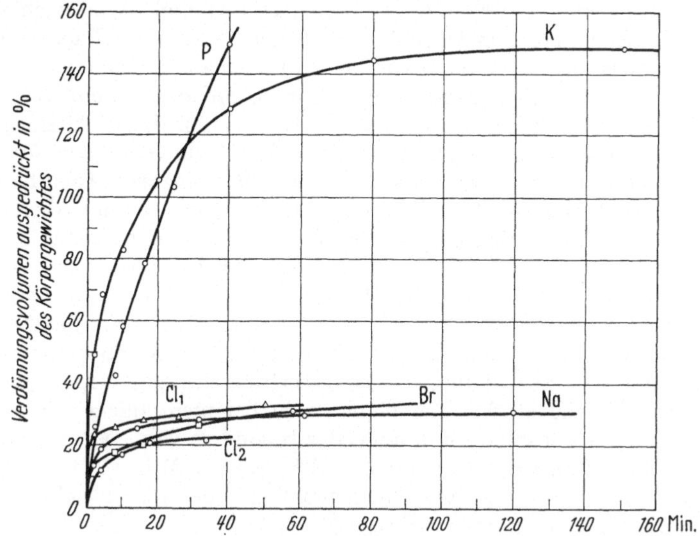

Abb. 4. Verlauf der Verdünnung markierter Ionen im Plasma (Kaninchen) nach intravenöser Injektion (nach HAHN u. HEVESY, aus HEVESY 1956)

nicht völlig konstant, da auch ein Teil des in kleinen Mengen in den Zellen vorhandenen Natriums ausgetauscht wird. 98% des Gesamtkaliums befinden sich in den Zellen.

β) Die Bestimmung der *tauschbaren Menge* an einzelnen Ionen ist besonders für Na und K oft angewandt worden. Gegenüber der Ermittlung der Verteilungsräume wird dazu nur noch eine weitere Größe benötigt, nämlich die Konzentration an inaktivem Gesamtion im Plasma, z. B. $^{23}Na_p$. Vorausgesetzt wird ein Verteilungsgleichgewicht zwischen den markierten und inaktiven Isotopen für den Organismus, so daß das Verhältnis beider z. B. bei Natrium sowohl für Serum wie für den ganzen Körper gleich ist. Nur das Na, für welches diese Gleichheit zutrifft, ist das austauschbare $^{23}Na_e$. Zu seiner Bestimmung muß die injizierte Aktivität $^{24}Na_i$ und die im Urin ausgeschiedene bekannt sein ($^{24}Na_u$) und außerdem die Aktivität im Plasma ($^{24}Na_p$). Es gilt:

$$\frac{^{24}Na_i - {}^{24}Na_u}{^{23}Na_e} = \frac{^{24}Na_p}{^{23}Na_p}, \text{ bzw.: } {}^{23}Na_e = \frac{^{24}Na_i - {}^{24}Na_u}{^{24}Na_p/{}^{23}Na_p} \tag{19}$$

Die Bestimmung der austauschbaren Mengen an anderen Ionen vollzieht sich völlig analog. Wegen der verschiedenen Einstellungsgeschwindigkeit sollte die Na_e-Bestimmung etwa 1–2 Tage nach der Tracer-Injektion, die K_e-Bestimmung nach 2–3 Tagen vorgenommen werden. Bis zur Entnahme des Plasmas zur Aktivitätsbestimmung ist der Urin jeweils vom Injektionszeitpunkt an zu sammeln und seine Gesamtaktivität, d. h. $^{24}Na_u$ zu ermitteln.

Besonders die Feststellung des austauschbaren K ist für die Klinik von Bedeutung geworden, weil bedrohliche K-Mangelzustände analytisch sonst nicht leicht zu objektivieren sind. Der Blut-Kaliumspiegel ist kein Maß für K_e. Er kann auch bei ausgesprochenem K-Mangel der Organe normal oder sogar leicht erhöht sein.

e) Der Elektrolytübergang von Plasma in das Gewebe

α) *Blutvolumen-Bestimmung*

Der Isotopentausch vollzieht sich in allen Teilen des Organismus nach den vorstehend beschriebenen Grundgesetzen. Die Geschwindigkeiten, nach denen er abläuft, sind aber je nach der Durchlässigkeit der trennenden Flächen recht verschieden. Die meisten *Tracer* verlassen das Blutplasma z. B. sehr rasch. Gelegentlich ist es aber erwünscht, gerade sie so fest *an die Bestandteile des Blutes zu fixieren*, daß sie während endlicher Beobachtungszeiten die Blutbahn praktisch nicht verlassen können. Ein solches Verhalten bietet die Grundlage für eine einfache und zuverlässige *Methode zur Messung des Blutvolumens*. Auch bei ihr wird das Verteilungsvolumen für die injizierten aktiven Stoffe aus der Aktivität einer Blutprobe nach völliger Mischung bestimmt. Daß die Durchmischung im Laufe weniger Minuten abgeschlossen ist, wurde auch für Isotope erneut festgestellt (BALZAY u. Mitarb. 1951, SHEPPARD u. Mitarb. 1953, H. H. ROSSI u. Mitarb. 1953). Für die Blutvolumenbestimmung sind sowohl ^{131}J-markierte Serumalbumine wie Erythrocyten benutzt worden. Letztere werden durch Aderlaß entnommen, mit dem Tracer bebrütet, abzentrifugiert, in tracerfreier Lösung suspendiert und erneut injiziert. Für die Markierung eignen sich bei menschlichen Erythrocyten sowohl Kalium wie Phosphate und auch das besonders von HEVESY empfohlene Thorium B. Nach FREINKEL u. Mitarb. und SCHULZ u. Mitarb. (1953) ergibt die Jod-Methode keine signifikant verschiedenen Werte beim Vergleich mit anderen Verfahren (s. auch BERSON und YALOW).

Wegen der geringen Na-Aufnahme ist die Markierung menschlicher Blutkörperchen mit Na wenig geeignet: Bei K und Phosphat ist aber außer dem physikalischen Aktivitätsverlust von ^{42}K in der Versuchszeit auch dessen Abgabe aus den Körperchen ebenso wie beim Phosphat zu beachten. Bei gewaschenen Erythrocyten, welche 2 Std. mit ^{42}K inkubiert worden waren, nimmt die Aktivität nach der Injektion im Körper um 3,5% pro Std. ab, während sie nach Vollblutinjektion kaum absinkt [HEVESY u. NYLIN (1952)]. Beim Phosphat ist der Aktivitätsabfall der inkubierten Körperchen stärker. Er wurde von BERSON u. Mitarb. (1952) und noch eingehender von NYLIN u. WADE (1951) und NYLIN (1953) bestimmt. Die Aktivität nimmt danach bereits in 8 min um 5,3%, in 60 min um 8% und in 24 Std. um 55% ab. Vom ^{32}P-Phosphat, das in das Plasma injiziert wurde, verschwinden aber schon 50% in 1 min. 75% in 5 min und 95% in einer Std. Nach 6 Std. erreichen die Körperchen im zirkulierenden Plasma mit 8% der injizierten ^{32}Phosphatmenge ihre maximale Aktivität. Injektion gewaschener ^{32}Phosphatmarkierter Körperchen gibt bei Untersuchung 30 min nach der Injektion nur einen durchschnittlichen Aktivitätsverlust von 5%. Diese Methode ergab 24,6 ml/kg-Körpergewicht Erythrocytenvolumen und 61,9 ml/kg-Körpergewicht Gesamtblutvolumen als Norm. YALOW und BERSON ziehen wegen seiner kurzen Lebensdauer die mit ^{42}K markierten Körperchen für den praktischen Gebrauch vor, während von HEVESY dem ThB deswegen den Vorzug gibt, weil der Verlust der markierten Körperchen an Aktivität unter 0,2% in 2 Std. liegt. Es wurden auch kolloidale Chromate, welche die Blutbahn nicht verlassen, injiziert. Die Bestimmung des ^{51}Cr ist aber technisch relativ schwierig. Statt dessen kann jedoch kolloidales $Cr^{32}PO_4$ benutzt werden [HERVÉ u. GOVAERTS (1951)].

Das Festhalten einer Aktivität im Blut kann auch mit Vorteil in der Kreislaufdiagnostik zu Studien über die lokale Zirkulationsgröße oder zur Kontrolle des Blutstromes bei operativ angelegten Anastomosen oder Parabiosen eingesetzt werden (vgl. Kap. 24, 1).

β) *Verteilung vom Plasma aus*

Wie die Verteilung aller Stoffe vollzieht sich auch die der radioaktiven Elektrolyte auf dem Wege über das Plasma. Es wurde im vorangegangenen Teil erläutert, daß die Abnahme ihrer Aktivität im Plasma exponentiell erfolgt. Durch wie viele

Exponentialglieder dieser Abfall zutreffend beschrieben wird, ist auch heute noch nicht sicher auszusagen. Seit GELLHORNs Untersuchungen steht aber fest, daß mindestens 3 Gruppen von in sich vielleicht gleichen, unter sich aber deutlich verschiedenen Eliminationsgeschwindigkeiten unterscheidbar sind (GELLHORN u. Mitarb.). Dabei wird dem Übergang in die Muskulatur und die großen Drüsen die größte, dem Übertritt in den Liquor, das Kammer- und das Zellwasser eine mittlere und dem Erreichen der Knochen- und Zahnsubstanz eine äußerst langsame Geschwindigkeit zugeschrieben.

Jeder schnelle Austausch entspricht im allgemeinen dem *Vermischungsvorgang* mit dem Wasser *im Extracellularraum* der Organe. Er wird auch bei den nur langsam erreichten Geweben immer überquert, d. h. in allen Organen müssen die in ihrer Durchlässigkeit zwar verschiedenen, aber immer *leicht permeablen Capillarwände* überwunden werden. Sie bieten den Stoffen einen sehr geringen, dem Wasser z. B. einen mehr-hundertfach niedrigeren Widerstand, als die Zellwand ihm entgegenstellt. Niedrig-molekulare Ionen können die Capillarwand ohne wesentlichen Widerstand passieren; ein aktiver Transport braucht für sie an dieser Stelle nicht diskutiert zu werden. Der Vorgang ist zur Hauptsache eine einfache Diffusion. Wenn die Bewegung zum Extracapillarraum nur durch Filtration zustande käme, wobei das Ultrafiltrat den gleichen Na-Gehalt wie das Plasma besitzen soll, dann würden beim Menschen mit etwa täglich 50 l aus den Capillaren herausgepreßter Flüssigkeit (PAPPENHEIMER) $50 \cdot 0{,}12 = 6$ Mol Na^+, mithin 138 g Na^+ oder 350 g NaCl die gleiche Richtung nehmen. Die Tracer-Experimente mit ^{24}Na aber sagen aus, daß etwa 32% des Plasma-Natriums das Gefäßsystem pro Minute verlassen, also etwa 3500 g Na^+ pro Tag. Die *Filtration trägt daher* — abgesehen von der im Glomerulus — *nur einen geringen Anteil* an dem Übertritt von Na^+ und auch der übrigen Ionen aus dem Plasma in das Gewebe. Gleichzeitig offenbaren die Tracer-Experimente in bisher nicht gekannter Weise die Größe des durch Diffusion getätigten *sehr intensiven Stoffaustausches* zwischen dem Blut und dem Gewebe. Dabei zeigt es sich, daß die molaren Mengen des getauschten Wassers nur höchstens 20mal größer als die Mole bzw. Äquivalente des Na^+ sind. Es ist zu beachten, daß im Gegensatz zum Na^+ das Wasser durch die Capillarwand überwiegend filtriert und nach PAPPENHEIMER bei dem hier gegebenen effektiven Porenradius von etwa 30 Å nur zu etwa 2–5% durch Diffusion bewegt wird (vgl. EICHLER, 1950).

Die für Na^+ geschilderten Verhältnisse gelten auch für die übrigen Ionen des Blutes. Die verschiedenen Autoren haben für die Geschwindigkeit ihres Übertrittes aus dem Blut Exponentialgleichungen bis zu 6 Gliedern (GINSBURG und WILDE, 1954) angegeben. Eine *Zuordnung* zu einzelnen Räumen ist aber für die *einzelnen Glieder* mit ihren für die Faktoren und Exponenten verschiedenen Werten nur mit sehr *großer Reserve* durchführbar. Auch STRAJMAN u. Mitarb. (1956) geben 6 Glieder, während WARNER u. Mitarb. (1950) sich mit 5 und FAUVERT und LOVARDO (1950) mit 4 Gliedern für den Abfall der Na-Aktivitäten im Blut begnügen. Die sehr rasche 1. Komponente entspricht der Durchmischung im Blut, die 2. dem Abstrom in den allgemeinen Extracapillarraum und die langsamste der Ausscheidung oder — wenn überhaupt bemerkbar — der Ablagerung in Knochen oder Zähnen. Die dazwischenliegenden entsprechen der Anfüllung irgendwelcher Organgruppen. Für die 2. Komponente geben STRAJMAN u. Mitarb. ein deutliches Abfallen der Halbwertszeit mit dem Alter an. Außerdem scheint auch bei Frauen das Na^+ die Capillaren in diesem Zeitpunkt schneller als beim Mann zu verlassen. Wieweit diese Abnahme der Mischungsgeschwindigkeit auf sklerotische Gefäßveränderungen zurückzuführen ist, dürfte unsicher sein.

Experimentell gewonnene Exponentialwerte für die Elimination von Ionen aus dem Blut wurden angegeben für Na^+ von SWEET (1948), BURCH u. Mitarb. (1947), FAUVERT u. LOVARDO

(1950), WARNER (1950); für Na^+ und Ca^{2+} von ARMSTRONG u. Mitarb. (1952); für K^+ von WALKER u. WILDE (1952) und GINSBURG u. WILDE (1954); für Ca^{2+} von BRONNER u. Mitarb. (1956); für Mg^{2+} von BRANDT u. Mitarb. (1958) für ^{14}C-Hydrogencarbonat von STEELE (1955) und von GOULD u. Mitarb. (1949).

Die Zeit wird in den entsprechenden Formulierungen gewöhnlich in Minuten, bisweilen in Stunden gegeben. Die Halbwertszeit für die einzelnen Glieder ergibt sich für $a = a_0 \cdot e^{-bt}$ zu $\vartheta = 0{,}693/b$ und der prozentische Verlust in der ersten Minute ($t = 1$), soweit er durch das betreffende Teilglied bestimmt wird, zu $(1 - e^{-b}) \cdot 100$. Der relative Verlust pro min aus dem Plasma wird beim Na je nach Tierart zwischen 30 und 60% angegeben.

Die Verteilung des K^+ ist komplizierter und vollzieht sich wegen des sehr großen intracellularen Gehaltes langsamer. Nach Erreichung eines Gleichgewichtes ist aber der Isotopengehalt im Gewebe dessen Gehalt an inaktivem K proportional, so daß es hier stark angereichert wird. Von den Organen gelangen Niere, Lunge, Eingeweide ziemlich schnell zu einem Verteilungsgleichgewicht, bei der Ratte in etwa 10 min; die Muskulatur gebraucht dazu bereits 10 Std., und bei Gehirn und Erythrocyten wird noch längere Zeit benötigt (GINSBURG und WILDE). Der prozentische Durchtritt durch die Capillarwand ist von gleicher Größenordnung wie beim Na^+; absolut gesehen aber ist die durchtretende Menge wegen der sehr viel geringeren Konzentration im Plasma auch um etwa ebensoviel kleiner. Störungen der Elektrolytverteilung zwischen Blut und Gewebe sind grundsätzlich sowohl durch Verteilungs- wie kinetische Untersuchungen mit Hilfe von Isotopen gut objektivierbar. Veränderungen der Durchlässigkeit der Capillarmembranen für Ionen sind jedoch auf diesem Wege kaum darstellbar.

f) Aufnahme und Abgabe mineralischer Ionen im Gewebe

Die Austauschvorgänge an Gewebezellen vollziehen sich über den extracellularen Gewebsraum. Sie erfolgen stets in beiden Richtungen. Sowohl die Abwanderung zur Zelle wie der Übergang von der Zelle in das zirkulierende Plasma lassen sich für die Ionen mit Hilfe der Tracer gut getrennt verfolgen. Für die Geschwindigkeit der Aufnahme oder der Abgabe aus bereits mit Isotopen beladenen Organen gelten die gleichen Exponentialfunktionen, wie für den Austausch zwischen Plasma und den übrigen Organen. Da der Vorgang am Einzelorgan aber weniger kompliziert ist, läßt er sich hier mit nur einem oder zwei Exponentialgliedern befriedigend formulieren.

Nach Erreichung des Gleichgewichtszustandes befindet sich das ^{42}K ganz überwiegend in den K-reichen Organen, besonders in der *Muskulatur*, nachdem sich zuvor die Leber vorübergehend schnell mit K angereichert hatte. Die Kaninchenmuskulatur enthält nach 15 Std. bis gegen 80% der injizierten Aktivität (FENN u. Mitarb. 1941/42). Schon von FENN wurde 1941 untersucht, wie weitgehend ^{42}K sich mit dem ^{39}K des Körpers vermischt hatte, d. h. also, ob die spezifische Aktivität der Organe oder des Kaliums im ganzen Tier der im Plasma gleich geworden ist. Man findet tatsächlich bei den meisten Laboratoriumstieren einen vollständigen Austausch, während das für das Kaninchen und den Menschen kaum angenähert zutrifft. Beim Frosch ist der Tausch in 20 Std. komplett. Es ist wahrscheinlich, daß sich *auch beim Menschen* bei längerer Beobachtungszeit ein nahezu vollständiger Tausch ergeben würde. Bei ihm ist praktisch alles Kalium schon nach 10 min in das Gewebe übergegangen. Trotzdem ist auch nach 10 Std. nur die Hälfte des Körperkaliums getauscht worden, der Austausch des Restes vollzieht sich wesentlich langsamer. Nach CORSA (1950) sind in 40 Std. 95% des Gesamtkaliums in den Tausch gegen aktives K einbezogen worden. Nach HARRIS (1952 und 1953) hängt der Prozentsatz an austauschbarem Kalium weitgehend von der Temperatur und der Außen-K-Konzentration ab. Ein vollständiger Tausch wurde in K-Phosphatlösung bei 20° für Froschmuskeln erhalten. Bei 0° betrug er 80%. Im Gegensatz dazu fand KEYNES auch in Normalringer zugesetztes ^{42}K voll austauschfähig (1954). CREESE sah sogar beim Ratten-Zwerchfell einen Tausch mit dem gesamten Muskelkalium, und FISCHER u. Mitarb. fanden beim Kaninchenmuskel 86% des Faserkaliums frei tauschbar; bei frisch denerviertem Muskel war der Prozentsatz deutlich größer, bei länger denervierten erniedrigt. Demgegenüber stellte MCLENNAN für Rattenmuskeln ein ähnliches Verhalten fest, wie es HARRIS bei Froschsartorien sah; es findet erst ein vollständiger Tausch in nahezu isotonischer K-Phosphatlösung statt. Als Halbwertszeit für den Tausch des extracellularen Muskel-Kaliums gibt MCLENNAN 6 min, für den Tausch des Faser-Kaliums 90 min an.

Der *Natriumgehalt der Muskelfaser* ist gering und je nach den Funktionszuständen wechselnd (MOND und NETTER, 1932). Da die Bestimmung des Fasernatriums schwierig ist, können keine exakten Angaben über die spezifische ^{24}Na-Aktivität der Muskelfaser erhalten werden. Allerdings kann durch K-Mangel in der Nahrung bei wachsenden Tieren eine Na-Anreicherung in der Muskulatur erzielt werden (HEPPEL, 1941). Es zeigte sich, daß dann die spezifische Aktivität für Muskel- und Plasma-Na bereits nach 1 Std. die gleiche ist. Ähnliches lehren auch die Untersuchungen über die Fluxgrößen für Na^+ an normalen Muskeln in Ruhe und Aktion. Im isolierten Froschmuskel erneuert sich in Ringerlösung der Na^+-Gehalt etwa nach 30 min vollständig, gemessen mit ^{24}Na (LEVY und USSING, 1949). Die Na-Aufnahme muß als passiv angesehen werden (vgl. S. 1246 und S. 1305). Bereits 1940 wurde von NETTER und MALORNY eine oberflächliche Lage des Fasernatriums diskutiert, wobei eine vom Tätigkeitszustand der Fasern abhängige Adsorptionsintensität in Betracht gezogen wurde. HARRIS fand eine 2-stufige Abgabe von markiertem Na aus dem ausgeschnittenen Muskel (1950). MCLENNAN unterscheidet oberflächlich gebundenes Na_s, welches durch Desorption abgegeben wird, und intracellulares Na_c; Na_s und Na_c können mit zwei je nach der Richtung verschiedenen Geschwindigkeitskonstanten getauscht werden. Die Desorption ist der geschwindigkeitsbestimmende, also der langsamste Schritt. Sie wird durch hohen K-Gehalt in der Lösung gefördert. Der Austausch ^{22}Na-beladener Muskeln geschieht exponentiell wieder in 2 Teilen, die den Fraktionen Na_s und Na_c zugeordnet werden. Dabei ist Na_c im ruhenden Muskel etwas kleiner als Na_s. Strophanthin hemmt den K-Einstrom und den Na-Ausstrom, läßt aber die Desorption unbeeinflußt (MCLENNAN, 1958). Auch CAREY und CONWAY vermuten, daß in einer schnellen ersten Phase der Aufnahme von ^{42}K kein Tausch gegen Zell-K, sondern gegen leicht abgebbares, also offenbar oberflächliches Zell-Na erfolgt (1954). Die Autoren machen es ebenfalls wahrscheinlich, daß nur ein kleiner Teil des Natriums der ruhenden Faser im Innern gelegen ist, während der weitaus größere oberflächlich und leicht abgebbar an das Sarkolemm gebunden sein soll (1955).

Trotz der großen Bedeutung, welche das *anorganische Phosphat* im intermediären Stoff- und Energiewechsel besitzt, wurden Verteilungsstudien mit ^{32}P-Phosphat am ganzen Tier oder an der Muskulatur viel seltener als mit K oder Na durchgeführt. VON HEVESY beobachtete einen schnellen Übertritt aus dem Plasma, aber er konnte das Eintreten einer Gleichgewichtsverteilung auch nach mehreren Std. noch nicht feststellen, ein Zeichen für die intensive Beteiligung des Phosphates an den Umsetzungen in der gesamten Körpermasse (s. Abb. 4). Daß sich der Phosphatgehalt der Muskelzelle bei Erhöhung der Konzentration in der extracellularen Phase kaum ändert, war seit EGGLETON (1933) bekannt. Daraus kann aber nicht auf eine relative Impermeabilität für Phosphat geschlossen werden, denn die Versuche von

CAUSEY und HARRIS (1951) ergeben einen geschwinden Isotopentausch, der am ausgeschnittenen Muskel in weniger als einer Std. sein Gleichgewicht erreicht. In diesem Zustande ist aber, bezogen auf das totale Phosphat, die spezifische Aktivität im Innern ungefähr nur 0,5–1,5% von der außen. Daraus kann gefolgert werden, daß nur rund der hundertste Teil des Binnenphosphates anorganisches Phosphat ist. Anschließend findet in langsamerer Phase eine Synthese zu organisch gebundenen Phosphaten statt (vgl. S. 539 ff.). Die eigentliche Permeabilität für Phosphat scheint nicht wesentlich geringer als für K zu sein.

Auch *Chlorid* durchdringt die Muskelschichten leicht. Nur ist die Gleichgewichtkonzentration im Innern sehr gering (s. S. 1246). LEVI und USSING (1948) fanden mit Radiochlorid eine Geschwindigkeitskonstante von 4 h^{-1} für den Austritt aus der Faser. Wahrscheinlich ist sie mit der für den Eintritt gleich. Auch der übertritt durch die Capillaren vollzieht sich beim Chlorid sehr rasch. Er ist nach COWIE, FLEXNER und WILDE (1949) mit 60% pro min schneller als der des Na^+. Dem entspricht etwa, daß nach THREEFOOT und RAY beim Hund das gesamte Serum-Chlor in etwa 1 min gegen das Chlor des übrigen Extracellularraumes getauscht wird. Der Hund erneuert seinen Chloridbestand danach zur Hälfte in rund 3,5 Tagen.

Nach BORN und BÜLBRING (1956) ist die ^{42}K-Aufnahme des isolierten *glatten Muskels* (tänia coli von Meerschweinchen) nach 3 Std. beendet. Die Abgabe erfolgt exponentiell mit einer Halbwertszeit von $\vartheta = 75$ min. Sie vollzieht sich bei erhöhter mechanischer Spannung schneller, ebenso unter Histamin und Acetylcholin. Mit Adrenalin nimmt nur die Geschwindigkeit der K-Aufnahme zu. Nach Erregung durch Acetylcholin ist deswegen kein Verlust vorhanden, weil auch die Aufnahmegeschwindigkeit während der Relaxation verstärkt ist.

Auch beim *Herzmuskel* verstärkt Acetylcholin die ^{42}K-Abgabe (HOLLAND u. Mitarb.); es kann auch bei vermindertem Binnen-K die Aufnahme aus hohem Außen-K verstärken. Die Na-Aufnahme verhält sich unter Acetylcholin umgekehrt. EICHLER (1951) folgert aus ihrer Temperaturabhängigkeit, daß die Phosphataufnahme in den Herzmuskel nur aktiv ist, wenn sie aus niedrigen Konzentrationen erfolgt. Bei höheren sollen Adsorptionsvorgänge den chemisch bedingten Teil der Aufnahme überdecken. HARVEY (1955) fand, daß der ^{32}P-Phosphateinbau in alle organische Fraktionen des Herzens unter Digitoxin verlangsamt ist; am stärksten wird davon die Synthese des Phosphagens betroffen. WILDE konnte den sich während der Systole vollziehenden K-Austritt aus den Myokardfasern in eleganter Weise an Herzen von Schildkröten demonstrieren, welche in vivo durch intraperitoneale ^{42}K-Injektionen mit aktivem K beladen worden waren. Nach Tötung wurden die Herzen von der Coronararterie aus durchströmt (WILDE und O'BRIEN 1952, 1953). Die Aktivität des in 200 Fraktionen pro Herzrevolution unterteilten und getrennt auf bewegtem Filtrierpapier aufgefangenen Perfusates wird anschließend ermittelt und ergibt das „Effluogramm".

Danach wird pro Systole etwa $^1/_{400}$ des Zellkaliums in das Interstitium freigesetzt, wobei das Maximum der Abgabe in die Zeit der T-Zacke des EKG lokalisierbar ist. Eine solche Lokalisation scheint durch die Langsamkeit der Systole bei der Schildkröte ermöglicht zu werden. Danach würde 1 g Myokard 0,25 μMol K pro Systole abgegeben. Natürlich hätte die Rückbindung während der Diastole die gleiche Größe. BURCH und RAY bestimmten beim Hund die Geschwindigkeit der Aufnahme von Isotopen aus dem Perikardraum in den Herzmuskel. Statt K wurde ^{86}Rb verwendet. Als Nettotransportmengen pro Tag ergeben sich in Milliäquivalenten für K: 3,2; für Na: 112 und für Cl: 94.

Der Ionenwechsel zwischen dem Plasma und dem *Nervengewebe* ist im ganzen Organismus mengenmäßig schwer oder gar nicht zu erfassen, da dessen Raumanteil gegenüber allen anderen Geweben in den Hintergrund tritt. Aus diesem

Grunde sind die meisten Versuche über den Mineralaustausch an ausgeschnittenen Nerven- oder Gehirnschnitten durchgeführt worden. Soweit diese für die Theorie der Permeation entscheidend sind, werden sie im Schlußkapitel zusammenfassend erörtert. Hier sind zunächst nur die Daten über die Austauschgrößen und das allgemeine Permeationsverhalten zu geben.

Das beste Objekt zum Studium der Nervendurchlässigkeit sind die *Riesenaxone* von Octopoden, Dekapoden (Sepia, Loligo) oder der Seespinne (Maja, Squid, Crab). Als Außenmedium dient natürliches oder künstliches Seewasser mit den entsprechenden Zusätzen. Bei Loligo werden nach ROTHENBERG (1950) in 1 Std. 10% des axonalen K mit ^{42}K getauscht, der Rest gleicht sich langsamer aus. Na wird in 20–30 min vollständig gegen ^{24}Na gewechselt; ^{45}Ca wird bis zu 0,8 mMol/100 g Nerv in 45 min aufgenommen, sinkt dann aber wieder bis 0,45 mMol ab. Reizung beschleunigt das Eindringen von Na um durchschnittlich 67%. Nach Eserin wird K langsamer und Na schneller aufgenommen. KEYNES und LEWIS finden beim Crab-Nerven eine ^{42}K-Aufnahme von $19 \cdot 10^{-12}$ Mol/cm^2/sec und eine Abgabe von $22 \cdot 10^{-12}$ Mol/cm^2/sec in der Ruhe. Nach ihnen können 97% des Zell-K getauscht werden. Daß die *K-Ionen auch frei im Axon beweglich* sind, zeigten HODGKIN und KEYNES (1953) durch Bestimmung des Diffusionskoeffizienten in der Faser. Dabei wurde die Ausbreitungsgeschwindigkeit von ^{42}K nach intraaxonaler Injektion durch Aktivitätsmessungen über einer beweglichen schlitzförmigen Blende in verschiedenem Abstand vom Injektionsort gemessen. Die Geschwindigkeitsverteilung in der Längsrichtung des Nerven folgt einer Gausskurve, deren Auswertung einen Diffusionskoeffizienten von $1{,}3-1{,}7 \cdot 10^{-5}$ cm^2/sec lieferte. Die elektrische Beweglichkeit nach Anlegen eines longitudinalen Feldes, in gleicher Weise kontrolliert durch Aktivitätsmessungen, ergab sich zu 4 bis $5{,}5 \cdot 10^{-4}$ cm^2 sec^{-1} V^{-1}. Danach muß K zu rund 90% als freies Ion vorliegen. Auch für ^{24}Na scheint der Diffusionskoeffizient nur wenig kleiner als im reinen Wasser zu sein (HODGKIN und KEYNES, 1956).

Bei der Erregung wird der Ionenfluß durch die Membran für beide Ionen in beiden Richtungen gesteigert. Aber die Steigerung des K-Effluxes ist fast 3mal stärker als die seines Influxes. Für Na ist im Gegensatz zum Muskel der Unterschied wesentlich geringer (KEYNES, 1951). Der mittlere K-Verlust für einen Reiz liegt bei $2{,}7-3{,}6 \cdot 10^{-12}$ Mol/cm^2, der Eintritt bei $0{,}5 \cdot 10^{-12}$ Mol/cm^2/Impuls.

HODGKIN und KEYNES sehen die Na-Bewegung nicht mehr als unabhängig von der des K an. Sie diskutieren auch einen aktiven Anteil an der K-Aufnahme (vgl. S. 1304). Dafür spricht auch das Verhalten von *Warmblüternerven*. MCLENNAN und HARRIS (1954) sahen, daß der K-Gehalt des Kaninchenvagus bei der Abkühlung stark abnimmt, während – wenn auch nicht ganz äquivalent – ^{24}Na aufgenommen wird. Bei 18° soll der Umsatz von K nur 36% des Gesamt-K entsprechen, während aus K-Phosphatlösungen ein vollständiger Austausch zustande kommt. RANUS beobachtete, daß die Erregbarkeit von Säugetiernerven in ^{32}P-Phosphatlösungen von genügender Aktivität sinkt. Er führt dieses Absinken auf einen direkten Effekt der β-Strahlung zurück. DAINTY und KRNJEVIC (1955) konnten bei der Abgabe von ^{24}Na-vorbeladenen Katzennerven in 20 min einen Verlust von 50% und in 5.5 Std. einen solchen von 70% bei exponentieller Abnahme mit 2 Exponenten feststellen; die langsamere Komponente wird auf das Binnennatrium bezogen, dessen Größe sich aus der Kurve zu 18% des Gesamt-Nerven-Na ergibt. Die strafferen Nervenhüllen verzögern den Austausch mit der extracellularen Phase um über 100%.

HARRIS und MCLENNAN fanden den Extracellularraum von sympathischen *Halsganglien* zu 50–60%. Ein beträchtlicher Teil von ^{42}K wird nur langsam getauscht, ^{24}Na schneller, aber doch nur mit einem Wert von $^1/_{50}$ der Selbstdiffusion im Wasser. Für diese Verzögerung wird eine Adsorption an der Zellgrenze und wegen der 50% Austauschfähigkeit für K eine recht geringe Permeabilität diskutiert.

Nach KREBS u. Mitarb. (1951) wird der Kaliumverlust, den frisch angefertigte *Gehirnschnitte* vom Meerschweinchen anfänglich im Austausch gegen Na erfahren, bei Inkubation mit Glucose-Ringer unter Glutamatzusatz zunächst wieder ausgeglichen. Die Notwendigkeit des Glutamats für die Rückverteilung ist für die Gehirnschnitte besonders kennzeichnend. Nach dem Ausfall der tracer-Experimente werden 4% des Gehirnkaliums während der Rückaufnahme pro Minute durch ^{42}K ersetzt. Nach KOREY wird nach 35 min ein Gleichgewicht der Gehirnschnitte mit ^{42}K erreicht; p_H-Änderungen zwischen 5 und 8 haben kaum Einfluß. Auch der Einfluß der Asparaginsäure und Glutaminsäure war in diesen Versuchen undeutlich. DAVIES und GALSTON (1951) fanden eine Hemmung des Rücktransportes durch Stoffwechselgifte ohne Beeinflussung des Effluxes. Daß der K-Umsatz des Gehirns mit dem Ablauf des Glucosestoffwechsels zusammenhängt, hatte schon DIXON gezeigt (1949). KATZMANN und LEIDERMAN fanden den normalen ^{42}K-Wechsel der Gehirnsubstanz zu rund 3 mäq pro kg und Std., wobei der Einstrom etwas größer als der Ausstrom war; bei älteren Ratten scheint im Gegensatz zu den jüngeren das Gehirn-K nicht voll austauschbar zu sein. Die Geschwindigkeit des Verlustes von ^{24}Na und ^{42}K aus Gehirnschnitten zeigt eine doppelte Exponentialkurve, deren schneller Teil eher auf den Tausch mit der Zelloberfläche, als mit dem Zellinneren zu beziehen wäre (GAROUTTE und AIRD 1956, vgl. auch I. SACKS u. Mitarb). Nach WOODBURY unterdrückt Diphenylhydantoin hyponaträmische und Elektroschock-Krämpfe dadurch, daß es die Ausscheidung von ^{24}Na aus den Hirnzellen fördert (1955).

Der Transport von Ionen in das *Drüsengewebe* ist nur selten ausführlich studiert worden. Das Übertreten markierter Ionen in den Pankreassaft wurde bereits hervorgehoben, ebenso die vorübergehende Anreicherung des Kaliums in der Leber bei dessen Verteilung vom Plasma aus (WALKER und WILDE, 1952). CANNON u. Mitarb. (1952) folgern aus ihren Experimenten, daß die Proteinsynthese in der Zelle nur in Gegenwart eines normalen K-Gehaltes vor sich gehen kann. Auch der geregelte Ablauf des Kohlenhydratstoffwechsels ist an die Gegenwart von K^+ in ausreichender Konzentration gebunden. Jedoch scheinen die Beziehungen zur Glykogensynthese nicht so eng zu sein, wie zeitweise angenommen wurde. Zum Beispiel haben fastende Ratten im K-Mangel einen größeren Glykogengehalt als normale fastende (DODGEN u. Mitarb., 1958). Nach DRAHOTA wächst im Muskel sogar die Glykogensynthese bei Kaliummangel, allerdings nicht in der Leber (1958). Untersuchungen mit ^{42}K am Herzen von Helix pomatia ergaben einen K-Verlust unter Einwirkung von ATP und Glucose, dabei stieg Glykogen an (STOLKOWSKI und REINBERG, 1955). Die ^{32}Phosphat-Aufnahme durch die Leber wurde mehrfach studiert, jedoch meistens im Zusammenhang mit der Bildung organischer Phosphorsäureverbindungen (vgl. S. 541). Die Anreicherung vieler *Epithelien* mit ^{32}P erfolgt rasch, z. B. auch in der Epidermis und den Haarfollikeln. Sehr viel langsamer vollzieht sie sich im Keimepithel, Linse, Nerven, Muskelzellen und im Bindegewebe (ODELBLAD und ZILIOTTO, 1955). Ein Übertritt von ^{24}Na in den örtlich mit Mecholylchlorid erzeugtem Schweiß nach i.v.-Injektion des Isotops wurde von DEKKER u. Mitarb., 1955) gefunden. Er war bei Hyperthyreose am geringsten.

Der Ionenaustausch zwischen der Blutbahn und der *Cerebrospinalflüssigkeit* erfolgt relativ langsam. Es muß jedoch berücksichtigt werden, daß die Berührungsflächen zwischen beiden Flüssigkeiten, welche eine Verteilung oder vielleicht einen aktiven Transport ermöglichen, verglichen etwa mit dem resorbierenden Darmepithel nur ein geringes Ausmaß besitzen. Nach WANG (1947) zeigen aber doch

^{24}Na und ^{38}Cl beim Hund eine Halbwertszeit des Übertritts zwischen 90 und 95 min. Beim Menschen wird der Maximalwert der Aktivität im Liquor etwa 3 Std. nach der Injektion von ^{24}Na erreicht. Jener Wert ist im Ventrikel niedriger als im Lumballiquor (SWEET, 1948). SOLOMON hat die Aktivitätszeitkurve von SWEET nach dem im Abschnitt E IV c β gegebenen Grundsätzen analysiert, ohne die Bedeutung der durch die Analyse gewonnenen Konstanten festlegen zu können (1953). OLSON und RUDOLPH (1955) konnten aus der Aktivitätszeitkurve einen dreigliedrigen Exponentialausdruck für den Übertritt von ^{24}Na und ^{82}Br zwischen Liquor und Blut ableiten. Sie berücksichtigen außerdem die Anreicherung in verschiedenen Gehirnabschnitten.

SWEET und LOCKSLEY (1953) haben die Geschwindigkeit des Übergangs von ^{24}Na, ^{42}K, ^{38}Cl, ^{82}Br, ^{32}P, HTO, D_2O, ^{131}J-Albumin beim Menschen untersucht. Nach ihnen gehen Wasser und Elektrolyte auch schnell in den Ventrikelraum über. Protein wurde nur im Subarachnoidalraum resorbiert. Die tägliche Liquorproduktion wird von ihnen auf nur 20 ml geschätzt (vgl. S. 1260).

DAVSON findet für den Übertritt von Stoffen, u. a. auch ^{24}Na in das *Kammerwasser* des Auges, die Molekulargröße und Wasserlöslichkeit entscheidend, und zwar in dem Sinne, daß solche Stoffe mit hoher Löslichkeit durch die Iriscapillaren diffundieren, während die mit geringerer vom Ciliarepithel sezerniert werden. Der Quotient der spezifischen Aktivitäten im Kammerwasser und im Blutplasma liegt für die Ionen nahe an 1,0; er beträgt für ^{38}Cl: 1,015, für ^{24}Na 0,96, für ^{42}K 0,955, für ^{82}Br 0,98, für ^{131}J 0,32. Im Liquor cerebrospinalis sind die Abweichungen von der Einheit größer. Die prozentuale Erneuerung des Kammerwassers vollzieht sich wahrscheinlich schneller als die des Liquors, dagegen wird das Gleichgewicht zwischen Blut und Glaskörper langsamer erreicht [DAVSON u. MATCHETT (1955); VISSCHER und CARR (1944)]. Die Halbwertszeit des Übertrittes in das Kammerwasser beträgt für ^{24}Na rund 27 min und für ^{38}Cl rund 34 min [WANG (1947)]. Der Übertritt von ^{42}P-Phosphat oder ^{24}Na in die *Perilymphe* des Innenrohres erfolgt langsamer [GRAF u. PORETTI (1950)]. Die Geschwindigkeit des ^{32}P-Einbaues in die verschiedenen Phosphatfraktionen der *Linse* des Auges wurde von H. K. MÜLLER u. Mitarb. ausführlich untersucht. Der Verlust der Aktivität von ^{24}Na und ^{82}Br aus isolierten *Pacinischen Körperchen* des Katzenmesenteriums erfolgt relativ langsam, so daß auf eine geringe Durchlässigkeit der konzentrischen Hüllen geschlossen werden kann [GRAY und SATO (1955)].

Der Ionen- und Wasseraustausch durch die *Placenta* ist bei Tieren und auch am Menschen von GELLHORN, FLEXNER u. Mitarb. ausführlich untersucht worden. Die Geschwindigkeitsgrößen sind bei den verschiedenen Species erfahrungsgemäß unterschiedlich. Besonders auffallend ist die hohe Wasserdurchlässigkeit, die im Vergleich zu der der Ionen z. B. beim Meerschweinchen etwa 800mal größer ist. Auch für das Amnion ist die Übertrittsgeschwindigkeit des Wassers groß (vgl. S. 1260 und NESLEN u. Mitarb., 1954). Übereinstimmend wird außerdem bei allen Tieren festgestellt, daß die Durchlässigkeit der Placenta für ^{24}Na im Laufe der Schwangerschaft ansteigt. Nach 10 Wochen läßt die menschliche Placenta pro g 76 mg Na und nach 37 Wochen 6mal soviel in der Stunde durchtreten. Daß die Placenta auch Ca und Phosphat gut durchtreten läßt, ist oft festgestellt worden (für Ca z. B. von COMAR u. Mitarb., für Phosphat von WILDE u. Mitarb.). Von Phosphat erhält der Fetus auf diesem Wege nur soviel angeboten, wie er für sein Wachstum benötigt. Der K-Gehalt der Uterusmuskulatur und ihre Durchlässigkeit für ^{42}K sind nach D'SILVA und HARRISON (1953) für den normalen und schwangeren Uterus gleich. Das gesamte Kalium in der Schleimhaut der Samenblasen ist gegen ^{42}K tauschbar; der Tausch ist aber erst nach 24 Std. beendet (BREUER und WHITTAM, 1957). Die schnell erfolgende Anreicherung von ^{42}K in *Tumoren*, besonders in Gliomen, hat diagnostische Bedeutung gewonnen (s. II, S. 560) Auch ^{32}P-Phosphat wird in Tumoren oft stärker als im normalen Gewebe angereichert (THOMAS u. Mitarb., 1958).

Die Verteilung der *Calcium-Ionen* scheint in vieler Beziehung andersartig als die der einwertigen Kationen zu erfolgen. Die Ursache hierfür liegt in der *Bildung unlöslicher Ca-Salze,* welche in der anorganischen Hartsubstanz der Knochen und Zähne niedergelegt werden. *Ca-Carbonate* sind nur an wenigen Stellen, wie beim Deckel der Weinbergschnecke oder der Schale der Vogeleier bedeutungsvoll; allerdings ist auch der Knochen, die Zahnsubstanz und besonders der Zahnstein nicht frei von Carbonaten. Die Hauptmenge des Gerüstkalkes besteht jedoch auch bei Wirbellosen aus Ca-Apatit – meistens *Hydroxylapatit* –, der in gesetzmäßiger Beziehung zu einer organischen, oft mucopolysaccharid-haltigen Matrix abgelagert wird. Über die Vorgänge der Knochenbildung berichtet der Beitrag JOHNSTON (II). Hier sind nur einige Ergänzungen zur Frage der Verteilung des Ca zu geben, eines Elementes, welches mengenmäßig zusammen mit dem P bzw. P_2O_5 in der Körperasche vorherrscht. Der tägliche Wechsel an Ca und Mg ist allerdings geringer als bei den Alkaliionen (vgl. Tab. 2). Dementsprechend ist es auch der Umsatz der Hartsubstanzen. Er wird durch die tägliche Zufuhr von 1 bis 2 g Calcium auch unter Berücksichtigung der der Resorption je nach der Nahrungszusammenstellung entgangenen Mengen im allgemeinen genügend gedeckt. Besonders während der fetalen Wachstumsphase besteht ein Ca-Bedarf. Ihm wird durch einen leichten Übergang des Ca *über die Placenta* genügt. Nach PECHER (1941) gehen bei Mäusen gegen Ende der Gestation und auch während der Lactation über die Milch 5–25% des im Knochen der Mutter fixierten Ca auf das Kind über. Auch PLUMLEE u. Mitarb. (1952) rechnen nach Untersuchungen mit ^{45}Ca mit einem freien Durchtritt von Ca-Ionen durch die Placenta der Kuh. Die Aufnahme und der Umsatz der Kalksalze ist im fetalen Knochen wesentlich größer als im mütterlichen. Im 4.–7. Monat der Gravidität ist er bei der Kuh maximal. Daß infolge der höheren Einlagerungsgeschwindigkeit von ^{45}Ca in den wachsenden Knochen hier die spezifische Aktivität höher als im mütterlichen Knochen ist, wenn man ^{45}Ca vor dem Abschluß der Schwangerschaft injiziert, zeigte bereits PECHER.

Nach Injektion oder Verfütterung von ^{45}Ca, ^{32}P oder ^{89}Sr wird die *höchste Aktivität immer im Knochen* angetroffen. Die Ausscheidung erfolgt langsam. Die Verteilung der Aktivität auf den Knochen und auch auf die übrigen Organe kann je nach Ernährung und Alter der Tiere unterschiedlich sein: hoher Ca-Gehalt der Nahrung und höheres Alter vermindern aus verständlichen Gründen die Einbaurate in den Knochen z. T. sehr erheblich (KIDMAN, 1950 u. 1951). Im Anschluß an eine Frakturierung von Knochen findet sich nach 1–3 Wochen im Callusgewebe der Versuchstiere eine wesentlich erhöhte Einlagerung von ^{32}P und ^{45}Ca (BOHR und SÖRENSEN, 1950). Auch ^{89}Sr wird vermehrt eingelagert. Vitamin D-Mangel vermindert die Einbaurate. Dem geringen Ca-Gehalt der übrigen Organe oder der Blutzellen entsprechend ist der Einbau des ^{45}Ca hier gering. Er liegt für die Summe aller dieser Organe in der Größenordnung von 1% der Gesamtdosis, während die Speicherung im Skelet bis zu 60% gehen kann. Auch Blutplättchen und Knochenmarkszellen zeigen keine Speicherung von ^{45}Ca (ODELL und UPTON, 1955) im Gegensatz zum Phosphat, das von allen Zellen deutlich, wenn auch langsam, und von den weißen Blutzellen gut aufgenommen wird (HANSEN, 1958).

SINGER und ARMSTRONG sahen bei erwachsenen Ratten im Anschluß an ^{45}Ca-Injektionen die größte Aktivität in den Femurepiphysen, und zwar mit einem Maximum nach 10–20 Tagen; nach 7 Wochen waren kaum noch Unterschiede in den verschiedenen Abschnitten des Skeletes vorhanden, welches jetzt noch 45% der Gesamtaktivität enthielt. Im Urin wurden tägl. nur 0,006%, im Kot 0,02 bis 0,03% der gegebenen Aktivität ausgeschieden. Die Nagezähne besitzen anfangs eine viel höhere Aktivität als die Molaren. Der Unterschied verschwindet in 8–9 Wochen weitgehend. In dieser Zeit wird das aus der Kristalloberfläche der Knochen und Zähne leicht austauschbare Ca abgegeben, während der Rest mit rund 40% noch langsam und wohl nur parallel mit den Umbauvorgängen abgegeben wird.

Bei jungen Ratten sahen D'IRIO u. Mitarb. schon nach 2 Tagen das Maximum der Aktivität im Zement der *Zähne*, dann folgten das Dentin, der Schmelz der Schneidezähne und dann der Molaren. Die Phosphatanlagerung lief der des Ca weitgehend parallel. Auf die Einlagerung des ^{32}P-Phosphates in den Knochen hatten bei Hühnchen Veränderungen im Phosphatgehalt der Nahrung wenig Einfluß (SVENSON, 1957). THOMAS (1952) errechnete aus dem zeitlichen Verlust der Aktivität im Blut verschiedene Exponentialwerte. Seine Versuche ergaben einen raschen Tausch zwischen Blut und Weichteilen, während das ^{45}Ca der Knochen nach HANSARD bei der Kuh bis zu 18 Monaten Dauer noch zunehmen kann; bis zu 6 Monaten nach der Applikation erfolgt hier nur eine geringe Ausscheidung.

HEVESY, HOLST und KROGH (1937) haben als erste eine morphologische Unterteilung der Isotopenablagerung im Zahn vorgenommen, wobei sie betonen, daß auch in beträchtlicher Entfernung vom Blutgefäßsystem der Pulpa, d. h. im Dentin und Schmelz, die entsprechende Aktivität angetroffen wird. Nach SOGNNAES (1955) muß bei derartigen Versuchen der Austausch mit dem Speichel verhindert werden, da die in Betracht kommenden Tracer sämtlich in die Speichelflüssigkeit übergehen. Daß ^{32}P-Phosphat des Speichels in den Schmelz eingelagert wird, zeigte bereits PEDERSEN und SCHMIDT-NIELSEN (1941). Die Lokalisation in den einzelnen Zahnabschnitten wurde durch Autoradiographie elegant gestaltet. BÉLANGER und LEBLOND untersuchten die Ablagerung von ^{32}P in den Zahnbestandteilen (1946). Nach BARTELSTONE u. Mitarb. stellt sich ein steady-state der Verteilung zwischen Blutflüssigkeit und Zahnsubstanz ein (1947).

BEVANDER und AMLER (1945) stellten eine erhöhte ^{32}P-Einlagerung in jungen gegenüber älteren Zähnen fest. ^{24}Natrium ist im Zahn diffus verteilt vorhanden (BERGGREN, 1946). Sehr leicht ist die Anlagerung von Tracern in der Corticalis und den Epiphysen der Knochen durch Kontaktautoradiographie nachzuweisen (LOTZ, GALLIMORE und BOYD, 1952). Radium und Radioblei wurden hier schon vor langer Zeit lokalisiert. Außer dem Einbau in den Apatitkristall findet sich auch eine geringfügige interstitielle lockere Einlagerung von ^{45}Ca (TOMLIN u. Mitarb., 1955). Sie ist für den in Glycerin- oder Glykol-KOH mineralisierten Knochen größer. Es handelt sich dabei um eine reversible Austauschreaktion an der Kristallitoberfläche (FALKENHEIM, UNDERWOOD und HODGE, 1951).

Die stärkste Adsorption radioaktiver Ionen an gepulverte mineralische Organbestandteile fand JOHANNSEN (1945) für das Knochenmaterial; sie war geringer im Dentin und am geringsten im Schmelz. Diese Ordnung entspricht der zunehmenden Kristallgröße und Dichte. BÉLANGER zeigte, daß man durch Vorbehandlung mit Hyaluronidase eine Ausbreitung der Ablagerung von ^{32}P im Knochen und Zahn bewirken kann. Andererseits nehmen mit dem Ferment vorbehandelte entkalkte Tibia-Schnitte in vitro weniger ^{45}Ca auf, ein Verhalten, welches ebenfalls für die Anlagerung der Ca-Salze an Mucopolysaccharide der Matrix spricht (BÉLANGER u. Mitarb., 1955).

Über Einflüsse von Arzneimitteln auf die Penetration radioaktiver Stoffe durch die Zahnsubstanz berichtet BARTELSTONE (1954). BÉLANGER (1957) versuchte, die in vitro-Anlagerung von Ca an die organische Matrix des Zahnes und ihre Beeinflussung durch intravitale Fluorgaben autoradiographisch zu lokalisieren. Danach lagert sich Ca im Prädentin an, aber nicht an der gleichen Stelle wie ^{35}S, obwohl die Ca-Bindung an den Orten der Mucopolysaccharide besonders hoch ist. Tiere mit NaF im Futter zeigten eine starke ^{35}S-Anlagerung. Sie geht unter Einwirkung des Giftes von Lathyrus odoratus zurück, welches die Knochenbildung hemmt (KOWALEWSKY u. Mitarb., 1959). Der relativ hohe Gehalt der Knochensubstanz an Na kommt z. T. auf den interstitiellen und zum anderen auf den festgebundenen Anteil, den sog. Na-Überschuß. Nach Versuchen von BAUER mit ^{22}Na tauschen

30–40% des Überschusses mit dem interstitiellen Na aus, wobei nach 16 Std. ein scheinbares Gleichgewicht erreicht wird. Bei jungen Tieren und bei Nagezähnen steigt der ^{22}Na-Gehalt noch länger an. Auch die ^{22}Na-Aktivität bleibt lange im Knochen erhalten. Für ^{45}Ca stellten CLARK und GEOFFROY eine beschleunigte Abgabe unter Hydrocortison, Parathormon, $MgSO_4$ und Citrat fest (1958).

g) Effektive Verweildauer und Ausscheidung markierter Mineralien

Die Verarmung des Blutes an injizierten körperfremden Stoffen vollzieht sich nach dem Exponentialgesetz. Das gleiche gilt für ihren Aufenthalt im Gesamtorganismus. Eine Angabe über die Verweildauer oder die Halbwertszeit ihres Verbleibs im Körper würde das Verhalten am besten charakterisieren; aber da die Werte für die biologische oder wirksame Halbwertszeit je nach den Verhältnissen stark streuen, gibt man im allgemeinen den mittleren prozentualen *täglichen Verlust* an eingeführter Aktivität an. Unter den biologischen Bedingungen hat die Mineralzusammensetzung der Nahrung den größten Einfluß, während die Art der Zuführung des Indicators – ob oral oder injiziert verabreicht – weniger ausschlaggebend ist, da sich auch die enterale Resorption mindestens bei den Alkalien immer schneller als ihre Ausscheidung durch den Urin vollzieht.

Die prozentische *Ausscheidung* für den 1. und 2. Tag ist bei K und Na nicht wesentlich verschieden. Frösche scheiden nach 20 Std. 13% (FENN u. Mitarb., 1941/42) an ^{42}K, Ratten ziemlich konstant 7% pro Tag aus (JOSEPH u. Mitarb., 1939), während sie etwa 8% des ^{24}Na am 1. Tag und 15% am 1. und 2. Tag abgaben; das ist etwa die gleiche Menge, welche auch Kaninchen an ^{42}K eliminieren (HAHN u. Mitarb., 1939). Der Hund setzt durchschnittlich 2–3% des Körperkaliums täglich um. Im Urin sind beim Erwachsenen nach 2 Tagen über 25% des ^{42}K enthalten (CORSA u. Mitarb., 1950). HEVESY fand 1942 für Na und K beim Menschen mit 10% und 8% in zwei Tagen etwas geringere Werte. Veränderungen der Na-Ausscheidung bei Herz- und Nierenkrankheiten wurden von BURCH und von THREEFOOT untersucht. Sie erfolgt in beiden Fällen stark verlangsamt. Von ^{22}Na ist im Serum nach 60 Tagen noch $^1/_{20}$ der Anfangsaktivität vorhanden. Hoher Na-Gehalt in der Nahrung fördert die Ausscheidung. Die Serumaktivität sinkt in etwa 15 Tagen auf die Hälfte, während die halbe Gesamtaktivität erst nach 30 Tagen im Urin erschienen ist. Die renale Ausscheidung des Chlorides ist selten mit tracern untersucht worden. CHINARD und ENNS (1955) fanden bei Injektion in die Nierenarterie etwa die gleichen Geschwindigkeiten wie beim Na.

Über die Beteiligung einzelner *Nierenabschnitte* bei der Elektrolytausscheidung geben einige tracer-Experimente Auskunft. EMERY u. Mitarb. (1955) zeigten, daß die spezifische Aktivität in den Nieren schon 2 min nach i.v.-Gabe von 15 μC ^{42}K höher als im Blut oder in den anderen Geweben ist. Sie nimmt dann in der Niere ab und in Leber und Muskel zu. Alleiniger Zusatz von ^{22}Na oder ^{42}K zur venoportalen tubulus-Durchströmung bei Amphibien-Nieren führt schon zur Ausscheidung der Isotope, die danach als tubuläre Sekretion aufzufassen ist. Bei arterieller Durchströmung wird nach Vergiftung mit tubulär wirksamen Stoffwechselgiften eine vermehrte Ausscheidung beobachtet, die auf Hemmung der ebenfalls beteiligten Rückresorption beruht. Sekretion und Rückresorption sind hier offenbar beeinflußbar (HOSHIKO u. Mitarb., 1956).

Nach Versuchen von MUDGE (1953) an *Nierenschnitten* werden 90% des Gewebskaliums mit ^{42}K getauscht, anaerob aber nur die Hälfte. Auch aerob erscheinen 2 verschieden schnell austauschbare Fraktionen: 32% mit $\vartheta = 3,3$ min und 68% mit $\vartheta = 25$ min. Die Menge des anaerob nicht austauschbaren K ist von der K^+-Konzentration der Lösung unabhängig. Da im Gegensatz dazu das intracellulare Na mit dessen Außenkonzentration wächst, aber vom O_2-Gehalt unabhängig ist, wird eine direkte funktionelle Koppelung zwischen der K^+- und Na^+-Bewegung in der Niere abgelehnt. Auch WHITTAM und DAVIES (1954) schlossen aus der Austauschgeschwindigkeit an Nierenrindenschnitten auf 2 Fraktionen für Na und K. Sie finden bei 0° für Na auch keine Abhängigkeit vom O_2-Druck. Bei 37° ist der schnell tauschende Anteil in der Anaerobiose geringer. Die Kaliumbewegung wird durch DNP kaum beeinflußt. Ob deswegen auch die Sekretionsleistung der Niere ohne Verwendung energiereicher Phosphate erfolgt, kann noch nicht entschieden werden (WHITTAM u. Mitarb., 1954). MOREL u. Mitarb. (1951) fanden bei der Wasserdiurese unter Nembutal eine Verminderung der Na-Ausscheidung auf $^1/_3$ bei 13fach vermehrter Wasserabgabe.

Das bei der *Mannitdiurese* vom Kaninchen ausgeschiedene K^+ stammt aus den distalen Tubulis. Das ultrafiltrierte K^+ wurde voll zurück resorbiert und das ausgeschiedene ^{42}K nur sezerniert. An Schnitten der zuvor denervierten Niere wurde ein starker K-Verlust und eine größere Na- und Wasserzunahme beobachtet. Versuche mit ^{24}Na sprechen nach CORT und KLEINZELLER für eine Senkung des Diffusionswiderstandes und herabgesetzten aktiven Transport in der Niere. HLAD u. Mitarb. (1956) fanden, daß der Übertritt von ^{22}Na, ^{32}P, ^{36}Cl, ^{42}K aus der Blase des Hundes bei niedrigem p_H größer als bei p_H 7 ist. Na^+ und Cl^- treten am schnellsten über. Der Transfer kann hier in beiden Richtungen als einfacher Ionentausch aufgefaßt werden.

h) Quantitatives und Vergleichendes über das Gesamtverhalten einzelner Ionen

Das unterschiedliche Gesamtverhalten der Ionen kommt in der typischen Verteilung der „Körper und Säfte"-Salze zum Ausdruck. Quantitativ erfaßt und objektiviert wird es durch die *Größe des Verteilungsraumes* für die Einzelionen. Der Weg zu dessen Bestimmung wurde im Rahmen der Erörterung der Verteilungsgesetze gezeigt: Unter der Voraussetzung gleicher spezifischer Aktivität in den Räumen ist der Gesamtraum der Verteilung der Quotient aus Gesamtaktivität im Körper und Aktivität im Plasma (s. S. 1280). Eine Gleichheit für den auf diese Weise bestimmten Raum ist für Cl^- und Na^+ nur in erster Annäherung zu erwarten. Er deckt sich in seiner Größe praktisch mit der extracellularen Phase, wie Vergleichsversuche mit dem Inulin-, Sulfat- oder Rhodanid-Verteilungsraum immer wieder ergeben haben. Nach AIKAWA (1950) ist der ^{24}Na-Raum mit 26,3% etwa um $^1/_{10}$ größer als der SCN-Raum. Nach BERSON und YALOW (1955) ist nach 20 min sowohl der ^{24}Na- und ^{82}Br-Raum von gleicher Größe wie der mit Inulin bestimmte. Bei Ascites oder Pleuraerguß erfolgt die Einstellung erst nach mehreren Stunden. GAMBLE JR. u. Mitarb. (1953) finden die Räume für ^{38}Cl, ^{82}Br, ^{24}Na frühestens nach 150 min konstant und mit dem Saccharose-Raum auch in pathologischen Fällen übereinstimmend. Bezogen auf den Cl-Raum als Einheit war der Raum für Na 1,07, für Br 1,07, für ^{82}Br 1,02. Nach WALSER u. Mitarb. (1953) war das Verhältnis des $^{35}SO_4$- zum Inulin-Raum 0,95 ± 0,11 mit Schwankungen beim Menschen zwischen 11 und 21% des K-Gew. Bei 16 Hunden betrug der Radiosulfat-Raum 20,1 ± 2,1% K-Gew. Mit ^{36}Cl läßt sich der Cl-Raum über Wochen hinaus verfolgen, während die Bestimmungen mit ^{38}Cl in kürzeren Zeiten wiederholt durchgeführt werden können ($\tau = 38$ min). Während der Cl- und der Naraum zunächst gleich groß gefunden werden, nimmt der Na-Raum bei unverändertem Chloridraum nach 24 Std. noch um 15% zu. Der Inulinraum ist kleiner; er beträgt oft nur $^2/_3$ des Cl-Raumes; ähnlich verhält sich auch der Saccharose-Raum. Tatsächlich befinden sich die anorganischen Anionen auch in geringem Prozentsatz innerhalb der Zellen (vgl. S. 1246). Die Indicatoren-Methode hat gegenüber der chemischen bei der Bestimmung der entsprechenden Räume den Vorzug der Einfachheit in der Durchführung. Die Tracertechnik ist seit 1941 an

Versuchstieren (MANERY und HAEGE) und am Menschen (KALTREIDER) ausgearbeitet worden. Die Resultate streuen immer um mehrere Prozente. Beim Menschen liegen sie für den ^{24}Na-Raum um 25% des Körpergewichtes. Auch in Einzelorganen ist der Anteil des extracellularen Wassers auf die gleiche Weise bestimmbar (MANERY und BALE, 1941), LEMLEY u. Mitarb. (1952).

Bei Hyponatriämie, erzeugt z. B. durch intraperitoneale Glucoseinjektionen, sinkt auch K in den Geweben ab; aber im einzelnen verhalten sich die Elektrolyte in den Organen verschieden. Das Wasser wird im wesentlichen der Subcutis entzogen, der ^{22}Na-Raum nimmt ab (WOODBURY, 1956, vgl. auch STREETEN u. WILLIAMS, 1952). Es erfolgt eine Flüssigkeitsverschiebung in die Zelle (BORGHGRAEF, 1954). Bei K-Mangel-Diät nimmt der Extracellularraum zu (WOMERSLEY, 1955). Bei chronischem Überangebot an Na wird der ^{24}Na-Raum bis auf 57% vermehrt gefunden (MENEELY u. Mitarb., 1953).

Die Kenntnis der Ionenräume hat mehr symptomatische Bedeutung; in funktioneller Beziehung ist die Größe der *austauschbaren Ionenmengen* bedeutungsvoller. Ihre Bestimmung geschieht mit Tracern nach dem ebenfalls bereits beschriebenen Prinzip. Man benötigt die Kenntnis der spezifischen Aktivität im Plasma neben der der zum Meßzeitpunkt vorhandenen Gesamtaktivität im Körper. Für Messungen z. B. mit ^{22}Na ist dann die tauschbare Gesamtmenge

$$\left\{ Na_e = \frac{^{22}Na_a}{^{22}Na_p} \cdot {}^{23}Na_p \right\}, \tag{20}$$

wo der Index p die Aktivität bzw. für ^{23}Na die Konzentration im Plasma bedeutet. $^{22}Na_a$ ist die gegebene Aktivität, um die im Urin ausgeschiedene vermindert. Im Schweiß wird etwa 0,6 der Dosis oder etwa 5% des Harngehaltes ausgeschieden. Dieser Anteil wird im allgemeinen vernachlässigt.

Für Na wird gewöhnlich ^{24}Na benutzt; die Technik für ^{22}Na benötigt Szintillationszähler (D. M. GREENE) oder eine Gesamtkörperzähleinrichtung mit mehreren Röhren (N. VEALL u. Mitarb., 1955). Für die gleichzeitige Bestimmung von Na_e und K_e wurden beide Elemente durch Austauschchromatographie getrennt (ARONS u. Mitarb., 1954; und JAMES u. Mitarb., 1954). Außerdem wurden von ROBINSON u. Mitarb. (1955) die β-Strahlen von ^{42}K durch Tauchzähler gemessen, wobei die weiche ^{24}Na-Strahlung in der Flüssigkeit absorbiert wird. Dafür werden dessen γ-Strahlen mit einem Szintillationszähler bestimmt. Aus der Charakteristik der beiden Röhren lassen sich dann ohne chemische Trennung die K- und Na-Anteile entnehmen. Die Trennung von ^{32}P und ^{24}Na kann nach der Phosphatfällung als Molybdatkomplex durch dessen Extraktion mit i-Butanol erfolgen (ENNOR u. ROSENBERG).

Als allgemeines Ergebnis derartiger Untersuchungen werden nur wenig schwankende Normalwerte für die austauschbaren Ionenmengen angegeben. Am auffälligsten ist, daß sich ein beachtlicher Teil des Na so langsam tauscht, daß es für die kurze Versuchsdauer derartiger Experimente als nicht tauschbar angesehen werden kann. Nach DAVIES beträgt dieser Teil 31% des analytisch erfaßten gesamten Natriums beim Kaninchen, davon sind 28% in den Knochen zu lokalisieren. Auch nach 5 Tagen hatten sich 65% des *Knochen-Na nicht beteiligt* (DAVIES, KORNBERG, WILSON, 1952). Beim Menschen waren nach 12 Std. noch 25% des Na im Knochen unbeteiligt. Vom Gesamtkalium werden beim Mann 10% als nicht tauschbar gefunden (RUNDO und SAGILD).

Allgemein wird angegeben, daß klinisch vor allem bei K-Mangel keine festen Beziehungen zwischen dem Gehalt an Kationen im Blut und dem im Gewebe vorliegen. EDELMANN u. Mitarb. (1958) sahen bei ausgedehnten Vergleichsuntersuchungen, daß zwischen beiden Werten auch für Natrium keine Korrelation besteht, wohl aber liegt eine solche, und zwar offenbar wichtige, zwischen dem Serum-Na-Wert und der Summe der austauschbaren beiden Kationen, bezogen auf das Totalkörperwasser, vor. Diese Beziehung muß als Ausdruck einer guten osmotischen Regulation angesehen werden. Bei Kindern ist der Wert des austauschbaren Na hoch, weil der Anteil der extracellularen Phase hier besonders groß ist. Na_e sinkt hier von 80 mäq/kg im 1. Jahr bis auf 40, den Normalwert des

Erwachsenen. K_e zeigt eine solche Veränderung nicht. (L. CORSA u. Mitarb., 1956). Allerdings nimmt K_e im späteren Alter auch etwas ab. Im übrigen ist es bei Frauen kleiner als bei Männern, wenn auf das Gesamtkörpergewicht und nicht auf das fettfreie Gewicht bezogen wird. Die Geschlechtsdifferenz nimmt mit dem Alter ab (SAGILD, 1956).

Einige *Ergebnisse* verschiedener Laboratorien sind in der Tab. 3 zusammengestellt.

Tabelle 3: *Austauschbare Alkaliionen in mäq/kg*
(1. Zahl männlich, 2. Zahl weiblich)

Na_e		K_e	
43,9; 39,7	ARRONS u. Mitarb. 1954	51,1; 42,4	ARRONS u. Mitarb. 1954
43,7; 43,3	MÜLLER u. Mitarb. 1953	37	CORSA u. Mitarb. 1950
32—54; 36—42	FORBES u. Mitarb. 1951	46,3; 25,1—35,9	AIKAWA u. Mitarb. 1952
40,9; 37,8 (Hund)	EDELMAN u. Mitarb. 1954	45	IKKOS u. Mitarb. 1955

Bei Verarmung an Kationen beobachteten MOORE u. Mitarb. (1954) das Zusammentreffen von niedrigen Serumwerten für Na bei hohem austauschbarem Körper-Na und hohes Serum-K bei niedrigem Zellkalium. Außer dem *Hunger* wird das austauschbare K während der Mangelperiode bei Kaninchen lange Zeit nur wenig unter der Norm gehalten (BLAHD und BASSETT, 1953). Nach AIKAWA und RHODES (1955) wird beim Kaninchen das austauschbare Kalium durch Digitoxinvergiftung (0,1 mg/kg; 1 ×) um 20% vermindert. Eine signifikante K-Abnahme war aber nur in der Bauchmuskulatur und im Zwerchfell nachweisbar.

i) Verteilung und Wechsel chemisch vergleichbarer Ionen

Lithium steht als einfachstes Alkalikation in seinem Verhalten dem Na nahe; es vermag das Na aber nicht vollständig zu ersetzen. Von der Froschhaut wird es wie Na aktiv transportiert (ZERAHN, 1955). Offenbar wird es aber mindestens durch die Na-Pumpe der Muskulatur weniger wirkungsvoll als Na befördert, da es sich im Innern in höherer Konzentration als außen befinden kann (SCHOU, 1958). Auf die Natriumpumpe beim menschlichen Erythrocyten wirkt es nach SOLOMON kompetitiv hemmend (1952).

Da das ^{86}Rb bessere Strahlungseigenschaften als ^{42}K besitzt, ist es oft unter der Voraussetzung eines gleichen Verhaltens zur Untersuchung des K-Wechsels herangezogen worden. Das natürliche *Rubidium* kommt auch in kleinen Mengen im Blut vor. Seine Konzentration beträgt nach BERTRAND 3,15 mg/l für den Mann und 2,83 mg/l für die Frau (1951). Nach GLENDENING u. Mitarb. (1956) ist eine Zufuhr aber nicht lebensnotwendig und in einer Menge über 0,1% der Diät störend, also in einer Menge, in der K unschädlich ist. Bei Bakterien scheint es jedoch in Einzelfällen, aber nicht generell K voll ersetzen zu können (Escherichia Stamm 6, eigene Erfahrung). Im Säugetierorganismus zeigen sich im Vergleich zum Kalium auch einige Unterschiede. Zwar stimmen die Verteilungsräume anfänglich annähernd überein (BURCH, THREEFOOT, RAY, 1941/42). Wie Kalium geht Rb schnell in die Erythrocyten und in K-reiche Organe (LOVE u. Mitarb., 1954). Es verschwindet schnell aus dem Blut und wird in der Muskulatur angereichert; es wird aber langsamer ausgeschieden. Nach 12 Tagen sind erst 14% der Dosis im Urin vorhanden (ZIPSER, 1953). Nach KILPATRICK u. Mitarb. (1956) eignet es sich daher nicht als tracer für Organuntersuchungen über das Verhalten von K. Bei K-Mangelernährung ist die Ausscheidung von aktivem K, Rb, Cs im Urin stärker als im Kot herabgesetzt (MRAZ, 1957). Als Testsubstanz für K ist Cs noch weniger als Rb geeignet. Die Geschwindigkeit des Tausches mit K ist an dem menschlichen Erythrocyten für Cs fünffach geringer als für Rb (LOVE und BURCH, 1953). In die menschlichen Erythrocyten wird *Cäsium* ebenfalls mit fünffach geringerer Geschwindigkeit als K und Rb transportiert (TOSTESON und DUNHAM, 1954). Trotzdem vollzieht sich auch bei Cs die Abwanderung aus dem Plasma schnell; es wird in den parenchymatösen Organen und im Muskel ebenfalls gegen einen Konzentrationsgradienten angereichert (HOOD und COMAR, 1953), hier aber länger als K und auch als Rb retiniert. Die Anreicherung von Cs und Rb soll in der Muskulatur zu höheren Konzentrationsgradienten führen, als er hier normalerweise für das K vorliegt (RELMAN u. Mitarb., 1957). Die relative Geschwindigkeit der Ausscheidung im Urin beträgt weniger als die Hälfte von der des Kaliums. Bei Ratten werden in 7 Tagen 53% der Dosis im Urin ausgeschieden. Der Muskel besitzt nach einer Woche noch 33% seines Gehaltes am 1. Tag. Zuerst reichert sich wie beim K und Rb die Niere am stärksten an (OGAWA u. Mitarb., 1958; THREEFOOT u. Mitarb. 1955).

Bromid verteilt sich sehr ähnlich wie Chlorid. NICHOLSON und ZILVA (1947) empfehlen ^{82}Br zur Bestimmung des extracellularen Flüssigkeitsraumes und erhalten auch nach oraler Gabe mit 26–30% des Körpergewichtes etwa die gewohnten Werte. Nach HEINZ, ÖBRINK und ULFENDAHL (1954) wird Bromid aktiv wie Chlorid von der Serosa- zur Mucosaseite der sezernierenden Magenschleimhaut transportiert, und zwar mit einer um die Hälfte größeren Geschwindigkeit. Im Gegensatz zum Chlorid und in Annäherung an das Verhalten des Jods wird ^{82}Br in der Schilddrüse, wenn auch geringfügig, angereichert. Im Harn sind nach 3 Tagen erst 21% der Dosis ausgeschieden. Bemerkenswerterweise spaltet die Deshalogenase der Schilddrüsen auch aus Mono- oder Di-Br-Tyrosin das Halogen ab (YAGI, MICHEL, ROCHE, 1953).

Mit dem lebensnotwendigen *Magnesium* sind auffallend wenig tracer-Experimente bekannt geworden, da das Studium seiner Verteilung ohne Schwierigkeit auch mit den chemisch-analytischen Verfahren durchführbar ist. Zudem ist seine Strahlung schwach und die Beständigkeit gering, s. S. 1266. Nach Glaser und BRANDT wird es schnell und stärker im Herzmuskel als in der Skeletmuskulatur angehäuft (1959).

Dem Calcium steht das *Strontium* besonders nahe. Für die Güte biochemischer Selektion bei der renalen Elimination spricht, daß der Gehalt des tierischen und menschlichen Organismus an diesem Erdalkalimeteall — auch in Anbetracht seines spärlichen Vorkommens in der Natur — sehr niedrig ist. Der prozentuale Sr-Gehalt, bezogen auf das Ca der Knochenasche, ist für verschiedene Skeletteile praktisch gleich; er ist aber je nach dem Sr-Gehalt der Böden für die einzelnen Populationen verschieden. In New York kommen auf 1000000 g Ca 162 $\pm$ 32 g Sr, d. h. 0,162‰. Das %-Verhältnis Sr/Ca $\cdot 10^3$ ist im Knochen durchschnittlich 0,45 $\pm$ 0,1, im Ackerboden 7 $\pm$ 1, der Unterschied somit 15fach; die Verteilung in der Pflanze ist wie im Ackerboden. In der Milch findet gegenüber dem Knochen eine relative Anreicherung statt. Das Verhältnis Sr%/Ca% $\cdot 10^3$ ist 2 (THURBER u. Mitarb., 1958). Im Knochen ist Sr dem Ca nicht gleichwertig. Nach hohen Sr-Gaben beobachtet man rachitisartige Veränderungen am Skelet und Wachstumsstörungen bei jungen Mäusen. Sr-Apatit scheint mit der Matrix keine genügend feste Gerüststruktur zu bilden (ROBISON, 1936). Histologisch zeigen die Odontoblasten und Cementoblasten eher Veränderungen als die Osteoblasten. Bei niedrigen Sr-Gaben sind schädliche Effekte nicht aufgefallen. Ein Einbau des Sr in den Knochen findet immer statt (GREENBERG, 1945). Ein erhöhtes Ca-Angebot drückt jedoch das Ausmaß des Sr-Einbaues in den Knochen herab (PALMER u. Mitarb., 1958).

TALMAGE (1957) u. Mitarb. ließen die Knochen sich in vivo mit ^{85}Sr und ^{45}Ca beladen. Sie brachten dann eine Abgabe aus dem Skelet durch Peritonealwäsche in Gang und fanden, daß Sr etwas leichter als Ca aus dem Knochen abgegeben wird. Die *Ausscheidung von Sr mit dem Harn ist bei gleichem Angebot größer* als die von Ca; nach MAZZUOLI u. Mitarb. (1958) ist die renale Rückresorption für Sr nur halb so wirksam wie für Ca. Auch MCDONALD u. Mitarb. (1957) fanden mit ^{90}Sr im Vergleich zu ^{45}Ca eine 1,6fach größere Ausscheidung von Sr im Urin von Ratten. Sie sahen bei dem Vergleich beider Elemente weiter eine gleich starke Einlagerung bei der Callusbildung im Knochen, wenn die Nierenfunktion durch Exstirpation oder $HgCl_2$-Vergiftung ausgeschaltet war. Auch in der Bindung an Knochenpulver besteht zwischen beiden Erdalkalien kein Unterschied. Im ganzen Organismus wird aber 1. Sr schlechter als Ca resorbiert, 2. schneller als Ca ausgeschieden und 3. bei höherer Ca-Zufuhr schlechter abgelagert.

Besonderes medizinisches und öffentliches Interesse hat die zwangsläufig erfolgende Einlagerung von Sr in den Knochen dadurch gewonnen, daß die Erdoberfläche infolge der Atombombenversuche mit ^{89}*Sr und* ^{90}Sr angereichert wird, da diese Elemente bei der Spaltung der viel schwereren Kerne der Uranfamilie entstehen. Unter ihnen ist ^{90}Sr wegen der langen Lebensdauer ($\tau = 19{,}9$ Jahre) trotz der schwächeren β-Strahlung besonders gefährlich. Denn es wird, einmal im Knochen angehäuft, während langer Jahre nur langsam abgegeben und nur sehr langsam an Strahlungsintensität verlieren. Die Strahlung selbst aber wirkt auf das blutbildende Knochenmark ein.

Bei erwachsenen Versuchstieren vollzieht sich der Sr-Einbau weniger schnell und in geringerem *Maße* als bei wachsenden (JONES und COPP, 1951). KULP u. Mitarb. bestimmten in 1000 Knochenproben aus verschiedenen Erdteilen einen durchschnittlichen Gehalt an ^{90}Sr-Aktivität für 1956 von 0,2 $\mu\mu$C/g Ca, bei Kindern 0,7, bei Erwachsenen 0,07. Bei Einstellung nuklearer Versuche ab 1957 sei ein Anstieg bei den Kindern auf 1,2–4,4 $\mu\mu$C/g Ca und bei Fortsetzung der Versuche mit einem Niederschlag von 10 mC pro Quadratmeile ein Mittelwert für die Menschheit von 21 $\mu\mu$C/g Ca bis zum Jahre 2100 zu erwarten (ECKELMANN, KULP, SCHULERT, 1958). LANGHAM und ANDERSON (1957) geben für den seit Anfang 1957 neugebildeten Knochen nach der Größe des “fall out” eine Schätzung mit 1,8 $\mu\mu$C/g Ca als Mittelwert für die Weltbevölkerung. NEWCOMBE (1957) rechnet als Auswirkung mit einer Zunahme der Knochentumoren, einer Lebensverkürzung und Beschleunigung der Altersvorgänge; er erwartet aber von der jetzigen Dosis noch keine genetischen Schäden, mindestens nicht in einem mit den jetzigen Möglichkeiten nachweisbaren Maß. Die Zufuhr des ^{90}Sr erfolgt zu einem beachtlichen Anteil außer durch Vegetabilien über die Milch. Ihr ^{90}Sr-Gehalt hat von 1955 bis 1957 von 2 auf 10 $\mu\mu$C/l Milch ($= 10\ \mu C \cdot 10^{-9}$/ml) zugenommen (KNOOP und MERTEN, 1958). Diese Strahlung entspricht dem Zerfall eines Atomkernes in etwa 3 sec pro l Milch; sie ist, auch im Vergleich zur früher vorhandenen Eigenstrahlung der Milch, klein. Sie wird auch nur durch die Konzentrierung des strahlenden Elementes in der Nachbarschaft des Knochenmarkes gefährlich. Da jeder Atomvorgang grundsätzlich einen Treffer induzieren kann, ist zwar die Wirkungswahrscheinlichkeit bei einer so geringen Zahl von Zerfallsakten noch klein, eine Gefahrengrenze jedoch ist nicht festlegbar.

k) Mineralische Isotope beim Studium der Zelldurchlässigkeit

Die Gesetzmäßigkeiten der Verteilung und Bewegung der Ionen im Gewebe beruhen ausschließlich auf den *passiven Durchlässigkeitseigenschaften* und den *aktiven Transportleistungen der Zellen*, welche in den einzelnen Geweben zusammengeschlossen sind. Die allgemeine Zellphysiologie muß beim Studium der Verteilungsvorgänge zunächst bestrebt sein, die passiven Ausgleichserscheinungen von den aktiven Mechanismen zu trennen, um dann Theorien oder Modelle zur quantitativen Erklärung der zugrunde liegenden Prozesse zu erarbeiten. Die im Gesamtverbande des Organismus gewonnenen Ergebnisse sind oft zu komplex, um die Gesetzmäßigkeiten im cellularen Bereich genügend klarstellen zu können. Aus diesem Grunde sind Kollektive gleichartiger Zellen oder auch einfach zusammengesetzte Gewebe geeignetere Studienobjekte. Die an ihnen von jeher durchgeführten Permeabilitätsuntersuchungen haben durch Benutzung der Tracer-Methode in den meisten Fällen eine Entscheidung über die Natur der Transportphänomene ermöglicht.

α) *Erläuterungen*

1. Bei *exergonischen* Transportvorgängen verteilen sich die Stoffe entsprechend dem Gradienten des chemischen (μ) und bei Ionen des elektrochemischen Potentials (η). Die bei diesen freiwilligen Vorgängen *freiwerdende Energie* ($-\Delta G$) ist pro Mol bewegten Stoffes der Differenz beider Potentiale gleich:

$$\mu_1 - \mu_2 = \mu^\circ + RT \ln c_1 - [\mu^\circ + RT \ln c_2] = RT \ln \frac{c_1}{c_2} = -\Delta G \tag{21}$$

$$\eta_1 - \eta_2 = \mu^\circ + RT \ln c_1 + \varphi_1 zF - [\mu^\circ + RT \ln c_2 + \varphi_2 zF] = \\ = RT \ln \frac{c_1}{c_2} + zF\Delta\varphi = -\Delta G\,, \tag{22}$$

wo $\Delta\varphi = \varphi_1 - \varphi_2$ die Potentialdifferenz zwischen beiden Phasen ist, positiv genommen für Kationen mit $c_1 > c_2$. F ist das elektrochemische Äquivalent und z die elektrochemische Wertigkeit.

Umgekehrt wird die entsprechende *Energie* im Minimum bei einem Mechanismus mit idealem Nutzeffekt *benötigt*, um 1 Mol oder Äquivalent gegen die entsprechenden Gradienten (bergauf, uphill) zu bewegen. In diesem Falle wäre $c_1 < c_2$. Diese aktiven Bewegungen sind als *endergonische Transportprozesse* zu bezeichnen.

2. Die tatsächlich benötigte oder geleistete Arbeit bei konstant bleibenden Gradienten hängt von der molaren Menge des wirklich in der einen oder anderen Richtung in der *Zeiteinheit durch die Flächeneinheit* bewegten Stoffes, d. h. von seiner *Fluxgröße* ab. [$I_{Na} \equiv$ Na-Influx (von außen); $O_{Na} \equiv$ Na-Efflux (von innen)]. Die Bestimmung dieser Fluxgrößen läßt sich mit markierten, und zwar nur mit markierten Stoffen vornehmen, wenn der tracer der Lösung auf einer Seite zugefügt und die Geschwindigkeit seines Übertritts auf die andere verfolgt wird. Auf der Anwendung dieser Methode beruht der Nutzen, den der Gebrauch der markierten Ionen für die allgemeine Zellphysiologie gebracht hat. Die Differenz zwischen beiden Flüssen ist der Netto-Flux, d. h. die mit analytisch-chemischen Methoden erfaßbare reale Stoffbewegung (vgl. S. 1257). Im Steady-state gilt: $I_{Na} - O_{Na} = 0$, d. h. die Teilflüsse in beiden Richtungen sind gleich.

3. Bei realer Differenz beider Fluxgrößen ist der Quotient zwischen beiden Geschwindigkeiten bei unveränderter Transport-Leistung und Membranbeschaffenheit eine Konstante, ihr Logarithmus somit wie bei einer Gleichgewichtskonstanten eine Energiegröße. USSING und TEORELL haben abgeleitet, daß sie wie die freie Energie eines chemischen Vorganges zu behandeln ist, und somit für Ionen der Differenz der elektrochemischen Potentiale gleichgesetzt werden kann:

$$-\Delta G = RT \ln \frac{I_{Na}}{O_{Na}} = RT \ln \frac{c_1}{c_2} + zF\Delta\varphi\,, \text{ bzw. } \frac{I_{Na}}{O_{Na}} = \frac{c_1}{c_2}\, e^{\frac{zF\Delta\varphi}{RT}} \tag{23}$$

Der Ionenfluß wird außer durch die *Ionenkonzentration* ($\cong$ Aktivität) durch die

Potentialdifferenz zwischen beiden Seiten der Membran bestimmt. Das Fluxverhältnis und das Konzentrationsverhältnis stehen durch das elektrische Potential in Beziehung miteinander; letzteres ist ebenfalls meßbar. Wird diese Gleichung erfüllt, so liegt kein aktiver Transport vor.

4. In einigen Fällen, in denen die Ussing-Gleichung nicht erfüllt wird, ist es aber auch möglich, daß kein aktiver Transport vorhanden ist. Das trifft z. B. für die *Carrier-Austausch-Diffusion* zu. Wenn nämlich eine Ionenart durch einen Trägerstoff der Membran gebunden wurde und mit seiner Hilfe etwa durch Diffusion des Carrier-Komplexes auf die andere Membranseite gelangt und hier abgegeben wird, dann ist für diesen Vorgang das beiderseits bestehende elektrische Potential nicht mehr maßgeblich. Der Vorgang selbst ist eine durch den Trägerkomplex ermöglichte Austauschwanderung, die nicht der genannten Formel gehorchen kann, sich aber dennoch freiwillig ohne Aufbietung von Energie vollzieht. Ein anderer Fall ist der "Solvent drag", d. h. eine Mitnahme von Stoffen durch eine Wasserströmung, bei der der Stoff entgegen dem Diffusionsgefälle bewegt wird (USSING, s. S. 1257). Vgl. auch HODGKIN und KEYNES (1953).

β) *Das Permeabilitätsverhalten einzelner Organe*

Auf Grund vorstehender Leitsätze läßt sich an geeigneten Objekten das aktive vom passiven Transportgeschehen experimentell trennen. Es hat sich ergeben, daß alle einfachen anorganischen Ionen aktiv transportiert werden können, daß aber auch die Behandlung der einzelnen Ionenarten durch die verschiedenen biologischen Objekte recht unterschiedlich ist.

Die klarsten Verhältnisse bieten die *Zellen der Froschhaut*. An ihnen ist von USSING ein aktiver Transport für Na-Ionen mit physikalischer Exaktheit bewiesen worden. Der Weg bestand in einer Kurzschließung des von außen nach innen

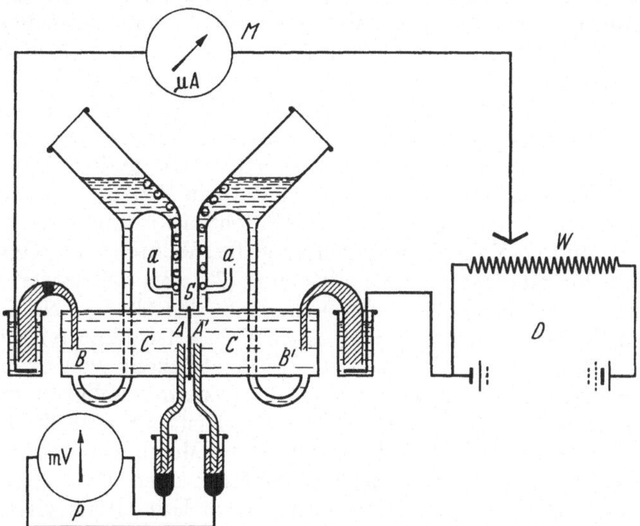

Abb. 5. Anordnung zur gleichzeitigen Messung des Ionentransportes und des Kurzschluß-Stromes *(M)* mit Hilfspotential *(D)* unter Kontrolle des in Membrannähe abgeleiteten Membranpotentials *(P)*. Nach USSING u. ZERAHN (1951)

gerichteten Ruhepotentials durch einen äußeren Stromkreis mit sehr niedrigem Widerstand. Dadurch wird es erreicht, daß beide Seiten auf nahezu demselben Potential gehalten werden, bzw. daß die Differenz beiderseits: $\Delta\,\varphi = 0$ ist. Um den hohen Widerstand der für die Kurzschließung aus der Flüssigkeit erforderlichen reversiblen Elektroden zu überwinden, wird eine äußere Spannung in Serie mit der Haut angelegt; sie wird so gewählt, daß der Potentialabfall an ihr – gemessen mit Zusatzelektroden – verschwindet (s. Abb. 5). Der von der Haut während des Kurzschlusses gelieferte Strom ist am Mikroamperemeter direkt ablesbar. Er entsteht hier dadurch, daß die Bewegung einer Ionenart nicht durch die der entgegengesetzt geladenen mitgemacht wird. Die auf diese Weise zustande kommende Ionentrennung ist so gering, daß sie chemisch-analytisch nicht erfaßbar ist. Dazu ist die Anwendung von markierten Ionen unerläßlich. Mit ihrer Hilfe wird der Ionenflux durch die zwischen der Außen- und Innenflüssigkeit ausgespannte Membran in beiden Richtungen gemessen. Der Einsatz von ^{22}Na auf der einen und ^{24}Na auf der anderen Seite und die Möglichkeit, beide auf Grund ihrer unterschiedlichen Strahlungsintensität getrennt zu messen, erlaubt auch eine gleichzeitige Fluxbestimmung im gleichen Versuch. Dasselbe gilt für die Benutzung von ^{36}Cl und ^{38}Cl.

Tabelle 4: *Kurzschluß-Ströme und Na-Flux-Werte in μ Amp./cm² bei verschiedenen Froschhäuten* (Nach USSING, 1954)

	μamps/cm²			
	I_{Na}	O_{Na}	$I_{Na}-O_{Na}$	Kurzschluß-Strom
1	20,1	2,4	17,7	17,8
2	11,1	1,5	9,6	9,9
3	40,1	0,89	39,2	38,6
4	62,5	2,2	60,3	56,8
5	47,9	2,5	45,4	44,3

Die Ergebnisse sind eindeutig. Cl^- wird nicht aktiv transportiert: bei gleichen Konzentrationen beiderseits und kurzgeschlossenem Potential ist der Flux in beiden Richtungen gleich, wie es die Gl. (23) für $\Delta\varphi = 0$ erwarten läßt. Das Resultat für Na^+ ist ebenso eindeutig. Beim Kurzschluß verschwindet der Flux nicht, sondern der Einstrom ist immer beträchtlich größer als der Ausstrom (vgl. Tabelle 4). Außerdem aber ist die Differenz beider Ionenströme, d. h. der aktive (= Netto) Transport in μAmpere/cm² ausgedrückt, genau gleich der Größe des von der Haut erzeugten Stromes. Damit ist bewiesen, daß das *Ruhepotential und der Ruhestrom an* diesem Objekt *durch den aktiven Transport des* Na^+ *erzeugt* wird; er ist Ausdruck der „Ionenresorption", welche die Froschhaut vollzieht. Das Na^+ kann in dieser Funktion, wenn auch nicht vollwertig, durch Li^+ ersetzt werden; die übrigen Kationen werden nicht aktiv transportiert. Es handelt sich also um eine für Na^+ spezifische Leistung, die zum ersten Mal von HUF und von KROGH beobachtet wurde. Sie und damit auch das volle Potential wird durch *Stoffwechselgifte* wie CN^-, DNP und O_2-Mangel reversibel vergiftet. Während der Vergiftung sind die Fluxgrößen im Einklang mit der Gleichung (23). Bemerkenswert ist, daß die Cholinesterasehemmer ebenfalls in der Lage sind, den aktiven Na-Transport zu unterdrücken (KIRSCHNER, 1953, 1955). Auch die CAH-Inhibitoren sind dazu geeignet (FUHRMANN, 1952). Aber sowohl das Acetylcholin wie Carboanhydrase werden allgemein als nicht direkt am Transportsystem beteiligt angesehen. Eine Stimulierung erfolgt durch Atropin, Pilocarpin, Histamin und durch das Hypophysenhinterlappenhormon; hierbei steigt auch das Membranpotential.

Kaliummangel hemmt den Transport ebenfalls; aber diese Hemmung tritt nicht momentan ein. Sie ist nach USSING und nach HUF (1957) vielmehr so aufzufassen, daß die Zellen, welche die Transportarbeit zu leisten haben, zur Wahrung ihrer Funktionstüchtigkeit auf die Aufrechterhaltung ihrer normalen Ionenzusammensetzung angewiesen sind.

HUF und DOSS (1959) maßen den O_2-Verbrauch bei der Transportleistung der Froschhaut und berechneten, daß 1 Mol O_2 für die aktive Bewegung von 4 bis 5 Äquivalenten an Na-Ionen gebraucht wird (vgl. LEAF und RENSHAV, 1956, und ZERAHN, 1956).

Im Gegensatz zur Froschhaut vollzieht die *Magenschleimhaut* nicht nur während der Säuresekretion einen aktiven Transport der Chlorionen, nicht dagegen den von Na-Ionen (HOGBEN, 1951, 1955; HEINZ u. Mitarb., 1954). *Das Potential der Magenschleimhaut wird durch den Chloridtransport erzeugt.* Versuche von HOGBEN bedienten sich ebenfalls der Kurzschlußtechnik nach USSING unter Verwendung von ^{36}Cl und ^{38}Cl. HEINZ u. Mitarb. benutzten außerdem ^{82}Br. Rhodanid (SCN) schaltet den H^+-Transport durch die Magenschleimhaut aus, ohne den Cl^--Flux und zunächst das Potential zu beeinflussen (HEINZ, 1956). Histamin steigert den Cl^--Flux (DURBIN, FRANK, SOLOMON, 1956) und erhöht den Durchgang für K^+ (CRANE und DAVIES, 1949). Nach COOPERSTEIN und HOGBEN wird Na^+ im Froschdickdarm aktiv bewegt, nicht aber Cl^-, das jedoch auf dem Wege der Austauschdiffusion mitgehen kann; das gleiche wird für HCO_3^- angenommen.

Erythrocyten zeigen bei den verschiedenen Säugetierspecies eine recht unterschiedliche Zusammensetzung aus Alkalikationen: Während die Körperchen von Katze und Hund Na als Hauptkation enthalten und K nur in Serum-Konzentration besitzen, sind die Rinderkörperchen dreifach K-reicher. Bei den meisten anderen Tieren und bei dem Menschen ist jedoch Kalium, das Hauptkation im Innern der Erythrocyten, in denen es beim Menschen mit etwa 150 mMol/l Zellen angesetzt werden kann, denen nur 10–15 mMol Na/l in den Zellen gegenüberstehen. Diese auffälligen Unterschiede werden durch aktive Zelltätigkeit aufrechterhalten, wie eingehende Fluxuntersuchungen mit ^{42}K und ^{24}Na immer wieder ergeben haben. Dabei hat es sich gezeigt, daß sowohl ein aktiver Na^+-Transport nach außen, wie ein aktiver K^+-Transport nach innen die Zusammensetzung der Körperchen garantiert.

Für eine aktive Bewegung der Anionen bestehen keine Anhaltspunkte. Dennoch wurden auch markierte *Anionen* zum Studium der Ionenpermeabilität benutzt. Sie ergaben, daß die *Geschwindigkeit* ihrer Verteilung – entsprechend der bekannten Konzeption von der alleinigen Anionendurchlässigkeit der roten Zellen – *überraschend groß* im Vergleich zu der der Kationen ist (LOVE und BURCH, 1953). Nach TOSTETON ist die *Halbwertszeit des* ^{38}*Cl-Tausches,* der exponentiell erfolgt, *0,225 sec.* Der Flux ist damit sehr groß, er beträgt 11,4 Mol/cm^2 sec. Für ^{82}Br wurde $^1/_4$, für ^{18}F $^1/_7$ und für ^{131}J $^1/_{30}$ dieses Wertes gefunden. Schon für Chlorid ist aber jener Wert verglichen mit dem der freien Diffusion so klein, daß nur ein Millionstel der Zelloberfläche als Summe der Porenfläche zur Verfügung stände, wenn sich in diesen Poren selbst der Austausch mit der gleichen Geschwindigkeit wie im freien Wasser vollziehen würde (D. C. TOSTESON, 1956).

Der Austausch *mehrwertiger Anionen* vollzieht sich sehr langsam. Zuerst wurde der des ^{32}*P-Phosphates* bestimmt. Er ist – wie schon HAHN und HEVESY 1942 sahen – wenig abhängig von der ^{32}P-Außenkonzentration. Die maximale spezifische Aktivität des Zellphosphates wird erst nach 1–2 Std. erreicht. Die Geschwindigkeit des sich anschließenden Einbaues in organische Verbindungen ist je nach Species und dem Stoffwechselzustand verschieden. Am langsamsten tritt ^{32}P in die Phospholipide über, am schnellsten in das Phosphokreatin. Auffallend hoch ist der Anteil der 2,3 Diphosphoglycerinsäure. Im ATP besitzt das terminale Phosphat den weitaus höchsten Gehalt (GERLACH, FLECKENSTEIN und GROSS, 1958). Bei der kinetischen Analyse der ^{32}P-Aufnahme konnte GOURLEY eine geschwinde ($\vartheta =$ 8 min) von einer langsameren Komponente ($\vartheta = 280$ min) abtrennen. Die schnellere wird auf eine Reaktion mit der Oberfläche bezogen. Der relativ starke Temperaturkoeffizient des Hauptteiles der Aufnahme spricht gegen einen einfachen Diffusionsvorgang. *Sulfat* wird rascher als Phosphat gegen Cl^- ausgetauscht. Aber auch hier wird eine starke Temperaturabhängigkeit der Aufnahme gefunden (PASSOW, 1956). Unter Gleichgewichtsbedingungen fand PASSOW, daß der $^{35}SO_4$-Flux dem Gradienten des elektrochemischen Potentials proportional ist.

Die ältere These von der Kationenundurchlässigkeit der Erythrocyten wurde erschüttert, als man erkannte, daß *menschliche Körperchen in der Kälte Kalium verlieren*, welches sie nach Inkubation bei 37° wieder, und zwar im langsamen Austausch gegen das zuvor hineingegangene Na^+, zurückholen können (HARRIS, 1941). Die Versuche mit ^{24}Na von COHN und COHN (1939) und die von HAHN, HEVESY und REBBE (1939) mit ^{42}K demonstrierten außerdem, daß sich ein geregelter Tausch auch der markierten Kationen vollzieht. Diese Erscheinung ist von sehr zahlreichen Autoren analysiert worden. Sie wurde auch bei den Erythrocyten der Vögel und Reptilien gefunden. Über die zahlreichen Einzelarbeiten an den Blutkörperchen verschiedener Tiere orientieren die Zusammenfassungen von GLYNN (1957), HARRIS (1956), HUNZINGER und WASER (1953). Versuche mit menschlichen Erythrocyten ergaben die am besten konstanten Werte. Sie wurden daher für die kinetische Analyse hauptsächlich herangezogen. (RAKER u. Mitarb., 1950; SHEPPARD, 1950; SOLOMON, 1952, 1955; HARRIS und MAIZELS, 1952 und GLYNN, 1956). Nach SOLOMON und GOLD und nach HARRIS und PRANKERED gehorcht der ^{24}Na-Ausstrom einem einfachen Exponentialgesetz. Allerdings mußten GOLD und SOLOMON im gleichen Jahr schon eine geringere, recht langsam tauschende Fraktion des Na mit in Betracht ziehen, und MAIZELS fügte eine viel schnellere hinzu, die auf die Membran bezogen wird. Sie ist in KCl-Lösung leicht abgebbar (MAIZELS, 1955). Aus der Abgabekurve für ^{42}K leitete SOLOMON 1955 die Existenz zweier verschieden gut zugänglicher Kaliumfraktionen ab, welche auf 2 untereinander und mit dem Plasma kommunizierende ungleich große Räume verteilt sein soll. Die Größe der Räume und der Konstanten für die jeweiligen Übergänge zwischen ihnen ließen sich unter Verwendung eines Analog-Computers (elektronische Analogie-Rechenmaschine) aus den experimentellen Daten gewinnen. Die Voraussetzung für diese Ableitung und die Stützung dieser Vorstellung ist die Homogenität des Zellmaterials. Sie ist nicht unbedingt gegeben. GLYNN verweist in diesem Zusammenhang auf ältere Befunde von HENRIQUES und ORSKOV, nach denen die tieferen Zellen in einem Zentrifugat weniger Kalium als die oben befindlichen enthalten.

Die Angaben über die Fluxgrößen stimmen bei den verschiedenen Autoren weitgehend überein. Für 37° bei einem Kalium-Gehalt außen von 5 mMol/l ist der Eintransport nach SOLOMON für K^+ 2,13 und für Na^+ 2,37 mMol/l Blutzellen in der Stunde. Die Zahlen sagen aus, daß *in 1 Std. nur etwa 2% des Kaliumbestandes menschlicher Blutzellen gewechselt* werden. Da sich aus dem Konzentrationsgradienten der einzelnen Ionen beiderseits der Erythrocytenmembran die Arbeit berechnen läßt, welche pro Mol transportierten Stoffes benötigt oder verbraucht wird, so lassen sich die pro Zeiteinheit umgesetzten *Arbeiten für die Aufrechterhaltung* des steady-state der Kationen an den Erythrocyten aus den Fluxgrößen berechnen. Sie ergeben sich als Energiebedarf bei 37° für den Transport des K^+ mit einem Binnengehalt von 140 mMol/l zu $1{,}42 \cdot \log \frac{140}{5} \cdot 2{,}13$ cal = 4,36 cal. Hierbei wurde der nicht erhebliche Einfluß des Membranpotentials der Erythrocyten vernachlässigt; er addiert sich wegen der entgegengesetzten Bewegung zu dem Energiewert für Na und ist von dem für Kalium abzuziehen (vgl. NETTER, 1959). Für Na erhält man analog $1{,}42 \cdot \log \frac{150}{12} \cdot 1{,}27 = 3{,}7$ cal.

Die Summe beider Arbeiten von etwa 8 cal/l Blutzellen muß im Minimum aufgebracht werden, um den steady-state der Kationen zu unterhalten. Der gleichzeitig erfolgende Glucoseverbrauch liegt bei 2 mMol. Wenn er nur seine glykolytisch frei gemachten energiereichen Phosphatbindungen mit je 11 cal zur Verfügung stellen würde, betrüge der *Nutzeffekt*: $8/44 \cong 0{,}2$. Der Ionenflux ist durch

Glykolysegifte lähmbar. Atemgifte sind fast unwirksam. Sie wirken aber auf den Ionentransport der kernhaltigen Körperchen von Vögeln ein. Die aktiven Ionen-Bewegungen besitzen einen relativ hohen *Temperaturkoeffizienten*, der für die einzelnen der 4 Transportleistungen getrennt gemessen wurde und zwischen 12 und 18 kcal/äq gelegen ist (SHEPPARD und MARTIN, 1950; SOLOMON, 1952).

Der Transport von Na^+ wird durch Li^+-Gegenwart gehemmt, aber es besteht kein Beweis dafür, daß einmal eingedrungenes Li^+ wieder aktiv herausbefördert wird (FLYNN und MAIZELS). Der Eintransport von K^+ wird durch Rb^+ und Cs^+ gehemmt (SOLOMON). GLYNN zeigte, daß der Hereintransport von Na^+ unabhängig von der äußeren K^+-Konzentration vorgenommen wird, solange diese nicht 10 mMol/l unterschreitet. Da bei niedrigeren K^+-Werten der Na^+-Transport abnimmt, wird gefolgert, daß der Transportprozeß für Na^+ mit dem für K^+ verknüpft ist. Tatsächlich ist eine Abstimmung zwischen beiden zu erwarten, da ein Übermaß des K^+-Eintransportes zur Vergrößerung, ein solches des Na^+-Ausstoßes zur Verkleinerung des normalerweise konstant gehaltenen Zellvolumens führen muß.

Über den *Mechanismus* des K^+-Transportes wurden einige Carrier-Vorstellungen entwickelt. SOLOMON brachte zusammen mit Lipoiden aus Erythrocyten auch ^{42}K in Chloroform hinein, aus dem wohl K^+, nicht aber das Erythrocytenlipoid in Wasser übergehen konnte. KELLER konnte mit Hilfe von Cholesterinphosphorsäureestern deren ^{86}Rb-Salze in Olivenöl lösen, welches eine wasserdichte Membran durchtränkte. Zugabe von Phosphatase auf einer Seite der an Rb^+ oder K^+ gleich zusammengesetzten Lösungen beiderseits der Membran spaltete den Ester auf und führte damit auf der Fermentseite zu einem Übertritt des $^{86}Rb^+$ in die wäßrige Phase. Wenn nun auf der anderen Seite jeweils eine Veresterung des Cholesterins mit Phosphat etwa durch ATP in Gegenwart von K^+ erfolgt und das Salz im Öl auf die Phosphataseseite diffundiert, wäre damit ein Modell für einen aktiven Transport geschaffen. Bemerkenswert ist, daß der Transport an den Erythrocyten und am Muskel durch die den Sterinen verwandten Herzglykoside kompetitiv gehemmt wird (WILBRANDT, SCHATZMANN). Es könnte hierbei eine Hemmung der Cholesterinveresterung stattfinden.

Das für die Blutkörperchen in den Grundzügen gut analysierte *System der Ionenbewegungen* mit aktivem K- und Na-Transport und mit passivem Anionenfluß findet sich offenbar *mit quantitativen Abstufungen in den verschiedenen Organzellen* wieder. Die Unterschiede bestehen darin, daß der Anteil der aktiven K-Bewegung mehr oder weniger gegenüber dem des Na-Transportes zurücktritt.

Allein die Ionenzusammensetzung der *Leberzellen* — berechnet nach Abzug der Bestandteile im etwa 25% großen extracellularen Raum und bezogen auf das Zellwasser — ergibt mit 161 mäq/kg H_2O für K, 31,6 mäq/kg H_2O für Mg und 1,7 mäq/kg H_2O für Ca und 2,8 mäq/kg H_2O für Na ein starkes Überwiegen von K und Mg gegenüber Na und Ca. Damit kann auf eine sehr gut wirksame Na^+-Pumpe geschlossen werden; wieweit K^+ ebenfalls aktiv transportiert wird, ist nicht ohne weiteres zu entnehmen. Wenn die Zelle aber K^+ passiv hindurchlassen würde und K^+ bei vorliegender Anionenpermeabilität praktisch das einzige Kation gegenüber den im Innern fixierten Anionen wäre, dann müßte das Donnangleichgewicht seine Verteilung regeln (s. S.1246). In diesem Falle wäre der K^+-Übertritt aus erhöhtem Kalium-Angebot im Serum von dessen Chloridkonzentration abhängig: Er würde mit ihr wachsen und fallen. Erfahrungen darüber liegen nicht vor, doch wird eine Aufnahme von ^{42}K aus dem Plasma bei erhöhtem Gesamtkaliumgehalt gefunden. Hierbei steigt der Nettogehalt der Leberzelle an (WALKER und WILDE). Diese Tatsache spricht für passiven Übertritt, beweist aber nicht das Fehlen auch einer aktiven Komponente.

Ein ähnliches Verhalten zeigen die *Gehirn- und Nierenschnitte* (vgl. S. 1288 und S. 1292), für welche die Existenz eines aktiven Natriumtransportes durch Vergiftungsversuche gesichert ist. Für die Nieren ist auch ein aktiver Transport des Kaliums wahrscheinlich, denn nach Mudge vollziehen sich die bei erhöhtem Außenangebot eintretenden Na-Bewegungen ohne Änderung des K^+-Gehaltes oder des K^+-Wechsels. Es ist anzunehmen, daß die in den Schnitten erkannte Fähigkeit zum aktiven K^+-Transport auch für die nahezu vollständige Rückaufsaugung des K aus dem Primärurin eingesetzt wird, während als Mechanismus für die Sekretion des K^+ in den distalen Tubulusabschnitten ein Tausch gegen Na^+ in Betracht zu ziehen ist (Berliner). Bei der Untersuchung mit Tracern hat sich an Schnitten ergeben, daß ein solcher Tausch praktisch unabhängig von der Zellatmung abläuft (Whittam und Davies, 1954).

Die aufschlußreichsten Untersuchungen über Ionenbewegungen an Einzelzellen wurden mit ^{42}K und ^{22}Na oder ^{24}Na an den *Riesen-Axonen* der Seespinnen oder Tintenfische hauptsächlich von dem Hodgkinschen Arbeitskreis durchgeführt. Über die Größe der Fluxwerte in der Ruhe wurde bereits berichtet (s. S. 1287), ebenso über den Umfang des Kaliumaustrittes und Na-Eintrittes bei der Erregung. Beide Vorgänge sind passiv, d. h. sie vollziehen sich dem zugehörigen Gradienten entsprechend. *Die Erholungsvorgänge* nach der Erregung, welche die Restituierung der normalen Ionenverteilung bewirken, sind demgegenüber endergonische Prozesse. Sie *werden* im Gegensatz zur eigentlichen Erregung *durch Stoffwechselgifte blockiert.* Dabei ergibt sich zunächst eine besonders starke Hemmung des ^{24}Na-Effluxes aus einem zuvor etwa durch Mikroinjektion mit dem Isotop beladenen Axon. Der Na-Einstrom während der Erregung erfolgt aber unter Giftwirkung unverändert. Diese Effekte sind sehr charakteristisch und von grundlegender Bedeutung für die modernen Erregungstheorien. Bemerkenswert ist, daß das DNP keine Wirkung auf den Kationentransport der Säugetiererythrocyten (s. S. 1303) und nur eine geringfügige an der Muskulatur entfaltet. Im ersten Fall wird das ATP hauptsächlich durch die Glykolyse regeneriert. In Riesenaxonen sinkt während der Vergiftung sowohl das Argininphosphat wie vor allem ATP auf etwa den zehnten Teil der Normalwerte ab. Keynes und Caldwell (1957) zeigten, daß der so blockierte Na-Efflux durch ATP-Injektion in das Axon regeneriert werden kann. Sie schließen aus der Wirkung hierbei nachweislich aufgespaltener ATP-Mengen auf einen Nutzeffekt der Verwertung von Spaltungsenergien zum Na-Transport von nur 10%.

Von besonderem Interesse ist auch die *Frage nach einer aktiven K-Bewegung.* Die Tatsache, daß mit der Reduktion des aktiven Na-Ausstromes auch der K-Einstrom herabgesetzt ist, kann als passive Folge, d. h. als verringerter Eintausch von Na^+ gegen K^+ bei der Auswärtsbewegung, erklärt werden. Man findet auch umgekehrt, daß der ^{24}Na-Efflux beim Fehlen von K^+ in der Außenflüssigkeit stark absinkt, während sich eine Steigerung über den Normalwert nur noch wenig in einer Förderung von O_{Na} bemerkbar macht (Hodgkin und Keynes, 1955). Mit dem Fortlassen des K^+ in der Außenlösung steigt nun der potentialbestimmende K^+-Gradient und damit das Membranpotential an. Dieser Anstieg ist aber nicht entscheidend; denn ein in entsprechender Größe über eine Innenelektrode der Membran erteiltes Potential verändert den Efflux des Natriums nicht. Wahrscheinlich wird es nicht als freies Ion bewegt (Hodgkin und Keynes, 1954). Nach allem muß eine engere Verbindung der Bewegung beider Ionen angenommen werden, welche über die alleinige Notwendigkeit von K^+ zum Ersatz von herausgeschafftem Na^+ hinausgeht. Ob aber beide Ionen direkt an dem gleichen hypothetischen Carrier einer Membran reagieren, ist nicht gesichert. Auch bei Muskeln (Edwards und Harris, 1957) und am Riesenaxon (Hodgkin) wirkt Strophanthin auf den

Transport hemmend. Aus den niedrigsten an Erythrocyten noch wirksamen Konzentrationen errechnet GLYNN nur 1000 bis 2000 Transportorte für die Oberfläche einer Blutzelle.

Von SHANES (1958) wurden die *Fluxgrößen* auch *für die markhaltigen* Amphibiennerven und *für die Muskulatur* gemessen. Dabei ergeben sich Unterschiede, welche wiederum die Beziehung zwischen dem K^+- und Na^+-Transport betreffen und die sich bei der Untersuchung des Einflusses von Stoffwechselgiften (DNP, HCN, Anaerobiose) äußern. Bei Riesenaxonen fällt O_{Na} relativ stärker als I_K, während bei dem N. ischiadicus O_{Na} wenig geändert wird, aber I_{Na}, der Einstrom, stark anwächst. Die Kuppelung zwischen beiden Bewegungen scheint also bei den Riesenaxonen enger zu sein. Der Froschmuskel verhält sich ähnlich wie der Froschnerv. Bei beiden kommt der K^+-Verlust sowohl durch einen verstärkten Auswärtsstrom wie durch eine verminderte Einwärtsbewegung zustande. Die Na^+-Zunahme geschieht ausschließlich durch vermehrten Einstrom (CALKINS u. Mitarb., 1954). Beim Ext. dig. long. der Ratte reduziert DNP den K^+-Influx auf die Hälfte (MC LENNAN, 1956). Demgegenüber setzt eine Steigerung der Ca^{2+}-Ionenkonzentration den K-Ausstrom herab, während eine Steigerung der K^+-Außenkonzentration ihn wieder hebt (GOSSWEILER u. Mitarb., 1954). Hierfür wird eine Oberflächenwirkung der Ca^{2+} angenommen. Umgekehrt wird die ^{45}Ca-Aufnahme durch das Froschmyokard und seine Abgabe aus ihm vermindert, wenn die äußere Na^+-Ionenkonzentration herabgesetzt wird (NIEDERGERKE und HARRIS).

Im System der *Muskulatur tritt der aktive K^+-Transport gegenüber dem des Na^+ zurück*; trotzdem ist nicht gesichert, daß die K^+-Verteilung – wie es früher angenommen wurde (BOYLE und CONWAY, KÜSEL und NETTER) – ausschließlich durch das Donnangleichgewicht geregelt wird. Neuere eigene Erfahrungen sprechen dafür, daß auch eine aktive Komponente bei der Kaliumverteilung an der Muskulatur wirksam ist, welche nicht direkt von der Na-Pumpe abhängig sein muß. Dafür spricht auch, daß sich für ^{86}Rb und ^{134}Cs im steady state an der Säugetiermuskulatur andere Verteilungsgleichgewichte als für Kalium, nämlich solche mit höherem Konzentrationsgradienten, einstellen (RELMAN u. Mitarb., 1957).

Die Aufnahme anorganischer Ionen durch *Mikroorganismen* ist mit Tracern häufiger untersucht worden. Dabei hat sich gewöhnlich eine ausgesprochene Abhängigkeit von der Stoffwechselgröße ergeben. Das trifft nicht nur für die Ionen SO_4^{2-}, NO_3^- oder Phosphat zu, welche in organische Verbindungen eingebaut werden. Auch die Alkalimetalle, unter ihnen vor allem K^+, ersatzweise auch Rb^+, werden von Bakterien, z. B. Escherichia, angereichert. Die Aufnahme wurde am eingehendsten von COWIE und ROBERTS (1955) studiert. In Abwesenheit von Glucose ist die Aufnahme gering. KISTNER fand unter aeroben Bedingungen bei reichlichem Glucoseangebot eine Konzentrierung von ^{86}Rb in Escherichia-Zellen auf das 40fache (1957). Die im Laufe von 2 Std. einsetzende Wiederabgabe des ^{86}Rb ist nicht auf eine p_H-Änderung des Mediums infolge des Eigenstoffwechsels der Bakterien zurückzuführen.

Schlußwort

Diese Tatsachen sowie die eingehenden, aber größtenteils nicht mit Tracern durchgeführten Versuche von CONWAY über den Ionenwechsel und die Ionenverteilung an der Hefe demonstrieren die engen *Beziehungen zwischen dem Umsatz der organischen Stoffe und dem Elektrolytgehalt der Zellen.* Die passiven Verteilungsvorgänge, welche durch die Ladungen oder Konzentrationen aller beteiligten Partner bestimmt werden, sind, wenn auch oft nur im Grundzug, zu übersehen. Für den aktiven Transport fehlen zur Zeit bewiesene Modelle. Die allgemeine Bedeutung des Elektrolytsystems läßt die Klärung gerade dieses

Problems in den Vordergrund treten, denn ohne die Verknüpfung des Elektrolytwechsels mit den energieliefernden Reaktionen zu kennen, bleibt unser Wissen von der funktionellen Ordnung biochemischer Vorgänge unvollständig. Es ist zu erwarten, daß der Weg zur Lösung dieser Fragen über das Studium des Elektrolyttransportes an isolierten Zellmembranen oder anderen subcellularen Partikeln führt. Unter ihnen sind die Mitochondrien im Gegensatz zu den Mikrosomen reich an K^+ (Holland und Auditore, 1955). Daß erstere einen aktiven Ionentransport vollziehen können, wurde von Bartley und Davies angegeben. Sein Ausmaß ist noch nicht festlegbar (vgl. Mudge, 1955), wie es auch noch schwer ist, die aktuelle Ionenkonzentration in vivo für den Mitochondrialraum anzugeben. Daß aber an dessen Grenzen Ionenbewegungen stattfinden, ist wegen der hier sich vollziehenden Energieumsetzungen zu erwarten und aus der biologisch sicherstehenden Beteiligung der Mitochondrien an Sekretionsvorgängen abzuleiten.

Literatur*

Abood, L. G.: Effect of chlorpromazine on phosphorylations of brain mitochondria. Proc. Soc. exp. Biol. (N. Y.) **88**, 688 (1955).

Adolph, E. F., and J. P. Northrop: Physiological adaptations to bodywater excesses in rats. Amer. J. Physiol. **168**, 320 (1952).

Aikawa, J. K.: Fluid volumes and electrolyte concentrations in normal rabbits. Amer. J. Physiol. **162**, 695 (1950).

— Effects of cortisone acetate on fluid and electrolyte balance in normal rabbits. Proc. Soc. exp. Biol. (N. Y.) **82**, 105 (1953).

— G. T. Harrell and B. Eisenberg: The exchangeable potassium of normal women. J. clin. Invest. **31**, 367 (1952).

— and E. L. Rhoades: Effects of digitoxin on exchangeable and tissue potassium contents. Proc. Soc. exp. Biol. (N. Y.) **90**, 332 (1955).

Anbar, M., and Z. Lewitus: Rate of bodywater distribution studied with triple labeled water. Nature (Lond.) **181**, 344 (1958).

Anderson, E. C. R., L. Schuch, J. D. Perrings and W. H. Langham: The Los Alamos. Human Counter. Nucleonics **14**, No. 1, 26 (1956).

Anderson, L., A. M. Landel and D. F. Diedrich: The galactose-glucose conversion in isotopic water. Biochim. biophys. Acta **22**, 573 (1956).

André, T.: Studies on the distribution of tritium-labelled dihydrostreptomycin and tetracycline in the body. Acta radiol. (Stockh.) **142**, 5 (1957).

Annegers, J.: Total body water in rats and in mice. Proc. Soc. exp. Biol. (N. Y.) **87**, 545 (1954).

Armstrong, W. D., J. A. Johnson, L. Singer, R. I. Lienke and M. L. Premer: Rates of transcapillary movement of calcium and sodium and of calcium exchange by the skeleton. Amer. J. Physiol. **171**, 641 (1952).

Arons, W. L., and A. K. Solomon: I. The separation of sodium from potassium in human blood serum by ion exchange chromatography. J. clin. Invest. **33**, 995 (1954).

— R. J. Vanderlinde and A. K. Solomon: II. The simultaneous measurement of exchangeable body sodium and potassium utilizing ion exchange chromatography. J. clin. Invest. **33**, 1001 (1954).

Bakay, L., B. Selverstone and W. H. Sweet: Intravascular distribution of Na^{24} injected intravenously in man. J. Lab. clin. Med. **38**, 893 (1951).

Barac, G.: Recherches sur la brûlure. Sur l'effet antidiurétique de la 5-hydroxytryptamine chez le chien. Arch. int. Physiol. **61**, 403 (1953).

Bartelstone, H. J.: Radioactive isotope in dentistry. Int. dent. J. **4**, 629 (1954).

— J. D. Mandel, E. Oshry and S. M. Seidlin: Use of radioactive iodnine as a tracer in the study of the physiology of teeth. Science **106**, 132 (1947).

Bartley, W., and R. E. Davies: Active transport of ions by sub-cellular particles. Biochem. J. **57**, 37 (1954).

Bauer, G. C. H.: Metabolism of bone in rats investigated with Na^{22}. Acta physiol. scand. **31**, 334 (1954).

Behnke, A. R., B. G. Feen and J. C. Welham: J. Amer. med. Ass. **118**, 495 (1942); zit. Mertz, D. P., Klin. Wschr. **34**, 887 (1956).

* Abgeschlossen im September 1959.

BÉLANGER, L. F.: Autoradiographic visualization of atomic interchange in various mineralized tissues. J. nat. Cancer 13, 238 (1952).
— and C. P. LEBLOND: A method for lacating radioactive elements in tissues by covering histological sections with a photographic emulsion. Endocrinology 39, 8 (1946).
— W. J. VISEK, W. E. LOTZ and C. L. COMAR: The effects of fluoride feeding on the organic matrix of bones and teeth of pigs as observed by autoradiography after in vitro uptake of Ca^{45} and S^{35}. J. biophys. biochem. Cytol. 3, 559 (1957).
BÉLANGER, R. C., C. P. LEBLOND and R. C. GREULICH: Ann. N. Y. Acad. Sci. 60, 631 (1955); zit. nach E. SCHÜTTE, Stoffwechsel des Knochengewebes. 7. Mosbacher Coll. 1956. Berlin-Göttingen-Heidelberg: Springer.
BENDER, M. L.: Oxygen exchange as evidence for the existence of an intermediate in ester hydrolysis. J. Amer. chem. Soc. 73, 1626 (1951).
— R. D. GINGER and K. C. KEMP: Oxygen exchange during the acidic and basic hydrolysis of amides and the enzymatic hydrolysis of esters. J. Amer. chem. Soc. 76, 3350 (1954).
— and K. C. KEMP: Oxygen-18-studies of the mechanism of the α-chymotrypsin-catalyzed hydrolysis of esters. J. Amer. chem. Soc. 79, 111 (1957).
— — The kinetics of the α-chymotrypsin-catalyzed oxygen exchange of carboxylic acids. J. Amer. chem. Soc. 79, 116 (1957).
BENSON, E. E., and K. LINDERSTRÖM-LANG: Deuterium exchange between myoglobin and water. Biochim. biophys. Acta 32, 579 (1959).
BENTLEY, R., and A. NEUBERGER: The mechanism of the action of uricase. Biochem. J. 52, 694 (1952).
— and D. RITTENBERG: Enzymecatalyzed exchange of oxygen atoms between water and carboxylate ion. J. Amer. chem. Soc. 76, 4883 (1954).
BERGER, A., and K. LINDERSTRÖM-LANG: Deuterium exchange of poly-DL-alanine in aqueous solution. Arch. Biochem. Biophys. 69, 106 (1957).
BERGER, E., B. B. BRODIE, J. AXELBROD, M. F. DUNNING, Y. POROSOWSKA and J. M. STEELE: Use of N-acetyl 4-aminoantipyrine in measurement of total body water in dog and man. Fed. Proc. 9, 11 (1950).
BERGGREN, H.: Acta radiol. (Stockh.) 27, 248 (1946).
BERGSTRÖM, S., U. GLOOR and L. KRABISCH: Synthesis of the tritiated 25-methyl homologues of 3 α, 7 α, 12 α-trihydroxy coprostane and coprocholic acid. Bile acids and steroids 55. Acta chem. scand. 11, 1695 (1957).
— S. LINDSTEDT and D. SEN: On the preparation of cholesterol labelled with tritium at carbon atoms 24 and 25 (cholesterol-24, 25-T). Bile acids and steroids 54. Acta chem. scand. 11, 1692 (1957).
BERLINER, R. W.: The Kidney. Ann. Rev. Physiol. 16, 269 (1954).
— TH. J. KENNESY jr. and J. ORLOFF: Relationship between acidification of the urine and potassium metabolism. Effect of carbonic anhydrase inhibition on potassium metabolism. Amer. J. Med. 11, 274 (1951).
BERNERT, T., u. R. SEYSS: Kreislauf- und Anastomosestudien an Parabiosetieren mit Hilfe von künstlich radioaktivem Phosphor und Natrium. Z. exp. Med. 117, 662 (1951).
BERNHARD, K.: Über die Resorption aliphatischer Kohlenwasserstoffe, der Carotine und des Vitamins A bei der Ratte. Fette u. Seifen 55, 160 (1953).
— u. U. GLOOR: Die biologische Oxydation von Fettsäuren mit Dreifachbindung. Helv. chim. Acta 36, 296 (1953).
— — u. E. SCHEITLIN: Über den Abbau aliphatischer Kohlenwasserstoffe mit 8—18-C-Atomen im Tierkörper. Helv. chim. Acta 35, 1908 (1952).
— u. RITZEL: Zur Resorption von Neutralfett beim Gallenfistelhund. Helv. physiol. Acta 9, C 58, (1951).
— G. ULBRECHT, M. ULBRECHT u. H. WAGNER: Versuche zur Erfassung der Fett- und Glykogensynthese in der Leber cholinfrei ernährter Ratten mit Hilfe von ^{14}C-Acetat und D-signiertem Glycerin. Helv. chim. Acta 37, 1439 (1954).
— J. P. VUILLEUMIER u. G. BRUBACHER: Zur Frage der Entstehung der Benzoesäure im Tierkörper. Helv. chim. Acta 38, 1438 (1955).
BERSON, S. A., and R. S. YALOW: The use of K^{42} or P^{32} labeled erythrocytes and J^{131} tagged human serum-albumin in simultaneous blood volume determinations. J. clin. Invest. 31, 572 (1952).
— — Critique of extracellular space measurements with small ions: Na^{24} and Br^{82} spaces. Science 121, 34 (1955).
— — A. AZULAY, S. SCHREIBER and B. ROSWIT: The biological decay curve of ^{32}P tagged erythrocytes. Application to the study of acute changes in blood volumen. J. clin. Invest. 31, 581 (1952).
BERTRAND, G., et D. BERTRAND: Sur le rubidium et d'autres métaux alcalins contenus dans le sang humain. Ann. Inst. Pasteur 80, 227 (1951).

BEVANDER, G., and M. H. AMLER: Radioactive phosphate absorption by dentin and enamel. J. dent. Res. **24**, 15 (1945).
BIANCHI, C. P., and A. M. SHANES: Calcium influx in skeletal muscle at rest, during activity and during potassium contracture. J. gen. Physiol. **42**, 803 (1959).
BIGGS, M. W., and D. COLMAN: A quantitative metabolic defect in lipid metabolism associated with abnormal serum lipoproteins in man. Circulation **7**, 393 (1953).
BLAHD, W. H., and S. H. BASSETT: Potassium deficiency in man. Metabolism **2**, 218 (1953).
BLICKENSTAFF, D. D.: Increase in intestinal absorption of water from isosmotic saline following pitressin administration. Amer. J. Physiol. **179**, 471 (1954).
— and L. J. LEWIS: Effect of atropine on intestinal absorption of water and chloride. Amer. J. Physiol. **170**, 17 (1952).
BLOCK, R. J., J. A. STEKOL and J. K. LOOSLI: Synthesis of sulfur amino acids from inorganic sulfate by ruminants. II. Synthesis of cystine and methionine from sodium sulfate by the goat and by the microorganisms of the ruman of the ewe. Arch. Biochem. **33**, 353 (1951).
BLOUT, E. R., and H. LENORMANT: Changes in the infrared spectra of solutions of deoxypentose nucleic acid. Biochim. biophys. Acta **15**, 303 (1954).
BODANSKY, O.: Relationship of enzyme concentration to substrate change derived from time-course of reaction. J. biol. Chem. **209**, 281 (1954).
BOHR, H., and A. H. SÖRENSEN: J. Bone Jt. Surg. **32A**, 567 (1950); zit. nach H. D. CREMER u. W. HERR, Calcium u. Strontium. In Künstliche radioaktive Isotope. Berlin-Göttingen-Heidelberg: Springer 1953.
BONHOEFFER, K. F.: Fermentreaktionen in schwerem H_2O. Ergebn. Enzymforsch. **6**, 47 (1937).
— Physiologisch-chemische Untersuchungen mit Deuterium-Verbindungen. Z. Elektrochem. **44**, 87 (1938).
BORGHGRAEF, R.: Le volume de l'espace extracellulaire chez le lapin en anurie hypochlorémique. Arch. internat. Pharmacodyn **99**, 74, (1954).
— La circulation rénale pendant l'anurie hypochlorémique expérimentale. Arch. int. Pharmacodyn. **99**, 82 (1954).
BORN, G. V. R., and E. BÜLBRING: The movement of potassium between smooth muscle and the surrounding fluid. J. Physiol. (Lond.) **131**, 690 (1956).
BOYER, P. D., A. B. FALCONE and W. H. HARRISON: Reversal and mechanism of oxidative phosphorylation. Nature (Lond.) **174**, 401 (1954).
— O. J. KOEPPE and W. W. LUCHSINGER: Direct oxygen transfer in enzymic syntheses coupled to adenosine triphosphate degradation. J. Amer. chem. Soc. **78**, 356 (1956).
— W. W. LUCHSINGER and A. B. FALCONE: O^{18} and P^{32} exchange reactions of mitochondria in relation to oxidative phosphorylation. J. biol. Chem. **223**, 405 (1956).
BOYLE, P. J., and E. J. CONWAY: Potassium accumulation in muscle and associated changes. J. Physiol. (Lond.) **100**, 1 (1941).
BRANDT, J. L., W. GLASER, A. JONES, M. BIANCHI and M. FELLER: Soft tissue distribution and plasma disappearance of intravenously administered isotopic magnesium with observation on uptake in bone. Metabolism **7**, 355 (1958).
BREUER, H. J., and R. WHITTAM: Ion movements in seminal vesicle mucosa. J. Physiol. (Lond.) **135**, 213 (1957).
BRIERLEY, J. B.: Penetration of ^{32}P and ^{24}Na into nerves tissues of the rabbit. J. Physiol. (Lond.) **117**, 6P (1952).
BRODA, E.: Radioaktive Isotope in der Biochemie. Wien: Fr. Deuticke **1958**.
BRODIE, B. B., E. Y. BERGER, J. AXELBROD, M. F. DUNNING, Y. POROSOWSKA and J. M. STEELE: Use of N-acetyl 4-aminoantipyrine (NAAP) in measurement of total body water. Proc. Soc. exp. Biol. (N. Y.) **77**, 794 (1951).
BRONNER, F., R. S. HARRIS, C. J. MALETSKOS and C. E. BENDA: Studies in calcium metabolism. The fate of intravenously injected radiocalcium in human beings. J. clin. Invest. **35**, 78 (1956).
BRULL, L., R. BUSSET, C. OLIVIER et C. OOSTERBOSCH: Métabolisme de phosphore dans le rein. Bull. Soc. Chim. biol. **39**, 1483 (1957).
BUGNARD, L., F. CHEVALLIER et J. COURSAGET: Utilisation du cholestérol-C^{14} pour l'étude de l'absorption et de l'excrétion intestinal du cholestérol chez le rat. J. Physiol. (Paris) **45**, 413 (1953).
BURCH, G. E., and C. T. RAY: Studies of the rate of transfer of ^{86}Rb, ^{39}K, ^{24}Na, ^{23}Na, ^{36}Cl and ^{35}Cl across the pericardium of dogs. Circulat. Res. **6**, 755 (1958).
— P. REASER and J. CRONWICH: J. Lab. clin. Med. **32**, 1169 (1947).
— S. A. THREEFOOT and C. T. RAY: Rates of turnover and biologic decay of chloride space in the dog determined with the longlife isotope ^{36}Cl. J. Lab. clin. Med. **35**, 331 (1950).
— — — The rate of disappearance of Rb^{86} from the plasma, the biologic decay rates of Rb^{86} and the applicability of Rb^{86} as a tracer of potassium in man with and without chronic congestive heart failure. J. Lab. clin. Med. **45**, 371 (1955).

CALDWELL, P. C., and R. D. KEYNES: The utilization of phosphate bound energy for sodium extrusion from giant axons. J. Physiol. (Lond.) **137**, 12P (1957).
CALKINS, E., I. M. TAYLOR and A. B. HASTINGS: Potassium exchange in the isolated rat diaphragm, effect of anoxia and cold. Amer. J. Physiol. **177**, 211 (1954).
CAMPBELL, I. G., D. F. WHITE and P. R. PAYNE: The uptake of tritium-labelled water vapour by the mammalian lung. Brit. J. Radiol. **24**, 682 (1951).
CANNON, P. R., L. E. FRAZIER and R. A. HUGHES: Influence of K on tissue protein synthesis. Metabolism **1**, 49 (1952).
CAREY, M. J., and E. J. CONWAY: Comparison of various media for immersing frog sartorii at room temperature and evidence for the regional distribution of fibre Na^+. J. Physiol. (Lond.) **125**, 232 (1954).
CARLSSON, A.: Metabolism of radiocalcium in relation to calcium intake in young rats. Acta pharmacol. (Kbh.) **7**, Suppl. 1 (1951).
CAUSEY, G., and E. J. HARRIS: The uptake and loss of phosphate by frog muscle. Biochem. J. **49**, 176 (1951).
CHESLEY, L. C., and A. LENOBEL: An evaluation of the single injection thiosulfate method for the measurement of extracellular water. J. clin. Invest. **36**, 327 (1957).
CHINARD, F. P., and TH. ENNS: Relative rates of passage of deuterium and tritium oxides across walls in the dog. Amer. J. Physiol. **178**, 203 (1954).
— — Relative renal excretion patterns of sodium ion, chloride ion, urea, water and glomerular substances. Amer. J. Physiol. **182**, 247 (1955).
CIZEK, L. J.: Total water content of laboratory animals with special reference to volume of fluid within the lumen of the gastrointestinal tract. Amer. J. Physiol. **179**, 104 (1954).
CLARK, J., and R. GEOFFROY: Studies in calcium metabolism. J. biol. Chem. **233**, 203 (1958).
CLARKE, E., and D. E. KOSHLAND jr.: Mechanism of hydrolysis of adenosine triphosphate catalysed by Lobster muscle. Nature (Lond.) **171**, 1023 (1953).
CLARKE, H. T.: Ion transport across membranes. Acad. Press N. Y. 1954.
COHN, M.: A study of oxidative phosphorylation with O^{18}-labeled inorganic phosphate. J. biol. Chem. **201**, 735 (1953).
— and G. R. DRYSDALE: A study with O^{18} of adenosine triphosphate formation in oxidative phosphorylation. J. biol. Chem. **216**, 831 (1955).
COHN, W. E., and E. T. COHN: Permeability of red corpuscles of the dog to sodium ions. Proc. Soc. exp. Biol. (N. Y.) **41**, 445 (1939).
— and D. M. GREENBERG: Studies in mineral metabolism with the aid of artificial radioactive isotopes. I. Absorption, distribution and excretion of phosphorus. J. biol. Chem. **123**, 185 (1938).
— — Studies in mineral metabolism with the aid of artificial radioactive isotopes. III. The influence of vitamin D on the phosphorus metabolism of rachitic rats. J. biol. Chem. **130**, 625 (1939).
COMAR, C. L., R. A. MONROE, W. J. VISEK and S. L. HANSARD: Comparison of two isotope methods for determination of endogenous fecal calcium. J. Nutr. **50**, 459 (1953).
CONWAY, E. J., and M. J. CAREY: Muscle sodium. Nature (Lond.) **175**, 773 (1955).
— H. RYAN and E. CARTON: Active transport of sodium ions from the yeast cell. Biochem. J. **58**, 158 (1954).
COOPER, J. A. D., N. S. RADIN, C. BORDEN, B. A. BROWN and B. N. ROECKER: A new technique for simultaneous estimation of total body water and total exchangeable body sodium using radio active tracers. J. Lab. clin. Med. **52**, 129 (1958).
COOPERSTEIN, I. L., and C. A. M. HOGBEN: Ionic transfer across the isolated frog large intestine. J. gen. Physiol. **42**, 461 (1959).
COPE, O., H. BLATT and M. R. BALL: Gastric absorption of heavy water. J. clin. Invest. **22**, 111 (1943).
— W. E. COHN and A. G. BRENIZER jr.: J. clin. Invest. **22**, 103 (1943).
CORSA, L. jr., D. GRIBETZ, C. D. COOK and N. B. TALBOT: Total body exchangeable water, sodium and potassium in "hospital normal" infants and children. Pediatrics **17**, 184 (1956).
— J. M. OLNEY jr., R. W. STEENBURG, M. R. BALL and F. D. MOORE: The measurement of exchangeable potassium in man by isotope dilution. J. clin. Invest. **29**, 1380 (1950).
CORT, J. H., and A. KLEINZELLER: The effect of denervation, pituitrin and varied cation concentration gradients on the transport of actions and water in diney slices. J. Physiol. (Lond.) **133**, 287 (1956).
— — Transport of alkali cations by kidney cortex slices. Biochim. biophys. Acta **23**, 321 (1957).
COWIE, D. B., L. B. FLEXNER and W. S. WILDE: Capillary permeability: rate of transcapillary exchange of chloride in the guinea pig as determined with radiochloride. Amer. J. **158**, 231 (1949).
— and R. B. ROBERTS: Permeability of microorganisms to inorganic ions amino acids and peptides. In: Electrolytes in biological systems. S. 1, Ed.: A. M. SHANES, Washington 1955.

CRANE, E. E., and R. E. DAVIES: Transport of radioactive Na^+ and K^+ through gastric mucosa. Biochem. J. **45**, 23 (1949).
CRANE, R. K., and E. G. BALL: Factors affecting the fixation of $C^{14}O_2$ by animal tissues. J. biol. Chem. **188**, 819 (1951).
CREESE, R.: Measurement of cation fluxes in rat diaphragma. Proc. roy. Soc. B. **142**, 497 (1954).
CREMER, H. D., and W. HERR: Calcium und Strontium. In: Künstliche radioaktive Isotope. Berlin-Göttingen-Heidelberg: Springer 1953.
— — u. H. SPÄTH: Ernährungsfaktoren bei Zahn- und Knochenbildung I. Ca-Resorption und Ca-Einlagerung nach Zufuhr verschiedener mit ^{45}Ca markierter Stoffe. Biochem. Z. **322**, 212 (1951).
CROES, R., et R. RUYSSEN: Contributions à l'étude de l'hémolyse. IV. Relations quantitatives dans l'hémolyse par le cétylsulfate et le laurylsulfate de sodium radioactifs. Bull. Soc. Chim. biol. **33**, 1837 (1951).
CRUMLEY, H. A., and S. L. MEYER: Nucl. Sci. Abstr. **4**, 5861 (1950).
CULLEN, M. L., and H. L. REESE: Myocardial circulatory changes measured by clearance of ^{24}Na. J. appl. Physiol. **5**, 281 (1952).
DAINTY, J., and K. KRNJEVIĆ: The rate of exchange of ^{24}Na in cat nerves. J. Physiol. (Lond.) **128**, 489 (1955).
DALLEMAGNE, M. J., C. FABRY and P. BODSON: The exchange of bone calcium with Ca^{45}. Experientia (Basel) **11**, 142 (1955).
D'AMATO, H. E.: Thiocyanate space and the distribution of water in the musculature of the hypothermic dog. Amer. J. Physiol. **178**, 143 (1954).
DARLINGTON, W. A., and J. H. QUASTEL: Absorption of sugars from isolated surviving intestine. Arch. Biochem. Biophys. **43**, 194 (1953).
DARROW, D. C., and ST. HELLERSTEIN. Interpretion of certain changes in body water and electrolytes. Physiol. Rev. **38**, 114 (1958).
DAVIES, R. E., and A. W. GALSTON: Rapid rate of turnover of K-ions in kdney slices. Nature (Lond.) **168**, 700 (1951).
— H. L. KORNBERG and G. M. WILSON: Non-exchangeable sodium in the body. Biochim. biophys. Acta **9**, 703 (1951).
— — — Relations between total and exchangeable sodium in the body. Nature (Lond.) **170**, 979 (1952).
DAVSON, H.: A comparative study of the aqueous humour and cerebrospinal fluid in the rabbit. J. Physiol. (Lond.) **129**, 111 (1955).
— and P. A. MATCHETT: The kinetics of penetration of the bloodaqueous barrier. J. Physiol. (Lond.) **122**, 11 (1953).
DECKER, B. R., G. GENKINS and E. BRAUNWALD: Determination of sodium content of human sweat by radioactive sodium Na^{24}. Proc. Soc. exp. Biol. (N. Y.) **88**, 60 (1955).
DESGREZ, H., H. REBOUL, R., et M. T. GUÉRIN et L. VERGOZ: Etude comparative de vitesse de circulation dans les artères des membres par ^{24}Na et par artériographie. J. de Radiol. Électrol. **37**, 528 (1956).
D'IORIO, A., and J. P. LUSSIER: Uptake of radioactive calcium by the dental tissues of the young rat. Rev. Canad. Biol. **10**, 175 (1951).
DIXON, K. G.: The action of K-ions on brain metabolism. J. Physiol. (Lond.) **110**, 87 (1949).
DOBSON, E. I., and G. F. WARNER: Measurement of regional sodium turnover rates and their application to the estimation of regional blood flow. Amer. J. Physiol. **189**, 269 (1957).
DODGEN, CH. L., and E. MUNTWYLER: Liver glycogen in K deficient rats following K-H-and alanin administration with and without K. Proc. Soc. exp. Biol. (N. Y.) **98**, 402 (1958).
DÖRRIE, H., E. GÖLTNER u. M. SCHWAB: Der Einfluß von Strophantin auf die Plasmaelektrolyte und die Wasser- und Elektrolytausscheidung der Niere beim herzgesunden Menschen. Klin. Wschr. **32**, 165 (1954).
DOHERTY, D. G., and F. VASLOW: Thermodynamic study of an enzyme-substrate complex of chymotrypsin I. J. Amer. chem. Soc. **74**, 931 (1952).
DONE, J., and P. R. PAYNE: Investigations on rat serum albumin marked with tritium-labelled leucine. Biochem. J. **64**, 266 (1956).
DONNET, V., et L. GARNIER: Action des hormones sexuelles sur l'absorption intestinale de l'eau. C. R. Soc. Biol. (Paris) **147**, 440 (1953).
DOSEKUN, F. O., and D. MENDEL: The effect of alterations of plasma sodium on the sodium and potassium content of muscle in the rat. J. Physiol. (Lond.) **140**, 190 (1958).
DRAHOTA, Z., M. KLICPERA and R. ZAK: The significance of K and Na for synthesis of glycogen in the isolated rat diaphragma. Biochim. biophys. Acta **28**, 31 (1958).
DRAY, S., and K. SOLLNER: A theory of dynamic polyionic potentials across membranes of ideal ionic selectivity. Biochim. biophys. Acta **21**, 126 (1956).
DRYSDALE, G. R., and M. COHN: On the mode of action of 2,4-Dinitrophenol in uncoupling oxidative phosphorylation. J. biol. Chem. **233**, 1574 (1958).

D'SILVA, J. L., and R. J. HARRISON: The distribution of radioactive potassium in the uterus of pregnant rats and guinea-pigs. J. Embryol exp. Morph. **1**, 357 (1953).
— and M. W. NEIL: The fate of radioactive potassium chloride administered intraperitoneally or intravenously to rats. Biochem. J. **49**, 222 (1951).
DURBIN, R. P., H. FRANK and A. K. SOLOMON: Water flow through frog gastric mucosa. J. gen. Physiol. **39**, 535 (1956).
DU VIGNEAUD, V., C. RESSLER, J. R. RACHELE, J. A. REYNIERS and TH. D. LUCKEY: The synthesis of "biological labile" methyl groups in the germfree rat. J. Nutr. **45**, 361 (1951).
DZIEWIATOWSKI, D. D.: On the utilization of exogenous sulfate sulfur by the rat in the formation of ethereal sulfates as indicated by the use of sodium sulfate labelled with radioactive sulfur. J. biol. Chem. **178**, 389 (1949).
ECKELMANN, W. R., J. L. KULP and A. R. SCHULERT: Strontium^{90} in man. II. Science **127**, 266 (1958).
EDELMAN, I. S.: Exchange of water between blood and tissues. Characteristic of deuterium oxide equilibration in body water. Amer. J. Physiol. **171**, 279 (1952).
— A. H. JAMES, L. BROOKS and F. D. MOORE: Body sodium and potassium. IV. The normal total exchangeable sodium. Metabolism **3**, 530 (1954).
— J. LEIBMAN, M. P. O'MEARA and L. W. BIRKENFELD: Interrelations between serum sodium concentration, serum osmolarity and total exchangeable sodium, total exchangeable potassium and total body water. J. clin. Invest. **37**, 1236 (1958).
— and N. J. SWEET: Gastrointestinal water and electrolytes. I. J. clin. Invest. **35**, 502 (1956).
EDWARDS, D., and E. J. HARRIS: Factors influencing the Na movement in frog muscle with a discussion of the mechanism of Na movement. J. Physiol. (Lond.) **135**, 567 (1957).
EGGLETON, M. G.: Diffusion of inorganic phosphate into and out of the skeleteral muscles and bones of the frog. J. Physiol. (Lond.) **79**, 31 (1953).
EHRLICH, G., and G. B. B. M. SUTHERLAND: Contribution of side-chains to the infrared spectra of proteins: the 6—5—μ band. Nature (Lond.) **172**, 671 (1953).
EICHLER, O.: Über den Stoffaustausch durch die Kapillarwände, geprüft mit Na^{24}. Naunyn-Schmiedebergs Arch. exp. Path. Pharmak. **212**, 95 (1950).
— F. LINDER u. K. SCHMEISER: Über die Bildung von Liquor im Lumbalraum, nachgewiesen mit Radionatrium. Klin. Wschr. **29**, 9 (1951).
— u. K. SCHMEISER: Über die Aufnahme von O- und Pyro-Phosphat durch die Herzmuskelzelle geprüft mit ^{32}P. Naunyn-Schmiedebergs Arch. exp. Path. Pharmak. **212**, 255 (1951).
EIDINOFF, M. L., H. C. REILLY, J. E. KNOLL and D. H. MARRIAN: Hydrolysis products of nucleic acids labelled with tritium, preparation by biosynthesis. J. biol. Chem. **199**, 511 (1952).
EISENMAN, A. J., O. LAWRENCE, P. K. SMITH and A. W. WINKLER: A study of the permeability of human erythrocytes to potassium, sodium and inorganic phosphate by the use of radioactive isotopes. J. biol. Chem. **135**, 165 (1940).
ELKINTON, J. R.: The relationship of water and salt. Proc. Nutr. Soc. (Lond.) **16**, 113 (1957).
— A. W. WINKLER and T. S. DANOWSKI: Yale J. Biol. Med. **17**, 383 (1944/1945).
ELLIOTT, A.: Behaviour of a synthetic polypeptide analogous to protein denaturation. Nature (Lond.) **170**, 1066 (1952).
ELWYN, D., A. WEISSBACH, S. S. HENRY and D. B. SPRINSON: The biosynthesis of choline from serine and related compounds. J. biol. Chem. **213**, 281 (1955).
EMERY, E. W., R. HOLMES, H. E. F. DAVIES and D. A. BLACK: Renal uptake of radioactive potassium. Clin. Sci. **14**, 241 (1955).
ENGLAND, S., and S. P. COLOWICK: On the mechanism of an anaerobic exchange reaction catalyzed by succinic dehydrogenase preparations. Science **121**, 866 (1955).
ENNOR, A. H., and H. ROSENBERG: The separation and determination of ^{24}Na and ^{32}P in animal tissues. Biochem. J. **53**, 591 (1952).
— — An investigation into the turnover rates of organophosphates. I. Biochem. J. **56**, 302 (1954).
— — An investigation into the turnover rates of organophosphates. II. The rate of incorporation of ^{32}P into adenosine triphosphate and phosphocreatine in skeletal muscle. Biochem. J. **56**, 308 (1954).
ERF, L. A., and C. PECHER: Secret of radio strontium in milk of two cows following intravenous administration. Proc. Soc. exp. Biol. (N. Y.) **45**, 762 (1940).
— and O. LAWRENCE: Clin. Invest. **20**, 570 (1941).
ERNST, E.: Die Speicherung des radioaktiven Kalium-Isotops durch die Organe. Naturwissenschaften **22**, 479 (1934).
ERSPAMER, V.: Influence of 5-hydroxytryptamine (enteramine) on the regulation of water exchange through the skin of the frog. Acta pharmacol. (Kbh.) **10**, 1 (1954).
FÅHRAEUS, R.: The movement of water in surviving tissue at different temperatures. Acta Soc. Med. upsalien. **61**, 107 (1956).

FALKENHEIM, M., E. E. UNDERWOOD and H. C. HODGE: Calcium exchange, the mechanism of adsorption by bone of Ca^{45}. J. biol. Chem. **188**, 805 (1951).
FALLER, I. L., E. E. BOND, D. PETTY and R. PASCALE: The use of urinary deuterium oxide concentrations in a simple method for measuring total body water. J. Lab. clin. Med. **45**, 759 (1955).
FARKAS, L.: Das schwere Wasserstoffisotop. Naturwissenschaften **22**, 614, 640, 658 (1934).
FAUVERT, R., and A. LOVERDO: Untersuchungen über den Natrium-Stoffwechsel im menschlichen Organismus mit Hilfe radioaktiven Natriums. Semaine Hôp. (Paris) **26**, 3132 (1950).
FAVARGER, P., et E. F. METZGER: La résorption intestinale du deutério-cholestérol et sa répartition dans l'organisme animal sous forme libre et estérifiée. Helv. chim. Acta **35**, 1811 (1952).
FENN, W. O., and T. ASANO: Effects of carbon dioxide inhalation on potassium liberation from the liver. Amer. J. Physiol. **185**, 567 (1956).
— W. F. BALE and L. J. MULLINS: The radioactivity of potassium from human sources. J. gen. Physiol. **25**, 345 (1942).
— T. R. NOONAN, L. J. MULLINS and L. F. HAEGE: Exchange of radioactive and body potassium. Amer. J. Physiol. **135**, 149 (1941).
FESSLER, J. H.: Water and mucopolysaccharide as structural components of connective tissue. Nature (Lond.) **179**, 426 (1957).
FIELD, H. jr., L. SWELL, D. F. FLICK and R. E. DAILEY: Cation uptake by exchange resin in vitro and colon as a sodium-conserving organ. Circulation **9**, 32 (1954).
FISCHER, E., J. W. MOORE, H. V. SKOWLUND, K. W. RYLAND and N. J. COPENHAVER: The potassium permeability and the capacity for potassium storage of normal and atrophied muscle, investigated with the radioactive isotope K^{42}. Arch. phys. Med. **31**, 429 (1950).
FISHER, H., F. C. FRIEDEN, J. S. MCKINLEY, MCKEE and R. A. ALBERTY: Concerning the stereospecifity of the fumarase reaction and the demonstration of a new intermediate. J. Amer. chem. Soc. **77**, 4436 (1955).
FLECKENSTEIN, A., E. GERLACH u. J. JANKE: Die Bestimmung des Turnovers von ATP, Kreatinphosphat und Orthophosphat in lebenden Muskeln mittels H_2O und anschließender Aktivierung durch Protonen-Beschuß. Naturwissenschaften **46**, 365 (1959).
— — — Konzentration und Turnover der energiereichen Phosphate des Herzens nach Studien mit Papierchromatographie und Radiophosphor. Klin. Wschr. **37**, 451 (1959).
FLEXNER, L. B., D. B. COWIE and G. J. VOSBURGH: Cold Spr. Harb. Symp. quant. Biol. **13**, 88 (1948).
FLYNN, F., and M. MAIZELS: Cation control in human erythrocytes. J. Physiol. (Lond.) **110**, 301 (1949).
FORBES, G. B., R. W. DEISHER, A. M. PERLEY and A. F. HARTMANN: Effect of hyaluronidase on the subcutaneous absorption of electrolytes in humans. Science **111**, 177 (1950).
— and A. M. PERLEY: Estimation of total body sodium by isotopic dilution. I. J. clin. Invest. **30**, 558 (1951).
— A. R. COOPER and H. H. MITCHELL: The composition of the adult human body as determined by chemical analysis. J. biol. Chem. **203**, 359 (1953).
FRANCIS, G. E., D. E. RICHARDS and A. WORMALL: The mechanism of the reaction between Di-(2-chloroethyl) sulphone (Mustard Gas Sulphone) and amino acids. Biochem. J. **66**, 142 (1957).
FRASER, R. D. B.: Side-chain orientation in fibrous proteins. Nature (Lond.) **176**, 358 (1955).
FREINKEL, N., G. E. SCHREINER and J. W. ATHENS: Simultaneous distribution of T-1824 and J^{131} labelled human serum albumin in man. J. clin. Invest. **32**, 138 (1953).
FREIS, E. D., T. F. HIGGINS and H. J. MOROWITZ: Transcapillary exchange rates of deuterium oxide and thiocyanate in the forearm of man. J. appl. **5**, 526 (1953).
— and H. W. SCHNAPER: Transcapillary loss equilibrium time, halfreturn time of thiocyanate and heavy water in the forearm. Proc. Soc. exp. Biol. (N. Y.) **92**, 188 (1956).
FRIEDMAN, S. M., and C. L. FRIEDMAN: Salt and water balance in relation to blood pressure in ageing rat. Gerontologia (Basel) **1**, 127 (1957).
FUHRMANN, F. A.: Inhibiton of active sodium transport in the isolated frog skin. Amer. J. Physiol. **171**, 266 (1952).
— and H. H. USSING: A characteristic response of the isolated frog skin potential to neurohypophysial principles and its relation to the transport of sodium and water. J. cell. comp. Physiol. **38**, 109 (1951).
FUKUSHIMA, D. K., K. DOBRINER and T. F. GALLAGHER: Studies with testosteron-d in normal men. J. biol. Chem. **206**, 845 (1954).
— and T. F. GALLAGHER: Isotopic distribution in cholesterol after platinum-catalyzed hydrogen-deuterium exchange. J. biol. Chem. **198**, 861 (1952).
— — Studies on the platinum catalyzed exchange of hydrogen isotopes with steroids. J. biol. Chem. **198**, 871 (1952).

GAMBLE, J. L. jr.: Potassium binding and oxidative phosphorylation in mitochondria and mitochondrial fragments. J. biol. Chem. **228**, 955 (1957).
— and J. S. ROBERTSON: Volume of distribution of radioactive chloride in dogs, comparison with sodium, bromide and inulin spaces. Amer. J. Physiol. **171**, 659 (1952).
— — CH. A. HANNIGAN, C. G. FOSTER and L. E. FARR: Chloride, bromide, sodium and sucrose spaces in man. J. clin. Invest. **32**, 483 (1953).
GARBY, L., and H. LINDERHOLM: The permeability of frog skin to heavy water and to ions, with special reference to the effect of some diuretics. Acta physiol. scand. (Stockh.) **28**, 336 (1953).
— and P. NORDQVIST: The effect of deuterium oxide (heavy water) on conduction velocity in isolated frog nerve. Acta physiol. scand. (Stockh.) **34**, 162 (1955).
— and H. ULFENDAHL: Transmucosal migration of water, sodium, chloride and hydrogen ions in rabbit ureters. Acta physiol. scand. (Stockh.) **35**, 167 (1955).
GAROUTTE, B., and R. B. AIRD: Diffusion of sodium ions from cerebral tissue in vitro. Science **122**, 333 (1955).
— — Diffusion from brain slices in vitro. J. cell. comp. Physiol. **48**, 167 (1956).
GAUNT, J.: The determination of deuterium oxide by infra-red spectrometry. Analyst. (Lond.) **79**, 580 (1954).
GELLHORN, A., L. B. FLEXNER and H. A. POHL: Zit. nach HUNZINGER u. WASER, in Künstliche radioaktive Isotope. Springer 1953. J. cell. comp. Physiol. **18**, 393 (1941).
— M. MERRELL and R. M. RANKIN: Transcapillary exchange of sodium in traumatic shock. Amer. J. Physiol. **142**, 407 (1944).
GERLACH, E., A. FLECKENSTEIN u. E. GROSS: Der intermediäre Phosphat-Stoffwechsel des Menschenerythrocyten. Papierchromatographische Studien unter Verwendung von ^{32}P-markiertem Orthophosphat. Pflügers Arch. ges. Physiol. **266**, 528 (1958).
GILBERT, D. L., C. D. JANNEY and H. M. HINES: Circulatory transfer of P^{32} to skeletal muscles under various experimental conditions. Amer. **163**, 575 (1950).
GINSBURG, J. M., u. W. S. WILDE: Distribution kinetics of intravenous radiopotassium. Amer. J. Physiol. **179**, 63 (1954).
GLASCOCK, R. F.: A combustion technique for the assay of tritium, ^{13}C and ^{14}C in a single 10 mg. Biochem. J. **52**, 699 (1952).
— Isotopic gas-analysis for biochemists. Genfer Ber. **1955**, 456.
— and W. G. DUNCOMBE: Differential fractionation of hydrogen isotopes in liver and mammary gland. Biochem. J. **58**, 440 (1954).
— and L. R. REINIUS: Studies on the origin of milk fat. I. The location of tritium in stearic acid produced by the catalytic addition of tritium to elaidic acid. Biochem. J. **62**, 529 (1956).
GLASER, W., and J. L. BRANDT: Localization of magnesium-28 in the myocardium. Amer. J. Physiol. **196**, 375 (1959).
GLENDENING, B. L., W. G. SCHRENK and D. B. PARRISH: Effects of rubidium in purified diets fed rats. J. Nutr. **60**, 563 (1956).
GLYNN, I. M.: The ionic permeability of the red cell membrane. Progr. Biophys. **8**, 241 (1957).
— The action of cardiac glycosides on sodium and potassium movements in human red cells. J. physiol. (Lond.) **136**, 148 (1957).
GÖLTNER, E., u. M. SCHWAB: Der Einfluß von Digitoxin auf die Plasmaelektrolyte und die Wasser- und Elektrolytausscheidung der Niere beim herzgesunden Menschen. Klin. Wschr. **32**, 542 (1954).
GÖTTE, H.: Das Arbeiten mit radioaktiven Atomarten. In HOPPE-SEYLER-THIERFELDER: Physiologisch-pathologisch chemische Analyse. 10. Aufl. II., S. 773. Berlin-Göttingen-Heidelberg. Springer 1955.
GOLD, G. L., and A. K. SOLOMON: The transport of sodium into human erythrocytes in vivo. J. gen. Physiol. **38**, 389 (1955).
GOODNER, C. J., TH. E. MOORE jr., J. Z. BOWERS and W. D. ARMSTRONG: Effects of acute whole-body x-irradiation on the absorption and distribution of Na^{22} and $H^{3}OH$ from the gastrointestinal tract of the fasted rat. Amer. J. Physiol. **183**, 475 (1955).
GOSSWEILER, N., K. KIPFER, G. PORETTI and W. RUMMEL: Der Einfluß von C auf den Kaliumaustritt aus dem Muskelgewebe. Pflügers Arch. ges. Physiol. **260**, 154 (1954).
GOTSCH, F., J. NADELL and I. S. EDELMAN: Gastrointestinal water and electrolytes. IV. The equilibration of deuterium oxide (D_2O) in gastrointestinal tract. J. clin. Invest. **36**, 289 (1957).
GOULD, R. G., F. M. SINEX, I. N. ROSENBERG, A. K. SOLOMON and A. B. HASTINGS: Excretion of radioactive carbon dioxide by rats after administration of isotopic bicarbonate, acetate and succinate. J. biol. Chem. **177**, 295 (1949).
GOURLEY, D. R. H., and J. T. MATSCHINER: Rates of exchange of phosphate, rabbit and chicken blood. J. cell. eomp. Physiol. **41**, 225 (1953).

GRAF, K., u. G. PORETTI: Pract. oto-rhino-laryngol (Basel) **12**, 351 (1950); zit. nach HUNZINGER u. WASER. In Künstliche radioaktive Isotope. Berlin-Göttingen-Heidelberg: Springer 1953.
GRAUL, E. H., u. H. HUNDESHAGEN: Zur Methodik des autoradiographischen Nachweisverfahrens. Z. Naturforsch. **12b**, 534 (1957).
— — Methodik und Verfahrenstechnik der Synthese u. Analyse tritium-markierter Substanzen. Atompraxis **5**, H. 4/5 (1959).
GRAY, J. A. B., and M. SATO: The movement of sodium and other ions in pacinian corpuscles. J. Physiol. (Lond.) **129**, 594 (1955).
GREENBERG, D. M.: Mineral metabolism-calcium, magnesium and phosphorus. Ann. Rev. Biochem. **8**, 269 (1939).
— W. CAMPBELL and M. MURAYAMA: Studies in mineral metabolism with the aid of artificial radioactive isotopes. V. The absorption, excretion and distribution of labeled sodium in rats maintained on normal and low sodium diets. J. biol. Chem. **136**, 35 (1940).
— Studies in mineral metabolism with the aid of artificial radioactive isotopes. VIII. Tracer experiments with radioactive calcium and strontium on the mechanism of vitamin D action in rachitic rats. J. biol. Chem. **157**, 99 (1945).
GREENE, D. M., T. B. REYNOLDS and R. J. GIRERD: Determination of total tissue sodium concentrations by use of radiosodium. Circulat. Res. **3**, 330 (1955).
GRIM, E., G. A. SMITH and K. R. JONES: Water flux rates across dog gallbladder wall. Amer. J. Physiol. **191**, 555 (1957).
GRISOLIA, S., R. H. BURRIS and P. P. COHEN: Fate of deutero-labelled carbamyl glutamate in citrulline biosynthesis. J. biol. Chem. **210**, 761 (1954).
GÜNTHER, TH., H. J. DULCE u. E. SCHÜTTE: Studien über den Wasser- und Salzhaushalt. I. Retention von Natrium und Chlorid bei der durstenden Ratte. Clin. chim. Acta (Amsterd.) **3**, 368 (1958).
HAGGIS, G. H.: Proton-deuteron exchange in proteins dissolved in heavy water. Biochim. biophys. Acta **19**, 545 (1956).
— Proton-deuteron exchange in protein and nucleo-protein molecules surrounded by heavy water. Biochim. biophys. Acta **23**, 494 (1957).
HAHN, L., and G. V. HEVESY: Rate of penetration of ions through the capillary wall. Acta physiol. scand. **1**, 347 (1940).
— — Potassium exchange in the stimulated muscle. Acta physiol. scand. **2**, 51 (1941).
— — Rate of penetration of ions into erythrocytes. Acta physiol. scand. **3**, 193 (1942).
— — and O. H. REBBE: Do the potassium ions inside the muscle cells and blood corpuscles exchange with those present in the plasma. Biochem. J. **33**, 1549 (1939).
— — — Permeability of corpuscles and muscle cells to potassium ions. Nature (Lond.) **143**, 1021 (1939).
HAIGH, C. P., and H. SCHNIEDEN: Virtual deuterium oxide space (total body water) in normal and protein-deficient rats. J. Physiol. (Lond.) **131**, 377 (1956).
HALE, W. H., and U. S. GARRIGUS: Synthesis of cystine in wool from elemental sulfur and sulfate sulfur. J. animal. Sci. **12**, 492 (1953).
HALFORD, J. O., and L. C. ANDERSON: Organic compounds. Actic, malonic and succinic acids. J. Amer. Soc. **58**, 736 (1936).
HALPERN, B. N., et D. FRITEL: La mesure des échanges capillaires chez le chien au moyen du thiocyanate de sodium, du mannitol et de l'inuline. Acta med. scand. (Stockh.) **144**, 15 (1952).
HAMILTON, J. G.: The rates of absorption of radiosodium in normal human subjects. Proc. nat. Acad. Sci. (Wash.) **23**, 521 (1937).
HANKES, L. V., and I. H. SEGEL: Synthesis and metabolism of quinolinic acid ring labelled with tritium. Proc. Soc. exp. Biol. (N. Y.) **94**, 447 (1957).
HANNON, J. P., and S. F. COOK: Effects of anoxis on the respiratory and water metabolism of mouse diaphragm. Amer. J. Physiol. **187**, 155 (1956).
HANSARD, S. L., C. L. COMAR and G. K. DAVIS: Effects of age upon the physiological behavior of calcium in cattle. Amer. J. Physiol. **177**, 383 (1954).
HANSEN, H. G.: Untersuchungen über die Physiologie des Lymphozytenwechsels. Folia haemat. (Frankfurt) **2**, 182 (1958).
HARRIS, E. J.: The influence of the metabolism of human erythrocytes on their potassium content. J. biol. Chem. **141**, 579 (1941).
— The transfer of sodium and potassium between muscle and the surrounding medium. II. The sodium flux. Trans. Faraday Soc. **46**, 872 (1950).
— The exchangeability of the potassium of frog muscle, studied in phosphate media. J. Physiol. (Lond.) **117**, 278 (1952).
— The exchange of frog muscle potassium. J. physiol. (Lond.) **120**, 246 (1953).
— Linkage of sodium and potassium active transport in human erythrocytes. In: Active transport and secretion. Cambridge: Univ. Press **8**, p. 228, 1954.

HARRIS, E. J.: Transport and accumulation in biological systems. London: Butterworth Sci. Publ. 1956.
— and M. MAIZELS: The distribution of ions in suspensions of human erythrocytes. J. Physiol. (Lond.) **118**, 40 (1952).
— and H. MCLENNAN: Cation exchanges in sympathetic ganglia. J. Physiol. (Lond.) **121**, 629 (1953).
— and T. A. J. PRANKERED: The rate of Na extrusion from human erythrocytes. J. Physiol. (Lond.) **121**, 470 (1953).
HARRISON, G. E., W. H. A. RAYMOND and H. C. TRETHEWAY: The metabolism of strontium in man. Clin. Sci. **14**, 681 (1955).
HARRISON, H. E., and H. C. HARRISON: The uptake of radiocalcium by the skeleton: The effect of vitamin D and calcium intake. J. biol. Chem. **185**, 857 (1950).
— Studies with radiocalcium: The intestinal absorption of calcium. J. biol. Chem. **188**, 83 (1951).
HARRISON, W. H., P. D. BOYER and A. B. FALCONE: The mechanism of enzymatic phosphate transfer reactions. J. biol. Chem. **215**, 303 (1955).
HARVEY, ST. C.: Radiophosphorus metabolism of the guinea pig heart and the actions of digitoxin and pentobarbital. Amer. J. Physiol. **183**, 559 (1955).
HAYANO, M., and R. I. DORFMAN: On the mechanism of the C-11β-hydroxylation of steroids. J. biol. Chem. **211**, 227 (1954).
— M. C. LINDBERG, R. I. DORFMAN, J. E. HANCOCK and W. VON E. DOERING: On the mechanism of C-11β-hydroxylation of steroids; a study with H_2O^{18} and O_2^{18}. Arch. Biochem. Biophys. **29**, 529 (1955).
HEINZ, E., and R. P. DURBIN: Relationship of chloride transport to gastric acid secretion. Fed. Proc. **15**, 272 (1956).
— u. H. NETTER: Handbuch der Zoologie, Bd. **8**, Wasserhaushalt, S. 1. Berlin 1956.
— and K. J. ÖBRINK: Acid formation and acidity control in the stomach. Physiol. Rev. **34**, 643 (1954).
— — and H. ULFENDAHL: The secretion of halogens into the gastric-juice. Gastroenterology **27**, 98 (1954).
HELLMAN, L., R. S. ROSENFELD, M. L. EIDINOFF, D. K. FUKUSHIMA, T. F. GALLAGHER, C. WANG and D. ADLERSBERG: Isotopic studies of plasma cholesterol of endogenous and exogenous origins. J. clin. Invest. **34**, 48 (1955).
HENRIQUES, V., and S. L. ÖRSKOW: Untersuchungen über die Schwankungen des Kationgehaltes der roten Blutkörperchen. Skand. Arch. Physiol. **74**, 63 (1936).
HEPPEL, L. A.: The electrolytes of muscle and liver in potassium depleted rats. Amer. J. Physiol. **127**, 385 (1939).
— Entry of sodium in muscle after potassium deprivation. Amer. J. Physiol. **128**, 449 (1940).
HERRMANN, G.: Über einige Strontiumisotope in der Uranspaltung. Z. Elektrochem. **58**, 626 (1954).
HERVE, A., et J. GOVAERTS: Etude de la distribution dans l'organisme du phosphate de chrome radioactif injecté par voie intra-veineuse. Acta radiol. (Stockh.) **35**, 257 (1951).
HEVESY, G. v.: Der schwere Wasserstoff in der Biologie. Naturwissenschaften **23**, 775 (1935).
— Application of radioactive indicators in biology. Ann. Rev. Biochem. **9**, 641 (1940).
— Thorium B labelled red corpuscles. Ark. Kemi (Stockh.) **3**, 425 (1952).
— Anwendung von Isotopindikatoren in physiologischen Untersuchungen. Klin. Wschr. **35**, 201 (1957).
— and E. HOFER: Elimination of water. Nature (Lond.) **134**, 879 (1934).
— J. J. HOLST and A. KROGH: Investigations on the exchange of phosphorus in teeth using radioactive phosphorus as indicator. Biol. Medd. danske vidensk. Selsk. **13**, No. 13. 1 (1937).
— and C. F. JACOBSEN: Rate of passage of water through capillary and cell walls. Acta physiol. scand. (Stockh.) **1**, 11 (1940).
— and G. NYLIN: Application of ^{42}K labelled red corpuscles in blood volume measurements. Acta physiol. scand. **24**, 285 (1952).
HIGGINS, J. A., C. F. CODE and A. L. ORVIS: The influence of motility on the rate of absorption of sodium and water from the small intestine of healthy persons. Gastroenterology **31**, 708 (1956).
HILTON, M. A., F. W. BARNES, jr. and TH. ENNS: Mechanisms in enzymatic transamination. Effect of ketoglutarate concentration on the rate of exchange of the hydrogen of aspartate. J. biol. Chem. **219**, 833 (1956).
— — — and S. S. HENRY: Mechanisms in enzymatic transamination. Rate of exchange of the hydrogen of aspartate. J. biol. Chem. **209**, 743 (1954).
HLAD, CH. J. jr., R. NELSON and J. H. HOLMES: Transfer of electrolytes across the urinary bladder in the dog. Amer. J. Physiol. **184**, 406 (1956).

Hodgkin, A. L., and R. D. Keynes: The mobility and diffusion coefficient of potassium in giant axons from sepia. J. Physiol. (Lond.) **119**, 513 (1953).
— — Metabolic inhibitors and sodium movements in giant axons. J. physiol. (Lond.) **120**, 45P (1953).
— — Movements of cations during recovery in nerve. Symp. Soc. exp. Biol. **8**, 423 (1954).
— — The potassium permeability of giant axons from Sepia and Loligo. J. Physiol. (Lond.) **128**, 28 (1955).
— — The potassium permeability of a giant nerve fibre. J. Physiol. (Lond.) **128**, 61 (1955).
— — Experiments on the injection of substances into squid giant axons by means of a micro-syringe. J. Physiol. (Lond.) **131**, 592 (1956).
Hogben, C. A. M.: The chloride transport system of the gastric mucosa. Proc. nat. Acad. Sci. (Wash.) **37**, 393 (1951).
— Active transport of chloride by isolated frog gastric epithelium. Origin of the gastric mucosal potential. Amer. J. Physiol. **180**, 641 (1955).
Holland, W. C. and G. V. Auditore: Distribution of potassium in liver, kidney and brain of the rat and guinea pig. Amer. J. Physiol. **183**, 309 (1955).
— C. E. Dunn, M. E. Greig: Studies on permeability. VII. Effect of several substrates and inhibitors of acetyl cholinesterase on permeability of isolated auricles to Na and K. Amer. J. Physiol. **168**, 546 (1952).
— — — Studies on permeability. VIII. Role of acetylcholine metabolism in the genesis of the electrocardiogram. Amer. J. Physiol. **170**, 339 (1952).
Hong, S. K.: Effects of pituitrin and gold on water exchanges of frogs. Amer. J. Physiol. **188**, 439 (1957).
Hood, S. L., and C. L. Comar: Metabolism of cesium-137 in rats and farm animals. Arch. Biochem. Biophys. **45**, 423 (1953).
Hoshiko, T., R. E. Swanson and M. B. Visscher: Excretion of Na^{22} and K^{42} by the bullfrog kidney and the effect of some poisons. Amer. J. Physiol. **184**, 542 (1956).
Huckabee, W. E.: Use of 4-aminoantipyrine for determining volume of body water available for solute dilution. J. appl. Physiol. **9**, 157 (1956).
Hudoffsky, B., G. Malorny u. H. Netter: Spielen Austauschadsorptionen an das Muskelgewebe eine Rolle im Mineralhaushalt? Pflügers Arch. ges. Physiol. **243**, 388 (1940).
Huf, E. G., N. S. Doss and J. P. Wills: Effects of metabolic inhibitors and drugs on ion transport and oxygen consumption in isolated frog skin. J. gen. Physiol. **41**, 397 (1957).
— — Effect of temperature on electrolyte metabolism of isolated frog skin. J. gen. Physiol. **42**, 525 (1959).
— and J. Wills: Influence of some inorganic cations on active salt and water uptake by isolated frog skin. Amer. J. Physiol. **167**, 255 (1951).
Hunzinger, W., u. P. Waser: Zur Technik der Radiocirculographie. Helv. physiol. Acta **9**, 304 (1951).
— — Natrium und Kalium. In Künstliche radioaktive Isotope. Springer 1953.
Hurst, W. W., F. R. Schemm and W. C. Vogel: Urine-blood rations of deuterium oxide in man. J. Lab. clin. Med. **39**, 41 (1952).
Hvidt, A.: Deuterium exchange between ribonuclease and water. Biochim. biophys. Acta **18**, 306 (1955).
— and K. Linderström-Lang: Exchange of hydrogen atoms in insulin with deuterium atoms in aqueous solutions. Biochim. biophys. Acta **14**, 574 (1954).
Hyman, Ch., S. I. Rapaport, A. M. Saul and M. E. Morton: Indipendence of capillary filtration and tissue clearance. Amer. J. Physiol. **168**, 674 (1952).
Ikkos, D., H. Ljunggren, R. Luft and B. Sjögren: Content and distribution of potassium and chloride in adults. Metabolism **4**, 231 (1955).
Jacox, R. F., M. K. Johnson and R. Koontz: Transport of radioactive sodium across the synovial membrane of normal human subjects. Proc. Soc. exp. Biol. (N. Y.) **80**, 655 (1952).
James, A. H., L. Brooks, I. S. Edelman, J. M. Olnes and F. D. Moore: Body sodium and potassium. I. Simultaneous measurement of exchangeable sodium and potassium in man by isotope dilution. Metabolism **3**, 313 (1954).
Jörgensen, C. B.: The amphibian water economy, with special regard to the effect of neurohypophyseal extracts. Acta physiol. scand. (Stockh.) **22**, Suppl. **78** (1950).
Johannson, E. G., M. Falkenheim and H. C. Hodge: The adsorption of phosphate by enamel dentin and bone. I. J. biol. Chem. **159**, 129 (1945).
Johnson, J. A.: Influence of Ouabain, strophanthidin and dihydrostrophantin on sodium and potassium transport in frog sartorii. Amer. J. Physiol. **187**, 328 (1956).
— H. M. Cavert and N. Lifson: Kinetics concerned with distribution of isotopic water in isolated perfused dog heart and skeletal muscle. Amer. J. Physiol. **171**, 687 (1952).
Johnston, G. W., and C. O. Lee: J. Amer. Pharm. Ass. **32**, 278 (1943); zit. nach Hunzinger u. Waser, Natrium und Calcium. In Künstliche radioaktive Isotope. Springer 1953.

JONES, D. C., and D. H. COPP: The metabolism of radioactive strontium in adult, young and rachitic rats. J. biol. Chem. **189**, 509 (1951).
JOSEPH, M., W. E. COHN and G. M. GREENBERG: Studies in mineral metabolism with the aid of artificial radioactive isotopes. II. Absorption, distribution and excretion of potassium. J. biol. Chem. **128**, 673 (1939).
JOYCE, C. R. B., H. MOORE and M. WEATHERALL: The effects of lead, mercury and gold on the potassium turnover of rabbit blood cells. Brit. J. Pharmacol. **9**, 463 (1954).
— and M. WEATHERALL: Cardiac glycosides and the potassium exchange of human erythrocytes. J. Physiol. (Lond.) **127**, 33P (1955).
— — Sodium and potassium movements in sheep erythrocytes of different cation composition. J. physiol. (Lond.) **142**, 453 (1958).
JOYET, G.: Le dosage du rayonnement du bétatron et l'activité induite dans les tissues. Bull. schweiz. Akad. med. Wiss. **8**, 556 (1952).
KALMAN, S. M.: Some studies on ostrogens a. uterine permeability. J. Pharmacol. exp. Ther. **115**, 442 (1955).
KALTREIDER, N. L., G. R. MENEELY, J. R. ALLEN and W. F. BALE: J. exper. Med. **74**, 569 (1941); zit. nach E. BRODA, Radioaktive Isotope in der Biochemie. Wien: Fr. Deuticke 1958.
KAMEN, M. D.: Use of isotopes in biochemical research: Fundamental aspects. Ann. Rev. **16**, 631 (1947).
KAPLAN, N. O., and M. M. CIOTTI: Competitive inhibition of hydroxylamine on alcohol dehydrogenase. J. biol. Chem. **201**, 785 (1953).
KATZMAN, R., and P. H. LEIDERMAN: Brain potassium exchange in normal adult and immature rats. Amer. J. Physiol. **175**, 263 (1953).
KELLER, H.: Vortrag bei der physiologisch-chemischen Gesellschaft. Berlin 1959.
KETY, S. E.: Measurement of regional circulation by the local clearance of radioactive sodium. Amer. Heart J. **38**, 321 (1949).
KEYNES, R. D.: The ionic movements during nervous activity. J. Physiol. (Lond.) **114**, 119 (1951).
— The ionic fluxes in frog muscle. Proc. roy. Soc. D **142**, 359 (1954).
— and P. R. LEWIS: The resting exchange of radioactive potassium in crab nerve. J. Physicl (Lond.) **113**, 73 (1951).
— — The sodium and potassium content of cephalopod nerve fibres. J. Physiol. (Lond.) **114**, 151 (1951).
— and G. W. MAISEL: The energy requirement for sodium extrusion from a frog muscle. Proc. roy. Soc. B **142**, 383 (1954).
KIDMAN, B., M. L. TUTT and J. M. VAUGHAN: The retention and excretion of radio active strontium and yttrium (Sr^{89}, Sr^{90} and Y^{90}) in the healthy rabbit. J. Path. Bact. **62**, 209 (1950).
— — — Excretion of yttrium-91 in rabbits. J. Path. Bact. **63**, 253 (1951).
KILPATRICK, R., H. E. RENSCHLER, D. S. MUNRO and G. M. WILSON: A comparison of the distribution of ^{42}K and ^{86}Rb in rabbit and man. J. Physiol. (Lond.) **133**, 194 (1956).
KIRSCHNER, L. B.: Effect of cholinesterase inhibitors and atropine on active sodium transport across frog skin. Nature (Lond.) **172**, 348 (1953).
— The effect of atropine and the curares on the active transport of sodium by the skin of rana esculenta. J. cell. comp. Physiol. **45**, 89 (1955).
KIRSHENBAUM, I., H. C. UREY and G. M. MURPHY: Physical properties and analysis of heavy water. New York, London, Toronto 1951.
KISTNER, G.: Über die Aufnahme von Rb-Ionen durch Escherichia coli. Diss. Kiel 1956.
KJERULF-JENSEN, K.: Excretion of phosphorus by the bowel. Acta physiol. scand. **3**, 1 (1941).
KLEIFELD, O., H. K. MÜLLER, O. HOCKWIN, P. ARENS, R. FUCHS u. U. DARDENNE: Über die Bedeutung von Kapsel und Epithel für die Phosphatresorption der Linse. Albrecht v. Graefes Arch. Ophthal. **156**, 443 (1955).
— — — — — — Über den ^{32}P-Einbau der normalen Linse in elektrophoretisch trennbare Phosphatfraktionen. Albrecht v. Graefes Arch. Ophthal **156**, 453 (1955).
KNAPP, F. M., C. HYMAN u. N. A. BERCEL: A method for estimation of regional cerebral blood flow. Yale J. Biol. Med. **28**, 363 (1956).
KNOOP, E., u. D. MERTEN: Der Gehalt an ^{90}Sr in der Milch in den Jahren 1955—1957. Naturwissenschaften **45**, 194 (1958).
KOEFOED-JOHNSEN, V., and H. H. USSING: The contributions of diffusion and flow to the passage of D_2O through living membranes. Acta physiol. scand. (Stockh.) **28**, 60 (1953).
KÖGL, F., P. EMMELOT u. D. H. W. DEN BOER: Über die Biosynthese der Poly-D-Glutaminsäure von Bacillus subtilis. I. Die Umwandlung von L-Asparaginsäure in den D-Glutaminsäure-Baustein. Liebigs Ann. Chem. **589**, 1 (1954).

KOREY, S. R.: Studies on permeability in relation to nerve function. IV. Effect cf glutamate and aspartate upon the rate of entrance of potassium into brain cortical slices. Biochim. biophys. Acta **9**, 633 (1952).
KORNBERG, H. L., and R. E. DAVIES: Measurement of total body water with urea. Nature (Lond.) **169**, 502 (1952).
— — and D. R. WOOD: The breakdown of urea in cats not secreting gastric juice. Biochem. J. **56**, 355 (1954).
— — — The activity and function of gastric urease in the cat. Biochem. J. **56**, 363 (1954).
KOSHLAND, D. E. jr., Z. BUDENSTEIN and A. KOWALSKY: Mechanism of hydrolysis of adenosin triphosphate catalyzed by purified muscle proteins. J. biol. Chem. **211**, 279 (1954).
— and E. CLARKE: Mechanism of hydrolysis of adenosine triphosphate catalyzed by lobster muscle. J. biol. Chem. **205**, 917 (1953).
— and S. S. STEIN: Correlation of bond breaking with enzyme specifity: Cleavage point of invertase. J. biol. Chem. **208**, 139 (1954).
KOWALEWSKI, K., C. M. COUVES and A. LANG: Protective action of 17-ethyl-19-nortestosterone against the inhibition of bone repair in the lathyrus-fed rat. Acta endocr. (Kbh.) **30**, 268 (1959).
KOWALSKY, A., D. WYTTENBACH, L. LANGER and D. E. KOSHLAND jr.: Transfer of oxygen in the glutamine synthetase reaction. J. biol. Chem. **219**, 719 (1956).
KRASNA, A. I., and D. RITTENBERG: The mechanism of action of the enzyme hydrogenase. J. Amer. chem. Soc. **76**, 3015 (1954).
KRAYBILL, H. F., O. G. HANKINS and H. L. BITTER: Body composition of cattle. I. Estimation of body fat from measurement in vivo of body water by use of antipyrine. J. appl. Physiol. **3**, 681 (1951).
KREBS, H. A., L. V. EGGLESTONE and C. TERNER: In vitro measurement of the turnover rate of potassium in brain and retina. Biochem. J. **48**, 530 (1951).
KRITCHEVSKY, D., R. F. J. MCCANDLESS and TH. W. NORTON: The distribution of radioactivity in monkey serum lipids following feeding of triolein-^{3}H Biochim. biophys. Acta **19**, 557 (1956).
KRNJ EVIĆ, K.: The distribution of Na and K in cat nerves. J. Physiol. (Lond.) **128**, 473 (1955).
KÜNKEL, H. A., u. H. J. SCHMERMUND: Clearance-Untersuchungen mit ^{24}Na in der Haut und im subkutanen Gewebe. Klin. Wschr. **31**, 380 (1953).
KÜSEL, H., u. H. NETTER: Beweis der Conway-Theorie über die Ionenverteilung im Muskel. Biochem. Z. **323**, 39 (1952).
KULP, J. L., W. R. ECKELMANN and A. R. SCHULERT: Strontium^{90} in man. Science **125**, 219 (1957).
KULWICH, R., L. STRUGLIA, J. T. JACKSON and P. B. PEARSON: Metabolic fate of S^{35} administered to rabbits as sulfate. Proc. Soc. exp. Biol. (N. Y.) **97**, 346 (1958).
LANGHAM, W. H., and E. C. ANDERSON: Strontium-90 and skeletal formation. Science **126**, 205 (1957).
LANGSETH, M. A.: Rapports de discussions sur les isotopes. 7. Conseil de chimie. Inst. intern. de chimie, Solvay 1947. Brüssel 1948.
LARK-HOROWITZ, K.: J. appl. Physics **12**, 317 (1941); zit. nach HUNZINGER u. WASER. In Künstliche radioaktive Isotope. Springer 1953.
LEAF, A., and A. RENSHAW: A test of the "redox" hypothesis of active ion transport. Nature (Lond.) **178**, 156 (1956).
LEE, J. S.: Intravascular hemolysis during water absorption from small intestine. Amer. J. Physiol. **178**, 103 (1954).
LEE, P. R., CH. F. CODE and J. F. SCHOLER: The influence of varying concentrations of sodium chloride on the rate of absorption of water frcm the stomach and small bowel of human beings. Gastroenterology **29**, 1008 (1955).
LEMLEY, J. M., and G. R. MENEELY: Distribution of tissue fluid in hearts of rats subjected to anoxia. Amer. J. Physiol. **169**, 61 (1952).
LEMMON, R. M., F. T. PIERCE jr., M. W. BIGGS, M. A. PARSONS and D. KRITCHEVSKY: The effect of Δ^{7}-cholesterol feeding on the cholesterol and lipoproteins of rabbit serum. Arch. Biochem. Biophys. **51**, 161 (1954).
LEVI, H., and H. H. USSING: The exchange of sodium and chloride ions across the fibre membrane of the isolated frog Sartorii. Acta physiol. scand. (Stockh.) **16**, 232 (1949).
LINDERSTRÖM-LANG, K.: The pH-dependence of the deuterium exchange of insulin. Biochim. biophys. Acta **18**, 308 (1955).
— Distribution of D- and L-amino acids along the chain of poly-DL-alanine. Acta chem. scand. **12**, 851 (1958).
LIPKIN, D., P. T. TALBERT and M. COHN: The mechanism of the alkaline hydrolysis of ribonucleic acids. J. Amer. Soc. **76**, 2871 (1954).
LJUNGGREN, H.: Measurement of total water with deuterium oxide and antipyrine. Acta physiol. scand. (Stockh.) **33**, 69 (1955).

LOEWUS, F. A., H. R. LEVY and B. VENNESLAND: The enzymatic transfer of hydrogen. VI. The reaction catalyzed by D-glyceraldehyde-3-phosphate dehydrogenase. J. biol. Chem. **223**, 589 (1956).
— T. T. TCHEN and B. VENNESLAND: The enzymatic transfer of hydrogen. III. The reaction catalyzed by malic dehydrogenase. J. biol. Chem. **212**, 787 (1955).
— B. VENNESLAND and D. L. HARRIS: The site of enzymatic hydrogen transfer in diphosphopyridine nucleotide. J. Amer. chem. Soc. **77**, 3391 (1955).
LONDON, I. M., and D. RITTENBERG: Deuterium studies in normal man. I. The rate of synthesis of serum cholesterol. II. Measurement of total body water and water absorption. J. biol. Chem. **184**, 687 (1950).
LORMAND, CH., J. DESBORDES et P. BONÉT-MAURY: Mesure du pouvoir diffusant de l'hyaluronidase au moyen d'isotopes radio-actifs. Application au para-amino-salicylate de sodium. Ann. pharm. franç. **10**, 173 (1952).
LOTZ, W. E., J. C. GALLIMORE and G. A. BOYD: How to get good gross autoradiographs of large undecalcified bones. Nucleonics **10**, No. 3, 28 (1952).
LOVE, W. D., and G. E. BURCH: In vitro studies of aspects of the metabolism of sodium by human erythrocytes using sodium^{22}. J. Lab. clin. Med. **41**, 337 (1953).
— — Chloride exchange between human erythrocytes and plasma, studied with ^{36}Cl. Proc. Soc. exp. Biol. (N. Y.) **82**, 131 (1953).
— R. B. ROMNEY and G. E. BURCH: A comparison of the distribution of potassium and exchangeable rubidium in the organs of the dog, using rubidium. Circulat. Res. **2**, 112 (1954).
LOWE, I. P., and E. ROBERTS: Incorporation of radioactive sulfatesulfur into taurine and other substances in the chick embryo. J. biol. Chem. **212**, 477 (1955).
LUX, R. E., and J. E. CHRISTIAN: Permeability of frog skin by means of radioactive tracers. Amer. J. Physiol. **162**, 193 (1950).
— — A study of the effect of certain adstringents on the permeability of frog skin using radioactive tracer techniques. J. Amer. pharm. Ass. (Scient Ed.) **40**, 160 (1951).
MACHLIN, L. J., P. B. PEARSON and C. A. DENTON: The utilization of sulfate sulfur for the synthesis of taurine in the developing chick embryo. J. biol. Chem. **212**, 469 (1955).
MCCANCE, R. A., and A. B. MORRISON: The effects of equal and limited rations of water and of 1, 2 and 3 per cent solutions of sodium chloride on partially nephrectomized and normal rats. Quart. J. exp. Physiol. **41**, 365 (1956).
MCCLINTOCK, R., and N. LIFSON: Applicability of the D_2O^{18} method to the measurement of the total carbon dioxide output of obese mice. J. biol. Chem. **226**, 153 (1957).
MCDONALD, N. S., P. NOYES and P. C. LORICK: Discrimination of calcium and strontium by the kidney. Amer. J. Physiol. **188**, 131 (1957).
MCGIRR, E. M.: The rate of removal of radioactive sodium following its injection into muscle and skin. Clin. Sci. **11**, 91 (1952).
MCINALLY, M., J. A. CAMPBELL, D. J. ROBERTSON and D. M. DOUGLAS: The clearance of radiosodium from the subcutaneous tissues of the leg. Clin. Sci. **11**, 183 (1952).
MCINTYRE, W. J., J. P. STORAASLI, H. KRIEGER, W. PRITCHARD and H. L. FRIEDELL: ^{131}-J-labelled serum albumin: its use in the study of cardiac output and peripheral vascular flow. Radiology **59**, 849 (1952).
MCLENNAN, H.: The transfer of potassium between mammalian muscle and the surrounding medium. Biochim. biophys. Acta **16**, 87 (1955).
— The diffusion of potassium, inulin and thiocyanate in the extracellular spaces of mammalian muscle. Biochim. biophys. Acta **21**, 472 (1956).
— Physical and chemical factors affecting potassium movements in mammalian muscle. Biochim. biophys. Acta **22**, 30 (1956).
— The transfer of sodium ions between mammalian muscle and the surrounding medium. Biochim. biophys. Acta **24**, 333 (1957).
— Further studies of Na movements in mammalian muscle. Pflügers Arch. ges. Physiol. **267**, 453 (1958).
— The diffusion of various substances through rat diaphragm. Biochim. biophys. Acta **27**, 624 (1958).
— and E. J. HARRIS: The effect of temperature on the content and turnover of sodium and potassium in rabbit nerve. Biochem. J. **57**, 329 (1954).
MADISON, W. L., and J. E. CHRISTIAN: The study of the absorption of sodium ions in the white rat using radioactive tracer techniques. J. Amer. pharm. Ass. (Scient. Ed.) **39**, 689 (1950).
MÄKINEN, P., and E. KULONEN: Synovial fluid potassium. Scand. J. clin. Lab. Invest. **9**, 388 (1957).
MAHLER, H. R., and J. DOUGLAS: Mechanisms of enzyme-catalyzed oxidation-reduction reactions. I. An investigation of the yeast alcohol dehydrogenase reaction by means of the isotope rate effect. J. Amer. Soc. **79**, 1159 (1957).

MAIZELS, M.: Active cation transport in erythrocytes. In Active transport and secretion. Cambridge: Univ. Press 8, p. 202, 1954.
— Sodium transfer in tortoise erythrocytes. J. Physiol. (Lond.) **132**, 414 (1956).
— Zit. nach HARRIS, 1956, vgl. auch: E. M. CLARKSON u. M. MAIZELS: Sodium transfer in human and chicken erythrocytes. J. Physiol. (Lond.) **129**, 476 (1955).
— M. REMINGTON and R. TRUSOE: The effects of certain physical factors and of the cardiac glycosides on sodium transfer by mouse ascites tumor cells. J. Physiol. (Lond.) **140**, 61 (1958).
MANDELES, ST., R. KOPPELMAN and M. E. HANKE: Deuterium studies on the mechanism of enzymatic amino acid decarboxylation. J. biol. Chem. **209**, 327 (1954).
MANERY, J. F., and W. F. BALE: Na^{24} and P^{32} in tissues. Amer. J. Physiol. **132**, 215 (1941).
— and L. F. HAEGE: Cl^{38} in tissues. Amer. J. Physiol. **134**, 83 (1941).
MARUCCI, H. D., W. C. SHOEMAKER, A. W. WASE, H. D. STRAUSS and S. V. GEYER: Permeability of normal and artificially constructed canine urinary bladders to J^{131}, Na^{22} and P^{32}. Proc. Soc. exp. Biol. (N. Y.) **87**, 569 (1954).
MASON, H. S.: Mechanisms of oxygen metabolism. Advanc. Enzymol. **19**, 79 (1957).
— W. L. FOWLKS and E. PETERSON: Oxygen transfer and electron transport by the phenolase complex. J. Amer. chem. Soc. **77**, 2914 (1955).
MAYBURY, R. H., and J. J. KATZ: Protein denaturation in heavy water. Nature (Lond.) **177**, 629 (1956).
MAZZUOLI, G., J. SAMACHSON and D. LASZLO: Interrelationship between serum calcium levels: $Calcium^{45}$ and $strontium^{85}$ metabolism in man. J. Lab. clin. Med. **52**, 522 (1958).
MENEELY, G., R. C. TUCKER, W. J. DARBY and ST. H. AUERBACH: Chronic sodium chloride toxicity in the albino rat. II. Occurrence of hypertension and of a syndrome of edema and renal failure. J. exp. Med. **98**, 71 (1953).
MERTZ, D. P.: Kritische Betrachtungen über das Problem der Körperflüssigkeitsmessung beim Menschen. Klin. Wschr. **34**, 887 (1956).
— u. F. EPPLER: Die Charakteristik von Verteilungsvorgängen. Klin. Wschr. **37**, 588 (1959).
MICHELSON, A. M.: A hypothesis for the biosynthesis ribonucleic acid and protein. Nature (Lond.) **181**, 375 (1958).
MILLER, H., and G. M. WILSON: The measurement of exchangeable sodium in man using the isotope ^{24}Na. Clin. Sci. **12**, 97 (1953).
MOLLISON, P. L., M. A. ROBINSON and D. A. HUNTER: Improved method of labelling red cells with radioactive phosphorus. Lancet **1958 I**, 766.
MOND, R., u. H. NETTER: Über die Regulation des Natriums durch den Muskel. Pflügers Arch. ges. Physiol. **230**, 42 (1932).
MOORE, F. D., I. S. EDELMAN, J. M. OLNEY, A. JAMES, L. BROOKS and G. M. WILSON: Body sodium and potassium III. Interrelated trends in alimentary, renal and cardiovascular disease, lack of correlation between body stores and plasma concentration. Metabolism **3**, 334 (1954).
MOREL, F.: Les modalités de l'excrétion du potassium par le rein: étude expérimentale à l'aide du radio-potassium chez le lapin. Helv. physiol. Acta **13**, 276 (1955).
— et F. SERREL: L'excrétion urinaire du sel au cours de la diurèse provoqué par l'eau étudiée chez le rat à l'aide du radiosodium. J. Physiol. (Paris) **43**, 263 (1951).
MRAZ, F. R., and H. PATRICK: Factors influencing excretory patterns of $cesium^{134}$, $potassium^{42}$ and $rubidium^{86}$ in rats. Proc, Soc. exp. Biol. (N. Y.) **94**, 409 (1957).
MUDGE, G. H.: Electrolyte metabolism of rabbit-kidney slices: studies with radioactive potassium and sodium. Amer. J. Physiol. **173**, 511 (1953).
— Renal mechanisms of electrolyte transport. In Ion transport across membranes. (Ed. H. T. CLARKE) S. 75. New York 1954.
— Electrolyte transport in isolated mitochondria. In: Electrolytes in biological systems. Ed.: A. M. SHANES. Washington 1955.
MÜLLER, H. K., O. KLEIFELD, R. FUCHS, U. DARDENNE, O. HOCKWIN and P. ARENS: Über den ^{32}P-Einbau in die elektrophoretisch trennbaren Phosphatfraktionen der Linse in Abhängigkeit vom Lebensalter und der Vergiftung mit Naphthalin, Dinitrophenol und Alloxan. Albrecht v. Graefes Arch. Ophthal. **156**, 460 (1955).
MÜLLER, R., u. G. KRAMPITZ: Untersuchungen in vitro zur Frage der Stickstoff- und Schwefelumsetzungen im Pansen. Z. Tierzüchtg. Züchtungsbiol. **65**, 187 (1955).
MULLINS, L. J.: Osmotic regulation in fish as studied with radio-isotopes. Acta physiol. scand. (Stockh.) **21**, 303 (1950).
— and K. ZERAHN: The distribution of potassium isotopes in biological material. J. biol. Chem. **174**, 107 (1948).
NESLEN, E. D., C. B. HUNTER and A. A. PLENTL: Rate of exchange of sodium and potassium between amniotic fluid and maternal system. Proc. Soc. exp. Biol. (N. Y.) **86**, 432 (1954).
NETTER, H.: Theoretische Biochemie. Berlin-Göttingen-Heidelberg: Springer 1959.

NEWCOMBE, H. B.: Magnitude of biological hazard from strontium^{90}. Science **126**, 549 (1957).

NICHOLS, G., JR., N. NICHOLS, W. B. WEIL and W. M. WALLACE: The direct measurement of the extracellular phase of tissue. J. clin. Invest. **32**, 1299 (1953).

NICHOLSON, J. P., and J. F. ZILVA: A 6 hour method for determining the extracellular fluid volume in human subjects. Clin. chim. Acta (Amsterd.) **2**, 340 (1947).

NIEDERGERKE, R., and E. J. HARRIS: Calcium and contraction of heart. Accumulation of calcium under conditions of the increasing contractility. Nature (Lond.) **179**, 1068 (1957).

NYLIN, G.: Circulatory studies with radioactive isotopes. Acta med. scand. (Stockh.) **147**, 275 (1953).

— and G. WADE: The loss of activity from blood cells and plasma which have been labelled with radioactive phosphorus (P^{32}). Ark. Kemi (Stockh.) **3**, 413 (1951).

O'BRIEN, J. M., and W. S. WILDE: Rapid serial recording of concentrations in the blood circulation in perfusion system: the effluogram. Science **116**, 193 (1952).

ODEBLAD, E., and D. ZILIOTTO: Accumulation of radioactive phosphate in epithelia. Acta path. scand. (Kbh.) **37**, 150 (1955).

ODELL, T. T., JR., and A. C. UPTON: Distribution of ^{45}Ca in platelets and bone marrow of rats. Acta haematol. (Basel) **14**, 291 (1955).

OGAWA, E., J. I. MACHIDA, S. SUZUKI and K. SHIBATA: Studies on the excretion and distribution of radioactive cesium. I. Gunma J. med. Sci. **7**, 134 (1958).

OLSEN, N. S., and G. RUDOLPH: Transfer of sodium and bromide ions between blood, cerebrospinal fluid and brain tissue. Amer. J. Physiol. **183**, 427 (1958).

OSSERMANN, E. F., G. C. PITTS, W. C. WELHAM and A. R. BEHNKE: In vivo measurement of body fat and body water in a group of normal men. J. appl. Physiol. **2**, 633 (1950).

PABST, M. W.: Untersuchungen der Muskeldurchblutung mit radioaktiven Isotopen. Arch. phys. Ther. (Lpz.) **10**, 230 (1958).

PACE, N., L. KLINE, H. K. SCHACHMANN and M. HARFENIST: Studies on body composition. IV. Use of radioactive hydrogen for measurement in vivo of total body water. J. biol. Chem. **168**, 459 (1947).

— and E. N. RATHBUN: Studies on body composition. III. The body water and chemically combined nitrogen content in relation to fat content. J. biol. Chem. **158**, 685 (1945).

PALMER, R. F., R. C. THOMPSON and H. A. KORNBERG: Effect of calcium in deposition of strontium ^{90} and calcium ^{45} in rats. Science **127**, 1505 (1958).

PAPPENHEIMER, J. R.: Siehe E. M. RENKIN.

PAPPIUS, H. M., and K. A. C. ELLIOTT: Water distribution in incubated slices of brain and other tissues. Canad. J. Biochem. **34**, 1007 (1956).

PASCALE, L. R., T. FRANKEL, S. FREEMAN, I. I. FALLER and E. E. BOND: A means of measuring total body water in humans without venipuncture. Report Nr. 135 Denver, Colo.: Army Med. Nutrition Laborat. 1954.

PASSOW, H.: Sulfationen-Permeabilität roter Blutkörperchen im Donnan-Gleichgewicht. Abstr. XX. Physiol. Congr. Brüssel S. 707, 1956.

— u. K. TILLMANN: Untersuchungen über den Kaliumverlust bleivergifteter Menschenerythrocyten, Pflügers Arch. ges. Physiol. **262**, 23 (1955).

PAUL, W. M., TH. ENNS, S. R. M. REYNOLDS and F. P. CHINARD: Sites of water exchange between the maternal and the amniotic fluid of rabbits. J. clin. Invest. **35**, 634 (1956).

PAYNE, P. R., and J. DONE: Assay of tritium-labelled substances. A "combustion bomb" method of preparation of gas for counting. Nature (Lond.) **174**, 27 (1954).

PEARLMAN, W. H.: The preparation of (16—^{3}H) Progesterone. Biochem. J. **66**, 17 (1957).

— M. R. J. PEARLMAN and A. E. RAKOFF: Estrogen metabolism in human pregnancy; a study with the aid of deuterium. J. biol. Chem. **209**, 803 (1954).

PECHER, CH.: Biological investigations with radioactive calcium and strontium. Proc. Soc. exp. Biol. (N. Y.) **46**, 86 (1941).

— and J. PECHER: Radio-calcium and radiostrontium metabolism in pregnant mice. Proc. Soc. exp. Biol. (N. Y.) **46**, 91 (1941).

PEDERSEN, P. O., and B. SCHMIDT-NIELSEN: Untersuchungen über Stoffwechsel in Zahnhartgeweben menschlicher Zähne unter Anwendung radioaktiven Phosphors als Indikator. Schweiz. Mh. Zahnheilk. **51**, 647 (1941).

PERSOFF, D. A.: Movements of potassium in rabbit auricles. Nature (Lond.) **182**, 605 (1958).

PINSON, E. A.: Water exchanges and barriers as studied by the use of hydrogen isotopes. Physiol. Rev. **32**, 123 (1952).

— and W. H. LANGHAM: Physiology and toxicology of tritium in man. J. appl. Physiol. **10**, 108 (1957).

PLANTEFOL, L., and G. CHAMPETIER: C. R. Acad. Sci. (Paris) **200**, 587 (1935); zit. nach G. v. HEVESY: Der schwere Wasserstoff in der Biologie. Naturwissenschaften **23**, 775 (1935).

PLENTL, A. A., and D. L. HUTCHINSON: Determination of deuterium exchange rates between maternal circulation and amniotic fluid. Proc. Soc. exp. Biol. (N. Y.) **82**, 681 (1953).

Plumlee, M. P., L. S. Hansard, C. L. Comar and W. M. Beeson: Placental transfer and deposition of labeled calcium in the developing bovine fetus. Amer. J. Physiol **171**, 678 (1952).

Pohlmann, J.: Gibt es eine Anreicherung des radioaktiven Kaliumisotops im Organismus? Pflügers Arch. ges. Physiol. **240**, 377 (1938).

— u. H. Netter: Über die Anreicherung der radioaktiven Kaliumisotope im Organismus. Naturwissenschaften **26**, 138 (1938).

Pommerenke, W. T., u. P. F. Hahn: Proc. Soc. exp. Biol. (N. Y.) **52**, 223 (1943); zit nach Hunzinger u. Waser, in Künstliche radioaktive Isotope. Springer 1953.

Popjak, G., and M. L. Beeckmans: Synthesis of cholesterol and fatty acids in foetuses and in mammary glands of pregnant rabbits. Biochem. J. **46**, 547 (1950).

Portius, H. J., u. P. Raths: Über die Aktivität der Anteile des Inselorgans im Winterschlaf, nach dem Erwachen aus dem Winterschlaf und nach Kältenarkose. Z. Biol. **109**, 387 (1957).

Posternak, Th., W. H. Schopfer et D. Reymond: Biochimie des cyclitols. I. Contribution à l'étude du métabolisme du méso-inositol chez le rat. Helv. chim. Acta **38**, 1283 (1955).

Prentice, T. C., W. Siri, N. J. Berlin, G. M. Hyde, R. J. Parsons, E. E. Joiner and J. H. Lawrence: Studies of total body water with tritium. J. clin. Invest. **31**, 412 (1952).

Prescott, D. M., and D. Mazia: The permeability of nucleated and enucleated fragments of Amoeba proteus to D_2O. Exp. Cell Res. **6**, 117 (1954).

— and E. Zeuthen: Comparison of water diffusion and water filtration across cell surfaces. Acta physiol. scand. (Stockh.) **28**, 77 (1953).

Pullman, M. E., A. San Pietro and S. P. Colowick: On the structure of reduced diphosphopyridine nucleotide. J. biol. Chem. **206**, 129 (1954).

Raker, J. W., I. M. Taylor, J. M. Weller and A. B. Hastings: Rate of potassium exchange of the human erythrocyte. J. gen. Physiol. **33**, 691 (1950).

Ramos, J. G.: Effect of ^{32}P on the excitability of mammal nerves. Acta physiol. lat. amer. **5**, 85 (1955).

Rapaport, S. I., A. Saul, Ch. Hyman and M. E. Morton: Tissue clearance as a measure of nutritive blood flow and the effect of lumbar sympathetic block upon such measures in calf muscle. Circulation **5**, 594 (1952).

Reiner, J. M.: The study of metabolic turnover rates by means of isotopic tracers. II. Turnover in a simple reaction system. Arch. Biochem. Biophys. **46**, 80 (1953).

Reitemeier, R. J., C. F. Code and A. L. Orvis: Comparison of rate of absorption of labeled sodium and water from upper small intestine of healthy human beings. J. appl. Physiol. **10**, 256 (1957).

Reitz, O.: Versuche zur alkoholischen Gärung in schwerem Wasser. Z. physik. Chem. A **175**, 257 (1936).

— u. K. F. Bonhoeffer: Über den Einbau von schwerem Wasserstoff in wachsende Organismen. Z. physik. Chem. A, **172**, 369 (1935).

— — II. Z. Physik. Chem. A **174**, 424 (1935).

Relman, A. S., A. T. Lambie, B. A. Burrows and A. M. Roy: Cation accumulation by muscle tissue. The displacement of potassium by rubidium and cesium in the living animal. J. clin. Invest. **36**, 1249 (1957).

Renkin, E. M.: Effects of blood flow on diffusion kinetics in isolated perfused hindlegs of cats. Amer. J. Physiol. **183**, 125 (1955).

— u. J. R. Pappenheimer: Wasserdurchlässigkeit und Permeabilität der Kapillarwände. Ergebn. Physiol. **49**, 59 (1957).

Rice, L. I., R. B. Alfin-Slater and H. J. Deuel jr.: A method for the biological preparation of deuterium-labeled cholesterol from the hen's egg. Proc. Soc. exp. Biol. (N. Y.) **80**, 562 (1952).

Rixon, R. H., and J. A. F. Stevenson: The water and electrolyte metabolism of rat diaphragm in vitro. Canad. J. Biochem. **34**, 1069 (1956).

Roberts, J. E., K. D. Fisher and T. H. Allen: Tracer methods for estimating total water exchange in man. Phys. in Med. Biol. **3**, 7 (1958).

Robertson. H. E., and P. D. Boyer: The effect of azide on phosphorylation accompanying electron transport and glycolysis. J. biol. Chem. **214**, 295 (1955).

Robinson, C. V., W. L. Arons and A. K. Solomon: An improved method for simultaneous determination of exchangeable body sodium and potassium. J. clin. Invest. **34**, 134 (1955).

Robison, R., K. A. O'Dell Law and A. H. Rosenheim: XIII. Deposition of strontium salts in hypertrophic cartilage in vitro. Biochem. J. **30**, 66 (1936).

Rose, I. A., M. Grunberg-Manago, S. R. Kobey and S. Ochoa: Enzymatic phosphorylation of acetate, J. biol. Chem. **211**, 737 (1954).

Rossi, H. H., S. H. Powers and B. Dwork: Measurement of flow in straight tubes by means of the dilution technique. Amer. J. Physiol. **173**, 103 (1953).

ROTHENBERG, M. A.: Studies on permeability in relation to nerve function. II. Ionic movement across axonal membranes. Biochem. biophys. Acta **4**, 96 (1950).
RUNDO, J., and U. SAGILD: Total and exchangeable K in humans. Nature (Lond.) **175**, 774 (1955).
SACKS, J., and G. G. CULBRETH: Phosphate transport and turnover in the brain. Amer. J. Physiol. **165**, 251 (1951).
SAGILD, U.: Total exchangeable potassium in normal subjects with special reference to changes with age. Scand. J. Clin. Lab. Invest. **8**, 44 (1956).
SAN PIETRO, A.: Base-catalyzed deuterium exchange with diphosphopyridine nucleotide. J. biol. Chem. **217**, 589 (1955).
— N. O. KAPLAN and S. P. COLOWICK: Pyridine nucleotide transhydrogenase. VI. Mechanism and stereospecifity of the reaction in pseudomonas fluorescens. J. biol. Chem. **212**, 941 (1955).
— and H. M. LANG: Incorporation of deuterium into oxidized pyridine nucleotides by illuminated grana. J. biol. Chem. **227**, 483 (1957).
— and D. RITTENBERG: A study of the rate of protein synthesis in humans. I. Measurement of the urea pool and urea space. J. biol. Chem. **201**, 445 (1953).
SCHACHINGER, L.: Das Arbeiten mit stabilen Isotopen. Hoppe-Seyler-Thierfelder: Physiol. u. pathol.-chemische Analyse 10. Aufl. II, S. 695. Berlin-Göttingen-Heidelberg: Springer 1955.
SCHATZMANN, H. J.: Herzglykoside als Hemmstoffe für den aktiven K- und Na-Transport durch die Erythrocytenmembran. Helv. physiol. Acta **11**, 346 (1953).
— Die Wirkung von DOC auf den aktiven Kationenaustausch an Rattenblutzellen. Experientia (Basel) **10**, 189 (1954).
SCHLOERB, P. R., B. J. FRIIS-HANSEN, I. S. EDELMAN, A. K. SOLOMON, F. D. MOORE: The measurement of total body water in the human subject by deuterium oxide dilution. With a consideration of the dynamics of deuterium distribution. J. clin. Invest. **29**, 1296 (1950).
SCHMEISER, K.: Radioaktive Isotope, ihre Herstellung und Anwendung. Berlin-Göttingen-Heidelberg: Springer 1957.
SCHMIDT-NIELSEN, K., B. SCHMIDT-NIELSEN, S. A. JARNUM and T. R. HOUPT: Body temperature of the camel and its water economy. Amer. J. physiol. **188**, 103 (1957).
SCHOLER, J. F., and CH. F. CODE: Rate of absorption of water from stomach and small bowel of human beings. Gastroenterology **27**, 565 (1954).
SCHOU, M.: Lithium studies: III. Distribution between serum and tissues. Acta pharmacol. (Kbh.) **15**, 115 (1958).
SCHULTZ, A. L., J. F. HAMMARSTEN, B. I. HELLER and R. V. EBERT: A critical comparison of the T-1824 dye and iodinated albumin methods for plasma volume measurement. J. clin. Invest. **32**, 107 (1953).
SCHWAB, G. M., O. JENKNER u. W. LEITENBERGER: Wasserabspaltung aus Äthanol und Wasserstoffaustausch von Äthylen an sauren Katalysatoren. Z. Elektrochem. **63**, 461 (1959)
SCHWARZENBACH, G., u. G. ANDEREGG: Die Erdalkalikomplexe von Adenosintetraphosphat, Glycerophosphat und Fructosephosphat. Helv. chim. Acta **40**, 1229 (1957).
SCRIBANTE, P., P. MAURICE et P. FAVARGER: Le dosage du liquide total de l'organisme par l'antipyrine. Helv. physiol. Acta **10**, 224 (1952).
SHANES, A. M.: Electrochemical aspects of physiological and pharmacological action in excitable cells. Pharmacol. Rev. **10**, 59, Part II, 165 (1958).
— and M. D. BERMAN: Kinetics of ion movement in the squid giant axon. J. gen. Physiol. **39**, 279 (1955).
SHAW, F. H., S. E. SIMON and B. M. JOHNSTONE: The non-correlation of bioelectric potentials with ionic gradients. J. gen. Physiol. **40**, 1 (1956).
SHEPPARD, C. W., and W. R. MARTIN: Cation exchange between cells and plasma of mammalian blood. I. J. gen. Physiol. **33**, 703 (1950).
— — and G. BEYL: Cation exchange between cells and plasma of mammalian blood. II. Sodium and potassium exchange in the sheep, dog, cow and man and the effect of varying the plasma potassium concentration. J. gen. Physiol. **34**, 411 (1951).
— R. R. OVERMAN, W. S. WILDE, W. C. SANGREN: The disappearance of K^{42} from the nonuniformly mixed circulation pool in dogs. Circulat. Res. **1**, 284 (1953).
SHIRLEY, R. L., M. A. JETER, J. P. FEASTER, J. T. MCCALL, J. C. OUTLER and G. K. DAVIS: Placental transfer of Mo^{99} and Ca^{45} in swine. J. Nutr. **54**, 59 (1954).
SHUGAR, D., and K. WIERZCHOWSKI: Reversible photolysis of pyrimidine derivatives, including trials with nucleic acids. Biochim. biophys. Acta **23**, 657 (1957).
SILVERMAN, L., and W. BRADSHAW: Precision determination of deuterium in aqueous solutions by a pycnometer method. Anal. chim. Acta (Amsterd.) **10**, 68 (1954).
SINGER, L., and W. D. ARMSTRONG: Retention and turnover of radiocalcium by the skeleton of large rats. Proc. Soc. exp. Biol. (N. Y.) **76**, 229 (1951).

Siri, W. E., C. Reynafarje, N. J. Berlin and J. H. Lawrence: Body water at sea level and at altitude. J. appl. Physiol. **7**, 333 (1954).
Smith, G. N., R. J. Emerson, L. A. Temple and T. W. Galbraith: The Oxidation of molecular tritium in mammals. Arch. Biochem. Biophys. **46**, 22 (1953).
Sobermann, R. J.: Body water, antipyrine. Proc. Soc. exp. Biol. (N. Y.) **71**, 172 (1949).
Sognnaes, R. F., J. H. Shaw and R. Bogoroch: Radiotracer studies on bone, cementum, dentin and enamel of rhesus monkeys. Amer. J. Physiol. **180**, 408 (1955).
Sollner, K., and R. Neihof: A possible mechanism of the selective accumulation of ions by living cells. Arch. Biochem. Biophys. **62**, 507 (1956).
Solomon, A. K.: Equations for tracer experiments. J. clin. Invest. **28**, 1297 (1949).
— The permeability of the human erythrocyte to sodium and potassium. J. gen. Physiol. **36**, 57 (1952).
— The permeability of the human erythrocyte to sodium and potassium. Sang **24**, 185 (1953).
— The kinetics of biological processes. Advanc. Biol. med. Physics **3**, 65 (1953).
— I. S. Edelman and S. Soloway: The use of the mass spectrometer to measure deuterium in body fluids. J. clin. Invest. **29**, 1311 (1950).
— T. J. Gill III. and G. L. Gold: The kinetics of cardiac glycoside inhibition of potassium transport in human erythrocytes. J. gen. Physiol. **40**, 327 (1956).
— and G. L. Gold: Potassium transport in human erythrocytes: evidence for a three compartment system. J. gen. Physiol. **38**, 371 (1955).
Sonderhoff, R., u. H. Thomas: Die enzymatische Dehydrierung der Trideuteroessigsäure. Liebigs Ann. chem. **530**, 195 (1937).
Spencer, A. G., E. J. Ross and H. G. L. Lloyd-Thomas: Cation exchange in the gastrointestinal tract. Brit. med. J. **1954**, No. 4862, 603.
Spencer, H., D. Laszlo and M. Brothers: ^{85}Sr and ^{45}Ca metabolism in man. J. clin. Invest. **36**, 680 (1957).
Sprinson, D. B., and D. Rittenberg: Nature of the activation process in enzymatic reactions. Nature (Lond.) **167**, 484 (1951).
Steele, J. M.: Body water in man and its subdivisions. Bull. N. Y. Acad. Med. **27**, 679 (1951).
Stein, S. S., and D. E. Koshland jr.: Mechanism of action of alkaline phosphatase. Arch. Biochem. Biophys. **39**, 229 (1952).
Steinberg, D., M. Vaughan, C. B. Anfinsen and J. Gorry: Preparation of tritiated proteins by the Wilzbach method. Science **126**, 447 (1957).
Steinfield, W.: Suppression of gastric acidity by radio-krypton. Proc. Soc. exp. Biol. (N. Y.) **81**, 636 (1952).
Stelle, R.: The retention of metabolic radioactive carbonate. Biochem. J. **60**, 447 (1955).
Stewart, C. A.: Calculation of reaction rates in steady system. Biochem. J. **54**, 117 (1953).
Stolkowski, J., et A. Reinberg: Action du glucose et de l'acide adenosine triphosphorique (ATP) sur la teneur de la cellule en potassium. C. R. Acad. Sci. (Paris) **241**, 611 (1955).
Stone, P. W., and W. B. Miller jr.: Mobilisation of radioactive sodium from the gastrocnemius muscle of the dog. Proc. Soc. exp. Biol. (N. Y.) **71**, 529 (1949).
Strajman, E., H. B. Jones, P. J. Elmlinger, J. W. Gofman and G. E. Ward: Relationship of age and sex to early mixing of Na^{24} in normal man. J. appl. Physiol. **8**, 549 (1956).
Streeten, D. H. P., and A. K. Solomon: The effect of ACTH and adrenal steroids on K transport in human erythrocytes. J. gen. Physiol. **37**, 643 (1954).
— and E. M. Vaughan Williams: Loss of cellular potassium as a cause of intestinal paralysis in dogs. J. Physiol. (Lond.) **118**, 149 (1952).
Stulberg, M. P., and P. D. Boyer: Incorporation of phosphate oxygen into carbon dioxide formed by enzymic degradation of citrulline coupled with ATP synthesis. J. Amer. chem. Soc. **76**, 5569 (1954).
Svenson, S. A.: Skeletal retention of injected radiophosphate in chicks kept on feeds of different phosphate content. Nature (Lond.) **179**, 972 (1957).
Swanson, R. E., T. Hoshiko and M. B. Visscher: Transtubular water movement in the isolated doubly-perfused bullfrog kidney. Amer. J. Physiol. **184**, 535 (1956).
Sweet, A. Y., M. F. Levitt, H. L. Hodes, H. Haber and B. Kurzman: The effect of desoxycorticosterone acetate on water and electrolyte distribution. J. clin. Invest. **37**, 65 (1958).
Sweet, W. H., and H. B. Locksley: Formation, flow and reabsorption of cerebrospinal fluid in man. Proc. Soc. exp. Biol. (N. Y.) **84**, 397 (1953).
— A. K. Solomon and B. Selverstone: Trans. Amer. Neur. Ass. **73**, 228 (1948); zit. nach Hunzinger u. Waser. In Künstliche radioaktive Isotope. Springer 1953.
Swendseid, M. E., A. L. Swanson and F. H. Bethell: Ethionine as an inhibitor of enzyme systems mediating choline oxidation. J. biol. Chem. **201**, 803 (1953).
Taggert, J. V.: Renal transport of p-aminohippurate labeled with oxygen-18. Science **124**, 401 (1956).

TALMAGE, R. V., J. C. SCHOOLEY and C. L. COMAR: Differential removal of strontium ^{85} and calcium^{45} from rat skeleton by peritoneal lavage. Proc. Soc. exp. Biol. (N. Y.) **95**, 413 (1957).

TALSO, P. J., TH. N. LAHR, N. SPAFFORD, G. FERENZI and H. R. O. JACKSON: A comparison of the volume of distribution of antipyrine, N-acetyl-4-amino-antipyrine, and J^{131}-labeled 4-iodo-antipyrine in human beings. J. Lab. clin. Med. **46**, 619 (1955).

TCHEN, T. T., F. A. LOEWUS and B. VENNESLAND: The mechanism of enzymatic carbon dioxide fixation into oxalacetate. J. biol. Chem. **213**, 547 (1955).

TEORELL, T.: Zur quantitativen Behandlung der Membranpermeabilität. Z. Elektrochem. **55**, 460 (1951).

— Transport processes and electrical phenomena in ionic membranes. Progr. Biophys. **3**, 305 (1953).

THOMAS, C. I., H. HARRINGTON and M. S. BOVINGTON: Uptake of radioactive phosphorus in experimental tumors. III. The biochemical fate of P^{32} in normal and neoplastic ocular tissue. Cancer Res. **18**, 1008 (1958).

THOMAS, R. O., T. A. LITOVITZ, M. J. RUBIN and C. E. GESCHICKTER: Dynamics of calcium metabolism. Time distribution of intravenously administered radiocalcium. Amer. J. Physiol. **169**, 568 (1953).

THOMPSON, A. M., H. M. CAVERT and N. LIFSON: Kinetics of distribution of D_2O and antipyrin in isolated perfused rat liver. Amer. J. Physiol. **192**, 531 (1958).

THOMPSON, R. C.: Studies of metabolic turnover with tritium as a tracer. I. Gross studies on the mouse. J. biol. Chem. **197**, 81 (1952).

— Studies of metabolic turnover with tritium as a tracer. II. Gross studies on the rat. J. biol. Chem. **200**, 731 (1953).

— and J. E. BALLOU: On the metabolic equivalence of deuterium and tritium in animal experimentation. Arch. Biochem. Biophys. **42**, 219 (1953).

— — Studies of metabolic turnover with tritium as a tracer. III. Comparative studies with tritium and deuterium. J. biol. Chem. **206**, 101 (1954).

— — Studies of metabolic turnover with tritium as a tracer. IV. Metabolically inert lipide and protein fractions from the rat. J. biol. Chem. **208**, 883 (1954).

— — Studies of metabolic turnover with tritium as a tracer. V. The predominantly nondynamic state of body constituents in the rat. J. biol. Chem. **223**, 795 (1956).

THORN, M. B.: Studies on the enzymic oxidation of succinic acid containing deuterium in the methylene groups. Biochem. J. **49**, 602 (1951).

THREEFOOT, S. A., G. E. BURCH and C. T. RAY: The biologic decay rates and excretion of radiocesium Cs^{134} with evaluation as a tracer of potassium in dogs. J. Lab. clin. Med. **45**, 313 (1955).

— — — Study of the use of Rb^{86} as a tracer for the measurement of Rb^{86} and K^{39} space and mass in intact man with and without congestive heart failure. J. Lab. clin. Med. **45**, 395 (1955).

THURBER, D. L., J. L. KULP, E. HODGES, P. W. GAST and J. M. WAMPLER: Common strontium content of the human skeleton: Science **128**, 256 (1958).

TOMLIN, D. H., K. M. HENRY and S. K. KON: The interstitial metabolism of calcium in the bones and teeth of rats. Brit. J. Nutr. **9**, 144 (1955).

TOSTETON, D. C.: A flow tube for measuring the rapid transport of halides in red cells suspensions. Abstr. of XX. Congr. Brüssel S. 892, 1956.

TOSTESON, D. C., and E. T. DUNHAM: Effect of sickling on sodium and Cs transport. Fed. Proc. **13**, 523 (1954).

— and J. S. ROBERTSON: Potassium transport in duck red cells. J. cell. comp. Physiol. **47**, 147 (1956).

TRENNER, N. R., B. H. ARISON and R. W. WALKER: Sealed-tube combustion technique for determination of deuterium in organic compounds. Analyt. Chemistry **28**, 530 (1956).

UNDERWOOD, E., S. FISCH and H. C. HODGE: Metabolism of calcium in normal, rachitic and Vitamin D-treated rats as evidenced by radiocalcium Ca^{45} studies. Amer. J. Physiol. **166**, 387 (1951).

USSING, H. H.: Unterscheidung zwischen aktivem Transport und Diffusion mit Hilfe von radioaktiven Isotopen. Z. f. Elektrochem. **55**, 470 (1951).

— Some aspects of the application of tracer in permeability studies. Advanc. Enzymol. **13**, 21 (1952).

— Ion transport across biological membranes. In H. T. CLARKE; Ion transport across membranes. Acad. Press N. Y. S. 3,1954.

— Active Transport of inorganic ions. In active transport and secretion. Cambridge: Univ. Press **8**, p. 407, 1954.

— and B. ANDERSEN: The relation between solvent drag and active transport of ions. Proc. int. Congr. Biochem. Brüssel 1955.

— and K. ZERAHN: Active transport of sodium as the source of electric current in the short-circuited isolated frog skin. Acta physiol. scand. (Stockh.) **23**, 110 (1951).

VALETTE, G., et CH. COMBESCOT: Le rôle biologique du potassium peut-il être rapporté à la radioactivité de cet élément? Cr. R. Soc. Biol. (Paris) **145**, 1625 (1951).
VASLOW, F.: Kinetics of the chymotrypsin catalyzed oxygen exchange of N-acetyl-3:5-dibromo-1-tyrosine. Biochim. biophys. Acta **16**, 610 (1955).
VEALL, N., H. J. FISHER, J. C. MCCLURE BROWNE and J. E. S. BRADLEY: An improved method for clinical studies of total exchangeable sodium using ^{22}Na and a whole-body counting technique. Lancet **1955 I**, 419.
VENNESLAND, B., T. T. TCHEN and F. A. LOEWUS: Mechanism of enzymatic carbon dioxide fixation into oxaloacetate. J. Amer. chem. Soc. **76**, 3358 (1954).
VERLY, W. G., J. R. RACHELE, V. DU VIGNEAUD, M. L. EIDINOFF and J. E. KNOLL: A test of tritium as a labeling device in a biological study. J. Amer. chem. Soc. **74**, 5941 (1952).
VINOGRADOW, A. P.: Biological role of ^{40}K. Nature (Lond.) **179**, 308 (1957).
— Biological role of potassium-40. Nature (Lond.) **180**, 507 (1957).
VISSCHER, M.B., E.S. FETCHER JR., C.W. CARR, H.P. GREGOR, M.S. BUSHEY and D.E. BARKER. Movement of water and ions between intestine and blood. Amer. J. **142**, 550 (1944).
— and C. W. CARR: Rate of entrance of sodium into aqueous humor and C. S. F. Amer. J. Physiol. **142**, 27 (1944).
— R. H. VARCO, C. W. CARR, R. B. DEAN and D. M. ERICKSON: Sodium movement between intestinal lumen and blood. Amer. J. Physiol. **141**, 488 (1944).
WALCHER, W.: Isotope, ihre Herstellung und Messung. Naturwissenschaften **44**, 132 (1957).
WALKER, W. G., and W. S. WILDE: Kinetics of radiopotassium on the circulation. Amer. J. Physiol. **170**, 401 (1952).
WALLACE, H. D., R. L. SHIRLEY and G. K. DAVIS: Excretion of calcium^{45} into the gastrointestinal tract of young and mature rats. J. Nutr. **43**, 469 (1951).
WALSER, M., D. W. SELDIN and A. GROLLMAN: An evaluation of radiosulfate for the determination of the volume of extracellular fluid in man and dogs. J. clin. Invest. **32**, 299 (1953).
WANG, J.: Penetration of radioactive sodium and chloride cerebrospinal fluid and aqueous humor. J. gen. Physiol. **31**, 259 (1947).
— The hydration of desoxyribonucleic acid. J. Amer. chem. Soc. **77**, 258 (1955).
WARNER, G. F., E. L. DOBSON, N. PACE, M. E. JOHNSTON and C. R. FINNEY: Studies of human peripheral blood flow: the effect of injection volume on the intramuscular radiosodium clearance rate. Circulation **8**, 732 (1953).
— N. PACE, E. STRAJMAN, W. E. SIRI, M. JOHNSTON and E. L. WALKER: Zit. in J. H. LAWRENCE; Bull N. Y. Acad. Med. **26**, 639 (1950).
WASER, P., u. W. HUNZINGER: Methode zur Beurteilung der Koronardurchblutung. Experientia (Basel) **8**, 158 (1952).
— — Radiocirculographische Untersuchung des Coronarkreislaufs mit Na^{24}Cl. Cardiologia (Basel) **22**, 65 (1953).
WERBIN, H., D. M. BERGENSTAL, G. GOULD and G. V. LEROY: Evaluation of tritium cholesterol as a tracer in man. J. clin. Endocr. **17**, 337 (1957).
WEYGAND, F.: Isotope in der organischen Chemie. Naturwissenschaften **44**, 169 (1957).
WHITE, H. L., and D. ROLF: Whole body and tissue inulin and sucrose spaces in the rat. Amer. J. Physiol. **188**, 151 (1957).
WHITTAM, R., and R. E. DAVIES: Relations between metabolism and the rate of turnover of sodium and potassium in guinea pig kidney-cortex slices. Biochem. J. **56**, 445 (1954).
WILBRANDT, W.: Die Bedeutung der Corticosteroide für Ionentransporte. Schweiz. med. Wschr. **89**, 363 (1959).
WILZBACH, K. E.: Tritium-labeling by exposure of organic compounds to tritium gas. J. Amer. Soc. **79**, 1013 (1957).
WINGET, C. M., and A. H. SMITH: Dissociation of the calcium-protein complex of laying hen's plasma. Amer. J. Physiol. **196**, 371 (1959).
WISHAM, L. H., R. S. YALOW and A. J. FREUND: Consistency of clearance of radioactive sodium from human muscle. Amer. Heart J. **41**, 810 (1951).
WITTENBERG, J., and A. KORNBERG: Choline phosphokinase. J. biol. Chem. **202**, 431 (1953).
WOMERSLEY, R. A., and J. H. DARRAGH: Potassium and sodium restriction in the normal human. J. clin. Invest. **34**, 456 (1955).
WOOD, J. C., and H. L. CONN JR.: Potassium transfer kinetics in the isolated dog heart. Influence of contraction rate, ventricular fibrillation high serum potassium and acetylcholine. Amer. J. Physiol. **195**, 451 (1958).
WOODBURY, D. M.: Effect of diphenylhydantoin on electrolytes and radiosodium turnover in brain and other tissues of normal hyponatremic and postictal rats. J. Pharmacol. exp. Ther. **115**, 74 (1955).
— Effect of acute hyponatremia on distribution of water and electrolytes in various tissues of the rat. Amer. J. Physiol. **185**, 281 (1956).

Woodward, K. T., T. T. Trujillo, R. L. Schuch and E. C. Anderson: Correlation of total body potassium with body water. Nature (Lond.) **178**, 97 (1956).
Yagi, Y., R. Michel et J. Roche: Sur le métabolisme des bromures radioactifs (^{82}Br). Bull. Soc. Chim. biol. (Paris) **35**, 289 (1953).
Yalow, R. S., and S. A. Berson: The use of ^{42}K-tagged erythrocytes in blood volume determinations. Science **114**, 14 (1951).
Zerahn, K.: Studies on the active transport of lithium in the isolated frog skin. Acta physiol. scand. (Stockh.) **33**, 347 (1955).
— Oxygen consumption and active sodium transport in the isolated and short-circuited frog skin. Acta physiol. scand. **36**, 300 (1956).
Zipser, A., H. B. Pinto and A. Freedberg: Distribution and turnover of administered rubidium (Rb^{86}) carbonate in blood and urine of man. J. appl. Physiol. **5**, 317 (1953).
Zwaardemaker, H.: Über die Bedeutung der Radioaktivität für das tierische Leben. Ergebn. Physiol. **19**, 327 (1921); **25**, 535 (1926).